史上最強！
建築現場施工全解

建築知識 編
石國瑜 譯

contents

5 五金・門窗

6 設備

中文版導讀

曾光宗　中原大學建築系教授

2016年5月接到來自東京的E-mail，這是過去一位學生的來信，想請我協助本書的專有名詞審訂。由於這是一本內容紮實且龐雜的書籍，彙編整理了4000條在日本建築現場的用語解說，而在看過日文原書之後，深深覺得此書對於台灣會有很大的幫助，因此雖然事務繁忙，但仍決定接下這個工作。

建築與人類文明的發展可謂是密不可分，最初我們單純地構築家園以遮風避雨、遠離野獸的侵害等，之後開始形成聚落，期間除了私人的住宅之外，也出現了公共的集會場所。那些居住在不同環境中的人們，各自利用工具，並善用在地最容易取得的材料，漸漸發展出一套當地的營建體系與工法。這些工法會經年累月地累積與革新，而當新的材料與施工方法出現時，通常乃是為了因應解決問題而產生，進而演變成為現在普遍見到的建築設計及其施工方法。

曾經接觸過建築設計及工程的人，應該都能夠理解到「建築沒有正解」這樣的意涵。其中絕大部分的做法都是經過不斷地嘗試與修正後，從經驗法則與現代科技的輔助下，所歸納研發出來的。但在都市環境及公共安全等因素的前提下，需要一套標準以便於管理，於是制訂了法規，建築業界也歸納出了慣用的規範。

台灣的建築法規承襲於日本與美國的架構與內容，長期以來雖然經過多次的增訂修改，但卻也出現了前後矛盾或是窒礙難行的部分；新的法規如何適用於舊建築的維修與再利用等等的問題，回到建築現場，都是第一線人員所面對的極大挑戰。

日本建築知識雜誌創辦已50年，可說是紀錄了戰後日本的建築設計與施工的全部過程，由該出版社彙編的《史上最強！建築現場施工全解》一書，我個人認為是一個值得參考的借鏡。由於日本橫跨亞熱帶到溫帶，並位處於太平洋周圍的地震帶，每個地區的氣候、地質、風土民情等都有一定的差異，而整合這些在地差異後，所歸納出來的有關建築營造與施工的知識或原則，既具有一定的普遍性，同時也兼容了各地的差異性，衍伸出地方建築的個性與特色。

放眼台灣，不要說北、中、南、東部這樣的廣域範圍，即使台北和桃園的地質與氣候條件等，就存在著極大的差異，但同在一個島上也擁有一定的共通性。因此在使用這本書的時候，我個人的建議是先去了解他們為何會是如此做法之背後的原因，再進一步思考如何運用於在地。雖然書中的「現場」是以日本的情況來說明，但就例如書中所指「地質」的這個段落來看，其中地形的分類、地層的類型及其對應的基礎工法等，都可以看到跳脫地區，回歸共通性的原則。雖然現場施工所使用的材料或工法，或許與台灣的習慣不同，但是透過了解日本為什麼如此施作的原因，以及施工的細節、收邊的方法等，就可以清楚地了解他們面對著環境所帶給建築的影響時，是如何考慮並處理的。

日本自十九世紀末期以後，傳承於自古以來匠師或職人的優良傳統，並運用新的材料與工法，在建築營造與施工上，逐漸累積了豐碩的研究成果與現場實務經驗，成為了一個深具特色的專業領域。我個人認為此書在架構上繼承了這些內容與優點，相當具有參考價值。同時書中並也彙整了許多施工現場的照片、構造圖解及細部圖面等，以作為文字說明的輔助，更有助於讀者理解該詞彙的意義，並較容易進入施工現場的情境；這亦是此書的另一重要特色。

建築的魅力，不僅僅只存在於酷炫的建築設計概念或精準的施工項目，而是建立在塑造人們更美好的生活願景。也因此在這理想之下透過執行每個細節，並將建築蓋出來，以落實想像，讓人們切身地感受到因建築設計，而為生活帶來的正向改變。期盼每一位讀者都能從本書中獲得知識及啟發，若能從中獲得靈感，以改良某些施工程序，甚或發展出另一套適應台灣在地的做法，那就不枉這幾個月來挑燈夜戰審訂本書了。

地盤・基礎

1

地盤調查

1

進行建築計畫前，調查地盤的優劣時，不僅需要地盤調查的資訊（數值），同時也需結合非數值化的定性資料（如地形、作住宅用地前的用途、周邊環境等），一併導出有關基地的特性。

地盤・土質・地形

地盤—地盤
為承受建築物等結構體載重、外力的地殼表面。因地盤的強度與建築地結構設計有關，因此需於建築計畫前進行地盤調查。地盤分為三類[表1]，木造住宅若是蓋在第三類地盤，地震時會造成地盤極大的晃動，結構柱或承重牆需比第一、二類地盤增加1.5倍。
簡易型地盤調查可用地名判定，因地名多半根據所在地形命名，也可查看地圖做參考。

人工造地—人工改変地
以人工方式改變地形的土地。將丘陵地、台地、傾斜坡地等削平，使之平坦化的土地，或將湖泊沼澤、河川、港灣等填平的土地，以及因道路、鐵路等削平、填平或埋土等土木施工後形成的土地。

住宅用地管制規則法—宅地造成等規制法
為防止因住宅地開發建設發生的土崩、土石流所制定的法律。施工前須經日本地方主管機關核可的建築基地整地類型：
①移除土高度超過2公尺而造成的懸空情況。
②填充土高度超過1公尺而造成的懸空情況。
③移除土與填充土高度合計超過2公尺而造成的懸空情況。
④前至項的施工面積超過500平方公尺的情形[圖1]。

原生地盤—地山
未經人為開挖或填土，為自然形成的地層狀態。

填土—盛土
藉由填充新土而成的土地。進行填充作業時，要分次灑土，並於每次灑土後進行轉壓。另外，若新填充土地下方的土層為軟弱地盤，要注意避免新填充土地自重（砂質土為18kN/k）引發的地下陷。

移土—切土
則與新填充土相反，將土移出場地外。

土質—土質
土的性質。土質種類依照土粒大小及性質，分成砂質土、黏性土等[圖2]。

地層構成—地層構成
建築下方的地層。需確認地盤狀態是否為水平方向堆積，是否有地層傾斜、位於軟弱地層、位於填土地等等的問題。地盤土層區分見表2，地形類別見表3。

地形圖—地形図
由日本國土交通省及國家地理院所發行的基本地形圖。有助於調查地盤的優劣。[表4]

廢材—ガラ
產業廢棄物及工程廢棄材料的總稱。遭非法丟棄廢材的山谷或低窪地區，若成為住宅地，或是掩埋解體建物地基的話，會形成地盤不均勻沉陷或凹陷的情形。

表1｜地盤區分

第一類地盤	以岩層、硬質砂礫層為主，包括依第三世紀前地層所構成的地盤，以及以地盤周期調查、研究結果為依據，被認定為具有相同地盤周期的地盤
第二類地盤	第一類地盤以及第三類地盤以外的地盤
第三類地盤	大部分由與腐植土、泥土等類似的土質構成的沖積層（填土的情形也屬於此種地盤），深度大約30公尺以上，沼澤、泥海等填埋地盤深度約3公尺以上，並且自填埋以來未超過30年，以及以地盤周期調查、研究結果為依據，被認定為具有相同地盤周期的地盤

圖1｜斷崖的定義

硬岩以外的土質呈30度以上的傾斜坡面，稱作斷崖。
坡面若出現段差時，將如圖處理。

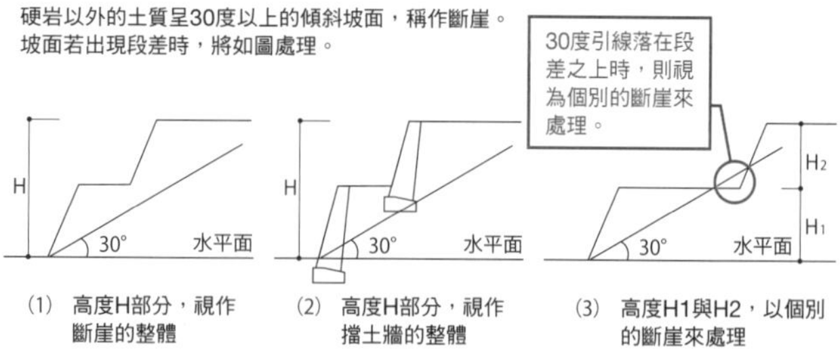

（1） 高度H部分，視作斷崖的整體
（2） 高度H部分，視作擋土牆的整體
（3） 高度H1與H2，以個別的斷崖來處理

圖2｜土的分類

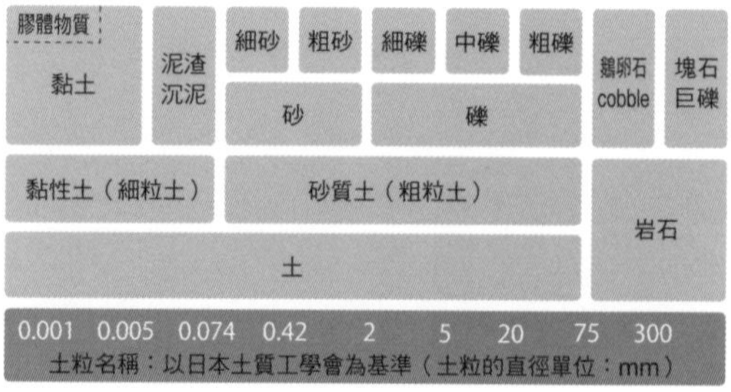

地盤調查

表2｜地盤土層區分

沖積層	冰河全盛時期末期（約1.8～2萬年前）以後所堆積的地層，因為沒有經過像洪積層一樣歷時凝固變堅硬的過程，因此大多形成軟弱地盤
洪積層	在距今1.8～2萬年以前的第四世紀（更新世） 形成的地層。主要形成丘陵地、台地、河階的地層，因為歷經長時間的凝固狀態，可視為良好的住宅地基
泥渣・沉泥	土粒大小介於砂質土與黏性土之間，多屬軟弱地盤，在分類上大致屬於黏性土
砂質土	砂質土因砂石之間的摩擦力而增加土質強度。土粒間相互接觸開始滑動的角度，稱作內部摩擦角度，是用來判定砂質土強度的指標。自然堆積形成的砂質土，其穩定下來的斜度，稱作安息角，可用來當作斷崖地法令中斜坡斜度設定的依據
砂礫土	砂石與礫石混合而成的土質，在分類上大致屬於砂質土
壤土層	火山灰質黏性土的總稱。因火山噴發活動降下的灰石堆積成高台地形的丘陵地或台地，呈現赤褐色的地層。若當作住宅地盤，可發揮相當好的地耐力，但若經過再堆積或是人為挖鋤，強度會明顯降低
關東壤土層	日本關東地區的高台地形的丘陵地或台地，呈現赤褐色的地層
腐植質	濕地植物腐化分解的過程中，因浸水使氧化作用停止，在纖維質沒有溶解的狀態下所堆積出的地層。呈黑褐色，發出獨特臭氣。海綿狀的土質中含多量的水分，因具有高壓縮性，對於小量的載重也會產生反應而發生沉陷現象

表3｜地形類別

丘陵地	以洪積層之前的古老地層為主體，表面多以關東壤土層覆蓋的火山灰土高台。因具有起伏，若作為住宅地會造成階梯狀地勢。雖然有良好的渠道，以乾硬地盤分佈，但若遇到地層傾斜或移土、填土混合的情形，會變成不穩定的地盤
台地	由幾乎水平的地層所形成的平坦地形。因為是高台，排水好，地盤強度好。火山噴發活動降下的灰石受到雨水沖刷卻沒有流出，而在原地堆積，屬於地盤強度相當高的壤土層，可作為獨棟住宅的承載地層。日本武藏也台地、大宮台地、大町台地等特有地名，即因此特性而以台地命名
沖積扇	流經山區的急行川流遇平坦地形，在外圍流速減弱，受川流搬運的粗大砂礫堆積出呈放射狀的寬廣區域。也有潛伏於山區後方的流水在沖積扇尾端湧出的情形。屬於品質良好的緊實砂礫層
泛濫平原	洪水時期水流自河道溢流、氾濫所至範圍，形成地形平坦的低地。自上游搬運而下的泥土，經過沉澱成為軟弱地盤。廣為發生在河川的中游至下游間，沿著氾濫低地的河道，混合著泥土以及流下砂礫的堆積，而形成「天然堤防」或發生排水不佳的狀況，因此散佈著由腐植土堆積成的「後背濕地」
河谷地	台地或丘陵地的凹陷處，降雨集中形成的細溝渠因侵蝕作用形成河谷，更進化成谷底低地。從上游帶來的細泥土，經過堆積，而形成軟弱地盤的分佈。過去普遍開墾為水田，近年以填土改造成住宅地的情形明顯增加
自然堤防	因河川氾濫搬運的土砂，沖打上河岸而的微高地。沿著河川形成帶狀堤防，雖然只比泛濫平原的低地高出約1～2公尺，因為洪水時不易進水、排水快，自古即是聚落形成的地方
海埔新生地	以堤防分隔淺海灣，將淺海灣內側的水抽出形成的陸地。因為排水性不佳，屬軟弱地盤
砂丘	海岸的砂受風吹而聚集的高起地勢。以瑞典式貫入試驗做測試，測出地表下緊密砂質地盤達數公尺的情形居多
砂州	土粒受到沿岸海流或波浪搬運而堆積的地區。與砂丘相同，以瑞典式貫入試驗做測試，測出地表下緊密砂質地盤達數公尺的情形居多，在地震時也容易液態化
後背濕地	位於天然堤防或砂洲等微高地形背後的濕地。因氾洪時沒有排入河川，水經長時間停滯而形成非常軟弱的濕地，有可能分佈著土壤腐植質

表4｜地形調查使用地圖

土地條件圖	日本國土交通省國土地理院發行，以都市為中心的特殊地形圖，比例尺為二萬五千分之一。高地或低地以顏色和記號標示，特別是也可獲知容易發生沉陷作用的後背濕地或隱埋谷地的相關地盤資料
地形圖	日本國土交通省國土地理院發行，網羅日本國土資料的基本圖面。因為地盤優劣多受到地形影響，有助於調查建築計畫地區所屬地形
整地計畫圖	多方持有的大規模住宅土地，以整地前的現況測量圖為基準，記載著道路、排水系統、工作物的類別、區劃分割等資料的整地計畫圖。若將此圖用來比較整地前後的地盤高度差，可以判讀出特定住宅土地是否是由填土或是移土整地而成

地盤調查｜地盤調查

主要測量土的承重力［第8頁表5］。地盤調查種類有瑞典式貫入試驗及標準貫入試驗等。

鑽孔試驗｜ボーリング試験

在地表鑽孔，以確認土的種類、地盤的試驗。進行地下水水位的

表5 主要地盤調查試驗的種類

調查類別	調查方式、步驟、使用機具	調查位置、時間、費用、結果、診斷所需時間	調查方式的優缺點
瑞典式貫入試驗（SWS試驗）JIS A 1221	• 將最前端安裝螺桿頭的鑽桿，豎立於地表面，分梯次地增加鋼錘載重，觀察鑽桿桿身沉陷的樣態 • 若增加載重至1kN（100kg）也沒有發生鑽桿桿身沉陷的情形，由兩位工作人員旋轉鑽桿頂端的把手，進行強制鑽掘，記錄鑽掘深度25cm所需的旋轉數（旋轉半圈以數值1來計數） • 考量到自動化機具與手工記錄的誤差，需要進行分析 • 使用機具：鑽桿（長度1m×19mm管徑×10根）、重錘（0.10kN×2顆、0.25kN×3顆）、螺桿頭（33mm管徑、長度200mm的紡錘錐形）、裝載用夾鉗	• 調查位置：建物四角與中央、共計五個位置 • 調查時間：每一住宅用地約兩小時 • 費用：每一住宅用地約4～5萬日圓，追加調查費用每單點約5000日圓 • 試驗數據資料最快於調查日次日提供，報告書約於調查日起算一星期內	• 因為在數個位置測得的數據可相互比較，可判讀地盤的平衡度與土質，也可得到深度方向的連續探測數值（可探測深度大約10m） • 可以換算出N值 • 多使用獨棟住宅，也可使用於既有住宅的狹小基地 • 手工作業不需電力與水 • 若遇巨岩或硬質土層成為貫入試驗的障礙，鑽探試驗無法進行（無法確認樁基礎的承載層） • 適用：2～3層建物的獨棟住宅（共同住宅），最高2m的工作物 • 作為鑽探標準貫入試驗的補充調查
表面波探查法（Rayleigh wave探查法）	• 應用物質中振動波傳達的原理，以人工方式對地盤施予振動，以配置在地下每1m間隔處的兩個檢測器來測定由振動機產生表面波（Rayleigh wave）通過地下的速度 • 使用機具：振動機（斷續地在地表面垂直打擊的裝置）、檢測器（可接收表面波的探知器、兩個為一組）、計測器（波型圖繪製裝置）、SWS試驗機具一式	• 調查位置、時間：四個位置、每一住宅用地約兩小時 • 費用：每一住宅用地約4～5萬日圓 • 試驗解析需時數天，報告書約需一星期	• 因為是非破壞性的試驗，就算調查的基地覆蓋著混凝土或巨岩，也可以取得探測數值 • 或從地表開始分佈厚的軟弱層時，因為振動無法到達底層，而無法取得數值 • 若是近距離內有結構體的情形，或是因交通發生振動的情形，會有雜訊干擾 • 適用：最多兩層建物的獨棟住宅（軟弱層薄的情形）
機械鑽孔法	• 安裝前端附有金屬螺桿頭（鑽掘進入地下的尖刃）的轉頭連結器，以機械的旋轉速度，一邊挖削土或岩質地盤，一邊鑽掘進入地下 • 與利用鑽掘孔的標準貫入試驗併用 • 使用機具：鑽掘鑽桿、金屬螺桿頭、轉頭連結器、鑽掘機械、鑽塔（高度約6m的三腳架式）、壓力幫浦	• 調查位置、時間：約每500平方公尺一個位置，鑽掘10公尺約需一天時間 • 費用：一天20萬日圓 • 只有土質柱狀圖可於次日提供、報告書約需一星期	• 就算堅固的地層，也可進行鑽掘。若是確認承載層的情形，N值50以上代表地層厚度5m以上，即鑽探完成。 • 可以標準貫入試驗實際探測得到的N值來推測地盤強度 • 可以測得地下水水位 • 建築證照申請需要隨附結構計畫書的情形，需要以地盤調查的結果來檢討地耐力
標準貫入試驗 JIS A 1219	• 鑽掘至深度55cm的鑽孔孔底，再預設15cm進行整地。重錘自高度76±1cm以自由落下敲擊鑽桿頂端頭部，來計測地盤對於貫入試驗的抵抗力。 • 以標準貫入試驗的鑽桿底部取樣器，計測貫入深度30cm所需的敲擊次數，並以採樣器取土的樣本，作為土質試驗材料。 • 使用機具：重錘、敲擊頂端頭部、標準貫入試驗的鑽桿底部取樣器	• 調查位置：依深度方向，以每一公尺來施行試驗	• 調查位置若只有一處，可能會無法判讀地層傾斜度。
平板載重試驗	• 在結構體的開挖面上，設置水平承載板，分梯次地增加載重，計測每梯次加載的沉陷量來求得地盤承載力 • 一梯次約30分鐘，進行八個梯次以上的加載試驗。達到目標載重時，在分梯次地將載重移除 • 使用機具：承載板（厚度25mm以上、直徑300mm的鋼板）、千斤頂、反力裝置、測量指針儀（沉陷量變位計）	• 調查位置、時間：一個位置，約半天至一天 • 費用：一個位置20萬日圓 • 數據分析圖需時數天，報告書約需一星期	• 調查位置若只有一處，可能會無法判讀地層傾斜度。 • 因為承載板面積小，載重產生的應力只到達淺層，容易得到比實際建物沉陷量較小的誤差數值。 • 以鑽探試驗、標準貫入試驗的結果為準

※：與SWS試驗併用

測量，土質試驗用的採樣。通常使用旋轉式鑽孔（Rotary Drilling Method），以附有鑽頭（鑽掘的尖端銳利部位）的鋼管以旋轉方式進行鑽孔[圖3]。

圖3｜鑽孔試驗

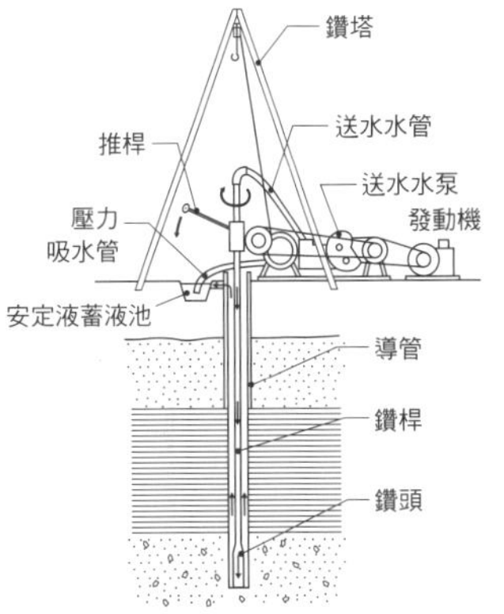

照片1｜標準貫入試驗現場

照片2｜瑞典式貫入試驗現場

標準貫入試驗—標準貫入試驗
為了解地盤的力學性質狀態N值，所施行的原位置試驗。在鑽孔試驗用的鋼管前端安裝標準貫入試驗用的取樣器，將重量635N（63.5公斤）±5N（5公斤）的重鎚，從76±1公分的高處，以自由落體方式向下刪除打擊地表，穿入地表深30公分處所需的打擊次數，即為標準貫入試驗的N值。另也作為土質試驗的採樣[圖4、照片1]。

圖4｜標準貫入試驗

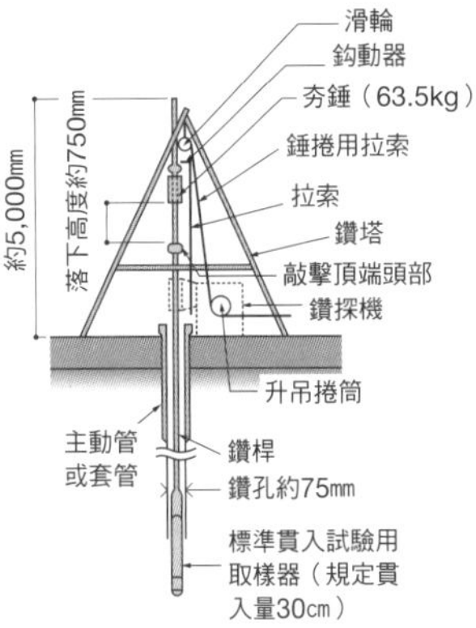

表6｜土質分類及名稱

<table>
<tr><th colspan="2">名稱</th><th>粒徑</th><th colspan="2">特性</th></tr>
<tr><td colspan="2">卵石</td><td>20cm以上</td><td colspan="2" rowspan="5">肉眼可視的一個一個顆粒粒質。以指尖搓揉的感覺，大約區分為粗粒砂、中粒砂、細粒砂的三種粗細度</td></tr>
<tr><td colspan="2">礫石</td><td>20cm～2mm</td></tr>
<tr><td rowspan="3">砂</td><td>粗粒砂</td><td>2～0.5mm</td></tr>
<tr><td>中粒砂</td><td>0.5～0.2mm</td></tr>
<tr><td>細粒砂</td><td>0.2～0.05mm</td></tr>
<tr><td colspan="2">泥渣沉泥</td><td>0.05～0.005mm</td><td colspan="2">無法用肉眼辨識的粒質，像黏土但是沒有黏性、手感有點像砂子的感覺</td></tr>
<tr><td colspan="2">黏土</td><td>0.005mm以下</td><td colspan="2">具有高黏度，透水性低</td></tr>
<tr><td colspan="2">砂盤</td><td>—</td><td>砂產生固結作用後成為岩質土狀態</td><td rowspan="2">介於土與岩盤之間的土質</td></tr>
<tr><td colspan="2">硬質粘土</td><td>—</td><td>泥渣沉泥、黏土產生固結作用後成為有黏土性質的岩質土狀態</td></tr>
<tr><td colspan="2">腐植土</td><td>—</td><td colspan="2">含有大量植物成分的土壤</td></tr>
<tr><td colspan="2">泥炭</td><td>—</td><td colspan="2">腐植土發生碳化作用形成的土質</td></tr>
<tr><td colspan="2">壤土</td><td>砂、泥渣沉泥、黏土的混合物</td><td colspan="2">火山灰發生堆積作用形成的土質。廣泛分布在日本關東環狀地方的土質，又稱作關東壤土質。土的性質與黏土接近，具有獨特的特殊性</td></tr>
</table>

圖5｜瑞典式貫入試驗

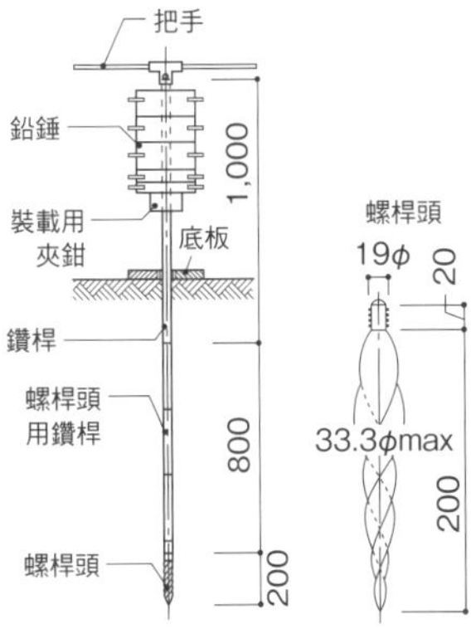

瑞典式貫入試驗—スウェーデン式サウンディング試驗
又稱SWS試驗。以鉛錘重量下陷程度測定。多用於二至三層樓規模的木造房屋地盤調查[圖5、照片2]。

表面波探查法—表面波探查法
振動機所產生的表面波傳送至地層，再接收從地層回傳的反射波，計算出地盤承載力的地盤調查方法。

土質試驗—土質試驗
對土質樣本進行物理、力學性質的調查試驗[表6]。針對物理性質的含水比例、土粒質比重、乾燥密度、濕潤密度、液性限度、塑性限度、透水係數、間隙比例、粒度分析等進行調查。對於力學性質的黏著力、剪力強度、內部摩擦角度、單軸及三軸壓縮試驗，壓密試驗等進行的試驗。

手動挖掘—素掘り
以人力挖掘方式進行。依照挖掘時的抵抗力來判斷地盤的強度。

手動旋轉鑽孔—ハンドオーガーボーリング
鋼管的尖端安裝螺旋錐，再以人力用旋轉方式鑽入土中。特別使用於傾斜地形，藉由地表層下方的地層深度來了解傾斜度，是有效的地盤調查方法，但不適用於砂質地盤或是軟弱地盤的調查[第10頁表7]。

地基承載力—地耐力
地盤單位面積所能承受的壓力。以觀察破壞現象取得的承載力，以及無法破壞部位的體積收縮變形所產生的沉陷量，以承載力和沉陷量相互比較，容許數值小的為地耐力。規劃直接基礎（譯註：基礎的底面直接座落於土層之上）時，地基承載力為重要的參考數值。根據日本建築基準法施行令第93條，若未施行地盤調查，可照地盤的種類，以第93條的地表長期容許應力為規劃依據。

土質採樣試驗—サンプリング
為了試驗土質分類或特性而進行的土質採樣作業。以標準貫入試驗來說，打擊地盤的鉛錘本身即為採樣裝置，可將填塞於內部的土取出，進行觀察。最近也開發出瑞典式貫入試驗使用的採樣裝置。

N值—N值
依鑽孔試驗的鑽掘孔內施行標準貫入試驗，以取得實際測量值。將重量635N（63.5公斤）±5N（5公斤）的重錘，從高處76±1公分處，以自由落體方式向下施以打擊，到達貫入深度30公分所需的打擊次數，即為地盤強度的指標值。

換算N值—換算N值
以瑞典式貫入試驗，將鑽桿打入土中所產生的摩擦抵抗力，換算成N值的計算方式。用途分為砂質土、黏性土兩種類。

土質柱狀圖—土質柱状図
以鑽孔試驗或標準貫入試驗等進行地盤調查時，以計測到的數值為依據，來記錄地盤的構成方式。土質柱狀圖報告書設定記錄區間為1公尺，顯示鑽孔內水位、土質變化、色調、軟硬、打擊次數、N值等。

自重沉降—自沈
標準貫入試驗中，不藉由重量635N（63.5公斤）±5N（5公斤）重錘的打擊方式，而是以鑽桿自體重量在鑽孔底部的採樣裝置沉降的狀態來計測。也意指瑞典式貫入試驗中，承載載重時以自重沉降的情形。

軟弱地盤—軟弱地盤
一般來說軟弱地盤發生的地形為谷地、後背濕地、三角洲等水容易聚積的低地，以及新填充出來的土地，在評量地盤時，不能單以地盤計算出固定的絕對數值為依據，需考慮相關的地耐力及建物載重等數值。，軟弱地盤對於獨棟住宅來說，是指無法承載連續基礎，未達每平方公尺30kN地耐力的情形。

地盤性能

承載力—支持力
就算施加載重，地盤也不會受到破壞的地盤承載力。

承載層—支持層
可以充分承載藉由直接基礎或是基礎樁傳達載重的地層。依照結構物的載重、或是樁體上端承載力，所需要的承載層強度也不相同。通常是指小規模建築物的N值在15以上的情形。

地盤的容許應力強度—地盤の許容応力度
與「容許支承力」一詞同義。依建物載重，地盤所發生的容許應力強度。[表8]

容許沉陷量—許容沈下量
以不造成危害建物發生龜裂為限度的沉陷量。容許沉陷量的數值因地盤條件、基礎形式、結構特性、沉陷速度而異。

地盤保證—地盤保証
地盤是造成建物瑕疵的極大原因，以支付一定程度保證金的方式，得到等同價值的瑕疵修補費用作為補償。

地盤工程的缺失

地層沉陷—地盤沈下
地層沉陷有壓密沉陷與即時沉陷兩種。壓密沉陷因為垂直應力，將地盤間隙水分排出而產生地層沉陷現象，沉陷量大的沉陷作用所需時間也較長。即時沉陷是因垂直載重增加造成過度壓密沉陷，沉陷時間短，沉陷量相對較小。另外，在沖積平原，大多因汲取地下水而使地下水位下降產生地層沉陷。此外，雖然地層沉陷只要是均勻沉陷多不會產生結構上的問題，但在沖積地層厚度不一致的情形

表7｜鑽孔試驗的簡易地層判別法

地層硬度		手動挖掘	手動旋轉鑽孔	估計N值	估計容許地耐力（長期t／㎡）
黏性土	極軟	可輕易將鋼筋壓入土中	鑽孔孔壁因土壓易崩塌，鑽掘不容易施作	2以下	2以下[註1]
	軟	可輕易以鏟子挖掘	可輕易鑽掘	2～4	3[註1]
	中等	對鏟子施力進行挖掘	需施力進行鑽掘	4～8	5
	硬	用腳強踏鏟子的方式進行挖掘	需花好大力氣旋轉才可以進行鑽掘	8～15	10
	極硬	需要使用鋤頭	無法鑽掘	15以上	20
地下水水位上的砂質土	非常鬆	挖掘孔的孔壁易崩塌，可留下深足跡	鑽孔孔壁易崩塌，採樣土容易掉落	5以下	3以下[註2]
	鬆	可輕易以鏟子挖掘	可輕易鑽掘	5～10	5[註2]
	中等	對鏟子施力進行挖掘	需施力進行鑽掘	10～20	10
		用腳強踏鏟子的方式進行挖掘	需花好大力氣旋轉才可以進行鑽掘	20～30	20
	密	需要使用鋤頭	無法鑽掘	30以上	30

註1　需要留意沉陷量過大的情形
註2　需要留意地震時的土質液態化（『小規模建築物基礎設計指導』「（社）日本建築學會」出版）

表8｜地盤的容許應力強度

地盤的容許應力強度（kN／㎡）	基礎的結構
20不到	使用基礎樁的結構
20以上30不到	使用基礎樁的結構、或是筏式基礎
30以上	使用基礎樁的結構、筏式基礎、或是連續基礎

註：若地盤容許應力強度在70 kN／㎡以上，可以不設置地基、以柱子與基礎緊密連結，或是沒有地基的平房，以固定柱腳的方式將柱子的下方部位連為一體，或是在地盤上敷設基礎石、將柱子豎立於基礎石上方等方式

圖6｜不均勻沉陷的起因

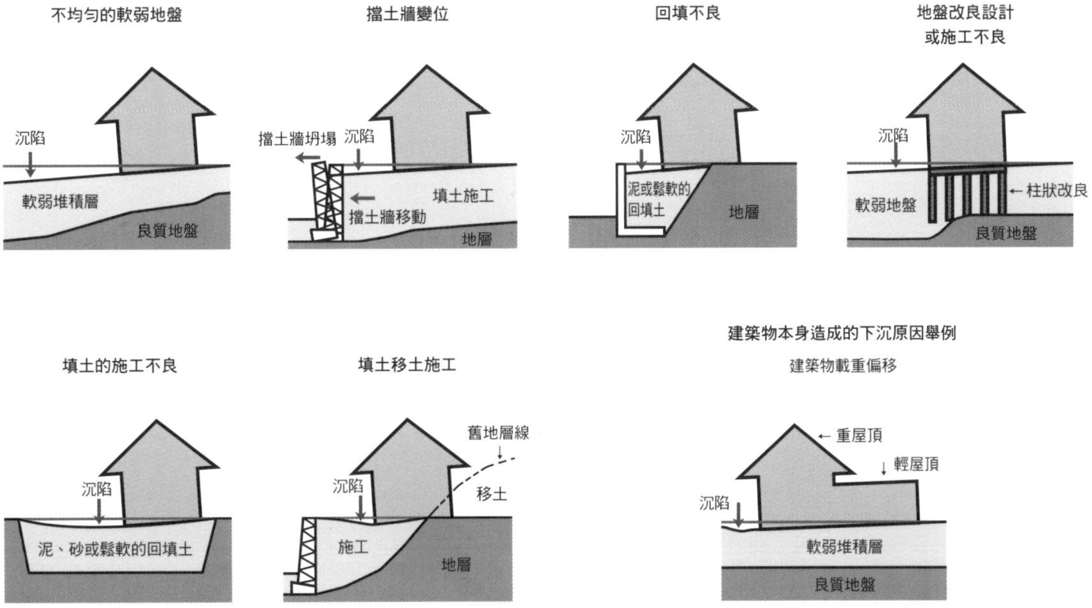

下，會產生不均勻沉陷的現象。

廣域的地層沉陷｜**廣域地盤沈下**
因為過度抽取地下水，造成廣域範圍的地層體積收縮，導致地層沉陷。尤其在急速進行開發的地區，以及使用地下水地區最為明顯。

不均勻沉陷｜**不同沈下**
是指建築物整體不均勻地沉陷，發生單側傾斜、建築物的一部分明顯沉陷的現象。因地耐力不足、地盤不均勻、偏向載重、地基形式不同等原因而發生的現象。不均勻沉陷程度超過一定量時，會造成建物的基礎、牆壁、或柱等的變形，以及門的開闔不良、地板傾斜等的障害。

陷落｜**陥没**
造成不均勻沉陷的原因之一。遭非法丟棄的廢棄物，其縫隙間的土被雨水抽空，或是掩埋的植栽或垃圾等受到腐蝕產生空洞孔隙，而產生地表局部沉陷的現象。

即時沉陷｜**即時沈下**
地盤支承載重時，約與載重產生的同時間開始，到載重結束為止，之間所發生沉陷現象。可在短時間內排出土中含水的砂質土，所發生的沉陷現象最為顯著。

壓密沉陷｜**圧密沈下**
建物載重對地盤造成影響，使黏土中的間隙水慢慢地流失，造成體積減小、密度增加的結果，而發生地盤沉降的現象[圖8]。

持續沉陷｜**残留沈下**
壓密沉陷的現象並未停止，而有持續沉陷的可能性。

液化狀現象｜**液状化現象**
因地震造成地盤受剪力作用而發生變形、建物沉陷、水或砂從地表噴出的現象。容易發生這種情形的是顆粒狀的中砂0.1釐米左右、深度10公尺以下、N值15以下、較為鬆散的砂質地盤，或地下水位高的地方。

流砂現象｜**クイックサンド**
因向上的水流讓砂粒子受到極大的浮力，若受到自重以上的浮力，砂粒子呈現在水中浮游的狀態，地盤成為水與砂混合的液態性狀現象。又，全部的砂自底部噴出的現象，稱作砂湧現象。

圖7｜不均勻沉陷的作用

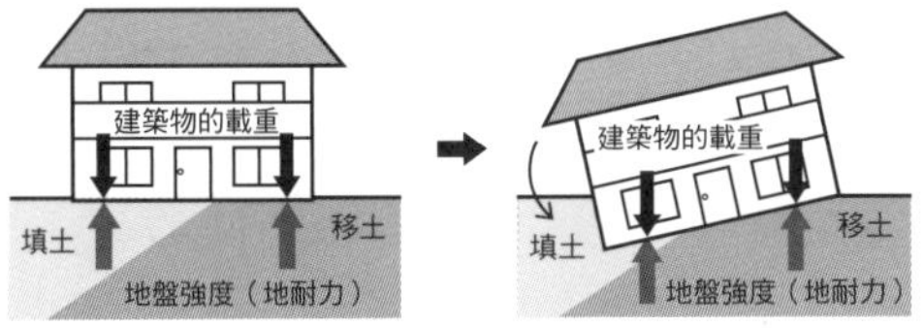

建物的重量與從下方支承的地耐力，兩力相平衡的狀態

填土部分的地耐力較弱，無法支承建物重量而發生建物不均勻沉陷的情形

圖8｜壓密沉陷的作用

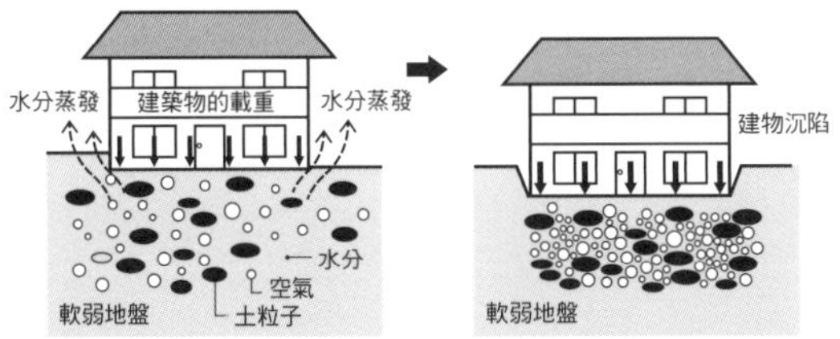

建物重量施加於軟弱地盤之上產生地下水蒸發的狀態

因地盤含水排出之後地盤體積收縮，發生建物與地盤一起沉陷的狀態

地盤・基礎

工地現場共通用語 2

本單元收錄尺寸與收邊相關的重要共通用語。

放樣

墨線—墨
墨線或是以墨針固定拉出的線。

墨線放樣—墨出し
放樣或打樣。安裝構件或飾面施工時，在底層表面以中心墨線、退縮墨線打印做記號［圖1］。

中心軸線—通り芯（心）
以最底層為基準，作建築物的縱軸線及橫軸線基準的中心直線。

基準墨線—基準墨
作為軸線基準的墨線，以中心軸線表示或稱元墨（主要墨線）。

中心墨線—心墨（芯墨）
表示構件中心線的墨線。也稱作正中心墨線。或是指柱中心線、牆中心線等等。

中心線放樣—心出し
柱或牆中心線放樣。或稱作中心樣。

退縮墨線放樣—逃げ墨
若是在無法打繪墨線的情形，多是在與中心墨線平行之處，保持一定距離，施作墨線放樣。或是同義詞的回歸墨線，用來標示中心線位置。若是用來標示裝修完成面位置時，則稱作偏移墨線。

水平基準墨線—陸墨
以水平方向標示高度基準的墨線。也稱作腰墨線、水平墨線。

上方墨線・下方墨線—上がり墨・下がり墨
前者是水平基準以上的墨線，後者是水平基準以下的墨線。

地墨線—地墨
在地板等水平面上打繪的墨線。

垂直墨線—立て墨
打繪在立面上標示垂直方向的墨線總稱。

主要基準墨線—親墨
墨線放樣作業的基準。也稱作元墨（主要墨線）。不是貫穿各樓層的基準墨線，而是為了要與各層專用基準墨線做區別而生的用語。子墨（次要墨線）是以基準墨線為基準推算出的墨線。

回歸墨線—墨を返す
從偏移墨線、退縮墨線回推計算出中心軸線的位置。

裝修完工墨線—仕上げ墨
從中心軸線或是偏移墨線開始推算裝修完工墨線的位置尺寸。

圓徑放樣—R出し
圓或半徑的放樣工作。

中心線到中心線距離—心心
從建築物的中心軸線或構件的中心線到其他工作物的中心線之間的距離［圖2］。

直角放樣—矩を巻く
拉出直角的墨線放樣。

木工放樣—墨付け
在木造構件上，將配件或是加工樣式等的尺寸，以墨斗、墨針或直角尺規拉線放樣的工作。

墨斗—墨壺
墨線放樣使用的工具［圖3］。

墨針—墨刺
木工拉直線、標示記號等所使用的工具。

直角尺規—指し金
墨線放樣時用來測量長度或直角的工具。又稱作角尺。

直線程度—通り
呈直線狀態，若有彎曲稱作「直線程度不佳」。「直線檢查」即為確認是否為直線的工作。

收邊・狀態

收邊—納まり
意指隔間、空間或構材的組合、接合、外露構件、裝修完成的精準度等，在美觀上、機能方面是否呈現收邊完好的狀態。

接合處—取りあい
構件與構件間接觸部分及狀態。

外露構件—見え掛かり
肉眼看得到的建築物構件。

隱藏構件—見え隠れ
外露構件的相反詞，肉眼看不到的建築物構件。

圖1｜墨線示意方式

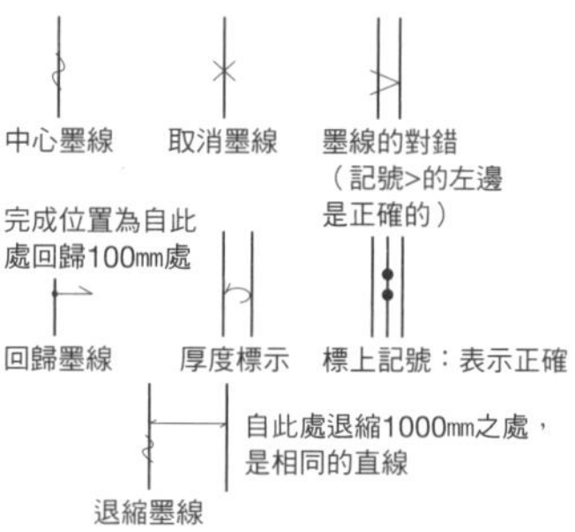

圖2｜中心線與中心線之間的距離

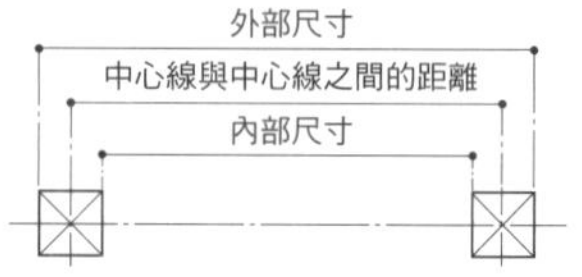

圖3｜墨斗

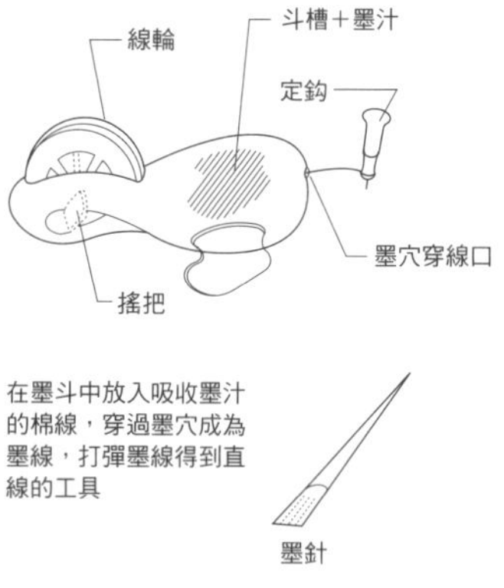

在墨斗中放入吸收墨汁的棉線，穿過墨穴成為墨線，打彈墨線得到直線的工具

圖4｜斷面

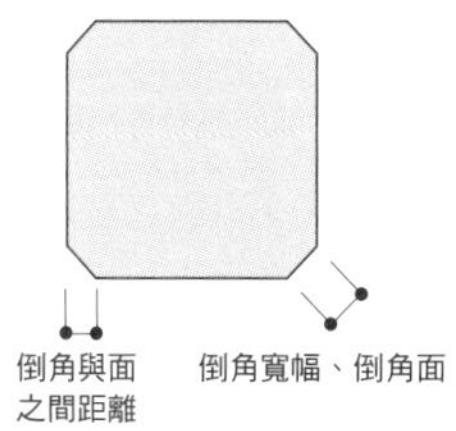

外露構件的正向立面—見付け
外露構件的正面可視部分。

面—面
意指表面。又或是指木造建築物的柱子等構件剖面的角的部位，加以施工過的表面[圖4]。

表面平接（**面揃**）—面一
或稱表面拼接。將互相拼接一起的表面整平的工作。

誤差值—逃げ
為吸收材料加工誤差或現場安裝的誤差值，預先留的餘裕尺寸，日文也稱作遊び（A.So.Bi）。

陸—陸
日文的「陸」在放樣工程上是指水平的意思。如陸屋頂是指水平屋頂。

水—水
日文的「水」在放樣工程是指水平墨線的意思，也有水平面、水平線之意。

收齊整平—見切る
將收邊材料的尾端位置或是轉化部位收邊整齊的工作。

接合狀態（**馴染狀態**）—馴染み
複數構件之間相互緊密接著的狀態。「馴染（na.ji.mi）」好或不好表示構件之間接著狀態的優劣與否。

背襯底材—捨て
施工上為了使收邊完美所使用的材料，如純混凝土鋪面。

全部—ベタ
全面整體的意思。例如基礎的整體筏基、塗裝作業上的全面塗裝等等。

勝負關係—勝ち・負け
構材與構材接合處的相互關係。舉例來說，木造建築柱子與木地檻的收邊方式，若柱子向下超過木地檻直達混凝土基礎，用柱子獲勝來形容此種狀態；若基礎上承載著木地檻，柱子沒有直達混凝土基處，則稱作木地檻獲勝。

預留餘裕—ふかす
依收邊原因，將裝修飾面或線設在所需尺寸以上的位置。另外，混凝土造的建物，也因為要預留厚度而有多澆置混凝土的情形。

不平整—不陸
日文的「不陸（hu.ro.ku）」在收邊作業是指表面凹凸的狀態。

不均勻—笑う
日文的「笑う（wa.ra.u）」在收邊作業上是指收邊飾面或應該保持平滑的底襯，呈不均勻狀態。

接面交錯—目違い
版互相接合時，接合面不在同一平面上的情形。

斜傾—拝む
應該直立卻呈現傾倒的狀態。

任意預留尺寸—勝手
超過必要的尺寸，或是過剩的狀態。如「任意開口」表示稍有開口的狀態。

重新施作—手戻り
已完成的工程拆除重新施作。

部分修正—手直し
在施工完成之後，依照與設計圖說之間相異的部分或是施工不良的部分，重新施作或修正。

瑕疵—駄目
建築工程在幾乎已完工階段時，殘留一小部分尚未施作飾面作業的狀態，或是仍有部分需要修正的狀態。檢查是否有這些未完成的狀態，或是在現場巡視檢查的稱作瑕疵巡視，將瑕疵部位加以施工完成的工作稱為瑕疵修正。

直角—矩
日文的「矩（ka.ne）」是直角的意思。或指呈現直角的狀態。另外，角度大於直角的稱鈍角。

小於45度角傾斜度—転び勾配
小於45度角急傾的傾斜度。

大於45度角傾斜度的部分—返し勾配
大於45度角的傾斜度時，將45度角扣除的部分。

岔角—振れる
從一定的位置或方向，往兩側岔開所成的角度。

傾斜度—転び
柱或壁的構材呈現傾斜的狀態或角度。

高長—立端
標示高度或長度。

凹狀—反り
表示上方呈現凹狀的線或曲面。例如凹狀屋頂。也表示板材等因乾燥收縮呈現凹狀[圖5]。

凸狀—起り
表示上方凸出膨起的狀態。如凸狀屋頂。

間距—送り
也稱Pitch。意指將材料並排、釘作，材料之間的間隔。在圖面多以符號「@」標示。

圖5｜凹狀、凸狀

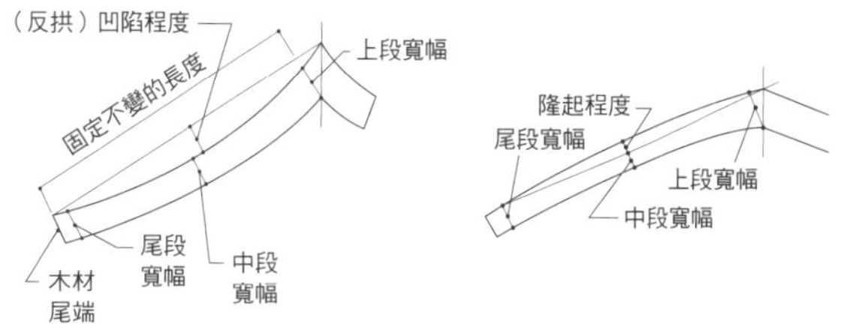

3 前置作業

在基礎工程開挖之前，為了決定柱或壁中心線進行定位放樣，以水平線標示高度基準的水平放樣工程[圖1・2]。這項作業是為了確定建物是否依設計圖標示正確地配置於基地，以及建築是否符合法規要求等。

前置作業

定位放樣—遣り方

在基礎工程之前，為了設定柱、壁等的中心線或水平線，在必要的各個地點設置臨時定位樁[照片1、圖3・4]。此一系列的定位工作流程也稱作定位放樣。定位放樣在基準墨線移至不會變動的基準物（混凝土基礎或混凝土地面等）之後，因不再需要而會被拆除。

又，若施工場所是在市街地進行地下工程，會在道路或是混凝土圍牆等不會變動的地方彈打墨線，視情況所需有時也會用釘子來定位放樣。規模大的建築物則不使用定位放樣，多是使用測量機器，藉由某地標點、固定物或新打設的樁體為基準點，進行高程、基準墨線打樣。

地面拉繩放樣—地繩張り

為了要決定建築物位置，在建築物的外圍及內部的主要中心線之上，拉繩子或尼龍繩（或堅韌的膠帶），將建築物的位置標示在地面上。此為確認建築物是否收在基地內部，以及是否可進行擋土壁施工的放樣工作。又稱拉線放樣。因拉線放樣後放樣繩線會留在地上，在角落打設的樁體屬於較細的樁體，通常使用木樁或是鋼筋樁。

此外，住宅規模的建築工地現場，使用專用的捲尺取得直角；在規模更大的建築工地現場，則用光波經緯儀（Transit）[16頁照片5]。

地樁—地杭

為了要在地面拉繩放樣，在建築物的角隅處打設可以固定繩線的樁。定位放樣施作時打設的樁又稱作放樣樁、水平樁、地樁等等。

基準標識—ベンチマーク（BM）

表示基地內高程的高低差，或高度放樣的基準點，也可寫成BM。在工程中固定的場所打設基樁作為基準，或在基地周圍的屏壁等結構體上做印記以作為基準[表]。此外，暫時充當BM的情形下多以KBM標示。

水平放樣—丁張り

進行土木工程的開挖或填土、推砌石塊擋土牆的飾面工程時，使用樁、繩或窄板等標示，日文中以「蜻蜓放樣」比喻。

角隅定位放樣—隅遣り方

依定位放樣的位置來命名。設置在建築物的四個角隅、陽角或陰角等位置的放樣工程。

角隅之間放樣—平遣り方

若未標示建築物角隅以外的壁或柱中心，在角隅間設置的定位放樣。

防止水平放樣線下垂—たるみ遣り方

放樣間距在7公尺以上時，要防止繩子下垂。

定位樁—遣り方杭

圖1｜定位放樣工程（鋼筋混凝土建築、鋼構建築）

①在地面上拉繩
- 拉出水平放樣線
- ↓ 設定基準邊線
- ↓ 檢視對角
- ↓ 訂立基準標識
- ↓ 設定地盤面
- ↓ 設定地面高程GL
- ↓ 檢查在地面上的拉繩
- ↓ ②施作定位放樣

②定位放樣
- 敲入水平樁
- ↓ 彈出水平墨線
- ↓ 安裝水平板
- ↓ 拉出水平放樣線
- ↓ 彈出中心墨線
- ↓ 確認對角
- ↓ 彈出基礎中心墨線
- ↓ 放樣面完成

圖2｜定位放樣樁工程的名稱

- 在基準中心放樣線的交會點上敲入定位樁
- ↓ 在建物的四個角落的中心放樣線交會點上敲入定位樁
- ↓ 確認建物各邊的長度
- ↓ 確認建物角落的角度
- ↓ 拉出水平放樣線
- ↓ 依著中心放樣線設定退縮定位樁
- ↓ 退縮定位樁的養護
- ↓ 完成

照片1｜木造住宅定位放樣的現場例子

在建築物的外部打設木樁。也稱作水平樁、假設樁。敲入之後，在樁體的頂部打入空心釘，穿入塑膠繩將四周圍起，以利混凝土的澆置與養護。

平V樁頭・交差V樁頭—矢筈切り・いすか切り

無論哪一種V形，用來表示定位樁樁頭部位的切割方式，作為禁止移動定位樁的警示標記[圖5]。定位樁的水平保持很重要，若因人手觸碰定位樁，恐會發生水平錯位的危險，因此以此樁頭的加工方式來防止。

附帶一提，平V的日文命名由來是指弓箭拉弦的凹陷處，交差V的日文命名由來是一種鳥類的上下交錯嘴喙。

退縮墨線—逃げ墨

放樣中心線會因柱或牆壁搭建後而無法辨識，因此在與放樣中心線保持一定距離處施作放樣墨線。也稱作等距偏移墨線。

水平板—水貫

在定位放樣樁上標示基準墨線，順著窄板的上端，依序安裝的水平板。水平板的上端是從基礎頂板退縮一定的距離來設定的基準高度，並在水平板面上標示中心墨線、退縮墨線。購買水平板的時候，若不指定「水平板專用」，可能會與普通的板（上端沒有刨平的）混淆，要留意。

水平放樣線—水糸

定位放樣時，與對面水平板之間拉出水平的放樣線，成為中心放樣線的基準，使用尼龍繩、塑膠繩、琴弦線等。以中心為基準拉水平放樣線，將放樣線落到地面作為開挖的基準，並依工程種類不同，作為現場灌製混凝土或基礎混凝土的中心放樣線位置。此外，也會使用垂直圓錐球，將水平放樣線位置垂直落印於地面[16頁照片2]。

退縮基樁—逃げ杭

也稱作退縮基準點。放樣中心線會因為柱或牆壁搭建之後而無法辨識，通常會往建物內側退縮500～1000mm的地方，作為退縮中心放樣線，並施打定位樁。

水平面設定—水盛り

訂立作為建築施工基準的水平面，又稱水平高程設定，使用水平測量儀測定。也稱作水平放樣，是定位放樣的表現方式之一[圖4]。

放樣線交會點—ポイント

各個中心放樣線的交會點，也指水平高度的基準標識。

圖3｜定位放樣樁工程的名稱

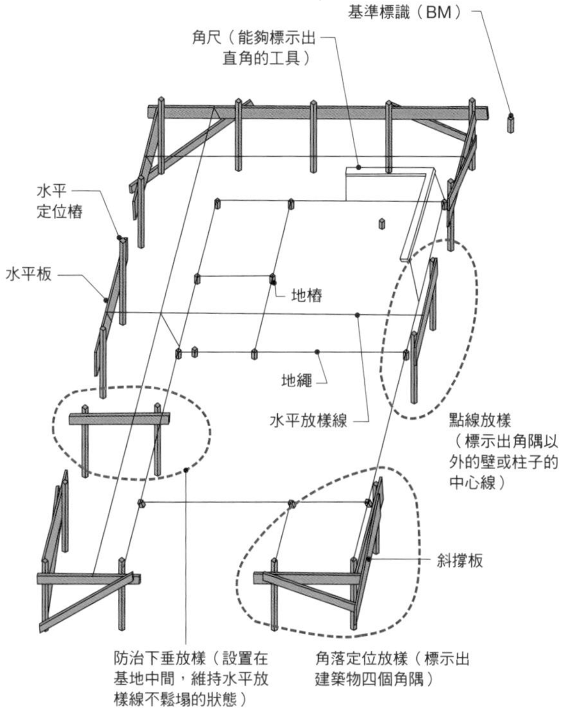

圖5｜平V樁頭、交差V樁頭

圖4｜水平面設定放樣

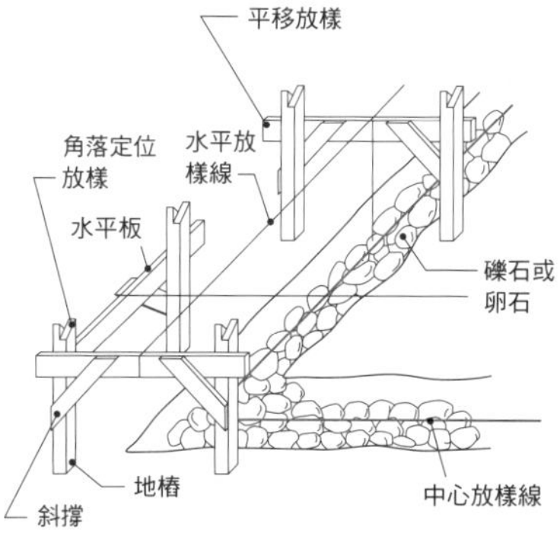

表｜基準標識（BM）的相關記號

名稱、簡稱	代表意義
TBM	從BM基準標識移設的暫時標識點，Temporary BM的簡稱
GL	Ground Line的簡稱。與建物接觸的地面
FL	Floor Line（Level）的簡稱。以GL為基準來設定
T.P	東京灣的平均海平面高程（基本設置位置和高度的數值，記載於國土地理院發行的5萬分之1的地圖）
A.P	荒川、多摩川、中川的平均水平面高程
Y.P	江戶川、利根川的平均水平面高程
O.P	淀川、大阪灣的平均水平面高程

工具

垂直圓錐球—下げ振り

在線的端點裝上圓錐形的重物後，可以立即確認垂直線的道具，用來決定測量儀器的裝設位置、建築工程中確認柱的垂直精準度，或是地墨線打樣時使用[照片2]。用於建築物外部時，若重物的重量不足，可能發生受風吹動導致搖晃而無法使用的情形。

照片2｜垂直圓錐球

高程—レベル

測量高度，取得水平放樣線（水平的墨線）時所使用的望遠鏡及氣泡管組合出來的測量儀器。目前大部分都使用可以自動取得水平高程的自動水平儀，水平基準線的放樣稱作水平高程放樣，也有利用雷射光線進行測量，求得水平基準的雷射水平儀，取得垂直基準或精準度的檢測確認。

雷射水平儀—レーザーレベル

以雷射光線機器測出的水平基準器[照片3]。

照片3｜雷射水平儀

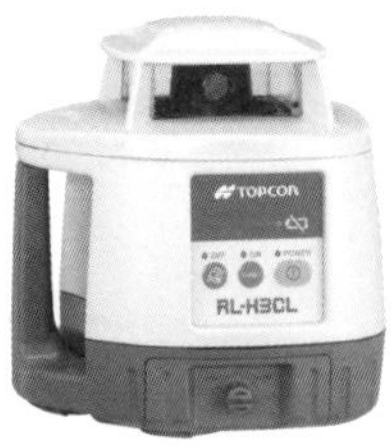

自動水平儀—オートレベル

與雷射水平儀相同，以雷射光線機器測出水平基準線。產生交會點時會發出聲音，即使一個人也可進行放樣[照片4]。

照片4｜自動水平儀

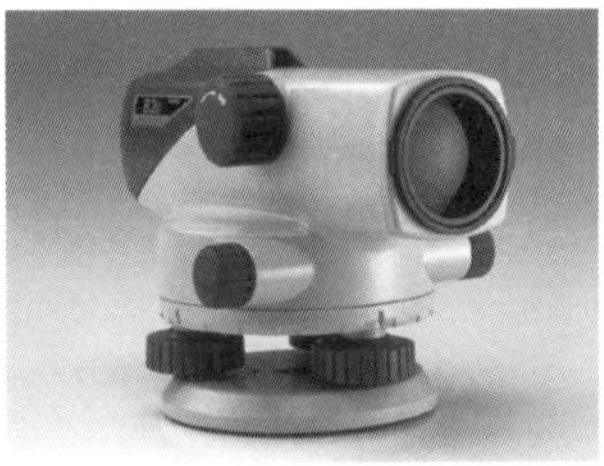

光波經緯儀—トランシット

測量垂直方向與地墨的直線、角度的機器。利用望遠鏡，測定出水平及垂直角度，將機器設置的基準點與水平面設定為基準，以望遠鏡的內視基準線設定於目標上，在刻度盤上讀取方向角度與高度。目前以內附電腦的款式為主流，也稱作轉鏡儀[照片5]。

照片5｜光波經緯儀

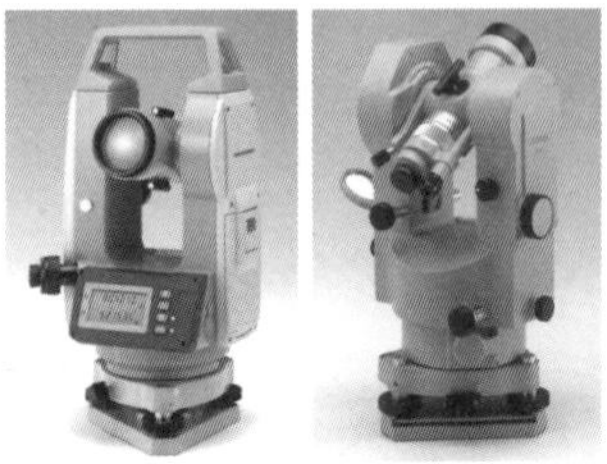

雷射經緯儀—レーザートランシット

以雷射光表現垂直放樣線的機器，也兼具高程放樣功能的儀器。

基準高度尺規—ばか定規

將基準高度移至水平定位樁時所使用的尺規。將小塊板材的底端與水平板的頂端相接，在中央位置標出高程基準線位置，再逐次按順序地將高程基準線移到各個水平定位樁上，也稱作基準高度棒。

攜帶型捲尺—コンベックス

攜帶型的小型不鏽鋼製捲尺，又稱scale。進行墨線打樣時，為提高精準度，以10公分刻度為基準點時，要注意避免長度誤差超過10公分[照片6]。

照片6｜攜帶型捲尺

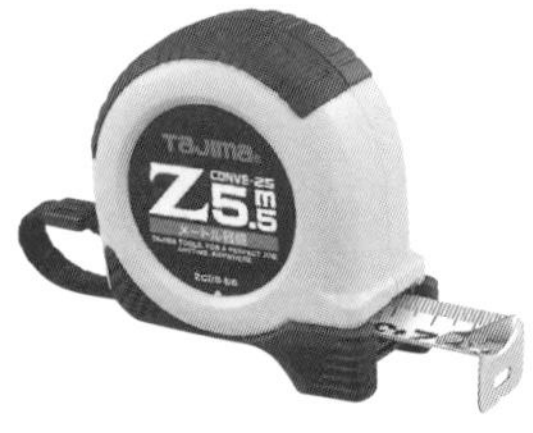

角尺—大矩、大曲

在現場利用窄板製作出的直角三角尺規。三邊各為3、4、5尺，稱作三四五角尺，三邊各為6、8、10尺，稱作六八角尺，因直角用長捲尺等便利工具的普及，現在較少被使用。也稱作大尺。

直角用長捲尺—矩出し専用巻尺

從孔穴中以齒輪拉出長度永遠一致的兩條線的捲尺，以Kanepita（協和建鐵）的款式最知名。以基準墨線為底邊，在基準墨線的兩側，各拉出等邊三角形的頂點，作上記號，連接兩頂點，取得直角[圖6]。

圖6｜直角用長捲尺

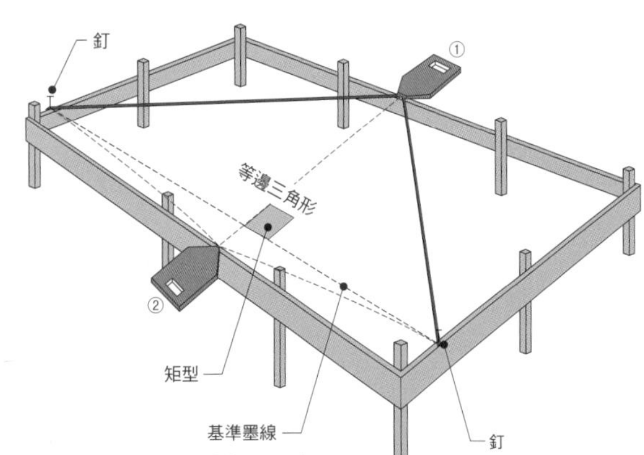

依序①②取得兩點，再將①②連成直線，與基準墨線形成矩形

地盤・基礎

土方工程 4

為了施作建物基礎或是地下結構物時，挖掘地盤的工程稱作開挖工程。需先處理開挖進行所產生的殘土或是地下水，再進行地盤的整地工作。

開挖

開挖—根切り
為了施作建物基礎或是地下結構物時，而對地盤表面下的土進行開挖作業[圖1]。若有開挖壁面崩壞的疑慮，需另外施作擋土牆工程。又，依據開挖形狀，分成適合獨立基礎的開挖方式，因有地梁或連續基礎而施作的連續開挖方式，以及有地下室而施作的筏式基礎開挖方式[圖2]。
在開挖之前：掌握地盤的地層、地耐力（N值）、地下水的狀況、檢討對於近鄰道路、建築物的影響、基地現場以及近鄰周邊的地下埋設物狀況的掌握、檢討擋土工程的必要性等等的確認工作是重要的。開挖形成的底部稱作開挖面。

直接開挖—素掘り
不施作擋土工程的開挖工程。適合地盤良好、沒有崩壞疑慮以及開挖深度較淺的情形。或稱明挖、明挖邊坡工法。[圖3]

額外開挖—余掘り
為了結構工程、防水工程所需，開挖額外的作業空間。深度在1.5公尺以內時，額外開挖所需作業空間的寬度為0.4～0.6公尺，若有地下室的話，額外開挖所需作業空間的寬度為1公尺。

剷平整地—鋤取り
將基地或開挖面地盤表面超出預定高度的部位剷平。在大底工程之前施作，目的是將地基或開挖面稍加整平。

大底工程—床付け
開挖到計畫的深度時，將開挖面精確整平。「剷平」是以目測整平基地，「大底」是使用高程，並將開挖面精確且平滑地整平，並按照計畫的厚度鋪上碎石鋪面或純混凝土鋪面。建築若屬於直接基礎，因大底的地平面就是承載建築的地盤，必須注意大底地平面的平整度。若是地盤質地良好的地段，也有在大底地平面上直接澆灌混凝土的作法。

階段式開挖—段跳ね
開挖較深時，以階梯狀向下挖掘，並將開挖土置於階梯狀地層，按照順序階段式向上搬移、排除的開挖作業。依照階段數量有二段階梯式開挖、三段階梯式開挖的說法。[第18頁圖4]

坡面—法面
意指傾斜面。[第18頁圖5]，或簡稱坡。具有斜度的開挖面。依照日本安全衛生規則，對斜坡式開挖面的高度或斜度有制定上限。另外，為防止因雨水等所造成的土石流，在坡面施作水泥砂漿或披掛帆布，稱作坡面防護作業。

拍打整平坡面—土羽打ち
在開挖斜坡面上以[圖6]的整坡板（附有手把的厚板），將坡面拍打壓實、整平的作業方式。是為了防止坡面因風雨、震動等發

圖1｜開挖類別

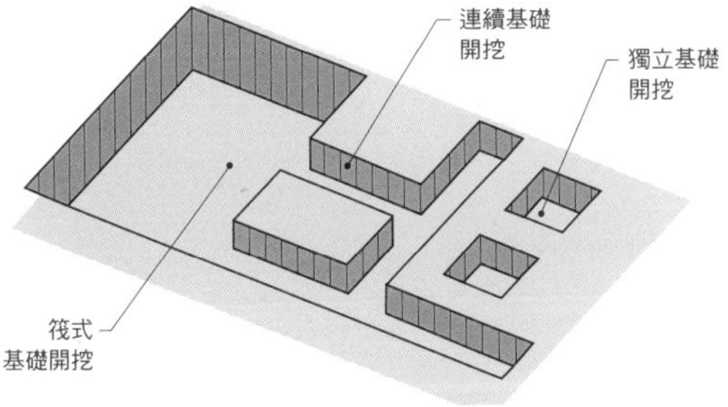

圖2｜開挖工程

- 開挖打樣
- ↓ 移入施工重型機器
- ↓ 開挖
- ↓ 移入橫板
- ↓ 廢土處理（暫置基地內或移出基地外）
- ↓ 排水處理
- ↓ 大底工程
- ↓ 回填

圖3｜直接開挖的安全基準

開挖面高度	岩盤、堅硬黏土	其他的地層	砂質地層	容易受破壞崩塌的地盤
2m不到	90°以下	90°以下	35°以下	45度以下 開挖面高度未達2m
2m～5m不到		75°以下		
5m以上	75°以下	60°以下		

生坡面表面崩壞而進行的工作。

地層—地山
回填土、填充土之外的自然原生地盤。表土之下的地層。

土石坍方—山がくる
地盤、擋土牆的崩壞，或是擋土牆因側向壓力過大而導致變位、崩壞的情形。此種情形常造成現場重大的災害。

廢土處理—残土処分
開挖工程的廢土處理有以下三種方式：
①場內處理：將廢土留在基地上，作為基地內回填土或填充土。這種作法僅限於開挖土是良質土的情況。
②場外自由處理：無指定的場外廢土處理地點，屬於一般廢土處理方式。
③場外指定處理：有指定的場外廢土處理地點。搬運至回填土指定地點、填海土地指定地點、有害廢土指定地點等。公共工程大多需在廢土清運處理時，進行土質成分的檢查。

現場試驗—原位置試験
直接在現場進行的試驗。

清點工作—万棒
卡車的輛數、人數、原木材、木樁等的數量清點工作。現在是指進出施工現場的泥沙搬運車的清點工作。

確認數量—万棒取り
土方工程時，進出施工現場的廢土搬運車輛數或是土方工程施工人數的清點工作，以確認是否與計畫時的數字相符。也指其他工程的數量確認工作。

安全支撐工程—アンダーピニング
擋土、開挖工程進行時，為使相鄰的既有建築物或結構物不受施工影響而產生下陷，而打設基樁以補強基礎。
例如在既有建築物的鄰近處，安插熔接H型鋼的補強方式［圖7］。

隆起回彈—リバウンド
開挖基礎較深的時候，因少了開挖時所移除土石的重量，原本被壓住的土膨脹，而產生部分地盤上方的隆起現象。

排水

排水工程—水替え
將積存於開挖面的水以集水坑或抽水機的方式排出。［圖8］

開挖土中的地下水—絞り水
開挖土中所含的地下水。雖在開挖過程中地下水湧出，排水一次之後不會再出現。

集水井排水法—釜場
為了將積存於開挖面的水排出，挖設置有抽水幫浦的坑穴。［圖9］

點井排水工法—ウェルポイント
大約以1公尺的間距，將吸水管埋設於土中。再以設置於地面上的真空幫浦，將地下水強制排出的施工方式。

深井排水工法—ディープウェル
以管徑約500～600公釐的鋼管作成的井，在底部裝設水中幫浦將水排出。多用於地下水量大的情形。［圖10］

圖4　階梯式開挖

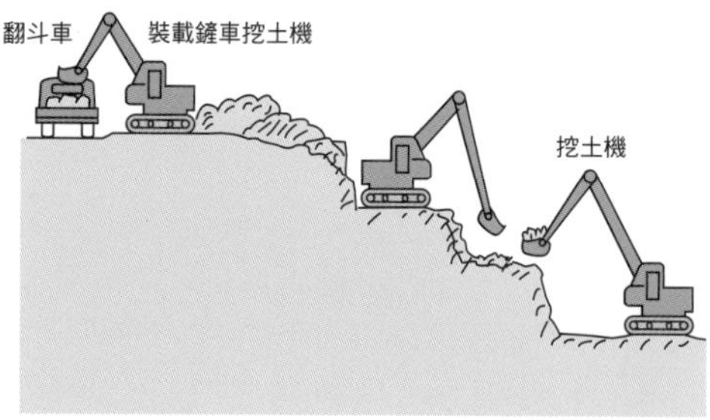

圖5　坡面

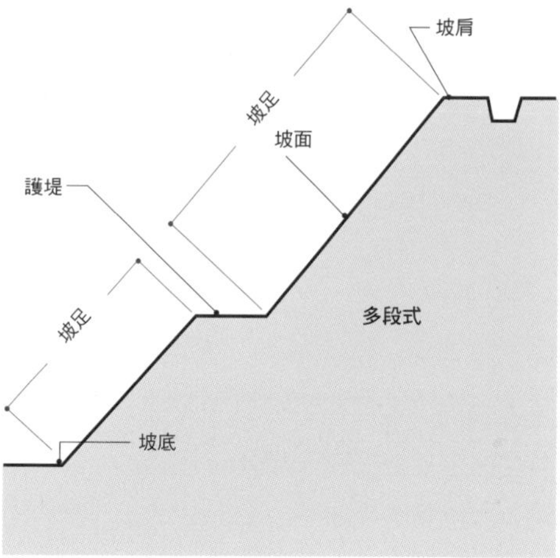

圖7　安全支撐工程實例

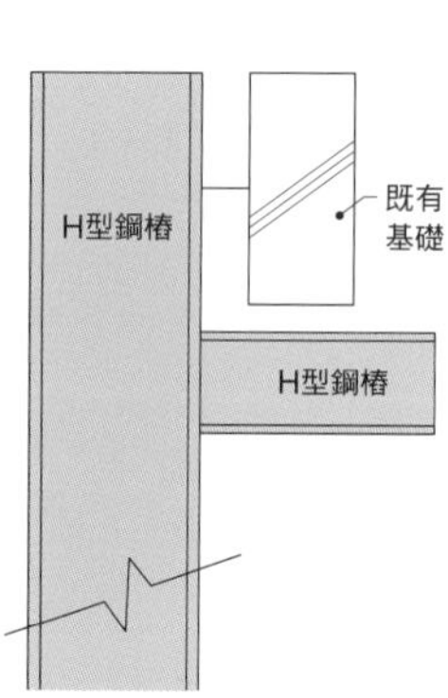

圖6　整坡板

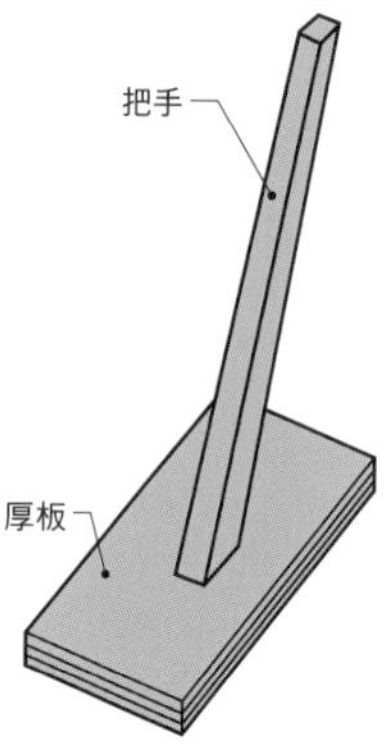

圖8　排水工程（點井工法）

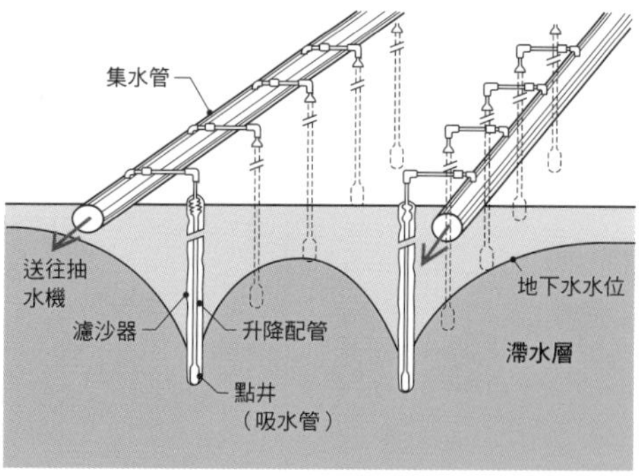

椿體清潔—杭間さらい

基礎面整地時，將施作的椿體之間的土挖除清潔。

支護楔子—キャンバー

為了防止板椿、擋土板、厚板因乾燥伸縮而掉落，在開挖中以具有支護作用的楔子固定。

圖9｜集水坑工法

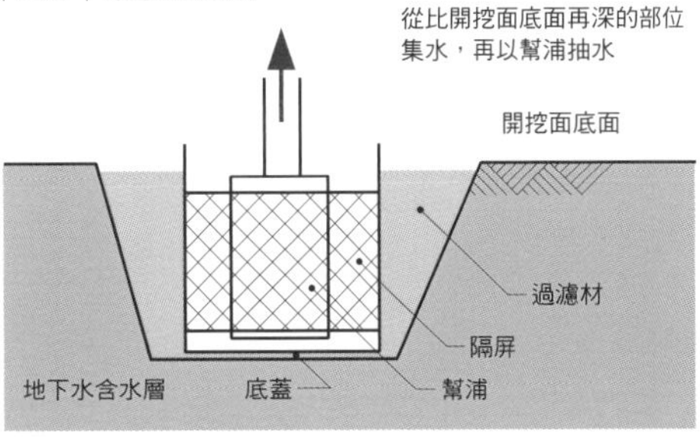

圖11｜復水井工法

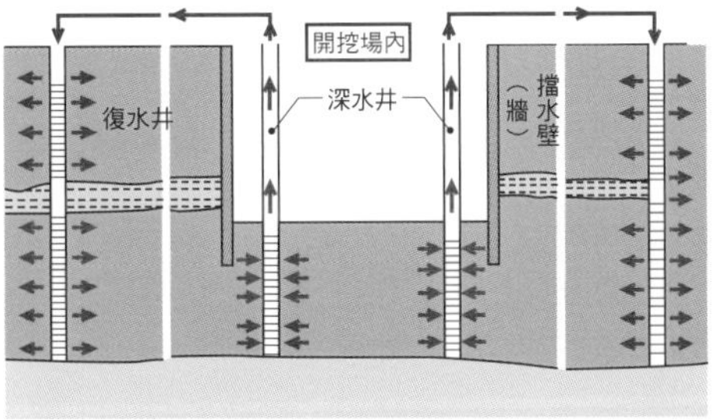

圖10｜深井排水工法

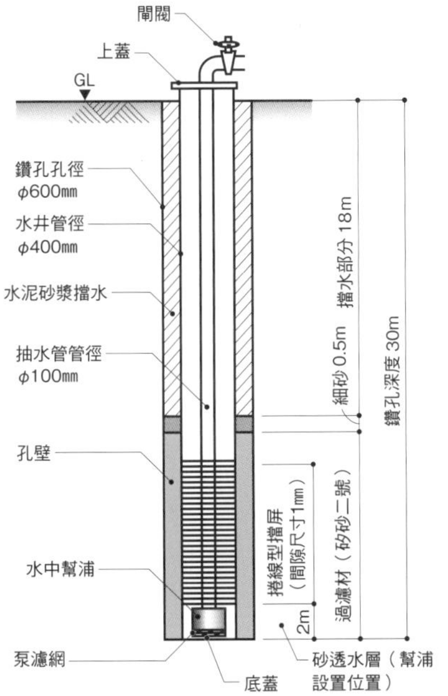

復水井工法—リチャージ工法

使用深井排水工法將湧出地盤的水排出，導向在遠處設置的復水井，而對地下水含水層再補給水分的工法[圖11]。對於面積廣大的基地，鄰近的水井乾枯，並有地盤下陷之虞的情形，是有效的工法。又稱作復水工法。

沉砂槽—沈砂槽

將聚集於開挖面底處[※]的湧水或雨水中的泥沙等微粒子沉澱，僅將上方的自來水排出。為了不讓泥水流到下方地下水而設置。使用雙連金屬罐[圖12]或缺口罐[圖13]。

回填

回填—埋戻し

地梁、地下工程完成後在建築物內外的地面上填入土。使用施工現場內暫時置放的土或是從場外搬運來的土。為了完工後不發生下陷的現象，而將回填土充分壓實。含砂成分高的是優良回填土。

逐層回填—撒き出し

從填充土堆積之處或是廢土處理場搬運來的土，廣面積地逐層重疊鋪設。此方式增加土的重量，讓填充土的安定度變高，以防止崩壞發生。

土扒—尻鍬

在回填土或填充土上，將土砂均勻分布的施工作業。目地是為了下一個工程的地面整平或是防止崩壞。有時也用來表示將土石搬運車的傾斜台面上的土刮除的工作者。

搗固—突固め

用滾輪或平板使回填土密實。在回填作業完成後，土的體積收縮會造成地盤下陷，因此要將回填土充份搗固。

夯實—締固め

為了大大地增加砂石或是砂質地盤的密度及安定度，而進行的搗固、轉壓、加水拌合等夯實作業。[20頁圖14、20頁表1]

混合相容—馴染み起こし

將地層與回填土或填充土混合。回填土或填充土層厚超過15公分以上時，會與地層分離，容易產生乾燥、收縮、龜裂。為了預防

圖12｜雙連金屬罐

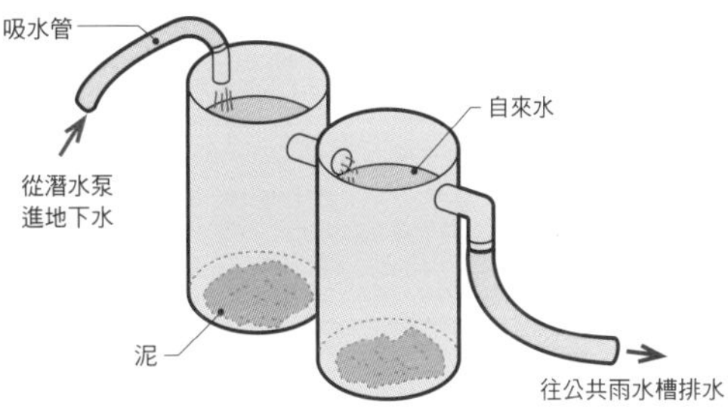

圖13｜缺口罐

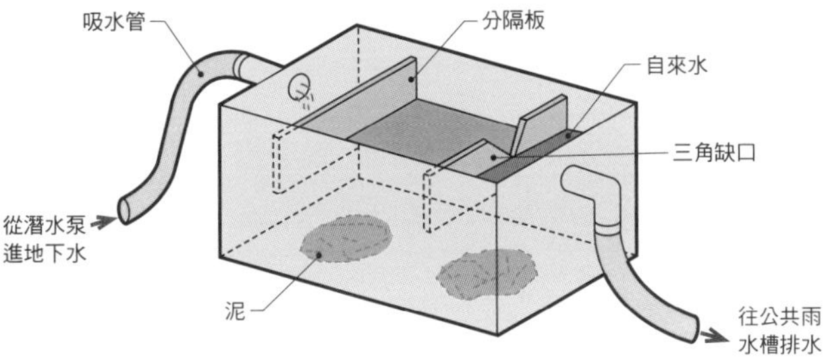

※：將土方工程中湧出的地下水集中到一個集水坑

表1｜順應土質的適用壓實機具

土質	最有效的機具	可使用的機具	可因應施工現場	順應交通條件不得已的時候
礫（G） 砂（S）	振動式碾壓機	輪胎碾壓機 道路碾壓機	手持振動式碾壓機 抖動壓實機	—
砂質土 （SF）	輪胎碾壓機	振動式碾壓機 自行填平碾壓機	同上	堆土機 （普通型）
細粒土 （F）	填平碾壓機 （自行拖曳式）	輪胎碾壓機	抖動壓實機	堆土機 （普通型濕地型）

圖14｜壓實地盤用的機具

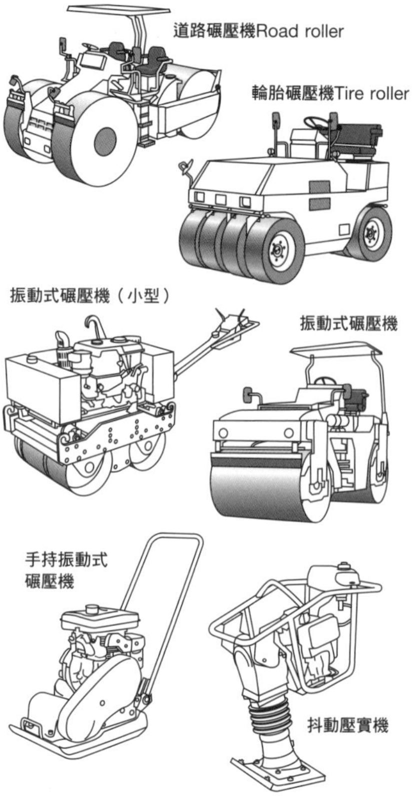

圖15｜擋土壁構件名稱

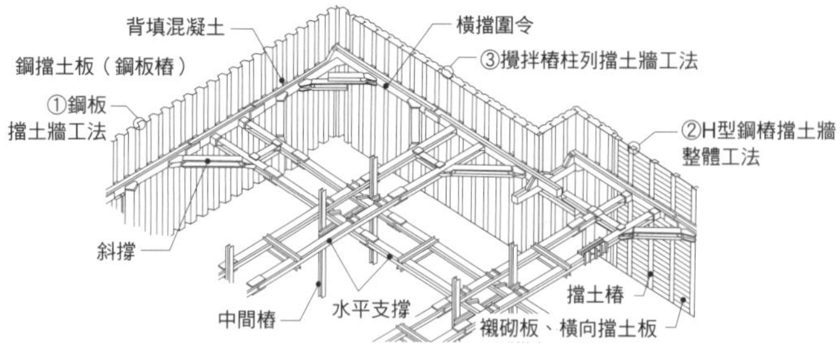

①鋼板擋土牆工法
使用於地盤柔軟安定的淺開挖情形，因為需要水壓，需要較大的支撐架。敲入擋土板時發生的震動與噪音大

②H型鋼樁擋土牆整體工法
敲入擋土H型鋼樁，在樁體之間嵌夾木製擋土板。可在堅固地盤上施工，因為不需要水壓，支撐架應力較好。但也因為不具備抵抗水壓的功能，不適用於湧水多的基地

③攪拌樁柱列擋土牆工法
攪拌樁以柱列方式灌置。沒有震動與噪音，擋土牆的剛性、止水性好，但需較高成本與較長工期

表2｜擋土工法的分類

分類	工法	形式	特徵
沒有支撐	擋土牆工法		受限於土質與階段間的高度差。依土質所施作適合的斜坡工法，減少水侵蝕情形。因為不會有支撐架（切梁）等方面的問題，施工效率高。開挖土量及回填土量多
擋土牆的分類	H型鋼樁擋土牆整體工法	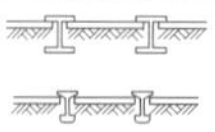	就算是比較堅硬的地盤或是卵石地層，也可以施作。雖有湧水的問題，因為不需要水壓，對支撐架有利。可與螺旋錐鑽掘方式併用，來減低打設時發生的震動、噪音問題
	鋼板樁擋土牆工法		有可能因為地盤的限制而無法施作。另外，打設時會有震動、噪音問題。需注意咬合部位的強度，若發生脫離會產生止水問題。因為要承受水壓，支撐架的應力比H型鋼樁擋土牆整體工法的支撐架大
	現場打設連續壁擋土工法：攪拌樁柱列擋土牆工法		震動、噪音問題比H型鋼樁擋土牆整體工法、鋼板樁擋土工法小。擋土牆的剛性可以很大。為了保護樁孔孔壁而使用的泥水工法，會發生泥水處理的問題。支撐架的應力比H型鋼樁擋土牆整體工法大
	現場打設連續壁擋土工法：預鑄樁柱列擋土牆工法	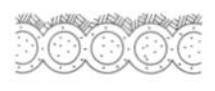	
	現場打設連續壁擋土工法：水泥沙漿樁柱列擋土壁工法		
	現場打設連續壁擋土工法：RC連續壁擋土工法		水泥沙漿樁柱列擋土壁工法（或是現場打設RC樁柱列連續壁擋土工法），因為止水效果相對不良，因此需在擋土牆背面灌入藥液。RC連續壁擋土工法的止水效果好，依照工法不同，可與結構壁、樁一起兼用
支撐的分類	水平切梁工法	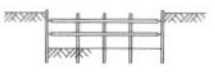	廣泛使用的支撐工法。因為支撐架的架設，某種程度會影響其他工程進行的效率
	島式工法	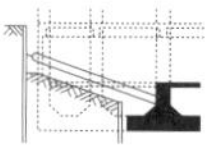	比起水平切梁工法，在切梁材料與所需施作手續上較為節省。大部分可以機械挖掘，但對於周邊殘土的挖掘會有問題。適用於廣域淺層的開挖基地
	逆打工法	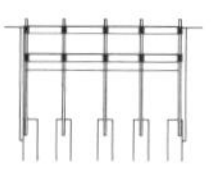	遇到地下室又深又廣的情形，此工法可發揮很好的效果。支撐結構本體可暫時作為地下室的假設工程。但會因為不同場合而有需要補強的情形。因逆打混凝土，在接頭部位會產生問題
	地錨工法		因為地錨的垂直分力，擋土牆所需的支撐力較大。地錨設置在基地範圍以外的時候，需要先了解鄰地的狀況。依基地不同，而可能需要在地下工程結束後拆除。施工效率高

這項缺失，需將地盤挖出大約30公分厚的地盤土，並與回填土或填充土充分混合。

轉壓—転圧

使用輪胎碾壓機等機具將土夯實的作業。此外，也有以夯實機將礫石或砂礫等土質夯實的小型機器。

山砂—山砂

從陸地上取得的砂。主要使用在既有基樁拔除後的回填使用。價格低廉、顆粒分布良好、固實效率高。可用其他的砂替代。

加水固實—水締め

在當作回填土使用的山砂中加入適量的水，使之固實。相較於打擊固實法，加水固實是簡單的固實工法。

擋土

擋土牆—山留め

開挖時，在有崩坍疑慮的開挖壁面上，使用擋土板壓持的施工方式，有分段式擋土牆工法、H鋼襯砌板擋土工法等等[圖15、表2]。

水平支撐工法—水平切梁工法

以水平配置的支撐（切梁）來支承擋土牆側向壓力是最一般的工法。又稱作井型切梁工法。適合用於規律平整的建築物。要考慮支撐切梁與構台（假設工程構台）之間的位置關係、是否可讓鋼筋材料搬入等等，需不偏頗於任一方，找到最合適的配置方式。此外，需先徹底檢討擋土牆主體高度與結構工程的相互關係，來決定水平支撐的高度。此支撐工法的構件幾乎都使用預鑄的租借材，優點在於除可降低成本，也不會受到地盤優劣、是否軟弱的影響，施工上也容易。但不適用於形狀不平整的平面及跨距大的情形。

地錨工法—アースアンカー工法

藉由定著於背面良好地層的地錨，來支撐擋土牆的工法。相較於常用的擋土牆，因為沒有切梁，所以施工效率佳。此外，所有地盤地錨的耐力除可事先確認之外，地盤地錨本身因具有預力，強度足以抑制擋土牆變形。也有使用過後可拆除式的地錨。

無切梁的自立擋土牆工法—自立山留め工法

不使用切梁，僅以擋土牆自承的工法。雖無切梁而使得施工效率佳，但因為屬不安定的結構，在安全上，需要確保擋土牆打入地下深度是足夠的。一般適用於地盤良好或是淺開挖的條件。

H型鋼樁擋土牆整體工法—親杭橫矢板山留め工法

H型鋼等的擋土板立樁（用來垂直固定於地盤的主要擋土樁），以1至2公尺的間隔打擊至地底，開挖地同時在擋土板立樁之間差入橫向的擋土木板，構成整體擋土板的工法[圖16]。因地底部不連續的關係不具阻水性，不適合地下水位高的地盤或軟弱地盤。

簡易擋土牆—簡易山留め

以單管或木樁打入地底，在其中設置擋土板作為開挖面的養護。適合在良好地盤、開挖深度淺的情形下進行。[圖17]

預壓載重工法—プレロード工法

為了抑制擋土牆變位，抵抗側向壓力，在下一個開挖工程之前，使用油壓千斤頂導入切梁，將擋土牆往背面地盤方向施壓的工法[圖18]，稱作預壓載重工法。為了促進軟弱黏土層的壓密沉陷作用，也有使用回填土來增加載重的預壓載重工法。

垂直固定開挖—定規掘り

使用H型鋼或角材等作為固定模矩的擋土支撐材料，進行管溝開

圖16｜H型鋼樁擋土牆整體工法

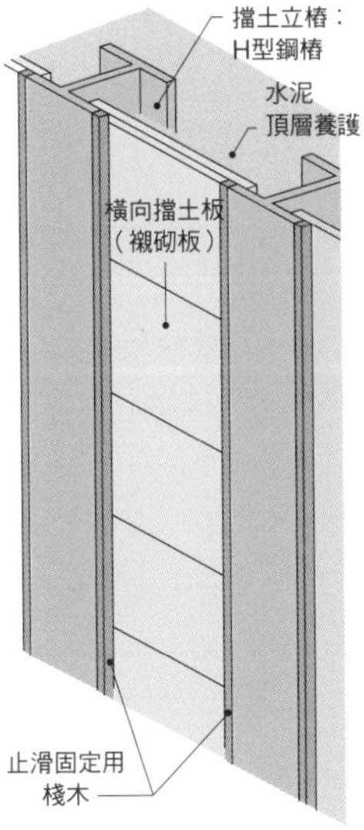

圖17｜簡易擋土牆

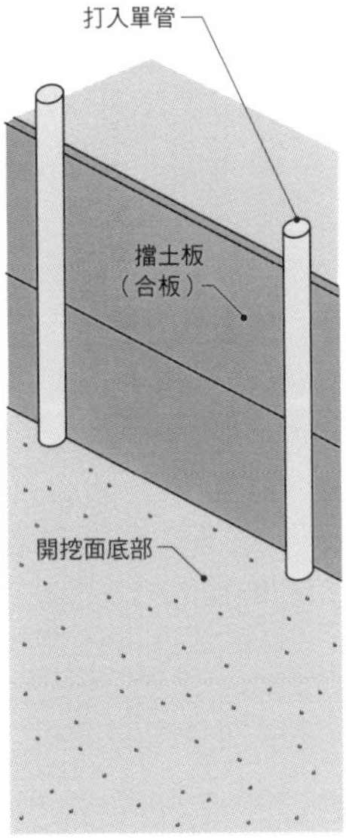

圖18｜預壓載重工法

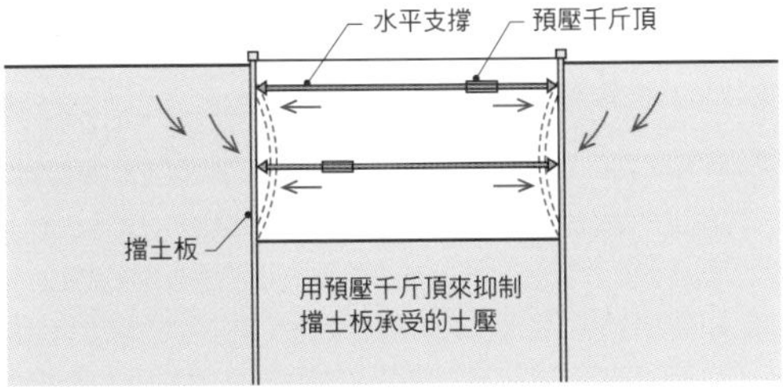

圖19｜垂直固定開挖

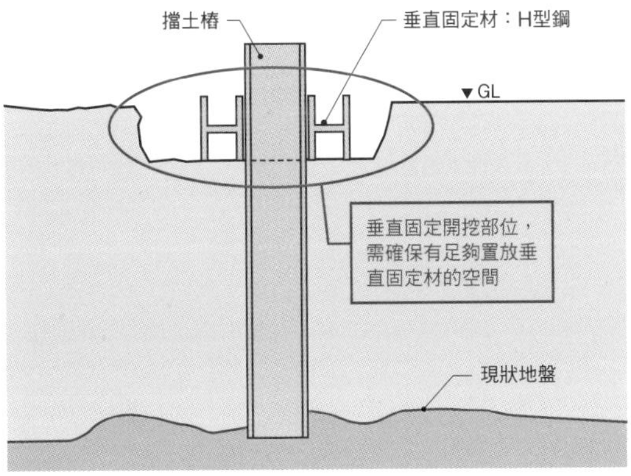

圖20｜鋤鐮

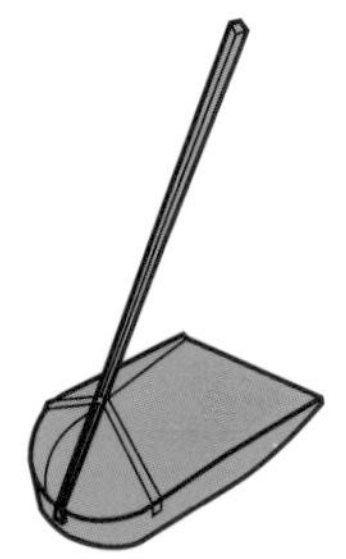

圖21｜章魚錘

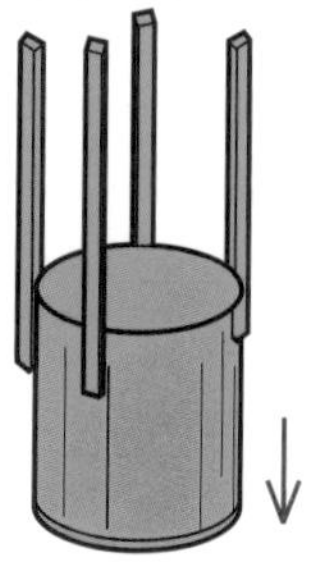

挖作業[第21頁圖19]。是正確地將擋土樁打擊進入地下不可欠缺的支撐材料。

擋土板—矢板
作為擋土使用的擋土板。軟弱地盤開挖時，為了防止開挖後發生的砂石傾瀉，在開挖範圍的周邊連續施打擋土板。擋土板材質有木製或鋼製等。

鋼製擋土板—鋼矢板
鋼製擋土板的兩端呈溝狀可相互接合。又稱Sheet pile鋼板樁。

小型鋼板樁—トレンチシート
Trench Sheet，小規模工程使用的鋼板樁。相互重疊接合，但無上述Sheet pile鋼板樁的止水性。

鋤鐮—鋤簾
用來刮土的工具。在約1公尺長手柄的端部，附上寬型如刀刃的薄片[圖20]。

章魚錘—たこ
用來將土、敷面砂石固實的木製工具。在短切粗壯的圓柱狀木塊上附加2～4根手柄，因其形狀類似章魚，因此以其形狀稱呼[圖21]。

稻草蓆袋—カマス
將草蓆對半折縫製的袋。做成沙包，用來防止水從擋土板之間流失。袋內置入潛水泵，防止抽水時發生堵塞，如將稻草袋沙包直接置放於地面，可用來養護泥部位的表面。

背襯—裏込め
在擋土牆與**橫擋板**（與擋土牆相接，水平設置，將土壓力傳達至切梁的H型鋼）之間縫隙埋設。是將擋土壁側向壓力，均勻地傳達至切梁的重要作業項目。開挖時將土置入橫擋板與地盤之間的縫隙，稱作背填。

圖22｜地盤隆起

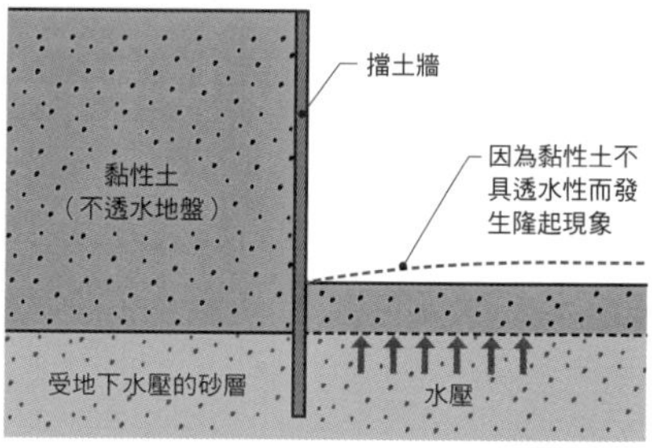

擋土設施貫入深度—根入れ
從開挖底部到擋土樁頂端，所埋設貫入的長度。又稱作**開挖長度**。特別是自立擋土工法，因為埋設深度過短會造成變位量變大，因此確認埋設的深度是重要的。

頂層養護—頭養生
在擋土牆背面的地表面，澆置混凝土、水泥砂漿的防雨養護作業。特別是擋土板整體工程，遇到大雨時，背面地盤的土砂被雨水沖流到開挖面底部，結果擋土板內空洞化，而引發鄰地地盤沉陷的情形，因此需要確實地施作頂層養護。

圖23｜地盤上浮

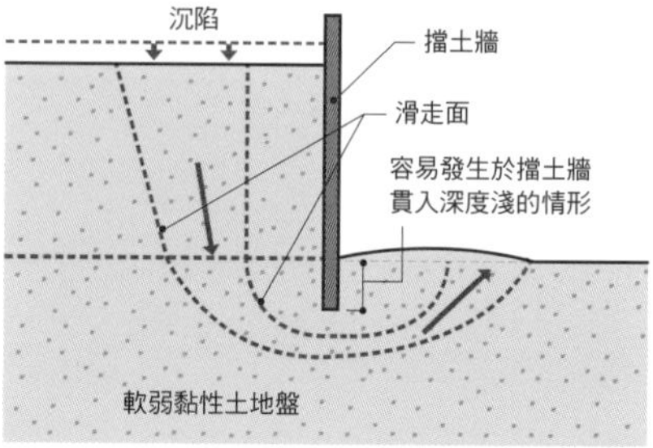

基地隆起—盤膨れ
滯水層地下水水壓帶來開挖面底部的不透水地盤（黏性土）隆起的現象。以鑿井作業等的排水工法，將開挖面底部的地下水強制排出、減低水壓為對策[圖22]。

地基上浮（Heaving）—ヒービング
開挖面底部的土壤，受到擋土牆背面土壤重量擠壓而浮起的現象[圖23]。好發於軟弱黏土層、擋土牆深度過淺的情況。

管湧作用（Piping）—パイピング
擋土牆縫隙間的砂與地下水一起湧出，形成管狀的水道，管湧作用擴大的話，將發生地盤沉陷的現象。

圖24｜砂湧現象

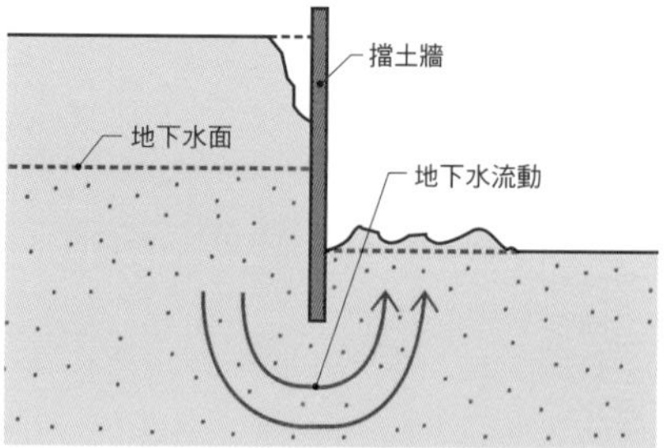

砂湧現象（Boiling）—ボイリング
在地下水位的淺砂層進行開挖時，開挖面底部和周圍地盤面之間的水位高程差，讓開挖面底部全部的砂如沸騰般地噴湧上來的現象[圖24]。另外，砂顆粒間的磨擦力消失，成為懸浮液[※]的狀態，稱為砂湧現象。為了解決砂湧現象，如有不透水層，可將擋土牆貫入至不透水層來開挖，若是H型鋼樁擋土牆整體工法的話，利用強制排水的方式來降低周圍的地下水位。

※：固體粒子分布其中，像墨汁般的液體

大地工程、基礎工程 5

建築物建於地盤上，若無法藉由基礎版將上方建物載重正常地傳達至地盤，會發生建築物傾斜的情形，依據建築物的結構、基礎形狀以及地盤性能而有各種不同形式的基礎打底工法。

大地工程

基礎打底—地業

為了支承基礎版，在其下方設置礫石、椿。在開挖完成後，為了固實開挖面底部地盤，鋪上礫石或填縫砂粒，用夯實機壓實，並澆置混凝土的作業工程。進行固實作業時，依照砂、砂粒、碎石、礫石等材料種類的不同，而稱作砂基礎、砂粒基礎、碎石基礎、礫石基礎。

砂質基礎—砂地業

利用密實砂質地層的支承力，將軟弱地盤轉換成砂質地盤的一種地盤改良工法，用來支承直接基礎或基椿基礎的基礎版、地梁、混凝土的基礎。為了讓砂層緊密札實，需於每30公分處進行排水、固實、震動等作業。使用於砂質基礎底部的一部分只差一點點就到達承載地盤的情形，或是地中埋有古井的情形。依照材料的不同，而有砂質基礎[圖1、2]、砂礫基礎[圖3]、碎石基礎、礫石基礎[圖4、5]等名稱。

碎石基礎—碎石地業

將岩石或卵石擊碎而成的碎石鋪

照片1｜將礫石尖端豎立排列

圖1｜砂質基礎

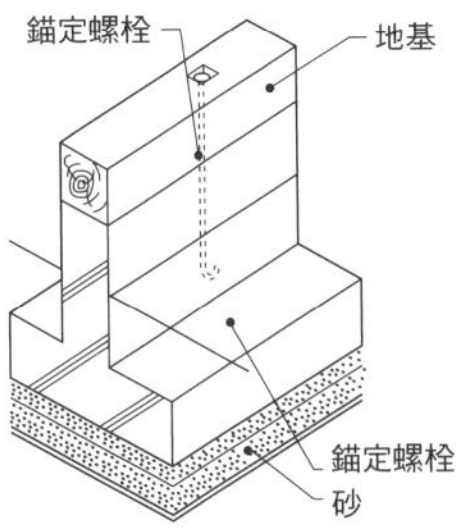

圖2｜砂質基礎的順序

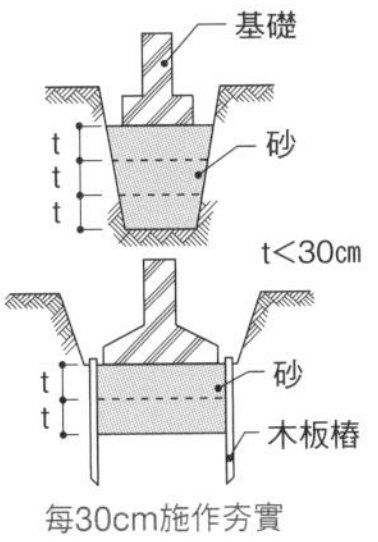

圖3｜砂礫基礎

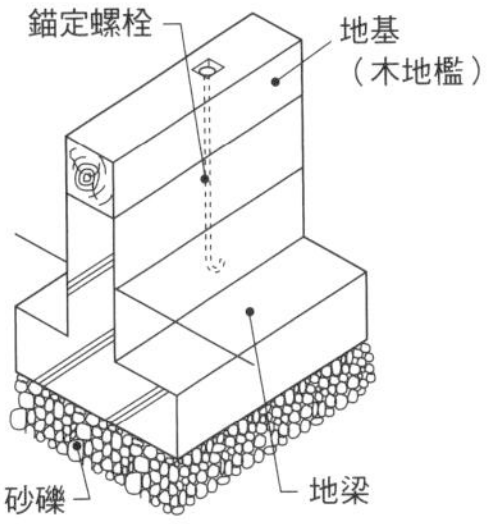

圖4｜礫石基礎

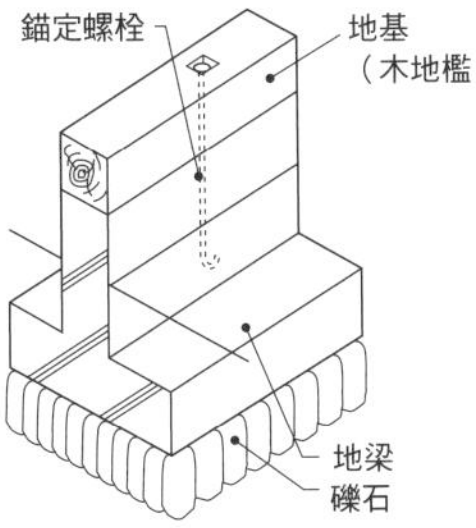

圖5｜礫石基礎的施工步驟

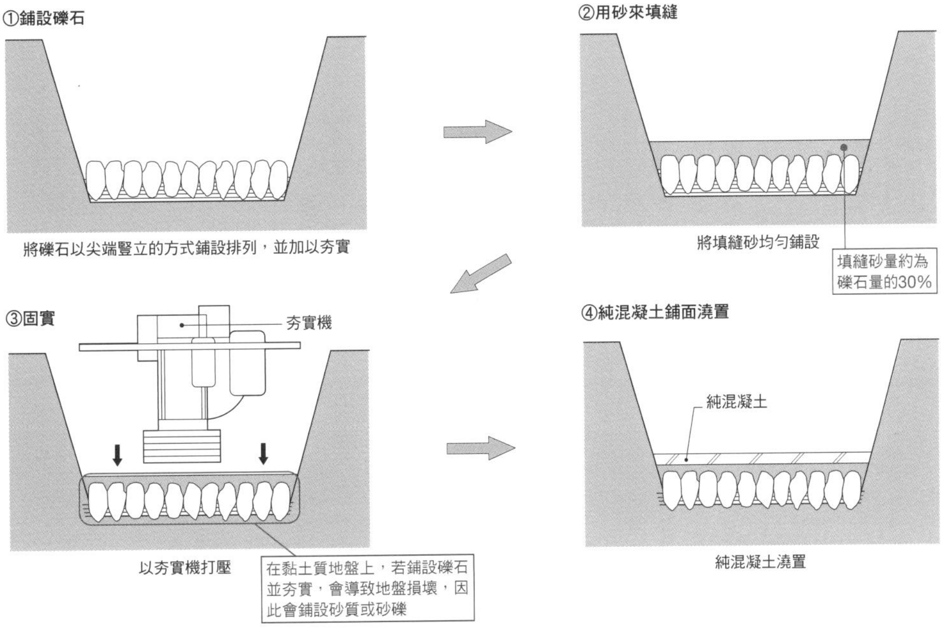

照片2｜純混凝土鋪面

撒於開挖底部，施以轉壓的基礎。需使用不含草木根、木片等的硬質材料，鋪設一定的厚度之後，充分地夯實。

岩礫石基礎｜割栗地業

開挖底部經過夯實之後，將岩礫石以尖端豎立的方式緊密排列［23頁照片1］，並取岩礫石量三分之一以上的砂，將縫隙填平，再以機器加以夯實，此為施作於一般直接基礎上的基礎工程。厚度多為15～30公分，相對於砂質基礎、玉石基礎，較能構成緊密的鋪面。通常使用於水分多的黏土地盤，不適用於會讓岩礫石深陷其中的軟弱地盤。

岩礫石｜割栗石

在建築物或道路等的基礎工程，將高度20～30公分、厚度7～10公分岩石敲打擊碎，作為固實地基的石材。

填縫砂｜目潰し砂利

鋪設岩礫石之後，將其縫隙填平所使用的砂。為基礎工程中將細縫填補成平面時使用。

顆粒尺徑篩選｜粒調

主要是指顆粒大小調整過的碎石。擊碎後篩選出符合特定尺徑需求的碎石。顆粒尺徑在0～40釐米之間的砂石稱作40zero。在建築的基礎工程若需要使用顆粒尺徑篩選過的碎石時，一般都會使用尺徑40zero的砂石。

砂利｜バラス

英文Ballast，意指砂粒的種類。

固實工法｜締固め工法

適用於較為鬆散砂質地盤的地盤改良工法。工法有以下幾種：

①滾壓固實工法：以Roller滾筒、Rammer夯實等機具，直接在地基上施加壓力。若屬填土地盤，分別在每30公分處施作滾壓工法。

②加水固實工法：在砂質地盤加水夯實的工法。

③樁固實工法：將多數量的混凝

圖7｜樁的種類

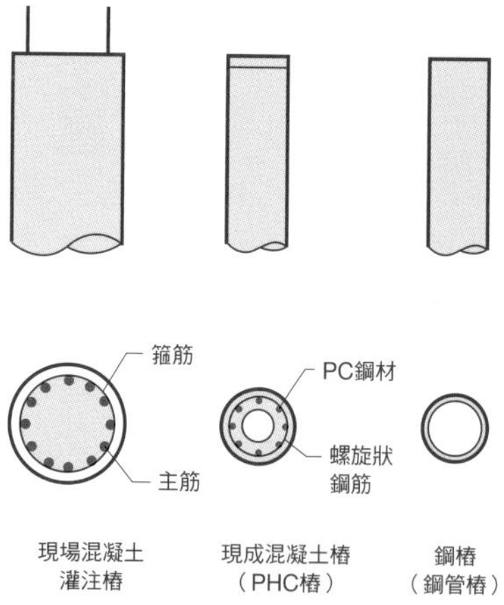

圖6｜基樁與摩擦樁

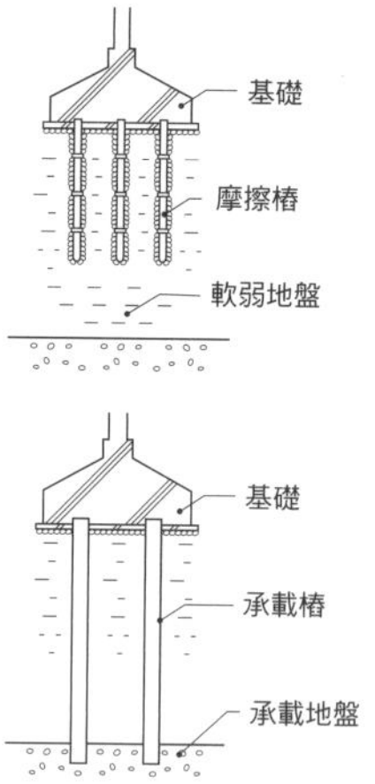

表1｜樁的種類

鋼筋混凝土樁既成品	離心力鋼筋混凝土樁	離心力鋼筋混凝土樁（RC樁）
		高強度預鑄混凝土樁（PHC樁）
		管徑擴大的高強度預鑄混凝土樁（ST樁）
		鋼管外殼的混凝土樁（SC樁）
		內含鋼筋或扁鋼的混凝土樁（PRC樁）
	振動固實鋼筋混凝土樁	
鋼樁	鋼管樁	
	H型鋼樁	
現場混凝土灌注樁	開挖全長	僅在地表層使用套管
	全套管工法（重錘開挖）使用套管	反循環基樁工法（泥水逆循環開挖）
		鑽掘工法（安定液非循環開挖）

圖8｜混凝土灌注樁的施作工程

基樁中心放樣及確認 ↓	從定位樁中心拉出定位放樣線，將間隔器打入土中，並在間隔器上繫尼龍繩作記號
移入基樁相關重型機械 ↓	樁工程施作之前，在重型機具下方鋪設鋼板。通常使用1,500×6,000㎜（25或30㎜厚），有時使用1,500×3,000㎜
鋼筋籠製作 ↓	搬運到現場的鋼筋，不是直接放置在地上，而是排列在臨時角材上。因鋼筋熔接出來的鋼筋籠會出現斷面損壞，所以也有無熔接式的工法。為確保水泥包覆鋼筋的厚度，會安裝間隔器
試樁打設 ↓	確認承載地盤與設計圖的樁工法是否合適
開挖（使用螺旋鑽）↓	使用螺旋狀的鑽掘機鑽孔，並搬移鑽掘排出的土及液體
垂直的確認 ↓	使用經緯儀、鉛錘器確認垂直度
土質的確認 ↓	每1公尺採樣一次土質，參照鑽掘試驗數值進行開挖
灌入安定液 ↓	為了防止樁孔壁的崩場，一邊灌入穩定液，一邊進行鑽掘
承載地盤的確認 ↓	利用承載地盤的土質採樣來判定
基樁底部清掃 ↓	去除基樁底部因鑽掘產生的土
插入鋼筋籠 ↓	吊裝鋼筋籠進入基樁底部
插入特密管 ↓	使用特密管不讓混凝土與骨料分離
橡皮栓塞 ↓	混凝土澆置前，先將一橡皮栓塞（PLUNGER）置入特密管內，用來防止混凝土一口氣落下，與水混合
預拌混凝土 ↓	拔取出特密管，重覆混凝土澆灌作業
確認基樁頂部的高度 ↓	考量基樁的預留長度
完成	灌注樁完成後鋪上鋼板，以確保樁頭養護及現場安全

土樁打入地盤的固實工法。

混凝土打底—捨てコンクリート
以礫岩或砂利將表面壓實之後，在基礎底部以下大約3~5公分之處，以混凝土打底，用來決定建物軸心或基礎的位置。雖無結構上的意義，但有助於打樣、使基礎底面平坦，也可防止基礎混凝土的流失與脫水現象。若屬優良的基礎地盤，可直接在地盤上打設純混凝土。因屬基礎工法的一種，也稱作混凝土基礎。［照片13］

碎石混凝土—ラップルコン
Rubble Concrete的譯名簡稱。將基礎下方到承載地盤之間所澆置的玉砂石，作為顆粒大的骨料的普通混凝土。若是地盤厚度不厚、正下方出現硬質地盤的情況，施作的效果更好。連續基礎的下方腐植土範圍比基礎更大，需開挖掘至硬質地盤，鋪設碎石、澆置混凝土。理想作法是每30公分施作混凝土澆置工程。

圖9｜打擊工法

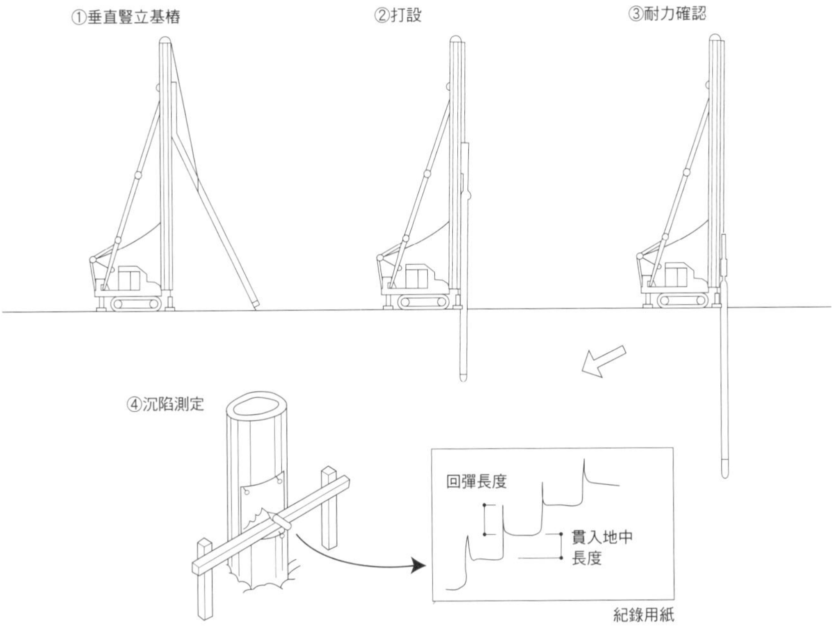

圖12｜全套管基樁工法

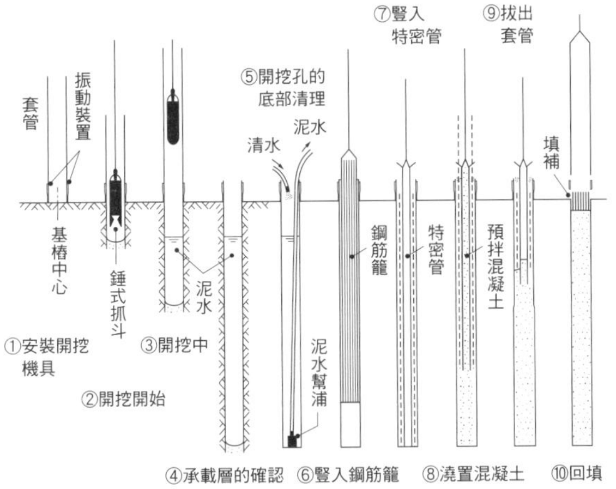

圖13｜鑽掘工法

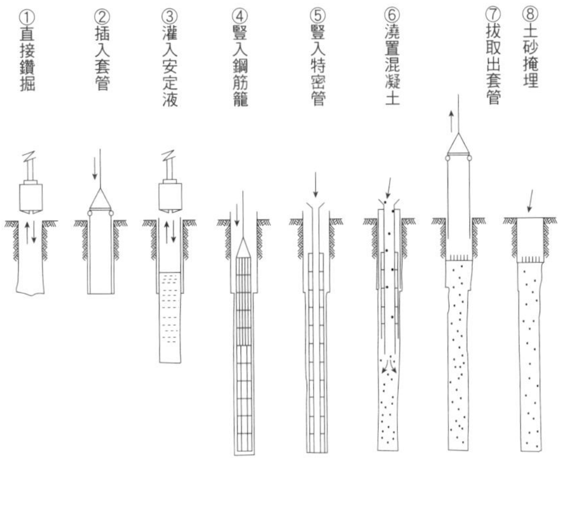

圖10｜預掘工法

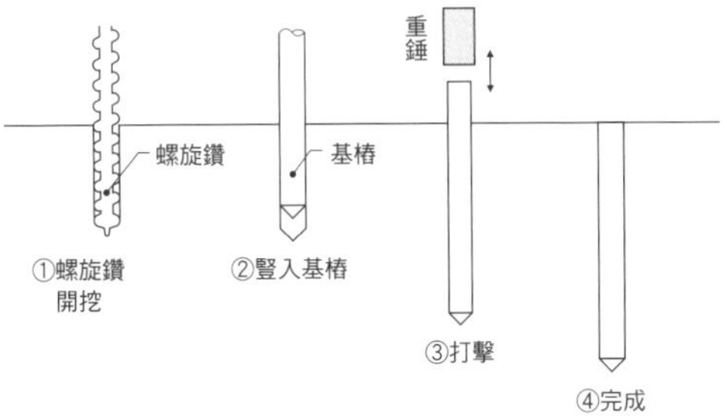

圖11｜中掘工法

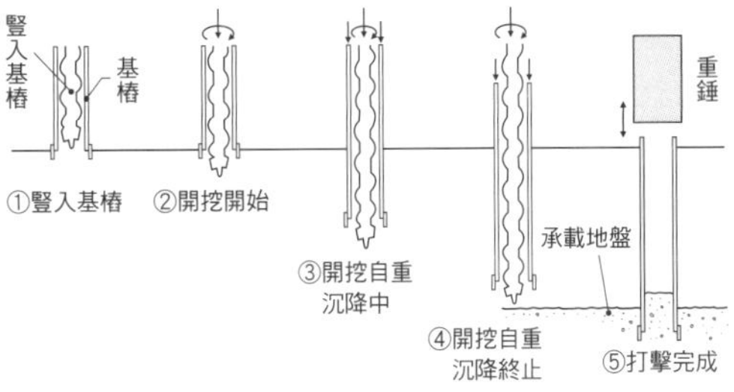

樁工程

圖14　反循環基樁工法（泥水逆循環開挖）

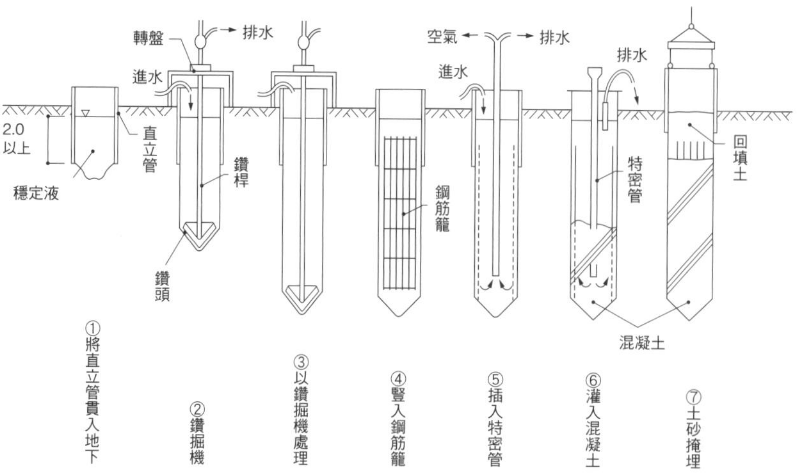

圖15　BH工法

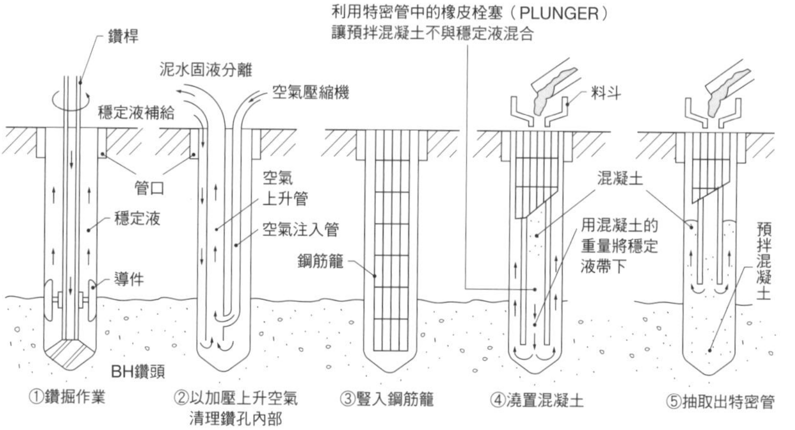

樁—杭

用來確保承載力的基樁形式，有基礎樁與摩擦樁［24頁圖6］。樁的種類如［24頁圖7］、［24頁表1］所示。一般在載重輕的建築物或是承載地盤較淺的情形所使用的基礎樁，主要使用PHC樁（離心力預力混凝土樁），少數使用木樁、PC樁、RC樁。

若屬承載地盤較深的情形，則使用混凝土灌注樁，或是PHC樁。若是更深的承載地盤，則使用擴底樁、鋼管樁。

點承樁—支持杭

將樁的前端打入地耐力大的地層，可以將建築物的載重力傳達到地層的樁。大部分的承載力取決於樁體前端的抵抗力。若承載層上方有比較硬的地層（中間層）的情形，需要充分探討施工的可行性。

摩擦樁—摩擦杭

可從樁的表面與地盤的摩擦力得到大部分的承載力。適用於承載層較深或是建築物比較輕的情形。英譯Friction pile。因為摩擦樁單支的耐力較點承樁小，而使樁數量增加，這一部分可因夯實工法而有地盤改良的效果。

現場混凝土灌注樁—場所打ちコンクリート杭

［24頁圖7、8］不破壞孔壁，開挖地盤，開挖完成後，在孔內吊裝鋼筋籠，使用特密管（Tremie pipe），將混凝土注入而製成，總稱鋼筋混凝土樁。

因開挖或孔壁保護方法等的不同，而開始有鑽掘工法（earth drill method）等的工法產生。依據不同的工法而設置不同的套管（開挖孔的保護鋼管），開挖樁孔，事先在樁孔插入已在地面組裝完成的鋼筋籠。鋼筋籠設置好之後，再使用特密管灌入混凝土。

開挖之時，因產生與樁體積等量的廢棄土，需清理鑽孔底部泥水。此外，為了防止孔壁崩壞，需使用穩定液，並且必須將產生的廢棄土視作產業廢棄物依程序處理。

預製混凝土樁—既製コンクリート杭

在工廠製作的混凝土樁。因為在工廠製作生產，可以確保固定的品質。最近，隨著預埋工法所帶來的高承載力，開始傾向使用大口徑的預製混凝土樁。可依據目的改變強度，在樁前端改變樁的口徑，並在外圍卷覆鋼管來增加單支混凝土樁的支承力，稱作鋼管混凝土樁（SC樁），其製作至交貨較為需時，是需要留意的地方。因與鋼管樁合成製作，又稱作現成預鑄鋼管混凝土樁。

鋼樁—鋼杭

鋼製的基樁。有鋼管與H型鋼兩種。最近多在鋼管的前端設置螺旋狀或是四角型的槳翼，作為旋轉鑽掘式基樁（螺旋槳狀的基樁），常用於小規模建築物。方便搬運及施打，以熔接方式可增加長度，耐力大，但容易鏽蝕。

植樁基礎—杭地業

以基礎樁來支承結構體的載重。主要的樁基礎種類有現成混凝土樁、鋼樁基礎、現場混凝土灌注樁。

打擊工法｜打擊工法

以打樁錘打擊基樁頂端的工法〔25頁圖9〕。一般施作於口徑800釐米以下的基樁。依據打樁錘的打擊落下的高度、打擊次數的貫入深度、回彈量數值確認承載力，對基樁工程來說是可信賴度高的工法。

但因為打擊所帶來的震動、噪音會造成所在街區的困擾，因此會使用覆有防音防煙遮罩的打樁機具，或是油壓式打樁錘。

預掘工法｜プレボーリング工法

使用螺旋鑽（在地下鑽孔的機器）等機具先行鑽孔，在孔內沉設基樁的工法。也有使用重錘將基樁打擊進入地下，再注入穩定液。此工法可抑制振動與噪音〔25頁圖10〕。

圖16｜地下連續壁工法

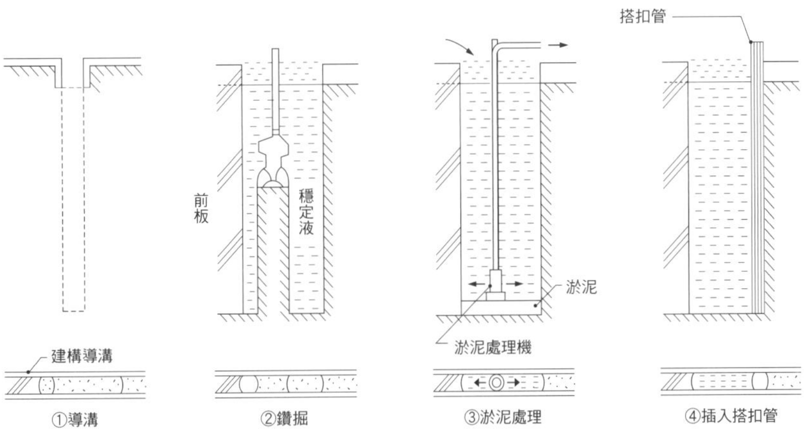

圖18｜EAZET工法

旭化成建材

圖17｜深基礎工法

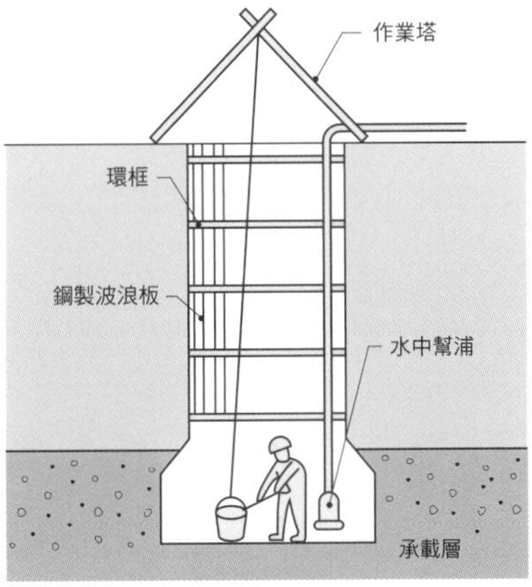

中掘工法｜中堀工法

在中空的圓柱狀樁體中，使用螺旋鑽掘機具挖掘樁體前端的地盤〔25頁圖11〕。一邊排出鑽掘產生的土，一邊將樁體沉設進入地下，樁體垂直性極佳。

另外，因為具有基樁套管（保護鑽孔的鋼管）的功能，不會發生鑽孔崩坍的狀況。使用螺旋鑽掘機具來鑽孔所產生的噪音、震動也相對較小。

全套管基樁工法｜オールケーシング工法

一邊將套管以振動方式持續插入至基樁底部，一邊以錘式抓斗進行開挖排土，也就是將套管回轉壓入地下，再以錘式抓斗或是鑽掘機具在套管中進行開挖的工法〔25頁圖12〕。之後再將預先在地面組裝好的鋼筋籠插入套管，插入特密管，一邊灌入混凝土一邊將套管抽取出來的工法。也稱作振動式全套管工法。一般來說這種工法因為不使用穩定液，具有周邊摩擦力的優點，可信賴度高。

鑽掘工法｜アースドリル工法

將開挖抓斗旋轉，以抓斗鋤土，並將土排出鑽孔之外的工法〔25頁圖13〕。通常在表層部位使用套管，深處部位不使用，主要以皂土（Bentonite）作為穩定液，以抓斗或用加壓空氣清理基樁底部，為了讓鑽孔孔壁穩定，在上方部位以鋼製套管保護。開挖完成之後，插入鋼筋並灌入混凝土。依據工地周邊環境或是施工費用的不同，也有擴底鑽掘工法、迷你鑽掘工法等其他種類。依據載重條件，另有基樁外覆鋼管的方式，稱作現場鋼管混凝土灌置基樁。

反循環基樁工法｜リバースサーキュレーション工法

利用鑽掘頭（鑽掘用的抓頭）將鑽掘出的土砂鏟出並與泥水一起吸至地面上排出的工法〔圖14〕。在基樁內插入鋼筋籠，插入特密管，灌入混凝土。幾乎適用於各種地盤條件。

BH工法｜BH工法

Boring Hole工法的略稱。使用強力的鑽掘機具，將安裝於鑽桿前端的鑽頭旋轉，不使用套管的鑽掘工法。鑽掘過程使用穩定液，以幫浦送至鑽頭前端，鑽掘出的土砂以向上的水流帶到鑽孔頂部，再以旁側的幫浦排出（正循環方式）。因機具體型較小，常用於腹地狹小的工地。與反循環基樁工法相反，是將皂土泥水從鑽頭處噴射出，依照壓力與比重，將土砂沿著鑽孔孔壁往地面擠壓排出的工法［正循環方式、26頁圖15］

圖19｜泥漿比重器Mud Balance

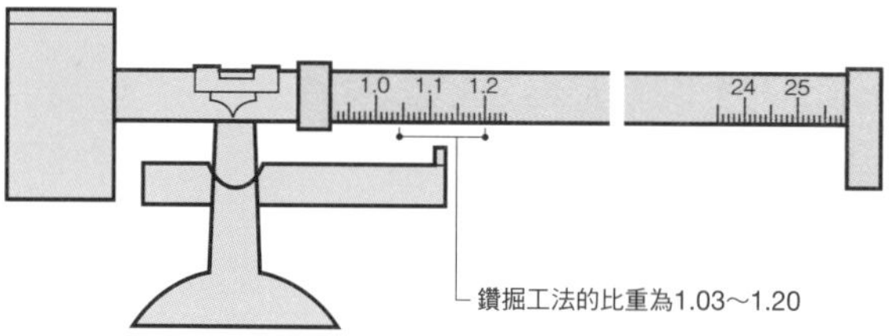

圖20｜漏斗式黏土計

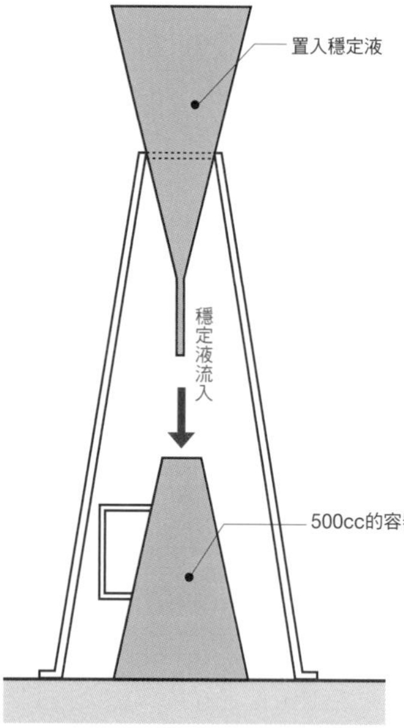

地下連續壁工法｜地中連続壁工法

擋土牆工法之一。擋土牆直抵承載地層的施工法，可使用現場混凝土灌注樁。用來隱藏柱、縱梁或地梁於牆體內，並將牆內直角方向的大梁、小梁、樓版連接等，賦予牆體具備結構體的機能［27頁圖16］。

基礎深挖工法｜深礎工法

在基樁穴底部以人力挖掘深基礎的施工工法［27頁圖17］。以波浪狀的鐵板和擋土牆加固，持續進行挖掘工作。在基樁底部組立鋼筋，一邊澆置混凝土，一邊將擋土牆移除。若是以機具挖掘深基礎，則依照全套管基樁工法進行鑽掘，基礎穴底部以人力挖掘。此工法可使用於需人力施工的狹小基地、傾斜地，也可以用於大口徑的基樁施工，但若施工現場地下水多，將無法施行鑽掘作業。這項工法具有一定的危險性，須謹慎檢討基樁穴內的作業環境。

螺旋式基樁工法｜スクリュー式パイル工法

將旋轉灌入樁以螺旋旋轉方式打壓進入地盤的一種工法。又稱旋轉貫入工法。有EAZET工法［旭化成建材、27頁圖18］等等。

水泥漿基樁工法｜セメントミルク工法

將水泥漿注入基樁穴裡，豎入預鑄混凝土基樁，因為水泥漿的硬化作用，而將基樁與承載地盤結合為一體的基樁工法。事先以鑽掘工法將基樁穴挖掘完成。挖掘基樁穴孔的頂部部位，使其大於基樁管徑，並以基樁管徑300～600釐米，施工深度30公尺為限。

圖21｜淤泥

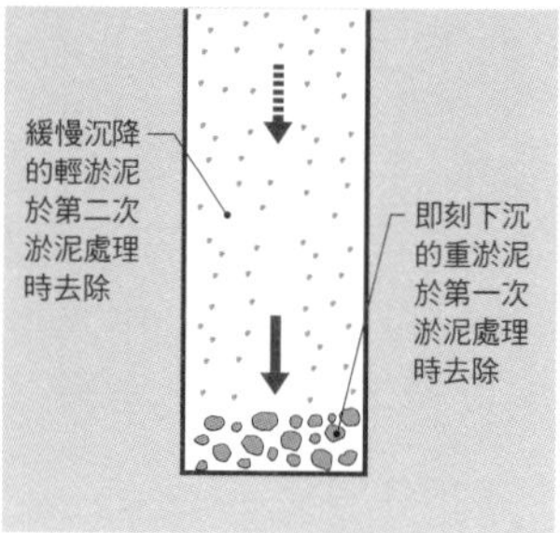

穩定液｜安定液

進行鑽掘工法或BH工法挖掘時，使用皂土溶液［※］來防止鑽掘孔的孔壁崩壞及淤泥下沉。皂土吸收水分之後，細質黏土明顯膨脹成液狀，流灌於鑽掘孔內，防止孔壁崩壞。穩定液的比重、黏度、砂成分、PH質等等，會強烈影響現場混凝土灌注樁的品質，需妥善管理。

泥漿比重器（Mud Balance）｜マッドバランス

測量穩定液比重的計測器［圖19］。依鑽掘地盤不同，穩定液的比重也要隨之調整，若是採用鑽掘工法，比重約為1．03～1．20。

圖22｜空氣上升工法

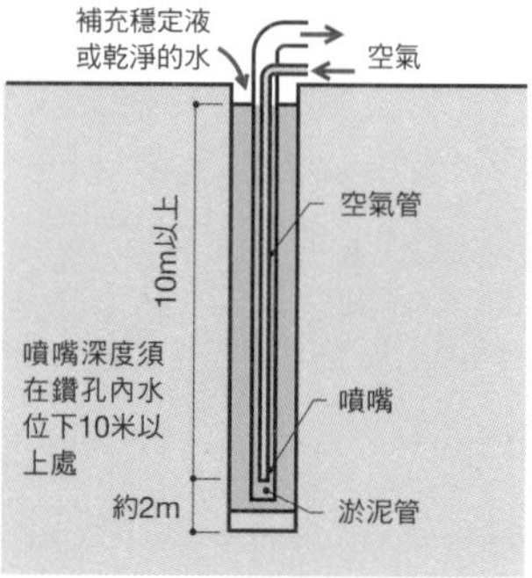

增打作業｜増し打ち

在原本預計的基樁數量之外，再追加打設的作業。

擴底作業｜拡底

為了增加現場混凝土灌注樁的承載力，而進行基樁底部擴大開挖的作業。

基樁負摩擦力（Negative Friction）｜ネガティブフリクション

在軟弱地盤等地區，因地盤下陷基樁產生的向下摩擦力。可在表面塗覆瀝青，以減輕向下摩擦力。

漏斗狀黏度計｜じょうご型粘度計

又稱作Funnel黏度計，用來計測

圖23｜井字鋼筋支撐架

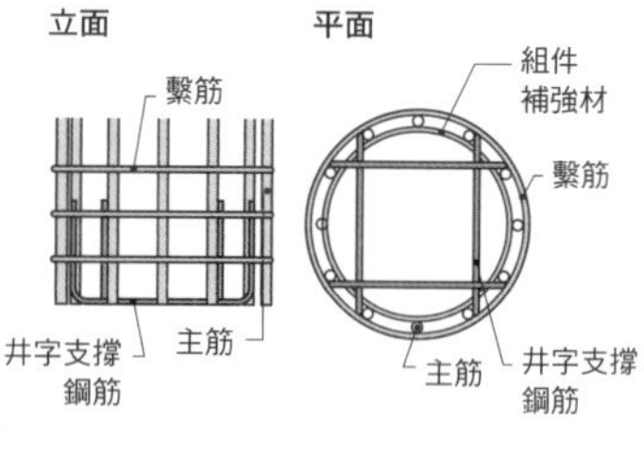

※：黏土的一種，吸收水分之後體積變成原來的10倍以上，具有膨脹特性，將皂土溶解於水，即為皂土溶液

穩定液黏性的計測器[圖20]。計測從漏斗狀黏度計流下500毫升穩定液所需的時間。穩定液黏性因開挖地盤而異。

淤泥（Slime）—スライム

懸浮於泥水中的土砂或皂土的細粒，隨著時間沉澱在鑽掘孔穴裡的挖掘殘留物[圖21]。為確保承載力與混凝土的品質，為了除去淤泥的必要作業，稱為淤泥處理，分別在豎入鋼筋籠之前進行第一次淤泥處理，在豎入鋼筋籠之後再進行第二次淤泥處理。

空氣上升（Air Lift）工法—エアリフト工法

於第二次淤泥處理時使用的工法[圖22]。使用空氣管在鑽掘孔底部上方約2米處排送空氣，因為氣泡往上產生的上升水流，可用來去除淤泥。第二次淤泥處理作業施作過度，恐會造成鑽掘孔底部鬆弛的現象。

上浮現象—浮き上がり

現場混凝土灌注樁施打作業中，隨著混凝土上升，產生鋼筋籠浮起的現象。容易發生在混凝土打設作業的初期階段。因此於鋼筋籠的底端附加井字鋼筋支撐架[圖23]來應對。

多餘澆置—余盛り

現場施作混凝土灌注樁（一般使用水中混凝土）時，為了不讓淤泥或劣化的混凝土殘留於樁頭，在樁頂多澆置一些混凝土，稱為多餘澆置。通常設定在500～1000釐米，開挖時將之去

表2｜地盤改良的種類和特徵

補強類別	表層地盤改良工法	柱狀地盤改良工法	小管徑鋼管壓入工法
補強方法的原理	• 利用水泥系固化材與軟弱地層的混合攪拌，來提升地耐力、防止建物沉陷的一種工法 • 地表附近深度較淺範圍分布軟弱層的情形，用來全面支承建物的底部	• 利用水泥系固化材與軟弱地層的混合攪拌，來提升地耐力、防止建物沉陷的工法 • 軟弱層分布較深的情形，使用柱狀改良體支承建物底部	• 藉由鋼管將建物的載重傳達到堅固地層，用鋼管的前端承載力來防止建物沉陷
基礎方法（步驟）	• 將基礎開挖面以上的地表表土鏟除，暫時置放於地表改良範圍之外 • 將改良深度以上的挖掘土量，與相對的添加水泥系固化材混合攪拌。 • 固化材的粉末狀，吸收土中水分並產生硬化反應 • 改良深度超過1m時，分數次添加攪拌，並施以轉壓交互進行	• 沿著地繩基礎，在打設的位置作記號 • 依照規定的添加量，將水泥系固化材溶於水中，製成水泥漿，以施工鑽桿機具壓送 • 中空的鑽桿壓入地下之後，從鑽桿前端吐出水泥漿 • 鑽桿的前端為螺旋翼狀，鑽桿旋轉的同時，將吐出的水泥漿與地下土層混合 • 將鑽桿上下移動，形成圓柱狀的改良體 • 因為改良體經過數小時後開始硬化，將改良體的頂部削除至基礎底部的高度	• 沿著地繩基礎，在打設的位置作記號 • 無需打擊鋼管，以旋轉方式壓入地下 • 到達規定的地層深度時，以計測器確認是否為承載層 • 施作地盤隆起試驗來確認承載力 • 連結數根鋼管抵達承載層的情形，接頭部位施以熔接 • 配合基礎底部的高度，將鋼管頂端部位切除
使用機具、材料	• 怪手挖土機 • 振動輾壓機 • 自動水平裝置 • 水泥系固化材	• 施工機具 • 水泥攪拌用機具 • 水槽 • 發電機 • 壓送水泥漿用的幫浦 • 搬運施工機具的大型卡車 • 泥系固化材	• 施工機具（在住宅密集區狹窄供搬運用道路中也可使用的施工機具，使用配合施工機具可施作壓入地下作業的鋼管管徑 • 一般結構使用的碳素鋼鋼管 • 使用直徑114.3㎜、139.8㎜、169.2㎜的鋼管 • 電熔接所需的發電機 • 搬運施工機具的大型卡車
工期	獨戶住宅、1～2日		
適用土壤	• 砂質土、黏性土。黏著力高的壤土層的混合攪拌較為需時 • 高有機質土屬酸性，對水泥的反應遲鈍，需選擇適合土質的品項	• 砂質土、黏性土 • 高有機質土屬酸性，對水泥的反應遲鈍，需選擇適合土質的品項	• 深度約為鋼管直徑100倍之處為堅固的地層
成本	• 改良範圍配合改良深度，固化材使用量、所需施工日數也會不同。 • 施工例：改良厚度1m，改良範圍100m²的情形，約需70萬日圓	• 改良柱數量配合改良深度，固化材使用量、所需施工日數也會不同 • 施工例：柱徑600×4m×40根的情形，約需80萬日圓	與柱狀改良相當
補強方法的優缺點	• 因為全面均勻地支承建物，地盤改良設計不需考量基礎梁的剛性 • 可實際目測確認混合攪拌的情形來進行施工 • 施工日期短 • 施工之後數日內可著手進行開挖工程 • 改良深度較厚的場合，怪手挖土機的機械手臂較難到達，無法確保施工品質 • 改良深度較厚的場合，混合攪拌使用的固化材用量驟增，較不經濟	• 依據瑞典式貫入試驗的數值，決定改良柱體的長度（改良柱體前端的換算N值若達4的話可以滿足需求） • 施工日期短 • 施工之後數日內可著手進行開挖工程 • 就算地下水位淺，改良品質也不會劣化 • 若地層傾斜，改良長度可依現場狀況易於調整 • 若地下出現廢材等障礙物，需在施工前先行拆除 • 較難確保地層滑動、地震等橫向力的抗材強度	• 材料品質一致 • 採用考量不受土質影響 • 產生較少的殘土 • 瑞典式貫入試驗雖有貫入極限，仍需要確定是否是鋼管的承載地盤，承載層的土層壓力是否足夠等 • 基礎梁強度小的情形，鋼管頭部有可能會向上將基礎頂起 • 廣域面積的地盤沉陷地帶，建物會向上浮起 • 因為鋼管直徑小，被認定為非承載樁的基礎工程，與柱狀地盤改良一樣，無法抵抗橫向力
適用的結構與規模	• 2層以內的獨戶住宅 • 結構證照申請需附加結構計算書的情形，需事先與相關政府單位協調		

除。

樁頭處理—杭頭処理

現場混凝土灌注樁施工時，在鑽孔內打設的混凝土樁上方部位的混凝土，現場混凝土灌注樁施工時，在鑽孔內澆置的混凝土樁上方部位發生泌水（bleeding）現象（拌合混凝土中的一部分水向上浮起）或是泥水混入，因此將沒有達到所需強度的樁頭削除約50公分，並整理鋼筋的作業處理，對於基礎是否能達到足夠的支承力，是很重要的工程。各種樁頭處理作業中，大多會使用膨脹性破碎材，以降低工程噪音。

樁體間整地—杭間ざらい

將樁周圍多出來的土，或是打樁截下的廢棄物去除，將地整平，鋪設碎礫石並壓實之後，澆灌混凝土。

加深預打樁—やっとこ

預鑄混凝土樁或是鋼管樁的施工，為了讓樁體可以打進地下一定的深度所使用的預打樁。將預打樁置於樁的上方，一起打擊進入地底。

未達預定土層—高止まり

預鑄混凝土樁或是鋼管樁的施工時發生障礙，使得樁體在比預定打擊深度高的地方停止。容易發生於起伏不一的承載層，或是容易崩壞的地層。

打樁錘—モンケン

打樁時，用於打擊樁體的重鐵鎚。也稱作Drop hammer落錘。使用Winch絞車捲上，再自由落下將樁體打擊進入地底。重量較樁體重，是樁體每1公尺長度重量的10倍。為防止樁頭損壞，原則上自由落下的高度設定在2公尺以內。

圖24｜選擇合適於地盤的工法

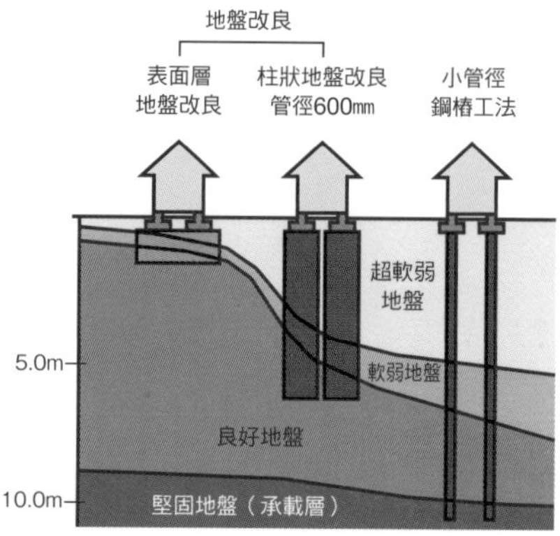

表面層地盤改良工法，適用於深達2公尺的軟弱地盤
柱狀地盤改良工法與小管徑鋼樁工法，適用於深達8公尺的軟弱地盤，以及下方為堅固地盤的情形，以柱狀體支承建物

圖25｜表層地盤改良

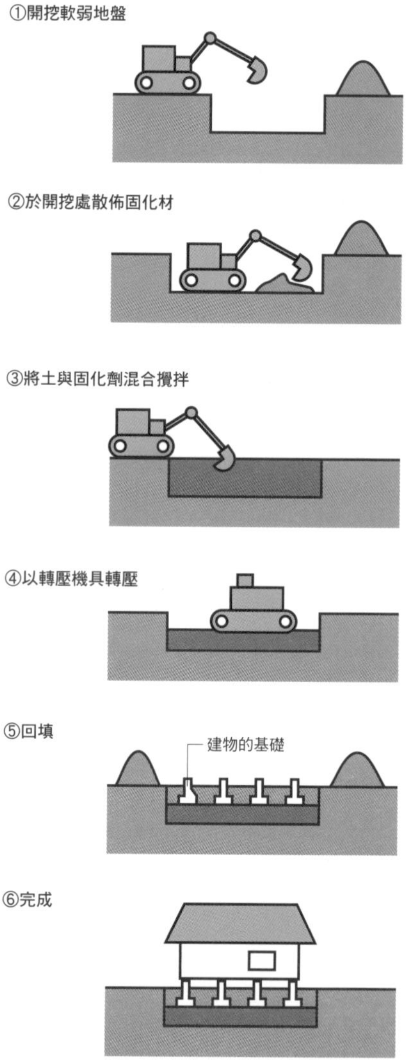

於軟弱地盤散佈、混合、攪拌水泥系固化材，於建物基礎下設置地耐力高的穩定地層。

照片3｜表層地質改良工法中固化材散佈施工

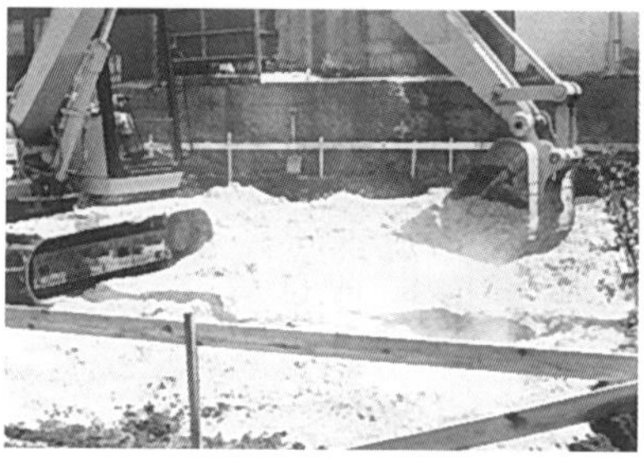

照片4｜臨時保全圍籬

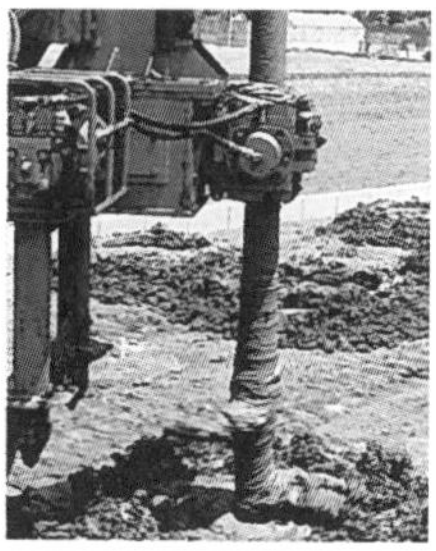

圖26｜柱狀地盤改良

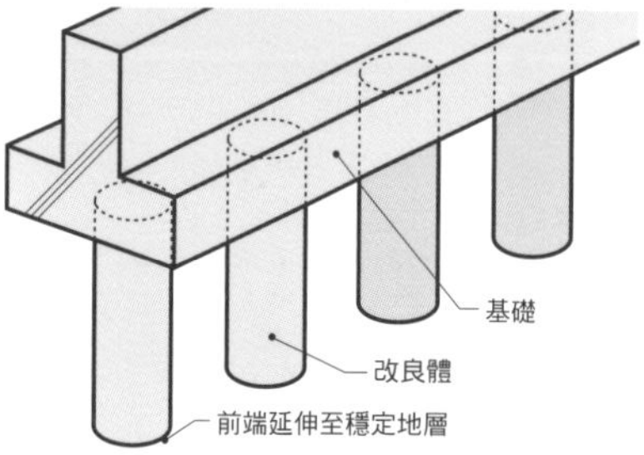

照片5｜小管徑鋼管基礎工程的鋼管壓入施作

圖27｜小管徑鋼管壓入工法

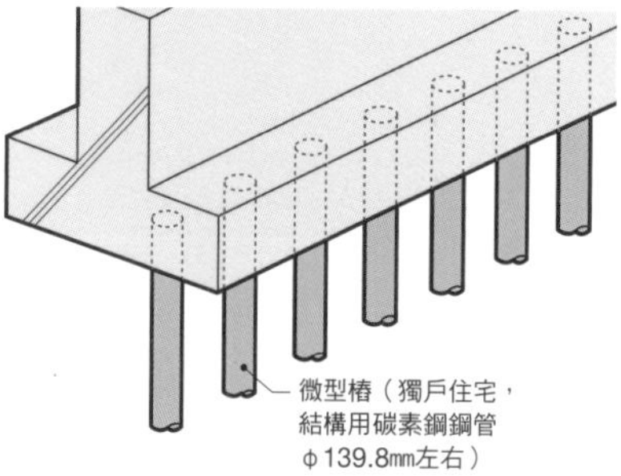

照片6｜碾壓機轉壓(照片為手持夯實機具)

樁墊—枕

打設預鑄混凝土樁時，因為直接打設樁體的衝擊力會造成樁體的龜裂，因而在樁頭安置樁墊，以作為作業中的緩衝。一般使用約5公分板厚的豎木。

特密管（Tremie Pipe）—トレミー管

製作樁體用來澆灌混凝土、水中混凝土使用的輸送管，管徑15～30公分，上方附有接收混凝土的漏斗，管子前端附有防止水逆流的特殊裝置。使用時將特密管的前端置放於混凝土中。

地盤改良工程

地盤改良—地盤改良

以增強軟弱地盤的承載力、抑制沉陷為目的，對於土進行夯實、排水、固結、置換等的處理工作。

地盤改良工法有樁基礎、固實、強制壓密、脫水、固結、置換等。獨棟建物住宅大多採用表層地盤改良、柱狀地盤改良的地盤改良工法。其他也有小管徑鋼管壓入工法等[29頁表2、圖24]。

表層地盤改良—表層地盤改良

以從地表開始往下2公尺範圍內的地盤為改良對象，使用怪手挖土機，將水泥系固化料與土混合、攪拌、轉壓的固化工法[圖25、照片3]。表層地盤改良的施作範圍比基礎大一圈。若承載層傾斜導致處理困難，或是地盤改良範圍內出現地下水位，則無法進行施工。

柱狀地盤改良—柱狀地盤改良

以螺旋鑽一邊將工地現場土與固化材攪拌，一邊向下鑽孔，將土固實改良成柱狀體，再藉由它們把建物的載重傳達到安定的地盤中[圖26、照片4]。工地現場土與固化料攪拌時，依據是否使用水而有乾式與濕式兩種。時時確認固化材的添加量以及攪拌狀況，是相當重要的步驟）。與樁不同，因為柱狀體前端不需要到達堅硬的承載層，可依據瑞典式貫入試驗取得的資料進行設計。

小管徑鋼管壓入工法—小口径鋼管圧入工法

為了承載建物，將小管徑的鋼管以迴旋方式下壓至承載層的工法總稱[圖27、照片5]。獨棟建物住宅，以施工機具的能力來判斷勘查，使用管徑小φ139．8㎜的結構用碳素鋼管，因為管徑小而不被認定為承載樁，就日本建築基準法來說不是地盤改良，而是被分類至一般的基礎工程。

置換工法—置換工法

若地盤的一部分或全部為軟弱地層，或是有地層凍結隆起等問題[※]，使用優良地盤材料來替換的工法。若地盤改良施作深度較深，擋土牆等的成本也隨之提高，因此一般使用於地盤改良深度較淺的情形。

※：地下水凍結形成霜柱，使地表隆起的現象。

排水砂樁工法—サンドドレン工法

在軟弱黏土地盤內，以砂樁促進壓密的工法。期待土中的水分浸滲至砂樁，以達到排水的效果。

改良深度—改良深度

在深度上進行地盤改良。因為基樁需要下達至承載層，將足以支撐獨棟建物住宅的地層深度以內的範圍，進行地盤改良作業。

水泥系固化材—セメント系固化材

地盤改良專用的水泥。與水泥土Soil-cement相同。一般水泥與砂或砂粒以外的骨料之間不會產生硬化現象，因此開發出與土混合攪拌會硬化的特殊水泥，適用於地盤改良工程。

水泥漿—セメントミルク

溶於水的水泥。使用於柱狀地盤改良工法。

結構用碳素鋼鋼管—構造用炭素鋼鋼管

小管徑鋼管基礎工程中，所使用JIS規格的一般結構用碳素鋼鋼管，大多選用直徑較小的小管徑鋼管（管直徑114．3釐米，139．8釐米，165．2釐米等等）。

排水材料—ドレン材

能促使縫隙間水分流出的材料。

轉壓—転圧

以轉壓機具將凌亂不整的地盤輾壓壓實的工作。利用轉壓機具本身的重量，以往返加壓壓密與振動的方式來施作。有以動態方式反覆以重量加壓的輾壓機Roller、夯實機Rammer等等，具有高輾壓效果。不過效果可及的深度範圍大約為30公分[照片6]。

轉壓機具—転圧機械

用來輾壓壓實的機具。以機具本身重量進行壓實方式的有壓路機Road roller或是輪胎壓路機Tire roller。以機具振動方式的手持機具有振動壓路機（起振力15～20kN）或是夯實機Rammer等等。

六價鉻溶出試驗—六価クロム溶出試験

2000年3月日本舊制的建設省發出通告「有鑑於依使用水泥及水泥系固化材的改良土條件，而有超過土壤環境標準濃度的六價鉻溶出之疑慮，因此需在施工前後施行六價鉻溶出試驗」。現在進行確認的是硬化後混凝土中所溶出的六價鉻量是否低於環境基準，以及水泥粉末中溶出的六價鉻以外的鉛量是否量少以符合地下水基準。

圖28｜基礎的種類

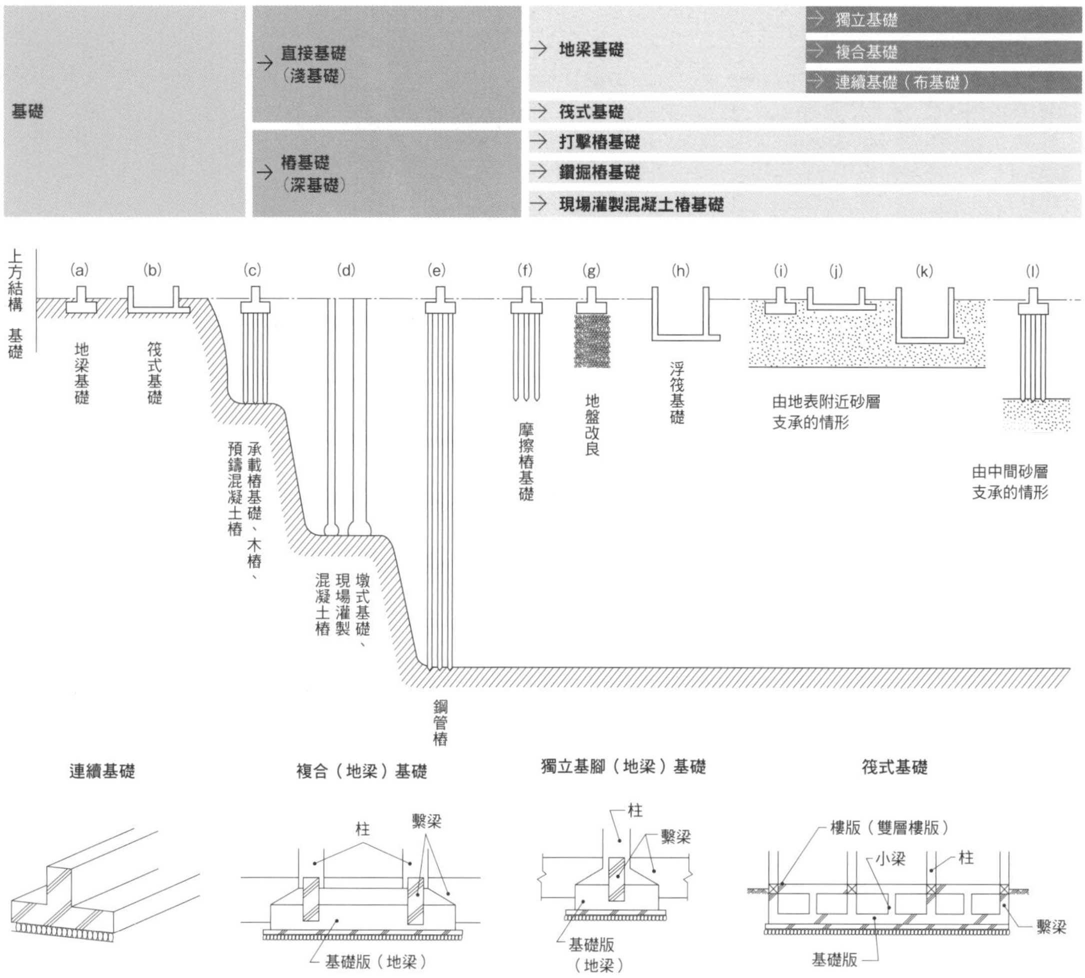

基礎

基礎—基礎

基礎大致分為直接基礎與樁基礎。直接基礎又分為地梁基礎與筏式基礎。地梁基礎有獨立、複合、連續基礎，此處的連續基礎在日文稱作布基礎[圖28]。

直接基礎—直接基礎

基礎將上部結構的載重傳達到地盤，基礎的結構形式大致可分類為樁型基礎，以及直接將載重傳達到地盤的基礎。前者為基樁，後者為直接基礎。

直接基礎有獨立基礎、連續基礎、筏式基礎三種。

連續基礎需要地盤長時間持有地耐力30kN／㎡以上。20kN／㎡以上、不到30kN／㎡使用筏基，不到20kN／㎡的話使用基樁。但若是以地盤改良工法確保地耐力30kN／㎡以上的情形，則可能使用筏基等直接基礎。[圖29]

地梁基礎—フーチング基礎

分佈於基礎下方的部分（稱作獨立基腳），可以將上方結構物的載重傳達到地盤。

獨立基礎—独立基礎

在支承建物載重的柱子下方，各自獨立設置的地梁基礎。

連續基礎—布基礎

木造或是RC壁式結構所使用的基礎，一般是使用倒立T字型的地梁基礎。

筏式基礎—ベタ基礎

將建物載重傳達到由地梁支撐的筏基耐壓版底部整體面積的基礎形式。因筏式基礎在剛性上較連續基礎高，可抵抗不均勻沉陷，並帶來平均沉陷的作用。

筏式基礎與地面接觸面積大，具有分散載重的效果，然而筏式基礎本身重量也大，能減少的接地壓力有限。由於應力會傳達到地盤深處，軟弱地層深度若深，筏式基礎更促使沉陷作用的發生。

樁基礎—杭基礎

建物載重藉由樁傳達到承載層的基礎形式。用於軟弱地盤這類無法使用直接基礎的建築基地。樁基礎的施作，要事先將現場混凝土灌注樁、木樁、混凝土樁或鋼管樁打入地下（或是鑽掘埋設於地下）。

聯合基礎—併用基礎

同時使用兩種不同種類以上的基

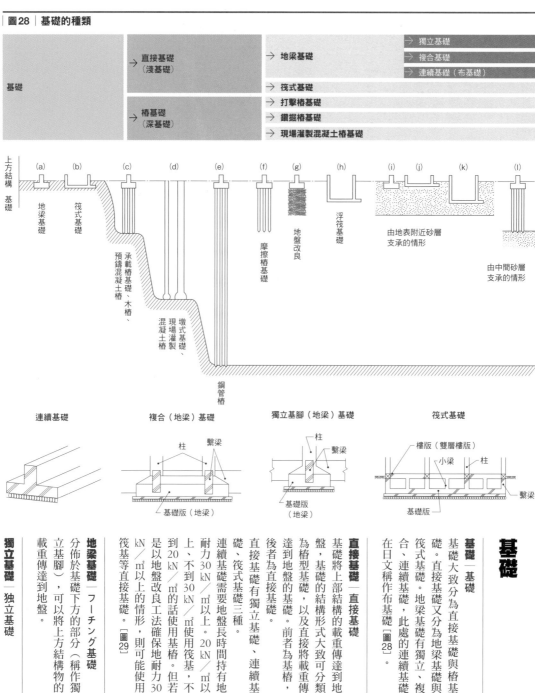

礎形式稱作聯合基礎。其中若部分是單獨的基礎形式，也可稱作不同種類併用的基礎，必須要特別留意並防止不均勻沉陷的情形發生。

直接基礎適合和樁基礎並用，直接基礎和樁基礎共同抵抗載重、且缺一不可的情形稱樁筏基礎。

不同種類併用的基礎—異種基礎

同時將直接基礎和樁基礎的不同種類基礎併用，若水平耐力，以及沉陷量上檢討出有差異的話，原則上就不採用[表3]。

蠟燭基礎—ローソク基礎

於載重的大柱子下方，下達承載層的如蠟燭狀的深基礎。木造住宅的基礎多為連續基礎，但連續基礎要下達至承載層的深度是有困難的，因此採用蠟燭基礎。

地工編織物基礎—いかだ基礎

筏式基礎的一種，使用於泥炭地、乾拓地等軟弱地盤堆積得較深的情況。為了分散載重，在水面下將圓柱狀松木製作成筏式地工編織物，在其上方乘載連續基礎。松木材料的比重是0.5，可產生0.5 t/m²的浮力，雖可利用這浮力，但可支承的重量是有限度的[圖31]。有時會用於蓋建在軟弱地層上古老建物的拆除工程。

基礎版—基礎スラブ

為了將上方結構體的應力傳達到地盤或是地工基礎，所設置的結構物。地梁基礎的基腳部分，相當於筏式基礎的基礎版。

凍結深度—凍結深度

冬季的寒冷地帶，從地表往下一定的深度之間發生的凍結現象，此指凍結的深度。依地域不同，凍結深度亦有不同。凍結現象造成地下水體積膨脹，而使地表隆起，因此需將建物的基礎底版或是水道主要管道的橫向給水管，設置在比凍結深度再深的地方。

永久地錨—永久アンカー

擋土工程時使用地錨，用來提高建物結構體的耐久性、安全性[圖32]。目的在於防止高塔狀建物（高度/短邊長度）比例高的建物發生傾倒，或是防止蓋建於傾斜地上的建物發生傾滑現象。

防震基礎—基礎免震

在基礎部位安裝防震裝置，介於地盤與基礎之間作為緩衝，在地震時抑制建物水平橫向力的工法。[照片7]與相鄰建物之間需保持一定程度的寬裕空間。有關免震裝置的安裝，須特別留意並確保精準的水平度。

圖29 | 連續基礎與筏式基礎

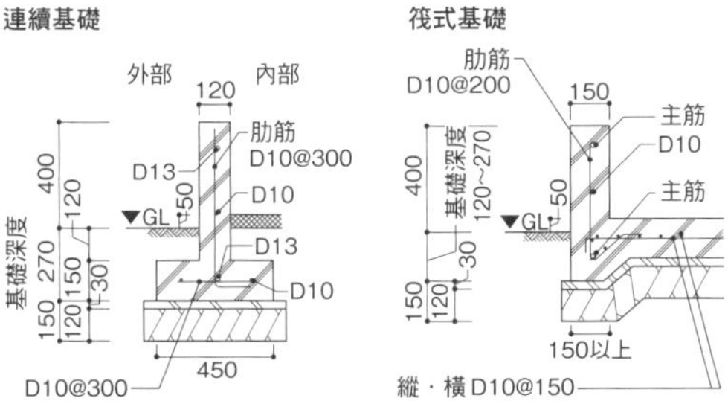

圖30 | 聯合基礎

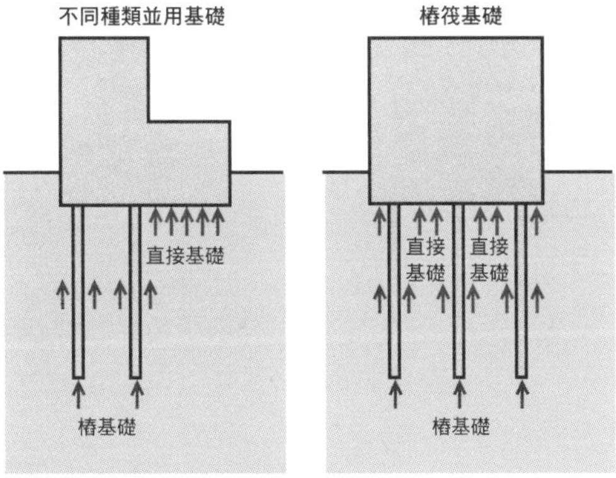

表3 | 不同種類基礎併用的例子

- 基礎與樁併用
- 地下式筏式基礎與樁基礎併用
- 承載樁與摩擦樁併用
- 樁長度明顯差異
- 現場灌注樁與打擊樁的併用
- 承載層不同的樁的使用
- 鋼管樁與混凝土樁的併用等等

照片7 | 防震基礎（施工現場）

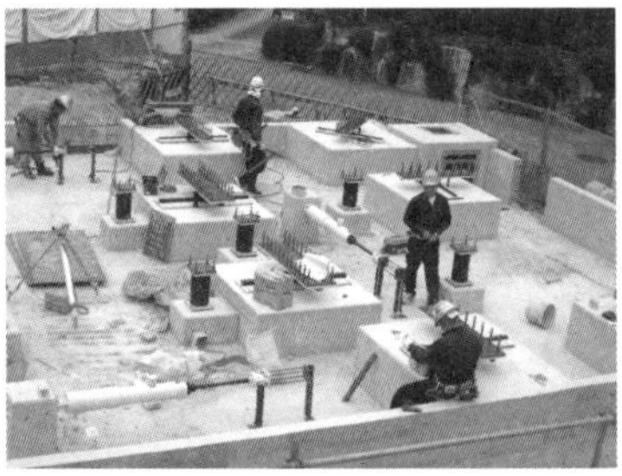

圖31 | 地工編織物基礎

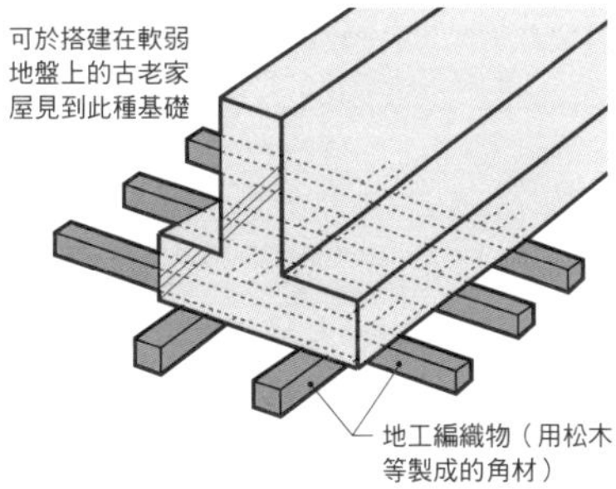

圖32 | 永久地錨

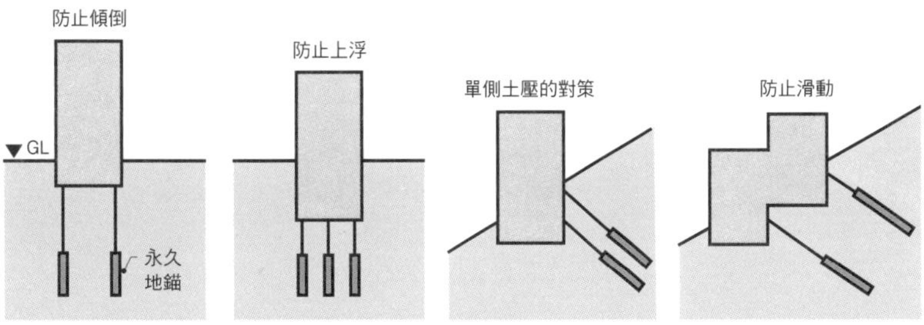

※：地下水凍結形成霜柱，使地隆起的現象

地盤・基礎

施工架、假設工程 6

進行假設工程時，在現場架設所需的作業平台與工作人員的通道，稱作施工架工程。依用途、結構方式的不同，有各種施工架形式，如［表］所分類。

施工架

單管施工架—單管足場

過去一般是使用柱狀木製施工架，今日已普遍被鋼管為主的施工架取代。由垂直組件、水平組件、橫架組件、水平踏板、大交叉拉桿、金屬聯結器、單管接頭、金屬底座、金屬接壁器等等的組件構成，使用於施工架主體、棚架式施工架、單側施工架等等。施工架上用於行走的平台厚板，稱作水平橫板（踏板），有木製或鋼製。

組合式施工架—枠組足場

組合、拆解容易，滿足安全、經濟、施工面的需求，使用於建築工程、土木工程等的施工架主體，也是現在最常使用的施工架種類［圖1、第36頁照片1］。

吊架式施工架—吊り足場

高層建築的鋼筋組立工程，包括鋼材的螺栓固定、熔接作業、鋼筋組立等的時候，所需設置的施工架方式。在鋼梁上直接懸掛預製的吊架式施工架，以及從鋼梁以懸掛式吊鍊，將施工架鋼管、角鋼、圓柱等構件組成井字桁架，再搭上水平踏板作為施工平台，稱作吊架式施工架。

單側三角托座式施工架—ブラケット一側足場

在施工架單側上安裝支撐托框，在上面搭設作業平台的施工架。由垂直、水平組件、支撐托框，水平踏板、大交叉拉桿、單管接頭、金屬固定底座、金屬接壁器、手扶欄杆等的組件構成。

懸吊式施工架—張出し足場

既有建物與基地相鄰，或是無法架設施工架的場合。使用錨定螺

表｜施工架的用途、構造種類

用途區分 ＼ 構造區分		支柱式施工架			吊架式施工架	機械式施工架	其他
		施工架主體	單側施工架	棚架施工架			
工程區分	外部裝修工程	組合式施工架 單管式施工架 懸吊式施工架 柱狀木施工架 手扶欄杆式施工架 低層施工簡易組合式施工架	單管式施工架 單側三角托座式施工架 單側水平組板施工架 柱狀木施工架 小規模工程用施工架			洗窗機	
	內部裝修工程			組合式施工架 單管式施工架 柱狀木製施工架 手扶欄杆式施工架			梯形施工架 馬背式施工架 移動式施工架 移動式室內施工架
	建築結構工程	組合式施工架 單管式施工架 柱狀木施工架 手扶欄杆式施工架	單管式施工架 柱狀木施工架		吊裝框架式施工架 吊裝棚架式施工架		鋼架熔接施工架
	補修工程	組合式施工架 手扶欄杆式施工架	單管式施工架 單側三角托座式施工架 單側水平組板施工架 柱狀木施工架 小規模工程用施工架	組合式施工架 單管式施工架 柱狀木製施工架 手扶欄杆式施工架	吊裝框架式施工架 吊裝棚架式施工架	洗窗機	梯形施工架 馬背式施工架 移動式施工架 移動式室內施工架
構造區分	鋼構造	組合式施工架 單管式施工架 懸吊式施工架 手扶欄杆式施工架 低層施工簡易組合式施工架	單管式施工架 單側三角托座式施工架 小規模工程用施工架	組合式施工架 單管式施工架 手扶欄杆式施工架	吊裝框架式施工架 吊裝棚架式施工架	洗窗機	梯形施工架 移動式馬背施工架 移動式室內施工架 鋼架熔接施工架
	RC構造	組合式施工架 單管式施工架 懸吊式施工架 手扶欄杆式施工架 柱狀木施工架 低層施工簡易組合式施工架	單管式施工架 單側三角托座式施工架 柱狀木施工架 小規模工程用施工架	組合式施工架 單管式施工架 柱狀木製施工架 手扶欄杆式施工架		洗窗機	梯形施工架 馬背式施工架 移動式室內施工架
	木構造	單管式施工架 柱狀木施工架 低層施工簡易組合式施工架	單管式施工架 柱狀木施工架 小規模工程用施工架				梯形施工架 馬背式施工架

圖1｜組合式施工架

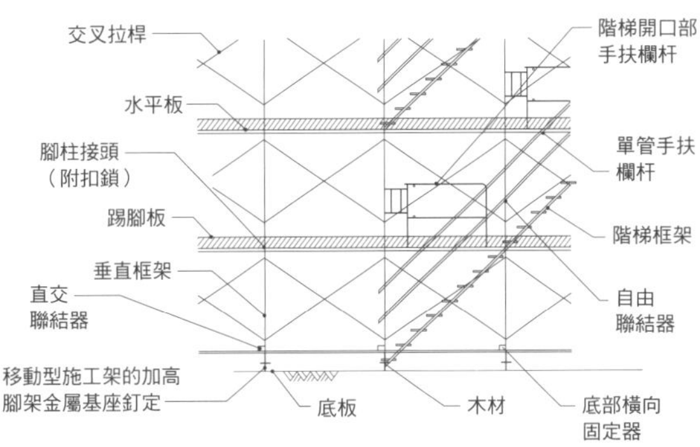

圖2｜單側三角托座式施工架

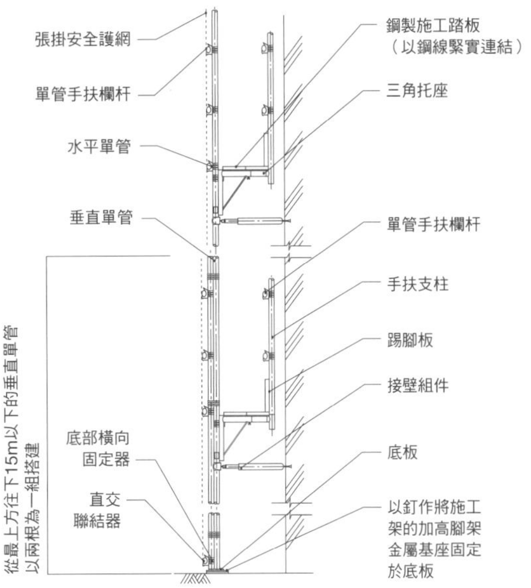

栓將懸吊式掛件安裝在建物的結構體上，並將施工架組合其上的施工架型式。

可移動式施工架｜移動式足場
安裝在高塔狀骨架最上層的作業平台，並在支撐柱腳下方裝有底輪的施工架型式。又稱作移動式鷹架。由骨架、作業平台、底輪、升降設備、扶手欄杆等組構而成，施工架的高度可以調整，也方便以人力移動，因此常使用於天花板或牆壁等的裝修施工。

棚架式施工架｜棚足場
由骨架、單管、柱狀木等支承，平面面積大平台的施工架型式。

合梯施工架｜脚立足場
利用由頂板、鉸鍊、梯腳、止滑踏板、開闔固定繫桿等構件組構成的合梯，當作施工架支柱的施工架類型。有的是在兩組以上的合梯之間，搭設水平踏板，也有的是在多行列配置的合梯之間，架設橫梁、格柵，再在橫梁、格柵上方鋪設水平踏板，搭設出棚架式的施工架。

手扶欄杆式施工架｜手摺先行式足場
相對於由交叉拉桿材構成的組合式施工架，將交叉拉桿材改為框架式手扶欄杆，以確保在組架、拆除作業進行時，都有手扶欄杆的一種施工架型式。

鋼架焊接施工架｜鉄骨溶接用足場
鋼構建物的鋼構組配作業中，常使用於梁或柱的螺栓鉚接、熔接工作施作時的施工架型式。為了安裝在鋼柱或鋼梁的指定位置，需預先在工場將專用構件焊接完成，只有在需要作業平台的特定位置，才架設施工架。

圍籠式施工架｜かご型足場
用在基礎工程等，於地盤以下的建築工程中所架設的施工架。

地下施工架｜地足場
用在基礎工程等，於地盤以下的建築工程中所架設的施工架。

假設工程構件

垂直框架｜建枠
日本勞働安全衛生法施行令第13條第22號之2所訂定的鋼管施工架中使用的組件之一。

水平繫桿｜布枠
將水平組件及橫架組件相互焊接，在水平橫板兩端以焊接、鉚接，安裝金屬製的銜接固定器。

水平繫桿式橫板｜床付き布枠
將踏板材、水平板材、梁相互以焊接方式彎折加工成為一體的組件。一般又稱作鋼製水平橫板。

支撐托框｜持送り枠
在組合式施工架或單管施工架的垂直組件上，以金屬零件安裝的托座式框架。一般稱三角托架。

交叉拉桿｜筋かい（交差筋かい）
鋼管施工架的垂直框架在水平方向連結時所使用的組件。又稱作交叉拉桿。

階梯框架｜階段枠
在組合式施工架或其他施工架中，在各層水平踏板之間，供上下移動所使用的階梯。

金屬聯結器｜緊結金具
又稱夾具，包括聯結器本體、蓋、螺栓、螺帽及引線，將鋼管之間緊密連結的金屬附屬配件。

直交聯結器｜直交クランプ
金屬聯結器的一種，用於聯結相互交叉的鋼管，保持其交叉呈90度直角的組合零件。

自由聯結器｜自在クランプ
金屬聯結器的一種，用於聯結相互交叉的鋼管，可自由變換其交叉角度的組合零件。

垂直組件｜建地
組合式施工架或單管施工架等，承載垂直重量的垂直組件。

水平組件｜布地
施工架長邊方向的水平組件。指組合式施工架或其他施工架的水平繫桿、水平繫桿式橫板（鋼製水平板）等。

橫架組件—**腕木**
施工架組件中，在垂直組件之間的橫向聯結組件。又稱小梁。

作業平台—**作業床**
以單管或垂直組件、懸吊鍊等組件，搭構出的施工踏板平台，讓人可搭載於上進行施工。

接壁組件—**壁つなぎ**
為了確保施工架的安定性，將建築物與施工架聯結固定的組件。

傾斜架橋—**登り桟橋**
在施工架上搭設出供上下移動的臨時傾斜通路。

防護支柱—**スタンション**
通道、作業平台等的邊緣以及開口處，在有墜落之虞處，設置臨時的防護工作物，又稱作安全防護欄（有金屬連結器的支柱）。

單管接頭—**単管ジョイント**
將施工架鋼管在長邊方向聯結時使用金屬零件。又稱五金接頭。

安全防護網—**安全ネット**
在開口處或作業平台邊緣，為防止工作人員發生墜落意外，在水平方向拉起的防護措施。也稱水平維護網。

施工防護布—**工事用シート**
在建築工程施工現場中，防止物體飛來所使用的防護布幕［照片3］。

防護網—**メッシュシート**
施工防護布的一種。與帆布製的防護布不同，具有透氣性，以及減少風壓的效果。

金屬底座—**ベース金具**
安裝於垂直組件的底腳部位，用來防止垂直組件的下陷，將上方施工架載重分散傳達至地盤或樓版的金屬零件。

防護斜籬—**朝顔**
建築工程中，為了防止上方物體飛落發生意外，從施工架的外側側面，設置向上傾斜伸展、突出呈屋簷狀的防護搭棚。

梁架—**梁枠**
用於組合式施工架的水平構面跨距間設置的開口部，並在上方組搭施工架。

鋼構用聯結器—**鉄骨用クランプ**
主要使用在鋼構材的H型鋼上，安裝單管施工架時所使用的聯結五金零件。

底部橫向固定器—**根がらみ**
將施工架的垂直組件或框架組件的支撐管連結，將底部固定的橫向組件。

假設工程—**仮設工事**
與建築物沒有直接關係，在施工進行的周邊，裝設臨時工作物的間接施工工程。在同塊基地內有多棟建築的場合，為了連通所需搭設的假設工程；或是使用於連通多種工程項目，而無法拆解的情形，稱作共同假設工程。雖然工程項目相互關係緊密而無法分開，依工程項目來劃分出專屬的假設工程，稱作直接假設工程。

臨時保全圍籬—**仮囲い**
為避免交通阻塞或危險，限制陌生者進出，在施工現場與鄰地、道路等間搭設的臨時圍籬。［照片4］

照片1｜**組合式施工架**

照片2｜**單側三角托座式施工架**

照片3｜**施工防護布**

照片4｜**臨時保全圍籬**

主體結構 2

主體結構

木造結構工程 1

使用預切木材漸為現今木結構的主流趨勢，但在構材、現場施工方面，木作師傅的墨線打樣、對接凹槽加工後進行搭建等的施作方式，則是幾乎沒有什麼改變。

基本用語

構架｜軸組

使用地基、柱、梁、斜撐等木構架構件的組合，用來支撐屋頂、樓版等載重，以及抗衡地震力或水平側向力傳達到基礎的結構組合方式［圖1、2］。近年來也有不使用斜向支撐的承重牆面材，或是在軸組構材的結合處使用金屬構件的施工方式。

搭建｜建方

為結構構材的組立作業。將尺寸、接頭接合處已加工完成的柱梁木材，以機械或人力組立，並進行水平角撐、樓版支架、桁條、脊桁等**結構定位**作業。使用

照片1｜木結構搭建工程

照片2｜臨時斜撐

照片3｜上梁

圖1｜木結構的主要構材

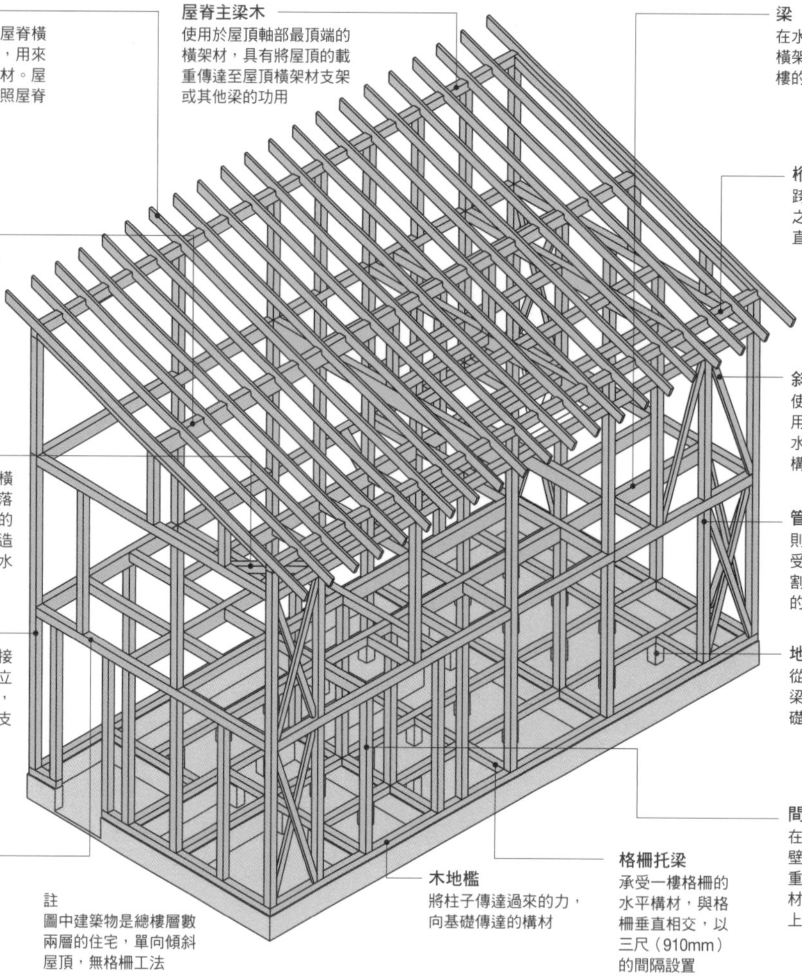

註
圖中建築物是總樓層數兩層的住宅，單向傾斜屋頂，無格柵工法

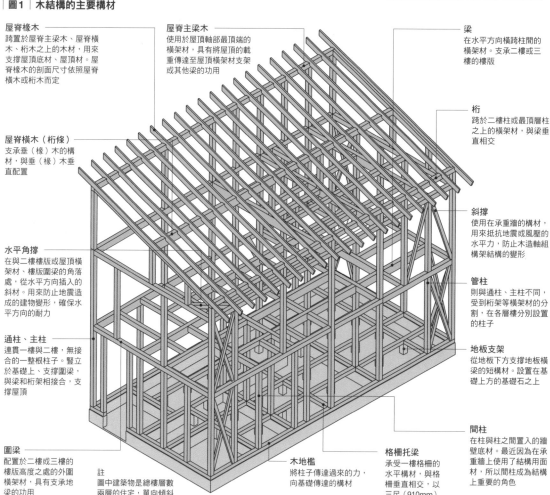

垂直鉛球或水平儀確認垂直精準度，再以臨時斜撐固定［圖1．2］。施工從柱梁接合部位，以金屬製羽子板狀拉力扣件和ㄇ型鉚釘緊密接合結構材，到屋頂椽木、屋頂底材完成約需時一日。搭建工程約一～二天可完成，視建物規格而定。將主要骨架組立完成稱為上梁，上梁之後會舉行**上梁儀式**［參考106頁］。隨著**預切木材**普及化，裝載及編號方式根據各營造廠而有差異，為確保搭建作業順利，事前務必確認。

對接—**継手**

兩個以上的構材在長邊方向相互接合的部位［圖3］。接頭的代表種類有**蛇尾接合**、**鳩尾接合**、**追掛對接**（**斜口嵌合**）等等，使用於梁、桁架、圍梁等的接合部位。若是使用預先裁切的結構材料，必須事先確定接合位置及接合方式。

搭接—**仕口**

兩個以上的構材以切角方式接合的部位［圖3．照片4］，鳩尾對接、斜口嵌合等為常見的形式，多用於預先裁切的木材。須留意金屬羽子板狀拉力扣件等金屬接合鎖件的安裝，材料的接合部位容易出現問題，需針對用途或部位的不同，採取適合的做法。

圖2｜木結構梁柱工法的施工程序

- 基礎工程完成
- 基礎混凝土上墨線打樣
- 鋪設地基
- 結構搭建工程開始
- 通柱、管柱、圍梁、梁的垂直確認
- 臨時斜撐（安裝羽子板狀金屬製拉力扣件）
- 二樓管柱、桁、梁的垂直確認
- 屋架組（安裝ㄇ型釘）
- 屋脊橫木／桁條、脊桁（安裝ㄇ型釘、屋架斜撐）
- 安裝屋脊椽木（安裝扭曲型連結金屬配件）
- 鋪設屋頂底材
- 上梁
- 斜撐、斜撐固定金屬版的安裝
- 間柱、柱底固定金屬座的安裝
- 外部合板的鋪設
- 屋頂防水（屋頂鋪設）、屋頂工程
- 一樓格柵組
- 一樓樓版底材鋪設
- 二樓格柵組
- 二樓樓版底材鋪設

圖3｜對接・搭接

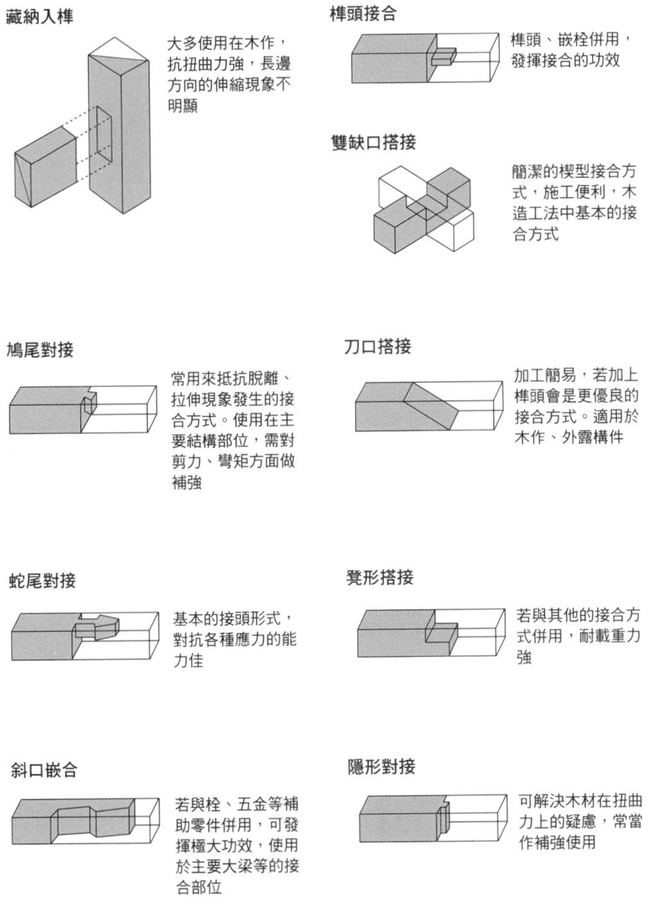

圖4｜一樓樓地板組合

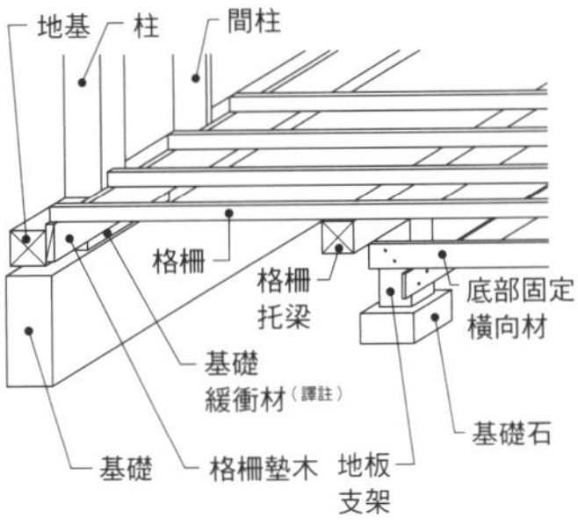

照片4｜梁的對接、搭接接頭

梁與梁之間的接頭部位，以大木搥敲擊至完全嵌入後即可安裝短型金屬固定鎖件

譯註：置於基礎與木地檻之間的緩衝墊材

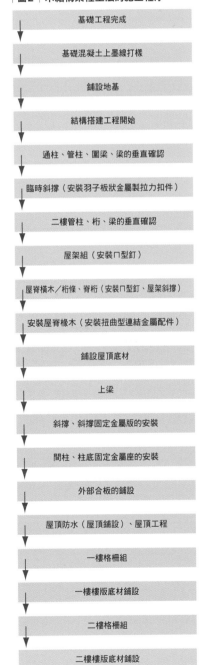

樓地板組—床組

構成樓地板的構材總稱。在一樓是指格柵、格柵托梁、地板支架，在二樓是指梁、格柵等〔第39頁圖4〕。最近省略格柵的地板施作工法逐漸普及，若是採取有格柵的方式施工，會以兩根釘子固定格柵不讓它轉動。

屋架組—小屋組

支承屋頂的骨架，由屋脊主梁木、屋脊椽木、桁條、桁條支架等構成。分成日本和式屋頂和西洋洋式屋頂兩種〔圖5、6〕。屋頂載重藉由屋脊椽木、桁條，再經由屋架組、柱子等傳達到基礎因此，結構設計需考慮到力的傳達，確認承受屋頂載重的柱子位置是否樓上與樓下一致〔圖7、8〕。為了**防止雨水進入**，設計成斜屋頂是常見的遮雨手法。

承重牆—耐力壁

與柱、梁緊密連結的斜向支撐材、結構用合板等所構成的牆壁，用來抵抗地震或風的水平力，以及支承建物自重等，承擔結構耐力的牆。在木造構架結構中，是指內含斜撐或結構合板的牆〔圖10、11〕。承重牆的配置不足或偏移，如遇地震或暴風，力會集中於牆面的部分位置，不僅

圖7｜耐地震力強的屋架組

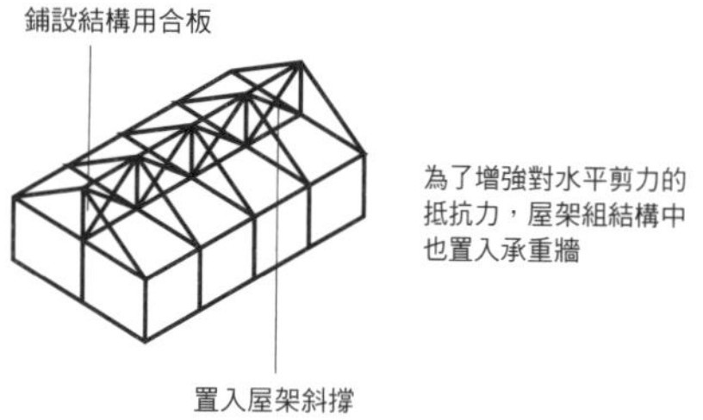

圖5｜屋架組

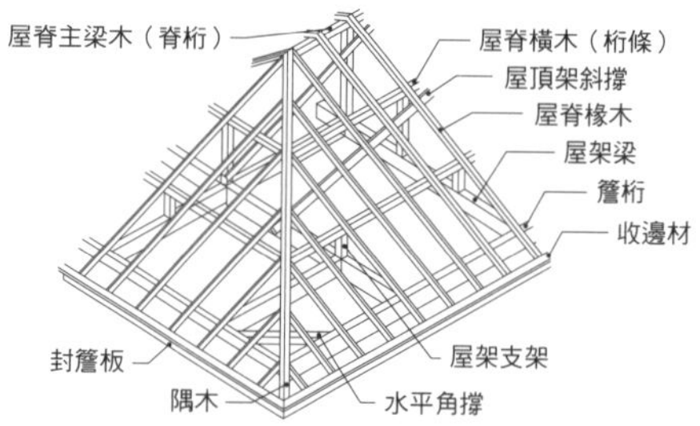

圖6｜屋架組的種類

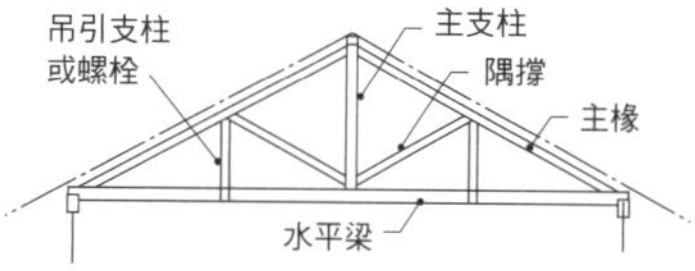

主支柱屋架（King Post Truss）

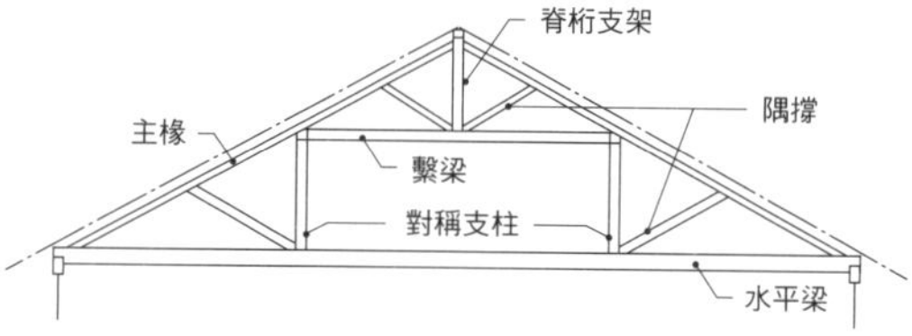

對稱支柱屋架（Queen Post Truss）

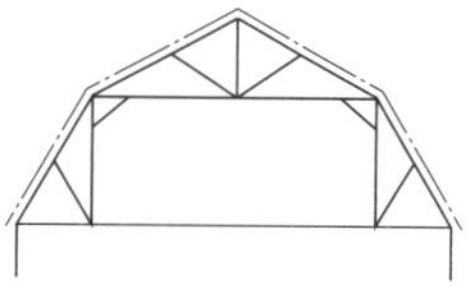
複斜式屋架（Mansard）

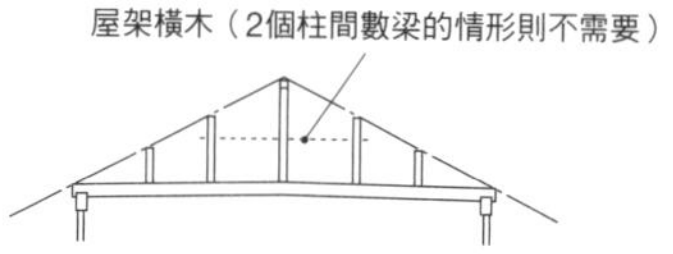

支柱式屋架（柱間數2～3）

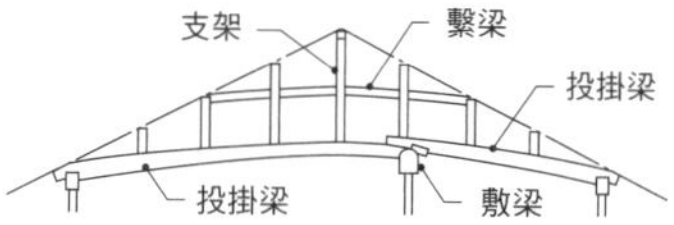

投掛梁式屋架組（柱間數量4左右）

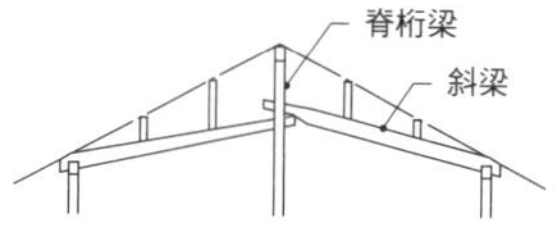

與次郎屋架組

圖9｜斜梁結構

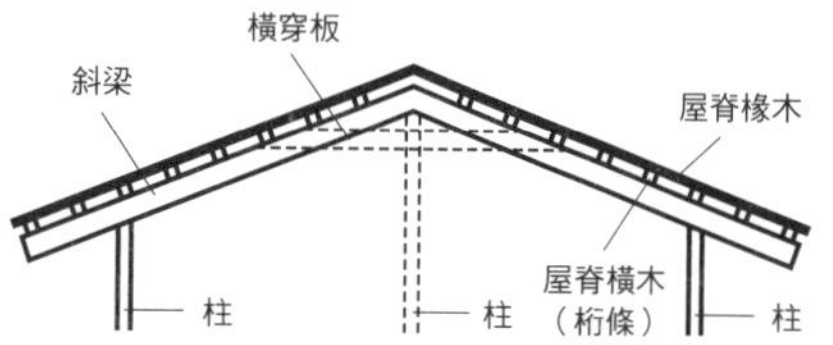

以斜梁搭建出的傾斜屋頂結構

圖8｜屋脊椽木結構

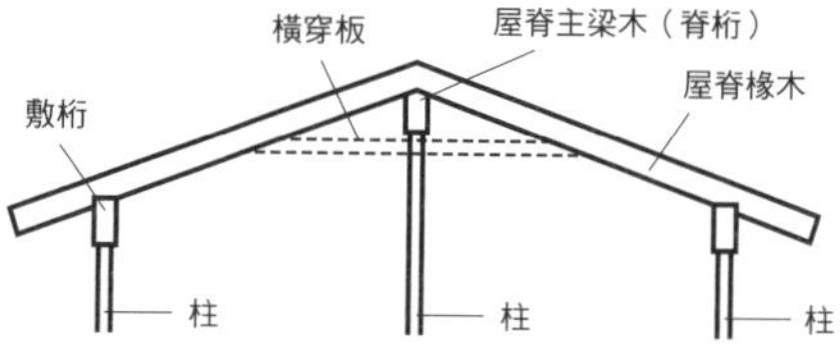

屋脊椽木厚度加厚，不使用屋脊橫木（桁條）或梁的屋架組結構

圖11｜抵抗水平力的承重牆

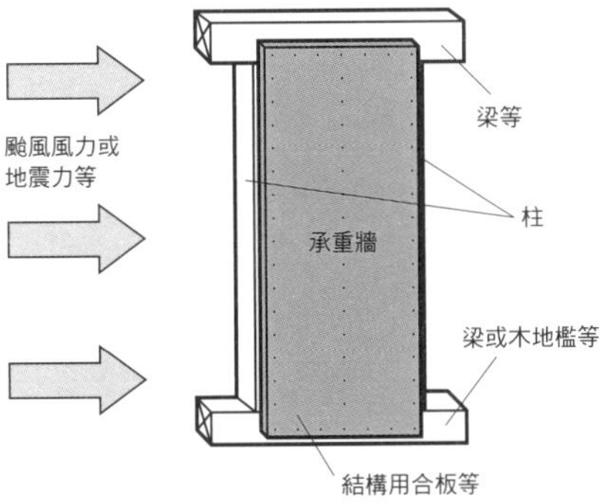

①承重牆是由緊實固定在梁或木地檻與柱上的面材或斜撐所構成
②承重牆所能承受的水平力強度以倍率來表示（＝壁倍率）
③壁倍率1是指可以承受200Kgf（1.96KN）的耐力，無論是單一牆體或是組合牆體，最大5倍

圖10｜木造住宅與承重牆的關係

樓版面積、正向立面面積變大，或是樓層數增加，所需承重牆（必要壁量）也會增加

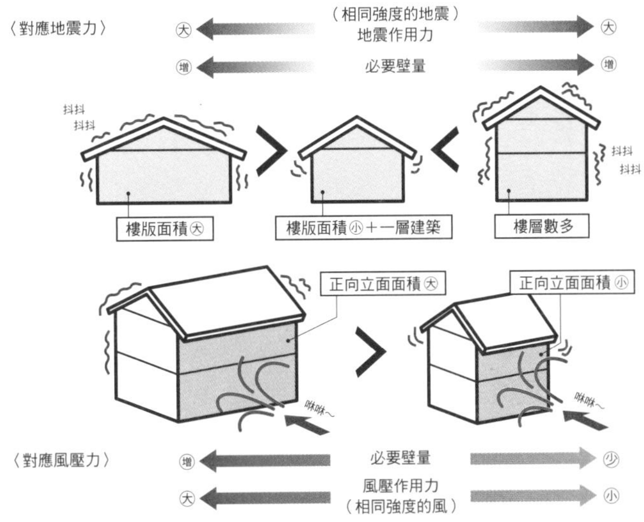

圖13｜樓版的承重力大小

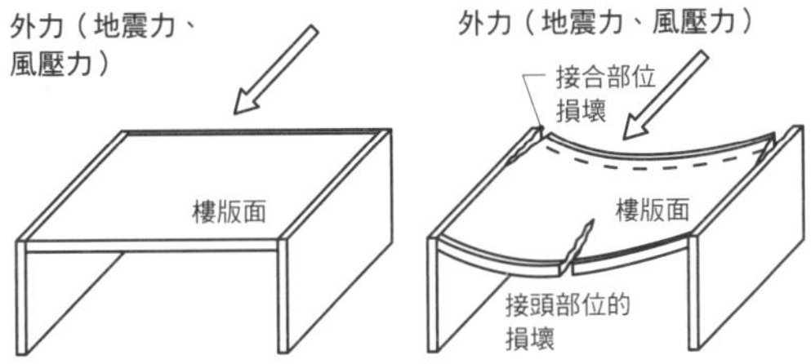

若樓版耐力強，樓版變形程度微乎其微

若樓版耐力弱，樓版先行大幅變形並發生損壞，樓版載重無法傳達至承重牆

圖14｜承重牆與建築物的變形

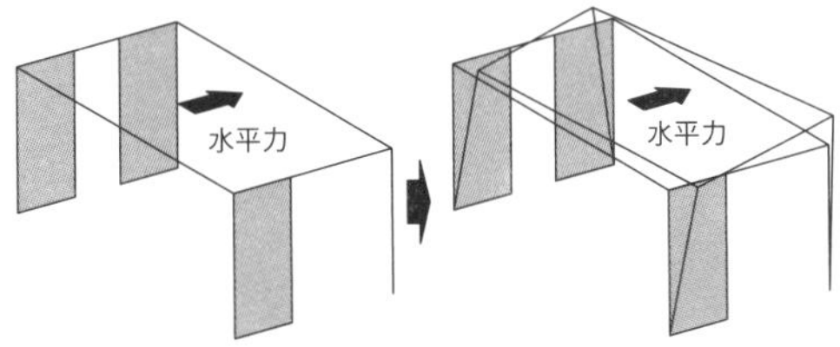

承重牆偏向一邊的建築物，若施以水平力，會發生扭轉彎曲的變形現象

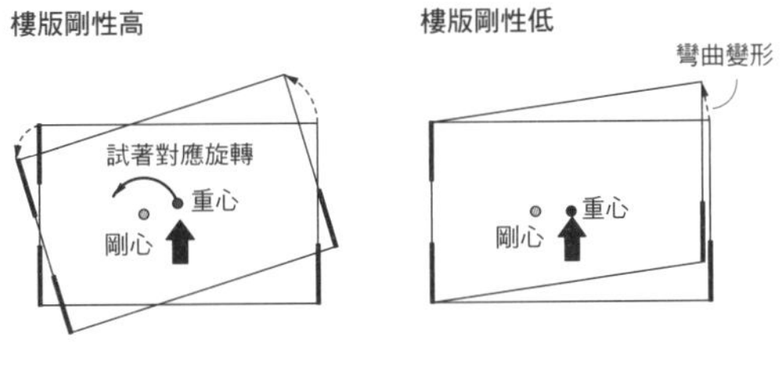

水平構面的剛性若高，會以剛心為中心點試著對應旋轉

水平構面的剛性若低，水平構面本身發生變形

表1｜承重牆的種類

承重牆	壁倍率
石膏板（厚度12mm以上）	0.9
土牆（將泥土填塗於牆的雙面）	1
斜撐（30×90mm以上）	1.5
硬質纖維板（厚度5mm）	2
斜撐（45×90mm以上）	2
結構用合板（厚度7.5mm）	2.5
結構用版材（厚度7.5mm）	2.5
斜撐（90×90mm以上）	3
斜撐（45×90mm以上）	4
斜撐（90×90mm以上）	5

圖12｜壁倍率一倍的定義

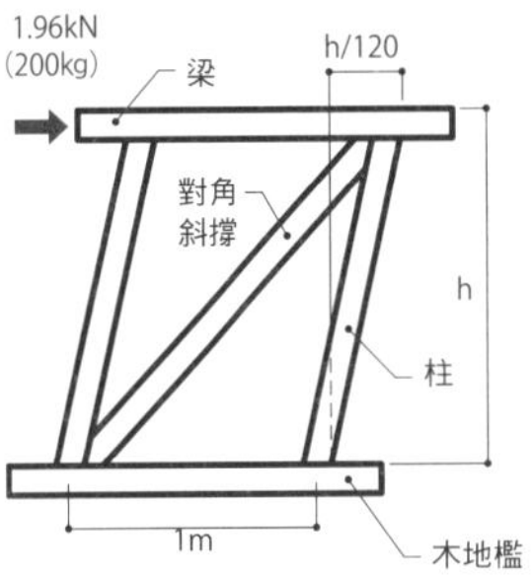

壁倍率1倍
→P=1.96kN、H=1／120
（P=水平力、H=變形量）

壁倍率1，如圖示中長度1m的牆壁承受水平力1.96kN時，層間變位角度可以容許變形量到1／120的強度。倍率越大，接合部位所需承受的力也大，因此金屬接合構件扮演重要的角色

容易傾倒毀壞，經年累月下來也會導致房屋塌垂。日本建築基準法依據牆壁的材料或是樣式，制定不同的**壁倍率**［圖12、表1］。承重牆面材留意壁倍率及固定釘的間隔與尺寸。

承重牆線－耐力壁線
為模板牆工法中，在承重牆構成的開口部之承重牆體牆心線。藉由承重牆線圍塑出的矩形來判斷承重牆是否妥善配置。

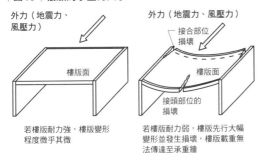

水平構面－水平構面
用來抵抗外來水平力的平面骨架。適用樓版組或屋架組結構，藉由水平角撐或結構合板來提高

剛性，不讓變形發生。在垂直構面上，水平構面及承重牆有密切相連的關係。為讓承重牆發揮其效力，水平構面擔任重要的角色［**第41頁圖**13、14］。此外，水平構面若與樓地板、屋頂使用同樣樣式的材料，或可省略水平角撐。

剛性地板—剛床

利用樓版面的剛性，抵抗地震力或風壓力，抑制建物發生水平變形的樓版組。若屬兩層樓的木造建築，則會使用在二樓樓版。剛性地板與**無格柵地板**相似。受重視程度不如承重牆，但在檢討耐震性時，是重要的考量因素。

無格柵地板工法—根太レス工法

將厚度24公釐或28公釐的結構用合板直接搭於梁上，省略格柵的樓版組工法［圖15］。比起格柵型地板工法，能同時提高施工性、剛性的效力，因而成為地板工法的主流。若屬於外露結構工法，會產生聲響及配線困難度，需充分檢討樓地板完工飾面裝修或與雙層天花板併用等各種施工法。

版材—パネル

以提高工程效率為主要考量，將牆壁或屋頂等的底材單元模矩化的材料。**壁版材**包括結構合板、斷熱材；**屋頂版**包括屋頂底材合板、屋脊椽木、斷熱材等，使用工廠預製產品為多，特別是後者，對一般施工來說較費時費力，若能將版狀材料單元化，更能提高效率。在木結構搭建工程施作時，屋頂、牆壁底材使用預製完成的單元版材，而可縮短搭建工程或是之後的作業時程。以效率化、省力化為目標，將斷熱材與合板結合的版材開始普及。

門型框架—門型ラーメン

不使用斜向支撐材，而是以柱、梁的接合強度確保承重力的結構［圖16、17］。依實驗、試驗結果得到的承重力作為基準，轉換成壁倍率的參考。依各製造廠商製作工法不同，門型框架構件的剖面、跨距、接合五金也有所不同，承重力亦不相同。是讓大開

圖15｜無格柵樓版工法

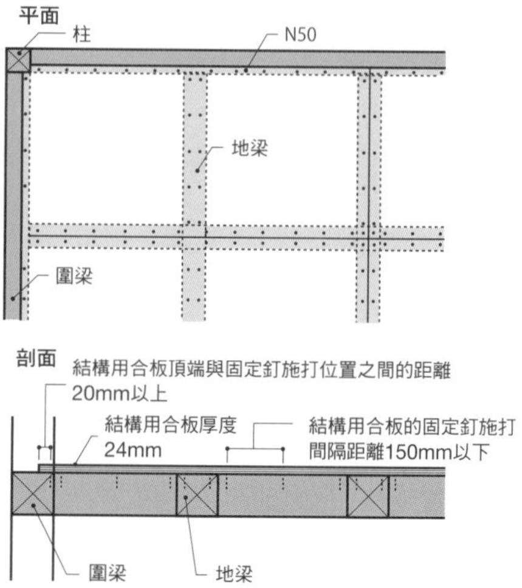

圖16｜門型框架

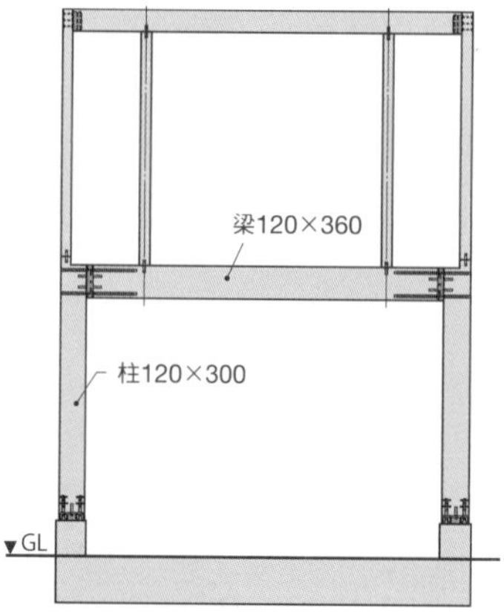

柱—梁接合部位

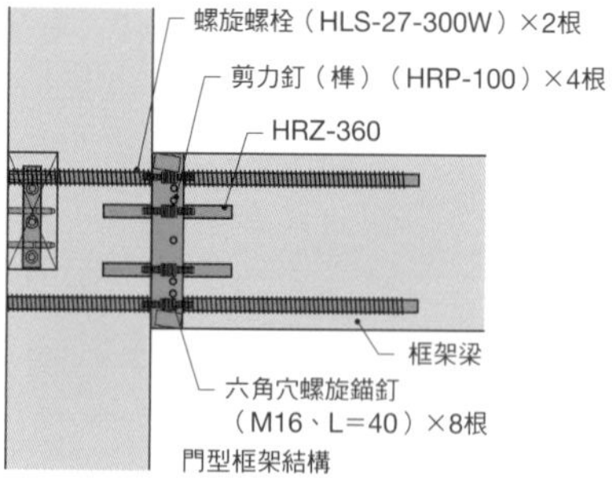

門型框架結構

圖17｜門型框架的接合種類

①加裝鋼板接合型

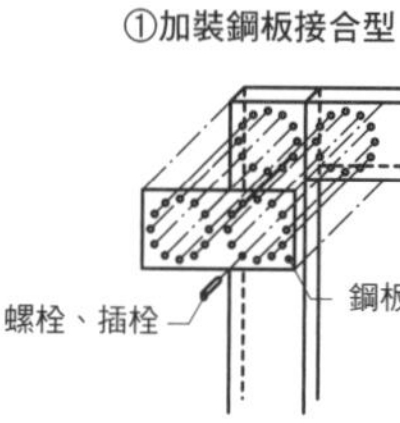

將鋼板加裝在結構材的接合部位，並加以固定緊結

②插入鋼板接合型

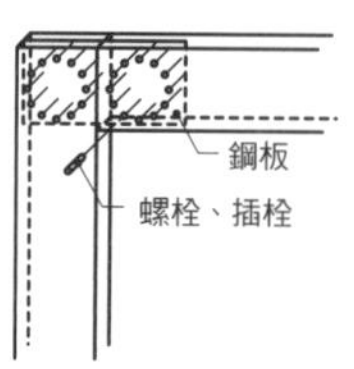

將鋼板插入結構材的接合部位，並加以固定緊結

③拉力螺栓扣件結合型

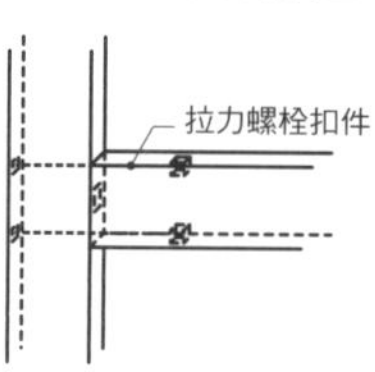

在梁材的上下端以拉力螺栓扣件固定緊結

④螺栓孔注入接著劑接合型

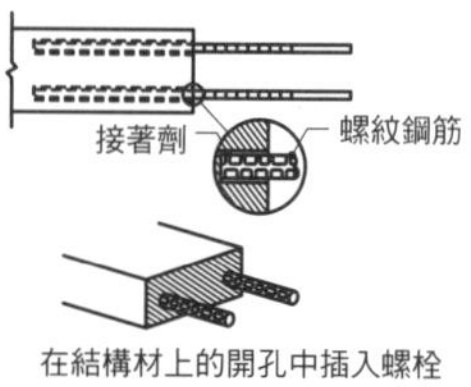

在結構材上的開孔中插入螺栓並以接著劑固定

⑤組合梁組接合型

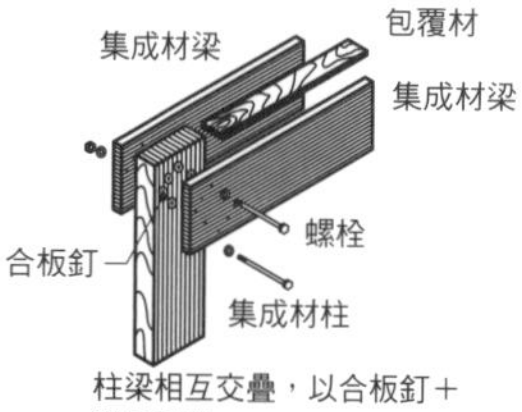

柱梁相互交疊，以合板釘＋錨釘固定

④、⑥、⑦：參考來源《圖說 木造建築事典[基礎篇]》（木造建築研究論壇篇、學藝出版社）⑤：參考來源《大斷面木造建築物接合部設計手冊》（財日本住宅・木材技術中心）

⑥相嵌接合型

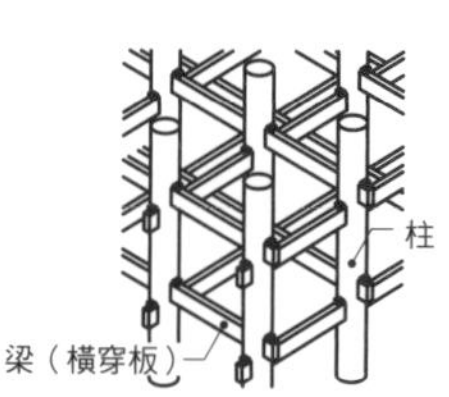

木材與木材之間相嵌接合而成

⑦一體成形接合型

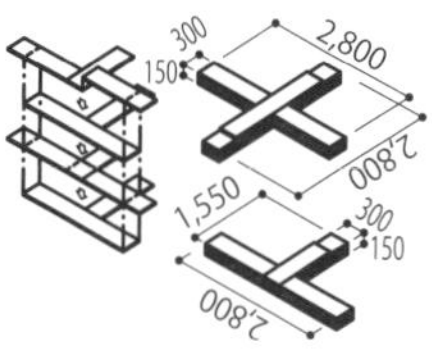

將結構材細化，相互交疊接著而成

圖18｜闊葉樹的斷面

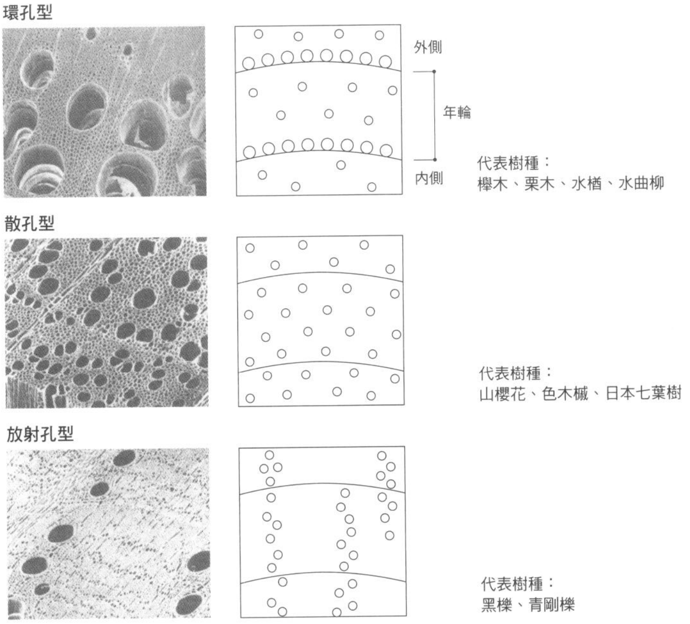

照片5｜針葉樹剖面

照片6｜闊葉樹剖面

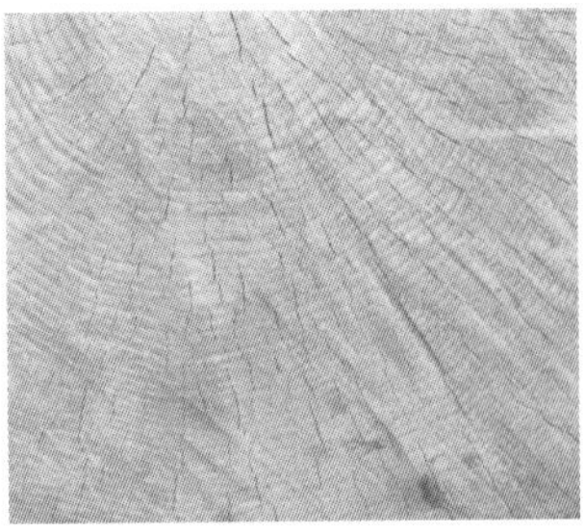

口設計、狹小基地內的內建車庫等，不需用到鋼骨結構，以木造就能完成的結構工法。

木材

針葉樹・闊葉樹｜針葉樹・広葉樹

以細胞組成來看，是否有導管會帶來很大的差異。針葉樹沒有導管，年輪清楚是其特徵。闊葉樹有導管，依照配置排列，有**環孔材**、**散孔材**、**放射孔材**三種樣式，木節依樹種而有多種樣貌[照片5、6，圖18]。日本木造住宅結構材料的樹種，針葉樹壓倒性地佔多數，另外闊葉樹的環孔材樹種（栗・櫸材）使用也較多。一般來說針葉樹的樹幹筆直，闊葉樹的分枝多，且枝幹區分不易的樹種也較多，較難作為像柱子等筆直的結構材，因此闊葉樹的常當作木作材來使用。針葉樹材的年輪寬幅越狹窄密集，越是密度高的晚材（跨過夏天到秋天而形成的年輪部位），強度也越高。反之，櫸木等的闊葉樹材，木節越是密集，強度越低。

國產木材・進口木材｜国産材・外国産材

相對於國產木材，進口木材又稱**外材**。國產木材是配合日本的自然風土，適地適宜所選用的木材，然因目前在價格、品質、供給面上相對落後，國產木材的使用普及率不到20%。就算是木造住宅的結構材也以進口木材為主流，北美、歐洲等地輸入的集成材廣為流通。若順應當地條件選用合適的木材，無論是國產還是進口，材質上幾乎沒優劣之分。然而，考量森林應適當地育成，而有提倡使用國產材的說法，因此開始出現**地域材**、**縣產材**、**本地材**的木材種類。

樹齡｜樹齢

樹木隨著樹齡增加，內部強度尚未達到成熟的部位比例減少，高耐久性的心材比例提高。因此，樹齡較輕的樹木（約30年以下）在強度及耐久性上相較樹齡高的樹木為低，做為結構材時需特別留意。但以木造住宅的構材來說，木材的性能並非取決於樹齡，而是木材取得部位，以及與木材的應用方式息息相關。

心材（紅肉）・邊材（白肉）｜心材（赤身）・辺材（白太）

靠近樹心顏色較深的部位稱作心材，靠近外側顏色較淺的部位稱作邊材[圖19]。心材的顏色呈現該樹種特有的顏色，例如杉木，有時候雖屬同種樹種卻有色調上的差別，也有像椴松、蝦夷松、米栂等完全沒有色調上差異的情形。因邊材細胞死去後變質呈紅褐色，也稱作紅肉。適合用在要求耐腐、耐久的部位。

邊材是樹木生長的部位，心材則

圖19｜木材的構成

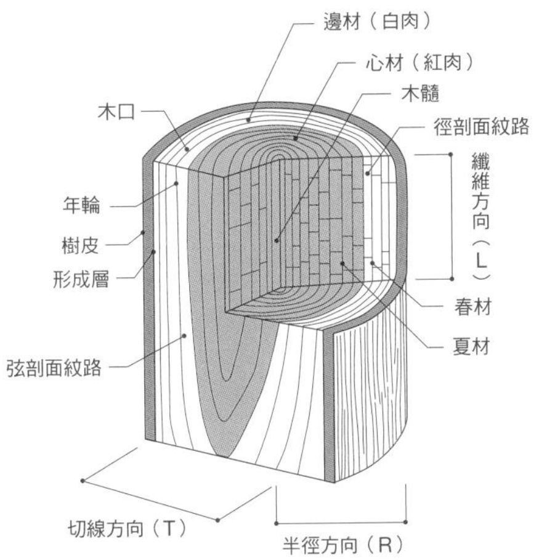

樹齡越年輕，心材（紅肉）的可使用率越低。然而木材性能與木材擷取部位有很大的關係，不侷限於此因

是支撐樹體，具有結構的功能。樹木粗度到達一定程度以上時，內部細胞或組織產生生理變化，邊材變成心材。心材與邊材在耐久性上有很大的差異，特別是檜木等，因為心材蓄積特別的化學成分，耐久性因而提高。邊材則是無論哪一種樹種，其耐久性都相較來得低，作為結構材的價值也較低。以日本農林規格JAS的耐久性來區分，**危險等級**也是以心材的耐久性做比較。

混色｜源平

杉木材的紅肉（心材）、白肉（邊材）之間的色差大，同時出現紅肉、白肉的木材，或是紅白相混的木材，此種混色木材在日文稱作「源平」[照片7]。

未成熟材・成熟材｜未成熟材・成熟材

圓木樁的中心（髓）周邊的木材，是由未成熟的年輕細胞構成，因此稱作未成熟材，在收縮率上較不安定，材料力學楊氏係數（Young's modulus）強度也較小。若生長成為成熟材，以針葉樹林來說約需15年。含心木材因大多含有未成熟材的部位，因此強度降低。若從結構材的性能平衡（強度、尺寸安定性、耐久性）來看，成熟材與心材的成分比例很重要。

異向性｜異方性

依方向不同，在收縮或強度上的性質也相異。木材依照構成細胞或組織的配置排列方式，分為三個方向（**纖維方向**：L、**切線方向**：T、**半徑方向**：R），LR面為徑剖面，LT面為弦剖面，RT面為橫剖面[圖20]。這三個面的性質大大不同，各方向的收縮率比大約是T：R：L＝10：5：0.5～1，收縮率又依照樹種不同而有差異。圓木樁或是帶芯材發生乾燥龜裂，或是弦剖面材的隆起現象，皆是因為各方向收縮率不平衡所引起。另外，有關強度上的異向性，三方向的強度比例為T：R：L＝0.5：1：10，與收縮率相反，需留意木構造在纖維方向上的力。

採伐期｜切り旬

適合採伐樹木的時期以冬季最為合適。因為此時期樹木的生長活動漸緩，邊材部位的糖分減少，蟲害或黴害降低。從初春經過夏天採伐的木材，大多會因為蟲害而大大降低木材品質。此外，目前全年皆在採伐，已無採伐期的限制。

第一段、第二段原木｜元玉・2番玉

採伐樹木時依照圓木樁體所需的長度進行切割，在最接近底部所切出的木材稱作「元玉」（第一段原木），再依序往上為第二、第三。因第一段原木多為粗壯無木節的優良木材，常用在輔助構材或裝飾柱（裝飾材）。雖然會受到原樹木大小及樹齡的影響，第二段所含的未成熟材部分也算少，通常可視為較優良等級的管柱材料[圖21]。

砂磨原木圓樁｜磨き丸太

將杉或檜木的樹皮剝除，並以磨砂方式磨出的圓木樁體。

太鼓梁材｜太鼓落とし

將圓木樁體的兩側面削除，斷面做成太鼓的形狀。此種磨平方式稱作太鼓形磨削法[照片8]。

樹底切口、樹頂切口｜元口・末口

接近樹幹的底部稱作樹底切口（元口），相反的另一側接近樹幹的頂部稱作樹頂切口（末口）[圖22]。圓柱樁體的尺寸大小通常會在樹頂切口標示。

木材製作完成後，區分樹底、樹頂是很重要的，柱子或支架是與

照片7｜混色

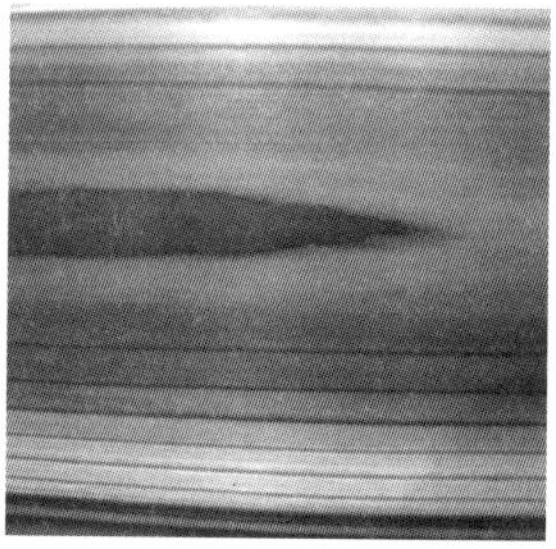

圖21｜原木的分段方式

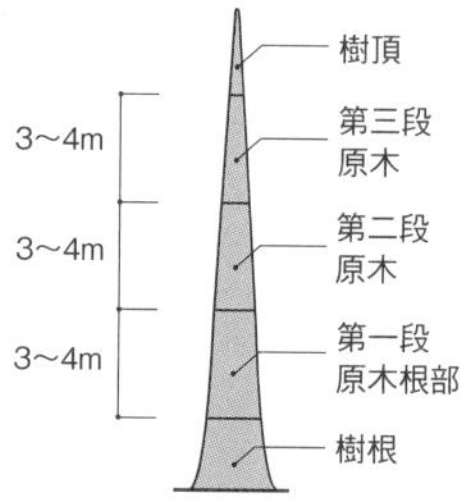

圖22｜樹的構成

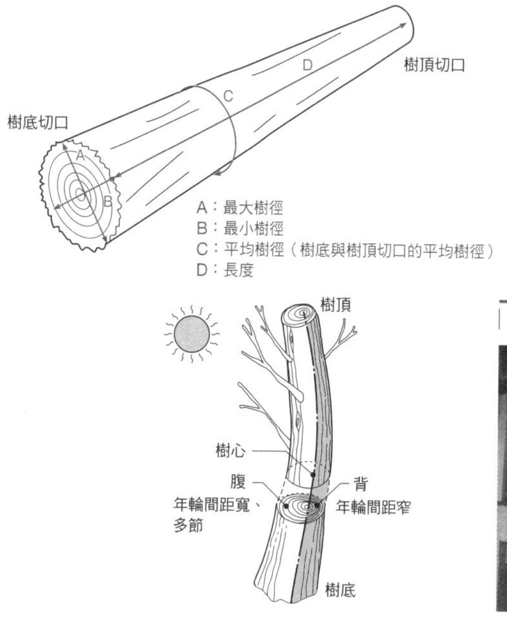

圖20｜表示木材異向性的三方向

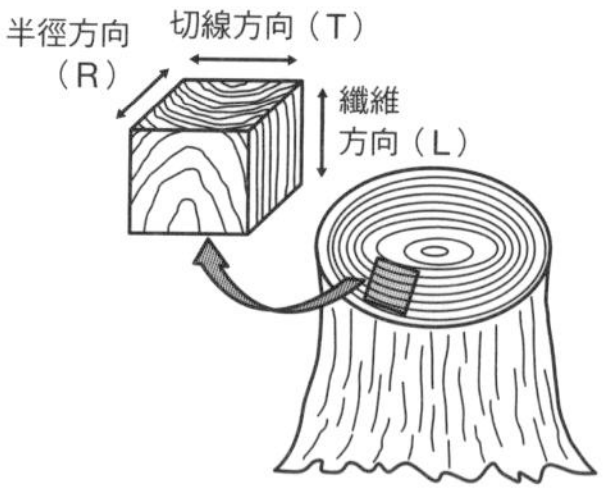

照片8｜太鼓梁的梁材

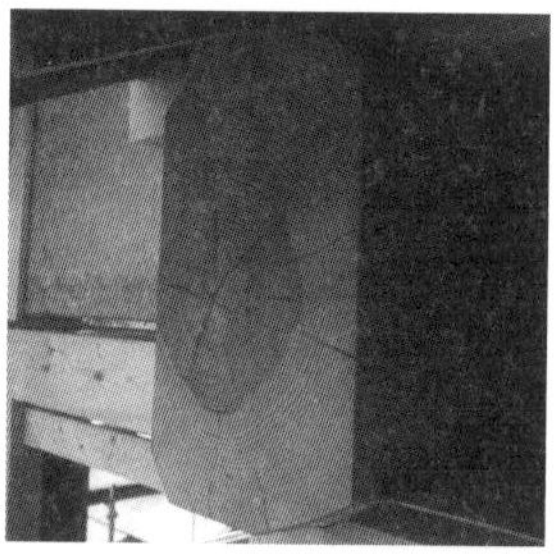

樹木直立狀態相同，將樹底切口朝下直立，橫向構材的接頭部位原則上凹部為樹底切口，凸部為樹頂切口，若為顛倒的狀態日文稱為**逆木**，是相當忌諱的。

美國喀斯喀特地域材｜カスケード・コースト

橫跨美國北西部喀斯喀特山脈（Cascade Range）的高地出產的細年輪圓柱樁體木材原木，稱作喀斯喀特木材。喀斯喀特山脈的西側開始，往海岸廣布的低地，屬於海岸地形，相對於喀斯喀特木材，此處生產的木材稱作海岸木材。海岸木材是植樹林，年輪寬，目前超過半數都是使用海岸木材。

立方公尺單價｜立米単価・m³単価

原木或是廠製木材單價的標示單位，以材積（體積：m³）為基準，是專業的木材交易單價標示方法。廠製木材一根的價位是該木材的材積乘上立方公尺單價所得來的。例如，立方公尺的價格10萬日圓的檜木3公尺120公釐的角材（材積為0・0432），一根單價是4320日圓。

木材裁鋸｜木取り

圓柱樁體或是大型的廠製木材，從外觀特徵來判斷，並依照柱子用途，對廠製木材進行加工，成為適合的形狀。因為製材鋸法的不同，就算是同一塊圓柱樁體也會得到不同的有效裁木量（有效製材數量）或是裁木價值（製材價值）[圖23]。若為了尺寸或隱藏木節而貿然進行裁鋸的話，後果會大大降低木材品質。雖然需要專業職人的經驗與技巧，依照木材一根一根不同的特性來進行裁鋸，但在生產單一製材的工廠，因為圓柱樁體的特徵較為相似，可用電腦控制機器進行裁鋸，又稱作製材鋸法。

帶芯材、去芯材｜芯持ち材・芯去り材

帶芯材是從一根原木圓柱樁體裁鋸出一根柱子的木材，帶有原木的木心（髓）。去芯材是將原木圓柱樁體的木心去除後所得到的木材，因此需要較粗的圓柱樁體[圖24、照片9]。帶芯材的最大缺點在於會因乾燥而產生裂痕，表面裂痕雖不至於減低強度，但不美觀，大多會事先在背裡割出防縮槽。結構材基本上都使用帶芯材，但要注意橫剖面上木心偏離中心的帶芯材，或是木心僅偏離一點的去芯材，都容易因縱軸方向的收縮不平衡發生彎曲反翹的狀況。另外，帶芯材內含較多的未成熟材，品質容易不穩定，強度也變低。去芯材的表面較不易產生裂痕，價格較高。

原木面｜生地

意指沒有經過塗裝修飾過的木材表面，也稱作素木。若是經過修飾處理的原木表面，是指將木材本來的木節點、色調、紋理善加利用，並加以修飾的狀態，一般是薄薄地在表面加工（像是將表面凸起木節削平）、或是擦漆、油料、透明塗漆等的飾面處理。塗裝飾面的過程中，將手垢及木材汙垢處去除也是重要的工作一環。

木斷面｜木口

木材纖維斷面（年輪）的剖面

圖23｜**木材裁鋸與木紋的外觀**

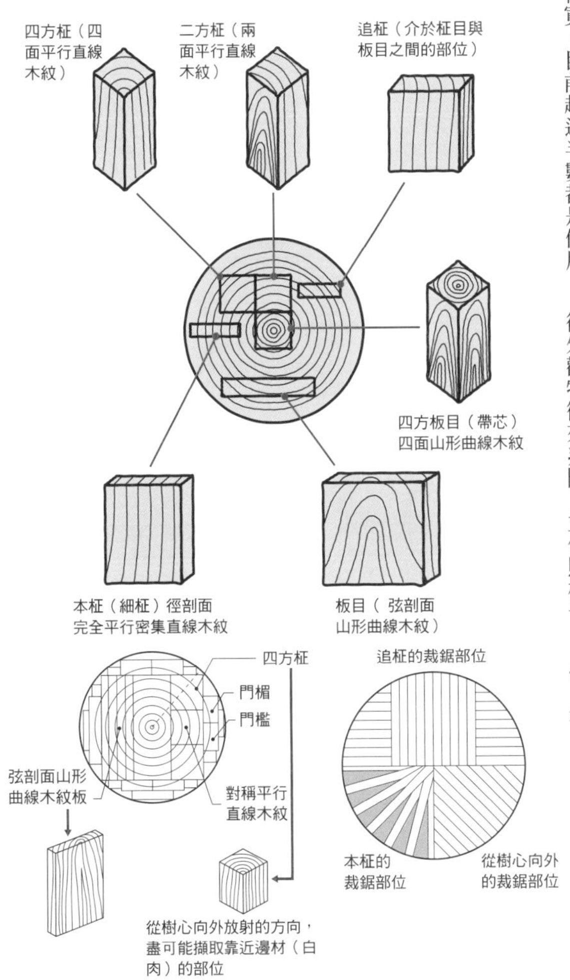

圖24｜**帶芯材、去芯材**

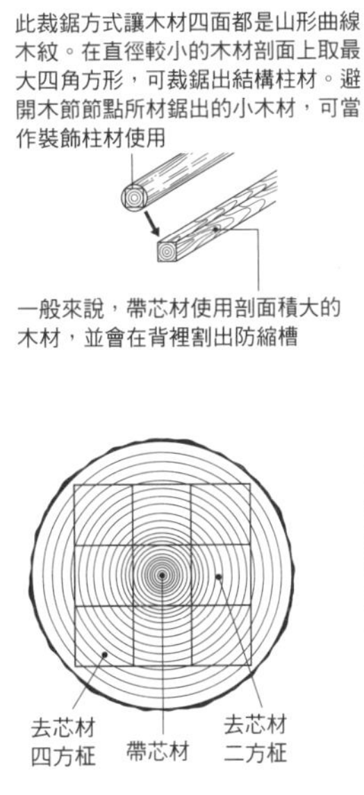
此裁鋸方式讓木材四面都是平行直線木紋。木材表面相鄰的兩面，較容易材鋸出適合當作裝飾材的優良木材
將原木圓樁體中心部位去除的去芯材，較少發生乾裂現象

照片9｜**帶芯材**

圖25｜零星木材與木表、木裏

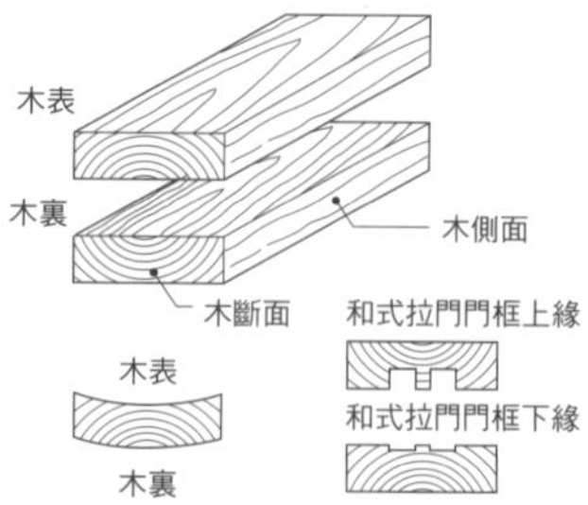

圖26｜防縮背溝槽

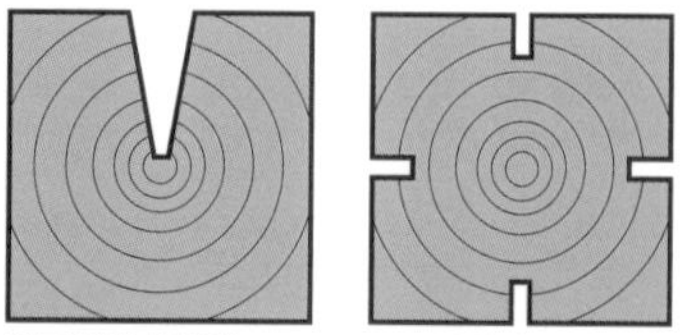

單面防縮背溝槽
單一的防縮溝槽深度深，剖面上的變形量大

四面防縮背溝槽
雖然溝槽不深，剖面上的變形量小，但不適用於柱子外露的和室建築真壁工法

照片10｜活木節

照片11｜死木節

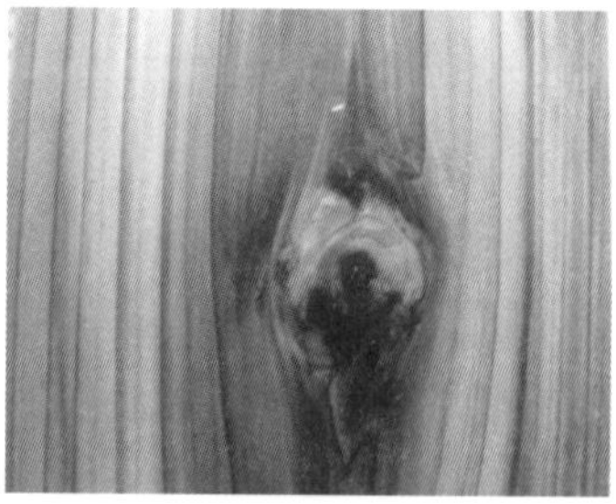

照片12｜填補過的木節穴

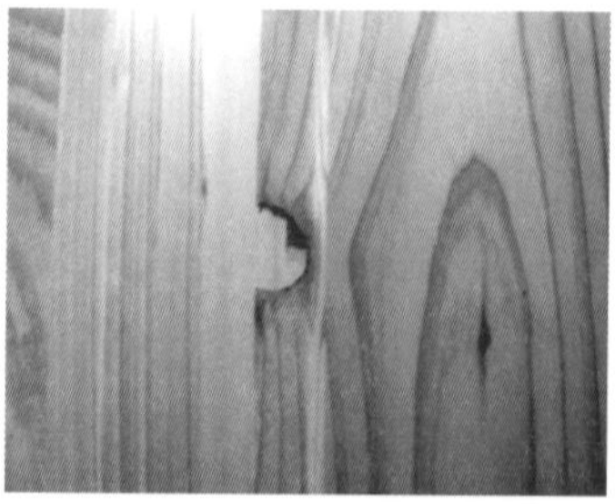

[圖25]。設計較難兼顧美觀，多半隱藏不外露。在日文同音字的「小口（koguchi）」，不管哪種木材都是指構材剖面。裁鋸在木材纖維方向的面稱作木端。

木表、木裏｜木表．木裏

將弦剖面紋路木材豎立時，樹心側稱木裏，樹皮側稱木表。乾燥時在寬度及長度方向會發生反翹，在木表側也會發生凹狀翹曲。雖然可說是缺點，也有善用這項特點的安裝方式，例如在和式門窗上方橫擋處將木裏朝上安裝，比較不容易下垂[圖25]，下方橫擋則用相反的那一面安裝。

防縮背溝槽｜背割り

帶芯材因為乾燥現象，會在年輪的切線方向明顯收縮，木材表面發生裂痕是必然的現象，因此，事先在判定較不優良的木材面，割一條深達樹心的溝槽，用來吸收收縮幅度，預防其他三面發生裂痕[圖26]。在木材背面刻一條深溝，用來對應木材的乾燥現象是經驗法則，對於裝飾柱是必要的工作，若為隱藏在牆壁內的管柱則大多不需要。用在室內可將防縮溝槽刻於木材背面，在室內側則看不到。需注意防縮背溝槽內若安裝金屬鎖件，防縮效果就會消失。另外，最近因為人工乾燥材的乾燥技術發達，隱藏在牆壁內管柱的表面裂紋變少，沒有背溝槽的木柱製品越來越多。刻有背溝槽的木材面上，會發生安裝五金配件不易等問題。

木紋理｜木理

木材紋路，日文「木目（mok-ume）」或是「目（me）」。在木材的表面可見到年輪樣貌。

木節｜節

樹幹內將樹枝捲入吞沒的部位。木節部位因乾燥而產生裂痕或切痕的木材製品，在加工處理和強度上有缺陷之處。

活木節｜生き節

在樹枝的木質部顯現出生長組織的節[照片10]，將帶有樹葉尚未乾枯樹枝，捲入樹幹的部位。木節纖維與周圍樹幹組織相連結，不易拔取。雖不構成強度上的缺點，但會影響木板、輔助構材製品的品質。

死木節｜死に節

捲在樹幹的枯枝[照片11]。與生木節相反，死木節的纖維和樹幹周圍組織不相連結，可以拔取。死木節在木材製品加工上視為缺點，不適合做為輔助構材等的裝飾材，當作結構材則沒有問題。

木節穴｜抜け節

木節被拔取所留下的凹穴，在木材製品加工或強度上視為缺點[照片12]。也有用填補材等補修木節穴的木材，例如樓版材等，結構材上的木節穴是沒問題的。

填補材｜埋め木

在木材損痕或木節處用鑿刀挖掘後嵌入木片，也稱填充木片。

屈曲斷裂｜もめ

木材的缺陷之一，樹木直立時因風雪等外力或是木材生長時的內部應力（成長應力），木材纖維局部屈曲而發生斷裂的情形，該部位在組織包覆狀態下生長，需被製成木材之後才會發現。遇到颱風不會傾倒，在外觀上也沒有異常，樹木內部卻有屈曲斷裂，在木材市場上稱作風倒木。發生屈曲斷裂的木材的強度降低，若不是在製材廠材鋸成木材，永遠不會發現這項嚴重缺陷。

徑剖面紋路｜柾目

在與原木切線方向的接近垂直角度，裁鋸出的木材面呈現縱向筆直木紋理[照片13]。相較於板目木材的特徵在於不容易變形。

弦剖面紋路｜板目

在原木切線方向裁鋸出的木材面呈現山狀曲線木紋理[照片13]。因容易發生反翹等不易控制的狀況，大多使用受到完善乾燥處理的木材，安裝施作時在背面貼付防止反翹變形的木板條。

有效裁木量比例｜步留まり

從原始材料中可生產成為木材製品的比例。依照圓柱椿的口徑或缺陷（損傷、腐壞、彎曲等）程度，以使用目的區分成角材或板材，有效運用原始材料，以提高有效裁木量比例的比例，尤其是木材長邊方向。

製材工廠｜製材工場

依照工廠的規模、使用的原木、生產的品項、生產量而不同，有單一生產柱材的工廠或是接受特殊小口徑木材製品訂單的客製生產等等，種類多樣。最近不僅只有木材生產，利用人工乾燥機的飾面加工（Moulder：自動四面鉋盤）、強度推測器（Grading Machine）來增加附加價值的生產工廠也開始增加[照片14]。各家製材工廠在生產品質與性能上各不相同，為確保材料的需求品質，指定可信賴的製材工廠是必要的。

製材尺寸｜製材寸法

結構木材的剖面尺寸受原木影響甚劇，一般木材的基準寬幅是4吋（120公釐），或是3吋5分（105公釐）。另外，木材的高度（木材剖面的高度）一般約達360公釐。以日本國產的結構材來說，若有原木則可能可以提供上述以外的尺寸，但若屬乾燥材的話，需先預測製材因乾燥過程收縮變形的程度，預留比完工尺寸大的餘裕，進行製材生產。[圖27]

固定尺寸、客製尺寸｜定尺・乱尺

一般市售流通的製材尺寸基準，稱作固定尺寸，如柱子，固定尺寸為3公尺、6公尺，屋脊橫木（桁條）或木地檻是4公尺，梁或桁是4公尺、5公尺、6公尺。但是日本東北地方的木材固定尺寸有3公尺或3．65公尺。杉木製的梁超過4公尺，不是固定尺寸，一般來說價格依照尺寸比例增加。為了減低成本，檢討接頭位置、種類的同時，如何有效使用固定尺寸木材，是製作木材積比較表時的關鍵重點。

無垢材（自然實木）｜ムク材

直接以樹木的原始狀態來使用，日文又稱作「正物」。

中型木材｜中目材

依日本農林規格（JAS規格），原木直徑在24公分左右的稱作中型木材。

結構材｜構造材

支承屋頂、樓地板重量或是結構載重等的柱、梁等構材。

輔助構材｜造作材

主要結構材以外的如和式拉門門框下緣（敷居）或上緣（鴨居），牆壁底材的橫圍板等木作施工上使用的木材。

裝飾材｜化粧材

和式建築的柱間橫材（長押）或是拉門門框下緣（敷居）或上緣（鴨居），以及柱子外露的和式建築（真壁造）的柱子等，在可見位置所使用的木材，需經鉋面處理，也稱作外露飾面材。相對於一般的普通材（並材），裝飾材意指木節少的木材，使用不會發生縫隙或裂痕的乾燥木材。

集成材｜集成材

將薄削面處理過的單元集成板（Laminar）相互以樹脂接著劑接合並加壓製成的木材[圖28]。依照用途，區分結構用合成材以及輔助構材用合成材。對於金屬構件工法或是門型框架工法，結構用合成材是不可或缺的材料。基本處理方式與無垢材（自然原木）相同，一般來說結構用合成材的成本較同樹種的無垢材高。

隱藏材｜野物材

收納在屋架內、牆中的間柱或橫

照片13｜弦剖面紋路（左）與徑剖面紋路（右）

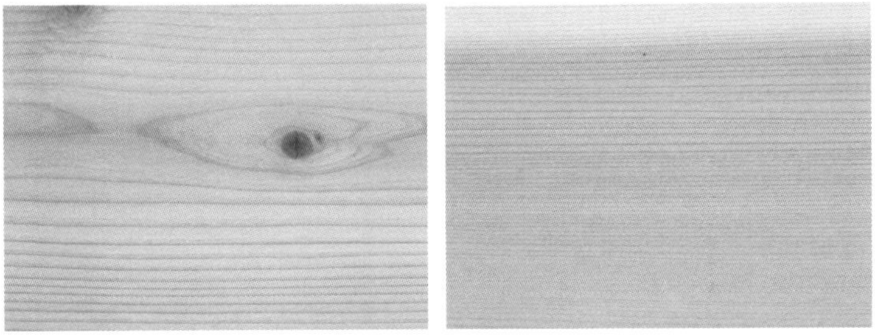

圖27｜製材尺寸

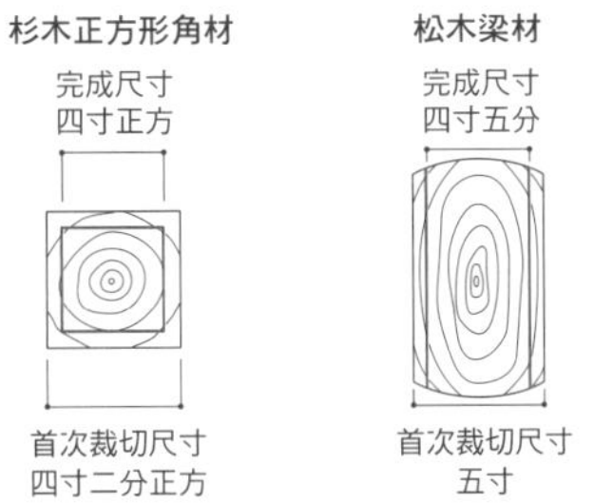

照片14｜木材強度測定器

圖28｜集成材

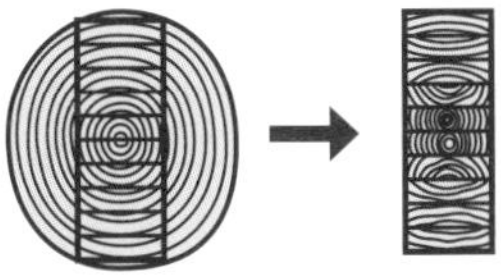

本圖圖示為單一樹種製成的集成材，也有由不同樹種組合製成的集成材

種類	品質、用途
結構用集成材	使用在結構體上的柱、梁、拱等，可做出剖面積大或彎曲的製材
裝飾梁結構用集成材	表面鋪上薄木片，在強度與耐水性上與結構用集成材相同，主要使用在柱、梁等的垂直水平直線材
輔助構材用集成材	展現集成材堆積面的獨特美感，可用在梁、樓梯手扶、櫃台等用途
裝飾梁輔助構材用集成材	室內輔助構材，和式建築的柱間橫材（長押）或是拉門門框下緣（敷居）或上緣（鴨居）等等

圍板，隱藏在完成面內，用在看不到之處的材料。也稱隱形材。

小斷面積木材｜羽柄材

在日文也以「端柄材」表示。原本沒有明確定義，最近因預製木板條普及，逐漸成為格柵（根太）或屋脊椽木（垂木）等結構與底材兼用的小斷面積木材的代名詞。與結構材相同，使用經過乾燥處理，在室內完工面上不會發生龜裂、劣化現象的木材。

一般材、特殊材｜並材．役物

有木節的木材製品，或是會在製材上出現木節的原木材料稱作一般材。沒有木節或是木節非常少的木材製品，或是不會在製材上出現木節，或是只出現非常少木節的原木材料，稱作特殊材。特殊材通常以木匠所需的完工尺寸為前提，預製成比完工尺寸大的木材，通常不再鉋平，直接將未加工面當作製材完成品以熱收縮膜包裝，通常多預留尺寸約5～10公釐。和式建築中隱藏在大壁中的管柱使用一般材，外露在真壁外的裝飾柱使用特殊材。但現在將一般材用在裝飾柱的案例逐漸增多。

等級｜等級

特殊材在外觀上的等級區分。日本農林JAS規格中，是以木材上的木節、腐朽、割痕程度為判斷基準[圖29]。依據木節出現在角材四面上的程度，分成小節（1～4面）、上小節（1～4面）及無節（1～4面）[圖30]。木節很少，或是出現木節的面較少的木材價格也較高。例如**二無一上小**代表兩面無木節，一面上小節。

有關挽割類（長方形剖面材）及挽角類木材（正方形剖面材），是依據四面、三面、兩面、一面可作為完工面的材面數，作為等級判定的標準。木節程度的評定基準會依木材製造廠而各有些許不同。除了木節，也會依照原木椿的品質以及割痕、變色等程度來評定。目前JAS的等級規格標示已變更為「級」，但現在一般仍使用「等」來區分一等、特一等以及特等三種等級。

上小節｜上小節

依日本農林JAS規格中的針葉樹製材品質評定標準，介於無節與小節之間的等級。壁板類製材的木節直徑在20公釐以下。

二次裁切｜2度挽き

木材因為乾燥而發生收縮，或內部釋放應力而造成尺寸不穩定，為了製作出固定尺寸的木材製品，需事先預測收縮程度並預留較多尺寸進行**首次裁切**，在變形現象停止之後，再度裁切至所需的尺寸[圖31]，也稱作**八面裁切**。首次裁切之後的尺寸稱作**首次裁切尺寸**，完工之後的尺寸稱作**完工尺寸**。對於裁木量比例，雖不是最有效的裁切方式，但對提升製品品質來說是很重要的工作。日本東濃檜木的乾燥木材柱製品以二次裁切而聞名。

無乾燥處理木材｜生材

尚未經過天然或人工乾燥處理的未乾燥木材，也稱**綠材**。比乾燥木材容易發生尺寸不穩定或是割痕的狀況，也是梁發生的撓曲、牆面出現龜裂等現象的原因。將木材搬入施工現場以及搭建之後，需要留置一段乾燥期並適度調整誤差。若把生材當結構材用，是非常不合乎常識的。依採伐期間或是樹種、心材或是邊材而有不同的含水率，通常是指所有含水率25%以上木材材料（JAS規格）。綠材原本是北美木材的說法，是指含水率19%以上的木材，最近國產材也用相同的稱呼方式。若使用生材，容易因為後來的乾燥作用發生收縮、彎曲、反翹、割痕等現象，雖因價格便宜而廣為流通，近年因品質方面的考量，使用頻率開

圖29｜日本農林JAS標示的舉例

結構用製材

樹種名稱	杉木	
JAS 登記認定機關名稱		
等級		★★
保存處理	性能區分	K3
	藥劑名稱	CUAZ
結構材的種類		乙
尺寸		105㎜×105㎜×3m
乾燥處理		SD20
木材材面的美觀		二方無節（木材材面中的兩面外觀沒有木節）
製造廠商名稱 （株）○○製材所		

圖30｜木節等級

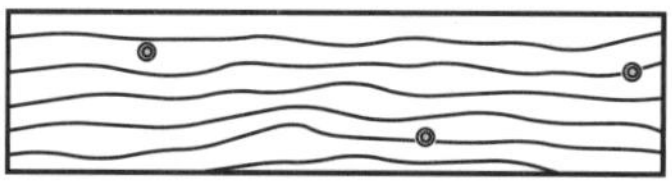

●小節
包括大面積材一面以上，木節直徑20mm以下（活木節以外的木節是直徑10mm以下），長度未達2m的木材是5個木節以內（木剖面長邊210mm以上的木材是8個木節以內）

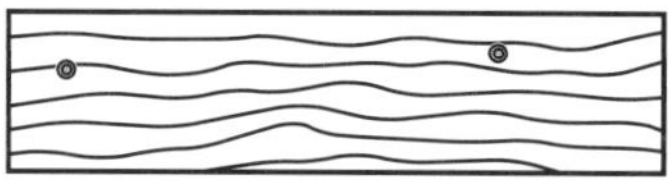

●小上節
包括大面積材一面以上，木節直徑10mm以下（活木節以外的木節是直徑5mm以下），長度未達2m的木材是4個木節以內（木剖面長邊210mm以上的木材是6個木節以內）

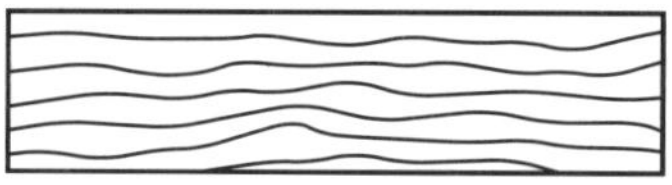

●無節
包括大面積材一面以上，沒有木節的木材

圖31｜二度裁切

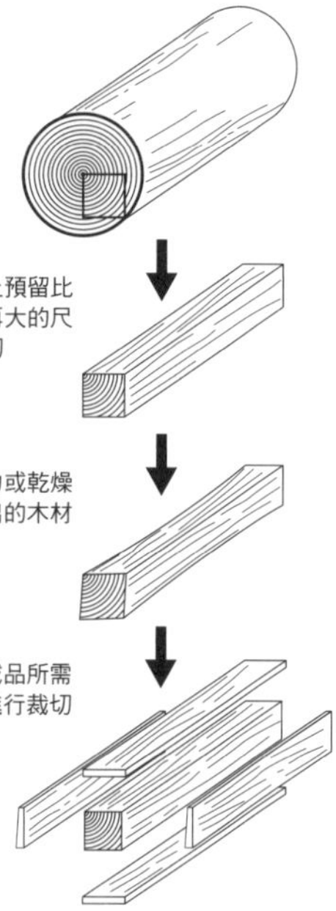

在原木樁體上預留比製材完成品再大的尺寸，進行裁切

因為內部應力或乾燥現象，材製出的木材發生變形

依照製材完成品所需尺寸，再度進行裁切

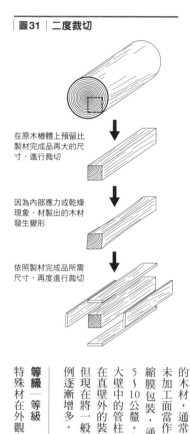

始降低。

乾燥材—乾燥材

木材含水率降低到規定數值的製材[表2]。一般來說，結構材和輔助構材的含水率介於15～20％之間，數值越低代表含水量越少。含水率不只對結構材有影響，還有底材等，為了避免完工面出現割痕，希望都使用經過乾燥處理的木材。

天然乾燥—天然乾燥

為了提高木材尺寸的穩定性，不使用機器，而是利用室內或室外等自然氣候條件逐漸乾燥的方式。經過天然乾燥過程的木材稱作「AD材」。雖然與人工乾燥不同的是較沒有材質變化的疑慮，但天然乾燥期間以及乾燥情形極度受限於氣象條件。無論經過多長的時間，天然乾燥材的含水率僅只能降到與氣候相符的平衡含水率。

然而市面上達到平衡含水率的天然乾燥材較為少見，乾燥程度參差不齊是現狀。天然乾燥的方式有砍筏後，以原木椿帶葉狀態直接在樹林放置乾燥的方式，或是在製材之後以堆積狀態放置乾燥的方式。

原木圓椿帶葉狀態的放置乾燥方式—葉枯らし乾燥

天然乾燥方式的一種。山中砍伐後的木材，以保留樹枝樹葉的狀態放置，木材水分藉由葉面散發，進行天然乾燥作用。不像人工乾燥方式需要用到燃料、電力，不會造成環境的負擔，也不會造成木材負擔，是可以保持木材色澤的乾燥方式。

因為無法像人工乾燥方式一樣地有效降低含水率，較需費時費力處理。將此種乾燥方式視為預備乾燥為宜。

人工乾燥—人工乾燥

以人工方式調節溫度、濕度、風速，來降低木材含水率的乾燥方式，簡稱「人乾」，經過人工乾燥處理的木材稱作「KD材」。若乾燥方式運用得當，可依木材製品的材質或用途進行合適的乾燥處理，並且也可能以較短時間達到比平衡含水率更低的乾燥程度。以沸騰蒸氣進行的蒸氣式乾燥方式[照片15]、或是提高室內溫度以縮短乾燥時間的高溫乾燥方式、降低室內濕度來進行乾燥的除濕乾燥方式[圖32]、降低室內氣壓來促進乾燥的低壓（真空）乾燥方式、利用太陽熱能裝置的太陽光熱乾燥方式。一般來說無所謂哪一種乾燥方式較好，但若因乾燥方式讓木材產生極大材質變化，就失去了使用該樹種的意義，因此建議慎選乾燥方式。

堆積乾燥—桟積み乾燥

木材製成之後以堆疊放置方式進行天然乾燥的手法[照片16]。

AD材—AD材

經過天然乾燥處理的木材，Air Dried的簡稱。

帶葉原木圓椿材—葉枯らし材

砍伐後的原木椿，以保留樹枝樹葉的狀態放置數個月，木材枝幹的水分藉由葉面蒸散，含水率得以降低的木材[照片17]。是日本自古以來的原木乾燥方式，雖然木材的肌理色澤好，但只經過這樣的乾燥處理仍無法算是乾燥木材，因此木材裁切之後仍需要一段乾燥的過程。

表2｜針葉樹結構用製材、底材用製材含水率及尺寸容許差值

①含水率

區分		標示	含水率
結構用製材	完成材	SD15	15%以下
		SD20	20%以下
	未完成材	D15	15%以下
		D20	15%以下
		D25	25%以下
底材用製材	完成材	SD15	15%以下
		SD20	20%以下
	未完成材	D15	15%以下
		D20	20%以下

②尺寸誤差容許值

區分		標示	尺寸容許差值(㎜)
結構用製材	完成材	未滿75㎜	+1.0　−0
		75㎜以上	+1.5　−0
	未完成材	未滿75㎜	+1.0　−0
		75㎜以上	+1.5　−0
底材用製材	完成材	未滿75㎜	+1.0　−0
		75㎜以上	+1.5　−0
	未完成材	未滿75㎜	+2.0　−0
		75㎜以上	+3.0　−0

註：JAS規格的定義，結構用製材經過乾燥處理之後，將材面修正調整至完成尺寸的製材稱作「完成材」。尚未將材面修正調整至完成尺寸的製材稱作「未完成材」

照片15｜蒸氣加熱式木材乾燥裝置

照片16｜杉板材的堆疊放置乾燥方式

圖32｜人工乾燥

除濕式乾燥法的機制

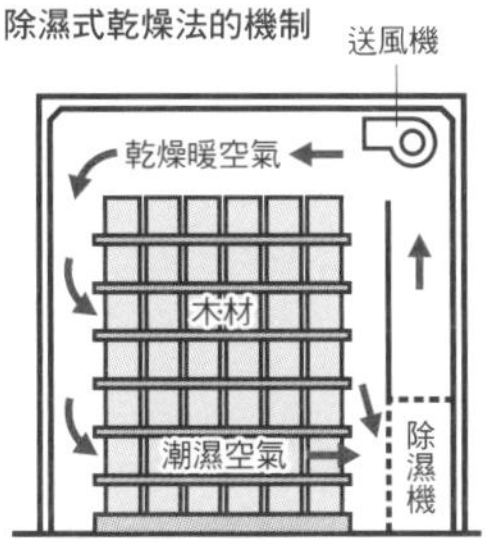

照片17｜砍伐後原木椿帶葉狀態放置乾燥

KD材｜KD材

Kiln Dried的簡稱，以人工乾燥處理方式，依結構材、輔助構材等不同使用部位，而有不同的含水率比例設定。如「KD20」是指含水率設定20%，經人工乾燥處理的木材。

木表面均勻割痕加工（Incising）｜インサイジング

在木材表面平均滲透地注入防腐防蟲藥劑之前，事先用刀刃在木材表面刻出人造纖維痕紋。對耐久性低樹種，又要製作成藥劑注入有難度的木材時，此為提高藥劑吸收量及滲透度的有效方法。

含水率、含水率檢測計｜含水率・含水率計

木材含水率是木材含水量占木材完全乾燥時重量的比率［圖33］。即使含水率相同，若木材的密度不同，所含水分也會不同。木材含水率降低至25%、35%左右會開始產生各種物理變化，因此含水率是非常重要的性能判斷指標。施工現場使用手持式高周波式含水率檢測計確認木材含水率，即使確實設定正確的密度數值進行檢測，所得的含水率數值也只是木材表面10～20公釐深的含水率估計值，木材內部與表面的含水率可能存在極大差異，因此不應侷限於含水率數值，也要確認重量及製作過程後再行判定。若為結構材，建議含水量至少應在25%以下［表3］。

平衡含水率｜平衡含水率

含水量多的木材會隨著置放地點的環境（溫度、濕度）發生變化，隨即到達一定程度的含水率，因此乾燥木材的目標含水率持續在變動。

雖然平衡含水率會因木材使用地點或是否有冷暖氣機而大不同，日本的室外平均值15%，室內則稍低［圖34］。對於結構材來說，理想的含水率為15%～20%。不僅是結構材，還有其他一般部位的木材，使用比平衡含水率低1%～2%並經過乾燥處理的木材較理想，尺寸穩定性較高。

［圖55］

乾燥裂痕｜乾燥割れ

木材因乾燥處理所產生的裂痕。乾燥處理時，若木材表面與內部同時進行，整體收縮是不會產生裂痕；但斷面面積大的結構材受到乾燥處理時，因木材表面與內部的含水率與乾燥過程不同，含水量比例存有落差（含水率的差別），讓乾燥作用產生各種應力，而在表面出現裂痕。依據木材裂痕的出現位置、深度、長度、受力方式，會造成木材強度上的影響。但如柱子是利用與纖維方向平行的作用力，較淺短的乾燥裂痕，幾乎不會造成木材強度上的影響。

工程木材（Engineered Wood）｜エンジニアードウッド

簡寫為EW，為強度受到認證的結構材。具體而言，是彎曲楊氏係數或容許應力受到最低限度確保的結構材。「工程木材」與「集成木材」或「木質材料」並

圖33｜木材含水率計算方式

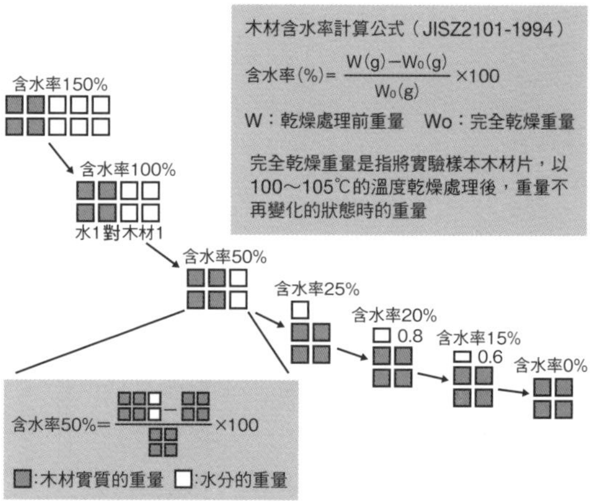

表3｜各種建築規格書認可的木材含水率

規格書	材料名稱	含水率規格	
日本建築學會 建築工事標準仕樣書 (2005) (JASS11 木工事)	結構材 輔助構材 修飾面材	20%以下 15%以下 13%以下	
日本國土交通省大臣官房 官廳營繕部 公共建築工事標準仕樣書 (2007)	結構材 底材 輔助構材	A種 20%以下 15%以下 15%以下	B種 25%以下 20%以下 18%以下
住宅金融支援機構 木造住宅工事仕樣書 (2007)	結構材	依JAS規格，針葉樹的結構用製材含水率分為15%以下、20%以下、25%以下三個階段	
住宅金融支援機構 框組壁工法住宅工事仕樣書 (2007)	結構材 斜撐材等	結構材使用含水率19%以下的乾燥材，或是含水率25%以下的未乾燥材。結構材以外的構材也需要使用充分乾燥處理過的製材	
日本建築學會 木質構造設計規準 (2006)	結構材	若為施工後要直接支承很大載重力的構材，推薦使用含水率至少20%以下的製材	

圖34｜日本國內年平均的平衡含水率分布

本圖參考「Expanded AMEDAS Weather Data，日本建築學會編」中的平衡含水率所製成

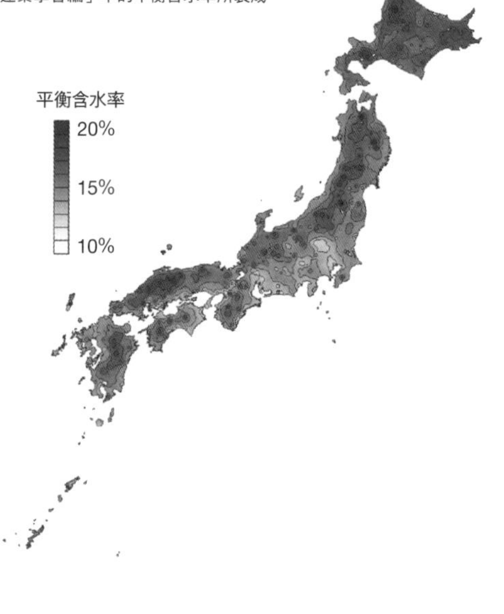

非同義詞，如結構用的木材雖為EW材，輔助構材集成材卻不是EW工程木材，就算是自然實木，若能確保每一根的強度，則可納入工程木材的範疇。JAS規格的機械等級區分材可算是工程木材，但JAS規格的目測等級區分材，則不算是工程木材。

無等級材｜無等級材

結構材的強度是由JAS規格所制定的結構材強度等級區分法（包括目測等級區分、機械等級區分）來劃分等級，部分結構材沒有被區分等級，稱為無等級材。雖無等級材在結構設計上可提供容許應力，但因強度並未充分受到審核，因此做為結構材使用是較冒險的作法。

圖35｜乾燥機制

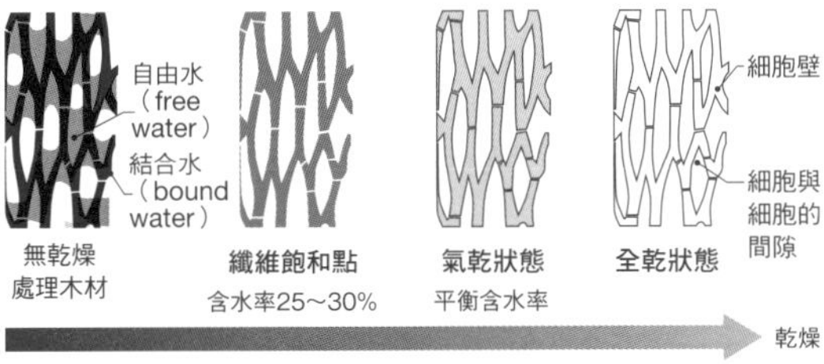

楊氏係數（E）｜ヤング係數（E）

因材料而異，用來表示抗拒變形能力的係數。數字越大表示越不容易變形，統計上發現彎曲強度與楊氏係數有相當高的關連性。一般常使用於依照彎曲程度來判定彎曲楊氏係數。在木材製作工廠，以木材強度測定器對木材一根一根地進行非破壞性彎曲楊氏係數測試的情形也逐漸增多。另外，結構用木材，有用JAS規格的機械等級區分法，也有依楊氏係數來詳細測定基準強度，對結構計算中主要的梁桁等橫向結構材，是很重要的數值依據。

AQ認證｜AQ認証

Approval Quality的簡稱。日本住宅・木材技術中心制定的JAS認證以外的木材認證制度[圖36]，可說是讓JAS認證更完整的補充認證制度，用來判定「高耐久性機械預裁構材」、「乾燥處理機械預裁構材」、「保存處理材」、「防腐材・防蟻處理結構用集成材」[表4]。

四面自動鉋盤飾面加工｜4面モルダー仕上げ

乾燥材的最終表面修飾加工，是量產工廠常使用的表面修飾加工方法。以四面自動鉋盤進行加工到所需的完工尺寸。在外國產木材中稱作S4S（Surfaced Four Side）。無需木匠加工或是預製工廠的再加工，幾乎大部分的乾燥材都經過四面自動鉋盤飾面加工處理。就算是乾燥材，也有表面未經修飾處理的木材，稱為粗糙材。另帶一提，JAS製品中含水率20%以下有乾燥及表面修飾處理的木材標示為SD20，有乾燥處理沒有表面修飾處理的木材標示為D20。

預先裁切｜プレカット

木造住宅的結構材或輔助構材等，在工廠中以機械加工、製造的生產系統[照片18]。一般是以CAD・CAM來進行的自動化系統。優點為速度及準確性，有利縮短施工期、提升尺寸精準度，或解決木匠人手不足問題。在日本，對於徵求木作職人不易的東京首都圈地區來說，預先裁切木材的使用普及率高達八成以上。為求尺寸精準度，除非是優良的乾燥材，預先裁切加工的木材會發生變形，導致施工無法順利進行。以木作職人的技術彌補機器無法勝任的木材細部及表面修飾的預先裁切製材廠也不少。

圖36｜認證標識

部位

基礎墊片｜基礎パッキン

為了讓樓版下方透氣，混凝土基礎與木地檻之間嵌夾約20公釐的金屬預製構件[第52頁圖37、照片19]。日文稱作「キソパッキン（Kisopakkin）」，取自城東化學工業的商品名稱。也有以水泥砂漿、礫石等來製作的方式。過去為了讓樓版下方換氣，在基礎混凝土上開孔作為「樓版下換氣孔」，由於開孔使周圍有裂痕，因此近年基礎墊片常被使用。

支架・地板支架｜束・床束

樓地板下方用來支撐格柵托梁的短構件[第52頁圖39]，由地基上的礎石承載。地板支架之間，使用底座固定橫向構件來穩固。地板支架使用的樹種有檜木、鐵杉、日本柳杉等構材，斷面尺寸85公釐正方形或90公釐正方形，長度以40公釐最合適，但因耐久

照片18｜結構梁柱材用的加工機具

表4｜認證項目的性能區分

認證項目	性能區分	JAS保存處理性能區分
保存處理材	1種	相當於K4
	2種	相當於K3
	3種	相當於K2
高耐久性能的機械預切構材	2種	相當於K3
	3種	相當於K2
防腐防蟻處理的結構用集成材	2種	相當於K3
	3種	相當於K2
防腐防蟻處理的結構用合板（加壓注入、單板處理）	2種	相當於K3
	3種	相當於K2
防腐防蟻處理的結構用單板積層材（加壓注入、單板處理）	2種	相當於K3
	3種	相當於K2

圖37｜基礎墊片

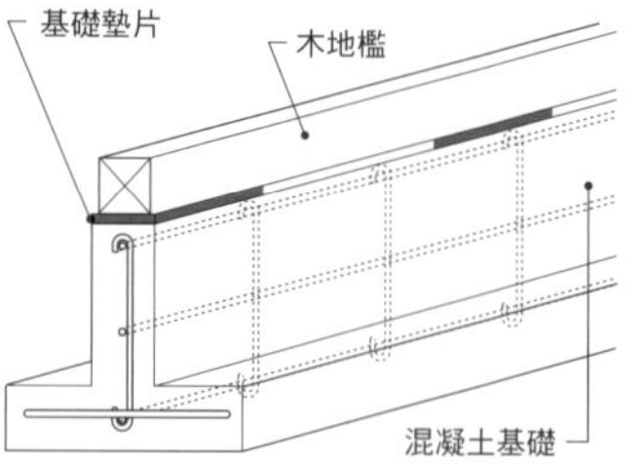

照片19｜施作完成的基礎墊片

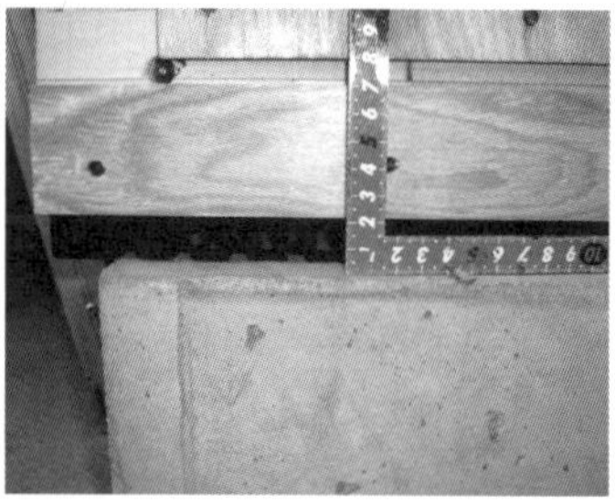

圖38｜地板下換氣孔

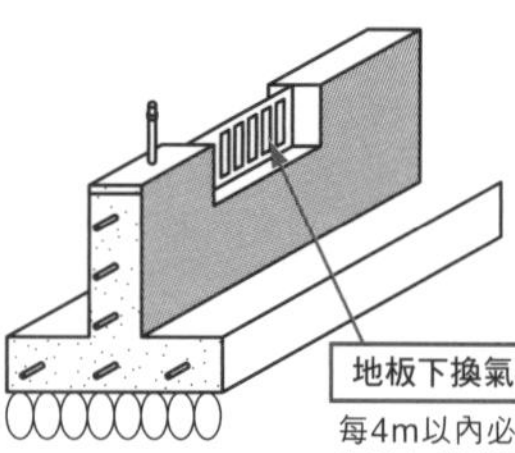
每4m以內必須安裝一個以上的換氣口，並加裝孔罩用來防止老鼠、蟲入侵

圖39｜高架地板

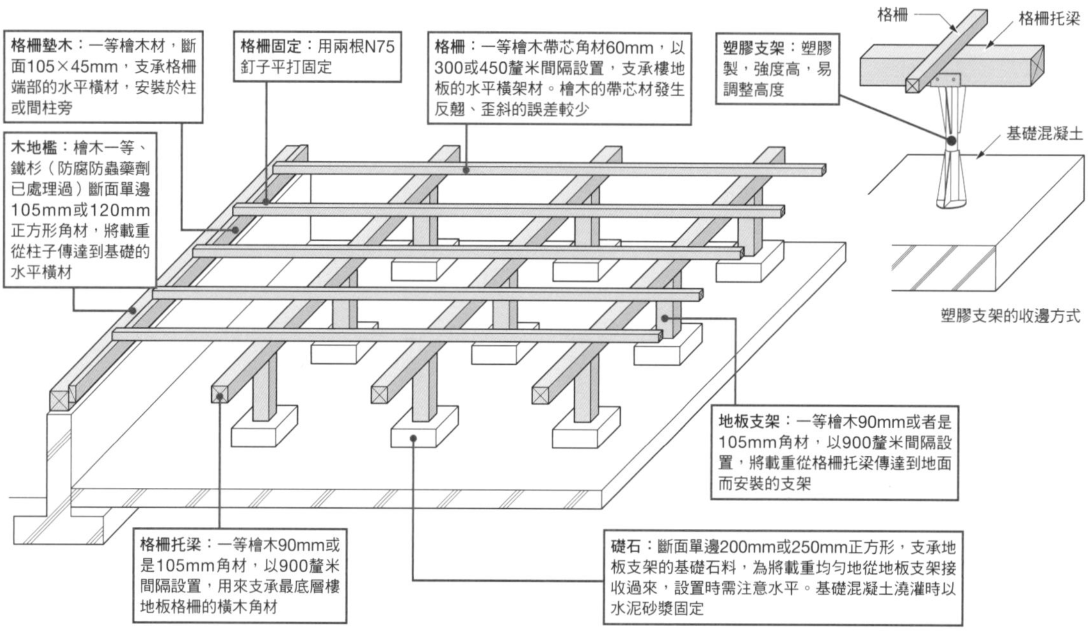

性、防蟻性不佳，現在以塑膠製支架、鋼製支架為主流，不僅能調整長度，也可以修正施工後因木材收縮而發生的樓版聲響或樓版不齊的情形。地板支架與格柵托梁的接合處，用釘子斜打，並再加打U型釘固定。在地板支架之間安裝底座固定橫向構件，用來防止傾倒，固定構件設置的間隔以910公釐為標準值。

鋼製支架—鋼製束
鋼製的地板支架〔照片20〕。雖價格比塑膠支架稍高但強度佳。

架高地板—束立て床
以地板支架支撐起的樓版。

礎石—束石
設置支架底部的石頭或混凝土。

格柵托梁—大引
支撐一樓樓地板的構材，在上方搭架格柵。使用木材的斷面尺寸為90公釐左右正方形，設置間隔標準3呎（910公釐），設置方向與地板格柵呈直角。

木地檻—土台
設置在基礎混凝土上木構架結構最底部的水平構材。利用從基礎向上伸出的錨定螺栓，與基礎緊密連結〔照片21〕。斷面尺寸與管柱相同，或是比管柱大一號。與基礎緊密結合時，有的時候會在中間加入墊片。因為是最接近地面的結構材，需要選擇像檜木等防腐、防蟻性能高的木材。木地檻的木材種類、尺寸需考量從柱子軸力往下傳遞的可承重力〔圖40〕。

格柵托梁墊木—大引受け
格柵托梁無法放置於木地檻上時使用的構件，依附柱子的橫木。

木地檻水平角撐—火打ち土台
在木地檻的角落部位以45度角置入的水平構件，用來防止木地檻在水平方向的變形。使用木材的斷面尺寸為45×90公釐左右。

格柵—根太
鋪設在地板下方的底材，在格柵托梁或格柵墊木的上方，以相互直交方向排列設置。大多使用斷面尺寸36×45公釐、45×45公釐左右的美杉、美松。在西式木結構中，設置間隔以1呎（303公釐）為標準，若為置放重物如鋼琴等的部位，設置間隔較窄。在日式木結構中，設置間隔為1呎5吋（455公釐）。也有在地板格柵之間，配置地暖系統的管線、斷熱材。接頭部位是在構材上以N90釘平打，與格柵托梁的接合

照片20｜鋼製地板支架

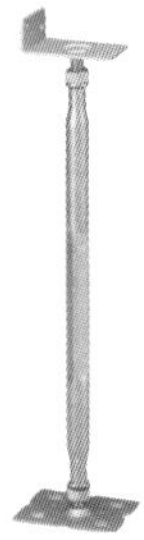

照片21｜木地檻施工景象

圖40｜柱與木地檻之間的搭接接頭

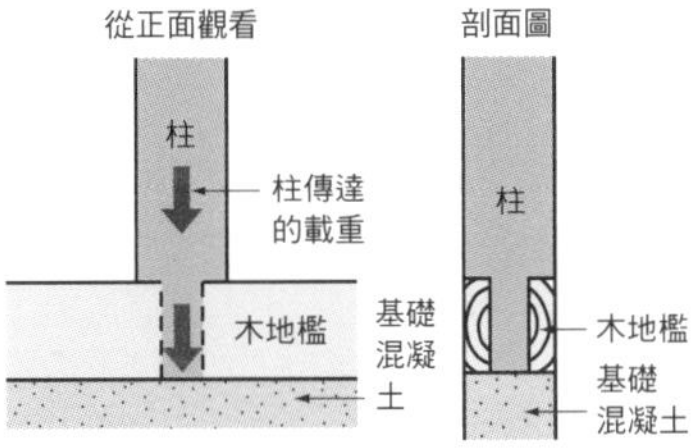

搭接榫穴若貫通至基礎混凝土，容易將柱子的載重傳達到基礎，也防止木地檻受到壓縮

則以N75釘2根斜打。二、三樓的地板施作，直接在梁上鋪設厚度24、28公釐的結構用合板等，可省去地板格柵的工法稱作無格柵型地板工法，此種工法開始常見。一樓的地板格柵，施作在木地檻上，二樓的地板格柵，施作在一樓牆板上用來支承二樓樓版重量。為了與邊框格柵、側邊格柵作區分，可稱作地板格柵，總稱格柵地板組。使用木材尺寸以204、206、210、212為主。

側邊格柵｜際根太

靠近牆端緣設置的第一根格柵，一樓設置在木地檻的側面，二樓設置在圍梁的側面或並行設置。也有先設置牆板或承重牆面板，再設置樓版底材的施工方式。

格柵墊木｜根太掛け

與格柵托梁平行設置，用來支承格柵端部的構材。主要設置在靠近牆的位置。使用的木材斷面尺寸約30×105公釐。

底座固定橫向構件｜根がらみ貫

安裝在地板支架之間的橫向構件，用來防止地板支架傾倒、搖晃，使用木材的斷面尺寸約15×90公釐。

二樓地板格柵｜2階根太

鋪設二樓地板所使用的構材，在格柵托梁上以直交方向設置。使用木材的斷面大多約45×105公釐，間隔以1尺（303公釐）為準。

格柵空鋪工法｜転ばし根太

直接在格柵托梁上方疊放格柵，加以釘作固定的樓版鋪設工法[圖41]。除此之外的是在格柵托梁側面刻出凹槽，讓格柵搭接於上的樓版鋪設工法[圖42]。格柵空鋪工法，無需在格柵托梁上刻出搭接凹槽，雖較省力，但結構性能上是較弱的，此種施作方式最近比較少見。預製構材逐漸成為主流，帶有搭接凹槽的格柵托梁已開始規格標準化量產。

防倒板｜転び止め

格柵空鋪工法中，為了不讓格柵傾倒，在格柵之間置入的橫板材。除了可以補強樓版、牆壁、屋頂的框架結構性能，設置在隔間牆接合部位上方的防倒板也稱作擋火板（Fire Stop）。

格柵接合五金組件｜根太受け金物

在木構架結構工法中，格柵無法架設在牆版時所使用的五金接合組件，依照接合部位的斷面形狀分有不同種類。

通柱｜通し柱

貫通一樓到二樓的單支立柱[第53頁圖43]。通柱通常使用比管柱斷面積大的木材，豎立在基礎上，與梁、桁接合，支撐屋頂。通柱的合適樹種為檜木、日本柳杉、鐵杉、美國松、赤松等。管柱的斷面尺寸若為105公釐正方形，通柱則使用斷面尺寸120公釐正方形的木材。在平面圖上通柱的位置會以圓圈標示出來。

管柱｜管柱

與通柱不同，受到桁等橫向構材分隔，設置在各樓層的柱子。一樓的管柱承受二樓樓地板載重（包括活載重），二樓樓地板承受二樓柱子傳遞來的屋頂、支承屋頂結構物以及梁、桁、圍梁的載重。二樓的通柱具有將屋頂載重傳達到下層的功用。木構架梁柱工法使用斷面105公釐正方形或

圖41｜格柵空鋪工法

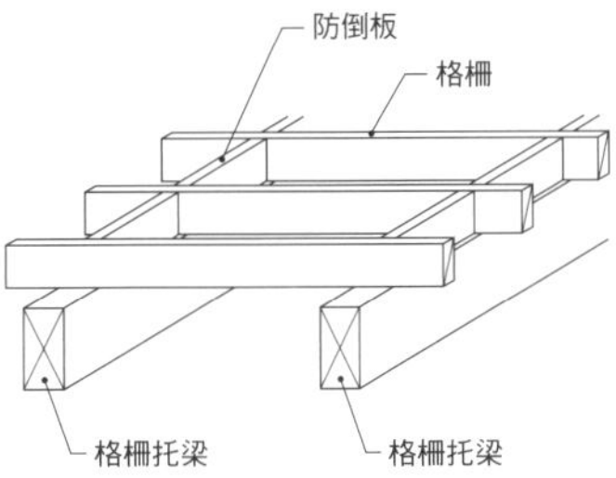

圖42｜格柵托梁凹槽搭接工法

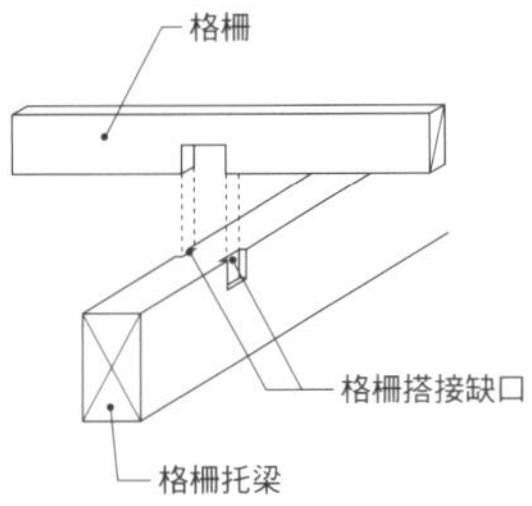

格柵托梁凹槽搭接工法無需使用防倒板

圖43｜需留意通柱斷面上的缺損
（梁安裝在柱子四面的情形）

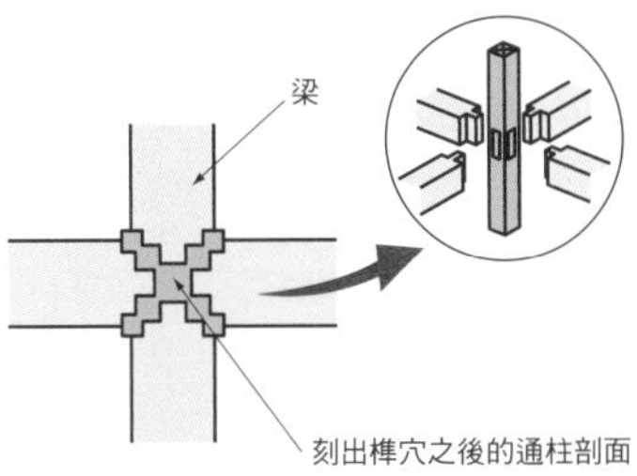

照片22｜水平角撐

照片23｜金屬水平角撐

是120公釐正方形，長度3000公釐的檜木、杉木、鐵杉、檜木集成材等製材。壁面框架工法主要使用204材（譯註：二英吋乘四英吋材），用來支承樓版及屋頂載重，另也有使用206材（譯註：二英吋乘六英吋材）的情形。又，承重的結構部位所使用的木材，是在現場將204材與206材合併製作出來的。

圍梁｜胴差

設置在二樓樓版位置外牆周圍設置的構材，與一樓和二樓的柱子緊密結合，具有支承地梁的作用。圍梁使用的木材斷面尺寸與管柱相同，或是稍大，高度需考量下方柱間間隔或二樓樓版、柱的動靜載重，再以結構計算來決定。主要使用樹種為杉木、鐵杉、松木、美國松，木材斷面為105公釐正方形或是120公釐正方形，長度4000公釐。

梁・地梁｜梁・床梁

支承地板載重、地板格柵的構材。以兩個以上的支承點，用來承受載重的橫向水平或傾斜構材總稱。依照使用部位或形狀的不同，而有大梁、小梁、簷梁等。在木構架梁柱工法中，大多使用松木、美國松、集成材，斷面尺寸為105×210公釐、105×240公釐、105×300公釐、105×360公釐，或是寬度115公釐、120公釐等的各種木材。在壁面框架工法中，將二至三塊208、210、212的材料合併製作成木構材來使用，大多以集成材為多。此構材與格柵成為地板結構。梁與梁的配置間隔距離設定為1間（1820公釐）以下來配置，再於上方在上面設置格柵，構成二樓的樓版。梁深（斷面尺寸）取決於依照樓版所承受的活載重與配置狀況，以及是否有二樓柱子，再以結構計算決定尺寸。

屋架梁｜小屋梁

屋架組下方的梁，用來支承屋架載重的構材。大多使用具有黏性的松木，也有將自然彎曲的實木直接當作屋架梁使用的太鼓梁（實木梁）。

水平角撐｜火打ち梁

在二樓圍梁或是簷桁條高度的角落，以45度角設置水平構材[第53頁照片22]，用來防止地震或風壓力造成建築物水平方向變形，水平角撐是用來防止二樓樓版組或是屋架組的水平構件變形而設置的斜向構材。使用木材樹種為杉木、鐵杉，尺寸30×90公釐以上，與柱子尺寸相同或是使用1/2的板材。也有使用鋼製水平角撐的情形[照片23]。若可以確保地板的剛性倍率[※]，水平角撐則可以省略。

繫梁｜妻梁

為建物側面架設面向外部的梁。日文的「妻側」是指建物的正面（簷桁方向）觀看的建物側面。

斜梁｜登り梁

梁本身不呈水平，順著屋頂傾斜角度，斜斜地架設的梁。

梁深｜梁せい

梁的上緣至下緣的高度。

差鴨居（和式門楣結構材）｜差し鴨居

在和式拉門門框上緣部位安插的橫向構材，具有結構作用，通常需與「鴨居」（譯註：和式拉門門框上緣）作出區別。

板連結構件｜頭つなぎ

將板與板連結的構件。

屋脊橫梁｜母屋梁

在木構架梁柱工法中，用來支撐屋脊椽木、屋頂鋪底材的斷面90×90公釐木構材，杉木或鐵杉製，以910公釐間距設置。壁面框架工法中，為了不讓屋頂載重（積雪、屋頂鋪底材、椽木）造成屋頂椽木變形而設置的結構材，依照屋脊椽木、屋頂鋪底材的不同，使用集成材或208、210、212材，在現場視需要進行加工。

桁・簷桁｜桁・軒桁

橫跨二樓柱或最上層柱的結構材，並與梁垂直相交，功能是將屋架梁或屋脊椽木等的屋頂載重傳遞到柱子。在現場需確認屋脊椽木是否有缺或是傾斜度是否正確等等。為了不讓屋脊椽木與桁條受風吹起，會用扭曲型連結五金配件[圖44]固定。在木構架梁柱工法中，用來稱呼與二樓柱上方及屋脊椽木相接的橫向構材，與圍梁使用相同樹種製材。在壁面框架工法中則無此稱呼。

斜撐｜筋かい

為防止地震或風壓的水平力造成梁柱變形，以對角線方向在柱與柱之間置入的構材，位置或方向、數量等，由結構計算結果決定如何均勻配置在建物中。使用木材的斷面尺寸雖依設置位置而不同，大多用45×90～105公釐左右的木材[圖45]。斜撐的端部，斜撐金屬固定配件和柱底固定金屬座之間容易互相干擾，需留意接頭的高度或斜撐金屬固定配件的種類。依照所承受的力，分為壓縮斜撐與舒張斜撐[圖46]。

水平牆筋｜貫

柱子外露的和式空間中，嵌插於柱中心的板狀構材，為牆底材的一部分。在傳統工法的建築中，有些會使用粗的貫穿式水平牆筋成為結構體的一部分。

牆骨｜間柱

在柱與柱之間置入的牆底材。原本間柱是不需具備結構承重功

圖44｜屋脊椽木與桁條的接合

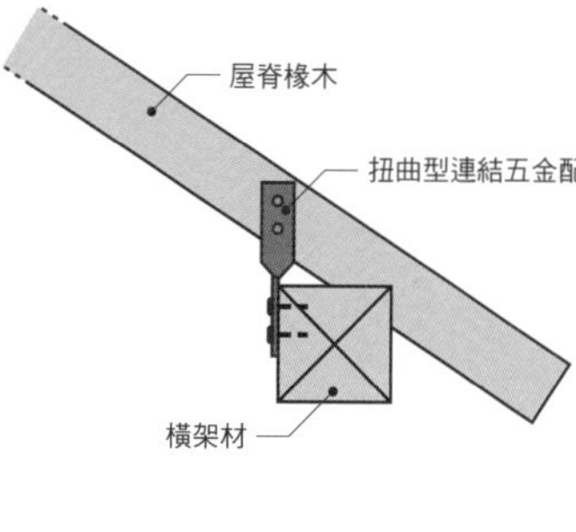

※：與壁倍率相同，用來表示樓版水平剛性的數值。另訂有性能評價基準，用來確保水平構面的承重力

能，但因被當作承重牆的結構用面材，固定間柱的釘子粗細或間柱的設置間距等因而受到限制，故在結構上間柱成為重要的構件之一。和式建築柱子不外露「大壁」中的間柱，使用與管柱相同寬度的木材，厚度大約30公釐。和式建築中柱子外露的「真壁」，其內側牆面若是將柱子隱藏的「大壁」，則會在水平牆筋的面使用斷面45公釐正方形間柱。兩種牆壁的間柱設置間距標準都是1呎5吋（455公釐）。

圍板｜**胴緣**
用來安裝牆的底材，依照牆構材的鋪設方向，分為縱向圍板及橫向圍板。

窗台｜**窓台**
安裝外部門窗等開口部位的下方橫向構材。

楣梁｜**まぐさ**
在木構架梁柱工法中，橫跨於窗或開口部位上方的柱間，並支承牆重的結構材；在壁面框架工法中，用來支承開口部位上方載重的結構材。若需安裝布窗簾或窗板，要事先置入所需的底材。楣梁的材料有集成材及現場加工材，並依照開口部位的大小來檢討材料的深度與高度。

屋脊椽木｜**垂木**
從屋脊主梁木（脊桁）跨越至屋脊橫木（桁條）、檐梁的構材，用來支承屋頂底材或屋頂材。使用木材的斷面尺寸，依據屋脊橫木的間隔距離，或是出簷長度來決定，一般間距為455公釐。最近屋脊橫木間距變寬，使用2×6（38×140公釐）、2×8（38×184公釐）等two-by材（2乘木木材）開始變多。

屋脊橫木（桁條）｜**母屋**
支承屋脊椽木的構材，設置方向與椽木垂直相交。大多使用斷面尺寸約90公釐正方形的木材，設置間隔以3呎（910公釐）為標準。

屋脊橫木支架｜**母屋束**
支撐屋脊橫木（桁條）的構材，尺寸與桁條相同。

屋架組支架｜**小屋束**
豎立在屋脊主梁木（脊桁）或屋脊橫木（桁條）下方的垂直構材，斷面尺寸大多與屋脊主梁木或屋脊橫木相同。

屋脊主梁木（脊桁）｜**棟木**
使用在木構架梁柱工法中最上端的構材[照片24]。安裝屋脊主梁木（脊桁）的時間點稱作上棟或上梁，代表結構工程的完工。結構上具有將屋頂載重傳遞至斜屋頂支架或梁的功用。若斜屋頂跨距較大，屋脊主梁木的材料深度也會較大。屋脊主梁木大多使用斷面尺寸90公釐正方形或105公釐正方形的木材。

隅木｜**隅木**
用於日語「寄棟屋根」的廡殿屋頂，意指與屋頂傾斜度相同，和簷桁、屋脊橫木（桁條）呈45度角安裝的構材。

屋簷收邊材｜**広小舞**
安裝在屋簷前端的板狀構材。

屋頂底板｜**野地板**
為了在屋脊椽木上鋪設屋頂所鋪設的底板[第55頁照片25]。大多使用厚度約12公釐的杉板材或是合板。若釘作的間距符合基準，不僅可以確保構成面的水平度，也可以省略水平角撐的施作。

圖45｜斜撐的種類與接合方式

壁倍率	木材的斷面	接合方法	日本平成12年建字公告第1460號一號
1	厚度15mm以上、寬幅90mm以上	釘N65（10根）	項目（ロ）
1.5	厚度30mm以上、寬幅90mm以上	斜撐固定金屬版BP 粗圓鐵釘ZN65（10根） 螺栓M12（1根） M12（1本）	項目（ハ）
2	厚度45mm以上、寬幅90mm以上	斜撐固定金屬版BP2 螺紋釘ZS50（17根） 螺栓M12（1根）	項目（ニ）
3	厚度90mm以上、寬幅90mm以上	螺栓M12（1根）	項目（ホ）

平成12年建字公告第1460號中，訂定了日本各種斜撐規格及部位需使用的五金接合組件

圖46｜壓縮斜撐與舒張斜撐

雖然是相同的一根斜撐，會因結構上抗力行為不同，區分為「壓縮斜撐」與「舒張斜撐」

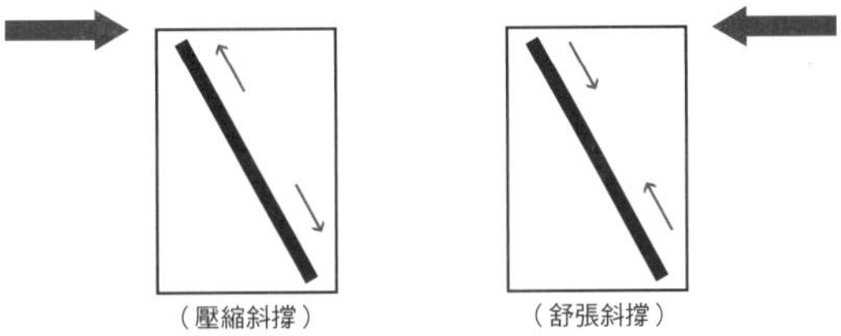

斜撐的抵抗形式會依照水平力的方向而有不同

照片24｜屋脊主梁木（脊桁）

照片25｜屋頂底材（結構用合板）

屋頂斜角撐｜雲筋かい
為防止屋架組歪斜傾倒，在屋架組結構的桁方向，斜斜地配置與屋架組結構緊密連結的構材，與斜撐相同，可有效抵抗橫向作用力。依照屋頂形狀設置，假如屋頂傾斜度變大，變形量也會變大，就會在xy方向都設置斜撐，也稱「屋架組斜角撐」。

Two-by材（二乘工法材）、集成材

Two-by材｜ツーバイ材
壁面框架工法中使用的結構用木材。剖面上統一規格，稱作2乘4、2乘6。使用樹種除了松木（pine）系列的白木材類「SPF」之外，也使用花旗松（Douglas fir）、鐵杉（Hem-Fir）。因可用便宜的價格買到斷面面積大的木材材料，從木構架梁柱工法的屋脊橫木（桁條）到底材都可使用，適用範圍廣。

規格製材（Dimension Lumber）｜ディメンションランバー
壁面框架工法中使用的結構用製材。有一般製材與JAS規格製材。製材的剖面統一規格，在北美地區大多以2乘4、2乘6稱呼[表5]。有乾燥材與未乾燥材兩種，未乾燥材因乾燥而發生劇烈收縮，通常不被採用。樹種包括花旗松（D Fir）、鐵杉（Hem-Fir）、SPF集合材（Spruce、Pine、Fir）等。此外也有在木構架梁柱工法中使用的結構用集成材、結構用單板積層材（LVL）、MSR木材、壁面框架工法中結構使用連續材。

花旗松｜D Fir
從北美進口的針葉樹。主要是指北美杉。此樹種的木材具有黏性，有極強的剪斷力、壓縮強度，將釘子敲打進花旗松，會發生釘子前端部分斷裂的情形。此外，若經過長時間放置，常會發生扭曲而無法使用的情形。

鐵杉｜Hem-Fir
北美米栂和冷杉類的總稱。強度沒有花旗松（D Fir）好，但加工進行容易。現在進口日本的乾燥材較少，以未乾燥材居多。

SPF材｜S-P-F
雲杉（Spruce）類和松木（Pine）類的總稱。強度比鐵杉（Hem-Fir）稍弱，因是穩定的木材而常被使用。

結構用集成材｜構造用集成材
結構上用來承重的集成材。在長邊方向以斜接、指接連結，或接合能力上具有同等級以上的續接材，由單元集成板（Laminar）五層以上疊積製成的集成材。依斷面尺寸分成結構用的大面積斷面材、結構用的中面積斷面材、結構用的小面積斷面材三種[表6]。也有結構用集成材的表面張貼飾面板材，兼顧美觀，因此又稱「結構用裝飾集成材」。

單元集成板｜ラミナ
集成材其中一層的單元材。完整的一塊裁切板材，或將相同或不同的裁切板材縱向相接，固定寬幅相互接著後再行裁切的板材。

斜接｜スカーフジョイント

表5｜木構架梁柱工法的木材種類、尺寸、用途（乾燥材）

尺寸形式（名稱）	厚度×寬幅（mm：乾燥尺寸）	主要用途
204（2 by 4）	38×89	柱材
206（2 by 6）	38×140	地板格柵、屋脊椽木、柱材
208（2 by 8）	38×184	地板格柵、楣梁、梁、屋脊主梁木
210（2 by 10）	38×235	地板格柵、楣梁、梁、屋脊主梁木
212（2 by 12）	38×286	地板格柵、楣梁、梁、屋脊主梁木
406（4 by 6）	89×140（集成材）	楣梁
408（4 by 8）	89×184（集成材）	楣梁、梁
410（4 by 10）	89×235（集成材）	楣梁、梁
412（4 by 12）	89×286（集成材）	楣梁、梁

材料的固定長度（F為英呎Feet）

8F	2,440	16F	4,880
10F	3,050	18F	5,490
12F	3,660	20F	6,100
14F	4,270		

表6｜結構用集成材的區分

區分	定義
大剖面集成材	短邊長度15cm以上、剖面積300cm²以上的集成材
中剖面集成材	短邊長度7.5cm以上、長邊15cm以上的非大剖面集成材
小剖面集成材	短邊長度未達7.5cm、長邊未達15cm的集成材

照片26｜結構用單板積層材

圖47｜接頭型式

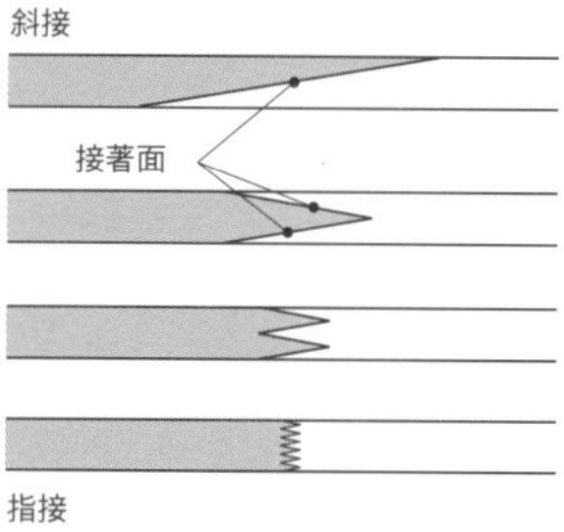

照片28｜I型梁

照片27｜PSL

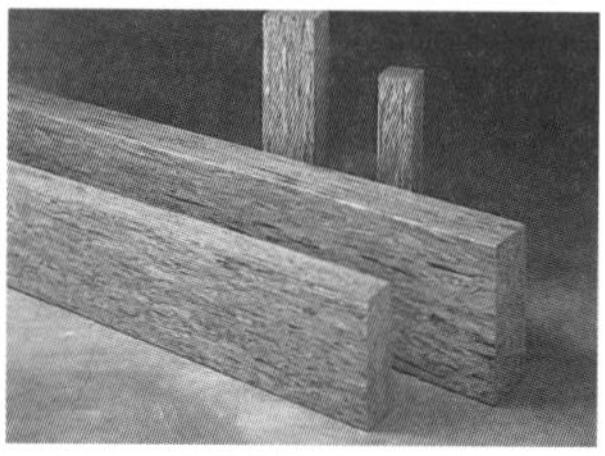

照片提供：Weyerhaeuser Japan

縱向續接的一種。接合面以斜切取得較大接合面積[圖47]。

指接—フィンガージョイント

縱向續接的一種[圖47]。強度差異較小，生產良率也比斜接好。

結構用單板基層材（LVL）—構造用単板積層材

在幾乎與纖維平行的方向，將3公釐左右的薄材相互接合的木材，以北美衫、唐松、鐵杉、放射松（Pinus radiata）等樹種作為原料，其中放射松（Pinus radiata）在日本流通較多。尺寸上有極高的精準度，但因容易吸收水分、濕氣，在施工現場需加強木材養護的工作[照片26]。

PSL材—PSL

以美國公司Trus Joist Macmillan公司的製材商品Parallel聞名。將細長如筷狀的木條以接著劑固定，用來取代單片木板[照片27]。強度與LVL相同，製材本身性能穩定，但加工不易需要經常替換刀片來提高加工品質。

MSR材—MSRランバー

經過強度測定與分類，確認木材強度在容許範圍的規格化製材。

I形複合梁（I型梁）—I型複合梁（I型ビーム）

像鋼骨I型鋼的形狀，在上下的包邊材（LVL、MSR木材）中夾住補強板（合板、OSB）並接著而成的輕量格柵材[照片28]。重量輕，尺寸穩定型高，可輕易地利用電動機具開孔。施工前若橫向置放，要留意可能會發生彎曲的情形。

夾板・板材

膠合板—合板

也稱作薄板（Veneer）或多層板（Plywood）。像是將捲紙攤平一樣，將原木樁薄薄地削成單片薄板，並將奇數（3、5、7及7片以上）的薄板塗上接著劑，在原木纖維方向上相互垂直交疊所製成的木板材。需依照JAS制訂的規格，控制集成材釋放出脫氫酶（Dehydrogenase）的量[表7]。集成材厚度在5.5公釐以上，有6.0、7.5、9.0、12、15、18、21、24公釐，寬度與長度以910×1820公釐的三六版最為普遍[參照第57頁]。表面不再塗裝飾面處理，直接使用黏著完成狀態，運用在一般用途的集成材稱作普通集成材。

結構用膠合板—構造用合板

又稱作K板。支承結構體的重量，當作結構材的膠合板。結構用膠合板的結構強度分為1級和2級，若是使用在承重牆等支承結構主要載重的合板的話，只限定使用特級合板。一樓從木地檻

表7｜日本JAS規格的合板種類及效能區分

種類		品等、區分 耐水性能板面、強度			標準尺寸（mm） 厚度	寬幅	長度	含水率（%）
普通合板		1類 2類 3類	1等 2等	Lauan	2.7、3、4、5.5、6、9、12、15、18、21	910	1,820	14%以下
					2.7、3	1,000	2,000	
					3、4、5.5	910	2,130	
					4、5.5	1,220	2,430	
				國產樹種	3.5	910	910	
					4、6、9、12	610	1,820	
					4、6	760	1,820	
					3、3.5、4、6、9、12、15、18、19、21、24	910	1,820	
					4、6、9、12	1,220	1,820	
					4	850	2,000	
					4、6	1,000	2,000	
					4、6、9、12	910	2,130	
					4、6、12、15、18、19、21、24	1,220	2,430	
特殊合板	天然木裝飾合板	1類 2類	板面品質合格基準		3.2、4.2、6	910	1,820、2,130	12%以下
					4.2、6	610、1,220	2,430	13%以下
	特殊加工裝飾合板	1類 2類 1類 2類 3類	F型 FW型 W型 SW型		2.7、3、3.2、4.2、5、6	910	1,820	14%以下
					3、3.2、4	1,220	1,820	
					4、4.2、4.8、5.5、6	610、1,220	2,430	
混凝土模板用合板（混凝土模板用夾板）		1類	板面品質合格基準		12、15、18、21、24	500	2,000	
						600	1,800、2,400	
							900、1,800	
						1,000	2,000	
						1,200	2,400	
結構用合板		特類 1類	1級（彎曲試驗1級合格品）		5、6、7.5、9、12、15、18、21、24	910	1,820、2,130、2,440、2,730	
						955	1,820	
						1,000	2,000	
						1,220	2,440、2,730	
			2級（彎曲試驗2級合格品）			900	1,800、1,818	
						910	1,820、2,130、2,440、2,730	
						955	1,820	
						1,000	2,000	
						1,220	2,440、2,730	
難燃合板		1類、2類	板面品質		5.5以上	—	—	
防焰合板		2類	合格基準		未達5.5	—	—	

參考｜使用「尺貫法」（譯者註：日本測量方法）對於材料尺寸的稱呼方式※

日文稱呼方式	日文讀音	尺寸標記	mm換算	相對應的材料
一五	Ingo	1寸5分	45	
		1尺5寸	455	
		1尺×5尺	303×1,515	
三五	Sango	3寸5分	105	
		3尺5寸	1,050	
一二三	inissann	1寸2分×1寸3分	36×40	圍梁、屋頂底材（實際的尺寸是30×40m）
三五の一五	sangonoingo	3寸5尺×1寸5分	105×45	間柱
一六	ichiroku	1尺×6尺	303×1,820	混凝土模板用夾板
二六	niroku	2尺×6尺	610×1,820	版材
三六	saburoku	3尺×6尺	910×1,820	固定尺寸合板或板材
三八	sanpachi	3尺×8尺	910×2,420	大面積合板
四六	Shiroku（yonroku）	4尺×6尺	1,220×1,820	固定尺寸合板或板材

※：參考（mm換算） 1分≒3.03 5分≒15 1寸≒151.5 1尺≒半間≒910 6尺≒1間≒1,820

開始到圍梁，二樓從圍梁開始到桁架，在柱與柱之間嵌入一片板作為承重牆的膠合板。若柱或是橫向構材上打入指定數量的釘子，可以取代斜撐的施作。

膠合板本身是在美國開發成結構木材商品，普遍使用在壁面框架工法（2乘4工法）。依材料種類，分為北美衫膠合板、針葉樹膠合板、柳桉膠合板、山茶木膠合板等種類。無格柵樓版工法的剛性樓版，使用厚度20公釐以上的結構用膠合板。

表8｜膠合板分類

特殊膠合板	建築物的結構用耐力構材，也可使用在長時間潮濕狀態的場所
1類合板（第一型）	可以使用在室外以及長時間潮濕狀態的場所
2類合板（第二型）	主要使用在室內，也可使用在多多少少會碰到一些水或是濕度高的場所
3類合板（第三型）	使用在沒有濕氣的室內

照片29｜纖維元素

照片30｜MDF作為承重牆的案例

耐水夾板｜耐水ベニヤ

為了保證膠合板的接合程度，依照耐水性能，以JAS規格分成四個階段[表8]。

積層材｜積層材

將薄板材堆疊，無論幾層都保持與纖維方向相異的方向堆疊，再以接著劑接合成一片木板材。因薄板材在纖維方向相互垂直，強度比實木強，也不容易變形。

北美衫膠合板｜ベイマツ合板

黏貼北美衫飾面材的膠合板。北美衫膠合板和針葉樹膠合板是進口木材，屬於三層的積層材。因為單板厚度較厚，耐水性不佳。

柳桉（Lauan）膠合板｜ラワンベニヤ・ラワン合板

黏貼南洋木材面材的膠合板。膠合板是五層的積層材，因為抗水性較佳，適用於樓版或屋頂的底材，但最近市面流通量減少。

山茶木夾板、白木板｜シナベニヤ・シナ合板

普通膠合板的一種，基本上使用柳桉系的南洋材，表面黏貼山茶木面材。以熱壓接著方式接合，所以含水率低，因溫度改變而產生膨脹收縮的程度也相對較小。此外，木斷面上的釘作效果不佳。木紋理美觀，常當作收納家具或室內家具的材料使用。膠合板的心材與面材都使用山茶木的話，稱作山茶木同心膠合板。

針葉樹膠合板｜針葉樹合板

使用俄羅斯或中國北洋（譯註：華北地區）唐松等所製成的膠合板。這種由北洋木材製作而成的膠合板，總稱落葉松膠合板。

落葉松膠合板｜ラーチ合板

以北洋唐松為原木料製成的膠合板，因為價格便宜而常被使用。

夾心板｜ランバーコア合板

將山茶木、柳桉等薄板、小型角材聚集一起作為心材，並在心材的兩面各黏貼邊材的三層膠合板，表面看起來和膠合板一樣，但從木斷面可看出不同之處。使用在門、家具或隔間牆板。心材部位處處是縫隙，木斷面看起來不美觀整齊，強度也較膠合板低，因此價格較膠合板便宜。

定向纖維板｜OSB

Oriented Strand Board的簡稱。從原木上削下的長方形薄木片（Strand），依纖維方向直角交錯編排，塗上液狀接著劑，再施以高壓接著而成的一種結構用木質板。因為是交叉堆疊而成的木質合板，具有與膠合板相同的強度與剛性。有結構用和經過刨平處理的裝飾用兩種，重量較重是定向纖維板的缺點，但優點是能以便宜的價格購得。

碎料板（Particle Board）｜パーティクルボード

將在木材的刨片、碎片中加入接著劑，以熱壓成型的板材，種類有單層到三層以上等多層。作為結構用面材的話，厚度需要12公釐以上。尺寸穩定性高，木材的邊端部位也可以有效利用，成本低廉。最近也有善用廢材做為製作原料而被評定為環保木材。另一方面，木板的邊緣粗糙，鎖釘或螺絲的持久力較弱，也較不防水、防濕，是其缺點。

硬質纖維板（Hard Board）｜ハードボード

纖維板的一種，質硬，比重在0.8以上，製造時幾乎不使用接著劑。因耐水性佳，常使用在外牆或濕氣較重的部位，但若厚度小於7公釐，需要在施工前1～2日，在木板內面充分均勻潑水，將木板表面與內面相互接合平放堆疊，鋪上防護布，用來防止因為吸收濕氣而產生膨脹變形的現象。較不常使用在建築上，常當作防護材來使用。

硬質木片水泥板｜硬質木片セメント板

JIS規格的木片水泥板中的一種。商品名「Century Board」（三井木材工業）是其代名詞。表面細緻，屬耐熱的準不燃材。強度較木毛水泥板強，厚度在12公釐以上的硬質木片水泥板，用在壁面框架工法的結構用面材。

石棉水泥板｜フレキシブルボード

強化纖維水泥板的一種。以水泥作為強化纖維的原料，經過高壓

照片31｜火山性玻璃質複層板

壓製成質輕的不燃建材。具有與木材相同的加工特性，因為尺寸較為穩定，比較不會發生隆起、變形現象。

護套板（Sheathing board）—シージングボード
在Insulation board絕緣板上施以瀝青處理，以降低吸水性。以釘型SN40進行釘作施工。

纖維板（Fiberboard）—ファイバーボード
收集木纖維[照片29]，以合成樹脂接著固定的木板總稱。纖維板依照密度，分為硬質纖維板、MDF、絕緣板等類別。

絕緣板（Insulation board）—インシュレーションボード
軟質纖維板，屬於纖維板的一種，使用在日式榻榻米地板，也可當作斷熱材使用。最近以杉木的樹皮為主要的原料，並商品化成為「Forest Board」（日本秋田縣杉木）的環保斷熱材。

照片32｜石膏板

在Insulation board絕緣板上施作瀝青處理，增加耐水性，作為護套板（Sheathing board），使用在外牆或屋頂底材。

MDF纖維板—MDF
Medium Desity Fiberboard的簡稱。纖維板的一種，也稱作中質纖維板。用合成樹脂將木材細碎片固定成型，應用範圍廣，從家具的心材到結構用面材或是輔助構材皆可使用[照片30]。

火山玻璃質複層板—火山性ガラス質複層板
也稱作VS板[照片31]。火山玻璃質堆積物和人造礦物纖維保溫材為主要原料，製作成建築用板，質輕強度高，不易燃燒，具有防蟻性，再加上具有低甲醛逸散的特性。以商品名稱「Dailite」（大建工業）聞名。

石膏板—石膏ボード
也稱作Plasterboard，在圖面上以PB表示[照片32]。在心材內加入石膏，並在心材兩面與側面以專用紙包覆。具耐火、防火、防音性能，施工上、尺寸上保有穩定的特性，可節省成本。常使用在室內裝修的底材。回收再利用是今後要探討的課題。

板條板（Lath Board）—ラスボード
也稱作石膏板條板（Gypsum lath board）。在夾板專用紙之間嵌夾石膏，並施打掛鉤孔防止相互剝離。一般最常使用在室內裝修的底材。

混凝土模板用夾板—コンパネ
Concrete Panel，混凝土模板所使用的夾板，耐水性高，成本便宜，表面粗糙，彎曲隆起程度大。尺寸上較900×1800公釐與三六版（3×6尺）小。

木毛水泥板—木毛セメント板
將木材削成緞帶狀，與水泥混合攪拌，壓縮成型的板材。常應用在耐火的屋頂底材。

木片水泥板—木片セメント板
與木毛水泥板相同，以短木片與水泥混合攪拌，壓縮成型的板材。因為此種板材的密度高，硬質木片水泥板以商品「Century Board」（三井木材工業）聞名。硬質木片水泥板常應用在木構造房屋的外牆。

矽酸鈣板—ケイ酸カルシウム板
以石灰質和矽藻土為主要原料製成的不燃材料。常被當作耐火被覆材來使用，也常用在住宅用建材的外部裝修材。

五金組件・五金組件工法

釘—釘
用來固定接合部位的五金組件。日本舊建設省（現在國土交通省）告示1000號中規定，依照使用部位、負荷耐力等的不同，釘種類、釘作方式以及間距亦有不同，需特別注意。

螺釘（VIS）—ビス
VIS是法語，建築使用的釘子總稱，螺釘分有全螺栓與半螺栓。大半部分螺釘的螺紋較深，一般來說螺紋間的溝槽比木螺栓來的粗。比起釘子，具有較優良的抗拉拔力，再加上手持電鑽機的普及，施作便利，現在螺釘取代了釘子廣受利用。栓緊螺釘時，可能讓螺釘陷入構材中，或是扭轉螺釘的力道強度可能讓螺頭損壞，這些都會降低螺釘的抗拉拔力，因此施作時要留意。

N釘—N釘
以英文Nail的第一個字母縮寫而稱，意指鐵製的圓型釘子[第60頁照片33上]。一般使用在木構架梁柱工法的接合部或面材承重牆。釘頭有尺寸的分別。在安裝結構用膠合板作為承重牆，並以空氣槍施打釘子時，容易發生釘子凹陷的情形，因此需要留意並調整空氣槍的壓力。

CN釘—CN釘
英文Common Nail的簡稱，壁面框架工法中使用的釘子[照片33中]。特徵是比N釘粗，強度較佳，在木構架梁柱工法（木造軸組構法）中常特別指定要使用CN釘。名稱相似的NC釘[照片33下]是屬於N釘，與CN釘比較，NC釘身口徑較細，強度也較低。用顏色（綠、黃、紅）來區分釘身口徑尺寸。

照片33｜N釘、CN釘、NC釘

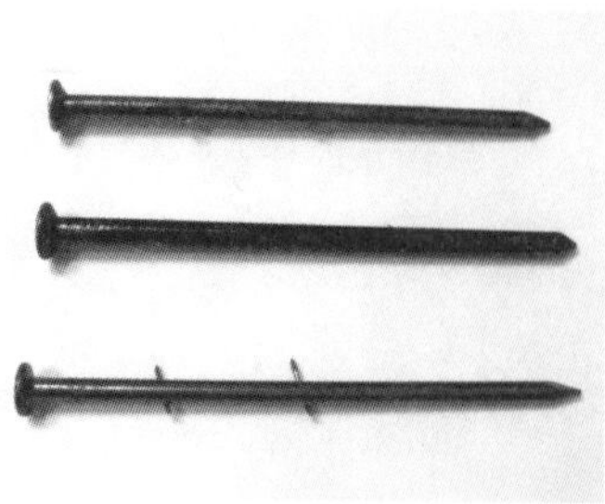

BN釘—BN釘
細鐵圓頭釘。用顏色（綠、黃、紅）來區分釘身口徑尺寸。

GN釘—GN釘
用於石膏板的釘子。

SN釘—SN釘
用於護套板（Sheathing board）的釘子。

SFN釘—SFN釘
不鏽鋼釘。

ZN釘—ZN釘
鍍鋅釘。木構架梁柱工法中用來緊固接合五金組件的釘子。

WSN釘—WSN釘
有十字凹痕的木釘。

DTSN釘—DTSN釘
鑽掘打擊進入的深螺紋釘子。

照片34｜全螺栓（全牙）

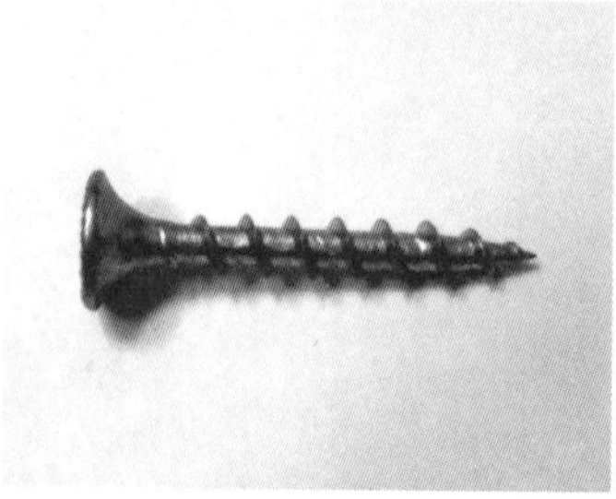

全螺栓（全牙）—全ネジ
釘身整體附有螺紋[照片34]。將薄木材固定在木底座時使用。緊固力沒有半螺栓好。

半螺栓（半牙）—半ネジ
螺釘釘身一半有螺紋[照片35]。釘身沒有螺紋的長度最好就是固定材的厚度。因為釘身上沒有螺紋，緊固力好，可使用在圍板或有厚度的底材、輔助構材等。木結構外覆斷熱工法中，透氣圍板與斷熱材之間固定用的斷熱用釘子也是半螺栓的一種。

Z標五金組件—Zマーク表示金物
受到（財團法人）日本住宅・木材技術中心認定，木構架梁柱工法中指定使用的五金組件。有柱底固定金屬座、斜撐固定金屬版、羽子板狀金屬製拉力扣件等。C標五金組件是經由同中心認定，在壁面框架工法中指定使用的五金組件。

照片35｜半螺栓（半牙）

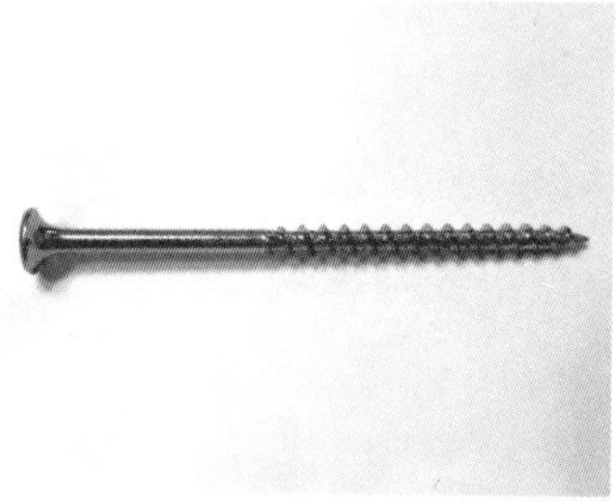

C標五金組件—Cマーク表示金物
在壁面框架工法中，用來接合、補強的五金組件。與Z標五金組件一樣，經由（財團法人）日本住宅・木材技術中心評定出的合適五金組件[照片36、表10]。

錨定螺栓—アンカーボルト
使用在木造建築的木地檻與基礎緊密結合的螺栓，依據日本平成12年建築告示１４６０號，使用位置靠近承重牆兩側端的柱子、木地檻的側端或是接續部位等。錨定螺栓位置的高度取決於木地檻使用的緊固五金組件，依據木地檻的尺寸、基礎墊片、緊固五金組件（螺栓等），來決定錨定螺栓的長度與高度。

柱底緊固金屬座—ホールダウン金物
一般用來固定結構主體和基礎，將柱子與木地檻緊密接合的五金組件[照片37]。依據日本平成12年建築告示１４６０號，發生1.0噸以上強力浮起現象的柱子上需施作的五金補強組件。

柱底緊固五金組件的補強釘—ビス留めホールダウン
柱底緊固專用的四角沉頭補強釘[照片38]。不需螺栓或墊圈，施

表9｜木結構梁柱工法中使用的五金組件

五金組件種類	固定組件	使用部位
短型五金組件S	六角螺栓M12、六角螺母、正方墊圈W4.5×40、螺釘ZS50	一、二樓管柱、圍梁之間的連結
平型五金組件SM-12、SM-40	粗釘ZN65	使用方式與ㄇ型釘相同，主要是管柱的連結
轉角專用五金組件SA	六角螺栓M12、六角螺母M12、墊圈W4.5×40、螺釘Z550	通柱與圍梁之間的連結
螺旋型五金組件ZS50	通柱與圍梁的接合	
扭轉型五金組件ST-9、ST-12、ST-15	粗釘ZN40	屋脊椽木與簷桁的接合
轉折型五金組件SF		同上
跨鞍型五金組件SS		同上
平面直角型五金組件CP-L、CP-T	粗釘ZN65	柱與木地檻、圍梁等接合部位
山形固定金屬版VP	粗釘ZN90	同上
羽子板螺栓SB-F、SB-E	六角螺栓M12、六角螺母M12、墊圈W4.5×40、螺釘ZS50	屋架梁與簷桁、梁與柱圍梁與通柱的連結
水平角撐五金組件HB	六角螺栓M12、六角螺母M12、墊圈W4.5×40、或小型墊圈W2.3×30	地板組、屋架組的隅角部位
斜撐固定金屬版BP、BP-2	平頭半牙螺栓M12（角根平頭ボルト）、六角螺母M12、墊圈W2.3×30、或粗釘ZN65	木地檻及圍梁、桁與斜撐的接合
柱底固定金屬座HD-B10、HD-B15、HD-B20、HD-B25、HD-N5、HD-N10、HD-N15、HD-N20、HD-N25、S-HD10、S-HD15、S-HD20、S-HD25	HD-B、S-HD系列的六角螺栓M12、HD-N系列的粗釘ZN90	柱與木地檻、管柱相互之間的緊固連結

表10｜牆框架工法中使用的五金組件

五金組件種類	固定組件	使用部位
帶狀五金組件S50	粗釘ZN65	地板格柵204、404施作時，與木地檻、地板格柵、牆相互緊固連結。可抗風壓力、地震力
帶狀五金組件S65	粗釘ZN65	格柵、框架上方部位及上方連結材的緊固連結 可抗地震力
帶狀五金組件S90	粗釘ZN40	地板格柵的角落部位的相互緊固連結、屋脊主梁木（脊桁）部位的相互緊固連結。可抗風壓力、地震力
帶狀五金組件SW67	粗釘ZN65	角落位置兩側有開口時的緊固連結施作
轉折固定五金組件 TS · TE-23 · TW	粗釘ZN40	屋脊椽木與上框架的緊固連結。 可抗風壓力
格柵固定五金組件 JH-S、JH204 · 206	粗釘ZN40　JH2-204. 206 粗釘ZN65 JH208.210、JH212 粗釘ZN65. ZN40 BH2-212 粗釘ZN90. ZN65 BH3-208、210、212 粗釘ZN90	梁的接合部位沒有支承點時使用 梁無法搭建在下方壁體上時使用
梁固定五金組件	BH2-208、BH2-210	（梁的接合部位無法搭建在下方壁體上時使用）
柱底金屬固定座	HD-B10、HD-B15、HD-B20、HD-B25、HD-N5、HD-N10、HD-N15、HD-N20、HD-N25	框架垂直部位與基礎及框架垂直部位之間的相互緊固連結。可抗地震力、風壓力。使用螺栓與五金組件與木構架梁柱工法相同

照片36｜格柵用五金組件

照片37｜柱底固定金屬座

照片39｜平頭螺母（實物與施工後的樣子）

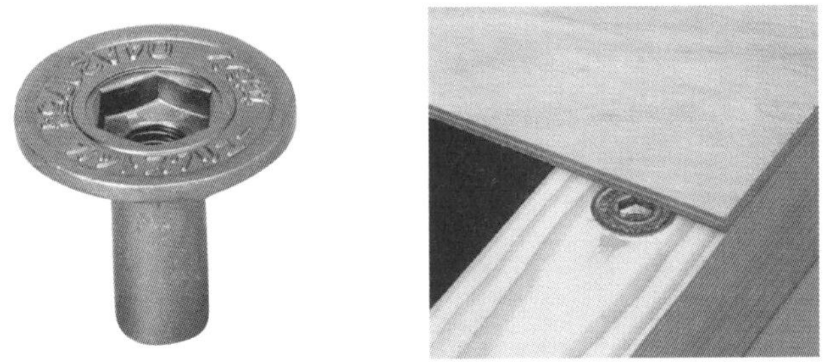

照片38｜柱底固定金屬補強釘

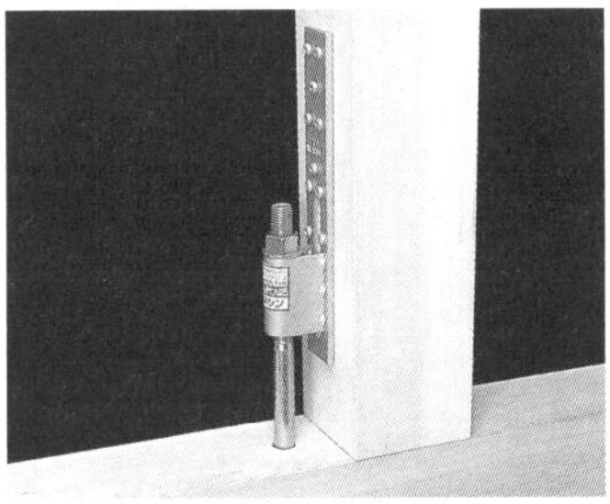

工方便。此外，可抑制柱子缺損程度到最小限度，耐拔取度高，此種釘作最近逐漸成為主流。依照抗拉拔力強度的不同，錨定螺栓的埋設尺寸亦有不同。

可調整式柱底緊固五金組件—ホールダウン位置調整金物
以「Kurupita」（AIM株式會社）的製品聞名。當錨定螺栓與柱底固定金屬座的鑽孔位置不相吻合，錯位範圍是從柱算起在70公釐以內的話，此種組件仍適用。也可使用於錨定螺栓發生精準度不良的情形，或是適用在斜撐五金緊固組件、柱底固定五金組件發生走位的情形。

平頭螺母—カットスクリュー
以日本五金廠商「Kaneshin」的產品名稱命名，作為錨定螺栓等安裝時使用的墊材[照片39]。以手持電鑽機（Impact wrench）來緊固，釘作完成面可與構材面齊平，因此現在常用在下地檻頂面直接鋪設膠合板的施作上。過去的施作方法是在下地檻上刻出凹槽，再將錨定螺栓收在下地檻中。依據承重牆的強度及平衡度的不同，平頭螺母的抗拉拔力也不同。因為較容易與斜撐等的斜向構材相互干擾，需要特別注意平頭螺母高度以及施作位置。

山形固定金屬版—山形プレート
安裝在柱子和木地檻或圍梁等接合部位，用來緊固連結的五金組件[第62頁照片40]。

斜撐固定金屬版—筋かいプレート
用來將斜撐與柱子、梁等緊固連結的結構用五金組件。依斜撐的倍率或強度來決定適用的斜撐固定金屬版。因為容易與柱底固定五金組件相互干擾，因此需要事先確認螺栓高度。最近開始看到可以避免與柱底固定五金組件相互干擾的斜撐固定金屬版製品。

D螺栓（預埋螺栓）—Dボルト
原本以日本五金業者「D Plan Yonezawa」的產品名稱命名，具有耐震效果的接合五金組件[第62頁圖48]，現在改稱為錘螺母（Hammer nut）。使用用途與羽子板狀金屬製拉力扣件相同。為了將五金補強組件收在結構材內側，D螺栓的完工成果僅在結構材表面留下螺栓孔，適合結構外露的建築外觀表現。其他的五金業者也販售同樣的製品。

華司墊圈—座金
固定螺母時，夾在螺母與結構材之間的五金組件。

照片40　山形固定金屬版的安裝

圖48　D螺栓

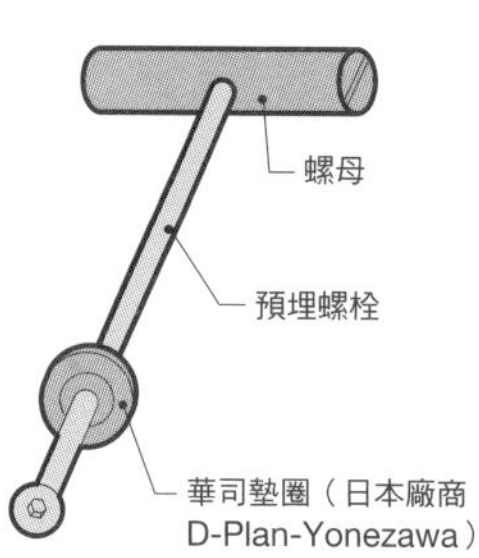

照片41　羽子板狀金屬製拉力扣件

螺母—ナット
用來旋緊螺栓的五金組件。

螺栓—ボルト
為安裝羽子板狀金屬製拉力扣件等五金固定組件所使用的鎖件。

照片42　ㄇ型釘

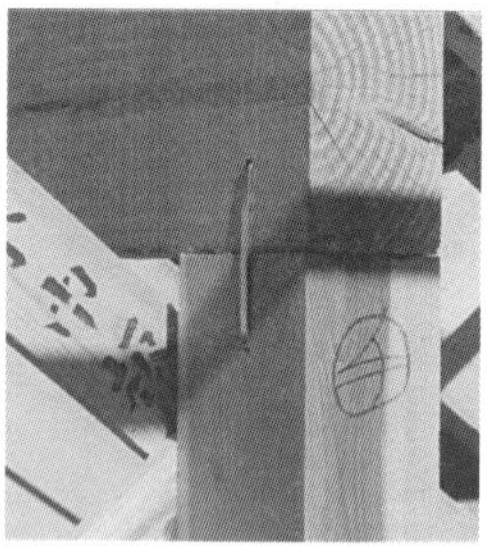

照片43　屋架組的扭轉型五金固定組件

羽子板狀金屬製拉力扣件—羽子板金物
安裝在梁的端部，不讓梁脫落的固定補強五金組件［照片41］。

ㄇ型釘—かすがい
讓格柵托梁與地板支架、屋脊橫木（桁條）與屋架組等結構材相互緊密接合使用的ㄇ字型五金補強組件［照片42］。

木作螺釘—コーチボルト
木用螺絲釘，頭部是螺帽形式的五金補強組件。用來栓緊柱底緊固金屬座等五金組件［照片43］。

照片44　長型螺母（實物與施工）

屋脊椽木固定釘—垂木留め
也稱作扭轉型五金組件，為斜打用長型固定螺釘。將屋脊椽木與簷桁、屋脊橫木（桁條）相互緊密連結所使用的五金組件。

直角固定五金組件—かど金物
接合柱子與木地檻、柱子與橫梁的五金組件。因安裝在木地檻的側面，隨著結構用膠合板等承重面材普及，市面開始販售功能相同，安裝不會干擾面材的各種五金組件，如變薄的Ace template（日本五金廠商Kaneshin）、可收納在牆內的Slim Plate（日本五金廠商Tanaka）。

長型螺母—高ナット
全螺栓之間接合時使用的五金組件。一般常見M6～M16左右的產品。依抗拉拔力或產品規格的不同，也可用來調整柱底緊固金屬座的高度［照片44］。

五金組件補強工法—金物構法
在構材的接合部位，以專用接合五金組件緊固的工法。不使用續接、搭接等接合方式，而是以五金組件接合，因此與木構架梁柱工法中使用的補強五金組件有很大的不同。特別是用來支承梁的梁用五金組件的差異最為顯著，其優點在於構材斷面少有損壞發生，也不需要另外再安裝羽子板狀金屬製拉力扣件。

Kure-Tec五金組件工法—クレテック工法
日本廠商Tatsumi開發出可提高施工效率的結構工法之一。在柱腳位置或柱梁接合等部位，使用金屬製萬向榫管、金屬製榫頭（Drift pin）、Kure-tec五金組件的螺栓與金屬製插梢，讓木結構得以外露的工法［圖49］。施工省力且耐用持久性高，結構材需特別指定KD材或集成材。

HS五金組件—HS金物
大型工程使用的五金組件工法［圖50］。在柱頭、柱腳使用金屬製萬向榫管，在柱梁位置使用梁用接合五金組件。梁用接合五金組件下方附有榫頭，可以抑制木材上五金組件脫垂。五金組件採用陽離子電著塗裝（Electrophoretic deposition），可防止材料長年使用發生的劣化現象。另外，比起其他五金結構工法，此種工法的特色為造成木材斷面的損壞情形較少，可考慮使用在壁面框架工法中。

SE五金組件工法—SE工法
為住宅工程系統化受到認定的結構工法之一，用來提高施工效能。使用專門為集成材開發製成的SE五金組件，用來強化木結構接合部位的五金補強工法。由日本廠商NCN出廠販售。可應用於三層樓的木造建築。

Presetor五金組件工法—プレセッター
日本廠商KANESHIN.co., ltd.的五金組件工法［圖51］，最大特徵在於梁用接合五金組件的主體與固定版可分隔開來，因此有效控制五金組件的尺寸與落在梁上的尺寸。結構材上預先安裝五金組件，於現場掛設組裝與施打金屬製插梢，工作流程簡單，也可簡

圖49｜Kure-Tec五金組件工法

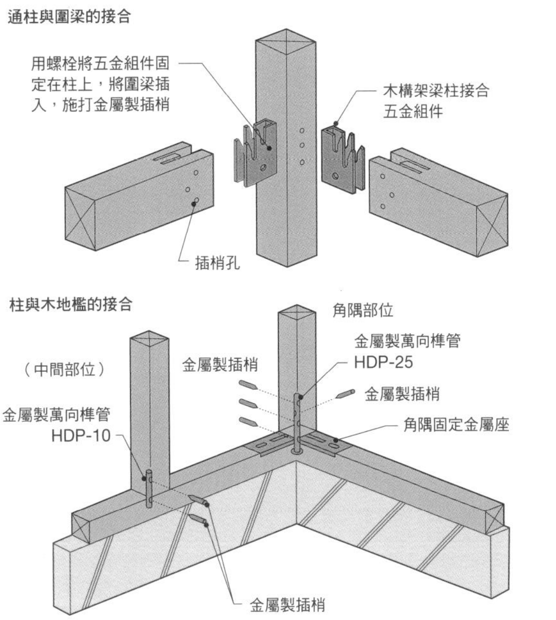

圖50｜HS五金組件

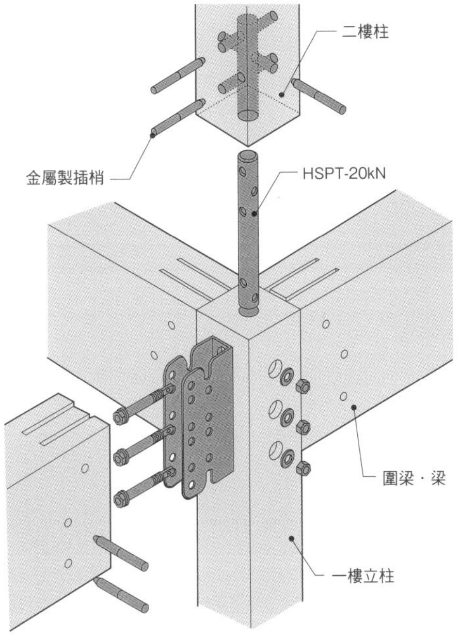

化使用工具及工作量。Presetor五金組件可在預製廠先行加工，因此這種工法迅速普及。

HOWTEC五金組件｜ハウテック金物
由日本住宅・木材技術中心（HOWTEC）開發的梁接合五金組件[圖52]。作為Z標五金組件的規格化製品，期望五金結構工法的標準化、簡明化。

備料・發包・加工

木材選定｜木拾い
將設計圖上木造建築工程中所需要的結構構材、輔助構材等挑選出來，並記錄使用的樹種、尺寸、等級、數量等資訊，作為木材選定清單。

對接凹槽加工｜刻み
在已打樣的木材上施作搭接、榫接等所需的凹槽加工[第64頁照片45]。包括在施作凹槽加工的預製材，也有木匠手工施作凹槽。

號碼編列｜番付
搭建木造建築的結構工程前，在柱、梁、桁等構材編碼作記號。

打樣圖板｜板図
編號表，或稱作手繪打樣圖板。木匠進行打樣前，以設計平面圖、上視圖的資料為基準，在合板或其他板材上繪製打樣圖[第64頁照片46]。

預製木板條｜羽柄プレカット
考量如何使用小斷面面積木板條及其收邊，在三維度方向預先裁製的產品。

CAD・CAM｜CAD・CAM
或稱CAM即可。將CAD資料作為加工依據，進行預先裁製的生產流程系統。

桁向｜桁行方向
若是切妻式斜屋頂，與斜屋頂的梁（梁與梁之間的方向）成直角的方向為桁向[第64頁圖53]。與屋脊椽木、屋脊橫木（桁條）方向相同。

臨時斜撐｜仮筋かい
木造建築的結構搭建工程進行時，為了不讓建物整體發生歪斜現象，臨時釘作的斜撐工作物。

結構定位｜建込み
將現場組裝完成的梁柱構架，在預定的位置搭建組立的作業。

垂直確認｜建入れ
確認組裝或搭建完成構架的垂直精準度，也稱結構垂直組立。

圖51｜Presetor五金組件工法

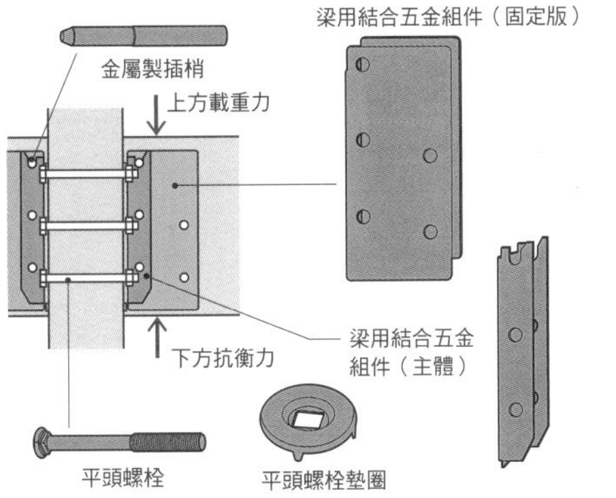

圖52｜HOWTEC五金組件

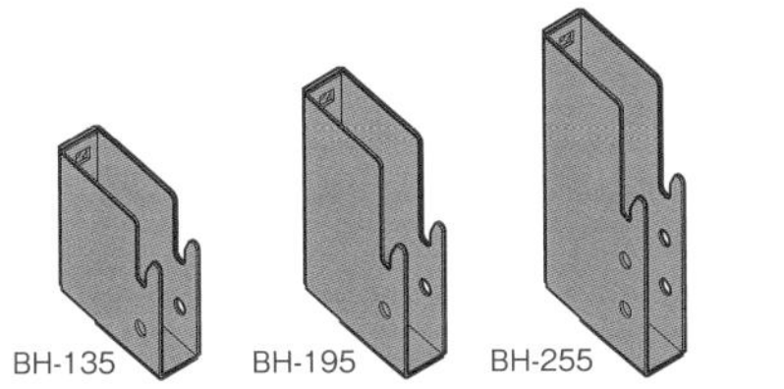

圖53｜桁行方向與梁間方向

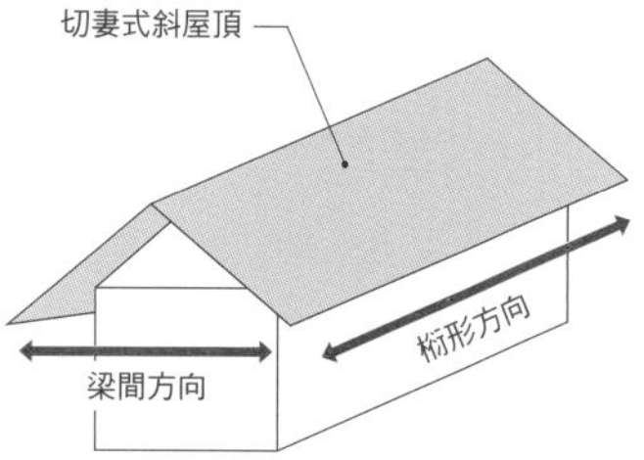

照片46｜木地檻的打樣圖板

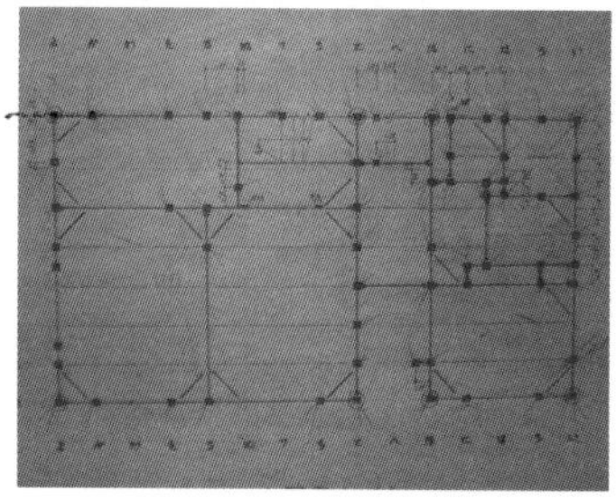

照片45｜對接凹槽加工

圖55｜藏納搭接與雙缺口搭接

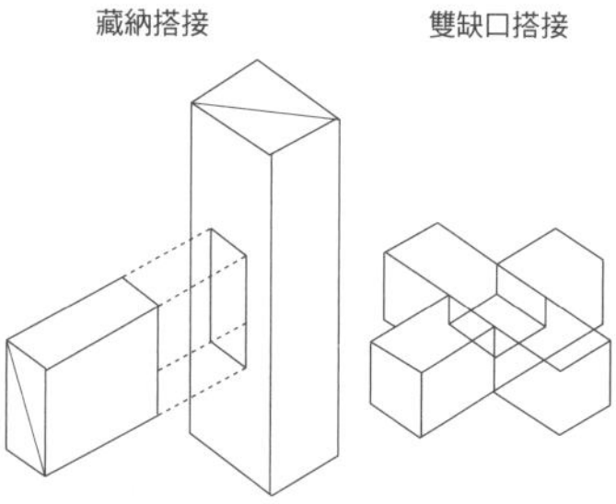

圖54｜結構垂直度的誤差容許值

名　稱	圖	誤差容許值的控制	誤差容許值的極限
建物傾倒	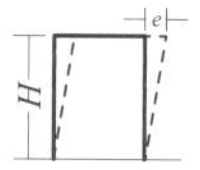	$e \leqq \frac{H}{4,000} + 7$㎜ 並且 $e \leqq 30$㎜	$e \leqq \frac{H}{2,500} + 10$㎜ 並且 $e \leqq 50$㎜
柱傾倒	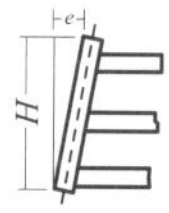	$e \leqq \frac{H}{1,000}$ 並且 $e \leqq 30$㎜	$e \leqq \frac{H}{700}$ 並且 $e \leqq 15$㎜

照片49｜為了讓插入木地檻的柱子無法被拔取，利用插栓方式緊固接合部位

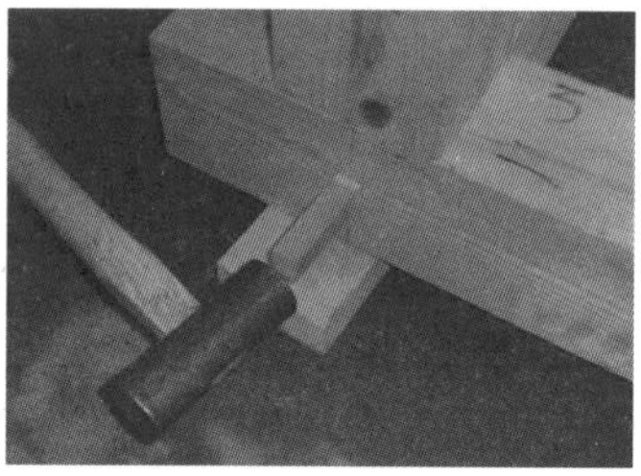

照片48｜圍梁的接頭置入楔片

照片47｜在貫通至桁材上端的柱子接榫上，將楔子敲擊到無法被拔取的狀態

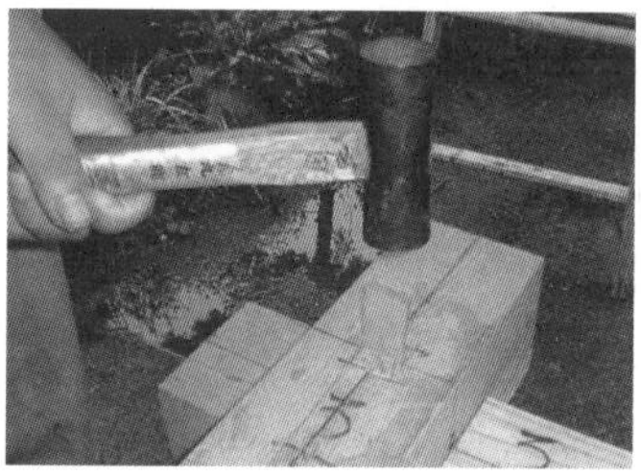

垂直度修正—建入れ直し
在水平垂直方向，矯正傾倒或歪斜的柱子。

材料抵蝕—光る
材料與材料相抵觸之間，其中一方的形狀將另一方吃掉。

金輪榫頭對接—金輪継ぎ
材料對接方式的一種。左右兩邊形狀相同，在左右切口相嵌位置的中央置入榫頭，讓兩方材料緊密結合。用於木地檻或梁、柱的對接位置上，強度、耐力方面優良。因加工需時費力，屬於較高階的工法，一般家屋不常使用。

追掛榫頭對接—追掛け大栓継ぎ
材料對接方式的一種。分上木與下木，在中央部位以斜切相對。上木順著與下木的對接面滑動，藉由相接面的斜溝與下木固定結合為一體，並在側面嵌入榫頭，讓上下兩方材料無法被拔離。使用在圍梁或桁。

雙缺口搭接—相欠き
兩構件上留下互補的缺口，相互垂直的搭接方式[圖55]。

藏納搭接—大入れ
需有梁或格柵等材料的深度，在受到搭接的構件側面刻出凹槽，將另一構件包容藏納其中的接合工法[圖55]。

楔子—楔
為了固定搭接榫頭或水平牆筋等的接合位置而插入的三角形硬木片[照片47、48]。

榫頭—ホゾ
為了讓兩構材相互接合，其中一構材作成凸狀，另一構材上開凹孔，利用凹凸處相互接合。柱子對接的接合面，若只是凹凸相嵌，抗拉拔力弱。為了強化抗拉拔力，再打入插榫或楔子將兩構材緊結固定[照片49]。

木質固定插榫—ダボ
為確保構材位置及構材相互緊結固定，防止構材錯位，在兩構材的接合面上開孔並插入硬木材。

插榫—込み栓
用來防止榫接構材受到拉拔發生脫落而插入的零件。通常使用櫟木、青剛櫟、日本栗樹等木質堅硬的樹種[照片49]。

斜打釘作—斜め打ち
以大約60度的傾斜角度，將釘子敲打入接合部位[圖56]。

照片51｜出挑

照片50｜千鳥排列

圖56｜釘作固定

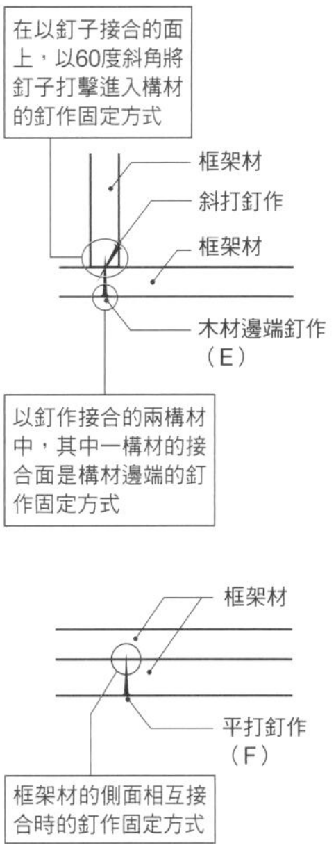
在以釘子接合的面上，以60度斜角將釘子打擊進入構材的釘作固定方式
框架材
斜打釘作
框架材
木材邊端釘作（E）
以釘作接合的兩構材中，其中一構材的接合面是構材邊端的釘作固定方式
框架材
平打釘作（F）
框架材的側面相互接合時的釘作固定方式

照片52｜曾經刊載過跨距對照表的出版品

和歌山県産スギ横架材スパン表
とちぎスギ平角材の品質と曲げ性能
とちぎスギ平角材「横架材スパン表」

木材邊端釘作｜木口打ち
將兩材料中的其中一個，施打釘子接在另一個材料邊端［圖56］。

平打釘作｜平打ち
框架構材之間，以側面接合時釘子的施打方式［圖56］。

直接釘作｜脳天打ち
從正上方敲擊釘子，將格柵固定在木板上的釘作方式，若用於裝修工程算是較粗陋的施打方式。

千鳥排列｜千鳥張り
接合處相互不對齊、相互錯位的排列配置方式［照片50］。

出挑｜オーバーハング
超出外牆的屋頂或陽台的部位［照片51］。在壁面框架工法中，表示上面樓層超出下面樓層的部位，亦即二樓的承重牆線超出一樓承重牆線的部位，出挑的範圍以91公分以內為標準。

退縮｜セットバック
將建物從道路向基地內退後配置。在壁面框架工法中，也代表二樓外牆向內退縮設置。

性能

N值計算｜N値計算
接合部位的簡易計算方法。日本舊建設省（現國土交通省）告示1460號中提及，可依照以此計算方式求得的數值來選取合宜的五金組件。

跨距對照表｜スパン表
為決定木造住宅的屋架組、樓版組等橫向構材斷面尺寸而製作的對照表。依據橫向構材之間的跨距，以表格方式標示相對應的斷面尺寸［照片52］。

斷面缺損｜断面欠損
以榫接或搭接等方式相結合的材料上面出現凹損，或斷面尺寸變小的狀況，會減弱材料在承重上的性能，挑選時務必仔細地檢視材料尺寸上的缺損。

工具・機具

鎖螺栓板手｜レンチ
用來鎖緊螺栓螺母的工具，也可使用電動型機具。

金屬鐵鎚｜金槌
在日文另有玄能（gen.no.u）或「とんかち（ton.ka.chi）」名稱。在木構架梁柱工法中，用來槌打釘子。在壁面框架工法中，搥打會造成表面凹凸與變形。

拔釘器｜バール（釘抜き）
拔除不需要的釘子時使用的工具。

鑿刀｜鑿
在木材上刻出凹槽所使用的工具［第66頁照片53］。

鉋刀｜鉋
去除材料不平整（高度差、沒有對齊）處使用的工具。大多使用電動鉋刀［第66頁照片54］。通常會在外露材料上施作鉋面的表面修飾處理。

手斧｜ちょうな
木構架梁柱工法中，彎曲粗壯的梁或柱無法用鉋刀削平時，用來處理完工飾面的工具。

木工機具｜木工機械
木工用的施工機具，例如加工廠或施工現場使用的各式各樣工具。

電動機具｜電動工具
利用電動馬達啟動的工具，依照切斷、鉋削、開孔、釘作等用途有多樣種類［第66頁表11］。施工現場最常使用的是手持電鑽機，

照片53｜鑿刀

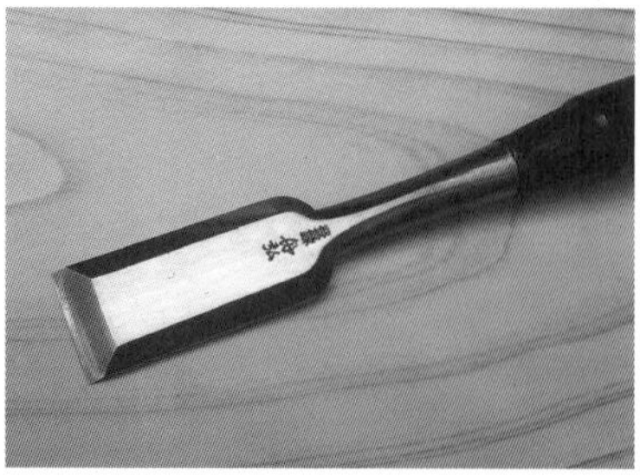

照片54｜電動鉋刀

照片55｜手持電鑽機

表11｜主要電動機具

名稱	用途
電鋸機、手持電動曲線鋸（Jigsaw）、倒角修邊機（Router）	用來切斷材料的機具，裁切材料形狀或是曲線切割
電動鏈鋸（Chainsaw）	利用電動迴轉的鍊狀鋸齒來切斷材料
電動鉋刀、重型機床（Planer）	刨削機具。將材料不平整或過厚的部位削除並整平
電動磨砂機（Sander）	以砂磨方式將材料表面磨成平滑狀。除了木作，也可用在漆作
電鑽機	用來開孔、栓緊螺釘等的機具
電動打孔機	在木材上開孔的機具，是木作中主要的機具之一
電動打釘機	利用壓縮空氣施打釘作的機具，也稱作電動打釘槍
萬能木工機	可用來切斷板材、整平表面、刨削等的多功能裝置

照片56｜吊裝夾具

照片57｜軟式吊繩

照片58｜軟式吊繩（吊裝板材）

照片59｜大木搥（嵌入板材）

照片60｜直立標竿

在木材上開孔、鎖緊螺釘、螺栓等可方便施工。

手持電鑽機｜インパクトドライバー
施打螺釘、鎖緊螺釘或螺栓、開孔等使用的電動機具［照片55］。施打時對螺釘施加力氣，瞬間將螺釘旋入。因旋轉力矩強，不適合使用螺紋淺或螺身小的螺釘。

空氣壓力鑽｜エアー釘打ち機
利用壓縮空氣的壓力施打釘子的機具。若壓力過強會造成膠合板凹陷，也會讓釘子的抗拉拔力變小，要留意壓力數值的設定。

吊裝夾具｜吊りクランプ
用來吊裝或移動木造住宅的梁或板使用的工具［照片56］。在水平吊秤上安裝兩個夾具，再用起重機將水平吊秤組合向上吊起。

軟式吊繩｜スリング
吊裝作業使用的繩索道具［照片57、58］。使用環狀吊繩來固定吊起物並進行吊裝作業，不會對吊起物或貨品造成損害。比金屬製的吊裝機具質輕、柔軟，也可提升作業效率。最近也應用在木結構搭建工程中的木板吊裝作業。

大木搥｜掛矢
比一般木搥尺寸大［照片59］，木結構工程中，以敲打來輔助落梁或嵌板作業的工具。若敲擊時沒有保持緩慢速度，或進行敲擊時未鋪設緩衝墊材等，會對材料造成損傷，使用在外露結構時要特別留意。

簡易測量棒｜ばか棒
用來代替尺規、測定高度的棒狀物，不是市售的量尺，而是在現場製作的測量棒。在施工現場，利用屋脊椽木條或其他方便取得的木材，在上面標示刻度使用。

直立標竿｜スタッフポール
附有刻度的棒狀測量物，主要用來確認高低差［照片60］，作為簡易測量棒的替代物。鋁製的伸縮量尺是市面主要流通的製品，也稱作標尺。

荒野起重吊車｜ラフタークレーン
此指四輪驅動可在崎嶇路面行駛作業的起重機，多數移動式起重機都屬於此型，也可稱為起重機輪車。可進入狹窄的道路基地，也可以公路上行駛，往施工現場方向移動。在木造建築中，由於較重的結構材或板材、大型的雙玻璃門、屋頂底材等的吊裝作業需求增加，讓這種機具的使用率增加。

RC結構工程 2

RC結構是以混凝土抗壓、鋼筋抗拉，由複合材料構成的結構。以結構系統種類分為鋼筋混凝土柱梁構架式結構、鋼筋混凝土剪力牆式結構、中空樓版結構、鋼骨鋼筋混凝土結構（SRC）等。現在也常見木造或鋼骨結構的基礎用RC結構[圖1、2]**。**

混凝土

混凝土—コンクリート

將水、水泥、骨材等必要材料混合攪拌後的成品。由水泥與水的化學反應產生硬化作用，依照使用材料或製作方式區分種類[第68頁圖3]。

水泥—セメント

以石灰石和黏土為主要原料，燒製成水硬性材料，為無機質粉末（燒成的物料亦稱為熟料，在熟料中加入石膏並粉碎成細粉狀的物料稱作水泥）。有卜特蘭第I型水泥、混合型水泥、特殊型水泥等種類。

卜特蘭第I型水泥—ポルトランドセメント

一般講到水泥，指的是卜特蘭第I型水泥。主要使用在建築工程上的有普通型卜特蘭第I型水泥，早強型卜特蘭第I型水泥，或是中熱、低熱型卜特蘭第I型水泥等。

混合型水泥—混合セメント

在卜特蘭第I型水泥中混入各種混合材後製成的水泥。包括高爐礦渣粉碎粒化後混入的高爐水泥[第68頁表1]，含二氧化硅成分石粉混入的二氧化硅水泥，混入粉煤灰（燃燒後排出的細灰）的粉煤灰水泥[第68頁表1]。目前混合型水泥中以高爐水泥的使用量較多，因高爐水泥中的混合材料粒子細微，所需水量、水泥量較少，加工性佳。另，因為混合型水泥乾燥收縮作用較小，適合用在清水混凝土。以混合量少開始排序，依序為A、B、C三種種類。

骨料—骨材

為了要製作混凝土或水泥砂漿所混入的砂、砂粒、碎石的總稱。因為佔混凝土體積的七成左右，對於混凝土的性質有很大的影響。

材料種類分有天然骨材、人工骨材、人工輕量骨材、再生骨材。粒狀的砂粒屬於天然骨材，具有角度的碎石則屬於人工骨材。以粒徑尺寸分類有細骨材（砂）、粗骨材（砂粒、碎石），骨料影響混凝土的耐久強度甚劇。

以下為防止裂紋產生的對策：

①無論細骨材或粗骨材，都進行過篩試驗來確認骨材的粒徑尺寸
②設定細骨材粒徑大於既定範圍
③粒徑判定實績率%大的骨材
④使用會抑制鹼骨材反應發生的骨材，以上等等

另，川砂質（河砂質）、川砂粒（河砂粒）的品質確保工作困難，因此陸砂粒、山砂粒、山砂、海砂、碎石、碎砂的使用比例增多。這些材料中含有鹽分，必須進行鹽化物量試驗來確保鹽分在容許值以內。若使用在RC結構，依照使用的部位，有粗骨

圖1｜鋼筋混凝土（RC）柱梁構架式結構

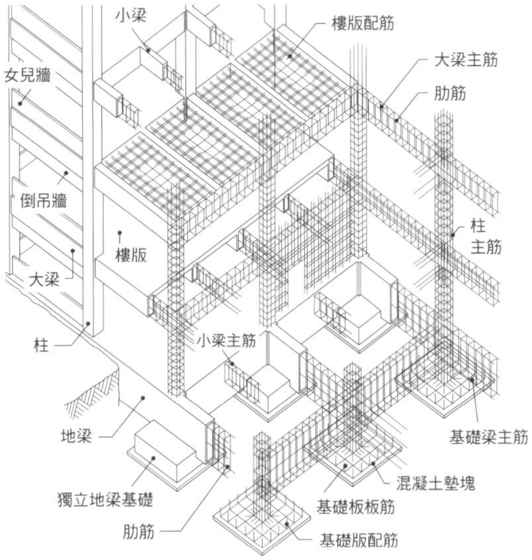

圖2｜鋼筋混凝土（RC）剪力牆式結構

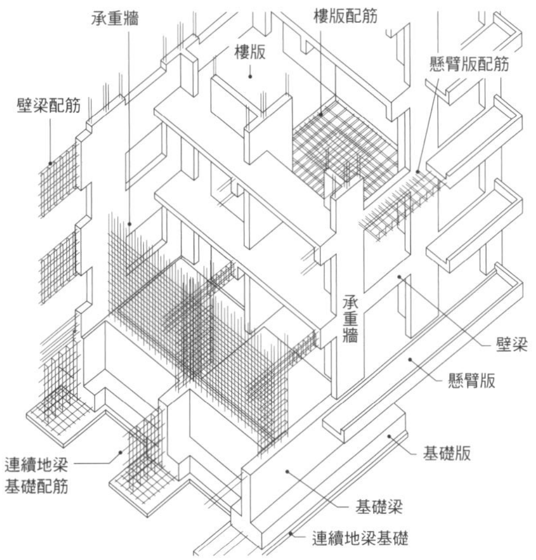

材最大尺寸的規定［表2圖4］。

普通骨材—普通骨材
因自然現象作用，從岩石轉變成的砂、砂粒，或是碎砂、高爐礦渣碎石、礦渣砂等等。

輕量骨材—軽量骨材
以混凝土的輕量化、阻熱性為目的，製成比普通骨材比重小的骨材。

圖3｜水泥配比

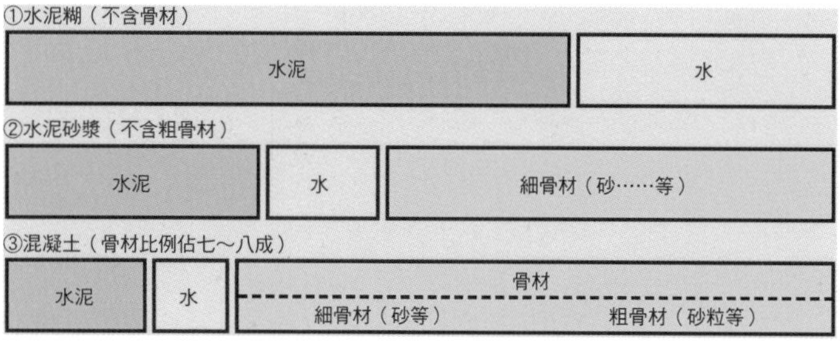

粗骨材—粗骨材
混凝土混合調配所需的砂、粒碎石，在日本依照建築工程標準規格書解說JASS5規格，使用經由5公釐過篩處理後85％殘留的骨材。最大粒徑因地而異，大多是指20公釐或25公釐的骨材。

細骨材—細骨材
混凝土混合調配所需的砂、粒碎石，依照JASS5規格，使用經由5公釐過篩處理後85％通過的骨材。

水泥砂漿—モルタル
在水泥中加入砂及水混合攪拌後的材料［圖3］。

海砂—海砂
在海岸採得的砂。因含有鹽分，必須洗淨處理過後，再進行混凝土的混合調配作業。相反地，山砂、河砂不含鹽分，因此適合用來調配混凝土。

水泥糊—セメントペースト
將水泥以水混合攪拌而成的糊狀物［圖3］。

表乾狀態—表乾状態
正確來說是表面乾燥飽水狀態，表示骨材的含水狀態，表面是乾

表1｜各種水泥的特性與主要用途

種類		特性	用途
ト特蘭第Ⅰ型水泥	普通ト特蘭第Ⅰ型水泥	普通水泥	一般混凝土工程
	早強ト特蘭第Ⅰ型水泥	a.強度產生時間點比普通水泥快 b.強度在低溫也可有效發揮	臨時緊急工程、冬季工程、混凝土製品
	超早強ト特蘭第Ⅰ型水泥	a.強度產生時間點比早強水泥早 b.強度在低溫也可有效發揮	臨時緊急工程、冬季工程
	中庸熱ト特蘭第Ⅰ型水泥	a.水化熱小 b.乾燥收縮量小	巨積混凝土 遮蔽用混凝土
	低熱ト特蘭第Ⅰ型水泥	a.初期強度小、長期強度大 b.水化熱小 c.乾燥收縮量小	巨積混凝土 高流動混凝土 高強度混凝土
	耐硫酸鹽ト特蘭第Ⅰ型水泥	對於含有硫酸鹽的海水、土壤、地下水等的抵抗能力大	受到硫酸鹽侵蝕的混凝土
高爐水泥	A種	與普通水泥相同	與普通水泥工程相同
	B種	a.初期強度弱、長期強度強 b.水化熱小 c.對於化學作用抵抗能力大	與普通水泥工程相同 巨積混凝土 受到海水、硫酸鹽、熱作用影響的混凝土 土中、地下結構物混凝土
	C種	a.初期強度弱、長期強度強 b.水化熱作用較慢 c.耐海水性大	巨積混凝土 海水、土中、地下結構物混凝土
飛灰水泥	A種 B種	a.施工效率高 b.長期強度強 c.乾燥收縮量小 d.水化熱小	與普通水泥工程相同 巨積混凝土、土中凝土
白色ト特蘭第Ⅰ型水泥		a.白色 b.可添加顏料上色	混凝土上色工程 混凝土製品

出處：《建築工事標準規格書解說JASS5鋼筋混凝土工程》（社）日本建築學會

燥狀態，內部為空隙充滿水分呈飽和狀態。骨材的含水狀態由預拌混凝土的強度決定，原則上預拌混凝土的骨材是以表乾狀態來使用，對於骨材含水狀態的管理，需要充分留意。簡稱表乾。

普通混凝土｜普通コンクリート
普通水泥、川砂（陸砂）、川砂粒（陸砂粒）混合的水泥。水泥、水、骨材的體積比例依序為1：2：7的混凝土總稱。現在川砂（河砂）、川砂粒（河砂粒）的品質難以確保，一般來說砂使用碎砂或海砂，砂粒則使用碎石，骨材的氯離子含量試驗是混凝土品質管理上的重點項目。

輕量混凝土｜輕量コンクリート
使用人工輕量混凝土，比重相較一般常見的2.3輕，一般來說大多介於1.8～2.0之間。強度上與普通混凝土沒有差異，但撓度（變形量）增大。適合使用在煙囪，或是建築高度相對建築面積為高的建物。

表2｜各構材的粗骨材最大尺寸

使用部位	砂粒	碎石、高爐礦渣粗骨材
柱、梁、版、壁	20、25	20
基礎	20、25、40	20、25、40

單位：公釐

流動性混凝土｜流動化コンクリート
將流動化劑作為混合劑，添入混凝土中攪拌，增加流動性，提高施工效率。坍度（值）會變大，比平常數值＋3公分左右。

高流動性混凝土｜高流動化コンクリート
施工效率最高的自流式混凝土。優點在於灌漿時不需使用振動器，可防止工程噪音，提高施工作業效率。混凝土調配上，比普通混凝土增加了細骨材，減少了粗骨材。另外，因為添加AE減水劑，水分變少。在決定配比時，以測試攪拌的方式來決定所需各個物料量是重要的工作。

高強度混凝土｜高強度コンクリート
依JIS規格是指強度在50～60N／㎟的混凝土。依高強度混凝土的施工規範，是指設計基準強度超過36N／㎟、在120N／㎟以下的混凝土。因使用高性能AE減水劑，水與水泥的比例（水／水泥）約為20％。

新鮮混凝土｜フレッシュコンクリート
攪拌剛完成，尚未凝固的混凝土。

預拌混凝土｜生コン
在混凝土預拌廠（拌合筒batcher plant），混合攪拌後「尚未凝固的混凝土」。也稱作ready-mixed concrete或是新鮮混凝土。

AE混凝土｜AEコンクリート
添加了AE劑（空氣輸入劑）的混凝土。混凝土工作度（workability）佳，耐持久度高且品質優良。適合用來預防混凝土發生冬天凍結或夏天融解的現象。雖內含氣泡，要達到初期強度需時較久，但因水分減少大約5～10％，混凝土品質得以大大提升。

回收漿水｜スラッジ水
將混凝土預拌廠的拌合筒或攪拌車的缸內以水沖洗，將骨材分離後回收得到的混濁漿水。漿水回收水雖可再利用，但需限制回收水的「固態粒子含量」（譯註：單位水泥量中回收漿水中固體質量的比例），不可使用在耐久設計基準強度的長期共用期間屬於長期（30N／㎟）以上的情形。

混合材料｜混和材料
以改善預拌混凝土硬化之後的品質為目的，在攪拌混合狀態時添

圖4｜骨材（骨材試驗評分表的判讀方法）

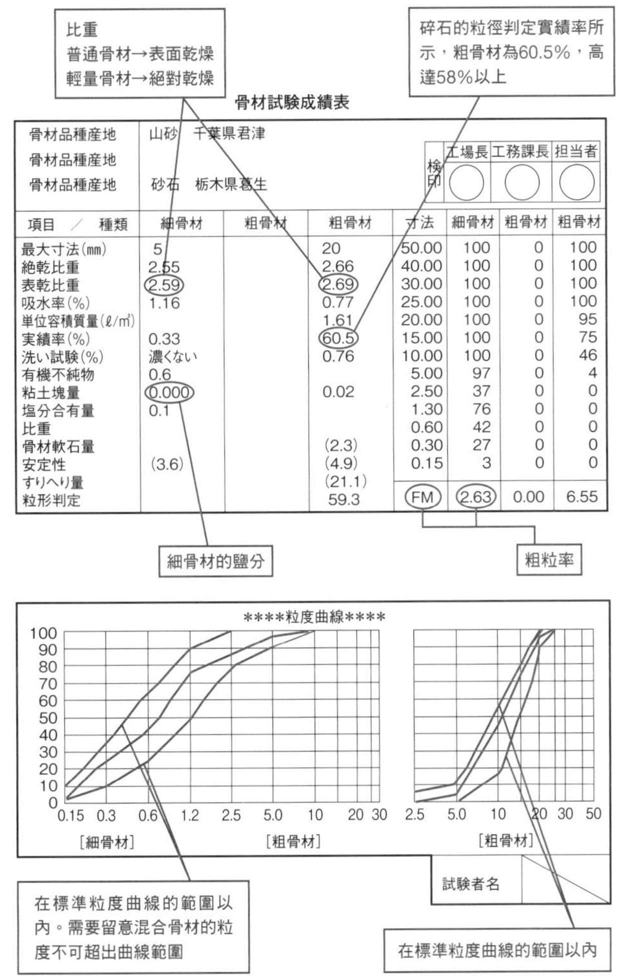

骨材試験成績表

骨材品種産地	山砂　千葉県君津			検印	工場長	工務課長	担当者
骨材品種産地							
骨材品種産地	砂石　栃木県葛生						
項目／種類	細骨材	粗骨材	粗骨材	寸法	細骨材	粗骨材	粗骨材
最大寸法(mm)	5		20	50.00	100	0	100
絶乾比重	2.55		2.66	40.00	100	0	100
表乾比重	2.59		2.69	30.00	100	0	100
吸水率(%)	1.16		0.77	25.00	100	0	100
単位容積質量(ℓ/㎥)			1.61	20.00	100	0	95
実績率(%)	0.33		60.5	15.00	100	0	75
洗い試験(%)	濃くない		0.76	10.00	100	0	46
有機不純物	0.6			5.00	97	0	4
粘土塊量	0.000		0.02	2.50	37	0	0
塩分合有量	0.1			1.30	76	0	0
比重				0.60	42	0	0
骨材軟石量			(2.3)	0.30	27	0	0
安定性	(3.6)		(4.9)	0.15	3	0	0
すりへり量			(21.1)				
粒形判定			59.3	FM	2.63	0.00	6.55

加的化學添加溶液。

使用量少，當作藥劑使用的混材料，稱作混合劑（混凝土混合劑）；像飛灰等使用量較多的混合材料，稱作混合材。

「混合劑」包括減水劑、AE劑、AE減水劑、高性能AE減水劑等，具藥劑效果，少量添加[表3]。

「混合材」包括飛灰、膨脹材、高爐礦渣粉末等，添加量以預拌混凝土量的多少百分比的幾成來計算[表4]。可以減少單位用水量，改善施工效率、水密度，並且可依混合材種類加速或延緩水合成作用，也可預防混凝土發生凍結現象，不過大多會增加成本。

表面活性劑｜表面活性劑

若與混凝土混合，會降低水的表面張力。

AE劑｜AE劑

將各個獨立的微小氣泡，分佈於混凝土內，用來提升混凝土的工作度與持久性，又稱作空氣輸入劑。

減水劑｜減水劑

分散水泥粒子，增加混凝土與水的接觸面積，不僅提升混凝土的工作度，並且可以不改變強度就能減少水分，因此稱作減水劑。減水劑中又分了標準型、促進型、遲延型三種。

AE減水劑｜AE減水劑

具有AE劑與減水劑兩者效果的混合劑，分為標準型、促進型、遲延型三種。

高性能AE減水劑｜高性能AE減水劑

用在高流動性的混凝土，比AE減水劑更能保有更高的減水效果以及保持樓版澆置工作度效果。最近大多使用此種混合劑。

標準型減水劑｜標準形減水劑

增加混凝土的柔軟度，減少水分約5~10%，並可減少單位水泥用量。但對於避免混凝土發生凍結、融解作用的功效比AE減水劑差。

促進型減水劑｜促進形減水劑

促進型減水劑具有減水劑的功效，並能加快混凝土硬化。可防止混凝土的凍害，也能提前模版的拆模時間。但一般來說，因為水化熱急速上升，硬化後的收縮率變大，恐有讓混凝土長期性強度變弱的疑慮。

遲延型減水劑｜遲延形減水劑

遲延型減水劑具有減水劑的功效，並可以延緩混凝土的硬化時間。使用時機為搬運預拌混凝土、到灌入所需時間加長，或是在高溫夏季的施工。使用量的差異會引來異常凝結的現象，因此

表3｜混凝土混合劑的種類與特徵

AE劑	以表面活性作用在表面產生氣泡，提高工作度
減水劑	將混凝土調配比例中的水量減少
AE減水劑	合併AE劑與減水劑的功用，是目前最常見的作法
高性能AE減水劑	減水效能更高的AE減水劑。使用高強度混凝土時，大多使用此劑來減少水量
流動化劑	藉由添加此劑，讓混凝土坍度值變大，提高工作度

表4｜混凝土混合材的種類與性能、效果

種類	性能、效果	種類	性能、效果
飛灰	・水密性 ・促進長期強度 ・抑制鹼骨材反應	矽粉	・高強度 ・高持久度
膨脹劑	・防止龜裂 ・化學預力 ・水化熱降低	石灰石微粉末	・高流動性 ・水與熱度降低
粒化高爐礦渣粉	・抗硫酸鹽 ・抗海水 ・抑制鹼骨材反應 ・高強度化 ・高流動化	高爐慢速冷卻礦渣粉	・保持流動性 ・抑制中和反應 ・水與熱度降低

出處：「建築工程標準規格書解說JASS5」（社）日本建築學會、「混凝土技師研修教材」日本混凝土工學協會

照片1｜蜂窩狀

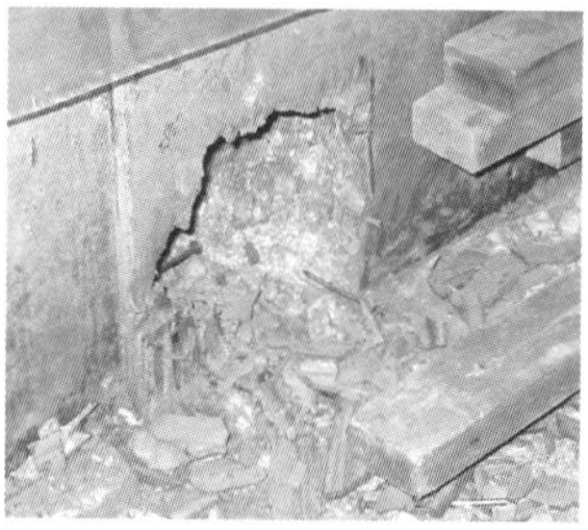

圖5｜蜂窩狀的補修方法

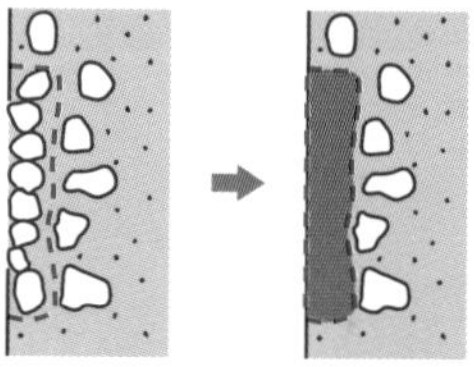

用刮刀去除不良部位，以水清洗

以硬型水泥砂漿修補，必要時塗抹接縫接著劑

照片2｜工作冷縫

圖6｜工作冷縫的處理方法

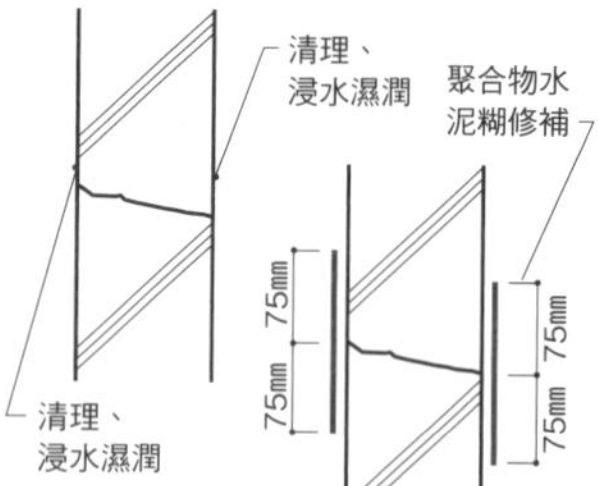

要充分留意使用量方面的管理。

流動化劑—流動化剤

高流動性混凝土中使用的混合劑。流動化劑具有高分散性能，同時也可以大量使用，因此減水效果大。添加後會加速發生坍度，並加大坍度，因此大多在現場添加。需要確實管理添加量、拌合時間，以及從添加到澆灌完成的時間。

爆模—ばれる

澆置混凝土進行中或是留置期間，模版無法持續支撐混凝土的側向壓力而損壞。發生原因在於維持模版間距的間隔固定器過大，支柱的間隔過大，或是混凝土澆灌時速度過快等。

收縮裂縫—クラック

混凝土乾燥時收縮所產生的裂痕。特別是在混凝土上出現0.1～0.5公釐寬幅的細小裂縫，稱為髮絲裂縫。

蜂窩狀—ジャンカ

出現在混凝土的外部，混凝土在砂粒分離狀態下硬化的樣貌[照片1、圖5]。也稱豆板、痘疤。

蜂巢狀—巣

發生在混凝土內部，與蜂窩相似的瑕疵。

冷縫—コールドジョイント

預先灌入的混凝土，與停頓一段時間再灌入的混凝土之間所產生的不良接縫[照片2、圖6]。

浮沫（laitance）—レイタンス

出現在混凝土表面的泥質薄膜，會阻礙二次澆置接縫的密著性、水密性，因此要在混凝土二次澆置之前去除。這是混凝土拌合所使用的水發生分離作用，在混凝土表面產生泌水現象所出現的水泥乳沫，容易發生在水灰比大的混凝土。用來去除浮沫的工具有鋼絲刷、磨砂工具、高壓洗淨機等。

壁癌（Efflorescence）—エフロレッセンス

在磚頭或磁磚的接縫處，或混凝土表面出現的白色物質，就算用水洗也無法去除。這是水泥硬化產生的氫氧化鈣與空氣中的二氧化碳產生複合作用形成碳酸鈣的物質。又稱白華、流口水。

打石・打鑿—斫り

將不要的混凝土部位用鑿刀削除。若規模較大，會使用壓縮空氣驅動的震動鑿機，規模小則使用電動鑿具。用手去除稱作手工鑿法，最近比較少用。

整平處理—ケレン

將依附在地板、牆壁、模版材等上面的水泥砂漿或水泥糊剝除，有專用的鏟型銼刀。

凸出泥漿—ばり

從模版的接縫縫隙間流出的水泥糊發生硬化，模版拆解（脫模）之後，在混凝土表面殘留的凸出泥漿。若發生在清水混凝土，則必需去除。

鹼骨材反應—アルカリ骨材反応

混凝土中的鹼性成分與骨材中所含的二氧化矽發生反應，混凝土發生裂痕、長期劣化的現象。原因在於鹼骨材反應中產生的矽酸鹼鹽（Alkali Silicates）成分會吸收水分膨脹，而讓混凝土劣化。

中和作用—中性化

混凝土溶出的鹼性成分，或混凝土表面浸滲碳酸成分，混凝土從強鹼性轉化為中性的作用。因為混凝土中的鋼筋受到強鹼的防鏽保護，若發生中和作用會開始生鏽，造成結構體的劣化。其他的問題現象，請參照[表5]。

砂紋—砂縞

混凝土的水分特別會從模版接合的外角部位的縫隙流出，水泥糊也流出，而在混凝土表面出現砂質紋路。可用防止模版爆泥貼布貼在模版接合縫隙，堵住水泥糊流出。

澆置

混凝土工作度—ワーカビリティ

以混凝土澆灌、固實、完工等的施工難易度來表示混凝土的性質，亦稱作混凝土施工軟度。雖然難以用單一數值表示，通常會以坍度值表示。在施工條件允許範圍內，維持坍度值小是原則，不少人認為坍度值越大，代表工作度越好的想法是有誤的[圖7]，應該在施工現場從澆置開始到完成，隨時確保良好的混凝土施工軟度才是正確觀念。

表5｜RC結構的混凝土問題與狀況

收縮裂縫	發生在結構體上的裂縫，雖可藉由降低水灰比來減少，但要完全沒有裂縫是困難的
蜂窩狀	混凝土澆灌時，在模版表面殘留空隙、混凝土無法填補的狀態。因為骨材如豆狀般外露，因此又稱作豆板，並且蜂窩狀發生部位附近比肉眼所見更加脆弱，需特別留意
工作冷縫	因為混凝土澆灌的間距過長，先行澆灌的混凝土與後來澆灌的混凝土無法結合一體，而相互之間產生接縫的情形。輕微的接縫情形不會有太大問題，但若屬嚴重接縫情形，不僅增加構材負荷，而且混凝土可能折損而必須重新施作
浮沫（laitance）	混凝土澆灌之後，水泥和砂在表面形成薄膜狀的泥狀物質。因為強度低，若殘留在二次澆置施工縫上，會影響混凝土結構的整體性
壁癌（白華現象）	混凝土中的水泥硬化所產生的氫氧化鈣，與空氣中的二氧化碳生成碳酸鈣，在混凝土表面上釋出白色物質，造成壁面脫垂的現象
凸出泥漿	混凝土的角落處，出現針狀或板狀的凸出泥漿。因為會影響完工面品質，需用銼刀等工具去除
打石、打鑿	在混凝土表面，若有任何誤差或不完善之處，而必需進行的鑿面修飾作業

表6｜預拌混凝土現場檢驗的誤差容許值

	數值	誤差容許值
空氣含量	4～5%	±1.5%
坍度值	8～18㎝	±2.5㎝
	21㎝	±1.5㎝
鹽化物（氯化物）	0.30kg/㎥以下	—

坍度（值）—スランプ（値）

新拌混凝土的稀稠程度數值，經由JIS規定的坍度試驗所得到的數值[表6]。此試驗是在坍度圓錐筒中灌入混凝土，從上方將圓錐筒拔除後，混凝土高度下降的程度以公分來表示坍度數值，數值大者表示屬於柔軟、黏稠度低的混凝土[圖8]。水與水泥的水灰比決定混凝土的坍度數值。

混凝土配比表—配合表

記載所需的混凝土規格，包括各材料的比例、單位容積混凝土中所含各材料量的表格，也稱做調配表，用此配比表來統整各廠商提出的混凝土調配計畫書。

細骨材比例—細骨材率

細骨材及粗骨材的絕對容積總量中，細骨材所佔的絕對容積百分比例。以S／a來表示。對於混凝土效能評定，細骨材比例是極重要的評定項目。細骨材比例以50％以下為佳，平均約47％。

空氣含量—空気量

混凝土中所含的空氣體積比例，約以4.5％為標準。[表6]

單位水量—單位水量

每平方公尺預拌混凝土中的含水量，但不包括骨材中的含水量。一般是每平方公尺185公斤以下。

單位水泥含量—單位セメント量

預拌混凝土每平方公尺內的水泥含量。JASS5規定每平方公尺需有270公斤以上。

水灰比—水セメント比

新拌混凝土中的水泥糊，水相對於水泥的重量百分比，表示方式為水的重量／水泥重量（W／C）。「JASS5鋼筋混凝土工程」中規定，普通混凝土40～70％，重量混凝土40～65％[表7]。用來表示混凝土強度的指標之一，含水量多較容易混合攪拌，也較容易灌入模版，但混凝土強度降低，乾燥收縮量也較大。各家廠牌的混凝土水灰比即代表可以保證指定強度的配比數值。

灰水比—セメント水比

新拌混凝土所含的水泥相對於水的重量百分比，表示方式為C／W。用來表示混凝土強度的指標之一，水泥對水的比例越大，混凝土強度越強，一般約1.5～2.5。

澆置、灌漿—打設

將混凝土灌入事先組裝好的模版中[圖9、照片3、4]。若灌漿作

圖7｜混凝土工作度（施工性）的考量

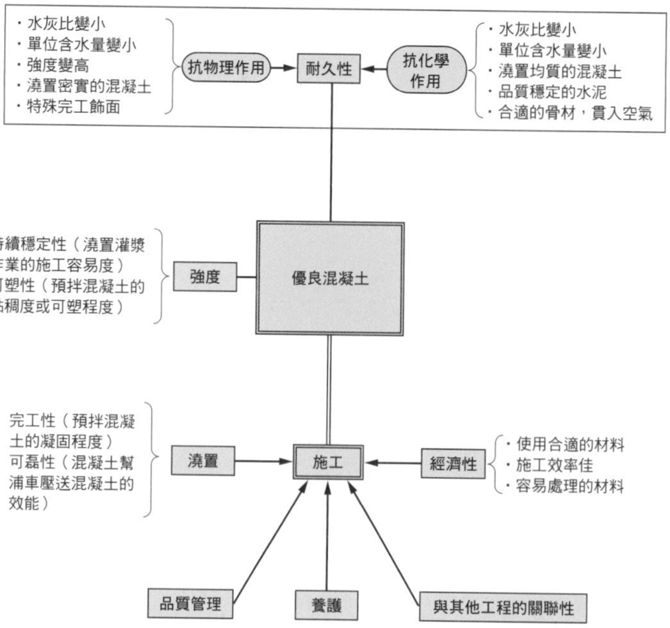

圖8｜坍度試驗

① 混凝土分成三層分別置入，將攪拌棒前端深入至每一層與下一層的接觸面，在每一層來回攪拌25次

② 混凝土裝填完成後，將坍度圓錐筒向上拉起，測定混凝土下坍的程度

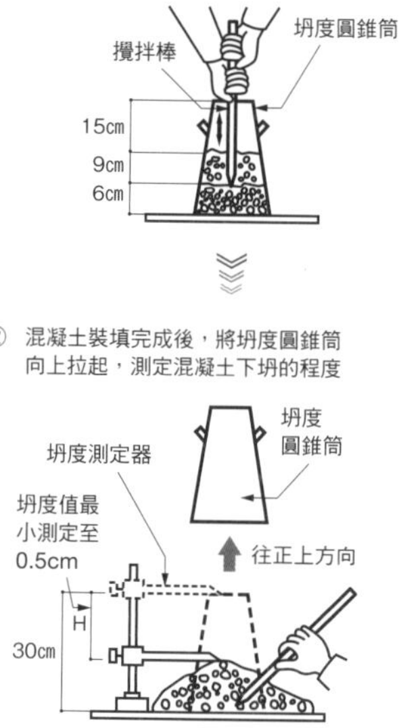

新拌混凝土的檢查

業施作不夠紮實，或是沒有留意混凝土是否澆灌至邊角部位，會發生施作不良的狀況。

泵送混凝土｜ポンプ打ち

使用混凝土幫浦車（混凝土臂架泵車、配管車等）澆置預拌混凝土。因輸送蛇管可將混凝土送達各個方向，以現狀來說是最常見的澆灌方式。此外也有從混凝土攪拌車槽中，直接取出混凝土並澆灌至模版內的方式。輸送蛇管的管徑有100A（100公釐）和125A（125公釐），依照預拌混凝土的種類、骨材的最大尺寸、預拌混凝土的壓送性、單位時間內的壓送量等方面來考量施工計畫。

混凝土配管平車｜配管車

在混凝土幫浦車到混凝土澆置場所之間，以短管連結方式壓送混凝土的泵車。

混凝土舉臂泵車｜ブーム車

具有伸縮機械手臂的泵車。若是伸縮機械手臂可到達的範圍內，則不需要混凝土澆灌用的配管。

可泵性（混凝土壓送效能）｜ポンパビリティ

以泵車施工的混凝土壓送效能。為求壓送效能提高，依照混凝土的配比計畫、現場澆灌條件等決定合適的泵車、澆置計畫是重要工作。彎曲配管多，容易造成阻塞，因此泵車的配管計畫應以彎曲配管少、配管距離短較佳。

水泥砂漿預先潤滑通管｜先送りモルタル

泵送混凝土施作時，為了保持輸送管內部的潤滑度，在灌入混凝土之前，先輸送水泥砂漿潤滑通管。然而水泥砂漿本身強度比預拌混凝土低、坍度值大，若集中澆灌於同一個地方，容易發生強度不足的問題，因此可以分散澆灌至在結構上屬於較不重要的壁體中，或是將水泥砂漿層變薄作為對策。

澆置、灌漿｜流し込み

使用澆置混凝土用的特密管等，將混凝土從混凝土攪拌車中，直接澆灌至模版中的作業［74頁圖10］。澆灌過程中若落下距離過大，恐會發生混凝土中混合材料分離的現象，因此以小型的漏斗（吊型漏斗）來接收混凝土，並在漏斗下方安裝縱長型吊桶（約一公尺長的圓筒狀），引導混凝土落下。吊桶的距離若長，混凝土混合材料也有可能會分離，可藉由變換吊桶方向來減緩混凝土的流速。但因可能會造成砂粒等混合材料的分離現象，原則上還是不要變換吊桶方向為宜。

等高依序澆置｜回し打ち

保持相同的高度，依序地一邊移動一邊將混凝土澆置至預定範圍內的施作方式［74頁圖11］，此為正確的混凝土澆置方式，也稱作水平澆置。另一方面，連續澆置於同部位的集中澆置方式，會讓混凝土的側向壓力變大，不僅容易造成模版變形，也讓澆置距離變長，容易發生預拌混凝土材料分離的情形。

自由落下高度｜自由落下高さ

從泵送混凝土的輸送管前端或是漏斗（將預拌混凝土輸送至目的

表7｜水灰比的最大值

水泥種類	水／水泥比例的最大值(%)
ト特蘭第Ⅰ型水泥※	65
高爐水泥A類	
飛灰水泥A類	
含二氧化矽成分水泥A類	
高爐水泥B類	60
飛灰水泥B類	
含二氧化矽成分水泥B類	

※：低熱ト特蘭水泥除外

圖9｜混凝土澆灌步驟與施工流程

注意要點

- 混凝土壓送車（泵車）的設置 —— 混凝土澆灌計畫的指示要點
  - 早上集合例會：·人員配置 ·澆灌量與間距 ·澆灌順序 ·注意事項
- ↓ 幫浦車的混凝土泵送配管
- 混凝土的安排準備 —— 混凝土配方的確認 → 混凝土拌合
- ↓ 搬運　澆灌間距與總量（準備多少立方公尺的量）確認日間可施工起迄時間點
- 混凝土的澆灌 —— 混凝土品質驗收檢查
  - 交貨時間點（出發／抵達）的確認、混凝土的工作度（施工性）、坍度、試驗體的採樣
- ↓ 二次澆灌作業　接合處理　開口、開孔部位的處理
- 模版留置養護 —— 濕潤養護
  - ·灑水 ·防止陽光直射
- ↓ 等待混凝土強度產生後拆除模版
- 壓縮強度試驗 —— 檢查機關的查檢試驗
  - 確認壓縮強度是否到達規定數值
- ↓ 梁或樓版的支撐施工架架設
- 模版拆除作業 —— 邊框切離
  - 模版接合處可能會在模版拆除時發生損壞情形，因此需以鑿刀將模版邊框部位切離，以利拆模進行
- 品質檢查 —— 修補、修護

檢視是否有蜂窩、冷縫、孔洞的情形，並檢討修補方法，進行必要的修補工作

照片3｜混凝土澆置

照片4｜混凝土澆置前的樓版

地落下的引導器具），將混凝土放離點至落點之間高度[圖12]。一般來說，若超過樓高3.5公尺，容易發生混凝土分離現象。因此為了避免發生混凝土分離現象，應事先規畫黏稠度高的混凝土配比，並在澆置作業進行中，使用澆置用輸送管或漏斗，降低澆灌高度至1.5～2公尺左右。在施作結構體斷面面積較小的壁體混凝土時，需於混凝土落下高度的中間位置，設置臨時澆灌開口，進行兩段式澆灌作業。

分次澆置―カート打ち

在混凝土澆置高度上分次澆置2～3次，若一次灌到滿，模版可能會傾斜甚至爆破。相較於單一部位的集中澆置，分次澆置可防止模版整體的歪斜變形。

單側澆置―片押し

從建物平面上的單側，一邊移動一邊將混凝土灌入至最終高度的混凝土澆灌方式[圖13]。雖然可以縮短澆灌時間，也能減少配筋的干擾現象，但可能造成模版整體發生歪斜的危險。

結構體混凝土―構造体コンクリート

作為結構體的混凝土澆置，在環境條件或水與熱的溫度條件控制下硬化而成的混凝土。

灌漿振動器（vibrator）―バイブレータ

混凝土澆灌時使用的振動機械器材[照片5]。對新鮮混凝土施加振動，引導新鮮混凝土至模版的邊角部位，並去除不必要的空氣，骨材得以均勻地分布，藉此讓混凝土密實的施工機具。機具形式包括在混凝土中插入的棒狀物（一般約為30～50公分），或是按壓於模版上的板狀物等。若長時間在同一個部位振動過久，容易導致骨材分離，因此一個部位大約10～20秒，且不能直接在

圖10｜澆置、灌漿

混凝土的澆灌順序

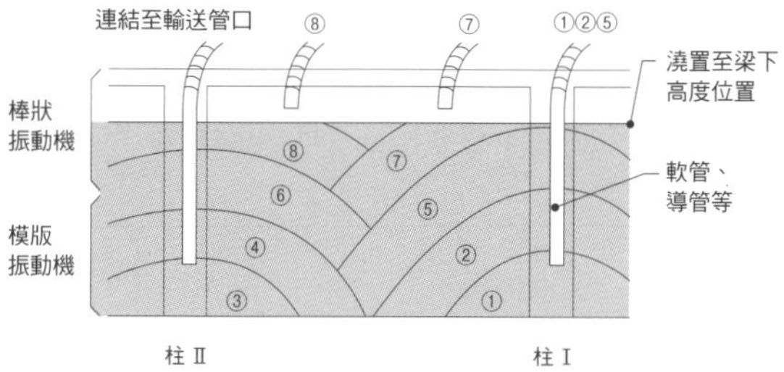

若從單側澆灌，模版受到的側向壓力過大，容易發生混凝土爆模的情形（模版損壞或固定輸送管位置脫離等），因此需如圖示編號順序分別澆灌

有樓層高度時的澆置

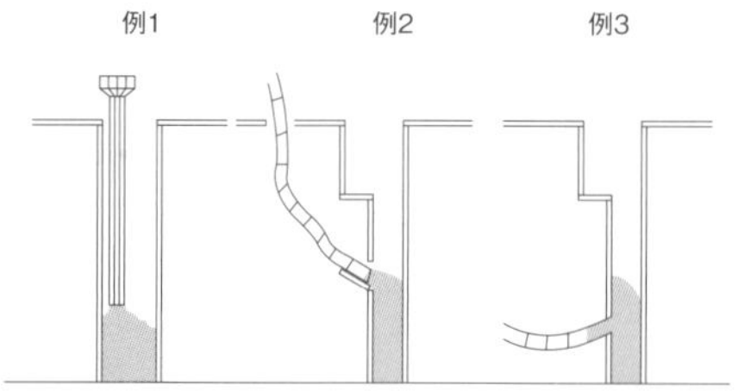

從上方樓層澆灌而下的混凝土，容易造成泌水或混凝土材料分離的現象，重複澆置的位置也容易產生冷縫，因此若是從4m以上的樓層高度澆灌，應如圖例施作

圖11｜水平澆置

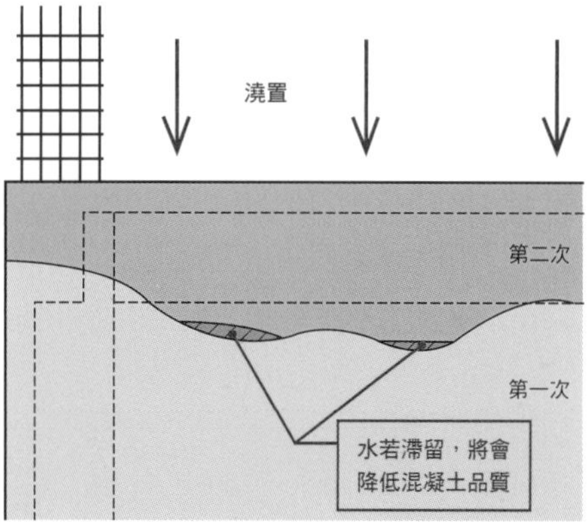

圖12｜自由落下高度

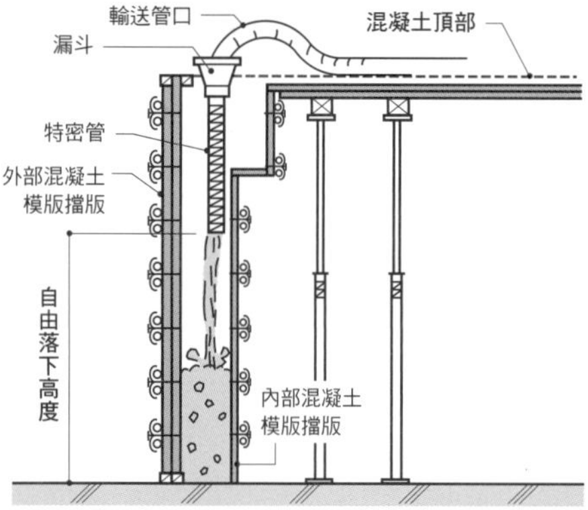

圖13｜工作冷縫的對策

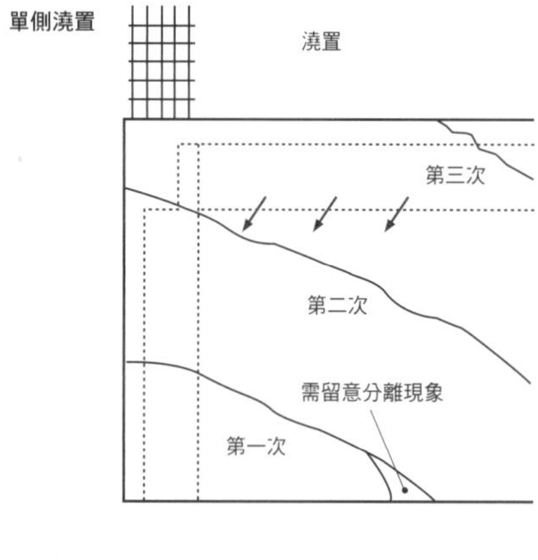

鋼筋上施加振動。

搗實（tamping）—タンピング

為了防止混凝土澆置完成後含水量急速蒸發，或是因混凝土下陷而發生的初期裂痕，在澆灌完成後的30～60分鐘之間，在混凝土表面進行搗實作業。以木鏟或金屬鏟來施作。

外模振動—叩き

混凝土澆置時，為了不讓混凝土殘留在模版與混凝土的縫隙之間，而以木槌在已充填混凝土的模版部位敲打［照片6］。與振動器一樣，是為了防止蜂窩等瑕疵發生而進行的作業。

窗框周邊或是配管周圍，若未充分進行敲打振動作業的話，事後都需要補修。

搗竿—つつき

混凝土澆置時，從上方插入竹竿並攪拌的作業［照片7］，工具以竹竿為佳。雖然振動器普及，現在較少使用此種方法，但大多數認為竹竿的上下移動，可將混凝土中的空氣趕出來，並能澆置成密實的混凝土。

二次澆灌—打継ぎ

在已澆置的混凝土上繼續澆灌混凝土的作業。需事先將去除二次澆灌面上的泥漿乳沫或強度弱的混凝土。

來回澆築—いってこい

一般是指將材料來來回回澆灌的意思，依序澆灌混凝土的作業。

混凝土頂部—コンクリートヘッド

混凝土澆灌完成的高度［圖12］。

混凝土沉陷現象—沈み

混凝土澆灌後，因混凝土分離而發生泌水作用（浮き水），在混凝土表面產生沉陷現象，也稱混凝土沉降現象。列舉發生原因有①混凝土的水灰比、坍度值大，②澆灌速度過快，一次全部直接澆灌至梁或樓版上，③搗實工作不充分等等。

又，混凝土上面近處有鋼筋的話，混凝土的沉陷受到鋼筋的約束，沿著鋼筋發生裂縫。梁下和壁、梁上和樓版的交界線，也容易因混凝土的沉陷量而發生裂縫，這些沉陷裂縫，可藉由充分的搗實工作預防。

寒季混凝土施工—寒中コンクリート

混凝土澆灌後的養護期間，如遇混凝土可能發生凍結的季節所用的施作方式。例如蓋上養護布來預防凍結［75頁照片8］。

照片5｜高頻振動機

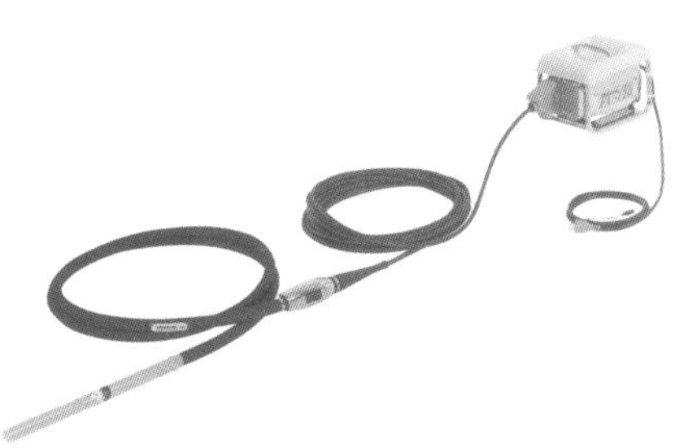

照片6｜模版外部敲打振動

照片7｜竹竿搗竿

照片8｜養護專用臨時屋頂的搭設案例

照片9｜灑水養護中

表7｜混凝土模版的留置期間（JASS5鋼筋混凝土工程）

a·基礎、梁側、柱以及壁的模版留置期間，以混凝土壓縮強度確認到達5N／mm2以上為止。但若模版留置期間的平均氣溫在10℃以上，混凝土的材料年齡若超過下表日數，則不需進行壓縮強度試驗即可拆解模版

b·樓版下、屋頂版下以及梁下方的模版，原則上是在支撐架拆除後進行拆解

根據基礎、梁側、柱、壁的模版留置期間，使用的水泥種類及溫度所訂出的材齡（日數）

	早強卜特蘭第Ⅰ型水泥	普通卜特蘭第Ⅰ型水泥 高爐水泥A類 含二氧化矽成分水泥A類 飛灰水泥A類	高爐水泥B類 含二氧化矽成分水泥B類 飛灰水泥B類
20℃以上	2	4	5
未滿20℃ 10℃以上	3	6	8

c·支撐架的留置期間，無論是樓版下或是梁下，以混凝土壓縮強度已確保到達設計基準強度100%以上為止

d·支撐架拆除之後，構材上的載重若超過結構計算書上該構材的設計載重，則與上述的留置期間無關，需要充分計算確保安全之後再行拆除

e·若要比上述c項提早將支撐架拆除時，需在特定構材的支撐架拆除之後，馬上對於附加在該構材的載重進行計算，求得能夠支撐該載重的強度安全值，並必須確定是否超過實際的混凝土強度

只是，能夠拆除模版所需到達的混凝土壓縮強度，與計算結果無關，不得低於12N／㎟

f·懸臂梁或者是屋頂的支撐架的模版如上述c、d項目為準

圖14｜模版名稱

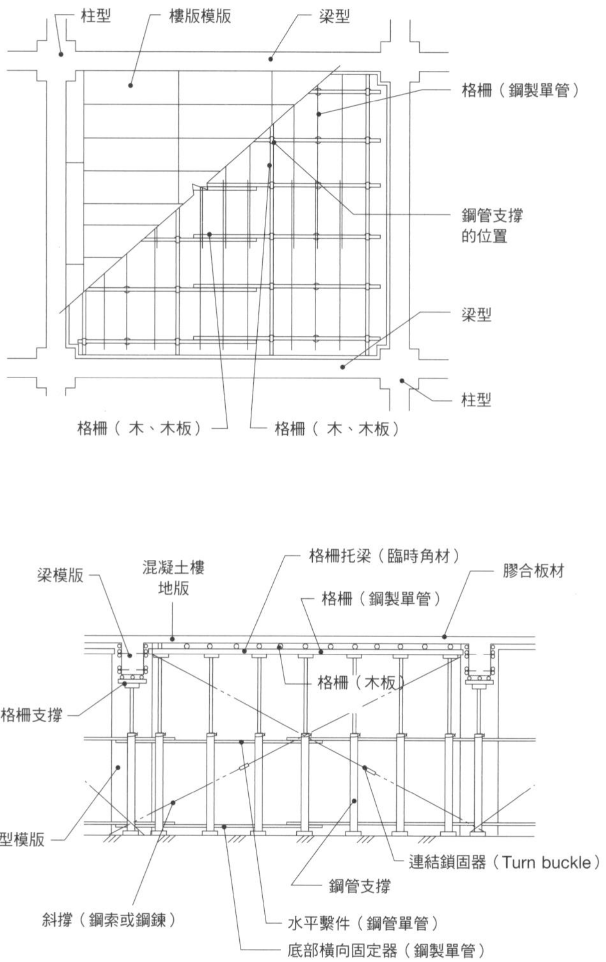

暑季混凝土施工｜暑中コンクリート

在氣溫變高，混凝土所含水分可能急速蒸發的季節時所用的施作方式。為了防止因為水分蒸發所造成坍度變小的情形，會以灑水方式進行養護。

模版留置期間｜型枠存置期間

混凝土澆灌後，讓模版留置在原處的期間。「JASS5鋼筋混凝土工程」中，規定模版的留置期間如75頁表7，若未達混凝土強度基準以上，則不可以拆除樓版支撐架。又，混凝土硬化之後，拆除模版的工作稱作脫模。達到混凝土強度所需時間，在冬天較長，相反地在夏天較短。

模版

模版｜型枠

為了維持設計的形狀或尺寸，澆灌混凝土時，在達到所需強度之前，所使用的臨時支撐結構物的總稱。一般來說，在留置期間之後會被拆除[圖14]。

免拆模版｜殺し型枠

混凝土澆灌後，不將模版拆除，而維持不動地留在結構體上的模版，也稱作背襯模版（可棄式模版），

一般會在靠近建物周圍，或是在地下進行模版施作時，因為脫模不易而不得已棄置於結構體的施作方式。也有使用菱形網、造型模版、波狀鋼板等材料作為基礎模版，並直接作為完工面的施工方式。因為施工精準度高，也可縮短工期，並可節省物料資源，而受到關注。材料種類有鋼製、塑膠製等，也有兼具飾面材或斷熱材的種類。

鋼製模版｜鋼製型枠

鋼製模版的尺寸規格是300×600公釐，因為尺寸小、單價高，使用的機會受限[照片10]。但由於鋼製模版可回收再利用，若運用在住宅的連續基礎，或是用在各種建物中重複多次的相同斷面上，會帶來降低成本的效果。

中空紙模版｜ボイド型枠

中空圓柱、圓筒狀的紙製模版。利用特殊的紙疊積、壓製而成的模版，使用在圓柱體清水混凝土施作上。製成品的圓徑約50～1200公釐，大體積的稱作大型柱狀紙模版[照片11]。

調整型模版｜せき板

模版的構材之一，用來調整混凝土形體的板狀構材，用來直接支承澆灌出的混凝土。材料以模版用合板（夾板，混凝土夾板的簡稱）為最多，也有塗裝處理過的夾板（在合板表面上塗料、表面修飾用的化粧清水混凝土模版）

照片10｜木造住宅基礎使用的鋼製模版

照片11｜中空紙模版

照片12｜橫向跨置的鋼製單管(橫向臨時材)

等等。雖然塗裝的好處是讓澆灌後的混凝土容易脫模，完工面也好看，但因表面塗裝會吸收混凝土的鹼液，回收再利用以三次為限。

施工或再利用的性能高，因此也有鋼製模版或鋁製模版、塑膠製FRP、厚紙模版等種類。清水混凝土施作上，有在模版上塗料的塗裝合板，也有強化樹脂系列、壓克力系列等。在梁側面所使用的模版稱作側板。在表面塗料的模版大多稱作黃膜優力膠板（昭和油研）。

混凝土夾板｜コンパネ

混凝土夾板的簡稱，亦指模版用合板。在日本依照JAS規格，分成第一種（清水混凝土用）及第二種（第一種以外的）夾板，厚度一般為12×900×1800公釐、600×1800公釐、1000×2000公釐。在表面塗有強化樹脂系或壓克力系塗料的塗裝合板，除了可以防止合板與混凝土之間的化學反應，也讓混凝土容易脫模，因此再利用次數增多。

模版支撐格柵｜根太

為了支承樓版模版，以間距30公分列置的構材，大多使用鋼製單管。

鋼製單管｜単管

外管徑48.6公釐、管厚度2.3公釐的鋼管。長度至5公尺，以每50公分為刻度［照片12、圖15］。

樓版模版的支撐格柵托梁｜大引

用來撐托樓版模版的支撐格柵的構材，以間隔90公分並列設置。大多使用臨時角材或是60公釐的鋼製方形管，也有的是使用規格標準化的鋁製支撐材。

臨時角材｜端太角

為了固定模版的側面，所使用的杉木、松木、檜木等製成的角材（方形材），約10公分，又稱端材。橫向的稱作橫向角材、橫擋板，縱向的稱作縱向角材。

支撐構材｜支保工

施工過程中用來支撐載重的臨時構件，一般使用鋼管支撐。

鋼製假設梁｜鋼製仮設梁

也稱作梁、背襯梁。不需要樓版模版的支撐格柵、托梁，或是支撐管等的樓版模版。使用材料得以減少，並提高施工效率［78頁照片13］。

鋼管支撐｜パイプサポート

支承混凝土模版的鋼製管支撐［78頁照片14］。為支撐構材工程中的支柱，用來支承樓版、梁等的模版，又稱作支架。下方底管（管徑60.5公釐）、上方插管（管徑48.6公釐），長度大約可在30公分～7公尺之間調整，最大長度可達1200公釐，也稱作調整型鋼管支撐。一般支撐管最長約3500公釐，如需更長，可用補助物來連結。若用來支撐傾斜屋頂或梁，會在直立起的支撐管上端安裝樓版支承五金接頭［圖16］。此外，為了

圖15｜鋼管的設置方式

模版角落部位的鋼管與間隔器錯開，不配置在同一水平高度上。若對鋼管配置方式有所顧慮，應事先在現場給予鋼管組合方式的施工指示

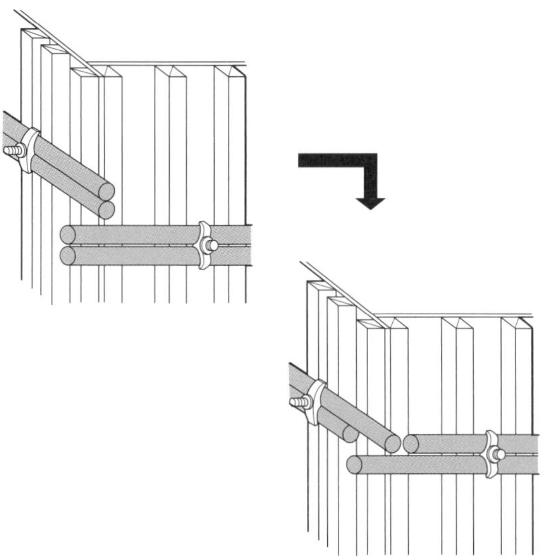

圖16｜樓版支承五金接頭

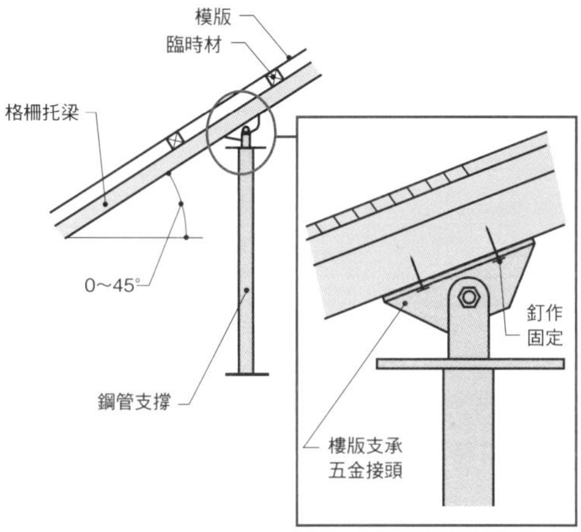

圖17｜永久型支撐管

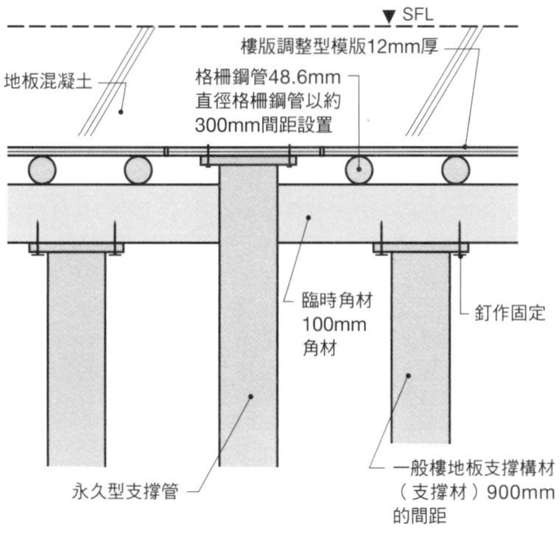

照片13｜樓版模版上的斷熱材施作

照片14｜支撐鋼管

照片15｜防止爆泥貼布

照片16｜模版緊緊螺栓（Form Tie）

圖19｜開口邊框材

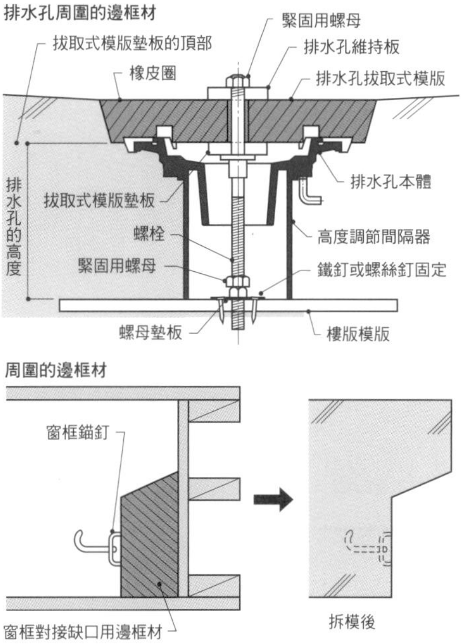

圖18｜模版的斷面

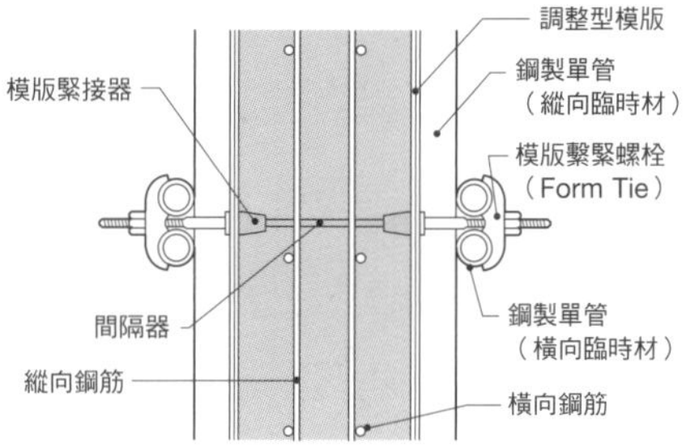

轉換[※]成為樓地版模版的支撐，有時會在永久型支撐管[77頁圖17]，或是支撐構材之間保留間距設置。

永久型支撐管—パーマネントサポート

樓版的支撐工程過程中，可以直接只把格柵托梁、格柵、調整型模版拆除所使用的特殊支撐鋼管。

底部連結固定橫向構—根がらみ

使用水平橫材或斜撐材，將支撐鋼管的底腳部位連結、固定，讓底腳不會移動所使用的橫向構件。

水平繫件—水平つなぎ

澆置混凝土時，為了防止模版變形或挫屈，在中間的高度，以臨時角材或鋼管將支撐鋼管固定連結所使用的構件。水平繫件需於高度每2公尺處雙向設置。

脫模塗劑—型枠剥離剤

拆除模版時為了脫模容易，而在調整型模版表面塗上的脫模劑。清水混凝土面積小的話幾乎不需使用脫模塗劑，一般會塗在基礎、牆壁、各開口邊框材上。種類除了水溶性、油性，另有鋼製模版用、木製模版用的塗劑產品也很多，若使用前沒有仔細確認，會對混凝土表面造成不良影響，例如顏色不均勻、色素沾著、調整型模版沾著，及飾面材的附著力降低等等。

防止爆泥貼布—ノロ止めテープ

在窗框、陽角等部位，用來阻擋水泥糊從模版縫隙中溢出所使用的貼布[照片15]，使用在清水混凝土的飾面作業。除了貼布，也有金屬製的山型鋼或角鐵，用來預防水泥糊從臨時底板板材與模版之間的縫隙中噴出。

梁下格柵支撐—とんぼ

用來支承梁下格柵的格柵支撐材。

模版緊緊螺栓（Form Tie）—フォームタイ

將調整型模版以及縱向、橫向的角材，固結成為模版組的螺栓[照片16]。包括用來固結橫向臨時角材的墊圈，而且依照臨時角材的材質與固結方式的不同，適用的螺栓種類也不同，其中以W型最為常見。

※模版留置期間，將短式調整型模版、模版支撐格柵先行拆除，移至上方樓層使用

照片17｜模版緊接器

照片18｜角落固定施工

照片19｜箱型開孔

間隔固定器｜セパレータ

用來讓兩面相對的調整型模版之間，保持一定間距，使用在壁或柱、梁的側面的金屬配件［圖18］。在間隔固定器和模版之間置入的切斷圓錐狀物，稱作模版緊接器（蓮霧頭）。如兩側有金屬墊圈的話，會在混凝土表面上殘留痕跡。

模版緊接器（蓮霧頭）｜Pコン

在間隔固定器邊端部位安裝的小型塑膠製配件［照片17］。雖然也有木製模版緊接器，目前較為少用。

外模、完成面、背模｜返し壁

使用在牆壁模版的內壁（或是外壁）相反側的模版。若是以兩片模版所構成的牆壁，先行組立一片模版，在配筋之後，再將另一片模版組立。

角隅固定器｜角締め

建物的角隅處，容易受到急促的混凝土側向壓力，因此在牆壁、柱等外角（陽角）位置，使用金屬鍊或緊迫器或連結勾（Turnbuckle）來緊結補強，也稱作角隅緊結五金組件。［照片18］

開口邊框材｜アンコ

在混凝土上做出溝或凹槽，所使用的材料［圖19］。在大型模版工程的調整型模版施作中，置入混凝土模版用夾板或保麗龍等，簡化模版的複雜度。也稱作盜板、預留箱型框。除了可用合板或木材在現場加工，也有排水模版、排水溝型模版等依照不同用途而預製的產品。施作清水混凝土時，若將開口邊框材以刨床加工使之銳利，安裝的材料周邊也會銳利。

預留箱型框｜箱抜き

為了要在混凝土澆灌後做出箱型框當作窗戶，將箱型模版安裝在樓版或牆壁的調整型模版的開口部位，也會安裝在配管所需的開口部位。

拔釘｜釘仕舞

為了再利用拆解後的模版，將模版、合板上埋設的釘子拔除。

模版再利用｜うってがえし

在相同的施工現場，將模版材再利用於其他地方，也就是模版轉用其他用途的意思。例如為了要再利用開口邊框材，拆除模版時要小心維護。

棧木板｜桟木

使用在假設工程，一般來說斷面尺寸為25×50公釐，長度3～4公尺，也稱作補助棧木。也有尺寸標準化的模版專用鋁製棧木。

臨時板｜ばら板

使用在假設工程，大約厚度12～15公釐，寬度10公分，也稱作補助板。

預留套管｜スリーブ

在混凝土結構本體中貫穿的配管孔［80頁照片20］。

拆除｜ばらす

將模版拆除的作業（由JASS5鋼筋混凝土工程規定）。建築工程的匠師們都會使用到的工程用語（鷹架工：拆除施工架；木作匠師：拆除隔間）。

表8｜預拌混凝土的驗收檢查

檢查項目	檢查時期、次數	檢驗方法	實施檢驗者、會同檢驗者	合格評定數值	
坍度空氣含量	壓縮強度試驗用試體採樣時	JIS A 1101	實施：預拌混凝土業者 會同：責任施工業者	規定坍度值（cm）	誤差容許值（cm）
				未滿8	±1.5
				8以上18以下	±2.5
				超過18	±1.5
	混凝土結構的強度檢查用試體採樣時	JIS A 1128	實施：施工業者 會同：工程監理者	空氣含量	
				區分	容許誤差（%）
				普通混凝土	±1.0
				輕量混凝土	±1.5
氯化物（氯離子含量）	一次／一日 註1	JASS 5 T-502（使用認證過的測定儀器）	實施：施工業者 會同：工程監理者	無防鏽對策：0.30kg／㎡以下 有防鏽對策：0.60kg／㎡以下	
壓縮強度	灌入施工區，每區每日一次，並且一次／約150㎡ 註2（三次／一個檢查口）	JIS A 1108標準養護材齡28日	實施：預拌混凝土業者 會同：管理施工業者	同時滿足下列（1）、（2）點 （1）一次試驗結果達到規定強度85%以上 （2）3次試驗平均值達到規定強度以上	

註1 測定時，對同一試體分別採樣三個試料，再各自測定一次，以平均值來評定
註2 一次檢驗使用試體三根，從任意一台搬運車中挑選

品質管理

照片20｜預埋套筒的牆壁

照片21｜混凝土試體

照片22｜混凝土試體模

圖20｜鋼筋的表面形狀

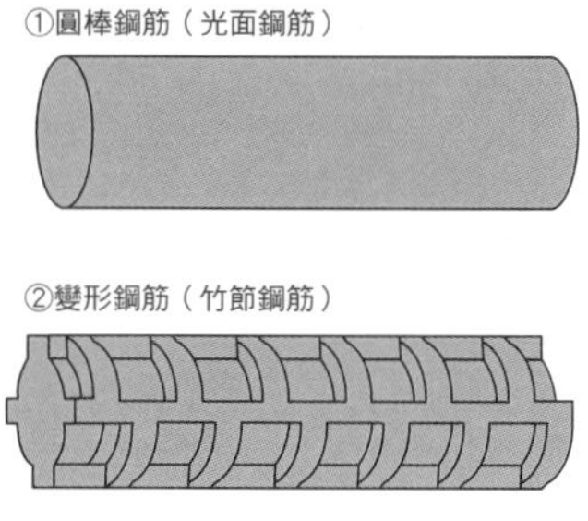

驗收檢查｜受入れ検査

預拌混凝土被搬運至施工現場時，確認是否與預訂的混凝土相符的品質管理檢驗，檢驗項目通常包括坍度試驗、空氣含量測定、氯化物測定［79頁表8］。

指定強度稱呼｜呼び強度

JIS規定預拌混凝土（ready-mixed concrete），以不同稱呼來區分混凝土強度。採購預拌混凝土時，以強度（N/㎟）搭配坍度的數值來選定。強度超過36N/㎟，且未將二次澆置的時間間隔列入監工重點的話，容易發生冷縫或蜂窩現象。澆灌清水混凝土時，若加成溫度補正值，造成澆灌期間混凝土強度改變，會發生各樓層之間混凝土顏色不一致的情形。其他還有設計基準強度、配比強度、基本補正強度。

設計基準強度｜設計基準強度

結構計算時設定的混凝土壓縮強度。一般常見是21～27N/㎟，小型基礎使用18N/㎟，大型建築物的強度設定數值更高。

配比強度｜調合強度

為了達到混凝土的目標壓縮強度，將混凝土品質上的變化或是混凝土養護溫度等因素列入考量，並額外再提高設計基準強度數值，也稱作配合比強度。

基準強度補充數值｜基本補正強度

預測混凝土到達設計基準強度的材齡所需期間之中的平均氣溫，作為混凝土強度補充的數值。依據氣溫而補充的混凝土強度數值，對於材齡28、42、56、91日已有規定，目前為3N/㎟。

管口試料採樣｜筒先管理

為了施行預拌混凝土的品質管理，在灌入模版之前，先在幫浦管口進行試料採樣。

混凝土試體｜テストピース

依JISA1132規定，為了管控混凝土的壓縮強度，澆灌時，在施工現場從預拌混凝土車採樣作成的混凝土測試品［照片21］。維護方法有標準養護、現場水中養護、現場密封養護等。

混凝土試體模｜モールド

用來製作試體的鐵製圓筒模［照片22］。並在充填於試體模內的混凝土上方，以水泥糊飾平。

混凝土養護｜養生

混凝土澆灌後，為了不讓表面發生龜裂，而保持濕潤且不讓凍結現象發生，是在澆灌作業之後進行的混凝土養護工作。

標準混凝土養護｜標準養生

完成混凝土試體的壓縮強度試驗前的養護方式之一。在水中或是與空氣濕度100%相近的環境中，溫度保持在21±3℃之下進行的混凝土養護工作。為了預拌混凝土的配比管理計畫所需，而進行的壓縮強度試驗。由預拌混凝土業者施作。

現場水中混凝土養護｜現場水中養生

混凝土試體的養護方法之一，將混凝土試體置入現場準備的水槽，每日記錄最高、最低水溫。實際是為了混凝土的澆灌品質管理或是用來判定模版的脫模時間而進行的壓縮強度試驗。由施工業者來施作。

現場混凝土密封養護｜現場封緘養生

以塑膠袋密閉封口，不讓混凝土吸濕或排出水分的試體養護方法。現場密封養護可讓材齡延長至42、56、91日，可降低混凝土溫度補正值，也可使用高爐水泥。

混凝土材齡｜材齡

已澆置混凝土強度管理上使用的用語，表示混凝土從澆置日開始所經歷的日數。若是現場水中養護，材齡為28日的四週強度，若是現場密封養護（用塑膠袋來養護，不讓試體的水分跑掉），材齡91日之前的試體壓縮強度，若在設計基準強度之上，可視為合格。

QUANTAB試紙｜カンタブ

用來測定預拌混凝土中氯離子含量的試紙，大約10分鐘可得到測試結果。

鋼筋

鋼筋｜鉄筋
種類有圓棒鋼筋、變形鋼筋［圖20］，用鑄造銑鐵（生鐵）的鑄熔爐或是電爐將鐵礦石熔解而製成的鋼材。一般以附有竹節紋路的鋼筋最常見。
材質上以SD295A、SD345、SD390為主流。

DECON鋼筋｜デーコン
變形鋼筋。為了提高鋼筋與混凝土之間的附著強度，而將鋼筋表面做成節狀突起物，DECON是此種鋼筋的商品名稱之一。

鋼筋平均直徑｜呼び径
變形鋼筋因為附有節狀紋路，鋼筋直徑不一致，因此取平均值作為尺寸規格化的稱呼名稱。平均直徑13公釐稱為D13，平均直徑19公釐稱為D19。

鋼筋綁紮｜結束
配筋（將鋼筋如圖面排列配置）後，以鐵線（軟鋼線，粗度以21號鋼線最常使用）將鋼筋與鋼筋之間綁紮緊結。［照片23］

材料出廠證明｜ミルシート
製鋼業者針對製鋼廠出廠的鋼筋品質，提供的鋼材檢查證明文件。昨為購買鋼材實附加的保證書，上面記載製造編號、鋼的編號、化學性質成分、機械性質等。住宅規模的建築物所使用的鋼材，不應只向單一製鋼廠購買，也不應單只參照材料出廠證明，應該在現場確認鋼材上方的刻印為宜［照片24］。

照片23｜鋼筋綁紮

接合部位｜継手
鋼筋的接合部位。依施工方法不同，分成重疊續接、氣壓焊接［照片25］、機械式續接、焊接［照片26］、電弧焊等不同的接合方式。電弧焊施工容易，鋼筋的收縮量小，可用在事先施作的鋼筋接合作業。機械式續接依照緊結方式分成釘式續接、套管式氣壓焊接、套管式充填續接、套管式螺栓緊接等。若是將直徑較粗的鋼筋重疊續接，特別是承重底座的配筋間距如果過窄，將無法確保粗鋼筋之間需保持的距離，因此應該在規劃鋼筋水平或上下重疊配置的時候，將鋼筋間距列入考量。

現場接合鋼筋｜直組み鉄筋
在現場進行接合作業的鋼筋。

預先接合鋼筋｜先組み鉄筋
在現場之外進行接合作業的鋼筋。

照片24｜鋼筋上編碼刻印（SD345）

固定埋設｜定着
將鋼筋的邊端部位埋設固定在混凝土中，不讓鋼筋被拔取。也稱作錨定、埋設。若是在梁，應將規定所需的梁主筋長度埋入柱內，以確保應力的傳達。

固定埋設長度｜定着長さ
將鋼筋埋設固定於混凝土中，讓鋼筋無法被拔取所需的埋設固定長度。將鋼筋與構材的支點相交疊並將鋼筋固定埋設於構材時，鋼筋埋入構材中的必要長度。

英吋｜インチ
變形鋼筋D25的簡稱，常使用在鋼筋工程中。這個稱呼出處是來自英制1英吋（25．4公釐）。

主筋｜主筋
RC（鋼筋混凝土）結構中主要用來有效抗挫屈、抗彎矩的鋼筋。在柱子是縱向鋼筋，在梁是橫向配置的鋼筋，在樓版是指短邊方向的鋼筋。

照片25｜鋼筋氣壓焊接

箍筋｜フープ（帶筋）
將柱筋、梁筋的主筋箍束的狀態，與構材主體相互垂直、帶狀配置的鋼筋。多使用在柱子。最近也有將箍筋熔接成一個單元的作法［第82頁圖21］，一般是以150公釐以下的間距將鋼筋捲曲配置。在梁的箍筋稱作梁箍筋，間距為250公釐以下，並在梁深的四分之三長度以下。

螺旋箍筋｜スパイラルフープ
將鋼筋加工成螺旋狀的一種箍筋，大多使用在SRC（鋼骨混凝土）結構［照片22］。

照片26｜鋼筋熔接

肋筋（Stirrup）—スターラップ

使用在柱子的鋼筋是箍筋，使用在梁的鋼筋是肋筋。[照片23]

腹筋—腹筋

梁深600公釐以上，梁箍筋會變形成平行四邊形狀，配筋無法順利進行，此時，即需要配置腹筋。腹筋是與梁的上下主筋平行的小口徑鋼筋，可以有效輕易地調整箍筋形狀。

寬止筋—幅止め筋

確保梁箍筋間距的配筋，或是確保樓版的上下鋼筋間距的鋼筋。間距一般約1公尺。

補強筋—補強筋

各種預埋管或開口部的角隅部位產生的張力較強，大多由牆壁或樓版中央部位的鋼筋來承受。因此，為防止裂痕或損害發生，大多以粗口徑的鋼筋作為補強筋進行配筋。對於維持結構的強度，補強筋配筋是必要的工作。此外，也有用來防止窗戶開口部四個角隅部位發生斜向裂縫的補強筋，或是用來承受假設工程工作物載重的樓版用補強筋等等。

鋼筋分段—割りバンド

因為箍筋或肋筋的尺寸過大而無法安裝時，將箍筋或肋筋分成兩段成L型、U型的話即可安裝。[圖24]

約束箍筋—ラッキョ

披覆在肋筋上方，用來約束肋筋的鋼筋[圖25]。使用在因梁深過大，用單根肋筋配筋有困難的時候，或主筋數量過多，肋筋的尾端呈135度彎鉤，鋼筋無法收齊的時候。同音的日本語漢字為「落居」，比喻一切事物塵埃落定。

副剪力補強筋—中子

以箍筋、肋筋作為柱梁剪力補強筋仍強度不足時，再於柱梁中配置的剪力補強筋，稱作副箍筋、副肋筋。

袴筋（**溫度筋**）—はかま筋

安裝在獨立基礎的外圍，用來防止裂痕的鋼筋[圖26]，常使用直徑尺寸D10、13、16的鋼筋。因為位於各種鋼筋混合的部位，鋼筋尺寸需要確認地梁保有寬裕的寬度、高度，或是與基礎板板筋之間的固定埋設長度。特別是在平面上是中心偏離的情形，會與柱筋、地梁筋相互干擾，因此要充分留意檢討配筋的順序。

工作筋—かんざし

用來支承梁筋上端的主筋，並固定在所需位置的鋼筋[圖27]，使用與梁筋相同尺寸，或是小一號尺寸的鋼筋。需使用材質堅固的材質（間隔器墊塊）支承工作筋，讓工作筋穩固不受到動搖。

雙層配筋—中吊り筋

將梁主筋分兩層來配筋[圖28]，或稱作二層鋼筋。梁結構體的主筋數量多，無法以單層完全收納在梁內的話，可以兩層方式將第二層鋼筋配置在內側。鋼筋數量若多，應設寬止筋。

圖21　柱的配筋

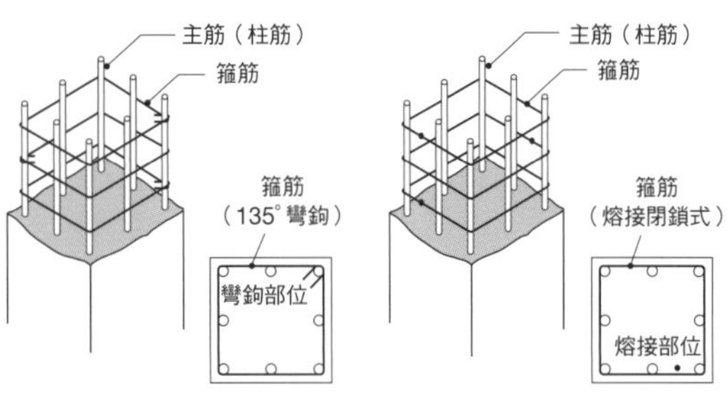

圖22　螺旋箍筋的種類

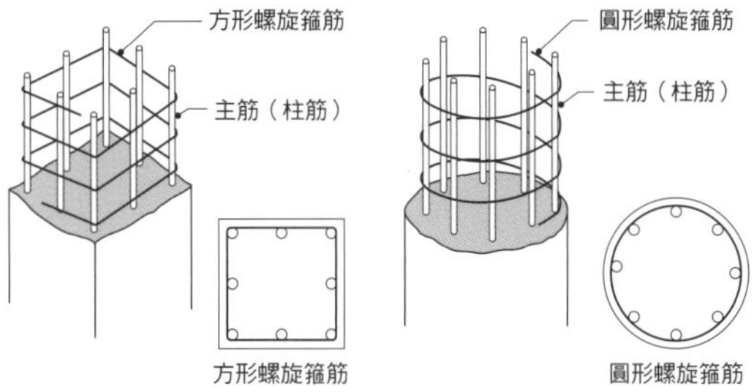

圖23　鋼筋混凝土柱梁構架式結構的配筋明細

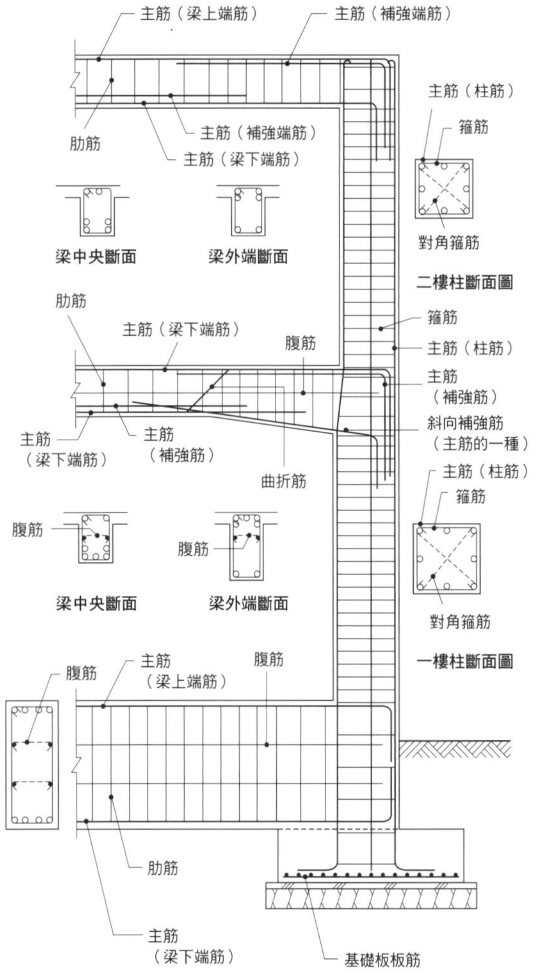

安全考量鋼筋｜**用心鉄筋**
無法以結構計算決定的鋼筋，為了顧及結構上部分安全或全體安全而配置的鋼筋。例如用來支承懸臂版的上筋，使之不會落下的鋼筋，梁肋筋上端與樓版上筋之間的補強筋，或是確保階梯前端鋼筋位置的補強筋（昇筋）等。

牆剪力補強筋｜**壁せん断補強筋**
承重牆的縱向鋼筋與橫向鋼筋。特別是在牆結構上，因為應力由牆整體承受，應留意確認鋼筋接合以及鋼筋保護層的情形。

牆彎曲補強筋｜**壁曲げ補強筋**
承重牆周圍的鋼筋交叉處，開口部邊端的彎曲補強筋［圖29］。與牆剪力補強筋一樣，應留意確認鋼筋接合以及鋼筋保護層的情形。原則上一層一處接合，接合部位設置在承重牆下方。

保護層設計厚度｜**設計かぶり厚さ**
最外側鋼筋與混凝土表面之間的距離。若保護層厚度沒有確保，會發生結構上強度性能方面的問題［第84頁表9］。柱、梁、壁版、樓版所需的保護層厚度各不相同。以保護層設計厚度來考量並扣除施工誤差在厚度上的損減，所得到的數值為最小保護層厚度。

保護層最小厚度｜**最小かぶり厚さ**
鋼筋混凝土構材的各面，以及特定部位的最外側鋼筋的最小限度保護層厚度。

間隔器墊塊｜**スペーサー**
為了確保保護層厚度，安插在模板或預拌混凝土與鋼筋之間，用來維持間隔距離的臨時材料。

圖24｜鋼筋分段（以肋筋為例）

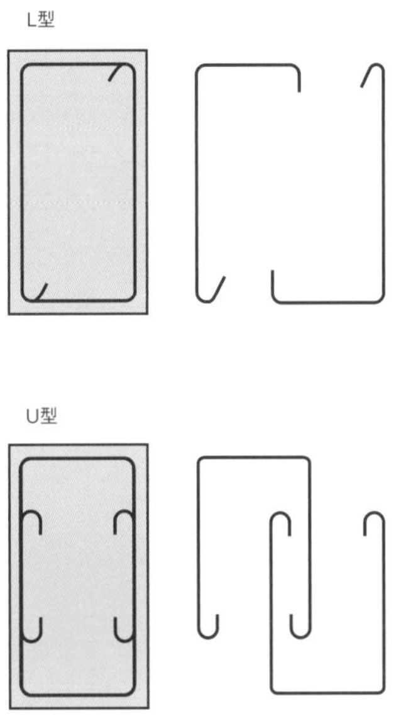

圖25｜約束箍筋與副剪力補強筋

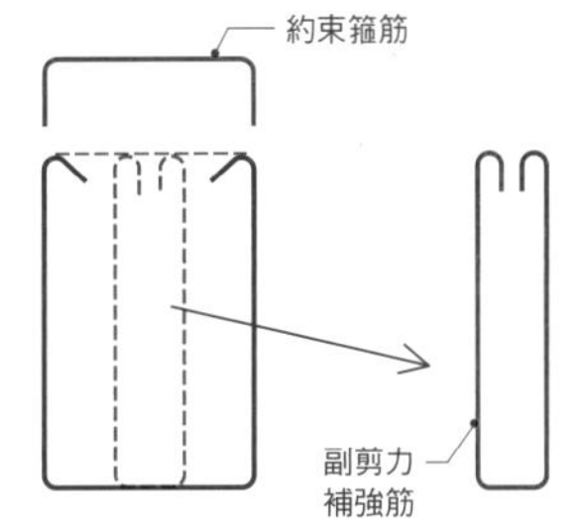

圖26｜袴筋（溫度筋）

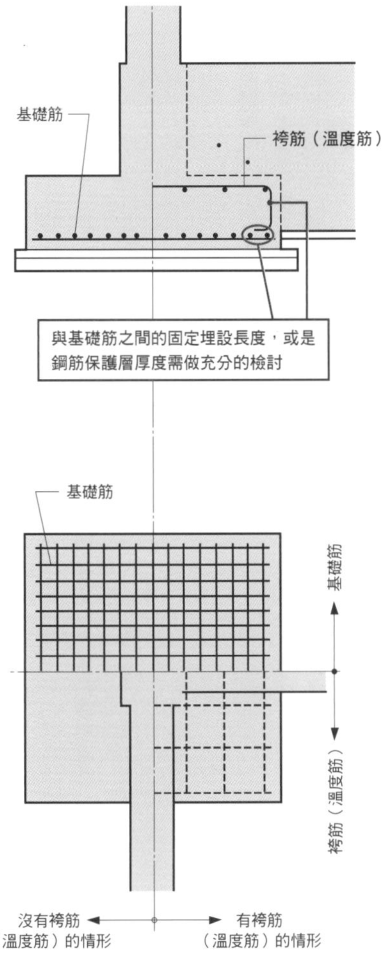

圖27｜工作筋

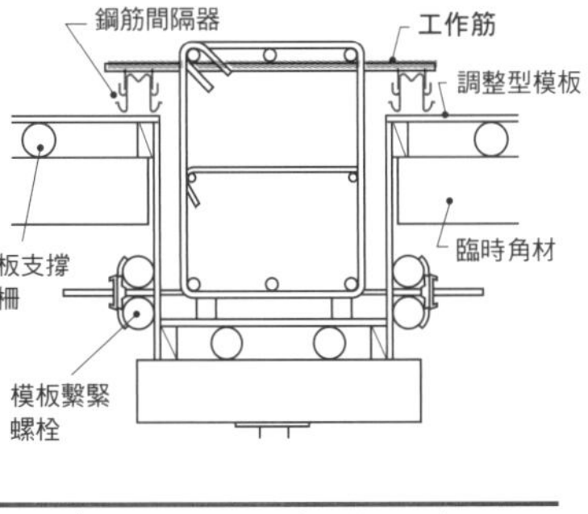

圖28｜副剪力補強筋（梁的斷面）

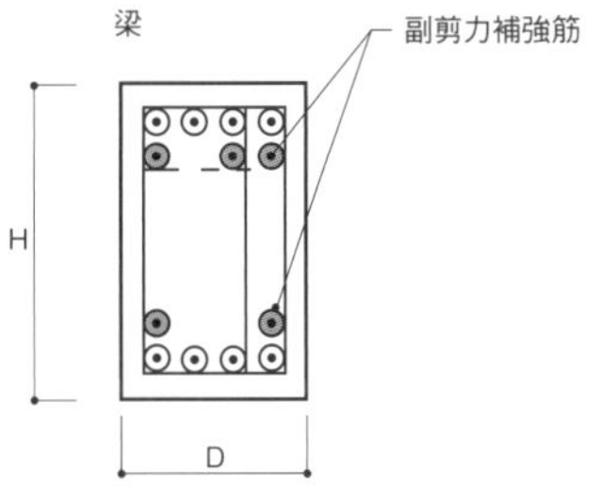

圖29｜牆彎距補強筋

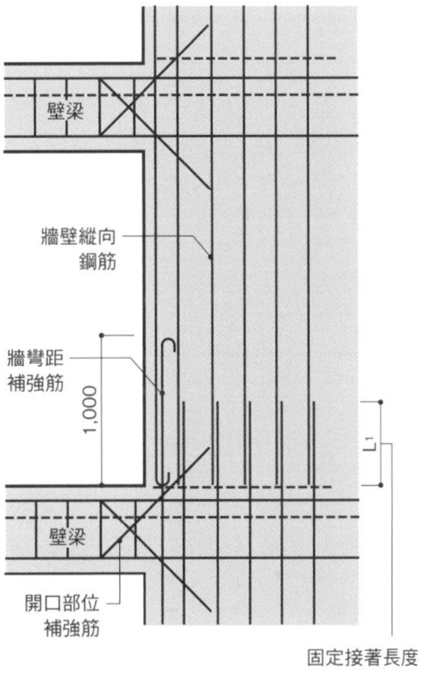

鋼筋搭接—重ね継ぎ手

將鋼筋延長的一種方式。在材料的端部，以規定所需的長度相互重疊接續，適用於鋼筋直徑在16公釐以下的續接方式。其他續接還有氣壓焊接或機械式續接等。

甜甜圈狀鋼筋間隔器—ドーナッツ

用來確保柱、梁、牆鋼筋的保護層厚度，在鋼筋之間夾置的甜甜圈狀間隔器［照片27］。

焦糖塊狀鋼筋間隔器墊塊—キャラメル

來確保樓版鋼筋的保護層厚度，在樓版鋼筋的下端設置的骰子狀水泥塊，屬於間隔器的一種。

鋼筋綁紮—ハッキング

用平滑鐵絲綁紮鋼筋，所使用的鑰匙形狀工具稱作綁紮勾。

事後鋼筋補正—台直し

鋼筋偏離設計圖說、施工圖上標示的位置，或錨定螺栓偏離混凝土時，在混凝土硬化後調整至正確位置的工作［圖30］，是對鋼筋混凝土本體不利的施工作業，因此調整修正時要慎重地檢討後再施作。

預留筋—差し筋

為了將混凝土接合部位的鋼筋接合，混凝土澆灌至樓版時，將樓版高程以上的壁體或柱體的配筋往下安插固定。

植筋—田植え

為了可以一邊澆置樓版混凝土，一邊將壁筋在壁體位置接合，而在樓版預植鋼筋，或是在樓版支撐梁埋設接合固定用五金組件。鋼筋的周圍若產生氣泡，會減低鋼筋與混凝土之間的附著力，就會需要事後補正，因此應盡力避免這種情形發生。

鋼筋防刺帽—プラキャップ

配筋完成之後，為了安全起見，在預留筋等豎立起的鋼筋頂端看起來尖刺危險的部位，用塑膠製蓋子包覆，避免不必要的傷害。

化學栓（Chemical Anchor）—ケミカルアンカー

也稱環氧樹脂塗層地錨（Epoxy Anchor）。在已完成的混凝土上安裝重物時，在混凝土結構上鑽孔，用環氧樹脂等化學凝固劑將地錨固定的施工方法。「Chemical Anchor」是日本業者Decoluxe出產的商品名稱，一般稱作後施工型樹脂塗層地錨。地錨的強度大多取決於接著劑以及錨孔附近混凝土受到破壞的程度。此種錨定螺栓雖然耐震，但不耐火災的種類很多，因此要特別留意。

鑽孔地錨—ホールインアンカー

後施工型的地錨。不使用接著劑，而是以機械固定方式，將錨釘鑽嵌於混凝土之中，也稱作機械式後施工型地錨。若屬於會發生振動搖晃的地方，地錨發生鬆脫的可能性高，此種錨定方式較不受歡迎。

表面修飾

清水混凝土飾面工程—コンクリート打放し仕上げ

或簡稱清水飾面。以模板拆除後的混凝土表面作為完工面，不加覆飾面材。模版種類或混凝土的澆置精準度會影響完工面品質，因此施工過程較費力，大多需請專門業者進行飾面補修的工作。

整體粉光—モノリシック仕上げ

樓版混凝土澆灌之後，在混凝土尚未硬化的狀態時，以水泥砂漿飾面，與混凝土結構體一體成形的整體表面修飾工作。

表9｜保護層設計厚度的標準值

樓版			保護層設計厚度(mm) 有表面修飾[註1]	保護層設計厚度(mm) 無表面修飾
沒有與土接觸的情形	樓版、屋頂版、非承重牆	室內	30	30
		室內	30	40
	柱、梁、承重牆	室內	40	40
		室內	40	50
	扶壁、擋土牆		50	50
與土接觸的情形	柱、梁、樓版、壁、連續基礎的矮牆部分		—	70[註2]
	基礎、扶壁、擋土牆		—	70[註2]

照片27｜甜甜圈（鋼筋間隔器）

圖30｜事後鋼筋補正

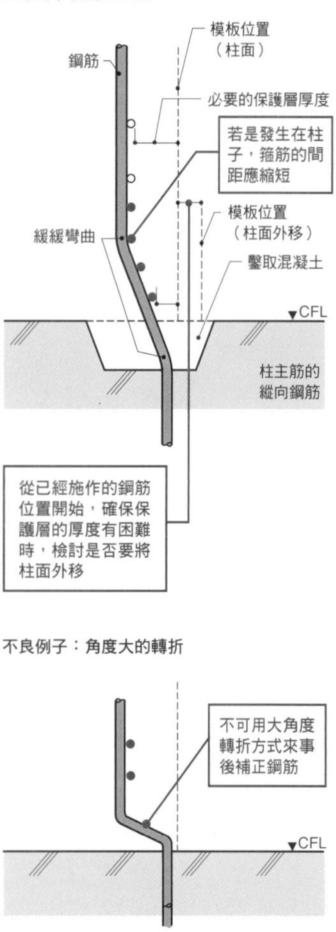

註1 持久效果好的表面修飾
註2 若是計量混凝土，以增加10mm的值為設定

主體結構

鋼骨結構工程 3

所謂的鋼骨結構工程，是在鋼製廠將鋼板或型鋼構材組合加工，再運送至建築施工現場，以螺栓或焊接方式接合的施工方式［圖1］。此外也有鋼骨柱梁架構式結構系統［圖2］、預鑄輕量鋼骨結構系統，或是將混凝土澆置鋼柱的CFT結構系統。

部位

對接｜継手

鋼構的構材相互在材料軸心方向上接合，主要是指在長邊方向的接續接合。構材間以某種角度相互接合的方式稱作搭接。

搭接｜仕口

搭接是指兩構材相互垂直組合時，結構上是可以穩固接合的部位，以及其接合方式。在鋼骨結構工程中的搭接，是指柱與梁的接合部位。

梁柱接合（Panel zone）｜パネルゾーン

柱、梁的搭接部位［86頁圖3］。若是箱型柱斷面的話，在日文稱作「サイコ（sa.i.ko）」。假如搭接在柱上的梁深不一，需要事前確認橫隔版的安裝方式。

假如柱斷面在每樓層不一，也需要充分檢討確認梁柱接合面的形狀。鋼構材焊接部位產生的收縮現象容易造成彎曲，因此驗收鋼製品時，要確實檢查焊接部位橫隔版的變形量是否有在標準範圍之內。

腹版（Web）｜ウェブ

從斷面上看H型鋼或I型鋼，連結上下翼緣版的部位。BH鋼的腹版厚度需要特別留意，厚度過薄的話，焊接翼緣版和腹版時容易發生變形。

翼緣版（Flange）｜フランジ

從斷面上看H型鋼或I型鋼，將腹版上下包夾的突出部位，需留意確認腹版與翼緣版是否呈直角相交。

橫隔版（Diaphragm）｜ダイアフラム

為了提高柱子中空部位的剛性，而在柱梁的搭接部位安裝的版狀補強鋼構材，日文簡稱「ダイア

圖1｜鋼構結構工程

開工～開挖工程
- 地界線的確認、定位放樣
- 開挖
- 純混凝土鋪面
- 地面墨線放樣

基礎結構工程／鋼骨工廠製作
- 現場、基礎結構工程
- 錨定螺栓組
- 地梁、基礎配筋
- 地梁、基礎模板
- 基礎混凝土澆置
- 鋼骨工廠製作
- 製作工程圖
- 加工（放樣畫線、切斷等）
- 組立、焊接
- 以超音波檢查（UT）工廠焊接缺損部位
- 防鏽塗裝

鋼骨搭建工程～鋼承版混凝土
- 基座水泥砂漿
- 鋼骨搭建工程／結構垂直確認
- 正式鎖固
- 鋼承版鋪設
- 剪力釘焊接
- 樓版配筋
- 配置混凝土收邊版
- 鋼承版混凝土澆置

裝修完工工程
- 外壁面材安裝工程
- 耐火披覆施作
- 防水工程
- 機電設備工程
- 五金門窗工程

竣　工

照片1｜結構搭建施作中的梁托架

圖2｜鋼筋混凝土柱梁構架式結構的構材名稱

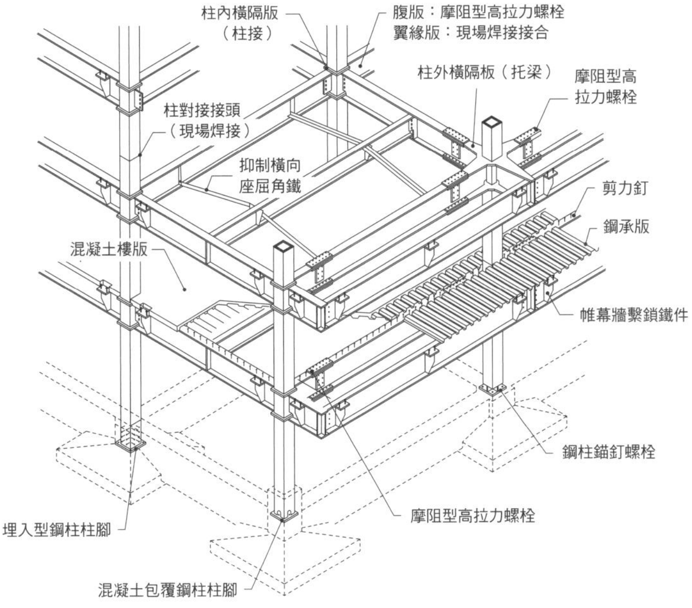

（da.i.a）」。最常見的是連續版，因伸出柱面之外，在計畫外壁底材時，應一併考量橫隔版突出柱面的長度。

梁托架（Bracket）—ブラケット

柱梁交差搭接部位，以及從牆壁水平伸出的部位［第85頁照片1、圖4］。梁托架工法是在施工現場組合搭建鋼骨時，將梁接續在柱上的方法之一。將一根梁分成三段，在工廠預先將梁的兩端和柱焊接在一起，中間的梁則是在施工現場接合。

在廠製鋼柱上，以焊接方式將與梁的接合部位預先安裝於柱上的方式，稱作托梁工法。需注意搬運時的尺寸限制，從柱中心到托梁邊緣距離1.5公尺之內。

無梁托架（Non-Bracket）—ノンブラケット

柱上沒有預先安裝梁托架，直接在施工現場將柱、梁接合的工法。利用廠焊的柱上節點板，加上摩阻型高強度螺栓，將梁腹版與節點版栓緊，梁的翼緣版與柱（橫隔版）則大多以焊接接合。雖可簡化工廠製作作業量並節省搬運成本，相對也增加了現場施工監理的工作量。

圖3　鋼骨結構的基本構成

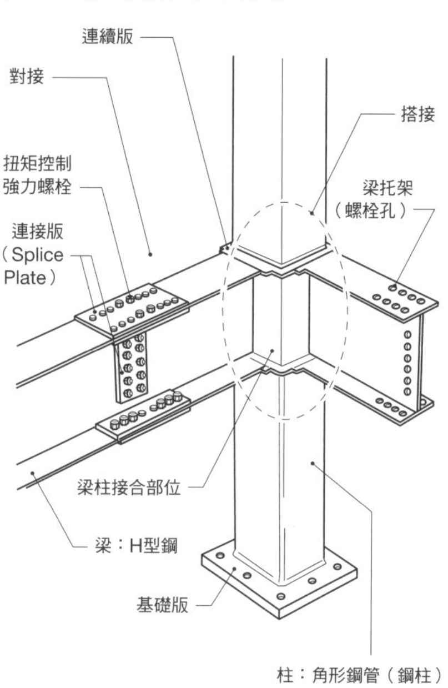

無梁托架工法—ノンブラケット工法

與使用梁托架的柱梁接合方式相反的施工工法。在施工現場組立鋼骨的時候，沒有接頭的柱與梁，以焊接或螺栓的方式接合，可簡化工廠製作作業量並節省搬運成本。

蓋版（Cover Plate）—カバープレート

使用在承受高應力結構材的搭接接頭部位，是具有補強作用的補丁版［圖5］。從梁腹筋的梁套管部位開始，作為斷面毀損、誤差、脫離等問題部位的補強材。

連接版（Splice Plate）—スプライスプレート

附加在柱梁對接部位的鋼版［照片2］，又稱作拼接版或英文的splice，用連接版將構材嵌夾，再以螺栓接合方式傳遞應力。厚度不相同的構材接合間隙距離1公釐以上6公釐以下時，使用可調整的薄型鋼版，稱作補厚版。

扶板（Rib Plate）—リブプレート

防止柱梁翼緣版或腹版發生局部變形所安裝的補強鋼版［圖6］，也常使用於柱腳補強，應充分注意焊接的品質。

假設用版片（Erection piece）—エレクションピース

為讓施工現場作業更順暢，構件在工廠預先安裝假設用版片，作為焊接過程中的臨時支撐等元

圖4　梁托架工法、無梁托架工法

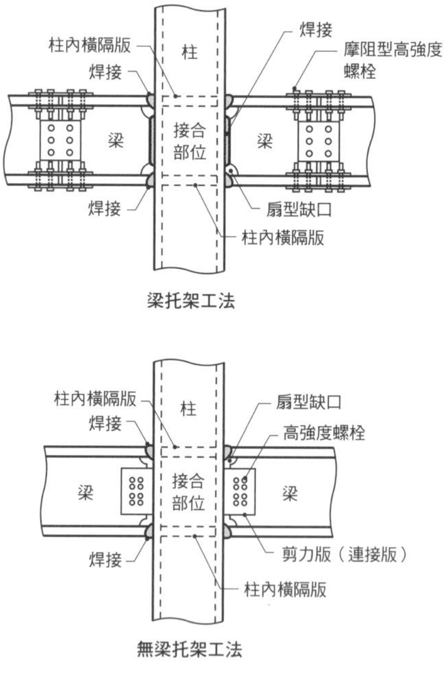

圖5　蓋版（Cover Plate）

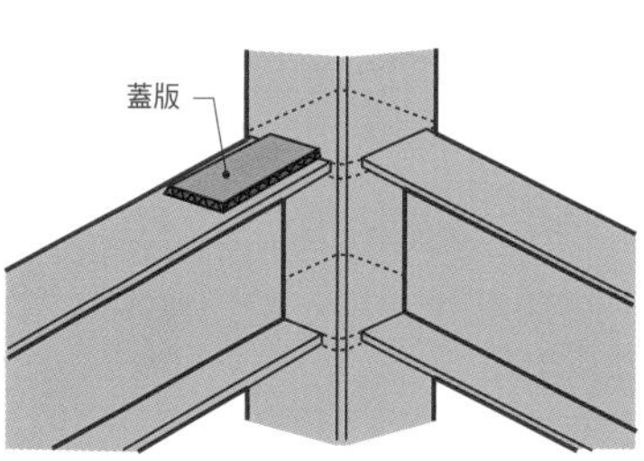

圖6　扶板（Rib Plate）

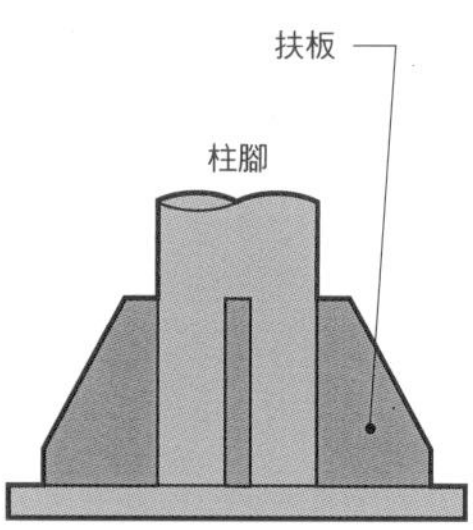

照片2　連接版（Splice Plate）

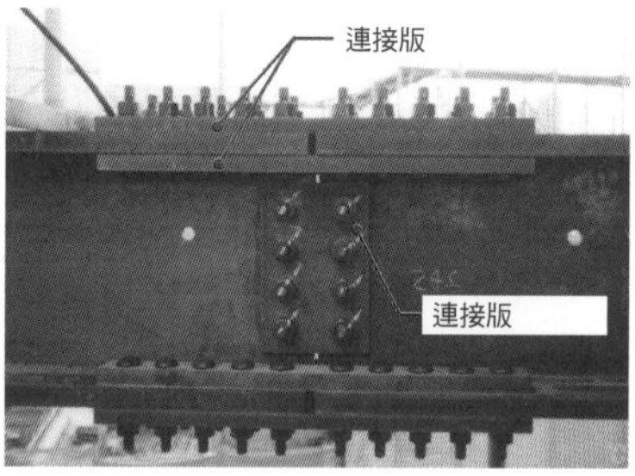

圖7　假設用版片

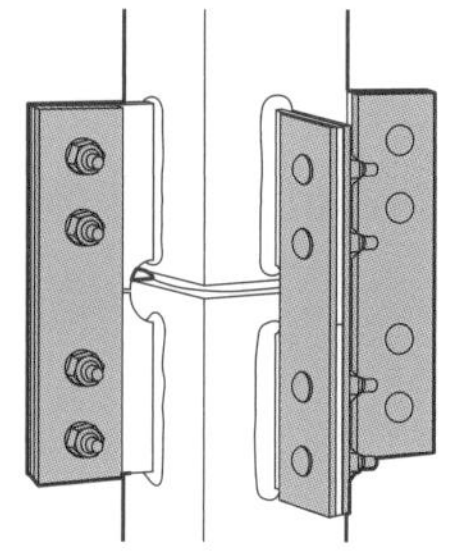

件，施工完畢會去除。如現場對接焊接柱子，為能在焊接過程中承擔應力而在柱上安裝的假設版片[圖7]，並在焊接過程中或完成後切掉。

加勁板（stiffener）—スチフナー

為了防止柱或梁腹版發生局部挫曲，在腹版上安裝的補強鋼版[圖8]，體積比較小的稱作小扶版。

節點連接版（Gusset plate）—ガセットプレート

主要是柱、梁接合時，安裝在大梁腹版的附加鋼版[圖9]，需確認節點版是否會與大梁連接版相互干擾。

另也可用在斜向支撐構材上。

鋼材

鋼骨材料—鋼材

鋼骨材料並非單純由鐵製成，而是與碳結合的合金，並依照含碳量來調整鋼材硬度。常用在住宅的鋼材為SS400，碳含量約0.2%，稱為低碳鋼材。

H型鋼—形鋼

斷面呈現H型的鋼材，也簡稱H鋼。因為是具有斷面強軸、斷面弱軸的構材，應充分理解其特性進行配置。主要使用在梁，由腹版承受剪力，翼緣版承受彎矩。現有外部尺寸一致的H型鋼製品，在日本稱作「外法一定H形鋼」，斷面上翼緣版厚度或腹版高度種類尺寸多元。

BH鋼—BH鋼

將腹版與翼緣版以焊接方式組構而成的H型鋼[圖10]。BH是Build-up H型鋼的簡稱。廠製H型鋼的翼緣版與腹版，在厚度、寬度、材質的組合受到限制，為了增加其變化自由度而開發出的鋼製品為BH鋼，另也有RH鋼，又稱熱軋H型鋼。

箱型柱—ボックス

角型/方型鋼管，也稱鋼柱[圖11]。無斷面方向性，斷面軸力強，主要當作柱構材使用。焊接箱型柱（BB）、冷成型角型鋼管（BCP、BCR）為主要流通的鋼製品。冷成型角型鋼管的邊角部位，因為彎曲加工會產生塑性變形，因此焊接時要特別留意。另也有四面皆以焊接組構的箱型柱鋼材。

I型鋼—I形鋼

斷面呈現I字型的鋼材。

鋼管—パイプ

鋼製管。

碳鋼—炭素鋼

僅調整含碳量，不特別添加合金元素的鋼材。內含有少量的矽、錳、磷、硫黃成份，碳含量與各化學成份也訂立基準值[表1]。

鑄鐵鋼—鋳鉄鋼

用鐵、碳合金銑鐵製成的鋼。無法壓延加工，但可焊性佳。

不鏽鋼—ステンレス鋼

含鎳鉻成份的碳含量極少，耐腐蝕性極佳的特殊鋼材。

SS材—SS材

通常作為結構使用的壓延加工鋼製材。由於沒有規定磷或硫磺等的成分，被認為是不適合焊接的鋼材，但是日本國產的SS材幾乎不會因焊接而發生裂紋。鋼材種類標記以SS或SM鋼材表示，鋼材拉力強度以N/㎟表示。SS材是一般結構用鋼材中使用最多的鋼材。為了增加強度而增

圖8｜加勁版（stiffener）

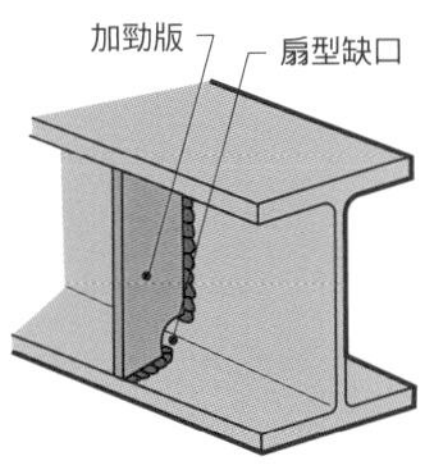

圖9｜節點連接版（Gusset plate）

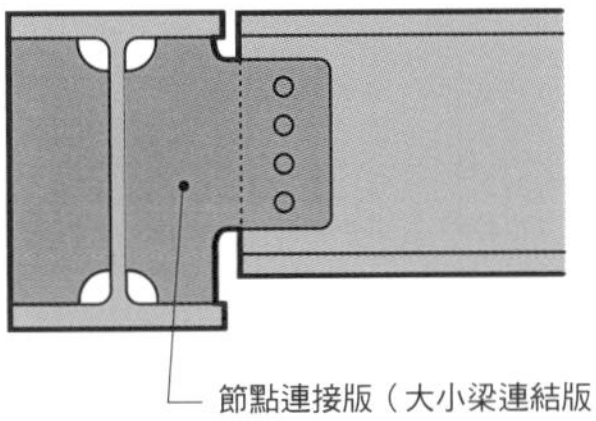

圖10｜RH（熱軋H型鋼）與BH（焊接H型鋼）

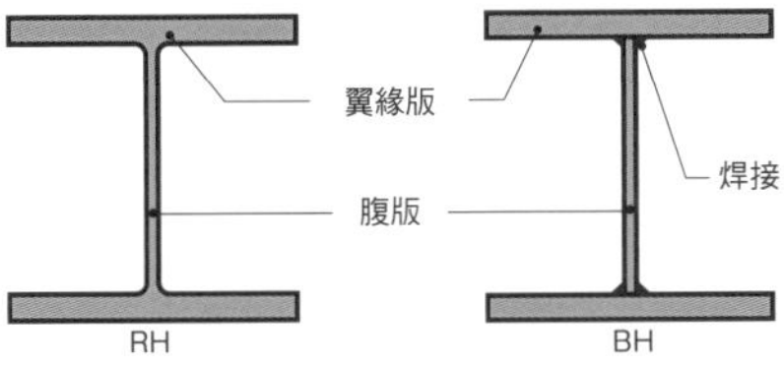

圖11｜箱型柱

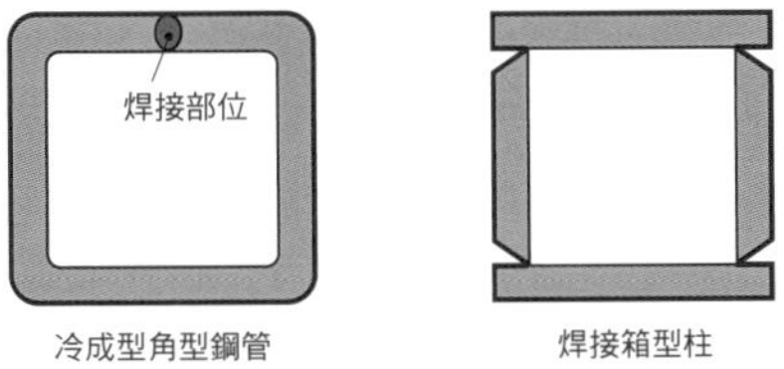

表1｜影響鋼材性質的化學成分

	若增加成分	
	改善性質	惡化性質
碳（C）	強度	延展性、衝擊性、焊接性
矽（Si）（0.5%以）	強度、脫氧作用	延展性、衝擊性
錳（Mn）（1.6%以）	強度、脫氧作用	延展性、衝擊性
磷（P）（0.07%以上）	耐氣候性	焊接性、冷加工性、衝擊性
硫黃（S）	切削性	衝擊特性、造成裂紋的機率增加

由於鋼材性質受到上述五個化學成分影響，因此依照鋼材使用目的，在含量上有所限制

圖12｜LGS鋼材的種類

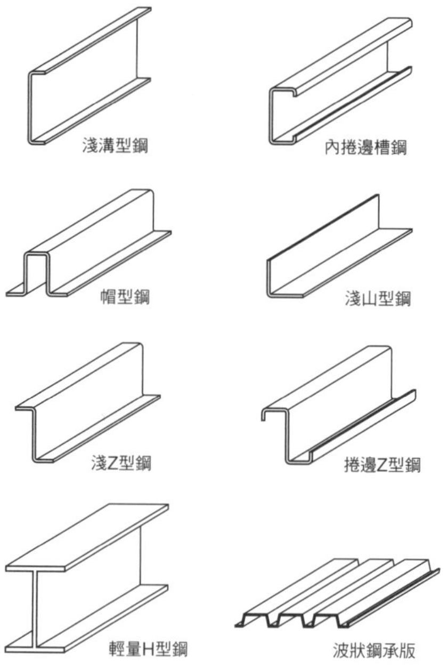

圖13｜槽鋼

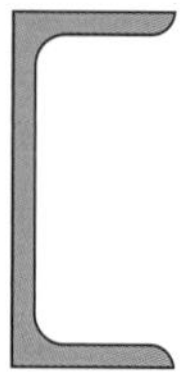

圖14｜角鐵

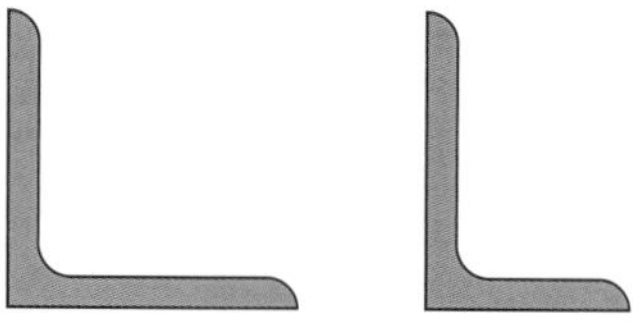

加碳成份，在焊接結構工法上，不使用焊接性能不佳的SS490以上的鋼材。

SM材—SM材
使用在焊接結構的壓延加工鋼製材。依衝擊性能分有A、B、C三個等級。C的韌性最佳，A最常被使用。

SN鋼材—SN材
以鋼骨結構建築物為對象的壓延加工鋼製材。1994年依JIS標準（日本工業標準）制定規格。材料特性比SS材、SM材優良，因此價格較高。依韌性度、撓曲強度區分A、B、C三個等級。
熱壓延加工的型鋼、平鋼、鋼版，是用來對應焊接裂痕問題的鋼製材。

圖15｜波狀鋼承版（樓版）

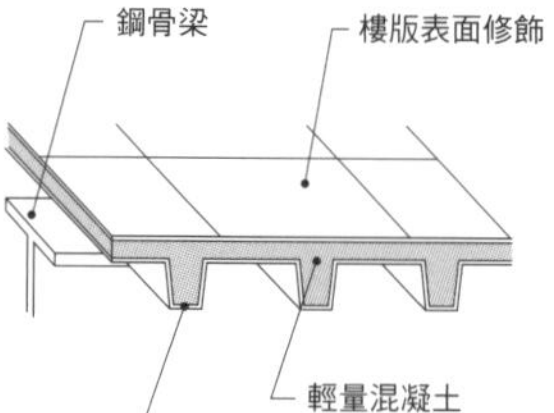

STK鋼材—STK
與SS鋼材類似的JIS標準規格鋼製材。

STKR鋼材—STKR
使用SS鋼材在柱結構上的冷成型角型鋼管規格。JIS標準規格鋼製材。邊角部位依照厚度有不同的彎曲弧度。斷面上有正方形與長方形，例如邊長50×50公釐，版厚1.6公釐以上。正方形的斷面不具方向性，因此大多使用在柱梁構架式結構的柱子。

圖16｜波狀鋼承版的種類

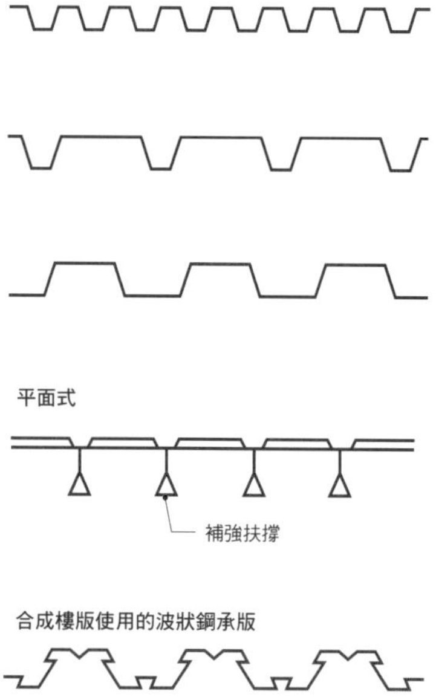

BCP鋼材—BCP
與SN鋼材相當，規格化鋼柱使用的冷成型角型鋼管的規格，沖壓加工成型的鋼製材。符合日本建築基準法第37條第2項規定，是受到日本國土交通省國務大臣認定的鋼材，並且以公共建築為主要使用目的的需求逐漸增加。

BCR鋼材—BCR
規格與BP鋼材相似，製作方法不同，強度也不相同。

TMCP鋼材—TMCP鋼
以熱加工製造出的高性能鋼材，作為超高層大樓的結構用鋼構材。

FR鋼材—FR鋼
耐火鋼材，一般鋼材的耐熱度為350℃，FR鋼材的保證耐熱度為600℃。耐火披覆輕減化，屬高價鋼材。
添加了鎳（Ni）、鉻（Cr）、鉬（Mo）成分，就算在高溫的時候，降伏點也不會降減低的高強度鋼製材。可設計成耐火披覆輕量化的鋼製材。

焊接箱型柱—ビルドボックス
用自動焊接機將鋼版焊接成任意尺寸的箱型柱。

G鋼柱—Gコラム
用在柱子，沒對接接頭的離心鑄造鋼管，製造業者「Kubota」製造的商品名稱。

CFT鋼管—CFT
將混凝土充填其中的鋼管，比一般的鋼管不易變形。使用CFT

鋼材的結構稱作CFT（混凝土充填鋼管）結構。

LGS鋼材—LGS

厚度1.6～4.0公釐左右的薄版，以冷壓延加工方式製作而成的輕量型鋼。形狀有溝形、山形、Z形等，除了用在小規模的建築物，也當作圍板、屋脊橫木（桁條）等，使用用途廣泛［圖12］。LGS鋼材中，英文字母C形的溝狀鋼材（內捲邊槽鋼），特別是槽鋼、C型鋼。因為厚度較薄，需要留意局部發生挫屈或是生鏽的狀況。此外，LGS鋼材在工廠生產過程經過防鏽處理，並依邊角焊接情形決定是否需要以螺栓接合。

照片3｜單面平面鋼承版

照片4｜合成版

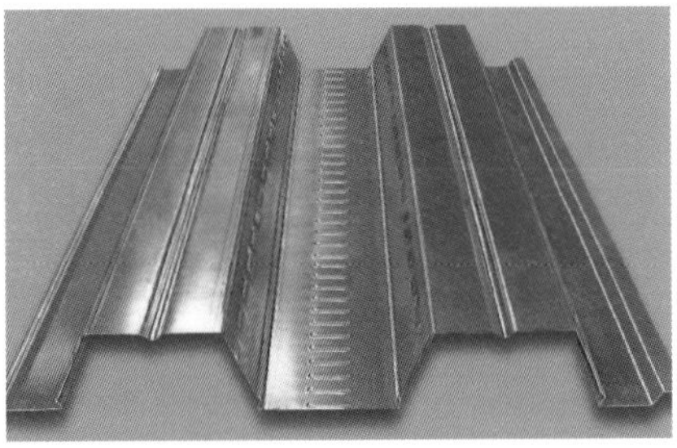

槽鋼—チャンネル

斷面呈現溝型的鋼製材，或稱溝型鋼、C型鋼［圖13］。LGS鋼材中的內捲邊槽鋼雖也可稱做槽鋼，但此處特別是指C型鋼。槽鋼主要使用在小規模建築結構上，可用螺栓或焊接方式接合。將兩個山型鋼相接，可使用在各種不同的部位，可輕易地單獨使用，頻繁運用在非結構材的接承材、屋脊橫木（桁條）等方面。

輕量型鋼—軽量形鋼

鋼版厚度薄，藉由鋼緣部位捲曲來提高斷面性能的鋼材。可以單獨使用在屋脊橫木（桁條）或圍版上。

結構用不鏽鋼—構造用ステンレス

雖然不鏽鋼多作為設計材質使用，但因不易生鏽、低維護等特性，也當作結構材來使用。如屬建築結構用不鏽鋼，規格適用SUS304A。

扁鐵（**Flat Bar**）—フラットバー

長型帶狀、厚度薄的鋼材。寬度25～300公釐、厚度6～30公釐左右。也稱作平鋼。

角鐵（**Angle**）—アングル

也稱作山型鋼，斷面呈現L形的型鋼。使用在斜向支撐材、屋脊橫木（桁條）或安裝配件上，可以螺栓或焊接方式接合。

波狀鋼承版（**Deck版**）—デッキプレート

使用在混凝土樓版的模版或是樓版的波浪型鋼版。鋼版以各種不同形狀來提高斷面性能［圖15、16］。鋼承版本身可以是當作結構體的合成版，也可作為模版的替代物。如安裝在鋼骨梁上，以焊接的方式接合；若安裝在模版上，則是放置於模版上方並施以釘作。因施作上低成本及環境保護等原因，常當作樓版模版來使用，上方是平坦的面，下方則是具有補強作用的溝槽造形，此稱作單面平面鋼承版。［照片3］

合成版—合成スラブ

不單單是當作模版來使用，而是與混凝土成為一體，構成樓版結構材的鋼承版。常使用在中小規模的鋼骨結構工程中［照片4］。被認定為耐火結構，耐火時間取決於使用條件。波狀鋼承版的波高部位容易發生裂痕，因此該處應加設補強鋼筋。

梯形鋼版（**Keystone plate**）—キーストンプレート

在鋼骨結構中，使用在樓版模版的溝型鋼版。鋼版的梯狀凹凸程度比波狀鋼承版小。

表面處理

黑皮—黒皮

鋼材在經過熱壓延加工處理時，在表面產生具有光澤的黑色硬氧化皮膜，具有防鏽的效果。但因為會成為高強度螺栓的摩擦度或是熱浸鍍鋅處理的障礙，因此在這些部位必須以研磨或噴砂處理，或是酸洗方式去除。也稱作氧化皮（Mill Scale）。

紅鏽狀態—赤錆状態

將鋼材的黑皮表面去除後，自然置放於戶外，均勻呈現紅鏽的狀態，可達到摩阻型高強度螺栓所需的摩擦係數。

圖17｜熱浸鍍鋅的作業流程

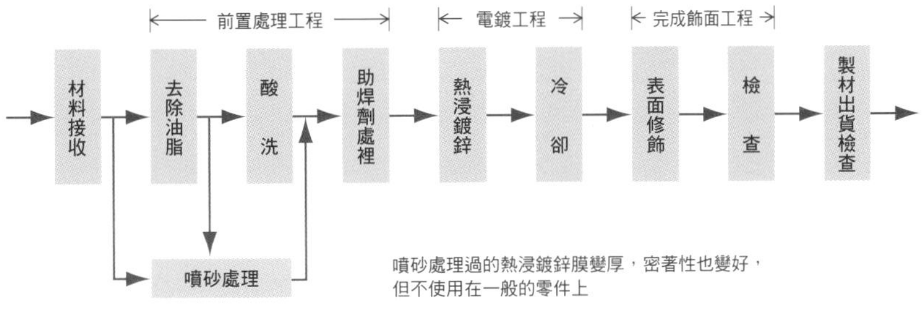

照片5｜現場標記

噴砂處理｜ブラスト

鋼材上的鏽或黑皮的去除處理。用壓縮空氣噴出的粉粒材料種類及大小，決定鋼材的完成飾面樣貌。依照噴出粉粒的材料種類，分別有鋼粒噴砂、砂粒噴砂、鑄鐵細片噴砂。此外，砂粒噴砂也使用在玻璃、大理石、金屬等飾面處理上。

防鏽處理

熱浸鍍鋅｜溶融亜鉛めっき

受到JIS的H8641標準認定的鋼骨防鏽處理方式之一。將鋼製品浸泡在融鋅的鍍槽中（也稱作槽酸洗），於鋼材表面留下一層鍍鋅合金層，防鏽效果極佳[89頁圖17]。

熱浸鍍鋅的鋅附著量比薄鋼板防鏽處理的電鍍鋅多。鍍鋅槽溫度約400℃，加工時會因鋼材尺寸或種類等因素，導致鍍鋅不均或發生應力作用等產生裂痕，因此必須準備因應對策。並且，鋼材尺寸也受限於鍍鋅槽的大小。此外，電鍍鋅的防鏽處理方式幾乎不會使用在鋼材上。

高濃度鋅粉末塗料｜高濃度亜鉛粉末塗料

在常溫下可施作的鍍鋅塗料。以毛刷刷塗或噴霧方式局部補修鍍鋅部位。

工作

現場標記｜けがき

在施工現場製作型板或尺規，用於標示鋼材表面施工所需的裁切線、孔洞位置等[照片5]，最近自動標記儀器（CNC）日漸普及。

開槽｜開先

在母材上加工出角度或面[圖18]。將焊條或焊絲產生的電弧焊在接合部位的角隅處，將焊材與母材充分焊接融合，也可稱作槽焊。最合適的開槽形狀依焊接條件與母材厚度決定，並依照開槽標準圖施作。

斷面凹槽（Notch）｜ノッチ

鋼材割斷面上出現的氣孔凹穴。氣割的話，凹穴深度需在1公釐以內。

安全邊距（Edge）｜エッジ

為螺栓孔中心點到鋼材邊緣之間的距離[圖19]。安全邊距若留不足，施加在螺栓上的力恐會造成鋼材斷裂，因此應該依據螺栓直徑尺寸，設定適合的安全邊距。依方向不同，分別有「長向安全邊距（ha.shi.a.ki）」、「短向安全邊距（he.ri.a.ki）」不同的稱呼。此外，沿著構材長邊方向排列的螺栓列與列之間的距離，日文稱「ゲージ（Gauge）」，同一列的螺栓之間的間距，日文稱作「ピッチ（Pitch）」。

彎曲機｜ベンダ（べんだ）

在常溫下，將鋼材彎曲呈圓弧狀的加工機具[圖20]。鋼管的彎曲加工機具，則稱為彎管機（Pipe bender），H型鋼或山型鋼的彎曲加工機具稱作彎角機（Angle bender）。因彎曲機具規格不同，會有最小彎曲半徑或夾具夾咬處最短長度等不同的限制，委託專門業者承製彎曲加工作業，應事前詢問清楚。

圖18｜開槽

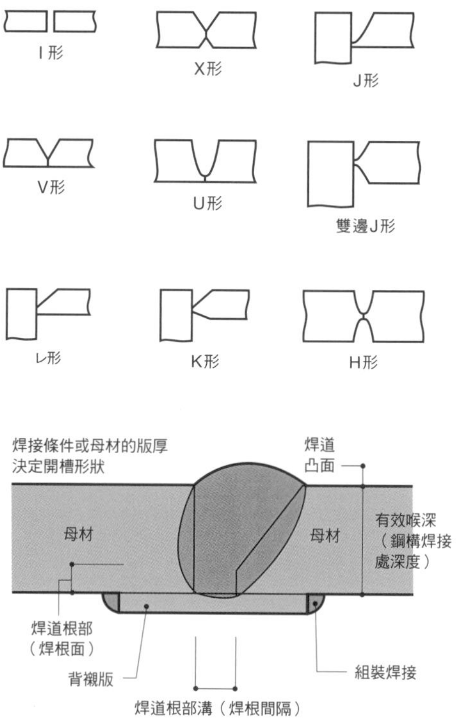

圖19｜安全邊距

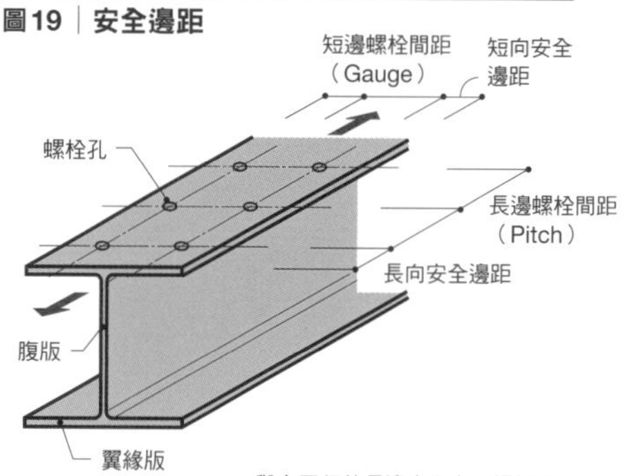

與力平行的長邊方向上，螺栓孔到構材邊緣的最短距離是「長向安全邊距」。與力垂直的短邊方向上，螺栓孔到構材邊緣的最短距離是「短向安全邊距」

圖21｜預拱值

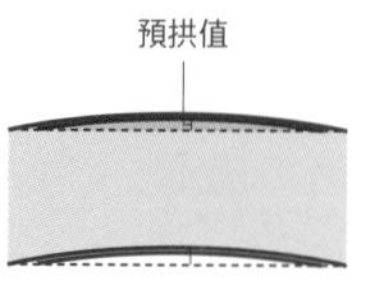

圖20｜彎曲加工機

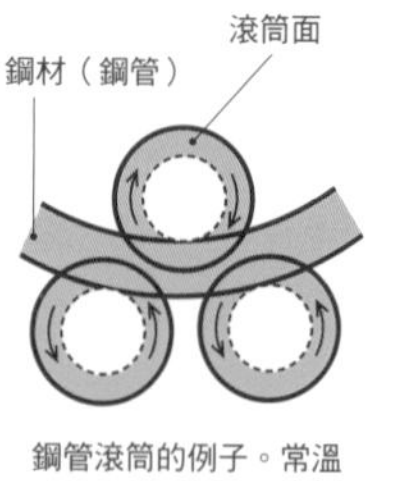

鋼管滾筒的例子。常溫下對鋼材進行彎曲加工時使用。

預拱值（Camber）—キャンバー

若是長跨距的梁，預想撓曲程度，在梁上做彎曲處理［圖21］。

鋼骨加工廠（Steel Fabricator）—鉄骨ファブリケーター

意指鋼骨加工、鋼材組立的工廠業者，簡稱Fab。也有不在自己工廠生產線上作業，而是將部分的鋼骨加工發包給專門業者承作的趨勢。日本國土交通省所認定的鋼骨加工廠評價，由低至高依序為J、R、M、H、S五個等級。

鋼骨加工廠等級—ファブランク

用來評定鋼骨加工廠等級的制度。依照工廠等級，限定可使用的鋼種、鋼版厚度、焊接材料，並且遵守焊接施作規定。［表2］

CAD原始尺寸—CAD原寸

以電腦輔助設計、繪製與實際尺寸相符的圖面。

切割—切断

將乙炔的氧化焰噴在鋼材上並切斷鋼材的方式稱作氣割。使用鋸子切斷鋼材的方式稱作機械切割。氣割適用於厚鋼材，斷面不允許有凹穴，但斷面容易粗糙［圖22］。此外還有離子切割，精準度高，適用於薄鋼版。

焊接

接合—接合

用機械或是電銲的方式將鋼骨接合。若是機械式接合，一般是用螺栓（Bolt）鉸接，也有完全使用插銷（pin）的樞接方式。

焊接接合—溶接接合

用電銲接合的施工方式［圖23］。

焊接—溶接

為金屬接合方式的一種，在金屬本身融解成半熔融狀態時進行接合。焊接的種類包括電弧焊、植釘電弧銲接法（Stud Weld）、電熱熔渣焊接法（Electro Slag Welding、ESW）、二氧化碳遮覆金屬電弧焊接方式等多種類［92頁表3］，用於建築方面則為弧焊方式。焊接結構可能隱含的問題點有：焊接的熱造成被焊材料的材質變化、焊接變形、殘留應力、焊接部位的疲勞強度等等。

機械式焊接（**潛伏焊**）—ロボット溶接

由機械進行焊接的方式。金屬電極活性氣體焊接法（MAG焊接，metal active gas welding）的再進化，將鋼材接頭加工或結構柱的焊接作業自動化，由機器人施作焊接。

現場焊接—現場溶接

施工現場的焊接作業。鋼骨本身的焊接，大多使用二氧化碳遮覆金屬電弧焊接方式。現場焊接會受到施工條件、入熱溫度、層間溫度等的影響，而有強度減低、韌性劣化的疑慮，因此需慎重決定施工順序或焊絲種類。［照片6］

被覆金屬電弧焊接法（Shiel-

圖22｜鋼材斷面凹槽（Notch）

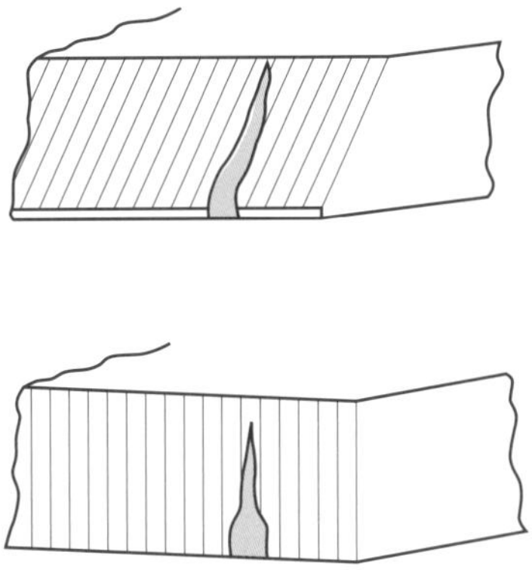

如圖示中，鋼材斷面出現裂縫、斷裂的凹穴部位。也包括焊蝕或焊接不良產生的裂痕。

照片6｜柱的現場對焊

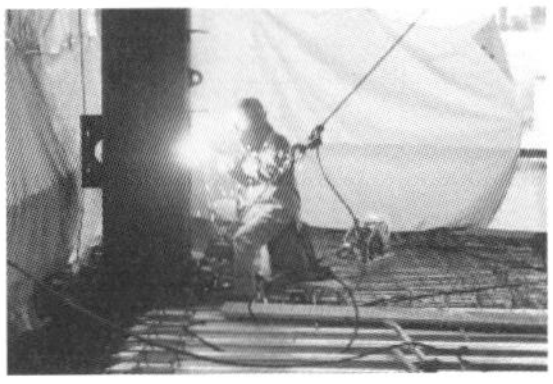

表2｜鋼骨加工廠各等級設定的適用範圍

	J級	R級	M級	H級	S級
建築規模（樓高 10m／20m）	3層樓以下	5層樓以下			
總樓地板面積	500㎡以下	3,000㎡以下	無限制	無限制	無限制
使用鋼材					
種類	400N	最大490N	最大490N	最大520N	無限制
版厚	16㎜以下	25㎜以下	40㎜以下	60㎜以下	無限制
連接版	最大490N22㎜以下	32㎜以下	50㎜以下	70㎜以下	無限制
基礎版	最大490N50㎜以下	50㎜以下	無限制	無限制	無限制

圖23｜柱梁焊接

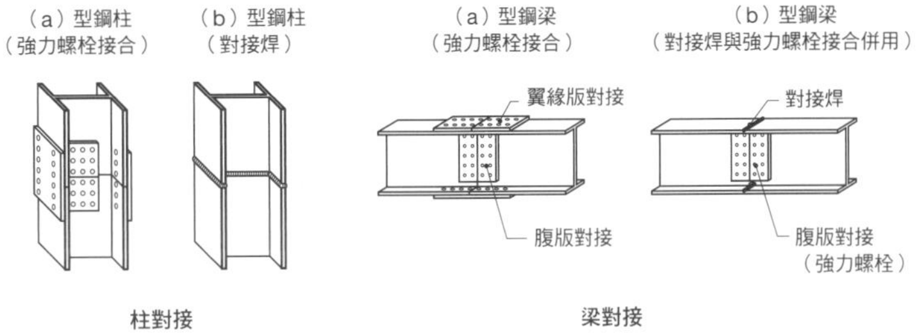

ded Metal Arc Welding）

—被覆アーク溶接

焊接過程完全以人為進行的人工焊接中，具代表性的焊接方式［圖24、照片7］。在電銲條周圍包覆助焊劑，以手持電銲棒進行焊接。雖然電銲棒重量輕，操作容易，但因為需要更換電銲條，大多使用在施工效率低，自動或半自動焊接不易的情形。若是工廠焊接，只限於角焊、組裝焊接。

氣體遮覆金屬電弧焊接（gas-shielded metal arc welding）

—炭酸ガスシールドアーク溶接

半自動焊接方式的一種，具有保護焊接金屬與空氣隔離功用，以二氧化碳為保護氣體［圖25、照片8］。半自動焊接使用自動將焊絲作為電極的電弧焊槍，焊接作業以手動方式施作。不像焊接棒一樣需要更換，施作效率高。此種焊接方式最多使用在中小規模的鋼骨建築。

植釘電弧焊接法（Stud Weld）

—スタッド溶接

為了將鋼骨與混凝土緊密接合，在鋼骨上焊上螺栓［圖26、照片9］。在螺栓與母材之間以電銲方式，將接合部位融解、接合。螺栓安裝於柱腳或梁頂部。

表3｜焊接的種類

<table>
<tr><th colspan="2" rowspan="2">名稱</th><th colspan="2" rowspan="2">特徵</th><th colspan="2">適合方式 註</th><th rowspan="2">注意事項</th></tr>
<tr><th>機械焊接</th><th>現場焊接</th></tr>
<tr><td colspan="2">電弧焊接法（Arc Welding）</td><td colspan="2">利用母材與電極或是兩電極間產生的電弧熱進行的焊接方式。製作鋼骨幾乎都使用電弧焊接法</td><td>◎</td><td>◎</td><td>電弧熱的中心為5000～6000℃的熱源</td></tr>
<tr><td colspan="2">植釘電弧焊接法（Stud Weld）</td><td colspan="2">在螺栓前端與母材之間，產生電弧並加壓接著的焊接方式。由直接電源與螺栓銲槍所構成。在日本，施作者需取得植釘電弧焊接協會的技術檢定資格</td><td>◎</td><td>○</td><td>焊接條件因焊接姿勢或焊接環境而改變，橫向姿勢的施工、鋼承版（覆工版）上方的施工等，在焊接施作前須先進行品質確認</td></tr>
<tr><td colspan="2">被覆金屬電弧焊接法</td><td colspan="2">在塗有被覆劑的電弧焊接棒與母材之間，施以交流電壓產生電弧高熱，使被覆金屬電弧焊接棒中心的軟鋼線與母材熔融、凝固形成液化熔填金屬（熔池）。被覆劑產生的氣體不僅可隔絕焊接部位避免接觸空氣，也因添加合金成分而獲得良好的焊接特性。普遍為鈦鐵礦（Ilmenite）系或低氫（Low hydrogen）系材質</td><td>◎</td><td>◎</td><td>需留意焊接過程中不讓焊接棒吸收濕氣</td></tr>
<tr><td colspan="2">氣體保護電弧焊接法（Gas-shielded arc welding method ）（MAG焊接法，Metal Aactive-Gas welding，金屬電極活性氣體焊接法）</td><td colspan="2">最普遍的鋼骨焊接方式。以活性氣體取代空氣包覆進行的氣體保護電弧焊接法（MAG焊接法），使用二氧化碳或是混合氣體（氬Argon佔80%、二氧化碳CO2佔20%）。此種焊接方式價廉，因可進行深度焊接而經常被使用，使用混合氣體也改善了焊珠外觀或韌性。為了減少混合氣體在表面產生的焊渣量，大多使用機械式焊接（潛伏焊）方式</td><td>◎</td><td>◎</td><td>雖然比被覆金屬電弧焊接法（Shielded Metal Arc Welding）的焊接效率高，但施工時需做好防風對策</td></tr>
<tr><td colspan="2">潛弧焊接法（Submerge Arc Welding，SAW）自動電銲、埋弧焊</td><td colspan="2">將焊絲自動連續傳送至散布在焊接線前方的粒狀助焊劑（Flux）上，讓焊絲前端與母材之間產生電弧高熱進行焊接。可將被覆金屬電弧焊接的芯線與被覆劑分開使用。此外，雖然無法從外面檢查電弧狀況，但焊珠外觀良好。使用於長BH鋼製品或箱型柱的角隅接合</td><td>◎</td><td>×</td><td></td></tr>
<tr><td rowspan="2">電熱熔渣焊接法（Electro Slag Welding，ESW）</td><td>消耗式噴嘴（CES）</td><td rowspan="2">使用在箱型柱內橫隔版上的焊接方式。以鋼製背襯版或水冷背襯版包圍焊接接合部位，以電弧高熱將助焊劑熔融生成焊渣，並利用其中的電阻熱流，讓焊條及母材融解的自動焊接方式</td><td>將被覆劑塗覆在鋼管的消耗式噴嘴</td><td>◎</td><td>△</td><td rowspan="2"></td></tr>
<tr><td>非消耗式噴嘴（SES）</td><td>水冷式構造不鏽鋼管或是銅管製成的非消耗式噴嘴。比CES較為主流</td><td>◎</td><td>×</td></tr>
<tr><td colspan="2">金屬電極惰性氣體焊接法（Metal-Inert-Gas Welding， MIG）</td><td colspan="2">雖與氣體遮覆電弧焊接相同，都是氣體保護電弧焊接法，此焊接法使用惰性氣體的氬（Argon）或氦（Helium）</td><td>△</td><td>×</td><td>幾乎不使用於鋼構工程</td></tr>
<tr><td colspan="2">氬銲（Argon welding）</td><td colspan="2">雖與氣體遮覆電弧焊接相同，都是氣體保護電弧焊接法，此焊接法使用惰性氣體的氬（Argon）或氦（Helium）</td><td>△</td><td>×</td><td>幾乎不使用於鋼構工程</td></tr>
</table>

註 ◎最適合 ○適合 △依施工條件而定 ×不適合

來回焊接（**全焊**）—回し溶接

在安裝構件的邊端到邊端之間來回地以電銲方式，將與母材相接並形成角隅的部位融解焊接［圖27］。構件邊端或接合處在被電銲時會造成應力集中，為了避免這情形，而使用此施作方式。

填角焊—隅肉溶接

垂直相交兩面所形成的角隅，將斷面三角形的部位施以焊接［圖28］。因為在尾端會產生極大的應力［圖29］，因此不適合施作在需經常性承受衝擊載重的構件上。

焊接材料—溶接材料

焊接所需的材料，包括焊接棒、金屬焊條、助焊劑等。不只侷限於日本國產的JIS規格焊接材料，近年在品質上不相遜色的進口焊接材料也逐漸增加。

焊珠外觀—ビード外観

焊珠即為焊接作業中，在融解部位呈現帶狀鼓起的樣貌，可依焊道外觀、形狀來判別施工品質的良窳［照片10］。

電銲棒—溶接棒

將被覆金屬電弧焊接中使用的金屬焊條與助焊劑一體化的電極棒。在日文也稱作「手棒」。藉由適度調整助焊劑，以對應各式各樣的焊接條件。焊接厚版材或高強度鋼時，被覆劑（包藥）中產生的氫量少，使用強度、延展度、韌性方面佳的低氫系焊條。

助焊劑（**Flux**）—フラックス

為了讓弧焊安定，用來隔絕空氣，保護焊接金屬，防止乙炔、氮的入侵而使用的粒狀礦物性物質。除了防止焊接金屬的氧化，也防止焊渣覆蓋於焊接金屬的表面，防止急速冷卻。被覆金屬電弧焊接法、或是潛弧焊接（Submerged Arc Welding）所使用的被覆劑都不同，需根據焊

圖24 被覆金屬電弧焊接法（Shielded Metal Arc Welding）

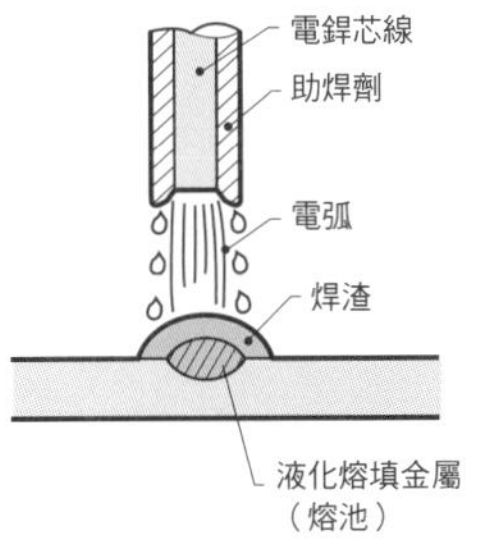

照片7 電銲槍與電銲條

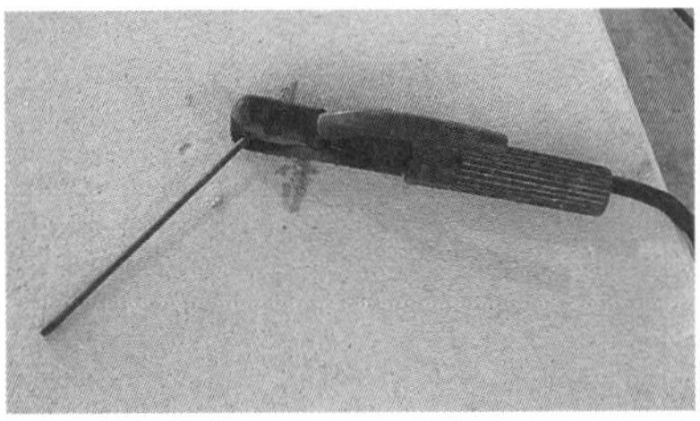

照片8 噴槍前端
（照片裡是捲成線圈狀的焊絲）

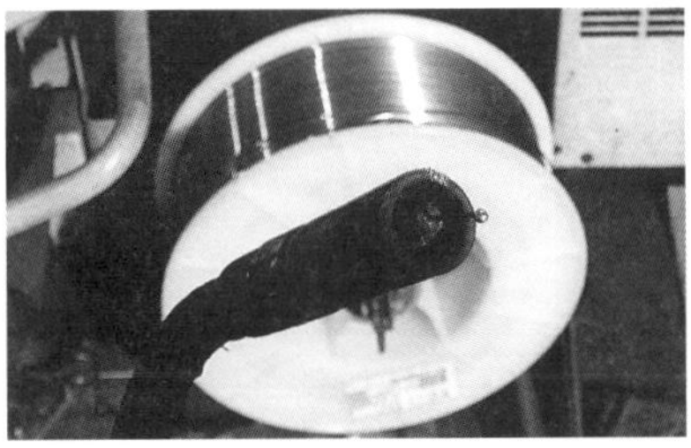

氣體保護半自動電弧焊接中使用的噴槍前端。照片裡是捲成線圈狀的焊絲

圖25 氣體遮覆金屬電弧焊接

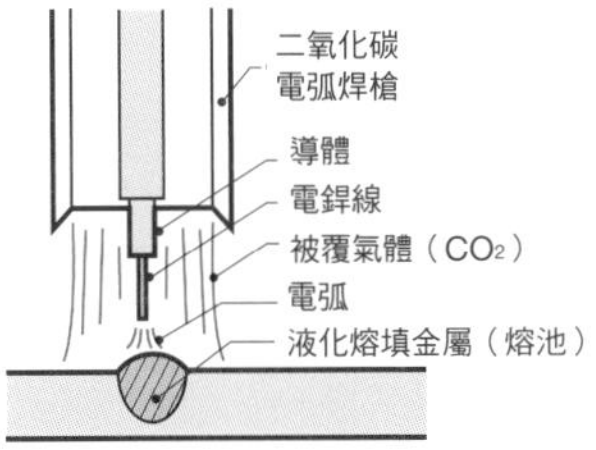

圖26 植釘電弧焊接法（Stud Weld）

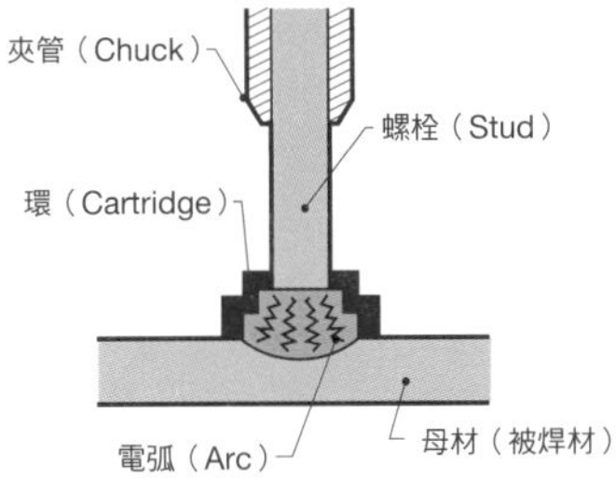

照片9 植釘電弧焊接法（Stud Weld）

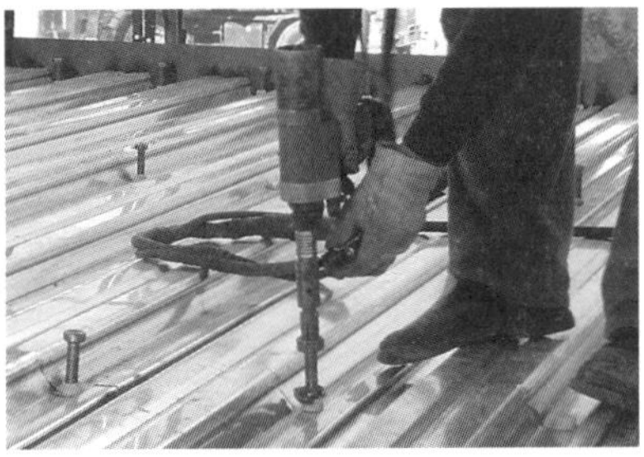

圖28 角焊

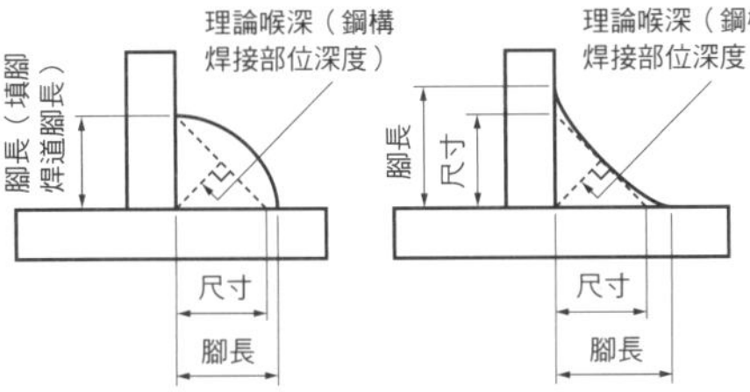

圖27 全焊

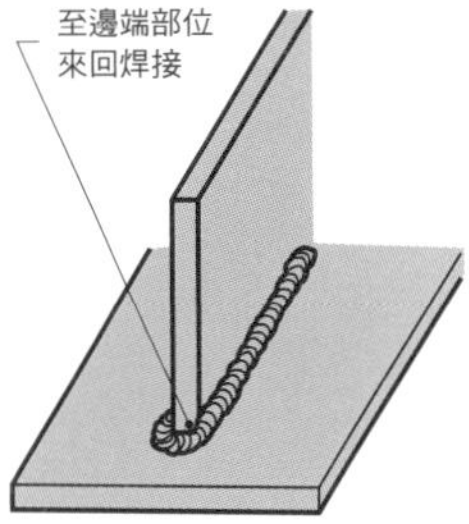

照片10 外觀品質目視檢查

圖29 角焊的應力傳達

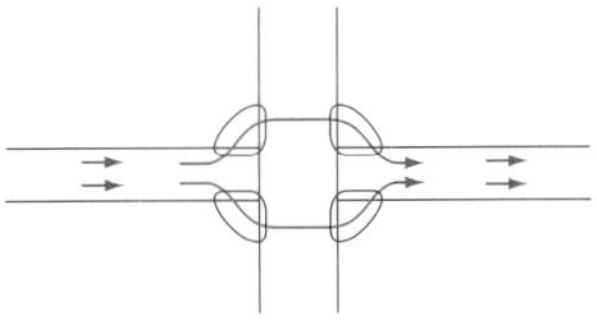

力往返迂迴於各個焊接部位，並傳導至接合的版材。適合傳達與焊接線平行的作用力。不適合使用於搭接等在結構上具有重要性的部位。

接方式選用。

對焊接合—溶接継手

對焊接合考量到焊接方法、材質、版厚、焊接動作、結構、形狀等，而採用各式的焊接形式。[圖30、31]

預熱—予熱

在焊接部位周邊預先加熱，並保持一定的溫度範圍[圖32]。目的在於防止焊接部位發生急速冷卻或破裂，也將水分、既有塗膜、油脂、汙物等不純物質去除。鋼材強度高，所含合金成份多，因為預熱溫度越高越容易急速冷卻而硬化，並容易破裂。490N級的鋼材，若板厚度在50公釐以下，則不需要預先加熱，但若氣溫在零度C以下，則需加溫至40度C以上。

焊道根部—ルート部

焊接開槽面底部與被焊接物接合的部位。在焊接作業中，意指最初的焊接層（初層）。

焊道—パス

依據焊接先後順序，從斷面來看，堆疊出兩層以上相互重疊的情形。在手工焊接或氣體保護電弧焊等完全熔解焊接的方式中，將焊道重疊進行焊接。此外，也依照焊接次數，區分一道焊或多道焊，焊道數越多，越容易發生焊接不良的狀況。

道間溫度—パス間溫度

開始進行後續焊道作業之前的既有焊道溫度[照片11]，大多是測量距離開槽面10公釐位置的溫度。焊道間溫度差距越大，越會造成焊接強度或韌性方面的不良影響，因此需抑制焊道間溫度值。需注意較短的焊接長度。

縫焊—ウィービング

進行焊接時，將焊接棒或焊絲以波浪狀移動前進的方式。移動焊接棒或焊絲的動作稱作運棒。與焊接部位相垂直，運棒的移動方向呈波浪狀的焊接方式。縫焊若大，入熱量過大，會造成焊接強度或韌性方面的不良影響。

焊孔工法—スカラップ

兩個方向的焊接線相互交差的部位，為了避免焊接接頭的重疊，將板挖出成扇形孔洞。該部位稱作焊孔。藉由焊孔的設置，可以防止破裂、焊接缺陷、材料劣化的發生[照片12]。

最近，使用無焊孔工法的案例也很常見[圖33]。在日本阪神、淡路大地震之後，為了避免應力集中於焊孔底部，大半數改成半徑縮小的改良型焊孔工法。[圖34]

無焊孔工法—ノンスカラップ

柱梁接合部位梁翼版的焊接，使用特殊的襯版而不使用焊孔的焊接工法。過去一般認為焊孔可用來防止破裂等的焊接缺陷或是材料劣化，現在焊孔也被認為會造成斷面欠損或應力集中等問題。

焊道凸面—余盛

全滲透開槽焊或填角焊，焊接金

圖30｜焊接接頭種類

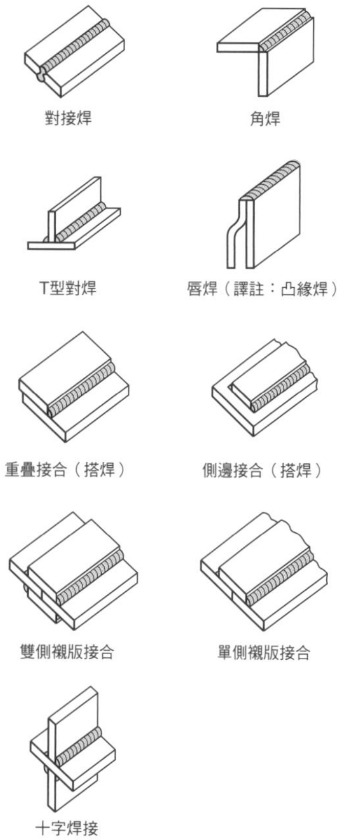

圖31｜全滲透開槽焊的對接接合

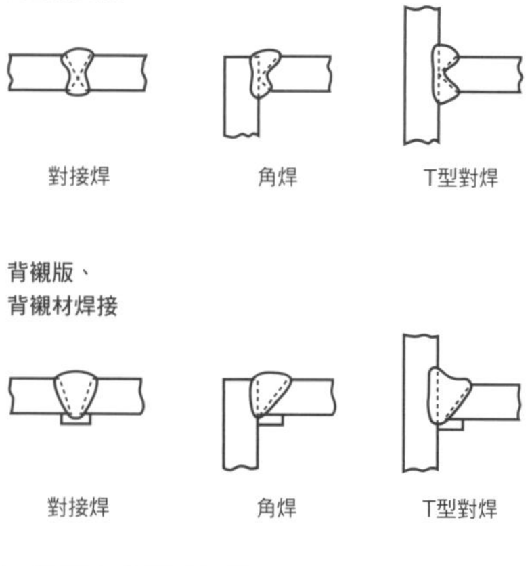

照片12｜焊孔

照片11｜道間溫度測定

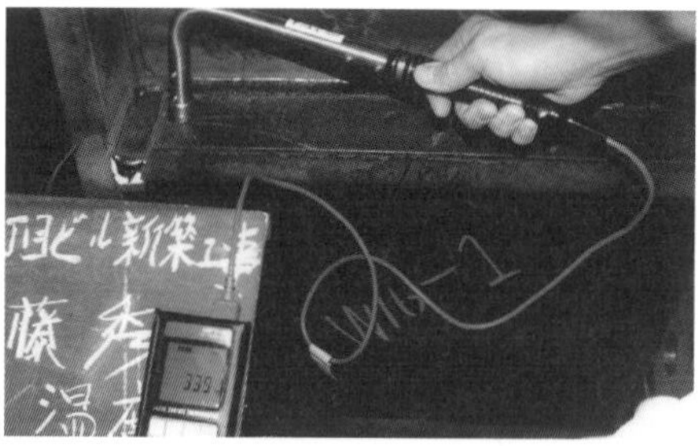

圖32｜預熱範圍與重點式預熱部位

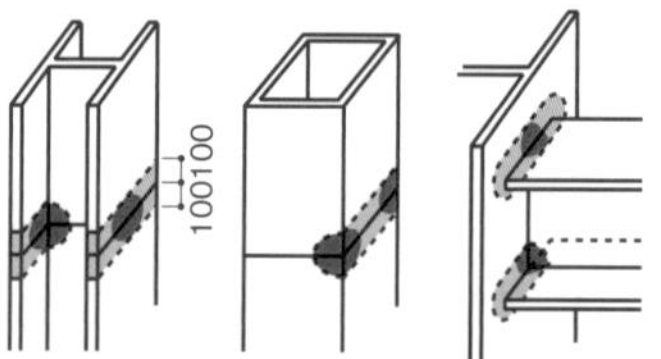

●：重點式預熱部位

比起其他部位，角隅部位的溫度較不容易上升，需在重點部位施以預熱屬留在母材上，表面突起如山型的部位。基本上，喉深（鋼構焊接部位深度）以上的焊接斷面上會發生焊道凸面，但如果焊道面過凸容易召致應力集中，因此應盡可能限縮焊道凸面[圖35]。

焊珠（**Bead**）—ビード
焊接進行時，焊接金屬呈現的帶狀突起部位。焊接長度若短（短焊道），容易因為焊接時溫度急速升高或降低而造成鋼材表面的局部硬化，形成裂縫發生的原因。是組立焊接[※]的短焊道容易出現的問題。若形狀過於不整齊，將無法通過外觀目視檢查。

喉深（**鋼構焊接部位深度**）—のど厚
全滲透開槽焊的母材板厚[圖36、90頁圖18]。在填角焊，是指焊接部位的最小斷面厚度，厚度取決於開槽、尺寸，也稱理論喉深。此外，可以有效傳達應力的焊接金屬斷面厚度，稱作有效喉深。

有效喉深—有効のど厚
焊接接頭部位，有效傳達應力的焊接金屬斷面厚度。若只是喉深，是指設計上（理論）喉深。

焊蝕（**鋼構**）—アンダーカット
沿著焊接金屬底部，將母材熔化，在焊接方向上出現溝狀的表面缺陷[96頁圖37]。銲蝕是焊接施工大多會造成的焊接缺陷。

填腳焊道腳長—脚長
填角焊的斷面上，焊接金屬與構材相接觸的高度，以腳長尺寸作為使用上的區分。腳長不一致的情形，以短腳長度為主。

背襯版—裏当て金
在焊接部位的內側，預防焊接金屬脫落（在開槽部位的反面開孔）的鋼材[90頁圖18]。鋼骨焊接的柱梁接合部位，大多使用T形焊、十字焊、角焊等方式。氣體保護電弧焊的場合，若過於緊密接著，則會誘發氣孔。

氣孔（**Blow Hole**）—ブローホール
焊接缺陷的一種，焊接金屬內部的氫、二氧化碳凝結所產生的空洞，大約幾釐米大小的球狀孔洞。1釐米以下的稱作針孔，佔焊接內部缺陷部位的50%以上。坑洞[96頁圖38]，是指焊接表面上出現開口的焊接缺陷。

引弧板（**End Tab**）—エンドタブ
為了避免焊接時容易發生的焊熔不良或凹坑（crater）等焊接缺陷，而在焊接端部安裝的材料[96頁圖39]。全滲透開槽焊的起始端、終止端部位，容易發生焊接不完全的問題，因此安裝與開槽（焊接材料相互對接部位）面一起加工而成的焊接補助板。鋼製的焊接補助板會在焊接結束之後切斷並且施以平滑修邊。
最近用來代替鋼製焊接補助板的固體式引弧板（陶瓷式、助焊劑式）漸成主流。例如助焊劑式焊接補助板的焊接起始端、終止端位於母材內部，因此焊接方式會與鋼製焊接補助板不同。

對焊位移偏差—食違い
相互對接的材料，接頭部位無法對齊的狀態[96頁圖40]。對焊偏差不僅容易發生應力偏心或集中的狀況，微小偏差也會降低喉深作用。偏差值依判斷基準來判定，若超過容許範圍，則需要重新施作。

碳弧氣刨—ガウジング
為了去除焊接的缺陷部位，而對焊接部位或母材進行削除[96頁照片13]。一邊釋放出電弧，一邊將焊接金屬熔化，並注入真空氣體，進行碳弧氣刨。

反向應變—逆ひずみ
預測焊接發生的收縮變形量，事先在反方向進行變形量的加壓、

圖33｜**無焊孔工法**

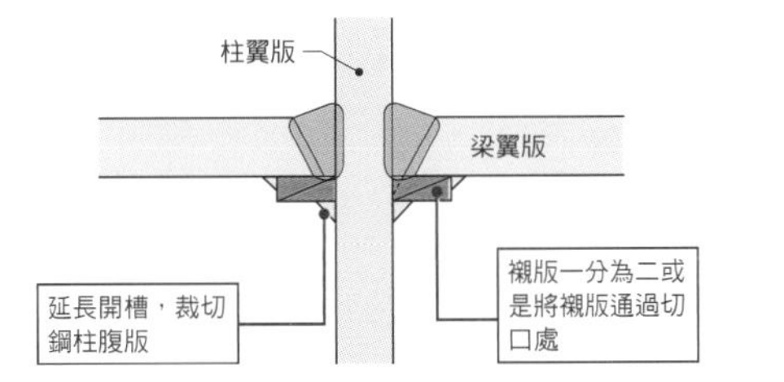

圖34｜**焊孔工法**

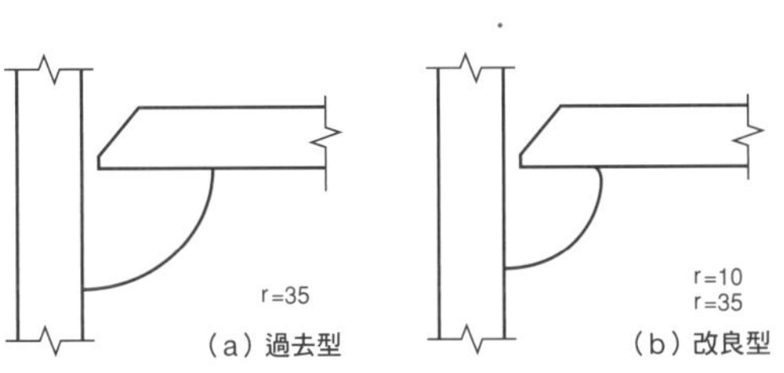

圖35｜**焊道凸面**

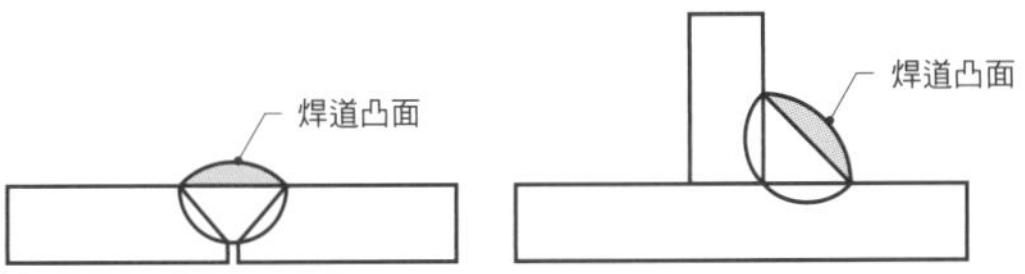

圖36｜**焊接名稱**

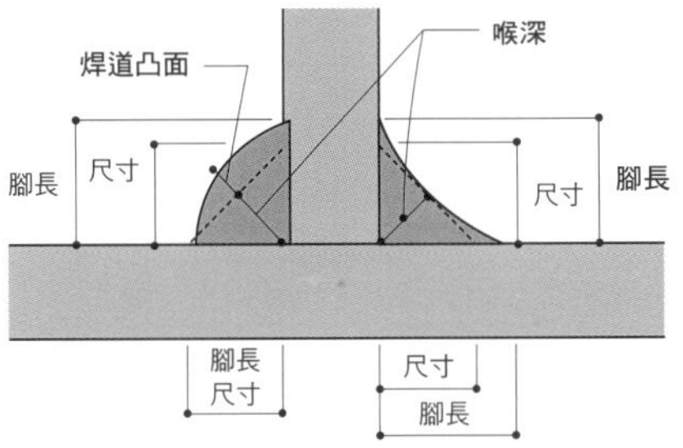

※：為了將裁斷的鋼材安裝在構件上的焊接方式

加熱處理。［圖41］

熔渣（Slag）—スラグ

焊接前的焊條包覆劑或助焊劑，焊接後包覆在焊道表面的非金屬物質。熔渣具有防止熔融金屬內急速冷卻的效果。另外，熔渣也用來保持清潔，將熔渣覆蓋在焊接後的焊道表面，具有隔絕空氣的功用。如果繼續進行焊接時沒有充分地清除熔渣，會因為夾雜熔渣在內而減低焊接部位的強度。

飛濺金屬粒子—スパッタ

焊接作業中，從焊條或焊絲濺射出冷卻凝固的焊接金屬粒子，通常依附在焊道表面，或與焊接部位相近的母材上。為了抑制金屬粒子飛濺的發生，在氣體保護電弧焊的噴嘴安裝防止飛濺的裝置，或是在與焊接部位相近的母材塗抹防止飛濺的藥劑。若沒有清除焊道上的金屬粒子而持續進行電銲的話，會造成焊接缺陷。

焊接姿勢—溶接姿勢

施工者面對焊接部位進行焊接時的姿勢［圖42］。

焊接技術士—溶接技術者

焊接施工相關的管理技術者，也

圖39｜焊接片

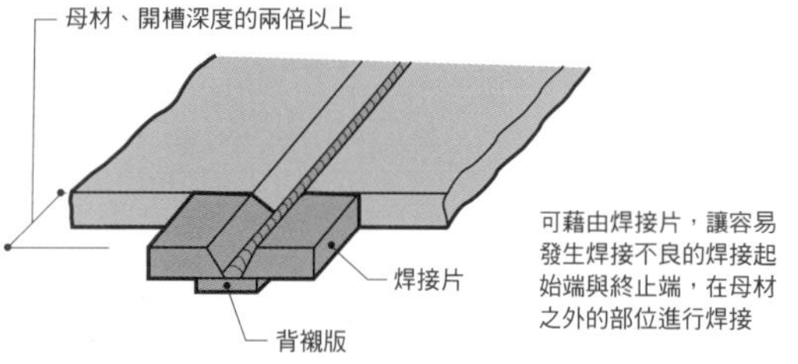

可藉由焊接片，讓容易發生焊接不良的焊接起始端與終止端，在母材之外的部位進行焊接

圖37｜焊蝕

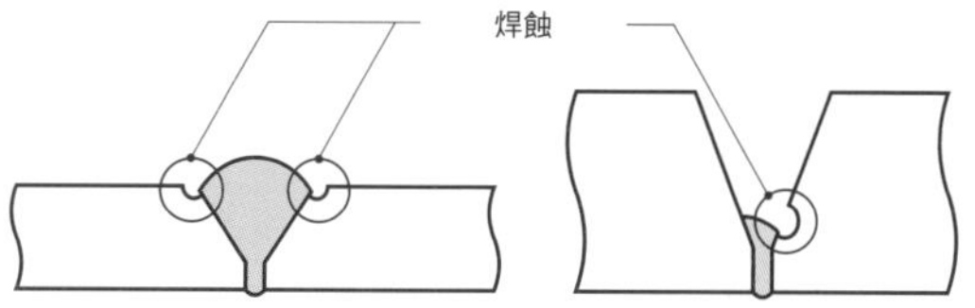

圖40｜對接銲組合位移偏差

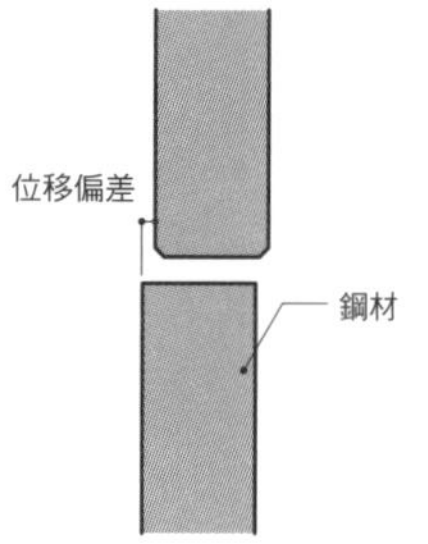

照片13｜將碳弧氣刨的臨時焊接處去除的部位

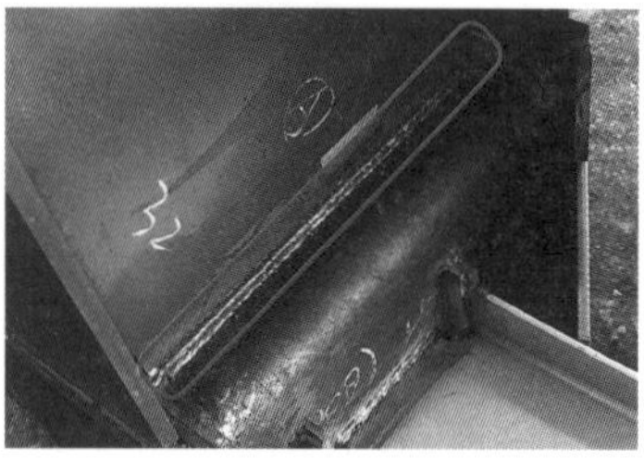

圖41｜反向應變效果

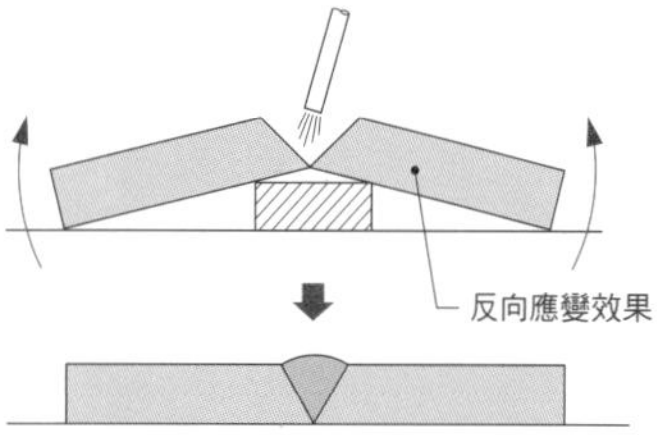

圖38｜主要焊接缺陷與其特徵

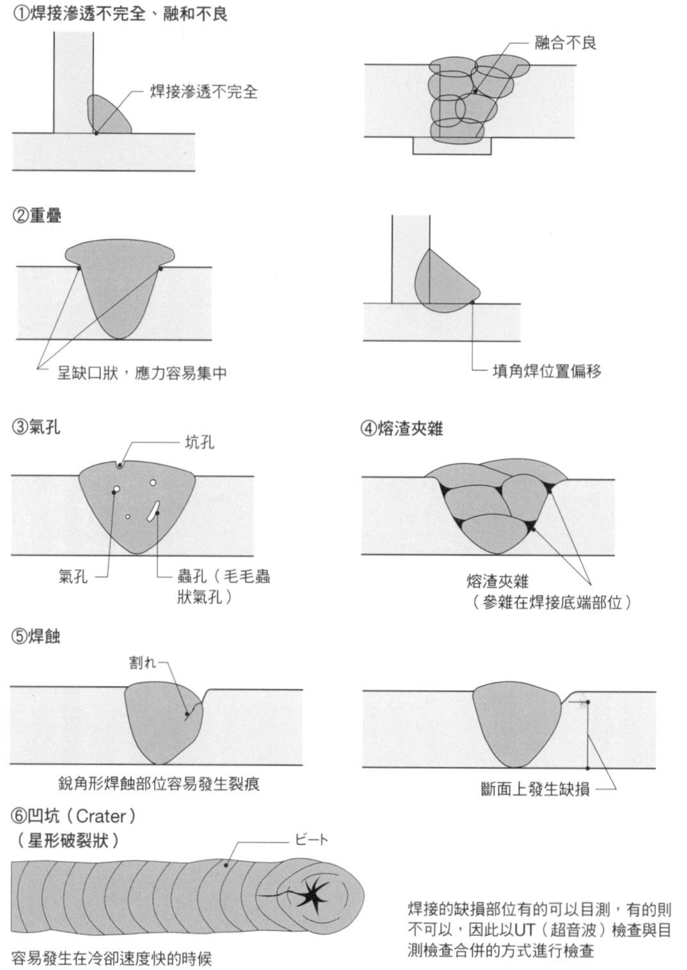

銳角形焊蝕部位容易發生裂痕

容易發生在冷卻速度快的時候
焊接的缺損部位有的可以目測，有的則不可以，因此以UT（超音波）檢查與目測檢查合併的方式進行檢查

稱作焊接施工管理技術士。焊接技術士在日本通常是指「一般社團法人日本溶接協會（JWES）」所認定，認定類別分有特別級、一級、二級共三類。

組裝

錨定螺栓—アンカーボルト
將鋼材的一端埋設於混凝土中所使用的螺栓。為鋼骨柱腳部位和基礎緊密結合所使用的構材［圖43］。

基礎版—ベースプレート
安裝在鋼骨柱腳部位的鋼製底板。底板上設有錨定螺栓使用的孔洞，也稱作地錨版。

柱腳部位—柱脚部
基礎與柱的接合處［圖44］。藉由基礎，將上方結構的應力傳達到承載地盤，在結構上扮演重要的角色。

此外，使用螺栓接合或是剛性接合，對於上方建築有很大的影響。

有關柱腳的固定方式，分別有埋入型固定鋼柱柱腳（將柱腳埋設於基礎內）、混凝土包覆固定鋼柱柱腳（柱腳部位以混凝土包

圖43｜錨定螺栓的修正方式

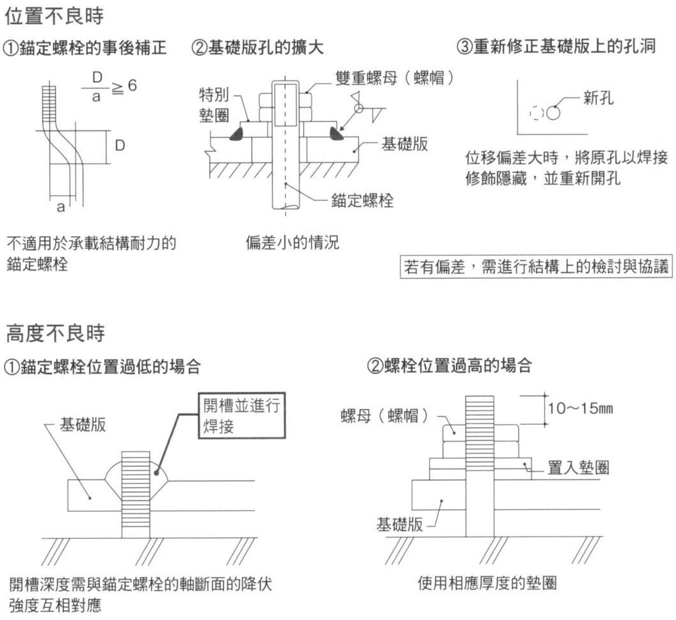

圖42｜電銲姿勢

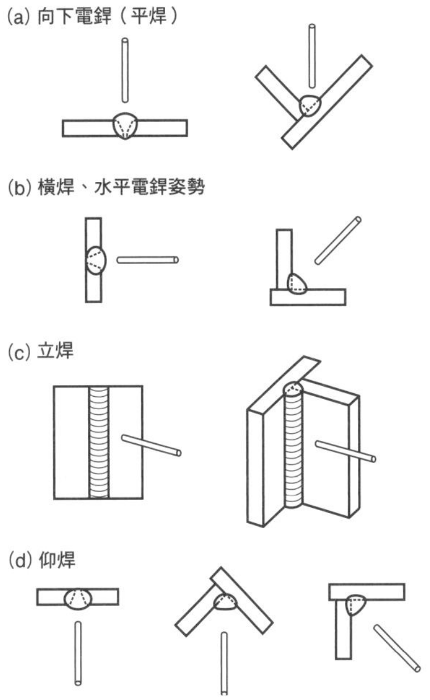

圖45｜埋入型鋼柱柱腳

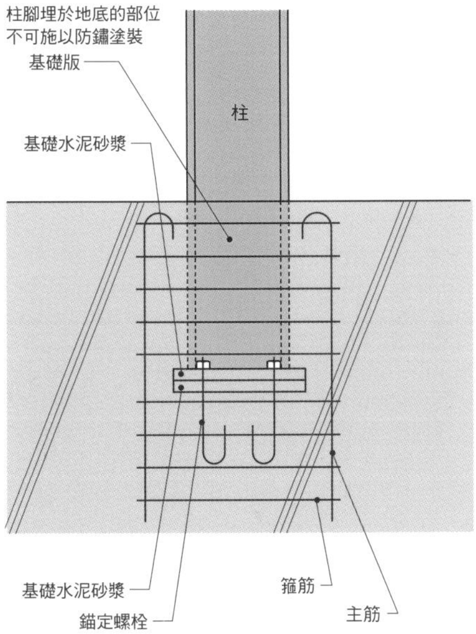

圖44｜鋼柱柱腳部位的結合形式

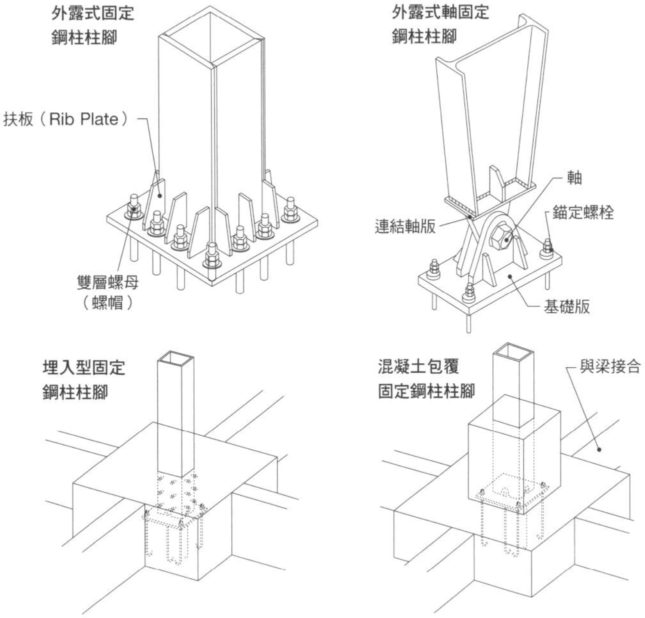

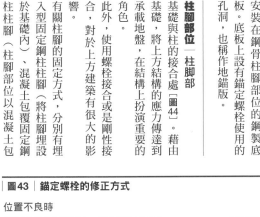

圖46｜混凝土包覆固定鋼柱柱腳

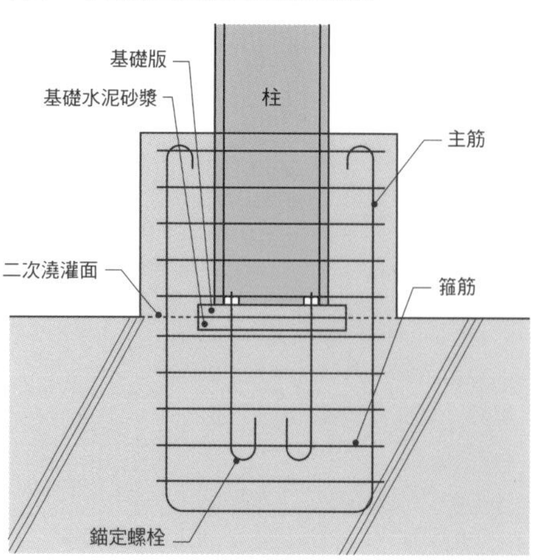

圖47｜外露式固定鋼柱柱腳

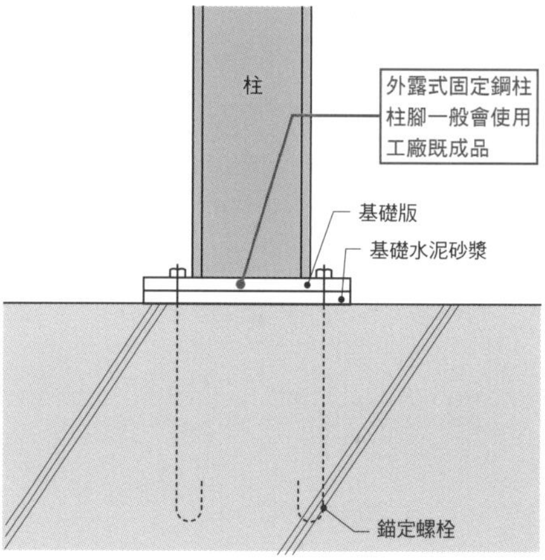

照片14｜對位模具

照片15｜饅頭

圖48｜饅頭替代品（鐵丸子）

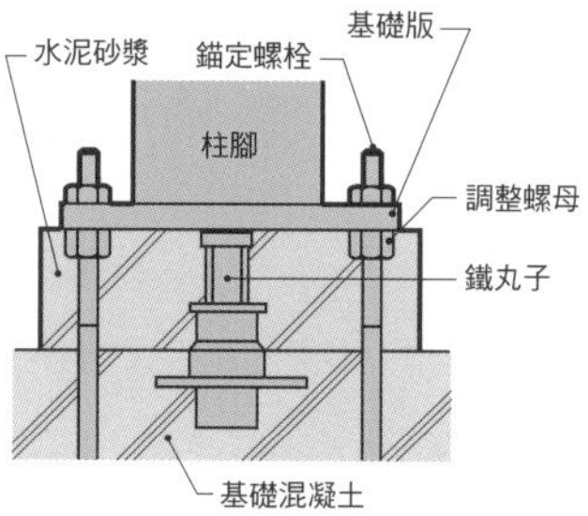

覆）、外露式固定鋼柱柱腳（基礎版與扶板外露）等。

埋入型固定鋼柱柱腳—埋込み型柱脚

為了固定鋼柱柱腳，充分地將柱腳埋設於鋼筋混凝土之中［97頁圖45］。為了確保鋼骨與混凝土之間的附著力，不得在埋設於混凝土中的鋼柱上施以防鏽塗裝，混凝土包覆固定鋼柱柱腳亦相同。

混凝土包覆固定鋼柱柱腳—根巻き型柱脚

為了固定鋼柱柱腳，柱腳周圍以鋼筋混凝土包覆［圖46］。日文的「根巻き（ne.ma.ki）」，指的是讓包覆鋼柱的混凝土固實，以及其狀態。來包覆鋼柱柱腳的混凝土，日文稱根巻きコンクリート（ne.ma.ki.kon.ku.ri-.to）。先將模板組立，沿著放樣墨線施灌水泥沙漿，當作結構定位的水泥砂漿，日文稱根巻きモルタル（ne.ma.ki.mo.ru.ta.ru）。

外露式固定鋼柱柱腳—露出型柱脚

不將柱腳埋設於鋼筋混凝土中，也不以混凝土包覆，將柱腳直接外露的方式［圖47］。柱腳部位的固定方式有很多種，其中以固定強度高的預製材最為普及。因鋼骨沒有埋設於混凝土中，除了有利於工期、成本，也因為柱腳細部已標準化，則無需再行設計。然而，對於錨定螺栓與鋼筋的收邊等施工作業，需作足充分的檢討。

對位模具—テンプレート

讓錨定螺栓可以精確固定的標準模具，在既定的位置開孔，並穿入錨定螺栓［照片14］，讓錨定螺栓不受混凝土澆灌時而移動，得以確保固定位置。此外，鋼骨加工所使用的模具，也通稱對位模具。

饅頭—饅頭

為了依規定的高度安裝柱子，在柱腳基礎版的下方中央部位，施作水泥砂漿的工作［照片15］。大多使用無收縮性的水泥砂漿。確保高程，以手鏟飾面使之平滑，安裝柱子之後，在周圍充填無收縮性的水泥砂漿。市面也有銷售鐵丸子，用來代替饅頭［圖48］。使用饅頭施工，待水泥砂漿產生強度，需要大約三日的養護期，若使用替代品，則不需要預留養護時間，多多少少可能達到縮短工期的功用。

搭建—建方

結構搭建方式，分別有堆積方式、搭建方式、分段搭建方式（縱向分割方式）等［表4、圖49］。

裝甲式吊裝—鎧吊り

不是一支一支地將梁分別吊裝，而是將數支梁的位置相互錯開，一次吊裝起來方式。不僅可以縮短起重機的吊裝時間，也可讓施工作業更有效率。

地上組裝—地組み

將工廠製作的大型鋼骨分割，搬運至施工現場後，在搭建之前先在地上組立的施工方式。搬運至施工現場之前，需在工廠空地上暫時組裝，先確認組件之間的精準度。

離地作業—地切り

卡車搬運的構材進行卸貨時，將起重機吊起的構材與卡車貨台分離的作業。

吊裝｜玉掛け

使用起重吊裝機將具有重量的物品提起、移動時，不失去重心、保持良好平衡的鋼絲繩索吊裝作業，也可稱作吊裝鋼索，使用在端部設置有套環的吊裝專用鋼索。需由取得安全衛生法認定資格的人員進行吊裝作業。

歪斜修正｜歪み直し

修正鋼柱的垂直精準度。讓組立起的鋼柱與地面垂直，在鋼柱上拉起安裝連結鎖固器（Turn Buckle）的鋼索，藉由相互緊結調整垂直度，也可使用鏈拉鈎（Lever block，手扳葫蘆）代替連結鎖固器。此工作亦稱垂直度修正或歪斜調整。

圖49｜一般的搭建方式

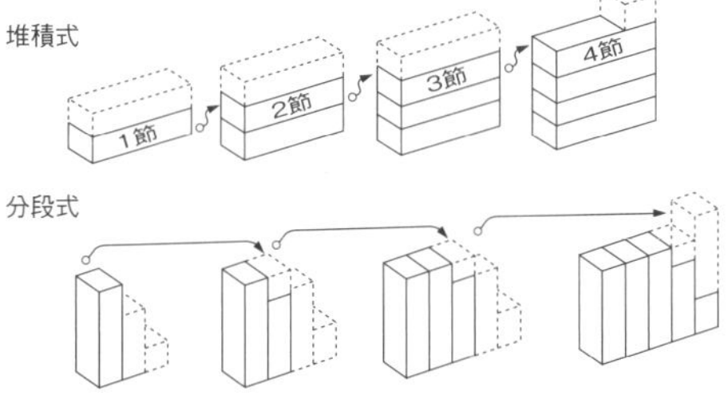

柱距調整｜スパン調整

調整鋼柱垂直度也無法修正的跨距誤差，利用鏈拉鈎（Lever block）、楔子、對齊調整棒、千斤頂（Jack）等工具進行調整。此流程若有疏忽，將會波及相鄰接的鏈拉鈎並產生誤差。

保護繩｜介錯ロープ

使用起重機將物品吊起或放下時，安裝在被吊起物品的側端，保護物品免於搖晃的補助繩。

鋼索彎折部位護件｜ワイヤシンブル

將鋼索彎折使用時，用來保護彎折部位的金屬配件。

卸扣（Shackle）｜シャックル

扣在鋼索或鎖頭部位的金屬配件。日文也稱「しゃこ（shako）」[照片16]。

強力卸扣（Mighty shackle）｜マイティシャックル

搭建高層建築的鋼柱時所使用的鋼索吊具機，此為日本的工程用機械用具的稱呼之一。

鉗（Len flow clamp）｜レンフロークランプ

夾住鋼材並吊起鋼材所使用的工具。裝卸容易，但因被吊起的鋼材容易碰撞並脫落，因此不適用於搭建作業中。

鬼頭夾（Kito Clip，鋼索固定器）｜キトークリップ

利用手扳（Lever）將鋼索與鏈拉鈎兩者固定的夾具。使用在鋼骨搭建吊裝工程中的垂直度調整用的鋼索上。「Kito Clip」為商品名稱之一[照片18]。

照片16｜卸扣(Shackle)

照片17｜夾具

表4｜搭建方式的種類

名稱	特徵	適用規模
水平堆積方式（橫向分割方式）	將鋼骨一節一節地搭建起來的方式	市區的大型建物工程
分段搭建方式（縱向分割分式）	從建物的側邊開始，以單一方向搭建鋼骨的方式。需充分檢討最初搭建的部位能否獨自豎立	僅限狹窄基地的市區中低層建物
軸建方式	先行搭建建物兩側的鋼骨，而後安裝中央部位的梁或桁架。先行搭建的部位多用作屏風，需充分檢討是否有傾倒可能，做好安全考量	工廠、會館
環切方式（依序搭建方式）	一般使用在工廠的鋼骨搭建作業，從側邊開始以單一方向搭建。與分段搭建方式相同，因為最初搭建的部位不穩定，而需以拉鋼索等方式來防止傾倒。另外，若使用H型鋼柱，在分段搭建部位容易發生傾倒，因此需在桁行方向一邊以鋼索補強，一邊進行主體的斜撐工程	
臨時（假設）支柱方式	大跨距的梁或桁架的搭建作業中，中間設置臨時柱，並在上方臨時設置一部分的梁或桁架的方式。臨時支柱與臨時支柱的基礎結構的檢討是必要的。另外，若臨時支柱撤除，梁或桁架可能發生嚴重變形，需確實檢討結構的載重與變形量	大跨距的梁或桁架，重的構件
橫向側拉方式（側滑工法、側移工法）	使用在單一方向連續的大跨距梁或桁架的搭建作業。從妻側（譯者註：與建物長向梁垂直的面）開始組立大跨距梁或桁架（也有施作樓版、屋頂完工飾面的情形），依序地一邊以單一方向橫向側拉安裝梁或桁架。橫向搭建，將梁或桁架的下方安裝側拉用的滑輪裝置、滾輪、或鐵氟龍等可滑動的承載配件，用鋼索或PC鋼棒等在水平方向用千斤頂拉伸。需檢討第一個側拉鍊拉鈎是否具有安定性	單一方向連續的大跨距梁或桁架
吊裝工法（Lift Up工法）	將大跨距的屋頂或桁架在附近的地面組立（也有屋頂完工飾面的情形）之後，利用安裝在主結構柱或臨時柱上方的千斤頂，一鼓作氣地將地面上組立完成的屋頂或桁架吊起來的架設方式。吊起時，屋頂或桁架是否安定，或是否發生應力、變形方面的問題，需在結構計算上充分檢討	大跨距的屋頂或桁梁

照片18｜鬼頭夾（Kito Clip，鋼索專用固定夾具）

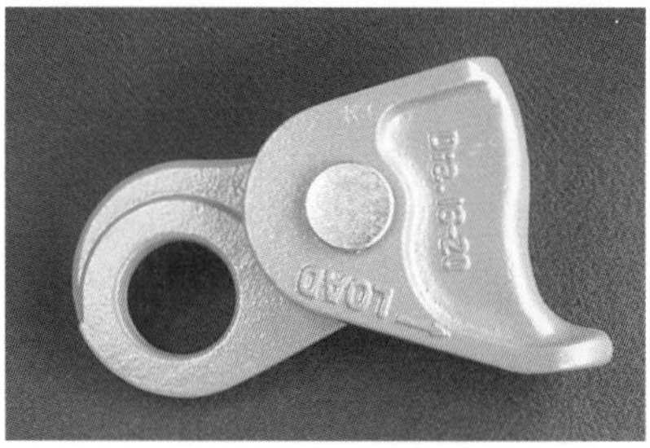

柔軟墊布｜やわら

直接在鋼骨上掛吊鋼索時，為了保護鋼索與鋼骨所使用的柔軟墊布。

護底墊料｜スリッパ

鋪設在鋼柱底部的墊料，用來防止臨時將鋼柱置於地面導致下方受到損傷。

鏈拉鉤（**Lever Block，手扳葫蘆**）｜レバーブロック

利用手扳（Lever）來操作的鏈拉鉤［照片19］。用來拉重物、將卡車上堆積物吊起、緊實鬆塌的鋼索，也可用來將重物吊起。

安全母索｜親綱

為了防止施工者墜落而穿戴的安全帶（保命繩索）［照片20］。

照片19｜鏈拉鉤（Lever Block）

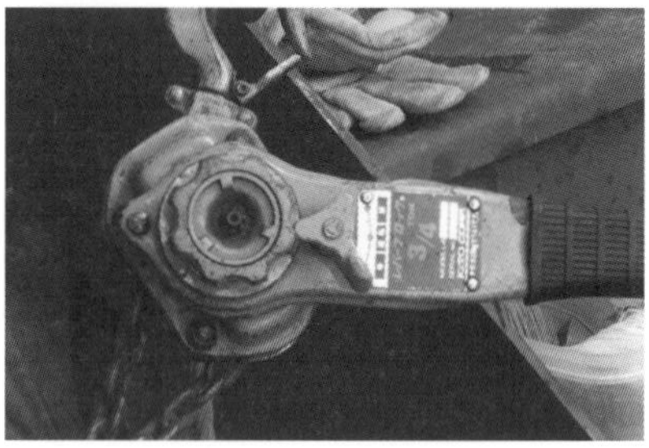

對齊調整插銷｜ボルシン

鷹架工於鋼骨搭建作業施工中，使用前端逐漸變細的鋼栓。若是正式栓緊螺栓，則是使用兩端變細的敲擊插銷。

雙棘輪板手｜めがねスパナ

日文俗稱眼鏡板手，鷹架工使用的工具，用來拴緊固定螺栓或螺母的大型鎖螺栓板手（spanner），日文也稱作「レンチ（re.n.chi）」（註：英文的Wrench）［照片21］。

單側套筒板手（**Ratchet**）｜ラチェット

用來栓緊或鬆開螺母的工具［照片22］。

照片20｜穿戴安全母索的作業人員

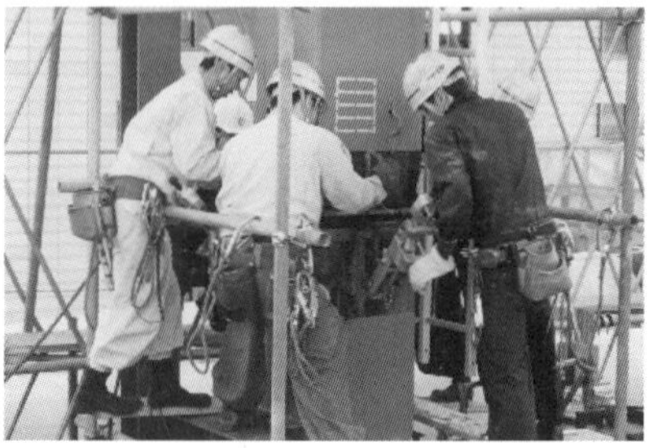

動力衝擊板手（**Impact Wrench**）｜インパクトレンチ

鋼構工程中用來栓緊螺栓的工具，分別有電動式、氣壓式、油壓式等［照片23］。其中氣壓式也稱作空氣式動力衝擊板手。

扭力板手（**Torque Wrench**）｜トルクレンチ

以手工栓緊強力螺栓時，或是檢查螺栓栓緊度時所使用的工具。通常以手工進行較可能控制、調整栓緊度與力道［照片24］。

螺栓接合

摩阻型接合｜摩擦接合

強力螺栓接合施工的工法之一。

照片21｜雙棘輪板手

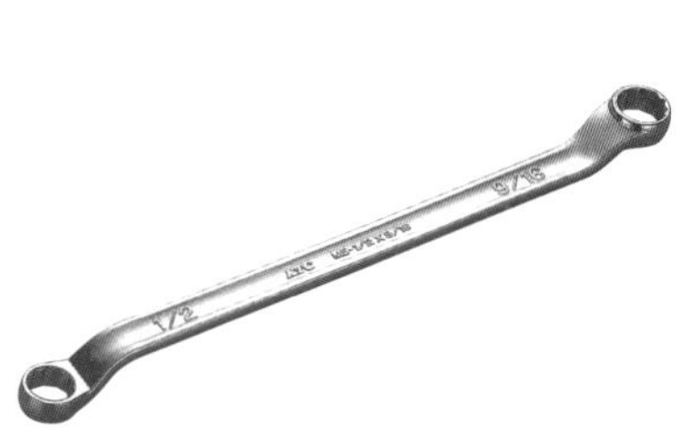

金屬接觸工法｜メタルタッチ

構材之間直接傳遞軸壓縮力，為了能夠無縫隙地緊密接著，使構材的端面呈現平滑完工面的狀態。或可藉由焊接或螺栓來傳達應力，雖然不需要特別施作金屬接觸工法，但該工法可節省焊接或螺栓的使用。一般高層鋼構建築的下方樓層，軸力大就算受到彎曲在斷面上也不會有張力發生的部位，適用此工法。

臨時螺栓｜仮ボルト

鋼構搭建作業中，修正垂直度之後，暫時將鋼構材相互接合使用的螺栓。再次修正垂直度之後，替換成正式螺栓。使用與正式螺栓相同口徑的中型螺栓，數量佔螺栓總數的三分之一以上，並且兩根以上。臨時螺栓不可作為正式螺栓使用［表5］。

正式螺栓｜本締めボルト

在施工現場將鋼骨搭建組立起來、修正垂直度後，正式將鋼材相互接合時使用的螺栓，稱為正式螺栓。利用強力螺栓的摩擦接合方式，達到規定的扭力值（torque），不僅有前端部位斷裂傳導軸力的扭矩控制強力螺栓［圖50］，也有強力六角頭螺栓［圖51］，螺握形強力螺栓，熱浸鍍鋅強力螺栓。也稱作高拉力螺栓（high tension bolt）。

中型螺栓｜中ボルト

以螺栓的剪斷力或拉力來承重的接合方式，只適用於輕量結構物。ＪＩＳＢ１１８０。

強力螺栓｜高力ボルト

也稱作高拉力螺栓（high tension bolt）。由高拉力鋼料所製成，為具有高強度的螺栓，利用摩擦力或拉力來接合［圖52、照片25］。種類包含摩擦接合高強力六角螺栓（ＪＩＳＢ１１８６）、扭矩控制強力螺栓、熱浸鍍鋅強力螺栓。使用高拉力螺栓，在鋼板之間產生磨擦力，藉由抗滑力來傳達力。螺栓本身沒有剪斷力。

JIS型螺栓的正式栓緊方法，有扭力控制法與旋轉螺母法，用來控管螺栓的拉力。若是扭矩控制強力螺栓，使用正式栓緊作業的專用機具，持續栓緊螺栓至螺尾斷裂為止。為了避免拴緊作業不確實，施工順序依次為：第一次栓緊（譯註：一次固定）↓標記↓正式栓緊（譯註：二次鎖斷）。

扭矩控制強力螺栓—トルシア形高力ボルト

依據到達所規定的扭力值（栓緊度）的程度，螺栓前端部位（螺尾）斷裂［照片26］，傳導軸力的特殊強力螺栓，為現行主流。

第一次栓緊作業（初栓）—1次締め

使用高拉力螺栓接合時，拔取臨時螺栓，對於所有的正式螺栓施以均等的扭力，讓摩擦面之間完全緊密接著的螺栓栓緊工作。

標記—マーキング

使用高拉力螺栓接合時，在第一次栓緊作業完成時，依照102頁照片27的方式，在鋼材、墊圈、螺

照片22｜單側套筒板手（Ratchet）

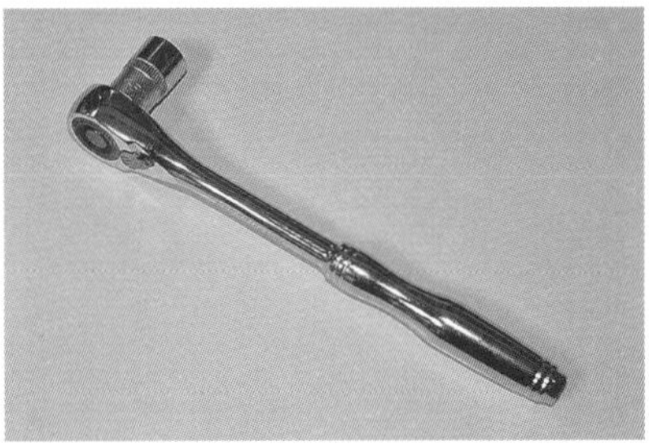

照片23｜動力衝擊板手（Impact Wrench）

照片24｜扭力板手（Torque Wrench）

表5｜各種接合的臨時螺栓數量

接合種類	臨時螺栓的數量
強力螺栓接合	約佔總螺栓數的三分之一並且二根以上，在腹版或翼版上平均配置並栓緊
混用接合 併用接合	約佔總螺栓數的二分之一並且二根以上，平均配置並栓緊
焊接接合	使用在吊耳等用途的臨時螺栓，全數使用強力螺栓並栓緊

圖50｜扭矩控制強力螺栓

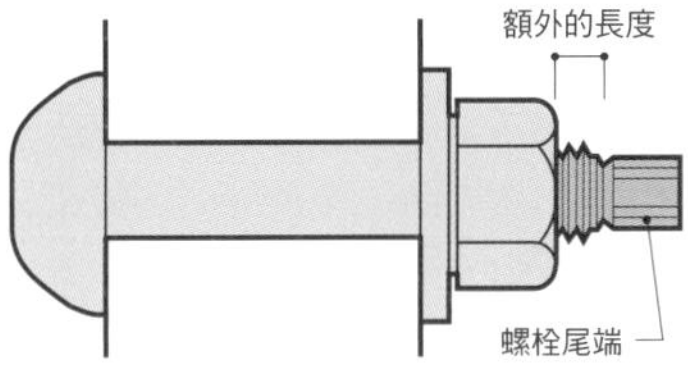

圖51｜強力六角頭螺栓

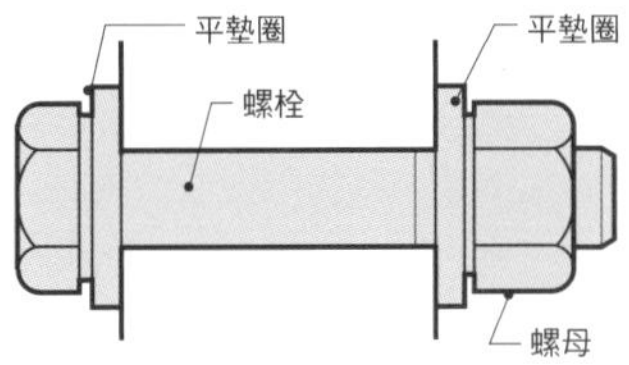

圖52｜強力螺栓的接合方法

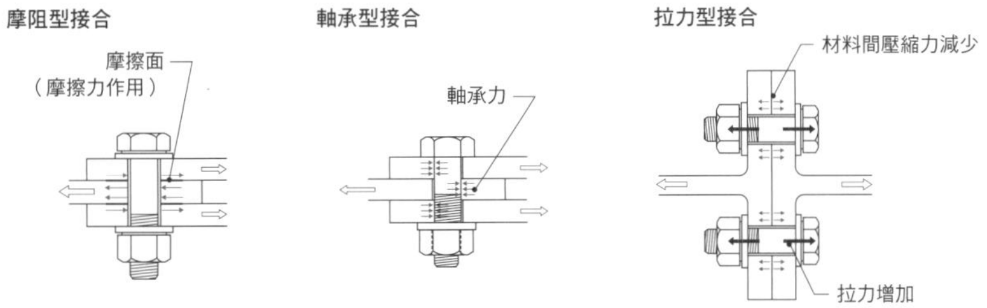

照片25｜強力螺栓

照片26｜斷裂的螺尾

照片27｜標記

照片28｜標記位置偏移

母、螺栓上，以白色直線作標記。在第一次栓緊作業完成之後，觀察標記位置是否位移〔照片28〕，用來確認螺栓與螺母沒有發生一起旋轉等情形，檢核正式螺栓栓緊作業是否完成。〔圖53〕

正式栓緊—本締め
為了在高拉力螺栓上施加標準螺栓張力，進行栓緊緊結作業。

板梁（Plate Girder）—プレートガーダー
山型鋼與鋼版、鋼版與鋼版的焊接接合方式，組合成為I型鋼梁。

圖53｜標記

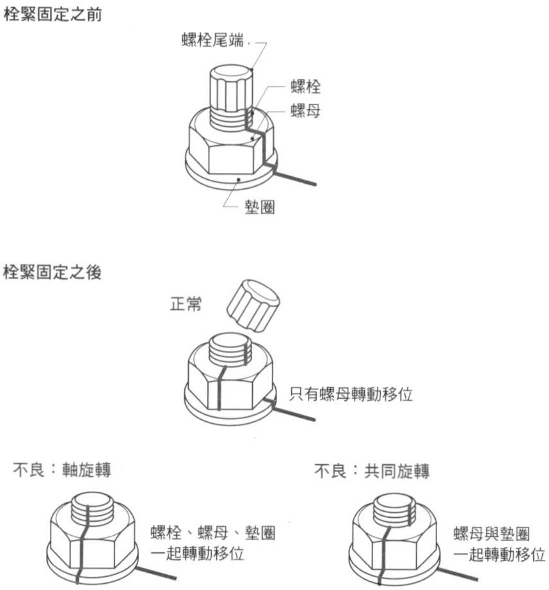

螺栓尾端—ピンテール
設有破斷凹槽的螺釘（使用在扭矩控制強力螺栓）的尾端部位〔101頁圖50〕。

扭力控制法—トルクコントロール法
依照扭力值（栓緊度）來控管傳導至螺栓的軸力。利用拉拔試驗來進行螺栓的扭力值（軸力與扭力的關係數值）的測定（校準測試Calibration test、照片29）。第一次栓緊（初栓）作業之後，以目視法觀察螺栓上的標記在螺栓正式栓緊之後的移位狀態，確認螺栓是否發生旋轉異常（共同旋轉、墊圈旋轉）的情形。

螺母旋轉法—ナット回転法
依照螺母的旋轉量來控管傳導至螺栓的軸力。第一次栓緊作業之後，以目視法觀察螺栓上的標記，確認螺栓正式栓緊之後，螺母的旋轉量在120±30度的範圍內。熱浸鍍鋅強力螺栓使用此種方式。

鑽孔工具（Reamer）—リーマー掛け
使用鑽孔工具將接合部位的螺栓孔鑽大，並修正螺栓孔洞位移偏差的工作。

照片29｜校準測試（Calibration test）

性能・檢查

入熱・道間溫度管理—入熱・パス間温度管理
隨著1998年日本建築基準法修正，焊接性能也受到制定。主要是指氣體保護電弧焊中的全滲透開槽焊的施工條件管理。入熱是指在固定焊接位置的熱量。主要來說，入熱影響韌度、道間溫度影響強度（拉力強度、降伏點），因此焊接內部品質管理的重要性受到重視。焊道多的焊接（多焊道焊接），在開始進行下一道焊接之前的焊道溫度，需以溫度測試粉筆確認道間溫度控制在350℃之下。

接觸式溫度計—接触式温度計
藉由電熱感應器直接接觸，用來偵測表面溫度的溫度計。偵測放射熱溫度的紅外線溫度計，雖無需直接接觸即可偵測表面溫度，但需要留意顏色造成偵測結果變化的影響。

溫度測試粉筆—温度チョーク
鋼材表面達到規定的溫度時，會開始融化的粉筆。對於道間溫度等的控管，是不可或缺的工具。

組裝檢查—組立て検査
正式焊接前的臨時組裝狀態，用來確認開槽、臨時焊接狀態、或是尺寸精準度等的檢查作業。具有防止焊接或尺寸精準度上發生缺失的功用。

製成品檢查—製品検査
工廠加工組裝流程的最終確認工作，用來判斷製成品是否合乎基準的檢查作業。通常技術先進的工廠會自發地先進行自我檢查作業。

出廠證明書（mill sheet）—ミルシート
鋼材規格證明書。鋼構工程使用鋼材量多，因此不僅只是鋼材的出廠證明書，大多需要可追溯鋼材購入、裁切等過程中的詳細鋼材規格證明書，上面記載著鋼材從購入以及整合過程中的負責人姓氏、印章、日期等詳細資訊。

UT（超音波）檢查—UT検査

超音波缺陷感測器。UT是英文Ultrasonic Testing的簡寫。從探測器發出超音波訊號，檢測出缺陷部位並反射回傳訊號，用來偵測焊接缺陷部位的大小、深度及位置。將探測器埋設於鋼骨的間隙中，並在鋼骨表面塗上感測媒介質材，讓超音波容易傳送。

製作圖—製作図

製造者在自有工廠製作出的所有構材圖面，內容包括主結構構材、完工材、帷幕牆鐵件、到套管等。

實際尺寸檢查—原寸検査

確認工廠製作出的構材，是否與製作圖上的尺寸相符。最近製作圖是以CAD繪製，因此可參考製作圖中的資料，用來檢查實際構材尺寸、實際開槽狀態等。

敲擊檢查—打擊検査

用鐵鎚將螺栓（Stud）敲擊成15度彎曲，確認焊接部位沒有出現破壞、龜裂等情形的合格抽樣檢查。另有螺栓（Stud）的外觀目視檢查。

參考｜鋼構工程中的相關檢查

名稱	檢查時間	檢查內容概要	檢查項目
捲尺尺度對照	開始前	比較鋼骨製造廠與施工現場使用的鋼製捲尺兩者間是否有差異，在現場檢查實際尺寸時確認是否有誤差。施以5kgf的拉力，通常10公尺的誤差需在0.5mm以下。現在因為CAD運用以及現場實際尺寸檢查作業被省略，此項檢查工作已流於形式	鋼製捲尺的誤差確認
硬度試驗	鋼材搬入前	依照鋼材上的凹陷度來比較硬度高低的方式（主要是維氏硬度試驗Vickers hardness），以及依照鋼球的反彈狀況來比較硬度高低的方式（主要是邵氏硬度Shore Hardness）。使用將鋼材加工於試驗片上測試硬度的「硬度試驗機」。最近也有市售直接將對象物體表面研磨後計測的攜帶式硬度測試器。硬度測試可以推測材料的機械性質，攜帶式硬度測試器的普及是未來趨勢	鋼材的硬度
切斷面檢查	鋼材切斷後	若是切斷後的鋼材，檢查切斷面的粗糙度或精細度	鋼材的切斷面
焊接前檢查 **（臨時組裝檢查、組裝檢查）**	焊接前	防止焊接缺陷或製成品品質的檢查工作。以現場勘查來確認製作狀況的方式為多	鋼種、鋼版厚度、開槽角度、焊道根部間隔、焊道根部面、背襯金屬板的安裝狀態、起伏鈑的狀態、對焊位移偏差、搭接的錯位、組立焊接、表面間隙、開槽面的汙濁等
開槽檢查 **（焊接前檢查）**	焊接前	為了確認焊接開槽形狀或精準度所作的檢查。主要針對全滲透焊接。也使用在厚度極厚材料的部分滲透焊接部位	開槽形狀、開槽角度（斜角）、焊道根部間隔、焊道根部面等
開孔加工檢查	工廠製作時	主要確認強力螺栓接合或螺栓接合施工所需開孔的施工精準度所作的檢查。也適合用來檢查鋼筋混凝土建物中，鋼筋孔洞或箍筋等的有無、位置、孔洞數量	孔徑、孔數、孔間隔距離（pitch）、與材料端點之間的距離等
臨時組裝 **（臨時組裝、臨時組裝檢查）**	工廠製作的中途階段	目的在於確認構材尺寸、精準度、焊接開槽精準度、完工飾面品質等，在成為最終確認製成品之前，將部分的鋼骨構材或各個區塊相互臨時組裝檢測。臨時組裝檢查多在業主現場勘查時進行，但常被省略。有的會直接在施工現場組裝測試，直接安裝	工程中最主要的構材、或製作上最困難的製品
摩阻力接合部位檢查	高拉力螺栓接合作業前	用來確認強力螺栓接合的摩阻力接合面的狀態。摩阻接合部位是藉由強力螺栓的扭力，產生抗滑摩擦力而使之接合，因此摩擦面的狀態極為重要，紅鏽為理想狀態	強力螺栓接合中的摩阻力接合面
製成品檢查	工廠製作完成時	工程發包者或監理者在現場勘驗，對於鋼骨工廠製成品品質進行的檢查。文件檢查是以鋼骨工廠製作的文件為基礎，對於全部鋼骨製品進行的檢查工作。實物檢查有的是對事前選定的代表性製品進行檢查，或是為求效率而進行的抽樣檢查	文件檢查（誤差、接合處的精準度、焊接外觀等）與實物檢查（確認各構件的尺寸、外觀的優劣、焊接內部品質等）
尺寸檢查	工廠製作完成時	鋼骨製品各部位尺寸的確認工作。製成品的尺寸檢查，是依照文件來確認各部位的尺寸，並檢查製成品的方式來進行。具有傾斜度的製品，或是具有彎曲度的製品，則是以確認對角尺寸，並以模具來進行確認檢查的工作	柱長度、柱深度、樓高、搭接長度、搭接深度、梁長度、梁深度等
外觀檢查 **（目視檢查）**	工廠製作時、施工現場	鋼骨製作過程或製品檢查過程中，以人力目視來進行檢查的方式。通常外觀檢查是以人力目視方式進行，或是依照各種目的使用不同的軌距來進行檢查確認的工作	外觀
焊接部位的內部缺陷檢查	焊接後	為了檢測出焊接部位內部發生的損害，一般是指超音波（UT）缺陷感測檢查。此外，今後對於焊接內部缺陷的金屬加工內部品質缺損受到重視，因此氣體保護電弧焊的入熱 道間溫度等的焊節條件管制越來越重要	焊接部位
超音波缺陷感測檢查 **（UT檢查）**	焊接後	使用超音波，用來檢測材料內部狀態或檢測出焊接缺損的非破壞性檢查方式。英文Ultrasonic Testing（UT的簡寫）。主要用來評判焊接內部缺損。一般的全滲透焊接，以日本社團法人日本建築學會的規定（2008）為基準。也適合用在厚度極厚材料的半滲透焊接或混凝土內部蜂窩的檢查工作	焊接部位

TOPICS｜1

拆除・營建廢棄物

廢棄物｜廃棄物
在日本，一般廢棄物於各區域內處理，由各區域的市、鎮、村負責。營建廢棄物則由廢棄物產出者負責處理，可跨區域處理。

產業廢棄物｜產業廃棄物
產業活動產出無法再利用、販賣的垃圾、汙穢物等廢棄物。日文簡稱產廢。廢棄物處理及清理的相關法律也已制定出來。

建設工程廢棄物｜建設廃棄物
建設工程產出的廢棄物。分別為營業場所產出廢紙等的一般廢棄物，以及汙泥或營建木材廢料等的營建廢棄物。除了建築施工現場產出的廢棄物之外，建設工程產出的土石方與營建廢棄物共同稱作營建工程副產物。

廢棄物處理法（**廢掃法**）｜廃棄物処理法／廃掃法）
在日本，正式名稱為「廢棄物處理及清掃之相關法律（譯）」，規定廢棄物的區分、處理責任。此法於2000年大幅檢討修正，明確劃分廢棄物產出業者的責任，以及營建廢棄物處理流程監控制度的重新訂立。

營建工程回收法｜建設リサイクル法
在日本，正式名稱為「營建工程相關資材再生資源等相關法律（直譯）」，於2000年5月新制定。「管制到達列管面積規模以上的工程（以營建工程為主），應有在工程現場將特定營建資材廢棄物進行分類解體拆除、回收再利用處理的義務。」2002年5月開始全面實施。

特定營建工程資材（**廢棄資源物**）｜特定建設資材
日本營建工程回收法規定回收再利用的資材有：①混凝土、②混凝土及鋼材所構成的營建資材（PC版等）、③木材、④瀝青混凝土。又稱四項營建特定資材。

混合廢棄物（**營建剩餘混合物**）｜混合廃棄物
混雜各式各樣材料的廢棄物。

營建廢棄物處理流程監控清單（**Manifest**）｜マニフェスト
營建廢棄物管理票，記載廢棄物的名稱、數量、外觀狀況等。進行營建廢棄物的清運時，一台車需提送一張營建廢棄物管理票。

營建廢棄物處理流程監控系統（**Manifest System**）｜マニフェストシステム
利用營建廢棄物處理流程監控清單，管理營建工程廢棄物的清運過程的機制，交付予清運、回收等相關業者並存查。

拆除業者｜解体業者
拆除建物的業者。建物拆除工程需有營建業許可證或是拆除業者登記證的資格。

收集搬運業者（**收運業者**）｜収集運搬業者／収運業者）
收集、搬運廢棄物的業者。以維護生活環境、公共衛生為目的，適當地將廢棄物分類、保管。

中間處理業者｜中間処理業者
廢棄物的中間處理業者（對於廢棄物進行分類、減量化、無害化、安定化等處理，具體來說焚化、碎化、堆肥化等處理）。

最終處分業者｜最終処分業者
廢棄物的最終處理業者。分別有隔離型廢棄物處份場、安定型廢棄物處份場、管理型廢棄物處分場三類，依據廢棄物的種類，各有不同的掩埋基準。

零排放｜ゼロエミッション
將廢棄物分類，並進行100%回收再利用處理。需依照項目分類挑選，需要相當金額的處理經費。

3R｜3R
以Reduce（抑制廢棄物的產生）、Reuse（重複使用）、Recycle（重製再利用）的字首為名，表達維護環境意識概念。

熱回收（**Thermal Recycle**）｜サーマルリサイクル
將廢棄物轉化成固態燃料或氣態燃料，成為熱能等資源供再利用［照片］。

材料回收（**Material Recycle**）｜マテリアルリサイクル
將廢棄物分類、回收，對於質材或配件進行再加工，變成新製品供再利用。

化學回收（**Chemical Recycling**）｜ケミカルリサイクル
對於廢棄物進行化學處理，轉化成化學原料供再製造、再利用。

安定化處理｜安定化
讓廢棄物在生物、物理、科學等方面呈現穩定狀態的處理作業。

｜照片｜熱回收（Thermal Recycle）

無害化處理｜無害化
讓廢棄物不危害環境、生活環境，呈現無害狀態的處理作業。

廣域再生利用指定制度｜広域再生利用指定制度
物料製造加工業者，無需持有廢棄物處理業的業務許可證，可利用自家公司的物料運送路徑，不分區域地將自家產品回收、再製作、再利用的制度。在日本必須受到環境省的認可才能實施。

氣化熔融爐｜ガス化溶融炉
不以焚化處理廢棄物，以無氧狀態蒸熱加溫到1300℃以上的高溫後，進行廢棄物熔融處理的設備。被視為可解決戴奧辛的一種廢棄物處理方式而受到關注。

中間處理場｜中間処理場
不將營建廢棄物送至最終處理場，而是在過程中進行焚燒、碎化或壓縮等處理。在中間處理場將廢棄物分類成再利用與送往最終處分場。營建廢棄物處理流程監控系統（Manifest System）上，中間處理場的處理與最終處分場的處理都被相同認定為廢棄物處分完成。依據2000年4月1日的日本廢棄物處理法修正結果，中間處理場的業者兼負廢棄物清單（E票）的管理義務。

最終處分場—最終処分場

營建廢棄物最終掩埋的場所。若不造成地下水、土質不良影響的處份場，可作為安定型廢棄物的最終處分場，例如混凝土廢料、金屬廢屑、廢棄塑料的處置。鋪有隔水防護料的處分場可作為管理型處分場，用來掩埋對於地下水、土質有所危害的焚燒灰質。

分類解體—分別解体

依照各個營建工程廢棄物的種類，分別進行拆除解體的作業方式。營建工程回收法規定解體與分類應於同一場所進行。

手工解體—手解体

也可稱作手工破壞。使用拔釘器，將每一個部位拆解的作業方式。雖然拆解下來的零件可再利用，但需要人工技巧，以及現在舊材料的再利用情形減少，因此較少使用，而改為與機械設備併行的解體作業方式，解體效率以及資源再使用率得以提高。

手工破壞與機械併用的分類解體—手壊し併用機械分別解体

事先以手工破壞方式將室內裝修材料、屋頂覆材拆解，再以機械或手工作業進行分類解體的作業。遵循營建回收法，將營建廢棄資材轉化可再利用的資源物。

委託基準—委託基準

廢棄物產出業者將廢棄物的處理（處分、搬運）委託他人時的依據基準。所委託的廢棄物處置業者必需持有營建廢棄物處理的業務許可證明。

TOPICS 2

典禮儀式

地鎮典禮、開工典禮—地鎮祭・起工祭

開工時，向大地主神說明即將動土，以及接下來數十年即將據以使用，並遵請大地主神允許的儀式。也稱作「地鎮儀式」、「鋤地動土儀式」。雖然正式來說，順序是「苅初之儀」、「穿初之儀」、「鎮物埋納之儀」，大多以「苅初之儀」與「穿初之儀」或是僅以「穿初之儀」來舉行。現在典禮儀式是在基地正中央豎起四根「齋竹」並拉圍繩，設置敬神、神籬，在神籬與鋤地動土的地方堆積乾淨的砂[圖1]。

以水淨身儀式—手水の儀

儀式開始之前，先進行淨身的儀式。服務人員兩人一組於參拜儀式場所入口隨時待命，其中一人持勺柄將清水淋在參拜者的手上，另外一人遞出紙巾讓參訪者將手拭乾。

神籬—神籬

神明降臨的座席。

迎神・送神儀式—降神・昇神の儀

迎神儀式是指迎接神明的儀式。送神儀式是指地鎮儀式完成之後恭送神明的儀式。

獻供・撤供儀式—献饌・徹饌の儀

獻餞（獻供）儀式向神明奉獻供品與奉納金（日文「初穗料」、「玉串料」）的儀式。此外也有將酒甕或德利酒窯等酒容器的蓋子拿起，以示敬意的方式。徹餞（撤供）儀式是指將供品與奉納金撤下的儀式，也有將酒瓶的蓋子蓋上的儀式舉行方式。

賀詞稟報—祝詞奏上

向神明獻上祝賀之詞，並稟報工程概要，向神明祈求平安完工。

動土儀式—鍬入れの儀

表示開工的儀式，也稱動鍬儀式。由業主、施工者、設計者手持鍬、鋤、鐮，將插在乾淨的沙堆上的神靈依附之木，以鐮割草一樣，進行「苅初之儀」。接著以鋤與鍬像耕作一樣鏟鋤在乾淨的沙上，進行「穿初之儀」。

玉串奉納・玉串—玉串奉奠・玉串

向神明奉上「玉串（ta.ma.gu.shi）」，祈求神明保佑土地、建物的平安，祈求神明守護參拜者。「玉串」是在「神靈依附的木」上配置奉納的錢幣，用來請領神明。有的是由代表者進行，有的則是多位參拜者個別進行。

開工設宴—直会

日文也稱作「神酒拜載」。將奉獻給神明的神酒，讓參拜者分飲。若是大規模建案，也有另外設席擺宴的情形。

上梁儀式—上棟式

在安裝木造建築的屋脊主梁木安裝時舉行，此儀式在主結構工程搭建的階段舉行。屋脊主梁木被認為是家的守護神明所位居的地方，因此在屋脊主梁木、棟梁上設置幣束及破魔矢（驅魔箭），

圖1｜地鎮典禮的準備

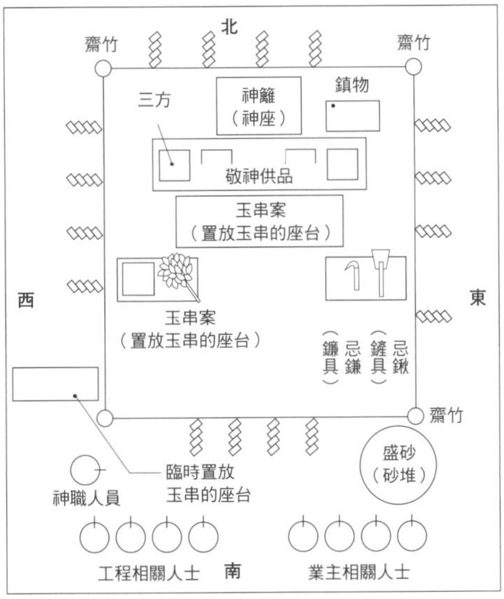

敬神供品的範例

- 米（一大碗）、敬神酒（日本德利酒瓶兩瓶）、蔬菜（2～3種）
- 水果（2～3種）、甜點、海產品（昆布、魷魚等）、蠟燭
- 鹽（一中碗）、水（一杯）、杯子（依人數敬神奉酒使用）

與地鎮儀式一樣，在建物四面灑酒、鹽、米，作為消除穢氣的淨化儀式。住宅規模的工程較少請領大地主神，以上梁儀式為主。現在施工職人的勞動力珍貴，因此儀式也具有祈求神明保佑工程安全的含義。若是鋼構工程，上梁儀式是在最上層鋼骨安裝時舉行。若是鋼筋混凝土，則是在最上層混凝土打設完成時舉行。鋼構工程的上梁儀式以舉行「鋲打之儀」為多，依序是在鋼骨上安裝螺栓與螺母的「鋲納之儀」，再來是用板手將螺母栓緊的「鋲締之儀」，最後將栓緊的螺母用槌子敲擊穩固的「檢鋲之儀」。通常鋲納之儀由施工者進行，鋲締之儀是設計者，檢鋲之儀則是業主。鋼筋混凝土工程的上梁儀式中，日本以神道的「祓除」淨化儀式來安裝上梁記牌［圖2］。

奠基儀式—**定礎式**

將刻有日文「定礎」文字及年月日的奠基石（日文稱作定礎石）安裝在外牆時舉辦的儀式。在表面修飾工程大致完成階段，或是竣工儀式當天舉行。定礎石的內側，埋設由銅、不鏽鋼做成的定礎箱，收納敬神供禮、定礎名牌、建築平面圖、當日的報紙、錢幣、事業報告書等，並用電銲封印。

竣工儀式—**竣工式**

建物完成、開始啟用前，向神明報告工程已安全完工，以及表達感謝的同時，向神明祈求竣工後生活平安與建物穩固所舉辦的儀式。大多是在公共建築或大規模建築竣工時舉行，一般的住宅則是設立神壇，敬拜天照大神及當地的神明，並報告住居工程的完成。建物完工時的儀式分別有「清淨驅魔儀式」及「竣工奉告儀式」兩種。

敬禮禮法—**礼法**

鞠躬的意思。典禮儀式中參加列席者需進行的三種敬禮禮法，分別為「磬折（彎腰敬禮），上半身向前彎腰40～60度鞠躬」、「揖（作揖），點頭示意。也有上半身向前彎腰45度的深鞠躬，以及上半身向前彎腰15度的小鞠躬」、「拜，上半身向前彎腰90度，最有禮的鞠躬方式」。

拍手—**拍手**

在胸前雙手手掌相合，右手稍微下滑。接著緩和地將左右兩手掌打開後拍合，再次打開後拍合，完成兩次後，右手上滑至原雙手手掌相合之處，再緩和慢速地將雙手放下。手指之間不能張開，兩手肘打開與肩同寬。

參考｜敬神典禮儀式的關鍵字

關鍵字	內容
立柱式（立柱儀式） 打祭	開始立柱時舉行的儀式。主要是在鋼構第一節柱搭立時舉行。由神職人員對第一根柱子進行的清淨儀式，接續由設計者、施工者、發包者進行螺栓緊固的檢查工作。此儀式大多由發包者與工程相關人士分別輪流進行
定礎式（奠基儀式）	將刻有日文「定礎」文字及年月日的代表奠基石（日文稱作「定礎石」）安裝在外牆時所舉辦的儀式。大多是在完工飾面工程大致完成階段，或是竣工儀式當天舉行。「定礎石」的內側，埋設由銅、不鏽鋼做成的定礎箱，收納敬神供禮、定礎名牌、建築平面圖、當日的報紙、錢幣、事業報告書等，並用電銲封印
竣工式（竣工儀式）	建物完成、開始啟用前，向神明報告工程安全完工、表達感謝的同時，向神明祈求建物永遠安全穩固、起造者的事業興隆等所舉行的儀式。建物完工時的儀式分別有「清理儀式」及「竣工奉告儀式」兩種，原本竣工儀式就是指「竣工奉告儀式」，現在兩種儀式不分，一起舉行
清祓式（清淨儀式）	對於完工建物進行清淨驅魔的儀式。日文也稱作「修祓式（shu.u.ba.tsu.shi.ki）」，也有將「竣工奉告祭」與「修祓式」合併進行的「「竣工修祓式」的名稱
竣工奉告祭	祈求新建建物的安全，以及建築物所有者永遠興隆昌盛所舉辦的儀式
落成式（落成儀式）	慶祝建築物完成的儀式，對外發表的活動。主要用來向建物的有關單位或工程的相關人士表達感謝，一般與竣工的敬神儀式分開舉行
水手（以水淨身）	在典禮舉行前進行，在典禮場外將身上的汙垢去除，以清淨的身心祭拜神明的儀式。服務人員兩人一組在典禮會場入口處隨時待命，其中一人持勺柄將清水淋在參拜者的手上，另外一人遞出紙巾讓參訪者將手拭乾。原本參拜順序依次應為工程發包者、來賓、設計監理者、施工者，然而有時會簡化成以參訪者的先來後到順序進行參拜儀式
禮法（敬禮禮法）	典禮中，參加者必須進行的鞠躬敬禮禮法，「磬折（彎腰敬禮）」、「揖（作揖）」、「拜（敬拜）」三種
磬折（彎腰敬禮）	淨化驅魔的「祓除」儀式以及行祝賀詞的時候，上半身向前彎腰40～60度的鞠躬之禮
揖（作揖）	從神職人員接收玉串時行的禮，點頭示意的程度。較為嚴謹的有「上半身向前彎腰45度的深鞠躬」，以及「上半身向前彎腰15度的小鞠躬」之禮
拜（敬拜）	最為正式有禮的鞠躬方式，上半身向前彎腰90度，玉串奉納時所行之禮
拍手	任何人都能自然而然記得的日本獨特行禮方式。雖然行禮方式容易記得，但要注意是否其實沒有用正確的方式而不自知。首先，在胸前雙手手掌相合，右手稍微下滑。接著緩和慢速地將左右兩手掌打開後拍合，再一次打開後拍合，完成兩次之後，右手上滑至原雙手手掌相合之處，再緩和慢速地將雙手放下。並且，手指之間不能張開，兩手肘打開與肩同寬
奉酒	將神壇（奉酒的桌台）上供奉神明的酒，放入包裝盒中，盒子外以奉獻紙（白紙）包裝，並繫上日本紅色繩結「水引」。為了讓所有奉酒的外包裝樣式看起來一致較為美觀，通常都是由施工單位統籌準備。有關奉酒的配置，面向祭壇的右側歸屬於工程發包者，左側歸屬於設計者、施工者

圖2｜上梁儀式的流程

1

屋脊主梁木上，面向鬼門方向立起驅魔的幣串，開始進行上梁儀式

2

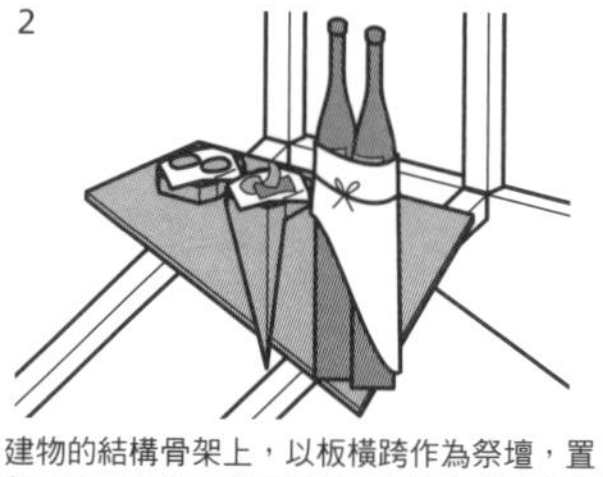

建物的結構骨架上，以板橫跨作為祭壇，置放供品，並以二拜二拍手一鞠躬之禮法行禮

3

柱的四角落底處淋上敬神酒，行清淨之禮

4

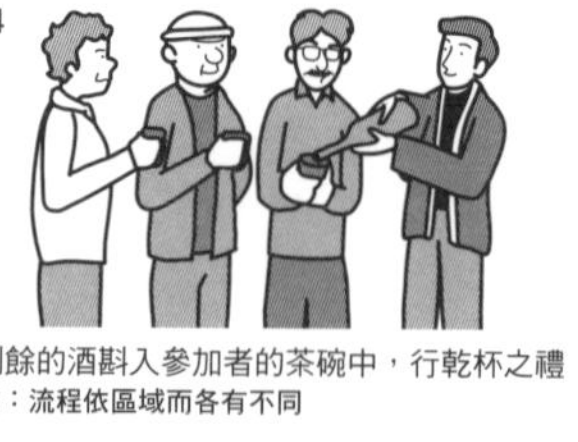

剩餘的酒斟入參加者的茶碗中，行乾杯之禮

註：流程依區域而各有不同

性能

3

性能

隔熱工程 1

隔熱工程應留意以下三要點：

①隔熱材本身應具有百分之百防止低溫氣流的功用。

②應完善收邊讓隔熱工程中的氣密層之間沒有間隙，確保極佳的氣密性

③結構材的隔熱構成應考量時間上的長效性，能夠耐濕並不受鏽蝕[表1]。

隔熱工程的基本用語說明如下。

材料

毛氈布狀隔熱材—フェルト状斷熱材

由毛氈布構成的隔熱材總稱，以玻璃棉或岩棉居多。隔熱材具有尺寸可掌握、裁切施工容易、價格低、不燃等特性而廣為使用。可能產生的問題點列舉如下：

①具有高透濕性、保水性，隔熱材若在吸水狀態下，隔熱功能會大幅降低。

②具有透氣性，讓隔熱功能大幅降低。

③具有高柔軟度，施工精準度上的誤差讓隔熱功能大幅降低[表1]。等等，但若可以確實施工的話則沒有問題。

噴覆工法使用的隔熱材—吹込み用斷熱材

為屋頂隔熱工程的噴覆工法（Blowing）主要使用的隔熱材料，如玻璃棉、岩棉、纖維素纖維。這種材料的特點為施工成果的精準度取決於施工者的專業能力。但因為與毛氈布狀隔熱材同樣具有良好吸水性，需同時考量防濕層、結構體換氣、屋頂與天花板中間層換氣的規劃。

板狀隔熱材—ボード状斷熱材

板材構成的隔熱材料，較少設置於結構體的中軸部位，多鋪設於結構體的內側或外側。種類包括擠出式發泡聚乙烯板（保麗龍）、珠狀發泡聚苯乙烯（保麗龍）、硬質聚氨酯發泡板（Urethane foam）、高密度玻璃棉、纖維質纖維等。一般隔熱效果比毛氈狀斷熱材佳[表2]。

現場發泡型隔熱材—現場発泡斷熱材

將聚氨酯系液體在現場發泡並以吹覆方式施作的隔熱工法。因施工容易，適用木造建築，也廣為用於混凝土RC建築。發泡型隔熱材具有起火性，應嚴加注意並防範工程中發生火災[照片1]。

玻璃棉—グラスウール

將融點低的玻璃熔融纖維化製成的玻璃棉隔熱材料，對應使用目的開發出不同型態的玻璃棉[表3、4]，因價廉而廣用。製造業者有MAG-ISOVER K. K.、ASAHI FIBER GLASS Co., Ltd.等。在高隔熱功能住宅工程中，主要使用將原纖維尺寸纖細化至6成左右、空氣保有率高的細纖維玻璃棉（高性能玻璃棉）。同樣為每平方公尺16公斤的材料，細纖維玻璃棉與過去的玻璃棉相較，細纖維玻璃棉的隔熱效能高出1.3～1.5倍。纖維板狀隔熱材料因具耐火性，可做為木造建築、混凝土建築的有效外部隔熱面材，但因為同時具有保水性，需要在外層設置防濕層、通氣層等。也有附帶有把手的玻璃

表1｜施工精準度與隔熱性能

施工狀態		熱貫流率
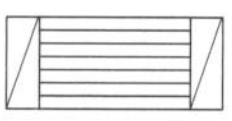	施工良好狀態	0.314（100㎜）
	玻璃棉的尺寸明顯過大，擠壓過度的狀態	0.376（84㎜）
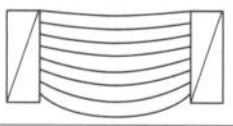	玻璃棉的尺寸過大，兩端推擠過度的狀態	0.686（46㎜）
	玻璃棉的尺寸過小，與柱子之間出線間隙的狀態	0.489（67㎜）

熱貫流率[kcal／㎡h℃]　註（ ）是玻璃棉厚度

表2｜板狀隔熱材

種類				密度（kg／㎥）	熱傳導率（kcal／m. h. ℃）	JIS
發泡塑膠系隔熱材	發泡聚苯乙烯（珠狀）	A級	特號	27以上	0.030以下	A-9511
			1號	30〃	0.032〃	
			2號	25〃	0.033〃	
			3號	20〃	0.035〃	
			4號	15〃	0.037〃	
	發泡聚乙烯板（擠出式）	B級	1類	20以上	0.034〃	A-9511
			2類	20〃	0.029〃	
			3類	20〃	0.024〃	
	硬質聚氨酯發泡板		1號	45〃	0.021〃	A-9514
			2號	35〃	0.021〃	
			3號	25〃	0.022〃	
無機纖維系隔熱材	住宅用玻璃棉隔熱材			10	0.045〃	A-9522
	〃			16	0.039〃	
	〃			24	0.034〃	
	岩棉1號			71～100	0.031〃	A-9504
	岩棉2號			101～160	0.031〃	

照片1｜嚴禁火種

以顏料噴印出「嚴禁火種」的標語，提醒現場人員注意。

一般來說，聚氨酯非不燃材料，施工之後不可進行焊接、焊斷作業。

棉材，提高施工便利性。高隔熱性玻璃棉的纖維尺徑為4～5μ，普通玻璃棉為7～8μ。密度為每平方公尺重量（10、16、24、32、48、64公斤），數值越大，隔熱性能越好。製品包括玻璃棉原始素材，及用防護料包覆的製成品，室內面具有防濕性，室外面或木材邊端斷面具有防風透濕性。

岩棉｜ロックウール

替代具有致癌性的天然石棉，由富含矽酸的礦物（岩石）製成。主要是將安山岩熔解，像棉花糖一樣地從細微的孔中吹出、急速冷卻成為纖維狀，再加工成棉狀的隔熱材料。名稱、用途與石棉相似，但製造方式不同，並且對人體無害。雖與玻璃棉形狀相似，密度40kg/㎥較高。若與16公斤的玻璃棉相比較，岩棉隔熱性較好，耐火性也較高。製品的構成、施工注意事項，皆與玻璃棉相同［表4］。製造業者有NICHIAS Corporation、日東紡（Nitto Boseki株式會社）等。

聚酯纖維隔熱材｜ポリエステルウール

將寶特瓶再製成纖維狀並加工為棉狀隔熱材。也稱作寶特瓶隔熱材。製成品有Perfect Barrier（Endeavorhouse株式會社）等。

羊毛隔熱材｜羊毛断熱材

以羊毛為原料的隔熱材。羊毛與聚酯纖維（四孔中空構造像蓮藕一樣）相互編織，製成捲筒狀的商品「Thermo Wool（Cosmo Project株式會社）」。

纖維素纖維隔熱材（Cellulose fiber）｜セルロースファイバー

由木質纖維紙漿製成的隔熱材料。原料為回收紙箱、報紙等資材，製作成棉花狀的隔熱材料，隔熱性能與其他隔熱材料相同。由於是天然木質纖維，具吸濕、排濕功能，可抑制隔熱材內部發生水氣凝結的狀況。纖維素纖維的隔熱工程，可利用噴覆工法的施工機具施作。［110頁照片2］

軟質纖維板｜軟質繊維板

也稱作絕緣板（Insulation board），木質纖維的主要原料來自森林採伐木材或回收再利用的木材。與纖維素纖維一樣具有優良的吸濕、排濕功能。雖然隔熱性能較不佳，但對人體是最友善的隔熱材料。沒有使用含甲醛接著劑，因此可安心使用。

真空隔熱材｜真空斷熱材

表3｜玻璃棉的種類

形狀		使用部位	抗透濕性	含水性	耐熱耐火性	燃燒氣體	備註
原始素材	捲狀	全	無	有	高	微量	填充鋪設工法 防濕氣密層、透氣層不可或缺
	板狀	牆壁、樓版	無	有	高	些許	嵌入格柵之間的鋪設方式 防濕氣密層、透氣層不可或缺
	片狀球形	全	無	有	—	微量	無間隙噴覆工法
	骰子狀						防濕氣密層、透氣層不可或缺
表面加工	墊狀	全	中	—	高	些許	一般附帶把手，施工容易，需要透氣層
	板狀	樓版下方	小	—	高	些許	嵌入格柵之間的鋪設方式 防濕氣密層不可或缺

表4｜玻璃棉與岩棉

種類	玻璃棉		岩棉
形狀		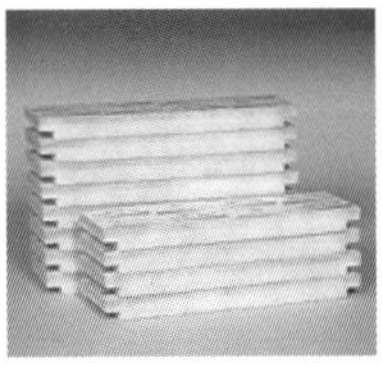	
特徵	玻璃棉中，包括有墊狀（左）、板狀（右）、粒狀。因具有耐火性，板狀玻璃棉使用於木造外牆隔熱或RC造的外部隔熱。粒狀玻璃棉做為噴覆隔熱		岩棉中也包括墊狀（左）、粒狀、板狀（右）。岩棉耐火性高，多使用在鋼構的耐火披覆上

表5｜主要的塑膠系列隔熱材

種類	珠狀發泡聚苯乙烯板（Bead polystyrene foam）	擠出式發泡聚乙烯板（Extruded polystyrene foam）	硬質聚氨酯發泡板（Rigid urethane foam）	發泡聚乙烯板（polystyrene foam）
形狀			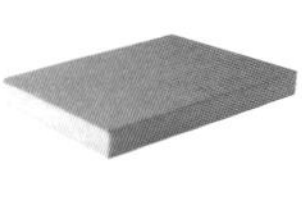	
特徵	所謂的發泡保麗龍。不具吸濕性、吸水性，經年累月幾乎沒有變化。不只限於板狀，可加工成各種形狀	發泡保麗龍的一種。板狀，質輕，具有剛性，熱傳導率小。具有良好的耐水性、耐吸濕性，適用於外牆、外部隔熱	內含將氣體聚集成獨立氣泡的集合體，讓熱難以傳導至內部	與硬質聚氨酯發泡板相同，內含有讓熱難以傳導至內部的微氣泡，具有良好的隔熱性、難燃性

照片2｜纖維素纖維隔熱材（Cellulose fiber）

照片3｜木質纖維板狀隔熱材

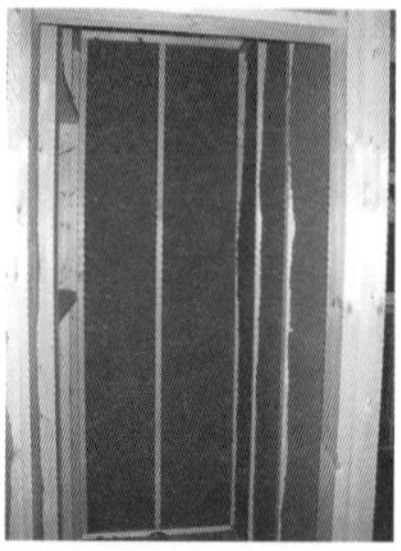

照片4｜碳化軟木

照片5｜酚醛發泡板的氣泡結構

照片6｜已發泡的氨基甲酸乙酯板

以氨基甲酸乙酯或是二氧化矽的細微粉末、玻璃棉等多孔材質的芯材，插入具有優良真空保持度的塑膠或金屬膜中，再以真空密封加工製成的隔熱材。熱傳導率極佳，大約是擠出式發泡聚乙烯板三種的四分之一約0．008W／mK。過去多應用在電冰箱、保溫車輛等，最近也開始研發成住宅建材的隔熱材。

木質纖維板狀隔熱材—木質纖維ボード斷熱材

在德國、瑞士被視為未來環保斷熱材的主流。在日本雖然流通量尚少，預期成為未來主要的環保斷熱材。斷熱性能介於普通玻璃棉16kg／㎡與高性能玻璃棉16kg／㎡的中間，重量約為玻璃棉的10倍，因此熱容量大，可充分發揮做為蓄熱層的功效。若是含有杉木樹皮成分的木質纖維板狀隔熱材，甲醛吸附量多，具有不受白蟻或腐菌影響的優點。內含添加物只有玉米粉約2%，用來當作接著劑［照片3］。

木質小片隔熱材—木質小片斷熱材

利用廢棄木質資材製成的資源再利用隔熱材。不使用接著劑，加壓之後，用PE可熱塑樹脂防護材包覆，製成厚度100公釐的隔熱板。保有木質特有的蓄熱功效。隔熱性能與玻璃棉10kg／㎡相同，附加隔熱的方式順應未來新世代節能環保的基準。以來自全國各地的預製工廠及集成材製造工廠清運出來的刨床屑、鉋盤屑做為製作原料。

碳化軟木—炭化コルク

將軟木以蒸氣加熱，其中樹脂成分硬化製成的隔熱材［照片4］。

珠狀發泡聚苯乙烯材（Bead polystyrene foam）—ビーズ法ポリスチレンフォーム

將主原料的珠狀聚苯乙烯用蒸氣加熱，發泡成形的隔熱材［109頁表5］。依照金屬模具的形狀製成筒狀、箱狀、板狀等各種形式。比起擠出式發泡聚乙烯板（Extruded polystyrene foam），質地軟，偏向緩衝材的性質，黏度也較強，但耐壓性（0.2kgf／f）、耐熱性、耐候性較差。與擠出式發泡聚乙烯板相同，因為是獨立發泡製成，隔熱性、耐水性尚稱優良，但仍遜於擠出式發泡聚乙烯板。雖然耐壓性不好，但因為具有柔軟度，適合使用在木造建築的充填隔熱工法。

擠出式發泡聚苯乙烯材（Extruded polystyrene foam）—押出し法ポリスチレンフォーム

與珠狀發泡聚苯乙烯不同，是將聚苯乙烯與發泡劑、添加劑溶解混合，最常見的是連續擠出成發泡板狀的隔熱材［109頁表5］。苯乙烯系的板狀隔熱材比起珠狀發泡聚苯乙烯，發泡氣泡較細，斷熱性、耐壓性、耐候性較優，抗透濕性較好。獨立性越高，隔熱性能越好。因易於維持形狀，適用於混凝土灌入工法。材料本身的保水性低，耐熱溫度為80℃。製成品有Kane Light Foam（Kaneka株式會社）、Styrofoam（Dowkakoh株式會社）。

硬質氨基甲酸乙酯發泡材（Rigid urethane foam）—硬質ウレタンフォーム

將主要原料聚異氰酸酯（Polyisocyanate）以及多元醇（Polyol）液體原料聚合同時成形的材料。製成品有「Achilles Board」（Achilles株式會社）等。板狀製品，隔熱性能極佳［109頁表5］。

照片7｜玻璃發泡材

照片8｜氣密貼布

照片：日本住環境

照片9｜配管部位以氣密貼布處理的案例

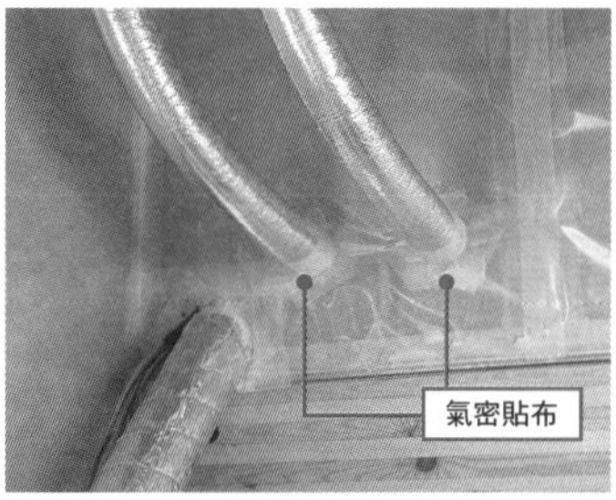

照片10｜氣密包覆材

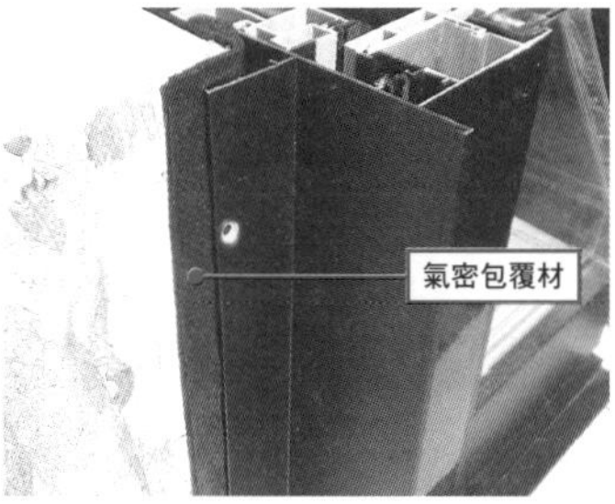

聚苯乙烯發泡材（**Polystyrene Foam**）｜ポリスチレンフォーム

將主原料聚苯乙烯擠出並加熱分解、發泡成形的隔熱材料。獨立發泡樹脂系，柔軟度最佳的隔熱材，被當作空隙充填材、配管包覆材使用。製品有Sunny Light Foam（旭化成株式會社）。

苯酚（**Phenol**）**發泡材**｜フェノールフォーム

將獨立發泡樹脂系的苯酚（Phenol）樹脂隔熱材，以碳氫化合物（hydrocarbons）進行發泡成形的隔熱材，隔熱性能極佳，耐火性優良，歷經長時間產生的變化小，惟抗濕性較低。火災時的安全性在樹脂系隔熱材中最高[109頁表5、照片5]。難燃、熱傳導率低。製成品有「Neoma Foam」（旭化成株式會社）。

照片11｜PE可熱塑樹脂防護膜

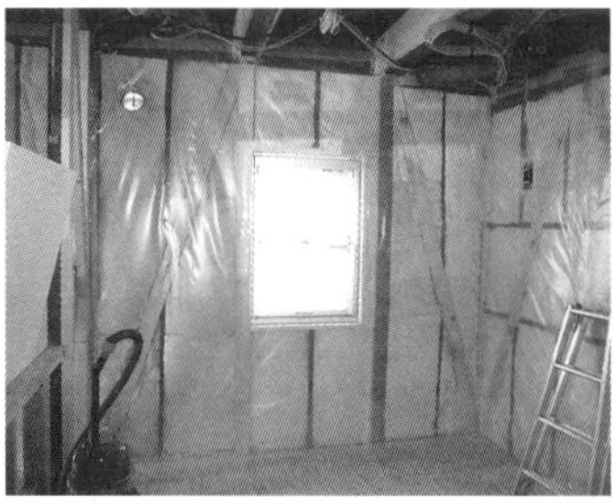

現場發泡氨基甲酸乙酯材｜現場発泡ウレタンフォーム

將硬質氨基甲酸乙酯原料在施工現場發泡的隔熱材。噴覆在鋼構、鋼筋混凝土構造物的內側部位，用來充填隔熱缺損或縫隙部位[照片6]。

玻璃發泡材｜発泡ガラス

將玻璃進行發泡作用製成的隔熱材。透濕性經年累月不變，做為隔熱材時需確認不會受到外力破壞，否則不能使用在永久性的部位。雖然隔熱性能較差，但在耐壓性、耐蝕性、耐蟻害等方面表現優良，對於環境造成的負擔也輕，屬不燃材料[照片7]。

碳酸鈣發泡體｜炭酸カルシウム発泡体

與樹脂進行化學聯結的碳酸鈣獨立發泡體。耐壓性高，具可撓度，無使用部位的限制，可使用在混凝土曲面上。也可以直接鋪設磁磚，屬不燃材料。

隔熱模板｜断熱型枠

在隔熱材上黏接模板，或是斷熱材本身兼具模板的功能，混凝土澆灌之後無需拆模。

熱阻絕連結件｜断熱ファスナー

使用在會發生熱橋現象的金屬構件之間，以熱絕緣體的塑料製作成的連結構件。

防濕氣密防護膜｜防湿気密シート

一般在木造住宅使用ＰＥ可熱塑樹脂防護膜。過去的ＰＥ可熱塑樹脂防護膜非常容易破裂，因此在施工中要特別留意不能留下損傷缺口。現在有不易破裂的厚度0.2公釐的ＰＥ可熱塑樹脂防護膜，或蒸鍍鋁薄膜。市面流通的尺寸尚有寬幅2.7公尺，可提升施工效能並減少接合部位。在防濕層的接合部位，須確保底材交疊的寬度符合規定。一般安裝在隔

圖1｜防濕氣密防護膜的接合處理

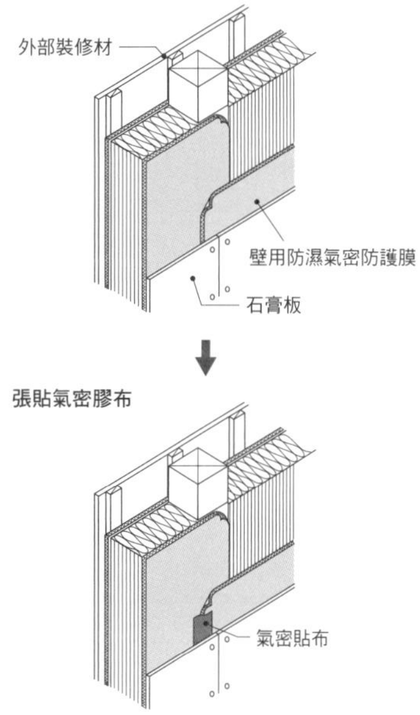

圖2｜熱損失

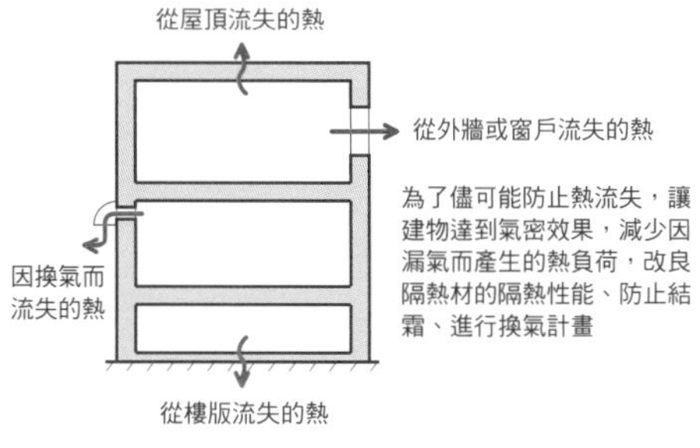

圖3｜隔熱構成

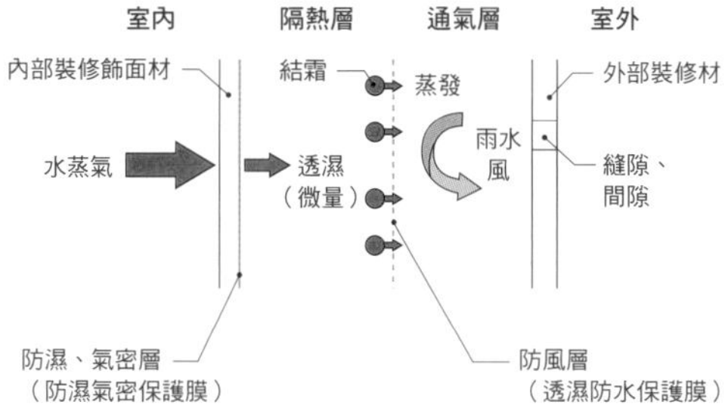

熱材和室內裝修底材間[圖1]。

氣密貼布—気密テープ

直接貼附在木材上的防濕氣密護膜，或是使用在板狀隔熱材的接合部位、窗框、配管、配線等不同質材與零件之間的接合處，用來確保與空氣隔絕的氣密貼布。包括丁基橡膠（Butyl rubber）系列、乙烯—丙烯橡膠EPDM（EPDM rubber）系列、瀝青系列的黏著貼布。使用時氣溫若低，貼布的黏著度也會降低，因此在商品選擇上要留意。如膠帶一樣，不適用於經年累月下來黏著力會降低的物品上[111頁照片8、9]。

氣密包覆墊材—気密パッキン材

含浸過瀝青具有伸縮性的發泡材。用來確保地基與基礎、窗框周圍10公釐以內加壓的縫隙間氣密性。木材乾燥會發生收縮，因此需要使用長時間保持氣密性，並具有可復原性、耐久性的氣密包覆墊材[111頁照片10]。

PE可熱塑樹脂防護膜—ポリエチレンシート

為了防濕氣密，在隔熱材室內側上張貼的防護膜。厚度大約0.2公釐，目前市面流通的住宅專用防濕氣密防護膜產品，品質不易劣化，並符合瑞典的防濕保護膜品質相關基準規定。施工現場對於接合部位的處理，不只使用氣密貼布，也要保留充足的重疊寬度。若有木底材，以合板加壓固定的工作很重要[111頁照片11]。

性能・部位

隔熱結構—斷熱構造

為了減少建物的熱損失[111頁圖2]，隔離樓版、牆壁、天花板或屋頂等空間與外部邊界處的熱的結構。隔熱結構必須連續，同時樓版、牆壁、天花板的氣密化處理也是必要的。隔熱結構的基本構成由內而外依序為：內部裝修飾面材—防濕・氣密層—斷熱層—防風層—通氣層—外部裝修飾面材。原則上內外裝修飾面材不被期待需要具有隔熱・氣密的功能，需與隔熱・氣密工程分開來考量[111頁圖3]。

防濕層—防湿層

設置在沒有抗濕功能的纖維隔熱材室內側，防止室內水蒸氣入侵隔熱材內部[圖4]。原本一般作法將防濕層與氣密層設置在相同位置，用相同材質，最近將防濕層與氣密層分開的隔熱工法（氣密板等）開始普及。防濕層部位使用PE可熱塑樹脂防護膜等。

氣密層—気密層

利用氣密材確保建物整體氣密性的防護層[圖4]。一般來說，防濕層與氣密層大多使用相同的材料，由PE可熱塑樹脂防護膜或合板所構成。漏氣是熱損失的重要因素，對於隔熱工程來說，氣

圖4 隔熱、氣密層的基本構成

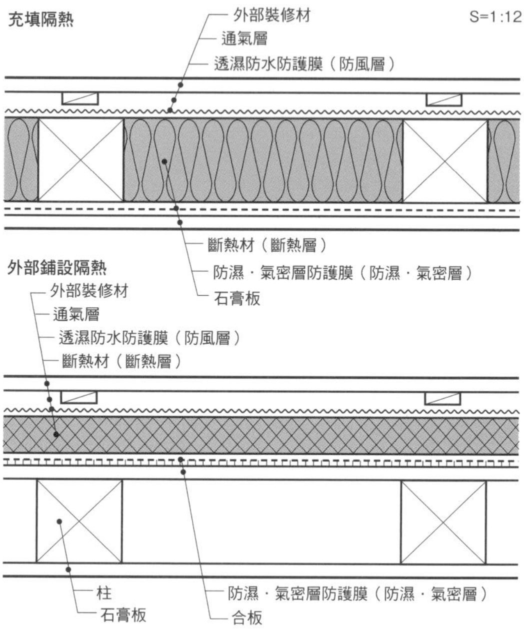

圖5 屋頂與天花板之間的換氣層

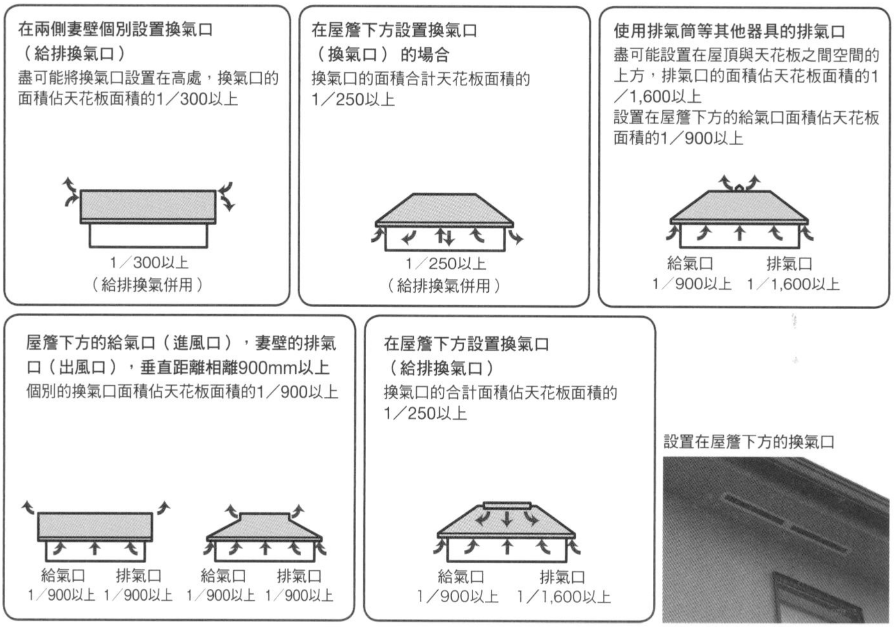

密處理不可或缺。

隔熱層｜斷熱層

利用隔熱材確保建物整體隔熱性的防護層[圖4]。就算在牆壁、屋頂、天花板、樓版、基礎的各部位都設置斷熱層，一旦出現隔熱缺損部位，就會發生熱損失或水氣凝結的情況，因此隔熱工程的施工精密度非常重要。

防風層｜防風層

用來讓隔熱材免受雨水或風影響的防護層[圖4]。若是纖維系隔熱材，需在通氣層上施作防風層。防風層使用防水透濕防護膜或護套板（Sheathing board）合板等板狀防護材料。就算是使用板狀防護材料，也要加鋪防水透濕防護膜。若沒有防風層，來自通氣層的風會灌進纖維系隔熱材中，降低隔熱效果。若外部鋪設的是塑膠系隔熱材，則不需防風層，但必須在隔熱材的外側鋪設防風防水透濕的防護膜。僅有天花板等部位因隔熱材不會直接承受風壓，因此省略防風層。

通氣層｜通気層

為了保持隔熱材或結構材的通風乾燥狀態，而讓空氣流通的保護層[圖4]。包括外壁通氣層、屋頂與天花板之間的換氣層[圖5]、樓版下方換氣層[圖6]等等。外部隔熱若使用纖維系隔熱材的話則必須設置通氣層，用來排解室內水蒸氣、外部侵入的水分，抑制構材發生腐蝕、鏽蝕的情形。木結構梁柱（軸組）工法中，樓版下方或室內產生的大量水蒸氣會入侵牆壁，因此需要通氣層來引入外部空氣，排出內部水蒸氣。但是在阻止空氣流通的高氣密工法中，侵入牆壁內的水分量少，因此通氣層僅需數公釐的厚度即可。

停止氣流工法｜気流止め

不讓外牆與室內隔間牆內部的熱流失的工法[圖7、8]。過去的木結構梁柱（軸組）工法中，外牆內部、室內隔間牆內部、樓版下方、天花板與屋頂之間的空間都是連續的，冷空氣一旦侵入，室內的熱即會流失。為了防止熱流失，不只需設置氣密層，也要讓空氣停止流通，因此在外牆、樓版下方、天花板等接合部位設置讓空氣停止流通的獨立空間。

充填隔熱｜充填斷熱

將毛氈狀隔熱材、板狀隔熱材嵌入樓版格柵或間柱（牆骨）等底材之間的隔熱工法。也稱內嵌工法、內部隔熱工法[圖4、114頁圖9、11、照片12]。無論是縱向間柱（牆骨）工法或橫向間柱工法，都需要事先鋪設防護膜，施作在地基、圍梁、簷桁，與外壁氣密防護膜的重疊部位要超過10公釐。不能勉強塞進尺寸過大的隔熱材，也不能使用尺寸不足的隔熱材而產生縫隙，充填隔熱的施工精細度很重要[108頁表1]。氣密施工困難度高，若用氣密板等材料可大幅提高施工便利性。

外部包覆隔熱工法｜外張り斷熱

適用木造或輕量鋼骨的結構體、熱容量小的小規模建物，以隔熱、氣密層包覆結構體外部的隔熱工法[114頁圖10、11]，也簡稱外隔熱，但不是正確的說法。不允許有隔熱缺陷、熱橋現象造成的結露、水氣凝結的狀況發生。在結構上鋪設發泡塑膠系隔熱材或高密度玻璃棉等板狀隔熱材，也有在結構體外側安裝木框並嵌入玻璃棉等纖維系隔熱材的方式。雖然施作成本較高，但對於單純形體的住宅來說，是容易施作的氣密工程，並可以達到極高的隔熱效果。同時，考量到火災時防止延燒，會在結構用合板等

圖6｜樓版下方的換氣方法

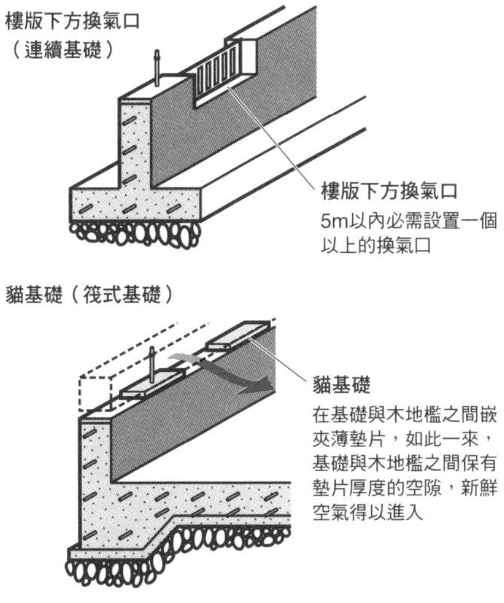

圖7｜阻止氣流工法（氣密保護膜）

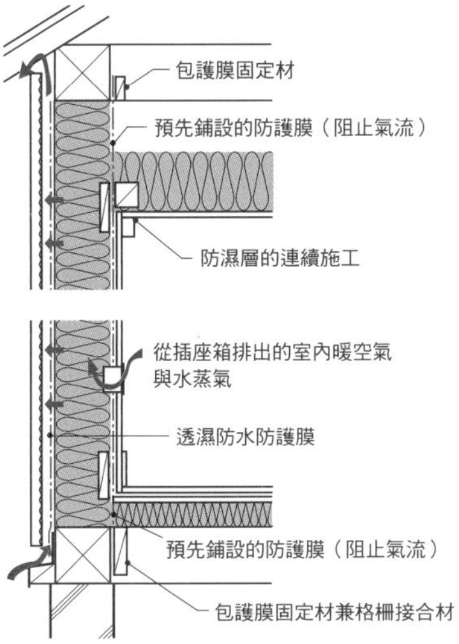

圖8｜阻止氣流工法（氣密板）

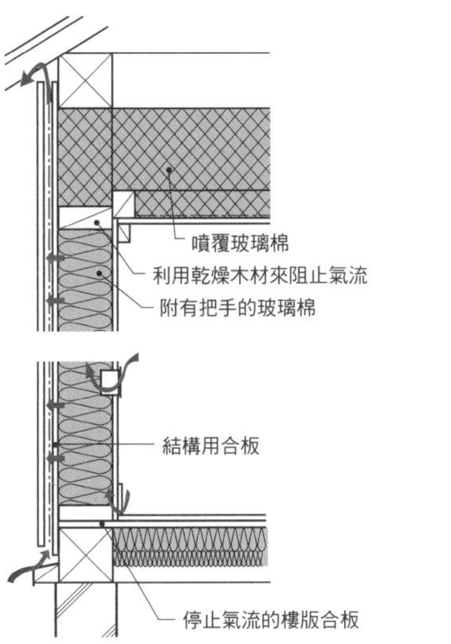

圖11 內側隔熱、外側隔熱的優缺點

①外側隔熱

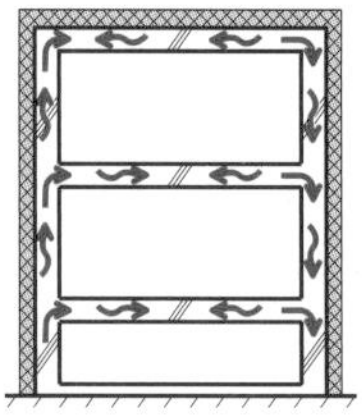

主體結構本身是蓄熱層，因此空調效果出現需要時間較長。冬季的外部冷氣、夏季的外部熱氣不容易傳導至室內，就算空調關閉之後，室溫也顯少變化

②內側隔熱

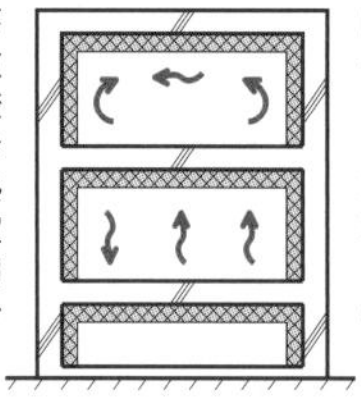

隔熱材的設置在內側，空調效果出現需要時間較短。但冬季的外部冷氣、夏季的外部熱氣會藉由混凝土傳導至內部，為隔熱材與結構主體間發生結露、發霉等的起因

圖9 充填隔熱

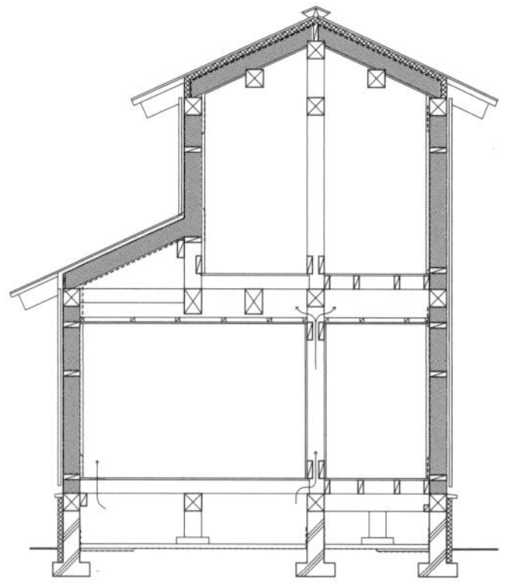

照片12 充填隔熱

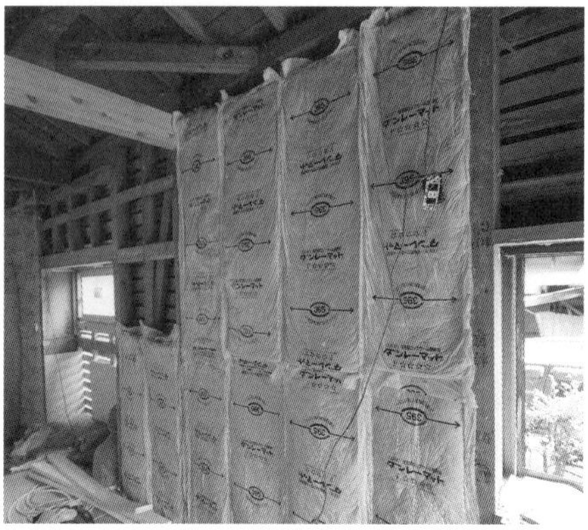

圖10 外部包覆隔熱

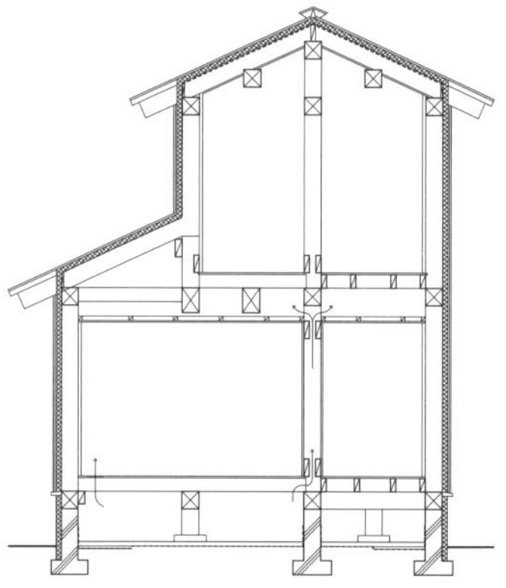

的板內部或牆體內部施作防火加工。此外，雖然有僅以氣密貼布將板狀隔熱材相接合的施作方式，但氣密貼布會隨時間發生剝離、品質劣化的狀況，因此建議外部包覆隔熱工法中不要省略鋪設氣密防護膜。

附加隔熱工法—付加斷熱

在基本隔熱層的內側、外側，附加隔熱補強材的工法[圖12]。若是使用在充填隔熱工法，於4吋（120公釐）角柱（正方柱）上，以及外壁承重力問題較少的範圍（厚度30公釐），附加隔熱補強材，增加厚度合計150公釐。

內側隔熱—內斷熱

鋼筋混凝土RC造或混凝土空心砌塊造等建築，在熱容量大的主體結構「內側」鋪設隔熱材的工法[圖13、14]，有時也稱作木結構充填隔熱工法。鋼筋混凝土RC結構的內側隔熱施作，使用塑膠系板狀隔熱材與聚氨酯現場發泡板兩種隔熱材種類。因為RC結構會出現熱橋現象，因此需在與外壁相接的樓版等部位施作隔熱補強作業。

外側隔熱—外斷熱

鋼筋混凝土RC造或混凝土空心砌塊造等建築，在熱容量大的主體結構「外側」鋪設隔熱材的工法[圖13、14]。就算多多少少有隔熱缺損或熱橋現象，也不致於發生結露、水氣凝結。

外牆的外側隔熱工法，若是在法定耐火建築、自主耐火建築的場合，需使用日本國土大臣認定的外側隔熱工法或是「不燃隔熱材與不燃外壁材的組合」，一般使用塑膠系板狀隔熱材、纖維系隔熱材。若是使用纖維系隔熱材，鋼筋混凝土RC結構因為本身具備防濕氣密防護層，則不需施加防濕氣密防護膜，但原則上會設置防風層或通氣層，做為隔熱材內部結露或漏水的防止對策。假如無防火上的限制條件，所使用的外裝材料若沒有到達法定標準，改用聚氨酯現場發泡板也可以。與內側隔熱一樣，在會發生熱橋現象的部位，適當地施以隔熱補強工法。

樓版隔熱—床斷熱

在樓版格柵之間或是地梁之間嵌入隔熱材的隔熱工法[116頁圖15]。隔熱材的重量每平方公尺可達數公斤，因此需要穩固的隔熱支撐材。此外，若是由樓版下方換氣，則在樓版隔熱材外側施作防風層，讓冷空氣不會入侵。要注意和式房間需像洋式房間一樣，樓版高程不一致的地方的隔熱層需要相連接，單元浴室（譯者註：事先在工廠製成，將天花板、浴缸、樓版、牆壁一體成形的浴室，只需搬進施工現場並安裝）的樓版下方作隔熱處理等。若是在二乘四材工法中的樓版格柵間置入隔熱材的話，使用高密度玻璃棉會有很好的效果。

基礎隔熱—基礎斷熱

在基礎外側、內側，或是兩側鋪設隔熱材的隔熱工法[116頁圖16]。由於樓版隔熱工法的隔熱支撐施作耗工，樓版下方換氣的效果不彰等問題，取而代之的是於基礎外側進行隔熱處理，讓樓版下方的熱可以傳導至室內。基礎組立部位的隔熱處理原則上以外側隔熱為主，用具有透濕性，保水性低的塑膠系發泡隔熱材。樓版下方空間的溫度環境與室內空間相同，在樓版下方配置管線不僅容易維護設備，也無需擔憂各種管線遇冷發生凍結的情形。

但因為隔熱材有可能發生白蟻侵蝕的情形，應制訂因應對策，例如使用含防蟻藥劑成分的塑膠系板狀隔熱材，或是玻璃棉板狀隔熱材等。若是屬於地下水位高的基地，地下水恐有讓熱流失的疑慮，因此防濕混凝土上應該全面施作塑膠系隔熱材。

天花板隔熱｜天井斷熱

天花板的隔熱工法［116頁圖17］。天花板的隔熱施工，可能因為吊筋，或是天花板傾斜不平等原因，施工空間上產生較多問題，後因發展出噴覆工法，得以有效解決。進行天花板隔熱處理時，可將外牆的防濕PE可熱塑樹脂防護膜延伸鋪設至桁，並在防護膜上方打釘。需在室內隔間牆上，先行鋪設防止氣流的保護膜（PE可熱塑樹脂防護膜），再於天花板面上鋪設防濕膜，並將隔熱材充填其上。天花板與屋頂之間的空間，因為有天花板吊筋或木板等交錯其中，因此適用纖維素纖維隔熱材、玻璃棉等可用噴覆工法施作的隔熱材。

天花板隔熱要注意，因換氣系統用配管或非隔熱規劃區域較多，配管及沒有披覆隔熱材的部位會發生結露現象。此外，嵌燈等埋設於天花板內的照明器具周圍部位的隔熱、氣密處理也需要特別留意。

桁上隔熱｜桁上斷熱

在木造住宅的桁上施作氣密、防濕層，並進行隔熱處理的工法［116頁圖18］。桁上隔熱工法的優

圖12｜附加隔熱工法

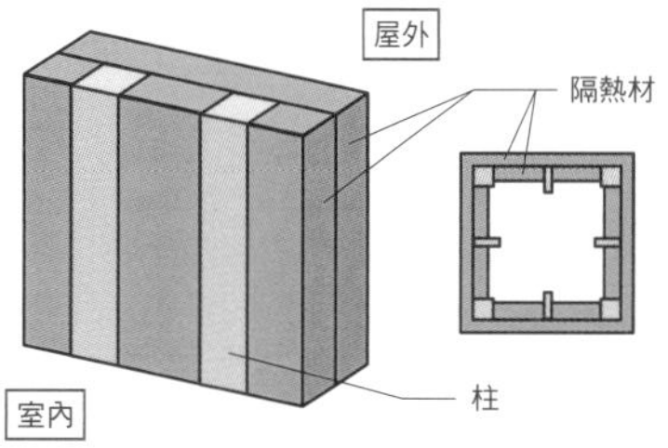

將外部包覆隔熱工法與充填隔熱工法合併施作。
適合寒冷地區

圖13｜隔熱補強工法的範例

①平面圖

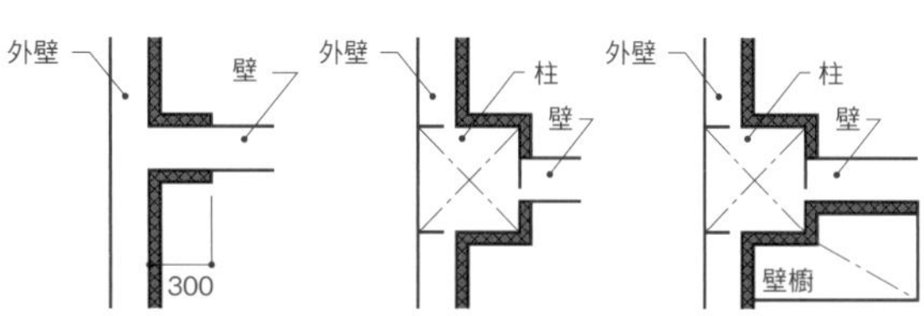

若內牆直接與外牆連接，在轉折部位施作隔熱處理300mm

若有柱子的話，轉折處的內牆面無需施作隔熱處理

若有壁櫥的話，壁櫥的壁面、樓版面需施作隔熱處理

②剖面圖

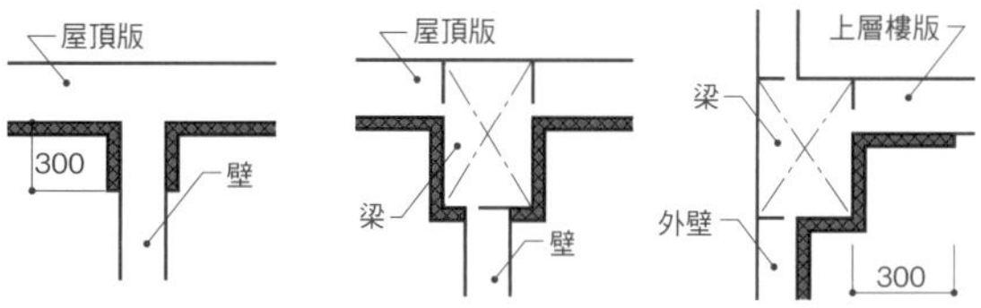

牆壁若直接與屋頂版相接的話，在轉折部位施作隔熱處理300mm

若有柱子的話，轉折處的內牆面無需施作隔熱處理

圖14｜鋼筋混凝土RC結構隔熱與隔熱補強

內側隔熱工法

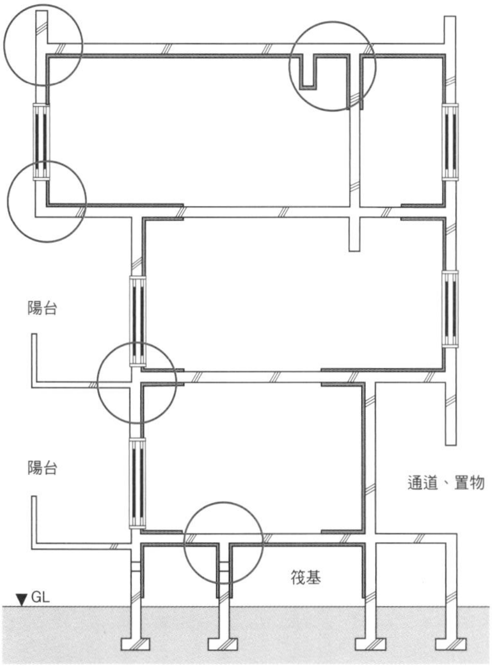

外側隔熱工法

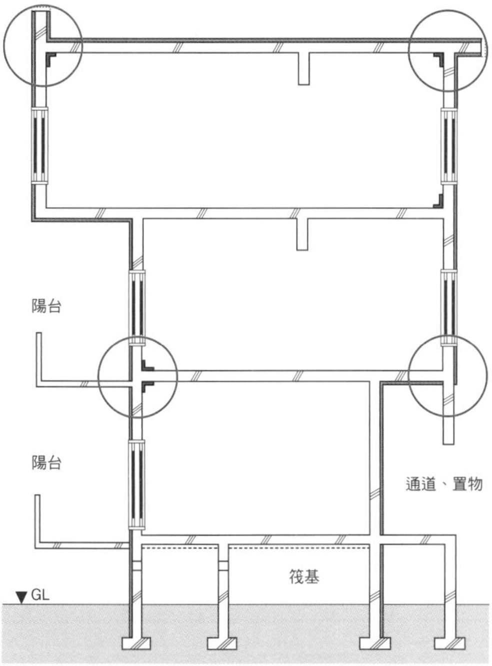

○ 的部位容易發生熱橋現象，需適當地施作隔熱補強工法

依地域區分，隔熱補強的範圍（隔熱補強長度單位：mm）

	Ⅰ地域	Ⅱ地域	Ⅲ地域
內側隔熱工法	900	600	450
外側隔熱工法	450	300	200

隔熱厚度

隔熱材	熱傳導率（m. K）	厚度（mm）
玻璃棉10kg／m³相當	0.050～0.046	30
玻璃棉16kg／m³相當	0.045～0.041	30
擠出式發泡聚乙烯材3種相當	0.028以下	25

圖15｜樓版隔熱

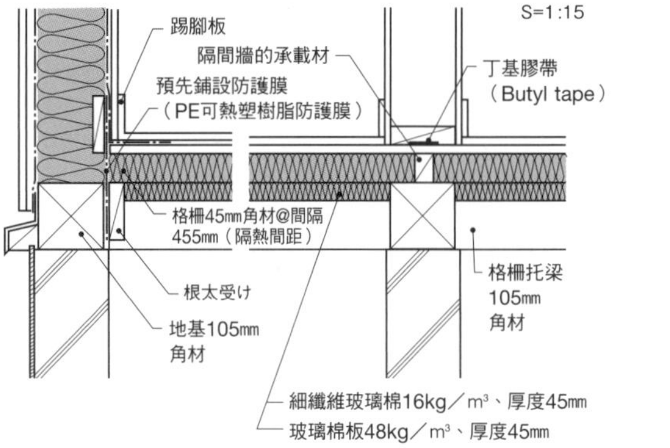

圖16｜基礎隔熱

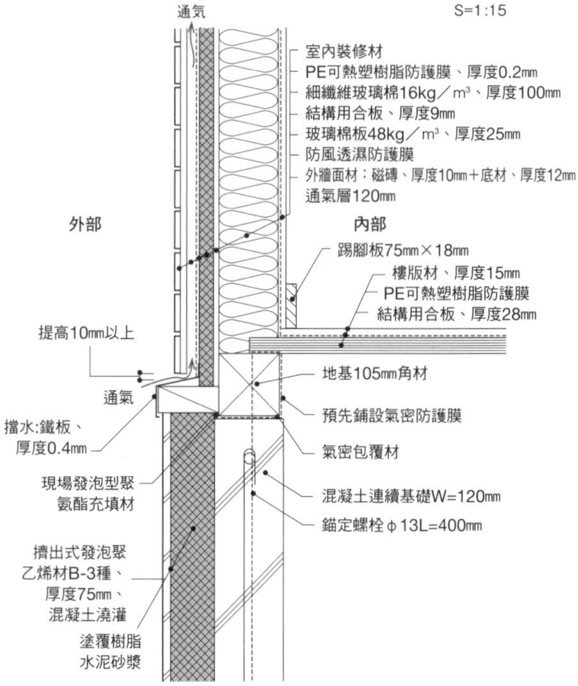

圖17｜天花板隔熱

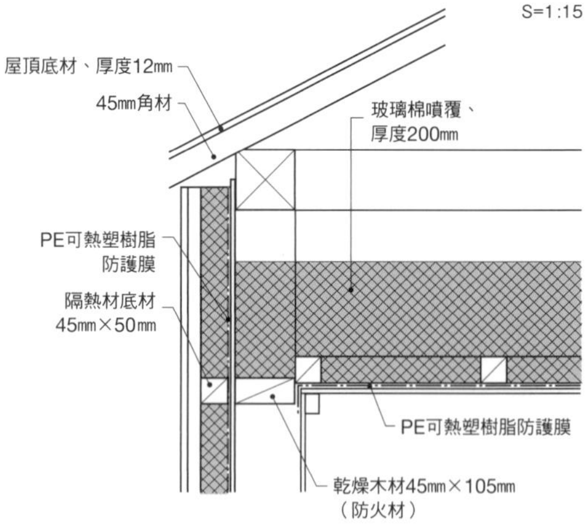

圖18｜桁上隔熱

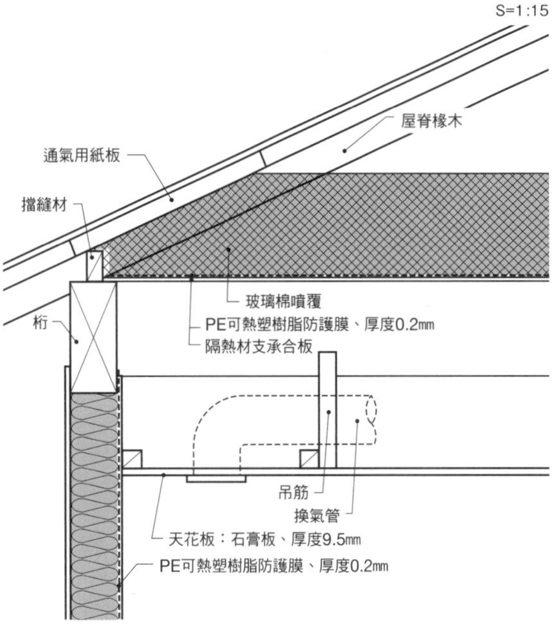

點在於可輕易增加隔熱層厚度，隔熱處理不受屋頂形狀的限制，讓原本需先行鋪設的防護膜、停止氣流工法的施作、配線配管等所需防濕氣密防護膜的修補工作量減少，可視為有效率的工法。

屋頂隔熱｜屋根斷熱

屋頂隔熱工法有將隔熱材充填於屋脊椽木大間距中的充填式屋頂隔熱工法，及在屋頂底板上鋪設隔熱材的外部鋪設屋頂隔熱法[圖19]。在屋脊椽木上方或是椽木之間鋪設隔熱材，且一定要在隔熱材外側設置通氣層及屋脊換氣處理。此外，屋頂與外牆的接合部位的隔熱層、氣密層需做連續處理。高隔熱、高氣密住宅屋頂的熱流失率，約為住宅整體的9％，面積比例小。但若將隔熱材薄層處理，會感受到屋頂、天花板面空氣受到冷卻的下降氣流，構成不舒適的溫度環境。此外，即使已規劃抗夏對策，也要確保隔熱材有充分的厚度。屋頂若以隔熱氣密處理後，可輕易地配置換氣用配管、照明器具、機電配線等，優點多。但因屋頂風量大，應將建物整體熱流失納入考量，一起規劃。

隔熱補強｜斷熱補強

鋼筋混凝土內側隔熱處理時，在容易發生結露現象的外角上或樓版、隔間牆面上設置隔熱材[115頁圖13]。外側隔熱處理時，雖然需施作隔熱處理的部位是與結構體連結的陽台，或外部階梯的隔熱缺損部位內側，因施作上有違常理，應於外側作隔熱處理。

隔熱改修｜斷熱改修

為了改善既有建築的溫度環境，而在建物整體加裝或重新替換隔熱材或高性能門窗等。若是屬於牆壁、天花板、樓版中不含隔熱材的情形，則必須施作新的隔熱、氣密工程，但就算置入了隔熱材，性能效果仍舊不彰的話，可在牆壁內部的基礎或桁的部位，施作阻止氣流工法、附加隔

圖19｜屋頂隔熱

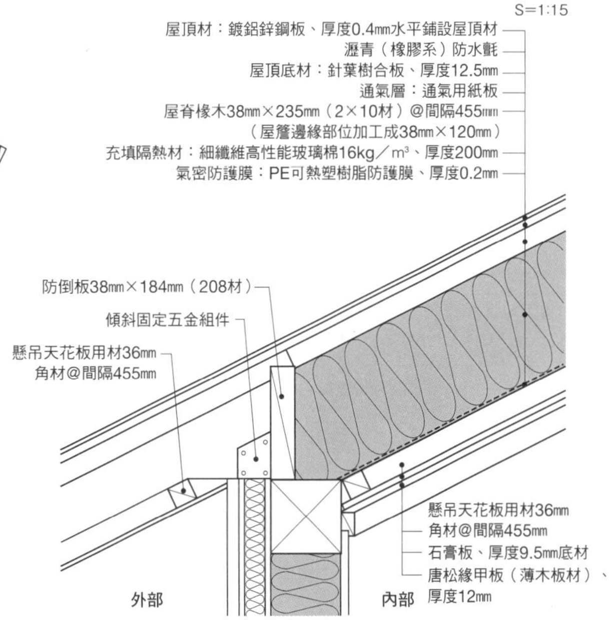

圖20｜板狀氣密隔熱材

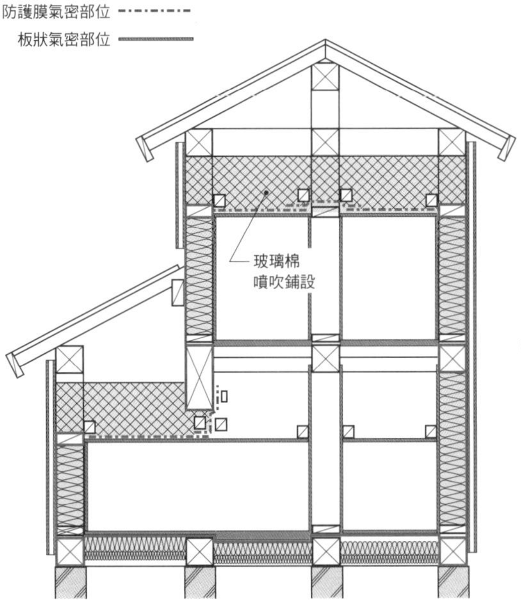

熱材工法等，不但價位低廉，也能提高隔熱效果。

板狀氣密隔熱材｜ボード気密

利用合板來確保氣密功能的工法。由於玻璃棉等的隔熱材外側鋪有合板，將樓版材或外牆結構用面材釘在橫向架材或柱子上，讓氣密層可以連續[圖20]，同時也兼具阻止氣流的功能，又稱作合板氣密法。樓版的氣密處理則是在樓版合板接合部位上貼上丁基膠帶（Butyl tape），讓氣密性連續。外牆的氣密處理，則是在柱、間柱（牆骨）、基礎、桁等的橫向架材上釘上氣密板，讓氣密性連續。若再加上氣密輔助材（厚度1公釐的氣密發泡膠帶或厚度0.5公釐的丁基膠帶），會讓氣密性更為提升。

預先鋪設的防護膜｜先張りシート

為了在一樓與二樓設置連續氣密層而預先施作的防護膜。

透濕防水防護膜｜透湿防水シート

鋪設在纖維系隔熱材的通氣層上，目的用來防止從通氣孔入侵的風、雨水將隔熱材弄濕，同時，也是能將室內水氣排出於外的防護膜[圖21]。

鋪設工法｜張付け工法

利用接著劑、螺栓、釘子等，將板狀隔熱材安裝固定在牆面的施作工法。木造建築的外部隔熱材使用此種安裝方式。

混凝土澆灌安裝工法｜打込み工法

又稱免拆式造型隔熱板混凝土澆置工法，將板狀隔熱材當作調整型模板，藉由澆灌混凝土來安裝。鋼筋混凝土RC結構的外側隔熱處理會使用此種工法。

吹入工法｜吹込み

將散狀隔熱材或是現場發泡隔熱材，藉由蛇管吹入牆壁中的隔熱工法。也有藉由縫隙，流進牆壁中的工法[照片13]。

噴覆工法｜吹付け工法

將發泡隔熱材或散狀隔熱材，噴覆在壁面的隔熱工法[照片14]。

氣密測定｜氣密測定

利用送風機讓建物內外產生溫差，主要是用來測定住宅建築以及建物部分位置的氣密性能。執

圖21｜透濕防水防護膜的作用

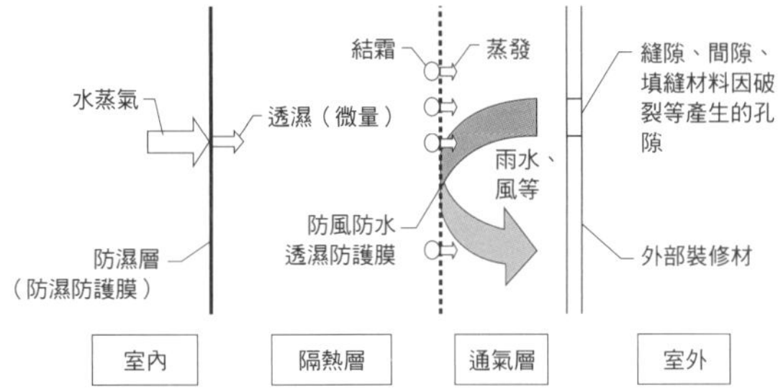

照片13｜吹入工法

照片14｜噴覆工法

行測定工作的專業技術人員稱作氣密測定技師。氣密試驗是對於室內進行加壓或是減壓的試驗，分別稱作加壓法、減壓法。冬天時，若對室內進行加壓，則會引入外氣，而讓室內溫度變低，因此大多使用減壓法[照片15]。

熱傳導—熱伝導

熱能在物體內部傳導（移動）的作用。

熱對流—熱伝達

熱能從物質（空氣）傳達到相連接其他物質面（壁面）的作用。

熱傳輸—熱貫流

熱傳達＋熱傳導＋熱傳達的現象。熱能從牆壁一側的空氣傳達到牆壁，透過牆壁的內部傳導作用，傳達到牆壁另一側的空氣。

照片15｜氣密測定

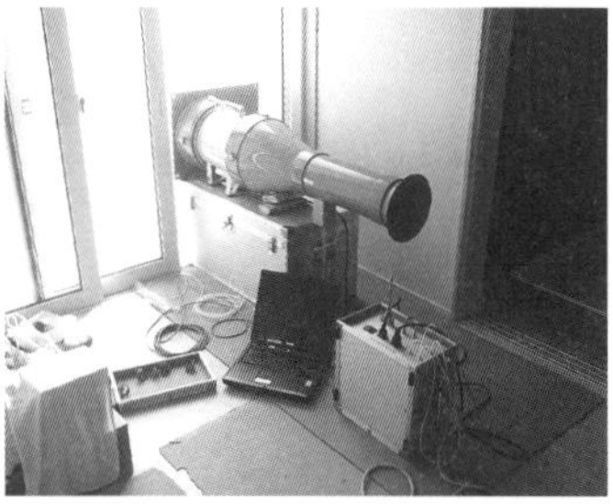

熱阻數值（R）—熱抵抗（R）

表示熱能傳遞困難度的常數數值。通過物體單位面積的熱量和物體兩面溫度差成正比，與熱抵抗數值成反比。由單一物質作成的平板，從其厚度d（m）與熱傳導率λ求得R＝d／λ。單位表示為㎡·K／W或是㎡·h·℃／kcal。

熱傳導率（λ）—熱伝導率

用來表示物體本身熱傳遞容易度的常數數值，是傳熱計算中的基礎數值。數值越小隔熱性能越好。單位標示為W／㎡·K或是kcal／㎡·h·℃。物體兩側若發生1℃溫差時，表示厚度1公尺材料每小時通過的熱量。上述的倒數可稱作熱傳導比抵抗數值（單位：㎡K／W）。乘上隔熱材的厚度，便是熱傳達抵抗數值（單位：W／㎡K），數值越大隔熱性能越好。

表6｜材料的熱數值表

材料名稱	熱傳導率λ W/(㎡.K)
銅	45
土壤（黏土質）	1.5
土壤（砂質）	0.9
土壤（壤土）	1
土壤（火山灰質）	0.5
砂礫	0.62
PC混凝土	1.5
普通混凝土	1.4
輕量混凝土	0.78
混凝土塊體（重量型）	1.1
混凝土塊體（輕量型）	0.53
灰泥石膏	0.79
石膏板、板條板（Lath Board）	0.17
玻璃	1
磁磚	1.3
合成樹脂、亞麻（Linoleum）	0.19
瀝青類	0.11
防濕紙類	0.21
塌塌米	0.15
合成塌塌米	0.07
地毯類	0.08
木材（重量型）	0.19
木材（中量型）	0.17
木材（輕量型）	0.14
合板	0.19
玻璃棉（24K）	0.042
玻璃棉（32K）	0.04
岩棉保溫材	0.042
岩棉噴覆材	0.051
岩棉吸音板	0.064
珠狀發泡聚苯乙烯	0.047
擠出式發泡聚乙烯材	0.037

（節錄自《空氣調和衛生工學手冊第13版》）

熱傳達率—熱伝達率

單位標示為W／㎡K，用來表示熱傳達的容易度，與面積有關。此數值的倒數稱作熱傳達抵抗數值（單位：㎡K／W）。

熱傳輸率—熱貫流率

單位標示為W／㎡K，表示熱能傳輸的容易度。此數值倒數稱熱傳輸抵抗（單位：㎡K／W）。

熱損失係數（Q值）—熱損失係數（Q値）

室內與外部空氣發生1℃溫差時，將建物整體每小時的熱傳輸量（建物流失的熱能）除以樓地板面積所得的數值，數值越小表示建物的隔熱性能越好，單位標示為W／㎡K[圖22]。

圖22｜熱損失係數（Q值）

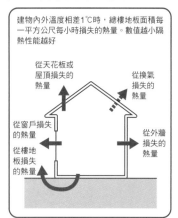

建物內外溫度相差1℃時，總樓地板面積每一平方公尺每小時損失的熱量。數值越小隔熱性能越好

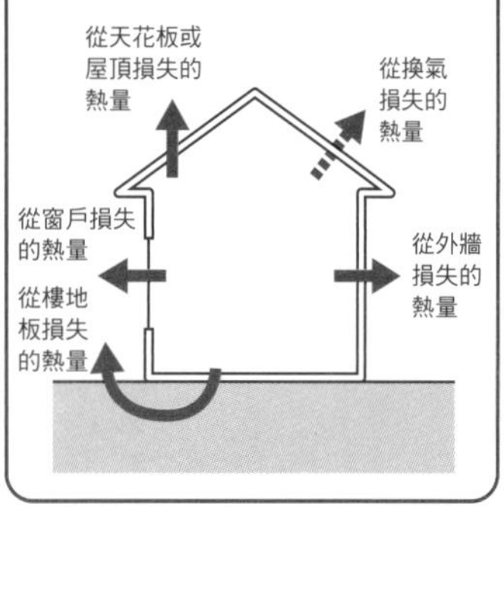

相對間隙面積—相当隙間面積

也稱作C值。表示建物樓版面積每平方公尺有多少平方公分的縫隙面積，用來表示氣密性的數值。依照日本的新世代節能基準規定，地區Ⅰ、Ⅱ是2㎠／㎡以下，地區Ⅲ～Ⅵ則必須在5㎠／㎡以下。但若是5㎠／㎡的話，換氣量會因為風壓的影響而產生很大的變化，冬季時透過間隙進入室內的冷風，恐會造成室內溫度環境的不良影響，因此就算是地區Ⅲ、Ⅳ，也希望相對間隙面積控制在2㎠／㎡以下。

（譯註：地區Ⅰ北海道等地方、地區Ⅱ北東北等地方、地區Ⅲ南東北等地方、地區Ⅳ關東至九州等地方、地區Ⅴ南九州等地方、地區Ⅵ沖繩等地方，請參考最新日本節能法。）

新世代節能基準—次世代省エネ基準

正式名稱為「業主評估住宅建築能源效益標準」。日本於昭和54年（1979年）制定「能源使用效率法」，並在次年由當時的日本建設省（譯註：現為國土交通省編制）發布，做為住宅建築的節能方針。在平成4年（1992年）變更為「新節能標準」，於平成11年（1999年）與14年（2000年）再次修訂，現稱作「新世代節能基準」。其標準範圍不僅侷限於隔熱性能，亦包括氣密性、日照遮蔽與受熱等[表7、圖23～25]。

現象

冷暖氣機負荷—冷暖房負荷

為了提供居住者舒適的室內溫度，而讓冷氣機負荷多餘的室內熱量，由暖氣機負荷流失且不足的熱量，總稱冷暖氣機負荷（空氣調和負荷）。

顯熱—**顯熱**
熱傳導或熱輻射造成的物體溫度變化。以乾球溫度計測度。

潛熱—**潛熱**
乾球溫度計測度不出來的空氣中所含水蒸氣的熱。潛熱受空氣所含水蒸氣絕對濕度影響而改變。

暖房degree-day—**暖房デグリデー**
也稱度日。以18℃為基準溫度，外部空氣溫度在基準溫度18℃以下的溫度差，一年合計的數值。度日數值越大表示越寒冷。

焓（**Enthalpy**）—**エンタルピー**
意指含有水蒸氣的空氣（濕空氣）的總熱量。濕空氣中包括空氣本身所含的熱量（顯熱），以及空氣中水蒸氣所含的熱量（潛熱），顯熱與潛熱合計，即為濕空氣的總熱量。

焓濕圖（**Psychrometric Chart**）—**湿り空気線図**
以溫度與絕對溫度做兩軸，求取空氣相對濕度與總熱量的線型圖表［120頁圖26］，即求得室內空氣

圖23｜日本「新世代節能基準」的概要

	業主的判斷標準（性能規定）			設計、施工的方針（規格規定）	
	A型	B型	C型	D型	E型
隔熱性能	冷暖房（冷暖氣機）負荷的年間基準值	熱損失係數（Q值）的基準值		熱傳輸率（K值）基準	隔熱材的熱阻（R值）基準
			被動式太陽能補正		
開口部性能		夏季日照取得係數（μ值）基準		熱傳輸率（K值）基準與夏季日照取得係數（μ值）基準，或是門窗家具等的規格基準	
氣密性能	相對間隙面積（C值）基準、或是氣密性能的規格基準				
防霜性能	隔熱材的施工（隔熱、防霜）基準				
換氣性能	換氣計畫基準				

註　基準值依地域分區而訂

表7｜日本「新世代節能基準」的主要地域分區

分區	地域
Ⅰ	北海道
Ⅱ	青森縣、岩手縣、秋天縣
Ⅲ	宮城縣、山形縣、福島縣、枥木縣、新瀉縣、長野縣
Ⅳ	茨城縣、群馬縣、靜岡縣、愛知縣、岡山縣、廣島縣、大分縣、琦玉縣、千葉縣、東京都、神奈川縣、富山縣、石川縣、福井縣、山梨縣、三重縣、滋賀縣、京都府、大阪府、兵庫縣、奈良縣、和歌山縣、鳥取縣、山口縣、德島縣、香川縣、愛媛縣、高知縣、福岡縣、佐賀縣、長崎縣、岐阜縣、島根縣、熊本縣
Ⅴ	宮崎縣、鹿兒島縣

圖25｜日本與歐美的節能基準變遷過程

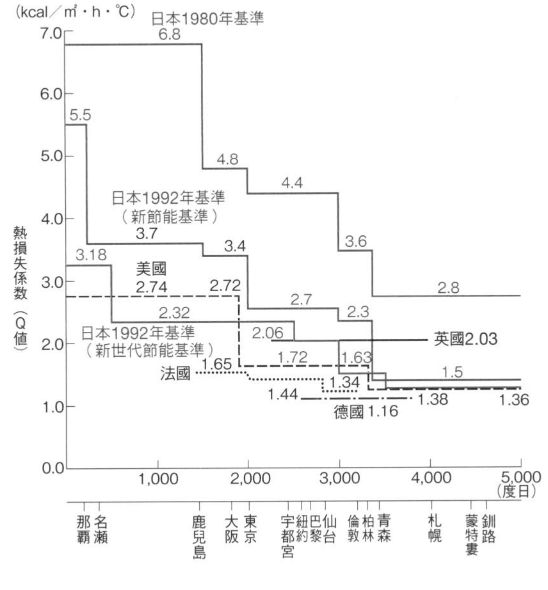

圖24｜日本「新世代節能基準」的分區

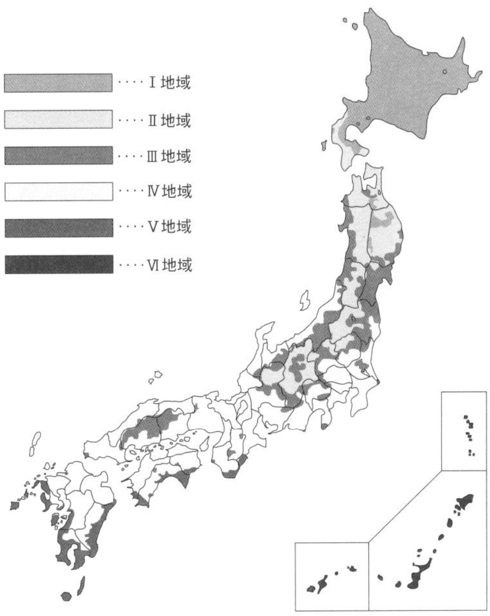

的露點溫度（發生結露溫度）。

相對濕度—相対湿度
也稱溫度關係濕度，通常稱作濕度。空氣所含水蒸氣量依溫度而異，溫度越高水蒸氣量越大，空氣所含水蒸氣量稱作「絕對濕度」。達到露點溫度時水蒸氣量飽和狀態，稱作「濕度100％」。

露點—露点
高溫空氣比低溫空氣含更多的氣態水（水蒸氣）。在固定氣壓下，空氣中所含的氣態水冷卻到某程度的溫度，會達到飽和狀態，再冷卻的話氣態水的一部分會凝結成液態水（露），此時的溫度稱作露點溫度。

露點溫度—露点温度
濕空氣的溫度下降，相對濕度到達100％（飽和水蒸氣）並發生結露現象時的空氣溫度。

熱橋・冷橋—ヒートブリッジ・コールドブリッジ
在鋼構的結構主體中，熱傳導性較高的構件若使用在柱子上，則該部位會成為隔熱的弱點，在冬天（夏天）時，該部位的室內側溫度會大幅降低（上升），因此將該部位稱作冷橋（熱橋）。

圖26｜焓濕圖（Psychrometric Chart）

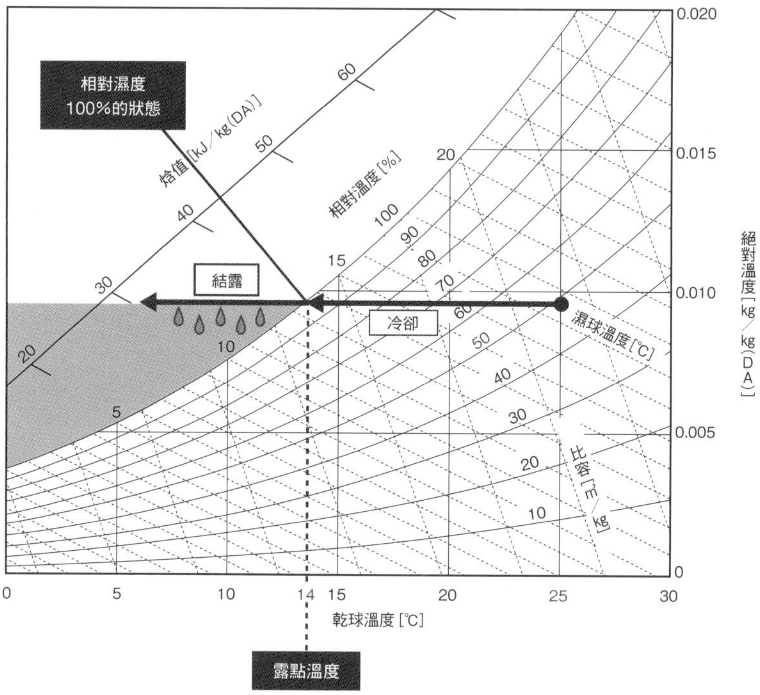

乾球溫度[℃]	一般指「溫度」或「氣溫」
相對濕度[%]	以百分比例來表示空氣中所含的水蒸氣量（水分量）。一般是指「濕度」
濕球溫度[℃]	水自然蒸發（氣化）時的溫度。在普通溫度計的横向處，以濕紗布捲覆的是濕球溫度計
絕對濕度[kg／kg]	空氣中所含水量與乾空氣量的重量比例
焓值[kJ／kg]	表示空氣飽和狀態時的熱量單位。放熱時數值下降，受熱時數值上升
比容[㎥／kg]	含有1kg乾空氣的潮濕空氣容積。比重的倒數

隔熱缺損—断熱欠損
在需要隔熱處理的面，發生施工方面的缺失，或結構上無法施作隔熱處理的部分。

結露—結露
室內空氣（濕空氣）接觸到建材的低溫部位，溫度下降、相對濕度超過100％時，空氣中水蒸氣凝結並附著在該建材上的現象。

表面結露—表面結露
窗戶玻璃或牆壁的表面溫度若低於所在室內空間的露點，室內空氣中水蒸氣凝結並附著在窗戶玻璃或牆壁的表面上的現象。

內部結露—内部結露
室內外溫度不同時，從溫度高的一方滲透進入的水蒸氣到達露點溫度以下，在縫隙或表面上出現些微的結露現象，而讓牆壁或屋頂內側潮濕的情形。特別是牆壁結露現象，稱作壁體內部結露。

冷擊風現象—コールドドラフト
冬季時，窗戶玻璃溫度降低，空氣比重變大，形成下降氣流，處於樓地板上的人體體溫下降。

熱輻射—輻射熱
不藉由物質，而是用熱輻射線的熱傳方式，太陽以放射熱的方式讓地球溫暖。舉例來說，有如紅外線電暖爐的供熱取暖方式。

低溫輻射—低温輻射
亦稱冷輻射。靠近低溫物體時，人體的輻射熱被吸收，因為沒有反射熱，人體的體感溫度下降。

毛細孔現象—毛管現象
也稱作毛細管現象。在狹小空隙中，非重力作用而發生水分等液體滲透濕潤的現象。纖維系隔熱材的含水狀態屬於此種現象。

透濕抵抗—透湿抵抗
水蒸氣穿透力，透濕係數越小，透濕抵抗作用越大。充填隔熱工法施作時，建議牆壁內側使用透濕抵抗高的材料，牆壁外側使用透濕抵抗低的材料。

透濕係數—透湿係数
以各材料實際使用厚度來表示水蒸氣的通過量。水蒸氣量是指材料兩側水蒸氣壓是1 Pa時，單位面積每1平方公尺的每小時水蒸氣通過量。

性能

防水工程 2

防水工程的施工方式種類很多，需視施作部位、狀況做適度的應變。[125頁表2、3]

材料

瀝青防水層—アスファルト系防水層

以瀝青系列材料施作防水層，工法包括熱熔工法、噴槍烘烤工法、常溫工法、複合式工法等。

加硫橡膠防水層—加硫ゴム系防水層

使用防水鋪料的防水工法中的一種，使用加硫橡膠製作而成的防護鋪料來進行防水層的施作。

非加硫橡膠防水層—非加硫ゴム系防水層

使用防護鋪料的防水工法中的一種，使用非加硫橡膠製作而成的防護鋪料來進行防水層的施作。最近因為比較不常使用，在日本「公共建築工事基準仕樣書（譯註：公共建築工程基準規格書）」中已被刪除。

聚氯乙烯樹脂防水層—塩化ビニル樹脂系防水層

以防護鋪料施作的防水工法之一，使用聚氯乙烯樹脂製成的防護鋪料施作防水層。

熱塑形彈性系列防水層—熱可塑性エラストマー系防水層

以防護鋪料施作的防水工法之一，使用熱塑形彈性系列（TPE，主要是聚烯烴系，Polyolefin）製成的防護鋪料施作防水層。

乙烯／醋酸乙烯酯共聚物防水層（ethylene-vinylacetate copolymer）—エチレン酢酸ビニル樹脂系防水層

以防護鋪料施作防水工法之一，使用乙烯／醋酸乙烯酯共聚物成分製成的防護鋪料施作防水層。

氨基甲酸乙酯橡膠防水層—ウレタンゴム系防水層

以防護膜塗料施作的防水工法之一，或是使用超快速硬化氨基甲酸乙酯橡膠系列製作而成的防護鋪料來進行防水層的施作。

橡化瀝青防水層—ゴムアスファルト系防水層

以防護膜塗料施作的防水工法之一，使用橡化瀝青塗料、或是橡化瀝青防護鋪料、以及前項兩者組合方式來進行的防水層施作。此種防水層與底材的密著度高，就算局部受損，防水層與底材間也不容易滲入雨水為其特色。

丙烯酸橡膠防水層—アクリルゴム系防水層

以防護膜塗料施作的防水工法之一，使用丙烯酸橡膠成分防水材料施作而成的防水層。

FRP防水層—FRP系防水層

以防護膜塗料施作的防水工法之一，使用聚酯樹脂成分的防水膜塗料施作而成的防水層。

聚合物水泥防水層—ポリマーセメント系防水層

一般稱水泥防水層，將聚合物分散體（Polymer Dispersion）與水硬性的無機粉末混合，水泥產生水化反應凝固成防護膜工法。

矽酸鈣防水塗料—ケイ酸質系塗布防水

相同材料的水溶性成分浸透滲入底材的混凝土內部，混凝土空隙中產生新的矽酸鈣水合物，充填於混凝土空隙，達防水的效果。

水泥砂漿防水—モルタル防水

將防水材料混合攪拌於水泥砂漿中，用鏟子塗抹在混凝土底材上做為飾面的工法。施工品質易受到外部氣溫的影響，澆灌完成的混凝土性能也會影響防水功效。

不燃屋頂瓦片—シングル葺き

屋頂鋪面材的一種，材料包括瀝青、不燃無機質粉末及合成樹脂等。一般是在附有黏著面的改良式瀝青防水氈鋪設完畢後貼覆的作法。[照片2]

照片1　FRP系防水層

角落緩衝材—コーナークッション

在防水層上澆置混凝土保護層，為防止施作混凝土保護層時壓迫到矮牆面上的防水層並發生損傷，因此在陰角部位的防水層表面安裝保麗龍或保麗龍成型材。

邊角條（Cant Strip，倒角材）—キャントストリップ材

安裝在底材的陰角部位，用來形成倒角的成形材，使用在瀝青系列防水層的熱熔工法，大多使用硬質氨基甲酸乙酯發泡板，僅適用於防水層外露的情況。

絕緣防護墊料—絕緣用シート

為了防止防水層與混凝土保護層之間相互密著，而在防水層上敷設PE可熱塑樹脂防護墊料，或聚丙烯片材防護墊料[照片3]。

照片2　不燃屋頂瓦片

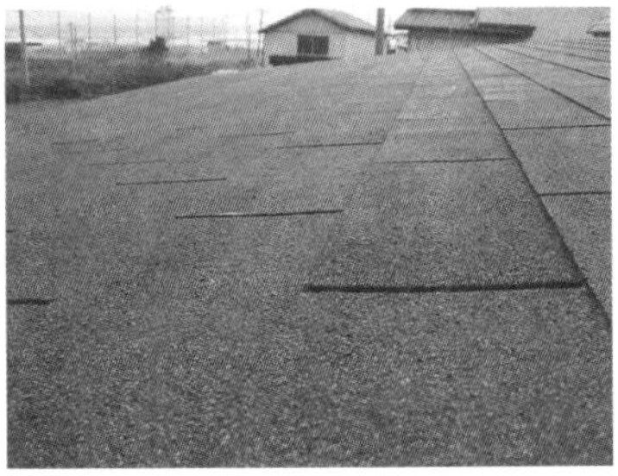

照片3｜屋頂用隔熱板與絕緣用防護墊料

圖1｜陽台的矮牆等立起部位的處理範例

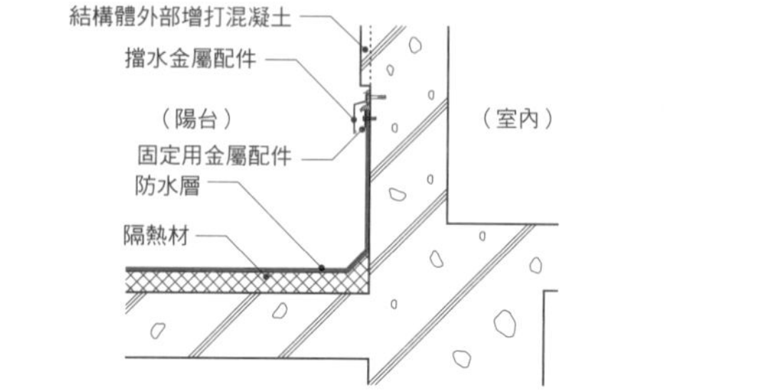

圖2｜（矮牆）頂部金屬橫遮板（比例S=1：20）

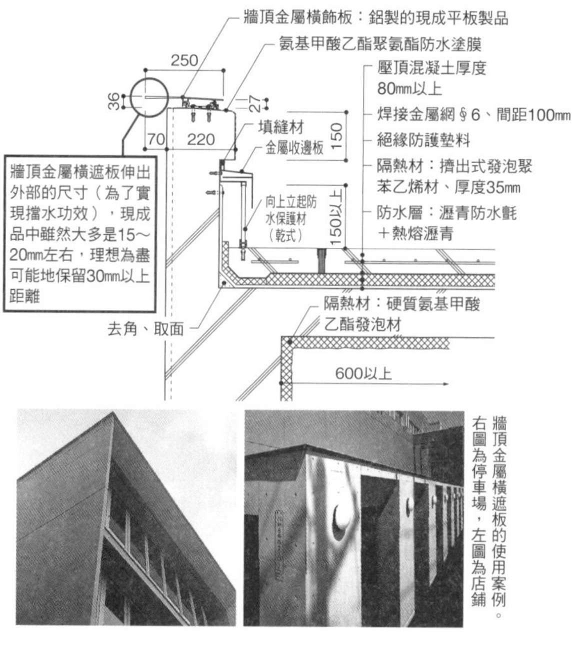

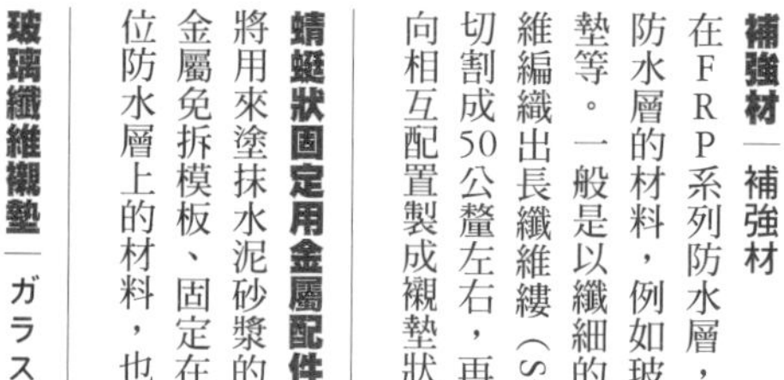

牆頂金屬橫遮板的使用案例。右圖為停車場，左圖為店鋪

透氣緩衝防護膜—通気緩衝用シート

防護膜塗料防水工法中，為了減少因防水層損傷或底材潮濕而發生防水層膨脹隆起的現象，因此在塗上防護膜塗料之前，將使用在溝槽或附有孔洞的聚乙烯壓條加工而製成的防護墊料材鋪設在最底層。

外露式屋頂防水材打底—露出用ルーフィング

瀝青防水層的外露工法中，用來鋪設於屋頂上，做為最上層飾面材的防水底材。在熱熔工法中，使用砂質防水底材，或是抗拉油毛氈等。在烘烤工法、噴槍工法中，使用外露式的改良瀝青防水氈。在常溫工法中，使用附有黏著面的砂質屋頂防水底材。

底材處理—下地処理材

在防護墊料防水工法中，依防水材料的種類、工法不同進行調整時用的材料，此舉為了讓ＡＬＣ板粗糙表面呈現平滑。在施工現場將合成樹脂乳膠混入水泥中，製成聚合物水泥糊，再混入聚合物水泥砂漿，也有預拌的做法。

硬化促進劑—硬化促進剤

在防護膜塗料防水工法中，為了促進塗覆料的硬化作用，混合在防水材料中的藥劑。

油毛氈系列—ルーフィング類

瀝青防水工法用的材料，是瀝青防水氈、抗拉油毛氈、砂質油毛氈等所有屋頂防水底材的總稱。

屋頂防水毯—ラグルーフィング

瀝青防水氈等紙質系列的屋頂防水打底材。使用於瀝青防水的熱熔工法，以回收紙做為原始材料，含浸於瀝青中加工而成的屋頂防水底材。

穿孔屋頂防水材打底—あなあきルーフィング

將瀝青浸濡、包覆不織布所製成的屋頂防水底材，並依規定尺寸在上面打洞，使用於絕緣工法的最底層。

附黏著層的屋頂防水材打底—粘着層付きルーフィング

將瀝青浸濡、包覆不織布，並在內面安裝橡化瀝青黏著層所製成的屋頂防水底材。若以條狀安裝，也可稱作自黏式絕緣用油毛氈，使用在絕緣工法的最底層。

補強布—補強布

在防護膜塗料防水等工法中，用來補強防水層所使用的材料，包括玻璃纖維、聚酯纖維、維尼綸等合成纖維的織布或不織布等。

補強材—補強材

在ＦＲＰ系列防水層，用來補強防水層的材料，例如玻璃纖維襯墊等。一般是以纖細的短玻璃纖維編織出長纖維縷（Strand），切割成50公釐左右，再以隨機方向相互配置製成襯墊狀的材料。

蜻蜓狀固定用金屬配件—トンボ

將用來塗抹水泥砂漿的金屬網、金屬免拆模板、固定在矮牆等部位防水層上的材料，也稱夾具。

玻璃纖維襯墊—ガラスマット

將玻璃纖維長度裁切成5公分，如雪片般灑落並以接著劑黏著而成的毛氈布狀製品，也稱玻璃纖維毛氈布。［照片4］

屋頂用隔熱材—屋上用断熱材

以防水層的種類或在防水層上層積出的形狀，區分成發泡聚乙烯板（polyethylene foam）、硬質異氰酸酯泡沫塑料（isocyanate foam）等種類。

固定用金屬組件—押さえ金物

將矮牆等立起部位防水層末端部位固定的組件，為不鏽鋼或鋁製，形狀以山型鋼、角鐵為主。從防水層上端以錨定螺栓固定［圖1、照片5］。

擋水金屬組件─水切金物
使用在矮牆等立起部位防水層的末端，用來防止雨水直接淋濕、或是從上方流入的擋水材料。為不鏽鋼或鋁製，有各式各樣的形狀[圖1、照片6]。

牆頂金屬構遮板─金屬笠木
防止雨水直接從女兒牆頂部入侵而安裝的金屬組件[圖2]。

工法

熱熔式工法─熱工法
瀝青防水層施作所使用的工法。將熱熔之瀝青做為黏結料，積疊兩層以上的瀝青油毛氈。鋪設方式請參照表1。這種工法的使用率約佔全部防水工法的50％。

瀝青防水熱熔式工法─アスファルト防水熱工法
底材以熱熔之瀝青作黏結料積疊多層油毛氈，進行防水層施作的工法[124頁、照片7、圖3]。也稱作瀝青防水工法。

瀝青防水烘烤（噴槍）工法─アスファルト防水トーチ工法
稱作烘烤式工法或烘烤式改質瀝青防水氈工法。使用瓦斯噴槍一邊烤熔，一邊將一層或兩層厚度3公釐以上的改質瀝青防水氈層，疊鋪設製成防水層[124頁、照片8]。

瀝青常溫工法─アスファルト常温工法
底材鋪設一層或兩層附有黏著面的瀝青防水氈，再以滾壓方式使之黏結的防水層施作工法。或在常溫下，將液狀的瀝青系防水材料做為黏結料，將一層至兩層的瀝青防水氈層疊黏結製成防水層。

複合工法─複合工法
施作瀝青系防水層時，將多層防水材料組合、層疊鋪設製成防水層的施作工法。另外，在施作橡化瀝青系防水層或FRP防水層時，是指將多層的不同種類防水材料組合，層疊鋪設製成防水層的工法。[126頁、表4]

合成橡膠防護墊料防水工法─合成ゴム系シート防水工法
用接著劑將一層的合成橡膠（加硫橡膠或非加硫橡膠）防護墊料鋪設在底材上，再以滾輪加壓方式使之黏結，或以固定用金屬配件來固定的防水層施作工法。防護墊料相互之間的接著，使用黏著劑及貼布狀的填縫材料。

加硫橡膠襯墊防水工法─加硫ゴム系シート防水工法
用接著劑將一層的加硫橡膠防護襯墊張貼鋪設在底材上，再以滾輪加壓方式使之黏結，或以金屬配件固定的防水層施作工法。防護襯墊以黏著劑及貼布狀的填縫材料互相接著。

非加硫橡膠襯墊防水─非加硫ゴム系シート防水
用接著劑將一層的非加硫橡膠防護襯墊張貼鋪設在底材上，再以滾輪加壓方式使之黏結，或是以金屬配件來固定的防水層工法。防護襯墊之間使用黏著劑及貼布狀的填縫材料互相接著。

照片4　玻璃纖維襯墊

照片5　固定用金屬配件

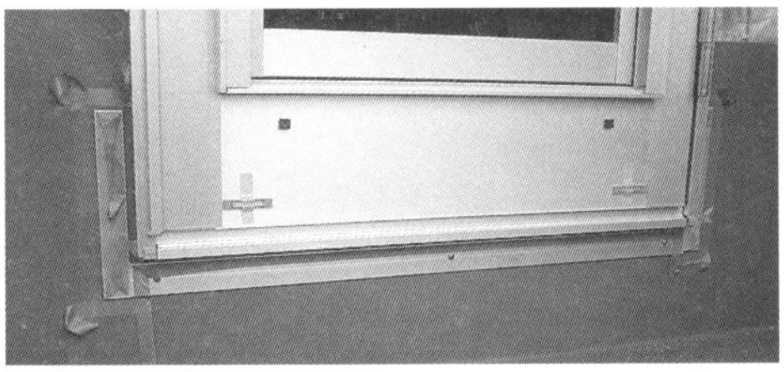

照片6　擋水金屬配件

表1　屋頂防水底材鋪設方式的種類

工法	部位	種類	特徵
瀝青防水氈防水熱熔式工法	平坦部位	熱熔澆置鋪設	全面澆置熱熔瀝青，一邊壓覆一邊推展開來的鋪設方式
		千鳥紋鋪設	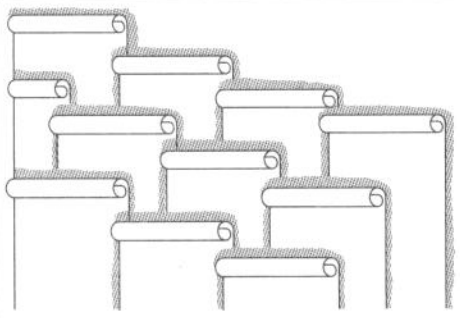 上下層的防水底材避免在同一個位置重疊接合
		交叉鋪設	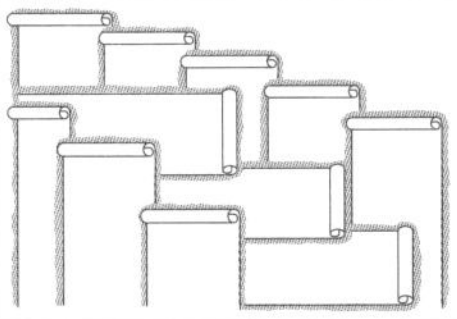 也稱作十字鋪設。最近較不常被採用
		護甲式鋪設	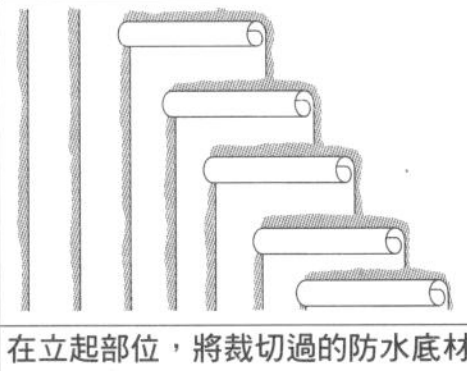 僅適用於單一種類防水底材的鋪設
	熱熔澆置鋪設	立起部位捲筒展開鋪設	在立起部位，將裁切過的防水底材回捲，並在上方澆置熱熔瀝青，一邊壓實，一邊往上方展開的鋪設方式。日本的關西地方不使用此種鋪設方式
		塗佈鋪設	在立起部位，在裁切過的防水底材上塗佈熱熔瀝青的鋪設方式
		刷毛塗覆鋪設	在立起部位，在裁切過的防水底材上以毛刷刷上熱熔瀝青的鋪設方式。日本的關西地方大多使用此種鋪設方式

	聚氯乙烯樹脂襯墊防水（機械式固定工法）	乙烯／醋酸乙烯酯共聚物襯墊防水工法	氨基甲酸乙酯橡膠防護塗膜防水工法
	在矮牆以金屬配件固定	接著劑塗佈	接著劑塗佈
	在平坦部位鋪設聚氯乙烯樹脂襯墊，以及用金屬板狀物固定	補強鋪設	補強鋪設
	以金屬配件固定，以及襯墊的補強鋪設	（確認已塗佈的底漆乾燥與否）鋪設襯墊	在矮牆部位張貼補強布
	在矮牆部位張貼襯墊	保護用聚合物水泥糊塗佈	在矮牆部位塗佈氨基甲酸乙酯防護塗料防水材（第一次）
	在陽角、陰角上黏貼一體成形的轉角磚		在平坦部位鋪設補強布
			在平坦部位塗佈氨基甲酸乙酯防護塗料防水材（第一次）
			在矮牆部位塗佈氨基甲酸乙酯防護塗料防水材（第二次）
			在平坦部位塗佈氨基甲酸乙酯防護塗料防水材（第二次）
			塗上頂層面漆

	合成樹脂系			氨基甲酸乙酯系		
	聚氯乙烯樹脂襯墊接著工法	聚氯乙烯樹脂襯墊機械式固定工法、乙烯	酸乙烯酯共聚物襯墊接著工法	塗佈密著工法	塗佈通氣緩衝工法	吹覆工法
	—	—	○	—	—	—
	○	○	—	○	○	○
	—	—	○	—	—	—
	○	—	—	○	○	○
	—	—	○	—	—	—
	—	—	—	△	—	△
	—	—	○	—	—	—
	○	○	—	—	—	—
	—	—	△	△	△	△
	—	—	—	○	○	○
	—	—	—	—	—	—
	○	○	—	—	—	○
	—	—	○	—	—	—
	△	—	—	○	—	△
	—	—	○	—	—	—
	—	○	—	—	—	○

照片7｜瀝青防水熱熔式工法

圖3｜瀝青防水層的構成範例

1 水性底漆
2 屋頂防水底材
3 瀝青
4 屋頂防水中間材
5 瀝青
6 隔熱板（擠出式發泡聚苯乙烯材）
7 絕緣布

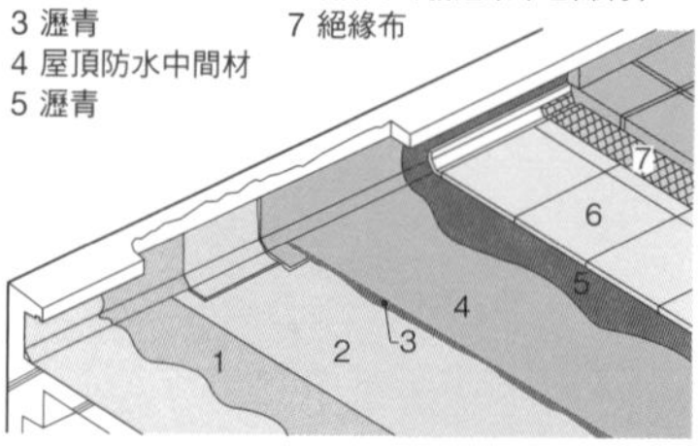

照片8｜瀝青防水烘烤噴槍工法

合成樹脂襯墊防水工法—合成樹脂系シート防水工法
用接著劑將一層的合成樹脂（聚氯乙烯樹脂、乙烯／醋酸乙烯酯共聚物）防護襯墊張貼鋪設在底材上，再以滾輪加壓方式使之黏結，或以金屬配件固定的防水層施作工法。防護襯墊之間使用接著液體或熱熔接著劑互相接著。

聚氯乙烯（Vinyl chloride）樹脂襯墊防水工法—塩化ビニル樹脂系シート防水工法
用接著劑將一層的聚氯乙烯樹脂防護襯墊張貼鋪設在底材上，再以滾輪加壓方式使之黏結，或是以金屬配件來固定的防水層施作工法。防護襯墊之間使用溶解接著液體或熱熔接著劑互相接著。[照片9]

聚烯烴（Polyolefin）襯墊防水—ポリオレフィン系シート防水
用接著劑將一層的聚烯烴防護襯墊張貼鋪設在底材上，以滾輪加壓方式使之黏結，或以金屬配件固定的防水層施作工法。防護襯墊間使用熱熔接著劑互相接著。

乙烯／醋酸乙烯酯共聚物（ethylene-vinylacetate copolymer）襯墊防水工法—エチレン酢酸ビニル樹脂系シート防水工法
用手鏟一邊塗抹聚合物水泥糊（Polymer Cement Paste），一邊將一層的乙烯/醋酸乙烯酯共聚物防護襯墊張貼鋪設在底材上，再以滾輪加壓方式使之黏結，或以金屬配件固定的防水層施作工法。防護襯墊之間使用聚合物水泥糊接著。

襯墊防水工法—シート防水工法
合成橡膠防護襯墊防水工法、聚氯乙烯（Vinyl chloride）樹脂襯墊防水工法、聚烯烴（Polyolefin）襯墊防水工法的總稱。[圖4]

氨基甲酸乙酯橡膠防護膜塗料防水工法—ウレタンゴム系塗膜防水工法
使用補強布，將單一種成分或兩種成分的防護塗膜防水材料，用手鏟層疊塗抹在底材上至指定厚度的防水層施作工法。

超快速硬化氨基甲酸乙酯噴覆防水工法—超速硬化型ウレタン吹付け防水工法
用專門吹覆機具，將含兩種成分的超快速硬化氨基甲酸乙酯噴覆用防水材料，噴吹覆蓋在底材上至指定厚度的防水層施作工法。

表2　防水工法

工法名稱 / 工程	瀝青防水 熱熔式工法	瀝青防水 烘烤噴槍工法	瀝青防水 常溫工法	合成橡膠防護墊料防水接著工法	加硫橡膠襯墊防水（機械式固定工法）	聚氯乙烯樹脂襯墊防水工法
1	瀝青底漆塗佈	瀝青底漆塗佈	瀝青底漆塗佈	底漆塗佈	補強鋪設	接著劑塗佈
2	（確認已塗佈的底漆乾燥與否）補強鋪設	（確認已塗佈的底漆乾燥與否）補強鋪設	（確認已塗佈的底漆乾燥與否）補強鋪設	（確認已塗佈的底漆乾燥與否）補強鋪設	在平坦部位鋪設加硫橡膠襯墊	聚氯乙烯樹脂襯墊張貼
3	瀝青防水氈熱熔澆置鋪設	改良瀝青防水氈鋪設	絕緣用附黏著層（自黏式）改良瀝青防水氈鋪設	（確認已塗佈的底漆乾燥與否）接著劑塗佈	在矮牆部位張貼加硫橡膠襯墊	在陽角、陰角上黏貼一體成形的轉角磚
4	抗拉油毛氈熱熔澆置鋪設	改良瀝青防水氈鋪設	外露式附黏著層（自黏式）改良瀝青防水氈鋪設	合成橡膠防護墊料張貼（加硫橡膠或非加硫橡膠襯墊）	塗覆飾面	
5	瀝青防水氈熱熔澆置鋪設	絕緣墊料鋪設		塗覆飾面		
6	瀝青塗覆（第一次）					
7	瀝青塗覆（第二次）					
8	絕緣墊料鋪設					
9						

表3　各部位適用之防水工程一覽表

防水層的類別		瀝青系						合成橡膠系		
防水工法的類別 / 防水工法的類別		熱熔式工法	烘烤噴槍工法	常溫工法	烘烤噴槍＋熱熔式工法	常溫＋熱熔式工法	常溫＋烘烤噴槍工法	加硫橡膠襯墊接著工法	加硫橡膠襯墊機械式固定工法	非加硫橡膠襯墊接著工法
屋頂非步行區	防護面修飾	○	○	○	○	○	○	—	—	—
防水工法	外露面修飾	○	○	○	○	○	○	○	○	○
屋頂步行區	防護面修飾	○	○	○	○	○	○	—	—	—
防水工法	外露面修飾	—	—	—	—	—	—	—	—	—
屋頂停車場	防護面修飾	○	○	○	○	○	○	—	—	—
防水工法	外露面修飾	—	—	—	—	—	—	—	—	—
屋頂植栽區	防護面修飾	○	○	○	○	○	○	—	—	—
防水工法	外露面修飾	○	○	○	○	○	○	—	—	—
屋頂運動區	防護面修飾	△	△	△	△	△	△	—	—	—
防水工法	外露面修飾	—	—	—	—	—	—	—	—	—
傾斜屋頂	防護面修飾	—	—	—	—	—	—	—	—	—
防水工法	外露面修飾	—	△	△	—	—	△	○	○	○
一般室內	防護面修飾	○	○	○	○	○	○	—	—	—
防水工法	外露面修飾	—	—	—	—	—	—	—	—	△
水槽類	防護面修飾	—	△	△	—	—	—	—	—	—
防水工法	外露面修飾	—	—	—	—	—	—	—	—	—

FRP防水工法—FRP防水工法

在底材上塗覆雙成分的防水用聚酯樹脂，鋪設玻璃纖維襯墊，再用滾輪加壓將玻璃纖維襯墊鋪覆在二液性的防水用聚酯樹脂上，保有指定厚度防水層施作工法。[126頁照片10]

橡化瀝青塗佈防水工法—ゴムアスファルト系塗膜防水工法

使用專門的吹覆機具，將單一種成分或兩種成分的橡化瀝青防護塗料，一邊與補強布相互疊積，一邊用手鏟塗覆，達到指定厚度的防水層施作工法。

橡化瀝青噴覆防水工法—ゴムアスファルト系吹付け防水工法

使用專門的吹覆機具，將吹覆用的橡化瀝青防水材料，噴吹覆蓋在底材上至指定厚度的防水層施作工法。

丙烯酸（壓克力）橡膠防護膜塗料防水工法—アクリルゴム系塗膜防水工法

使用毛刷將丙烯酸（壓克力）橡膠防水塗料塗覆在底材上，達到規定厚度的防水層施作工法。

丙烯酸（壓克力）橡膠噴料防水工法—アクリルゴム系吹付け防水工法

使用噴覆機具將丙烯酸（壓克

照片9　聚氯乙烯防護墊料防水工法

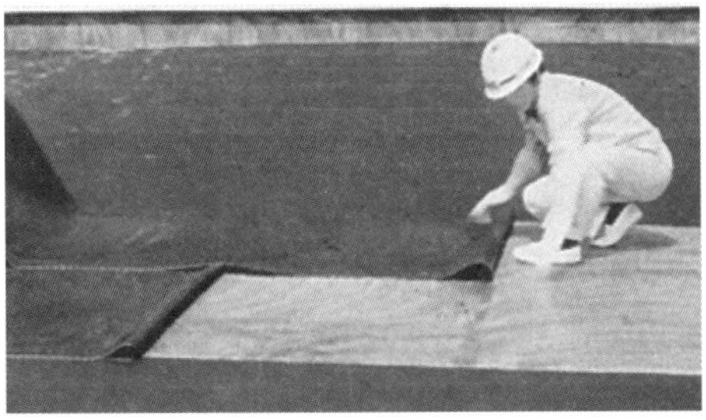

圖4　防護墊料防水層的構成範例

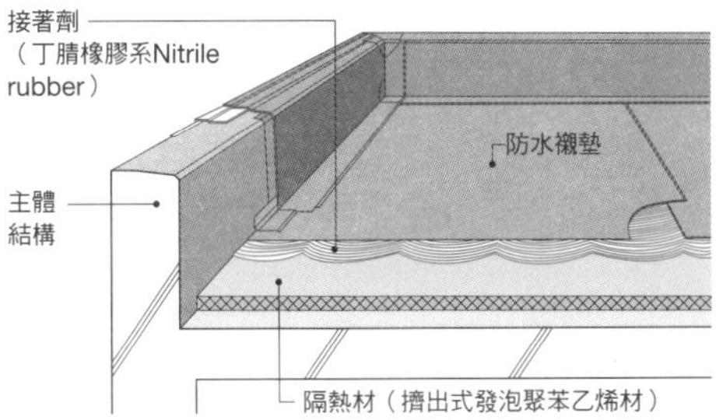

表4｜瀝青防水的種類

不同接著方式的工法分類

熱熔式工法	以熱熔瀝青將瀝青防水氈層層積疊的施工工法
自黏式工法（冷工法）	具有黏著層（自黏式）瀝青防水氈的鋪設工法
烘烤噴槍工法	烘烤瀝青防水氈的內面，使之熱熔而進行的鋪設工法
接著工法	使用瀝青等的接著劑進行的鋪設工法
複合工法	將防護膜塗料等不同種類的防水材組合使用的鋪設方式

依接著面而異的施作類別

密著工法	將屋頂材與底材全面緊密接著的工法
絕緣工法	將屋頂材的一部分與底材絕緣，進行接著的施工方式

除了既有常見的瀝青防水氈，也有改善防水材料面的物理性或作業性（如強度）的改良式瀝青防水氈

力）橡膠防水噴料，噴覆在底材上，達到規定厚度的防水層施作工法。

防護膜塗料防水工法｜塗膜防水工法

氨基甲酸乙酯橡膠防護膜塗料防水工法、橡膠瀝青防護塗膜工法、丙烯酸橡膠塗料防水工法、ＦＲＰ防護膜塗料工法等的總稱。

複合防水工法｜複合防水工法

使用兩種以上的防水工法，或是使用異質防水材料施作防水層的工法。常指將兩種工法與材料的特徵組合使用的施工方式。

水泥沙漿防水工法｜モルタル防水工法

將防水劑（無機、有機或兩者混合）混入水泥砂漿或水泥糊，用手鏝塗覆在底材上的防水層施作工法。

矽酸鈣防水工法｜ケイ酸質系防水工法

在混凝土底材上，將普特蘭第Ｉ型水泥、細骨料、矽酸鈣粉末等預先調配好的粉料，與水或是含水聚合物分散體（Polymer dispersion）拌合，用毛刷或手鏝塗覆在底材上形成防水層的工法。

聚合物水泥糊塗料防水工法｜ポリマーセメントペースト塗膜防水工法

也稱水化凝固型防水工法。將聚合物分散體與水硬性無機質粉料（水泥、矽砂等）兩種成分拌合，用毛刷或手鏝塗覆在底材上形成防水層的工法。

照片10｜FRP防水工法

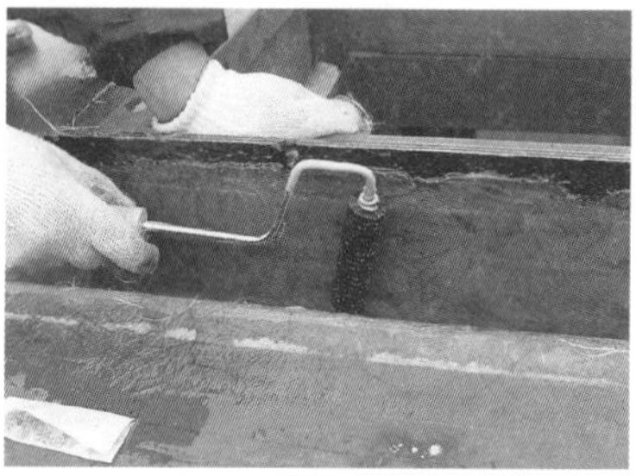

施工

接著（黏著）工法｜接着工法

將底漆與接著劑或底漆、接著劑任一種塗料，塗覆在底材上，鋪上合成橡膠襯墊、合成樹脂襯墊、自黏式瀝青防水氈，再以滾輪加壓的鋪設方式［表4］。

密著（密接）工法｜密着工法

將底漆塗覆在底材上，利用液態材料的塗佈，將防水層與底材緊密接合的工法，或是先塗覆液態材料，再鋪上補強布、油毛氈等屋頂底材，形成防水層的工法［表4］。

照片11｜聚氯乙烯樹脂襯墊防水工法（機械式固定）

絕緣工法｜絶縁工法

將瀝青防水層工法中所使用的熱熔瀝青，一部分一部分倒在塗有底漆的底材上，施作成防水層的工法［表4］。這是用來防止防水層受到底材狀況影響而發生破裂。近年，出現以抽真空裝置防止膨脹的絕緣工法，雖可減低膨起程度，但要完全防止膨起是困難的。

機械式固定工法｜機械的固定工法

在聚氯乙烯（Vinyl chloride）樹脂襯墊防水工法、聚烯烴（Polyolefin）襯墊防水工法、合成橡膠襯墊防水工法、瀝青防水工法中，將襯墊或油毛氈等屋頂防水材打底材料，以金屬配件固定在底材上的防水層施作工法［照片11］。多用在對於底材要求條件較低的黏著工法或密接工法。以覆蓋方式改修，對於既有的外露式防水層或保護混凝土無需進行底材處理，底材也無需乾燥等等，是此種工法的優點。

塗覆工法｜塗り工法

施作氨基甲酸乙酯橡膠或橡膠瀝青、丙烯酸橡膠等的防水層時，所使用的塗覆防水工法。用滾筒、毛刷或手鏝將塗料塗覆在底材上，形成防水層。

噴覆工法｜吹付け工法

使用專門的噴覆機具，將氨基甲酸乙酯橡膠或橡膠瀝青、丙烯酸橡膠等的液態防水材，噴覆在底材上，達到規定厚度，形成防水層的施作工法。

施作超快速硬化氨基甲酸乙酯橡膠防水層時，在主材、硬化劑中加入著色劑，置入噴覆機具中，材料在噴嘴前端混合後噴覆於底材上形成防水層。另，噴覆工法也會運用在橡膠瀝青防水層、丙烯酸橡膠防水層、矽酸鈣防水層的施作上［照片12］。

USD工法｜USD工法

完工飾面保護層的隔熱防水工

法，在防水層上疊積隔熱材的工法。英文Up-Side-Down的簡稱，也稱為保護隔熱防水。

STR工法—STR工法

外露式或完工飾面保護層的隔熱防水工法，在防水層下方疊積隔熱材。

抽氣工法—脱気工法

也稱作抽氣筒工法。在以絕緣工法或透氣緩衝工法施作完成的防水層上，安裝抽氣筒，讓防水層與底材之間的空氣得以排出，用來減低混凝土樓版中含水分蒸發造成防水層膨起的情形［照片13］。

透氣緩衝工法—通気緩衝工法

防護膜塗料工法中，在底材上塗覆接著劑，鋪上帶有溝槽的襯墊或是穿孔襯墊，用來確保防水層下方透氣的工法。在氨基甲酸乙酯橡膠防水層與加硫橡膠防水層中，用來減少外露式防水層膨起所使用的工法。需要與抽氣工法合併施工。

外側隔熱工法—外断熱工法

在屋頂版外側鋪設隔熱材的工法。為了避免混凝土膨脹，最近大多使用外側隔熱工法［照片14］。

內側隔熱工法—内断熱工法

在屋內側鋪設隔熱材的工法。隔熱效果好，但因混凝土樓版的熱收縮作用大，易發生龜裂。

隔熱外露式防水工法—断熱露出防水工法

在底材上鋪設隔熱材，再將瀝青、合成橡膠、聚氯乙烯樹脂等的防水層外露的工法。

濕式工法—湿式工法

施工中利用水進行防水施作的工法，如水泥防水工法、乙烯／醋酸乙烯酯共聚物防水層（Ethylene-vinylacetate copolymer）工法。

熱熔澆置鋪設—流し張り

在瀝青防水的熱熔工法中使用的說法。在矮牆等立起部位上張貼油毛氈防水材時，在油毛氈捲筒前方，流入熱熔瀝青，將油毛氈防水材鋪設於瀝青上方的施作方式。

捲筒展開鋪設—巻上げ張り

在瀝青防水的熱熔式工法中使用的說法。在平坦部位鋪設油毛氈防水材時，在油毛氈捲筒上方，流入熱熔瀝青，將油毛氈防水材捲筒展開的鋪設方式［照片15］。

塗佈鋪設—ぶっかけ張り

也稱作毛刷塗覆，在瀝青防水的熱熔式工法中使用的說法。在女兒牆等立起部位張貼油毛氈防水材時，用柄勺澆淋熱熔瀝青、用毛刷塗抹的鋪設方式［照片16］。

千鳥紋鋪設—千鳥張り

在瀝青防水的熱熔式工法中使用的方法。將油毛氈防水材層層積疊時，上下層交錯鋪設方式［128頁圖5］。

交叉鋪設—クロス張り

也稱作十字紋張貼。在瀝青防水的熱熔式工法中使用的方法。將油毛氈防水材層層積疊時，奇數層與偶數層相互垂直的鋪設方式［128頁圖6］。

護甲式鋪設—鎧張り

瀝青防水工法中使用的方法。將同一種油毛氈防水材層層積疊，若是三層，相互交疊寬幅佔三分之二以上，若是四層，相互交疊寬幅佔四分之三以上的鋪設方式［128頁圖7］。

袋狀鋪設—袋張り

瀝青防水工法中使用的方法。僅在最下層的油毛氈防水材的長邊兩端，以及短邊的固定間隔處，流入熱熔瀝青進行黏著密接作業，沒有對其他部位進行黏著密接作業的防水材鋪設方式。完成後像口袋的形狀，因此又稱為口袋式鋪設［圖8］，目的在於避免防水層因底材移動而發生損壞。

照片12｜噴覆工法

照片13｜抽氣工法

照片14｜外側隔熱工法

照片15｜捲筒展開鋪設

照片16｜塗佈鋪設

線性鋪設｜線張り

瀝青防水工法中使用的方法。僅在最下層的油毛氈防水材的長邊兩端，流入熱熔瀝青進行黏著密接作業，沒有對其他部位進行黏著密接作業的防水材鋪設方式〔圖9〕。

點狀式鋪設｜点張り

瀝青防水工法中使用的方法。僅在最下層的油毛氈防水材上指定的各個位置，以點狀式流入熱熔瀝青進行黏著密接作業，而對其他部位未進行黏著密接作業的防水材鋪設方式〔圖10〕。

對接鋪設｜突付け張り

鋪設油毛氈防水材或隔熱材時，材料之間互不重疊，相互對接的接合方式。在油毛氈防水材的施作上，若使用烘烤噴槍工法將改質瀝青油毛氈相互接合的話，施工方式則是將材料相互對接，並在上方重疊鋪設寬幅300公釐左右的油毛氈防水材。

補強鋪設｜増張り

若要加強一般防水層的防水性，在防水層的最下層或最上層的部分位置上，鋪設一層補強用的油毛氈防水材或襯墊。主要部位是陽角、陰角、陽陰角、排水周邊、配管周邊等〔圖11〕。

補強塗覆｜増塗り

防護膜塗料防水工法中使用的方式。一般防水層的防水性能若無法讓人安心，為補強防水層的部分位置，而在各種防水層的上方或下方塗覆防護膜塗料，也有將補強材插入的做法。

接合部｜接合部

材料之間或防水層之間的接合部位，一般是指油毛氈防水材及襯墊之間相互重疊的部位。也稱作接合短部。

塗縫塗覆｜目つぶし塗り

瀝青防水層的熱熔工法中，在網狀防水打底材上塗覆熱熔瀝青，或在補強布上塗覆防水膜塗料。為了不讓布邊被看到而進行的塗覆作業，讓邊縫處隱形。

最終塗覆｜上塗り

在防水工程中，防護膜塗料的最後一道塗覆作業。在瀝青防水工程中，則是在鋪設完成的油毛氈防水打底材上塗覆熱熔瀝青，或當作熱熔瀝青的最終塗覆層。

刷水作業｜水ばけ

瀝青防水工程中，鋪設砂質防水底材時，為了要清除從砂質防水底材接合部位滿溢出來的熱熔瀝青，先用含水的毛刷像是塗出一條線般，沿著暫時鋪設的砂質防水底材邊緣塗覆。

烤箱時間｜オープンタイム

比喻等待時間，防護襯墊防水工程中，在已塗覆的接著溶劑發生揮發、蒸散作用前的等待時間，可用來張貼防水襯墊。也指從可以開始鋪設襯墊直到無法鋪設襯墊為止的時間，稱作「可施工期間」。

由主要藥劑與硬化劑拌合而成的防水塗料開始發生硬化（無法進行塗覆作業）前的時間，也稱作「可施工期間」。

可施工期間｜可使時間

接著劑或防護膜塗料塗覆完成後，可以接續進行襯墊鋪設或塗料重複塗覆等施工項目的可施工期間。

鋪設完成｜張り仕舞い

鋪設完成的防護襯墊或瀝青油毛氈防水打底材的最終呈現部分。以防護膜塗料構成防水層的最終塗覆完成部位。

防雨處理｜雨仕舞

防止雨水浸滲入建物中的處理方式。

防雨遮覆｜雨養生

圖5｜千鳥紋鋪設

圖6｜交叉鋪設

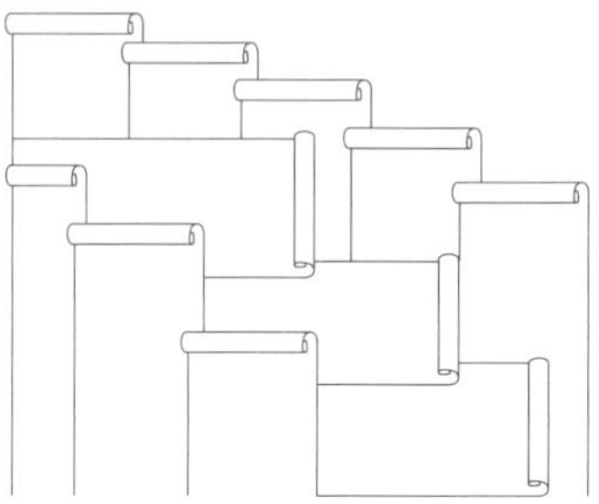

圖7｜護甲式鋪設

圖8｜袋狀鋪設

在防水材的長邊方向的兩端及寬幅方向，以適當的間隔澆置熱熔瀝青的鋪設方式

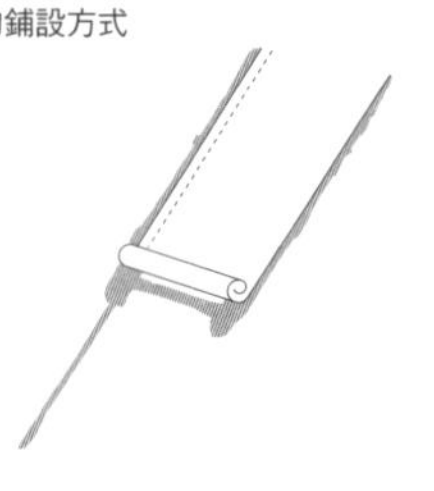

圖9｜線性鋪設

在防水材的長邊方向的兩端及正中央部位，像拉長線一樣澆置熱熔瀝青的鋪設方式

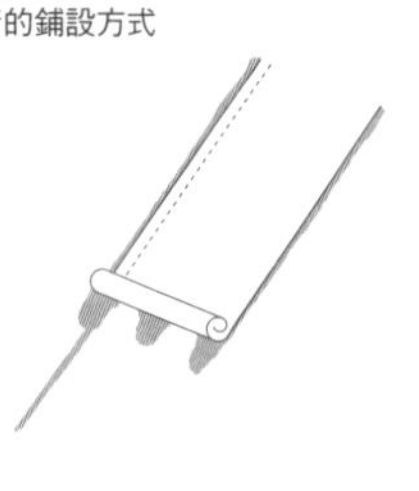

圖10｜點狀式鋪設

在底材上取等距離間距，以點狀式澆置熱熔瀝青的鋪設方式。比起點狀式鋪設，現在大多採用將屋頂防水材並排設置在最底層的鋪設方式

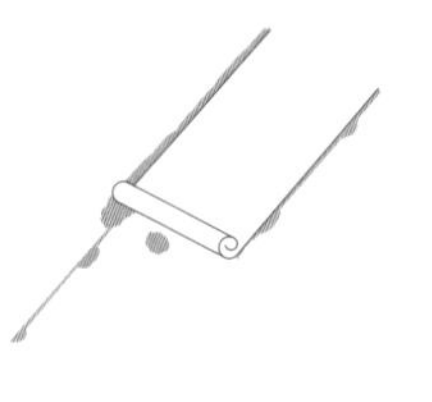

圖11｜角落稱呼與所在位置

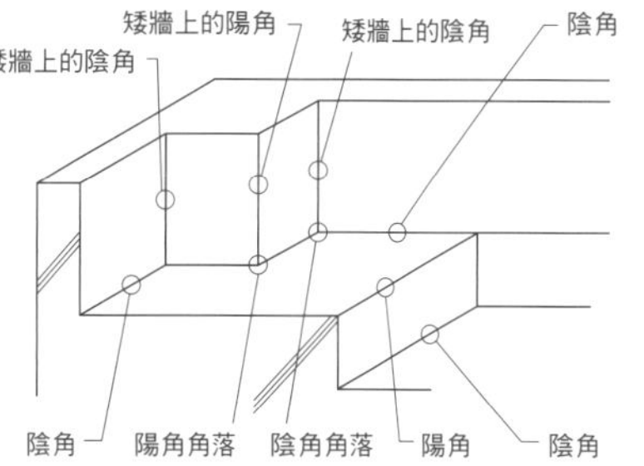
矮牆上的陽角
矮牆上的陰角
矮牆上的陰角
陰角
陰角
陽角角落
陰角角落
陽角
陰角

為了不受雨濡濕而張掛防護布的遮覆處理方式。

缺失部位鋪設｜駄目張り
瀝青防水工程中的用語。分別在平坦部位及女兒牆，鋪設瀝青油毛氈防水打底材，在未完成的各處，局部鋪設瀝青油毛氈防水打底材來修飾最終完成面。「缺失部位」是指在即將完成的狀態中，仍有一小部分未完成的部位。

交疊鋪設｜別張り
瀝青防水工程中油毛氈防水打底材的鋪設方式。將鋪設於平坦部位的油毛氈防水打底材，在與矮牆的相接部位裁斷，再將矮牆部位的油毛氈防水打底材重疊在平坦部位的油毛氈防水打底材上的鋪設方式。

重新施作｜撤去方式
防水改修工程中，將既有的保護完工飾面層及防水層全部拆除，在結構體的屋頂板上直接重新施作符合新法規基準的防水工程。相反地，將既有保護完工飾面層及防水層的缺損部位補修之後，再施作符合新法規基準的防水工程的稱作覆蓋方式。

防水、打底、收邊

陽角｜出隅
兩面相交所形成的相交稜線（凸側）。

陰角｜入隅
兩面相交所形成的相交稜線的內側（凹側）。

斜面｜斜面
傾斜的面。在瀝青防水熱熔工法底材的陰角部位，塗抹水泥砂漿呈現45度角的完工面。

圓弧曲面｜丸面
也稱作R面、滑瓶面。在瀝青防水熱熔工法底材的陰角部位，塗抹水泥砂漿呈現圓弧曲度的完工面。

女兒牆（parapet）｜パラペット
設置在屋頂等地方的手扶牆。

（預埋）截水板類型｜水切りあごタイプ
女兒牆的防水工程施作中，在澆灌混凝土的同時，牆頂遮水版也一起嵌鑲於上方的女兒牆類型。[圖12]

（後置）牆頂截水板類型｜笠木タイプ
女兒牆的防水工程施作完成後，在頂端安裝水泥製或金屬製遮水板的女兒牆類型。[圖13]

保護層表面修飾｜保護仕上げ
在防水層上設置保護層做為表面修飾處理的工法，使用混凝土、瀝青混凝土、砂礫、平板墊塊等材料。

完工壓固工法｜押さえ工法
在完成的防水層上，澆灌混凝土、敷設砂礫或平板墊塊等做為完工處理的工法。也稱作完工保護工法。

外露式工法｜露出工法
在防水層上直接塗裝做為完工處理的工法。包括瀝青防水層的砂質屋頂打底材的完工處理、氨基甲酸乙酯（Urethane）橡膠防水層或FRP防水層的頂層完工處理。也稱作外露式完工處理。

紅磚固定保護方式｜レンガ押さえ
屋頂防水層施作中，為了保護矮牆面上的防水層，而在預埋截水板類型女兒牆的垂直面上，以堆積紅磚的方式固定。最近大多採用以特殊金屬組件固定水泥板的乾式固定工法。

墊塊固定保護方式｜ブロック押さえ
在防水層施作完成的預埋截水板類型女兒牆的垂直面上，以墊塊保護的方式。

混凝土保護方式｜コンクリート押さえ
為了保護防水層，在防水層上澆灌混凝土的方式。

圖12｜預埋截水板

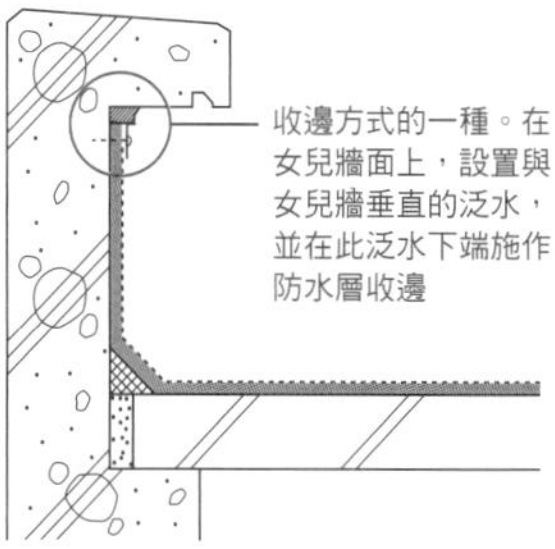
收邊方式的一種。在女兒牆面上，設置與女兒牆垂直的泛水，並在此泛水下端施作防水層收邊

固定保護用混凝土｜押さえコンクリート
在防水層上澆灌的保護用混凝土。

金屬組件固定方式｜金物押さえ
矮牆的防水層末端，使用鋁製或不鏽鋼製的金屬組件固定。

砂礫敷設固定方式｜砂利押さえ
在防水層上方敷設砂礫，用來保護防水層。一般使用約30～40公釐大小的砂礫，也有敷設之後再撒上樹脂系列的液狀材料固定的施作方法。

平板狀墊塊表面修飾處理｜平板ブロック仕上げ
在防水層上方直接敷設300～500公釐正方形的薄型墊塊，用來保護防水層。或是在保護用水泥砂

圖13｜牆頂橫遮板

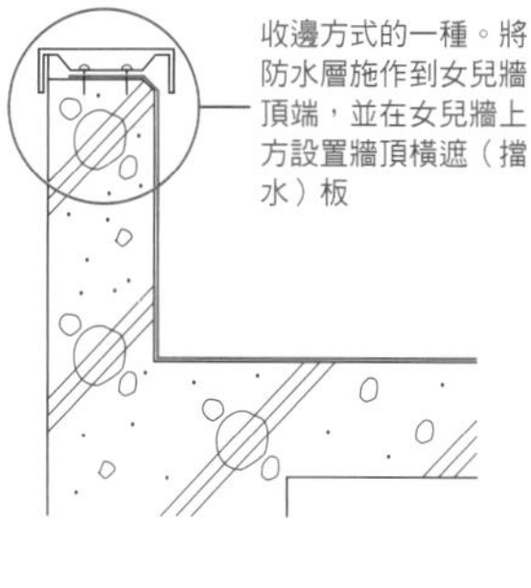
收邊方式的一種。將防水層施作到女兒牆頂端，並在女兒牆上方設置牆頂橫遮（擋水）板

照片17｜伸縮縫

照片18｜瀝青搬運筒

照片19｜瓦斯噴槍

圖14｜防水保護層在矮牆發生隆起的情形

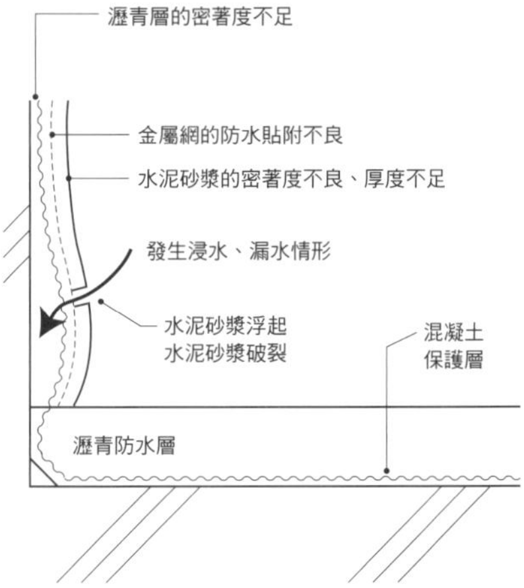

圖15｜從陽台漏水進來的狀況

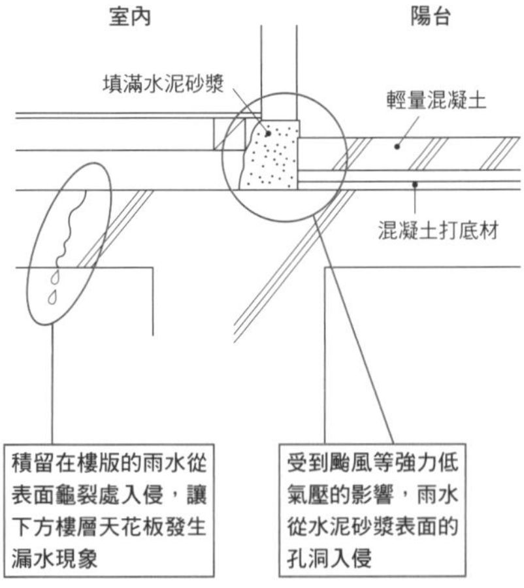

漿、保護用混凝土的澆置施作之後，用水泥砂漿將墊塊鋪設於上。

伸縮縫—伸縮目地
為了防止澆置在防水層上的混凝土或女兒牆因熱漲冷縮發生損毀，進而損害防水層，而留設的間隙溝縫。

邊界溝縫（伸縮縫）—ボーダー目地
屬於伸縮縫的一種，矮牆豎立起時，留設出與矮牆相距400～600公釐的伸縮縫，寬度通常設定為20公釐左右。

乾式板狀表面修飾處理—乾式パネル仕上げ
在防水層施作完成的女兒牆面上，張貼鋪設水泥製或金屬製的板狀物，做為表面修飾處理。

塗裝表面修飾處裡—塗装仕上げ
專用於防水層表面塗覆的塗料，做為表面修飾處理，包括加硫橡膠防水層、非加硫橡膠防水層的表面修飾處理。

保護用水泥砂漿—保護モルタル
用來防止防水層因為防水層上方施工而受到損傷，或防止防水層因為保護層的移動而發生損傷，在防水層上塗覆的水泥砂漿。

瀝青混凝土鋪設—アスコン舗装
在停車場等地方，為了保護防水層而在防水層上鋪設瀝青混凝土（瀝青、碎石、砂等拌合物），做為表面修飾處理。也稱作瀝青混凝土表面修飾處理。

工具

瀝青搬運筒—どうこ
用來搬運熱熔瀝青的筒狀容器［照片18］。也有將搬運筒切半使用的情形，主要是在關西地方使用此種方式。其他地方一般大多使用柄杓。

毛刷—毛刷毛
底漆、接著劑、塗料、熱熔瀝青的塗覆作業或防水膜塗料的塗覆作業所使用的道具。熱熔瀝青的塗覆毛刷則使用植物纖維。

兩排刷毛（三排刷毛）—2丁刷け
瀝青防水工法中使用的道具，將普通的熱熔瀝青塗覆用毛刷的毛，以1～2根橫排並列固定的道具，由施作技術者視現場所需而使用的道具。

橡膠刮刀—ゴム刷毛
瀝青防水工法中，用來施作熱熔瀝青最終塗覆的道具。使用輸送帶用的橡膠，並在兩側用木板以釘子固定，是由施作技術者視現場所需而使用的道具。

大型毛刷—大ばけ
瀝青防水工法中，用來施作熱熔瀝青最終塗覆的道具。將寬幅1公尺的毛刷安裝上長手柄的大型毛刷。

橡膠手鏟—ゴムゴテ
防護膜塗料防水工法中使用的道具，通常是使用金屬製手鏟進行鋪設作業，也可用在防護膜塗料的塗覆作業上。

固定板—押さえ板
聚氯乙烯（Vinyl chloride）樹脂襯墊防水層的機械式固定工法中使用。在襯墊之間塗覆接著劑後，以聚乙烯發泡材做為緩衝材，加壓在襯墊上，用來接著襯墊的道具。

瓦斯噴槍—トーチバーナー
瀝青防水工法中，用來烘烤熱熔既有的瀝青防水層表面；在噴槍烘烤工法中，用來烘烤熱熔防水打底材所使用的噴槍工具，以丙烷氣（propane gas）做為燃料[照片19]。

缺失

防水層損壞—破斷
防水層受到打底、保護層的移動或其他原因的影響，發生損壞的狀態。

照片20 浮起

防水層損傷—破損
防水層受到各種原因的影響，而發生損傷的狀態。

膨脹隆起—ふくれ
受到打底材的濕氣或空氣內含的水氣，而發生膨脹的狀態[圖14]。

皺紋—しわ
因防水層熱漲冷縮，或是保護混凝土的缺損等，讓防水材發生皺紋的狀態。

漏水—漏水
也稱作漏雨。水藉由各種缺損部位入侵建物。水槽、浴室、廚房等也是漏水的原因所在[圖15]。

照片21 白灰現象

層間剝離—層間剥離
在瀝青防水層上，以熱熔瀝青鋪設的油毛氈防水打底材等的層疊之間發生剝離、浮起的狀態。

剝落脫離—剥離
防水層受到各種原因的影響，而發生從打底材剝落、脫離的狀態。

水枕—水まくら
外露式防水層受到各種缺陷的影響，而發生水分滯留在防水層下方的狀態。因形似水枕，而以此為命名。

開口縫隙—口あき
防水層的尾端部位、油毛氈防水打底材的相互接合部位，發生剝落、脫離、浮起，而產生開口、縫隙的狀態。

膨脹浸潤—膨潤
襯墊防水層或防護膜塗料防水層等，因為溶劑的浸滲而發生體積變大膨脹的狀態。

劣化現象—劣化
經年累月之後，天然材料的使用年限受到影響，品質性能發生劣化的狀態。

臭氧劣化現象—オゾン劣化
外露式防水層受到臭氧侵襲，品質性能發生劣化的狀態。

鳥害—鳥害
防水層受到鳥禽類的啄傷，或是因為鳥禽類的糞便而造成防水層品質劣化的狀態。其它如隨著鳥禽類糞便掉落在防水層上，糞便內的草木種子發芽，導致防水層受到植物根系入侵而發生損傷。

開孔破損—ピンホール
防水層或防水使用的材料上，因針狀等凸起物造成開孔破損的狀態。

邊端浮起—耳浮き
油毛氈防水打底材或防水襯墊的邊端稱作耳朵的部位，發生剝落、脫離、浮起的狀態。

移位—だれ
鋪設在矮牆上的防水層，受到各種原因的影響，發生從打底材剝落、脫垂、移位的狀態。

溢水（Overflow）—オーバーフロー
在矮牆的防水層的終端部位，發生水分滯留、漏水現象的狀態。

竄根貫通—根の貫通
防水層因上方草木生長，防水層受到生長竄根而發生穿孔破損的情形。

浮起—浮き
防水層受到各種原因的影響，發生從打底材剝落、脫離、浮起的狀態[照片20]。

水分滯留—水溜まり
打底材的傾斜度不足，而發生外露式防水層上雨水滯留的狀態。

白灰現象—チョーキング現象
防水層發生劣化，表面附著類似白粉筆灰的狀態[照片21]。

性能

填縫材料 3

填縫材料的分類及種類如圖1、表1，施工方式如表2。

材料

填縫材料（Sealing）—シーリング
為了達到水密、氣密的效果，填充於接合處或縫隙間的材料。種類包括使用墊圈（Gasket）[※]的已定型填充材，以及如膏狀的不定型填充材，通常是指後者。

油性填充材（Caulking）—コーキング
原本是指木造船身的接合縫隙之間，以天然或是合成的乾燥油、樹脂或焦油等充填其中，以達防水作用。建築用語上，過去是接合填充的意思，現在則僅只代表填充材的其中一種油性填充材料。施工時使用的工具油性填充槍的名稱也因此延用。

雙成分填縫劑—2成分形シーリング
也稱作二液型填縫劑。施工前將含有主要成分的基劑與產生化學硬化作用的硬化劑，及著色劑混和、攪拌後使用[圖1]。市售為四公升罐裝或是兩百公升以上的金屬罐裝。

單成分填縫劑—1成分形シーリング
也稱作一液型填縫劑。無需混合，只要事先調整到施工時可使用的狀態，利用空氣的濕氣達到硬化效果的接著劑。單成分填縫劑以卡夾式或筒狀式包裝。雙成分填縫劑與單成分填縫劑不僅在包裝容器上不同，伸縮性、黏著

圖1 填縫材料的分類

- 填縫材料
  - → 雙成分填縫劑※1
    - → 混合產生硬化反應
      - → SILICONE-BASED矽利康系列
      - → MODIFIED SILICONE-BASED改性矽利康系列
      - → Polysulfide多硫化物系列
      - → Acrylic urethane丙烯酸氨基甲酸乙酯系列
      - → Polyurethane聚氨酯系列
  - → 單成分填縫劑
    - → 濕氣產生硬化
      - → SILICONE-BASED矽利康系列
      - → MODIFIED SILICONE-BASED改性矽利康
      - → Polysulfide多硫化物系列
      - → Polyurethane聚氨酯系列
    - → 酸素硬化
      - → SILICONE-BASED矽利康材
    - → 乾燥硬化
      - → 乳化型
        - → Acrylic urethane丙烯酸樹脂系列
        - → SBR合成橡膠乳液系列
      - → 溶劑型
        - → Butyl rubber橡膠墊系列
    - → 非硬化
      - → 矽利康系乳香脂（Mastic）※2
      - → 油性壓膠填縫材

※1：另外使用著色劑　※2：矽利康系乳香脂（Mastic）也有製成三成分的填縫劑

表1 填縫材料的種類

種類	特徵	應用例
矽利康系列填縫材料	以矽利康（有機聚矽氧烷）為主要成分的填縫材料。有單成分填縫劑及雙成分填縫劑。可使用於玻璃或鋼板。通常無法做為面漆，如想用作面漆，則需在矽利康系列填縫材上增加一道防止可塑劑移轉的塗漆作業	帷幕牆、板材外牆、玻璃、金屬門窗、修飾木材、屋頂、屋頂天台、有水的地方
矽利康系列合成橡膠墊材	以矽利康（有機聚矽氧烷）為主要成分的填縫材料。有單成分填縫劑及三成分填縫劑。因不使用底漆而有各種物質黏著的特殊填縫材料，市場上使用的案例不少	
改性矽利康系列填縫材料	改性矽利康系列（含有有機聚矽氧烷的有機聚合物）為主要成分的填縫材料，有單成分填縫劑及雙成分填縫劑	帷幕牆、板材外牆、金屬門窗、修飾木材、混凝土牆、屋頂、屋頂天台、有水的地方
多硫化物系列填縫材料	多硫化物（主鏈與氨基甲酸乙酯結合，末端為SH聚合物）為主要成分，有單成分填縫劑及雙成分填縫劑	帷幕牆、板材外牆、金屬門窗、修飾木材、混凝土牆、屋頂、屋頂天台
改性多硫化物系列填縫材料	改性多硫化物為主要成分，是單成分填縫劑	板材外牆、混凝土牆、屋頂、屋頂天台
丙烯酸氨基甲酸乙酯系列填縫材料	丙烯酸氨基甲酸乙酯（Acrylic urethane）為主要成分的雙成分填縫劑	板材外牆、金屬門窗、修飾木材
聚氨酯系列填縫材料	聚氨酯為主要成分的填縫材料，有單成分填縫劑及雙成分填縫劑	板材外牆、混凝土牆、屋頂、屋頂天台
丙烯酸樹脂系列填縫材料	丙烯酸樹脂為主要成分的單成分乳化型填縫材料。如硬化則不溶於水。通常體積收縮20～30%	板材外牆、金屬門窗、修飾木材
SBR合成橡膠乳液系列填縫材料	丁苯橡膠（SBR） 為主要成分的單成分乳膠式填縫材料。如硬化則不溶於水。通常體積收縮20～30%。市場上使用的案例不少	
橡膠墊系列填縫材料	橡膠墊為主要成分的單成分填縫劑。就算硬化也可以溶解於溶劑。通常體積收縮20～30%	屋頂、屋頂天台
油性壓膠填縫材	天然合成的乾性油或是樹脂為主要成分的單成分填縫劑。因不使用底漆而有各種物質黏著	混凝土牆、屋頂、屋頂天台

※：合成橡膠製成的固狀填充墊材

性以及硬化特性上也各有差異。

硬化劑—硬化劑

使用於雙成分填縫劑，與基劑混合產生硬化效果。

著色劑（Toner）—トナー

雙成分填縫劑顯色的劑料。

基劑—基劑

在雙成分填縫劑中，一般是指含有主要配方的劑料，又稱作主劑。

一度・二度填縫劑—1次・2次シーリング材

如圖2所示，使用於外部的稱作一度填縫劑，施用於內部的稱作二度填縫劑。

定型填縫劑—定形シーリング材

預先以線狀成型，充填於接合處的填縫劑。

不定型填縫劑—不定形シーリング材

施工時充填於接合處，硬化後成橡膠狀的膏狀填縫劑。

耐火填縫劑—耐火シーリング材

有關矽利康系列的填縫劑，其中耐火填縫劑受到日本國土交通省大臣認定，並成為防火設備的指定材料，以及日本填縫劑工會指定的F標。有關改性矽利康系列的填縫劑，通過三小時耐火試驗而合格的公司僅只一家。

傳導性填縫材—導伝性シーリング材

混合銀粉、銅粉或碳纖維等導電性佳成分的填縫劑。

無可塑性填縫材—無可塑シーリング材

不含鄰苯二甲酸等可塑成分的填縫劑。因不添加可塑劑故不會因可塑劑移轉到表面，使表面發生沾黏汙垢的情形。

填充墊材（PE棒）—バックアップ材

溝縫施工時，填充於接合處底部的材料。用來設定填縫材料厚度，預防三面黏接的材料，現在大多使用發泡聚乙烯壓條［圖

表2 填縫施工工程

工程項目	內容	磁磚接合處的施工案例
①表面層的清潔	用白布沾甲苯或正己烷擦拭清潔	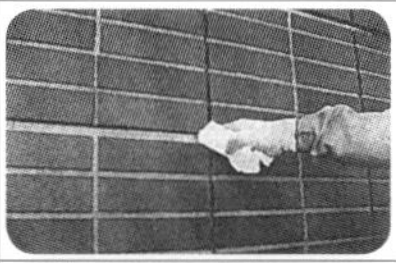
②填充墊料的裝填或是防水絕緣膠帶的貼附	在指定的位置裝填發泡聚乙烯壓條（譯者註：一般稱作PE棒）的填充墊料，如沒有可以裝填墊料的空間（厚度），則在接合底處貼附防水絕緣膠帶	
③填縫遮蔽膠帶的貼附	配合接合的位置貼上紙或者是膠帶。此時使用的紙膠帶必須是不會殘留黏著膠，也不會因為需要使用底漆溶劑清除而與填縫材料接觸產生不良影響	
④底漆塗料的塗覆	使用刷毛，以及與被塗覆材質適合的底漆，均勻地塗覆	
⑤填縫材料的充填	將矽利康安裝上膠槍，膠槍嘴接觸接合處，從接合處底端以不讓空氣進去的方式充填	
⑥加壓施工的飾面	使用刮板（金屬製、竹製等），向接合處的內部填縫材加壓施工三到四次完成飾面	
⑦填縫遮蔽膠帶的清除	留意不在周圍留下垢痕地清除膠帶	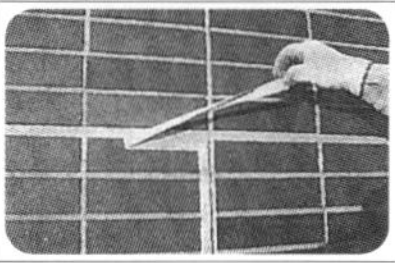

照片出處：《填縫材料防水施工方法》（日本Sealing工事業協同組合連合會刊）

圖2 一度・二度填縫劑的施工案例

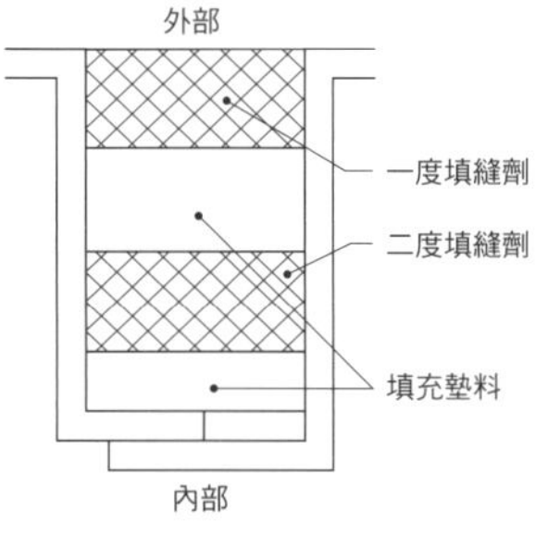

照片1 雙成分矽利康填縫材料的施工

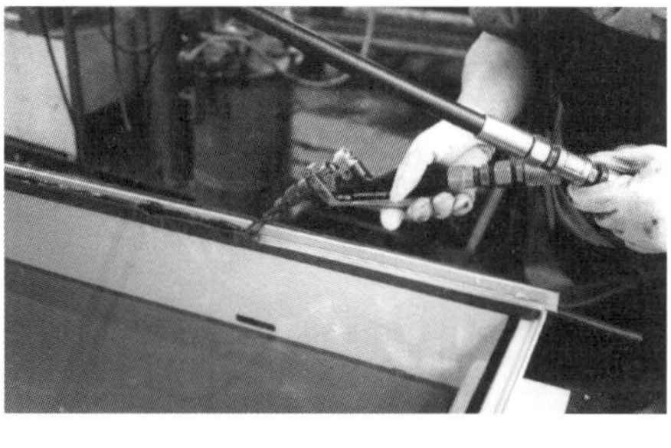

照片2 因可塑劑滲出造成石材接合處周邊的髒汙

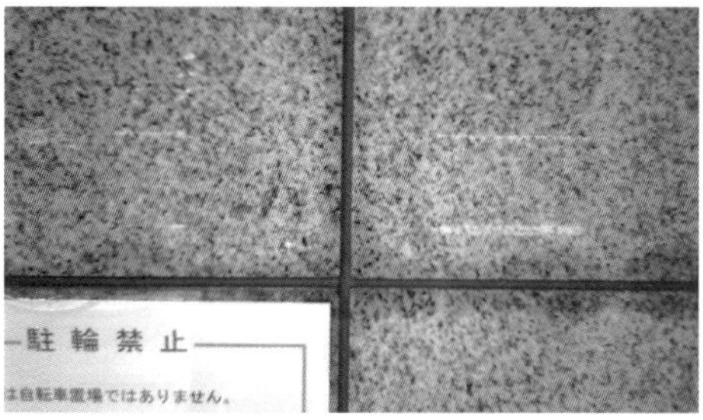

圖3 開放式接合處的收尾施作

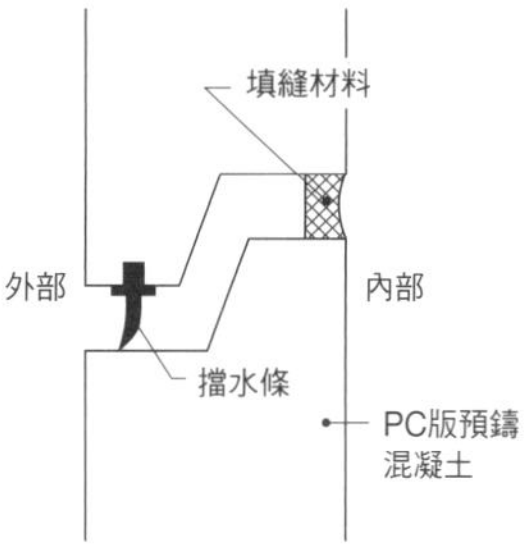

照片3｜填縫槍（Caulking Gun）

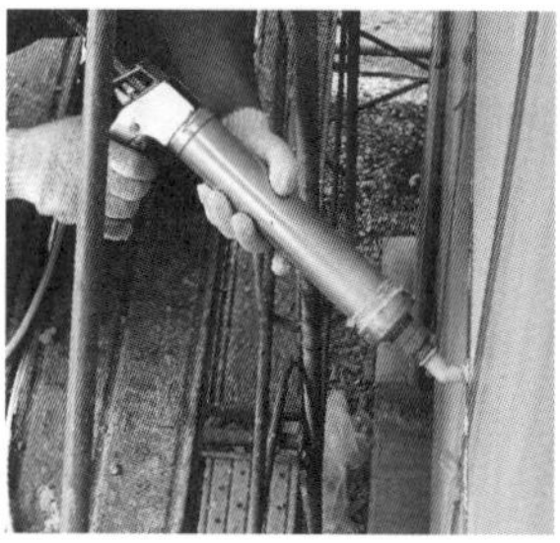

照片4｜電動式研磨機具

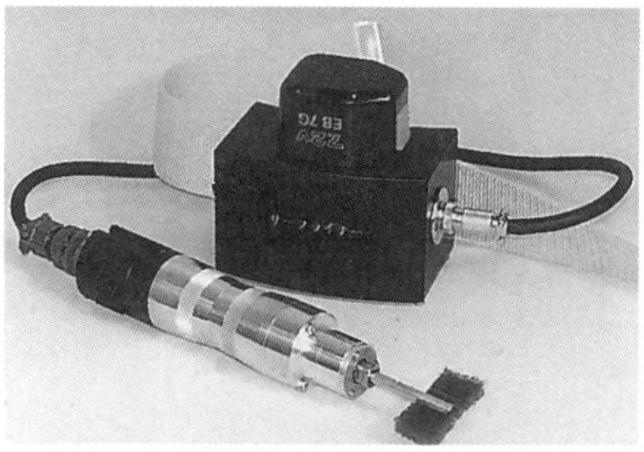

照片5｜填充墊材（PE棒）的裝填輔具

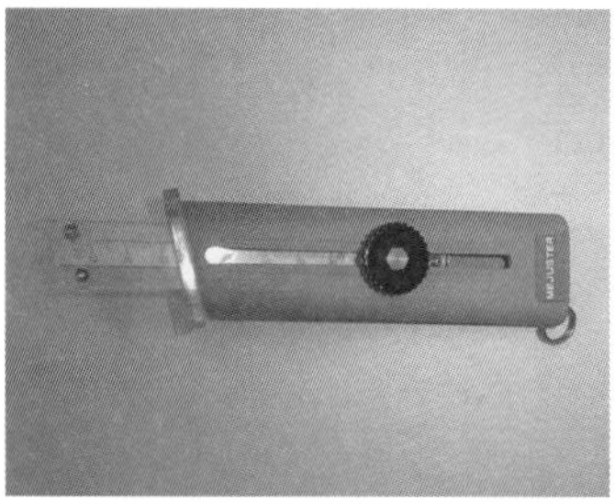

3〕。對於填充工作是否確實做好來說，是非常重要的材料。一般種類的填充墊材，無須與填縫材料黏著，保有適度的彈性，大多使用發泡聚乙烯材質，製成正方形或圓筒棒狀，附有自黏貼布等種類。特殊種類的填充墊材，包括可引出溝縫中水分的透水填充墊材或使用在玻璃接合部位的軟質填充墊材等。

可塑劑（**塑化劑**）—可塑劑
為了讓填縫材料具柔軟度而添加的有機成分〔133頁圖2〕。可確保施工性，具有橡膠彈性，但會轉移成使被附著體變色、讓防護膜軟化的其它成分，因此需事先確認屬性，選擇合適的材料。

底漆・底塗（**塗料**）—プライマー
讓填縫材料與被附著體相互黏著所施加的塗劑（氨基甲酸乙酯環氧樹脂、有機矽樹脂、矽烷等成分）。在填充填縫材料前，塗覆在縫隙的側面，強化被附著體表面，讓填縫材料確實發揮功效。填縫材料與被附著體的施作，可能免去底漆的塗覆接著方式，但大致來說底漆對於填縫材料的接著扮演不可或缺的重要角色。為填縫材料的施作缺失，造成底漆施作不良的情形經常發生。

分隔材料（Bond breaker）—ボンドブレーカー
薄貼布狀，沒有與填縫材料相互接著的材料。

反向底漆—逆プライマー
若是塗覆在有機矽成分填縫材料表面，應使用可防止塗料發生反撥縮邊（Crawling）、密著度高（譯註：不垂流）的底漆。

著色材—着色材
將填縫材料上色的材料，大多使用無機質成分。

防護底漆（Barrier Primer）—バリアプライマー
抑制填縫材料釋出的可塑劑等成分影響完工面，防止填縫材料表面附著汙垢所使用的底漆。

工具

填縫槍（Caulking Gun）—コーキングガン
施打填縫材料時使用的金屬製工具〔照片3〕。

飾平刮板—ヘラ
施工時配合縫隙的情況，利用金屬、竹、表面修飾用的填充墊材（譯註：PE棒）等製作出的工具。

圓筒旋轉式拌合機—ドラム回転式ミクサー
在填縫材料專用的混合攪拌機具中，僅以正轉或正轉加逆轉的方式，設定計時器一分鐘旋轉60次。

尼龍砂布—ナイロン研磨布
若是填縫材料不容易黏著的被附著體，使用尼龍砂布輕輕研磨被附著體的表面2～3次。為了提高施工效率，也有電動式的砂磨機具〔照片4〕。

圖4｜龜裂誘發接縫的填縫方式

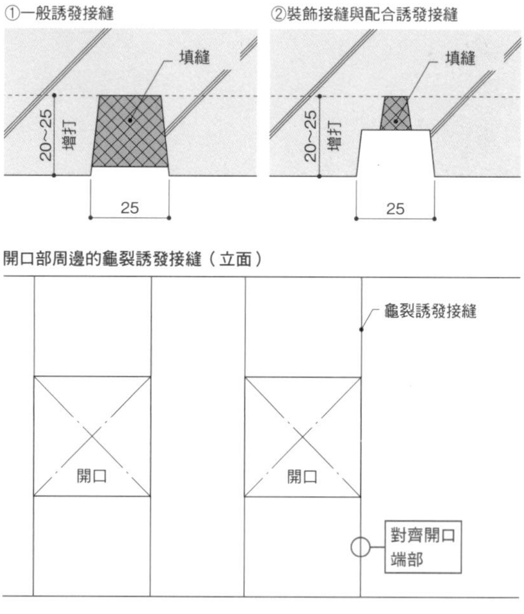

圖5｜兩面接著與三面接著

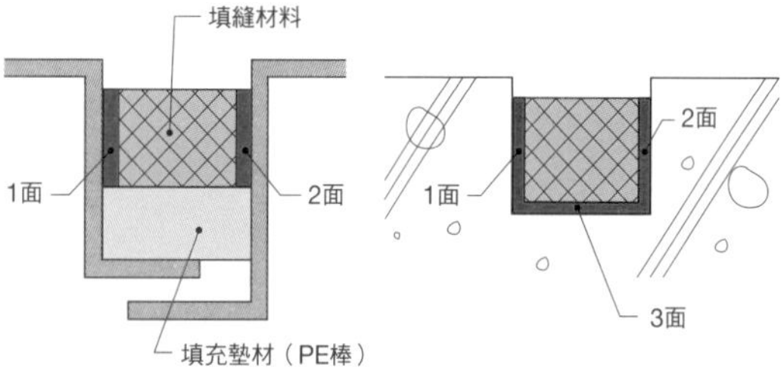

填充墊材的裝填輔具—バックアップ材装填治具
一邊調整縫隙深度，一邊裝填安裝填充墊材（PE棒）的控制輔助工具[照片5]。

施工・工法

塗裝前二次填縫—先打ち
塗裝工程前施作二次填縫材料。

塗裝後二次填縫—後打ち
塗裝工程後施作二次填縫材料。

開放式接縫、明接縫—オープンジョイント
也稱等壓接縫。外部與壁身內部壓力均等達到止水效果。現在的壓力差多在50Pa內[133頁圖3]。

龜裂誘發接縫—亀裂誘発目地
為了防止外壁龜裂，而刻意設置的縫隙。在壁厚度較薄的部位，以固定間距設置，用來誘發龜裂，並在其中填充填縫材料[圖4]。

兩面接著—2面接着
若縫隙會有變動發生，僅在兩面上塗上接著劑，另一面放任不塗。因填縫材是可以移動的，抗收縮強[圖5]。

三面接著—3面接着
使用在龜裂誘發縫或二次填縫等較不會發生變動的縫隙位置[圖5]，在縫隙中的兩側面以及底面上用接著劑施作填縫材料。相對地，在底面使用PE棒或分隔材料的絕緣用貼布，僅在兩側用接著劑施作填縫材料的方式，稱作兩面接著。發生變動少的混凝土二次澆置縫隙部位大多使用三面接著，門窗邊緣的縫隙部位大多使用二面接著。

雙重填縫工法—二重シーリング
在深度較深的縫隙中，施作雙重填縫的工法[圖6]，常見施作於容易將填縫材料切斷的金屬版縫隙中。PCa版縫隙中第一道填縫與第二道填縫所構成的二階段式止水工法，雖然與雙重填縫工法是兩件事，但沒有清楚明確的定義。

排水管—水抜きパイプ
用來排出填縫中水分的管子，是PCa版縫隙的止水系統構造中重要的構件。為了防止雨水逆流，使用L形、T形或附有逆止閥的排水管。需在施工時埋設於填縫中，成效受制於現場施作品質。

頂部填縫工法—脳天シーリング
在屋頂採光等部位，施作在水平面上的填縫。若為外露式填縫處理，受紫外線影響的劣化部位，受到重力作用易呈現浸水狀態，因此應該盡量避免此種施作方式。若是在頂部蓋板等不得已的場合，則需以雙重填縫來施作。

二次填縫—打継ぎ
因為施工狀況與改修工程等原因，在放置一陣子的填縫材上繼續施作[圖7]。一般來說最好與原始填縫材料相同，除非不得已才使用不同的填縫材料。有的情形是使用工廠預製的聚硫系（Polysulfide）填縫材料，在現場施加改質矽利康填縫材料（Modified Silicone-based Sealing Material），但不同種類材料的組合使用，無法確保良好的接著性能。

斜切填縫—そぎ継ぎ
二次填縫時，如[圖8]所示，以斜切面施作。

二階段式防水—2段階防水
施作兩層填縫材料的防水方式[圖6]。

接著性試驗—接着性試験
用來確認被附著體與填縫材料之間黏著度的試驗[照片6]，也稱作黏著度試驗。在日本一般被要求必須符合JISA5758所訂立的標準。將兩個50公釐正方形的被附著體中間作12公釐正方形的填縫處理，做為試驗體，進行規定

圖6｜雙重填縫工法與二階段式填縫工法

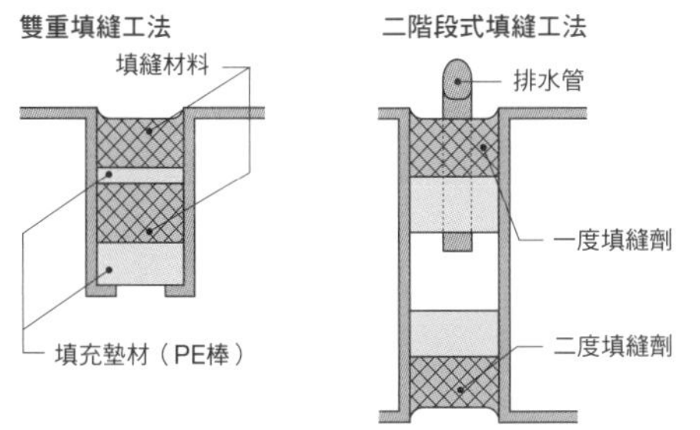

圖7｜塗裝前與塗裝後的二次填縫

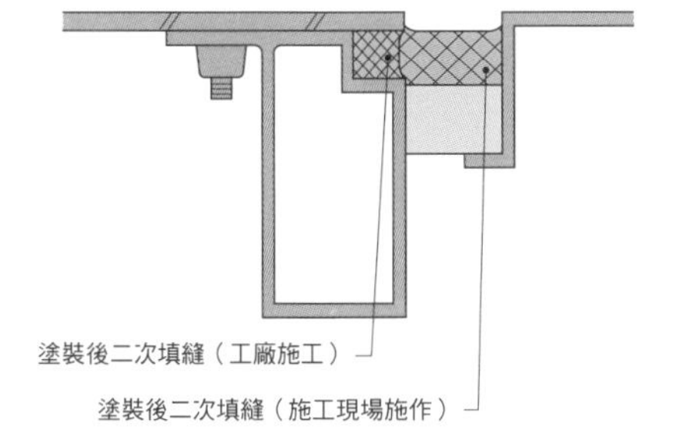

圖8｜斜切填縫

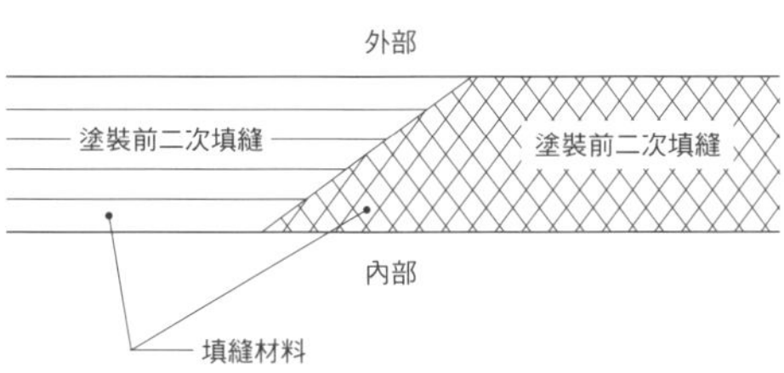

照片6｜填縫材料拉力測試

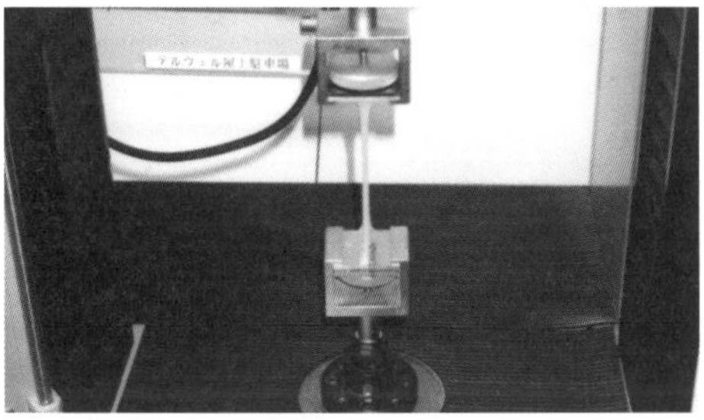

照片7 | 填縫遮蔽貼布（石材接縫的填縫施工情形）

照片8 | 填縫遮蔽

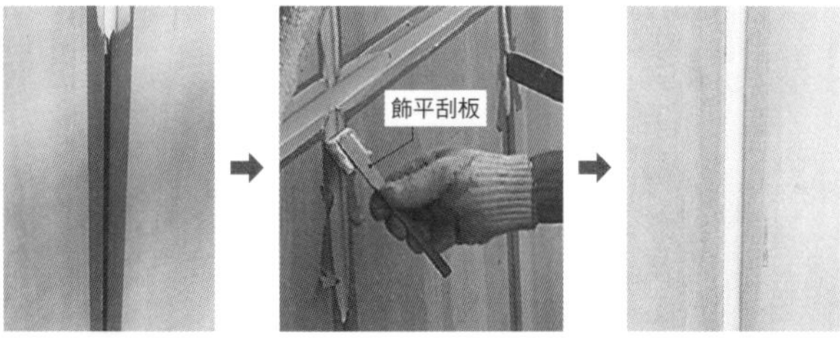

張貼填縫遮蔽貼布，填充入填縫材料 ➡ 以刮板飾平，剝除填縫遮蔽貼布 ➡ 完成

的養護之後，施以拉力試驗。試驗結果依照填縫材破壞位置分類成接著破壞（AF）、薄層凝集破壞（TCF）、凝集破壞（CF），AF屬於不合格，TCF及CF屬於合格。

包覆、遮蔽—マスキング

填縫施工時，為了不弄髒填縫的周邊，臨時張貼紙膠帶[照片7、8]。這項工作是填縫完工成果是否成功的關鍵，需要熟練施工手法。若用刮刀壓住填縫材料，則可迅速將遮覆的紙膠帶剝除。

黏性（**Tack**）—タック

填縫材料表面的黏度。黏性失去時間（Tack-free Time）是指填縫劑發生硬化到不沾黏手指程度之前的時間。單成分填縫劑因濕氣而在表面逐漸硬化，就算失去黏性，其內部尚未硬化。

線狀接著試驗（**譯註：填縫材拉拔試驗**）—ひも状接着試験

用來確認現場施工進行中的填縫劑接著性能[圖9]。將硬化的填縫材的部分切成線型，用筆標記後與填縫材呈直角地用手指拉伸，藉由破壞狀態與拉伸率來判斷接著度。在日本一般要求必須符合JISA5758所訂立的標準。

性能

跑位（**Movement**）—ムーブメント

因熱、地震等原因，造成接縫的跑位等變化。

會變動的接縫（**工作縫**）—ワーキングジョイント

接縫因熱、地震等而發生變動。

不會變動的接縫（**非工作縫**）—ノンワーキングジョイント

不會因熱、地震等原因而發生變動，或變動量非常微小的接縫。

跑位的適應性—ムーブメントの追従性

對於因熱、地震等原因而發生跑位等現象的適應性。

烤箱時間（**譯註：硬化時間**）—オープンタイム

塗覆底漆後，乾燥所需時間。

黏性失去時間（**Tack-free Time**）—タックフリータイム

就算用手觸摸，填縫劑也不會沾黏到手上的狀態。

有效使用時間—可使時間

填縫劑性能上沒有問題，可以有效使用的時間。

投錨效果—投錨効果

也稱錨定效果、繫鎖效果。接著劑藉由被附著體表面空隙入侵並發生硬化，發揮有如釘子或楔子般的固定作用。

擠出程度—押出し性

填縫劑以填縫槍施作時的擠出流暢度，具有對於現場填縫施工效能的影響力。

抗拉值（**Modulus**）—モジュラス

抗拉應力（tensile stress）。原本是係數的意思，此處是指填縫料硬化後受拉時的抵抗力。一般是指受拉力50％時的抗拉應力值。填縫材受拉50％時的抗拉應力稱作50％抗拉值。

圖9 | 線狀接著試驗（譯註：填縫材拉拔試驗）

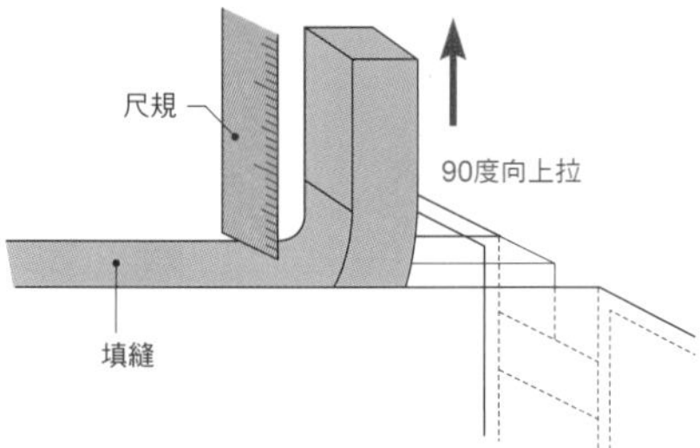

圖10 | 凝集破壞

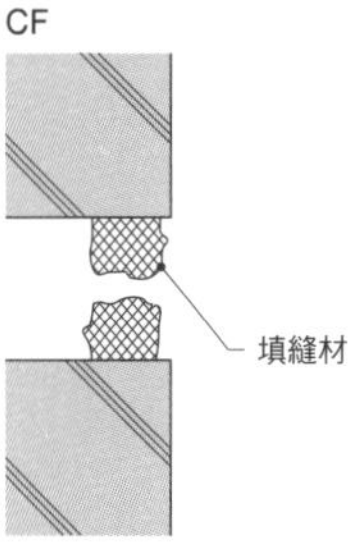

圖11 | 臨界面破壞

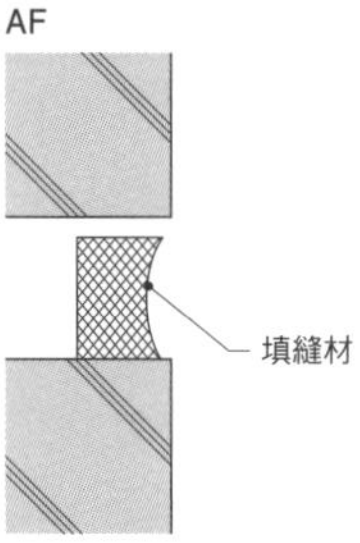

圖12 | 會變動接縫部位的需留意處

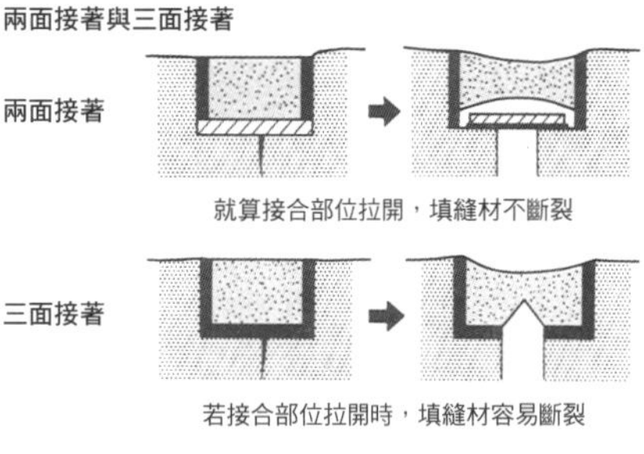

軟的填縫材為低抗拉值（0.2N／㎟未滿），硬的填縫材為高抗拉值（0.4N／㎟以上），軟度適中的為中抗拉值（0.4N／㎟以上），一般的填縫材多屬低抗拉值，在需要強度的SSG構法中才使用高抗拉值的填縫材。

缺失

硬化不良｜硬化不良
填縫材經過規定的硬化時間，卻沒有發生硬化的現象。

凹坑（Crater）｜クレーター
填縫材表面的凹洞。

吐白作用（Choking）｜チョーキング
也稱白華現象。填縫材表面受紫外線影響，發生劣化並呈現白色粉末狀態。材料表面的光澤減低，品質容易惡化。

內部氣泡｜内部気泡
跑進填縫材內部的空氣（氣泡）。內部氣泡發生收縮或破裂，會造成填縫材品質的惡化，而形成表面凹洞。

膨脹｜ふくれ
填縫劑表面受到內部影響發生膨脹的現象。因為膨脹，填縫材會發生剝落、脫離的情形。

凝集破壞｜凝集破壊
接著劑或被附著體的化學分子、原子相互結合的狀態。因為化學分子、原子相互作用產生的凝集力，讓力集中處的填縫材發生破壞的情形，稱凝集破壞[圖10]。

風化作用（Weathering）｜ウェザリング
置於室外，經過時間所發生的劣化現象，也代表紫外線的照射試驗。紫外線照射試驗使用於材料的耐候性調查。

臨界面破壞｜界面破壊
又稱接著面破壞，因接著面而發生填縫材剝落、脫離的狀況[圖11]。

汙染性｜汚染性
接縫的周邊部位受到填縫劑影響而出現髒汙的程度。

坍度（填縫劑）｜スランプ
填縫劑以自身重量發生坍塌的程度。

非坍狀態｜ノンサグ
在垂直面上的接縫中填充填縫材後，沒有發生坍塌的狀態。

被附著體破壞｜被着体破壊
填縫材因接縫跑位而發生變形時，被附著體表面的抗拉應力，與填縫材的相對應力相互抵銷，因而造成填縫材破壞的情形。也稱作母材破壞[圖12]。

補修

架橋填縫方式｜オーバーブリッジ方式
在接縫上有如搭起橋一般，充分地填入填縫材。就算重新再填充填縫材，預計很快還會再發生相同破壞程度的話，可使用此種補救方式。

再填充方式｜再充填方式
在需要補修的填縫材上，再次填充填縫劑，進行補修作業[圖13、表3]。

擴大寬幅再填充方式｜拡幅再充填方式
就算重新再填充填縫材，也預計很快會再發生相同破壞程度的話，可將接縫寬幅擴大，並將填縫材重新填入。

圖13｜補修工法選擇的流程

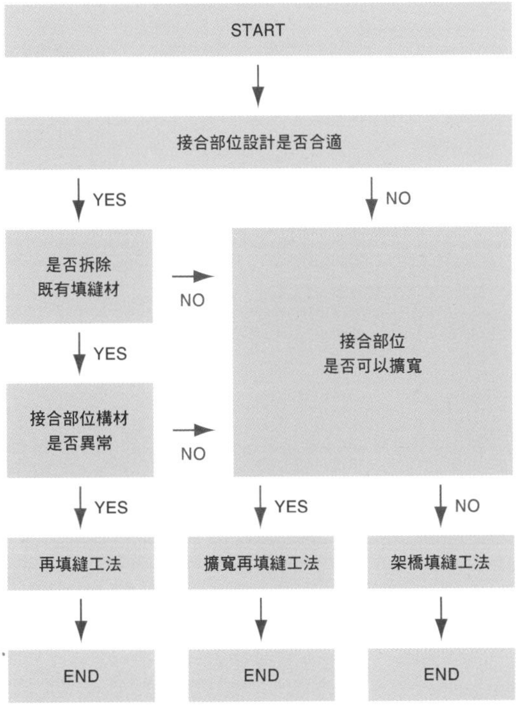

表3｜再填縫的施作方法

方法	內容
不改變材料及施工方式	填縫材經年累月發生劣化，以相同材料更新填縫材定期補修；或因施工不良，單純進行部分補修
只改變施工方式	底漆本身沒有性能上的問題，僅因無法清除造成黏著障礙的物質，判定為黏著損害，將被附著體表面清潔完成後塗上底漆
改變底漆	對於被附著體來說，發生「底漆不適」、「底漆久而變質」、「底漆施工不良」等底漆本質問題的狀況時，改用不會發生這些問題的底漆
改變底漆及施工方式	變更使用底漆時，並非僅更換成其他的底漆，而是視安全性，兼顧上述「只改變施工方式」的施作考量來變更底漆
不同種類的填縫材料	若遇到使用較古老填縫材的情況，變更使用現在各種種類並用的高性能填縫材。由於變更填縫材後，底材也隨時變更，一併解決底漆相關問題

參考｜填縫材種類及適用部位一覽表

有塗裝	工法、部材、構成材				矽利康系列		改性矽利康系列		多硫化物系列		丙烯酸樹脂系列	
					SR2	SR1	MS2	MS1	PS2	PS1	PU2	PU1
會變動的接縫（工作縫）	各式外牆板材	ALC板材（Slide Method）	ALC板材之間接縫	有塗裝［※2］	—	—	○	○	—	—	○	○
				無塗裝	—	—	○	○	—	—	—	—
			窗框周圍接縫	有塗裝［※2］	—	—	○	○	—	—	○	○
				無塗裝	—	—	○	○	—	—	—	—
		氟素樹脂塗裝		常乾、燒付塗裝接縫	○［※1］	—	○	—	○	—	—	—
		塗裝鋼版、搪瓷鋼板		鋼版接縫	—	—	○	○	○	○	—	—
				窗框周圍接縫	—	—	○	○	○	○	—	—
		GRC、水泥擠出成形板		板間接縫	—	—	○	○	○	○	—	—
				窗框周圍接縫	—	—	○	○	○	○	—	—
	獨棟住宅的外壁	窯系壁板		有塗裝［※2］	—	—	○［※3］	○	—	—	○	○
				無塗裝	—	—	○［※3］	○	○	○	—	○
		金屬系壁板		壁板接縫	—	—	○	○	—	○	—	—
	玻璃	玻璃周圍		玻璃周圍接縫	○	○	—	—	○	—	—	—
	五金門窗	窗框周圍		收邊板、漏水板接縫	○	—	○	○	○	—	—	—
		門窗框工廠接縫		填縫材接合	—	—	—	—	○	—	—	—
	牆頂橫遮板	金屬製橫遮板		牆頂橫遮板之間的接縫	○［※1］	—	○	—	—	—	—	—
		石材橫遮板			—	—	○	—	○	—	—	—
		PCa板橫遮板			—	—	○	—	○	—	—	—
不會變動的接縫（非工作縫）	混凝土壁	RC壁、窗框周圍、壁式PCa		有塗裝	—	—	—	○	—	—	○	○
				無塗裝	—	—	○	○	○	○	—	—
		石材鋪設（濕式）（GPC、石材接合）		石材接縫	—	—	—	—	○	—	—	—
				窗框周圍接縫	—	—	○	○	○	○	—	—
		磁磚鋪設		磁磚接縫	—	—	○	○	○	○	—	—
				磁磚下主體結構接縫	—	—	—	—	—	—	○	○
				窗框周圍接縫	—	—	○	○	○	○	—	—
	外牆板材	ALC板材插入工法、有塗裝		ALC板材之間的接縫	—	—	—	○	—	—	○	○
				窗框周圍接縫	—	—	○	○	—	—	○	○
外壁以外的接合	屋頂			防護墊防水的收邊處理	—	—	—	○	—	○	—	○
				屋瓦固定（防止颱風災害）	—	○	—	○	—	○	—	—
				金屬屋頂的彎折部位的接縫	—	○	—	○	—	○	—	○
	水路配管周圍			浴室、浴槽（需要耐溫水）	—	○	—	—	—	—	—	—
				流理台、櫥櫃周圍	—	○	—	—	—	—	—	—
				洗臉化妝台周圍	—	○	—	—	—	—	—	—
	聚碳酸酯（Polycarbonate）板材、丙烯酸（壓克力）板				—	○［※4］	—	—	—	—	—	—
	排氣口、貫通管線周圍			有塗裝	—	—	○	○	—	—	○	○
				無塗裝	—	—	○	○	○	○	—	—
	陽台扶手欄杆的支柱底部、避難口蓋周圍			有塗裝	—	—	○	○	—	—	○	○
				無塗裝	—	—	○	○	○	○	—	—

考量到跑位的適應性，雖然原則上以兩面接著方式進行填縫施工，但較少發生變動的主體結構施工縫等部位，為了防止因為斷裂而雨水入侵，三面接著的填縫方式會比較好

在鋁門窗等五金門窗的收邊與結構主體之間進行填縫時，不能使用對抗紫外線能力弱，經過3～7年發生劣化並且最終會消失不見的丙烯酸樹脂系列填縫材，應使用「多硫化物系列」及「改性矽利康系列」的填縫材料

在發生變動較大的部位，使用多硫化物系列填縫材是錯誤的，這項材料不具備因應變動的適應性，會產生破裂、剝離的狀況

出處：「建築填縫材填充墊材」（日本填縫材工業會）

※1：具汙染性，處理上需留意（與填縫材製造業者共同協議）　※2：無論是哪一種填縫材料，需事先確認可塗裝性

※3：希望是應力緩和類型　※4：脫醇型（揮發醇類氣體）

飾面

4

飾面

屋頂工程

1

屋頂依材料的不同，分別有瓦片鋪設式、金屬版鋪設式等種類。

形狀・部位・構材

單向傾斜屋頂｜片流れ
往單一方向傾斜的屋頂形狀[圖1①]。

切妻屋頂｜切妻
像是把書翻開往下蓋的屋頂形狀[圖1②]。

寄棟屋頂｜寄棟
以屋脊為中心，向四方流下的屋頂形狀[圖1④]。

頂加式切妻屋頂｜腰屋根
為了煙囪或採光，在屋頂的局部設置成小屋架組屋頂[圖1⑤]。

方形屋頂｜方形
沒有屋脊，從單一頂點開始由四方或八方往下傾斜的屋頂形狀[圖1⑥]。日文也稱「寶形」。

切妻寄棟合併型屋頂｜入母屋
將切妻屋頂的妻側（與屋脊垂直的面、山牆）下方，轉換成寄棟形狀的屋頂[圖1⑦]。

平屋頂｜陸屋根
水平或幾無斜度的屋頂[圖1⑧]。

屋脊｜棟
屋頂傾斜面與傾斜面相交接合的屋頂頂部水平部位[圖2]。

垂脊｜隅棟（下り棟）
寄棟或方形屋頂上，相鄰的兩屋頂面連續相接的部位[圖2]。

谷（屋頂凹底部位）｜谷
屋頂面上藉由洩水坡最低處和其他屋頂面或壁面連續相接的凹線部位[圖2]，會成為雨水匯流路徑，需要特別留意防水處理。

圖1｜屋頂的主要形狀

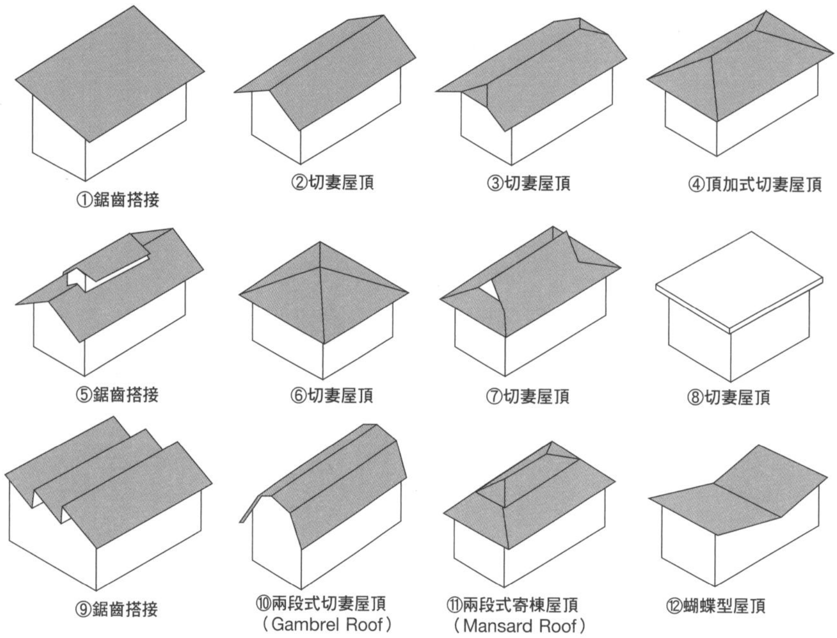

圖2｜屋頂各部位名稱

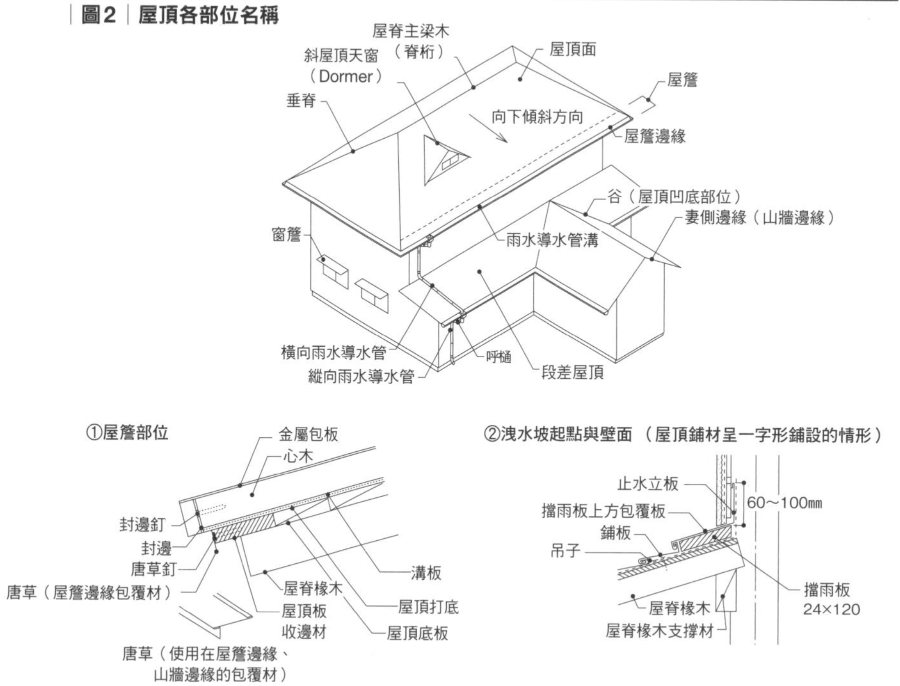

照片1｜止雪裝置

與屋瓦一體成形的止雪裝置

安裝在屋頂鋪材上的止雪專用金屬配件

圖5｜雨水導水管溝的安裝案例

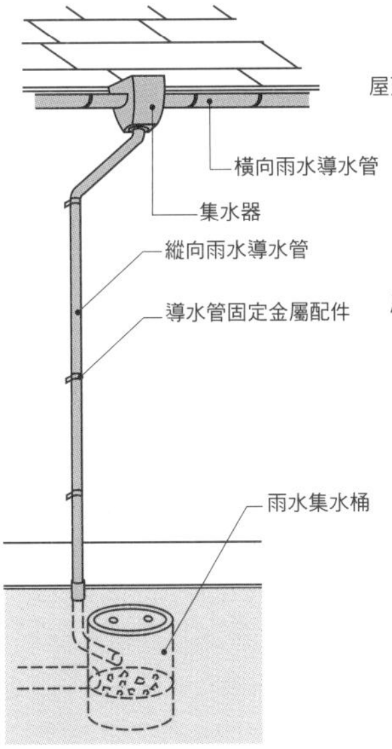

雨水藉由橫向雨水導水管導向集水器，再連結至縱向雨水導水管，流向地下的雨水集水桶。溢出集水桶的雨水，流向地下水。

圖3｜屋簷邊緣的構成

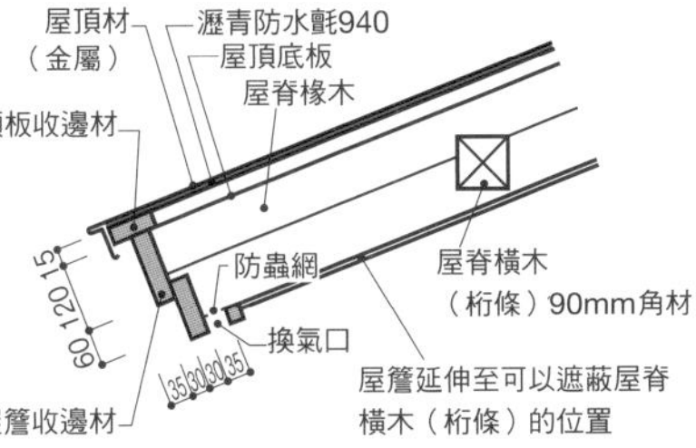

將屋簷收邊材以兩段式施作，可讓屋簷看起來較為銳利

圖4｜妻側邊緣（山牆邊緣）的構成

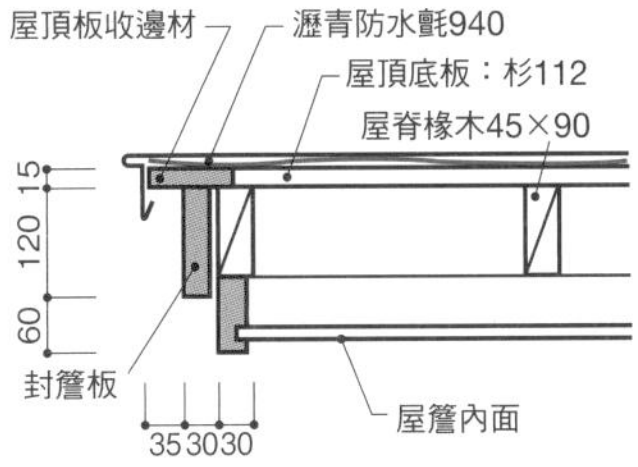

與屋簷邊緣呈直角的部位（妻側／山牆邊緣）上施作兩段式的封簷板，視覺上較為簡潔俐落

圖6｜屋簷排水溝（天溝）的收邊案例（比例S=1：15）

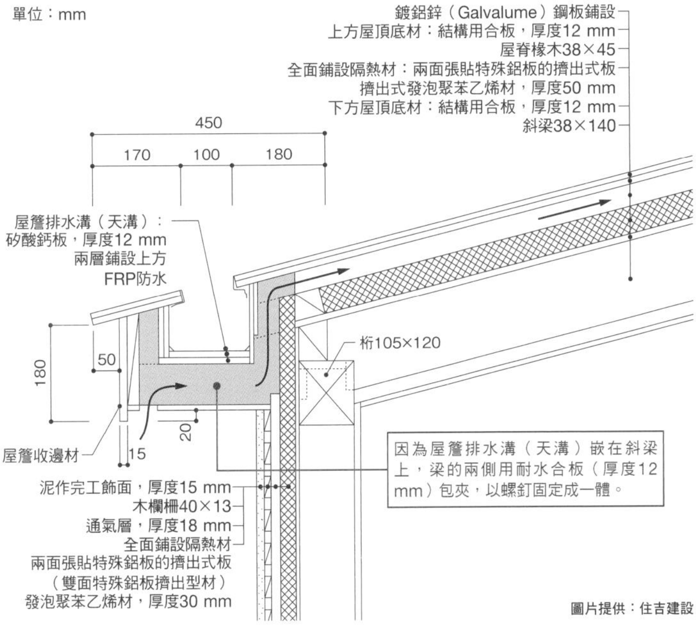

圖片提供：住吉建設

屋簷｜軒

屋頂面從外壁開始向外伸展到屋頂邊端之間的部位[圖2]，此部位的距離稱為簷深。

屋簷邊緣｜軒先

由屋簷收邊材及屋頂板收邊材構成的屋簷邊緣部位[圖3]。

屋簷收邊材｜鼻隠し

將屋簷邊緣的屋脊椽木邊端等部位隱藏，目的是為了表現屋簷厚度而設置的橫板，使用材料包括木質材料、樹脂成分材料、窯製成型材料、金屬製成型材料等。

屋頂板收邊材｜広小舞

安裝在屋簷邊緣的屋脊椽木邊端上方的寬幅橫木[圖2]，目的是抑制屋脊椽木振動，作為屋頂板的收邊處理。

唐草（屋簷邊緣包覆材）｜唐草

包覆屋簷邊緣部位[圖2]。防止屋簷邊緣的屋頂板受風煽動，而發生屋頂板收邊材腐蝕的情形。

擋雨板｜雨押さえ

為防止雨水入侵，安裝在外壁與開口部位的上框，或安裝在屋頂與牆壁接合部位的板狀物[圖2]。

妻側邊緣（山牆邊緣）｜けらば

切妻屋頂的妻側（屋脊的兩端部位）邊端部位[圖4]。

破風板（博風板、封山板）｜破風

為了要隱藏屋脊椽木、屋脊橫木（桁條）桁的前端（構材的前端），順沿著屋頂安裝的山型板。左右破風板（博風板、封山板）的相接之處，稱作合掌。

止雪裝置｜雪止め

設置在屋頂面上，用來防止屋頂上的雪急速滑落的構材[照片1]，一般來說呈突起狀，依屋頂材質、鋪設方式、積雪量種類不同。止雪裝置雖讓雪不容易滑落，但也無法保證一定不會滑落。最近就算是在下雪少的溫暖地區，若是基地面積狹小、與鄰地距離短的建物屋頂，也都會安裝止雪裝置。

雨水導水管｜樋

安裝在屋簷邊緣的稱作屋簷雨水

導水管，收集屋簷導水管的水並縱向排水的稱作縱向雨水導水管[141頁圖5]。此外，安裝在屋頂面溝槽中的雨水導水管，稱作天溝[141頁圖6]。

集水器｜あんこう

安裝在屋簷雨水導水管與縱向雨水導水管接合處的金屬配件[141頁圖5]。

屋頂底材｜野地・野地板

安裝在屋頂下方的底材面[圖7]。日文的「野地板」意指使用原木的屋頂底材，最近大多使用合板作為屋頂底材。耐火建築物中，鋼構造屋架組，則使用硬質木片水泥板作為耐火屋頂底材。RC構造也會使用可釘作固定的珍珠岩水泥砂漿底材，作為屋頂底材。在屋頂底材上方鋪設瀝青防水氈，再於其上鋪設屋頂材。

瀝青防水氈｜アスファルトルーフィング

為屋頂防水材，原料為有機質纖維的防水氈，再用瀝青浸覆製成的防水襯墊。

屋頂打底

屋頂打底材｜下葺き材

為防止結露或濕氣，在鋪設屋頂材之前，先在屋頂材下方鋪設的襯墊[圖7、照片2]，一般使用瀝青防水氈940或改質瀝青、橡膠墊防水襯墊。此外，也有強化耐久性、耐熱性的橡膠瀝青防水層(改質瀝青防水氈)，或是能將屋頂底板周邊結露水氣排出室外、具有透濕性能的透濕屋頂打底材。

防水打底補強鋪設｜捨張りルーフィング

鋪設屋頂材之前，在傾斜屋頂低處的谷底部位，為了補強防水效果先行鋪設的屋頂打底材[照片3]。

防水補強重覆鋪設｜增張り

施作屋頂打底材後，以防水補強為目的，在屋頂與牆壁的接合處重覆鋪設防水襯墊[照片4]。

屋頂與牆壁的接合部位｜壁との取り合い部

屋頂面在洩水坡起點處，或是平行於傾斜方向的屋頂面與上層牆壁連續相接的部位，需留意並防止雨水滲入[照片8]。

防水補強重覆鋪設｜增張り

也稱作桁行方向、桁側。與屋架梁、斜梁、屋脊椽木方向垂直，與外壁接合部位平行。

圖7｜一般的屋頂打底工法

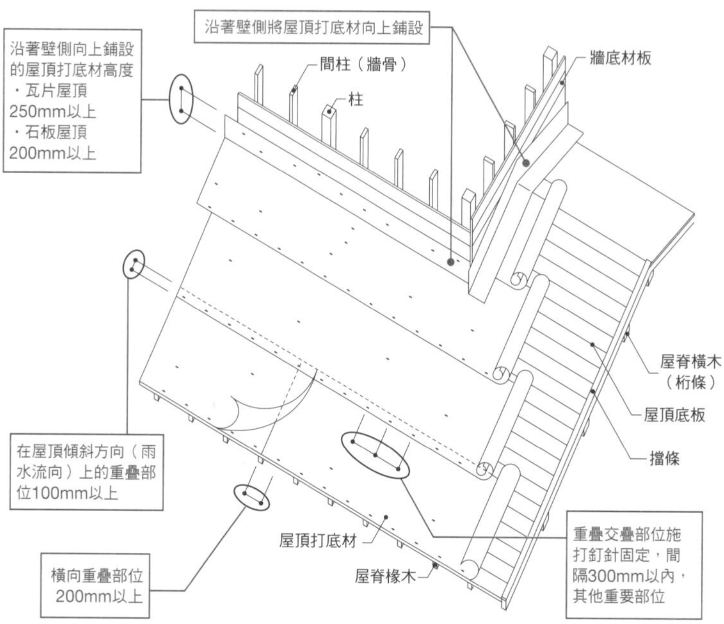

照片4｜屋頂與牆壁接合部位的防水補強重疊鋪設

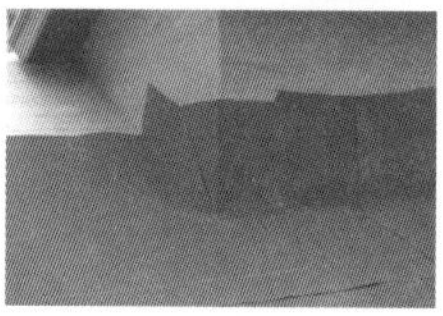

照片3｜屋頂凹底部位的防水打底材補強鋪設

照片2｜瀝青防水氈鋪設

圖8｜施作屋頂防水打底材工時的注意要點

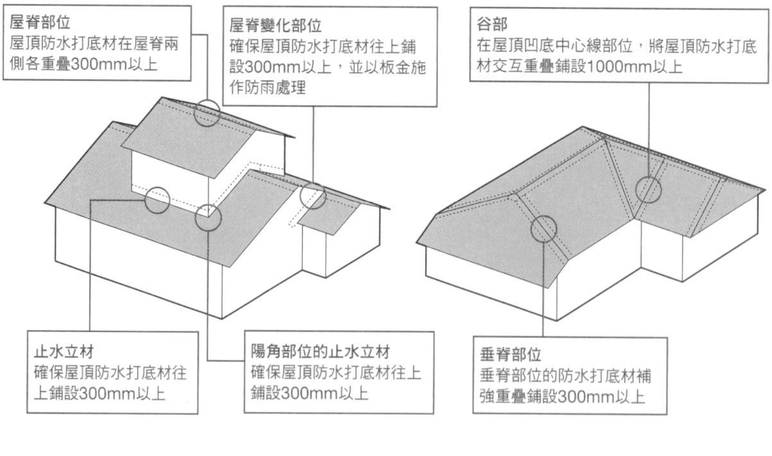

表4｜屋頂鋪設材與屋頂傾斜度

屋頂鋪設材	屋頂傾斜度
棧瓦（板瓦）鋪設	4／10～7／10
石板鋪設	3／10
金屬板鋪設	1／10～1

屋頂傾斜度的表示方法：「傾斜度3／10」=「傾斜度3吋」（每呎3吋的傾斜度）。傾斜度10吋即為直角

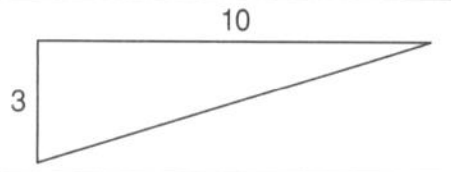

雨水流向｜流れ方向
屋頂面上雨水流動的方向。

施工尺寸（材料外露尺寸）｜働き寸法
將屋頂材料重疊鋪設，或是將具有排水功能的材料重疊接合時，材料外露在屋頂面上的尺寸。用於計算屋頂材料用量。

屋頂傾斜度｜屋根勾配
相對於水平線的屋頂面斜度。依屋頂鋪設材料的不同，合適的屋頂傾斜度也不同[表1]，一般以公吋表示斜度。

緊固作業｜留付け
將屋頂鋪設材、機能構件等用釘作固定，並用緊結線、吊子、螺栓等與底材緊結固定的作業。

收邊構件｜役物
屋頂工程中在屋頂全面用來收邊的構件總稱。鋪瓦屋頂使用瓦片或屋頂灰泥，石板屋頂或金屬板屋頂則用金屬製構件[照片5]。

照片5｜收邊材的種類（照片以鋪設石板的屋頂為例）

①屋簷邊緣收邊板　②妻側邊緣（山牆邊緣）收邊板　③谷坂　④壁止り役物
⑤擋雨版　⑥雪割り　⑦半雪割り　⑧棟包

①屋簷邊緣擋水收邊板
在屋頂打底作業之前施作。不讓雨水流向屋頂收邊材，安裝在屋頂底材下方的擋水收邊構件

②妻側邊緣（山牆邊緣） 擋水收邊板
在屋頂材鋪設作業前施作，安裝在妻側邊緣的擋水收邊構件。可以減少從妻側部位吹進的雨水，並將滲入的雨水引導至屋簷並排出

③擋水谷板
為了讓屋頂面材相互接合的低凹部位達到擋水效果，在屋頂材鋪設作業前，沿著屋頂底材面上的低凹帶狀部位連續鋪設。也稱作擋水補強谷板

④外牆截水收邊材
箱型金屬收邊構件，安裝在屋簷防水打底材上，將流向擋雨板、屋頂材、屋頂板隱藏部位的雨水全部收集起來，從外牆排水出去

⑤擋雨板
用來確保打在外牆上的雨水確實從屋頂面流走的擋雨板。安裝在外牆內側，與突出屋頂面的止水立材一體成形的金屬製擋雨板

⑥屋頂積雪引板
使用在下雪地區，安裝在有煙囪或天窗的屋頂突出物的洩水波起點。可引導積雪延著左右兩邊傾斜屋頂滑落，不僅可以讓屋頂免於支承積雪重量，也讓雨水難以滯留於屋頂上

⑦外牆積雪引板
在下雪地區，積雪常造成外牆截水收邊材的損壞，因此安裝外牆積雪引板，讓落雪不經過外牆，而是沿著屋簷滑落如此一來，冰柱不易附著在外牆上，也可防止外牆材因冰凍而有所損壞

⑧樑收邊材
覆蓋在屋頂材的頂部固定底材上，再施打釘作貫穿固定。與從頂部通風排氣的屋脊主樑收邊構件一起接續安裝

吊子｜吊子
用來固定金屬屋頂或機能構件的帶狀金屬配件[142頁圖2]。也稱作彎折吊子。

彎折咬合｜はぜ
板金工程中，為了將板接續，而將端部彎折的方式，包括小彎折（一次彎折）、平彎折（壓平彎折）、卷彎折（捲曲彎折）等咬合方式[圖9]。

屋頂板隱藏部位｜捨板
不外露的屋頂板材或構件的一部分或整體的總稱。兼具捨板（屋頂板隱藏部位）與唐草（屋簷邊緣包覆材）功能的構件，稱作隱藏式屋簷邊緣包覆材。

頂部固定底材｜笠木
在屋頂工程中使用在水平屋脊木或垂脊上的木材。用來固定已鋪設完成的石板或金屬板，作為安裝收邊構件的底材，再施打釘作貫穿固定。

重疊部位｜重ね代
將收邊板等機能構件接合時相互交疊的部位。通常是50公釐以上，谷板（用於傾斜屋頂凹底部位）等構材的交疊處需在100公釐以上。也稱重疊尺寸。

圖9｜板金彎折咬合的類型

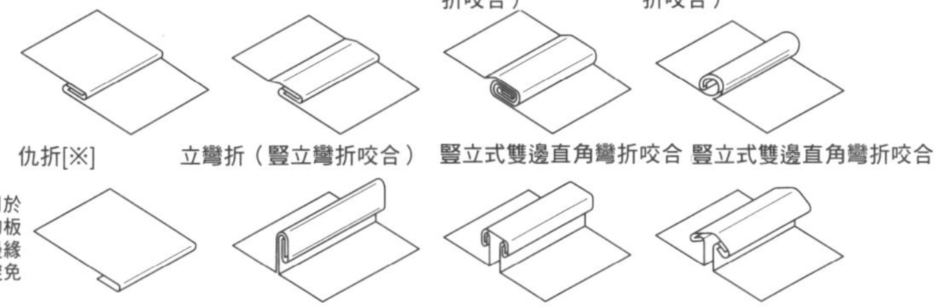

（※譯註：用於未收邊處理的板材，將板材邊緣折起遮掩並避免割傷）

瓦・屋頂材料

瓦・黏土瓦（陶瓦）｜瓦・粘土瓦
將黏土塑形，以溫度900～1200℃燒成屋頂飾面材，依製造方式不同分種類[144頁表2]，包括日本生產量第一的「三州瓦（愛知縣）」，高溫燒製、適用於寒冷地區的低吸水率紅褐色「石州瓦（島根縣）」，以高級燻製瓦聞名的「淡路瓦（兵庫縣）」，號稱日本三大瓦[144頁表3]。依使用部位不同分成熨斗瓦[144頁圖10]、棧瓦（板瓦）[144頁圖11] 面戶瓦（填縫瓦）、軒瓦（正立面屋頂邊瓦）[145頁圖12]、平瓦、丸瓦、鬼瓦（屋瓦底）[145頁照片6]、棟瓦（脊瓦）[144頁圖13]、隅瓦（簷口瓦）[145頁圖14]等等。除了使用黏土，也有以天然石板（玄昌石）、水泥、金屬為原料的瓦製品。日本自古以來使用的瓦，日文稱和瓦，歐洲國家使用的西班牙瓦等，日文稱作洋瓦。

日式瓦｜和瓦
自古以來在日本使用的瓦的總稱。其中以「本瓦」、「棧瓦（板瓦）」具代表性。

本瓦組合／和瓦｜本葺き瓦／和瓦
在承受材的平瓦（女瓦）上方覆

地盤・基礎
主體結構
性能
飾面
設備
索引

圖10｜熨斗瓦（堤瓦）

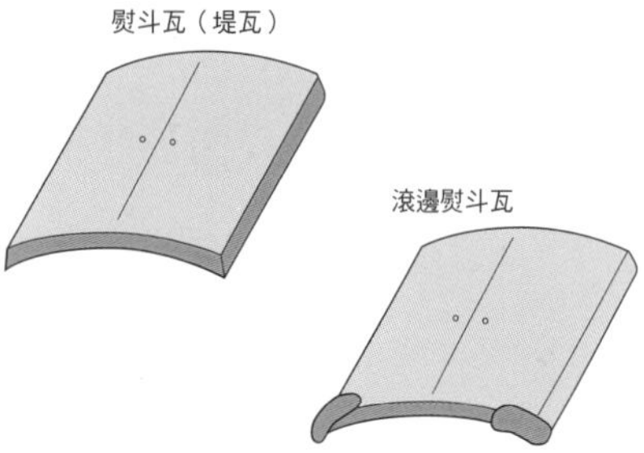

圖11｜棧瓦（板瓦）

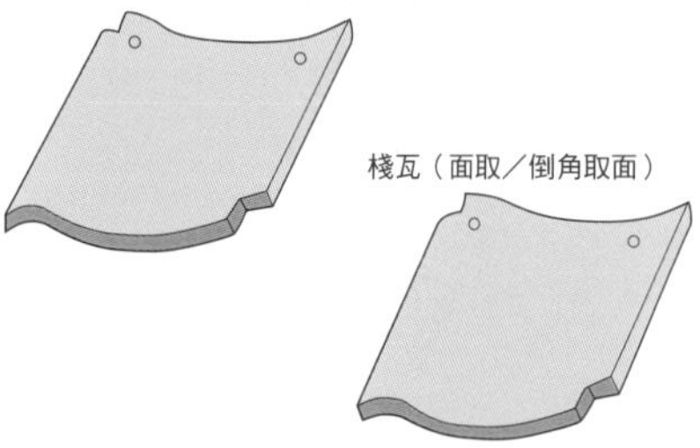

蓋丸瓦（男瓦）所構成的組合，進行屋頂鋪設，大多使用在神社或佛寺。

棧瓦（板瓦）組合・J形瓦／和瓦｜棧葺き瓦・J形瓦／和瓦

結合本瓦的丸瓦與平瓦組合，一體成型的J字形瓦，是很為普遍的瓦。內面附有突起部位，日文稱作「駒（ko.ma）」，用來將棧瓦（板瓦）掛設在支撐橫木上〔圖15、照片7〕。

西洋瓦｜洋瓦

包括結合上瓦與下瓦一體成形，並加以改良的西班牙瓦，以及適用於大斜度西洋屋頂的法式瓦等等〔圖16〕。

F形瓦／西洋瓦｜F形瓦／洋瓦

將法式瓦底的凸凹部位去除的平瓦。

S形瓦／西洋瓦｜S形瓦／洋瓦

將組成西班牙瓦的上丸瓦與下丸瓦結合，一體成形的瓦。

平板（波浪）瓦｜平板（波状）瓦

以瓦的形狀來命名，呈現出的風格與日式瓦片不同。

碳燻瓦｜いぶし瓦

在瓦片燒製的最後階段，與空氣隔絕，保持高溫，灌入瓦斯作為唯一的燃料，產生大量碳附著於瓦片上，燒製成銀灰色的瓦片。

琉璃瓦｜釉薬瓦

表2｜以製造方式區分的瓦種類

名稱	製法
陶器瓦、釉藥（瑠璃）瓦	最常見的和瓦（日式瓦）種類， 在瓦片表面塗上釉藥燒製而成。顏色豐富，耐久性優，相對便宜
碳燻瓦（黑瓦）	在燒製過程的最後階段進行碳燻， 在瓦表面形成以碳為主要成分的皮膜， 燒製成銀灰色的瓦片。 過去是以松樹的枝葉進行燻製，在瓦表面產生灰色或黑色的碳燻痕跡。 近年來， 大多是以機械進行燻製成為均質銀色光澤的瓦片。 價格約比陶器瓦貴兩成
塩焼き瓦（赤瓦）	利用鹽燒製成表面具有獨特赤褐色的瓦
無釉藥瓦	不使用釉藥燒製成的瓦， 在窯中將黏土以外的物質混拌入瓦原料中， 使之自然生成變化的窯變瓦。 屬於較為廉價的瓦， 吸水率強，不適用於寒冷地帶

表3｜瓦の産地と特徴

三州瓦	以愛知縣的高浜、 碧南、 刈谷三市為中心出產的瓦。 生產量佔全國第一，種類也多
石州瓦	出產自島根縣的出雲、石見地方，帶有赤褐色調的瓦。 原土含鐵成分高，以高溫燒製。 可抗凍害。
淡路瓦	以兵庫縣的淡路島為中心出產的瓦。 碳燻瓦的生產量大。
京瓦	出產自京都府的伏見或丹波地方，顏色變化少。
越前瓦	出產自福井縣、 石川縣，耐寒性高的瓦。
美濃瓦	出產自岐阜縣美濃地方的碳燻瓦
沖繩赤瓦	出產自沖繩縣的素燒瓦
關東瓦	琦玉縣的兒玉瓦、 深谷瓦、 武州瓦， 或是出產自群馬、 茨城、 栃木等的瓦總稱

表4｜粘土瓦の規格（JIS A5208より抜粋）

形狀尺寸區分		長度 A	寬幅 B	外露尺寸		山形部位寬幅 D	瓦間間隙 E	容許差值	谷（屋頂凹底）的深度 C	鋪瓦數（概數）每3.3m2	鋪瓦數（概數）每1m2
				長度a	寬幅b						
日式棧瓦	49	315	315	245	275	—	—	±4	35以上	49	15
	35A	305	305	235	265	—	—			53	16
	35B	295	315	225	275	—	—			53	16
	56	295	295	225	255	—	—			57	17
	60	290	290	220	250	—	—			60	18
	64	280	275	210	240	—	—			65	20
S形棧瓦	49	310	310	260	260	145	25		50以上	49	15

備註：S形棧瓦的長度（A）也認定為320mm

圖15｜棧瓦（板瓦）的各部位名稱

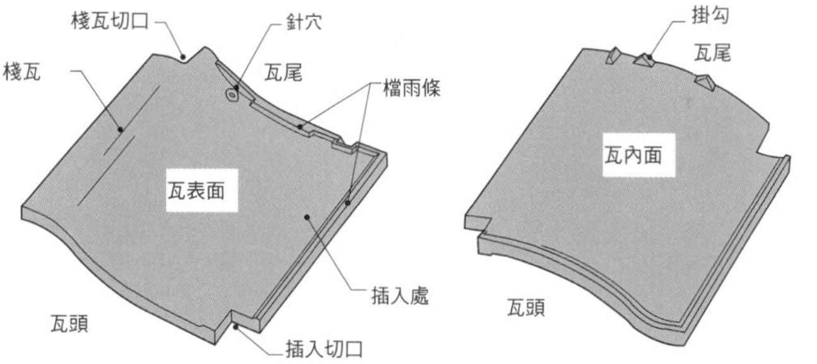

左圖的山形棧瓦最為常見，與暴風逆向的地區如日本高知縣，則會合併使用左右圖的棧瓦

圖片製作：木住研・宮越喜彥

照片6｜鬼瓦（脊瓦底端的獸面瓦）

（照片出處：淡路瓦工業組合）

照片7｜棧瓦（板瓦）屋頂

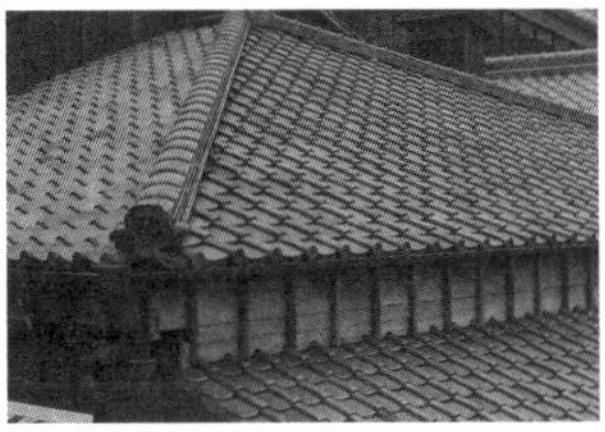

依屋頂上使用部位的不同，區分出熨斗瓦（堤瓦）或冠瓦、鬼瓦（脊瓦底端的獸面瓦）、軒瓦（邊瓦）等各種形狀、名稱的瓦構材

圖14｜隅瓦（簷口瓦）

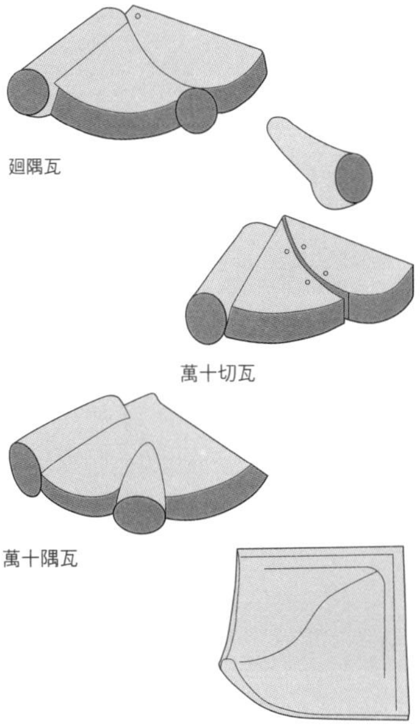

圖12｜軒瓦（邊瓦）

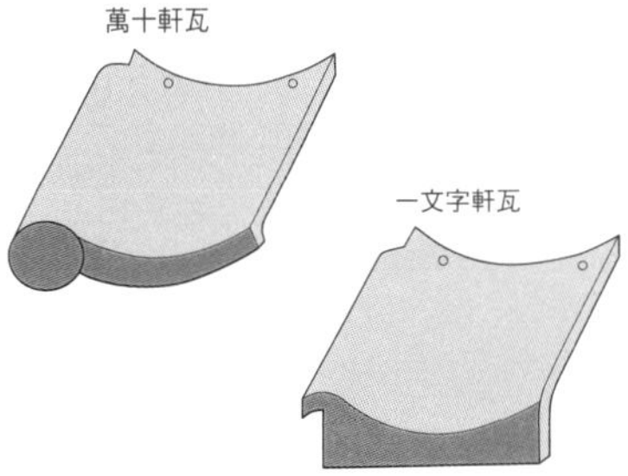

圖13｜棟瓦（脊瓦）

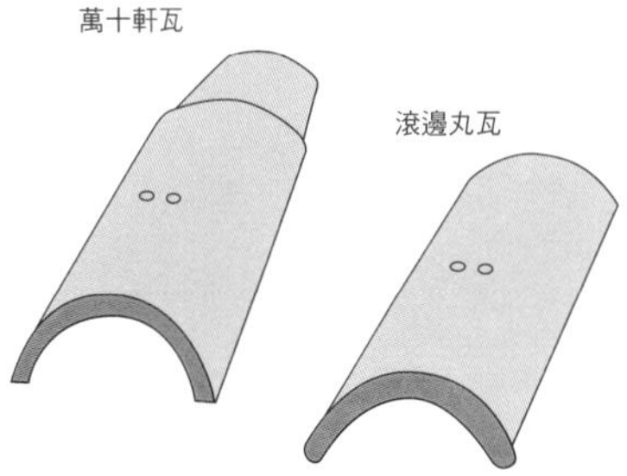

圖16｜日式屋頂與西洋瓦的收邊方式 單位：mm

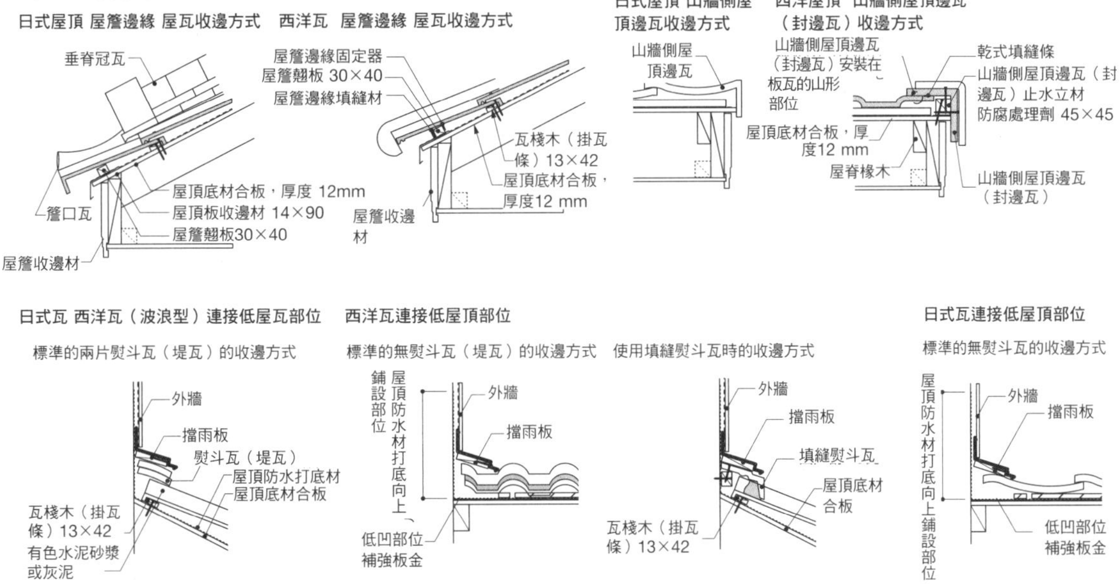

圖17｜熨斗瓦（堤瓦）的收邊

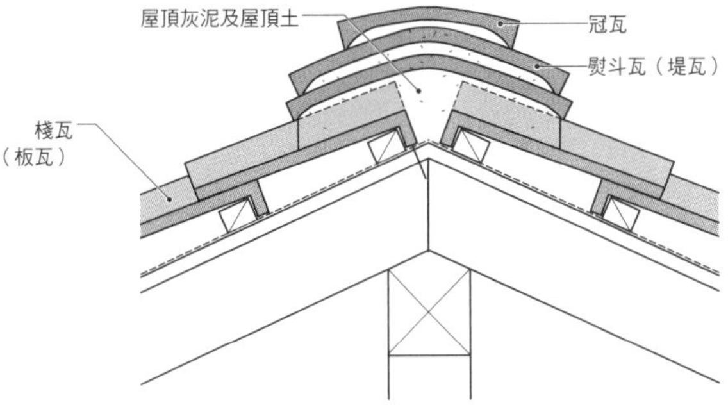

在瓦片表面塗覆釉藥燒製，依照配方不同製成各種顏色的瓦。

瓦尺寸標示｜瓦寸法

本瓦的尺寸以平瓦和丸瓦本身的尺寸來表示，棧瓦（板瓦）的尺寸則以一坪所需鋪設的瓦片數來表示。JIS規格分類是將瓦的形狀、尺寸標準化，一般使用53形、64形、80形三種。53A形產地是三州、53B形是石州、淡路，各自反映出產地特色［表4］。

板瓦｜棧瓦

使用在屋頂的平坦部位。內面附有突起部位，用來將板瓦掛設在支撐橫木上。

圖20｜勾掛式棧瓦（板瓦）的鋪設工程

- 屋頂防水打底
- ↓ 板金工程
- ↓ 檢視瓦片，並依尺寸、彎度排列分類
- ↓ 決定瓦片配置比例
- ↓ 瓦棧木（掛瓦條）釘作固定
- ↓ 瓦、屋頂土鋪設
- ↓ 安裝屋簷、封邊瓦的特殊材料
- ↓ 掛瓦條鋪設
- ↓ 疊上熨斗瓦（堤瓦）
- ↓ 完成

照片8｜勾掛式板瓦鋪設的施工一景

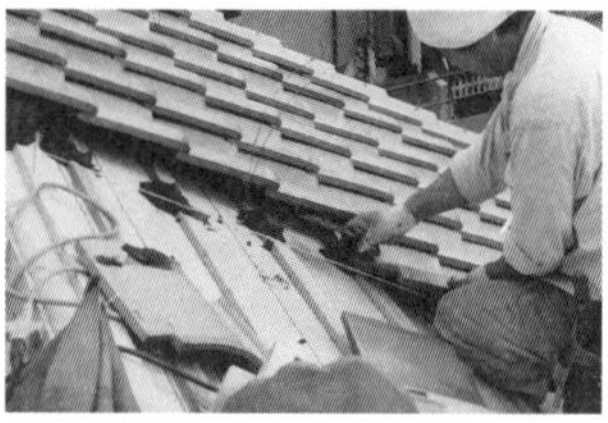

圖18｜棧瓦（板瓦）

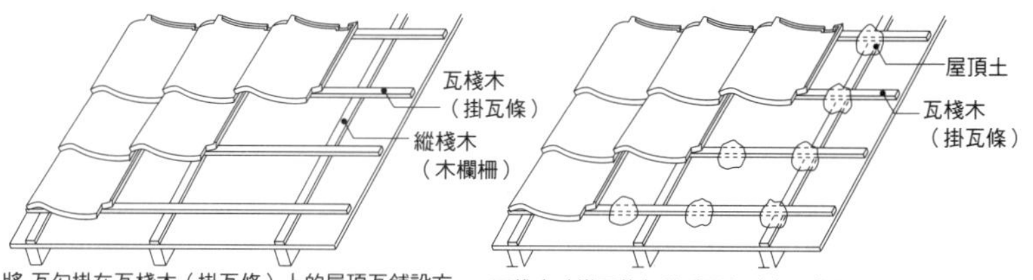

將瓦勾掛在瓦棧木（掛瓦條）上的屋頂瓦鋪設方式。在重要部位用釘子或緊結線固定。可減少屋頂載重

瓦棧木（掛瓦條）的重要部位上，放置約拳頭大的土量後鋪設瓦片

圖19｜棧瓦（板瓦）緊結法

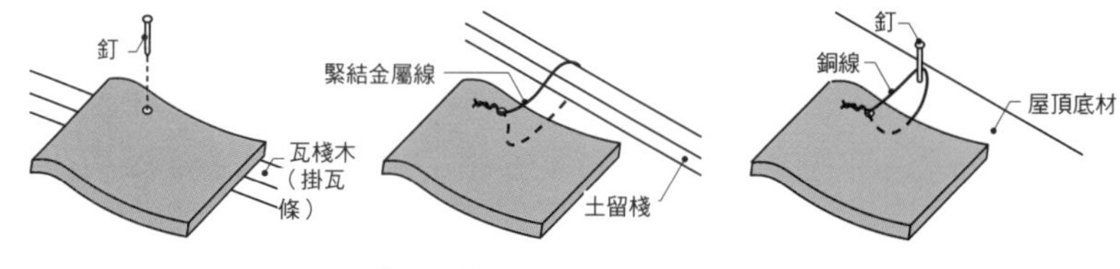

使用長度45～65mm，直徑24mm的銅、黃銅、不鏽鋼製釘子

使用口徑約0.9mm的銅線、不鏽鋼線，將瓦片固定在土留棧上

蜻蜓點水式固定釘作是將一根銅線對折後繞在釘子上固定

圖21｜勾掛式棧瓦（板瓦）的鋪設工法

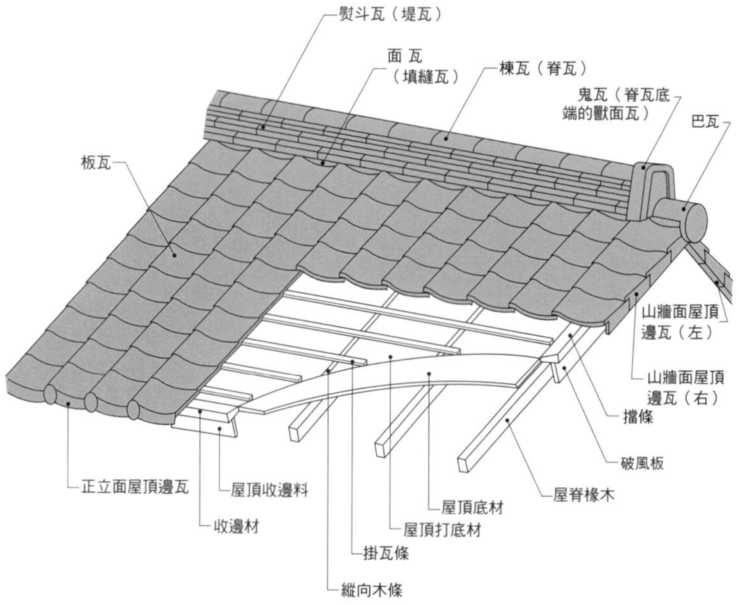

圖面繪製：木住研·宮越喜彥

瓦棧木（掛瓦條）｜瓦桟

施作勾掛式棧瓦鋪設屋頂時，為了讓瓦的背鉤勾掛在屋頂打底材上所安裝的細棧木板。瓦棧木配合瓦的分配比例及傾斜度平行配置。以木材或是塑膠等材料製成，常見的斷面尺寸是15×18公釐，若屋頂傾斜度較大，則會使用斷面面積大的瓦棧木。安裝在木製屋頂底材上時，以45公釐以上的釘子固定。使用鐵釘固定耐火屋頂底材、不鏽鋼專用釘固定ALC板。為了加強瓦片內側通風，最近出現瓦棧木上開孔的製品（透氣瓦棧木）。

緊結金屬線｜緊結線

將瓦片固定在底材、瓦棧木上，將瓦與瓦之間緊結固定所使用的金屬線。使用直徑約0.9公釐的銅線、不鏽鋼線，或是塗覆高耐蝕性樹脂的金屬線等。依使用部位所需，有時會與鐵釘併用。

釘｜釘

鋪設板瓦（棧瓦）時，使用長度45～65公釐、直徑2.4公釐左右的銅釘、不鏽鋼釘、黃銅釘。

屋頂土｜葺き土

在瓦式屋頂的屋頂底材，為了讓瓦相互緊密鋪設所使用的土。在黏土質土壤混入少量石灰或苆（寸莎）的物質［145頁圖17］。

屋頂灰泥｜屋根漆喰

屋脊瓦的疊積或填縫時使用的灰泥，是在石灰中混入苆（寸莎）與灰漿，拌混成黏稠度高的南蠻灰泥。也有不使用水，直接使用屋頂土的方式［145頁圖17］。

特殊瓦｜役瓦

意指平瓦以外的瓦。是「軒瓦（屋簷瓦）」、「袖瓦（側瓦）」等邊端部位瓦片的總稱。也稱作轉角瓦、道具瓦。相對於特殊瓦，使用在一般部位的瓦稱作「地瓦（一般瓦）」。特殊瓦的收邊處理，受到施作者施工習慣的影響，或是在不同地域都有很大的差別，基本上施工現場的調整工作決定完工成果的優劣與否。

照片9｜天然石板屋頂

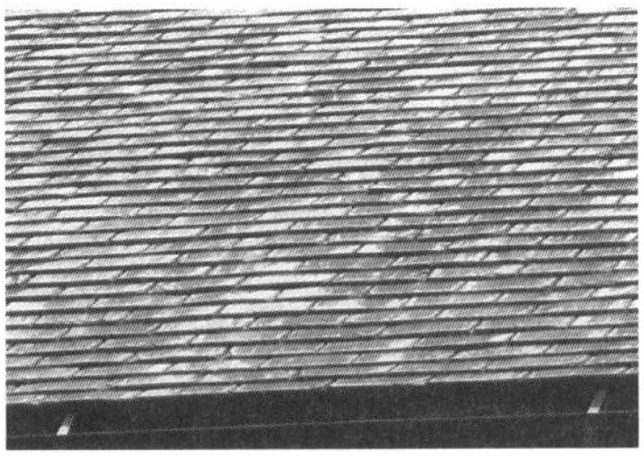

圖23｜石板屋頂鋪設工程

選定屋頂底材
↓
安裝屋簷邊緣的收邊板
↓
施作屋頂防水打底材
↓
安裝屋簷擋水板
↓
屋頂防水底材的補強重覆鋪設
↓
搬運石板上到屋頂面
↓
妻側（山牆）邊緣的收邊、屋頂板隱藏部位的收邊、谷板（屋頂凹底部位板材）的收邊
↓
起始板（Starter）的施作
↓
鋪設石板
↓
施作屋脊、垂脊
↓
施作屋頂與牆壁接合部位
↓
點收、檢查、完工

圖22｜瓦片外露長度、寬度

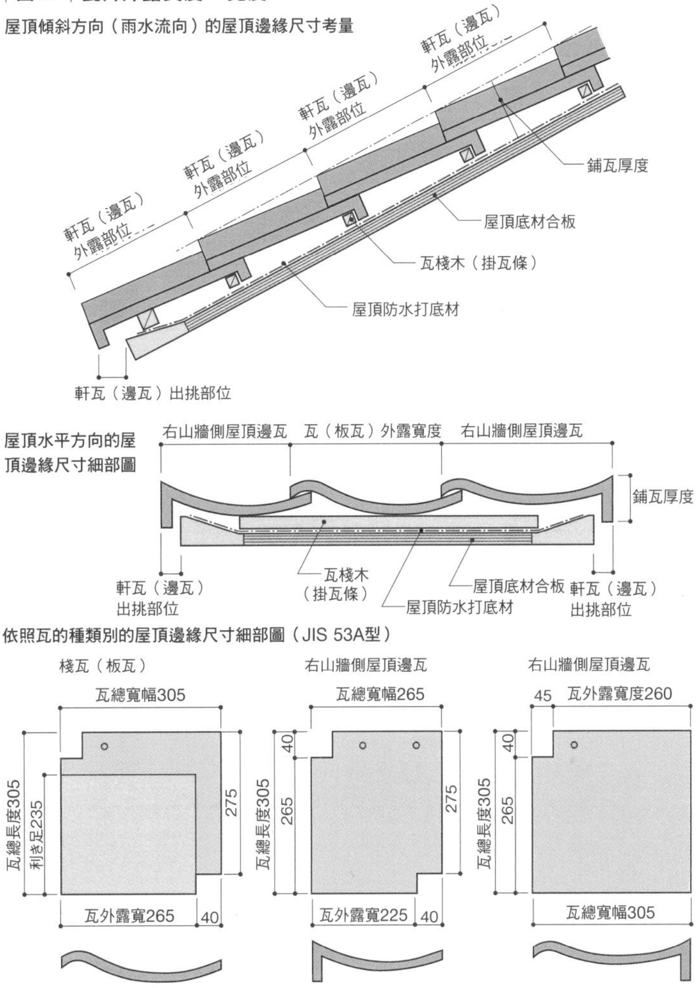

簷口瓦（鳶）｜トンビ

寄棟屋頂或入母屋屋頂的角落屋簷端使用的瓦稱作「隅瓦（簷口瓦）」，依傾斜度而分割的稱「切隅」，一體成形的稱「迴隅」，在日文上以鳶來形容[145頁圖14]。若屋頂傾斜度較緩和，「隅瓦」與相互抵觸的「軒瓦（正立面屋頂邊瓦）」之間會產生間隙，如此一來，必須削整位於角落邊端位置的瓦座［※］，將「迴隅」前端部位朝下方收納。

瓦式屋頂工法

本瓦鋪設｜本瓦葺き

以平瓦、丸瓦、各式役瓦鋪疊成屋頂的傳統瓦片鋪搭方式。

勾掛式棧瓦鋪設｜引掛け桟瓦葺き

將瓦片以勾掛方式安裝在棧木板上的工法。依照瓦片片數間距的規定，在棧木板上以釘作或緊結金屬線鋪設瓦片的乾式工法，包括空鋪工法，或在瓦片下方置放土壤來鋪設瓦片的屋頂土鋪瓦工法等[照片8、圖18~21]。雖然屋頂土鋪瓦工法曾是主流，但因耗工問題、屋頂輕量化等考量，現在幾乎停用。勾掛式棧瓦鋪設施作中，以銅線或釘作的固定作業很重要。

瓦片外露長度｜葺き足

瓦片屋頂中，瓦片在傾斜方向露出的部分[圖22]。將瓦片全長扣除尾端切口與頭端切口的長度，也稱作瓦片施工長度。例如JIS規格的53A型板瓦，全長305公釐，瓦片外露長度為235公釐。

瓦片寬度｜葺き足

瓦片的橫向寬度[圖22]板瓦全寬度扣除相嵌部位（瓦片與瓦片之間橫向重疊部位）寬度，作為屋頂瓦片橫向配置比例的基準，是瓦片配置計畫需參照的尺寸。

瓦片傾斜度｜瓦勾配

屋頂傾斜不等同於瓦片本身的斜度。瓦片重疊部位的厚度、瓦片傾斜度會使屋頂傾斜度變得緩和。

傾斜度倍率、垂脊長度倍率｜勾配伸び率・隅棟伸び率

實際換算屋頂所需的面積坪數時，為求得傾斜方向長度或垂脊長度等尺寸使用的各種倍率。

瓦片分配｜瓦より

進行瓦片鋪設之前將瓦片並列，一邊檢視尺寸誤差或是瓦片彎曲狀態，一邊依合適的部位分類。

瓦片配置比例｜瓦割り

※為了支承軒瓦（正立面屋頂邊瓦）與屋簷邊緣平行 安裝在屋頂底材上的棧木板

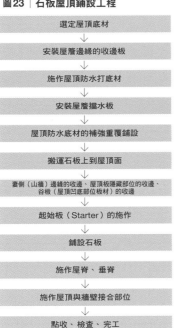

照片12｜起始板（Starter）

照片13｜削肩處理（傾斜度加工）

照片14｜切角處理

照片15｜垂脊稜邊處理

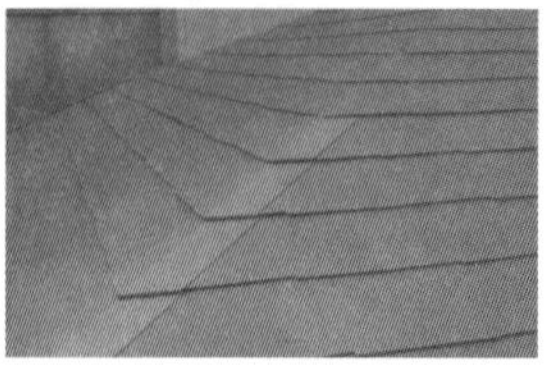

圖24｜平石板的案例

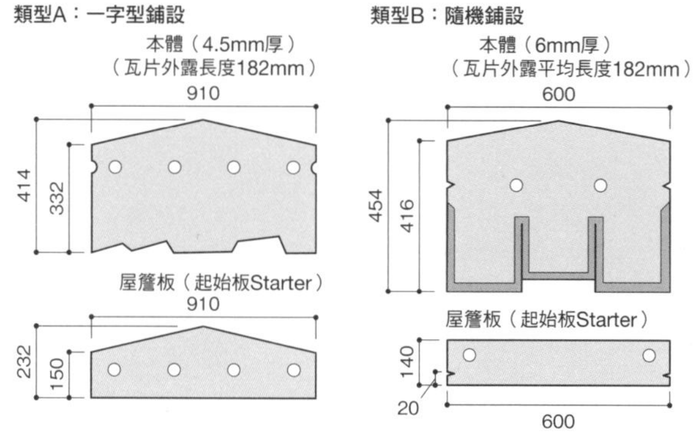

照片11｜波浪石板

圖片提供：Ubeboard

照片10｜平石板

圖片提供：ケイミュー

為了鋪設瓦片，參照瓦片的可施工寬度[144頁表14]，來決定屋頂瓦片配置的分割比例。以屋頂底材尺寸、瓦片寬度、瓦片外露長度、瓦片尺寸為基準，決定合適的瓦片種類、數量，進行屋頂配置工作。屋頂底材發生尺寸變化是常見的，大多由施工現場的木作師傅與屋頂施工職人討論之後決定如何調整修正。希望從規劃階段即考量瓦片配置比例，決定出簷長度或是封簷板的長度。

固定比例尺規｜杖
配瓦固定比例工具。用來決定瓦片配置比例時使用的3～4公尺細長材。一般作法是將板瓦的橫幅寬度標記在固定比例尺規上。

瓦間空隙｜開き
在屋瓦與屋瓦重疊部位出現的空隙。也稱開口、縫隙。不會造成功能上的問題。

雀口｜雀口
正立面的屋頂邊瓦重疊處產生空隙，鳥雀可從此空隙進出，為了防止這種情形，配合瓦片曲線將「面戶瓦（填縫瓦）」施打在瓦座上。

配瓦鬆散｜甘い
瓦與瓦的重疊部位比標準規定少的狀態，表示配瓦過於鬆散。此日文說法一般也用來表示安裝部位的角度平緩，或指刀刃不利的狀態。

結凍｜凍みる
在此表示瓦片結凍發生損害。浸滲入瓦片的水分在冬季受冷發生凍結，體積膨脹導致瓦片表層或裡層發生剝離現象。最近有市售抑制給水率的產品。

盜賊（切割過頭）｜盗人
在此表示瓦片結凍發生損害。浸滲入瓦片的水分在冬季受冷發生凍結，體積膨脹導致瓦片表層或裡層發生剝離現象。最近有市售抑制給水率的產品。

開口笑｜笑う
瓦片接合部位收邊不良，或瓦片與底材之間出現空隙、開口並暴露於外，從外部可以看到的狀態。

石板屋頂的材料

天然石板（Slate）｜天然スレート
從黏板岩（板岩）薄切出來的薄板，使用在屋頂材或外壁材[147頁照片9]。鋪在樓板的稱作玄昌石。最近幾乎皆已停止使用，因此一般稱作天然石板（Slate）的材料，是指接下來要列舉的既成預切材。屋頂鋪設方式，包括魚鱗形、菱形、一字形、龜甲形等。板材的厚度約5公釐，形狀為邊長約300公釐的正方形。

石板｜スレート
以水泥與特殊礦物質為主要原料，經加壓製成的材料。過去雖然使用石綿，現在已完全轉換為無石綿的石板材。包括模仿天然石板的平形石板及波浪形石板。平形石板除了稱作住宅用屋頂造型石板，大多以日本廠商Kubota松下電工出產的「Colonial Quad」、「Color Best」的室外裝修商品名稱來稱呼。另外，平行石板的鋪設方式可說是以「張貼」方式來表現[147頁圖23]。屋頂石板以乾壓（Dry Press）法和丸網抄造法（中譯：圓網造紙機）為主要製造方式。前者是在乾燥狀態下，將已混合完成的原料散布在輸送帶上，加上少許的水，以滾壓方式製成板材，強度高，密度高，因為不含補強纖維，在方向上產生的強度差異小；後

圖26｜金屬板屋頂的種類與性能

種類		圖	項目	性能
帶芯木金屬板楞條鋪設			斜度	10／100以上
			傾斜尺寸	10mm以下
			拱形屋頂的彎曲半徑	30m以上
			凹狀屋頂的半徑	200m以上
			底材構造	木造
無芯木金屬板楞條鋪設	部分設置吊子	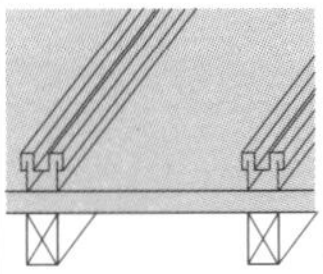	斜度	5／100以上
			傾斜尺寸	30m以下
			拱形屋頂的彎曲半徑	20m以上
			凹狀屋頂的半徑	200m以上
			底材構造	木造、RC造
	吊子貫穿設置	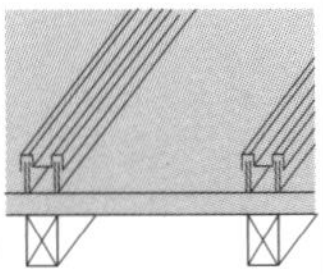	斜度	5／100以上
			傾斜尺寸	40m以下
			拱形屋頂的彎曲半徑	20m以上
			凹狀屋頂的半徑	200m以上
			底材構造	木造、鋼構、RC造
平彎折（壓平彎折咬合）鋪設		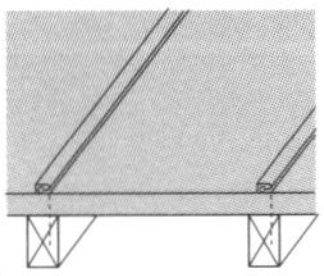	斜度	4／10（1層）3.5／10（2層以上）
			傾斜尺寸	10m以下
			拱形屋頂的彎曲半徑	5m以上
			凹狀屋頂的半徑	5m以上
			底材構造	木造
立彎折（豎立彎折咬合）鋪設		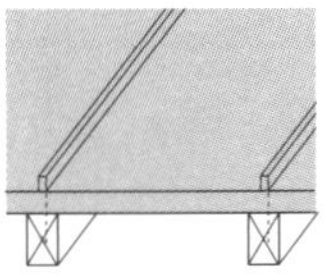	斜度	5／100以上
			傾斜尺寸	10m以下
			拱形屋頂的彎曲半徑	15m以上
			凹狀屋頂的半徑	200m以上
			底材構造	木造（RC造）
一字形鋪設		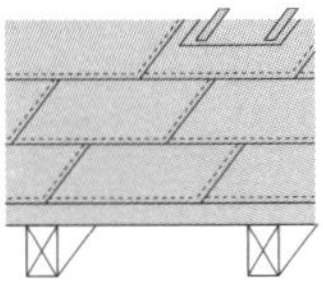	斜度	30／100以上
			傾斜尺寸	10m以下
			拱形屋頂的彎曲半徑	5m以上
			凹狀屋頂的半徑	5m以上
			底材構造	木造、RC造
菱形鋪設		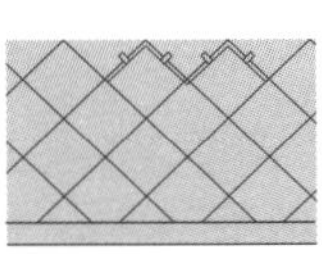	斜度	30／100以上
			傾斜尺寸	10m以下
			拱形屋頂的彎曲半徑	5m以上
			凹狀屋頂的半徑	5m以上
			底材構造	木造、RC造
帶芯木金屬板包覆楞條鋪設		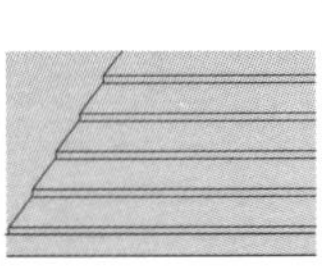	斜度	20／100以上
			傾斜尺寸	20m以下
			拱形屋頂的彎曲半徑	1m以上
			凹狀屋頂的半徑	1m以上
			底材構造	木造、鋼構
帶芯木金屬板包覆楞條鋪設		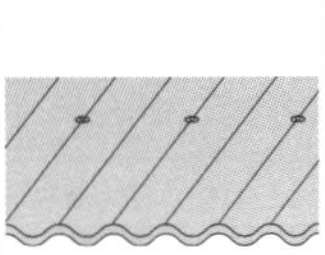	斜度	30／100以上
			傾斜尺寸	10m以下
			拱形屋頂的彎曲半徑	20m以上
			凹狀屋頂的半徑	150m以上
			底材構造	木造、鋼構

照片16｜金屬屋頂的施工樣貌

圖25｜金屬板鋪設工程

屋頂底板
↓
屋頂打底材
↓
背襯板
↓
防水工程
↓
留設排水引溝
↓
安裝排水引溝金屬構件
↓
防水打底補強鋪設
↓
屋簷邊緣、妻側（山牆側）轉角收邊材
↓
金屬板鋪設
↓
在排水引溝上安裝金屬蓋板
↓
於構材相抵觸部位處，安裝收邊材

者是將與水混合的原料進行彎曲加壓製成板材，強度高，比起前者較為柔軟。

平形石板、波浪形石板｜平形スレート・波形スレート

瓦片接合部位收邊不良，或瓦片與底材之間出現空隙、開口並暴露於外，從外部可以看到的狀態。[照片10]在屋頂上，上下重疊部位大於瓦片外露長度，在橫向以對接方式鋪設。多用在新建案。波浪形石板[照片11]是將車站使用的大波浪石板縮小的形狀，在屋頂上縱向橫向都以交互重疊的方式鋪設。

屋頂釘｜屋根釘

將屋頂石板安裝固定在屋頂底材上的釘子。釘頭面積大且平坦。為了提高釘子的緊固效果，釘身以環紋加工再進行鍍鋅。在溫泉地區則是使用耐腐蝕度高的不鏽鋼釘。

	折板鋪設			橫向鋪設			
	重疊式折板鋪設	彎折咬合式折板鋪設	嵌合式折板鋪設	分段式鋪設	橫向鋪設	金屬板楞條鋪設	焊接鋪設
	○	○	○	△	○	○	×
	○	○	○	△	○	○	×
	○	○	○	△	○	○	×
	○	○	○	△	○	△	×
	○	○	○	△	○	○	×
	○	○	○	△	△	△	×
	○	○	○	△	○	○	○
	○	○	○	△	○	○	△
	○	○	○	△	○	○	○
	△	△	△	△	△	△	△
	△	△	△	△	○	○	×
	△	△	△	△	○	○	×
	△	△	△	△	△	○	×
	×	×	×	○	○	○	×
	×	×	×	○	○	○	×
	×	×	×	○	○	○	×
	○	○	○	○	△	○	○

圖27｜金屬屋頂的鋪設方式

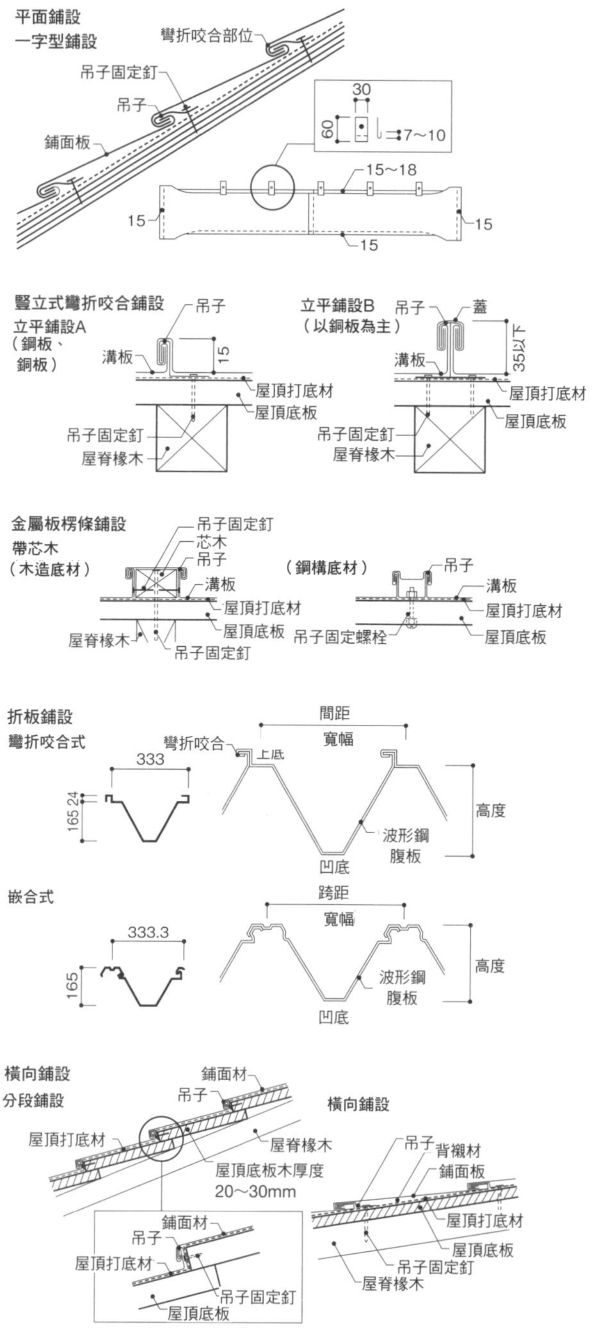

起始板（Starter）｜スターター

從屋簷邊緣開始鋪設石板時使用的構材。由於石板是以重疊方式鋪設，為了維持重疊部位形狀一致而使用的構材[148頁圖24、照片12]。

瀝青屋頂石板瓦片｜アスファルトシングル

在屋頂石板上塗覆內含瀝青的無機纖維材，並以加壓方式，將顏料燒製而成的礦物粒黏著其上。質輕柔軟，配合屋頂形狀的接合度高，可使用於曲面、多角形屋頂。

不燃屋頂石板瓦片｜不燃シングル

在屋頂石板上塗覆玻璃纖維等的無機質材，並以加壓方式，將顏料燒製而成的礦物粒黏著在表面上。功能上相當於瀝青屋頂石板瓦片，被認定為不燃材。鋪設以接著劑工法施作，或是將接著劑工法、釘作工法合併施作。

石板屋頂的施工法

一字型鋪設｜一文字葺き

屋頂石板外露部位在屋頂橫向方向呈一直線的鋪設方式。

表5｜金屬板屋頂材料（圖例：○=可能適用、△=可能適用但須留意施工、×=不適用）

鋪設方式		材料特徵	平面鋪設			立彎折鋪設			金屬板楞條鋪設			波浪板鋪設	
鋪面材種類			一字形鋪設	菱形鋪設	龜甲鋪設	立彎折鋪設	立平鋪設	蟻掛鋪設	帶芯木金屬板楞條鋪設	無芯木金屬板楞條鋪設	重疊式金屬板楞條鋪設	波浪板鋪設	大波浪彎折咬合鋪設
表面加工處理鋼板	①熱浸鍍鋅鋼板（鋅）	鍍鋅膜具有防腐蝕性。質輕，廉價，加工性佳。耐久性取決於塗裝施作良好與否。	△	△	△	○	○	○	○	○	○	○	○
	②彩色塗漆鍍鋅鋼板（彩色鋼板）	在工場進行塗裝，一般稱作彩色鋼板。具有與①相同的特性，耐腐蝕性更優。具有美觀性。此種塗膜的耐久性較差，可以再度塗裝。	△	△	△	○	○	○	○	○	○	○	○
	③氟樹脂塗漆鍍鋅鋼板	在工場完成氟樹脂塗裝的熱浸鍍鋅鋼板。耐腐蝕性、耐氣候性佳。比①②更能適應惡劣的氣候環境。可再度塗裝。	△	△	△	○	○	○	○	○	○	○	○
	④熱浸鍍鋁鋼板	在空氣中穩定的鋁的氧化皮膜，具有耐腐蝕的特性。熱反射性佳，具隔熱效果	△	△	△	○	○	○	○	○	○	○	○
	⑤鍍鋅鋁合金鋼板（Galvalume鋼板）	兼具鋅的耐腐蝕性，以及鋁的熱反射性。廉價，性能好，不僅使用在屋頂，也當作外部裝修材使用受到好評。具有①的3～6倍耐持久性，加工性、塗裝性與①相同。	△	○	○	○	○	○	○	○	○	○	○
	⑥聚氯乙烯（PVC樹脂）金屬積層板	也有塗上合成樹脂的彩色鍍鋅鋁鋼板。也以英文的Spark來稱呼，獨特光澤度可保有一年左右。	△	△	△	△	△	△	△	△	○	○	○
特殊鋼鈑	⑦冷壓不鏽鋼鋼板	耐久性、耐腐蝕性、耐熱性佳，強度高。含碳量低，耐腐蝕性高，可加工性佳，但需要慎防鏽漬。一般使用的不鏽鋼鋼種是SUS304。	△	△	△	△	○	○	○	○	○	○	○
	⑧塗漆不鏽鋼鋼板	不鏽鋼鋼板在工廠塗裝，預防鏽漬，以提高耐持久性及美觀為目的進行加工。塗裝塗膜若發生劣化，鏽漬隨即產生，因此每5～7年需重新塗裝。	△	△	△	△	○	○	○	○	○	○	○
	⑨鍍銅不鏽鋼鋼板	兼具銅的耐腐蝕性，不鏽鋼的耐持久性、耐腐蝕性以及強度。鍍銅膜柔軟易損傷，處理時需特別留意。	△	△	△	△	○	○	○	○	○	○	○
	⑩表面加工不鏽鋼鋼板	不鏽鋼表面經化學處理並上色。皮膜因化學處理而變厚，耐腐蝕性變高。可加工性與⑦相同。	△	△	△	△	△	△	△	△	○	△	△
鋁合金板	⑪鋁鈑、鋁合金板	純鋁的鑄造性、軟度受到改善的金屬材料。耐熱性高，也抗酸性環境。質輕，耐腐蝕性、可加工性佳。但是承重能力比鐵差。	○	○	○	△	△	△	△	△	△	△	△
	⑫塗漆鋁鈑、塗漆鋁合金板	在工廠進行合成樹脂烤漆作業，美感度提高的金屬材料。塗漆皮膜雖然提高了耐久性與耐腐蝕性，但抗鹼能力弱。	○	○	○	△	△	△	△	△	△	△	△
	⑬表面加工鋁合金板	陽極氧化皮膜處理，耐久性及美感度提高的金屬材料。可加工性差，加工後的表面需要處理。因為陽極氧化皮膜無法補修，因此處理上要特別留意。	○	○	○	△	△	△	△	△	○	△	△
銅板	⑭銅鈑、銅合金板	延展性、可加工性佳，表面形成青綠色氧化膜，耐久性高。彈性差，撓曲彎度大，因此不合適應用於折板、波浪板。此外，如遇亞硫酸氣體或硫化氫會發生腐蝕現象，因此不適用於溫泉地區。	○	○	○	○	○	○	○	△	×	×	×
	⑮表面加工銅合金板	事先將銅的表面進行化學處理，形成人工青綠色，或是硫化霧面的黑色。	○	○	○	○	○	○	○	△	×	×	×
其他	⑯鋅合金板	可加工性佳,自然形成保護膜,耐久性較其他金屬材料高。但在工業地區、海岸地區等地方會有發生腐蝕的疑慮。另外，電解腐蝕、低溫時的施作過程中,需要留意低熔點衍生的防火性問題。	○	○	○	○	○	○	○	○	○	×	×
	⑰鍍鈦鈑	在耐持久、耐腐蝕、耐海水、強度、熱反射方面性能佳的金屬材料，而且質輕。適用於所有工法，缺點在於價格高，以及因強度高衍生的可加工性不良問題。	△	△	△	○	○	○	○	○	○	○	○

任意鋪設｜乱葺き
使用面積小的窄板，在屋頂上呈現隨機樣貌的鋪設方式。

任意鋪設｜乱葺き
為了不讓雨水順著妻側（山牆）邊緣的收邊板流到屋頂上，將妻側邊緣屋頂材（平形石板）上端部位削除，做出傾斜角度[148頁照片13]。

切角處理｜隅切り
為了防止雨水滲入而在屋頂垂脊部位進行的加工處理，將順著垂脊稜線鋪設的石板下方以斜切處理。若是一字形鋪設的屋頂石板，水滴因表面張力附著在屋頂石板重疊的收邊板部位，再受到風作用，水滴沿著屋頂石板重疊部位橫向移動。切角處理能讓水滴在垂脊部位就流掉[148頁照片14]。

垂脊稜邊處理｜隅棟コーナー
垂脊的收邊方式之一。一字形屋頂石板鋪設的垂脊，嵌插於各段石板上，與石板外露線齊平，也不會在垂脊線上突起[148頁照片15]。

耐風補強施工｜耐風補強施工
因強風地區或屋頂高度的緣故，一般施工工法無法施作而進行的補強工法。包括在施工時使用接著劑併用的方式（接著補強）、使用釘作或夾具併用的耐風夾具、使用不鏽鋼釘從屋頂石板表面貫穿至屋頂底材的螺釘固定工法。

螺釘固定工法的抗風力最強，但需要張貼防水補助貼布或屋頂底材防水層的補強施作，作為防水對策。

金屬屋頂的材料

起始板（Starter）｜スターター

圖28｜金屬屋頂的鋪設方式

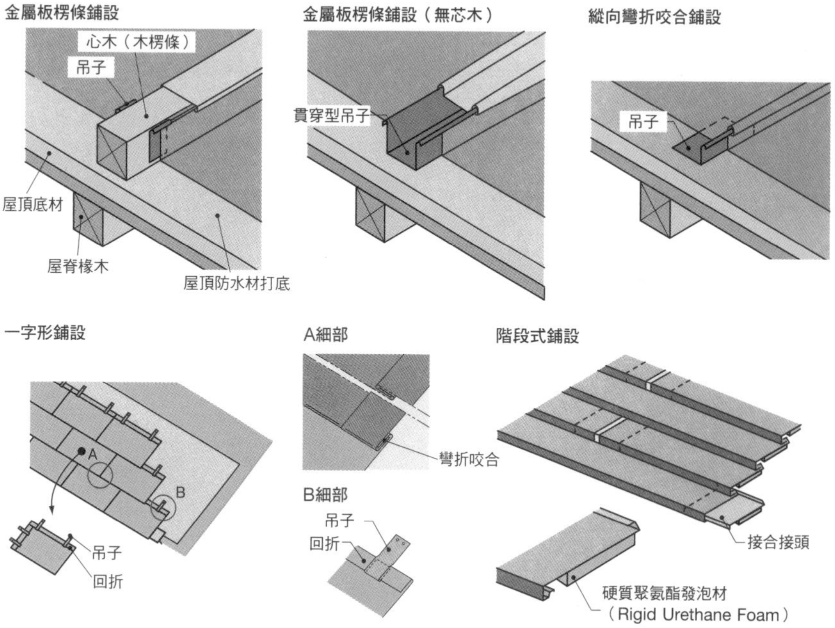

金屬板屋頂鋪面材優點為重量輕、易加工、可使用於大型屋頂等等，缺點為熱傳導性高、隔熱性能不好等等。

用於屋頂的金屬板包括鍍鋁鋅（Galvalume）鋼板、不鏽鋼（Stainless Steel）板、鋁（Aluminum）合金板、銅板，或是表面塗覆聚酯（Polyester）樹脂、聚氯乙烯（PolyVinyl Chloride·PVC）、氟碳聚合物（Fluorocarbon Polymers）等的金屬板。

考量與耐蝕性或工法之間的相容性，有各式各樣的選擇元素。也有將隔熱材與金屬板一體成形的屋頂鋪面材，雖成本稍高，但具有隔熱性能，也可簡化施工程序［149頁照片16·圖25、150頁圖27、151頁表5］。

金屬板形狀包括可長尺度使用的線圈狀金屬板材或薄膜狀金屬板材，製成波浪形或方形的金屬板材，也有已成形處理的屋頂鋪面金屬板材，或與隔熱材一體成形的金屬鋪面板材。

心木（木楞條）｜心木
主要是指木結構中釘在屋頂底材上的角材。

金屬蓋板｜キャップ
披覆在心木上的轉折修飾材，形成金屬板楞條。

蜻蜓點水式固定釘｜トンボ釘
將一根銅線折成兩折，捲綁在釘子上，將板瓦緊結。

釘槍（Tucker）｜タッカー
將屋頂防水打底材油毛氈以ㄇ字型釘固定在屋頂底材上時所使用的工具。包括Tucker Gun，Hammer Tucker，也稱做Stapler。

屋頂瓦片切割工具｜シングルカッター·瓦カッター
屋頂石板的切割加工工具，利用上下刀刃夾斷瓦片。

起釘器、除釘器（Slaters ripper）｜スレーターズ·リッパー
更換屋頂石板時，將屋頂釘去除的工具。

剪刀｜鋏
用來切斷金屬板。包括以日文秋刀魚「さんま（san.n.ma）」為名的直刃剪，以日文「柳刃（ya.na.gi.ba）」為名用來剪圓形的短刃剪，以及以日文「エグリ（e.gu.ri）」為名用來開圓孔的彎刃剪。

勾接咬合工具｜つかみ
施作彎折接合時使用。橫向長邊的勾接咬合，細長形的勾接咬合等等。

鏨刀｜鏨
用在銅板加工或屋瓦工程的工具。

槌｜槌
使於銅板加工，或依照用途、素材的不同分為金屬槌、木槌。

金屬屋頂的工法

等分切割板材｜板取り
將標準規格的金屬板按比例分割。鋼板類多以914×1829公釐的標準板材等分8片或12片。

平面鋪設｜平葺き
以平面方式鋪設金屬板的工法，在水平直線上以一字形鋪設［圖28］，包括在屋頂底材上以階梯狀交疊鋪設的階段式鋪設方式［圖28］，將金屬板裁製成菱形的菱形鋪設方式，或是裁製成龜甲形的龜甲形鋪設方式［149頁圖26］。將屋頂金屬板相互間四邊彎折，以單層彎折方式接合，以吊子固定在底材上。使用的屋頂鋪設材較小，適用屋頂形狀種類較廣泛，防雨功能較差。

彎折咬合｜はぜ
板金作業中，將金屬板邊端部位彎折相互咬合的接合方式。

照片17｜折板鋪設

照片18｜橫向鋪設

照片19｜金屬瓦鋪設

立彎折（豎立彎折咬合）鋪設｜立はぜ葺き

將長鋼板的兩端進行彎折加工，作為屋頂傾斜面上的溝板，以彎折咬合的方式鋪設金屬屋頂板[149頁圖26・28]。也稱作立平式彎折咬合鋪設、蟻掛式鋪設。在防雨處理上比金屬板楞條差，耐風性低，因此不適用於多風地區。

金屬板楞條鋪設｜瓦棒葺き

在屋頂傾斜面上，保持一定間隔配置心木（木楞條），在心木之間及心木上方鋪設長型金屬板，金屬板的兩端彎折處理，以相互咬合的方式固定[149頁圖26]。木結構屋頂的底材上方鋪設含芯木金屬板楞條[圖28]，木結構或鋼骨結構兩者的屋頂底材上方鋪設無芯木金屬板楞條[圖28]。

相較於無芯木金屬板楞條，含芯木金屬板楞條的抗鏽蝕性及彎折咬合部位的收邊較為不良，較不適用於大型屋頂。無芯木金屬板楞條依製造廠商的不同有多種施工方式。

波浪板鋪設｜波板葺き

使用波浪造型板的鋪設工法，包括波浪屋頂鋪材與大波浪屋頂鋪材。雖是最便宜的工法但最近較少使用。

折板鋪設｜折板葺き

使用以長型金屬板接續成山型的造型折板，進行平面式的鋪設工法，包括重疊式折板鋪設法、彎折咬合式折板鋪設法、相嵌式折板鋪設法。大多常見於工廠、倉庫的屋頂[照片17]。

常見的接合方式是螺栓鎖斷法，然而螺栓部位容易造成屋頂生鏽或漏水，因此開發出彎折咬合式或相嵌式的折板鋪設法。也能使用在幾乎沒有斜度的平台屋頂上，各部位的收邊情形也較好。

橫向鋪設｜横葺き

在以階梯狀鋪設的屋頂底材上，將金屬板彎折咬合固定的階段式鋪設法，以及在平面的屋頂底材上，僅將傾斜面上接合部位以凸起彎折處理，作出段差的橫向鋪設法。此法適合銅板施作，鋼板施作難。

階段式鋪設法在屋頂與妻側（山牆）邊緣或牆壁的接合處收邊施工難，需要多花功夫置入隱藏版等作業[照片18]。

金屬瓦鋪設｜金属瓦葺き

使用波浪造型板的鋪設工法，包括將金屬板壓製成屋瓦形，或是將金屬板一部分以滾輪加工，彎曲成立體屋瓦形，鋪設工法包括階段式鋪設法、橫向鋪設法。毛細管現象造成雨水滲入其中重疊部位或釘作部位，不利於屋頂防水處理[照片19]。

焊接鋪設｜溶接葺き

將長型不鏽鋼（Stainless）鋼板或鈦（Titanium）金屬板彎曲成溝狀，立起的部位以電銲（縫焊）將兩片金屬板材相互接合。適用的材料限定導電性佳的不鏽鋼鋼板、鈦金屬板，同時也具有高性能的水密性、氣密性。

金屬屋頂的性能、缺損

融雪冰柱漏水現象｜眇漏れ

在寒冷地區發生的漏水現象。堆積在屋頂面上的雪，受到屋內的熱融解成水，流動至屋簷部位再度結凍，成為冰柱。若融雪水積留在冰柱上，將會沿著屋頂材或防水層逆流至外牆附近，進而滲入室內[照片20]。

垂雪捲覆屋簷現象｜巻垂れ

屋頂積雪向下垂落，前端部位捲曲，將屋簷包覆的現象。積雪的重量造成屋簷破損，捲曲包覆屋簷的積雪觸擊外壁，造成窗戶的破損[照片21]。

耐鏽蝕性｜耐食性

意指屋頂材的耐鏽蝕性。主要在海岸地區、溫泉、工業地區，釘子或金屬轉角配件特別容易鏽蝕，因此使用不鏽鋼等耐鏽蝕的金屬最為理想。此外，考量都會地區的酸雨問題，前述以外地區的金屬屋頂材，也須考慮鏽蝕性的問題。

照片20｜融雪冰柱漏水現象

照片21｜垂雪捲覆屋簷現象

飾面

金屬工程 2

材料

鋼板—鋼板
碳鋼與碳合金鋼塊以滾壓方式加工成板狀。厚度不足3公釐屬薄鋼板，3公釐以上屬厚鋼板。

熱浸鍍鋅鋼板—溶融亜鉛メッキ鋼板
表面以熱浸鍍鋅處理過的薄鋼板。也稱作熱浸鍍鋅板、鍍鋅板。烤漆塗覆的鋼板稱作彩色鋼板。

馬口鐵（Tin Plate）—ブリキ
以電鍍錫處理過的鋼板。

鍍鋁鋅（Galvalume）**鋼板**—ガルバリウム鋼板
熱熔55%鍍鋁鋅合金鋼板。電鍍層兼具鋁與鋅的特性。是金屬板金中常用的標準材料。

阿爾斯特（Alstar）**鋼板**—アルスター鋼板
鋁電鍍鋼板。電鍍層保有鋁的特性。需要留意加工部位、斷面部位的防鏽處理。此為日本「日新製鋼」的製品名稱。

磷化處理熱浸鍍鋅鋼板—鋼板
在熱浸鍍鋅處理過的薄鋼板上，施以磷酸鐵與氧化錳作為化學性防鏽。塗膜附著度越好越耐鏽。

琺瑯鋼板—ホーロー鋼板
塗上含有與陶瓷釉藥相似成分的琺瑯釉藥，以800～900℃高溫熱融附著的金屬板。

不鏽鋼（Stainless）**板**—ステンレス鋼板
鋼加入鉻或鎳等的合金，以SUS標示。最常用來當作屋頂材等建材的是SUS304。

鋁（Aluminum）**合金版**—アルミ合金版
鋁可加入各種元素作合金，遇氧在表面形成氧化膜，故耐候性佳。

銅板—銅板
在空氣中會形成安定的保護膜，耐候性佳，經年累月轉變成綠青色。易加工、延展性佳，精細加工。也有表面以綠青塗裝處理的硫化銅板、綠青銅板。

鑄鐵—鋳鉄
鐵與碳組合的合金中，含碳量1.7%以上的金屬材料。雖無法以滾壓方式加工，但鑄造性佳，可以製作成複雜的形狀。

黃銅—真鍮
在銅中加入鋅的合金。

壓紋鋼板—縞鋼板
將鋼板表面壓出凸起的紋路，也就是所謂的Checker Plate。

波狀鋼承版（Deck plate）—デッキプレート
因為保有撓曲剛度（flexural rigidity），可以加工製成各種波形、寬幅寬廣的鋼板。

鋼板網（Expanded metal）—エキスパンドメタル
在金屬板上刻上千鳥狀紋路（間隔交錯），加壓延展加工成的網狀鋼板[照片1]。包括標準型鋼板網，具有止滑效果的格柵鋼板網（Grating），扁平加工處理過的鋼板網，厚度極薄並且網眼極密的鋼板網。

沖孔金屬（Punching Metal）—パンチングメタル
在金屬板上穿孔打洞的金屬板材[照片2]。圓形孔、長形孔、鑽石形、正方形、龜甲形、裝飾造形等的孔洞，以及凸起加工處理的孔洞（Burring Hole）。

照片1｜鋼板網(Expanded metal)

照片提供：稻田金網

照片2｜沖孔金屬(Punching Metal)

照片提供：稻田金網

照片3｜金屬網

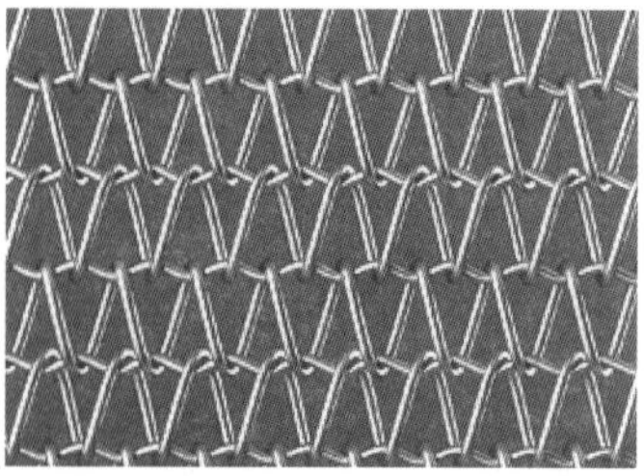

照片提供：伊勢安ワイヤクリエイティック

照片4｜矩型板(Spandrel)

照片提供：三洋工業

照片5｜蜂窩芯(Honeycomb core)

照片提供：新日軽

金屬網—金網

以金屬製線材製成的網[照片3]。金屬線材縱橫相交處以焊接接合的焊接金屬網，線材相互纏繞編織而成的菱形金屬網，波浪狀金屬線材縱橫相交為軋花金屬網，縱向橫向的金屬線材以平織或綾織方式編織而成的編織金屬網。

光柵、格柵鋼板網（**Grating**）—グレーチング

將細長板狀的金屬條，以格子狀組合而成的鋼板網。

波浪板—波板

將金屬板加工製成大波浪、小波浪、直角波浪等的斷面形狀。

表1｜LGS的輕隔間骨架種類與尺寸（S=1：10）

壁的標記	WS40	WS45	WS50	WS65
斷面	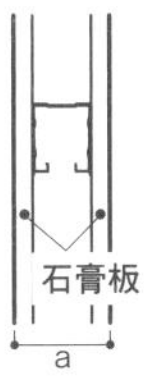	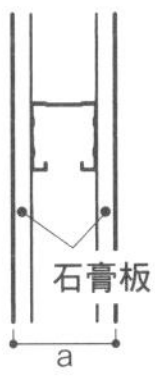	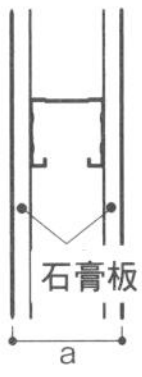	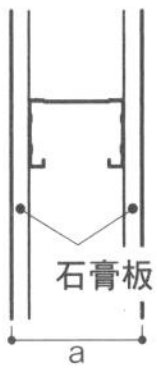
厚度（a）	65㎜	70㎜	75㎜	90㎜
施工可能高度	—	2.4m	2.7m	3.7m
壁的標記	WS75	WS90	WS100	正方形MS20
斷面			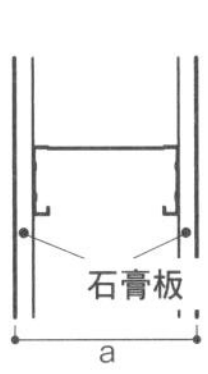	
厚度（a）	100㎜	115㎜	125㎜	45㎜
施工可能高度	4.0m	4.5m	5.0m	—
壁的標記	正方形MS40	正方形MS45	正方形MS50	正方形MS65
斷面	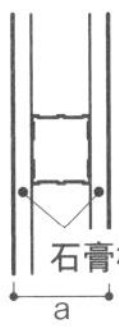	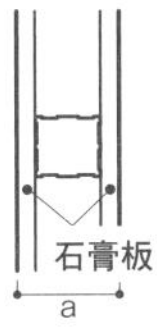	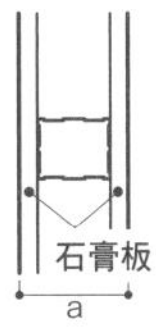	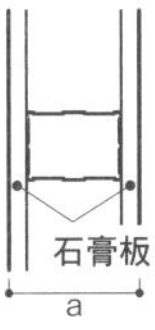
厚度（a）	65㎜	70㎜	75㎜	90㎜
施工可能高度	2.6m	2.9m	3.2m	4.6m

裙板—スパンドレル

將緊固螺釘隱藏的壁板[照片4]。

隔熱壁板—断熱サイディング

在金屬板內襯隔熱材的壁板。

隔熱板—断熱パネル

發泡系或纖維系的隔熱材與薄金屬像夾三明治一樣製成的構材。如日鐵住金鋼板株式會社的產品Isoband。

蜂窩芯—ハニカムコア

以六角形構成的蜂巢構造金屬材，也稱蜂窩板，蜂窩狀的芯材[照片5]，質輕，強度佳。

LGS鋼材—断熱パネル

厚度約1.6釐米～4.0釐米的輕量型鋼。有溝形、山形、Z形等[表1]。多用在內部裝修的底材。

槽鋼—チャンネル

斷面ㄇ字形的溝形鋼。將兩片組合可做H形鋼用，多用在間柱或小樑等的次要構件。斷面呈C形的唇形溝型鋼，稱作C槽鋼。

角鐵（**Angle**）—アングル

表2｜主要的金屬加工方法

名稱		加工方法
加壓加工		使用加壓機進行的鈑金加工。可以更換模具，加工樣式豐富
旋壓加工		利用加壓機對金屬鈑進行變形加工，可做出無接縫的凹型製品。凹型加工
擠出加工		將受熱軟化的金屬原料置入容器中，施加壓力，讓金屬原料從容器前端的孔洞擠出的工法。利用孔洞形狀的變化可以擠出複雜斷面的金屬製品
拉拔加工		將棒狀、管狀的金屬原料通過口徑稍小的孔洞，拉拔而成的金屬製品。拉拔加工的鋼製品也稱作研磨鋼材
鑄造		將金屬加熱熔解，流入模具，冷卻凝固的方法。砂模具的製作較為廉價。金屬模具則是主要使用鍍鉛合金或鋁合金等，以用高壓壓鑄（Die-casting）法製作出紋理細緻的鑄製品
切削加工	剪斷加工	包括金屬切斷加工（Shirring），以及轉塔（Turret）衝孔（Punching）加工等等
	削斷加工（切斷、穿孔）	依加工機具的不同，而有各式各樣的削斷加工。例如銑刀（Milling cutter）的切溝，刨床（Planer）的切斷面研磨，鑽孔機（Drill）的開孔等加工方式

山形鋼。

扁鐵（Flat bar）—フラットバー
平鋼。厚度薄的長方形斷面鋼材。

表面處理・加工方法

主要的金屬加工、完工表面修飾方法，整理說明在155頁表2、表3。

陽極氧化處理—アルマイト法
鋁的耐鏽蝕性高，在表面生成陽極氧化皮膜的處理方式。

黑皮—黑皮
鋼進行熱軋處理產生具黑色光澤的硬質氧化皮膜，具有防鏽效果。

熱浸鍍鋅—溶融亜鉛メッキ
鋁耐鏽蝕性高，在表面生成陽極氧化皮膜的處理方式〔圖1、表4〕。

酸洗—酸洗い
為除去金屬表面的氧化皮膜或鏽等的氧化物，將金屬浸在酸性溶液中，清淨金屬表面的方法。

烤漆塗裝—焼付け塗装
乾燥作業中以加熱處理的塗裝方式。具優良的密著性、耐候性。不使用溶劑而是以粉末狀塗料的靜電式塗裝稱作粉體塗裝。

熱噴塗、噴焊（Thermal spraying）—溶射
將熱融狀金屬材以高速噴覆在底材表面形成薄膜的表面處理法。

焊接（Welding）—溶接
將金屬的接合部位加熱、融解或以半熱融狀態的接合方式〔表5〕。弧焊是最廣泛的焊接方式，金屬材料與電極間產生電弧，以電弧熱將接合部位熱融進行接合。

表4 熱浸鍍鋅的檢查項目及合格判定基準

項目		檢查對象	合格與否判定基準
外觀檢查	電鍍不完全	全部	不可超過直徑2mm以上
	刮傷、渣痕		不合格
	摩擦面殘留物		不合格
	開槽面附著鍍鋅		不可出現在開槽面，或是鄰接100mm範圍以內
	裂傷		不合格

鍍鋅面需光滑，不可有電鍍不完全或是其他有害缺損的情形

表3 主要的金屬完工飾面方法

名稱	完工飾面加工方法
拋光加工	將附著有磨粒的柔軟磨帶轉動，將被磨物品壓觸磨帶表面，進行的研磨加工，也稱作拋光研磨
髮絲紋面加工 	做出單一方向細絲紋路的完工飾面方法，以HL（譯註：Hair Line）為標記
無方向性絲面加工	迴旋研磨出不規則細微紋路的完工飾面方法
粗糙面加工（dull finish） 	使用延壓方式，在表面做出細微凹凸紋理的完工飾面方法
浮雕面加工（Emboss）	利用加壓工具，在表面做出下凹圖樣，呈現整體立體感的加工方法
腐蝕蝕刻加工 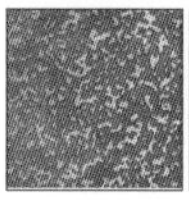 梨地（無光澤表面） 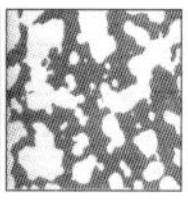 （彩色表面）	將金屬的表面或形狀，以化學或電化學方式溶解去除的加工方式。此方法使用在金屬加壓或鈑金加工施作困難的薄板，或精緻圖樣加工

表5 金屬材料的接合方法

接合方法		工法、材料等
焊接	電焊	電弧焊（Arc welding）
		氣體保護電弧焊（Gas-shielded arc welding）
		自體保護電弧焊（Self-shielded arc welding）
		潛弧焊接法（Submerge Arc Welding）
		鎢極惰性氣體保護焊（Tungsten inert gas welding，簡稱TIG焊）
		熔化極惰性氣體保護焊（簡稱MIG焊）
	化學焊	銅焊（軟 焊、軟焊）
	機械焊	摩擦攪拌焊接
機械式接合		螺栓（Bolt）、螺釘（Vis）、鉚釘（Rivet）
		彎折、栓緊
		栓緊、鑰匙
		熱脹接合法、冷縮接合法
接著黏著	溶劑（水）擴散型	醋酸乙烯系、丙烯酸（壓克力）乳膠系、橡化系等
	化學反應型	苯酚、氨基甲酸乙酯、環氧、丙烯酸等
	熱熔解型	乙烯、醋酸乙烯系、聚酯、聚異丁烯等

圖1 熱浸鍍鋅的作業流程

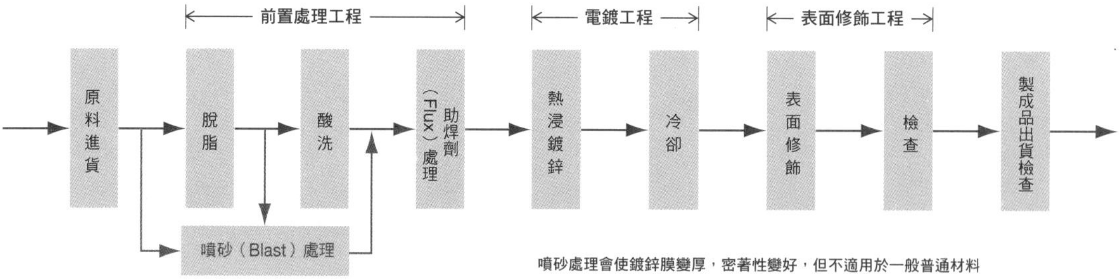

噴砂處理會使鍍鋅膜變厚，密著性變好，但不適用於一般普通材料

飾面

乾式外裝工程 3

在確定建築機能、設計時，外裝工程扮演非常重要的角色。防火性、水密性、隔熱性是外裝工程被賦予期望的三大要素。此章節將針對外裝建材進行解說。

帷幕牆的材料

帷幕牆（Curtain Wall）—カーテンウォール

簡稱CW，裝設在建物外圍的板材[圖1]。原本是指不支承建物載重的外牆總稱，包括金屬帷幕牆[照片1]、PCa版或金屬版、玻璃外裝材料等，種類範圍廣泛。狹義是指鋁製門窗，也稱作玻璃帷幕牆[照片2]。

擠出形材—押出し形材

簡稱形材。以油壓裝置利用油壓力量將鋁合金擠壓通過擠型模具成形的鋁門窗[158頁照片3]。尺寸長，可製成複雜的斷面形狀，具有安定的強度。擠出前的圓柱狀鋁合金材稱作鋼坯，以金屬塊的鋁錠製成。決定斷面形狀的鋼製模具稱作擠型模具。斷面上有中空部位的擠出形料稱作鏤空材，沒有中空部位的稱作實心材。

化成皮膜—化成皮膜

將鋁金屬浸潤在鉻酸藥液中，使之產生細微凹凸的方法。可輕易地到達安定性，處理費用便宜，廣泛應用在塗裝底材上，但因藥液中含有六價鉻，會有危害環境的問題。近年開始有不使用鉻而是將底材陽極氧化處理的方法。

陽極氧化皮膜—陽極酸化皮膜

一般是指陽極氧化的表面處理方法[158頁照片4、圖2]。將鋁料浸入硫酸等的電解液中，電解生成約6～15微米的透明氧化皮膜。雖然防鏽蝕是最主要目的，依照先後處理上的變化，可得到各種不同成果，在設計應用上的價值高。特別是二次電解著色，在金屬鹽溶液中再次電解，產生色斑、茶色、黑色的著色方式，廣泛應

照片1 | 金屬帷幕牆

照片2 | 預鑄版（PreCast）帷幕牆

圖1 | 玻璃帷幕牆的收邊處理

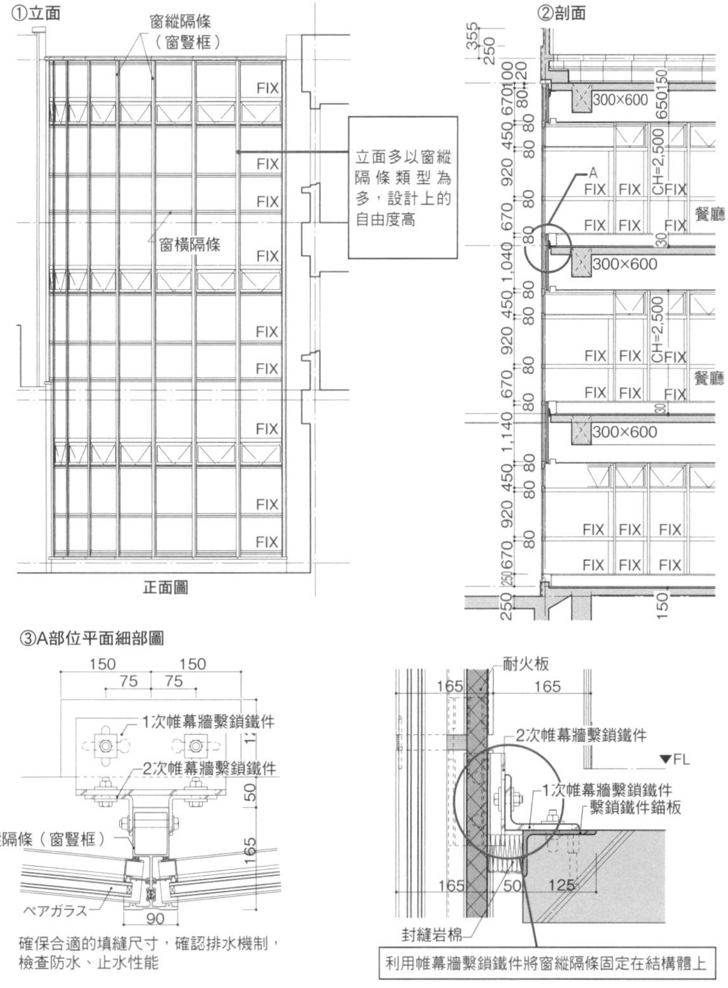

用在門窗、帷幕牆上。陽極氧化皮膜極少單獨使用，最常見的是與丙烯酸樹脂（Acrylic）塗裝共同組合而成的複合皮膜。

複合皮膜｜複合皮膜

將已產生陽極氧化皮膜的鋁材浸潤在樹脂塗料的水溶液中，施以電壓來吸附塗料的塗裝方式[圖2]。因為陽極氧化皮膜與塗裝材的雙重綜效，可廉價得到耐候性優良的披覆皮膜。由於適用於日本的使用環境，因此做為陽極氧化皮膜的標準處理方式。

烤漆塗裝｜燒付け塗裝

在工廠施作的金屬塗裝方式，以加熱進行硬化反應的塗裝方式。鋁材大多使用此種塗裝法，分別有氟樹脂、聚氨酯樹脂、丙烯酸樹脂等，在價格或耐久性上也很大的差別。將底材處理作業完成的構材吊在軌道上，利用高電壓噴霧裝置，進行塗裝作業，再運送至烤漆爐加熱，稱作靜電塗裝。依規格的不同，塗裝的次數、烤漆的次數也不相同，例如三次塗裝二次烤漆等稱呼。為得到均勻的完工面，在塗覆量或烤漆溫度等方面，需具備優良的管理技術。

粉體塗裝｜粉体塗装

也稱Powder Coat。塗裝方式的一種，與液狀樹脂系塗料不同，是使用粉末做為塗料。因不使用溶劑，造成環境負擔小，歐洲早已使用此種方式。粉體塗裝中使用的樹脂種類繁多，若運用在帷幕牆，以高耐候性的聚酯樹脂為主。若運用在室內塗裝，主要用於進口金屬門窗。最近常見氟樹脂的粉體塗裝方式。

填縫（Filled Joint）｜フィルドジョイント

也稱作接縫。在外部以填縫劑充填的方式，是一般的填縫方法[圖3]。PCa版（預鑄版）的接縫施作，會在室內側以隔熱圈（Gasket）做氣密處理，就算水氣從填縫進入牆體，也可藉由雙層排水構造，將水分排出牆外。一般指不讓外部空氣進入接縫內的非等壓接縫法。

乾接縫（Dry Joint）｜ドライジョイント

不使用填縫劑，僅使用隔熱圈的接縫。因有間隙，若非以明接縫方式處理，則無法施作。相對於此，使用填縫劑的稱作濕接縫，一般是在指在外部施打填縫劑的接縫，亦指填縫（Filled Joint）。

帷幕牆的性能、工法

規格｜スペック

設計規格（specification）。是在建築工程中常使用的用語，特別是對於帷幕牆，因為需要符合各種要求事項，設計規格顯得更為重要，例如在設計時規定耐風壓性、水密性、耐震性等多種項目。帷幕牆價格依不同設計規格而異，在估價之前，必需確認各個細節項目。

烤漆塗裝｜燒付け塗裝

照片3｜擠出形材

照片右側是油壓缸，中央是鋁合金圓柱體（Billet）

照片4｜顯微鏡下的陽極氧化處理（Alumite）剖面影像

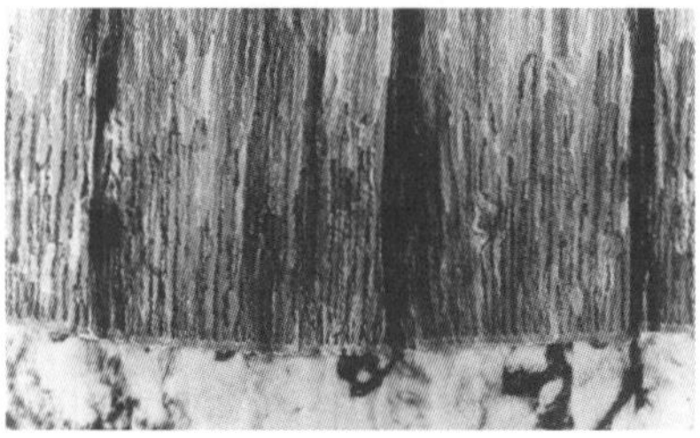

可看出球狀細孔結構

圖2｜金屬材的各種表面處理方式

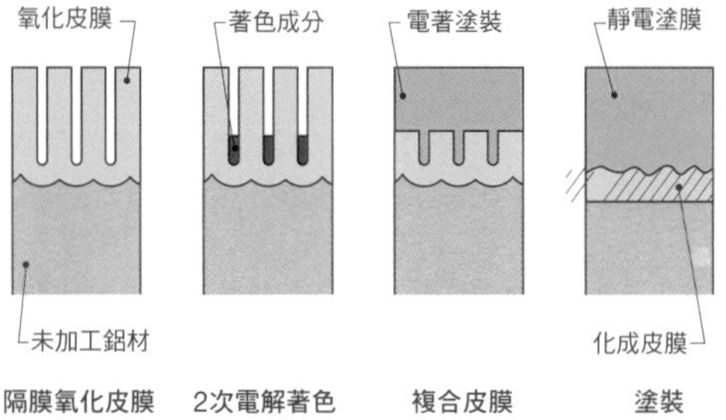

圖3｜填縫（以預鑄版為例）

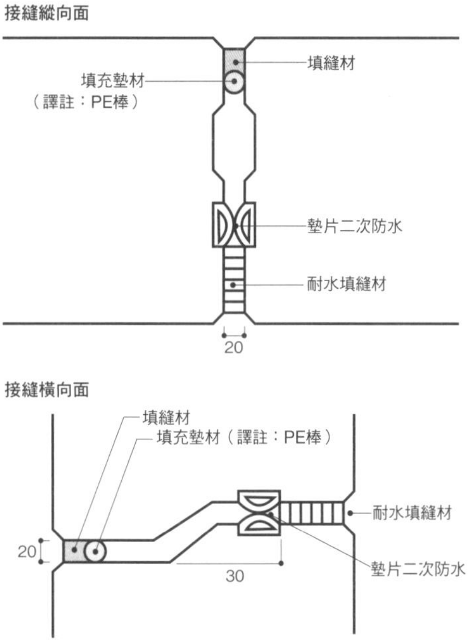

照片5｜帷幕牆單元組立作業

在工廠將鋁材組合成鋁框，再安裝玻璃或板材的帷幕牆版單元，搬運至施工現場，以起重機等安裝於外牆[圖4、5、照片5]。也稱單元式CW。品質安定，現場施工時間短，也不需要外部施工架，優點多。因價位高過去少用，但具有縮短施工期、價格降低等條件，現在成為高層建築的主流工法。

可拆卸式帷幕牆（**Knock Down Curtain Wall**）｜ノックダウンカーテンウォール

將加工處理完畢的鋁框依序地搬運至施工現場，在安裝部位組立的帷幕牆工法[圖6]。在日本，無論是規格化的帷幕牆，或特別訂製的帷幕牆，都屬於中小規模工程的標準安裝方法。缺點是完工品質優劣與否受控於現場環境或施工者技術。以插入方立(Mullion)連接的方式稱作直料系統（Stick System）。

實體尺寸性能實驗｜実大性能試驗

將一部分與實際尺寸相同的帷幕牆安裝在實驗台上進行測試，用來確認該規格是否具備應有的性能表現[照片6]。可進行的實驗有：施加氣壓以測試構材強度的耐風壓實驗，施加氣壓的同時加上灑水以確認是否漏水的水密性實驗，震動實驗台用來模擬地震時的層間變位實驗。此試驗除了用來開發門窗製品之外，也在大型建案中個別進行。

FEM分析｜FEM解析

以有限元素法（Finite Element Method）進行的分析。複雜形狀PCa版的結構設計時所使用的計算方式。為可精細分析出支承載重的版變形量或是應力，可藉由此種分析方式得知最合適的版厚度與配筋[照片7]。

裂縫控制｜ひび割れ制御

限制因荷重而產生的裂縫，屬於PCa版的設計手法。英文稱Crack Control。

等壓工法｜等圧工法

也稱開放式接縫、明接縫（Open Joint）工法。減少帷幕牆的內外部壓力差，防止雨水浸滲入內部的方法[159頁圖8]。漏水的主因在於風壓將雨水從間隙入侵內部，因=接縫或框材內部的空氣導入孔（等壓

圖4｜預鑄版（PCa版）帷幕牆的施工

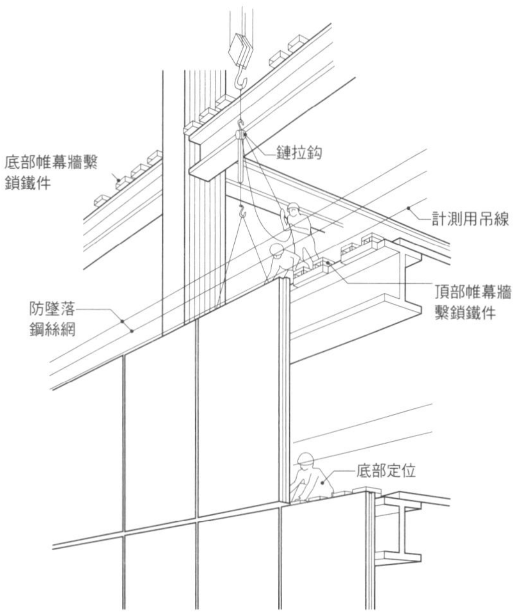

圖5｜單元版帷幕牆

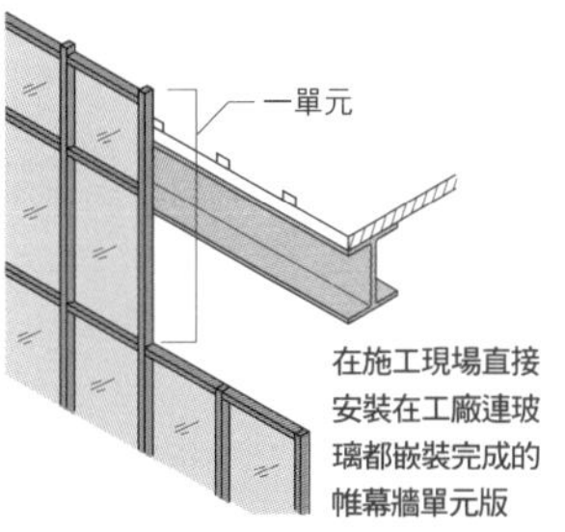

圖6｜可拆卸式帷幕牆（Knock Down Curtain Wall）

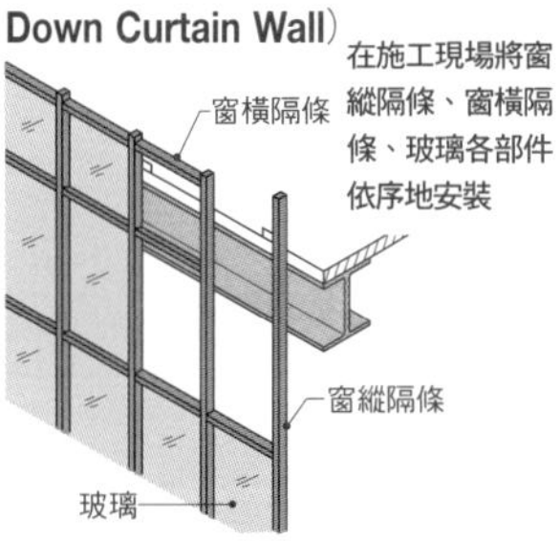

照片6｜實體樣品試驗

圖7｜預鑄版的明接縫案例

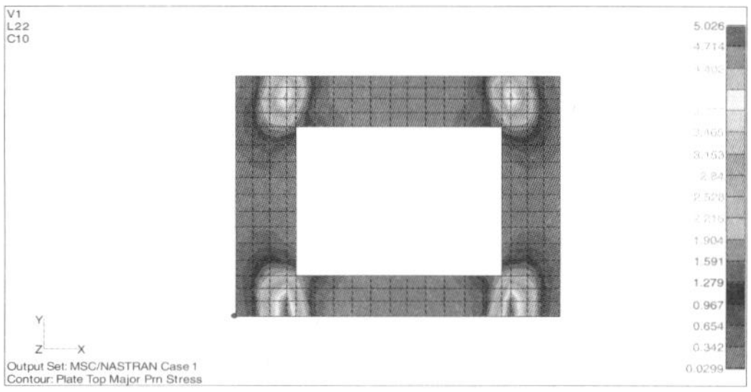

圖8｜預鑄版的明接縫案例

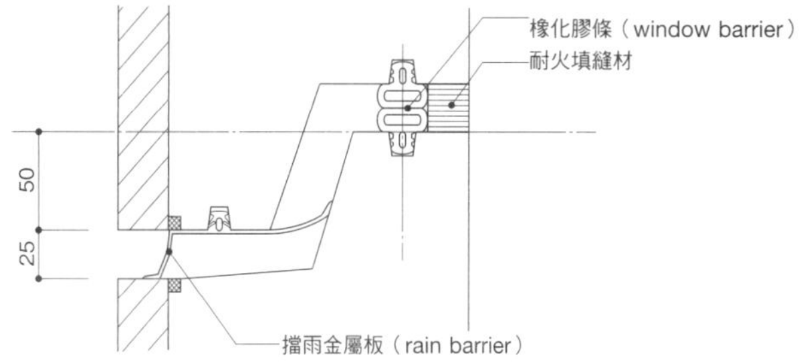

孔），用來減輕外部風壓，達到防止水入侵室內的效果[照片7]。設計上雖具有困難度，但防水施作無需填縫材，且經年累月下防水性能發生劣化的狀況較少。

聯鎖｜インターロッキング
適用於部分的單元式帷幕牆，單元與單元之間相互咬合的接縫方式。此法的迷宮效應提高止水性能，也強化兩個單元一體成形的效果。

鎖定｜ロッキング
建物受到地震、風等發生變形時，外裝建材因為鎖定發揮旋轉性。

層間變位運動｜層間変位ムーブメント
各樓層受到地震、風產生的變位。

容許變形間隙｜面クリアランス
玻璃帷幕牆，玻璃面與框槽內側之間的間隙尺寸[圖9]。通常是指玻璃填縫材的寬幅。簡稱面。因層間變位或熱伸縮讓玻璃填縫材發生變形，因此需要保留容許變形的空間。另一方面，玻璃切口與窗框溝底之間的間隔，稱作容許變形邊距。當層間變位造成玻璃移動時，此部位可避免玻璃與玻璃門窗框碰觸。兩者都是在剖面設計時需考量的重要項目。

容許變形邊距｜エッジクリアランス
玻璃帷幕牆玻璃邊端與窗框槽底內側之間的間隙尺寸[圖9]。若因為層間變位造成玻璃門窗框架變形，玻璃會先碰觸到縱隔條（Mullion），接著隆起的玻璃會與上方的橫隔條相抵觸，即為變形的最大限度。因此容許變形邊距越大，對於層間變位的可適應性越高。地震時，為了防止門窗框與玻璃之間的碰觸，因此保留必要的容許變形邊距是必要的。

照片7｜空氣導入孔

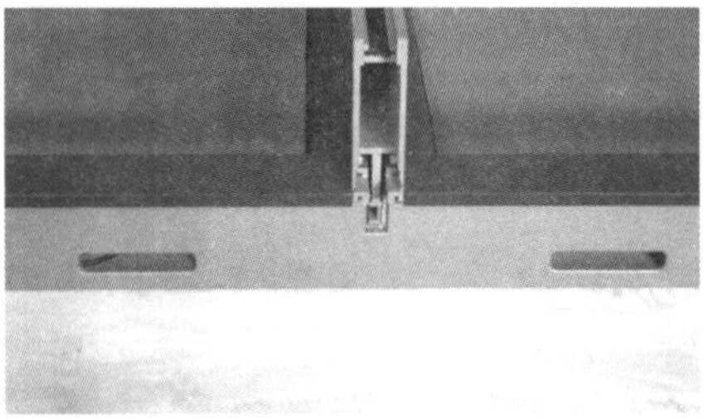

設置在單元帷幕牆下方的空氣導入孔

圖9｜邊緣和表面

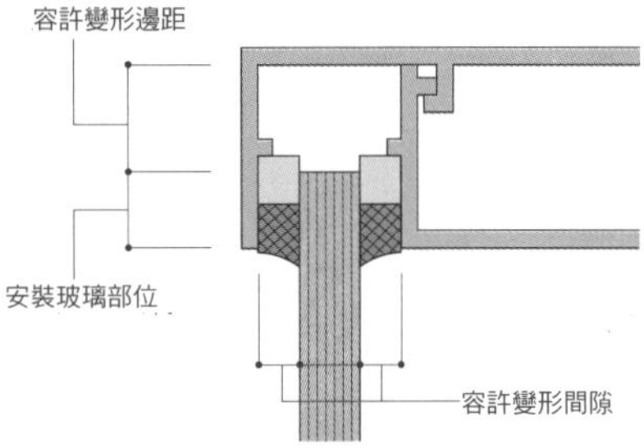

帷幕牆的製造、施工

展開加工圖｜バラ図
工場使用的構件加工圖。將構件展開（分解）呈現的圖。帷幕牆製造業者依據設計圖，所繪製出的製造圖。經確認之後，加工圖的所有構件開始於工廠進行製造生產。加工圖對於製造上極為重要，但一般不會給設計者看。

視覺模型｜モックアップ
實物大模型。在製造生產帷幕牆前，先行製作視覺模型，用來確認色調、尺寸以及與其他工程的接合情形等等[照片8]。多用木材或金屬將實物呈現。

帷幕牆安裝用繫鎖件｜ファスナー
將帷幕牆板材或門窗框安裝在主體結構使用的金屬配件[照片10、圖10]。包括角鐵型、迫緊器、Z型金屬配件、環形金屬配件等等。

固定繫件托架（**Bracket**）｜ブラケット
與門窗框垂直連結的L型或T型的支撐金屬配件，通稱托架[照片9]。帷幕牆安裝在建築主體結構時所使用的配件，另外稱作繫鎖件（帷幕牆鐵件）。一般大多使用焊接方式將繫鎖件固定在主體結構上，有的則是利用強力螺栓的摩阻接合方式。與鋼骨工程相同，需於現場控管制摩阻面或螺母旋轉角度的施工品質。

承重鐵件｜荷重受け
幕牆板材安裝用鐵件中，用來支承自身重量的配件。依照安裝高度位置來區分，安裝在板材上方部位的稱作吊起式承重鐵件，安裝在板材

照片8｜木製實體模型（Mock-up）

照片9｜固定繫件托架（Bracket）

利用強力螺栓固定的繫鎖用鋁擠形材

照片10｜安裝預鑄版的繫鎖鐵件

| 照片11 | 填縫橡膠墊（Gasket）

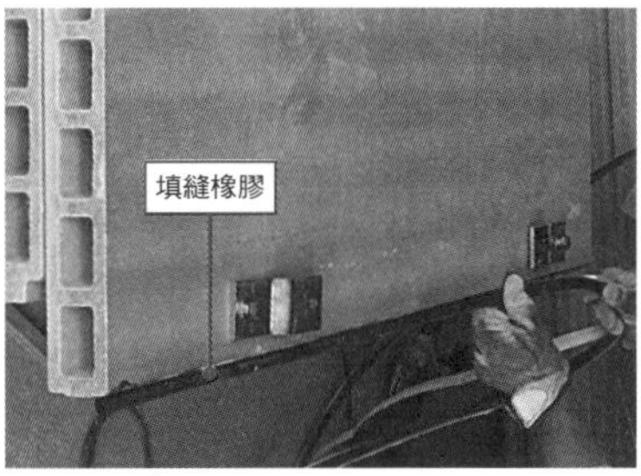

下方部位的稱作下托式承重鐵件。

止振鐵件—振れ止め
帷幕牆板材安裝用鐵件中，用來抗衡風或地震帶來的水平力的配件。有時也兼具承重鐵件功能。

通氣百頁窗—ガラリ
安裝在設備開口或換氣孔部位的連續百頁狀窗戶。確保空氣流通的同時，也具有遮雨效果。一般常用水平百頁扇通氣窗，現在也有止水性優良的垂直百頁扇通氣窗。英文的Louver原本是指通氣百葉窗，現在較多用來遮陽或隱私使用。

擋水翼板—水返し
在水平接縫上安裝的擋水翼板。因為利用重力作用擋水，擋水翼板的尺寸越大擋水效果越好，PCa版約25釐米，高層建築約是60釐米。

排水（裝置）—水抜き
指將進入帷幕牆板材或鋁門窗框內部的水分排出，以及用來將水分排出的裝置，如孔洞或管道。

減壓槽—減圧溝
裝設在PCa版（預鑄版）縱向接縫中或是寬幅較大的接縫部位。用來減低空氣流入的壓力及速度，以達到進水減少的目的，但減壓效果是令人存疑的。若僅是用來當作擋水接縫的作用是有的。

填縫橡膠墊—ガスケット
在帷幕牆中，安裝在接縫內，用來擋水及空氣的橡膠配件。形狀包括條狀、圓棒狀、中空（環）狀等等種類眾多。條狀填縫橡膠墊通稱鰭狀像膠墊。也有氯丁橡膠、矽橡膠等多種類，是具有耐火功能的填縫橡膠墊[照片11]。

耐火填縫材—耐火目地材
為了確保帷幕牆的耐火性能，安裝在PCa版等材料接縫中的無機纖維系的線狀材料。使用岩棉或高溫加工纖維的材料製成。

門窗緩衝滑墊—滑り材
為能順應帷幕牆板材或門窗框的變形或移動，在接合部位嵌入的低摩擦力材料。主要在於防止構材發生咯吱的噪音。有塗覆鐵氟龍等樹脂系，以及黑鉛的金屬板材。

排水路線—排水経路
將入侵框內或接縫內的水分或是結霜水分排出的路徑。若水分在室內側四處竄走，會造成漏水，因此不可有造成水逆流的斜度或障礙物存在。

熱膨脹—熱伸び
隨溫度上升，在長邊方向發生膨脹現象。

聲響缺陷—音鳴り
帷幕牆配件因熱膨脹，相互擦撞而產生的噪音。單是太陽從雲間露出即會產生很大的聲響，屬於重大施工缺損，需在重點部位嵌入緩衝滑墊以抑止聲響。

框變形—枠変形
因層間變位，玻璃帷幕牆框架變形成平行四邊形，故需預留容許錯位的空間。單元式帷幕牆工法中，也有像PCa版一樣，利用搖擺或鎖定吸收變位量的設計方式[161頁圖11]。

螃蟹起重機—カニクレーン
使用履帶式（俗稱毛毛蟲）自走型起重機[161頁圖12]。將貨物吊起的時為不讓起重機翻倒，因此增加四條長腳，以毛毛蟲多足來比喻稱呼。若設置於建物樓版，可施作帷幕牆的安裝作業。

| 圖10 | 1次、2次繫鎖件

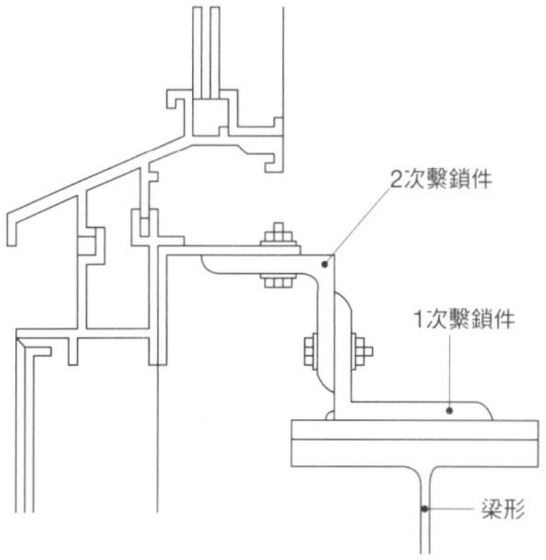

出處:『建築材料施工』鹿島出版社

| 圖11 | 層間變位的適應性

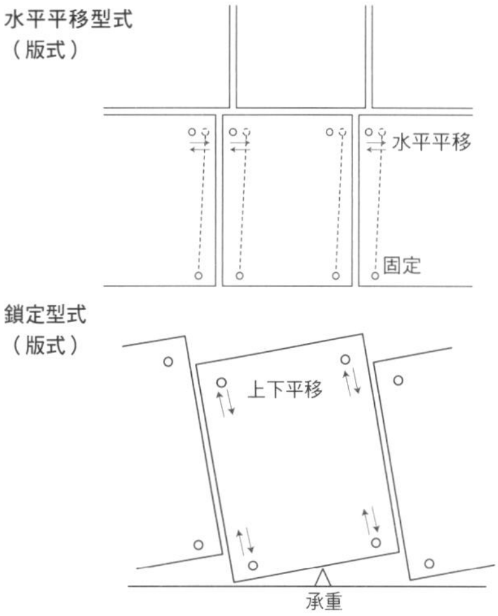

| 照片12 | 螃蟹起重機

特徵是有像螃蟹特徵的機械腳式小型移動式起重機

| 照片13 | 堆疊在卡車上的預鑄版

圖12｜擠出形水泥版的收邊處理

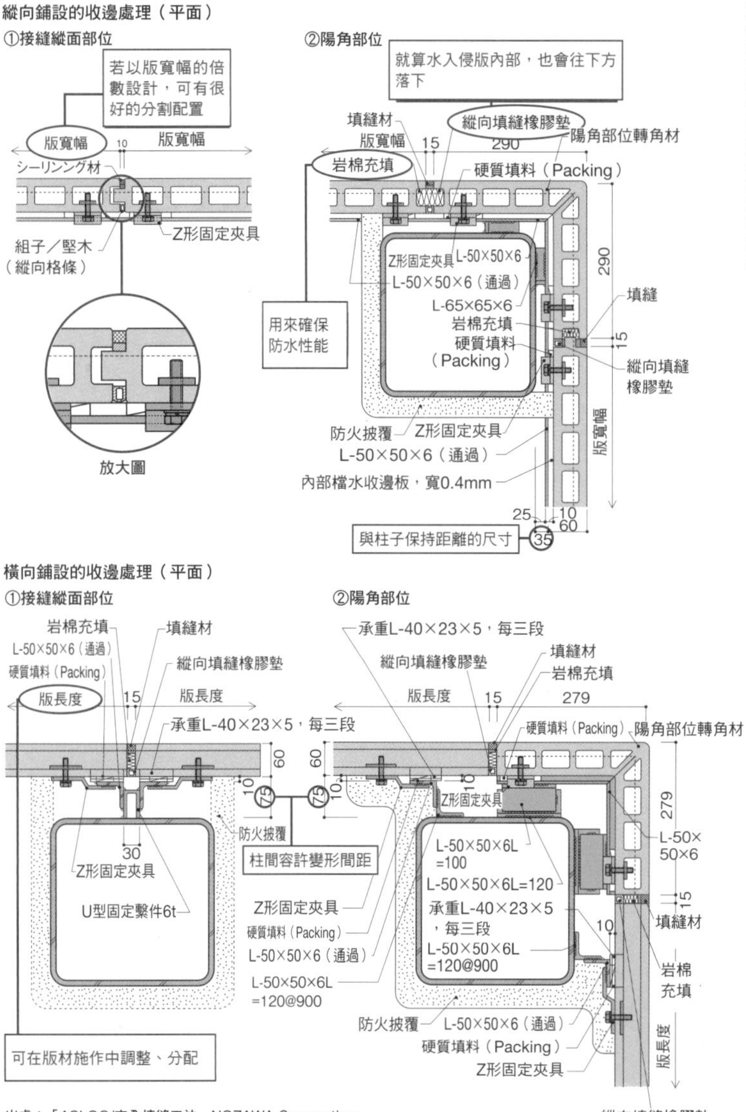

出處：「ASLOC/安全填縫工法」NOZAWA Corporation

圖13｜擠出形水泥版的二次防水工法

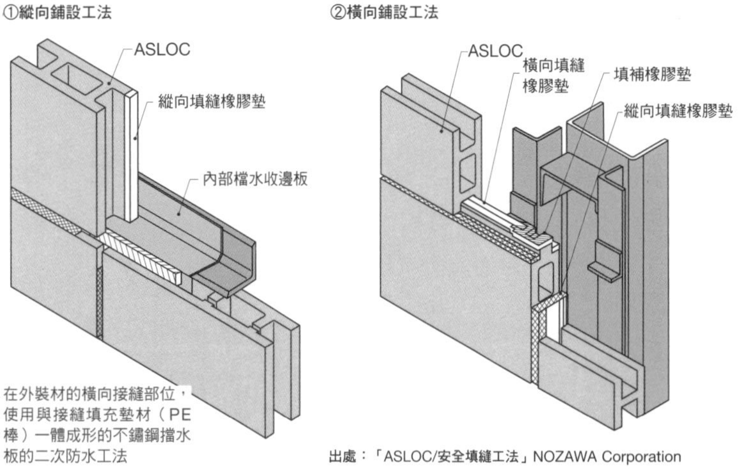

出處：「ASLOC/安全填縫工法」NOZAWA Corporation

照片14｜擠出形水泥版

窯燒系外裝材料

預鑄版（PreCast）｜PCa版
事先製作，在施工現場安裝的混凝土版材。幾乎都是在專業工廠製造，主要用於中高層建築物的外牆。為避免與預力混凝土（Prestress Concrete）混淆，以PCa表示。

超輕量預鑄版｜超輕量PCa版
普通的PCa版密度約1.9（混凝土密度），改用特殊的混凝土製成輕量化的PCa版。混入輕量骨料或氣泡，開發出密度1.0～1.5的各種商品。

纖維補強混凝土版｜纖維補強コンクリート板
在混凝土中混入補強纖維，讓強度增加的PCa版。厚度可薄化處理，因此能得到輕量化的效果。種類有使用玻璃纖維的GRC、碳纖維的CFRC、維尼綸（Vinylon）纖維的VFRC、不鏽纖維的SFRC等等。

擠出成形水泥版｜押出し成形セメント版
將無機纖維與水泥混合材料擠出成形並規格化的中空版材。與ALC版齊名，做為中小建物的廉價外牆材使用。也有橫幅較寬（900～1200釐米）的規格化製品。稱作壁板（Siding）的住宅用薄型版材大多歸類於此種類［照片14、圖12．13］。

中空預鑄版｜穴あきPCa版
加入連續成形預力鋼筋的中空混凝土版。介於PCa版與擠出形水泥版的中間。

OMNIA SLAB｜オムニア板
也稱半預鑄版（PCF，Form=模板）。澆置混凝土至桁架鋼筋半外露的高度所製成的PCa版。主要當作灌入型的模板，在現場灌入剩餘所需的混凝土而完成牆體。相對於半預鑄版，普通的預鑄版稱為全預鑄版。

ALC版｜ALC板
以高溫高壓蒸氣養護的輕量氣泡混凝土製品，在性質上與普通混凝土完全不同。板狀成形，主要使用於住宅或中小規模建物的外牆[圖14、照片14]。主要原料是珪石、水泥、生石灰，加上具發泡性質的鋁粉末與安定劑，再加入水。具有隔熱、耐火的優良性能。為Autoclaved Light-Weight Concrete的簡寫。

窯業系外裝材的製造

鋼床｜鋼製ベッド
或簡稱床。製造板材時所使用的堅固鋼桌。若是直接澆置混凝土，鋼床面會直接反映在完工面上，因此鋼床的平滑度很重要。為讓混凝土的充填作業能完善進行，也會對每張鋼床施以振動。

蒸氣養護｜蒸気養生
為了提早脫模、提高PCa版的製造效能，混凝土澆置之後，在每一張鋼床上鋪設防護布，施以蒸氣加熱。通常可在隔天早晨進行脫模作業。

圖14 ALC外裝的收邊處理

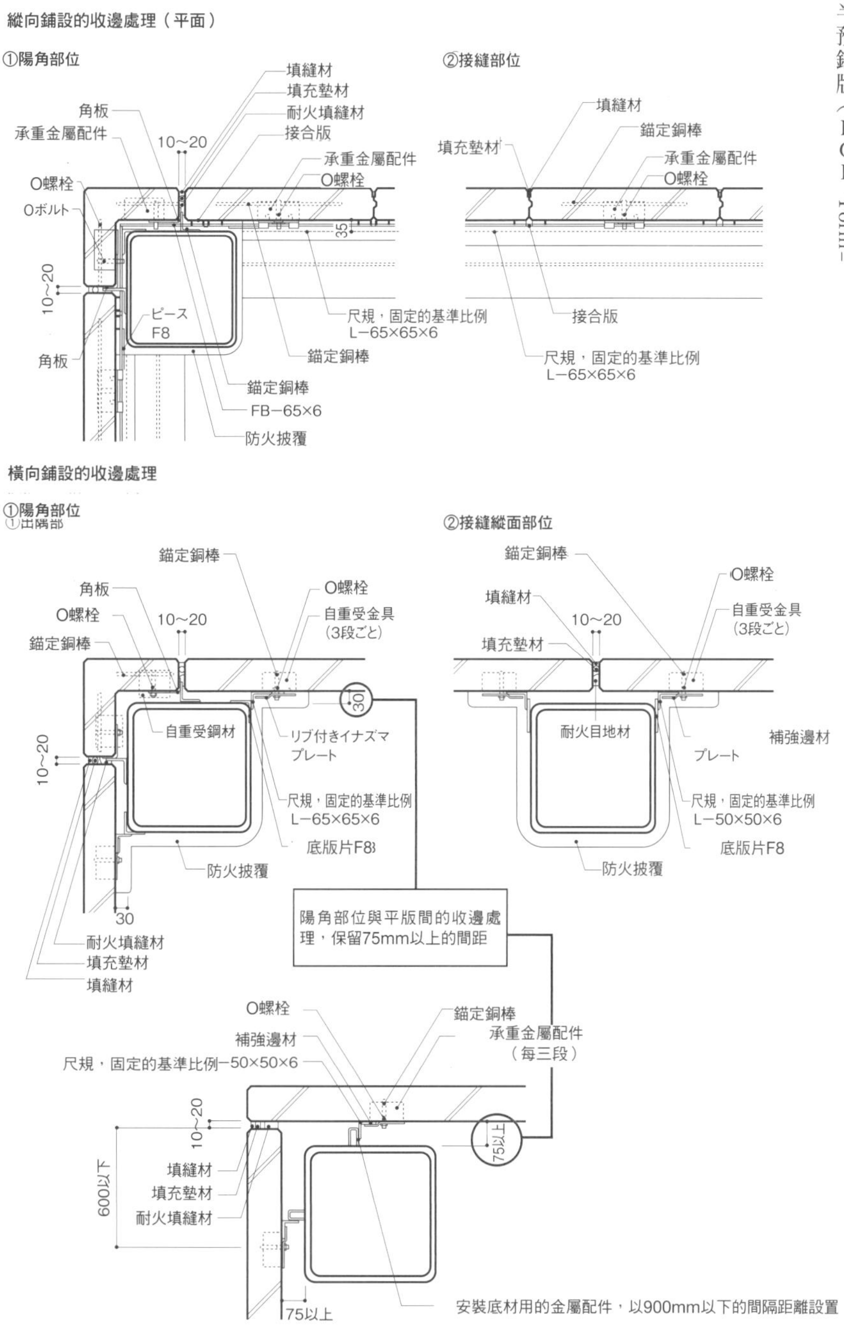

照片15 ALC版

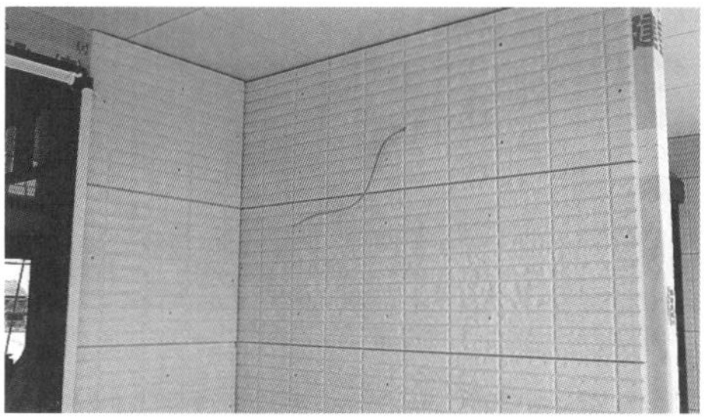

高壓滅菌釜養護｜オートクレーブ養生

在高溫、高壓的窯內進行混凝土製品的養護作業。ALC板是以180℃、10蒸汽氣壓力的方式進行養護。

脫模｜脱型

將到達所需強度的混凝土製品的模板拆解，從鋼床移開的作業。

反轉｜反転

為清掃或表面修飾處理，將水平板的表面、內面進行交替替換的作業。

出貨前臨時置放｜ストック

完工板材在從工廠出貨之前，臨時置放的狀態。這段期間也是讓強度發展完全，進行乾燥程序，是製造過程中重要一環。

垂直豎立吊起｜建て起こし

水平堆積的板材，被起重機拉起以垂直豎立的姿態吊起。

金屬帷幕牆的材料

鋁合金｜アルミ合金

鋁加入少量的其他金屬，強度與加工性改善的合金。使用在帷幕牆的鋁合金板材，多是JIS規格的鋁合金，包括A1100P（純度99%以上的鋁），擠出成形材A6063S（鋁、鎂、矽利康的合金）。

新製成形材｜新型

新製作出的擠製用鋼模，以及用新模具擠出成形的新製成形材。通常若沒有數百公尺的量，製造價格相對昂貴。相對於新製成型材，門窗業者既有模具製造出的製品，稱作既有成型材。

縱隔條｜方立

帷幕牆的中間縱向構材。邊端部位的構材是豎框。也稱作Mullion。

橫隔條｜無目

帷幕牆的中間橫向構材。也稱作橫梁(Transom)。最上方是上框，最下方是下框。為了要讓被縱隔條截斷的橫隔條看起來是一氣連貫的樣子，在橫隔條上方會另外覆蓋蓋板[圖15]。

押緣處理｜押縁

為了要嵌住玻璃玻，將一部分鋁框去除的部位。

拉門｜障子

帷幕工程中窗的可動開關部位。就算不是用傳統日式建築的木與紙製成，也習慣沿用傳統日式建築的「障子」來稱呼。

鏤空材｜ホロー材

材料中間是中空型式的擠出成形材。能製造出中空造型是擠出成形材的優點，也可以提高強度，賦予擋水功能，併入開關裝置機能等等。相對於鏤空材，沒有中空的稱作實心材。

固定玻璃用橡膠墊（Glazing Gasket）｜グレージングガスケット

將玻璃鑲嵌於門窗框的溝槽內時，設置在玻璃與框之間空隙處的線狀橡膠材。雖然常見到使用矽利康填縫材來固定玻璃，最近因矽利康填縫材會發生髒汙而不受歡迎，使用填縫橡膠墊的情形增多。但填縫橡膠墊的接著度不夠充分，擋水性能也較差。

擋水填縫墊材｜シーラー

縱向框材與橫向框材相互接合時，為了擋水在接觸部位嵌入合成橡膠製的墊材。因本身不具接著能力，可藉由小螺栓（法語Vis）發揮栓緊的功效。

半圓筒狀螺栓孔｜タッピングホール

為了要施做小螺栓，在擠出成形材的斷面上挖出半圓柱型孔洞。

螺栓口袋｜ボルトポケット

在擠出成形材的斷面上挖出角槽狀，套在螺栓頭上。

結霜排水閥｜結露排水弁

一邊將滯留在橫隔條或下方框的結霜水氣排出室外，一邊防止空氣逆流的控制閥。種類有橡膠或樹脂等，每種粗細度都只有如鉛筆般大小。若發生碎化或髒汙阻

圖15｜特製帷幕牆的分段橫隔材與押緣

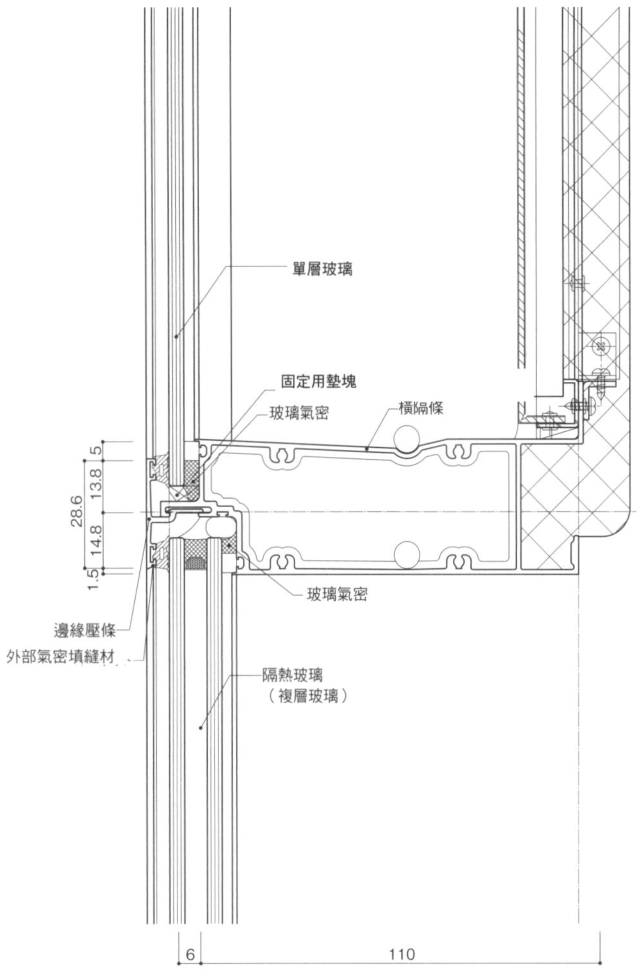

塞的情形，則無法發揮排水閥的機能。

照片16 擠出成形材的原始型－鋁合金圓柱體

耐火板｜耐火ボード

為了具有耐火功能，設置在帷幕牆內的板材。最常見到使用矽酸鈣板。主要是使用在避免往上面樓層延燒的90公分區劃，需要在結構體內設置鐵製的金屬構材。依厚度的不同，而有30分鐘或一小時的耐火作用。

二次電解著色｜2次電解着色

將已產生陽極氧化皮膜的鋁材，再次放入金屬鹽溶液中，施以金屬鹽原始色的電解上色作業。

電著塗裝｜電着塗装

將鋁構材浸潤於樹脂塗料的水溶液中，施以電壓吸附塗料，產生塗膜的塗裝方式。在陽極氧化皮膜上施加電著塗裝，一來可作為保護層，二來可以上色。因在大型缸內處理，一般來說，顏色限定為壓克力樹脂塗裝的透明、白色、灰色等。

靜電塗裝｜静電塗装

在塗料噴嘴與鋁構材之間，施加高電壓，利用靜電作用將塗料附著於鋁構材上的塗裝方式。適用於氟（Fluorine）樹脂塗裝工程或聚酯纖維（Polyester）樹脂粉體塗裝工程。

3C2B｜3C2B

用來表示氟（Fluorine）樹脂等烤漆塗裝規格的記號。3C2B是指在完成底塗與頂塗兩層塗裝後，加上第一次烤漆塗裝，再塗上第三層（大致來說是透明塗膜）後，進行第二次烤漆塗裝。

表面處理｜マット処理

陽極氧化處理（Alumite）之前，先以腐蝕性藥劑將鋁材表面處理成粗糙狀。

可拆卸式帷幕牆用填縫材｜先打ちシール

在施工現場將可拆卸式帷幕牆（Knock Down Curtain Wall）中的縱隔材與橫隔材接合所使用的填縫材料。

金屬帷幕牆的缺陷

點狀鏽蝕｜点蝕

鋁金屬特有的斑點狀鏽蝕現象。雖然鋁是不容易生鏽的金屬，但受使用條件影響會有白鏽產生。

金屬帷幕牆的製造

鋁合金圓柱體｜ビレット

擠出成形材的原始型，呈圓柱狀的鋁合金。以鋁錠（ingot）打鑄而成。以直徑英吋標示尺寸，常用尺寸為6～10英吋[照片16]。

擠製用鋼模（｜ダイス

原本的英文是Die。製造鋁擠形材（鋁擠出成形材）時，利用油壓缸（Cylinder），將受熱的鋁合金圓柱體（Billet）擠出時所使用的鋼製模具。

鋼模線痕｜ダイスマーク

擠出成形材在製造過程中產生數條線狀微米大小的凹凸痕跡。依擠出成形材的斷面形狀或擠壓速度的不同，產生鋼模線痕的情形也不相同。

橫紋｜板目

滾壓輪在金屬板留下細微皺痕。

金屬系板的材料

彎曲板材｜曲げ板パネル

俗稱便當盒。將金屬板彎曲加工成便當盒狀，安裝在補強框或底材上的板材。

切板｜切り板パネル

或稱做Cut Panel。將裁切過的金屬板安裝在補強框上的板材。主要使用厚鋁板（厚度3釐米以上）。是比彎曲板材高級的樣式。

鋼板隔熱板材｜鋼板断熱パネル

俗稱夾心板（Sandwich Panel）。將隔熱材夾心在彎曲加工過的鋼板中，已有規格化的各種相關製品。寬幅600～1000釐米，厚度25～50釐米，可提供長尺寸的需求。斷熱材使用聚氨酯(polyurethane)、異氰脲酸酯（Isocyanurate form）等材料。

鋁鑄板材｜アルミキャストパネル

鋁合金鑄造出的板材。將熱融鋁合金流入以特殊砂製作的鑄模中，而製造出的板材。

鋁蜂窩板｜アルミハニカムパネル

在兩片鋁板中夾入蜂窩狀的鋁芯料，使之一體成形的板材。有樹脂接著，或是金屬焊接等種類。

ALPOLIC鋁複合板｜アルポリック

日本「三菱樹脂株式會社」製造的鋁複合板的商品名稱。在數釐米的塑膠材兩面貼上薄鋁板的建材。

鋁製裙板｜アルミスパンドレル

牆或天花板的完工飾面工程中使用，寬幅約100～150釐米的鋁擠材。形狀有凹凸狀、鰭狀等種類。[166頁照片17]。

鋼製波浪板｜鋼製波板

將鋼板滾壓成波浪形、山形等長邊尺寸長的牆飾面材料，寬幅約450～750釐米的各種既製品。

琺瑯鋼板｜ホーロー鋼板

在鋼板表面塗覆玻璃材質的釉藥，以烤爐進行烤漆塗裝。與樹脂塗裝不同，屬於無機質的完工處理，耐候性高也耐衝擊力。

磷酸鹽處理鍍鋅鋼板｜ボンデ鋼板

「新日本製鐵株式會社」（現名：新日鐵住金株式會社）的商品名稱。將電鍍鋅鋼板施以磷酸鹽鈍化處理的鋼板材。

鍍鋁鋅鋼板(Galvalume Steel)｜ガルバリウム鋼板

「日本鋼管株式會社」(現名：JFE Holdings, Inc.)的商品名稱。將鋅43%，鋁55%，以及其他的合金電鍍融化而成的鋼板。具有高度防鏽性能，廣泛運用在外部裝修工程中。

錨釘螺栓｜スタッドボルト

從鋁板材的內面以焊接固定的短螺栓。

照片17｜鋁製裙板(Spandrel)

照片18｜髮絲紋加工(Hairline Finish)

金屬板材的製造

彎曲加工機｜ベンダ

利用彎曲用金屬模具夾住金屬板，在油壓床進行彎曲加工的機具。

折彎成形加工(Roll forming)｜ロールフォーミング

將鋼板通過多段式的滾輪，依照設計樣式進行彎曲加工，並可保持鋼材的長尺寸。折板或波浪板大多使用此種加工方式。

金屬切斷加工(Shirring)｜シャーリング

利用油壓剪或老虎鉗的原理，將金屬板切斷的機具。

氬(Argon)｜アルゴン溶接

一邊利用氬氣防止焊接部位的酸化，一邊進行焊接的作業方式。多使用於鋁板或鋼板的焊接。使用鎢(Tungsten)電極的電弧焊(TIG welding)是主要代表。

預塗(Pre coat)｜プレコート

將加工處理前的材料，全部一起在工廠進行塗裝施作。彩色鋼板或彩色不鏽鋼板的製造方式。

金屬板材的缺陷

水斑(Water spots)｜ウォータースポット

養護膜長時間鋪設在塗裝板上，殘留下水滴狀的斑點。通過養護膜的水蒸氣閉鎖停滯在氣泡中，並滲透進入養護膜而發生變色的狀況。

陽極裂紋(Anodized crack)｜アルマイトクラック

陽極氧化皮膜因高溫或加工等原因產生的裂紋。

金屬板材的表面修飾

髮絲紋加工(Hairline Finish)｜ヘアライン仕上げ

金屬面上單一方向的細微紋路，是金屬面表面處理中的代表工法。[照片18]。

無方向性絲面加工(Vibration Finish)｜バイブレーション仕上げ

在金屬表面上出現不規則地回旋研磨狀的細微紋路的表面修飾工法。金屬反射面相較於毛紋面來得均質沉穩。

霧面加工(Dull Finish)｜ダル仕上げ

以滾輪方式在金屬表面進行延壓，留下細微凹凸狀的表面修飾工法。較無反射作用。

Gright表面噴覆加工｜グライト

商品名稱。將高溫處理燒製而成的蛭石(Vermiculite)粒與結合劑的樹脂一起噴覆在金屬表面的表面修飾方法。具隔熱、防止結霜、防振動等功能，常施作於金屬板材的內面。

圖16｜壁板(Siding)工程中的外壁構成

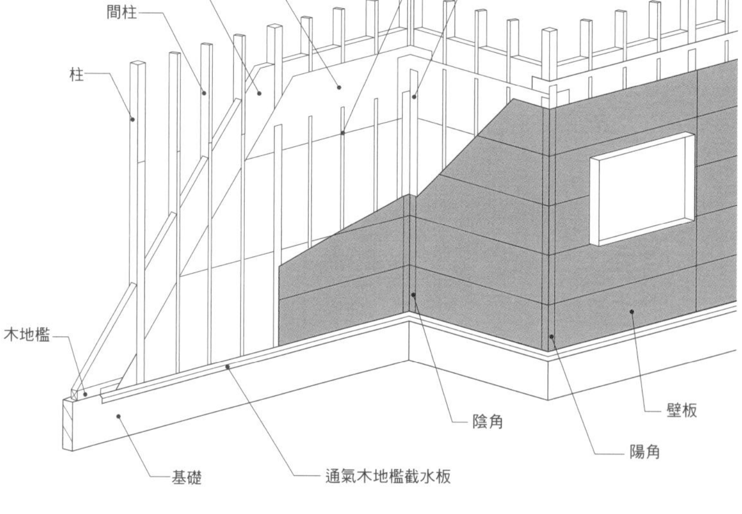

可以橫向圍板施作，也能以專用金屬組件安裝

壁板

壁板（Siding）｜サイディング
表面修飾處理完畢的板狀製品，乾式外牆材的總稱。一般在圍板上以釘作固定，施工快、相對低價，因而成為外牆材的主流。最近也有專用的固定金屬配件的相繼登場。依材質分窯業製品、金屬、木質、塑膠等種類[圖16・17]。

窯業系列壁板｜窯業系サイディング
以水泥以及纖維質作為主要原料，製成板材，進行養護、硬化而成的壁板。其中最為普及的可算是陶瓷工程系列的壁板。包括三種種類，分別是利用木纖維或木片來強化水泥等無機結合材的稱作木質纖維補強水泥板，利用無機質、有機質纖維來強化水泥等無機結合材的稱作纖維補強水泥板，利用無機質、有機質纖維來強化水泥以及矽酸鈣板的稱作纖維補強水泥、矽酸鈣板。

金屬系列壁板｜金屬系サイディング
以鐵、鋁、不鏽鋼、銅等金屬製作而成的壁板，特徵在於質輕、易施工。特別是鋁板，質輕不易生鏽。不鏽鋼板與銅板具有良好的耐久性、耐候性。因為金屬原料本身隔熱性能不佳，因此將隔熱材相嵌其中製成的隔熱壁板是主流建材[照片19]。

圍板｜胴縁
在牆壁上張貼合板等板類材料的時候，為了讓合板等板類材料得以安裝固定而使用的底材。分別有縱向圍板與橫向圍板，一般安裝間距約33～45釐米。使用在外裝用途時，在壁板與主體結構之間作出通氣層的稱作通氣圍板[照片18]。

填縫材料｜シーリング材
為防止漏雨或縫隙風進入室內，使用在壁板的接合處用來填充縫隙的材料。種類有聚氨酯（Urethane）系列或矽力康（Silicone）系列等。

圖17｜壁板(Siding)鋪設方式

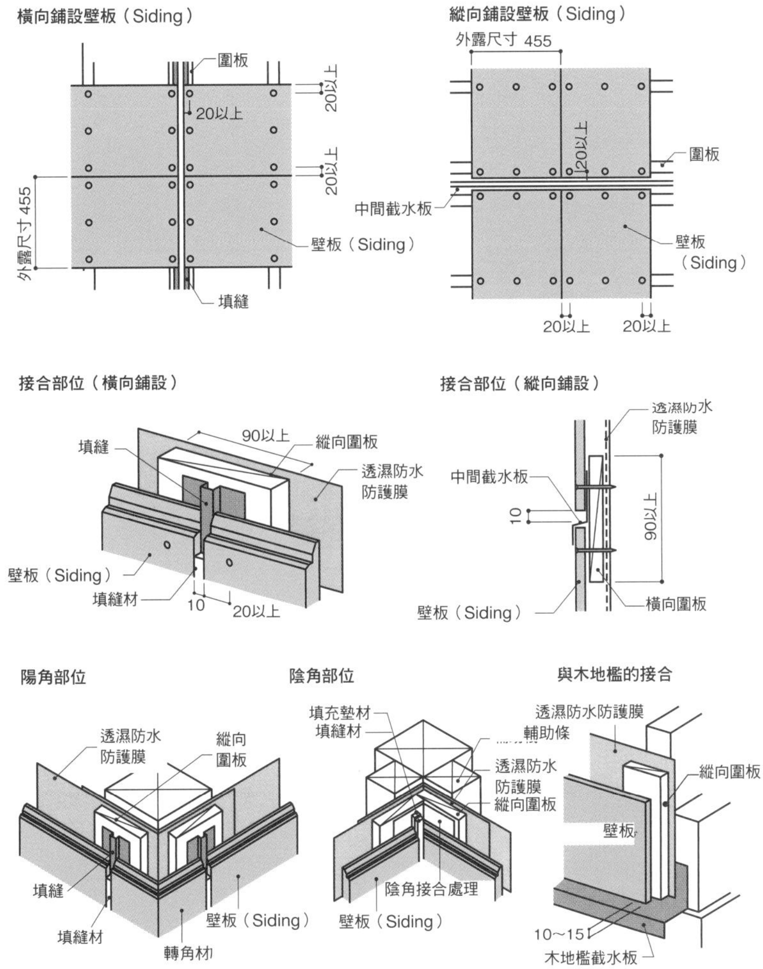

照片19｜金屬系壁板

圖18｜開口部位周圍的通氣圍板設置方式

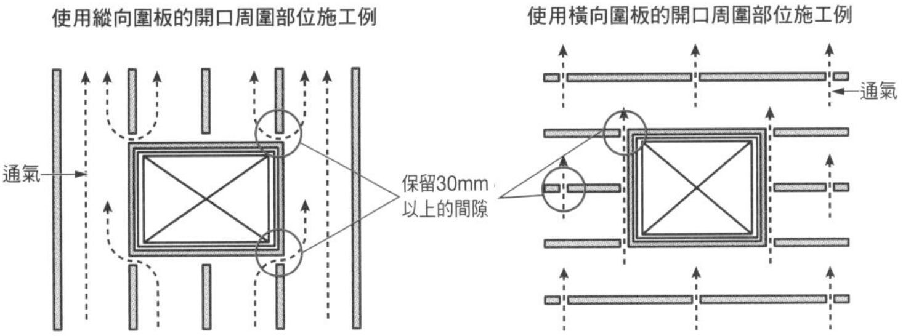

飾面

玻璃工程 4

材料

浮法玻璃（**Float plate glass**）—フロート板ガラス

利用浮法製成的玻璃平板，是現在最常見的透明玻璃。將玻璃熔液浮在高溫錫的表面，形成平滑的表面[圖1]並以此命名。做為建材使用厚度約2〜25釐米，常用厚度是6〜15釐米。可以生產的最大寬幅3公尺，最大長度10公尺。圖面上多以FL標記[圖1]。

磨砂玻璃—すり板ガラス

以珪砂或金屬刷在浮法玻璃的單面磨砂加工，去除光澤呈不透明。

型板加工成形玻璃—型板ガラス

製造玻璃時，將玻璃通過模具滾輪在單面表面留下模具的形狀。光線擴散的同時，也阻擋視線，具有裝飾效果[照片1、圖1]。

安全玻璃—安全ガラス

可對應衝擊力帶來的破壞，並確保安全性的玻璃。包括強化玻璃與膠合玻璃。強化玻璃不易破裂，就算破裂也會呈現顆粒狀。膠合玻璃因中間樹脂膜的存在，破裂不容易貫通，碎片也不容易飛射。鋼絲網玻璃或倍強度玻璃不算是安全玻璃。

高溫加熱處理玻璃—熱処理ガラス

將浮法玻璃以高溫加熱處理，以提高強度的玻璃[圖2]。包括強化玻璃、倍強度玻璃、耐熱強化玻璃。以所需的強度或法規規定區分、使用。

膠合玻璃、合板玻璃—合わせガラス

將兩片或兩片以上的玻璃以強力接著劑加熱、加壓、相互黏著而成的高安全性玻璃[圖1、2]。目的在於防止飛散、防盜、裝飾。使用在窗戶、門戶、天窗等有安全需求的部位。此外，也有因設計上考量，將日式紙質「和紙」夾入其中的使用方式[照片2]。普遍的製造方式是在玻璃中包夾PVB樹脂或EVA樹脂等的中間層膜，置入加熱爐中使之熔解相互接著，也有流入壓克力系樹脂並產生硬化作用的製造方式。

強化玻璃—強化ガラス

俗稱熱硬化玻璃（Tempered）。將玻璃加熱到達熱熔點（650〜700℃）後，均勻地吹氣使之急速

照片1　型板加工成形玻璃一例

花型紋樣　隨機紋樣　削石狀紋樣

照片2　膠合玻璃、合板玻璃

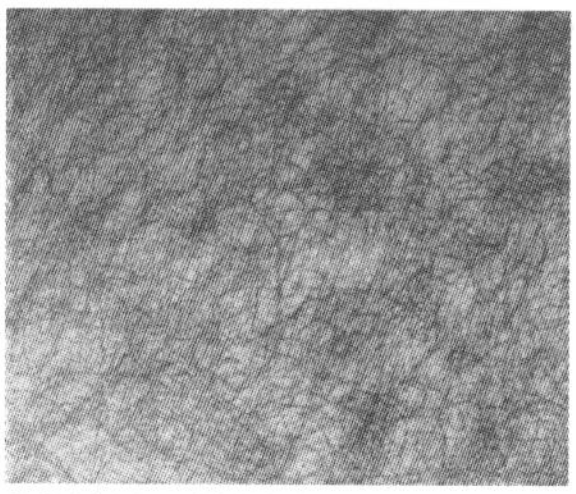

內夾和紙（日式傳統紙）的玻璃

圖1　玻璃種類與特徵

浮法玻璃(Float plate glass)	型板加工成形玻璃	鋼絲網玻璃	強化玻璃
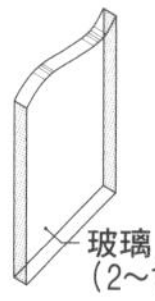	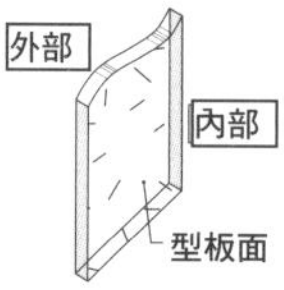	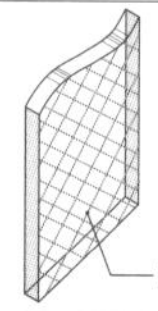	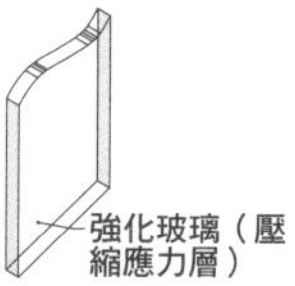
利用浮法製作的玻璃，是現在最常見的透明玻璃。加工成複層剝離、膠合玻璃之前的原形	製造玻璃時，將玻璃通過模具滾輪，在玻璃的單面表面上留下模具的形狀。光線擴散的同時也阻擋視線，具有裝飾性效果	內含鋼絲網的玻璃。具防止玻璃飛散的功效，適用天窗、耐火設備。須注意因熱鋼絲網鏽蝕造成的破裂情形	將玻璃加熱提升強度至浮法剝離的3〜5倍。製成之後無法在玻璃上開孔或削角取面。俗稱熱硬化玻璃
膠合玻璃、合板玻璃	**複層玻璃**	**高遮蔽性熱輻射反射玻璃**	**玻璃磚**
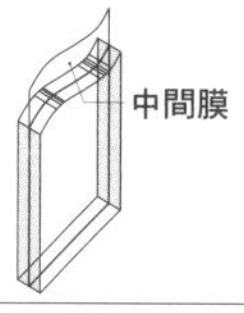	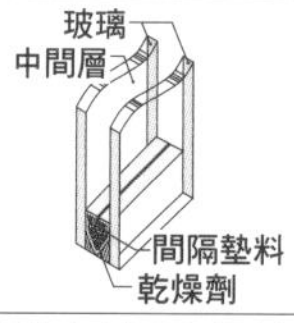	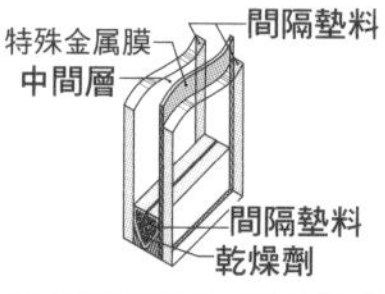	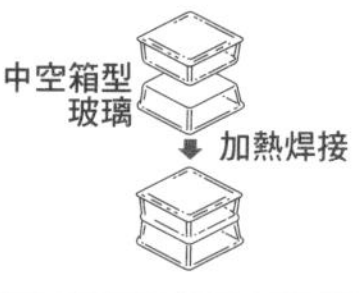
將兩片或以上的玻璃，用強力黏著劑加熱、加壓、互相黏著而成的高安全性玻璃。目的在於防止飛散、防盜、裝飾	讓兩片玻璃之前保持密封真空空氣層，提高隔熱性的玻璃。可有效防止結霜。	為現今隔熱玻璃的主流。在浮式玻璃表面以金屬的氣相沉積作用形成薄膜。玻璃表面會因可視光線反射，能有效阻隔日照熱及紫外線	內部近乎真空，音響通過損失率小，隔音性佳。隔熱性、耐火性也優。可做為板材，進行大面積壁面施作

冷卻，玻璃表面產生壓縮應力，成為強化玻璃。耐衝擊性及耐風壓強度比一般的玻璃高出３～５倍。破裂時呈細粒狀[照片1、圖1]。

倍強度玻璃—倍強度ガラス

別名「HS」(Heat Strengthened)，或稱半強化玻璃。製造方式與強化玻璃相同，但冷卻速度慢，強度比強化玻璃低。

鋼絲網玻璃—網入り板ガラス

延燒區劃的開口部或天光部位所需使用的內含鋼絲網的玻璃。與鋼絲線玻璃一樣，都具有防止碎片飛散的效果。此種玻璃適用於耐火設備[圖1]。

鋼絲線玻璃—線入り板ガラス

取代鋼絲網，以鋼絲線平行配置於玻璃內的鋼絲線玻璃。此種玻璃遇高溫破裂時的玻璃碎片呈現剝落狀，不具耐火效果。

熱輻射吸收玻璃—熱線吸収板ガラス

通稱熱吸玻璃。為了吸收日光熱輻射，因此在玻璃中加入微量的鐵、鎳(nickel)、鈷(cobalt)等有色金屬元素，製造成藍色(blue)、灰色(grey)、青銅色(bronze)、綠色(green)等有色的浮式玻璃。比起透明玻璃，可吸收較多的日光熱輻射，也能適度地抑制紅外線、光線、紫外線的穿透。此種玻璃全世界的產量都在減少中。

圖2　主要玻璃生產線流程圖

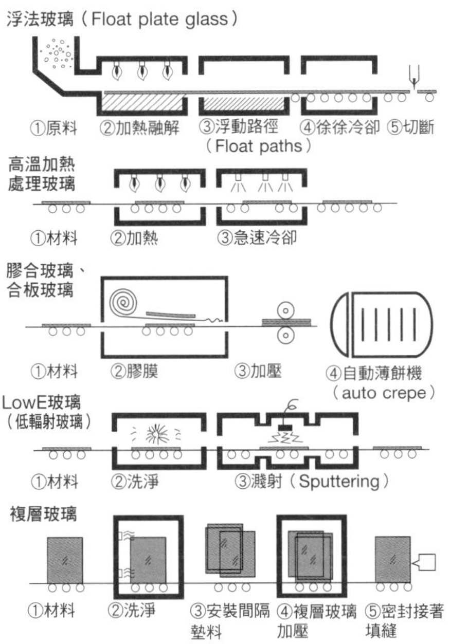

熱輻射反射玻璃—熱線反射ガラス

通稱熱反玻璃。製造浮式玻璃時，噴覆熱熔金屬或金屬氧化物，在表面形成反射膜的玻璃。使用在建物的外裝工程，有如鏡子般地會反射熱與光線。因製造方式另有On-line熱反玻璃的稱呼。或是因為反射膜質地堅硬，而有硬膜玻璃(Hard coat)的稱呼。

若在有色熱吸玻璃上附加反射膜，則為熱吸熱反玻璃。取而代之地，現在幾乎都改用高性能熱反玻璃。

LowE玻璃(低輻射玻璃)—LowEガラス

在玻璃表面進行低輻射披覆處理(主要使用銀)，降低表面輻射率的玻璃[圖2]。高斷熱性、高阻熱性。主要使用銀施作多層的皮膜披覆，皮膜容易受到損傷，因此務必製作成複層玻璃。特徵在於可見光的穿透性佳，玻璃的透明感不會受到影響。

此外，可將複層玻璃的皮膜披覆面，變換成屋外側或室內側的方式來調整阻熱、斷熱的性能。為了再提高斷熱性能，也有在多層皮膜披覆中納入兩層的銀皮膜，製造成雙層LowE玻璃的方式。

照片3　高透明度玻璃(美國自然史博物館)

高遮蔽性熱輻射反射玻璃—高遮蔽性能熱線反射ガラス

也稱高性能熱反玻璃或濺射法玻璃(Sputtering glass)，是現在阻熱玻璃的主流。將浮式玻璃置入真空爐，以爐內的金屬靶(target)做為電極，進行高壓放電，在玻璃表面發生氣相沉積作用，形成薄膜。薄膜較為脆弱，施工中或清掃時需留意。

特殊機能玻璃—特殊機能ガラス

瞬間電控調光玻璃、低反射玻璃、無反射玻璃、電磁波輻射屏蔽玻璃等等。

高透明度玻璃—高透過ガラス

俗稱白玻璃。也稱低鐵玻璃。普通玻璃因為原料中鐵的影響，呈現綠色，若減少鐵用量，透明度可以提高[照片3]。高透明度玻璃的製造方法雖與浮式玻璃沒有差異，但因原料價格或生產效率等原因，成本提高無可避免。原本使用在展示空間等用途，最近也當作建築物外裝材料來使用。

複層玻璃—複層ガラス

在兩片玻璃之間以間隔器墊塊保持一定間距，將周圍密封，讓兩片玻璃之間內部空氣常保乾燥，是具有高斷熱性能的玻璃[圖1]，也可防止結霜。也稱雙層玻璃(Pair Glass)。若再以氣相沉積在表面形成薄金屬膜，稱LowE雙層玻璃。此外，也有在玻璃與玻璃之間封入層膜，或在中空層灌入氬氣提高斷熱性能等等，開發出各種的玻璃建材製品。

真空玻璃—真空ガラス

在兩片玻璃之間，以格子狀排列0.2釐米的不鏽鋼球，並將周圍密封抽真空的特殊複層玻璃。真空玻璃利用熱水瓶原理，具有高斷熱性能。產品有日本板玻璃株式會社製造的「SPACIA」。不像一般複層玻璃內含空氣層，總厚度較薄，可以嵌入既有門窗框的窄溝槽中，現在也開始運用在隔熱改修工程中。

照片4｜彩繪玻璃（Stained glass）

小笠原伯爵邸

照片5｜防滑玻璃（Non-slip glass）

（株）CLASS CULB

照片6｜戶外玻璃地板

照片7｜正確的玻璃加工DPG工法

圖3｜DPG 構法

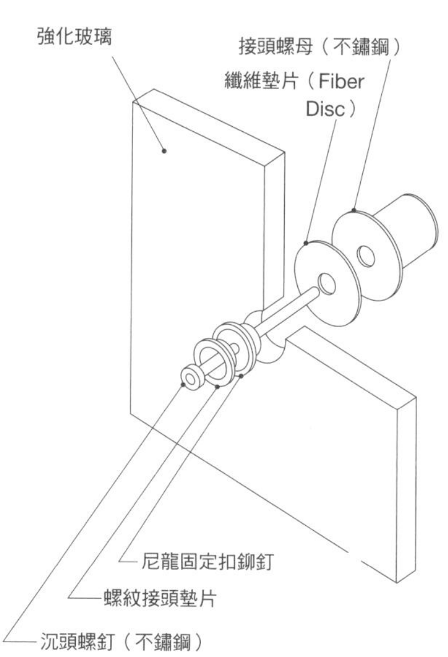

噴砂玻璃（Tapestry glass）—タペストリーガラス

將玻璃表面以噴砂處理成粗糙面之後，以氫氟酸（Hydrofluoric acid）進行腐蝕，呈現平滑不透明感的玻璃。與磨砂玻璃不一樣，噴砂玻璃容易沾汙。

防火玻璃—防火ガラス

具有開口部防火門應有性能的玻璃，一般是指鋼絲網玻璃。其他商品有低膨脹玻璃與超強化玻璃。低膨脹玻璃是使用硼矽酸（Borosilicic acid）玻璃與結晶化玻璃，無論哪一種，因熱膨脹率極低，就算受熱也不會破裂，因此被認定具防火性能。此外，耐熱強化玻璃因受熱處理，具有比強化玻璃強兩倍的強度，可以承受火災時產生的熱應力。耐熱強化玻璃因玻璃本身承受應力的變形量小，較強化玻璃昂貴。

耐火玻璃—耐火ガラス

具有防火壁功能的玻璃。以矽酸鈉系樹脂（水玻璃）將數片玻璃層層堆積製成。加熱處理後，矽酸鈉發泡，發揮隔熱性能。

隔音玻璃—遮音ガラス

為提高隔音性能，在玻璃中間膜使用特殊層膜的膠合玻璃。玻璃具有所謂巧合效應（Coincidence effect）的共振現象，特定的周波數會降低隔音性能。隔音玻璃利用柔軟特殊的層膜吸收振動，減低巧合效應，提高隔音性能。但隔音性能無法戲劇性地提高，如果是對於隔音效果要求嚴苛的場所，除了使用設有合適的中間層膜的雙層門窗之外，無其他選擇。

絲網印畫烤漆玻璃（Ceramic printed glass）—セラミックプリントガラス

玻璃表面以無機質印墨，利用絲網（Silk Screen）印出紋路，再以烤漆處理的玻璃。一般是白色條紋或斑點狀，可改選其他顏色與紋路。

無線電波傳輸玻璃—電波透過ガラス

可傳輸電視等等無線電波的高性能熱輻射反射玻璃。為防止電波收訊的障礙，讓建物外牆具有吸收電波的性能，需了解玻璃的性能。浮式玻璃或熱反玻璃沒有問題，但高性能熱反玻璃因金屬皮膜的影響，容易發生反射電波的障礙。也有特別考量皮膜種類來抑制反射率的電波傳輸型玻璃。

原始玻璃—生板

沒有像強化玻璃或倍強度玻璃一樣經過加熱處理過的玻璃。

裝飾玻璃—裝飾ガラス

浮法玻璃、百頁玻璃（Blind Glass）、彩繪玻璃（Stained glass）、日式和紙色調玻璃等經裝飾處理的玻璃[照片4]。

防滑玻璃（Non-slip glass）—ノンスリップガラス

日「三芝硝材株式會社」為玻璃樓地板而開發出的商品。在玻璃表面規律地將小顆粒狀玻璃熱熔，產生防滑效果。原本玻璃是不適用於樓地板，但也有反其道運用玻璃的緊張感與透光性，用作樓地板的設計手法。為了止滑，也有將有深溝的噴砂玻璃當作屋外樓地板的案例[照片5·6]。

構法

無框玻璃—サッシレス

不使用門窗框來支承玻璃的方式。在玻璃的角隅部位穿洞，用螺栓固定的DPG工法，或在接合交差部位安裝金屬板，包夾玻璃的MPG工法。

DPG構法｜DPG構法

Dot Point Glazing的簡稱。在玻璃角隅部位開孔，利用金屬配件支承並固定在結構體上的工法。無框，可以製造出大面玻璃，適合使用於挑高中庭（Atrium）外牆或是天窗等[圖3、照片7]。

MPG構法｜MPG構法

Metal Point Glazing的簡稱。在玻璃角隅或是邊緣部位，以圓盤狀的金屬配件支承的工法。比起DPG工，因無需開孔，可降低成本是此工法的優點[圖4]。

SSG構法｜SSG構法

Structure Silicone Glazing的簡稱。利用可變形的小型高反發性質矽利康填縫材，將玻璃接著於門窗框上的工法。一般作法是將玻璃嵌夾在門窗框的溝槽中，再以填縫材或墊材固定，SSG工法是就算外側沒有門窗框，也可以將玻璃固定住的工法。若填縫材出現接著不良的情形，最糟的狀況需將玻璃卸下。缺陷發生時的責任歸屬無法明確化，日本在此工法的保險制度也尚未完善，因此尚無法開始採用，亦無法廣及應用[圖5]。

玻璃扶板構法｜リブガラス構法

藉由矽利康填縫材固定在玻璃面材上的玻璃扶板來支撐維持玻璃面材，為用在較大型玻璃屏壁的工法。依玻璃扶板的形狀，分成單邊扶板、雙邊扶板、貫通扶板。屬於利用矽利康填縫材接著力來抵抗風壓的結構工法，可算是將SSG工法轉型的作法。大多運用在建築物的挑高大廳，或店鋪的展示空間等一樓位置。

工法・施工

映像調整｜映像調整

熱輻射反射玻璃建築外牆的反射映像的調整工作。包括選擇合適的玻璃或門窗框，及在玻璃嵌合時調整玻璃的角度位置[照片8]。

切斷加工｜切斷加工

切斷玻璃時，使用超硬質合金切斷器，先在玻璃表面上留下切痕，再行折斷的加工方式。切斷面與玻璃面材垂直，沒有凹陷也沒有隆起的切斷成果稱作精確切斷（Clear-cut）。鋼絲網玻璃的切斷施工也使用此種方式。為了切斷鋼絲網，將玻璃置放在加工台上，進行強力切斷作業。此外，曲線切斷施作時，會使用到內含研磨材料的高壓噴射水槍。

切口細部處理｜小口処理

將玻璃切斷後的邊端加工處理[圖8]。基本處理方式有將邊端細磨成45度倒角面，以及僅將切口凹凸不整部位磨平的處理方式。甚至也有依玻璃的使用用途，去除邊緣銳角，做成倒角面，或是磨成有如日式食品「蒲鉾（魚板）」的圓弧狀。

玻璃安裝專用機（Glazing machine）｜グレージングマシン

一般是以人力或絞車（winch），以

圖4｜MPG 構法

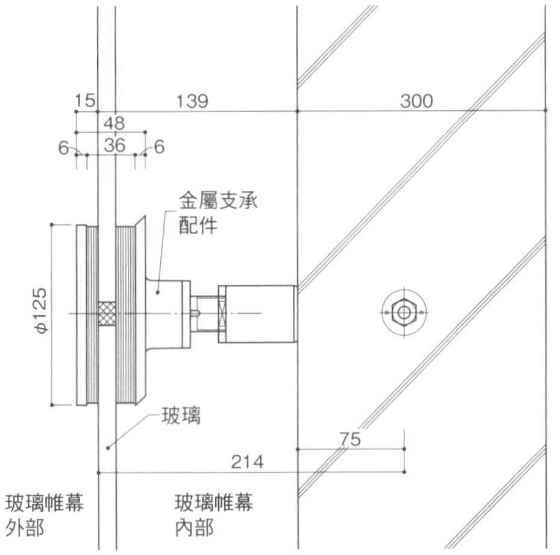

商品名稱：MPG-（立山Aluminum鋁）

圖5｜SSG（Structural Sealant Glazing）構法

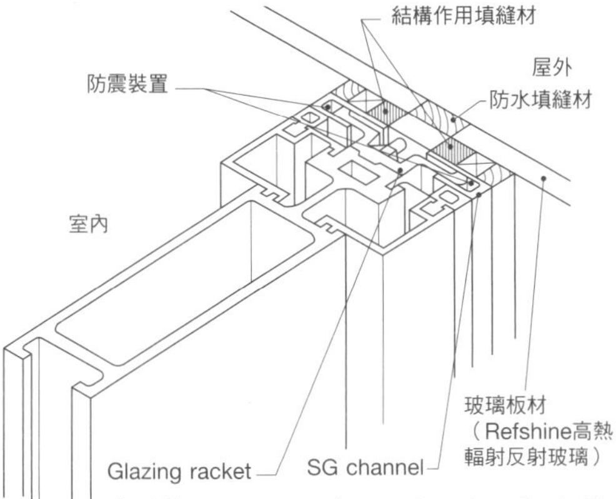

商品名稱： Big Mask-SGT（Nippon Sheet Glass Co., Ltd.）

圖6｜玻璃切口處理方式

- 切斷面不加工：切口面呈現尖角的狀態
- 小削角面處理：將切口面的尖角部位稍稍削除，施工時易於經手
- 粗糙擦磨處理：進而將切口面磨成平面
- 磨面處理：將切口面持續磨成透明狀態
- 圓弧角磨面處理：大多用來處理家具的切口部位

照片8｜精細映像調整過的反射玻璃建築立面

照片9｜玻璃安裝專用機（Glazing machine）

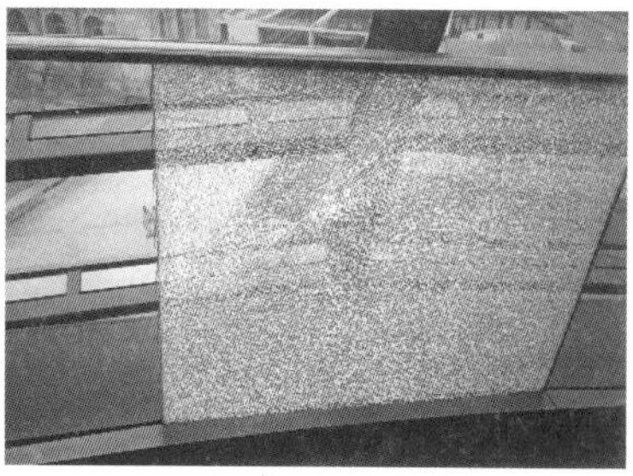

照片10｜強化玻璃自爆產生的裂紋

吸盤吸附玻璃，進行玻璃的安裝作業，或使用「Glazing Machine」的玻璃安裝專用機具[照片9]。雖然施工省力，但因體積大，無法使用在已完工的建築物中。

玻璃貼膜（Glass film）—ガラスフィルム

在玻璃材製成後張貼的樹脂黏著膜，有各式各樣的機能，包括養護、防止碎片飛濺、上色、調節日照、隔熱、視線隔絕、裝飾等等。

缺失

玻璃貼膜（Glass film）—ガラスフィルム

非屬過度外力或溫差等原因，玻璃本身自然發生破裂損害的情形。對於強化玻璃來說，自爆是常見的自然破壞現象。對於所有高溫加熱處理過的玻璃來說都會發生。有部分是因為損傷發展出來的破壞，但大多是因為玻璃內部含有不純物質發生膨脹作用所引起。玻璃中的不純物質NiS（硫化鎳）在高溫下雖然呈現α型的穩定狀態，但隨著溫度下降，幾乎全部會轉移成為β型的不穩定狀態。因此，以α型穩定狀態殘留在玻璃中的NiS（硫化鎳），若變成β-type，則會發生體積增加的現象，進而破壞強化玻璃內部的應力平衡。為了防止破壞所帶來的脫落情形，有的會製成膠合玻璃，或是張貼防止碎片飛濺的護膜[照片10]。雖然各玻璃製造業者在出貨前會進行熱吸收測試（heat soak test）[照片11]，強制性地促使玻璃自爆，但也有在測試中疏漏掉，成為漏網之魚的玻璃產品。

照片11｜熱吸收測試

受熱破裂—熱割れ

因日照等加熱作用，窗戶玻璃內部溫度產生溫差變化，在玻璃周邊發生拉應力帶來的破裂現象。

鏽裂—錆割れ

鋼絲網玻璃的鋼絲網切口部位發生鏽蝕，而造成玻璃破裂的現象。大多是因為受熱破裂而引發。像是在排水不良的門窗，或是水池等地方，受到氯（chlorine）的影響下，容易從玻璃切口部位開始發生鏽蝕。因此會在切口部位塗覆防鏽塗料、防鏽油，貼上丁基橡膠墊布，作為防鏽對策。

照片12｜鏡面玻璃面的映象歪斜

映像歪斜—映像ゆがみ

映射在外裝玻璃上的影像發生歪斜的現象[照片12]。原因在於高溫加熱處理過的玻璃發生隆起、波浪紋（Roller Wave）、複層玻璃的凹凸變形等，歪斜程度受到製造技術的影響而有很大的差異。就算沒有前述原因的浮式玻璃，也會因為施工時的不合理施力而發生映射影像歪斜的現象。

照片13｜白色水垢

白色水垢—焼け

玻璃面上產生的白色痕跡[照片13]。玻璃持續地暴露在水中，溶解於水的鹼性成分與空氣中的二氧化碳結合，形成矽膠堆積在玻璃表面形成白色垢痕。若只是下雨的程度不會發生此種現象，但水池或是浴室、淋浴間、噴水設備旁等等會碰觸到大量水的地方就容易發生。若要防止白色水垢殘留，則需定期清理。

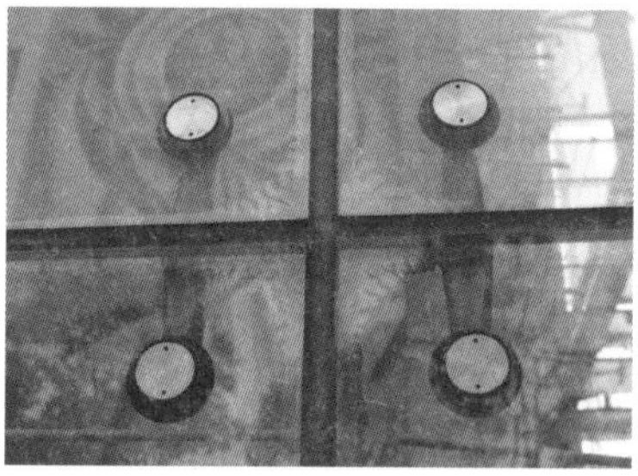

照片14｜分層剝離（Delamination）

分層剝離（Delamination）—デラミネーション

膠合玻璃發生部分剝離的缺損現象[照片14]。膠合玻璃的樹脂中間層若接著不良，則會出現像蕨葉般的氣泡。原因包括接著不良、製造時的玻璃清洗不充分、中間膜含水過多等等。但是就算沒有這些原因，仍然很難讓接觸外部空氣的切口部位不發生細微的分層剝離狀況。

磁磚工程

材料

磁磚—タイル

以黏土為主要原料，加以塑形並燒製成小片狀、陶瓷質地的薄板[表1、2、照片1]。為與形狀、質感相似的其他材料區隔，也稱作陶瓷磁磚。依吸水率不同分成：未滿1%的陶瓷磁磚是以1300℃左右燒製，硬化成質地精緻細密的磁磚；5%以下的炻器陶瓷磁磚是以1200℃左右燒製成質地稍軟的磁磚；22%以下的陶器磁磚是以1100℃左右燒製而成，質地軟，主要做為室內磁磚；也有吸水率22%以上的磁磚。製造方法包括：將粉末狀的原料以高壓壓製的乾式製法，及將黏土狀原料利用擠出或鑄造成形的濕式製法。外裝磁磚的尺寸，以磚塊尺寸為基準，與磚塊斷面大小相同的稱作「小口平」，與磚塊長邊尺寸相等的是基本型「二丁掛」，其1.5倍是「三丁掛」，2倍是「四丁掛」。此外也有小尺寸的「50角（譯註：單邊50釐米內的正方形）」、「50二丁（譯註：50角的兩倍）」等的馬賽克（mosaic）磁磚。也有內裝建材的「100角（譯註：單邊100釐米內的正方形）」、圓形或不規則形等等。大於一般常見磁磚的稱作大型磁磚，約可製造出尺寸600～900釐米的磁磚。

原料—素地

製造磁磚的素材。將砂、石、黏土等原料磨成細粉並混合，製成胚土，倒入模具中燒製硬化而成磁磚。磁磚依原料及燒製方式不同，性質有很大的差異，特別是吸水率。依照吸水率的不同，分有瓷（1%以下）石（5%以下）、陶（22%以下）三種類。

瑠璃—釉薬

用來塗覆在磁磚表面，加溫燒製出色彩、光澤的無機質材料。包括為呈現珍珠光澤，添加錫、鈦的光柵（raster）瑠璃，或在燒製過程中自然發生變色的窯變瑠璃，以及消除光澤效果的無光瑠璃等，種類繁多。

原色磁磚—土物

無釉的濕式製法磁磚。大多呈現砂或黏土等原料本身的原色。

著色磁磚—練り込み

無釉的乾式製法磁磚。在原料中混入顏料上色。

外裝用磁磚—外裝用タイル

使用在建物外部的高耐候性磁磚。大多使用瓷、石質材的磁磚。

大型磁磚—大型タイル

比一般磁磚尺寸大的磁磚。尺寸約介於300×300至600×900釐米。不適用一般的現場磁磚鋪貼方式，大多以乾式工法、預埋工法施作。

紅陶（Terracotta）—テラコッタ

意指一般磁磚形狀以外的建材用陶製品。比一般磁磚或紅磚重，體積較大，具有厚度。原本是指裝飾用的原始陶製品，現在則生產出質地硬、尺寸精細的百葉造型，或是外裝版材等，種類廣泛。近年可在各知名高層建築上見到此種建材的運用。

刮紋磁磚（Scratch Tile）—スクラッチタイル

有復古風格梳痕紋的濕式磁磚。

表1 磁磚類別與尺寸

類別	名稱	尺寸（mm）
馬賽克磁磚	八分 50角（正方形） 50二丁	24.5×24.5 45×45 45×95
外裝磁磚	小口 邊磚（Border） 二丁掛 三丁掛	108×60 227×40 227×60 227×90
地板磁磚	100角（正方形） 100角二丁	94×94 194×94
內裝磁磚	100角 200角	97.5×97.5 197.5×197.5

※紅磚的短邊切口面積108×60㎜，長邊切口面積227×60㎜

表2 磁磚的燒製溫度與性質

原料性質	燒製溫度	原料特徵	適用範圍
磁器材質	1,250℃	肌理細緻，厚度薄，耐用	外部、地板皆適用
石器材質	1,200℃	窯爐高溫燒成，厚度薄，耐用	外部、地板皆適用
陶器材質	1,000℃	肌理粗糙，帶有厚度，耐用	僅適用內部裝修牆壁
土器材質	800℃	肌理最為粗糙，帶有厚度，質地稍脆弱	外部、地板皆適用。需留意受寒的凍害

照片1 各國磁磚

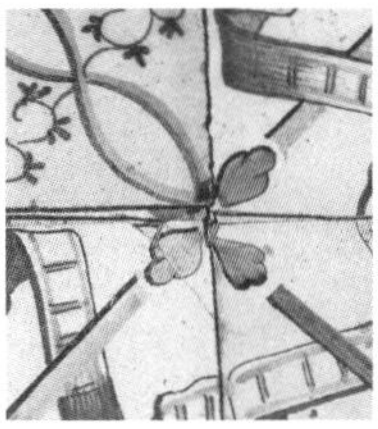
葡萄牙的磁磚 瓷磚畫（Azulejo）。在白色上釉的原始材料畫出彩色的圖案

馬來西亞的磁磚 彩色浮雕（Relief），大多是華麗的圖樣。使用在牆壁腰線部位等

摩洛哥的磁磚 圖樣瓷磚（Zellige）。用土坯磚窯燒製而成。鋪設出馬賽克圖樣

西班牙的磁磚 赤土磚（Terracotta tile）。素燒（低溫燒製）土磚質感。大多使用在地板

素燒（低溫燒製）的紅陶（Terracotta）鋪設而成的樓地板。與裝飾性的壁面相互對照。大多使用在西班牙或葡萄牙

照片2｜鋪貼馬賽克磁磚的廚房

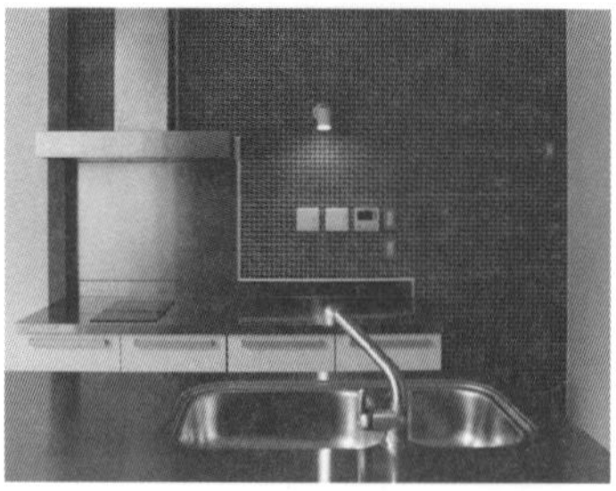

圖1｜磁磚爪式背溝尺寸

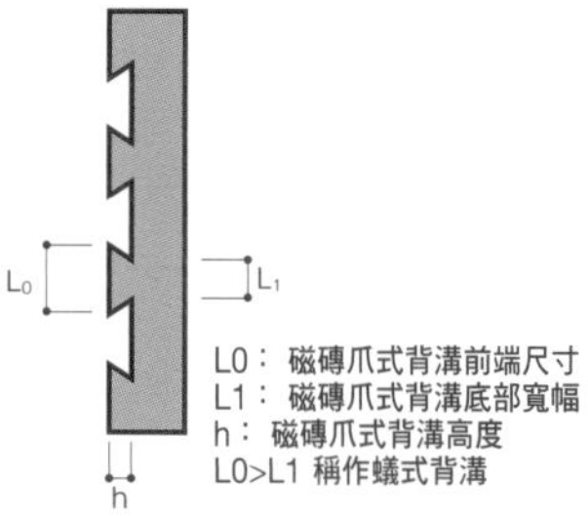

圖2｜磁磚接縫種類

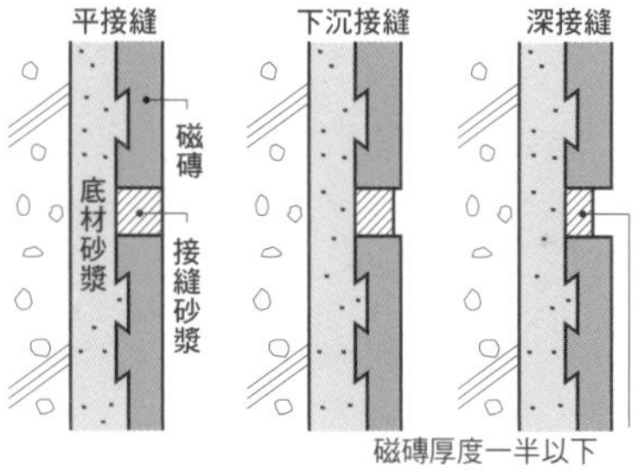

不規則磁磚｜割肌タイル
將厚片濕式磁磚打碎，以不規則碎石狀施作。

光柵磁磚（**Raster tile**）｜ラスタータイル
在磁磚表面披覆錫或鋅的薄皮膜，呈現珍珠般的光澤。

仿磚塊磁磚（**Brick Tile**）｜ブリックタイル
預先固定在模版上，（譯註：混凝土澆灌時一併完成磁磚鋪貼作業）帶有孔洞的體積較大磁磚。

馬賽克磁磚｜モザイクタイル
小型磁磚，一般是指尺寸10～50釐米正方形的磁磚[照片2]。

光觸媒｜光触媒
藉紫外線活化作用，能分解汙染物質能力的磁磚塗料。原料含有二氧化鈦。磁磚本身已是不易沾汙的材料，為更進一步達到防止汙染的抗菌效果而開發。

磁磚爪式背溝｜裏足
磁磚背面如肋骨般的凹凸形狀[圖1]。鋪貼磁磚時，為能讓磁磚抓附在水泥砂漿上，磁磚背面的爪式背溝凹凸深度與形狀影響很大，若呈現打開狀態稱作蟻爪，對於外裝用磁磚是必要的處理。進口磁磚中有無爪式背溝處理過的。磁磚爪式背溝高度有相關規定，小型磁磚高度需在1.5釐米以上，馬賽克磁磚則是0.7釐米以上。

缺失

彩虹狀汙損｜虹彩
施工後的磁磚表面出現皮膜狀的汙損，呈現彩虹現象，因此以彩虹來形容此缺損狀況。水泥成分與二氧化碳產生矽酸表膜，出現色調干擾情形。依釉藥種類，有的彩虹汙損現象較為顯眼，特別是光柵磁磚（Raster tile）。就算是事先安裝也可能發生。若要去除彩虹汙損，需使用藥性強烈的氫氟酸（Hydrofluoric acid），因此要特別留意勿損傷磁磚。

白華現象｜白華
或稱風化（Efflorescence）、流鼻涕。在水泥硬化過程中，水泥砂漿中所含的氫氧化鈣溶於水，溶解出鈣離子，與空氣中的二氧化碳結合，生成不溶性的碳酸鈣（$CaCO_3$）。在磁磚表面上呈現白色粉末或固體狀的汙垢。若是磁磚或石材，底材的水泥砂漿發生白華現象，會在磁磚、石材表面附著。磁磚背面不讓水分侵入是最基本的對策。若是輕度白華現象，以酸洗方式有可能去除。

工法・施工

鋪貼厚度（**水泥砂漿**）｜張り代
鋪貼石材或磁磚時，水泥砂漿的厚度。

原始磁磚｜おなま
磁磚原型。

磁磚接縫｜タイル目地
磁磚之間的接縫[圖2]。用來止水及維持磁磚位置，一般是用水泥砂漿充填其中。接縫與磁磚面幾乎齊平的稱作平接縫，接縫比磁磚面稍低的稱作凹接縫，或是接縫更深的深接縫。接縫凹槽若太深，可能會造成磁磚剝落，故接縫深度需小於磚厚的一半。

深接縫｜深目地
完工接縫深度佔磁磚厚度一半以上。接縫具有止水以及維持磁磚位置的作用，深接縫導致磁磚剝落的可能性高。接縫比磁磚面低陷的都稱作凹接縫。

伸縮調整接縫｜伸縮調整目地
為了保留磁磚壁面的伸縮緩衝空間，在磁磚之間設置適當的間隔，進行接縫處理。磁磚受到日照或雨水影響，反覆地發生熱漲冷縮。壁面面積若大，變位量增加，磁磚容易剝落，因此在水平方向的混凝土二次澆灌作業時，會在垂直方向的約每3公尺部位，設置寬度約15釐米的接縫。

製造方法｜製法
磁磚的成形方法。將原料夯土（Rammed earth）連續地從金屬模具中擠出成形的濕式製法，以及對調合好的粉體施以壓製成形的乾式製法。濕式製法的磁磚具有厚度，較柔軟的感覺，特別是無釉藥的濕式磁磚，稱作土磚，可看到砂或黏土等原料原色。乾式磁磚特色在於尺寸精準以及帶有堅硬的表情。乾式磁磚的上色方式是在原料中混入顏料。

高溫加熱｜焼成
在窯中燒製磁磚。窯內具有充分氧狀態下的氧化燒製，以及相反地在無氧狀態下的還元燒製。還元燒製可將磁磚燒成帶有特殊風味的色調。

光催化劑（**Hydrotect**）｜ハイドロテクト
由日本廠商TOTO開發出的光觸媒技術。因紫外線活化作用，磁磚表面生成二氧化鈦皮膜，具又超親水性與有機物分解作用，不容易發生髒汙。可運用在玻璃、琺瑯鋼板等材料上。

乾式工法｜乾式工法

使用金屬固定組件或溝槽等，以機械性的方式將磁磚固定的工法[圖3①]。優點在於不會因為接著不良而有磁磚剝落的疑慮，也適用於板狀底材的施工條件。雖然不會發生水泥砂漿帶來的風化，但價格高昂。建材市場上出現將特殊磁磚與專用金屬組件設計成套的商品。

黏著鋪貼｜接着張り

乾式工法的一種。在水泥砂漿底材或石膏板底材上塗覆黏著劑，附上梳痕，以沾黏狀態鋪貼磁磚。施工簡單效率高。主要用於廚房等較沒有水之處的內部裝修工程。為了要能適用於外部裝修，長期進行具有穩定黏著度的彈性接著劑開發或施工測試，但因價格不斐以及瑕疵責任分工曖昧不明而有所阻礙。最近可以看到此種工法運用在浴室，使用高耐水性黏著劑，或是室外有水的部位。

彈性黏著鋪貼｜弾性接着張り

使用順應度高的彈性黏著劑（改性矽利康系列・環氧樹脂等）來鋪貼磁磚。較少見到此種方式運用在室外的實例。

壓黏鋪貼｜圧着張り

現場鋪貼工法的一種，在底材上塗覆水泥砂漿，再將磁磚加壓固定在上面的鋪貼方式[圖3②]。施工效率高，為常見的磁磚鋪貼法。但會因為水泥砂漿的乾燥、厚度不足、加壓施力不足等導致施工缺失。加壓黏合的磁磚鋪貼方式，包括單一磁磚一片一片接續，或是馬賽克磁磚組一組一組接續的鋪貼方式。

改良式壓黏鋪貼｜改良圧着張り

現場鋪貼工法之一，在底材面及在磁磚背面塗覆水泥砂漿的磁磚鋪貼工法[圖3③]。施工較花費力氣，但可減少前述壓黏鋪貼工法的缺點，施工品質可信度得以提升。因水泥砂漿厚度增加，不適合馬賽克磁磚，適用比小型磁磚大的磁磚。

緊密黏著鋪貼｜密着張り

現場鋪貼工法的一種。也稱作振動（vibrato）工法。在施作磁磚的壓黏鋪貼時，以刀柄或木塊在磁磚上敲打固定，或是使用小型振動機（vibrato）[圖3④]。振動可以改善水泥砂漿的填充品質，對於黏著力的影響力小。主要用在外牆。

堆積鋪貼｜積上げ張り

濕式工法的一種。將磁磚鋪貼用的水泥砂漿塗在磁磚背面上，壓附在帶有梳痕的水泥砂漿底材

圖3｜主要的磁磚工法

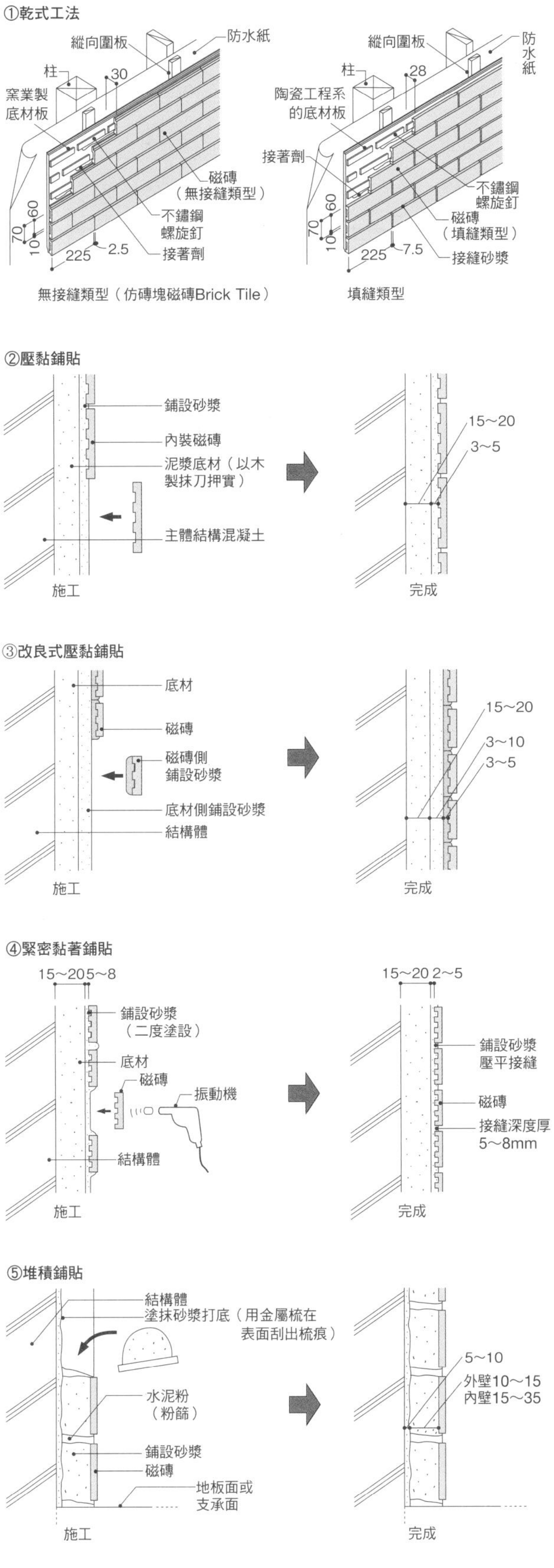

圖4　磁磚鋪設

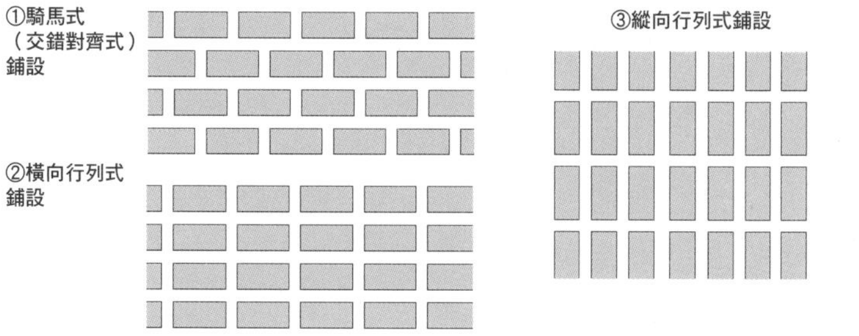

上，依序往上鋪設磁磚的方式[圖3⑤]。日文也稱作欄子鋪貼工法。主要用於內有配管的壁面。

馬賽克磁磚組鋪貼｜モザイクタイル張り
將貼附在墊材（譯註：尼龍網、棉網等）上的馬賽克磁磚組，以壓黏方式鋪貼的工法。

圖5　磁磚配置考量

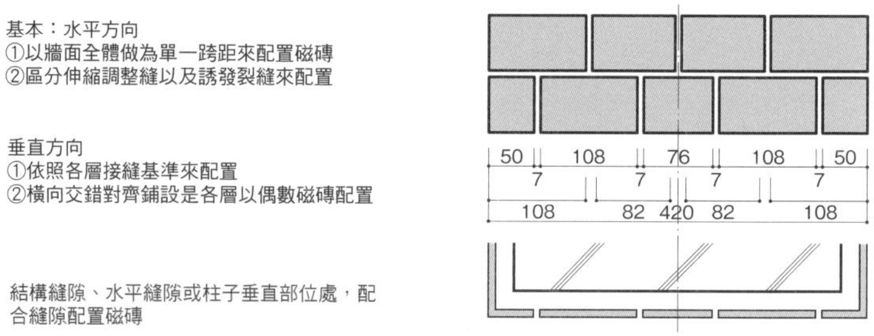

底襯鋪貼｜マスク張り
現場鋪貼工法的一種。在馬賽克磁磚組合的背面，在帶有孔洞的底襯版（稱為Mask）塗抹水泥砂漿的磁磚鋪貼工法。使用背襯的目的在於提高水泥砂漿在磁磚背面的附著力，並確保水泥砂漿厚度一致。

直接鋪貼｜直張り
不將底材水泥砂漿塗抹在混凝土面上，而是以補修的方式直接鋪貼磁磚。此工法因省工而普及。

圖6　一般柱子的磁磚配置

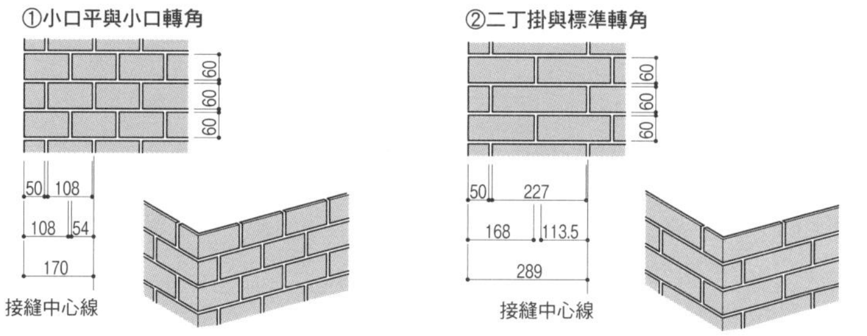

底紙鋪貼｜シート張り
為提高施工品質，依完工成果排列馬賽克，並於表面貼附的紙張。一個單元組合為30公分正方形。

預先鋪裝工法｜先付け工法
相對於現場鋪貼磁磚，此工法是事先在PCa版上置入磁磚。磁磚剝落的危險性較現場鋪貼工法小。在現場澆灌混凝土工程中，先組模板再灌入混凝土的方式也可進行磁磚的預先鋪裝，但因混凝土的充填狀態無法確認，結構主體品質不易管理，現在幾不使用。

磁磚單元組合｜タイルパック
在接著墊料上鋪貼磁磚及發泡填縫材，將磁磚模組化成為磁磚單元組合。在PCa版上置入磁磚時會用此種作法。施工品質要求磁磚不會移動、無爆泥，以及混凝土接縫的完表面修飾整潔等等。

高壓洗淨｜高圧洗浄
以超高水壓將混凝土面粗糙化，讓水泥砂漿附著度穩定的方式。混凝土表面粗糙化的同時，也去除脆弱的部分。若使用清掃用的水噴槍，收效不大。

磁磚配列｜タイル割り
磁磚的配列方式或調整配列的作業。起源來自磚塊的堆砌配列模式，如整磚對齊配列，半磚交錯配列，以及與小口磁磚與二丁掛磁磚的相互組合方式[圖4〜6]。

MCR工法｜MCR工法
Mortar Concrete Rivet的簡稱。在磁磚底材的混凝土面，做出讓水泥砂漿咬合狀態良好的連續孔洞。對防止磁磚剝落脫離的效果好。連續孔洞的施作，使用類似包裝用空氣泡泡膜的材料。

防止剝落安全網｜剥落防止ネット
為了防止磁磚或水泥砂漿底材從外牆剝落而在水泥砂漿中埋設防護網。為聚丙烯纖維等製作成的立體網狀不織布、立體織布等。

預拌水泥砂漿｜既調合モルタル
在工廠將水泥、細骨料、無機質混合材、水溶性樹脂等調配而成磁磚鋪貼用水泥砂漿、填縫用水泥砂漿。現在品質優良的砂取得不易，因此多用預拌方式，品質穩定，施工性佳。

拉力測試｜引張り試験
用來測試磁磚施工後的接著力的破壞性試驗。現場鋪貼磁磚的拉力基準是0.4N／e、事先在PCa版上置入的磁磚拉力基準是0.6N／e，才算合格。

敲打試音檢查｜打診検査
為檢視磁磚的浮起現象，利用小鋼球槌在磁磚上敲打試音的檢查方式。操作簡單，效果確實。現在也開發出能大範圍面積自動偵測的機器人。

泥作工程 6

使用水泥施作表面修飾工程的塗料，多餘的水分隨時間蒸發後，牆的表面修飾工程完成。稱作濕式工法，自古即開始使用。泥作工法大致分別為土、灰漿、水泥砂漿、灰泥、石灰，最近自然材質蔚為風潮，因此泥作工程表面修飾的紋路受到重新定義。

打底・打底補強材

底塗層｜下塗り
底材上的第一道塗層，結合後續塗層及底材，相當於「荒壁」。

中間塗層｜中塗り
在所有塗層中最重要的一層。由中塗層土+寸莎/苆（譯註：壁土補強材）+砂所構成。

頂塗層｜上塗り
塗覆在完工面的塗料。在有色土中拌混入骨料或寸莎製成的塗料，或是灰漿。

小舞・木舞｜小舞・木舞
構成土壁的底材，由竹或木條縱橫交織而成[圖1、照片1]。依日本各地區不同，小舞的編織方式或種類也各不相同[表1]。最近也開始出現金屬網的使用案例。

竹條｜割り竹
能拿來當作小舞，以劈刀或斧頭劈成寬幅1.5～2.0公分的竹條。

小舞編結法｜小舞搔き
小舞的竹條編織綁結方式。包括千鳥式及綁繩式。

千鳥式交錯編結法｜千鳥搔き
適用於小舞縱向竹條打結方式。

綁繩式編結法｜縄からげ
適用於小舞橫向竹條的打結方式。

小舞繩｜小舞縄
用來綁結固定小舞竹條的繩，使用細稻草或棕繩。有時會使用塑膠繩，缺點是會滑。

間渡竹｜間渡し竹
也稱棧竹。與小舞相互縱橫交織成牆的骨架，多會選用粗一點的竹子。（譯註：間渡竹約以45公分的縱橫間距配置，並與小舞相互以綁繩編結固定。）

荒壁（粗壁）｜荒壁
塗在小舞的第一層壁層，由黏性土與稻草壁土補強材構成[圖2]。

荒木田土｜荒木田土
使用在荒壁上的土，還有黏土質的黏性土。荒木田土是日本關東地區的稱呼，也可簡稱為荒木田。

內壁｜裏壁
與荒壁接觸的背面。將突出荒壁內側的土料刮除，使用軟質夯土，也有的是混入砂質。

圖1｜日式小舞土壁的構成

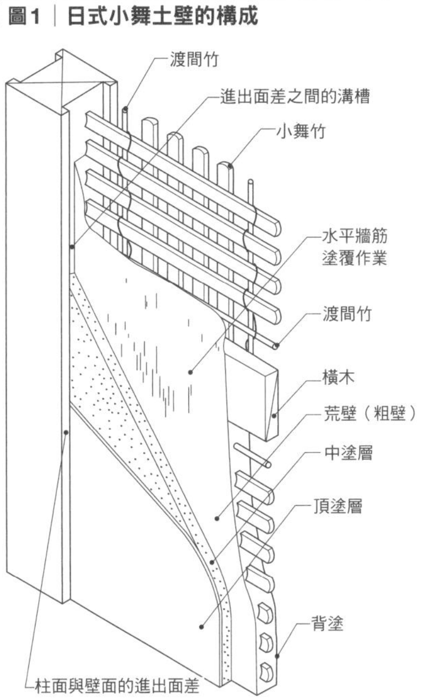

照片1｜竹小舞壁（日式編竹夾泥牆）

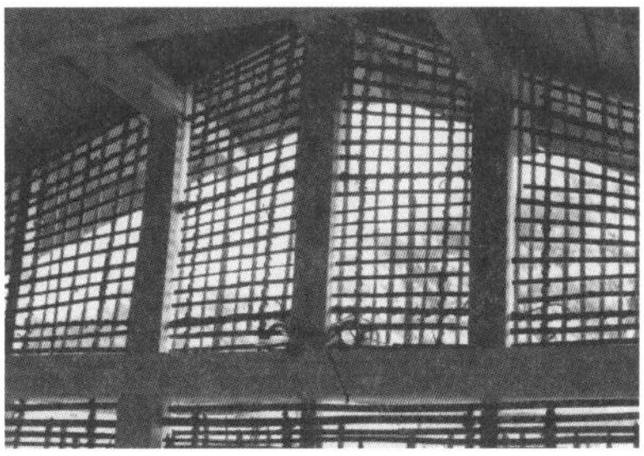

表1｜小舞的種類

竹製小舞	將生長在溫暖地區的真竹，劈成八到十等分編製而成
木製小舞	由9×24mm左右帶有直木紋的木條配置而成。可使用在大壁（灰板條牆），或是灰泥塗覆厚度厚的土藏（倉庫）的底材上
篠（細竹）小舞	將竹節比真竹細的細竹，以及竹節間距長的女竹，劈成四等分編製而成
蘆葦製小舞	無法生長竹的寒冷地帶，將蘆葦兩根重疊編製成小舞
小舞繩	利用稻草、棕櫚細編而成的繩，切成1公尺來使用
間渡竹	設置在柱間或橫板之間，用小舞繩與小舞綑綁一起（日本茶室建築中，設置在窗外側，兼具牆壁補強與裝飾功能的竹柱）
本四小舞	縱向、橫向都使用真竹條的小舞竹編牆
縱向四小舞	只有縱向使用真竹條，橫向使用細竹竹條
並小舞	縱向、橫向都使用細竹條，事先編織成網狀的竹編網。利用釘槍固定在橫板上
預製竹網小舞	事先將劈成四等分的真竹條編織成格子網狀。利用釘槍固定在橫板上
金屬網製小舞	利用橫板包夾金屬網，在橫板兩側以釘槍固定

圖2｜小舞土壁的施工流程

裁切竹子 → 小舞編結 → 荒壁（粗壁）・內壁 → 水平牆筋塗覆・柱面與牆面的進出面差周邊塗覆作業 → 中間塗層 → 頂塗層（京土壁、大津壁、灰泥壁）

照片2｜板條板（Lath Board）

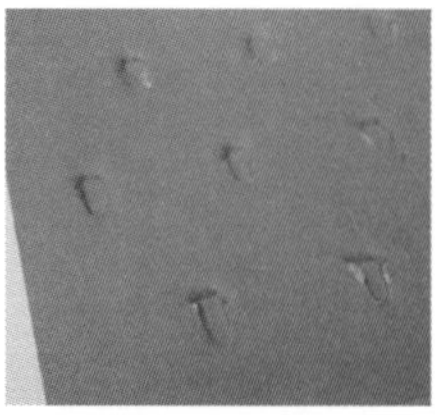

為了讓泥作材料容易附著，而留下孔洞的新型板條板

照片3｜隱藏網

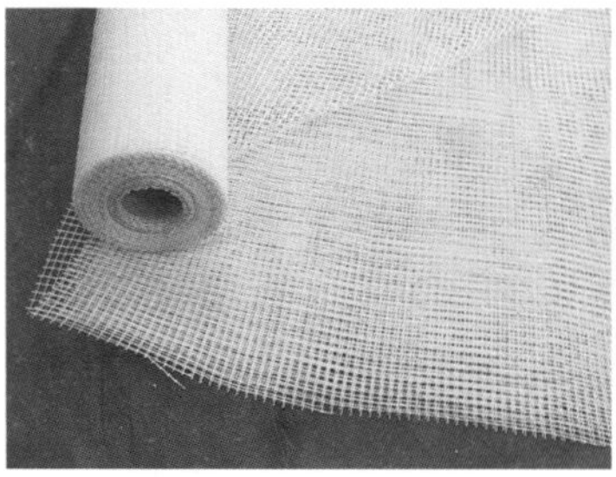

利用抹刀將灰泥押平到看不到網的狀態

木構柵｜木摺
具有視覺上穿透性的窄幅雪松板（寬幅一寸）板條，可當作灰泥壁面的橫向打底材。

圖3｜底材為金屬網及砂漿的牆壁

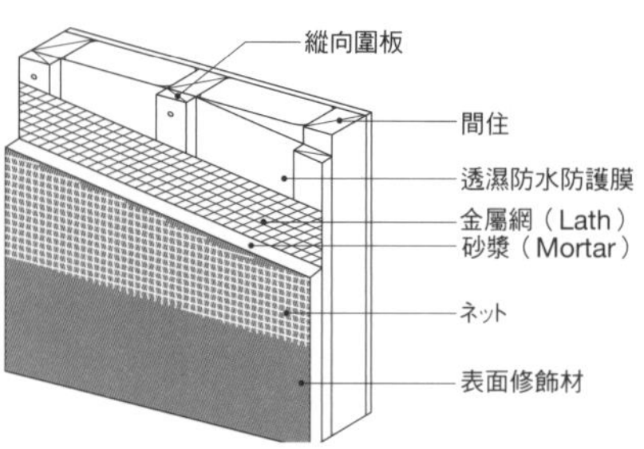

表2｜金屬網種類

金屬網	適用灰泥塗覆厚度薄的打底材，也稱作平金屬網
鋼索網	網眼比金屬網大一倍，具耐震作用
肋條金屬網	用來包覆鋼骨。網眼比金屬網細小
金屬網墊材	將金屬網焊接在波浪鋼板上的底材
金屬網板材	在結構用合板上以聚合物砂漿（Polymer Mortar）塗覆成型的金屬網打底板材

板條板｜ラスボード
帶有孔洞的石膏板。多作塗抹石膏的打底材。

石膏板｜石膏ボード
英文Plaster Board。無機質板，

照片4｜平金屬網

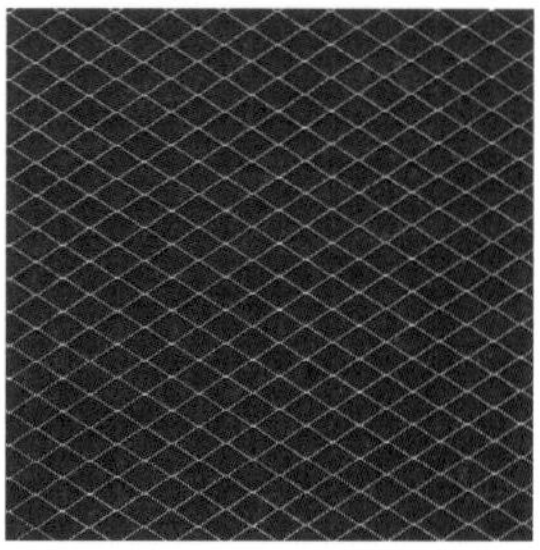

最近在石膏板打底材塗上薄石膏做表面修飾的作法開始增多。

隱藏網｜塗込みメッシュ
在板的接縫處，鋪貼網格約3~5公釐的網防止裂縫產生，質材有棉布或耐鹼玻璃纖維[照片3]。

金屬網｜ラス
用來塗抹砂漿的打底材[圖3表2]。形狀分為平金屬網、杯狀金屬網、波浪狀金屬網、V形肋條金屬網。金屬網線徑細，若無經防鏽處理，耐鏽蝕性較差。以千鳥式編結方式鋪設固定金屬網，需注意開口處不可有縫隙。

金屬網下方打底材｜ラス下
鋪在金屬網下方的打底材，木造建築水泥砂漿外牆常用，會使用打底木板條或是結構用合板。打底木板條約12X75mm以上，以20mm的間距鋪設，保有視覺通透性，每五條錯位相接，以2根

照片5｜波浪金屬網

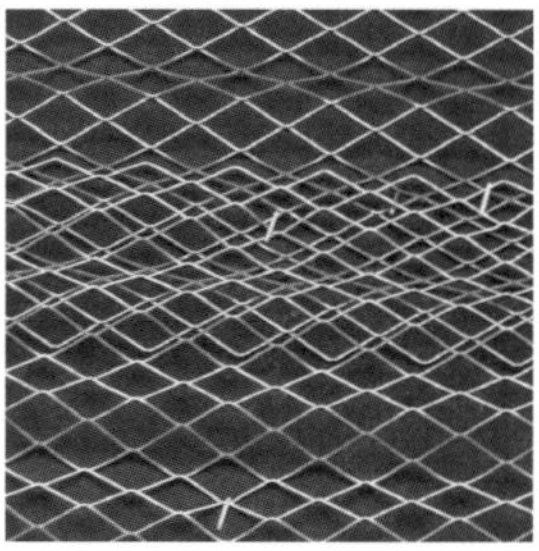

N50釘平敲固定。但因N50釘可能會讓打底木板條破裂，因此有的會使用機械式工具來施打。打底木板條必須是不易腐蝕的樹種，並具有相當的板厚度，一定要是乾燥材。結構用合板必須確實以釘作固定在柱、間柱、地基、梁等橫向構材上。910X2730mm的結構用合板是縱向鋪設，910X1820mm則分為縱向鋪設或橫向設。

平金屬網｜平ラス
金屬網補強用材[照片4]。日本關西地方的金屬網的網格比關東地方大。薄型的平金屬網，容易糾纏、凹折彎曲、變形等現象。

波浪金屬網｜波型ラス
製作出波浪形狀的金屬網[照片5]。日本JASS15或公庫仕様中規定的波型1號（700g/m²）大多使用在木造結構的外牆。鋪設時，無論縱向或橫向，以30釐米以上的交疊部位接合，再以釘腳

照片6｜V形肋條金屬網

長19釐米的釘針，以100釐米的間隔，以千鳥交錯方式排列。

杯狀金屬網｜こぶラス
以一定的間距在平金屬網的部分位置做成杯子狀，用來確保水泥砂漿的塗覆厚度，及強度上的穩定性。現多改良用其他方式。

V形肋條金屬網｜リブラス
單一方向拉伸的金屬網上，以一定間距設置V字形肋條鋼板[照片6]。在未打底的狀態也可施作飾面工程，主要做為鋼骨結構防火水泥砂漿飾面的底材，或天花板、屋頂底材。若以鋼線接合會發生鏽蝕，因此需用不鏽鋼線。水泥砂漿中若混入耐鹼性纖維，不僅加強附著力，也提高耐久性。

金屬網墊材｜ラスシート
將鋅板加工成角波形（有折角的波浪狀），並在上面焊接金屬板條的底材材料。使用於小規模的

照片7｜接合貼布施工

鋼骨結構、木造結構。剛開始被視為鋼骨外牆的水泥砂漿底材材料，並西元1955年登記為實用新專利，之後也當作鋼骨結構的屋頂、樓地板、隔間牆、柱、梁的耐火披覆底材來使用。現在因為ALC板等之類的面材受到普及，金屬網墊材的施工案例較為少見。

接合貼布｜ジョイントテープ
貼在石膏板接合部位，用來防止裂縫產生的貼布[照片7]。一般常見有寬幅40～50釐米的紙製貼布，以及寬幅50釐米、厚度約0.2釐米的玻璃纖維製貼布，各有自黏式及非自黏式的種類。紙製貼布使用在厚塗的表面修飾材上時，需充分留意不讓空氣氣泡殘留在貼布內面。玻璃纖維製貼布則是使用在薄塗的表面修飾材上。兩種貼布都需要用較薄的抹刀或是刮刀，順沿著切口方向在貼布上抹平、刮平，使貼布密著於接合部位。

圖4｜埋入型固定條

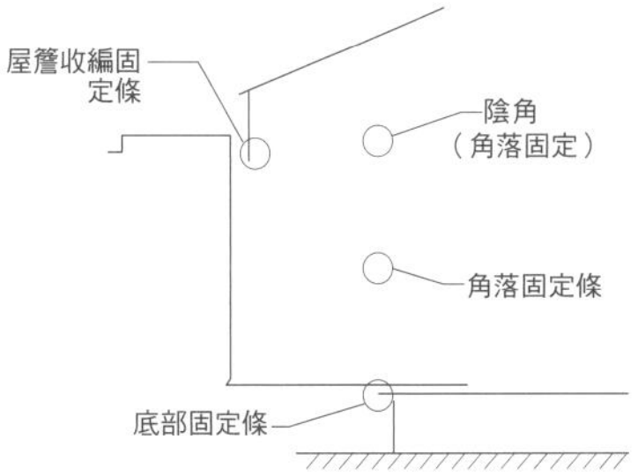

防水紙｜防水紙
防水墊料。做為金屬網的底材，鋪設於金屬網下方。種類包括瀝青毛氈、瀝青防水氈、透濕防水防護膜等。

釘針（Staple）｜ステープル
固定金屬網的釘子。最近常見使用釘槍施打19釐米釘針。

金屬網板材｜ラスカットパネル
將塗上聚合物水泥砂漿的金屬網板材，做為結構用合板來使用，此為日本材料業者NODA(NODA CORPORATION）的製品。因泥作塗料施作次數減少工期得以縮短，底塗層限定使用水泥砂漿。

埋入型固定條｜埋込み定木
呈直角，埋設於水泥砂漿內的塑膠製固定條[圖4]。

照片8｜批土（Putty）施工

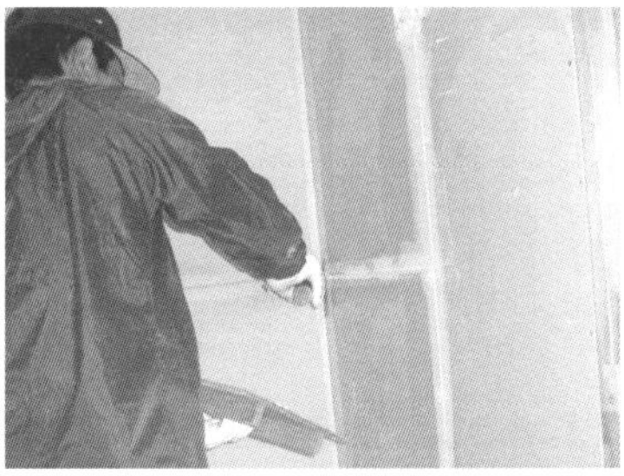

泥作材料

水泥填料｜セメントフィラー
日本住宅公團（現為都市再生機構）起始的工法，以水泥+矽砂+聚合物分散體構成，用來調整底材的材料。

批土（Putty）｜パテ
做為處理石膏板接合處的材料，正確說法是接縫批土（Joint compound）[照片8]。石膏為主要成分，糊狀或粉末狀。粉末狀的石膏在現場加水使用，與水反應發生硬化作用。可以施作厚塗的泥作，但塗在石膏板的尾端不容易對齊，最好以薄塗方式重覆施作。有的接合處理材料會突出於薄塗的表面修飾材料的表面，因此也有把表面修飾材料直接拿來處理接合部位的做法。施作頂塗層時，依吸水程度，在接合部位會發生色差，因此最好使用擋水填縫墊材來控制吸水程度。批土是以碳酸鈣為主要成分的乾燥硬化型材料。具有彈性，適合用在容易承受過量應力的部位。

耐鹼塗料｜あく止めシーラー
防止底材的水泥或合板中的鹼性成分、焦油溶出的塗料，多是以耐鹼性的合成樹脂乳膠或澱粉糊為主成分。鹼性成分的溶出狀況嚴重時，則需要重覆塗三～四次。

石膏灰泥｜石膏プラスター
主要用來當作石膏板的底塗層塗料，目的在於補強石膏板底材，以及提高完工面品質。種類包括混入輕量骨料的預拌合品，以及現場將砂混入的現場拌合品。此外，也依照薄塗、厚塗區分開來。若不是使用乾淨的水來稀釋，則會引起硬化不良。與水泥砂漿塗覆作業不同，重覆塗覆的間隔時間較短，可使時間（可施工期間）小於兩個小時，因此需特別留意。

預拌水泥砂漿｜プレミックスモルタル
在工廠將水泥、輕量骨料、糊材、粉末樹脂、纖維等拌合的製成品。使用時依照各製造廠規格在施工現場調配指定混揉的水量、厚度等，進行適當的拌合作業與施工。

濕拌灰漿｜バサモル
在未加水的灰漿中加入少許水。當作樓版磁磚底材使用。混水量過多會造成磁磚鋪面的凹陷。

泥作職人原創飾面｜土物仕上げ
泥作職人以個人經驗想像完工的樣子，將著色土+寸莎+砂調配並塗覆的飾面方式[180頁表3]。

大津壁｜大津壁
著色土+熟石灰+麻+莎/苆的混合物中不加入水泥糊，直接塗在牆上做為泥作的頂塗層。若加以研磨為完工面，日文稱大津壁。

古土｜古土
廢棄古老土牆的土。混入荒壁（粗壁）不容易出現灰汁，也不易因乾燥收縮，可以提高土牆品質。

夯土｜練り土
在產地先行夯實過的土。不拌水。

中間塗層土｜中塗り土

表3｜表面修飾施作表

表面修飾材料 × 表面修飾方法 ＝ 表面修飾成果　例：土佐灰泥 × 研磨＝土佐灰泥研磨面

表面修飾材料			
主要有色土種類	聚樂土	灰褐色
	稻荷黃土	黃色
	大阪土	紅色
	京銹土	褐色
	淺黃土	水色（淺藍色）
主要灰泥種類	灰泥	消石灰＋角叉藻糊材＋寸莎／補強材
	土佐灰泥	出產於日本土佐地方的灰泥，無需加入糊材，具有耐久性。
	油性灰泥	在灰泥中添加植物油，用在屋頂的灰泥工程。
	砂質灰泥	在灰泥中添加砂，用在底塗層。
	土質灰泥	在灰泥中添加黏土、骨料， 當作表面修飾材料使用。
	生石灰乳泥	在生石灰消化成的乳狀物中添加糊材的塗料。（相關製品有「Tana Cream」等等）。

表面修飾方法		
主要工法（糊狀飾面）	「水捏」混揉	有色土、微塵寸莎/苆、微塵砂組成的表面修飾塗土
	添加糊料	使用上述水捏塗土時，添加糊料
	混拌糊液狀	將上述水捏塗土混拌成糊液狀態
	預拌京壁塗土	糊ごね材をあらかじめ乾式調合したもの
	中間塗層塗土細切	寸莎/苆反覆切細，作成中間塗層用的塗土
表面修飾塗料的主要塗附方法	壓抹表面修飾	表面修飾施作時，塗料中的水分散發時，利用金屬抹刀在塗料上壓抹整平的作業（適用各種灰泥、灰泥調和矽藻土塗料、石灰奶油等）。壓抹整平施作時，抹刀與塗面呈直角
	研磨表面修飾	不僅是壓抹整平， 進而用抹刀將塗面壓實直到硬化為止。 與壓抹表面修飾的差別，可藉由表面修飾的光澤度來判斷
	撫切表面修飾	表面修飾工法的一種。 塗覆完成的壁面發生硬化前， 用抹刀撫觸塗料表面修飾。 壁面仍然呈現柔軟時， 在表面輕輕地以表面修飾用抹刀擦過。 適用原色灰泥、 土壁矽藻土等壁面質地的表面修飾方法
	袖擺表面修飾	將平坦的頂塗層表面，以抹刀等器具抹滑出和服袖擺的紋樣
	刮除表面修飾	將粉與白龍石、 寒水石等碎石、 顏料拌混， 塗覆之後， 利用劍山或抹刀在表面刮拭的表面修飾工法。 最近多使用稱作「かきりしん（ka.ki.ri.shin）」的預拌材料

圖5｜灰泥塗覆作業流程圖

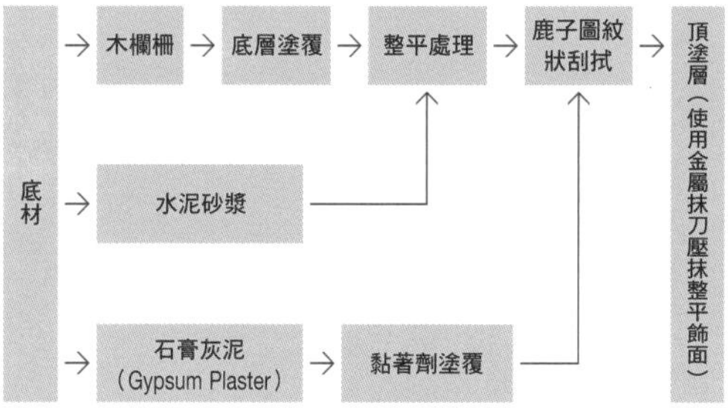

從日本全國採集的黏性土中，加入砂、水調配。調配比例取決於土質，重量是乾燥土的２〜３倍。用此材料當作中間塗層的塗料時，在中央部位保持微凸狀態。

塗土預備工作｜塗り土

用在並大津（譯註：牆面保有泥作師傅以鏝刀修飾牆面的紋路）、大津磨（譯註：牆面磨成如鏡面般光滑）的材料。熟石灰＋微塵＋寸莎／苆＋京土構成。

引土｜引土

大津磨的糊土。塗於灰土。以著色土＋紙寸莎／苆＋熟石灰構成。

有色土｜色土

使用在泥作工程的頂塗層，特別是在「水捏」表面修飾工法（譯註：壁面呈現整體一致的自然肌理）中使用的有色細黏土。日本全國皆有出產。將有色黏土當作原料，施作出各式的土物壁（譯註：如日本茶室建築的牆壁）。

灰漿（灰泥）｜漆喰

消（熟）石灰＋寸莎／苆＋糊材，混合而成的塗料。此外，也有不混入糊材的「土佐（to.sa）」灰

表4｜色土種類

名稱	顏色	產地	用途	備註
淺蔥土	淡青（藍）色	淡路（德島） 伊勢（三重） 江州（滋賀）	混拌糊液狀、水捏、添加糊料、大津研磨	加入少量灰墨調整色調
稻荷黃土	黃色	伏見（京都）	混拌糊液狀、水捏、大津研磨、水平牆筋塗覆作業、添加糊料	今治、豐橋等地區的黃土產地多
京銹土	茶褐色	伏見（京都） 山科（京都）	混拌糊液狀、水捏、添加糊料	豐橋地區也出產銹土
九条土	灰色 深黃色	九条（京都）	混拌糊液狀、水捏、添加糊料、大津研磨	也可在濃褐色聚樂土中加入灰墨作為替代品
江州白	白色	江州（滋賀）	混拌糊液狀、水捏、添加糊料	山形等地區也出產白土
聚樂土	淡褐色 濃褐色	大龜谷(京都) 西陣(京都)	混拌糊液狀、水捏、添加糊料	淡褐色的聚樂土稱作黃聚樂、濃褐色的聚樂土稱作銹聚樂
紅土	淡紅色	內子（愛媛） 沖繩（沖繩）	混拌糊液狀、水捏、添加糊料、大津研磨	在白土中加入胭脂紅調色的材料

表5｜漆喰（灰泥）種類

油漆喰	混入油，具有高防水性、耐水性的灰泥
天川漆喰	將熟石灰混拌入風化後的安山岩土中，高溫燒製而成的灰泥
沖繩漆喰	使用在沖繩地區屋頂的灰泥。沖繩方言也稱作「ムチ（mu.chi）」
鹿の子摺り漆喰	將砂質灰泥調配成濃稠柔軟的糊狀，當作底塗層使用，讓底材上的凹孔更為明顯的表面修飾方法
生漆喰	主要當作屋頂的底塗層使用
京捏ね漆喰	將海藻、角叉（紅藻）煮成濃稠狀，過篩後，加入大量的寸莎／苆補強材
砂漆喰	石灰砂漿
狸漆喰	在灰泥中混入黏土、砂
卵漆喰	在灰泥中倒入氧化鐵黃或是稻荷山土溶液，拌混而成
散漆喰	加入角叉（紅藻）糊材的濃稠灰泥，塗覆在チリ周邊
手調漆喰	利用抹刀在壁面進行繪圖製作時使用的灰泥，糊材含量多
土佐漆喰	在顆粒大的熟石灰中，混入發酵完成的稻草碎料。不使用糊材
南蠻漆喰	底塗層使用的灰泥，指糊料發揮效用帶有黏性的灰泥
鼠漆喰	鼠灰色的頂塗層用灰泥
屋頂漆喰	含有濃稠糊料，帶有黏性的灰泥，將寸莎／ 補強材浸油， 再加入水、油拌混而成的灰泥

照片9｜消石灰（熟石灰）

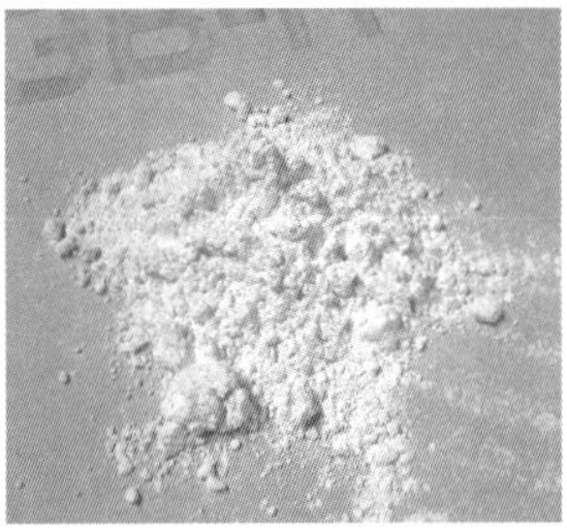

照片10｜生石灰乳泥

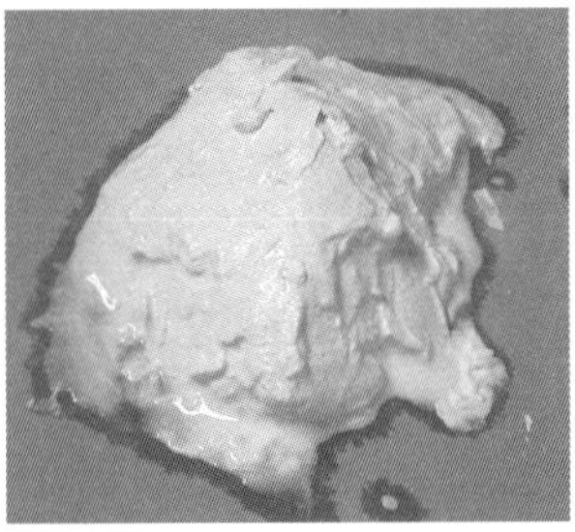

圖6｜土佐灰泥的製造

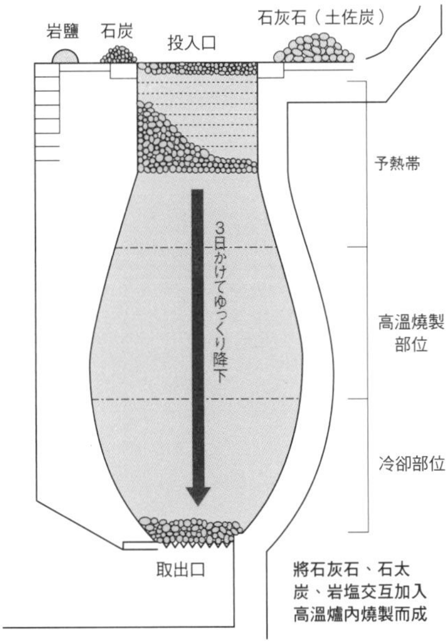

漿（雖然塗覆之後立即呈現微黃色，但隨著時間漸漸轉變成白色，適合外牆的表面修飾工程），或是添加合成樹脂乳膠（Emulsion）的塗料［圖5、表6］。一般使用預拌灰漿，品質上比現場拌合的灰漿安定。預拌灰漿的種類中，不僅只有粉末包裝，也有販售已攪拌混合的有色灰漿，或奶油狀的灰漿。冬季時若在現場拌合有色灰漿，容易發生顏色的變化差異，因此使用預拌灰漿較好。針對建材的化學物質擴散，「日本漆喰協會（日本灰漿協會）」制定了自主檢定制度。

消（熟）石灰｜消石灰
將石灰石以高溫加熱→與水反應→乾燥處理後的材料。使用在灰漿泥作工程［照片9］。

石灰｜石灰
將石灰岩加熱所得到的生石灰，與水混合反應後形成的水合物。種類包括噴以水霧，製成粉末狀的消（熟）石灰，以及奶油狀的生石灰。通常若提到石灰，是指消（熟）石灰。石灰也簡稱為灰。

貝灰｜貝灰
利用牡蠣等貝殼類製造出的石灰。使用在灰漿泥作工程。基本上消（熟）石灰都是以石灰石作為製造原料，但貝灰的優點在於只需少量的糊材即可完成，收縮程度也小等等。

生石灰奶油｜生石灰クリーム
利用牡蠣等貝殼類製造出的石灰。使用在灰漿泥作工程。基本上消（熟）石灰都是以石灰石作為製造原料，但貝灰的優點在於只需少量的糊材即可完成，收縮程度也小等等。［照片10］。因為具有高可塑性，不但可使用抹刀施作，也可利用毛刷任意塗抹。乾燥後的表面硬度比消（熟）石灰高。若表面呈半乾燥狀態時，以抹刀持續施壓表面會出現光澤。TANACREAM（日本田中石灰工業）為著名的製品。

土佐灰漿｜土佐漆喰
將日本四國高知縣出產的塩燒消（熟）石灰，進行高溫塩燒，混入發酵三個月以上的稻草寸莎／苆攪拌而成的灰漿［圖6］。因土佐灰漿沒有添加糊材，耐水性、耐久性比一般灰漿高，而多使用於外牆的泥作工程。且因乾燥的伸縮程度小，較不會發生伸縮裂痕。完工表面修飾工法種類包括爆泥，或骨料配方調整，及「半田」表面修飾工法等等。塗覆厚度比一般的灰漿厚，利用抹刀一邊壓實固定，一邊進行表面修飾。

半田表面修飾｜半田
以土佐灰漿與黏性土混合而成的材料。通常用在灰漿表面修飾工程中的中間塗層，因為可以施作出較為柔和的紋理，因此也用在頂層的完工面。

砂灰漿｜砂漆喰
在消（熟）石灰、糊材、寸莎／苆中加入砂的塗料。

生灰漿｜生漆喰
沒有加入砂的灰漿。使用白毛（譯註：白色的馬尼拉麻）寸莎／苆。

自由樣式灰漿｜パターン漆喰
減少含有糊材的寸莎／苆的量，添加細微粉末或樹脂的厚塗灰漿。可以任意上色也是令人著迷的特色之一。

有色灰漿｜色漆喰
頂塗層飾面灰漿的混揉過程中，將顏料（黃、綠、黑、藍等）與白漆灰漿相互混合。

灰泥研磨飾面｜漆喰磨き
灰漿表面遇雨會受到雨水沖洗，因此為了提高耐久性，在灰漿表面施加糊材，以抹刀磨研的施工方式。完工表面呈現如鏡面般光滑，屬於高級的表面修飾工法。

糊材｜ノロ
石灰、灰泥、水泥等加水混拌，經過長時間置放成糊狀的材料。「大津磨」或灰漿表面修飾工法中，將過細篩後的頂塗層材料，與水拌混，製作成糊材，再以抹刀抹押方式施作。使用時先在擦板上將結塊碎化再行施作。

黑色糊材｜黒ノロ
在表面修飾材料中，加入松煙或灰墨、紙質寸莎／苆等，上色成黑色的糊材。以此施作的壁面稱作黑灰漿壁面。

砂漿｜モルタル
水泥、砂、糊材、混合材、水構成的塗料。加入水泥的砂漿，可

圖7｜水泥系底材的施工流程

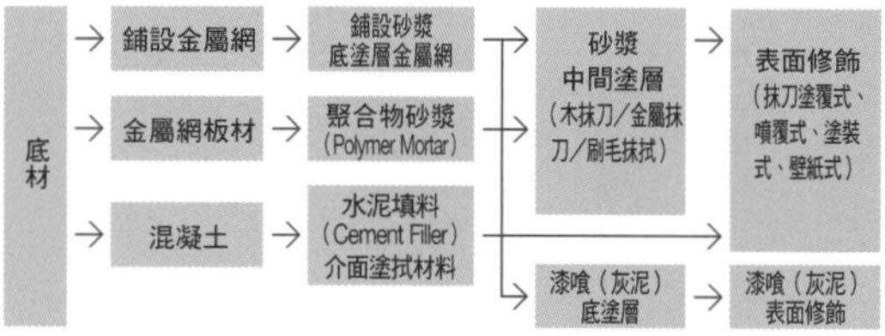

表7｜石膏灰泥（Gypsum Plaster）塗料

種類	名稱
灰泥（Plaster）	板用灰泥、已調配完成的板用灰泥、薄塗用灰泥
骨料	川砂（中粒、細粒）、珍珠岩（Perlite）
表面修飾	已調配完成的京壁用塗料、漆喰（灰泥）、含珪藻土塗料、土壁用塗料

圖8｜石膏灰泥（Gypsum Plaster）系底材的施工流程

表6｜砂漿的調配比例（容積比）

底材	底塗層 板條板 粗糙處理	整平處理 中間塗層	頂塗層	施工部位
	水泥：砂	水泥：砂	水泥：砂	
混凝土 PC版	–	–	1：5	地板鋪材的底材
	–	–	1：2.5	地板的表面修飾塗覆
	1：2.5	1：3	1：3	內壁
	1：2.5	–	1：3	天花板、屋簷
	1：2.5	1：3	1：3.5	外壁、其他部位
混凝土空心磚	1：3	1：3	1：3	內壁
	1：3	1：3	1：3.5	外壁、其他部位
金屬網	1：3	1：3	1：3	內壁
鋼絲網	1：2.5	1：3	1：3.5	天花板
鐵板網				
金屬網	1：2.5	1：3	1：3.5	外壁、其他部位
木毛水泥板	1：3	1：3	1：3	內壁
木片水泥板	1：3	1：3	1：3.5	外壁、其他部位

稱作水泥砂漿，一般所稱呼的砂漿即是指水泥砂漿[表6]。水泥砂漿包括川砂砂漿，以及輕量砂漿，其他還有以消（熟）石灰、川砂、水製成的石灰砂漿。

水泥｜セメント
石灰石、黏土為主要成分，進行高溫加熱而製成的材料。

河砂砂漿｜川砂モルタル
砂漿的混合材的砂，使用河砂來製作的砂漿。

輕量砂漿｜軽量モルタル
在砂中加入水泥、苯乙烯粒子、珍珠岩等的輕量骨料，以及糊材、粉末狀樹脂、纖維等，預先拌合而成的砂漿，成為砂漿塗覆工程中主要使用的材料[圖7]。因質輕，耐震性或防火性佳。輕量預拌砂漿作為泥作工程中的上塗層材料。依據調配方式，分別有現場調配型與預拌型的輕量砂漿。此外，依據水泥的拌合比例，分別有富調合砂漿與貧調合砂漿。

珍珠岩砂漿｜パーライトモルタル
珍珠岩（Perlite）與水泥、灰泥混合而成。具有吸音性、隔熱性。

富調合砂漿、貧調合砂漿｜富調合モルタル・貧調合モルタル
前者是調配比例中水泥佔高比例的砂漿。後者是水泥佔低比例的砂漿。可防止因乾燥收縮所發生的裂痕、剝離狀況。

粒質砂漿｜サンドモルタル
在現場與水泥混合後的砂漿中，將苯乙烯（Styrene）樹脂發泡粒當作骨料來使用。主要使用在泥作工程中的底塗層。

浮糊｜アマ
水泥與消（熟）石灰的調配物。使用在洗石子工法上。

有色砂漿｜色モルタル
加入顏料將砂漿上色，或是利用白色水泥調配色調的砂漿，有預拌製品等。為確保完工顏色的一致性，施工要點在於抹刀抹壓施作及水的比例，保有一致性。也有利用灰墨來上色的施作方法。

混合材（劑）｜混和材（剤）
為改善砂漿的缺點，在施工現場視需要混入的補助材料。對於砂漿，較大量使用的是混合材，少量使用的是藥劑性質的混合劑。

樹脂糊材（聚合物水泥糊）｜樹脂ノロ
將水泥與EVA（聚合物砂漿）混合攪拌而成水狀的糊料。砂漿塗覆工程中使用。

聚合物砂漿｜ポリマーモルタル
混入各種高分子混合劑的砂漿。相對於水泥量，聚合物固含量佔5%以上的材料。

調配比例｜配合比
依材料種類，有的是以重量比例進行調配，有的是以容積比例進行調配。一般來說，砂漿是以容積比例進行調配。

砂漿用膨脹劑｜膨張剤
用來補償砂漿（水化時）的乾縮量，而在初期施加的膨脹劑。

減低收縮劑｜収縮低減剤
添加在砂漿中，用來減低表面張力，減少收縮量。

耐寒劑｜耐寒剤
在寒冷季節混入砂漿的藥劑。

防水劑｜防水剤
混入砂漿，讓砂漿產生防水性的混合劑。也有塗覆型的防水劑。

灰泥（Plaster）｜プラスター
混入礦物質粉末，攪拌揉混而成的泥作材料總稱。包括石膏灰泥、石灰灰泥、白雲石灰泥[表7]。主成分石膏屬水溶性硫酸鈣，遇水分解，故限定室內使用[圖8]。

照片11｜珪藻土

照片12｜顯微鏡下的珪藻土

北海道產的珪藻土。多呈細微片狀。有的種類像蓮子一樣帶有孔洞，依產地的不同，在形狀上也各有差異。

照片13｜珪藻土的表面修飾

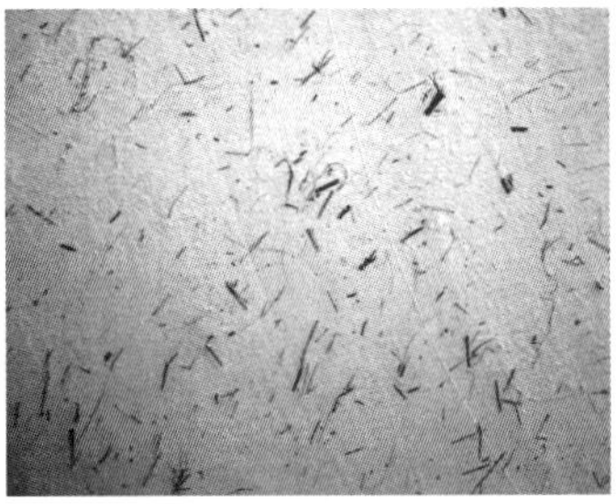

白雲石灰泥｜ドロマイトプラスター

以白雲石（Dolomite）為原料，高溫加熱，水化熟成，遇空氣中的二氧化碳產生硬化。混入砂或寸莎／苆，使用在室內牆的表面修飾工程。與灰漿相似。黏度高，延展性、保水性都比消（熟）石灰好，因此無須添加糊材即可進行塗抹。質地粒子細，因此保水性、施工性佳。但是乾燥處理需時較長，乾縮量大，因此接合部位的灰泥需要混拌入麻寸莎／苆。

樹脂灰泥｜樹脂プラスター

不含石膏 添入聚合物(Polymer)的黏性塗料。

板專用灰泥｜ボード用プラスター

以化學石膏製造出的專用灰泥（Plaster），包括α型、β型。現場與砂相互調配進行施作。

預拌灰泥｜既調合プラスター

事先在工場將板專用灰泥與輕量骨料相互混合後再出貨的製品。也稱作預拌灰泥。雖然以前都是在現場將砂與灰泥混合後施作，但現以預拌品為主流。主要製品例如有B Dry(吉野石膏）等。薄塗用的有U Top(吉野石膏）等。

添加聚合物灰泥｜ポリマー添加プラスター

用來提高灰泥（Plaster）的強度，賦予耐水性，增加接著力。聚合物（Polymer）成分以聚乙烯／醋酸乙烯酯共聚物乳膠 為合適。

珪藻土｜珪藻土

水棲浮油植物矽藻的死骸沉積於海底或湖底而成的黏土狀泥土。多孔土質，具有隔熱性、調濕性、吸音性。珪藻土表面修飾材是預拌製品，加水混拌即可施作，表面修飾成果也具有多變化性。可運用敲打飾面工法在玄關處［照片11～13、表8］。此外，依拌合土種的不同，有各種不同的預拌品，包括珪藻土、熟石灰、糊材、細微粉末狀珪藻土灰漿、京土、微塵砂、木質纖維、糊狀聚樂系珪藻土等等。本身不具有凝固的能力，需搭配其他黏著材料混合使用。黏著材料使用熟石灰或水溶性樹脂，珪藻土符合日本對於建築飾面裝修塗料規定（JISA6909）吸收、排放濕度基準值70 g／m²，屬於具有濕度調節能力的建材。冬季施工時，會發生顏色不一致的情形，因此施工時需予以保暖處理。

骨料外露樹脂塗料｜ミュールコート

將骨料外露的表面修飾材。日本旭化成株式會社的製品名稱。丙烯酸酯樹脂與飾面用碎石混合攪拌，塗覆後樹脂會變透明，因此可用各種色調的飾面砂石。骨料使用金華砂利、古代錆、大磯等。

結霜防止塗料｜ケツロナイン

日本廠商菊水化學工業的室內裝修塗料。利用樹脂性質的抹刀施

表8｜以石膏為底材的主要表面修飾塗料

種類	製品名稱	製造廠名	主要原料
漆喰（灰泥）	灰漆喰	日本灰泥（株）（NIPPON PLASTER CO.,LTD）	塩燒石灰、角叉藻糊
	本壁	宮田石灰（株）	塩燒石灰、MC糊
	城壁	近畿壁材工業（株）	角叉藻糊、紙寸莎／苆補強材
	古代漆喰	近畿壁材工業（株）	生石灰奶油、麻寸莎／苆補強材，拌混而成
	Tana Cream	田中石灰工業（株）	生石灰奶油、MC糊，拌混而成
	土佐純調拌	田中石灰工業（株）	稻草寸莎／苆補強材，拌混而成
京壁類	京壁	富士川建材工業（株）	色土、木粉、MC糊
	Wara聚樂	梅彥（株）	色土、陶瓷（Ceramic）骨料、稻草寸莎／苆補強材
	日本聚樂	SUNX（株）	色土、木粉、MC糊
	ジュラックス（JULUX）	四國化成工業（株）	色土·砂·M.C糊
	京壁	四國化成工業（株）	色土、木粉、MC糊
珪藻土	聚樂	四國化成工業（株）	珪藻土、纖維、粉末樹脂
	モダンコート（Modern Coat）	四國化成工業（株）	珪藻土、白龍石、粉末樹脂
	エコクリーン（EcoClean）	SUNX（株）	珪藻土、色土、矽砂、樹脂
	Wara聚樂	梅彥（株）	珪藻土、熟石灰、水泥
	BL Powder	Samejima（株）	珪藻土、色土、矽砂、樹脂
	土紀	壁公望（株）	珪藻土、熟石灰、水泥
	ケーソーライト（KeisoLite）	大阪瓦斯（株）	珪藻土、色土、矽砂、樹脂
	ケイソウくん（Keisoukun）	Onewill（株）	珪藻土、石灰、白水泥
	エコクリーン（EcoClean）	日本珪藻土建材（株）	珪藻土、熟石灰、白水泥
	シルタッチSR（Siltouch-sr）	Fujiwara化學（株）	珪藻土、無機系骨料、無機系顏料
	レーヴ（Reve）	富士川建材工業（株）	珪藻土、熟石灰、碳酸鈣
壤土（Loam）	スイスローム（SwissLehm）	池田Corporation（株）	瑞士冰河壤土
白洲壁	中霧島壁	高千穗（株）	薩摩火山噴出物白砂、糊材
石膏	混合石膏灰泥	吉野石膏（株）	石膏粉、熟石灰

照片14｜洗石子表面修飾

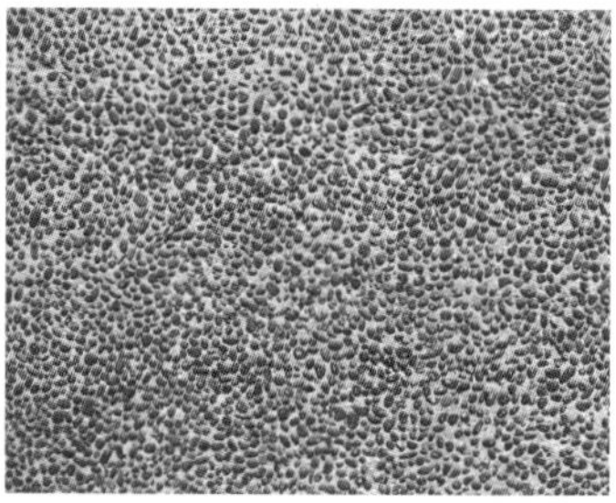

照片15｜凹凸圖樣表面修飾（Stucco）

照片16｜三和土表面修飾

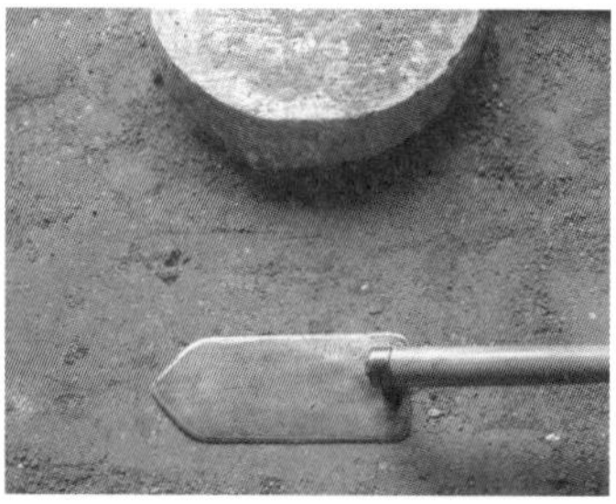

照片17｜研磨表面修飾

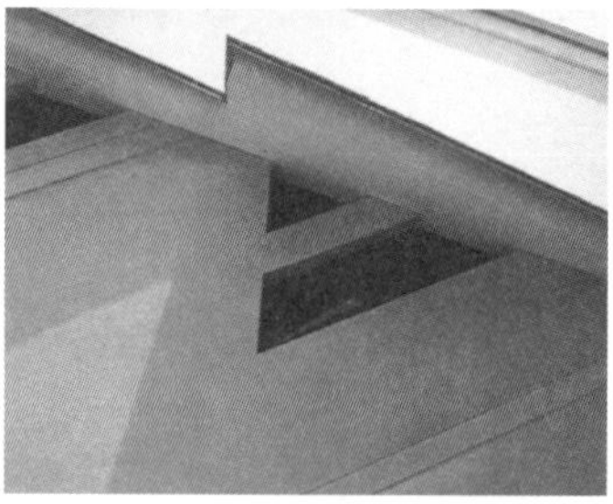

照片18｜壓抹表面修飾

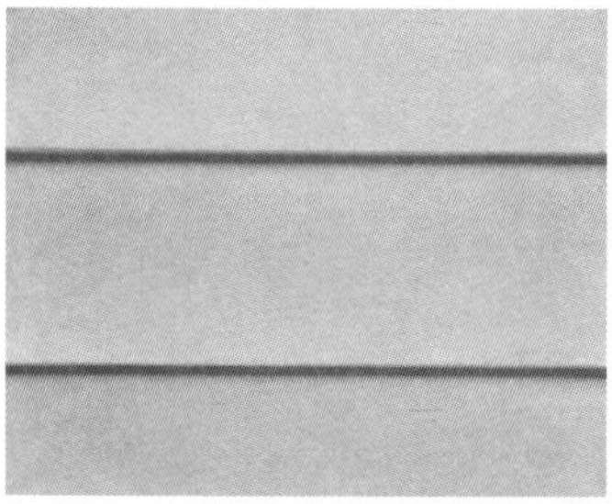

照片19｜撫切表面修飾

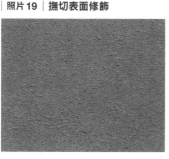

作塗覆作業，用此塗料做出的牆面不會結露。

聚合物分散體｜ポリマーディスパーション
讓高分子樹脂分解於水中，水分蒸發後而形成披膜。視用途所需，加水稀釋使用。

黏著材（Binder）｜バインダー
灰漿，則是指消（熟）石灰。

白洲壁｜シラス
在火山灰矽酸質成分中，混入黏著材的材料。與矽藻土一樣是多孔土質，調節濕度效果好。日本的薩摩中霧島壁（高千穗）是將石膏當作黏著材料混入製成。日本廠商 TOHO-LEO Co.的製品アッシュライト（Ashlight）是將消（熟）石灰作為黏著材，混入火山灰中製成的。根據黏著材不同，產生的硬化反應有很大差異需多留意。使用石膏，需在混揉後兩小時內施作，使用消（熟）石灰，混揉之後可以擱置再施作。

表面修飾塗料｜仕上げ塗材
在石膏底材上面，作為表面修飾層所塗覆的頂塗層塗料。通常是指預拌的製品。受到日本對於築飾面裝修塗料規定JISA6909的品質認定者。

彈性表面修飾塗料｜弾性仕上げ塗材
丙烯酸橡膠（Acrylic Rubber）作為主要製造成分的塗料。使用抹刀、滾筒等工具施作塗覆作業。相關製品包括日本業者Aica Kogyo Co. Ltd.製造的「JOLYPATE」等等。

表現・表面修飾

人造石飾面工法｜人造石塗り
將石礫以水泥固定，並在表面呈現石礫紋樣的飾面工法，包括洗石子、磨石子等方式。石礫區分為小粒徑及大粒徑的兩種表現。

磨石子飾面工法｜人研ぎ
也稱作人造石磨石子。將普特蘭第I型水泥與石礫混揉後塗覆，觀察硬化程度，先以磨砂機在表面進行適度研磨，表面充分硬化後再進行光滑完工面研磨。若太早研磨石礫會飛出，若太晚硬化後的研磨處理變得困難。若是使用寒水石質地較為柔軟的石礫，所需硬化期間為一天。若是使用蛇紋石質地較硬的石礫，所需硬化期間約為兩天。若是使用粒徑大的大理石，通稱Terrazzo。

荒（粗）壁表面修飾｜荒壁仕上げ
塗覆荒壁土，內外倒反作為表面修飾的工法。

中間塗層塗料細切塗附｜切返し中塗り
將中間塗層塗土中的寸莎/苆混揉後反覆橫切切細，直接當作頂塗層的飾面工法。

水捏塗料（飾面）｜水捏ね（仕上げ）
將中間塗層土的寸莎/苆與砂細化處理之後的材料。與前項簡化的施作方式相同。

添加湖料（飾面）｜糊差し（仕上げ）
指在水捏塗料中添加少量如角叉（海藻的一種）等的糊材，成為具有保水性、黏性改善的表面修飾材料及其工法。

混拌糊液狀（飾面）｜糊捏ね（仕上げ）
將水捏塗料混拌成糊液狀態。京壁的預拌塗料即屬於此種。

並大津｜並大津
使用在泥作工程中的頂塗層，以京土（譯註：京都出產的土）、消（熟）石灰、微塵、寸莎/苆構成的材料。

大津研磨｜大津磨き
使用與並大津相同的頂塗層材料，以反覆來回抹壓方式塗覆，在引土（帶有黏性的頂塗層塗土）

照片20｜褶紋表面修飾

照片21｜刷毛表面修飾

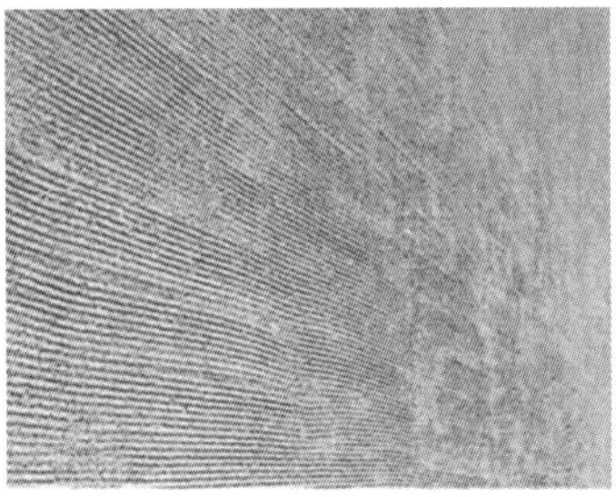
照片22｜刮梳表面修飾

照片23｜刮搔表面修飾

中加入糊材並研磨成平滑表面。

洗石子｜洗い出し

水泥、消（熟）石灰調配出的材料，加上碎石（御影等）天然石，進行混合攪拌，塗覆之後用水清洗。帶有礫石或碎石的頂塗層在還沒有完全乾燥的時候，以噴霧機噴水清洗，讓砂礫浮現在表面的表面修飾工法[照片14]。反覆來回抹壓的手法對於洗石子來說是重要的程序，並多次使用毛刷將浮出表面的雜質去除，讓礫石的排列更為精緻緊密。若抹壓的手續不充分，噴洗過程中容易發生礫石剝離、流失，造成表面色調不一致。鋪貼報紙撒上水泥粉，將頂塗層的水分去除完全是很重要的施工程序。也有使用可以延緩硬化的藥劑來施作。製品有Rugasol（日本Sica株式會社）等。

凹凸圖樣表面修飾｜スタッコ

大片凹凸圖樣的表面修飾。也可稱作水泥凹凸圖樣表面修飾。以噴覆或塗覆的方式，讓水泥砂漿附著厚度達5～10釐米之後，利用抹刀或滾筒在水泥砂漿表面做出大片凹凸圖樣的表面修飾工法。Stucco原本是有如大理石的義大利塗裝材料的意思。進行抹刀押飾作業的時間點取決於氣溫、風速、日照等條件[照片15]。

三和土｜叩き(三和土)

日式傳統建築空間「土間（譯註：入門處玄關）」使用的表面修飾材料的總稱[照片16]。三和土種類共有兩種，將水泥（素混凝土表面修飾材或有色砂漿表面修飾材）與消（熟）石灰、含黏土的山礫石、加鹵水製成的材料敷設於樓地板上，以小槌敲打固實。材料調配方式依各出產地而有所不同，需仰賴於泥作師傅的豐富施作經驗。

抹刀表面修飾｜抹刀表面修飾

利用抹刀輕撫表面的表面修飾工法。抹刀施作技巧分類成四種，研磨、壓抹、撫切、粗糙。

研磨表面修飾｜磨き仕上げ

以抹刀研磨出光澤的[照片17]。

壓抹表面修飾｜押さえ仕上げ

以抹刀平滑地均勻壓抹的手法[照片18]。

撫切表面修飾｜撫切り仕上げ

以抹刀做出粗糙質感的表面修飾手法[照片19]。

粗糙表面修飾｜荒らしもの仕上げ

先用抹刀抹平壓實表面，再以抹刀、梳齒、毛刷刮出粗糙紋理的技巧。使用翹抹刀（譯註：金屬板邊緣向上翹起的抹刀），在土牆面或是灰漿牆面上，橫向延展塗抹的同時，做出凹凸的翹抹刀表面修飾工法[照片20]。使用刷毛輕撫表面，刷出粗糙紋理，稱作刷毛表面修飾工法[照片21]。在砂漿表面尚未硬化的時候，利用梳齒狀的板材或鐵刷在表面梳出粗糙紋理，稱作梳齒表面修飾工法[照片22]。也可運用在矽藻土。

刮搔表面修飾｜掻き落とし仕上げ

先用抹刀抹平壓實表面，再用劍山等刮出粗糙紋理的表面修飾工法。[照片23]也稱蓖麻毒蛋白(Ricin)表面修飾工法。蓖麻毒蛋白是御影或大理石等天然石碎化成細粒後，混入顏料製成的牆面塗料。在牆面上塗覆達6釐米厚度後，開始凝結硬化的初期，使用金屬製梳齒、抹刀、刷毛等刮具，將表面刮出粗糙紋理的表面修飾工法。表面紋理取決於骨料的顆粒或金屬梳齒尺寸的大小，請在事前確認施作範例樣本。表面施作刮痕處理是施工品質的關鍵時期，因為表面若硬化過頭，刮痕處理難以進行，若表面過軟，則無法做出均質粗糙紋理的表面修飾。

研磨式灰漿表面修飾工法｜本漆喰仕上げ

在灰漿表面，施以研磨處理的表面修飾。

抹壓式灰漿表面修飾工法｜並漆喰

在灰漿表面，以抹刀抹平壓實的方式，施作的表面修飾。

保有顆粒質感的表面修飾工法｜パラリ(仕上げ)

先塗上含有紙纖維寸莎/苆（譯註：壁土補強材）的濃稠糊狀灰漿，施以輕壓後的表面狀態。（譯註：日本桂離宮使用此種工法）。若使用與水反應後的消（熟）石灰，更能凸顯此工法特色。

梨皮紋理處理｜梨目

像梨子表面凹凸紋理的表面修飾。使用抹刀在牆面上全面進行精細的表面修飾處理，需要有相

表10｜寸莎（苆）補強材的種類

原料	名稱	用途	備考
稻草	粗寸莎	荒壁土	稻桿切成3～5cm並使之乾燥
	中間塗層寸莎	中間塗層	將蒸過的稻草切成3cm
	飛出寸莎	切返し土	嚴選出作為中間塗層的寸莎、長度約1cm
	微塵寸莎	土もの壁の水捏ね専用	質地優良的老稻草切成3cm以下，並蒸過處理
紙	紙寸莎	大津壁、漆喰（灰泥）壁的研磨完工飾面	將帶有強韌纖維的日式和紙浸水，利用棒子的敲打讓纖維鬆開
麻	浜寸莎	西洋風格漆喰（灰泥）、白雲石（Dolomite）灰泥的下方、中間塗層	將大麻切成1.5～3cm並鬆解開來的材料
	白毛寸莎	西洋風格漆喰（灰泥）、白雲石（Dolomite）灰泥的下方、中間塗層	將舊馬尼拉麻蕉製品切成5cm的材料。雖稱作白毛，但不一定是白色
	硝石寸莎	石膏灰泥（Gypsum Plaster）的底塗層	用黃麻做成的材料
	油寸莎	屋頂漆喰（灰泥）	拌有蔬菜油的舊麻袋做成的材料
	漂白寸莎	大津壁、漆喰（灰泥）壁的頂塗層	將濱寸莎、硝石寸莎漂白後的材料
無機質纖維	玻璃纖維	砂漿等的底、中塗層	

照片24｜刮鬍狀完工飾面

（久住左官）

照片25｜矽砂

表9｜泥作工程使用的砂粒度

種類	過篩重量百分比（%）					
	5.0 mm	2.5	1.2	0.6	0.3	0.15
粗目A	95	80	63	42	21	6
中目B	100	88	69	50	33	8
細目C	100	98	82	62	37	9

用途A=砂漿底塗層、土壁中塗層、
用途B=砂漿頂塗層 砂質灰泥、土壁切返し
用途C=土壁頂塗層、其他薄塗層用

當程度的泥作技術。為了讓完工面水分均勻地蒸發，需要塗覆具有濕度調節作用的吸水材，或是對於表面修飾材進行擦摩處理。

刷毛飾面｜刷毛引き
用來修飾砂漿或混凝土的表面，使用抹刀抹壓表面之後，在尚未硬化時，使用刷毛輕撫表面，製造出粗糙紋理效果的完工飾面工法。刷毛有兩種，分別是不含水的空刷毛及含水的水刷毛。

鏽壁｜錆壁
泥作工程中的頂塗層加入鐵粉，塗覆之後吸收濕氣，發生紅色生鏽部位直接外露的牆面飾面工法。別名日文「螢壁（ho.ta.ru.ka.be），螢火蟲牆壁。

鎧甲式飾面工法｜よろい仕上げ
在塗覆「土佐」灰漿的牆面上，設置具有擋水作用的層層高低段差的外牆式樣。施工手續繁雜，但可以做出耐久性持久的外牆。

魚鱗式牆壁飾面工法｜うろこ壁仕上げ
西洋式的灰漿塗抹飾面工法。不將灰漿壓實，一邊塗抹一邊完成魚鱗狀的飾面紋樣 表面帶有光澤。

義大利式研磨飾面工法｜イタリア磨き
消(熟)石灰與大理石粉做為主要材料的頂塗層塗料 上色處理後塗覆 再以抹刀或砂磨機研磨表面的義大利傳統工法。塗覆厚度約2釐米 可顯現大理石的圖樣。義大利文稱 Antico stucco 古灰泥的意思。

刮鬍式飾面工法｜髭剃り跡仕上げ
義大利研磨飾面工法之一。將混入灰漿的骨料顆粒突出處磨除，表面如鬍子刮過後的圖紋。義大利文CALCE RASATA。[照片24]。

補強材料

砂｜砂
用來防止裂痕的天然骨料。粒徑越粗，越不易發生裂痕。

粗粒徑、中等粒徑｜粗目・中目
混入中間塗層塗土的砂種類。以砂的粒徑粗細來分類。

微塵砂｜微塵砂
粒徑在1釐米內或矽砂[照片25]。

河砂｜川砂
從河川採取出的砂。其中以日文的左官砂（泥作砂）的品質最優良。不含雜質的中等粒徑河砂適合使用於灰漿壁面，與石膏調配用的砂要選用不含鐵、不含泥。

陸砂｜陸砂
從原本是河川所在位置取得的砂。含有泥成分的砂。

碎砂｜碎砂
將砂岩、石灰石粉碎之後製成的砂。帶有尖角的砂。

海砂｜海砂
從海中採集，去除鹽分的砂。

過篩砂｜フルイ砂
在產地過篩後的砂 可以直接使用。

砂粒徑｜砂粒度
依照過篩的尺寸，分為小粒徑、中等粒徑、粗粒徑[表9]。也有以「粗粒率」(率值越大，粒徑越粗）來顯示砂粒徑的表達方式。

珍珠岩（Perlite）｜パーライト

照片26｜麻寸莎（苆）補強材

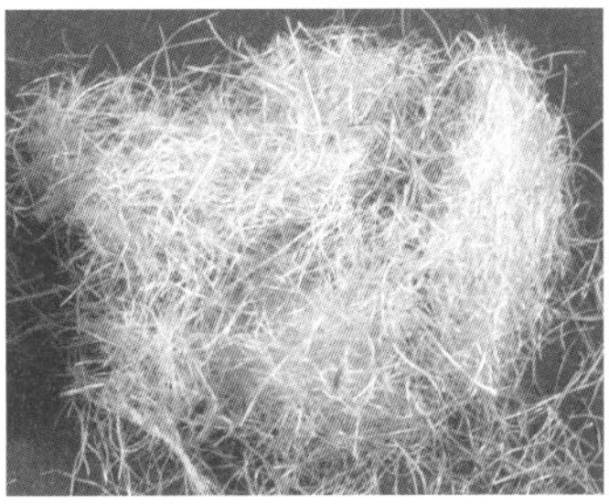

以珍珠岩、黑曜石作為原料，高溫加熱，膨脹處理過的輕量骨料。

蛭石｜蛭石
英文稱作Vermiculite。

含苯乙烯（Styrene）骨料｜スチレン粒
以苯乙烯（Styrene）為原料製成的輕量骨料。

過篩砂｜フルイ砂
用來防止土牆或灰漿牆發生龜裂，而在塗覆材料中混入纖維質的材料總稱[表10]。種類包括可以提高灰漿保水性的補強材「麻寸莎」，提高陶土黏性的補強材「稻草寸莎」[照片27]。化學纖維製的寸莎補強材，包括玻璃纖維、碳纖維、尼龍纖維[照片28]等。強度上雖然提升，但不保證其保水效果。依塗層所需條件，選擇

照片27｜稻草寸莎（苆）補強材

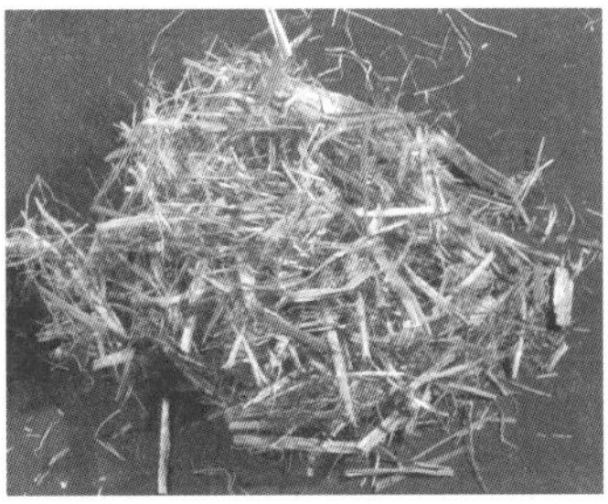

合適的寸莎，使用量為土重量的2～3%。

糊材｜糊
添加消（熟）石灰，改善塗料的黏稠性與保水性，提高塗覆的施工效率與品質。特別是灰漿，糊材是不可或缺的材料。種類包括「角叉」（在施工現場將海藻製成糊材，海藻有「布海苔」或「銀杏草」等各式各樣），或是「粉角叉」（在工廠精密製成），「甲基（Methyl Cellulose）」（化學糊）等。

高溫加熱處理糊料｜焚き糊
在釜中將「角叉」高溫加熱燒煮，並過篩的糊料。

角叉（海藻）｜角叉
在過去，將海藻「角叉」以高溫加熱處理，製成糊料的以「銀杏草」、「仙台角叉」等聞名。現在

照片28｜尼龍寸莎（苆）補強材

還有「粉角叉」的粉末糊料。最適合製成灰漿糊[照片29]。

MC糊料｜MC糊
「甲基（Methyl Cellulose）」糊料的簡稱。耐鹼性、耐水性方面佳，因為帶有香甜氣味，容易吸引蟲類，且易發黴是此材料的缺點。

布連｜布連
為了防止進出面差因為乾燥產生收縮縫，在進出面差周邊塗附塗土的作法。使用麻布或寒冷紗。

蜻蜓｜トンボ
也稱作鬍鬚。與布連相同，為了防止進出面差因為乾燥產生收縮縫，而使用的麻製線繩。材料包括苧麻、棕梠毛、馬尼拉麻等。在柱的周邊以不銹鋼釘固定麻線的作業，稱作打蜻蜓。

照片29｜角叉藻類

木橫柵紮繩｜下げ苧
將底塗層塗料的灰漿，來回抹壓在木橫柵底材上，此木橫柵上以千鳥狀交錯配置的綁結麻繩。

寒冷紗｜寒冷紗
使用在木造建築的水平牆筋塗覆工法、布連工法的粗麻織品。

壓克力樹脂乳膠｜アクリル樹脂エマルション
丙烯酸(壓克力)系的聚合物分散體。用來當作吸水調整材或底漆塗料，使用在在具吸水性的混凝土、砂漿上。加水稀釋比例1：1的是底漆塗料，加水稀釋比例1：3的是吸水調整材。

EVA樹脂乳膠｜EVA樹脂エマルション
乙烯－醋酸乙烯酯（ethylene-vinyl acetate）樹脂，縮稱EVA，由乙烯和醋酸乙烯酯共聚製得的樹脂乳膠。以水稀釋2～4倍可調整材料吸水性，增強黏著度。

Aqua Seal｜アクアシール
日本業者住友精化株式會社的製品名稱。矽利康系樹脂。塗覆在砂漿表面，用來防止吸收水分、預防髒污鏽蝕的發生。

吸水調整材（Sealer）｜シーラー
用於底材，具延緩塗附在底材上的材料水分被底材吸收的作用。

接著劑｜接着剤
塗覆在底材上的黏合劑。包括丙烯酸（壓克力）系、EVA系（乙烯－醋酸乙烯酯）、SBR系（丁苯橡膠），加水稀釋使用。

工具・道具

抹刀｜コテ
泥作工程的代表性工具，將泥作材料塗附在底材上，進行均勻抹平、壓實、研磨等處理加工。從底材的塗覆，到完工飾面，都可施作。種類包括金屬抹刀、塑膠抹刀、不鏽鋼抹刀、木製抹刀等[188頁表11、圖9]。依材料不同完工飾面效果也不同。

承板｜ーコテ板

用左手捧著承板有塗料的板（以右撇子為例）[188頁照片30]。

過篩｜通し

過篩網。若標示2分過篩，表示過篩網的網孔尺寸是2分（1分約3mm，2分約6mm）。或是以一英吋網孔中縱橫交錯的網線數量當作單位表示。此外，也

用來表示用鏝（抹刀）從壁面的邊端到另一邊端，一口氣一次塗抹到底。例如大津壁將土與消石灰混合，塗抹在牆上，並研磨成平滑表面的土牆的最終飾面處理，使用的抹刀稱作大津通鏝。

運料棒｜才取棒

從盆中將拌揉過的土舀起，傳送到施工者的抹刀盤上的工具。

鍬｜鍬

將土攪拌混揉的工具，小型的稱作手鍬。

攪拌機｜ミキサー

將土攪拌混揉的工具，包括電動式攪拌機 引擎式攪拌機[照片31]。

攪拌盆｜舟

將裝承土並攪拌混揉的淺底盆。包括鋼板製、木製、塑膠製等。

手持攪拌機｜ハンドミキサー

將砂漿或是補修砂漿的塗料攪拌混揉的工具。適合少量的攪拌。

刃定木｜刃定木

將用來決定角的直線或陽角的塗覆厚度，以及修正不平整。種類包括走定木、蛇定木、塑膠製的預埋定木等。

毛滾筒、中型滾筒｜ウーローラー・ミドルローラー

塗覆吸水調整材用的毛滾筒。

劍山｜剣山

用來施作表面刮痕的飾面加工使用的工具。與插花使用的劍山底座同為一物。

鋼毛刷｜ワイヤブラシ

用來刮矽藻土的工具。

洗石子幫浦｜洗出しポンプ

洗石子施工使用的工具。以水霧噴射的方式，將泥漿洗除，讓小

照片30｜承板

照片31｜以混拌機來攪拌荒（粗）壁用土

表11｜鏝（抹刀）分類

粗塗鏝	日文也稱作「幅廣鏝（譯註：使用寬金屬片的抹刀）」，可以一次大面積地塗抹		
中塗層用鏝	日文也稱作「上浦鏝（譯註：中間塗層使用的抹刀」，可用來將壁面抹勻、押實、整平處理等		
表面修飾用鏝	牆壁表面修飾用鏝刀（抹刀）	大津通鏝	抹刀的金屬片寬幅比中塗層抹刀窄、厚度薄，具有彈性。金屬片背面隆起，帶有厚度
		人造中首鏝	精心鍛鑄出的抹刀，質地堅硬，較無彈性
		纖維壁鏝	抹刀的金屬片寬幅比大津通鏝寬，整體質地柔軟
細工鏝	表面修飾施作過程中，依照各細部需要而使用的鏝刀（抹刀）	面引鏝	使用於陽角部位的表面修飾施作，在形狀、尺寸上種類繁多
		切付鏝	使用於陰角部位的表面修飾施作
		目地鏝	使用於接縫部位的表面修飾施作。對應接縫的尺寸而有各式各樣的抹刀形狀
		繰鏝	牆壁與地板，牆壁與天花板的接合部位做成弧形時所使用的抹刀
		四半鏝（四分鏝）	最常使用的抹刀。四半鏝的命名由來是一尺的四分之一。寬幅從窄到寬的命名為，元首四半鏝、元首四半柳刃鏝、元首福柳刃鏝
京壁（土壁）用鏝	依照各種施作方式的需要，例如混拌糊液狀、添加糊料、水捏混揉，選用個別合適的鏝刀（抹刀）	こなし鏝	精細鍛造出的鋼製抹刀。適用於大津壁、漆喰（灰漿）壁的壓實施作
		波消鏝	抹刀金屬片的厚度薄，形狀纖細。前端設有凹陷處讓糊材可以留滯其中
		波取鏝	用來壓平或挑出京壁上的纖維。非塗覆使用的抹刀
		水捏撫鏝	適用於水捏ね的抹刀。厚度較其他抹刀厚
		富士形引鏝	狀似富士山是其命名由來。使用於研磨表面修飾的施作
歐美用鏝	歐美使用的鏝刀（抹刀）是利用輔助板及螺栓來固定金屬刀片	角鏝	抹刀的金屬片面積寬廣平滑，適合用來高效率的表面修飾施作
		土間鏝	抹刀前端呈圓弧形為其特徵，不容易出現
		紅磚鏝	包括桃型（心型）與龜型（龜形）兩種。尺寸從大到小區分出一、二、三、四、五號的類別

圖9｜抹刀各部位名稱

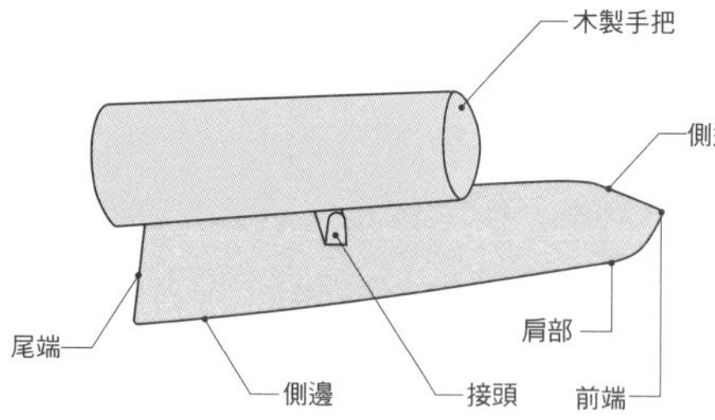

石子露出。

海綿｜スポンジ
樓地板洗石子施作使用的工具，將泥漿拭除，讓小石子露出。

掃帚｜チリ箒
用來清除柱子或天花板邊緣髒汙處使用的工具。

粗切｜大割り
將使用在（小舞）上的竹材切割成四等份或五等份的切割工具。

細切｜小割り
將粗切割處理過的竹材，再以彎刀細切割處理。

小舞用工具剪｜小舞鋏
將小舞上細竹條切斷的工作剪。與切斷盆栽或插花植材使用的剪刀同為一物。

金屬用工具剪｜ラス切り鋏
切斷金屬材料使用的工作剪。

釘針機（Tucker）｜タッカー
鋪設金屬網時使用的工具。包括以人力施作的手錘式、握力式工具，或是利用壓縮空氣的空氣式工具，稱作釘槍。

施工・工法

土牆｜土壁
在有色土中加入砂或寸莎／莇補強材，以水攪拌混揉後，塗在牆上作為表面修飾塗層的土牆總稱[表12・13]。施工的流程如190頁圖10所示。

灰漿牆｜漆喰壁
在消（熟）石灰中加入寸莎／莇補強材，混揉成糊狀之後，塗出的灰漿泥牆。底材種類包括木欄柵、土牆、混凝土、混凝土磚、ALC板、砂漿、金屬網等，但底材的處理方式各有不同[表14、191頁圖14・15]。

砂漿塗覆工法｜モルタル塗り
水泥砂漿的塗抹方法。表面修飾工法種類包括刷毛飾面、金屬抹刀飾面、木製抹刀飾面、刮除飾面等[表15、192頁圖16]。

抹刀直線移動技法｜送りゴテ
為了讓抹刀可以一直線拉伸，抹刀塗抹行進之間先停止一次，施作者移動身體之後再行移動抹刀的施作方式。此為泥作工程中的基本功，目的在於提高表面修飾品質的精準度。

混合相容｜水合せ
施工前，先將土與稻草寸莎／莇補強材以水相互攪拌混揉後暫時擱置的作業流程。

擱置｜寝かす
將與水攪拌混揉後的塗料，擱置七天以上的作業流程。

荒壁（粗壁）塗覆工法｜荒壁塗り
荒壁（粗壁）塗覆工法如190頁圖10所示。最近大多使用不拌水的夯土，因此也有將與水混合相容的作業程序簡化的作法[照片32]。

背塗｜裏返し
在荒壁（粗壁）的背側（小舞的縱向竹條側）塗覆的作業。

板條板粗糙處理｜ラス擦り
在板條板上薄塗砂漿等塗料作為中塗層，並將表面粗糙處理。

填塗處理｜付け送り
混凝土底材或是塗覆施作底材的表面若凹凸過度，在凹處填塗上砂漿或其他材料進行整平處理。

底材塗覆處理｜中付け
頂塗層厚度較厚，為修補底材不

表12｜土壁使用的材料

部位	材料
小舞	真竹、女竹、篠竹、葭、木舞繩、釘、小舞ラス
荒（粗）壁	荒木田土、古土、稻ワラ
中間塗層	粘性土、揉みスサ、砂、パーム（貫伏せ）、布連、トンボ
頂塗層	色土（京土）、微塵スサ、微塵砂、消石灰、糊

表13｜土壁的表面修飾材料

表面修飾種類	材料
中間塗層工法	中塗層土、砂質切返し寸莎
水捏ね	色土、微塵砂、微塵寸莎／莇補強材
糊差し	色土、微塵砂、微塵寸莎／莇補強材
糊捏ね	色土、微塵砂、微塵寸莎／莇補強材
大津灰土	色土、熟石灰、微塵寸莎／莇補強材
大津引土	色土、熟石灰、紙寸莎／莇補強材
已調配京壁塗料	色土、木質纖維、川砂、糊料、EVA、矽砂

表14｜漆喰（灰泥）塗覆材料

工程、種類	材料
底材處理	接著劑（乳膠Emulsion系）、聚合物水泥
底塗層、中間塗層	熟石灰、白毛寸莎／莇補強材、角又藻糊、甲基（Methylcellulose）、木欄柵繫繩
頂塗層	熟石灰、浜寸莎／莇補強材、角又藻糊、熟石灰奶油、壁土
已調配漆喰（灰漿）	土佐漆喰（灰漿）、工廠預先調配、熟石灰奶油

表15｜水泥砂漿（Mortar）塗覆材料

種類	名稱
水泥	一般普特蘭第I型水泥、混合水泥
骨料	川砂、陸砂、碎砂、珍珠岩（Perlite）、含苯乙烯（Styrene）骨料
混合材料	火山灰（Pozzolan）、玻璃纖維、膨脹材、收縮低減劑、耐寒劑、MC糊、防水劑
已調配	輕量砂漿、聚合物砂漿（Polymer Mortar）
板條（Lath）	金屬網、ハイラス、肋條金屬網、金屬網墊材、金屬網板材
表面修飾	Ricin（蓖麻油）　き落とし、矽藻土、樹脂、人造碎石、噴覆塗料

照片32｜荒（粗）壁土塗覆（施工後）

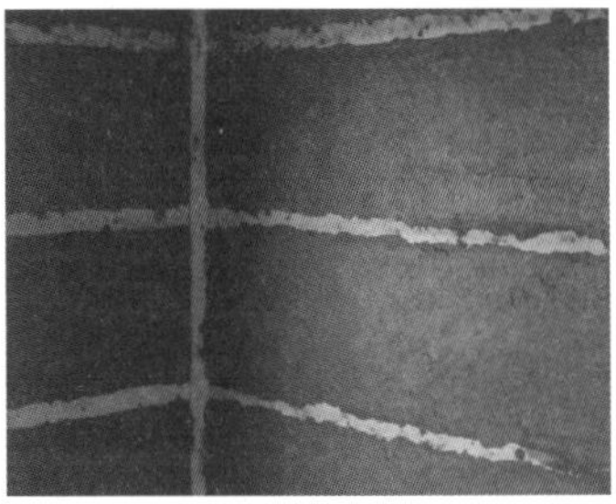

圖10｜泥作土牆塗覆作業流程

各種小舞
↓
荒壁（粗壁）塗覆
↓
內壁
↓
水平牆筋
↓
進出面差周邊塗附
↓
中間塗層
↓
頂塗層

圖11｜泥作土牆的中間塗層作業流程

荒壁乾燥
↓
水平牆筋塗覆
↓
墨線放樣
↓
進出面差周邊塗附
↓
底材凹陷處的整平塗覆
↓
頂層整平塗覆

圖12｜荒壁（粗壁）的塗覆作業流程

夯土	乾燥土
夯土無需與水調配 → 追加稻草、水	↓
	與水拌混土・稻草・水拌混
	間歇擱置 ↓
	使用攪拌機充分拌混
	追加稻草、水 ↓
	塗附（橫向竹條面）
	乾燥後 ↓
	背面塗附
	使用軟質土

圖13｜灰漿（牆）頂塗層的塗覆作業流程

中間塗層塗土細切	→ 中間塗層 整平處理 使用中間塗層專用塗土	→ 中間塗層塗土細切	→ 水捏鏝（抹刀）
水捏塗土（頂塗層）	→ 中間塗層 濕潤面	→ 水捏土塗覆 使用微塵寸莎（芶）補強材	→
添加糊料	→ 中間塗層乾燥	→ 水捏土中添加糊材 使用角又藻糊材	→ 塗覆（上浦鏝） → 水捏鏝（輕柔地進行完工飾面處理）
混拌糊液狀	→ 添加糊料	→ 水捏土與糊液混拌攪和	→
並大津	→ 中間塗層乾燥面	→ 灰土塗覆	→ 大津壁整體的壓抹完工飾面
大津研磨	→	→ 以水潤濕	→ 灰土塗覆 → 施壓押實 → 引土塗覆 → 研磨工程

平整處而先行塗覆的施作方式。

底材整平塗覆處理｜中付けムラ直し
在中塗層施作前的塗覆施作。因為厚度較厚的話，一次塗覆完成容易產生裂痕，因此分層施作，在中塗層施作前，為了將進出面段差整平的塗層。

擦拭｜擦る
在完工面用手或布擦拭出光澤。

擦塗技法｜下擦り
在底材上擦塗的技法。

水平牆筋塗覆作業｜貫伏せ
為了防止水平牆筋上出現龜裂、開裂，以寒冷紗或椰纖、疊表作為中間塗層，塗覆在水平牆筋上［照片33］。

墨線放樣｜墨出し
在泥作工程中，用來維持柱面與牆面之間進出面差的距離，以及為了維持面的平整所需的放樣作業。包括為了完工面平整，可作為控制泥作塗覆厚度的依據，也可作為進出面差寬幅的基準線。

進出面差｜チリ
真壁（譯註：柱子外露的牆壁）的場合，柱面與壁面之間的距離。

進出面差週邊處理｜チリ廻り
為防止柱子、天花收邊板出現面差溝縫（依乾燥程度，在柱面與泥作飾面間出現的縫隙），在面差相接周邊釘上布連、蜻蜓後，再壓抹中間塗層塗土的處理。

進出面差週邊塗覆｜チリ廻り
讓柱子與牆壁之間沒有間隙的技法［照片34］。在進出面差部位上墨線放樣後，順著放樣墨線內側均勻地塗抹塗土，修飾表面。另有在柱子上刻出溝槽，將壁土抹壓進入溝溝內的施作方式。

進出麵差之間的溝槽｜チリ抉り
柱子或額緣(窗戶或進出口的外框與牆壁之間的護條)與壁面之間設置的溝槽。

進出麵差乾燥收縮縫｜チリ切れ・チリ隙
木材或塗料的乾燥收縮，造成與柱子間的進出面差產生收縮縫。

進出麵差的凹凸缺損｜チリはね
在進出面差部位發生凹凸不平整的缺損狀況。

整平處理｜ムラ直し
使用於底材凹凸不平整程度較嚴重時，以及處理中間塗層面，共兩種用途。後者是為了讓中間塗層面與頂層塗層相互之間容易黏著，因此用木製抹刀或苯乙烯破壞的方式，使中間塗層面變平滑，讓頂層塗層容易塗覆的工法。

施工土軟度｜軟目
塗層土的施工軟度。

抹壓壓實｜伏せ込み
底材吸收上方塗層水分的時候，在已塗覆的塗料表面上施以壓力，進行抹壓壓實的作業。

粗糙紋路｜荒し目
在不易附著的平滑底材面上，進行表面凹凸粗糙加工，以提高次一道塗層的附著度。除了在底材面上刮出梳紋，或是用木製抹刀做出粗糙面等方式，也有使用擠出式發泡聚苯乙烯材作為底材，表面帶有梳紋、掃帚刷紋等的粗糙面種類。

照片33｜水平牆筋塗覆作業的手法之一

照片34｜チリ廻り

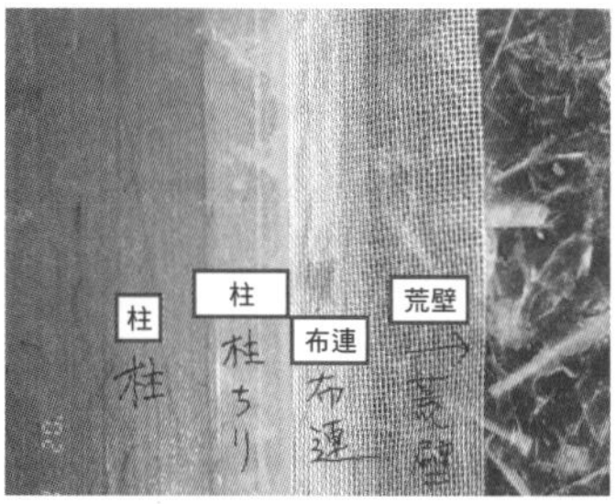

圖14｜灰漿（牆）塗覆作業流程

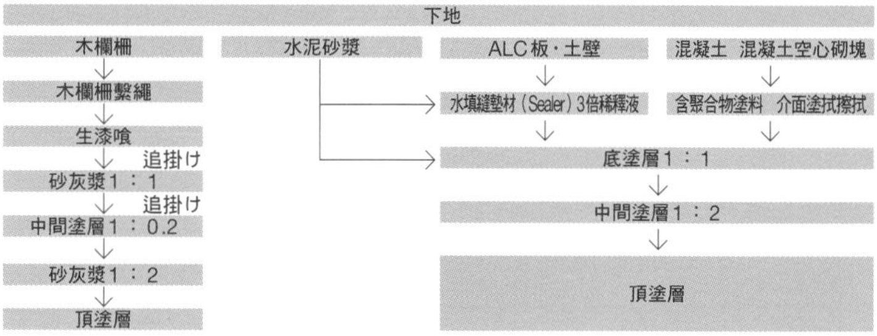

圖15｜灰漿（牆）頂塗層塗覆作業流程（外牆）

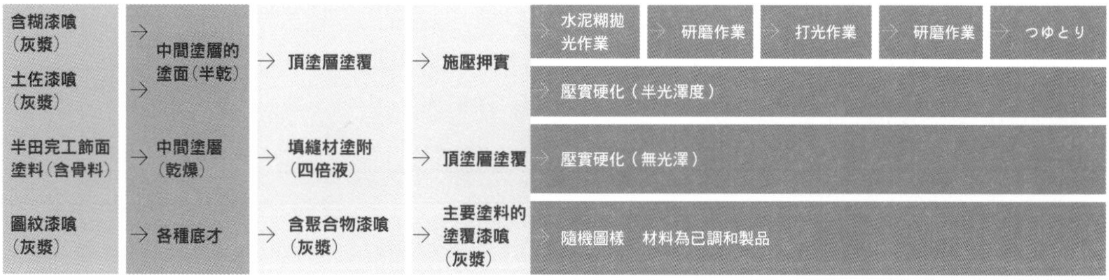

水泥糊塗附作業｜ノロ引き
在混凝土表面，用刷毛塗上水泥糊作為飾面的作業。或是為了在混凝土上塗附水泥砂漿，用來提高黏著度而進行的塗附作業。

紋理塗抹加工｜パターン付け
在底材上塗覆底塗層後，將主要泥作塗料擦塗在底塗層上，再以抹刀自由地塗抹出紋理的泥作技法。

木條拭平｜定木摺り
為了要讓牆壁或樓地板的塗附面呈現平滑狀，使用長木條在表面擦拭的施作方式。

鹿子狀刮拭｜鹿子摺り
鹿子是指一種日式圖紋，日式傳統土牆中的中間塗層，以薄塗方式塗拭。或是指在灰漿（灰泥）塗覆工程中，木欄柵底材上的中間塗層施作前，先將底材表面刮拭的作業。目的在於提高中間塗層與底材的接著度，並調節從中間塗層吸收的水分。中間塗層厚度2～3釐米，調配配方與底塗層或頂塗層不同，需另行處理。最近逐漸被吸水調整材（Sealer）取而代之。

水泥糊拋光作業｜ノロ掛け
將頂塗層塗料中的寸莎（苆）補強材去除，讓頂塗層呈現光澤而進行的塗拭作業。

雲母石拋光｜雲母打ち
用抹刀進行塗抹過程中，抹刀會變重，因此用雲母石將抹刀磨光。

雲母石粉｜雲母（粉）
除了使用在灰漿牆或大津壁、灰泥（Plaster）壁的表面研磨拋光，也可當作模板的脫模劑。

緊隨施作｜追掛け
在施工開始當天，即進行了底塗層、頂塗層施作。表示底塗層仍柔軟的時候，緊接著進行了下一道塗層，稱作緊隨塗覆施作。

次日塗覆施作｜翌日塗り
在底塗層施作後的次日，再進行頂塗層的施作。

一氣完成｜いちころピンころ
從底材到完工飾面的施作，一氣完成。因違反泥作施作規則，是發生剝離、龜裂狀況的原因。適度規劃工期很重要，若不得已則需搭配使用網狀補強材，或適度混合調配塗料進行泥作塗覆。

介面擦拭處理｜しごき
使為了提高介面的接著度，薄薄地塗上聚合物砂漿，或強力擦拭不平整的底材。此為材料業者發明的稱呼，與鹿子塗拭或底材刮拭相同意思。

內餡｜あんこ
灰漿或灰泥的頂塗層塗覆作業，使用抹刀壓抹頂塗層時，表面突出中間塗層的塗料。以露餡比喻。

散水｜散水
在砂漿底塗層施作中，加水來幫助水泥發生硬化作用。

樹脂塗附｜樹脂塗り
藉由樹脂的塗附來提高接觸介面的附著度，需留意底材發生乾燥與塗覆後受到低溫的影響。混凝土樓地板因使用富調配砂漿，會有剝落的問題，特別是與混凝土接觸的介面，因此塗上含樹脂的水泥糊，則較不易發生剝離現象。

混揉｜捏ねる
在攪拌盆中，利用鍬具將灰漿、土牆塗料混揉的動作。

拌混｜練混ぜ
使用攪拌機，將砂漿或石膏灰泥（Gypsum Plaster）混合的作業。

拌混間歇擱置｜練置き
將拌混過的塗料間歇擱置10～20分鐘之後，再次進行拌混。

圖16｜泥作土牆塗覆作業流程

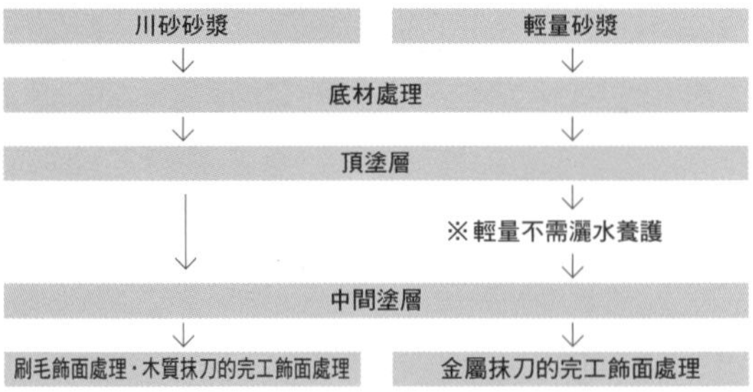

養護期間｜養生期間
各塗層之間的間歇養護時間。

初期養護｜初期養生
為了防止砂漿產生強度，發生龜裂，而鋪設防護布或灑水，防止砂漿塗覆後出現的乾燥現象。

早乾（Dry out）｜ドライアウト
泥作材料發生乾燥現象比一般正常凝結硬化時間來得早的情形。乾燥現象發生得遲，無法發生強度的情形稱作Sweat out。

氣泡｜ぶつ
已塗覆的塗料中跑進空氣氣泡。

蛙｜蛙
頂塗層內部跑進空氣，是造成剝離的原因。

表層早乾｜あぜる
表面比內部乾燥發生的早的狀態，

凝結｜凝結
加水後，雖然暫時具有可塑性，但不久之後即開始硬固的現象。

硬化（硬度增強）｜硬化
泥作材料凝結後，硬度開始增強的狀態。若是石膏，雖然凝結後即開始硬化，但強度出不來。乾燥現象會促使強度發生，將石膏與其他材料區分開來，使之乾燥並且產生強度的過程稱作硬化。

可施工期間｜可使時間
加水之後可以施工的期間。特別是石膏會發生凝結，因此需要可使時間（可施工期間）之內，將材料分配用盡。

氣硬性｜気硬性
材料在空氣中硬化並產生強度。土牆或灰漿牆、石膏灰泥等，大半的泥作材料都具有此種特性。

水硬性｜水硬性
材料在水中硬化並產生強度。

富調配（濃稠）｜富調合
水泥對砂的調配比例1：3，砂含量比此比例低的稱作富調配（濃稠），砂含量比此比例高的稱作貧調配（稀淡）。

附著｜付着
在材料仍屬柔軟狀態時進行附著。在材料硬化之後，接著力程度有問題的話，則使用接著。

凍結｜凍る
材料一塗上即發生結凍的現象。

排水現象｜水引き
混凝土或水泥砂漿表面冒出的水分消失，乾燥。

凝固｜しまる
材料受到直射陽光或是過於激烈急速的排水施作，尚未硬化即發生凝固的現象。

泡水還原｜お茶漬け
日文以茶泡比喻，將凝固的材料置入水中還原的作業。此方式違反泥作施作規則，特別是石膏灰泥，若以此方式施作，容易造成施工後硬化不良的狀況。

水泥粉｜かけセメント
也稱為麵粉。撒在底塗層表面吸走表面濕氣，促進排水作業，短時間內即可持續下一道泥作施工。撒過多，會造成變色、龜裂等問題。

帶濕氣水泥｜風をひく
日文以感冒比喻。會造成硬化不良，可先置放在以臨時角材、合板等做成的臨時置放台上。

附著度｜喰付き
在底材上塗覆塗膜的附著度。用小面積的抹刀小心地加壓施工，可以改善附著度。

水泥成分稀淡｜さくい
日文以脆弱形容此狀態，塗附的塗料是貧調配（配方中水泥的比例少）。此種狀態的施作，容易發生接著不良、施工不易等問題。

殘留問題工項｜駄目
整體建築工程都會有的情形，在泥作工程中，是指受到前項工程的土方工程未完成的影響，而殘留小面積的牆壁需處理。此情形會影響工程費用。

水泥成分濃稠｜甘い
日文以甜蜜形容此狀態，塗附的塗料是富調配（配方中水泥的比例多）的狀態。雖然容易施工，但仍容易發生龜裂的狀況。

塗覆延展性｜伸び
意指泥作材料的施工性佳，稱作塗覆延展性佳。為了確保良好的塗覆延展性，調配材料時需留意水量、糊材、寸莎（苆）補強材等內容物的平衡比例，也因泥作師傅的個人施作經驗而有所不同。另外也用來表示一定量的塗料可塗覆的面積，如可塗覆的坪數。

浮起現象｜肌別れ
也稱剝離現象。表示完工層與底材或底塗層之間相互分離的狀態。可利用以下處理得到改善。①以機械式工具擴大施作面積範圍：利用刮梳或木製抹刀進行表面粗糙處理，擴大接著面積。②改善底材：包括毛刷擦拭、清掃、剛性強化、以水沾濕、塗佈吸水調整材等方式。③減低塗料的收縮程度：使用寸莎（苆）補強材等的混合材料或聚合物水泥砂漿。

疙瘩現象｜継粉になる
將水泥或顏料等的粉質材料與水混合時，兩者未充分混拌而殘留粉末結塊的狀態。若以此狀態直接塗覆，結塊會殘留在塗覆面上，並在表面出現麻點疙瘩。與水混合之前，先將粉質材料中的各種內容物充分混合，再將比基準規定少的水量一點點一點點地加入混拌。混拌之後，間歇擱置5～10分鐘之後，再次混拌混揉。

性能

塗裝工程 7

本章節以材料、塗裝方法及作業流程、表面修飾三部分，分別解說塗裝工程的相關用語。塗料的種類繁多，再以①適合的原料，②形成塗膜的合成樹脂，③塗料的性質，④塗膜的性能、機能，⑤依乾燥方式的分類等一一列舉。主要的塗料分類如表1、194頁表2所示。

材料

塗膜形成要素｜塗膜形成要素
形成連續皮膜的成分，包括①顏料，②塗膜主要成分（油、樹脂等），③添加劑（乾燥劑、安定劑等）。

顏料｜顔料
不僅讓塗料帶有顏色，也讓塗料具有防鏽、形成保護膜等功能的重要成分。依組成方式不同分為有機顏料、無機顏料，有機顏料大多色彩鮮豔，但容易褪色，因此外部塗裝工程使用無機系顏料。

塗膜主要成分｜塗膜主成分
構成塗膜的主要成分。包括油性、天然樹脂、合成樹脂、硝化纖維（Nitrocellulose）等。也稱作展色劑（Vehicle）。

添加劑｜添加剤
可塑劑、增黏劑、造膜輔助劑、防霉劑等，做為塗料的補助功能，也是塗膜形成的次要成分。

溶劑｜溶剤
用來稀釋、溶解、分解塗料，將塗料變成容易施作的揮發性液體。溶劑主要使用酒精（Alcohol）、酮（Ketone）、酯（Ester）[圖1]，若是水性塗料則用水做為溶劑。一般是指石油系溶劑，也稱作稀釋劑（Thinner）。各種塗料適用的溶劑種類眾多。每種塗料應有特定相容的稀釋劑，若稀釋的組合配方有誤，或用一般通用的稀釋劑，有可能會發生又凝塊又分散呈果凍狀等的問題。

透明塗料｜クリア
構成塗料的四要素：顏料、聚合物、添加劑、溶劑，去除顏料成分製成的就是透明塗料。

油變性樹脂塗料｜油変性樹脂塗料
以油製成的塗料經改良後，利用油（乾性油）的特性，發展成可快乾的油變性合成樹脂（醇酸樹脂）的塗料。以氧化聚合反應發生乾燥作用。

表1｜塗料種類與分類

展色劑種類	溶液形態		塗料の種類
油變性	溶劑系	油性系	油漆（Varnish）
			油性調和油漆（Paint）
			防鏽油漆第一種
		油變性樹脂	防鏽油漆第二種
			合成樹脂調和油漆（Paint）
			苯二甲酸樹脂乳膠
熱可塑性樹脂系	水系樹脂系		合成樹脂乳膠漆
			帶光澤合成樹脂乳膠漆
			二氧化矽（silica）系油漆
	弱溶劑系溶劑系		NAD形丙烯酸（壓克力）樹脂乳膠
			聚氯乙烯（Vinyl chloride）樹脂乳膠
			丙烯酸（壓克力）、醋酸乙烯樹脂乳膠
			氯化橡膠乳膠
熱硬化性樹脂系	水系樹脂系		聚氨酯（Polyurethane）乳膠漆
			常溫乾燥型氟樹脂乳膠漆
			丙烯酸矽利康（Acrylic Silicone）樹脂乳膠漆
	弱溶劑型		弱溶劑型聚氨酯（Polyurethane）乳膠
			弱溶劑型丙烯酸矽利康樹脂乳膠
			弱溶劑型常溫乾燥型氟樹脂乳膠
	溶劑型		雙液型變性環氧樹脂底漆
			雙液型環氧樹脂乳膠
			雙液型厚膜環氧樹脂乳膠
			聚氨酯（Polyurethane）漆（單液型、雙液型）
			雙液型聚氨酯（Polyurethane）乳膠
			常溫乾燥型氟樹脂乳膠
			丙烯酸矽利康樹脂乳膠
	加熱乾燥型（烤漆塗裝）		氨醇酸（Aminoalkyd）樹脂（三聚氰胺Melamine）乳膠
			氟樹脂乳膠

圖1｜塗料組成

塗料
- → 形成塗膜的主要成分、物質
  - → 天然油脂
  - → 油脂
  - → 合成樹脂
  - → 硝化棉
- → 形成塗膜的補助成分
  - → 硬化劑
  - → 乾燥劑
  - → 可塑劑
  - → 分散劑
  - → 顏料、染料
  - → 去光劑
- → 不會形成塗膜的成分
  - → 溶劑
  - → 遲緩劑

熱可塑性樹脂塗料｜熱可塑性樹脂塗料

以熱可塑性樹脂做為展色劑的塗料，包括溶劑型、弱溶劑型、乳膠型等。特別是以考量到可以對應環境條件的弱溶劑型、乳膠型為主。溶劑型塗料不會產生化學作用，而是藉由塗料中溶劑的揮發來進行乾燥作用。乳膠（Emulsion）系、NAD系塗料則是藉由水或弱溶劑的蒸發來進行乾燥作用。

熱硬化型樹脂塗料｜熱硬化形樹脂塗料

以熱硬化型（反應硬化型）樹脂做為展色劑的塗料，包括溶劑型、弱溶劑型、乳膠型等，伴隨化學作用發生硬化，大多形成高性能的塗膜。

溶劑型塗料｜溶剤形塗料

含有脂肪系及芳香系的碳氫化合物「烴（hydrocarbon）」、酒精（Alcohol）、酮（Ketone）、酯（Ester）等有機溶劑的塗料。

強溶劑系塗料｜強溶剤系塗料

塗料使用的稀釋劑大致分為強溶劑系塗料、弱溶劑系塗料、水系塗料三大類。強溶劑系塗料使用油漆稀釋劑（Lacquer thinner）、氨基甲酸乙酯稀釋劑（Urethane thinner）、環氧稀釋劑（Epoxy thinner）等具揮發性及氣味強的溶劑稀釋的塗料。

弱溶劑型塗料｜弱溶剤形塗料

使用比以前的有機溶劑安全性高、閃點（Flash point）高的有機溶劑做為稀釋劑的塗料。將非水弱溶劑中的合成樹脂分離，進行乳化製成的樹脂。過去以丙烯酸（Acrylic）系為主，現在則有氨基甲酸乙酯（Urethane）系、矽利康（Silicone）系等高耐候性的樹脂種類。稀釋劑使用揮發性及氣味較弱的溶劑，主要是以與煤油相近的塗料用稀釋劑A來稀釋。像乳膠塗料，沒有用到水，因此較不受限於環境條件，與原料或底材的附著度佳。也稱作NAD型塗料，非水分散型塗料。

水系塗料｜水系塗料

可用水稀釋的塗料。如可算是塗料基本款的合成樹脂乳膠塗料即屬此類。雖然其中含有VOC的成分，但比溶劑型塗料的氣味弱，幾乎是無氣味的塗料。

表2｜塗裝材料特性一覽表

塗裝材料名稱	適用原料	戶外使用	耐久性、重新塗裝的預估	其他特徵	コストの目安（日圓/㎡）[※3]
漆（刷漆）	木質	×	耐水性、耐藥性、耐擦傷性優良	抗紫外線能力弱。乾燥過程需要高濕度的環境	20,000～30,000（4次）
腰果（Cashew）樹脂塗料	木質	×	等同聚氨酯（Polyurethane）樹脂塗料。耐擦傷性良好	遇紫外線褪色。乾燥需時長	3,500～5,500（塗覆效率50%）
油修飾（Oil Finish）	木質	×	較差於其他塗料，但塗膜不會產生裂痕。2年	塗裝作業效率低，但沒有經驗的人也可施作	2,000～2,500
蠟	木質	×	雖具有撥水作用，但防濕性能差。半年	乾燥速度極快，可施工性佳	800～1,000
木材保護著色塗料	木質	○	第一次塗裝後兩年後需重新塗裝，第二次塗裝後平均每5年重新塗裝。	不適合噴漆方式	1,500～1,700（塗2次）
罩漆（Lacquer）	木質	×	比聚氨酯（Polyurethane）樹脂塗料稍差	乾燥速度快（一般約1～2小時）	1,500～2,500（塗3次）
苯二甲酸（Phthalic acid）樹脂塗料	木質	△〔※1〕	耐水性、耐酸性、耐油性佳。4～5年（戶外）	乾燥需時長，對於刷毛塗裝方式的施工性佳	1,800～2,700（塗3次）
	金屬	○			―
雙液型聚氨酯（Polyurethane）樹脂塗料	木質	△〔※1〕	耐久性佳，9～10年（戶外）	高級完工飾面用塗料。塗膜性能次於丙烯酸矽利康樹脂塗料	2,500～3,000（塗3次）
	金屬	○			―
	水泥				―
丙烯酸（Acrylic）樹脂塗料	金屬	○	耐久性較佳。6～7年（戶外）	乾燥速度快，施作效率高	1,900～2,200（塗3次）
	水泥				―
丙烯酸矽利康（Acrylic Silicone）樹脂塗料	金屬	○	耐久性非常好。10～12年（戶外）	塗膜性能與氟樹脂塗料相近	3,700左右（塗4次）
	水泥				―
氟樹脂塗料	金屬	○	耐久性非常好。十二～十五年（戶外）。	是目前耐候性最優的建築用塗裝材料	4,600左右（塗4次）
	水泥				―
合成樹脂調合油漆	木質	○	不適合使用在需要耐久性的部位。二～五年。	乾燥速度慢，但施工性非常好	1,800～2,000（塗3次）
	金屬				―
合成樹脂乳膠漆	木質	△〔※2〕	不適合使用在需要耐久性的場合。五～六年（戶外）。	工程單純，施工性好	1,600～2,000（塗3次）
	水泥				―
聚氯乙烯（Vinyl chloride）樹脂塗料	木質	○	耐久性比合成樹脂調合油漆、合成樹脂乳膠漆好。	可使用於需要耐水性、防鏽性的部位	1,800～2,100（塗3次）
	金屬				―
	水泥				―

圖例 ○：可 △：需符合附加條件尚可 ╳：不可

※1：透明塗漆（Vanish）不適合塗在戶外的木質材料上

※2：雖然是可在戶外使用的塗料類型，但實際被拿來使用在室內的情形卻壓倒性地多

※3：扣除原料清理費、養護費、施工架費的材料施工設計價格（日圓參考價格）

圖2｜乳膠塗料的構成

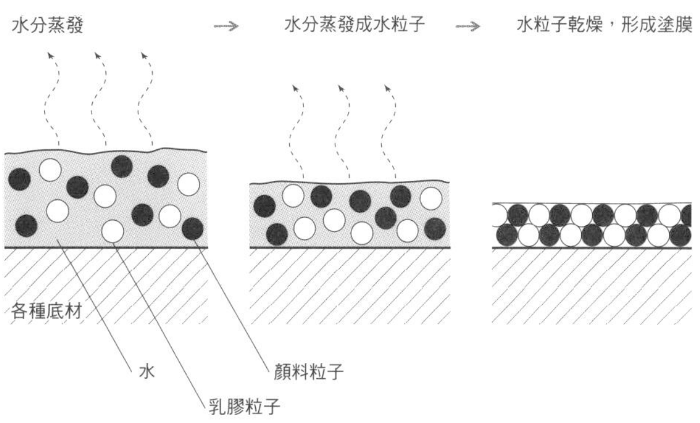

圖3｜主要使用在住宅外部塗裝的塗料

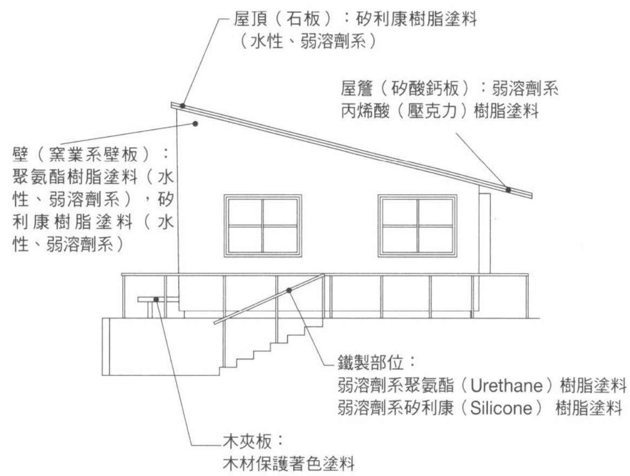

合成樹脂乳膠塗料｜合成樹脂エマルション塗料

屬水系塗料，簡稱EP。大多以丙烯酸樹脂為基本原料，也可簡稱為AEP。雖然幾乎都使用於室內，現在也開發出耐清洗、具抗菌性等各種附加機能的產品。最近為針對病屋症候群（Sick House Syndrome）開發了室內裝修用水系塗料，有低VOC塗料、零VOC塗料等產品上市[圖2]。

乳膠（Emulsion）樹脂｜エマルション樹脂

水系塗料的一種，將水分中的合成樹脂分離進行乳化而製成的樹脂。

雙液型塗料｜2液形塗料

將個別罐裝的主劑與硬化劑兩種液體，依照規定的比例混合，利用化學反應形成塗膜的塗料。雙液型塗料因液體的計量工作耗時麻煩，混合後可施工時間亦有限制，比起只需稀釋就能使用的單液型塗料，施工便利性較不優。但雙液型塗料中的合成樹脂（丙烯酸樹脂、氨基甲酸乙酯、矽利康、氟等）與溶劑（強溶劑系、弱溶劑系、水性）相同的話，雙液型塗料的性能會比單液型塗料來得好。

琺瑯（Enamel）｜エナメル

含有著色顏料的塗料。

油性塗料｜油性塗料

簡稱OP，俗稱油漆。本來OP是以植物油稀釋而成的塗料，但因乾燥速度慢現在幾乎不用，取而代之的是SOP（合成樹脂調和漆）。雖然SOP大多是鐵材指定使用塗料，因便宜、好塗而廣泛被使用。SOP若使用在室內裝修已足夠，若使用在室外，則需考量耐候性，最好是使用氨基甲酸乙酯（Urethane）樹脂的等級以上的塗料[表2、圖3]。

頂層膜｜トップコート

做為表面修飾塗料，讓室外牆面具有色彩及光澤，次要功能是具耐候性、耐污染性，一般含有丙烯酸（Acrylic）、丙烯酸矽利康（Acrylic Silicone）、聚氨酯（Polyurethane）、氟（Fluorine）等成分。

上蠟｜ワックス

以蠟為主要原料，在表面形成塗膜的塗料。因為具有防汙、防潑水功能，主要使用在日式建築的支柱框架等部位的白木飾面施作。也有水性蠟塗料。

透明罩漆（Clear lacquer）｜クリアラッカー

簡稱CL。乾燥速度快，具有平滑性的透明塗料，大多使用在訂製家具的完工飾面施作上。

油性著色劑（Oil stain）｜オイルステイン

簡稱OS。使用在木質部位，塗上之後不會被木材質吸乾的半透明著色塗料。著色後若想進行透明的表面修飾塗裝作業，也有改用水性或酒精系透明塗料的做法。

裝飾性完工面塗料｜裝飾性仕上げ塗材

藉由噴覆、抹刀塗覆、滾筒塗覆等方式做出紋樣的塗料。廣義的範圍包括石材樣式的塗材，塗料中混入天然石或陶磁器的粒子，像是鋪石子鋪面一樣，塗出具有表情的完工面。

丙烯酸樹脂塗料｜アクリル樹脂塗料

主要成分是合成樹脂的塗料。使用在建築物內部、外牆約已有40年以上，特色是優良的耐藥性、耐氣候性，耐久性中等，經濟效益性高。此外，因快乾故施工效率高，塗料中的不揮發成分少，塗層較不具帶肉的厚實感是其缺點。乳膠型（AEP）是常用的室內裝修塗料基本款。

聚氨酯樹脂塗料｜ポリウレタン樹脂塗料

含氨酯鍵（Urethane bond）的塗料。聚氨酯（Polyurethane）

樹脂塗料的種類有1液型與2液型，1液型當作樓地板塗料，2液型則使用在木質部位，做為高級表面修飾塗料。主要特徵是①帶光澤、塗層帶肉有厚實感，②塗膜韌度強、附著性優，③耐藥性、耐水性優，④耐候性佳，⑤良好乾燥性等優點。

環氧（Epoxy）樹脂塗料（EP）｜エポキシ樹脂塗料
含有密著性、耐磨損性優良的環氧樹脂的塗料。用來防鏽，及使用在停車場或內部通道、工廠等場所的樓地板面，可抑止樓地板的混凝土受到摩損發生粉塵的情形。此外也具有優良的防蝕性、耐藥性，多做為抗嚴重侵蝕的塗料，但耐候性不佳，因此不適用於外部塗裝工程。

照片1｜乳香脂塗料的表面修飾

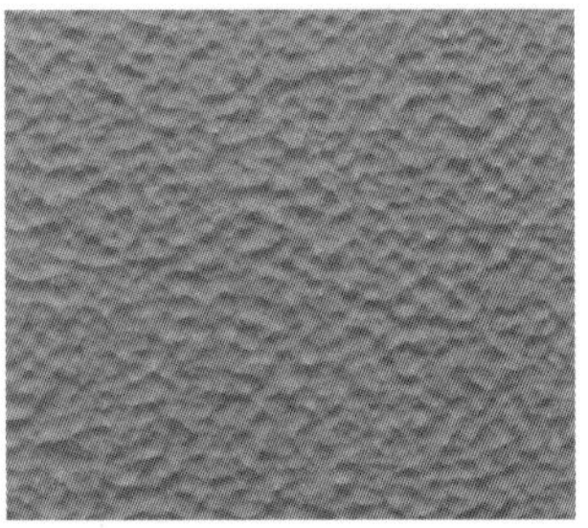

聚氯乙烯（Vinyl chloride）樹脂塗料）｜塩化ビニル樹脂塗料
簡稱VP。耐藥性佳，大多用在加油站的塗裝工程。雖然耐候性較EP好，但稀釋劑的氣味重，最近逐漸少被使用。

苯二甲酸（Phthalic acid）樹脂塗料｜フタル酸樹脂塗料
在圖面上以FE標示。比SOP快乾，塗附施作較不容易，但完工面平滑品質好，因此大多使用在內部裝修的（枠廻り）表面修飾塗裝。但現在稀釋劑要求低VOC成分，因此最近室內裝修逐漸不採用此種塗料，而有與此種塗料的完工面品質相似的水系塗料上市。

丙烯酸矽利康（Acrylic Silicone）樹脂塗料｜アクリルシリコーン樹脂塗料
一般是指以矽利康為主要成分的塗料，也稱矽利康樹脂塗料。與氟樹脂塗料都屬於「高耐氣候塗料」，耐持久性僅次於氟樹脂塗料，CP值（性價比，Cost-Performance ratio）上獲得好評價。

氟樹脂塗料｜フッ素樹脂塗料
主要使用在建築物的金屬、水泥的未加工本色表面，內含安定化學氟鍵的塗料。種類包括單液型與雙液型。主要特徵：①比起其他塗料，耐紫外線功能極佳，光澤保持度良好，②耐持久度約15年。雖易沾汙是其缺點，最近此種塗料出現低汙染、高耐候等特性的種類。氟塗料的耐候性比矽利康系塗料高。

陶瓷（Ceramic）塗料｜セラミック塗料
明載於塗料型錄中，屬於塗料的一種，但歸類於JIS規格以外的特定塗料。也用來表示內含二氧化矽（silica）塗料、石材樣式塗料、隔熱塗料。

漆塗料｜漆
從漆樹割傷中滲出的樹液，將此樹液做為塗料的原料。可用來保護木質表面，形成好看的塗膜，也常使用在門窗、床間（譯註：日式住宅榻榻米房間中的凹間）、柱、天花板、樓版等部位。

腰果（Cashew）樹脂塗料｜カシュー樹脂塗料
以腰果殼（Cashew nut shell）液做為原料，利用可再製植物資源的合成樹脂塗料。此塗料的塗膜帶有肉感、平滑、厚實，在某些場合比漆塗料的光澤度更好。

陽離子（Cation）電著塗料｜カチオン電着塗料
將浸於水中的被塗物當成負極，通上直流電時，帶正電的塗料移向被塗物形成塗膜。

抗裂塗料（Stucco）｜スタッコ
JIS A6909中的厚塗表面修飾塗料。大致分為水泥(Cement)系與丙烯酸(壓克力，Acrylic)系，現在以丙烯酸系為主流，其中用來補裂縫、具有彈性的稱為彈性Stucco抗裂塗料。底塗層塗覆之後，以8～12釐米口徑的噴槍，施作噴覆作業兩次。若做為表面修飾塗料，表面呈現紋理粗糙。1970年起曾極一時流行超厚水泥塗覆工法，或使用合成樹脂乳膠製成的Stucco抗裂塗料，但因容易沾汙，現在已褪流行。

蓖麻油（Ricin）特殊塗料｜リシン
JIS規格的薄層表面修飾塗料中具代表性的塗料。與Stucco抗裂塗料一樣，大致區分為水泥系與丙烯酸系，現以丙烯酸系為主流。為丙烯酸系中用來補裂縫、具有彈性的稱作彈性Ricin特殊塗料。底塗層塗覆之後，以6～8釐米口徑的噴槍，施作噴覆作業一至兩次。

噴覆施作磁磚｜吹付けタイル
JIS規格的複層表面修飾塗料中具代表性的塗料。使用Stucco抗裂塗料、蓖麻油（Ricin）特殊塗料作為底塗層塗料，塗覆之後，為了讓塗層具有厚度並帶有紋理，使用6～8釐米口徑的噴槍，施作噴覆作業兩次，並在上面施作兩次的頂塗層塗覆作業，形成兩層不同種類的塗層。適用噴覆施作的磁磚，主要有標準磁磚 硬度硬的環氧（Epoxy）磁磚、具有彈性的磁磚三種種類。頂塗層塗料則使用丙烯酸(壓克力，Acrylic)系、氟系等各式各樣的塗料。

乳香脂（Mastic）塗料｜マスチック塗材
可厚塗層施作並具有高黏度的水泥系或丙烯酸系塗料，使用乳香塗料專用滾筒施作，無需使用噴槍，即可在表面呈現漣漪狀或柚皮狀的紋理[照片1]。

防鏽塗料｜錆止め塗料
種類繁多，廉價的有JIS K5621的普通防鏽塗料，沒有特別限定使用條件，防鏽能力不佳。油性的大多使用JIS K5625氰胺（Cyanamide）化鉛防鏽塗料，因含有鉛目前漸漸改良為無鉛無鉻防鏽塗料。此外，使用高級環氧樹脂塗料的情形也不少。鐵的塗裝工程重防鏽，由於廉價防鏽塗料的鏽蝕抑制效果無法保證，建議選用防鏽效果良好的塗料。

無鉛無鉻防鏽塗料｜鉛・クロムフリー錆止め塗料
過去使用的油性防鏽塗料，因含對人體有害的鉛、鉻，2003年JIS規格中規定了不含鉛、鉻的防鏽塗料，第一種是溶劑型，第二種是氫系型。亦屬於符合綠色永續採購法規定的塗料商品[※]。

MIO塗料｜MIO塗料
雲母氧化鐵（Micaceous Iron Oxide）塗料。性質穩定，並可形成薄層片狀的雲母晶體紋理。塗覆後會層層交疊如魚鱗狀，因此具良好的隔熱性，也可發揮極佳的防鏽效果。但在平滑度上表現不優。展色劑（Vehicle）以酚醛（Phenolic）樹脂或環氧樹脂塗料為代表。

鎚紋塗料｜ハンマートーン塗料
像是利用鐵鎚在板金上擊捶一樣，呈現獨特凹凸紋理的捶打紋理塗料。

機能性塗料｜機能性塗料
具有特別機能的塗料。種類如[表3]所示。

表3｜機能性塗料的種類與特性

機能	塗料種類	特性
光學機能	發光、螢光塗料	將自然光、螢光顏料散布在展色劑裡，在加入塗料中，使用在防止災害的警告標示、海報等
	夜光塗料	包括蓄光性（吸收光之後發光）與自然發光性（藉由共存的放射性物質的放射線來發光）兩種類，應用在夜間標示、緊急狀況標示等情形
環境保全	抗菌塗料	在抗菌劑中使用銀離子系的非擴散性接觸型與溶出型兩種類的抗菌塗料，運用在醫院建築內部的牆壁、天花板，用來防止院內感染
機能	防黴、藻類塗料	塗料中調配有防霉劑、防藻劑，具有擴散性，可依照黴菌種類選擇合適的防霉劑
	防止結霜塗料	在合成樹脂乳膠中加入珪藻土、蛭石、珍珠岩（Perlite）等，可形成具有吸水性、隔熱性的塗膜
	防止結冰、沾雪的塗料	利用塗膜本身的撥水性、防水性，來防止結冰、沾雪的塗料
	止滑塗料	將矽砂、金剛砂等混合，可形成粗糙的表面與地板底塗層，使用於地板的塗料
	防音、防震塗料	形成的塗膜具有防振性、制振性等防音機能的塗料
	防貼紙沾黏塗料	塗料中散布玻璃珠並調配入光滑劑，用來防止貼紙附著，可將貼紙輕易剝除的塗料
	自淨型塗料	經年累月，因雨水等原因會在塗膜上發生汙垢，此種塗膜本身可讓汙垢隨著雨水沖刷乾淨，是有自淨功能的塗料
	低汙染型塗料	塗膜具有親水性，在塗膜面上形成水膜，用來防止親油性汙垢附著其上，逐漸開發成超耐久塗料
	光觸媒塗料	藉由二氧化鈦的光產生的觸媒作用，讓有機化合物發生氧化還原作用，可以防霉、抗菌、防止燃燒汽柴油之廢氣汙染、分解甲醛（Formaldehyde）等等，用來避免有機化合物弊害的塗料
耐火隔熱	耐火塗料	為了防止結構用鋼骨在火災時受熱變形，在受高溫加熱時會形成發泡隔熱層的鋼骨耐火披覆塗料
	防火塗料	火災時不會產生有毒氣體濃煙等，可以防止延燒，形成發泡隔熱層的塗料
	耐熱塗料	內含可耐熱的矽利康樹脂，塗膜具有耐熱性與防止熱氧化侵蝕能力的鋼材面用塗料
	表示溫度塗料	在特定溫度下會變色的化合物作為顏料，加入塗料中，是用來測定溫度的塗料
	外部隔熱用塗料	使用聚苯乙烯（polystyrene）等發泡樹脂，具有隔熱性能的塗裝材料，在歐美國家，大多作為濕式外部隔熱工法的表面修飾塗料

多彩圖樣塗料｜多彩模樣塗料
不僅只有單色的表面修飾塗料，不是在同一罐中將數個顏色混合，而是將顏料放在各自的罐裡，在施作時以同時塗上兩種顏色為前提。此外，以多次施作塗覆的方式，將多種顏色交疊的表面修飾工法，也稱多彩塗樣表面修飾。

高耐候性塗料｜高耐候性塗料
耐候性優良的塗料總稱。近年以聚氨酯樹脂塗料、丙烯酸樹脂塗料、氟樹脂塗料為主。需要更新塗覆的參考基準時間，聚氨酯樹脂塗料約8～10年，丙烯酸樹脂塗料約13～15年，氟樹脂塗料約15～20年。另也有無機有機複合型塗料（多為結合高溫加工技術與高耐候性樹脂的類型），各家製造廠商規格各有不同，約15～20年。

低汙染塗料｜低汚染塗料
具有不容易沾汙的特性的塗料，提高塗膜表面的親水性，能利用雨水帶走髒汙[198頁圖4]。須留意的是，雖然髒汙在容易淋雨的地方可以被帶走，但在不會淋到雨的地方，會與過去其他塗料一樣容易沾汙。種類包括氨基甲酸乙酯系、丙烯酸矽利康系、氟系等塗料。雖有的業者會標示超低汙染塗料，但其實是相同的東西。低汙染的評定困難，特別是因為建築物的髒汙會受到建物結構或淋雨等條件影響，因此充分告知業主的工作十分重要。

防塗鴉塗料｜落書き防止塗料
可讓塗鴉或文字塗漆不容易附著於表面，或是可使用專門清除劑輕易地將塗鴉擦拭乾淨的塗料。多以矽利康樹脂為基本原料製成塗料，讓東西不易附著於表面。

隔熱塗料｜遮熱塗料
具有隔熱效果的塗料，利用塗料中的中空粒子以及塗料的隔熱功能，反射紫外線，降低被塗物溫度上升。使用在屋頂、外幣、道路等地方[圖5]。

耐火塗料｜耐火塗料
具有耐火性能的塗料[圖6]。於室內空間讓鋼骨等構材外露時，耐火塗料被當作岩棉（Rock wool）的替代品來使用。火災時塗膜的中間塗層受熱之後，膨脹、發泡數十倍，可隔絕熱並發揮耐火的性能。防火性能區分為一小時防火或兩小時防火。

防霉塗料｜防カビ塗料
搭配防霉劑製成的塗料，使用在容易發霉的浴室、廚房、食品工廠等場所的天花板、牆壁。另有抗菌塗料，也有防霉效能，用於

※考量環境議題的商品，亦符合日本綠色永續採購法中相關基準，受到認證的商品。在日本，政府機關有義務依規定數量購買符合綠色永續採購法規定的商品

表4｜主要的環保塗料清單

商品名稱	製造廠商名稱〔註〕	特徵
オスモカラー(OSMO COLOR)	日本Osmo（株）	德國最大建材、木製品製造廠商「Osmo」的塗料製品。含「異構烷烴(Isoparaffin)」(無害化學物質)的溶劑
リボス(Livos)	Isk Corp.	德國塗料製造廠商「Livos」的塗料製品。含異構烷烴(Isoparaffin)的溶劑。創辦人是教育藝術家史代納(Steiner)的學生
アウロ(AURO)	玄玄化學工業	德國塗料製造廠商「AURO」的塗料製品。使用100%自然原料，並完整標示出
エシャ(Esha)	Turner色彩（株）	畫具製造廠商的塗料製品。以… …未譯完未譯完未譯完未譯完未譯完未譯完
アグライア(Aglaia)	吉田製油所（株）	油性清漆(Oil Finish)、油性著色劑(Oil Stain)為主。製造原料以植物性自然成分為主，是含「異構烷烴(Isoparaffin)」(無害化學物質)的溶劑
ブレーマー(Bremer)自然塗料	Eco Organic House（株）	德國塗料製造廠商「Bremer」的塗料製品。100%自然素材製成
ビオファベイント(Biofa Paint)	SIGMA GIKEN（株）	減低造成人體過敏反應物質，並改善施工者的工作環境是此塗料製品的製造概念
ミルクペイント(Milk Paint)	Coating Media（株）	以牛奶的酪蛋白(Casein)為主要成分的水性塗料。美國塗料製造廠商的塗料製品
ナチュレオイル(Nature Oil)	Atelier Bell	塗裝業者（壽壽木塗裝店）考量「不對木頭進行塗裝作業」所製成的塗料。以油性清漆(Oil Finish)、油性著色劑(Oil Stain)為主
トライド アンド トゥルー(Tried & True)	Maruhon工業（株）	100%天然素材的亞麻仁油塗料
匠の塗油(Takumi)	太田油脂	以純正的荏胡麻油為基底的100%純植物油
無漂白蜂蠟	小川耕太郎∞百合子	無漂白蜂蠟與純荏胡麻油為塗料原料
セラリカコーティング ピュア	セラリカNODA	木ロウ、精製亜麻仁油など100%植物原料
柿渋(譯註：青柿原汁發酵液體)	Tomiyama（株）	柿漆是以柿 為基底，再調配胭脂、亞麻仁油、蜜蠟製成的水性塗料
柿渋ペイント(柿漆)		

註 請洽販售代理商。進口商品等是否有庫存視個別狀況而定

醫院的內部塗裝工程，防止醫院內部感染。

寒冷紗(粗麻織品)｜寒冷紗

在混凝土底材或各種板材進行完工飾面塗覆時，為防止裂痕在底材上鋪設如薄紗的物品，日文稱為寒冷紗(kan.re.i.sha)。種類繁多包括絹、尼龍、玻璃纖維、碳纖維等，將寬幅5公分的寒冷紗沿著接縫處全面張貼。貼了寒冷紗就不會發生裂痕是錯誤的想法，因底材移動必定伴隨著完工面的裂痕。

剝離材｜剝離材

將既有的塗膜(舊塗膜)溶解、軟化並剝除的藥劑。種類依照用途而有所不同。

環保塗料｜エコ塗料

廣義上也稱作水系塗料或Eco環保塗料，抑制對人體有害成分的塗料總稱。不使用稀釋劑，而是用天然油，大多是指使用天然原料的塗料，也稱作自然塗料、健康塗料。因主張降低環境危害，在環保風潮中出盡鋒頭。此外，隨著環境意識高漲，也漸有回歸至過去做法的趨勢，例如使用柿子汁做為塗料[表4]。

底漆・底塗塗料｜プライマー

直接塗覆在不加工的原色表面或

圖4｜低汙染塗料

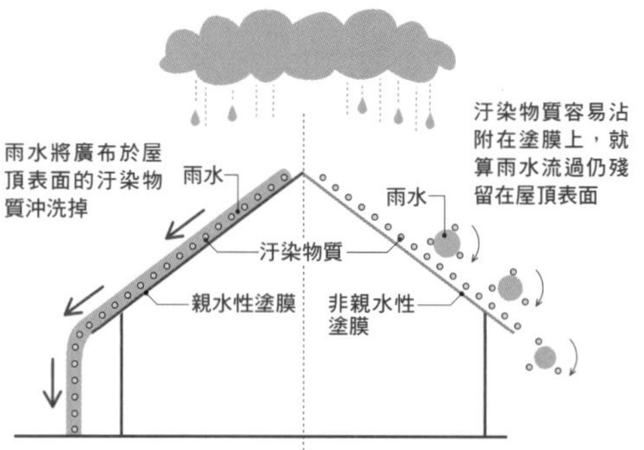

圖5｜遮熱塗料的構成

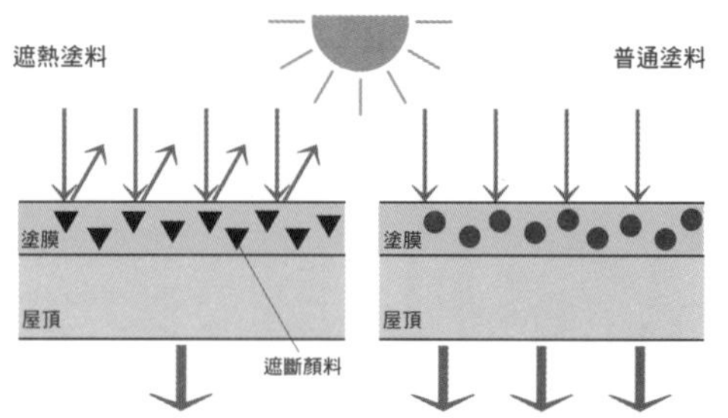

常使用在屋頂材等的金屬底材。內含特殊顏料，具降低熱傳導至室內的效果

圖6｜耐火塗料(耐火機制)

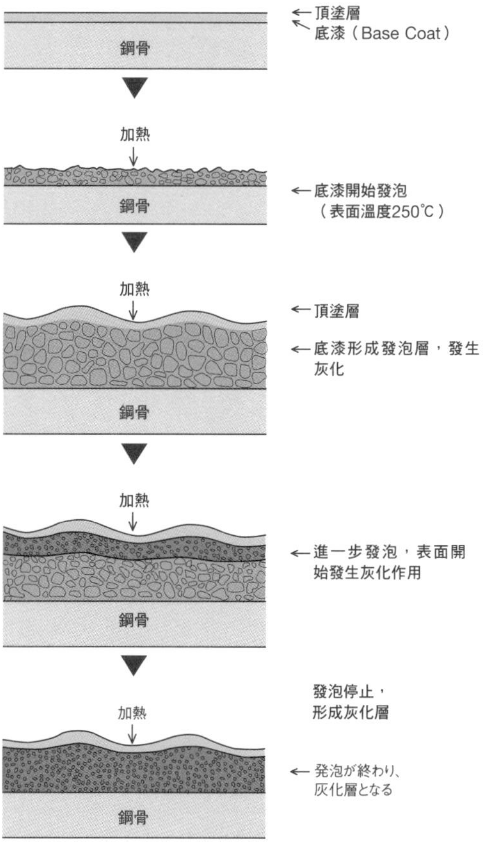

表5｜底漆(Primer)的標準塗覆量

塗料名稱與適用規格		標準塗膜厚度	塗付け量(kg·㎡/回)	塗重ね時間
一般的防鏽油漆 JIS K 5621	1種	35	0.09	48小時以上6個月以內
鉛用防鏽油漆 JIS K 5622	1種	35	0.17	48小時以上6個月以內
	2種	30	0.17	24小時以上6個月以內
亞酸化鉛防鏽油漆 JIS K 5623	1種	35	0.10	48小時以上6個月以內
	2種	30	0.12	24小時以上6個月以內
鹽基鉻酸防鏽油漆 JIS K 5624	1種	35	0.12	48小時以上6個月以內
	2種	30	0.10	24小時以上6個月以內
氨基氰(Cyanamide)防鏽油漆JIS K 5625	1種	35	0.10	48小時以上6個月以內
	2種	30	0.10	24小時以上6個月以內
無鉛無鉻防鏽油漆		30	0.13	24小時以上6個月以內
JIS K 5674		30	0.13	24小時以上6個月以內
水性防鏽油漆		30	0.13	24小時以上6個月以內
酸蝕底漆(Etching primer) JIS K 5633 2種		15	0.14	24小時以上6個月以內
變性環氧(Epoxy)樹脂底漆(Primer) JASS 18M 109		40	0.14	24小時以上6個月以內
富鋅底漆(Zinc Rich Primer) JIS K 5552		15	0.14	24小時以上6個月以內

圖7｜底漆(Primer)

- 主要的底漆
  - 油性型防鏽塗料
    - 一般防鏽油漆(JIS K5621)
    - 鉛丹(四氧化三鉛)防鏽油漆(JIS K5622)
    - 氰胺(Cyanamide)鉛防鏽油漆(JIS K5625)
    - 鉛酸鈣防鏽油漆(JIS K5529)
    - 鉛 無鉻防鏽油漆(JIS K5674)
  - 環氧(Epoxy)型防鏽塗料
    - 結構體用防鏽油漆(JIS K5551)
    - 變性環氧(Epoxy)樹脂底漆(JASS 18M-109)
  - 鋅粉防鏽塗料
    - 無機富鋅底漆(JIS K5552)
    - 有機富鋅底漆(JIS K5552)
    - 無機富鋅油漆(JIS K5553)
    - 有機富鋅油漆(JIS K5553)
  - 金屬表面處理用塗料
    - 酸蝕底漆(Etching Primer)(JIS K5633 第一種)
  - 水性防鏽塗料
    - 水性防鏽油漆(JPMS-21)

圖8｜包覆底漆(Sealer)

- 主要的包覆底漆
  - 水性型包覆底漆
    - 合成樹脂乳膠包覆底漆
    - 水性浸透型包覆底漆
    - 水性防斑防汙垢包覆底漆
    - 水性ウッドシーラー
  - 溶劑型包覆底漆
    - 丙烯酸(壓克力)樹脂型包覆底漆
    - 浸透型包覆底漆
    - 防斑防汙垢包覆底漆
    - ウッドシーラー

底材上，具有高附著力的塗料[圖7、表5]。日文「プライマー(pu.ra.i.ma-)」是Primer，代表初始的意思，意指直接塗覆在原始物料表面的塗料。大多是指像金屬不具吸收能力的表面上塗覆的底塗層所使用的塗料。底漆優劣在於與被塗面的附著力，以及與中間塗層的附著力。被認定使用在金屬底材上，應具有防鏽效果，因此幾乎與防鏽塗料同義。

富鋅底漆(Zinc Rich Primer)｜ジンクリッチプライマー

防鏽塗料中使用亞鉛粉末的底漆塗料。包括無機底漆及有機底漆，一般多用適用範圍廣的有機底漆塗料。表面處理與塗裝以第一類除鏽程度(譯註：以噴砂或酸洗，將被塗面所附著之紅鏽、浮鏽、黑皮等完全去除)為前提。富鋅底漆屬於薄膜類型，厚膜類型的稱作厚塗型富鋅底漆糊劑，防鏽蝕能力極優。

防變質底漆｜逆プライマー

也稱作Barrier primer。隔絕底材與完工飾面材的底材處理劑。噴覆在外牆的完工飾面塗料的伸縮縫的填縫材，含有讓塗料變質的成分(可塑劑)，若是塗附在填縫材上，該成分(可塑劑)會轉移到塗裝表面，產生黑頭斑點或黏性(出血Bleed)，為了防止此狀況而施作的底塗層塗料。最好在填縫材上施作塗裝前，先選用不會造成出血狀況的填縫材。

蝕洗(Wash Primer)｜ウォッシュプライマー

大多意指直接塗覆在鍍鋅面的底塗層塗料。也稱作酸蝕(Etching primer)，利用化學作用處理表面。若塗附厚度過厚，會降低頂塗層的附著力，頂塗層前的時間受限，塗裝之後兩小時以上八小時以內需要施作下一道塗層。鍍鋅是用來防鏽，但塗料的附著力差，若直接塗上頂塗層，容易發生剝離，故塗裝施作前一定要進行這道手續。

包覆底漆(Sealer)｜シーラー

日文「シーラー(shi-ra-)」是Sealer，覆蓋的意思。直接塗在未加工原物料表面或底材上的塗料，大多是指塗在像窯業系陶瓷建材或木質等具吸收能力表面上的底塗層塗料。也稱作防塗料吸收調整材[表8]。底漆的作用在於提高塗料的附著力，防止被塗物吸收塗料，抑制鹼性反應等。做為底材的窯業系陶瓷建材的質材密度各有不同，密度差異左右塗膜的乾燥時間，因此防止吸收的底漆施作不可或缺。

合成樹脂乳膠底漆｜合成樹脂エマルションシーラー

以塗料硬化作用來防止底材吸收塗料的情形，是性能效果最好的底漆。雖然可耐鹼性反應，但若遇到底材鹼性堅強的情形，則無法有效發揮耐鹼性功能，防止白華現象的能力低。

合成樹脂底漆｜合成樹脂シーラー

熱可塑性合成樹脂，以使用耐藥性好的聚氯乙烯樹脂或丙烯酸(壓克力)系樹脂的底漆為代表。抑制底材表面吸收塗料，耐鹼性反應效果好，可搭配塗料達到防止白華現象的效果。

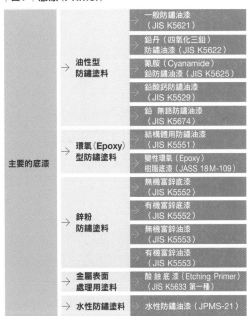

圖9｜裂縫填料（Filler）

主要的裂縫填料		
主要的裂縫填料	水泥型裂縫填料	水泥型底材調整塗料第一種（JIS A6916 主要用來重塗）
		水泥型底材調整塗料第二種（JIS A6916 主要用在新建建築）
	有機型裂縫填料	合成樹脂乳膠系底材調整塗料（JIS A6916）
		一般型有機系裂縫填料
		微彈性型有機系裂縫填料
	木質部位用裂縫填料	油性型填縫材
		合成樹脂型填縫材
		水性型填縫材

圖10｜油灰（Putty）

主要的批土	合成樹脂乳膠批土	耐水型薄填用批土（JIS K5669）
		耐水型厚填用批土（JIS K5669）
		一般型薄填用批土（JIS K5669）
		一般型厚填用批土（JIS K5669）
	溶劑型批土	罩漆（Lacquer）批土（JIS K5535）
		油性批土
	反應型合成樹脂批土	雙液型環氧樹脂批土（JASS 18M-202（2））
		雙液型聚氨酯（Polyurethane）批土（JASS 18M-202（2））
		不飽和聚酯（Polyester）批土（JASS 18M-110）

照片2｜接縫部位用批土處理過的狀態

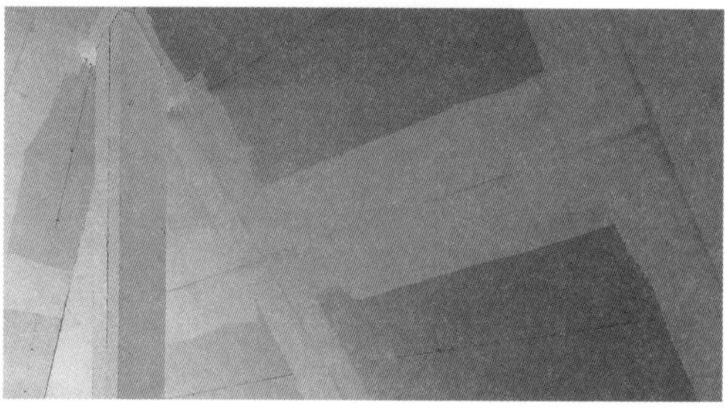

硬化反應型合成樹脂底漆｜反応硬化形合成樹脂シーラー

以雙液型環氧樹脂底漆為代表，形成的塗膜具有良好的耐藥性及附著性。

防香煙焦油油漬底漆｜浸透形シーラー

用來抑制香菸焦油附著在原材料或底材上形成煙漬，種類包括水性型與溶劑型。考量到溶劑型所造成的環境問題，建物內部大多限制使用，但若使用水性型，其防香煙焦油油漬效果比溶劑型差，而且需依汙漬程度安排清除工作。用來上色的防香煙焦油油漬底漆較常見。

防染色底漆｜しみ止めシーラー

用來遮覆附著在原材料或底材上的油漬，種類包括水性型與溶劑型。考量到溶劑型所造成的環境問題，建物內部大多限制使用，但若使用水性型，其防染色效果比溶劑型差，並且依沾汙程度需安排事前的清除工作。用來上色的防染色底漆較常見。

二度底漆（Surfacer）｜サーフェーサー

為了提高完工面的品質，在底塗層塗附之後，再行塗附的塗料。也稱作中間塗層調整塗料。用來調整底材狀況，意指第二道底塗層，也有結合底漆（Primer）+二度底漆（Surfacer），是直接塗附在原材料上的類型。

裂縫填料（Filler）｜フィラー

二度底漆（Surfacer）的一種，兼具底漆及封縫效果的底材調整塗料［圖9］。使用在外牆等部位。主要種類包括水泥系以及有機系。水泥系填料是將粉體與混合液依規定用料混合後使用。區分為新建物用與重新塗覆用兩種，新建物的塗裝方法限於抹刀塗覆的方式。有機系填料是與合成樹脂塗料一樣，適用於新建物與重新塗覆的場合。其中常用的有機系填料是微彈性填料，若依規定厚度塗附，則可以修補裂縫，也可以隱藏既有塗膜上的小裂痕。若是用來充填木質部導短或是切斷面上的凹穴，則可使用木質專用的裂縫填料（封縫材）。依實際情形，選用抹刀或滾筒來施作。

微彈性填料｜微弾性フィラー

具調整底材機能的的底塗層塗料。若是重新塗覆，近年使用微彈性填料取代裂縫填料漸為主要趨勢。比裂縫填料黏度高，施作厚度厚，可充填細微裂縫。微彈性填料也可省卻底材調整作業。

批土（Putty）｜パテ

種材料的混拌來產生硬化作用，種類眾多［圖10、照片2］。全面塗附批土來加強平滑度的作法稱作整體整平，部分充填的稱作部分填補，全面塗附時的第一道施作稱作底層整平。

主要使用在室內，也有可使用在室外的類型（反應合成樹脂批土）。混凝土底材或金屬、木質材料的表面上，視需要進行整體整平或部分填補的塗附作業，讓塗裝的底材表面呈現平滑狀。批土塗附作業中，在原材料或底材上，保有一定厚度整體塗附的方式，稱作批土整平，僅將凹凸部位或粗糙等有缺損的部位，以批土填補的方式，稱作批土填平。

合成樹脂乳膠批土｜合成樹脂エマルションパテ

使用在建築的室內表面修飾，代表性批土的一種。施工性佳，但耐水、耐鹼方面的性能不算好。就算是耐水型的合成樹脂乳膠批土，也無法使用於室外。

合成樹脂溶液型批土｜合成樹脂溶液形パテ

熱可塑性合成樹脂中的代表，聚氯乙烯樹脂，與擋水填縫墊材（Sealer）一樣，耐水、耐鹼性能佳，但施工性不佳，特別是具有厚度的塗附施作不易，可研磨性也不好。

硬化反應型合成樹脂批土｜反応硬化形合成樹脂パテ

雙液型環氧樹脂批土與雙液型聚酯（Polyester）為代表。

雙液型環氧樹脂批土｜2液形エポキシ樹脂パテ

耐藥性佳，接著力最好的批土，使用於未加工過的混凝土或金屬面上，特別是拿來當作高耐久性合成樹脂琺瑯（Enamel）專用的批土來使用。因塗膜附著力過強，不適用於表面強度低的

ALC版等材料的未加工面上。

雙液型聚酯（Polyester）批土｜2液形ポリエステルパテ
塗膜具有厚度，研磨性佳，但不耐鹼性，因此不適用於水泥系的未加工表面，可用於金屬或木質的未加工表面。

表面修飾塗料用底材調整材｜仕上げ塗料用下地調整材
在建築表面修飾塗裝工程中，用來調整底材的塗料。

水泥系底材調整材｜セメント系下地調整塗材
第一種（C・1）水泥系底材調整材，可以噴覆、抹刀或滾輪塗抹方式，形成厚度約0.5～1釐米的塗膜，大多用在改修工程中。第二種（C・2）是抹刀專用型，塗膜厚度約1～3釐米。

水泥系底材調整厚塗料｜セメント系下地調整厚塗材
一般通稱聚合物水泥砂漿，塗膜厚度約3～10釐米。適用於第一種（CM・1）的表面修飾材有限制。第二種（CM・2）適用所有的表面修飾材。

合成樹脂乳膠系底材調整塗料｜合成樹脂エマルション系下地調整塗材
使用合成樹脂乳膠當作黏著材，用來調整表面修飾塗層下方的底材。在ALC版、混凝土等底材上塗覆厚度約0.5～1釐米。

塗裝方法・工程

工廠塗裝｜工場塗装
在工廠進行各類建材、門窗等的塗裝作業，包括全面性的塗裝作業，以及像鋼材一樣，僅施作防鏽處理的塗裝。

烤漆塗裝｜焼付け塗装
加熱使塗膜硬化的塗裝方式。主要在金屬材料上施作，具有良好的耐熱、耐污染、耐候性。壓克力琺瑯系的塗裝工程，施作於鋼鋁門窗，美耐（氨基醇酸amino-alkyd）系的塗裝工程，則是施作於空調機器、電器器具等。也有環氧的塗裝工程。

烘烤時間｜焼付け時間
依規定將塗膜加熱、乾燥所需的時間。

濕塗濕工法（Wet-on-wet）｜ウェットオンウェット
常溫下尚未硬化的面，與下一道塗層同時進行加熱、乾燥的方式。

現場塗裝｜現場塗装
建築施工現場進行的塗裝作業。

底塗層｜下塗り
開始進行塗覆作業之前，需視被塗物表面種類，選用適合的塗料。底塗層的目的在於強化底材表面，抑制塗料與底材之間不相容的狀況。底塗層目的在於讓塗料與底材之間相互接合，底塗層若沒有適當地施作，則容易發生塗膜剝落的狀況，因此需要選用與未加工原材料的面或是底材性質相容的塗料。底塗層與中塗層之間的附著性是否良好也很重要。並且考量防鏽或防吸收等特性，選用合適的塗料。一般也稱作底漆（Primer）、擋水填縫墊材（Sealer）。

中間塗層｜中塗り
保護底材，或是為了讓塗裝面上出現凹凸模樣所施作的塗覆作業[201頁圖11]。中間塗層的施作，可使用中間塗層專用塗料，或是使用與頂塗層相同的塗料。若是使用中間塗層專用塗料，目的在於增加塗膜所需的厚度。若是使用在外部塗裝施作中，視為主材，不僅用來形成塗面紋理，也發揮防水層的效用。選用無論是與頂塗層或是底塗層之間附著力都良好的塗料。

頂塗層｜上塗り
塗裝工程中最後一道塗覆作業，目的在於增加耐候性、耐汙染性，或是將結合美觀考量，讓完工面與設計相得益彰[201頁圖12]。塗膜性能因底塗層＋中間塗層＋頂塗層而異，大多是以頂塗層的等級、性能來評價，以使用於頂塗層的樹脂塗料名稱來判定。英文

圖11｜中間塗層

- 主な中塗り
  - → 油性形中塗り塗料
    - → 合成樹脂調合漆中塗層用（JIS K5516）
  - → 雲母状酸化鉄塗料
    - → 苯酚（Phenol）樹脂型雲母狀氧化鐵塗料（JIS K5554）
    - → 環氧（Epoxy）樹脂型雲母狀氧化鐵塗料（JIS K5555）
  - → 高耐候性塗料
    - → 鋼結構體用聚氨酯（Polyurethane）樹脂塗料中塗層用（JIS K5657）
    - → 丙烯酸矽利康（Acrylic Silicone）樹脂塗料中塗層用（JASS18M-404）
    - → 鋼結構體用氟樹脂塗料中塗層用（JIS K5659）
  - → 耐火塗料
    - → 發泡性耐火塗料
  - → 外裝材
    - → 複層表面修飾塗料（JIS A6909）
    - → 防水型複層表面修飾塗料（JIS A6909或JIS A6021）

圖12｜頂塗層

- 主要建築用頂塗層塗料
  - → 自然乾燥型
    - → 油性型
      - → 合成樹脂調合油漆
      - → 苯二甲酸（Phthalic acid）樹脂塗料
    - → 水性型
      - → 合成樹脂乳膠漆
      - → 帶光澤合成樹脂乳膠漆
      - → 聚氨酯（Polyurethane）樹脂型乳膠漆
      - → 丙烯酸矽利康（Acrylic Silicone）樹脂型乳膠漆
      - → 氟樹脂型乳膠漆
    - → 溶劑型
      - → 丙烯酸（壓克力）樹脂系非水分散形塗料
      - → 丙烯酸（壓克力）樹脂琺瑯（Enamel）
      - → 聚氯乙烯（Vinyl chloride）樹脂琺瑯（Enamel）
  - → 反應硬化型
    - → 溶劑型
      - → 環氧（Epoxy）樹脂塗料
      - → 聚氨酯（Polyurethane）樹脂塗料
      - → 丙烯酸矽利康（Acrylic Silicone） 樹脂塗料
      - 氟樹脂塗料
  - → 建築表面修飾用
    - → 薄塗表面修飾塗料 → 一般型、可撓曲型、防水型
    - → 複層表面修飾塗料 → 一般型、可撓曲型、防水型
    - → 厚塗表面修飾塗料、可撓曲型改修用表面修飾材

照片3｜原料表面整平

稱作Top Coat。

打底塗覆｜基層塗り】意指表面修飾複層塗覆作業中，將主塗料重疊塗覆的第一次塗覆時，將塗料全面地噴覆在被塗面上。之後，再以適當的密度噴覆顆粒，形成紋理。

塗膜｜塗膜 在被塗物上將塗料薄薄地推展，經過時間形成不會流動的連續皮膜。

舊塗膜｜旧塗膜 重新塗裝時，既存的塗膜稱作舊塗層。仍保有塗膜與被塗物之間的密著度的稱作活膜，反之稱作死膜。一般的重新塗裝作業是將死膜去除，將活膜保留。

原料未加工表面｜素地 重新塗裝時，既存的塗膜稱作舊意指被塗面是金屬、木、混凝土等質材的未加工並直接外露的表面。日文稱作素地（so.ji），在塗裝工程以外的場合，則是指一般底材。

底材｜下地 進行塗覆施作的面，讓塗料形成塗膜的面。

未加工表面整平｜素地調整 在塗裝工程中的最初，為了提高塗膜的附著力、完工塗層品質，

圖13｜原料表面的調整工作

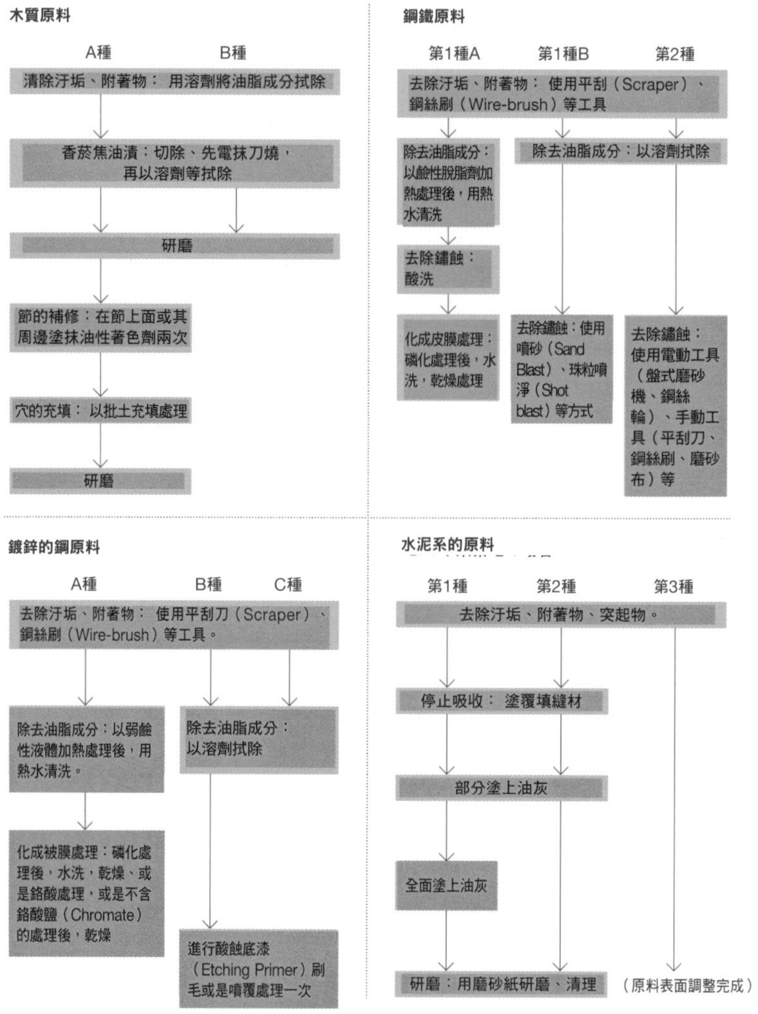

表6｜原料表面整平（除去鏽蝕）

處理方法（除去鏽蝕）	特徵	缺點	解決缺點的對策
噴砂法	可以完全去除表面的黑皮（Mill Scale）、紅鏽、附著物	・作業環境以工廠為主 ・施作過程中粉塵飛散激烈	若需在施工現場進行噴砂，需留意不造成周邊環境的粉塵汙染
管狀式清潔機（ube cleaner）	・依據原料形狀更換合適的前端器具，更有效率地除鏽 ・產生的汙塵少，較容易處理	需以人手施作，效率差	可在施工中去除部分鏽蝕，整平原料表面，效果好
盤式磨砂機、鋼絲輪	・施作比較容易，效率好，可除鏽 ・適合施工現場施作	無法去除凹陷處的鏽、黑皮	將盤式磨砂機、鋼絲輪併用的成效好
鋼絲刷	・對於凹凸多的表面，可輕易地以人力清理 ・適合施工現場施作	除鏽的效果不彰	適合臨時應急或是小面積的表面清理
僅限使用平刮刀	可輕易地以人力將附著量大的鏽或汙垢刮除	・作業環境以工廠為主 ・施作過程中粉塵飛散激烈	適合臨時應急或是小面積的表面清理

將原料未加工表面清理乾淨[圖13、表6、照片3]。具體來說，是指為了將不平整部位去除，隱藏批土附著部位，屬塗裝工程中的附加工作。對底材也是用相同清理方式處理，稱作底材調整。

底材調整｜下地調整
清理塗裝工程中的底材（被塗面或塗膜）或清理劣化部位的工作[圖14]。

清理整平｜ケレン
一般俗稱Clean的塗裝工程用語，多指未加工表面及底材的調整工作[表7、圖15、照片4]，無論哪一種，都是指適合進行塗覆作業的狀態。依作業內容而有不同的清理等級，也依未加工表面的狀況而有不同的清理方式。有1～4種的定義。將鏽或汙物等，以研磨砂紙或鐵絲刷具等清理的是第四等級，搭配電動機具的是第三等級，此兩種都會留下活膜。第一等級的清理成果，是將既存皮膜100％去除的理想狀態，但在現場會面臨種種限制而有施作上的困難度。

拋光｜磨き
塗層面受到研磨產生光澤的拋光作業。

磨砂（Sanding）｜サンディング
與研磨同義。

拭除｜拭き取り
在塗料尚未乾燥時，將塗料擦拭拭除，讓塗料殘留在木紋的凹陷處，讓木質紋理的著色效果更好的操作技巧。

紋理加強塗漆｜捨て塗り
為了讓完工飾面的木質紋理更為鮮明清晰，將未加工木質表面清理之後，在填洞整平施作之前，先行塗漆的施作方式。

附著度｜くいつき
塗膜的附著程度。

磨粉｜砥の粉
乾燥黃土粉末。

填補｜タッチアップ
修復塗膜上的細微損傷等部位。

塗料放置場｜ネタ場
放置塗裝材料的場所。

稀釋比例｜希釈割合

圖14｜金屬底材塗裝作業前的底材處理

底材調整（假設在鋼原料上塗漆）

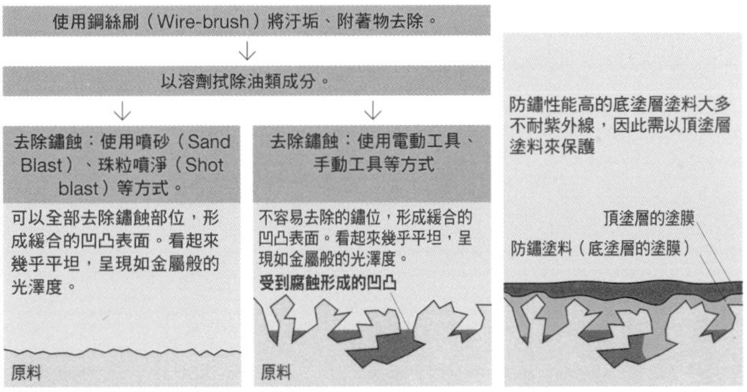
使用鋼絲刷（Wire-brush）將汙垢、附著物去除。
以溶劑拭除油類成分。
去除鏽蝕：使用噴砂（Sand Blast）、珠粒噴淨（Shot blast）等方式。
可以全部去除鏽蝕部位，形成緩合的凹凸表面。看起來幾乎平坦，呈現如金屬般的光澤度。
原料
去除鏽蝕：使用電動工具、手動工具等方式
不容易去除的鏽位，形成緩合的凹凸表面。看起來幾乎平坦，呈現如金屬般的光澤度。
受到腐蝕形成的凹凸
原料
防鏽性能高的底塗層塗料大多不耐紫外線，因此需以頂塗層塗料來保護
頂塗層的塗膜
防鏽塗料（底塗層的塗膜）

完工飾面效果好，但成本及時間花費高

一般原料表面的調整採用此種方式

底塗層+頂塗層（塗覆1～2次）

表7｜清理整平（金屬塗裝）

種　類	作業內容	作業方法
第1種	將鏽蝕完全去除，回復乾淨的金屬表面	噴砂法
第2種	附著於金屬的黑皮仍殘留在金屬表面上，清除較脆弱的黑皮及鏽蝕部分。呈現出一點點金屬光澤的程度算是清理完成	盤式磨砂機、鋼絲輪等的電動、手動工具併用
第3種	附著於金屬的紅鏽仍殘留在金屬表面上，盡可能地將紅鏽清除。鏽紅部位大致處理過，即算是清理完成	盤式磨砂機、鋼絲輪等的電動、手動工具併用

圖15｜低　染塗料

評分6（1%→3種表面清理方式）　評分4（10%→2種表面清理方式）　評分2（33%→1種表面清理方式）

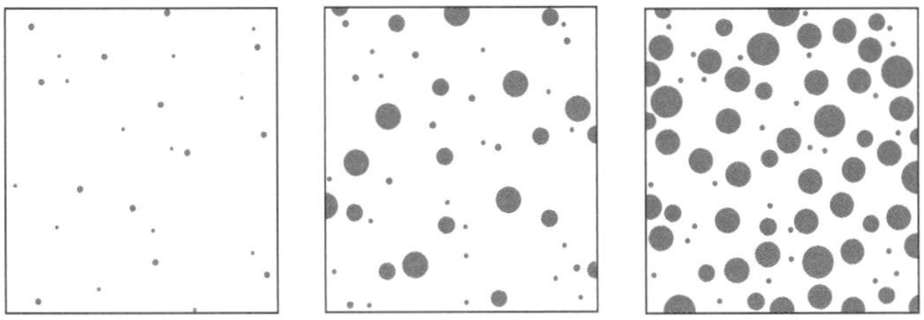

照片4｜鋼材質部位的清理作業

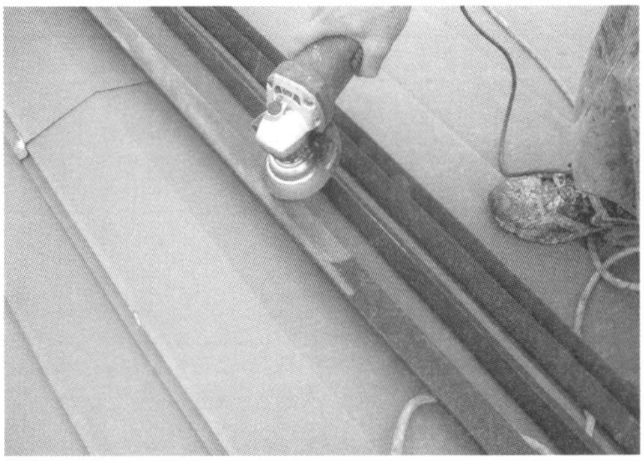

表8 塗裝方法的特徵

塗裝方法	優點	缺點
毛刷塗覆法	1. 使用道具簡單 2. 就算被塗覆面的形狀複雜，仍可能施作	1. 施工效率比噴槍吹覆法差 2. 需要熟練的技巧才能施作出均勻的塗膜表面 3. 不適合使用速乾性或黏度高的塗料
噴槍吹覆法	1. 施工效率比毛刷塗覆法好 2. 完工飾面品質優良 3. 適用於速乾性或黏度高的塗料	1. 施作進行中產生的粉塵飛散量大，需要妥善維護環境衛生。不適合在施工現場施作 2. 不適合塗裝面積小的結構體 3. 無法對狹窄部位施作塗裝

為了讓塗料變稀薄，而在塗料中添加稀釋劑（Thinner）或水的比例。雖有直接以塗料濃稠狀態施作的方式，但大多都是將塗料稀釋後使用，過於濃稠或稀薄都會對塗裝效果有不好的影響。日本塗裝匠師將塗料稱作「ネタ(ne.ta)」，黏度稱作「コミ(ko.mi)」，塗料的黏度程度則以濃稠或稀薄來形容。

塗附量｜塗付け量

被塗面每單位面積所需稀釋前的塗料量。不包含塗裝時的耗損量。

所要量｜所要量

被塗面的完工面每單位面積所需稀釋前的塗料量。包含塗裝時的耗損量。

批土修補｜パテ付け

被塗面上的凹凸不平整處，塗上批土（Putty）使之平滑的作業。

批土擦拭整平｜パテしごき

在未加工原料表面上塗附批土後，在批土乾燥之前，將多餘的批土拭除，修補表面上的不平整處，並調整表面紋理所進行的作業。

批土打底｜パテ飼い

在未加工原料表面上，維持固定厚度，全面地塗覆批土，讓表面平滑的施作方式。

研磨｜研磨

使用研磨專用的紙，在塗膜表面研磨，使之平滑的處理，是處理批土面的必要工作。視工程所需進行，特別是以批土打底過的面上。

圖16 毛刷種類

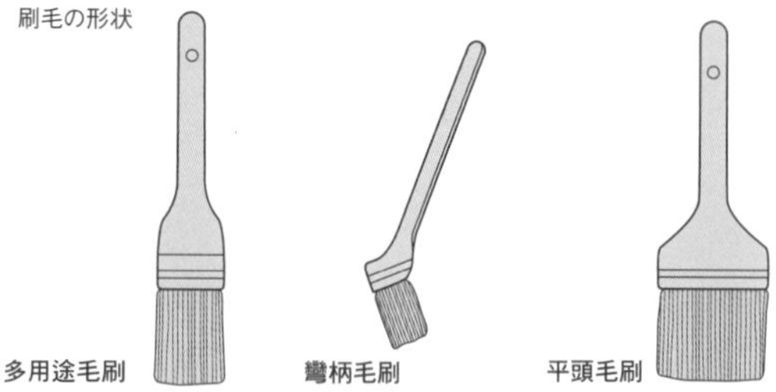

照片5 滾筒刷頭與滾筒刷手柄

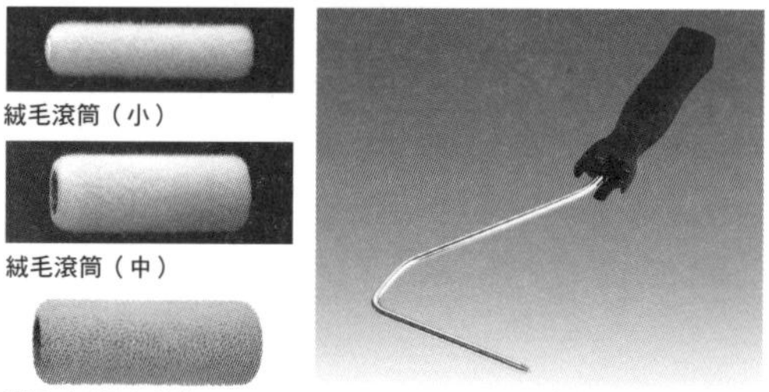

噴覆工法｜吹付け工法

將塗料以霧狀、噴覆附著在被塗面上的塗裝方式[表8]。包括無氣噴槍與氣動噴槍塗裝方式。前者是直接噴覆作為完工處理，需要調整噴嘴的口徑、噴壓。後者則因為噴覆開始施作時，集中在噴嘴的壓力負荷大，而需留意是否噴出大量的塗料。無論哪一種，用來施作噴覆塗裝作業的工具稱作噴漆槍。

刷毛塗覆工法｜刷毛塗り工法

將刷毛含浸塗料，在被塗面上均質地塗附、飾面的塗裝處理[表8]。最初材料分配的每單位面積的塗附量是關鍵。因應塗料種類或塗裝對象而有各種不同尺寸、材質的刷毛[圖16]，也有水性塗料用的刷毛。刷毛留下的刷痕，一般完工面是盡力讓刷痕不明顯，或是讓刷痕一致整齊地呈現，兩者都需要熟練的技術。一般是希望刷痕或接續處（無法一口氣由上往下刷塗時在中途接續產生的刷紋接合處）在完工面上不讓人注意到。

圖17 磁磚紋理噴槍 (Tile Gun)

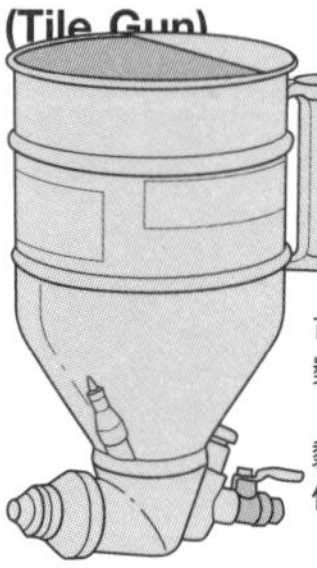

可用來施作砂漿、蓖麻油（Ricin）等高黏度塗料的塗裝作業。

照片6 氣動噴槍 (Air Spray)

滾輪刷筒工法｜ローラーブラシエ法

將刷筒含浸塗料，以滾輪方式進行的塗裝處理。將塗料滾平後，若不迅速地接續下一階段作業，則會影響完工面效果，因此使用刷筒滾平之後，不間斷地持續施工是必要的。滾輪刷筒工法比刷毛塗覆工法施作容易，塗裝速度快。視塗裝目的，而有各式各樣的刷筒種類[照片5]。雖然多少會留下刷筒滾動的痕跡，但希望在完工面上不讓人注意到。

氣動（Air Spray）噴塗｜エアスプレー塗り

以加壓空氣，使用噴嘴將塗料霧化噴覆在被塗物上的塗裝方式[照片6]。塗料耗損量大、容易飛散，最近較少使用在建築物的塗裝工程中。含有金屬粉的金屬

參考｜金屬系塗裝工程

原料表面調整
掃去原料表面附著物等
↓
整平清理
除去鐵鏽
↓
底塗層
直接在金屬表面上塗覆防鏽漆或底漆
↓
底材調整
除去第一道底塗層上的汙垢、附著物
↓
補修塗裝
對於搬運、安裝過程中發生的碰傷、剝落、鏽蝕部位進行補修塗裝作業
↓
底塗層
安裝作業完成後，在建築施工現場進行第二道底塗層塗裝作業
↓
批土填補
全面地在原料表面塗上批土，修補表面
↓
研磨
使用磨砂紙，將多出來的批土填補部位磨平
↓
中間塗層
可使用中間塗層專用塗料，或是使用與頂塗層一樣的塗料
↓
研磨
使用顆粒細的磨砂紙
↓
頂塗層
使用毛刷或滾筒刷進行頂塗層的塗裝作業

參考｜木質系原料的塗裝工程

原料表面調整
去除表面附著物、樹木汁液等，充分地乾燥
↓
填洞整平
填入油性填縫劑、拋光粉等，並將多餘的油灰拭除
↓
上色
使用油性著色劑，均勻上色
↓
底塗層
塗上合成樹脂漆、木用底漆(Wood Sealer)等
↓
中間塗層
使用磨砂效果好的木用第二道底漆(Sanding Sealer)
↓
研磨
使用砂量大密集細的磨砂紙研磨表面
↓
頂塗層
上完工漆、透明漆等

照片7｜氣動(Air Spray)噴槍噴塗施作

照片8｜抹刀塗覆

光澤面塗裝是使用氣動噴塗方式來施作。

低壓噴槍塗裝｜低圧ガン塗り
與氣動噴槍的原理相同，利用低壓將塗料霧化，在噴嘴周邊安裝空氣簾等屏蔽裝置，將塗料的飛散情形減低至最小限度。塗裝施作速度比氣動噴塗差。

無氣(Airless Spray)噴塗｜エアレススプレー塗り
利用高壓將塗料從噴嘴（Nozzle tip）處噴出，噴覆在被塗物上的塗裝方式。因未將塗料霧化，耗損量比氣動噴槍少。可適用的塗料種類眾多，黏度高的塗料也可以此種方式噴塗。適用於大面積的噴塗塗裝工程[照片7]。

磁磚圖案噴槍塗裝｜タイルガン塗り
氣動噴槍的原理相同，以像是外裝建材用的高黏度塗料為適用對象，不將塗料霧化，而是以粒狀紋理噴覆附著在被塗物上。種類包括特殊紋理噴槍(Ricin Gun)、磁磚紋理噴槍（Tile Gun）、凹凸紋理噴槍(Stucco Gun)，依照噴塗塗料的不同，噴出的形狀與噴嘴大小也不相同。

抹刀塗覆｜コテ塗り
使用抹刀的塗裝方式。使用在補修塗裝處理，或是泥作風的厚塗塗裝工程等[照片8]。

可使用時間｜可使時間
與雙液型塗料一樣，將液狀塗料與硬化劑混合後，發生硬化之前，保持流動狀態利於塗覆施作的時間限制，即是可使時間。英文稱Pot life，適用期間。若超過可使時間，會招致塗料性能降低，或是完工成果不良的後果。應留意可使時間會因氣溫而有變化。

熟成時間｜熟成時間
雙液型塗料混合後，依規定置放一段固定的時間，讓塗料熟成，到達適合塗裝的狀態，這段時間即稱為熟成時間。應留意熟成時間會因氣溫而有變化。

放置時間｜放置時間
塗料塗覆之後，放置至乾燥之前的時間。也稱作乾燥時間。

塗覆施作間隔時間｜工程内間隔時間
是指將相同塗料重疊塗覆的場合，第一次塗覆與第二次重新塗覆之間應該間隔的時間。

塗層施作間隔時間｜工程間間隔時間
例如施作中間塗層與頂塗層不同塗層的場合，第一道塗層（中間塗層）與下一道塗層（頂塗層）重疊施作之間，可供乾燥所需的間隔時間。

手觸乾燥程度｜指蝕乾燥
就算用手指碰觸，也不會沾黏塗

參考｜水泥系塗裝工程

原料表面調整
暫置放，降低原料表面鹼性(PH=10以下)、含水率(5%以下)
↓
底塗層
使用合成樹脂乳膠系填縫塗料進行塗裝作業
↓
批土填補
將原料表面如巢穴般的凹洞、接合等不平整部位填補油灰成平滑狀
↓
研磨
使用磨砂紙對批土填補部位進行研磨
↓
批土塗覆
全面地在原料表面塗上批土，整平原料表面
↓
研磨
使用磨砂紙全面地對於原料表面進行磨砂整平作業
↓
中間塗層
具有頂塗層補強的功用
↓
頂塗層
塗裝的目的是為了讓原料表面具有美觀、耐水、耐磨擦、耐汙染的特性

料的乾燥狀態。

最終養護時間｜最終養生時間
全部的塗裝工程完成後，一直到塗膜表面發生強度不易損傷之前的乾燥時間。記載在塗料說明書上的工程中間隔時間、工程之間間隔時間，以及手觸乾燥、最終養護的所需時間，是以氣溫20℃、濕度65％為基準，若氣溫低或濕度高的話，須留意置放時間應該加長。

塗膜厚度｜膜厚
塗料塗附後，乾燥完成時的塗膜厚度。也有測量塗料塗附後未乾燥狀態塗膜厚度的作法。

填洞整平｜目止め
塗附表面若太粗糙，或是像木材、ALC版有細微孔洞的場合，填入填補劑使表面平滑的作業。

隔離木節塗覆｜節止め
松或杉等的木材種類，木節中出現的焦油會帶來塗裝完工面不良的後果，因此會塗覆底塗層用來隔離抑止這種狀況。也稱作蟲膠漆（Shellac Varnish）。

填塗｜だめこみ
使用刷毛先在窗框或陰角、接縫等邊端部位、狹窄部位填入塗料的作業。［照片9］。

著色｜着色
屬於木質材料的透明塗裝作業，將染料溶於著色劑，塗在木材表面，讓木紋清晰的著色方式。

定色｜色押さえ
用來防止已塗附著色劑的木材發生染色、色斑現象而進行的定色頂塗層塗覆作業。

補強塗裝｜増し塗り
為了加強壁面的陽角、窗框等容易發生裂痕部位的防水性，比其他壁面部位塗上更多的防水型複層飾面塗料。設計上不用此語。

紋理塗附｜模様塗り
複層飾面塗裝工程施作前的打底塗膜乾燥之後，為了做出凹凸紋理效果而在塗膜面上施作的塗附作業。

照片9｜填塗作業

入隅と目地を刷毛で塗装している

補修塗裝｜補修塗り
塗面上出現殘留塗料或是損傷等缺陷部位時，在下一道塗覆作業之前於缺陷處周圍進行補修。英文稱Touch Up。補修塗裝中，以使用同一批製造出來的塗料為原則。特別是調色塗料，不得使用非同一批製造出來的塗料。

皮膜化學處理｜化成皮膜処理
金屬塗裝工程中使用化學藥劑，讓金屬表面的塗膜附著性良好的處理方式。

塗裝樣本｜塗り見本
在設計階段，用來決定塗料的顏色、光澤、紋理、塗覆次數等的參考樣本。

未加工原料表面研磨｜素地研磨
為了讓未加工原料的表面更適合施作表面修飾塗層，使用磨砂紙將表面研磨，使之平滑的作業。

研磨｜研ぎ
在被塗面上的研磨作業。

加水研磨｜水研ぎ
為了讓被塗面更為平滑，一邊淋上水一邊研磨的施作方式。

乾研磨｜空研ぎ
在被塗面上使用砂紙研磨的施作方式。

工具・道具

刷毛｜刷毛
自古以來使用的塗裝工具［表9］。

滾筒刷｜ローラーブラシ
將含浸有塗料的滾筒刷在被塗面上滾動，利用離心力將塗料釋出塗覆延展開來的塗裝工具［表10］。

氣動噴槍｜エアスプレー
以空氣加壓方式，將塗料霧化噴覆在被塗面上的塗裝工具。一般是以空氣壓力3～5kg/cm²來進行［圖16、照片10］。

無氣噴槍｜エアレススプレー
以高壓將塗料自噴嘴中噴出，噴覆在被塗面上的塗裝工具。比起氣動噴槍，無氣噴槍的塗料耗損量較少，也適用於高黏度塗料的塗裝施作。適合大面積的塗裝工程［圖19］。

濕布｜ウエス
塗裝工程中，擦拭塗料、清理工具時使用的布。

飾平刮板｜ヘラ
批土等高黏度塗料施作時使用的工具。種類包括金屬製、木製、塑膠製、橡膠製等。

承接板｜定盤
拌混批土、塗抹批土時，可以單手承接塗料的平板。

研磨紙・布｜研磨紙・布
將各式研磨材料黏著在布或紙上。粗糙度以號碼標示，數字越小表示越粗。

耐水研磨紙｜耐水研磨紙
使用水進行表面研磨時使用的耐水研磨紙。

鋼絲絨（Steel wool）｜スチールウール
用來去除金屬表面的鏽蝕，消去金屬表面光澤使用的工具。將鋼材製成絲絨狀。

拋光劑（Polishing Compound）｜ポリッシングコンパウンド
最後在塗膜表面研磨出光澤所使用的材料。粗細度分有粗、中、細三種。

尖刮刀｜きさげ
將老舊塗膜剝除、刮除使用的手

工具。

平刮刀(Scraper)｜スクレーパー
用來刮除鏽蝕的工具，尺寸從1號至6號[照片11]。

鏟刀｜皮すき
用來鏟除老舊塗膜或鏽蝕的手工具。

撬刀｜スケロ
撬下鏽蝕所使用的金屬工具。

金屬敲鎚｜カンカンハンマー
以敲擊方式使鐵面塗膜剝落所使用的工具。

鋼絲刷(Wire-brush)｜ワイヤブラシ
植入鋼絲的刷具，去除鐵面塗膜上的鏽蝕，或去除舊塗膜[208頁照片12]。

塗料示範手板｜手板
塗裝工程中，在棚內陳列已塗有塗料的細長型杉木板[208頁照片13]。

表現・收邊

紋理(Texture)｜テクスチュア
以塗裝作出的質地紋理。以型態、色彩為造型元素，呈現出視覺、觸覺上的質感、材質本身的質感。

柚皮紋理｜ゆず肌模様
乳香脂塗料專用滾筒刷，有粗紋、細紋兩種，柚皮紋理是以細紋滾筒刷漆出的紋理。此外，依照稀釋程度，呈現的凹凸狀也不相同。施作方式包括在表面修飾塗層直接使用可做出紋理的塗料，或是在做出紋理之後再行表面修飾處理[照片14]。

壓平處理｜ヘッド押さえ
凹凸圖樣表面修飾（Stucco）、噴覆磁磚等做出紋理效果的塗附施作之後，在乾燥之前，使用塑膠滾筒刷或金屬抹刀在表面加壓，將凸起部位壓平的表面修飾方法。也稱凸部處理。若未進行

照片10｜氣動(Air Spray)噴塗作業

照片11｜刮刀

表9｜毛刷的種類與用途、特性

種類・名称		材質・特性	用途
萬用毛刷		毛刷腰力強，塗料含浸度好	比較的粘度の高く乾燥の遅い塗料に用いる。合成樹脂ペイント
毛質：馬毛	白毛平頭毛刷	塗料含浸度好，毛質軟，以羊毛為佳	適用像水性塗料（乳膠漆）一樣黏稠度低的塗料
	黑毛毛刷	塗料含浸度好，毛質軟，以羊毛為佳	適用油性漆、合成樹脂塗料
	無痕毛刷	用來整平刷毛痕跡	用來消除毛刷塗裝時出現的刷毛痕跡
彎柄毛刷	黑毛彎柄毛刷	馬毛與牛毛混合的毛刷	適用較細微部位（角隅、側邊、重覆塗裝處）的塗裝作業
	白毛彎柄毛刷	混羊毛的毛刷	適用黏稠度較低、木材著色劑等的塗料
	底材塗裝用毛刷	馬毛與牛毛混合的毛刷	除了用來填洞整平，也用在木材塗裝作業，以及當作底材塗裝用毛刷，在彎曲、角隅部位填補批土
西洋毛刷	琺瑯（Enamel）毛刷、平毛刷（西洋用毛刷）		適用油性琺瑯（Enamel）、油性漆，比較大面積的塗裝作業

表10｜滾筒刷的種類

種類、名稱	特性	用途
絨毛式滾筒刷	羊毛合成纖維等 長毛、粗糙面用毛刷 中長毛、萬能用毛刷 短毛、平滑面用毛刷	適用所有的塗料 合成樹脂乳膠塗料 合成樹脂塗料
設計式滾筒刷（附紋樣滾筒刷）	氨基甲酸乙酯發泡材（Urethane foam）低發泡、高發泡	適用高黏稠度塗料、混骨料塗料。可使用在凹凸紋樣、砂質壁的表面修飾塗裝作業。
切頭式滾筒刷	合成樹脂製 硬型、軟型	使用設計用滾筒刷或是噴塗方式形成的凹凸紋樣中，將凸起部位用切頭式滾筒刷壓平

圖18｜氣動(Air Spray)噴塗的種類

噴杯安裝位置	噴杯安裝位置	噴槍種類
噴杯式	→ 重力式	→ 砂漿(Mortar)噴槍
		→ 磁磚紋樣(Tile)噴槍
		→ 表面特殊造型噴槍
		→ 凹凸圖樣(Stucco)噴槍
	→ 吸上式	→ 罩漆(Lacquer)
		→ 水性彩色紋樣(Zolacoat)噴槍
壓送式	→ 無氣泵(Airless pump)式	→ 手持噴槍
	→ 水箱(Tank)壓送式	
	→ 蛇管(Snack)式	
	→ 活塞(Piston)式	
	擠壓(Squeeze)式	

圖19｜無氣泵(Airless pump)噴塗的種類

無氣動式	→ 擠壓(Squeeze)式 以壓縮空氣驅動的柱塞泵（Plunger Pump），對塗料加壓進行噴塗的方式。主要適用於大型結構體的塗裝作業
	→ 隔膜泵(Diaphragm pump)式 以電力或引擎驅動的隔膜泵（Diaphragm pump），對塗料加壓進行噴塗的方式。因為體積小，適用於建築施工現場的塗裝作業

| 照片12 | 鋼絲刷（Wire-brush）

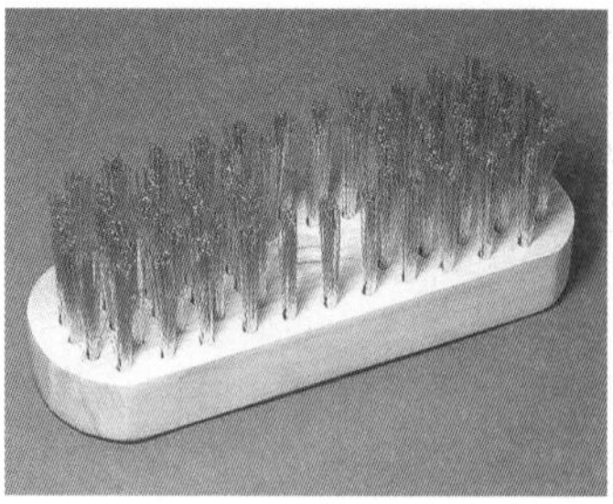

| 照片14 | 柚皮紋理

壓平處理的凹凸狀態，稱作未壓平處理［照片15］。

刮梳梳紋｜くし引き

使用抹刀或是噴槍方式將裝飾性完工塗料施作在被塗物上後，隨即在乾燥發生之前，使用梳具刮出梳紋的方法。梳具之外也有使用抹刀刮出任意的紋理，或是刻有凹凸表面的滾筒刷做出的凹凸紋理，也有業者將產品命名為Canyon、Wave的紋樣［照片16］。

豔度（光澤）｜艶

| 照片13 | 塗料示範手持樣板

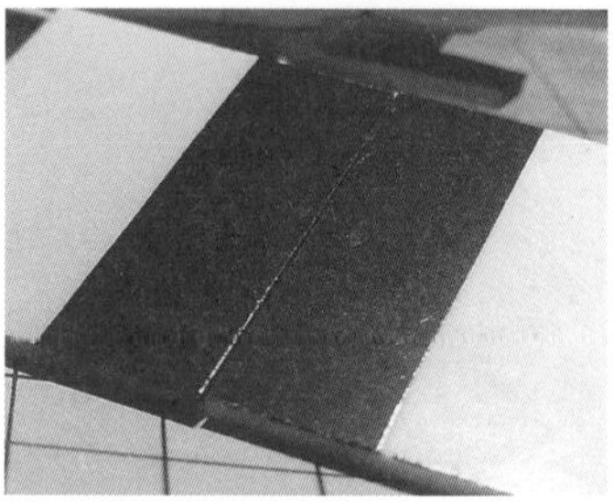

物體表面對光的反射多少所產生的視覺現象。

帶豔（光澤）｜艶あり

光澤的一種表現，物體表面反射光量多的狀態。依程度分為帶豔、七分豔、五分豔、三分豔。沒有光澤的物體稱作無豔。帶有光澤的表面修飾稱作帶豔（譯註：光面）、全豔，完全沒有光澤的表面修飾稱作消豔（譯註：霧面）。此外，將底材極度平滑處理後的光面處理，稱作鏡面表面修飾。

琺瑯（Enamel）帶豔表面修飾｜エナメル艶あり仕上げ

已將底材隱藏，光澤度在75以上的表面修飾。不同的塗料調配配方或是樹脂種類，在豔度上也有所差異，因此需依照需求，善用塗膜樣本，來決定表面修飾的光澤程度。

琺瑯（Enamel）消豔表面修飾｜エナメル艶消し仕上げ

表面光澤調整成消豔、三分豔、半豔（五分豔）的光澤度。一般來說光澤（Gloss）數值在12以下是消豔，20～40之間是三分豔，40～60之間是半豔。對豔度的判定因人而異，因此應以塗膜樣本確認為宜。

透明表面修飾｜クリア仕上げ

不含顏料的透明表面修飾處理。因為是直接將未加工原料表面或是底材外露，因此應確認底材狀態是否適合透明表面修飾的施作。

原木上色表面修飾｜着色生地仕上げ

填補原木表面的所有孔洞，並塗上平滑厚膜的完工塗裝方式，也稱遮縫表面修飾（封孔表面修飾）。

木紋理外露表面修飾法｜目はじき

孔洞外露的表面修飾方式。木表面的木質導管紋路沒有完全地被塗料或填洞劑遮掩，直接以木紋外露的表面做為表面修飾。相反地，將未加工木質表面上外露的木質導管或孔洞全部填補封塞，並施作平滑厚膜的表面修飾，稱作遮縫表面修飾（封孔表面修飾）。

裝飾漆（Decorative Painting）｜デコラティブペインティング

發起於歐洲，需要各種塗裝技巧，具有高藝術價值的表面修飾工法。模仿木質或大理石紋路的裝

| 照片15 | 噴覆完壓平處理 v.s.噴覆完沒有任何處理（磁磚紋樣噴覆為例）

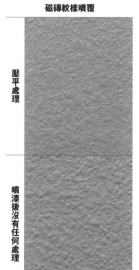

| 照片16 | 噴覆塗裝的表面修飾成果

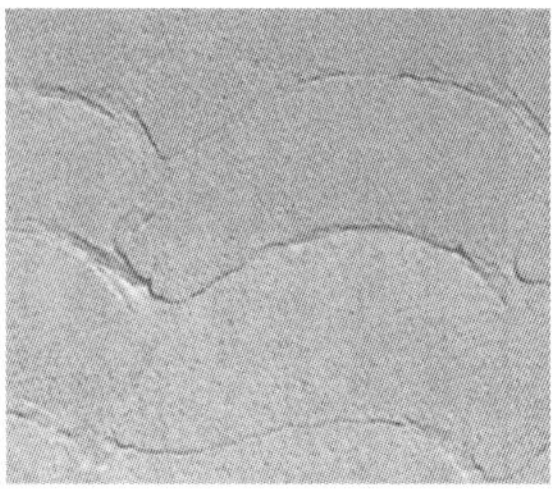

以抹刀施作的表面修飾圖紋

以刮梳施作的表面修飾圖紋

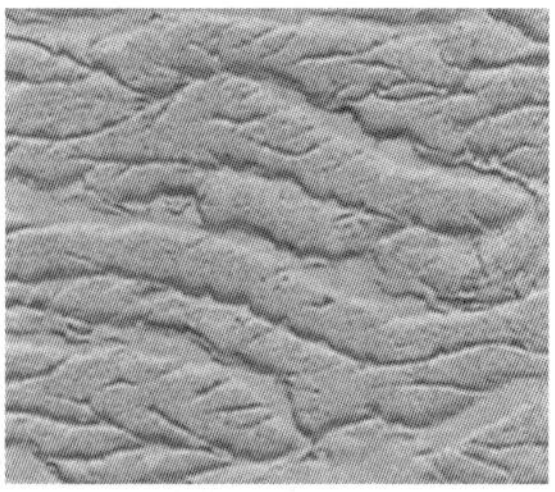

以圖樣滾筒刷施作的表面修飾圖紋

以圖樣滾筒刷施作的表面修飾圖紋

飾性塗裝，與其說是塗漆，更像是繪畫。種類參考表11。

金屬（Metallic）光澤表面修飾｜メタリック仕上げ

加少量遮蔽性低的著色顏料到透明塗料中，再以不會浮上塗膜表面的鋁粉調配於塗料中，呈現具有不同豔度的金屬光澤表面修飾效果。使用氣動槍進行塗裝，但因為容易發生色調不均勻，因此不適合在施工現場施作。

珠光表面修飾｜パール仕上げ

使用俗稱為「珍珠」的披覆二氧化鈦的雲母（Mica），取代金屬光澤表面修飾塗料中的鋁粉，呈現具有珍珠溫潤光澤的表面修飾效果。

青銅藍綠色調表面修飾｜青銅緑青調仕上げ

在茶色底材上，薄薄地將青銅藍綠色噴附兩次，顏色的濃淡或是噴附粒子的粗細，共同呈現出不同變化的紋理。

白木原色表面修飾｜白木塗装仕上げ

北歐開發出的塗裝方式。不顯現塗料顏色，讓白木原色呈現的表面修飾方式。

油修飾（Oil Finish）｜オイルフィニッシュ

丹麥開發的塗裝方式。木質的塗裝施作中，不讓塗膜形成，而是一邊塗附，一邊用布將塗料拭除，讓塗料中的油浸染進入木質材料內部的表面修飾工法。

調色｜調色

將基本色的白、黑、紅、青（藍）、黃色相互混合，調配出指定用色的工作［表12］調色內容是以色票（顏色目錄印刷品）上記載的原色種類及調配比例來決定。調色作業中，按比例大的成分依序調配。若添加過多的黑原色，將不利於顏色調整，因此需要特別留意。顏色若與樣本相近，將塗料塗在塗板［塗裝樣本，表13、圖20］，乾燥後與樣本相比較，以判定顏色是否相容。距離北向窗邊50cm的室內明亮位置，適合判定顏色。

失誤・缺失

粒狀｜ぶつ

被塗面上附著粒子的狀態。

粗糙｜ざらつき

被塗面上附著的粒子較多的狀態。

柚皮｜ゆず肌

塗裝面不做平滑處理，而是呈現像柚皮凹凸的狀態。也稱作橘皮。

出血｜にじみ

底材塗膜、未加工原料的成分，在頂塗層塗膜面上浮現的現象。英文稱作Bleeding。

透明｜透け

頂塗層的遮蔽效果低，塗膜厚度不足的話，則會發生可以見到底材的狀況。

顏色不均｜ざらつき

塗膜表面發生部分顏色不一致的現象。

色差｜色別れ

在塗料的乾燥過程中，在塗膜上顏料凝集或浮起，發生顏色差異、不均勻的狀況。

白華｜白亜化

塗膜表面受到紫外線發生劣化或粉末化，呈現容易沾手的狀態。也稱為白灰（Chalking）現象。

塗膜剝落｜剥れ

塗膜浮起像樹皮可以剝開一樣的剝落現象。

表11｜裝飾塗漆的種類

表面修飾的種類	特殊表面修飾、設計創作圖樣類表面修飾、大理石紋樣、木紋圖樣
	壁畫、建築內部天花板等的藝術設計圖樣效果
	視覺陷阱（Trompe-l'œil）、錯視藝術（Trick Art）、幾何圖樣、寫實圖樣
施工技法的種類	上光、再次塗上半透明漆工法
	金箔畫、貼鋁箔工法
	版型型紙圖樣工法
	石紋圖樣工法
	木紋圖樣工法
	復古風表面修飾工法
	遮覆工法

表12｜調色

項目	內容
現場調色	在建築施工現場準備白色與原色塗料，視需要進行色彩調配的作業。最近製造廠商供給產品選擇變多，因此已較少在施工現場進行調色作業
工廠調色	工廠依指定色彩進行的調配作業。近年來因為電腦科技先進，可以檢測彩度，計量色彩調配的原色種類與添加量，調色作業變得輕易有效率。因此塗裝施工者的調色技術開始低落
原始塗料	現成的塗料。或指不稀釋的原塗料或塗料的試用樣本，為了調色所使用的圖板或色彩樣本冊，也稱原始塗料樣本

表13｜塗裝樣本

項目	內容
表面修飾成果樣本板	用來確認指定塗料的表面修飾效果展示板（塗裝完成的塗膜狀態）。樣本板的大小約10×20cm、20×30cm。有些外部塗裝的樣本板也會實際塗在被塗物上，或是塗在三六判（譯註：橫3吋、約91mm、縱6寸、約182mm）的合板做為樣本板。
顏色樣本	用來確認色彩的樣本板。此種樣本板的尺寸較小，約5×10cm或是10×20cm，到最後有的做法是仍會用表面修飾成果樣本板再次確認色彩
階段流程樣本	為展示塗裝各階段的流程或各階段塗膜的顏色，使用寬幅一定的板展示各階段的塗膜樣貌

圖20｜各階段塗裝流程的樣本

定期展示底塗層、中間塗層的樣貌。

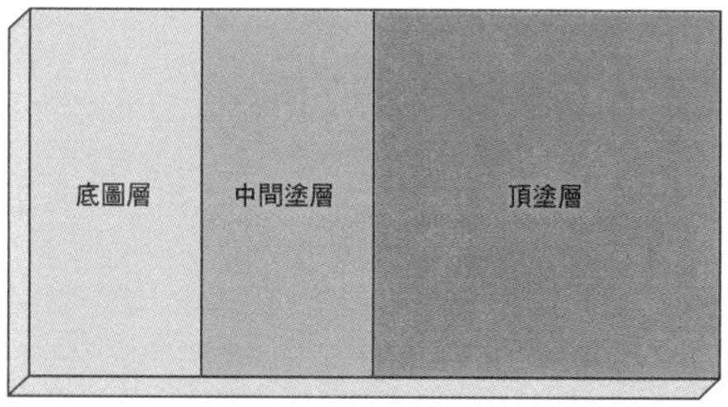

氣泡隆起｜あわ
受到未加工原料表面或塗膜中殘留的空氣，或是塗膜中溶劑等原因的影響，塗膜表面上形成小空穴或隆起的現象。出現空氣泡的情形稱作針孔（Pinhole），隆起的情形稱作發泡[照片17]。

塗料垂流｜垂れ
塗在垂直面上的塗料向下流動，影響完工飾面的成果。

凹點｜はじき
在未加工原料表面塗附塗料時，塗料形成的塗膜表面向下凹陷到達底材的現象，稱作凹洞現象。

皺褶｜しわ
厚塗膜上方發生乾燥現象，或是底塗層乾燥不完全時，塗膜表面出現的皺紋現象。

破裂｜割れ
塗膜面出現不規則的線狀裂痕[照片18]，英文是cracking。

照片17｜氣泡隆起

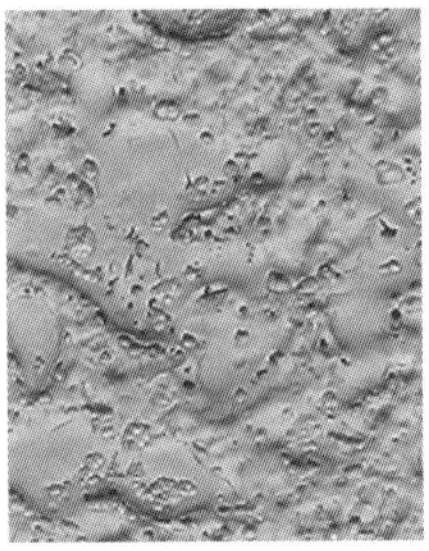

裂痕｜ひび割れ
細微裂縫。

漏塗部位｜塗り落とし
尚未塗附的部位。

木紋凹陷｜目やせ
木材的塗裝施作中，木質導管孔的填充整平塗附作業不夠充分，導致塗膜上出現沿著木質導管的凹陷痕跡。

表面瑕疵｜浮き
將塗料重疊塗附時，頂塗層向下侵害底塗層，出現細小皺紋或裂痕的缺損現象[照片19]。

塗膜試驗

十字形割劃試驗｜クロスカット試験
用來判定塗膜附著度的試驗之一[圖21]。在塗膜上以刀片割劃出X字形，在上方貼附強力透明膠帶，再從與膠帶的垂直方向，將膠帶剝除，依據膠帶剝除後的塗膜狀態來判斷塗膜附著度。是簡單的試驗方式，只要是平滑的塗膜，皆可以使用此種試驗方式。要注意的是，若塗膜發生劣化，表面粉末化，或是表面殘留附著物，會讓透明膠帶無法充分黏著，將無法以此試驗方式判斷附著強度。如屬此種情形，則應充分清理塗膜表面後再進行試驗。此外，用刀片割劃出X字形時，割痕深度需到達底材。

照片18｜破裂裂痕

棋盤格子狀割劃試驗｜碁盤目試験
用來判定塗膜附著度的試驗之一[圖21]。試驗方式與劃十字試驗相同，不一樣的地方是在塗膜上割劃的方式，此法是在塗膜上割劃出棋盤格子形，再依據剝落的情形來判定附著力。棋盤格子的間距寬幅依底材或塗膜種類而各有不同。若是金屬底材，割劃出的棋盤間距寬幅約1～2釐米，水泥系底材則是5釐米左右。

照片19｜隆起瑕疵

黏著（Adhesion）度試驗｜アドヒジョン試験
用來判定塗膜附著度的試驗之一，使用專門的測定儀器。將塗膜表面充分清理後，貼上黏著劑材料約日圓一圓大小的圓形。乾燥之後，沿著黏著劑材料周邊，利用刀片割劃至底材，裝上黏著度試驗儀器，進行黏著度測定。以數值來表示塗膜附著度，利於判讀。

拉拔試驗｜引張り試験
用來判定塗膜附著度的試驗之一，使用專門的測定儀器。在塗膜上貼附的黏著劑材料大小約40釐米正方形，比較大，適用粗糙的表面。試驗步驟依序是在塗膜上貼附黏著劑材料後，沿著黏著劑材料周邊，利用刀片割劃至底材，裝上黏著度試驗儀器，進行測定。以數值來表示塗膜附著度，利於判讀。

圖21｜十字形割劃試驗

試驗結果與評價基準

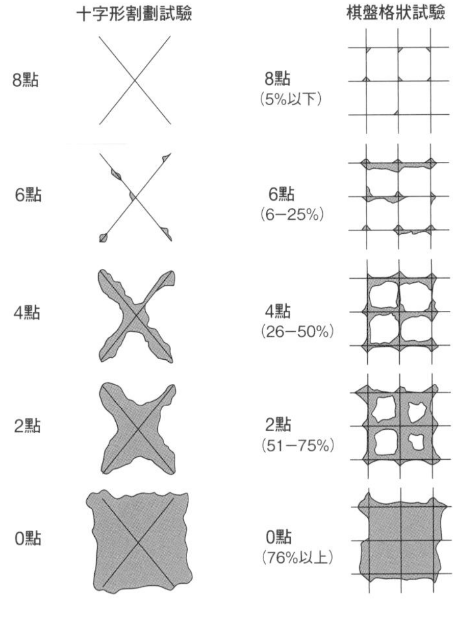

TOPICS｜3

無障礙

ADL（日常生活活動）｜ADL

英文Activities of Daily Living的簡寫。每天日常生活作息中的基本生活動作，①以身體軀幹為中心活動的周圍動作（用餐、更衣、整理儀容、衛廁、洗澡入浴等各種動作）、②移動動作、③其他生活相關動作（家事、搭乘交通工具等）等。

QOL（生活品質）｜QOL

英文Quality of Life的簡寫。意指生活的品質、生命的品質、人生的品質。每個人不僅在實際生活周遭的物質面、經濟面上得到豐足的生活條件，也在精神面上獲得滿足感、安定感，整體生活品質得以提高，達到身心調和狀態。

PT（物理治療）｜PT

英文Physical Therapy（物理治療）、Physical Therapist（物理治療師）的簡寫。物理治療的目的在於藉由復健體操等運動療法或電療刺激、按摩、溫熱療法等物理方式，讓身體機能障礙或肢體障礙者回復基本動作的能力。

OT（職業治療）｜OT

英文Occupational Therapy（職業治療）、Occupational Therapist（職業治療師）的簡稱。職業治療是為了讓身心障礙者獲得積極的生活，不間斷地在醫院的治療訓練，也提供種種職業活動上的治療、訓練、指導以及援助。職業活動包括①日常生活中的個人活動（前述ADL）、②製造生產性質的職業活動、③表演創造性質的活動、④娛樂性質的活動、⑤認知教育性質的活動。

MSW（醫務社會工作）｜MSW

英文Medical Social Work（醫務社會工作）、Medical Social Worker（醫務社會工作者）的簡稱。醫務社會工作者以技術、活動援助的方式，讓受輔者與受輔家庭有效地接受保健、醫療等機關提供的社會福利援助服務。醫務社會工作者從屬於保健、醫療機關，向受輔者與受輔家庭介紹、協調、調度社會保障或社會福利服務等的社會資源，解決受輔者與受輔家庭在經濟、家庭生活等方面的問題，並協助受輔者與受輔家庭獲得自立的能力。

家庭輔導社工｜ホームヘルパー

拜訪高齡者或身心障礙者等受輔者的家庭，協助沐浴、排泄、用餐等日常生活作息活動，幫助採買、洗衣、打掃的輔導社工。或是協助受輔者與相關機構取得聯絡，提供生活、身心、照護等方面諮詢建議的家庭照護社工。

CW（照護員）｜ホームヘルパー

英文Care Worker（照護員）的簡稱。以家庭輔導社工為業的專業職別，工作內容包括家事協助、照護等。在日本需取得國家資格，成為「介護福祉士」，不僅需具備家事援助、身體照護的知識技術，也需掌握受輔者身心面的狀況，在環境方面，掌握受輔家庭與地區的援助資源及技術，需有高度職業倫理。

照護輔導經理人｜ケアマネージャー

照護輔導專業者。為了讓受照護者在日常生活中獲得自立能力，藉由溝通，了解受照護者需求，聯絡、協調、調度受輔者所屬地區的社會資源，提供到府照護服務、設備服務等社會福利的專業輔導員。以「指定居宅介護支援事業者（家庭看護指定業者）」的專業者身分，為受輔導者、受援助者擬訂「照護服務計畫書」。或是評估受輔導者、受援助者是否需要入住照護保險相關可住院設施，為受輔導者、受援助者擬訂「照護服務計畫書」並作必要的安排。

社會福利居住環境協調者｜福祉住環境コーディネーター

提供高齡者或身障者在優質住居方面的諮詢服務。具備醫療、社會福利、建築等相關體系的豐富知識，與各方面的專家（建築師、照護輔導經理人等）合作，擬訂適合使用者的住宅改建計畫書，其中包含各式各樣的住居輔具或照護保險等資訊，解決使用者的需求及提問。

老人保健設施｜老人保健施設

1986年開始制度化的老人保健相關建設設施。病症安定期間作為就診、復健使用，平日期間作為日常生活的照護使用。為了鼓勵受照護者回家復健，原則上可入住期限為三個月。

特別養護老人之家｜特別養護老人ホーム

簡稱特養。老人照護福利設施。1963年開始施行老人福利法，一直以來「養老設施」區分為特別養護老人之家、養護老人之家、自費老人之家三種類型。因重度身心障礙高齡者平時所需要的照料，在自家不易做到適切的照護，因此開始設立了特別養護老人之家。目前逐漸全部轉化成個人居室的型態，將入住者分組，約每十人為小規模單位，並提供尊重個人自主隱私的照護服務（個人居室照護），是新型態的居住福利照護設施。

圖｜社會福利輔具

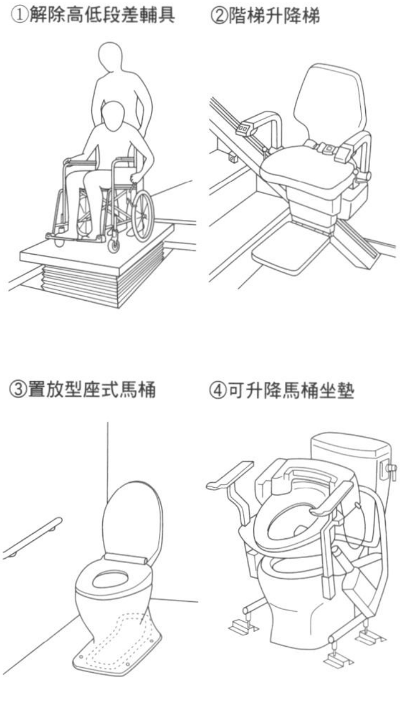

飾面

木作・室內裝修工程 8

本篇內容以乾式工法室內裝修工程中的樓地板、牆壁、天花板等相關材料、收邊、工法為主，同時也將表面修飾板相關資料整理如表1供參考。

木作・加工

大壁｜大壁
建築的內外壁上，利用裝飾用化粧板材將柱或梁等結構材遮蔽不外露的收邊方式。常見於西洋建築，氣密性好，防寒、防音效果也好[圖1]。

真壁｜真壁
柱子外露的牆壁，牆壁飾面材收納在柱面，常見於日式建築。真壁中心部位的壁體較薄，斷面面積大的斜撐較不易設置於真壁內部[圖1]。

榻榻米靠牆連結材｜畳寄せ
真壁（柱子外露的牆壁）的日式居室中，用來充填在榻榻米與牆壁相接間隙中的填縫材料。

幅木（踢腳板）｜幅木
安裝在樓地板四周與牆壁相接處的構材，具有保護牆壁下端、避免間隙產生的效果。比壁面突出的幅木形式稱作出幅木，比壁面內縮的稱作入幅木，與壁面收在同一面上的稱作平幅木（面幅木）[圖2]。幅木材料種類包括木材、合成樹脂（硬質、軟幅木）石材、磁磚、水泥砂漿等。若在牆壁、樓地板的飾面工程施作之前安裝幅木的話，需對幅木做好防護避免汙損。

梯間幅木（梯間踢腳板）｜ササラ幅木
貼在階梯與牆壁之間的寬幅塑膠PVC製幅木。將一塊塑膠PVC製幅木依樓梯形狀裁剪，通常一塊可分作兩塊使用。

迴緣（天花收邊板）｜迴緣

表1｜主要的表面修飾材料種類

三聚氰胺（Melamine）化粧板（譯註：美耐板）	將含浸於三聚氰胺（Melamine）樹脂的紙用熱壓方式黏著在苯酚（Phenol）樹脂積層板的表面的製成品總稱。具有高耐磨耗性、高耐熱性，運用在櫃台或桌子的頂面，或是建物中使用水的室內場所。芯材、表面材都使用三聚氰胺（Melamine）的板材雖然價格高昂，若能巧妙運用在家具的零星部位，雖然使用量少，卻能得到很好的效果
聚酯（Polyester）化粧合板	在底材合板上張貼專用的紙，再在上面與苯酚（Phenol）一起澆入聚酯（Polyester）樹脂，製成厚度2.7～4.0釐米的化粧合板。具有耐水性，大多運用在需使用水的室內場所或家具，做為表面修飾材料。可以用水擦拭，容易維護保養。最近開發出消除聚酯（Polyester）特有臭味的商品，更適合運用在家具或室內裝修上
陶瓷（Ceramic）化粧板	將水泥、石棉、二氧化矽（Silica）以高壓壓製成形，表面陶瓷化加工，再以無機顏料上色製成的化粧板。使用的基底板材、表面塗膜都是完全不燃的無機質材料，適用於住宅中需要用到火的場所（廚房）。耐水性、耐氣候性、耐汙染性、耐藥品性佳，不僅侷限於室內，也適用於室外。相關製品有日本Toray ACE株式會社出廠的「glasal」
廚房面板（Kitchen Panel）	將三聚氰胺（Melamine）樹脂或丙烯酸（壓克力）樹脂壓附在無機質基底板材上的板製品。此種製品的開發重點在於不燃，以及主要使用於廚房周邊等用途。特別是瓦斯爐的周圍，自從此類製品開發出來以後，過去只有磁磚可用，現在清理磁磚接縫的煩惱得以解除。可製成各種紋樣。相關製品有日本Sumitomo Bakelite 株式會社的「Decorafunen（不燃化粧板材）」、大建工業株式會社的「Kabetairu Paneria（壁板材）」
壓克力板	丙烯酸（壓克力）樹脂不僅像塑膠一樣不鏽、不腐蝕，同時也具有透明性、易於加工、耐氣候等特性，做為板材的主要成分，以澆注（casting）和擠出（extrusion）方式製成。壓克力板透光率93％，超越玻璃90％。另也有中空壓克力板。用來當作隔間或門窗的製品有旭化成株式會社的「Delaglas」、Kuraray 株式會社的「Comoglas」「Paraglas」、住友化學株式會社的「Sumipex E」「Sumipex」、Mitsubishi Rayon 株式會社的「Acrylite E」「Acrylite」等
聚碳酸酯（Polycarbonate）板（譯註：波麗板）	相較於玻璃，比重僅佔一半，透明度和平滑度也比玻璃優，切斷或開孔的加工容易施作。種類有平板、中空板、波浪板，可替代玻璃，或使用在隔間、門窗或屋頂材。特別是耐衝擊性、隔熱性佳，但缺點是易受靜電汙損、易有損傷，因此只被認定為不燃材料。相關製品有旭硝子株式會社的「Lexan」「Carboglass」「Twin Carbo」等
FRP板	FRP（Fiber Reinforced Plastics）材料是大家熟悉的防水材，廣泛應用在拉擠成形材或板材、波浪板、百頁材等製品上。目標是與其他塑膠材料的透明感有所區別，製作出獨樹一格的質感。相關製品有旭硝子株式會社的「Armorlite」等
人工大理石	人工大理石　考量使用容易度及價格，人工大理石常使用在住宅。雖然名稱是大理石，但不一定要看起來是大理石，也有模仿花崗岩或是單色的製品。使用多種樹脂，其中以丙烯酸（壓克力）、甲基丙烯（Methacrylic）樹脂的性能最好。大多使用在櫃台，也可用於洗臉盆或照明器具、隔間等部位。相關製品有杜邦公司（Du Pont）的「Corian」、ADVAN株式會社的「Kory Lite」等
天然實木薄板	從天然實木上切削下的裝飾用單片化粧板材，厚度約0.25～1.0釐米。使用在住宅的大多是將普通合板做為基礎板，再貼上天然實木薄板，作成天然實木化粧合板。表面貼附的天然實木薄板的種類，以及貼附的圖樣，創造出豐富的紋理表情。因使用天然實木，需留意實際與樣品之間的差異。天然實木薄板廣泛運用在天花板、牆壁、門窗等部位
MDF	利用木質廢棄物做為原料，使之纖維化再壓製而成的纖維板。一般比合板質地平均，表面平滑，從外到內材料緊實，裁切後的切斷面好看，可直接外露供人欣賞。可用在櫃台、天花板、室內裝修材料、家具、門窗等用途

安裝在天花板四周與牆壁相接部位的構材。用來收齊壁材與天花板材[214頁圖3、4]，兼具收邊與裝飾功用的棒狀構材。質材包括木製與樹脂製。

平面收邊材｜見切り縁

在沒有高低差的面上安裝橫向木材來收邊。此外，也有在樓地板上使用黃銅棒來收邊。

陰角收邊材｜雑巾摺り

主要使用在和室的凹間（譯註：和室中內凹供展示的空間）、地板、壁櫥中的隔板、壁板等構材與牆壁之間相接部位，用來收邊的小斷面（斷面面積小）構材。用抹布清理時，為了防止水氣及灰塵沾染接縫而設置，也廣泛應用到和室空間的走廊、櫥櫃等。

押緣（固定用收邊材）｜押し縁

用來遮掩及固定板材的續接部位或邊端部位的縫隙，呈細長的棒狀材料。

邊框收邊材（外露框）｜額縁

在窗戶或出入口與周邊牆壁相接的部位上，在施工現場用來收齊壁材而安裝的邊框構材。若門的邊框是工廠預製品的話，稱作Casing。

大壁附加柱｜付け柱

安裝在大壁底材上的裝飾柱，使用化粧板材，不具結構效力，讓大壁看起來像真壁。附加柱的狀態是在大壁前安裝薄板，需使用充分乾燥處理過的材料做為薄板。此外，附加柱的安裝會改變與其他居室之間的牆壁完工位置，因此需留意收邊處理。

大壁附加柱｜付け柱

安裝在大壁底材上的裝飾柱，使用化粧板材，不具結構效力，讓大壁看起來像真壁。附加柱的狀態是在大壁前安裝薄板，需使用充分乾燥處理過的材料做為薄板。此外，附加柱的安裝會改變與其他居室之間的牆壁完工位置，因此需留意收邊處理[214頁圖5]。

床間（凹間）｜床の間

圖1｜真壁與大壁的不同之處

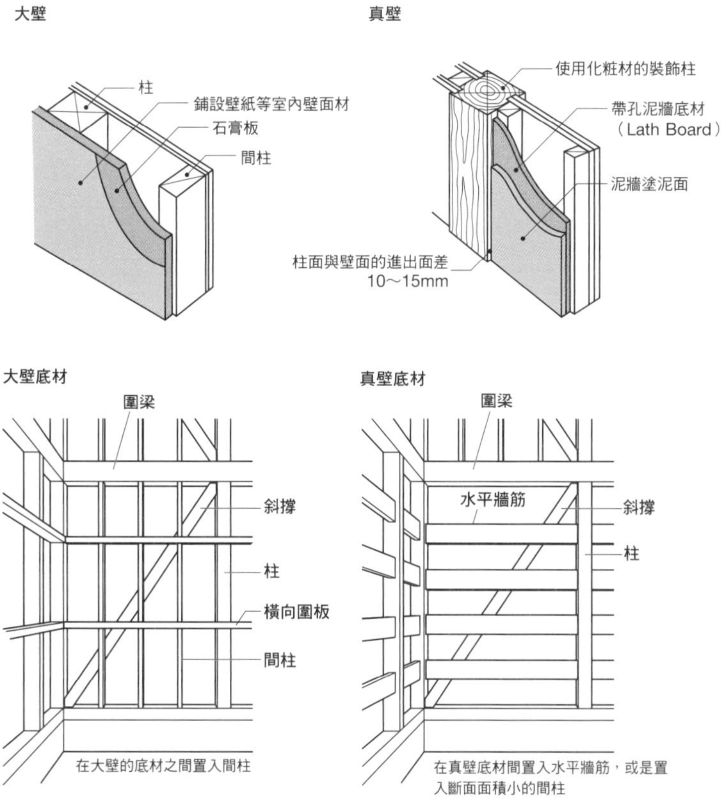

在大壁的底材之間置入間柱
在真壁底材間置入水平牆筋，或是置入斷面面積小的間柱

圖2｜幅木（踢腳）

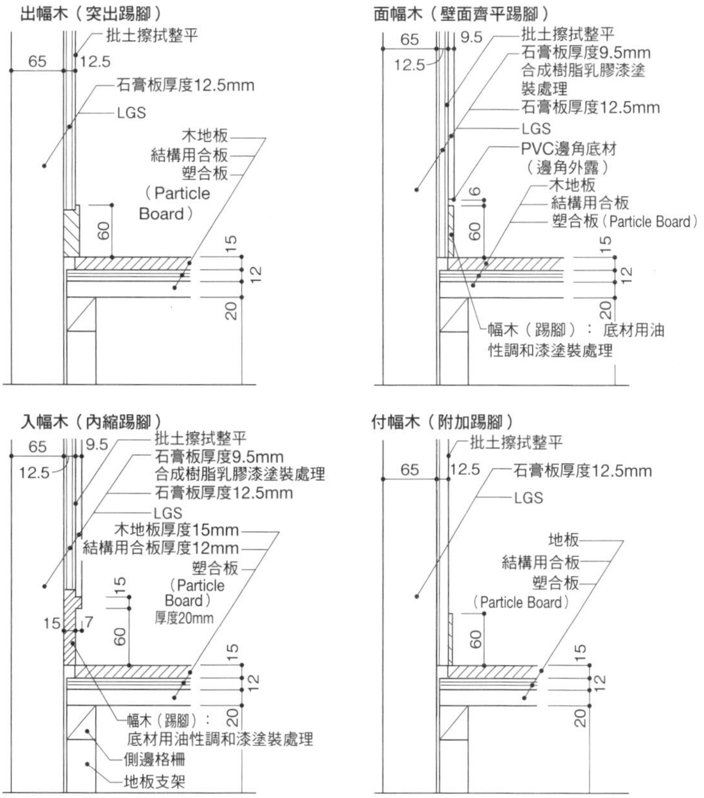

圖3｜室內各部位名稱

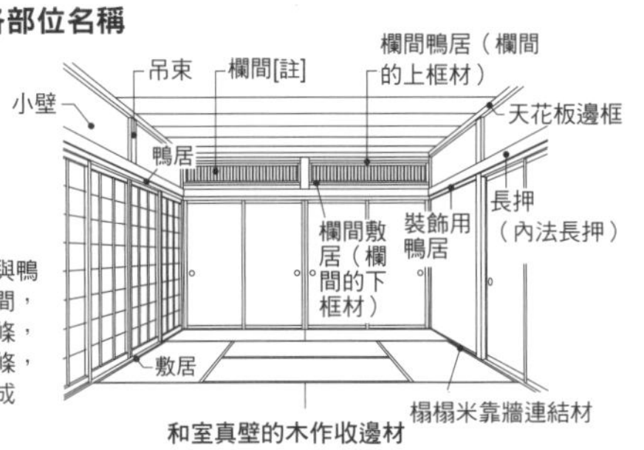

譯註：在天花板與鴨居（上門楣）之間，由縱向密集細木條，橫向上中下各一條，以格子狀相交而成

和室真壁的木作收邊材

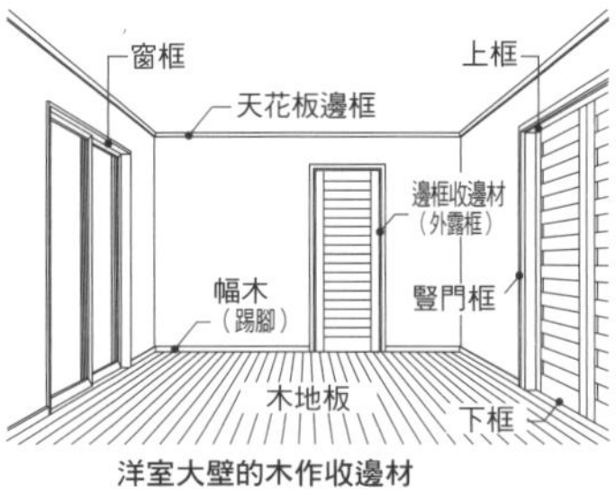

洋室大壁的木作收邊材

設置在和室中做為室內裝飾的空間。現代的凹間標準尺寸大約是寬幅一「間」（約1.8m公尺），縱深半「間」[214頁圖5]。

床（凹間地板）｜床

凹間中的地板。凹間的地板種類包括本床（譯註：在床框（凹間段差化粧材）上置放榻榻米，比和式榻榻米地面高，標準的凹間地面處理方式）、蹴床（譯註：省略床框（凹間段差化粧材），用板材取代榻榻米，固定成凹間地面的一體成形處理方式）、踏床（無段差，與和式榻榻米地面齊平的凹間地面處理方式）等。

框｜框

在凹間或玄關高起段差部位的側面，橫向置入的裝飾用化粧材。

床框（凹間段差化粧材）｜床框

在和室凹間地面高低段差部位的側面置入的裝飾用化粧材。大多使用與「床柱（凹間主柱）」相同的材料，塗上著色漆或是讓木紋理更為明顯的透明漆，或是梨皮表面修飾處理（譯註：表面呈現均勻細微粒紋），或是消豔（無光澤）表面修飾處理等。化粧材的形狀以正方形為主，也有使用整支磨砂處理過的原木圓椿、擬鏽紋加工處理的檜木原木圓椿等的鋪設方式。若是呈現原木紋的完工面，則會使用紫檀、黑檀、黑柿、櫸、櫪、桑樹等原木。

下門檻｜敷居

日式拉門障子(sho.u.ji)或襖(hu.su.ma)滑動時，依附的溝槽下方的橫向構材[圖6]。與上方的上門楣（鴨居）成對。屋簷下走廊的外部防雨窗的下門檻，有單溝、無溝、或兼具基礎功能的類型。大多使用松、檜、鐵杉等的平柾目材（徑剖面直木紋材），或是櫻、南洋櫻上方部位的無木紋材。高級的木作工程，會在敷居的溝底部位埋設6釐米厚的木材，稱作埋木。

上門楣｜鴨居

用來置入障子或襖的上方橫向構材[圖6]。有的是在上門楣挖設滑軌溝槽的方式。大多使用檜、杉、鐵杉、雲杉的側　目材（側面的徑剖面直木紋材）。有的不挖設溝槽，也有的是在壁面上安裝類似鴨居的裝飾材。

裝飾用鴨居｜付け鴨居

在沒有安裝鴨居的壁面上，以和室內法（和室建築室內內側尺寸）的測量方式取得鴨居內側高度，並在該高度上裝設的橫向構材。

長押｜なげし

使用於和式建築中，安裝在柱子兩側，將柱子夾住的橫向構材[圖3]。過去通常是指梁、桁等的結構材，現在大多是指裝飾材，稱作「內法長押」。依照所在位置，分別有「地板長押」、「牆腰長押」、「天花板長押」等種類。在日本茶室或現代和室中有時會被省略施作。長押材料深度依照室內空間尺寸有所不同，若是八張榻榻米大小的和室房間，長押深度約75～90釐米。

落掛（凹間上方垂板的下緣材）｜

圖4｜天花板邊框

木製天花板邊框

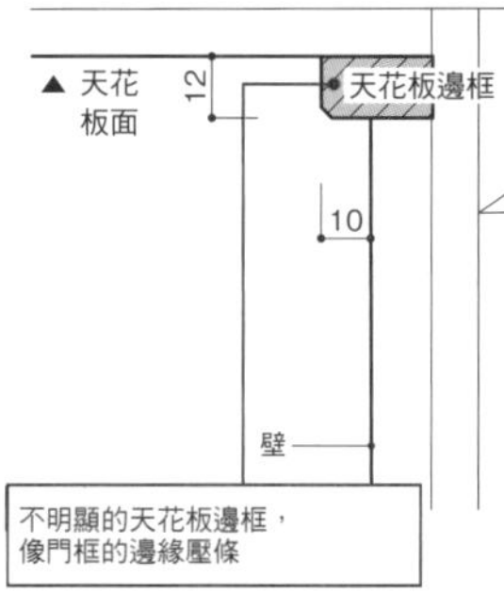

天花板邊框

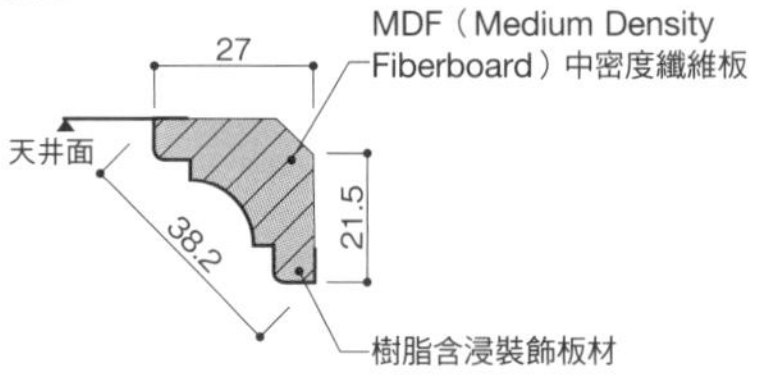

鋁製天花板邊框

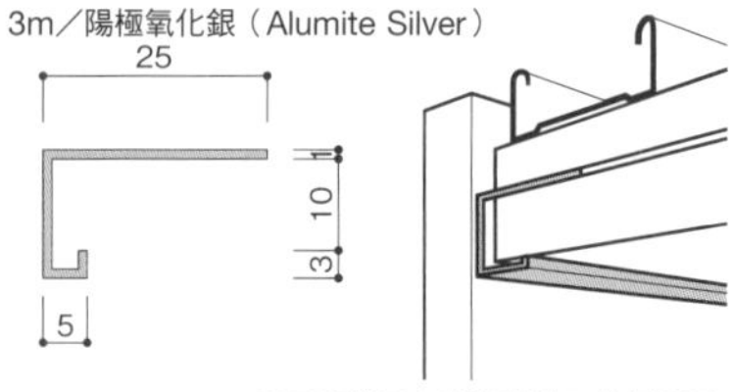

除了鋁製另有樹脂製的天花板邊框

圖5｜床間（凹間）各部位名稱

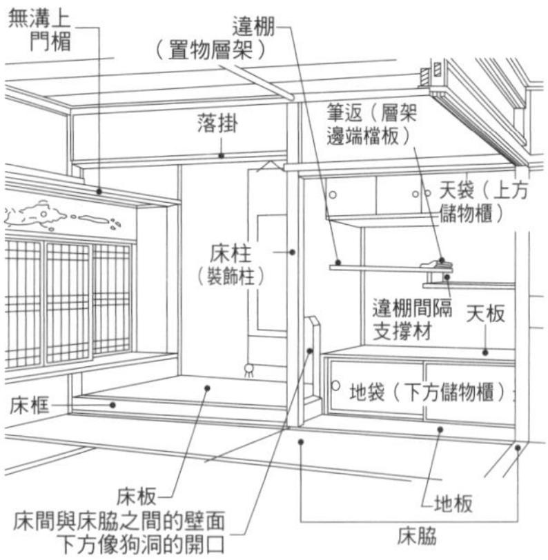

照片2｜完工釘（蚊子釘）

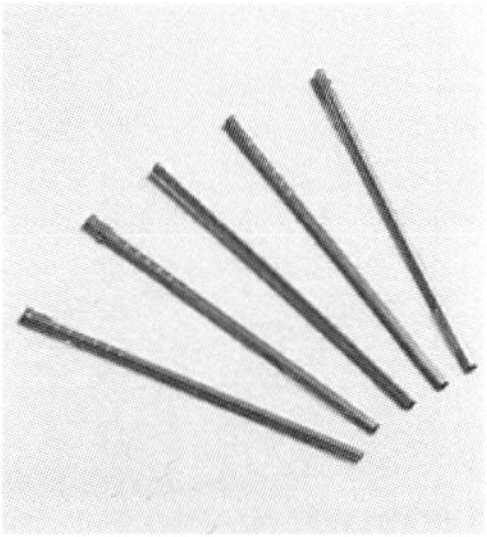

照片1｜大手（接合用膠帶貼布）

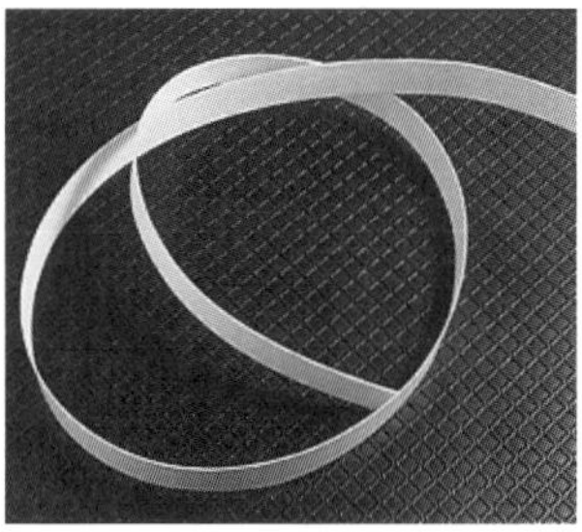

圖6｜鴨居（上門楣）、敷居（下門檻）

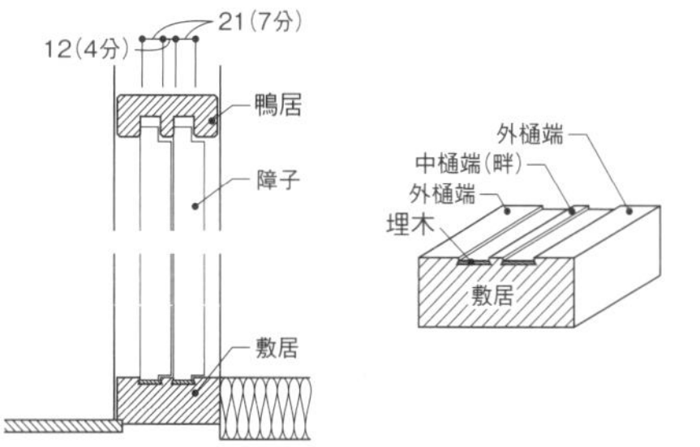

圖8｜主要的天花板形狀

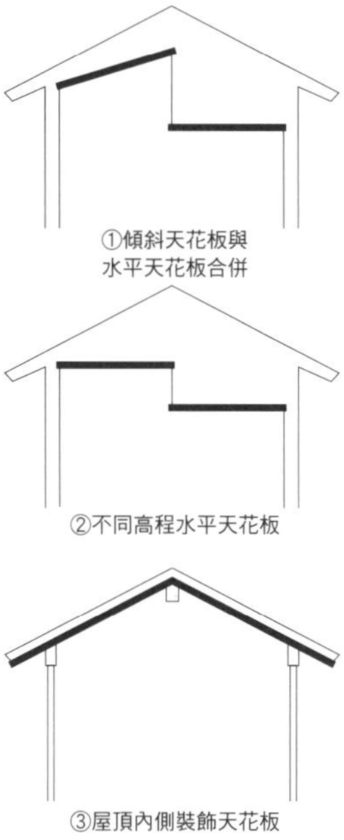

表2｜住宅用天花板種類

傾斜天花板與水平天花板合併	在同一室內空間中，由傾斜天花板與水平天花板共同組構的天花板型態
不同高程水平天花板	水平天花板類型的一種。高度上比主要天花板，再下降一層的天花板型態
屋頂內側裝飾天花板	直接將屋頂底材外露的天花板型態。通常底材或屋架構材會使用裝飾用材料
天花板兼樓地板	不鋪設裝飾材料在天花板上，直接在二樓地梁上裝設樓板，從下方可以直接看到梁與樓板的天花板型態
竿緣（飾條）天花板	在迴緣（天花收邊板）上，以45公分的間隔，配置30釐米正方形斷面的裝飾用長木條（竿緣），並在上方鋪設天花板

圖7｜門框周圍的各部位名稱

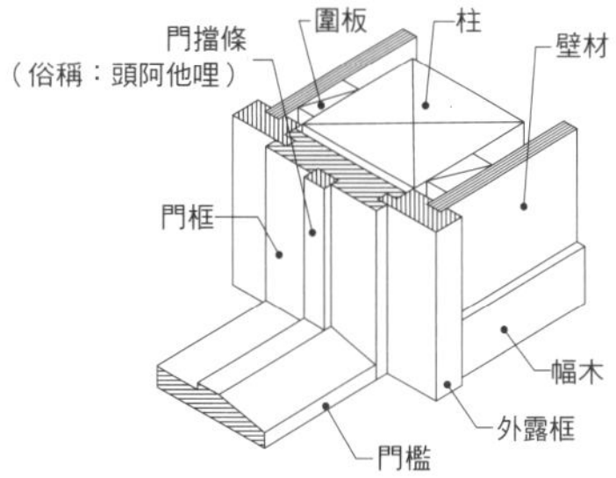

落し掛け

安裝在凹間上方垂板（倒吊牆）的下緣，與凹間地板平行的構材。材料深度稍稍比鴨居深，一般安裝在從長押頂端往上約45釐米的部位，若沒有長押，則安裝在鴨居頂端往上約100釐米之處。

床柱（凹間視覺柱）｜床柱

安裝在床間（凹間）與床脇（凹間旁空間）之間的裝飾柱。種類多樣，常見的有塗裝建材、圓樁木或直接使用原木。也有人使用金屬建材。

床脇（凹間旁空間）｜床脇

設置在凹間旁，一般是由違棚（在床脇的牆面上，上下位移水平錯位設置的外露層架板材，用來置物）、地袋（安裝在床脇下方，推拉門式的儲物櫃）、天袋（安裝在床脇上方的置物櫃）、地板等室內空間元素構成。

門擋條｜戸当たり

位於門框中央部位，門關閉時將門抵住的構材[圖7]。

圖9｜猿頰加工（倒角加工）與屋脊椽木格子

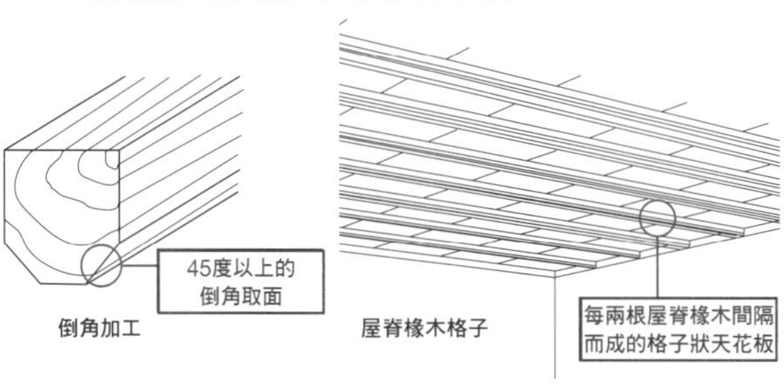

門檻｜靴摺り

安裝在門下方的門檻。為了行走方便，會將邊角部位磨成斜面。最近因考量空間的無障礙化，大多不再安裝。

收邊造型材（Molding）｜モールディング

安裝在接縫或是家具上的長條帶狀裝飾用材料的總稱。

大手｜大手

也稱作橫手。和室拉門或是柱子在垂直方向與門框相接的部位。推開門的此部位表面，一般是用對接方式鋪貼收邊材。大手也用來表示局部材料在對接時使用的膠帶貼布[照片1]。

蚱蜢（天花板固定配件）｜稲子

安裝在竿緣天井（飾條天花板）材料的接合重疊部位上，具有固定作用的木製長方形配件。形狀與蚱蜢相似，因此以此命名。

完工釘（蚊子釘）｜フィニッシュ釘

釘頭小，以專用電動釘槍（Nailer）施打。就算是施打在樓板或牆壁上的外露式完工構件上，也看不大出來。顏色包括有白、米、咖啡、淺茶色共四色[照片2]。

水平天花板—平天井
各式水平天花板的總稱，是最普遍的天花板形式。另有水平傾斜各半組合的天花板、水平高程有段差的水平天花板[表2、圖8]。

竿緣（**飾條**）—竿縁
在凹間並行配置的天花板材，與天花板垂直相交的天花板支承構材[圖9]。

窗台（**窗戶下方支承底材**）—窓台
安裝在窗框下方，用來支承窗戶的橫向架材。也承受膳板（窗台板）的荷重，因此需確實地以釘作固定。

膳板（**窗台板**）—膳板
與窗戶的額緣（外露框）一體成形，與窗框下緣一起收納處理的構材。

薄緣（**凹間地板榻榻米**）—薄縁
鋪設在凹間地板上，用藺草編織的榻榻米。帶有邊框的榻榻米，大多用來當作裝飾性物品。

推拉門收納裝置—軸回し
佛壇推拉門的收納方式，將推拉門以90度打開，一邊順著溝槽滑動，一邊沿著壁面收納進佛壇中[圖10]。要留意佛壇深度若不到推拉門一片寬幅再加上約12公分，會無法將推拉門收納其中。

推拉門收納裝置—軸回し
推拉門收納裝置中的構材，120×21mm的檜木[圖10]。用來掛設佛壇推拉門，此處也安裝伸縮金屬桿件，讓佛壇推拉門可以滑動。最近滑軌也開始應用在此種推拉門的收納裝置上。

內建家具、固定式家具—造付け
將家具成為建物的一部分。分別有木匠師傅在現場製作、安裝的木作工程，以及家具職人在工廠製作後，在現場安裝的家具工程兩種，依預算、完工效果、施工時程等考量來決定。因為一定會觸及建物本體，因此需特別留意與天花板、牆壁、地板之間的收邊處理。若家具不與建築一體成形，則屬於擺設家具。

進出面差—チリ
兩構材間的小段差，接合收邊部位的段差。一般是指和室真壁，柱與壁的段差。

面取（**倒角取面、削角取面**）—面取り
將柱或梁、門窗框材等正方形斷面的材料邊角削成平面或其他形狀，成為新的面。沒有進行削角

圖10 | 推拉門收納裝置

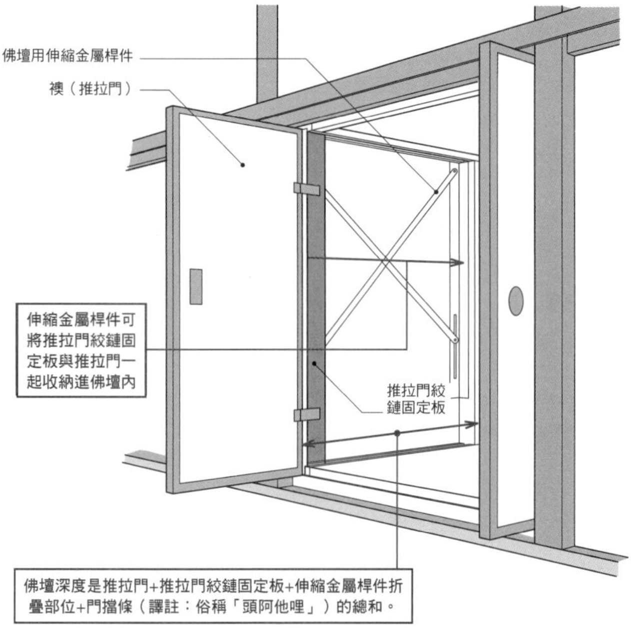

圖11 | 面取（倒角取面、削角取面）的種類

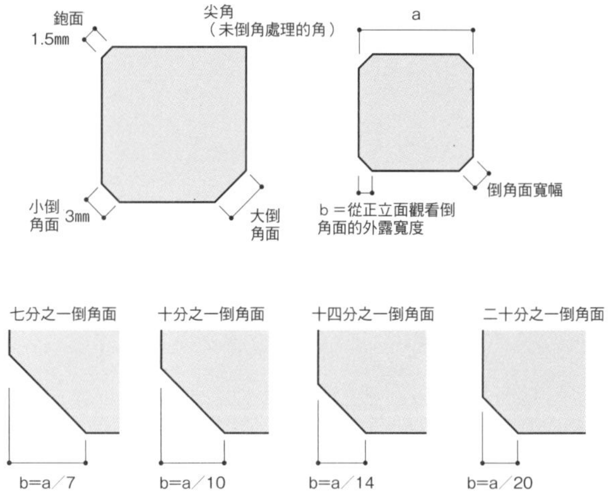

圖12 | 面內、面中、面齊平

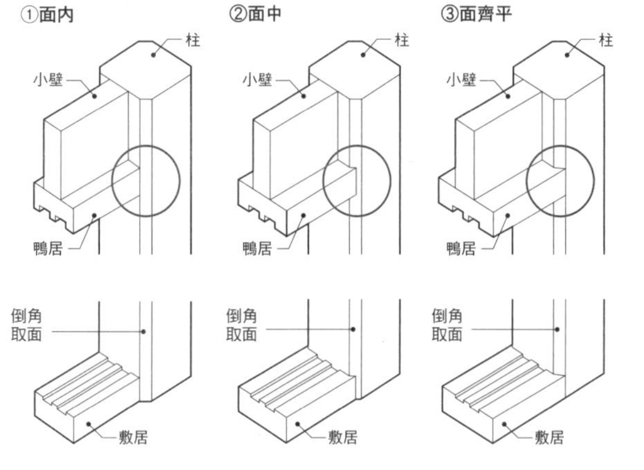

取面作業，呈90度角的稱作直角材。削角後出現的倒角面，依照從正立面所看得到的寬幅，分別有大面（大倒角面）、小面（小倒角面）、鉋面的稱呼[圖11]。

圖13｜外露構件的側面深度（門窗框）

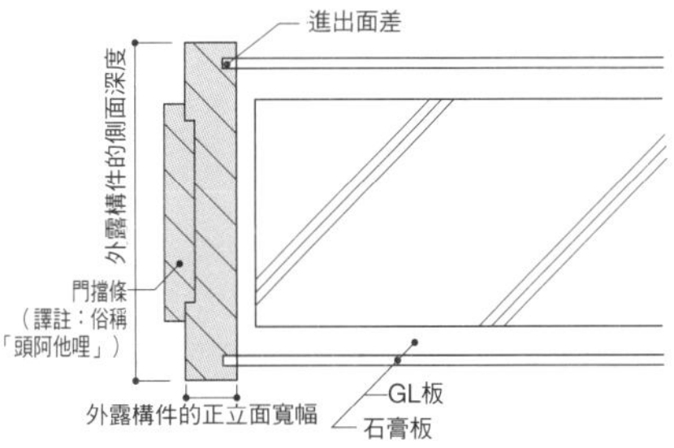

照片3｜空縫對接

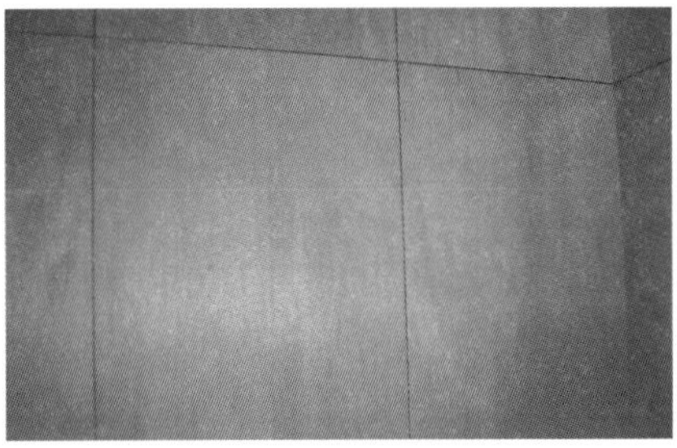

面落（退縮相接）｜面落ち

在框或棧板等構材的相接部位，避開構材的倒角面，而是將相接的另一構材退縮安裝在構材倒角面內側的方式 也稱作「面內」[圖12]。如此一來，可以預留施工誤差彈性，室內裝修的木作工程大多使用此種方式。此外，若接合處是落在構材倒角面的中間，則稱作面中。

面一（表面平接）｜面一

與面落（退縮相接）不同，兩相接構材的面齊平，是無段差的構材相接方式[圖12]。面一需要相當的施工精準度，常使用在門窗施作工程。

小面（小倒角面）｜糸面

削除柱、壁等的邊角，並修飾削角產生的倒角面，稱作面取（倒角取面、削角取面），目的在於保護邊角，改善觸感，滿足設計需求。小倒角面的寬幅，大約是用刨刀輕微地在邊角刨一次的程度。

外露構件的正立面寬幅｜見付け

從正面方向觀看外露構件的正立面寬幅。

圖14｜護條（地板完工處理）

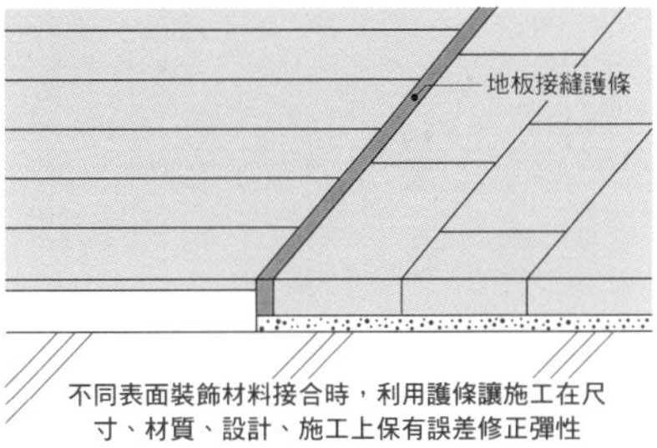

不同表面裝飾材料接合時，利用護條讓施工在尺寸、材質、設計、施工上保有誤差修正彈性

圖15｜護條（梁周圍）

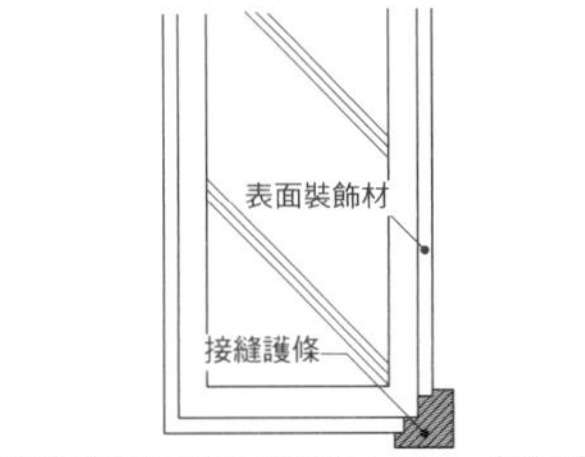

此部位的護條不僅具有設計上功能，也兼具陽角處理以及保有表面裝飾施作誤差的修正彈性

圖17｜刃掛（細邊視覺處理）

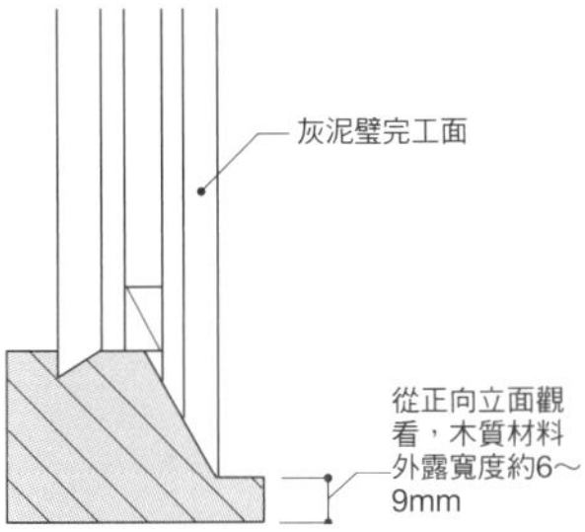

從正向立面觀看，木質材料外露寬度約6～9mm

圖16｜接合種類

<相同材料的接合方式>

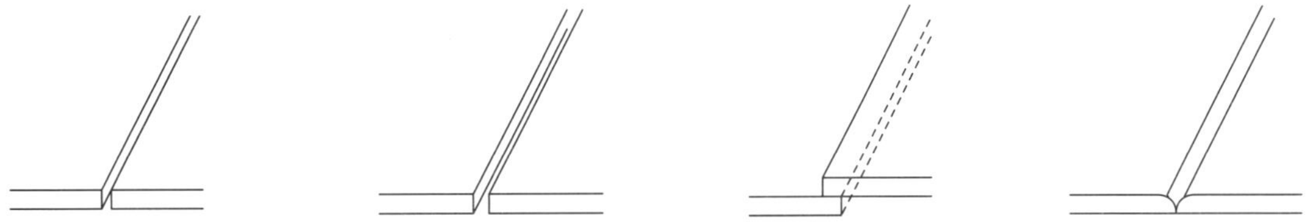

平口對接
無法吸收變形誤差。

空縫對接
接合部位的不平整之處，較不容易被看出來

重疊接合
可以吸收變形誤差。接合處有高低段差

倒角對接
藉於平口對接與空縫對接之間的折衷接合方式

<不同材料的接合方式>

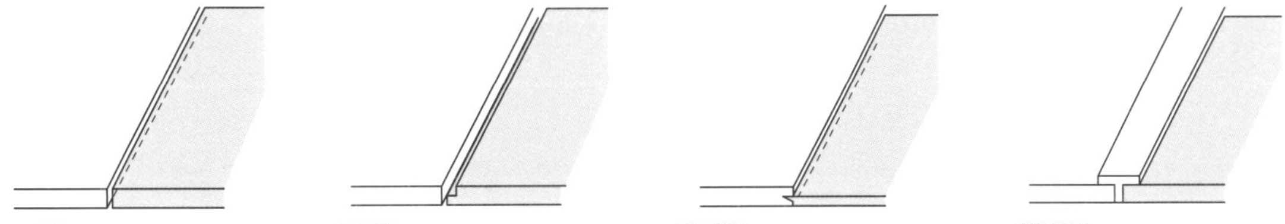

平口對接
雖然施工上要求精準度，但接合的兩不同材料仍會因為經年累月而發生變化

車溝對接
接合部位的不平整較不容易被看出來

楔口對接
就算材料變形收縮，也看不太出來

護條對接
可吸收、調整材料的變形收縮空間

圖18｜對接(門窗框周圍)

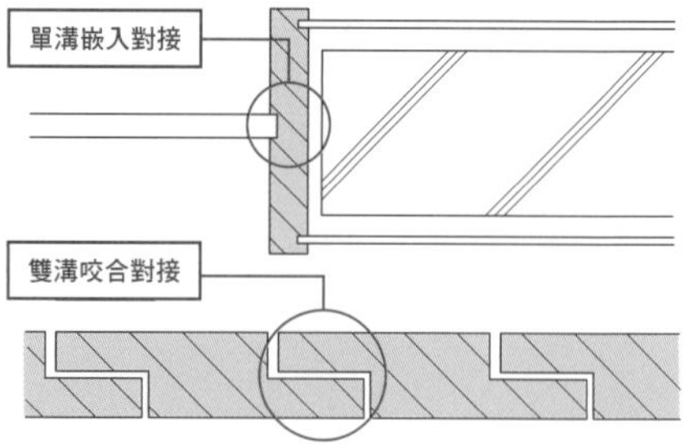

圖19｜空縫對接(天花板)

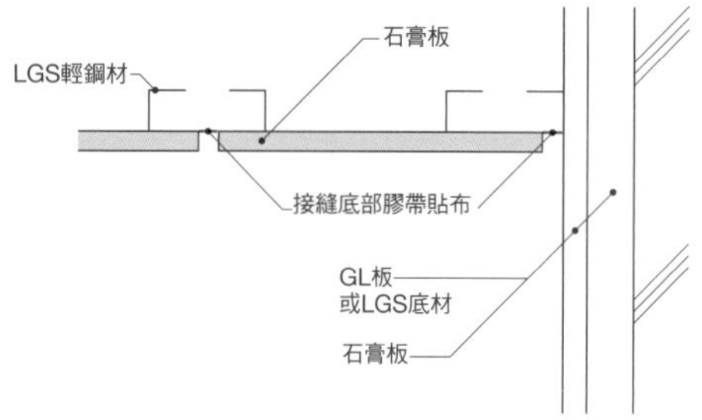

圖20｜契口拼接

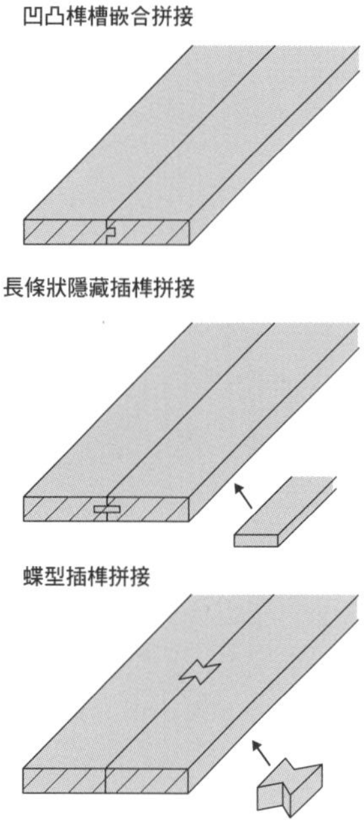

圖21｜樋端

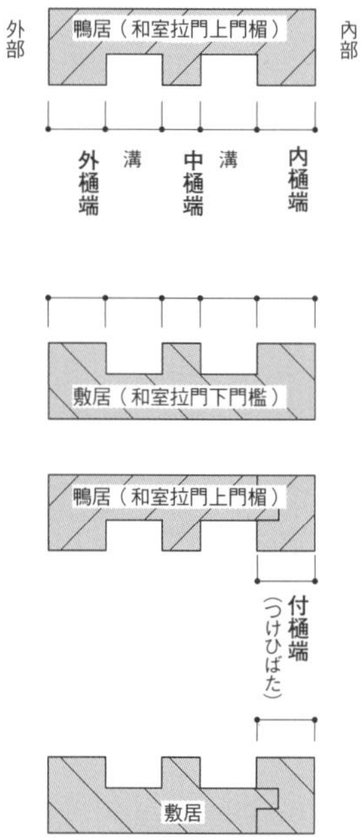

圖22｜角柄

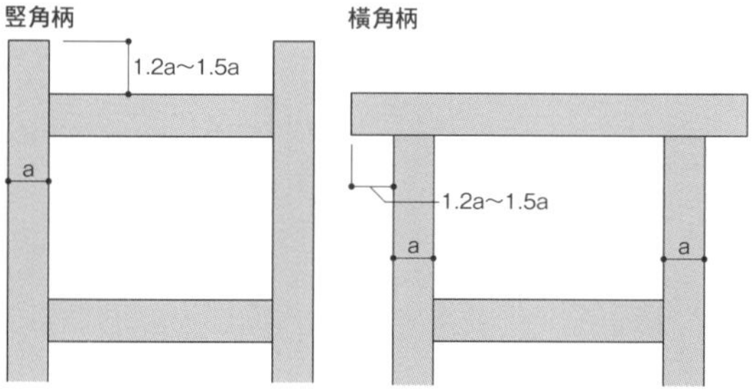

圖23｜倹鈍(可拆卸嵌合)

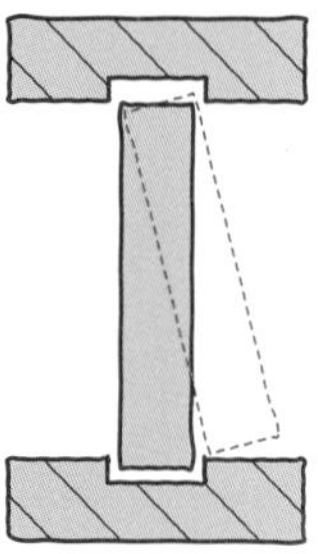

圖24｜溝槽內埋薄木材

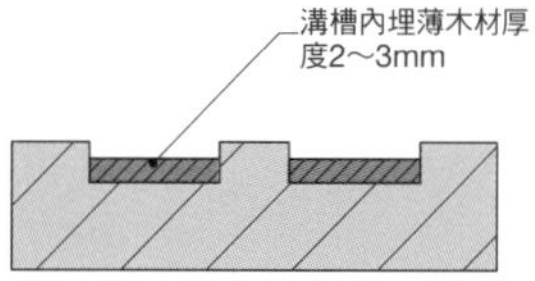

在溝槽內埋薄木材，可防止敷居上的溝槽受到磨損，並讓拉門更容易滑動

外露構件的側面深度｜見込み

從正面方向觀看外露構件的側面深度。

護條收邊處理｜見切

完工收尾的部位、或是數個表面裝飾施作部位之間的接合及收邊處理[圖14~16]。護條收邊若不精準，完工成果會看起來雜亂，整個空間也失去精緻度。

刃掛(邊緣纖細視覺處理)｜はっかけ

木質材料與泥作牆壁的收邊處理，讓木柱或窗框的正立面寬幅看起來比較纖細俐落的工法[圖17]。將木質材料表面削除，填入泥作材料，讓人從正面看到的柱或窗框外露部分像線一般纖細。此工法運用在落掛(凹間上方垂壁的木質下緣材)或袖壁的木質邊緣材，讓木質材料的正立面寬幅變細成6~9釐米左右。

刻溝(車溝)｜決り

在板材或邊框材的側面刻出溝槽，或是削除邊角後做成凸狀[218頁圖18]。刻出的溝槽稱作小穴。刻溝工具使用附有迴旋刀盤的刨溝機。有的是在泥作牆壁邊端的木構材上刻出溝槽，有的是將板材各削除二分之一的厚度，再相互黏結。推開門或橫拉門在關閉的狀態時，為了不讓門框與門之間產生空隙，則會在門框上作出與門厚度相同尺寸的溝槽。

雙溝咬合對接｜相決り

兩片板材的側面用刨溝機各車出板材一半厚度的溝槽，再相互咬合。

空縫對接｜目透かし

一般是指鋪設在天花板、牆壁等的板狀構材(木板、石板、磁磚等)之間接合處，不以對接、平接的方式，而是留有小空隙做收邊處理[217頁照片3、圖19]，也稱作留設空縫對接工法。在天花板與牆壁相接部位留設空隙，用來省略天花板邊角處理也屬於空縫對接的一種。

45度相接｜留め

在組立門框或額（外露邊框收邊材）時，將直角相接的材料各加工成45度後相互接合，並於構材外露處做收邊處理隱藏切口，達成精細的設計質感。過去是先用固定45度角的金屬尺規在木材上畫線後進行45度裁切加工，現在則用可依設定角度進行裁切的電動鋸刀。

企口拼接｜矧ぎ合わせ

將多片短幅木材，順著相同纖維

方向相互黏結成長幅板材[圖20]。相較於單一板材，此種作法做出的製成品較不易發生板材自體隆起或扭曲的情形，可以作出面積大且均質的板材。接合的方式包括凹凸榫槽拼接、長條狀隱藏插榫拼接、蝶型插榫拼接等等。

嵌合｜実

兩片板材側面做出凹部與凸部後相互嵌合的方式稱作凹凸榫槽嵌合。若是在兩片板材側面挖出溝槽，再插入其他棒狀木材的接合方式稱作隱藏插榫嵌合[圖20]。

凹凸榫槽嵌合｜本実

像是可以相互咬合地，將兩片板材的側面加工成凸起狀的嵌合方式[圖20]，也稱作企口拼接。將其中一片板材的凸起處，插入另一片板材的下凹處的方式稱作凹凸榫槽嵌合拼接。此種接合方式大多使用在樓地板材。

隱藏插榫嵌合｜雇い実

將兩片板材的側面加工成下凹溝槽狀，並在溝槽中插入棒狀加工材，將兩片板材相互嵌合的方式[圖20]。插榫質材可與接合板材相同，或使用裁切成細長狀的合板。

樋端｜樋端

意指敷居（和室拉門下門檻）或鴨居（和室拉門上門楣）上的溝槽的兩側凸起部位[圖21]。若有兩條以上的溝槽，溝的外側部位稱作外樋端，介於兩溝槽中間部位稱作中樋端，溝的內側部位稱作內樋端。若是使用其他角材做出溝槽，稱作付樋端。若選擇板目（弦剖面紋路）相同的材質，溝槽的加工作業較容易施作。

角柄（突出收邊）｜角柄

門窗框的收邊處理不在角隅部位，而是讓縱向豎框或上下框材料突出的收邊處理[圖22]。縱向豎框突出上下框的收邊處理稱作豎角柄，上下框突出縱向豎框的收邊處理稱作橫角柄。須留意突出部位的尺寸與整體的平衡感。

倹鈍（可拆卸嵌合）｜倹鈍

將門窗或蓋子嵌入上下溝、左右溝的方式[圖23]。利用溝槽的深淺設計，上溝槽深，下溝槽淺，讓門窗或蓋子可以取下。

無目（無溝槽橫木）｜無目

沒有刻上滑溝的鴨居（和室上門楣），欄間（和室拉門上方氣窗）的敷居（下門檻）。參考室內內側高度裝設，一般出現在沒有拉

圖26｜胴付（主要榫頭切口面）

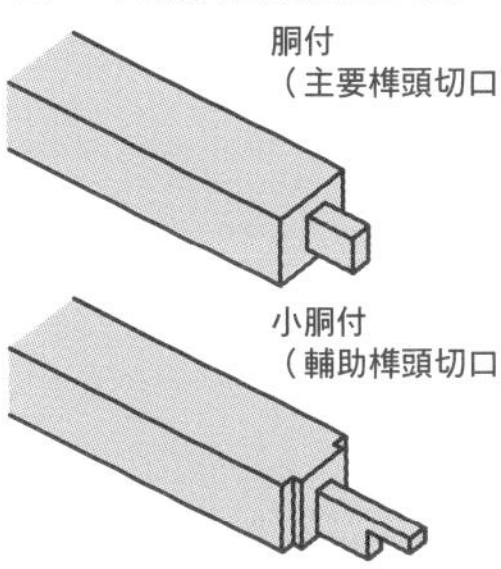

圖25｜藏納搭接

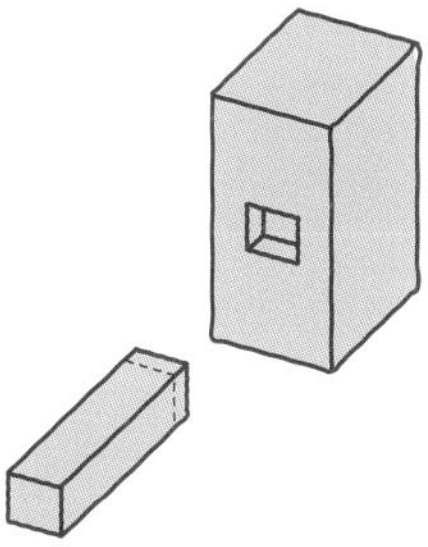

圖27｜銅製活動地板

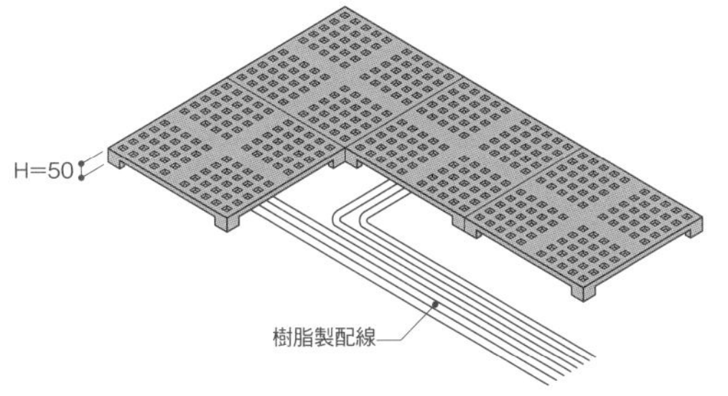

圖28｜樹脂（塑膠）製活動地板

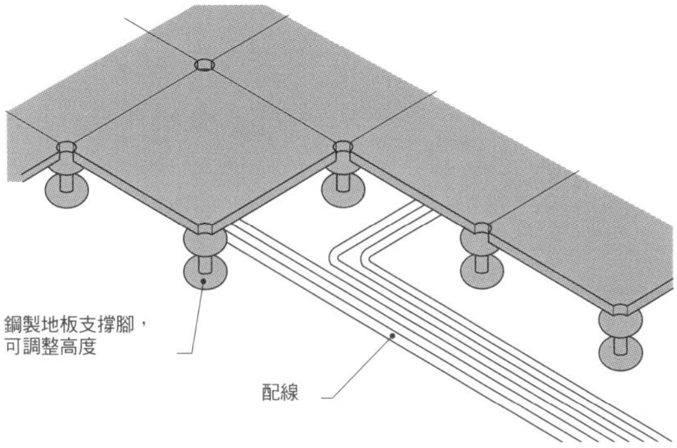

照片5｜活動地板（樹脂製）

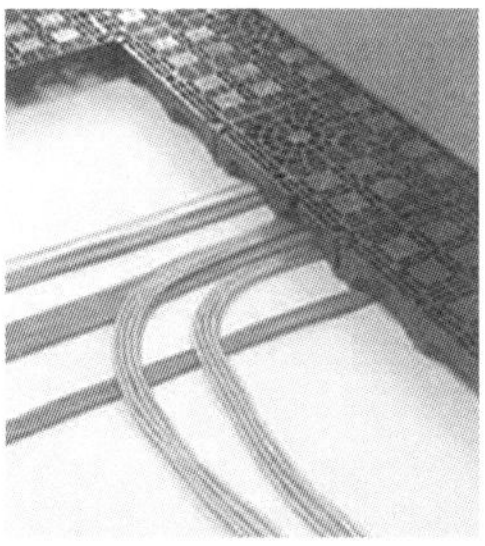

照片4｜活動地板（銅製）

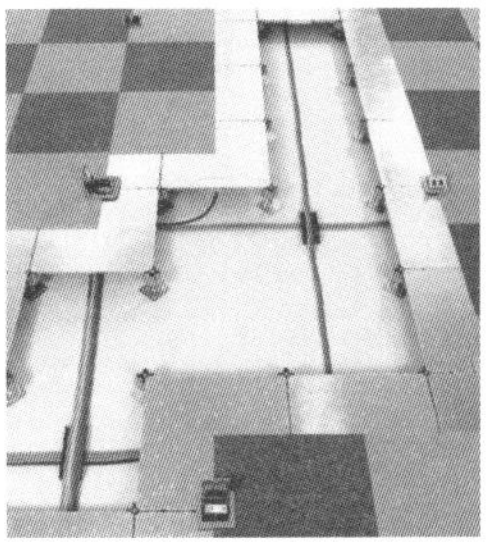

圖29｜地板底材支承發泡材

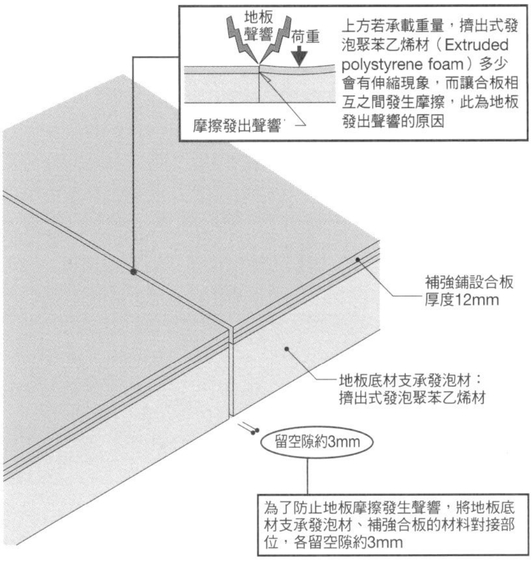

圖30｜各樹種堅硬度

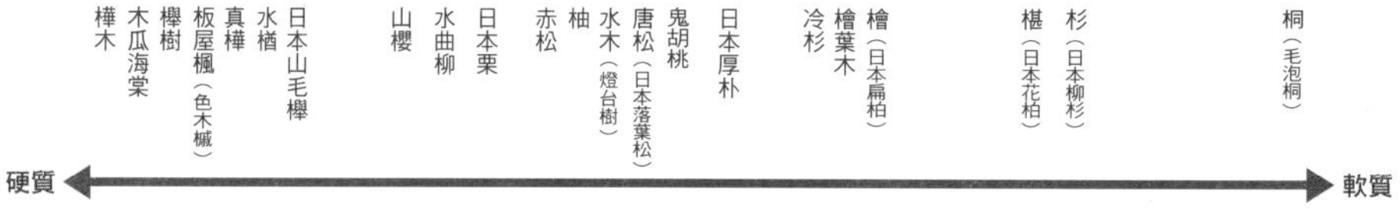

照片6｜主要木地板樹種與鋪設方式

實木複合地板市松（格狀）鋪設 小木板材垂直相交的鋪設圖樣

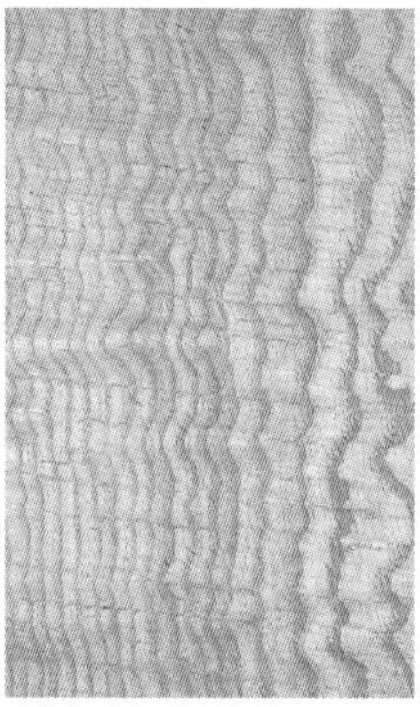
水曲柳　紋理稍微粗糙，質地堅硬，較少發生變形

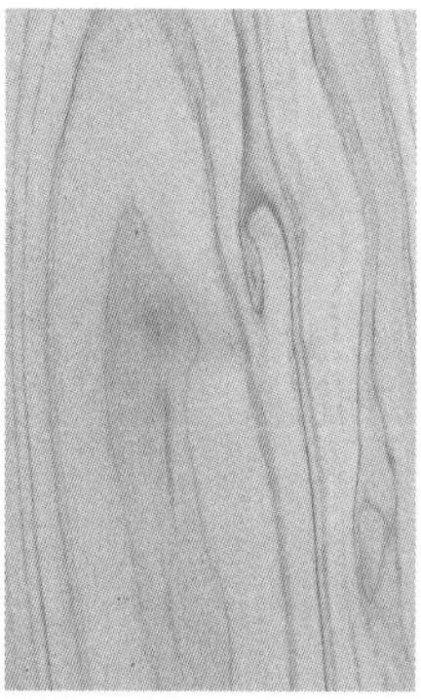
檜　完工面與杉木相似，耐久性及原木香氣更佳

杉　質地軟，重量輕。呈紅色、白色，或是帶有樹節等，木質紋理表情豐富

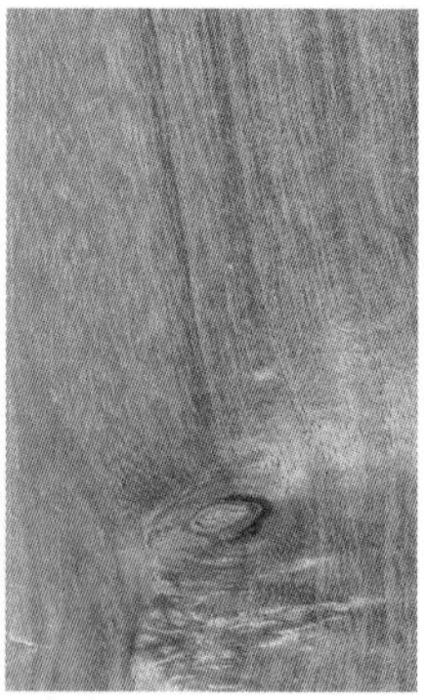
桐　質地軟，做為木地板造成人體足部腰部的衝擊負擔較小，保溫性佳

表3｜木地板種類與用途

種類		用途		定義
		格柵鋪設	直接鋪設	
單層木地板	木地板板材（Board）	○	○	以單片木板板材（包括對接而成的木板板材）接續鋪設成的單層木地板，可使用在有鋪設格柵的木地板或是直接鋪設在樓地板上的無格柵木地板
	木地板塊材（Block）	—	○	將兩片以上的木板板材（包括短邊對接而成的木板板材）並排鋪設成的單層木地板，可使用在直接鋪設在樓地板上的無格柵木地板
	木地板馬賽克拼花組合（Mosaic Parquet）	—	○	將兩片以上小片的木板板材（僅限最長邊22.5公分以下的小板材）並排鋪設成的單層木地板，可使用在直接鋪設在樓地板上的無格柵木地板
複合木地板	複合式第一種木地板	○	○	僅使用夾板做為木地板板材鋪設成的複合式木地板，可使用在有鋪設格柵的木地板或是直接鋪設在樓地板上的無格柵木地板
	複合式第二種木地板	○	○	使用木板板材、集成材、積層材或是夾心板做為木地板板材鋪設成的複合式木地板，可使用在有鋪設格柵的木地板或是直接鋪設在樓地板上的無格柵木地板
	複合式第三種木地板	○	○	複合式第一種、第二種以外的木地板，可使用在有鋪設格柵的木地板或是直接鋪設在樓地板上的無格柵木地板

門的位置。此外，也用來表示上下、左右兩扇窗戶相接時，安裝在中間部位的板材。

溝槽內埋薄木材｜埋め樫

為了防止敷居上的溝槽受到磨損，並且讓拉門更容易滑動，而在溝槽中埋設櫻木、橡木等堅木製成的薄木材[圖24]。也有的是用合成樹脂或竹來製作。在門的下方板材上設置輔助滑動的橫木，以及在門檻溝槽內埋設薄木材，可讓門更輕易地開闔並在使用上更能持久。

現造（對接收邊）｜現造

不嵌入插榫，而是以對接方式來收邊處理。使用在額緣（外露框材）、入口框材上。加工手續簡單，施作上不需熟練的技巧。但是若單單只是對接，大多會出現空隙或歪斜的狀況，因此也會一併使用黏著劑、螺栓來固定。

藏納搭接｜大入れ

維持材料邊端部位的原始形狀，直接插入另一材料之中的搭接方式[圖25]。只有被插入的材料側面上需刻出插穴。此種方式可有效防止長邊方向的伸縮誤差值，大多使用在將柱子安裝在敷居、鴨居的施工上。另一方面，需要將插入材的斷面形狀，精確地投影至被插入材的面上，較為花時費工

胴付（主要榫頭切口面）｜胴付き

將橫架材以插榫方式插入柱中，橫架材上刻有插榫榫頭的切口平面部位[圖26]。若將帶有榫頭的材料切口平面的兩側刻除，做出段差，插入柱中時與柱表面接觸的切口部位稱作小胴付（輔助榫頭切口）。施作小胴付的目地在於將與柱子榫接部位的斷面積加大，以減低榫頭的承重負擔。胴付部位能否與搭接材料相互緊密接著，端看搭接部位的施工精確度與強度。

構件的可活動空間｜遊び

釘、螺栓鬆開，讓兩構件呈現不完全緊密接合的狀態。有時視狀況需要，也有藉由零件的可活動空間來調整力流向的做法。此外，也用來表示沒有發揮應有作用的構材。（譯註：「遊び」在日文是

圖31｜無垢材（自然實木）地板的收邊處理（木造底材）

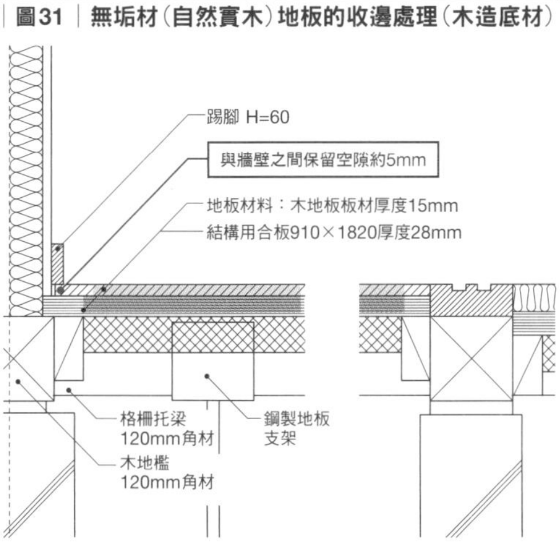

圖32｜無垢材（自然實木）地板的收邊處理（混凝土底材）

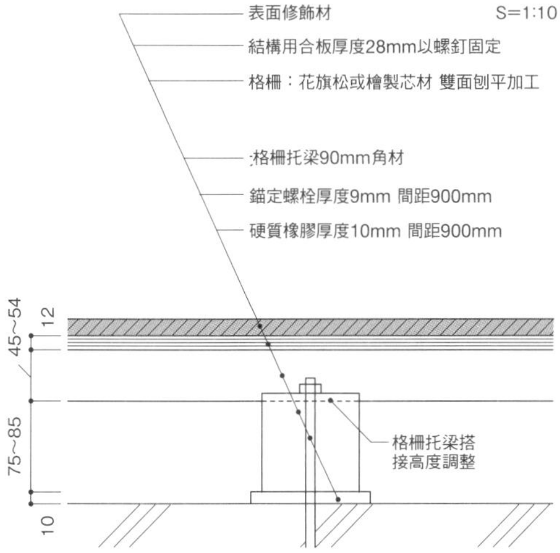

圖33｜複合木地板

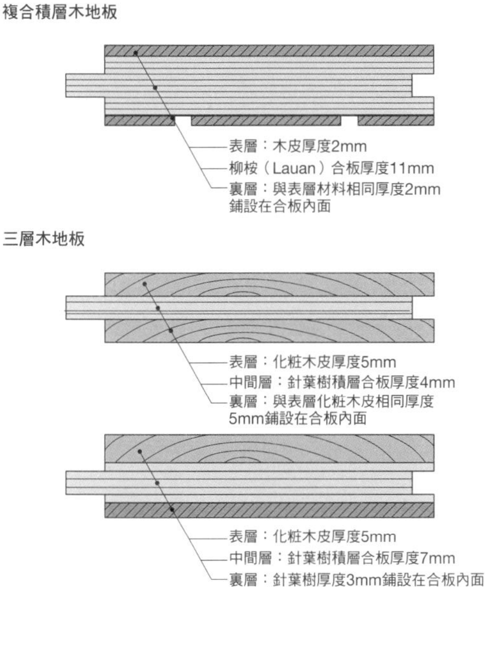

照片7｜檜葉木集成厚板材

照片8｜竹製地板板材

遊玩的意思，藉此比喻沒有發揮正式功用的構材。）

高低差收邊條（Taper）｜テーパー
材料上做出傾斜度的部位。多用在門擋或地板護條部位。

縱向構材延長｜縱勝ち
將構材以直角相互接合時，將縱向構材延長，與橫向構材接合的方法。

地板打底材

使用混凝土模版用夾板做為底材｜コンパネ下地
Concrete Panel，原為混凝土模版的防水合板，轉運用至地板底材上。大多做為補強鋪設使用。

荒床（木地板底材）｜荒床
鋪設在榻榻米下，做為樓地板底材。最近大多將合板當作底材鋪設在榻榻米下方，但若在木造建築中，為讓地板透氣性良好，防止地板受到下方濕氣發生腐蝕，建議使用原木製成的杉木板來鋪設。

活動地板（Free access floor）｜フリーアクセスフロア
也稱Free Floor或ＯＡ Floor。可利用地板下方空間來配置管線的雙層地板系統，也可輕易處理日後的檢查維修或設備更新［219頁圖27·28、219頁照片4·5、227頁圖42③］。特別是低地板型（5～150釐米）的活動地板，隨著辦公室自動化（ＯＡ）普及，大多用在辦公空間。另外也常用可調整高度的鋼製地板支架型活動地板，或是鋪設在平滑底材上的樹脂製活動地板。要留意若安裝施工做得不紮實，踏步在活動地板上時發生板材構件鬆動的話，會影響使用者的步行感受。

自平水泥鋪設（Leveling）｜レベリング
Self Leveling。若直接在混凝土版上進行表面修飾工程的話，需自行使用泥作材料來整平地板，或使用石膏系或水泥系材料。施工過程中，將液狀材料流入地板面上，蜻蜓狀固定用金屬配件均勻分布其上，歷時發生硬化之後，則完成精準度高且平滑的地板面。

地板底材支承發泡材｜根太フォーム

在地板底材的補強用合板內側，鋪設的擠出式發泡聚苯乙烯材（Extruded polystyrene foam）［219頁圖29］。在鋼筋混凝土的建物中，常被當作地板格柵的替代品來鋪設。施工方式是在樓地板上塗覆黏著劑，再於上方鋪滿發泡材，若遇到配管等部位，則需將該部位的發泡材切除。同時，為了防止行走間樓版發生聲響，發泡版材之間應相間隔約3釐米進行鋪設。

無托梁格柵｜転ばし根太

在混凝土樓版上鋪設地板，不使用格柵托梁，而是將格柵直接鋪設在混凝土樓版上。使用格柵支承的地板，稱作格柵地板。

木地板

無垢材（自然實木）地板｜ムクフローリング

實木地板（單層地板）［圖30、照片6］。最近常使用櫟木、蒲櫻木等樹種。也使用在緣甲板。依樹種（例如櫟木等）性質，可能會發生地板拱起、爆裂、伸縮的狀況，因此地板分配、固定的施作需特別留意［圖31、32］。另外，需留意底材的補強合板的對接位置與地板對接位置需相互錯開。也稱作無垢（實木）板材。

緣甲板｜縁甲板

長度約2間（譯註：間，日本測量法「尺貫法」的單位，1間約1818釐米），寬幅80～120釐米，厚度15～18釐米的板材，在長邊方向的兩側面上進行凹凸嵌合加工。除了當作廊下或房間的地板材，也可鋪設在牆壁或天花板。使用樹種包括檜木、杉木、松木等。特別是指鋪設在牆壁或天花板的薄木板材。

幅廣板｜幅広板

寬幅比緣甲板寬的板材，使用在木材地板鋪設之處或是玄關處。以厚度18釐米以上為基準，最大到40釐米。若沒有讓板材在寬幅（短邊）方向有活動彈性空間則容易發生板材破裂，因此應在板材背部嵌入板材，或使用ㄇ型螺栓來固定為佳。

單層地板｜単層フローリング

寬幅比緣甲板寬的板材，使用在表面貼附厚度不到1.2釐米的薄板材，以此種單片板材為基本材鋪設出的地板。性質與處理方式與無垢材（自然實木）地板相同。單層地板的種類包括無垢材地板，表面呈現寄木紋樣（小木條組合紋樣）的FJL型地板，以及長度「一間（1818釐米）」之內均無接材的OPC型地板等［221頁照片7］。

複層地板｜複層フローリング

表面與單層地板相同，以合板或集成材等做為基本材鋪設出的地板，依照JAS規格分成第一～三種類型。

複合式地板｜複合フローリング

種類最多的地板類型，在膠合板底板上貼有薄板材的地板板材。［221頁圖33、220頁表3］。種類包括三層地板、複合式膠合板地板（彩色地板）等。表面多以櫟木材為主，最普及的板材尺寸為長度1818×寬幅303×厚度12釐米。特徵是反拱、伸縮狀況少，有防音、加熱地板等附加機能的製品也很多。

亂尺地板（板材長短不一的地板）｜乱尺フローリング

厚度、寬度相同，長度不一致的木板板材鋪設出的地板。此種鋪設方式稱作亂尺鋪設法。大多是使用不易取得長尺寸的樹種，例如日本山毛櫸等。為求整體視覺平衡感，鋪設時應依板材長度分類，再進行鋪設分配。

表面貼附厚面材的木地板｜厚付きフローリング

表面貼附的板材厚度超過2釐米，乍看之下像無垢材的地板。每一片板材的木紋理皆不相同，現在市面上出現與單層地板板材無法區分的產品。

寬木地板（Wide Flooring）｜ワイドフローリング

表4｜絨毛毯、地毯的種類

簇絨地毯（Tufted carpet）	刺繡地毯。目前市面流通的此種地毯，大半都是同一種
凹凸簇絨地毯（Omni cut）	有圖樣的簇絨地毯（Tufted carpet）。藉由裁切毛絨長度的變化，可表現出幾何圖樣
手工編織絨毛地毯	手工編織絨毛毯。大多以冠地名的方式命名，例如波斯地毯。用棉線做為經線，與絲質絨毛或羊毛線以手工打結編織而成。編結方式包括土耳其結與波斯結兩種
威爾頓織花地毯（Wilton Carpet）	十八世紀中期，英國的威爾頓地區開發出機械式紡織地毯，可使用的顏色數量受限為五種顏色
阿克明斯特織花地毯（Axminster Carpet）	英國的阿克明斯特地區出產並盛行於當地，因此以地名做為地毯命名由來。紡織方式包括線軸（Spool）式與片梭（Gripper）式兩種，不管哪一種都可以多種顏色構成圖樣。片梭（Gripper）式最多12色，線軸（Spool）式則可以運用20～30色
針刺地毯（Needle Punch Carpet）	沒有絨毛的不織布地毯，缺少設計靈活性，價格便宜
尼龍地毯（Contract carpet）	重步行（不脫鞋）用地毯。一般以BCF尼龍（蓬鬆加工過的長纖維）製成
毛茸茸地毯（Shaggy）	以3～12公分長的絨毛做成的割絨，以裝飾性為首要目的製成的地毯。地毯觸感極佳。但只能使用在步行機率較少的地方
強撚（Hard twist）地毯	將一根一根的絨毛迴轉成螺旋狀製成的割絨地毯。觸感硬，具有彈性，質地強韌
德國羊毛地毯（Saxony）	約15釐米長的割絨地毯。使用熱定型螺旋狀的線做為絨毛

表5｜地板鋪材的分類特徵

材料分類／特徵		緩衝性	耐久性	設計性	耐水性	耐藥性	VOC含量	維護	價格
樹脂系	PVC（Vinyl）地板鋪材	×	○	△	○	○	△	○	○
	彈性緩衝地板鋪材（Cushion Floor）	○	△	×	○	○	△	○	○
自然系	油布地板（Linoleum）	△	○	○	△	△	○	○	△
自然＋合成系	橡膠系地板鋪材	○	○	△	○	△	○	○	×

照片9｜油布地板（Linoleum）

板材寬幅寬大的地板。基本上是接收訂單再行製作，長度4000×寬幅900×厚度15釐米，也稱作Flooring Panel。主要使用在商業店鋪。

竹材質地板｜竹フローリング
板材表面貼附竹材質的複合式地板。通常除了有長度一間（1818釐米）的板材類型，也有300、450、600釐米正方形的地板板材。竹材質地板易打滑，因此應考量使用的位置[221頁照片8]。

床暖房地板（加熱式地板）｜床暖房対応フローリング
板材表面貼附竹材質的複合式地可搭配電器式、溫水式、蓄熱式等各式加熱地板的複合式地板。然而，雖然適用加熱地板，但仍要注意板材可能會因為加熱地板而發生反拱的狀況。

塊材地板（Block Flooring）｜フローリングブロック
將薄木板板材接合成正方形或長方形塊材，舖設出的地板。一般以300釐米正方形塊材為主。在未加工（無格柵）的樓地板上，使用黏著劑與波釘（波浪狀鋸齒釘）進行鋪設[212頁表1]。

格狀拼花組合木地板（Parquet Floor）｜パーケットフロア
一般是使用正方形的地板塊材。種類包括厚度約8釐米的實木塊材·寄木紋樣（小木條組合紋樣）的馬賽克拼花地板[212頁表1]。

隔音地板｜遮音フローリング
大多使用在高層集合住宅大樓，用來確保上下樓層之間隔音效果的地板。地板板材內側貼附有隔音墊料，直接在混凝土樓版上，以黏著劑鋪設。

重步行（不脫鞋）用地板｜重歩行用フローリング
可以經得起重步步行或不脫鞋步行的高耐久性地板。在木質纖維中灌入樹脂進行WPC加工，藉以提升耐久度的地板板材。

羽目板（些微重疊的木板材鋪貼）｜羽目板
貼附在牆壁、天花板等部位上的木板板材。包括縱羽目（垂直向）與橫羽目（水平向）的兩種張貼方式。使用不易發生反拱的雲杉（Spruce）、檜木等 目（直木紋）部位材料。板材的接合部位使用凹凸榫槽嵌合、隱藏插榫嵌合、雙溝咬合對接等方式。若是雙溝咬合對接，則以化粧釘（裝飾釘）來固定。

塑膠地磚·地毯

絨毛（Pile）｜パイル
地毯表面的絨毛。呈現圓圈環形的毛圈稱作圈絨，將圓圈環形的毛圈切斷的稱作割絨。若是以相同質材、規格來比較兩者，圈絨的耐久性較佳。

針距（Gauge）｜ゲージ
用來標示簇絨地毯（Tufted carpet）[表4]的短邊方向上，刺入多少絨毛數量的距離單位。針距（Gauge）1/10，表示1英吋之間有10根絨毛（譯註：每根絨毛之間的距離為1/10英吋）。

針腳數（Stitch）｜ステッチ
用來標示簇絨地毯（Tufted carpet）[表4]的長邊方向上，刺入多少絨毛數量的密度標示。針腳數10，表示1英吋之間刺入10根絨毛。

長纖維系（Filament）｜フィラメント糸
長纖維的紡織品。

紡織系｜紡績糸
將短纖維（Staple）相互平行並列，加撚（Twist）迴轉呈螺旋狀的紡織品。

等高圈絨（Level Loop）｜レベルループ
絨毛呈現高度一致的毛圈狀。在毛圈高度上做出高低參差不齊感的稱作多層次圈絨（Multi-level loop）。以等高圈絨為主流。

脫線｜遊び毛
絨在地毯織品的織成過程中脫離的絨毛毛屑。短纖維系紡織品容易發生脫線現象，長纖維系紡織品則不會。

短絨（Fuzz）｜ファズ
步行於地毯之，纖維毛仍呈現豎立的狀態。地毯中若混雜了不同強度的短纖維，纖維會打結起毛球。

表6｜地毯使用的主要化學纖維種類

纖維種類	優點	缺點
人造絲（Rayon）	·染色性佳 ·吸濕性佳 ·價格低廉	·耐久性差 ·防火性能差 ·會有蟲害發生
壓克力（Acrylic）	·保溫性佳 ·質輕、強韌、富彈性 ·具撥水性 ·不易發生靜電	·會有起毛現象 ·防火性能差 ·易吸濕氣
尼龍（Nylon）	·耐磨損性佳 ·染色性佳 ·耐久性、耐蟲性佳	·耐氣候性稍差 ·防燄性差 ·易發生靜電
聚丙烯（Polypropylene）	·比重小、質輕 ·具撥水性 ·不易沾汙 ·纖維強度較其他纖維種類高	·彈力差 ·不耐熱 ·易吸濕氣 ·易發生靜電
聚酯（Polyester）	·耐磨損性佳 ·耐久性、耐蟲性佳 ·耐熱能力較其他纖維種類高	·防燄性差 ·彈力差

照片10｜阿克明斯特織花地毯（Axminster Carpet）

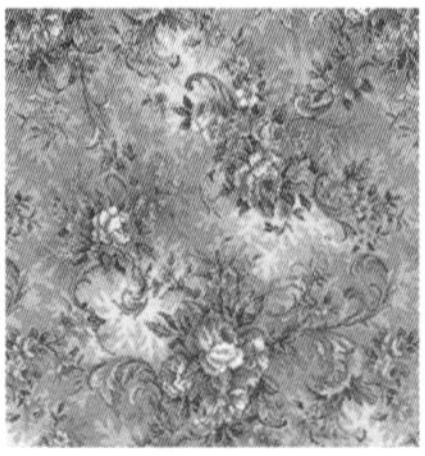

照片11｜圈絨（Loop Pile）

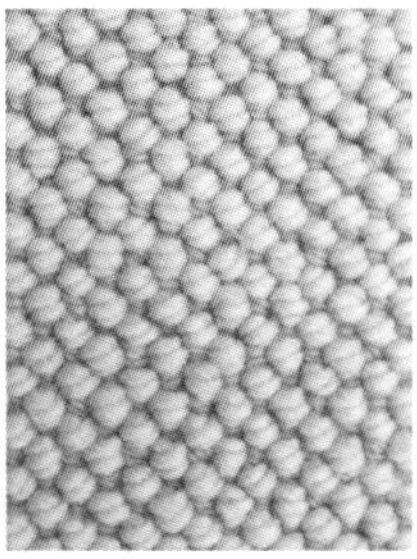

照片12｜簇絨（Tufted）

圖34｜簇絨（Tufted）圈絨（Loop Pile）

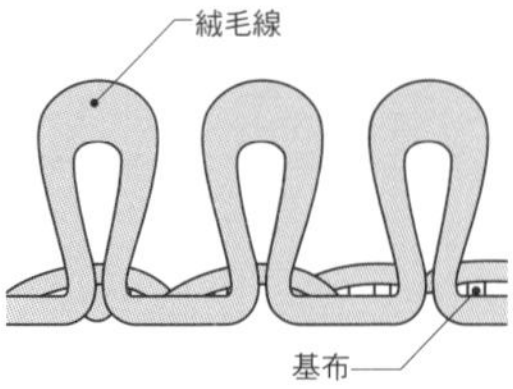

絨毛成圈狀，具有適度的硬度與平順度

圖35｜簇絨（Tufted）割絨（Cut Pile）

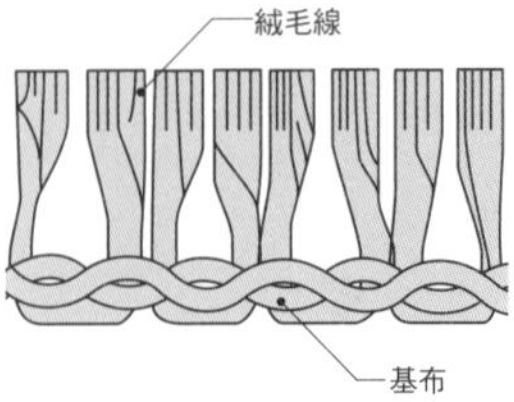

絨毛毛端斷面構成細緻的圖樣

圖36｜威爾頓織花地毯（Wilton Carpet）

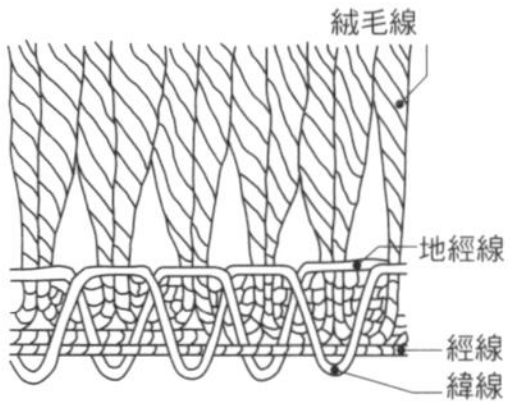

機械式織物地毯的代表。可自由調整絨毛長度，可使用五種顏色搭配出豐富的圖

圖37｜針刺地毯（Needle Punch Carpet）

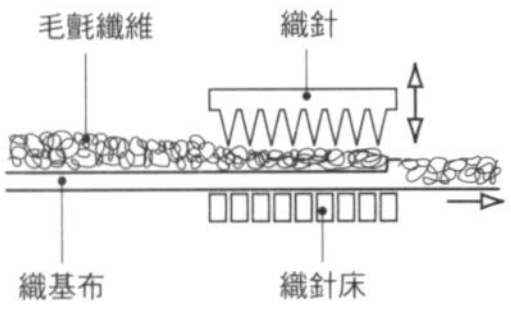

將毛氈纖維壓刺在基布上。缺乏彈性，但具有耐久性，應用範圍廣

纖度（**Denier**）｜デニール

表長纖維系紡織品纖維粗度的標示單位。

番手（**粗細度**）｜番手

紡織品粗細度的標示單位。絨毛類是以毛番手（毛數量）表示，1公克1公尺長的紡織線是一番手，長度數值越大表示紡織線越細。

接合貼布（**Seaming tape**）｜シーミングテープ

用來固定地毯接合部位的貼布。大面積地毯鋪設工程施作時，用此種貼布將地毯接合起來。

雲痕現象｜くも現象

割絨地毯中的部分絨毛倒向不同方向，發生顏色不均的現象。

卷材地板｜長尺シート

寬幅1320～1800釐米，長度至少9公尺以上的地板材。大多是PVC製。鋪設卷材地板，接縫部位比樹脂系的地板磁磚少，可用電銲方式接合，具有相當的防水性，可使用在需要處理水或藥品的空間用途[表5]。浮花壓製（Emboss）加工過的卷材地板製品也可以鋪設在電梯大樓的走廊、陽台、階梯等地方。有的卷材地板內面貼附墊材，有的則沒有，一般大多使用前者，後者則是使用在手術室或研究機構等特殊空間用途。

彈性緩衝地板（**Cushion Floor**）｜クッションフロア

簡稱CF。以居住空間為主要應用對象，寬幅約1320～1800釐米的卷材地板，內含發泡系樹脂層。也稱作Chemical Emboss。塑料（Vinyl Sheet）具有優良的保溫、隔熱、緩衝特性。區分為重步行用（不脫鞋）與輕步行用（脫鞋）兩種。輕步行用（脫鞋）因為考量足部觸感，表面經過軟化處理，適合住宅等可以赤腳行走的房間，但容易受到損傷。商業設施的店鋪等則希望使用表面強度佳的重步行用（不脫鞋）地板。若考量住宅的後續售後服務中避免發生客訴，就算是住宅，建議也使用重步行用地板為宜[表5]。

鑲嵌（**Inlaid**）**墊材地板**｜インレードシート

美國阿姆斯壯世界工業有限公司（Armstrong World Industries, Inc.）開發出的卷材地板。內鑲各種顏色的小塊狀材料，製成帶有圖紋的地板材，非印刷圖紋，耐磨損度高是其特徵。

油布地板（**Linoleum**）｜リノリ

照片13｜軟木地磚(Cork Tile)

照片14｜軟木地磚的施工示範

ウム

使用自然素材製成的卷材地板。主要材料包括亞麻仁油、軟木(Cork)、木粉、松香(Rosin)、顏料。為了提升地板安定性(抗變形)與施工性，也在內側貼附黃麻(Jute)質材的平織布。過去曾經一時之間使用率低於樹脂系地板磁磚，最近因環保意識抬頭而再次盛行[表5、照片9]。

乙烯複合地板(Vinyl Composition Tile)｜コンポジションビニル床タイル

在PVC樹脂或是聚氯乙烯樹脂中添加塑化劑 安定(抗變形)材，以碳酸鈣粗粒為主要材料，使用有機或無機纖維等無公害填充材的PVC地磚。價格便宜，施工性、安定性(抗變形性)高，是最為普及的地板製品，特色在於大多製作成卷材。

P地磚｜Pタイル

樹脂型地磚之一。正式名稱是乙烯複合半硬質地板(Vinyl Composition Tile)。廉價，施工容易。耐燃性高，不易沾染香煙熏跡。也耐熱、水、藥品，不容易發生變形或反拱。但質硬、脆，步行感與耐磨損性較差。

M地磚｜Mタイル

樹脂型地磚之一。正式名稱是乙烯複合軟質地板(Vinyl Composition Tile)。聚氯乙烯(PVC)含量比例比P地磚稍多，因此步行感與耐磨損性得到改善。其他的性能與P地磚相同。並且進行Through chip(歷經削磨，圖案也不會消失的加工處理)、浮花壓製(Emboss)加工等，提供更多元的製品選項。價格比P地磚高。

均質PVC地磚(Homogeneous Vinyl Tile)｜ホモジニアスビニルタイル

樹脂型地磚的一種。內部填入碳酸鈣、黏土做為充填材。若沒有填入充填材，稱作純PVC地磚。主要製品如「MER STONE」(TOLI Corporation出廠)。內含聚氯乙烯(PVC)樹脂比例30%以上的話，步行感較優，耐磨損性、耐藥品性也提升，但容易沾染香菸熏跡。此種地磚特色在於顏色多樣化、紋樣強化(Laminate)處理。價格比M地磚高。

浮花壓製乙烯地磚｜エンボスビニル床タイル

在乙烯基(Vinyl)地磚表面，進行機械式的浮花壓製

圖38｜(榻榻米)的各部位名稱

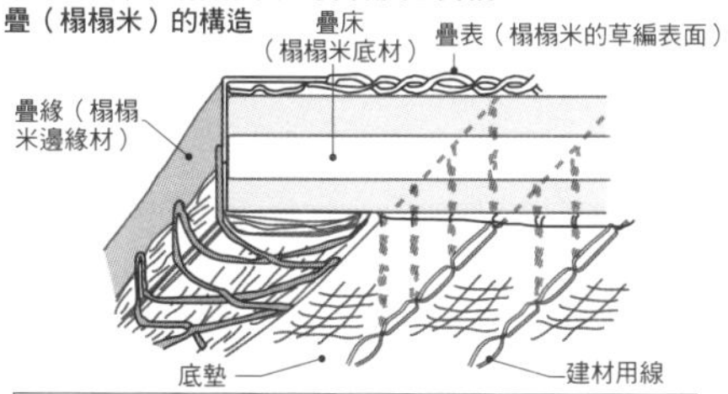

疊表(榻榻米的草編表面)是以藺草為緯線，以線為經線來編製。做為榻榻米芯材的 床(榻榻米底材)，是由稻草、發泡聚苯乙烯材(Polystyrene foam)、榻榻米板等材料構成

圖39｜表(榻榻米的草編表面)的編織方式

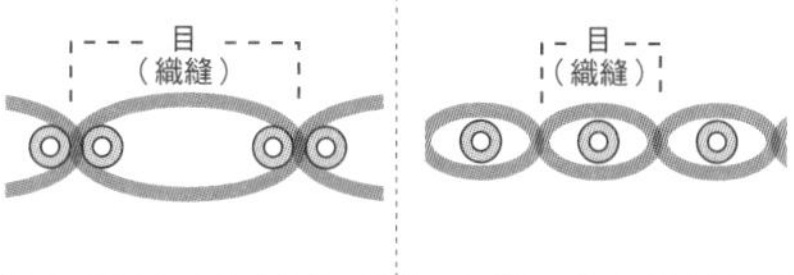

在一目(一組纖維與纖縫之間)中，織入兩根由綿線或麻線做成的經線。是一般常見的榻榻米編織方式

在一目(一組纖維與纖縫之間)中，只織入一根由綿線或麻線做成的經線。織縫呈現聚集狀

照片15｜琉球疊(榻榻米)

圖40｜化學材料的榻榻米底材斷面

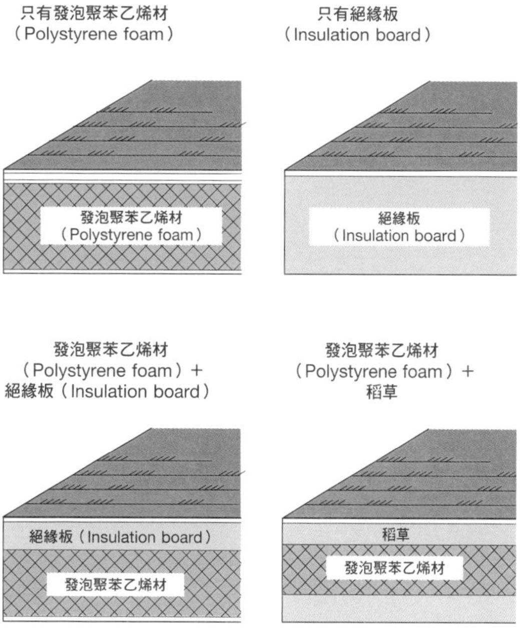

表7｜JAS規格的疊(榻榻米)尺寸

JAS規格	種類	通稱	長度	寬幅(mm)	主要使用地區
第一種「間」	本間	京間、關西間	1,910(6.3尺)	955	關西、中國、山陰、四國、九州
	六二間	佐賀間	1,880(6.2尺)	940	佐賀、長崎等地
	六一間	安藝間	1,850(6.1尺)	920	山陽地方的面瀨戶內海地區
第二種「間」	三六間	中京間	1,820(6尺)	910	中京地區、東北 北陸的部分地區、沖繩
第三種「間」	五八間	關東間、江戶間、田舍間、狹間	1,760(5.8尺)	880	普及全日本
	五六間	團地間	1,700(5.6尺)	850	公營住宅、民間建設住宅

(Emboss)加工，印製有圖紋、紋樣的地磚。

樹脂水磨石地磚(Resin Terrazzo Tile)｜レジンテラゾータイル

聚酯或環氧樹脂中添加充填材、軟化材，做為黏結材，再與天然大理石等地碎石粒混製成的地磚。具有水磨石(Terrazzo)設計圖樣的人造大理石地磚。

圖41｜榻榻米的鋪設組合樣式

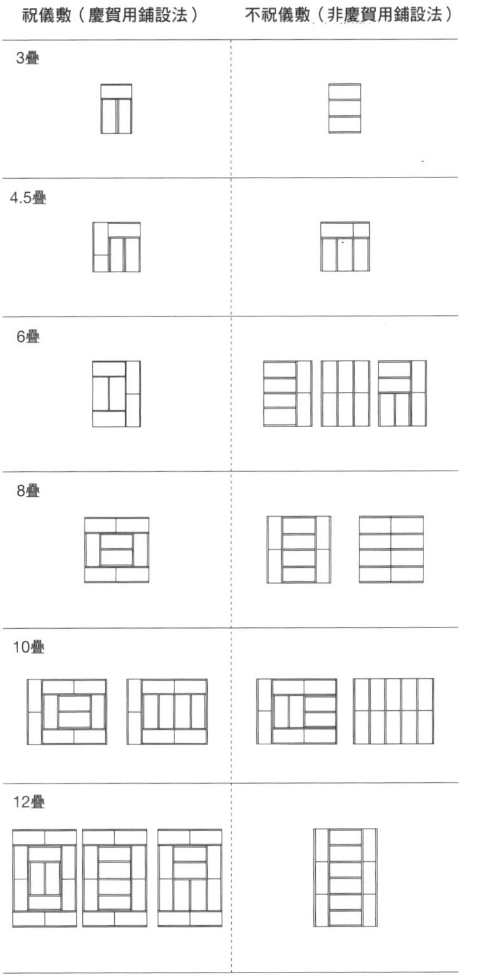

地毯｜カーペット

使用頻度高的地毯種類有兩種，織物地毯以及刺繡地毯[表6]。織物地毯包括飯店使用的威爾頓(Wilton)織花地毯，或阿克明斯特(Axminster)織花地毯。絨毛(Pile)長，具高級感，但僅只能以小型機械進行製造，價格高昂。刺繡地毯，也稱作簇絨(Tufted)地毯，占日本國內地毯生產總數的90%以上。主要有圈絨(Loop Pile)[圖34、照片11]とカットパイル[圖35]兩種絨毛處理方式。前者耐久性、步行性佳。後者性能方面雖然不佳，但絨毛毛端構成細緻的圖樣、色調極富特色。

威爾頓織花地毯(Wilton Carpet)｜ウィルトンカーペット

具有代表性的機械處理織品地毯，可以將絨毛與基布同時合織完成。耐久性佳。絨毛材質包括羊毛、混紡線、丙烯酸(壓克力)等。絨毛長度約5～15釐米[圖36]。

阿克明斯特織花地毯(Axminster Carpet)｜アキスミンスターカーペット

使用20～30種色線，可自由織成各種圖樣。絨毛材質包括羊毛、丙烯酸(壓克力)等。絨毛長度約8～11釐米。

簇絨地毯(Tufted Carpet)｜タフテッドカーペット

在現成的基布上扎入縫紉針，同時從內面以膠乳(Latex)固定、織成的地毯。絨毛材質包括聚酯纖維、尼龍纖維等。絨毛長度約4～12釐米[照片12]。

針刺地毯(Needle Punch Carpet)｜ニードルパンチカーペット

用針將纖維氈(Felt)刺壓在基布上製成的地毯。價廉，施工簡單，使用範圍廣。使用絨毛材質包括聚丙烯(Polypropylene)、聚酯丙烯酸(Polyester acrylic)等。絨毛長度約3.5～7釐米[圖37]。

磁磚狀地毯｜タイルカーペット

使用50公分正方形地磚狀鋪設出的地毯總稱。表面用丙烯酸尼龍纖維的簇絨，內面使用橡膠狀墊片。容易搬運、施工、鋪設，如遇汙損也僅只需更換或清理受到缺損的部分。大多使用於辦公室。是與活動地板(Free access floor)固定搭配使用的完工飾面材。

軟木地磚(Cork Tile)｜コルクタイル

以軟木為主要原料的地板材。多以加熱方式進行黏著鋪設，對人體來說是安全的材質。有將軟木削成薄片再裁切成30公分正方形的地磚型，以及聚集軟木顆粒再以黏著劑固定的薄地磚型，具有緩衝彈性、隔熱性佳。軟木地磚包括無塗裝型及塗裝加工處理型。無塗裝製品雖然步行感佳，但容易沾汙。相反地，塗裝加工處理型不易沾汙，容易打掃清理，但步行感比無塗裝製品差。也有能用於浴室的軟木地磚。軟木的構成原料是栓皮櫟樹皮，栓皮櫟皮厚、長壽，屬常綠樹，只要不讓樹木枯萎，可在同一株樹木上周期性地剝取樹皮，整體來說，全年可以生產50萬噸的樹皮，因此被列為環保建材而風行於世[225頁照片13、14]。

圖42｜地板工法

①緣甲板直接鋪設工法

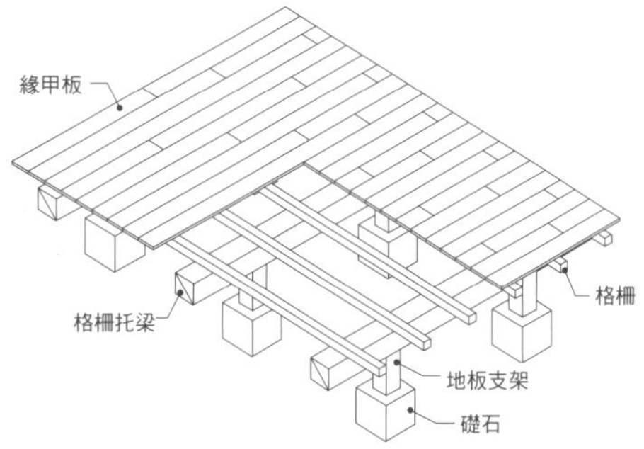

②架高地板的底材鋪設工法

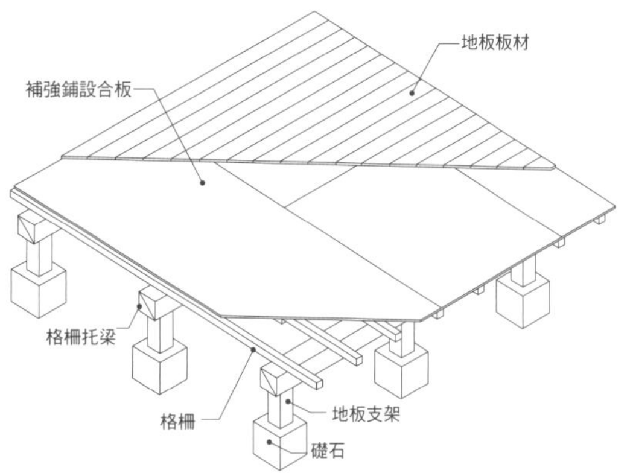

③活動地板（Free access floor）

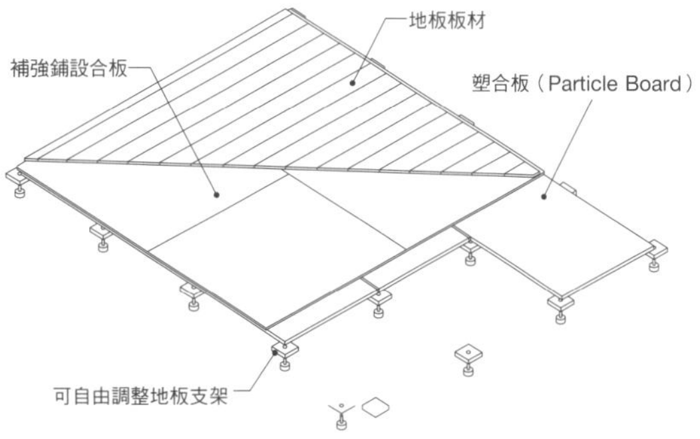

和式榻榻米

疊表（榻榻米的草編表面）—畳表

橫向排列乾燥處理過的藺草，在縱向以麻線或綿線共同編織成和式榻榻米的表面，表面紋理依編織方式的不同而有多種表情。最一般的榻榻米編織方式是引目表（或稱諸目表），另也常使用編織間距緊密的是目積表，粗糙紋理的是琉球表等方式［225頁圖38‧39］。

疊床（榻榻米底材）—畳床

榻榻米的芯材。種類包括，只使用稻草的稻蒿床（純稻草榻榻米），在稻草層之間夾入發泡聚苯乙烯材（Polystyrene foam）的三明治夾層榻榻米（或化學榻榻米），或是完全不使用稻草，將絕緣板（Insulation board）堆疊而成的建材用化學榻榻米［225頁圖40］。稻蒿床（純稻草榻榻米）的緩衝彈力非常好，但因非常重較少在市面流通。

琉球疊（榻榻米）—琉球畳

一般是指沒有附加邊緣材的正方形榻榻米總稱，最原始的命名來源是因為使用沖繩出產質地強韌的稻草，表面帶有顆粒塊狀，紋理參差不齊，觸感比起普通的榻榻米來得粗糙，此種榻榻米稱作「琉球表」［225頁圖15］。過去常見使用於武術道場，最近也受到居家住宅的喜愛而被採用。

本疊（天然榻榻米）—本畳

使用自然原料（稻草）製成的榻榻米。具有優良的吸濕、排濕能力，質地勁韌。

保麗龍榻榻米—スタイロ畳

使用木材纖維與擠出式發泡聚苯乙烯材（Extruded polystyrene foam）組合製成的榻榻米。高隔熱性，重量輕。

無附加邊緣材的榻榻米—縁なし畳

沒有邊緣處理的榻榻米，榻榻米表面使用比一般編織間距更緊密的「目積表」。最常見的是正方形，但也有長方形的製品。此種榻榻米因為沒有邊緣處理，相對地需要較多的榻榻米表面材料量，因此價格比一般榻榻米昂貴。也因為沒有邊緣處理，耐久性較一般有邊緣處理的榻榻米差。

置放型榻榻米—置き畳

在木質地板上置放榻榻米，在室內自成一處榻榻米角落的榻榻米類型。厚度約15釐米，質地輕薄，因此也常被當作地毯運用。另也有底面設置防滑材料的類型。

榻榻米邊緣材—畳縁

用來安裝在榻榻米周邊的材料，將榻榻米長邊方向的邊緣材料固定在榻榻米上。在過去會以顏色來區分各戶人家。邊緣材以化學材料為主。邊緣材的寬度一般設定為27～30釐米，有時為了要讓室內在視覺上比較輕盈，也會縮小至24釐米左右。

京間—京間

榻榻米模矩類型之一。使用範圍以京都為中心，包括大阪、瀨戶內、山陰、九州等地。榻榻米尺寸大小因地域性而有不同，例如尺寸在191×95.5公分左右的關西間，181.8×90.9公分左右的中京間（大津間），175.8×87.9公分左右的關東間（江戶間），

169.6×84.8公分左右的團地間（譯註：團地是指日本的公營住宅）等等[表7]。

田舍間｜田舎間

相對於京間的一間=6呎5吋，田舍間的一間變成6呎，也稱作關東間、江戶間。長度若變成5呎8吋，也稱作五八間。

中間（中京間）｜中間

日本中部、東北、北陸的部分地區、沖繩等地使用的榻榻米標準尺寸。介於京間與田舍間的尺寸之間，長度6呎×寬度3呎，也稱作相之間、中京間。

榻榻米平面配置法｜畳割り

以榻榻米尺寸為基準，規劃平面配置的方法。用榻榻米數量決定室內空間的柱內尺寸，再在其外側配置柱子，求得柱間跨距。

榻榻米組合鋪設｜畳敷き様

依照社會習俗，在地上將榻榻米鋪滿一室的作法是慣例。鋪設方式分別有婚禮等喜慶場合的祝儀敷（慶賀用鋪設法），以及葬禮等弔唁場合的不祝儀敷（非慶賀用鋪設法）[圖41]。

照片17｜釘板固定地毯工法

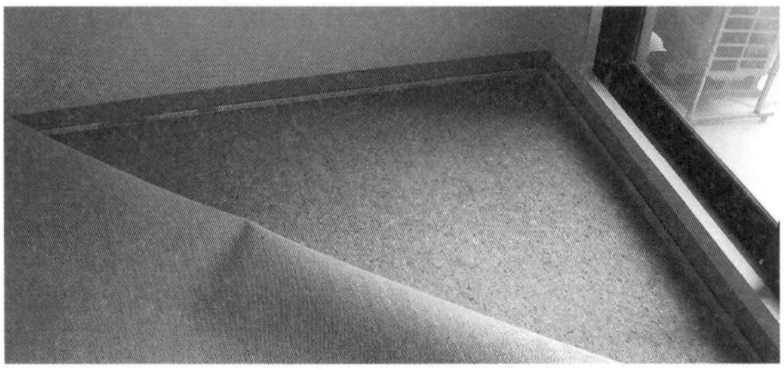

圖43｜釘板固定地毯工法

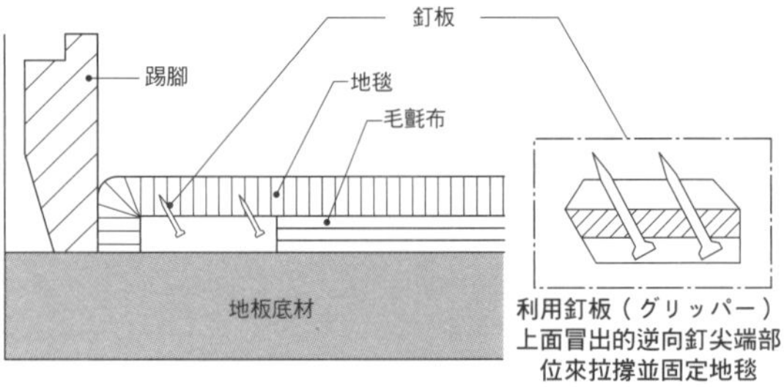

地板工法‧收邊

直接鋪設工法｜直張り工法

不鋪設底材，直接進行完工飾面處理的工法[圖42①]。主要是在地毯鋪設時使用的工法，也稱作接著工法（黏著工法），全面地直接在樓地板上塗覆黏著劑，再將地毯壓附在上方。

補強鋪設工法｜捨張り工法

為了防止完工飾面材料發生反拱或變形，在表面材內側，再貼附一層材料的施作方式[圖42②]。若是在地板，一般是使用厚度12釐米的合板。若是在天花板，則是使用石膏板。若是樓地板的完工飾面，有的會用混凝土模板用夾板等來補強。

圖44｜地板板材的接續 接縫處的接合方法

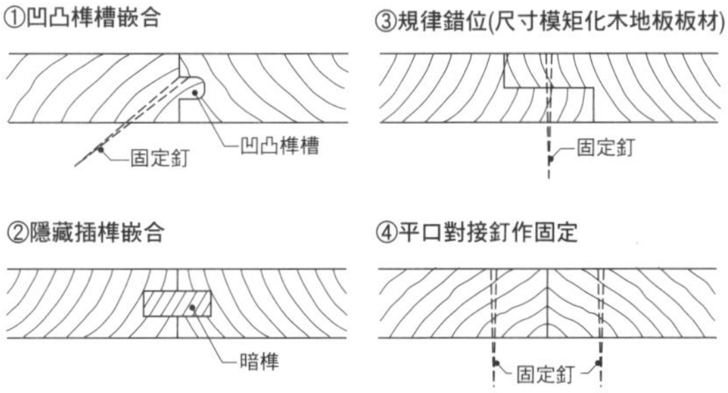

格柵鋪設工法｜根太張り工法

格柵是木結構工程中置放於格柵托梁上，架設於梁間，用來支承地板材的角材（譯註：正方形斷面材）。使用平割材（譯註：矩形斷面材）當作格柵墊木，安裝在一樓與格柵托梁平行的牆邊。二樓的格柵因為深度較深，不置放在梁上，而是將格柵嵌在梁上，用來防止格柵發生傾斜或扭曲的情形。

混凝土上直接鋪貼工法｜コンクリート直張り工法

在現場施作的清水混凝土樓版上直接鋪貼木地板材、PVC地磚等當作完工飾面的工法。然而混凝土無法直接成為底材，因此需要使用自流平水泥砂漿，施作出厚度約15～20釐米的均質平面。

乾式雙層地板｜乾式2重床

泛指所有以格柵托梁或格柵等構材構成的乾式地板。也稱作雙層地板結構。

圖45｜木地板板材的鋪設方式

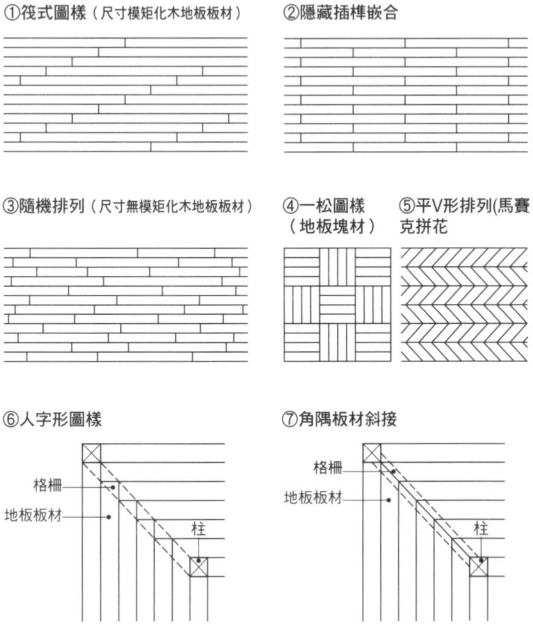

圖48｜大貫材

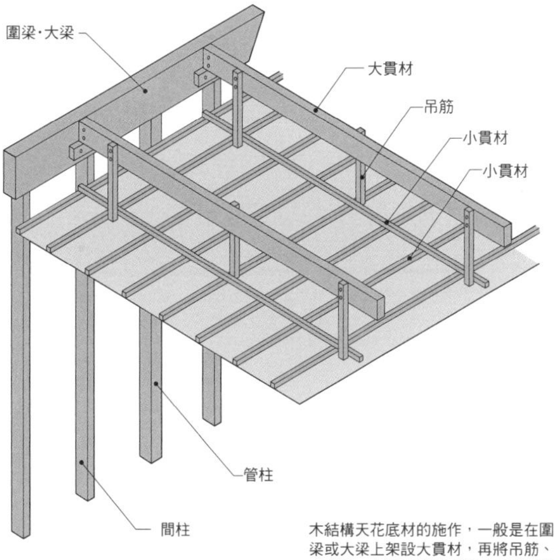

木結構天花底材的施作，一般是在圍梁或大梁上架設大貫材，再將吊筋、小貫材、大貫材等構成的底材懸吊起來

圖46｜木底材

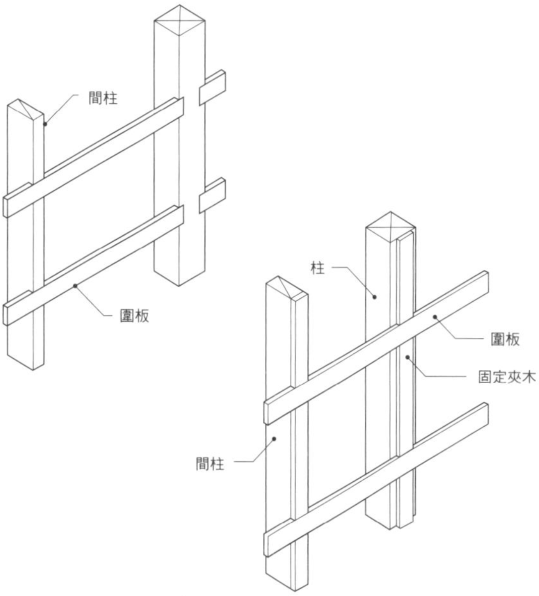

圍梁 大梁的間隔距離與吊木支承材的尺寸

圍梁 大梁的間隔距離	一般的大貫材材尺寸	重型天花板的大貫材尺寸
2m	60×90㎜	60×100㎜
3m	60×120㎜	60×150㎜
4m	60×150㎜	60×180㎜
5m	75×180㎜	75×210㎜
6m	90×210㎜	90×240㎜

圖47｜輕鋼架底材

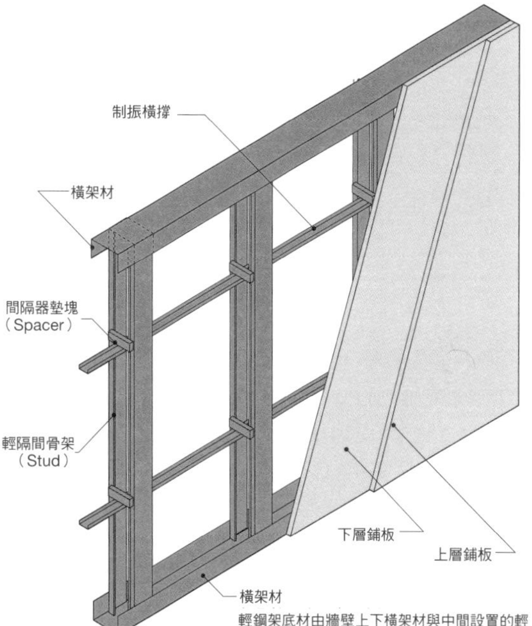

輕鋼架底材由牆壁上下橫架材與中間設置的輕隔間骨架構成

乾式浮式地板｜乾式浮き床

在地板與混凝土樓版等結構體之間使用防振材料來隔音，目的為隔絕地板衝擊音或振動音的地板工法。

低格柵地板｜転ばし床

在土間或混凝土樓版上架設木結構地板時，將格柵嵌裝在格柵托梁的一半深度上的地板工法。此種地板不會有像雙層地板下那樣的空間。

地板上置放地毯的方式｜置敷き工法

在空間正中央或是空間中部分位置上置放地毯，為了不讓地板受到損傷，因此完全不使用釘作或黏著劑，僅只置放的工法。若是表面易滑的地板，需要在地毯內側附上防滑墊材，避免地毯移動而導致危險。

地毯壓邊條固定工法｜グリッパー工法

最常見的全室鋪設地毯方式。在地毯下方放置毛氈布等底墊增加地毯緩衝彈性，並在全面鋪設地毯的空間周圍設置木製釘板（壓邊條）拉撐地毯，利用釘板（壓邊條）上面冒出的逆向釘尖端部位來固定地毯。地毯的邊緣則是塞入牆壁與釘板（壓邊條）的間隙中[圖43、照片17]。

凹凸榫槽嵌合｜本実継ぎ

最常見的木地板或木板牆等上板與板的接合方式。在板的凸側上以釘作固定，再與凹側嵌合相接，可以防止板材上下移動錯位[圖44①]。

隱藏插榫嵌合｜雇い実継ぎ

在兩片皆刻有凹槽的板側之間，插入榫條，讓板材相互接合的方式。相較於凹凸榫槽嵌合方式，插榫嵌合方式讓每一片板材在寬幅上可充分使用到[圖44②]。

表9｜石膏板製品種類（以日本JIS A 6901規格為例）

名稱	規格（mm）		防火性（日北國土交通大臣認定）	邊緣形狀與接縫處理的種類
	厚度	尺寸		
3×6版	9.5	910×1,820	準不燃第2027	方形邊緣 平口對接或空縫對接工法
3×8版		910×2,420		
3×9版台尺		910×2,730		
Meter版公制		1,000×2,000		
3×6版	12.5	910×1,820	準不燃第1027	錐形邊緣 乾式牆（接縫處理）工法
3×8版		910×2,420		
3×9版		910×2,730		
Meter版公制		1,000×2,000		
4×8版		1,220×2,440		
3×6版	15	910×1,820	準不燃第1027	斜角邊緣 平口對接V形接縫工法
3×8版		910×2,420		
3×9版		910×2,730		
Meter版公制		1,000×2,000		
4×8版		1,220×2,440		

照片18｜輕天（輕鋼架天花底材）

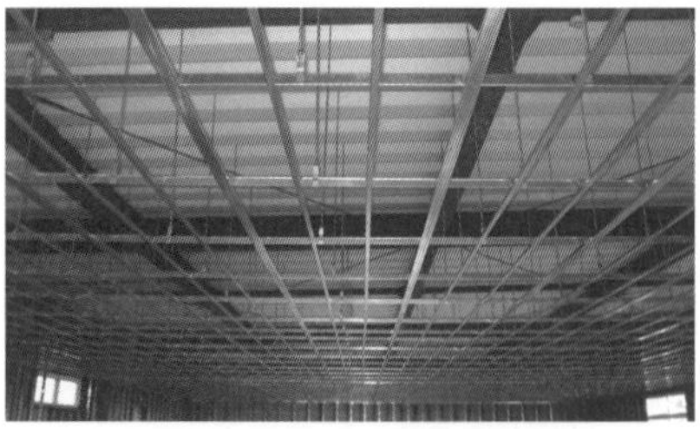

圖49｜輕天（輕鋼架天花板底材）

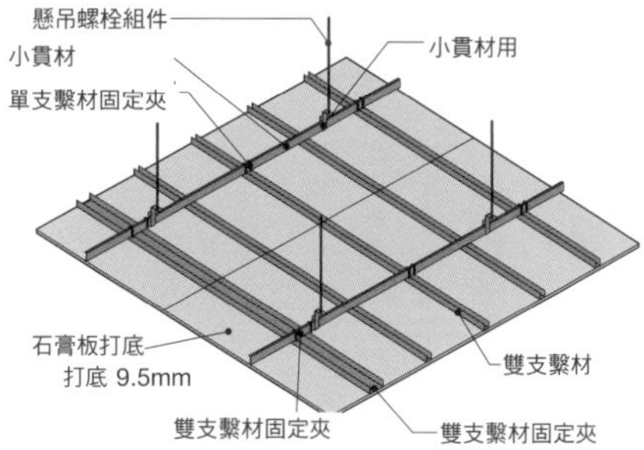

照片20｜接縫填充材

照片19｜安裝在天花部位的矽鈣板

表8｜石膏板的種類與特徵

名称	特徵
石膏灰泥板	無二次加工過的平基本板。
石膏灰泥板	為了塗裝工程更容易施作，在石膏板上塗上灰泥（Plaster）作為塗裝底材的石膏板。依照加工方式，區分成石膏灰泥型押板以及石膏灰泥平板兩種，現在幾乎都使用石膏灰泥型押板。石膏灰泥平板，可當作薄層石膏灰泥塗裝底材。
化粧石膏板	在石膏板的表面，貼覆裝飾加工過的紙，或是貼覆經過塗裝、凹凸加工處理過的面材。可當作室內牆、天花板等的室內裝修材料。
護套（Sheathing）石膏板	板的雙面，以及石膏芯材都施以防水加工處理，可使用在廚房、浴室洗臉台等等潮濕位置。
強化石膏板	為了強化防火性能，在石膏芯材中混入玻璃纖維等無機質纖維的石膏板。
吸音用開孔石膏板	在石膏板上均質地開吸音孔，使用在需要有吸音、隔音功能的空間用途。

雙溝咬合釘作固定｜合しゃくり継ぎ

板材厚度過薄，無法施作凹凸榫槽嵌合或隱藏插榫嵌合的話，沿著板材側面車出凹溝，凹溝厚度約板厚度的一半，再將兩片帶有凹溝的板側相疊對接，並在相疊部位以釘作固定［圖44③］。

平口對接釘作固定｜突付け継ぎ

在粗糙未加工的樓地板上鋪設地板底材時，以板材側邊的平面相互對接，並在板的側邊上以釘作固定［圖44④］。

地板豎立防水工法｜立上げ施工

為了不讓水從牆壁邊緣滲透進來，將地板板材豎立起，沿著牆面貼附的簡易防水工法。

筏式圖樣鋪設｜筏張り

尺寸模矩化的地板板材的鋪設樣式之一［圖45①］。

規律錯位圖樣鋪設｜りゃんこ張り

尺寸模矩化的地板板材的鋪設樣式之一，讓板與板接合處規律地交互出現［圖45②］。

隨機圖樣鋪設｜乱張り

尺尺寸模矩化的地板板材的鋪設樣式之一［圖45③］。

人字形圖樣鋪設｜畳張り

尺木地板板材在角隅部位的鋪設方式。一般最常見的是在陰角部位以一片木地板板材作收邊處理［圖45⑥］。

角隅板材斜接鋪設｜留め張り

木地板板材在角隅部位的鋪設方式。將兩片木地板板材以相同角度斜接收邊。不以凹凸榫槽嵌合方式將兩片板材接合，順著板材上自然凹凸木紋進行鋪設，需要相當純熟的施工技巧。接合部位若出現缺口的話，會很明顯［圖45⑦］。

化粧釘（裝飾釘）｜化粧釘

釘子外露在完工飾面材上的固定方式。釘頭形狀包括金字塔型或圓形。化粧釘不得損害完工飾面材。使用化粧釘來安裝固定牆壁面材時，直接從材料正上方將裝飾釘打槌進入，維持牆面設計整體感。也有的裝飾釘是上色過的，釘頭面積小，不引人注意。

隱釘｜隠し釘

施打在板材凹凸嵌合的凸部部位的釘子，從外部看不出來。也稱作忍釘。使用在和室長押部位的釘作固定作業中。也使用在以凹凸嵌合方式接合的牆壁壁板或木地板上。一般使用折釘，但折釘不具強度，需與黏著劑併用。特別是用來安裝和室的床間（凹間）地板的隱釘，稱作落釘。

格柵黏著劑｜根太ボンド

防止地板聲響以及增加地板的表面剛性，用來將地板黏著於格柵上面的木工用黏著劑。亦即所謂

照片21｜山茶木（白木）合板

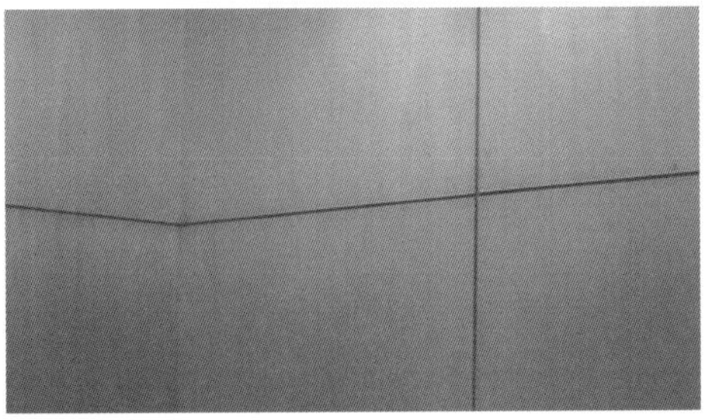

照片22｜MDF中質纖維板

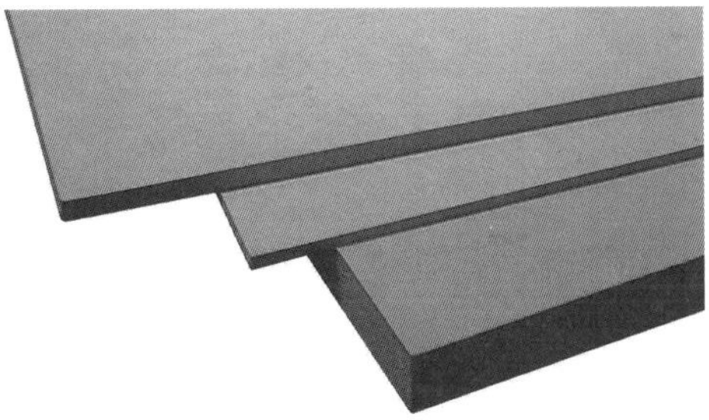

圖50｜合板種類

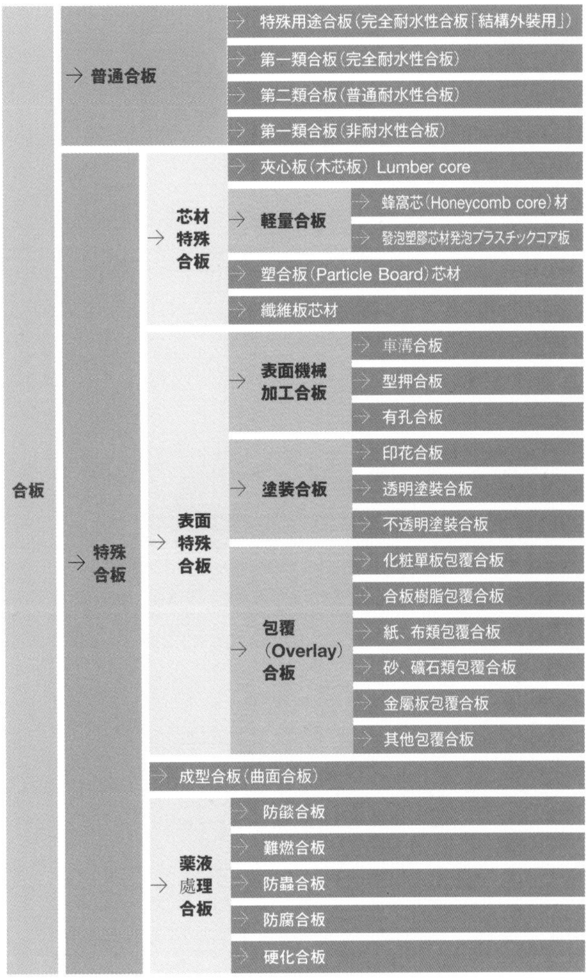

的木工用黏著劑（白色黏著劑），但因為不耐濕氣，建議避免使用。

牆壁・天花板工法

木底材｜木下地
固定在木製間柱上的底板材。不僅是木結構，也是鋼筋混凝土或鋼骨結構常使用的底材樣式[圖46]。

輕鋼架底材｜軽量鉄鋼下地
也稱作輕鐵底材（或稱作「輕天」）。利用LGS(Light Gauge Steel，輕量鋼鐵材）製作的天花板或牆壁底材。若是在天花板，用懸吊螺栓組件將輕鋼架天花懸吊用C型槽鐵從上方吊起；若是在牆壁，使用輕隔間骨架與橫架材組構成底材，以石膏板等板材做為隔間牆。目的在於防燃、節省資源與施工人力成本，是木結構以外的建築常使用的天花建材及工法[圖47]。
輕鋼架底材在牆面上下安裝ㄇ字型的橫架材，在中間組立C字型或ㄈ字型的輕隔間骨架，做為縱架材（LGS），在上面鋪設石膏板。若是C字型輕隔間骨架，使用間隔器墊塊（Spacer）與止振鐵件。C字型輕隔間骨架的厚度包括50、60、75、90、100型，各種厚度決定各種合適的高度上限。

胴緣（圍板）｜胴縁
為了組構以板材作為完工面材料的牆，以間隔安裝的長條狀底材。種類包括木製圍板，以及鋼製輕鋼架底材。安裝在水平方向的稱作橫胴緣（橫圍板），垂直方向的稱作縱胴緣（縱圍板）。

輕隔間骨架（Stud）｜スタッド
間柱。在室內裝修工程中使用鋼鐵底材+石膏板組成的牆壁，大多是指輕鋼架建材。

橫架材（Runner）｜ランナー
也稱作橫軌（Rail）。以鋼鐵架底材構成的完工面裝修工程中，為了組立輕隔間骨架（Stud），安裝在樓板與天花板上的水平材料。若是在室內裝修工程，意指窗簾滑軌（Curtain Rail）等配件。

大貫木｜吊木受け
木結構天花板的組件之一，為了不讓上方樓層的振動，傳導至下方樓層，橫跨在樑或圍樑上的大貫木[229頁圖48]。一般使用北美衫。依照橫跨距離，決定大貫木合適的寬度、深度。一般是長度3公尺左右的是60x120釐米，長度4公尺左右的是60x150釐米，長度5公尺左右的是75x180釐米。若是較重的天花板，大貫木的材料深度要再大一個尺寸。

輕天（輕鋼架底材）｜軽天
輕鋼架天花板底材[圖49、照片18]使用LGS(Light Gauge Steel)的天花板底材組件，與輕鋼架牆底材一樣，使用在木構造以外的建物中。將繫材與小貫材相互垂直構成石膏板的底材，藉由小貫材吊筋以及懸吊螺栓吊起。懸吊螺栓則是與波狀鋼承版或混凝土版中的錨栓或懸吊金屬構件栓緊。

表10｜樹脂種類與特徵

種類		特徵	特性數值 拉伸強度(kg/㎠)	拉伸彈性(10⁴kg/㎠)	熱膨脹(10⁻⁵/℃)	熱變形(℃)	燃燒性
熱可塑性樹脂	聚碳酸酯(Polycarbonate)	・耐衝擊性佳 ・耐酸性良好 ・透明度高 ・受溶劑影響	560～670	2.5	6.6	130～140	
熱可塑性樹脂	硬質PVC	・彩色:加工性良好 ・透明性良好 ・表面易受損傷 ・耐酸、鹼性好	350～630	2.5～4.2	5～18.5	54～74	
熱可塑性樹脂	丙烯酸(壓克力)	・透明性良好 ・耐氣候性較佳 ・表面硬度低 ・受溶劑影響	490～770	3.2	5～9	70～100	慢
熱硬化性樹脂	聚酯(Polyester) FRP	・耐熱性佳 ・耐寒性佳 ・表面硬度高	420～910	2.1～4.5	5.5～10	60～200	慢
熱硬化性樹脂	聚酯(Polyester) FRP	・重量輕、質地強韌	1,760～2,110	5.6～14.1	2～5	—	自體滅火性
熱硬化性樹脂	三聚氰胺(Melamine)	・表面硬度最高 ・質地脆 ・耐水、耐藥劑性佳	490～910	8.4～9.8	4.0	204	自體滅火性

照片23｜美國廠商(DuPont)的製品「Corian」

照片24｜日本廠商(旭硝子)的製品「Twin Carbo」

照片25｜衛浴面材(Bath Panel)

石膏板｜石膏ボード

以石膏作為芯材，兩面貼專用紙質的板材。不僅價格便宜，防火性能及強度佳，可當作室內牆底材，使用在各種用途、部位。此外，石膏板在重量方面的特性，讓石膏板也適合當作隔音底材使用。除了一般常見的石膏板，另有護套石膏板、強化石膏板、化粧石膏板、帶孔泥牆底材石膏板等各式各樣種類[表8表9]。石膏板的邊端樣式區分成切直角、傾斜錐形邊、削倒角面三種類別。

矽酸鈣板｜ケイカル板

正式稱作矽酸鈣板。當作室內或室外裝修底材使用，重量輕，耐火、隔熱、隔音、加工等方面的性能佳[照片19]。因為受到溫度、濕度影響的伸縮程度小、吸水率高，若使用在需要使用水的場所，需作表面防水處理。厚度6釐米的矽酸鈣板常使用於浴廁、廚房的天花板，厚度25釐米的矽酸鈣板則當作鋼骨的防火披覆來使用。

纖維強化水泥板(Flexible Board)｜フレキシブルボード

將石棉與水泥混合製成的板材。現在因為天然礦物纖維石綿(Asbestos)的環境議題，石棉被合成纖維、紙漿(Pulp)、耐鹼性玻璃纖維等材料取代。強度、彈性佳，厚度厚的纖維強化水泥板不僅可以使用在樓板、隔間上，也可以運用在高樓層立體停車場的外牆上。一般是以螺釘(VIS)來固定。

四分一｜四分一

安裝在牆壁陰腳部位的細長構材。

接縫填充收邊材｜ジョイナー

安裝在板材接合部位上的細長棒狀接縫材。種類包括鋁製、塑膠製，形狀有各式各樣[照片20]。

牆壁・天花板完工飾面材

自然原木化粧合板｜天然原木化粧合板

表面貼覆自然原木(檜木、杉木、櫸木)製薄板(0.2～1.0釐米)的合板。也稱作突板合板、練付合板、銘木合板等[圖50]。

山茶木(白木)合板｜シナ合板

表面貼覆山茶木(白木)的普通合板。當作牆面、天花板或門窗表面飾面材來使用。除了山茶木(白木)也有人使用柳桉(Lauan)

當作基材。

木薄片輪鋸台｜突き板

使用杉木、櫸木、柚木等高級樹種的木材，以輪鋸台裁切出薄板材。厚度上區分成薄板（0.18～0.4釐米），厚板（0.5～1釐米），特厚（1～3釐米）。依照裁切方法與取材部位，分有「 目（直木紋）」、「板目（橫木紋）」等各式各樣的木薄片種類。

練付｜練付け

將木薄片貼覆在芯材或底材板上的工作。或是指此種製品。使用的芯材種類包括木皮、合板、集成材等。

圖51｜壁紙的構成

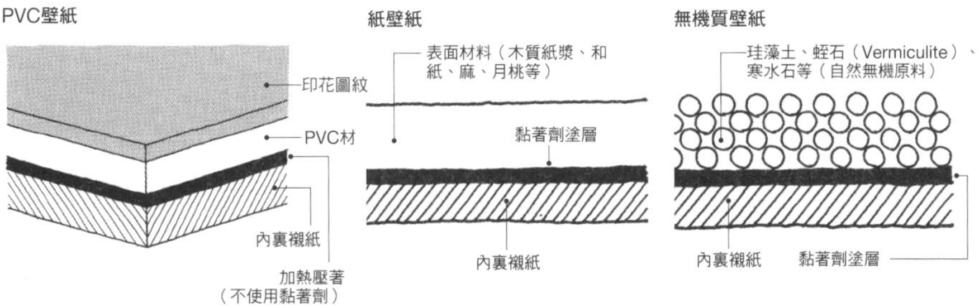

表11｜以紙壁紙作為主要原料的環保壁紙一覽表

廠商（日本）	商品名稱	特徵
Toli株式會社	「Eco Wall」環保壁紙	取得EM認證第一號。創銷售最高實績，可防止汙染的榮譽環保壁紙
	「Kenaf Wall」麻製壁紙	取得非木材紙M認證第一號。銷售實績僅次於前者
	「Kenaf Wall」麻製壁紙（雙層塗漆）	可塗漆，取得非木材紙M認證
Sangetsu株式會社	「New Papi Wall」壁紙	以棉花為主要原料，取得非木材紙M認證
	紙壁紙	使用再生紙的紙壁紙，取得EM認證
Runon株式會社	「Triple Fresh」壁紙	住江織物株式會社利用麻（Kenaf）製紙，開發出可抑制揮發性有機化合物（Volatile Organic Compounds/VOC）的壁紙商品「Triple Fresh」，取得日本非木材紙M認證
	Triple Fresh」壁紙（潑水加工處理）	潑水加工處理過的壁紙，取得非木材紙M認證
Sincol株式會社	再生壁紙	再利用玉米、檜木邊端部位、杉木粉屑、稻草等多樣原料。取得TFM認證，並符合RAL基準（譯註：德國品質保證壁紙基準）
	竹製壁紙	使用生長快速，再生能力強的竹作為壁紙原料。取得TFM認證
	環保標章（Eco Mark）壁紙	使用環保再生紙作為壁紙原料。取得EM認證
	環保標章（Eco Mark）和紙	在環保再生紙中混入楮、月桃等木質纖維。取得EM認證
Tokiwa工業株式會社	甘蔗渣製紙	廢棄甘蔗渣的再利用。取得非木材紙M認證

註1：表列中的壁紙製品皆取得SV規格標章，得到F☆☆☆☆的認證。
（譯註：SV規格標章由日本「壁紙製品規格協議會（SV協議會）」制定）
註2：EM=Eco Mark（環保標章），非木材紙M=非木材紙標章，TFM=Tree Free Mark（無使用樹木原料標章）
註3：製品是否仍有存貨，需與各家廠商確認

合板｜合板

也就是所謂的夾板，將構成合板的單板（木薄片）在纖維紋理方向上相互垂直，以奇數片縱橫重疊壓製而成。若使用合板，需要留意黏著劑中甲醛（Formaldehyde）的揮發量。建議使用符合JAS規格的F☆☆☆☆的合板。

積層合板｜積層合板

將化粧合板或結構用合板堆疊而成的板材。有各種厚度的合板，因此可以簡單搭配堆疊的方式，滿足各種厚度上的需求。合板堆疊後產生的木斷面紋理也可巧妙應用在設計上。但此種方式會讓整體重量變重，設計規劃及施工處理上需特別留意。

無垢板（自然實木板）｜ムク板

不像合板一樣經過黏合、集成、拼接等處理的一片實木板。因為容易發生反拱、裂痕，施工處理上需特別留意。

密集板（Particle Board）｜パーティクルボード

防將切削下來或是破碎的木材碎片，塗上合成樹脂黏著劑，加熱壓製成形的板材。具有良好的隔音性、隔熱性，用來製作家電製品置物櫃等用途。

MDF中質纖維板｜MDF

中密度纖維板（譯註：密迪板）。良好加工性，木斷面緊密細緻，表面修飾的加工面品質良好。但木斷面上的木螺栓保持力低，要留意容易發生斷裂的情形。

硬質纖維板（Hard Board）｜ハードボード

將高密度木片纖維以蒸煮方式解纖，加入合成樹脂，再加熱壓製成形的板材。表面質地非常堅硬、平滑，其中一面為編織紋理，高撓曲強度，型切加工、彎曲加工、塗裝等的二次加工成果佳，可使用在汽車內裝、家電製品底材等用途。

美耐（Melamine）化粧板｜メラミン化粧板

在苯酚（Phenol）樹脂板上，使用美耐樹脂進行表面處理的板材。

Corian面材｜コーリアン

美國廠商DuPont的商品名稱，甲基丙烯酸（Methacrylic）樹脂強化無機材（甲基丙烯酸類人造大理石）。常用在廚房檯面等用途。

Twin Carbo面材｜ツインカーボ

日本廠商旭硝子社的製品，利用特殊技術，將聚碳酸酯（Polycarbonate）製成一體成形的中空板材。與Twin Carbo相同厚度的一般聚碳酸酯（Polycarbonate）板比較，「Twin Carbo」的重量是聚碳酸酯（Polycarbonate）板的五分之一，質輕[照片24]。

圖52｜乾式壁面（Dry wall）工法

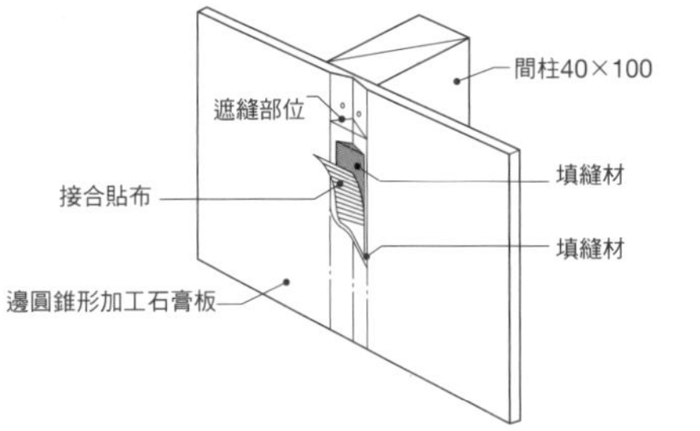

圖53｜GL（Gypsum Lining）工法

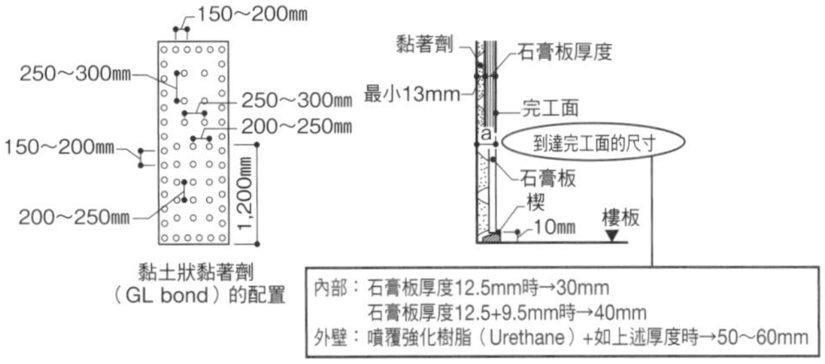

U Board｜Uボード
日本Unite Board株式會社的製品，斷面呈現紙箱狀的板材。密度是石膏板的六分之一，重量超輕。抗彎曲的強度高。

唐木｜唐木
產於印度、東南亞的熱帶木材。包括柚木、桃花心木、木瓜海棠、紫檀、黑檀等熱帶地區的珍貴樹種，經由中國的進口樹木。

寬幅（短邊）拼接｜幅矧ぎ
板與板在寬幅（短邊）方向以拼接方式接合而成的板材。或以搭接方式接合。

幕板（桌面支撐板條）｜幕板
橫向鋪設的長板材。橫跨在桌腳與桌腳之間的橫板。

表面浮紋加工處理｜浮づくり
讓木材紋理浮現於表面的表面修飾技巧。雖然只顧及單面美觀效果，但具有增強板材表面強度的功能。

特殊加工化粧合板｜特種加工化粧合板
表面加工處理過的合板，如印有木紋理或花紋的印花合板，塗裝處理過的塗裝合板，或是表面披覆氨基甲酸乙酯（Urethane）等合成樹脂的包覆合板等。

機械加工合板｜機械加工合板
利用機械進行表面加工處理的合板。包括用切割工具在表面刻出溝槽的車溝板材，加熱滾押出形狀的型押合板，為了裝飾或吸音效果，在表面鑽孔的有孔合板等。

美耐樹脂化粧合板｜メラミン樹脂化粧合板
將多張以美耐樹脂馴染過的紙重疊，再進行硬化處理，貼覆在合板的表面板材上[表10]。也稱作樹脂系包覆合板。一般是以商品名稱的Decola板來代表。

聚酯化粧合板｜ポリエステル化粧合板
在合板上塗覆聚酯（Polyester）樹脂，硬化後在合板表面形成皮膜的合板。也稱樹脂塗附包覆合板。

丙烯酸（壓克力）樹脂板｜アクリル樹脂板
丙烯酸、壓克力加工成板狀的板材。一般大多是指甲基丙烯酸（Methacrylic）脂板。高透明度，可黏著度佳，強度相較於酸、鹼（酸、強鹼Alkali）來得強，輕量，質地堅韌，但容易損傷，對抗有機溶劑的能力弱。大多使用在照明器具、看板、門、家具等用途。

聚碳酸酯樹脂板｜ポリカーボネート樹脂板
酯（Ester）類型的熱塑型塑膠板。具有強度，透明度高，多用來替代玻璃，使用在浴室門或天窗（Top Light）。或是內部呈中空狀，製成中空聚碳酸酯（Polycarbonate）樹脂板。在色彩上也有多種變化。大多簡稱波麗板[表10]。

FRP｜FRP
玻璃纖維強化塑膠（Fiberglass Reinforced Plastic）的簡稱。在塑膠樹脂中混入玻璃纖維，變成質地特別強韌的樹脂。可使用在各種工作物，或是家具等用途[表10]。

化粧矽酸鈣板｜化粧ケイカル
在硬質矽酸鈣板上進行防紫外線的表面修飾塗裝處理，適合使用在牆壁、天花板的表面修飾用途。種類包括，在板材表面塗上丙烯酸氨基甲酸乙酯（Acrylic

參考｜收納櫃、桌、椅的各部位名稱

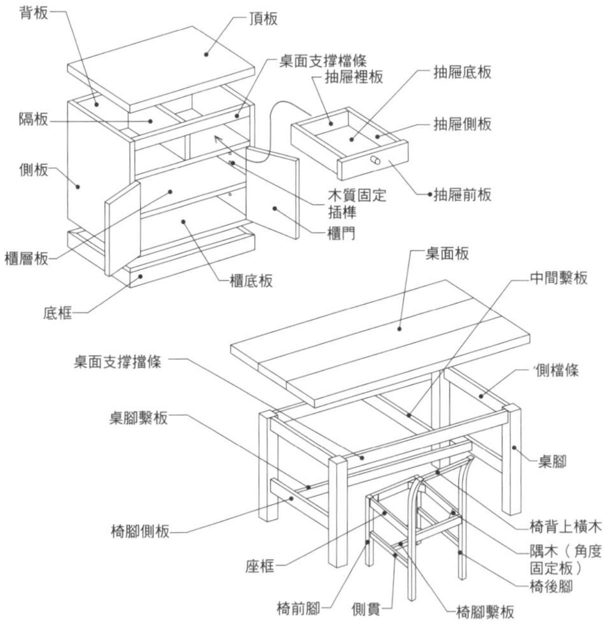

Urethane）樹脂塗料或是無機系塗料的表面修飾板材，或是表面貼覆非PVC系壁紙，取得不燃認證的板材。前者適用於廚房、浴廁等使用水的地方，以及工廠、醫院、無塵室等，後者則廣泛運用在入口門廳、會議室、梯廳、廁所、走廊，以及商業店鋪、體育館等地方。以Aslax（商品名稱）知名。

衛浴用面板（Bath Panel）｜バスパネル

使用在浴室內部表面修飾工程中的樹脂製飾面板材，單片的寬幅約100～300釐米，有的表面印有大理石或木紋理。另也有內側貼覆隔熱墊材的衛浴用面板。工期、成本方面都優於濕式工法［**照片25**］。

照片26｜**疊接鋪設（和紙）**

塑膠壁紙｜ビニル壁紙

也稱作乙烯（Vinyl）壁紙。以PVC樹脂作為原料製成的壁紙。是佔日本壁紙總生產量九成的標準款式。厚度比紙壁紙厚，較不易受到底材條件的影響，具有極佳的施工性。此種壁紙約有八成的價格在每平方公尺一千日圓以下，表面印有圖紋、或是型押、發泡飾面等加工處理過，種類豐富，色彩多變。近年來，丙烯酸（壓克力）系，或烯烴（Olefin）系樹脂的商品受到大量開發，帶有自然紋理的非PVC環保材料逐漸成為主流。不僅是防火、防黴、除臭、抗菌、防沾污等機能，另外也有具有吸音、防結霜、防靜電、防エックス線飛散等特殊機能的壁紙產品問市［**233頁圖51**］。

照片27｜**重疊裁切（切除多餘的壁布）**

紙壁紙｜紙壁紙

以紙為原料製作出的表面裝飾層壁紙。利用紙漿（Pulp）或、再生紙漿或楮等做為原料，內側貼附不易燃紙，再進行圖樣印製或浮花壓製（Emboss）。大多使用PVC或壓克力做為潑水加工處理。紙壁紙因屬於環保材而受到矚目，相較於PVC壁紙，紙壁紙較容易受到底材的影響，施工性也較差，因此尚不普及［**233頁圖51、表11**］。

和紙壁紙｜和紙壁紙

利用楮、三椏、雁皮等植物的韌皮纖維製成的和紙（日本傳統紙）做為壁紙的裝飾層，是紙壁紙中的最高等級。

洋麻製壁紙｜ケナフ壁紙

將洋麻紙漿製成的紙做為壁紙裝飾層，是紙壁紙的一種。洋麻（Kenaf）是錦葵科木槿屬（學名：Hibiscus）的一年生草本植物，是罕見的生長快速的植物。

照片28｜**重疊裁切（去除壁布內側貼布）**

月桃製壁紙｜月桃紙

將沖繩特產的植物月桃製成紙，做為壁紙的裝飾層，是紙壁紙中的一種。月桃是薑科多年草本植物。

紙布壁紙｜紙布壁紙

將紙扭成螺旋狀的線，編織成織品，稱作紙布，將紙布做為壁紙的裝飾層，是紙壁紙中的一種。雖然乍見之下像是紡織品製成的壁紙，但因使用素材是紙類，因此歸類為紙壁紙。

無機質壁紙｜無機質壁紙

將氫氧化鋁、蛭石、金屬等無機質材的碎片，散佈在紙上，做為表面裝飾層的壁紙。例如蛭石或寒水石等的無機質素材壁紙。原料具有防火的特性，若當作不燃石膏板的底材使用，對於防火性能的認定是「不燃表面處理」。因此依照室內裝修限制，可使用在需要不燃表面處理的地方，例如地下街、11樓以上的建築物內部裝修，避難樓梯的牆壁、天花板等［**233頁圖51**］。

烯烴（Olefin）壁紙｜オレフィン壁紙

以烯烴（Olefin）樹脂構成表面裝飾層的壁紙。就算燃燒也不會產生氯化氫氣體，因此被評定為環保建材。

油漆底材壁紙｜ペンキ下地壁紙

做為油漆塗裝底材用的壁紙。此種壁紙原料包括紙、玻璃纖維、聚酯（Polyester）纖維等，種類眾多。其中紙原料使用知名的德國廠商Erfurt產品Rauhfaser，玻璃纖維使用知名的德國廠商Tasso產品Tassoglas。

環保壁紙｜エコロジー壁紙

也稱作環保壁布（Eco Cloth）。環保系壁紙，含自然原料成分多，施工使用不含福馬林（Formalin）的黏著劑。現在市面上販售的各種壁紙，利用植物纖維、珪藻土、貝殼粉、木材碎片等自然素材製成。此外，黏著劑也因環保意識抬頭而持續進化，1998年4月日本工業規格JIS修訂「壁紙及壁紙施工用澱粉系黏著劑」標準，其中甲醛（Formaldehyde）揮發量的基準值被調降。

織物壁紙｜織物壁紙

平織、綾織等的紡織品，或是織布不織布 傳統的葛布（譯註：

日本使用自然原料製成的布）做為內裏的壁紙。質感柔軟，具有吸音、濕度調整的機能。大多以人造絲（Rayon）做為原料，市面也有以自然素材製成的紡織品壁紙開始登場。防火壁裝的分類，在防火性能上區分為「織物壁紙」與「化學纖維壁紙」。織物壁紙使用的素材有人造絲（Rayon）、綿、麻等。化學纖維則有丙烯酸（壓克力）纖維等等。

照片29｜木板橫向牆面鋪設

照片30｜管線外露天花板（無天花板）

照片31｜系統天花板（半明架天花板）

照片32｜中央向上凸天花板（施工中，石膏板底材）

圖54、照片33｜透光天花板

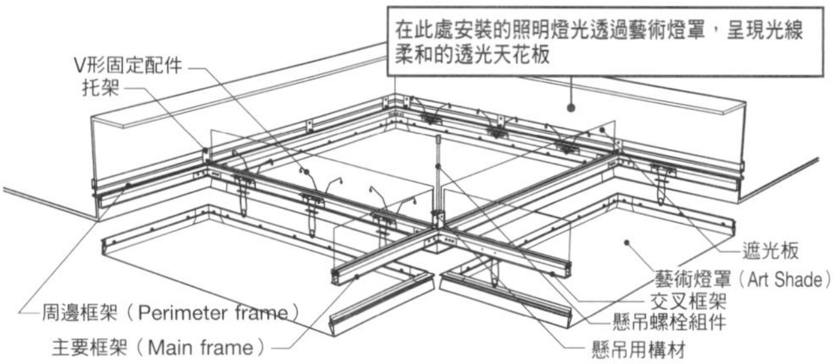

Dinoc Sheet（自黏性PVC樹脂貼膜）｜ダイノックシート
自黏性PVC樹脂貼膜（Film）的通稱，最原始是引用自日本廠商住友3M的商品名稱。相同製品有Belbien Sheet（C. I.化成株式會社）、Reatec（Sangetsu株式會社）、Paroi（積水化學工業株式會社）、Rumidia（Lintec株式會社）等。

澱粉糊｜デンプン糊
在日本，所有的壁紙施工都用此種黏著劑。在歐美一般是使用甲基（Methylcellulose）系的粉末糊。

岩棉吸音板｜岩綿吸音板
以無機質纖維岩棉做為主要原料，加上黏著劑或混合料製成板狀，表面進行塗裝或是強化（Laminate）飾面處理的板材。現在市面流通的是非石棉製品。具有優良的吸音性、隔熱性、防火性，因耐濕性差，需避開使用在濕氣重的地方。此外，因為質地柔軟，需要進行補強鋪設處理。知名的商品有Dai Lotone（大建工業株式會社）、solaton（日東紡株式會社）、彫天（Panasonic株式會社）等。

牆壁工法・收邊

乾式壁面（Dry wall）工法｜ドライウォール工法
構成平滑的大壁（隱藏柱或梁等結構材的牆壁）牆面的工法。以石膏板做為完工面，在石膏板寬幅（短邊）方向的兩端，以錐形邊端處理，使用水泥或接縫貼布進行完工面收邊處理。也稱作Taper joint工法［圖52］。

GL（Gypsum Lining）工法｜GL工法
在結構體的混凝土面上以一定的間隔距離，塗上黏土狀的黏著劑（GL bond），將石膏板壓附其上進行鋪設。丸子狀的黏著劑以點狀分布在結構體面上，將板類鋪設其上，須留意若在黏著劑乾燥前張貼壁紙，接縫處會呈現密閉狀態，牆壁內部容易發生結霜或發霉的狀況。使用此種工法時應考量到防音、遮音性上較差的缺點［圖53］。

日本SV規格｜SV規格
日本壁紙製品規格協會制定出的壁紙安全品質基準，於1998年將德國RAL基準與日本JIS基準合併制定而成。現在日本國產壁紙的95%以上皆標示出SV

規格標章。

日本ISM基準｜ISM基準
日本壁裝材料協會參照德國RAL基準，於1995年制定出的安全品質基準。

德國RAL基準｜RAL基準
德國政府機關「德國商品安全標示協會（RAL）」制定的安全品質基準。

底材整平｜下張り
壁布的鋪設方式之一。鋪貼和紙（日本傳統紙），修正底材凹凸不平整的表面。鋪貼方式可使用袋狀鋪設工法。（譯註：128頁）

疊接鋪設｜重ね張り
壁紙接合部位的簡單處理方式之一，在平直裁斷的壁紙接合部位上，上下重疊約1釐米以下寬度，進行壁紙的疊加接合鋪設［照片26］。此種鋪設方式可以讓和紙（日本紙）等壁紙紋理，或是邊端部位重疊約1釐米的接合部位得以展現成為設計元素。

重疊裁切｜重ね裁ち
鋪設壁紙在最頂層時，邊緣部位重疊約2～3公分，在重疊接合的部位，將兩片壁紙一起裁斷，將裁斷處兩邊多餘的壁紙撕除的方法［照片27、28］。施工速度快，接合部位也不明顯。若換成是壁布，為了避免上方壁布的黏糊沾到下方壁布的完工面，建議在上方壁布內側貼上貼布。

重疊切斷｜重ね切り
壁紙接合部位的處理方式之一。將兩張壁紙相互重疊約1～2公分，再放上金屬尺，用刀片沿著金屬尺裁切。

木板縱向牆面鋪設｜竪羽目板張り
將木板豎直鋪設在牆面上的方式。木板與木板間的接合方式包括平口對接、雙溝咬合對接、斜口對接、V形對接、凹凸榫槽嵌合、隱藏插榫嵌合、自板對接（譯註：在木板對接接縫部位上，疊加木板的接合方式）、大和對接（譯註：將縱向木板相互交疊的鋪設方式，表面呈現規律凹凸狀，有的會在相互交疊木板中包夾橫向木板）等。

木板橫向牆面鋪設｜横羽目板張り
以母板的長邊方向做為橫向，板與板相互些微重疊的鋪設方式。一般稱作木製橫板張貼，具有截水功能，因此多用於外牆。［236頁照片29］。

接縫｜目地
鋪設磁磚或合板時出現的接縫。接縫的寬度取決於設計、施工、材料各方面的條件。若是積極地讓接縫外露，在施作方式上會與完全不外露接縫有很大的區別，也有兩相鄰材料之間相互緊密接合，接縫寬度幾近於零的方式。

預留接縫｜目地割り
預先在底材上分配磁磚或合板的排列距離並做記號，有助於接縫的完工收邊處理。

平口對接｜突付け
構材之間不留溝縫，以平口接合方式對接，與外露溝縫的對接方式相反。板材或壁紙鋪設在牆壁、天花板上時，可使用此種方式。平口對接部位需要相當高的精準度，應依照表面修飾成果的要求，在施作上多加留意。像是Runafaser（日本Runafaser株式會社的製品）等製品，因為內含木質碎片，如果在施工現場進行裁切，切口部位無法工整。因此，大多使用在工廠裁切完成的木材，以兩平切口相互對接的方式進行鋪設，僅需在陰角部位將木材裁斷即可，收邊工整。

天花板工法

管線外露天花板｜直天井
讓結構本體的上層樓版或屋頂的混凝土版底面直接外露，當作天花板頂面的形式。表面修飾處理大多以清水混凝土、油漆塗裝、噴覆塗料、張貼壁紙等材料為主。結構體本身的精細度影響表面修飾的成果，應以清水混凝土的精細度做為施作標準［照片30］。

系統天花板｜システム天井
工廠製造生產的系統化天花板建材，多使用在辦公室。一般由版構成天花板面，並與空調、照明、各種配線、防災機器等設備一體規劃。除了能縮短工期，因尺寸固定，只需移動版材，就可以彈性更改天花板配置。大多使用在事務所、商業大樓等空間用途［照片31］。

中央向上凸天花板｜折上げ天井
斷（剖）面上呈現凸狀的天花板形式（譯註：天花板的中央部位比周圍高，向上凸的天花板形式），運用在需要呈現空間氛圍的起居室等［照片32］。與有較特殊的天花板處理，例如設置多層段差，或是將中央向上凸的部位做成橢圓形，或是在段差部位安裝間接照明等。中央向上凸處較一般天花板高，為了不讓設備管線配置上出問題，應該事先仔細檢討天花板與上層樓版下方之間的空間。

透光天花板｜光天井
使用可讓光線通過、擴散的材料做為天花板，內側收納大量照明器具，讓整體或大部分天花板面積呈現發光狀態［圖54、照片33］。因為底材的影子會反應在天花板上，因此需兼顧底材的設計配置。為了讓光源從天花板內部擴散出來，需留意光源設置的距離或間隔。天花板內部若有汙損，會在天花板上反應出影子，因此施工後的清理工作是必要的。

門窗・外部門窗框・五金工程

五金與門窗工程中有很多項目共通，於本章合併解說基礎用語。

型式・材料・收邊

木紋理—木理
木材上的原木紋路。也用來表示木材質感。

弦剖面波浪紋路—板目
出現在木材剖面上的山形或波浪形的原木紋路[圖1]。

徑剖面平行紋路—柾目
與年輪垂直的方向剖出的木材，木材剖面上出現的樹心縱向原木紋路[圖1]。

特殊木紋—杢
木紋理中具有高裝飾價值的特殊原木紋路。

木表—木表
在原木剖出木材剖面上，出現與樹幹外側樹皮相似的剖面紋路。

木裏—木裏
在原木剖出木材剖面上，出現與樹幹內側樹心相似的剖面紋路。

木製家具、器具—指物
以搭接、對接等方式將木材製成門窗、小箱、桌子、收納櫃等家具設備、器具或木工製品。製作的職人日文稱作「指物師」。

搭接接頭—仕口
接合木材，在上面刻出榫頭、接頭、門骨架組接部位的總稱。

外露構材的正向立面—見付け
構材正面可見部位、寬幅。

外露構材的側面深度—見込み
構材側面可見部位、深度。

榫頭—ホゾ
木材邊端凸起部位。將木材接合時，其中一件挖出凹穴，另一件凸起相互嵌合。有各式形式，如兩根榫頭或兩段式榫頭[圖2]。

圖1｜板木與柾目

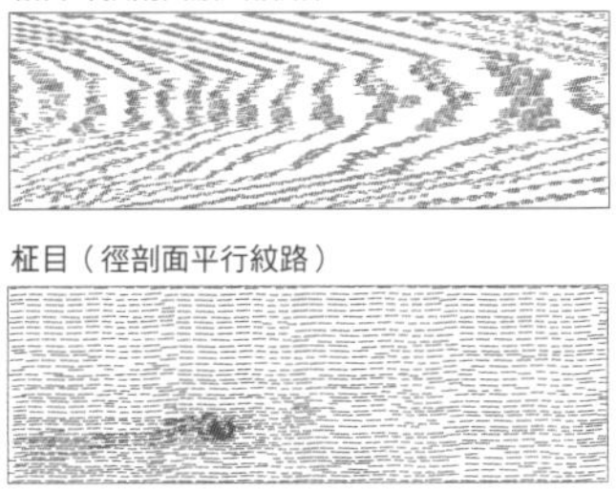

圖4｜留（90度接合方式）

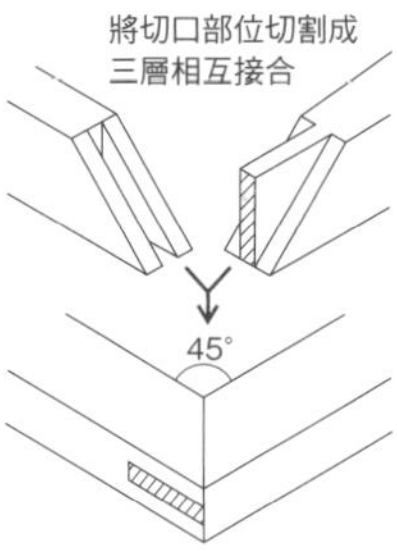

圖5｜倒角處理的種類

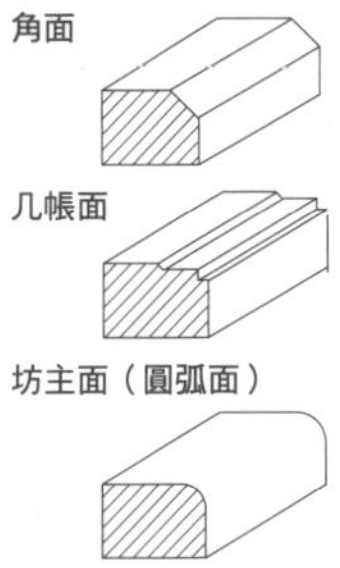

圖2｜兩節式榫頭

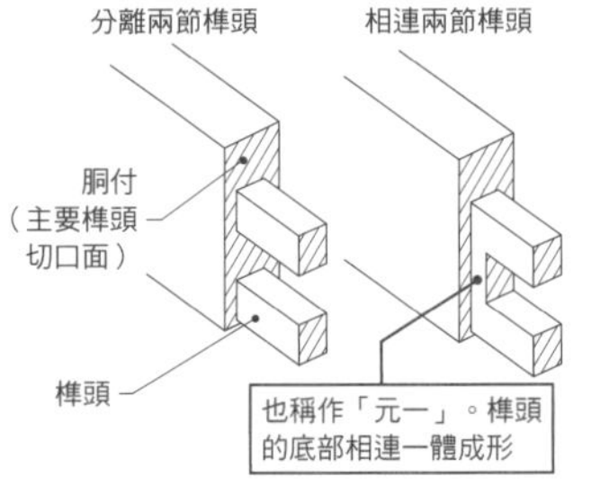

圖6｜主要嵌合型式

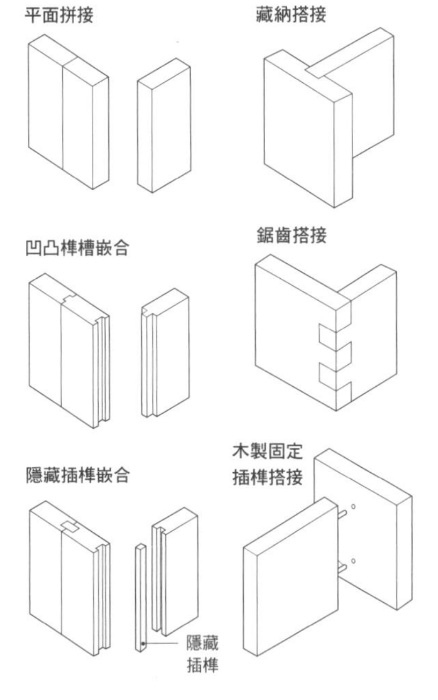

圖3｜面落（退縮相接）與面揃（表面平接）

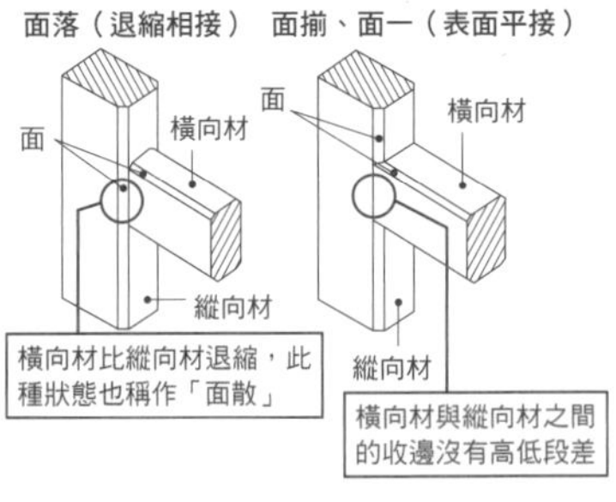

退縮相接—面落ち
兩構材接合時，其中一構材的面較另一構材的面退縮[圖3]。橫向材與縱向材的接合方式之一，有時也表示進出面差的部位。

表面平接（面揃）—面ぞろ
也稱作「面一」。沒有段差的完工收邊方式[圖3]。

進出面差（面散）—面散り
兩構材相鄰接的面，出現些微段差的部位[圖3]。

內法（構件內側有效尺寸）—內法寸法
下門檻上緣至上門楣下緣間的尺寸。或是指面對面的兩根柱子之間的尺寸，一般是指表面修飾完成的構材內側之間的有效尺寸。

外法（構件外框實際尺寸）—外枠寸法

圖8｜門窗代表樣式

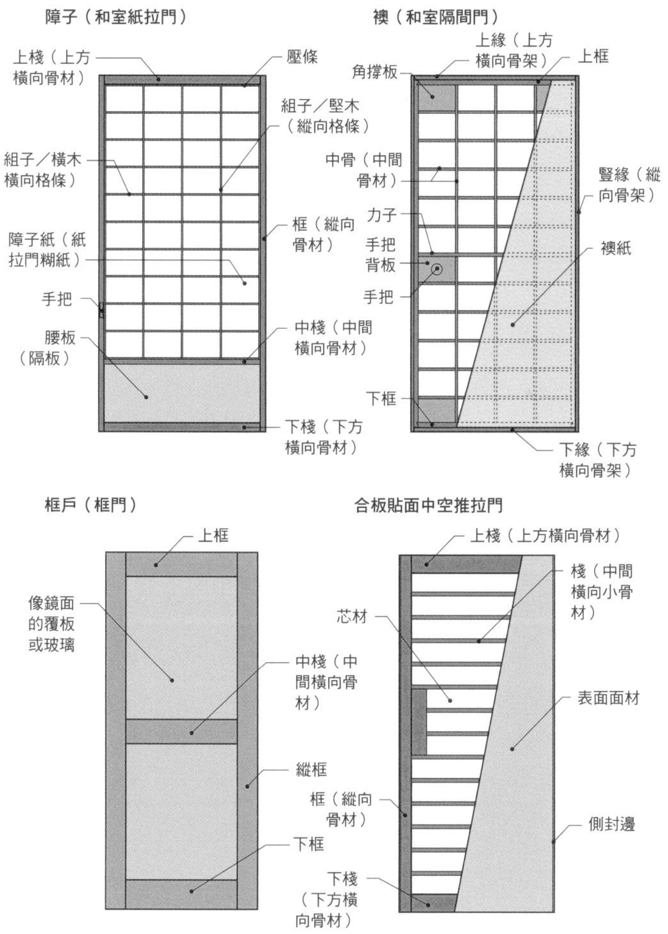

圖7｜指接方式

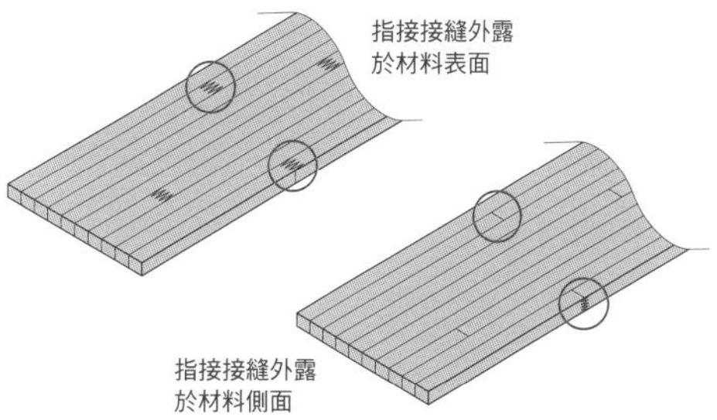

照片1｜僅置入橫向骨材的和室紙拉門

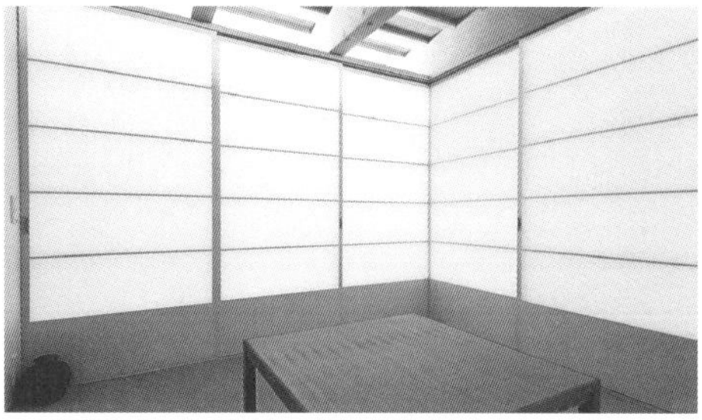
東京目黑區的住宅｜平真知子一級建築士事務所｜

也稱作實際尺寸。因為包含構材內相接部位的尺寸，比「內法」的尺寸大。

90度接合方式｜留
為了隱藏切口，將構材以90度相接的接合方式[圖4]。

傻瓜接合方式｜阿呆留め
構材與構材以十字形、T字形或各種角度接合的方式，及當構材與構材的正向立面尺寸不一致，或無法以45度接合時使用。

切口｜小口
易與「木口」混淆，構材的橫斷面稱「小口」，可見木材年輪的原木橫斷面稱「木口」。

門骨架組成｜組手
障子（紙拉門）或襖（和室隔間門）門骨架組立方式。

木材壓縮｜木殺し
木材與木材間的企口接合，或木材與金屬材接合時，敲打木材使之壓縮，除了容易接合之外，也因木材壓縮過可防止收縮，也避免接合處產生空隙。

倒角處理｜面取り
為保護木材邊端或裝飾，將邊角邊緣去除進行倒角加工[圖5]。

對接接頭｜継手
木材長邊方向相互接合處[圖6]。

指接｜フィンガージョイント
像雙手手指相互嵌合一樣，將木材的邊端部位切成互補的轉折鋸齒（*Zig Zag*）狀，相互嵌合黏著的接合方式[圖7]。

邊緣壓條｜押縁止め
為了將木製橫板、玻璃、網等面材安裝固定在門窗上，所使用的細長狀邊緣壓條。此種方式可以輕易地安裝或卸除面材。

束割（具有邊緣壓條功用的垂直支架構材）｜束割り
束（支架材）是短型垂直構材，為了要能咬住玻璃，將支架材切除一半，加工成具有「押緣（邊緣壓條）」功用的材料。門窗的「束」，是指垂直構材。

鑲夾式門窗工法｜落とし込み
鑲夾玻璃的門窗工法。不使用「押緣（邊緣壓條）」，將門窗上框切割成表裡兩片，並從上框上方開始將玻璃鑲夾其中的門窗工法。因無邊緣壓條，收邊簡潔，但切割成表裡兩片的上框易相互脫離，強度降低。須留意此種工法的上框不易安裝門弓器。

木製固定插榫｜ダボ
接合兩件木材使用的木製插榫。在木材上進行孔穴加工，藉由插入孔穴的木製插榫接合兩件木材。書架等可移動式層架的金屬固定配件也稱作插榫。

和室紙拉門｜障子
門窗建材中的和室紙拉門窗[239頁圖8、圖9]。紙拉門窗的骨架可以部分地做出變化，如「貓間障子」，或將部分骨架向上推疊

圖9｜障子（和室紙拉門）的主要種類

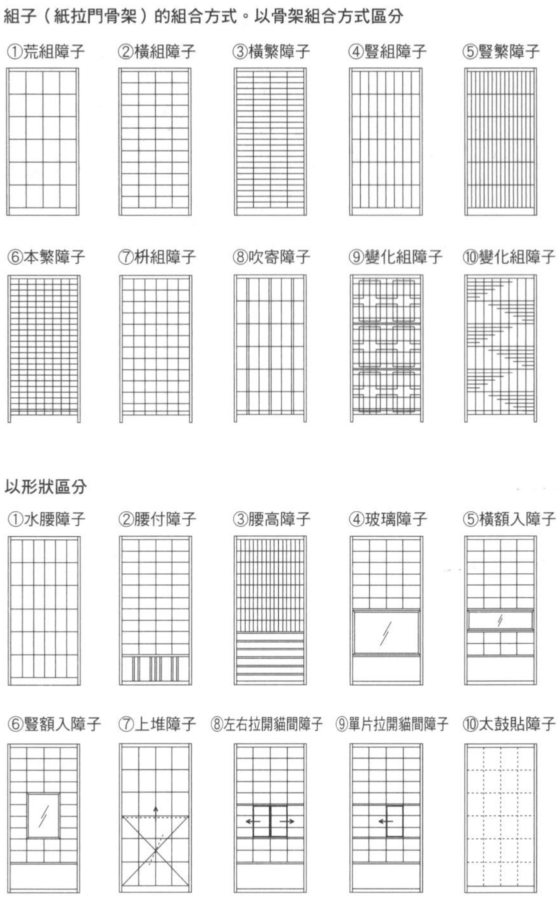

圖10｜襖（和室隔間門）的主要種類（形狀區分）

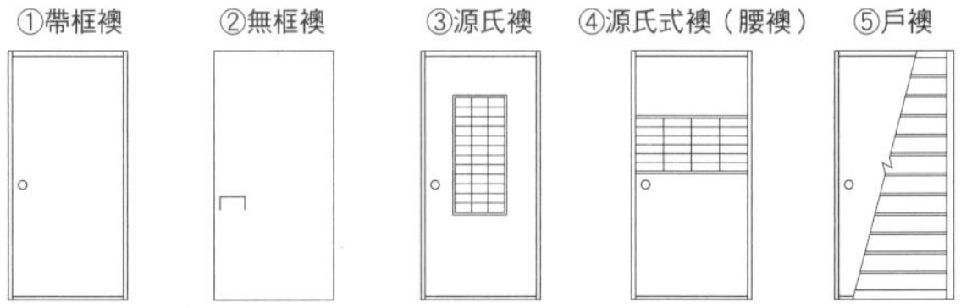

圖11｜合板貼面中空推拉門

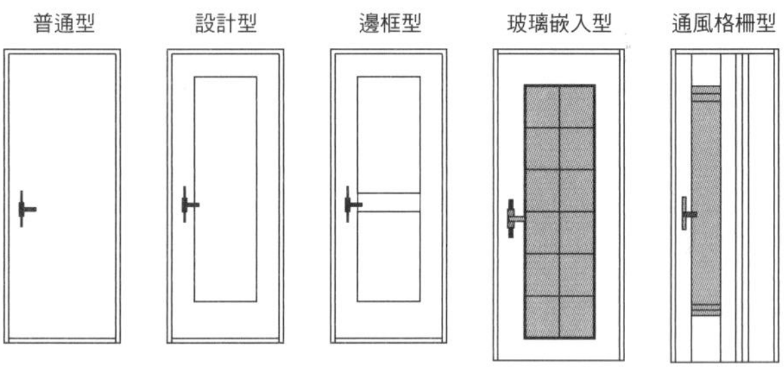

並鑲夾玻璃，用來賞雪景的「雪見障子」等等。張貼在紙拉門窗上的材料，從「手漉和紙」到壓克力等各式各樣，需考量光透過材料形塑出的空間氛圍、耐破損度、成本等各方面再決定。

荒組障子｜荒組障子

和室紙拉門上的縱橫格條數量少、間距大的樣式。此外，也有橫組障子等樣式〔239頁照片1〕。

紙拉門糊紙卷材｜卷障子紙

使用半紙判（譯註：日本手漉和紙規格的一半，約24・24×33・33公分）寬幅的紙拉門糊紙，若以紙拉門骨架尺寸裁切，一次可貼四片紙拉門長度的紙卷材。

二三判障子紙｜二三判障子紙

裁製成2×3尺（約606×910釐米）的障子紙。日本手漉和紙使用的尺寸規格之一。

單張全面貼覆用障子紙｜一枚貼り用障子紙

無需續接即可全面貼覆紙拉門的障子紙。以機械漉紙，製作成障子紙，以卷材形式出貨。

紙拉門骨架｜組子

和室紙拉門上縱橫交錯的格條。骨架的尺寸、分割比例可自由設計。縱向格條間距較小的類型稱作「豎繁」，橫向格條間距較小的類型稱作「橫繁」，縱橫格條的間距尺寸加大，數量減少的類型稱作「荒間」等。

和室隔間門｜襖

在和室隔間門骨架上張貼和紙或布料，四周以「緣（邊緣材）」包覆的門〔239頁圖8；圖10〕。「緣」使用塗裝過的木質材或是未加工過的木質材。側面深度比紙拉門或推拉門短，質地也較輕。需留意襖（和室隔間門）的下門檻與上門楣的溝槽尺寸與障子（紙拉門）是不相同的。

採光和室隔間門｜腰襖

源氏襖（譯註：源氏隔間門，門上嵌有採光用的紙格窗）的一種。依形狀不同有各種類型。

太鼓襖｜太鼓襖

周圍沒有「緣（邊緣材）」包覆的和室隔間門。拉門前端與拉門底端用糊紙捲覆，拉門的上下端會在下門檻與上門楣之間滑動，因此需安裝滑軌板。

合板糊紙和室拉門｜戶襖

在中空推拉門的合板上貼上和紙，轉化成紙拉門的質感氣氛。「戶襖（合板糊紙和室拉門）」比「本襖（和室紙拉門）」重，側面深度也較深。為讓開闔滑順需安裝底輪。此外，戶襖的下門檻、上門楣以及上方的溝槽尺寸，都比本襖大，因此施工前需決定使用哪種型式。

間合判｜間合判

襖紙（和室紙拉門糊紙）。裁製成1尺3寸×3尺（約380×950釐米），與手漉襖紙尺寸相同。

間中判—間中判
裁製成3尺×6尺（約950×1850釐米）的襖紙。因為是面積單位「一間」的正中央分一半，也稱作間中，相當於一間（六尺）的一半，即為三尺。

四六判—四六判
裁切成4×6尺（約1240×1850釐米）的襖紙。裁切成5×7尺的稱作五七判，裁切成7×9尺的稱作七九判。

坪巻—坪巻き
將機械漉紙製成長度可供四扇和室紙拉門使用的紙卷材，面積相當於一坪。

鳥之子—鳥の子
以「雁皮」、「楮」（譯註：皆為落葉低木樹種名）的樹皮作為原料，製成淡黃色襖紙。利用機械漉出紙漿，製作出均質觸感的紙，稱作鳥之子。尺寸可能不超過3尺×6尺，如需的面積大尺寸可以設計手法解決，例如在中間加入帶狀接合材料等方式。

有邊框的門—框戶
在門窗四周以搭接方式安裝化粧框材[239頁圖8；圖12]，種類包括鏡板戶（如鏡面的門板）、帶戶（中間附有橫板的門）、唐戶（板門）、棧唐戶（格扇門）、玻璃門等。依照門所需強度及設計來決定邊框的材質、尺寸。

圖12 障子（和室紙拉門）、襖（和室隔間門）、框戶（有邊框門）的形狀與各部位名稱

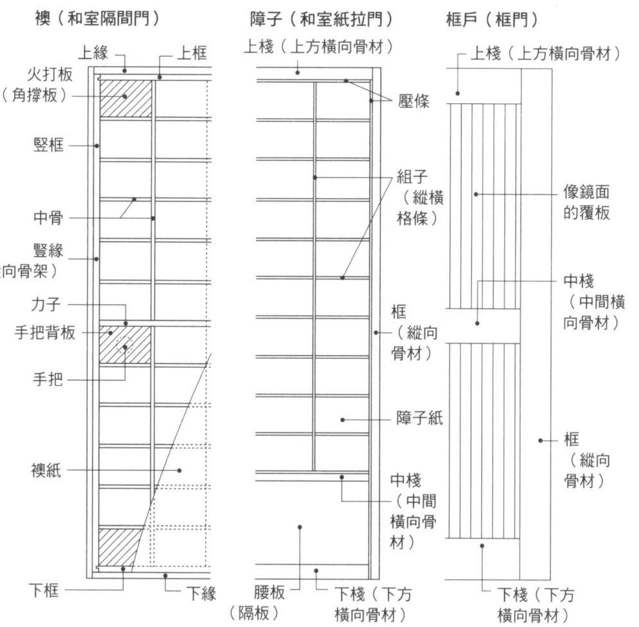

圖13 拉門前側、後側、底端插榫

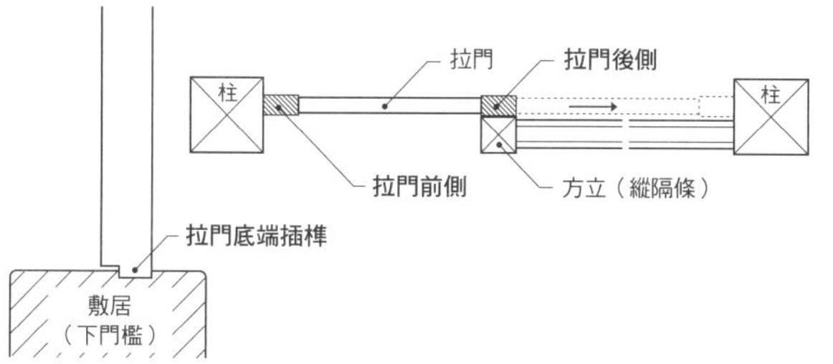

百頁門—ガラリ戸
框戶的一種。為了遮光、通風等效果，附有百頁（保持相同傾斜度、間距的平行窄薄板）的門。

木棧板門—棧戶
內部安裝木板，相當穩固的門。種類包括舞良戶（譯註：書院造建築使用的門，在門的內部以窄間隔置入名為「舞良子」的木板條）、格子戶（譯註：在門的內部置入格狀木板條）等。

合板貼面中空推拉門—フラッシュ戶
在門骨架上張貼合板等面材，表面修飾整平的門[239頁圖8；圖11]，也可嵌入玻璃等的其他面材。一般是在木框或卷芯材上張貼合板或金屬板即完成。因門窗邊端會看到面材的斷面，因此會在門窗邊端貼附封邊膠布或無垢材（未加工木材）作為外露的完工面。面材收縮率依濕度不同而異，若門的表裡使用不同材質面板，容易發生隆起等現象，因此門的表裡兩面應使用相同材質。

合板貼面實芯推拉門—ベタ芯
與合板貼面中空推拉門一樣，在門的表裡兩面張貼面材，門芯用MDF纖維板或碎料板，不中空，整體構成變堅固，重量也增加，因此需考量金屬配件耐重。

石塊牆堆積狀—石垣積み
障子紙張貼方式的一種，將紙的接縫處外露在骨架上，甚至將上下段的接縫處相互錯位。

全糊張貼—ベタ張り
在紙上全面上糊的張貼方式，防止紙受濕氣伸縮，將紙穩固地張貼在門上。易受底材表面凹凸不平影響，需確實將底材整平。壁紙類基本上都是用全糊張貼。

袋狀張貼—袋張り
僅在紙四周上糊的張貼方式。不會受到底材表面不平的影響，視覺上呈現蓬鬆柔和的表情。是和室隔間門的基本張貼方式。

門開啟方向—勝手
門窗的移動方向、方式。應以方便使用者開啟的方向來決定拉門移動的方向。通常右側拉門靠近使用者前方的開啟方向，為順開，若左側拉門靠近使用者前方的開啟方向，則為逆開。勝手也用來表示推拉門的開啟方向。

拉門前側—戶先
將拉門閉闔時，拉門與門框接觸的側邊，稱作拉門前側[圖13]。拉門前側的另一側稱作拉門後側（譯註：與另一扇拉門相互交疊

圖14｜練芯（實芯）構造與框芯（中空）構造

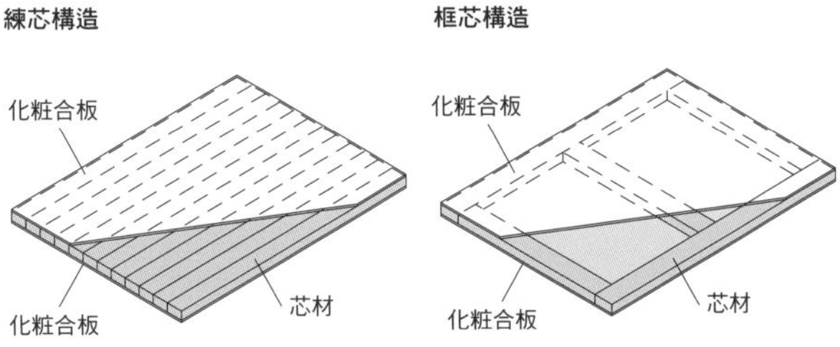

表1｜家具用合頁、鉸鏈種類

開門式櫃門	菸斗合頁、普通合頁、P鉸鏈、角鐵合頁、隱藏式合頁等	最近漸為趨勢的櫃門安裝方式，是將櫃門安裝在櫥櫃外的門框上，幾乎都使用菸斗合頁。特別是施工便利的觸碰式（One touch）鉸鏈最為普遍
上彈式櫃門（Flipper door）	普通合頁、角鐵合頁、菸斗合頁等	直接將向上開啟的櫃門向內平行滑動後，並讓櫃門收納在櫥櫃中的專用滑軌鉸鏈。若使用櫃門支撐氣壓桿（Stay）需留意相互組裝方式
下拉式櫃門（Drop down door）	下拉式合頁、對折式合頁等	需與櫃門支撐氣壓桿（Stay）併用

處）。

拉門底端插榫｜戸首
拉門嵌入下門檻溝槽的部位〔241頁圖13〕。通常會在門窗內側車出溝槽，使外側成為拉門底端插榫。若希望拉門裡外具一致的表情，可在門框中間設置硬木或山形鋼、角鐵，替代拉門底端插榫。

推拉門厚度｜戸厚
門窗厚度表示可安裝圓筒鎖（Cylinder）、姆指轉鎖（Thumb-turn）、手把（Handle）等部位的厚度。也稱推拉門側面深度。需考量前述金屬鎖件嵌入深度以及門窗框尺寸後，再決定推拉門厚度。

拉門閉闔時中間交疊處｜召合せ
襖或障子兩扇各往左右相反方向閉闔時，相互交疊的部位。

無溝橫木｜無目
沒有溝槽的敷居（下門檻）、鴨居（上門楣）。

擋水收邊板｜水切板
用來防止水進入接合處，用收邊板材遮覆。也稱作擋雨板。

窗台板｜膳板
安裝在窗框下方像畫框的構材。

合板貼面中空板材工法（Flush工法）｜フラッシュ工法
英語「flush」，是指表面平滑的板材工法。在合板等面材之間，包夾芯材的三明治構造。目的是為了做出輕量、減少凹陷扭曲發生的板材，依照材料的不同，包夾芯材的方式也各有不同。

框芯構造｜枠芯構造
合板貼面中空板材工法的一種。在芯材的周圍以板材構成邊框，內部保留中空〔圖14〕，達到該工法輕量化的原始目的。與其他板材接合處，或是安裝金屬鉸鍊等的部位，需夾入芯材。

練芯構造｜練芯構造
合板貼面中空板材工法的一種。俗稱實芯構造，使用輕木材製成的集成材當作芯材，讓內部不呈現中空狀態〔圖14〕，如木芯板（Lumber core）。

卷芯材（Roll core）｜ロールコア
合板貼面中空板材工法的一種。在框芯構造的框內側，插入紙質芯材，製成的板材。

單面合板貼面中空板材構造｜片面フラッシュ構造
合板貼面中空板材工法的一種。一般來說，合板貼面中空板材（Flush Panel）的表裡兩面貼附相同面材，但考量製作成本，很多僅只一面貼附面材，如裏板或隱藏在牆側的部位，使用單面合板貼面的中空板材。

框組構造｜框組構造
日本的傳統工法，利用無垢材（實木材料）在門窗四周組成框架組，以框架本身強度與搭接接合強度構成框架結構。框架中的垂直構材稱作框，水平構材稱作棧。嵌在框架組內側的面材稱作鏡板，僅具有框架材結構補強的功用。主要使用在門上。

板組工法｜板組工法
以企口拼接方式，將窄幅實木板材接續成板組的製作方式。若是大面積大實木天花板工程，過去會使用一整片實木板，現在市面流通的多是板寬幅約150釐米的國產材，因板寬幅約250～300釐米的板材價格昂貴，因此利用窄板材續接成寬幅大的板材組合。

圖15｜擬寶珠丁番（擬寶珠合頁）

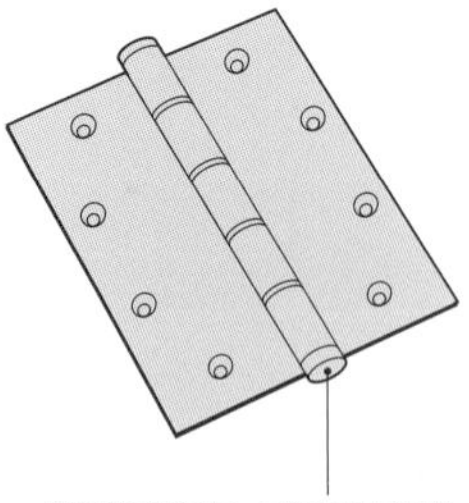
將擬寶珠拆下，可將中軸抽離

圖16｜法國丁番（法國金合頁）

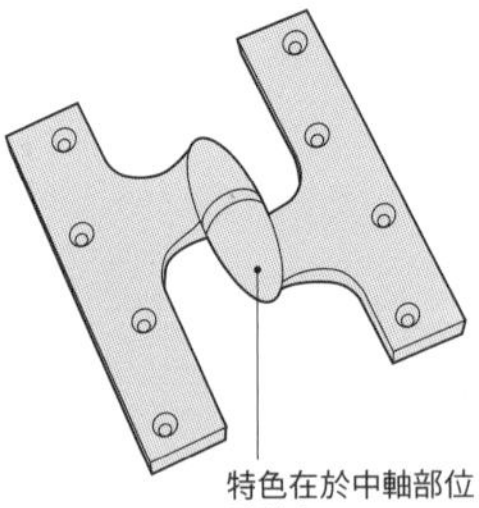
體積小

圖17｜旗丁番（旗幟狀合頁）

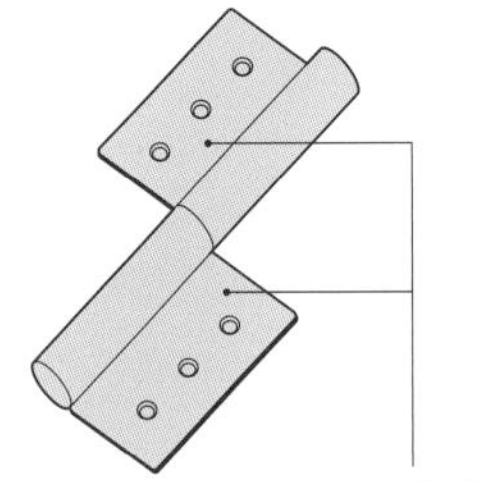
左右兩翼部位
狀似旗幟

圖18｜角丁番（輕量家具用合頁）

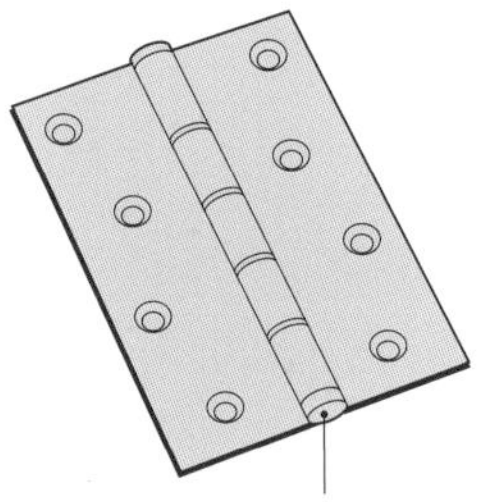
中軸長度不超過兩翼

五金・門窗五金配件

合頁—丁番
日文稱作蝶番。在門框與門上，安裝像翅膀的金屬固定配件，作為門開闔的轉軸[表1]。

擬寶珠合頁—擬宝珠丁番
在中軸的端點上，附有類似寶珠的珠狀物（稱作擬寶珠）的合頁[圖15]。將擬寶珠拆下，可將中軸抽離，但在木製門窗安裝工程中，較少將中軸抽離來安裝。若擬寶珠的形狀偏平，則稱「平擬寶珠」。耐重能力大。

法國合頁—フランス丁番
合頁的中軸部位體積小，門窗關閉時只會見到中軸管（Knuckle），整體設計看起來簡潔[圖16]。主要用於木製門窗，不適用重量重的門窗上。若將門窗向上提起即拆卸。分左開與右開。

旗幟狀合頁—旗丁番
合頁左右兩翼的形狀像旗幟一樣[圖17]。若將門窗向上提起即可拆卸。主要用在鐵門。

輕量家具用合頁—角丁番
使用在置物櫃等輕量家具上[圖18]。形狀與「平擬寶珠丁番」相似，但中軸與左右兩翼齊平，沒有突出。也稱作「平丁番」。

鉸鍊（Hinge）—ヒンジ
軸吊五金配件[表1、圖19]。安裝在門上的旋轉軸，用來支承門重量的金屬配件。

櫃門支撐氣壓桿（Stay）—ステー
用來支承門重量的五金配件[圖20]，緩衝門突然關閉的衝擊力，包括停煞（Break）式、速度漸緩（Soft Down）式等。

戶檔（Catch）—キャッチ
防止門片自行打開的五金配件[圖21]。一般戶檔安裝在櫥櫃內側，在門上安裝戶檔插榫（Strike）。主要有磁鐵類型，或利用金屬或塑膠彈性的滾輪式戶檔（Roller catch）、滾珠式戶檔（Ball catch）等。

滑軌

棒條狀滑軌—甲丸レール
常見於木造建築[圖22]。在滑軌上方（與拉門接觸的面）以釘作固定，釘孔外露部分容易發生凹折彎曲。當拉門滑動到釘孔部位時，會發出「空咚」的聲響。

無聲滑軌（Noiseless Rail）—ノイズレスレール
斷面形狀像電車鐵軌的滑軌[圖23]。滑軌下方支撐扶板以釘作固定，因此與拉門接觸的軌道面上無需施打釘子，移動時發出的雜音較少。與下門檻接觸面積廣，適合較重或滑動部位尺寸精準的門窗。也稱靜音滑門軌。

門窗滑動軌道—フラッターレール
完工後安裝的滑軌類型，突出樓地板面部位尺寸較小的滑軌[圖24]。寬幅較寬，但沒有突起的棒條狀物。有時是指V字形滑軌，或是靜音滑軌。

隱藏滑軌—埋込みレール
安裝在混凝土面上，用水泥砂漿充填滑軌周圍並收邊，滑軌整體或部分可隱埋起來的類型[244頁圖25]，多用於玄關等會碰到水的地方或室外。樓地板面完成後，不容易再修正隱藏樓地板中的滑軌，因此在預先埋設時，應充分留意滑軌是否呈直線及水平度。

V字形滑軌—Vレール
滑軌面切割成V字下凹形狀。質材有黃銅、鋁、硬木等，埋設在下門檻或各種質材的地板中[244頁圖26、27]。不會突出於下門檻

圖19 | 鉸鏈門（門用）

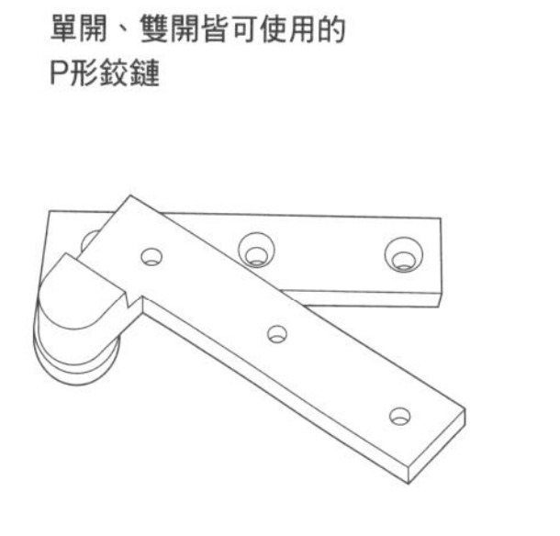

單開、雙開皆可使用的
P形鉸鏈

圖20 | 櫃門支撐氣壓桿（家具用）

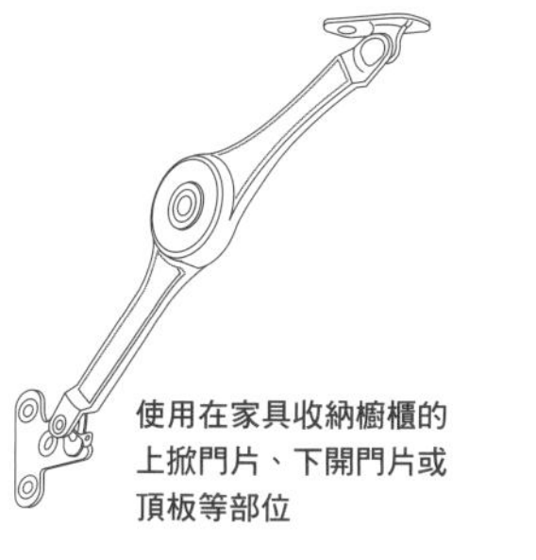

使用在家具收納櫥櫃的
上掀門片、下開門片或
頂板等部位

圖21 | 戶檔（Catch）

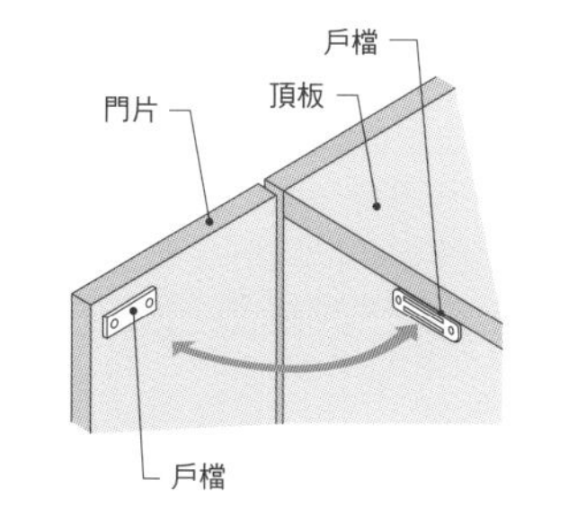

圖22 | 棒條狀滑軌

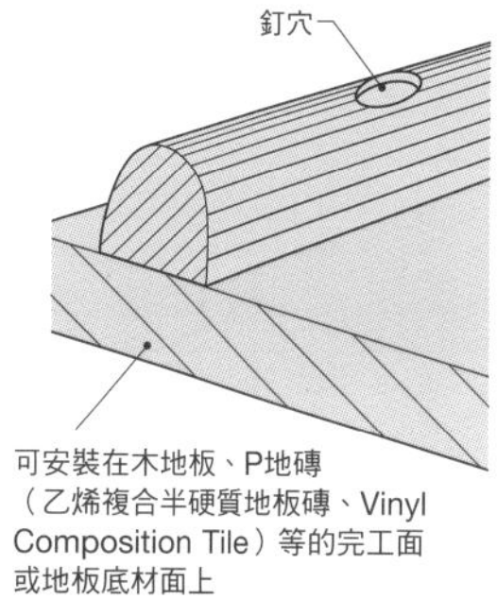

圖23 | 無聲滑軌（Noiseless Rail）

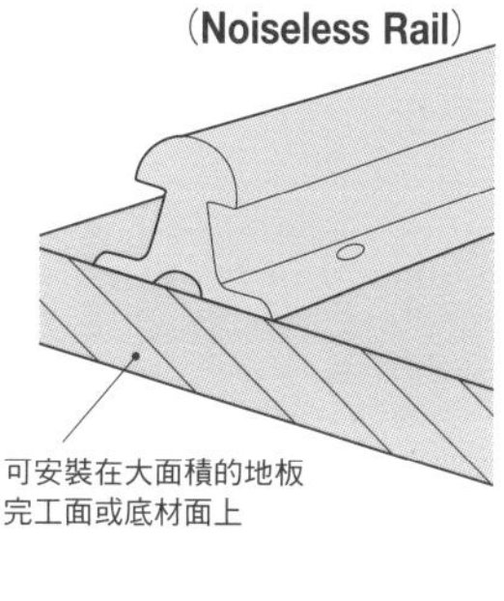

圖24 | 門窗滑動軌道

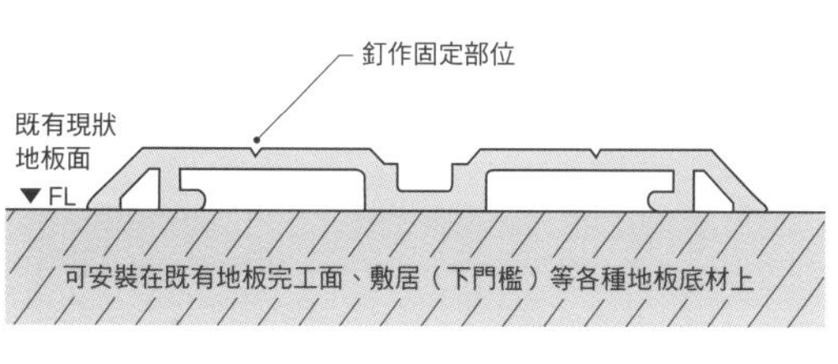

或地板面，適合用在無障礙空間或不想讓滑軌凸顯的場所。只需挖出溝槽即可簡易安裝，但依拉門重量需檢討V字形滑軌的底部材料位置，或需作補強等。

滑軌（Slide rail）－スライドレール

安裝於抽屜或滑動式桌面等家具的五金屬配件，左右成對使用。種類包括塑膠滑輪的滑動式滑軌，或使用軸承（Bearing）伸縮桿的伸縮式滑軌。伸縮式滑軌包括兩段式、三段式伸縮拉桿，三段式伸縮拉桿可將抽屜最裡端完全拉出。應考量家具的機能用途，再決定滑軌尺寸、耐重能力、是否附有戶檔（無法自然拉出抽屜），及是否需要安裝一碰觸即可簡易拆卸的滑軌類型。

門鎖

箱型門鎖－箱錠

有門把（Knob）型與有鑰匙孔的圓筒鎖（Cylinder）型，可完全收納在門板內［圖28］，也稱Case Lock。包括開闔時臨時將門扣上使用的彈簧鎖扣（Latch Bolt）及上鎖用的鎖栓（Dead Bolt）。

空鎖－空錠

僅以彈簧鎖扣（Latch Bolt）將門帶上無鎖栓的門鎖［圖29］。大多是一般用在室內的隔間門上。

無門把鎖栓－本締錠

沒有門把，只有鎖栓的門鎖類型［圖30］。若附加在箱形門鎖上，變成一門雙鎖型式。

嵌入式門鎖－彫込錠

在門側面上鑿孔將門鎖嵌入其中的門鎖類型，是常見的方式。

門面附加型門鎖－面付錠

不用在門上鑿孔，直接在門面上安裝的門鎖類型。完工後再安裝的門鎖類型［圖31］。因為無需在門側面上鑿刻孔洞，安裝作業容易施作。使用在大樓玄關門。此種門鎖的製品種類較少。

喇叭鎖（**握玉**）－握り玉

喇叭門把（Knob），若安裝在重量較重的門上，年長者或手力弱的人較難將門開啟［照片2］。

橫桿門把－レバーハンドル

橫桿狀的手把，可輕易將門開啟或關閉［圖32］。有的形狀會勾到衣服的口袋，因此外觀不僅需考量設計面，也需考慮機能面。

姆指扣鎖門把（Thumb Latch

圖25｜隱藏滑軌

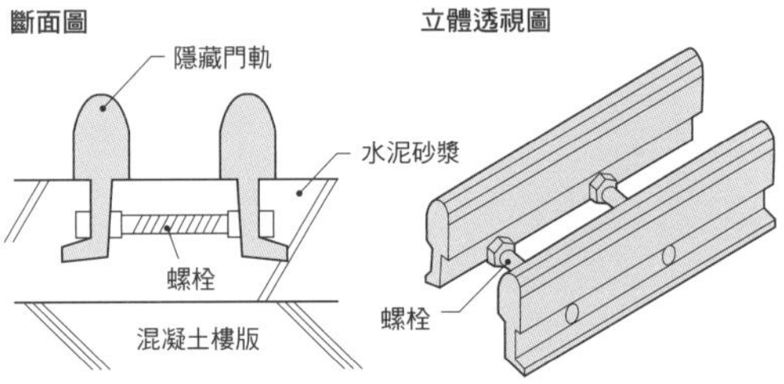

圖26｜V字形滑軌（RC結構）

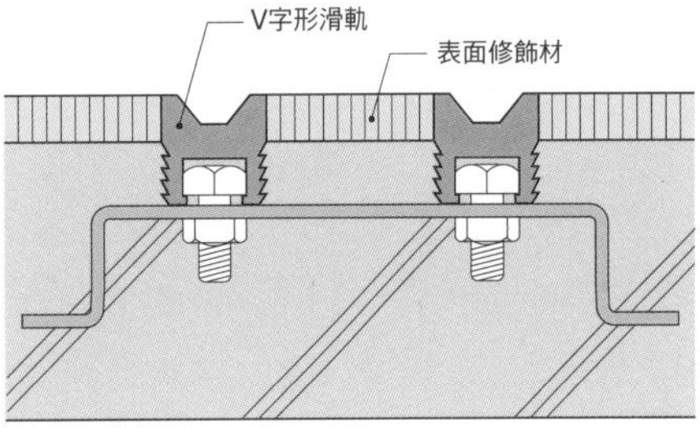

圖27｜V字形滑軌（木結構）

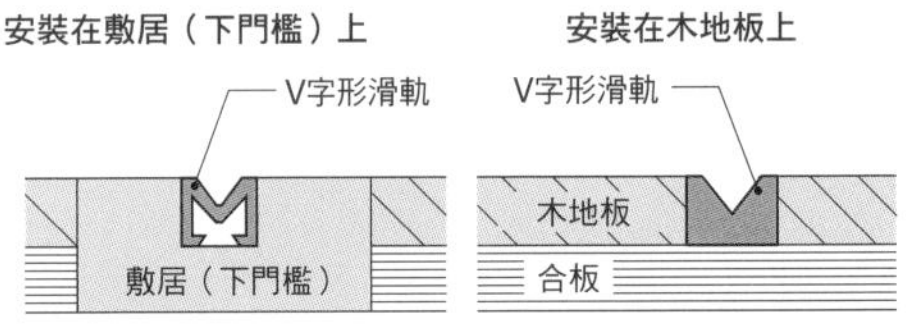

圖28｜箱型門鎖

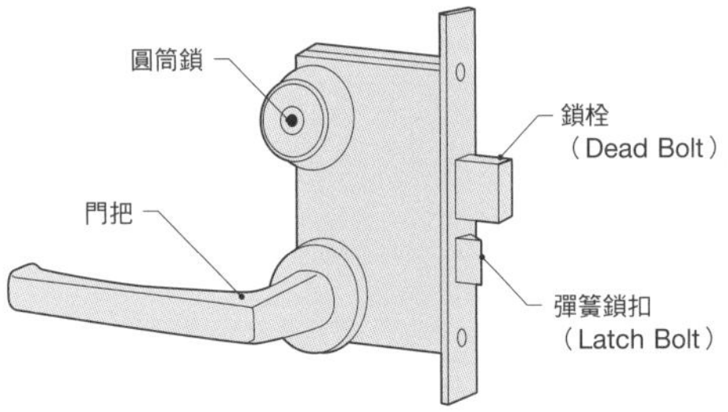

圖29｜空鎖

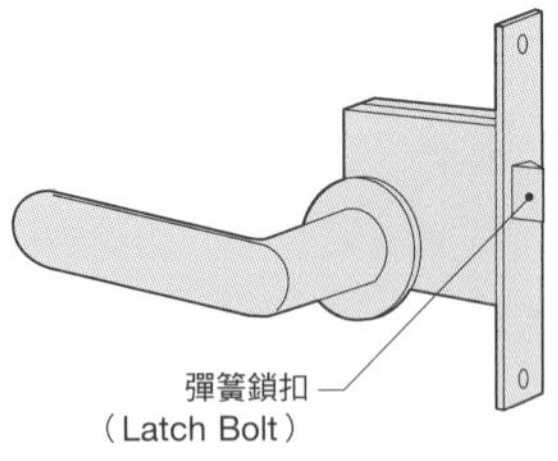

圖30｜無門把鎖栓

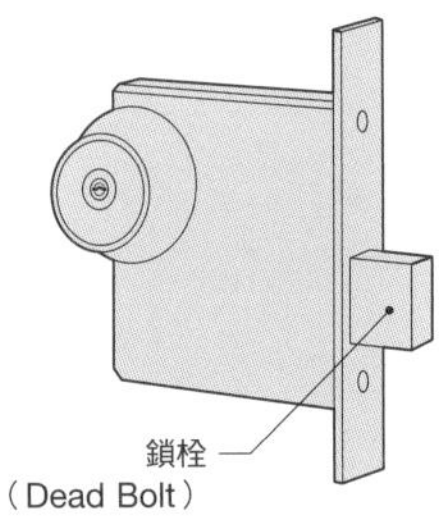

圖31｜門面附加型門鎖

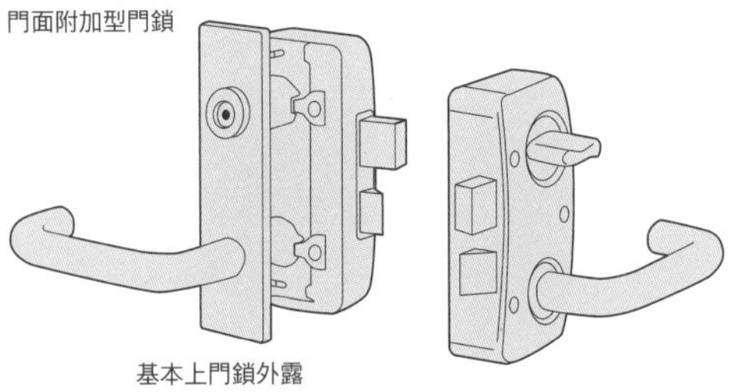

照片2｜喇叭鎖

圖32｜橫桿門把

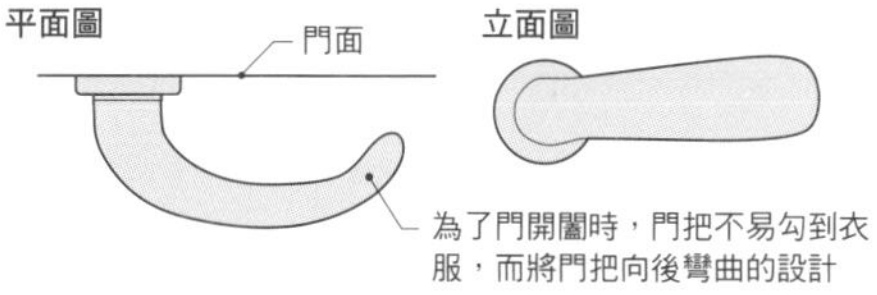
平面圖
門面
立面圖
為了門開闔時，門把不易勾到衣服，而將門把向後彎曲的設計

照片3｜姆指扣鎖門把（Thumb Latch Handle）

Handle）—サムラッチハンドル在門把上方附有用大拇指壓下即可開鎖的鎖扣，因開門易使力，可用在較重的門上［照片3］。

外部擋雨窗

外部門窗框（Sash）—サッシ
使用在結構開口部位的室外門窗框總稱。整體來說是指金屬製門窗框，廣義上也包括木頭等材料製成的外部門窗框。外部門窗框當中，使用在出入口的稱作門。並且，木造外部門窗框依照安裝在具有厚度的牆內位置，區分為室外安裝型、半室外安裝型、室內安裝型等種類［表2、246頁表3、4、圖33〜36］。

外部鋁門窗框—アルミサッシ
最常見的是鋁合金擠出型材製作的外部門窗框。外部鋁門窗框的比重2.7，質輕，熱傳導率204W／mk，比鋼製門窗框高約4倍。目前市面上開發出化學噴砂處理（新日輕株式會社，現在的Lixil Group）過的鋁門窗框，比起過去的鋁門窗框耐磨，較不易受到損傷，在鋁原料進行電氣化學處理，表面呈低光澤度是其特徵。

樹脂PVC外部門窗框—樹脂サッシ
用具有高耐氣候性的硬質PVC型材製成的門窗框。PVC的熱傳導率0.15W／mk，相當低，PVC門窗框傳導的熱僅是鋁門窗的千分之一，隔熱性能佳。

木製外部門窗框—木製サッシ
木材的熱傳導率是鋁的1／1500以下，隔熱性能比PVC更好。現在的木製外部門窗框，可藉由在五金配件或斷面形狀上的琢磨提高氣密性。雖然木頭本身的自然紋理、色調、觸感讓人感到親近舒適，考量實際使用維護，塗裝作業是必要的。

複合式外部門窗框—複合サッシ
將相異素材組合製成的門窗框。多組合耐候性佳的鋁材及隔熱性佳的樹脂PVC。種類有外側鋁加上內側PVC、鋁材之間嵌夾PVC隔熱。也有木製門窗框表面用鋁材保護的複合式門窗框。

鋼製外部門窗框—スチールサッシ
通常用在室內門（Door），大多用來當作防火門。

外部不鏽鋼門窗框—ステンレスサッシ
一般使用耐腐蝕性最好的SUS304製作出的不鏽鋼門窗框。也被當作防火門來使用。

無障礙外部門窗框—バリアフリーサッシ
消除高低段差的門窗框，用來對應無障礙空間的需求。但目前對於無障礙門窗的規定是「下框部位高低段差20公釐以下」，若是軌道式門窗框，雖然看起來是平坦的，事實上仍有約20公釐的高低段差。最近市面上出現三協立山株式會社開發出的無軌門窗框（Non Rail Sash Walking）。

表2｜外部門窗框的主要性能標示

①耐風壓性	能抵抗的風壓（Pa）。JIS（日本工業標準）中，以每平方公尺所能抵抗的風壓作為基準，區分S-1至S-7等級
②氣密性	經由門窗框與門窗間隙流失的空氣（間隙風）量。JIS中，以每平方公尺每小時流失的空氣量作為基準，區分A-1至A-4等級。流失空氣量以m^3／（$h.m^2$）標示
③水密性	為防止帶有雨水的風造成的滲雨情形所能抵抗的風壓。JIS中，在風雨狀態下，以每平方公尺能抵抗滲雨現象的風壓作為基準，區分W-1至W-5等級
④隔音性	用來表示能隔絕多少從室外入侵室內、或從室內流失至室外的聲音。JIS中，以每個周波數（音頻）能阻隔的音量為基準，區分T-1至T-4等級。以公式「外部門窗的隔音性能=室外噪音等級-室內噪音量」來標示
⑤隔熱性	能阻隔多少熱的傳遞。JIS中，以熱貫流（熱通過）抵抗值（R值）為基準，區分H-1至H-5等級。熱貫流（熱通過）抵抗值以$m^2.K$／W標示
⑥防結霜性	能防止結霜現象的程度。與門窗框的隔熱性有密切的關係
⑦防火性	火災時的防火安全程度。在日本，建築基準法、施行令、告示等法令中均有規定。防火建築物、準防火建築物，或是防火地區以及準防火地區的建築物外牆中，在有延燒疑慮的開口部位，應有設置「防火設備」或「特定防火設備」（防火門）的義務
⑧開闔力	門窗開闔時所需的力，以單位N表示。JIS中規定的開闔力是50N。適用於轉軸式的推拉門窗，滑軌式的兩片以上可左右交互拉動的門窗、單片單向滑窗以及拉門
⑨重複開闔力	包括合頁、門鎖等五金配件的門整體，可經歷幾次開闔未損壞的能力。開與闔合計一次，以可重複的次數作為參考基準

表3｜外部門窗框的主要質材種類

鋁	鋼	木	不鏽鋼	樹脂	複合
質輕、容易加工的鋁，可利用擠出成形的製作方式，讓斷面形狀確保氣密性與水密性，主要使用在建築外部開口部位。鋁的熱傳導率高，幾乎是鐵的四倍	鋼無法避免鏽蝕，因此不太會用於會碰到雨水的部位。使用在建物外部開口部位的鋼，則會以設計考量施作烤漆	現今的木製門窗與過去不同，可藉由五金配件或斷面形狀的加工提高氣密性。木材的熱傳導率低，是鋁的1／1500以下，因此隔熱性佳	一般是以耐鏽蝕性最優的SUS304製成。不鏽鋼的強度、耐久性皆比鋁優，除了使用在商店、辦公室等建物外部的出入口部位，也使用在住宅	使用高耐氣候性的聚氯乙烯（PolyVinyl Chloride，PVC）成型的外部門窗框。PVC的熱傳導率是鋁的1／1000以下，因此隔熱性佳	使用不同質材組合製成的外部門窗框。大多是將鋁的耐候性與樹脂的隔熱性合併，組合製成外部門窗框。也有在木製門窗框表面以鋁材包覆保護的形式

圖33｜木結構用外部門窗框種類

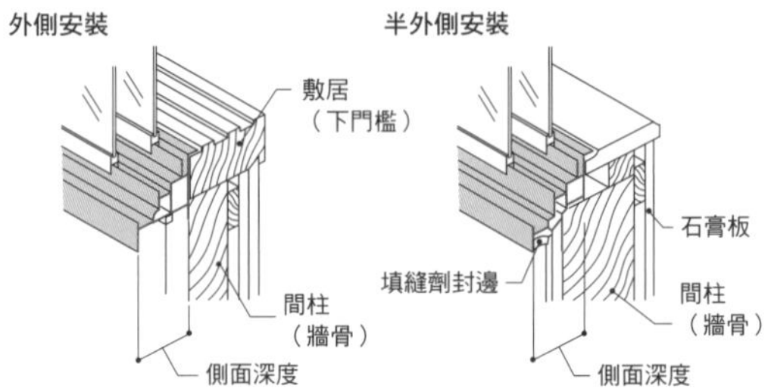

外側安裝—外付け
在外牆側安裝外部門窗框及收邊處理[圖34]。主要是柱子外露的牆壁使用的外部門窗框安裝方式。雖然外牆內外均不需加框，收邊簡潔，但門窗框重量僅以釘子承重，若要安裝大型門窗框，則需考量經年累月使用發生門窗框脫落的可能性。

半外側安裝—半外付け
外壁收納在鋁製門窗框內，門窗框部分突出外牆牆面的安裝收邊處理方式[圖35]。也稱「半外」。外牆內側需加框。在木造住宅此種安裝方式成為主流。若鋪設外部隔熱材，或是外牆飾面材較厚，則需確認門窗框突出外牆牆面的尺寸是否足夠。

內側安裝—內付け
外部門窗框（Sash）側面深度可收納在外牆牆體厚度中的安裝收邊處理方式[圖36]。外牆牆面上可在門窗四周加裝框材，或是以泥作填塗作為收邊處理。牆內側也需要木製門窗框。木造建築用的鋁製門窗框在剛開始使用時，幾乎都是內側安裝類型，最近逐漸被半外側安裝類型取代，已較少見到內側安裝類型。內側安裝是在鋼骨建築或RC建築中是常見的門窗安裝收納方式。

寬度・高度—W・H
標示門窗寬度、高度。在大樓用門窗的是指內法尺寸（內側有效尺寸）木造建築用門窗的是指外法尺寸（外側實際尺寸）。

窗台底座—窓台
用來安裝門窗的下緣框。內側或半外側門窗安裝方式是直接將窗台台座架設在牆體上。在木造建築中，依照真壁或大壁的不同，窗台台座的內側完工尺寸也會不同（上緣框的楣梁也一樣）。

楣梁—まぐさ
安裝門窗的上緣框。楣梁與窗台

圖34｜外側安裝

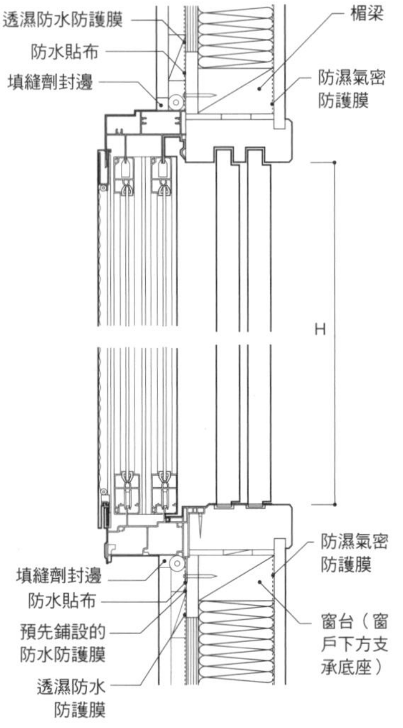

圖35｜半外側安裝

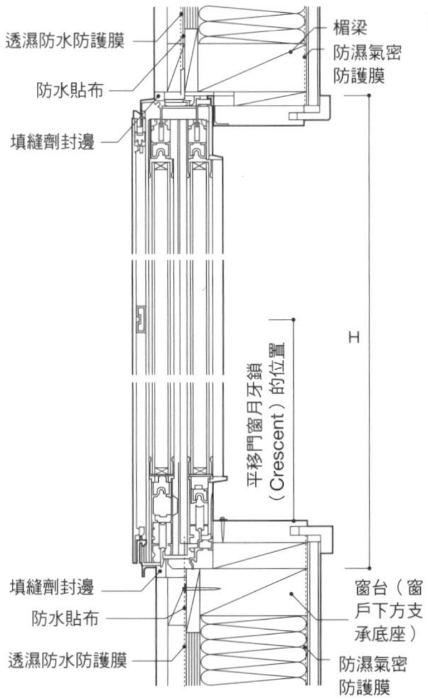

圖36｜內側安裝

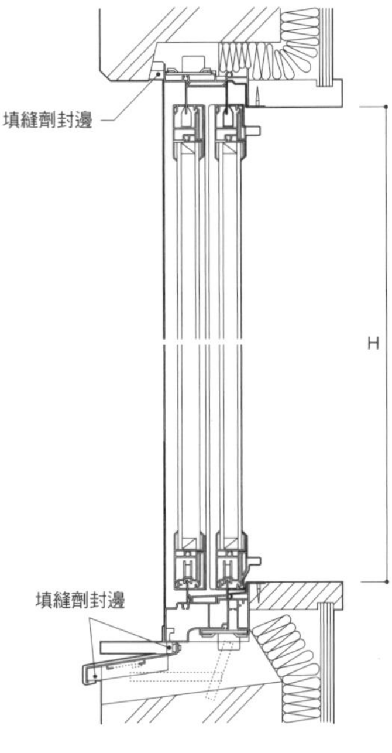

表4｜外部窗框的開闔樣式與特徵

開闔樣式	形狀與特徵		優點與需注意點
可左右交互拉動的窗框（2片、3片、4片組）	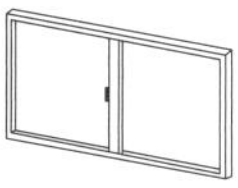	左右窗扇皆可水平滑動、開闔，在日本是最常見的開闔樣式	• 窗的前後方可置物 • 可以清理外側玻璃 • 若是3片組窗，需留意紗窗的設置方式 • 若是4片組窗，窗扇在閉闔時的位置較難設計
單片橫拉窗窗框		由單片橫拉窗與固定窗組成	• 可欣賞到固定窗的窗框細部設計 • 需留意固定窗的清理方式 • 依照單片橫拉窗的內外設置方式，區分為內拉與外拉樣式
兩側雙開窗框	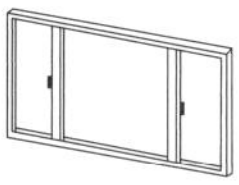	中央部位是固定窗，兩側是單片橫拉窗的組合樣式	• 可作為防火設備，使用於大型開口部位 • 需確認中央固定窗的清理方式 • 依照單片橫拉窗的內外設置方式，區分為內拉與外拉樣式
上下提拉窗窗框	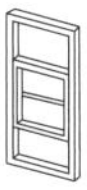	上下窗扇可垂直滑動、開闔，也有上方窗改用固定窗的組合樣式	• 窗的前後方可置物 • 縱長窗型 • 無法完全開放
迴轉軸式直開窗窗框		以縱軸為迴轉中心，將窗扇向外側完全旋轉打開。迴轉軸可以水平滑動，因此窗扇的左右兩側皆可開放	• 高度開放性 • 不適用大型開口 • 外側玻璃可以清理
迴轉軸式橫開窗窗框	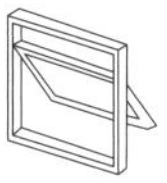	以橫軸為迴轉中心，將窗扇向外側完全旋轉打開。迴轉軸可以垂直滑動，因此窗扇的上下兩側皆可開放	• 高度開放性 • 不適用大型開口 • 外側玻璃可以清理
上開式向內倒下窗窗框	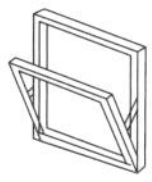	將窗扇向內側倒下打開，大多運用於排煙目的	• 排煙效果好 • 若使用不透明玻璃，就算打開也讓人難以窺視室內 • 內側不易安裝窗簾 • 紗窗清理不易
上開式向外倒下窗窗框		將窗扇向外側倒下打開，大多運於排煙目的	• 排煙效果好 • 雨水容易進入室內 • 外側玻璃清理不易
下開式外推窗窗框	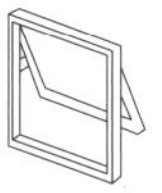	窗扇向外推出開啟。藉由水平地將窗扇推出，可以達到上下左右各方向換氣、通氣的效果	• 就算打開，雨水不易進入室內 • 外側玻璃清理不易
百葉窗窗框	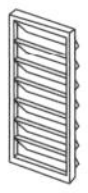	轉動玻璃百葉扇來開闔，也有雙層玻璃百葉扇的樣式	• 就算打開，雨水也不易進入室內，適合當作通風窗 • 氣密性低
連動式旋轉窗窗框	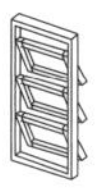	上下排列的多扇窗可連動旋轉開闔	• 窗扇旋開角度可以調整 • 每扇窗均附有窗框，氣密性比百葉窗高
固定窗窗框	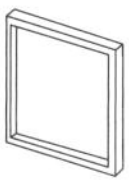	無法開闔的窗，適用於採光或觀景	• 窗框寬度纖細優美，適合採光或眺望景色 • 需設想清理玻璃的方式
中軸旋轉窗窗框	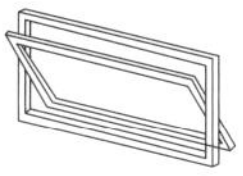	藉由配置於中心的轉軸，讓窗扇迴轉開闔，多使用在上方採光通風用的窗型（Top Light）	• 高度開放性 • 玻璃清理容易

照片4 | 無目（分段橫隔條）

照片5 | 玻璃固定條

照片6 | 鏡板（外部擋雨窗箱面材）

底座的開口尺寸，需預留比門窗外法尺寸大的空間。

拉門（窗）—障子
在門窗工程中，安裝在開口部位門窗框內的可滑動門窗（玻璃門窗）。非和室紙拉門窗。

門（窗）框框材—枠
將拉門（窗）包夾的鋁或鋼製框。因安裝於建築結構體，確保水平垂直精準度的同時，也需防止雨水浸滲入內。安裝在鋁製門窗框內側的木製門窗框，在施工現場也稱作門（窗）框。

門（窗）框上框材—上枠
外部門窗框（Sash）的上緣框。

門（窗）框下框材—下枠
外部門窗框的下緣框［圖37］。

縱向框材—たて枠
外部門窗框縱向框部位［圖37］。

框—框
用來固定門窗四周的部位。

方立（縱隔條）—方立
外部門窗框橫向連接部位的縱向材。連續門窗與門窗之間的中間柱，固定式門窗的中間縱向材也稱作方立。此外，門窗若在縱向連接，安裝在門窗與門窗中間的橫木稱作「無目（橫隔條）」。兩者尺寸皆取決於開口的尺寸。

分段橫隔條—無目
分段窗間置入橫向材［照片4］。

擋水收邊板材—水切
為了排水，在門窗的下框部位安裝的傾斜排水板。

邊框收邊材、外露框—額縁
為了處理門窗框與開口部位邊框、門窗框與牆壁飾面材間的收邊，裝在框四邊周圍的化粧材。

平移門窗月牙鎖（Crescent）—クレセント
搭扣形式的窗用閉鎖。隨著防盜意識的提高，也開發出附有感應器或鑰匙的類型。

氣密材—気密材
附著在外部門窗框上，確保門窗氣密度的定型材。種類有PVC系或橡膠系的PinchBlock氣密橡膠條，或棉系或聚丙烯（Polypropylene）系的Mohair氣密毛（譯註：俗稱「毛毛蟲」）。

玻璃固定條—グレチャン
將玻璃固定在門窗上的條狀材料。依玻璃厚度有各式各樣的種類。比起填縫施工，此法更簡易。複層玻璃或鋼絲網玻璃的安裝，因需高度止水、排水處理，不使用玻璃固定條，而是以填縫材進行接著作業。也需考量現場施工所需時間與人力［照片5］。

防水貼布—防水テープ
用來止水的黏性貼布。與氣密貼布為同一物。在木造建築中安裝門窗時使用，利用防水貼布將門窗框與外牆防水防護膜相互接合，來達到止水的效果。

框周圍填縫施作—枠廻りシーリング
窗框周圍易讓雨水入侵，除了使用氣密貼布，需要在門窗與木造建築外牆壁板或水泥砂漿等的外牆飾面材之間，打入填縫材料。

圖37 | 住宅用外部門窗框的各部位名稱

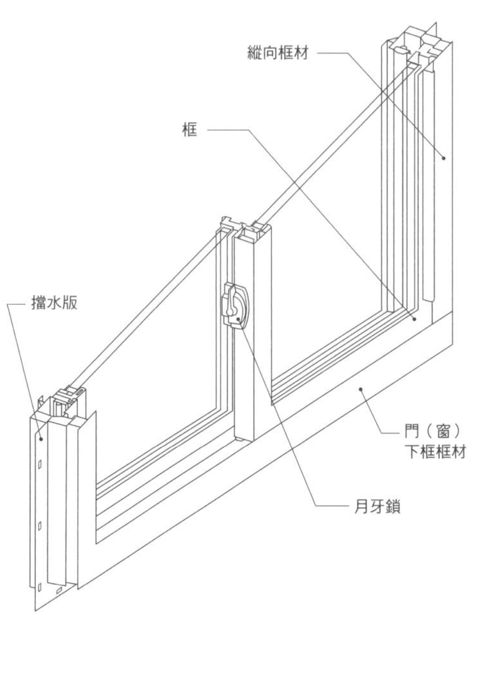

外部擋雨窗

外部擋雨窗收納空間—戸袋
用來收納外部擋雨窗箱型的空間。過去是將外部擋雨窗扇收納在兩層外牆之間，在內側牆上開設小型窗孔，藉此推拉外部擋雨窗扇。若是工廠預製成的外部鋁門窗，大多是與門窗框一體成形的樣式。

戶袋覆面材—鏡板
裝在戶袋上的覆面材［照片6］。也有將鏡板省略的戶袋型式。

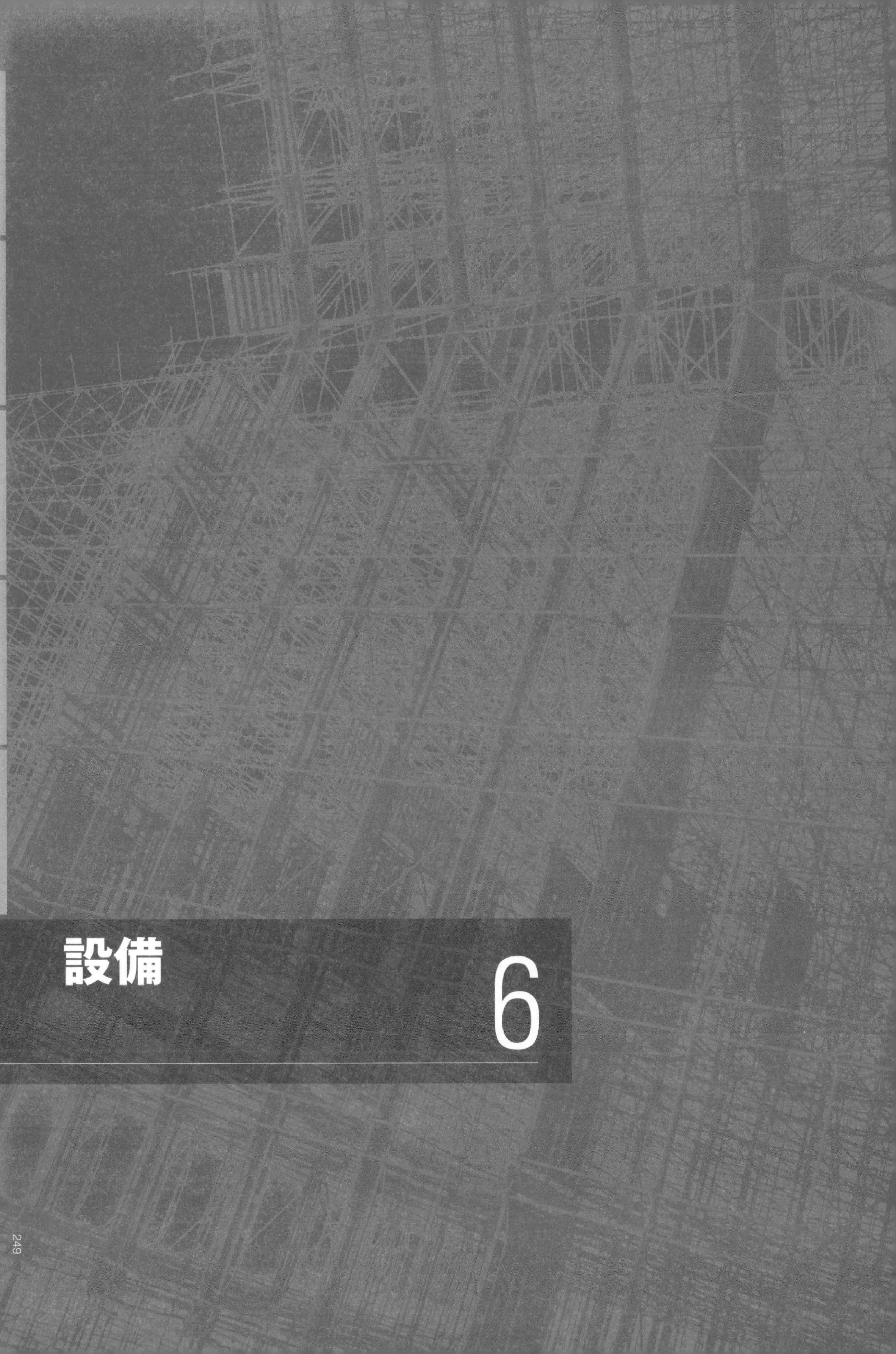

設備 6

電力工程

1

電力設備

契約供電量｜**契約電力**

用電戶與電力公司簽約使用的最大供電量。依電力公司供電規定的計算方式，求得最大用電量。

用電戶｜**需要家**

電力使用者。表示用電的單一地點、機構（基地），得到電力供給的契約簽訂者或機構。基本上單一用電者簽訂單一契約，單一基地拉一條供電線。用電場所指包含設有機電設備場所的單一整體基地。

受電電壓｜**受電電圧**

電力公司提供的電源、電壓，依照契約規定，供電容量各有不同。契約供電量未滿50kW、200V或100V的受電電壓，是低壓受電。超過500kW至6000V是高壓受電。2000kW以上，依照地域或契約容量分別有22kV、33kV、66kV等的受電電壓，是特別高壓受電。高壓以上的受電電壓需在用電基地內設置變電設備。

用電限量契約（Limiter）｜**リミッター契約**

一般住宅最常用的用電契約方式。從10A到60A，設置與契約容量相符的用電限制器，用電量若超過用電限制器容量，微動／限位開關開始運作，開放迴路。

用電量計費｜**従量電灯**

依照用電量支付電費的電力契約方式。用電量計費方式B是一般家庭最常用的契約方式，範圍從10A到60A（限量契約）。用電量計費方式C是以6kVA以上的契約方式，機電設備機器多的家庭或小型商家等大多用此種契約。

深夜電力｜**深夜電力**

夜間蓄熱式的電熱水器等使用的用電契約方式。與用電量計費方式搭配的契約。電費比一般契約來得經濟便宜。

主幹斷路器契約｜**主幹ブレーカー契約**

從限量契約延伸出來的契約方式，依照主要開關容量決定供電契約內容的電力契約。

迴路契約｜**回路契約**

住宅的電力迴路數量與200V器具的電力容量，依兩者合計數量自動決定供電契約容量，大約6～49kW。

弱電・強電｜**弱電・強電**

常用的稱呼，弱電是指電信通訊、電腦監控資訊，強電是指能量傳遞相關系統。內線規程（譯註：日本對於電器設備安全制定的民間法令）對於弱電、強電的定義是：弱電電流迴路使用於電話等訊號、電視等的視聽迴路、室內內線擴音器等的音聲迴路，由1次電池供給電壓30V以下的迴路，超過30V的由1次電池、2次電池、專用發電機等提供60V以下的電力迴路。

配電方式｜**配電方式**

用電場所內的配電方式中，低壓配電分別有單相與3相。單相電源有單相2線105V、單相2線210V、單相3線210／105V，3相電源是3相3線210V，3相4線415／240V等。單相電源主要提供電源給照明或插座等小型機器，3相電源則是空調、衛生或昇降機等設備的配電。

單相・三相｜**單相・3相**

單相指單一相位的交流電，一般用於電燈、插座等100V電壓處。3相是相位互相差120度的三等分正弦波交流電力。一般用於3相交流電源馬達等的200V電壓處。

單相3線式｜**單相3線式**

可同時用100V與200V電源的配電

圖1　單相3線式的配電方式

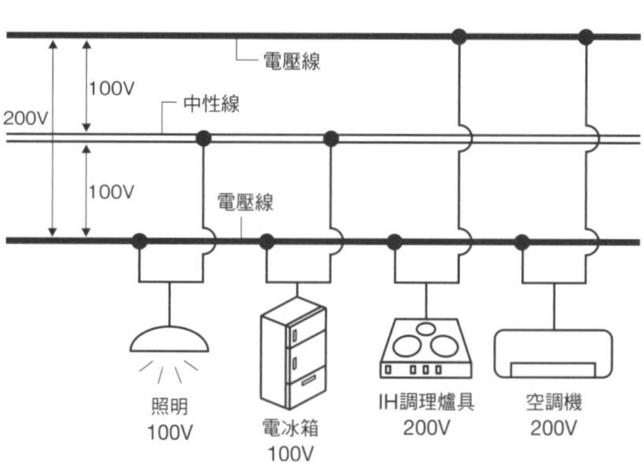

圖2　高壓配電箱

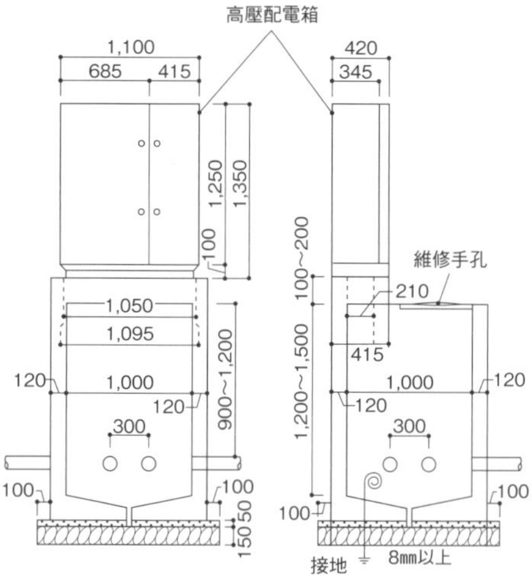

方式。微波爐、冷氣、電熱器、電磁調理爐具等用電量大的家電製品會需用到200V電壓[圖1]。

單相、3相3線式—單相・3相3線式

配電方式的種類。單相區分為2線式、3線式，2線式可使用100V的電器用品，3線式可使用100V與200V的電器用品。最近常見單相3線式使用在冷氣或電熱水器、IH調理爐具等200V電壓家電用品上。3相3線式用於動力馬達等200V電壓處。

動力—動力

動力迴路的簡稱。一般是指供給電動機、電熱器、電力裝置的3相電力迴路。與供電給照明器具的電力迴路為對比。

低壓供電裝置—引込み口装置

低壓受電裝置設在靠近從電力公司拉電源線之處，用電基地內若發生事故，可馬上切斷電源的安全裝置。一般用低壓用斷路器。

高壓配電箱—高圧キャビネット

電力公司在高壓電用電戶的埋設責任點處設置的獨立型斷路器箱[圖2]。

落地式變壓器—パッドマウント

Pad-mounted Transformer。是地上設置型變壓器（亭置式變壓器），也稱集合住宅用變壓器。為中小型集合住宅的變電設備，相當於電力公司在大型集合住宅設置的設備室。接地場所與配電燈相同，設置在用電戶基地內便於維護檢查的室外空間[圖3]。

高壓櫃（Pillar Box）—ピラーボックス

高壓電配電塔，也稱高壓配電箱或配電塔。鋼板製成的室外箱，內藏地下配電線的高壓電機器，設置在電力公司及用電戶的基地界線附近，作為分界點。設置地點需在用電戶基地內便於進行維護檢查的室外場所[251頁圖4]。

供電柱（電線桿）—引込み柱

圖3｜亭置式變壓器

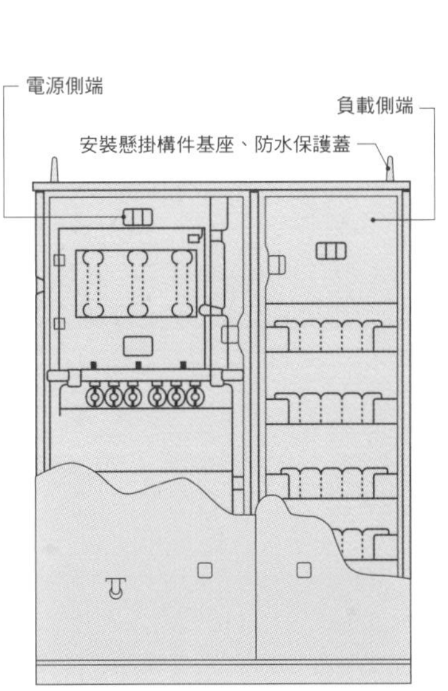

圖4｜高壓櫃（Pillar Box）

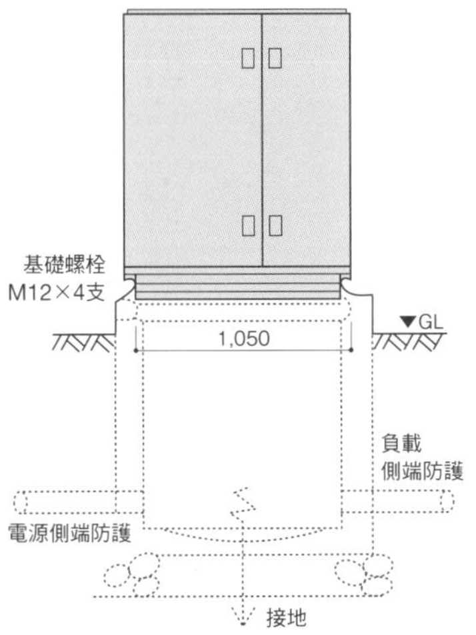

圖5｜供電柱

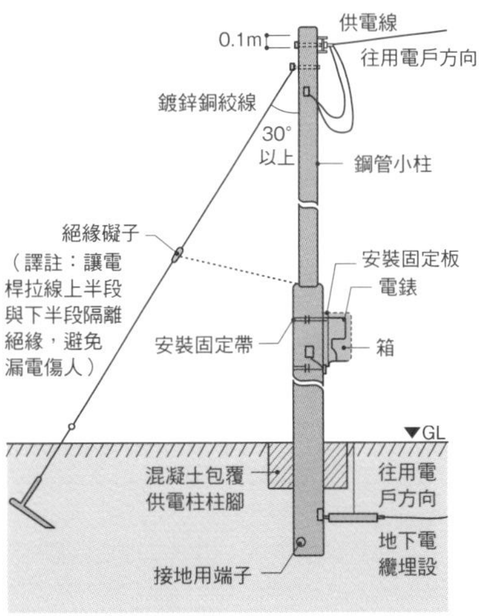

圖6｜高壓配電盤（Cubicle）

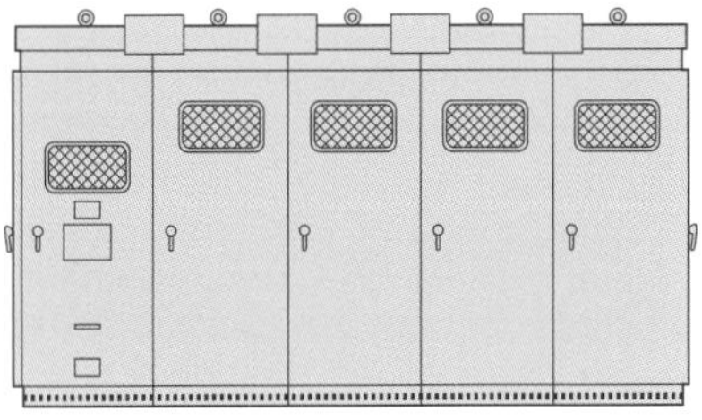

將受電用機器及配線簡明地收納於櫃中。
此類型寬約4公尺

圖7｜簡易型鋼管電線桿

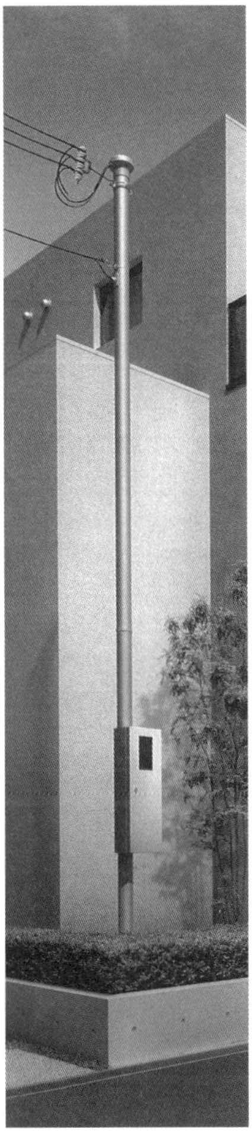

（Panasonic）

從電力或電信公司拉線出來使用的柱子，多以混凝土製成［251頁圖5］。設置在用電戶基地中，以懸空拉線（直接從電線桿拉線）方式接收低壓電、高壓電。若是接收高壓電，需設置隔離開關作為責任分界點（區分電力公司與受電戶的安全責任分界點）。也有將電話或有線電視CATV的回線等拉到同根電線桿的情形。

高壓配電盤｜キュービクル

Cubicle。一般稱高壓變電設備［251頁圖6］。鋼板製箱型，來整合受電的主要機器類（斷路器等的開關裝置、變壓器等的主迴路機器或儀錶類）受配電盤總稱，也稱閉鎖型配電盤。設置在建物內或屋頂、室外。對於高壓變電設備，不僅電力相關法令，消防法、建築基準法也有相關規定。

薄型高壓配電盤｜薄型キュービクル

變電設備有開放型與閉鎖型（一般是指高壓配電盤），在閉鎖型配電盤變電設備中，比起只從前面進行維修的標準分電盤，薄型高壓受電櫃的深度較淺。

簡易型鋼管電線桿｜スッキリポール

製造廠商命名的產品名稱，住宅用的鋼管電線桿［251頁圖7］。依拉線種類決定尺寸。

接地｜接地

也稱Earth、Grand。主要有電力用與電信通訊用。電力用的稱作安全接地，目的在於確保供電安全性、防止身體觸電。電信通訊用的接地線則用來減低雜音，並確保機器運作安定性。有的做法是在最下層樓地板施工前，進行接地極施作。最近，也有利用鋼骨或鋼承板的金屬作為接地媒介的統合或結構體接地等［圖8］。

接地電阻｜接地抵抗

電力迴路必須與大地絕緣，另一方面，為了確保安全，會將部分電路以接地處理。若接地的話，接地電阻數值越高，安全性越低。接地電阻一般定義為接地導體與地表之間的抵抗力。高壓機器的外箱、避雷器具等A種接地的場合，接地電阻數值規定為10Ω以下［圖9］。

非同異步電動機（**感應電動機**）｜**誘導電動機**

使用在建築物中的電動機，除了升降梯幾乎都屬於交流感應電動機。非同異步電動機與直流電動機不同，在直線上迴轉速度變化較困難，用逆變器（Inverter）則可能改善此種情形。非同異步電動機與電源供給電壓、周波數、力矩（torque）、迴轉數、電流等相關。如，力矩是電壓的2的倍數，若電壓低於額定電壓的70％，力矩變額定值的49％。

啟動器｜始動器

非同異步電動機是接上電源啟動時，阻抗（Impedance）力小，可傳送比正常運轉時的5～7倍

圖8｜接地

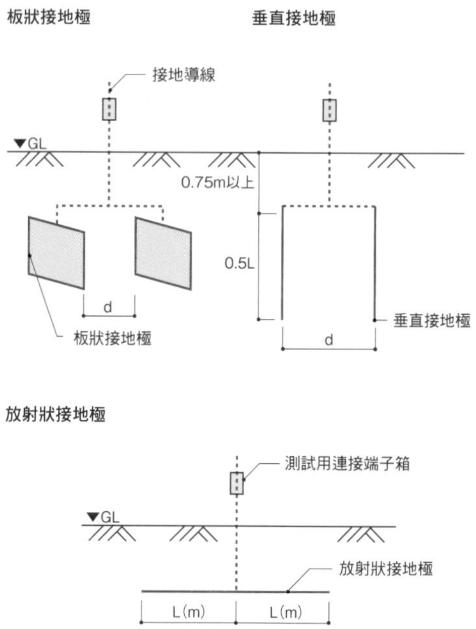

圖9｜接地抵抗測定の結線圖

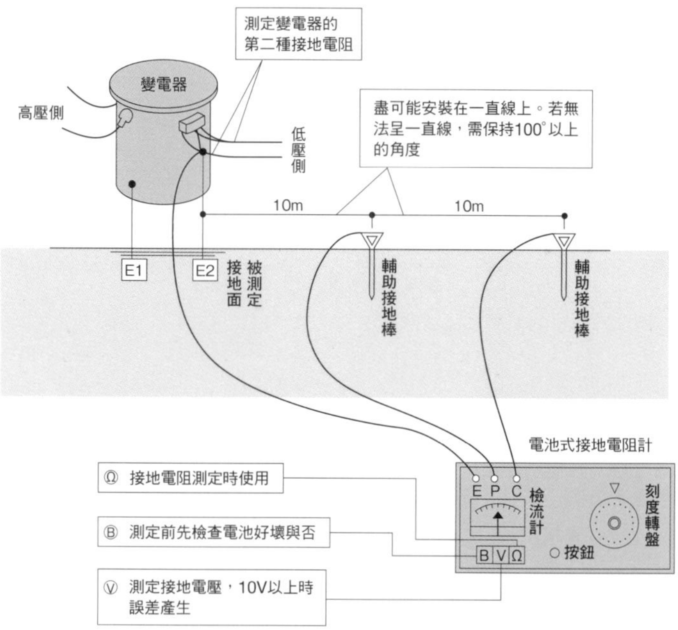

圖10｜三角結線（Star-Delta）啟動

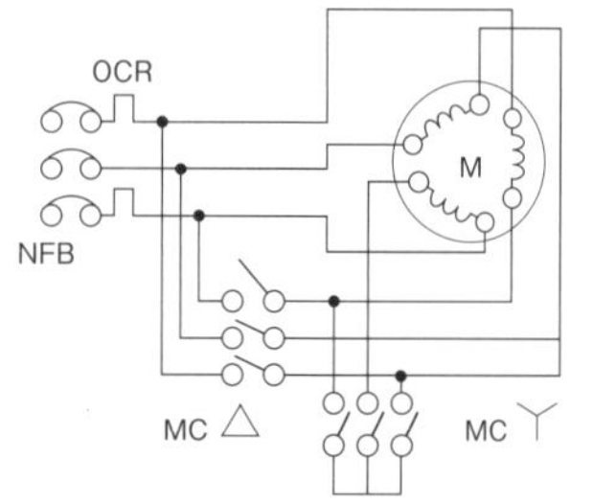

電流（啟動電流）。抽水機、幫浦（Pump）是在數秒後，送風機（Fan）是在十多秒後開始正常運轉。若啟動電流可變小，過電流斷路器也可變小，啟動器是用來減少啟動電流的機器。

三角結線（Star-Delta）啟動｜スターデルタ始動

僅在電動機啟動時，以三角結線（Δ結線）運轉，啟動電力、力矩也一起抑制在全電壓啟動時的三分之一，隨著啟動電流造成的電壓下降而減少，是減壓啟動方式中最簡易的方式，但因啟動、加速力矩小，一旦有負荷則無法啟動，及從啟動運轉，因電源開放造成機電上的衝擊，而有無法調整電流及力矩的情形［圖10］。

變壓器｜変圧器

將受電電壓轉換成所需電壓的裝置。將高壓電壓源降為低壓電源，將特別高壓電壓降為高壓電壓。動力設備等是3相3線200V，電燈電源是3線200～100V等等，需依照電源種類個別設置變壓器。

UPS｜UPS

Uninterruptible Power Supply System簡稱，直譯為不斷電電源裝置［圖11、照片1］。由逆變器、變流器、電池等構成。若停電不會發生瞬間斷電，能提供安定的電力，保護機電房、醫院等的重要設備免於受停電影響而發生狀況。

MCCB｜MCCB

Molded Case Circuit Breaker的簡稱，配線用斷路器。保護電氣迴路在過負載（過度使用）、短路（Short）發生時，可自動遮斷電源。種類包括熱動式（積熱式）、電磁式，也稱配線用遮斷器、無熔絲斷路器。

ELCB｜ELCB

Earth Leakage Circuit Breaker的簡稱，漏電斷路器。為保護電氣迴路或人身身體、住宅建物，在使用水或有濕氣的地方安裝迴路。

分電盤｜分電盤

鋼製或樹脂（塑質）製配電箱，組合了母線、分歧迴路用過電流斷路器等。個別設置在從幹線分歧出來的配線位置（譯註：自主電盤幹線分路負載給設備用的分電盤）。依用途分為電燈用、動力用［圖12、表1、254頁照片2］。

進相電容器｜進相コンデンサー

交流電流經電感性負載機器（電動機類）提供交流電流時，為使滯後性電流流動，而造成功率（電力使用效率）下降。為改善此負載功率，利用電容器的相位超前性電流，削減負載的滯後性電流無效部分［圖13］。

手孔（Hand Hole）｜ハンドホール

埋設於地下，人孔（Man hole）的縮小版。用來連接、測試、檢查、維修電線［圖14］。

直流電源裝置｜直流電源装置

供給正負極不變化直流電源的裝

照片1｜UPS

圖11｜UPS（不斷電電源裝置）

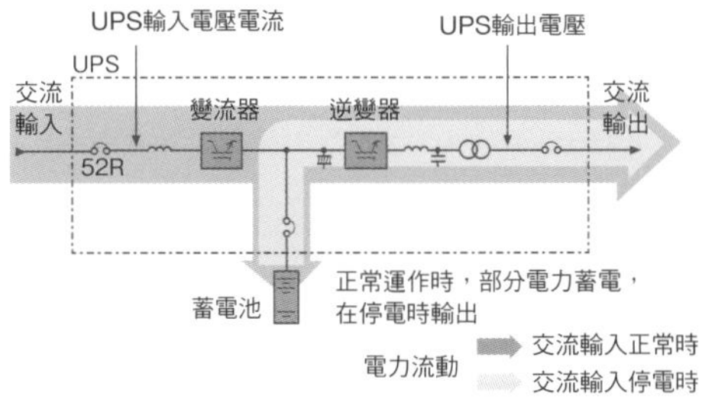
UPS輸入電壓電流
UPS輸出電壓
UPS
交流輸入
變流器
逆變器
交流輸出
52R
蓄電池
正常運作時，部分電力蓄電，在停電時輸出
電力流動
交流輸入正常時
交流輸入停電時

圖12｜分電盤

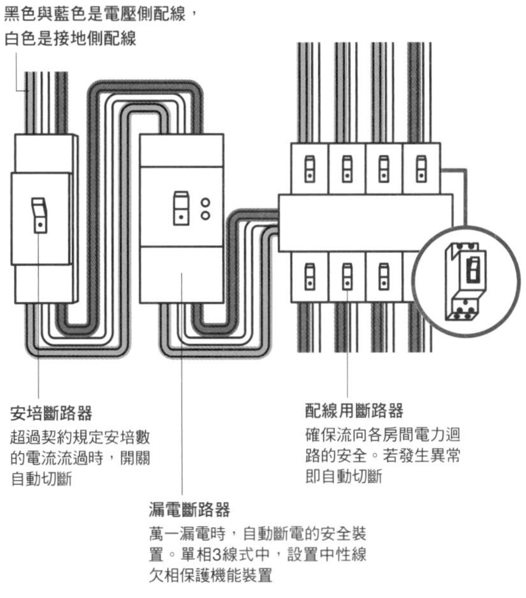
黑色與藍色是電壓側配線，白色是接地側配線
安培斷路器
超過契約規定安培數的電流流過時，開關自動切斷
配線用斷路器
確保流向各房間電力迴路的安全。若發生異常即自動切斷
漏電斷路器
萬一漏電時，自動斷電的安全裝置。單相3線式中，設置中性線欠相保護機能裝置

表1｜分電盤迴路數量的參考標準

住宅面積［㎡］	一般迴路			專用迴路	合計
	插座迴路		照明迴路		
	廚房	廚房以外			
50（15坪）以下	2	2	1	α	5+α
70（20坪）以下	2	3	2	α	7+α
100（30坪）以下	2	4	2	α	8+α
130（40坪）以下	2	5	3	α	10+α
170（50坪）以下	2	7	4	α	13+α

置，作為建築防災使用，規劃成緊急照明裝置、受變電操作、監視用電源設備，設於機電室內。

電纜線—**電力ケーブル**
傳送電力的電纜線[圖15]。電線的尺寸決定流通的電流數值，稱作容許電流，容許電流大的電線斷面也大。在日本，照明或插座等使用的電源配線是VVF電線（600V絕緣乙烯基塑膠護套電線）。單線（以室內用為主）或CV電線（600V架橋聚乙烯絕緣乙烯樹脂鎧裝電纜。使用絞線，主要使用在室內外）等[圖16]。

導線管—**電線管**
收納電線的管狀設備[圖17]。電纜線可使用在雙層天花板、雙層牆或外露配線上，電線則需配置於電線管內。依規定，電線管內部不應有接續點，如需接續的話，設置在箱內或盤內。電線管有金屬製（金屬管）或樹脂製（PF管、CD管等），應以個別指定工法進行施工。特別是混凝土結構體內的配管，為了不與結構構件相互抵觸，應確保合適的間隔距離。

CD管、PF管—**CD管・PF管**
合成樹脂製軟管。是最常見的電力配管。具耐燃性的稱作PF管（Plastic Flexible con-duit），不具耐燃性稱CD管（Combined Duct）。CD管用橘色區別，不能埋設於混凝土中，也不能當作外露管線[照片3]。

金屬管—**金屬管**
金屬製電線管。大多當作外露管線來使用。

防鏽塗裝鋼管—**ライニング鋼管**
在金屬管表面塗上環氧塗料，作為抗鏽蝕處理的電線管。埋設於地下，使用在藥物或鹽害地區。

FEP管（鐵氟龍管）—**FEP管**
波浪狀硬質聚乙烯管，當作埋設地下電纜的保護管，EFLEX是日本廠商古河電工出產的商品名稱[圖18]。

照片2｜分電盤

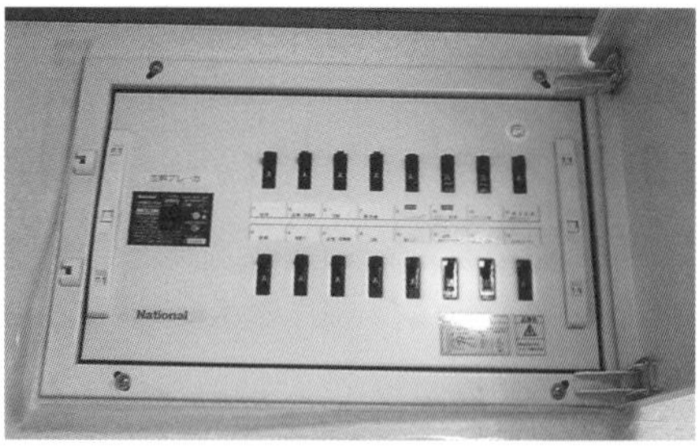

圖13｜進相電容器

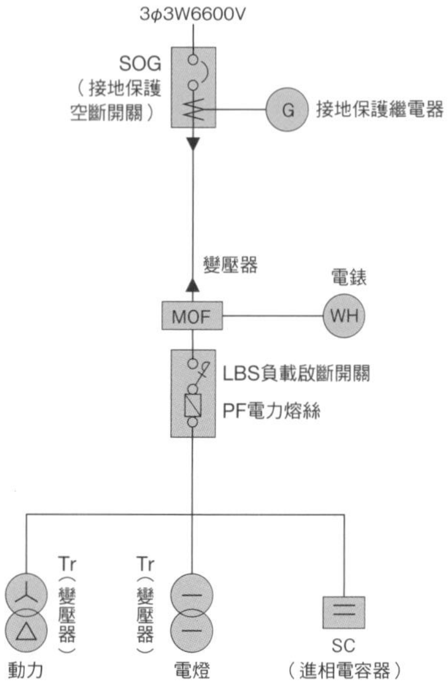

圖14｜手孔（Hand Hole）

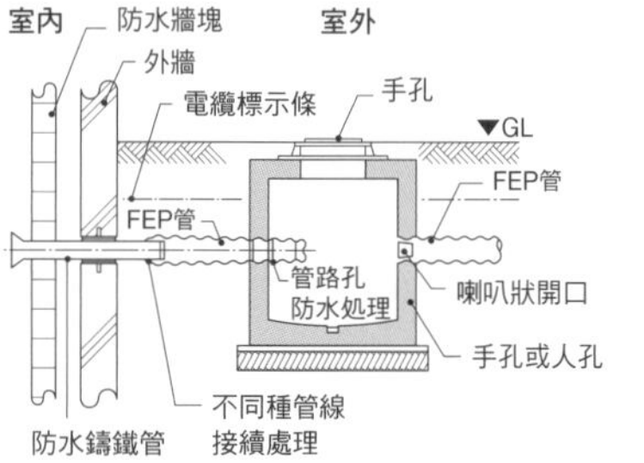

圖15｜電纜線

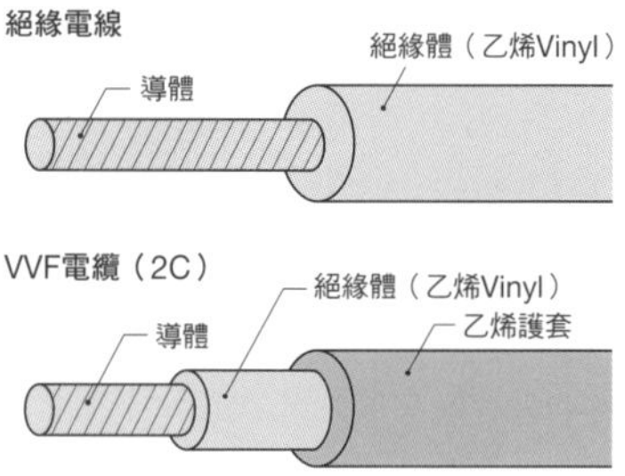

圖16｜電線配線種類

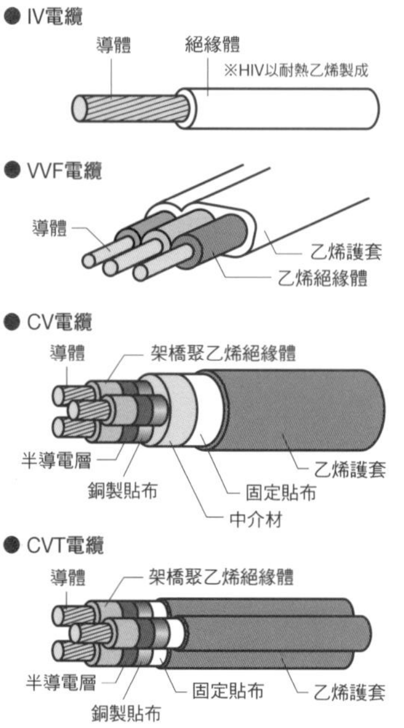

圖17｜導線管

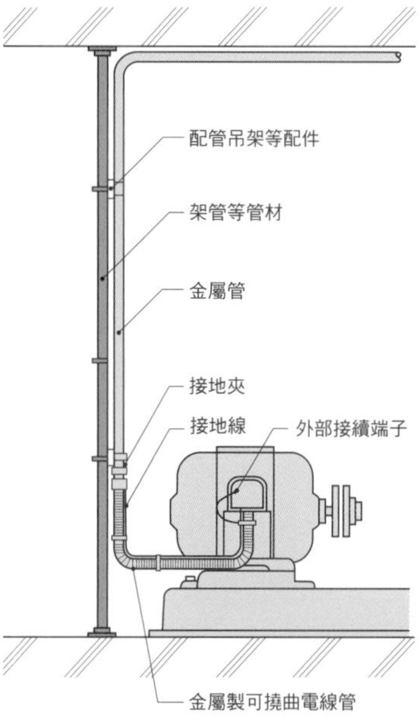

插座盒（Outletbox）—アウトレットボックス

電線管用附屬品。在機電設備的牆壁、天花板等作為電線盒或是電線末端的取出口。

拉線箱（Pull box）—プルボックス

電線管等的配管工程中，用來接續、取出電線、安裝器具的鋼板箱，設在電線管分歧、集合處、配管較長的中途處［照片4］。

通管線—呼び線

電線配管工程中來讓主要電線或電纜通線，事先置入的預備線。

纜線支架（Cable Rack）—ケーブルラック

電纜工程的工法，在相同路徑中設置複數電纜配線時使用［圖19］。亦指支撐大量電纜配線的梯狀材料。纜線支架上雖可直接配線，但除接地配線用的電線，其他電線的直接配線施作不受內線規定［※］的認可。設置在機電室、機械室等的露出部分外的天花板內側或地板下方空間。材質有鋼版製、鋁製、不鏽鋼製等。

金屬導管（Wiring duct）—ワイアリングダクト

厚度1.2釐米以上的鋼版製導管，其中收納多條電纜線［圖20］。

F電纜（F Cable）—Fケーブル

Flat Cable的縮寫。將聚氯乙烯絕緣尼龍護套做成扁長圓形。圓形的稱作VVR。多用在天花板內側等隱密部位，無需電線管，較簡易經濟［256頁圖21］。

絕緣電纜（Shielded cable）—シールドケーブル

為防止靜電誘導或電磁誘導，包覆遮蔽層的電纜。

同軸電纜（Coaxial cable）—同軸ケーブル

傳送電話回線、LAN、有線電視回線等廣域訊號的不平衡型通信電纜。在傳送訊號用的內部中心導體與外覆圓筒狀外部導體之間裏覆絕緣體，外部導體的外側再以金屬遮覆，外部再以護筒披覆形成一對往返線路［256頁圖22］。

金屬製導線管（Conduit pipe）—コンジットパイプ

Rigid metal conduit的簡稱。用來保護電線、電纜配線。

可撓曲導線管—可撓電線管

Flexible conduit。可輕易包覆電線的可撓曲式導線管的總稱。

地板導線管線配置—フロアダクト配線

設置在辦公室大樓等空間，貫通地板的電線管線配置法，就算隔

照片3｜CD管

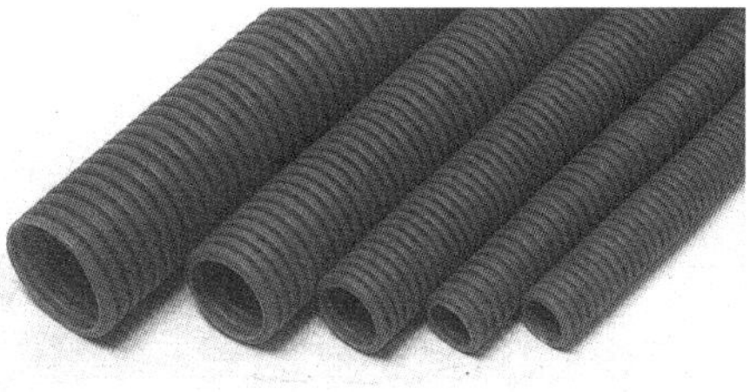

照片4｜拉線箱盒

圖18｜FEP管構造

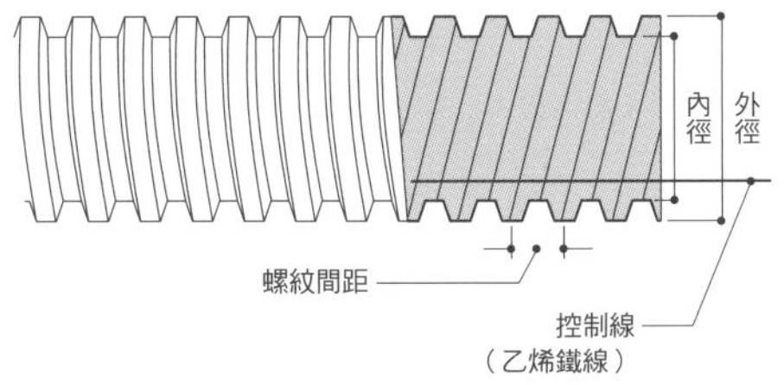

圖19｜纜線支架（Cable Rack）

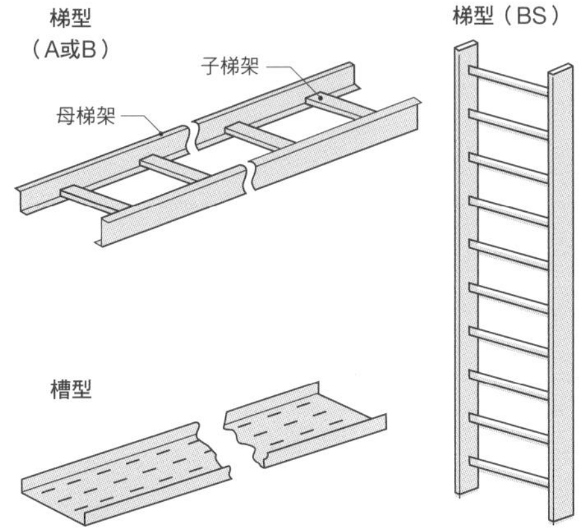

圖20｜金屬導管（Wiring duct）

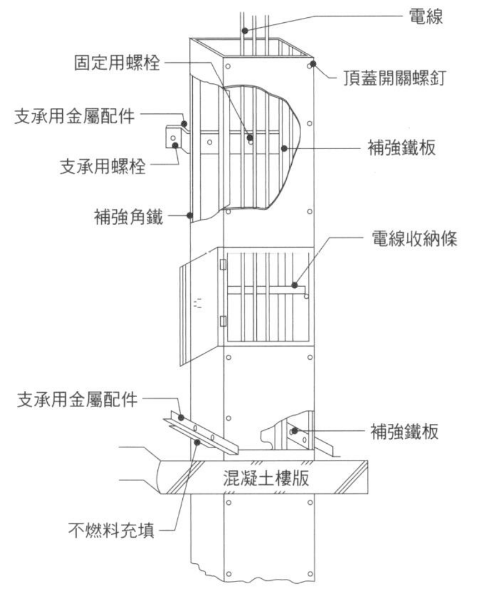

※：「內線規定」是用來規範機電設備的設計、施工、維持、檢查等相關技術的民間自發訂立規格。廣受機電設備業者使用

圖23 匯流排

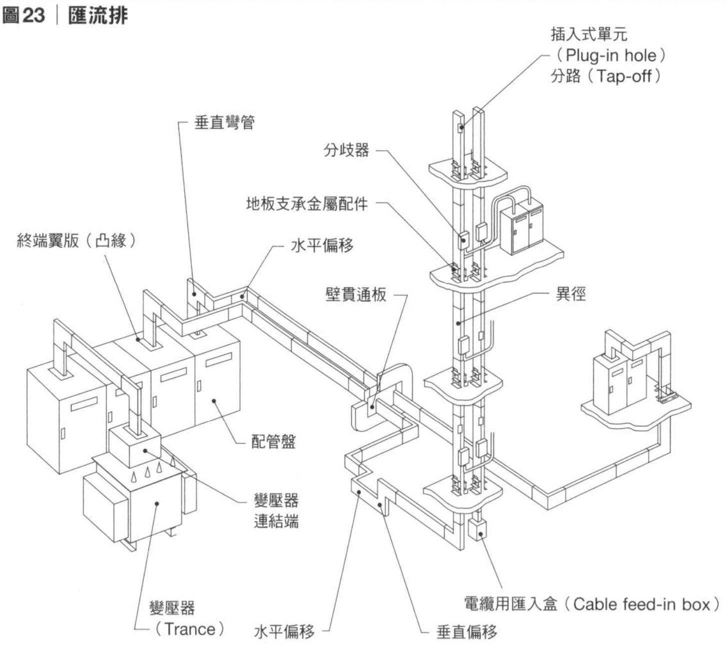

圖21 F電線

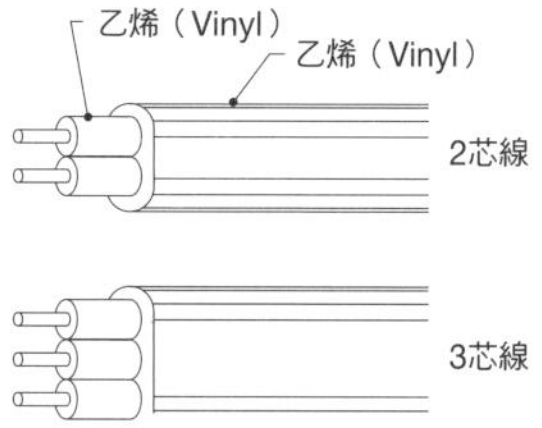

圖22 同軸電纜的構造

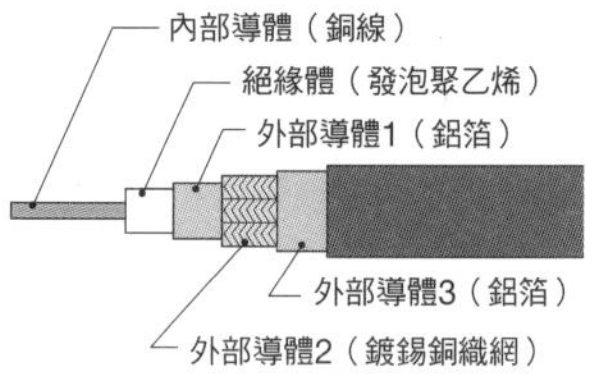

圖24 電燈分電盤

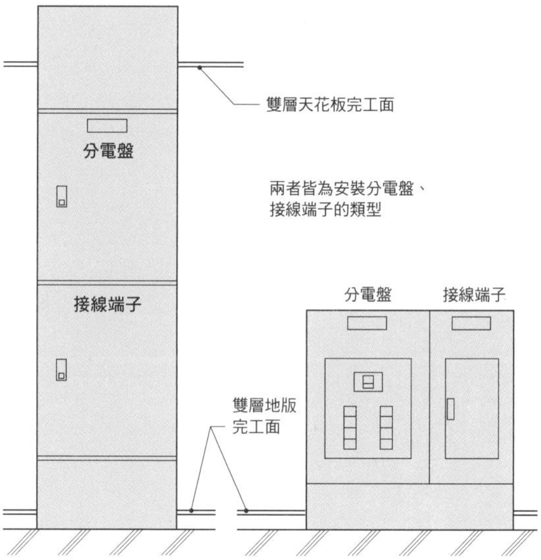

照片5 設備控制盤

間變動也可處理地板插座或電話等的拉線作業。

地板三種類型導線管配置（3 Way Floor Duct）—スリーウェイフロアダクト
地板導線管配置的一種，分別設置電源、電話、通訊三種類型配線。

直角彎曲金屬導線管—ノーマルベンド
金屬管配管工程中，安裝在直角彎曲部位的金屬彎管。金屬管附屬配件的一種。

匯流排—バスダクト
用來傳送電力的鋼板製或鋁板製導線管（Housing），在管中用絕緣體將帶狀、管狀或圓棒狀的銅、鋁製導體固定。[圖22]

細胞式（柵格／蜂窩式）配線管（Cellular Duct）—セルラーダクト
在RC或鋼骨建築中，運用作為混凝土模版的波型鋼承版上的溝槽空間進行配線，從下方安裝特殊蓋版（Cover Plate），形成配線管道的佈線導管槽（架）。

襯套—ブッシング
英文Bushing。金屬管附屬配件的一種，安裝在管端，不讓在管中拉入或拉出的電線的絕緣體不受損傷，依照使用部位可選擇金屬製或具有絕緣特性的襯套種類。

設備控制盤—動力制御盤
也稱控制盤。用來控制空調扇或衛生設備用幫浦等的運作。電源控制盤中收納用來控制斷路器（Breaker）、開關器（Switch）、保護裝置或繼電器等的機器。設置在裝有空調扇或幫浦的機電室或幫浦室附近。[照片5]

電動機—電動機
使空調扇或衛生設備用幫浦運轉的機器，依所需容量，有從3相電源的200V，到高壓（6.6kV）之間的類型。由電源控制盤中的控制迴路管控。

電源控制器—開閉器

用來安全切斷電源的裝置，安裝在距離用來控制幫浦、空調扇等機器的電源控制盤較遠，距離幫浦、空調扇等機器較近的地方。控制器可在緊急狀況時切斷電源，防止突發事故或維護工作時發生意外，確保安全。

電燈分電盤—**電灯分電盤**

供電給照明、插座或小型100或200V機器的裝備［圖24］。因考量機能，多配置在負荷的中心處，設置於各樓層的EPS（Electric Pipe Space／Shaft，配管配線空間）內或辦公室內。

避雷保護裝置—**雷保護**

用來降低雷害發生的系統，雷保護區域從0～3做出區分。雷害不僅是直接受到雷擊的物理性傷害，也包括同時引發的誘導現象（電線受到雷的巨大電能誘導，產生高壓電），造成電信機器等故障損害。為了減低雷害影響，可利用避雷針或接地裝置，安全地去除雷電流，也可以藉由絕緣體或接地連結［※］等裝置來隔絕空間中的誘電。

2P・3P—2P・3P

2極、3極型開關控制器的簡稱，可以2個或3個同時進行電極開關的裝置。用來標示電燈開關、插座、斷路器的種類。也用來標示通訊用電纜的數量，P為Pair（對）的縮寫，2P是2對，代表其中包括4條芯線。

插座—**アウトレット**

Outlet。電燈、插座等用電裝置的電線配線供電口。插座盒（Outletbox）的簡稱。金屬管附屬配件的一種，在金屬管工程中，設置在插座處的鋼製盒。硬質乙烯電線管使用硬質乙烯製的插座盒。

逆變器（Inverter）—**インバータ**

周波數變換器。通常住宅等使用的電源周波數是從50Hz至60Hz不等，先轉換成直流電，利用三極體、電晶體（Transistor），以ON／OFF切換方式，再度將直流電變成交流電的電子元件。藉由改變ON／OFF的時間長度改變周波數（快速切換時，周波幅度變小，變成高周波）；或是藉由改變開關的組合方式來改變電流的方向。由微電腦切換開關器的ON／OFF。

照明

調光裝置—**調光装置**

種類包括具有調光機能的壁面開關，或收納多條調光用迴路的調光盤。單獨型的調光裝置，多僅有調光單一機能。若是調光盤型的調光裝置，有的會記憶調光度並再現，有的會自行感應時間或外在環境的照度自動調光［圖25］。調光盤的體積大小從與分電盤相同到更大的尺寸都有，因此需要確認有足夠空間安裝。

色溫—**色温度**

物體溫度若到達400～500℃，在暗處會發出紅光。溫度更高時，發光方式或輝度會迅速升高，呈白熱化現象。物體溫度升高時，從物體表面會放射出各種波長的電磁波。

照明器具的各種光源的發光色集合了放射波長，形成可見光，但其色度若與標準黑體（金屬）在某溫度時的可見度幾乎一樣時，則以標準黑體溫度（絕對溫度）來表示。單位是K（Kelvin）。光在溫度低時是紅色，溫度升高時，會從紅色轉變成黃、白、青白色［圖26］。

圖25｜**照明開關種類**

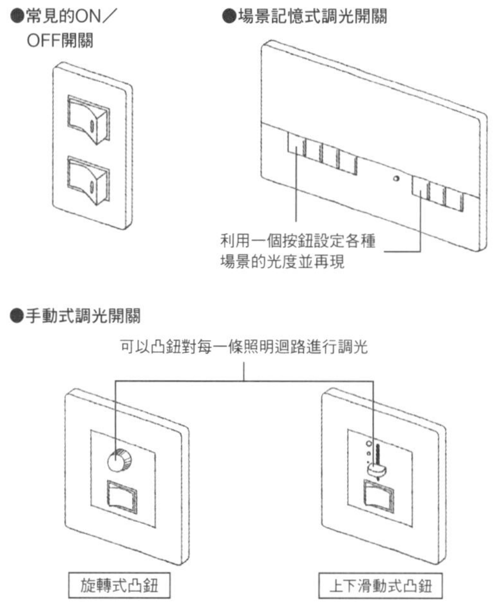

圖26｜**色溫與空間的氣氛**

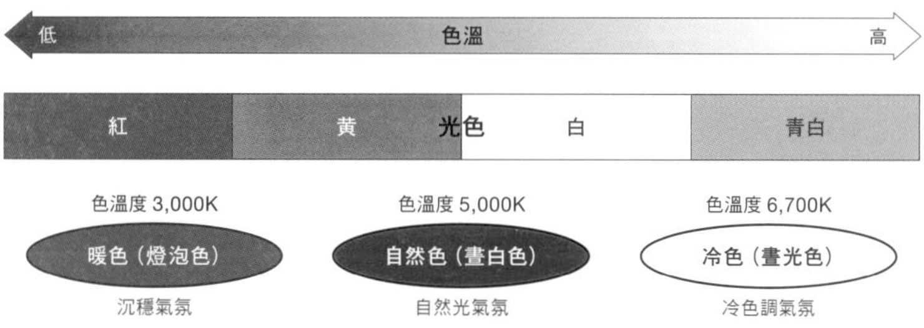

倒富士山型照明器具（ぎゃくふじがた）—**逆富士型**

螢光燈照明器具的一種，反射板形狀像倒過來的日本富士山，以此命名［照片6］。

鹵素燈（Halogen Lamp）—ハロゲンランプ

※整合避雷針接地與電器設備接地的裝置

| 照片6 | 倒富士山型照明器具

| 圖27 | 燈頭種類

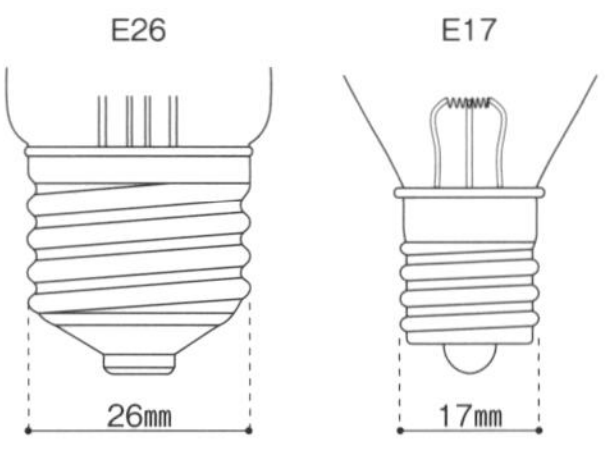

燈管內封有鹵元素（氟、氯、溴、碘、砈，五種元素），發光效率（譯註：光視效能，Luminous Efficacy）與色溫度比白熱電燈泡高，壽命也較長的簡潔光源。

白熱電燈泡—**白熱電球**

利用燈絲（Filament）放射出的熱溫度，產生可視光源。玻璃電燈泡內封各種不同的化學氣體

| 表2 | 燈具種類

	基本特徵	燈具種類		特徵	主要用途
白熱電燈泡	• 類似點光源，容易控制光 • 演色性好，暖白光 • 容易開燈，可瞬間開燈。無需安定器 • 可連續調光 • 小型、輕量、價廉 • 受周圍影響小 • 較少發生光通量減少的情形 • 較不閃爍 • 效能低、壽命短 • 發熱量高 • 玻璃球溫度高 • 電源電壓的轉換會影響燈泡的壽命、光通量	一般照明電燈泡		玻璃電燈泡，包括白色塗裝擴散型，以及透明型	住宅或店鋪等場所的一般照明
		球型電燈泡		玻璃電燈泡，包括白色塗裝擴散型，以及透明型	住宅、店鋪、餐廳等場所
		反射型電燈泡		附有蒸鍍鋁反射膜，集光性佳，也可阻擋熱輻射線	住宅、店鋪、工廠、看板照明等
		小型鹵素燈泡		以紅外線反射薄膜為主。光源色優，也可阻擋熱輻射線	店鋪、餐廳等點光源照明或下照式筒燈
		鏡面鹵素燈泡		與分色鏡（Dichroic mirror）組合而成，可以提供俐落的光質感。可阻擋熱輻射線	店鋪、餐廳等點光源照明或下照式筒燈
螢光燈	• 效率高、壽命長 • 光源色種類豐富 • 低輝度、擴散光 • 可連續調光 • 玻璃管溫度低 • 需要安定器 • 會受到周圍影響 • 每單位的光通量少 • 不容易控制光 • 多少有些閃爍 • 有高周波雜訊	電燈泡型螢光燈	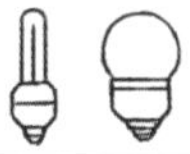	燈泡替代物。內藏安定器，附有燈頭	住宅、店鋪、飯店、餐廳等下照式筒燈
		Starter型螢光燈管	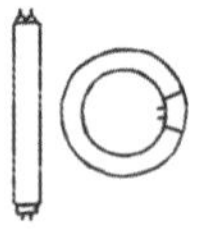	藉由啟動器（Starter）及安定器來點燈	住宅、店鋪、辦公室、工廠等一般照明。高演色型適用美術館
		Rapid start型螢光燈管		無需啟動器（Starter）可立即點燈	辦公室、工廠、店鋪等場所的一般照明
		Hf（高周波點燈專用）螢光燈管	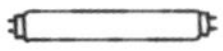	高周波點燈專用安定器來點燈。效率佳	辦公室、工廠、店鋪等場所的一般照明
		簡易式螢光燈	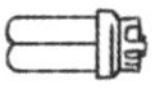	U型，雙U型的簡易式照明	店鋪等的基礎照明或下照式筒燈等
高輝度放電燈管（HID燈）	• 效率高，以高壓納燈為最 • 壽命長，但其中以金屬鹵化物燈較短 • 光通量大 • 類似點光源，容易控制光 • 較不受到周圍溫度影響 • 需要安定器，初期成本高 • 玻璃管溫度高 • 啟動與再啟動需時長	螢光水銀燈	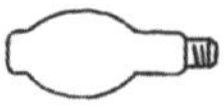	藉由水銀發光與螢光體，補充紅色光源成分	公園、廣場、商店街、道路、挑高工廠、看板照明等
		金屬鹵化物燈（Metal halide lamp）	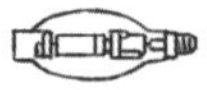	利用鈧（Scandium）與鈉（Natrium）的發光作用。效率佳	運動設施、商店街、挑高工廠等
		高演色型金屬鹵化物燈	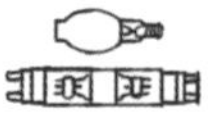	接近自然光。包括鏑（dysprosium）與錫系列	店鋪的下照式筒燈、運動設施、玄關大廳等
		高壓納燈	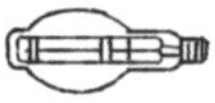	使用帶有透光性能的鋁發光管。呈橙白色的光	道路、高速道路、街道、運動設施、挑高工廠等
低壓鈉燈	• 單色光 • 燈效率最大	鈉燈		U型發光管，鈉（Natrium）的D線的橙黃色	隧道、高速道路等

出典：『照明基礎講座テキスト』（(社)照明学会）をもとに作成

（氪krypton、鹵Halogen等），產生各種不同的燈泡特色表現[表2]。

燈頭｜口金

白熱燈與電源連接的燈座部分，尺寸分別有直徑17釐米、26釐米等[圖27]。

無電極燈｜無電極ランプ

將高週波電流通線圈（coil），以電磁誘導的方式，對燈內化學氣體放電，產生光源。一般燈泡壽命大多受到電極部分或線圈部分劣化的影響，此種燈因為不會發生電極劣化，壽命是HID燈的2倍以上（約3萬小時），發光效率也與HID燈相同。用於不易維修之處。

HID燈（高強度氣體放電燈）｜HID灯

High Intensity Discharge Light的簡稱。高壓放電燈種類包括高壓鈉燈、金屬鹵化物燈（metal halide lamp）、水銀燈等[表2]。玻璃燈管內充填惰性氣體與汞等金屬，藉由玻璃燈管內的電極間放電現象來發光。水銀燈或高壓鈉燈等為利用此種原理的燈種。

發光效率比白熱燈高，也具有節能效果，演色性（與在太陽光下呈現出真實色彩之間的差異）低（譯註：失真）。

近年來開始出現演色性高（譯註：真實）的燈，運用在商業設施或大型空間中。價格昂貴，發光效率是迷你氪燈泡（燈泡內充填原子量比一般白熱電燈泡中氬氣體大的氪氣體，發光效率提高的小型電燈）的2～5倍，壽命則是3～6倍以上。也稱作高輝度放電燈管。

金屬鹵化物燈（Metal halide lamp）｜メタルハライドランプ

HID燈的一種，在石英製發光管中充填水銀與氬氣體、金屬鹵化物的照明燈種。發光效率高，多用在天花板高度高的寬廣空間。依充填在燈泡中金屬不同，分別有各種色溫種類[照片7]。

石英燈泡｜シリカ電球

在燈泡球內面以石英粒子靜電塗裝的燈泡。日文也稱作茄子燈泡。

LED燈｜LED

Light-Emitting的簡稱。發光二極體（Diode）。讓半導體發光，壽命長、耗電量低、全彩等是LED燈的特色。最近市面上大多販售此種照明器具。

百頁照明器具｜ルーバー

照明器具的一部分，安裝在照明器具下方，可有效地控制光，將光集中照射在必要面上的配件。用來提高視覺環境，降低刺眼強光，避免光擴散至不需要照明的地方。

百頁表面以鏡面處理，可提高光線品質，安裝後屬於外露構件，易殘留指紋等痕跡，因此經手處理時需特別留意[照片9]。

遮光角｜遮光角（しゃこうかく）

利用配光特性防止光橫向擴散的角度。一般是指安裝照明器具後，不會直接看到燈的角度。用來確認不會直接看到燈的角度，減低刺眼強光的範圍或位置。也稱作Cut-off Angle。

輝度／亮度（Luminance／Brightness）｜輝度（きど）

表示被照物每單位面積在某方向上發出的光量（強度）[圖28]。單位為cd／㎡（坎德拉每平方米）。不同輝度的照明燈，共存於相同能見度的環境條件下，其比率（輝度比）的大小，反應眩光（刺眼）程度。因此會利用輝度／亮度數值來檢討照明計畫。

照度（Illumination）｜照度（しょうど）

表示照射面上每單位面積發出的光量（強度）[260頁圖29、表3]。單位為Lux（lx）。日本JIS規格（JISZ9110）中，制定各個工作內容或場所所需的照度。設置照明器具時的照度稱為初期照度，隨著時間照度會因燈的性質或燈具的沾汙狀態而降低。因此在規劃照明時，需考量一定時間內照明器具仍可保有所需照度。

2線式照明遙控系統｜フル2線式リモコンスイッチ

照片7｜金屬鹵化物燈(Metal halide lamp)

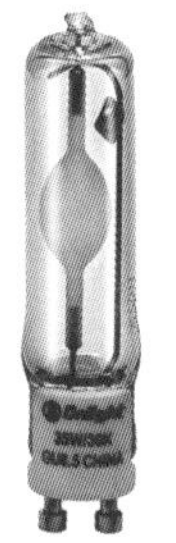

照片8｜石英燈泡

照片9｜百頁照明器具

圖28｜輝度的參考基準

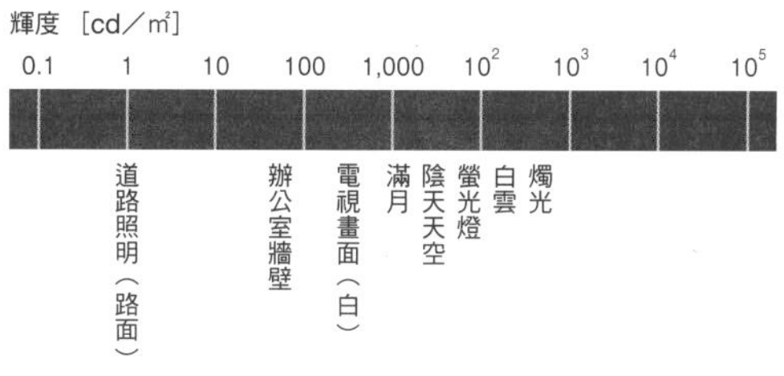

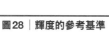

圖30｜弱電端子盤的組成

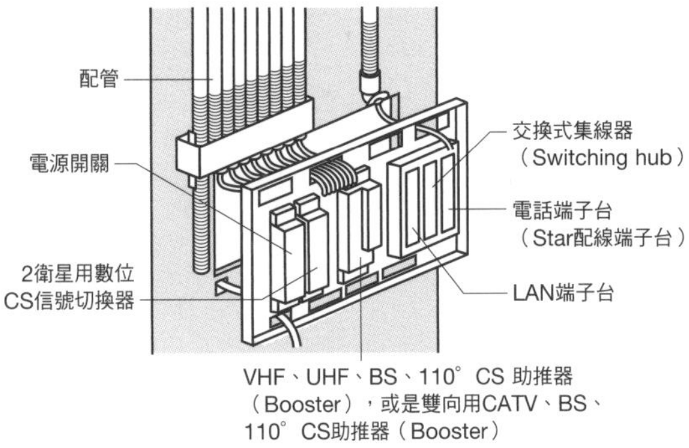

圖29｜照度的基準參考

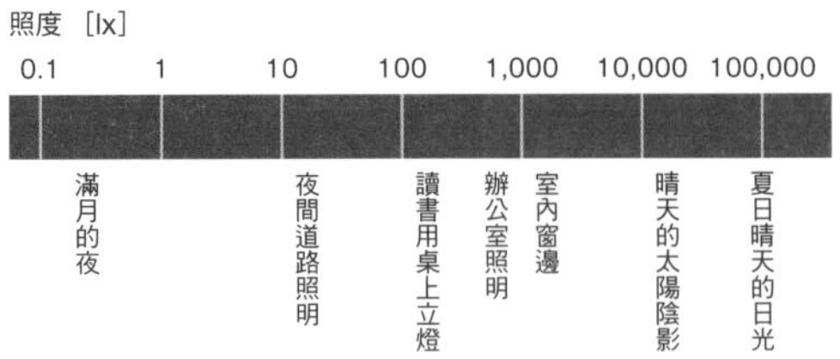

表3｜必要的照度

照度（lx）	公共場所	住宿設施	美容、理髮店	餐廳、輕飲食店
1,500	準備室的鏡子、特別展示品	接待櫃台、收費台	理髮、染髮、化妝	菜單樣品展示櫃
1,000				
750	圖書閱覽室、教室	車輛停靠處、玄關、辦公室、料理室、行李交付台、客機機艙、洗臉鏡面	修剪、剃臉、更衣室、帶位台	集會室、料理室、外場用餐處、帶位台、收費台、行李交付台
500	宴會廳、大會議室、展式會場、集會廳、餐廳	宴會廳		
300	講堂、婚禮場控室、書庫、更衣室、洗臉台、廁所	大廳、餐廳	店內廁所	玄關、等候室、客房、洗臉台、廁所
200		大廳、洗臉台、廁所		
150	婚禮宴會場、大廳、沙龍、走廊、樓梯間	休閒室、更衣室、客房（全部）、走廊、樓梯間、浴室	走廊、樓梯間	走廊、樓梯間
100		庭園重點部位		
75	雜物儲藏室	防犯		
50				
30～2				

圖31｜通信電纜

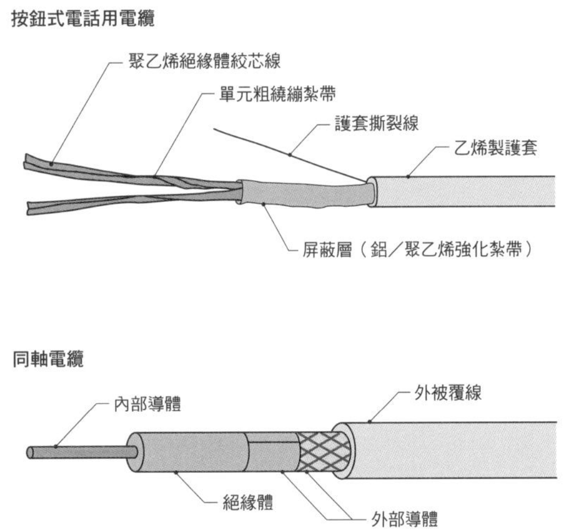

以24V的信號線2線將全部開關連成網絡，用脈波信號（Pulse Signal）做成的照明管控系統。

延長熄燈開關—遅れ消灯スイッチ
就算關閉照明開關仍持續發光，過了一段固定時間才全部熄燈的開關。

定時開關—タイマースイッチ
在設定的時間過後，自動停止的開關。

3路・4路開關—3路・4路スイッチ
可從兩個或三個以上不同地方切換照明的開關。

廁所換氣開關—トイレ換気スイッチ
打開開關即啟動換氣扇、照明，關上開關後照明即刻熄滅，換氣扇在一段固定時間後停止運作的開關類型。

位置標示燈開關—位置表示灯付スイッチ
附有指示燈（Pilot lamp）操作狀態一目瞭然的開關。

弱電設備

通訊回線拉線—通信回線引込み
從設施的外部拉進通訊回線。電話、CATV、光纖電纜、專用通訊回線等的通訊電纜，主要有地下拉線與架（懸）空拉線兩種方式。懸空拉線有的會與電力拉線拉在同一根電線桿。通訊回線的種類，在拉線後，需預先在電信用機電室內設置電信公司的機器。

弱電端子盤—弱電端子盤
接續通訊配線的幹線與端末配線的裝置，用來收納電線接續端子[圖30]。用於電話、廣播、室內對講機（Interphone）、電子時鐘等的端子接續，也有將電視的分配、分歧器或增幅器等收納在同一盤中的做法。在EPS中，弱電端子盤多與電燈分電盤等裝置共同配置在同一個地點。

弱電用電纜—弱電用ケーブル
也稱通訊電纜。用來傳送訊號的電纜[圖31]。依傳送的電壓、電流或周波數（頻率），所需特性也各不同。主要種類是接點訊號（ON/OFF）傳送、電壓、電流的類比值傳送、數位傳送等，以銅或光纖線芯作為媒介。

圖32｜光纖構造

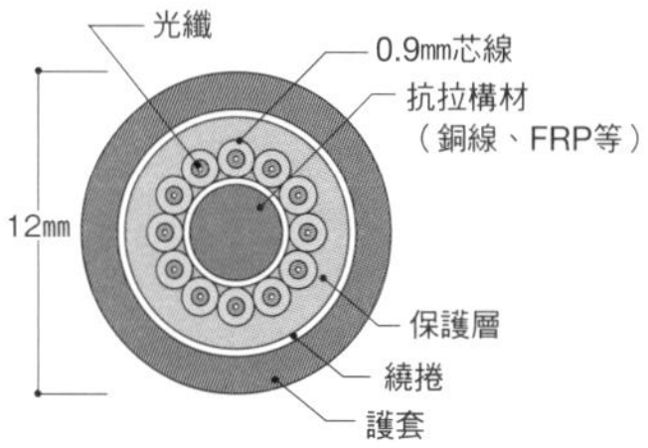

圖33｜衛星放送天線

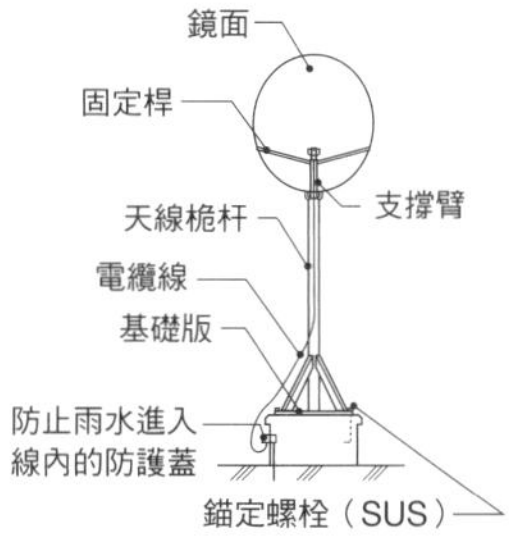

圖34｜32bit與128bit的比較

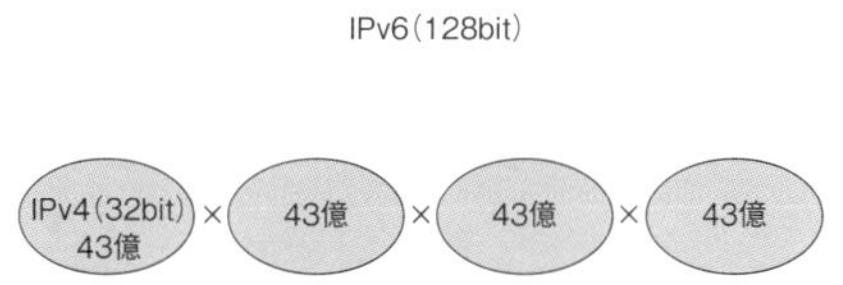

32bit（位元）IPv4的地址數量只有43億個，128bit（位元）IPv6可以確保的地址數量是43億個的四倍

圖35｜多媒體插座

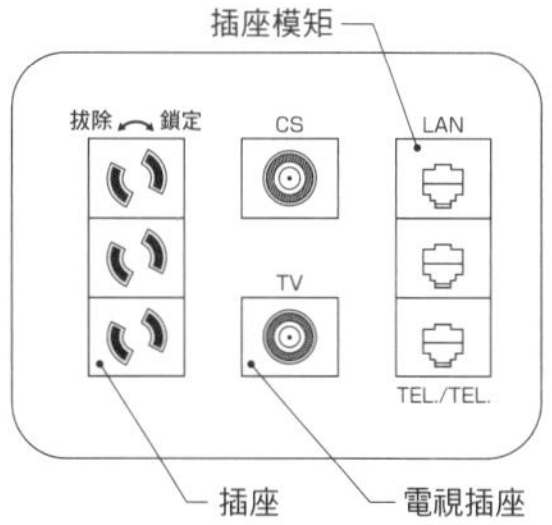

圖36｜自動火災通報訊息接收機

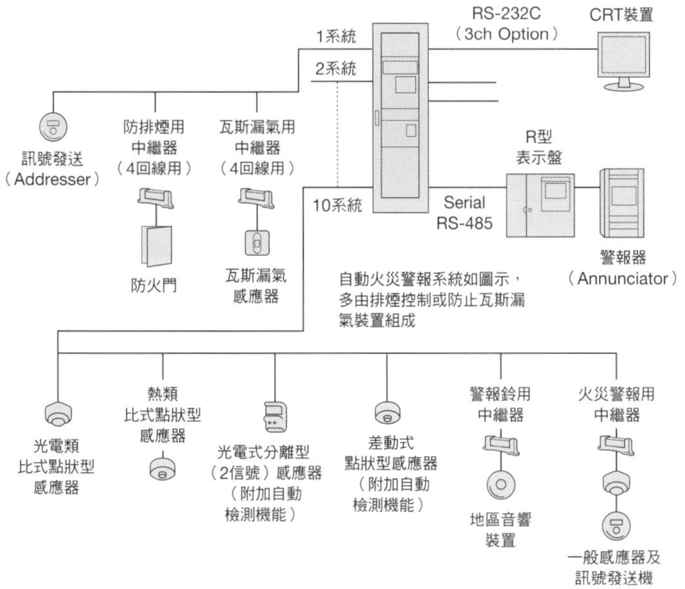

電纜管徑尺寸比電力電纜小，依照訊號的種類與目的，來準備電纜，數量需求大。

HII配線｜HII配線

Home Information Infrastructure的縮寫。將住宅資訊系統配線，家庭內資訊系統基礎網絡，日本BS衛星放送、日本CS衛星放送、CATV、一般衛星放送、電話通信迴線與電源插座等一體化。設置在各個房間內，使用同軸電纜、雙絞線（Twisted pair cable）、電源線，連結至電信系統用分電盤，無論哪個房間都可取得或發出訊號。

FTTH｜FTTH

Fiber To The Home的縮寫，家用光纖電纜。使用可傳輸電話回線兩千倍容量資訊的光纖電纜（將光纖以皮膜包覆的電纜）連結至住家的服務[圖32]。

衛星放送｜衛星放送

不利用電波塔，而用衛星來發送電波。依衛星不同，頻道也各不同（日本頻道BS、CS110度、BS110度等）[圖33]。

地上數位訊號放送｜地上デジタル放送

高畫質影像的視聽、雙向服務，或數據資料（DATA）發送等高附加價值的放送系統，從2011年開始，原則上日本國內全面配置地上數位訊號，停止過去的類比訊號傳送。數位傳送服務需使用專門的調諧器（Tuner）才可接收訊息。且周波數（頻率）可從UHF帶，藉由UHF電視天線來接收訊號。

IPv6｜IPv6

網際網路通訊協定第6版（Internet Protocol version 6，縮寫：IPv6）是新世代網際網路協定。安全性高，廣泛應用在分配地址數量多的家電網絡、情報資訊等，服務範圍加大[圖34]。

多媒體插座｜マルチメディアコンセント

將插座、電視、網路的訊號插座設置在一片面板[圖35]。

臉部辨識進出管理系統｜顏認証入退室管理システム

使用個人顏面作為生物情報資訊與本人相互對照，並連結電動鎖管制進出的系統。運用在防盜系統，也有利用指紋、眼球的虹膜等部位來辨識。

人體感應器｜人感センサー

人體靠近自動開燈，過一段固定時間後自行關燈的開關裝置。利用紅外線感應範圍內的熱度。

火災自動通報收訊總機｜自動火災報知受信機

火災自動通報收訊總機是由警報器與防災機器的控制操作裝置構成，型式包括壁掛式或獨立盤式[261頁圖36]。火災發生時警報自動鳴響，隨即連動其他的防災機

人在的場所。火災自動通報收訊器。機器須設置在任何時間都有

圖37｜住宅用火災警報器的安裝位置

● 設置在天花板　　● 設置在牆上

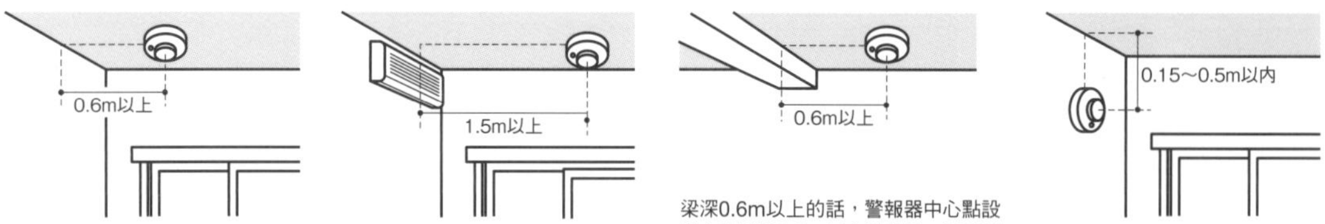

警報器中心點設置在距離牆壁0.6m以上的位置。※熱感應警報器中心點設置在距離牆壁0.4m以上的位置。

若有冷氣等的空調出風口，與警報器中心點保持1.5m以上距離。

梁深0.6m以上的話，警報器中心點設置在距離梁0.6m以上的位置。※梁深0.4m以上的話，熱感應警報器中心點設置在距離梁0.4m以上的位置。

警報器中心點設置在距離天花板0.15～0.5m以內的位置

圖40｜家庭用汽電共生系統的構成

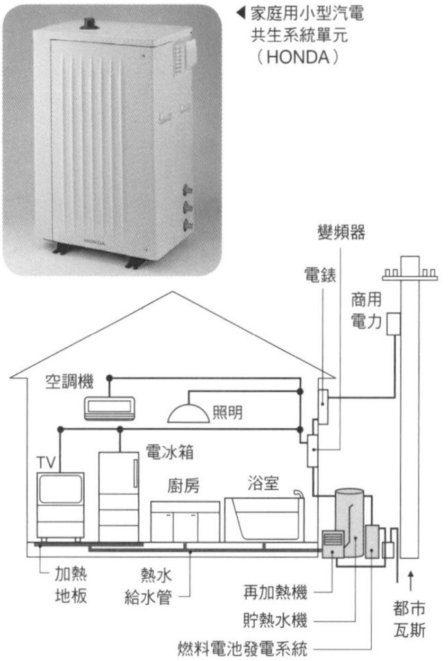

圖38｜BEMS

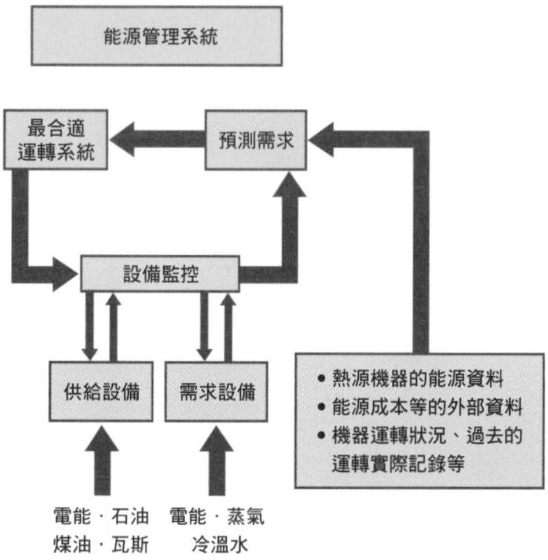

圖39｜汽電共生系統

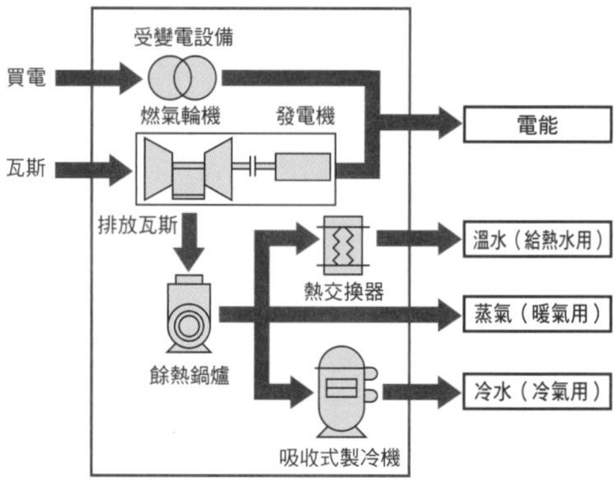

總機的種類包括處理接點訊號的P型，及數位傳送訊號的R型。

由排煙控制與瓦斯漏氣檢測裝置組合而成。

火災警報器｜火災警報器　由人體感應器與火災自動通報收訊總機構成，以感應器來判斷訊號，發出訊號，以火災自動通報收訊總機接收訊號，發出警報[圖37]。在日本依據2006年消防法，住宅中也必須安裝（僅限於新建獨棟住宅。既有住宅則有五年寬許期間）。感應方式分別有藉由判斷煙濃度的煙感知器，以及藉由熱溫度上升來判斷的熱感知器。

能源相關

BMS｜BMS　Building Management System的縮寫，將建物內的空調、衛生、受變電設備等的機器集中管控的系統。由監視螢幕、操作部、管控部、入出力裝置等構成，種類有壁掛式，或像桌上型電腦的樣式。設置於中央監控室或防災中心、警衛室等。

BEMS｜BEMS　Building Energy Management System的縮寫，為有效利用設施內使用的能源（電力、瓦斯、水道水等），用來輔助設備機器達到最有效運轉、管理的輔助裝置[圖38]。用電腦讀取並分析從BMS收集到的數據。

汽電共生系統｜コージェネ　正式名稱為熱電聯產系統Cogeneration System[圖39]。從瓦斯或石油等的單一能源，得到電能與熱能兩種能源的裝置。用瓦斯發動引擎機關，取出電能與空調用熱能的同時，將這些機關排出的熱能作為冷暖房、熱水器、業務用熱源使用。就熱效率來說，僅用在只有發電功能的發電機是25%～35%，汽

圖42｜太陽（光）能發電

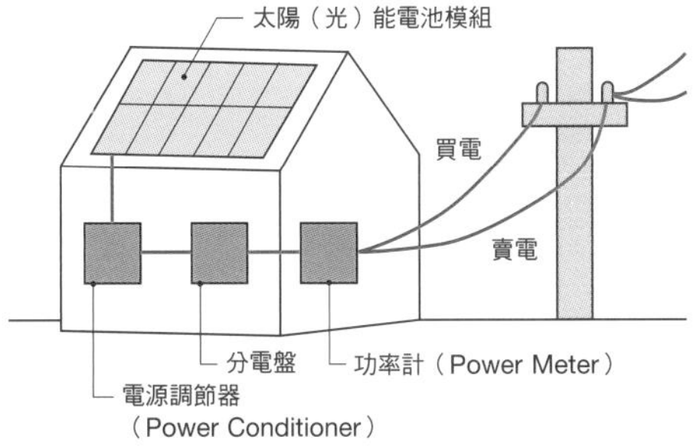

圖41｜燃料電池的發電原理

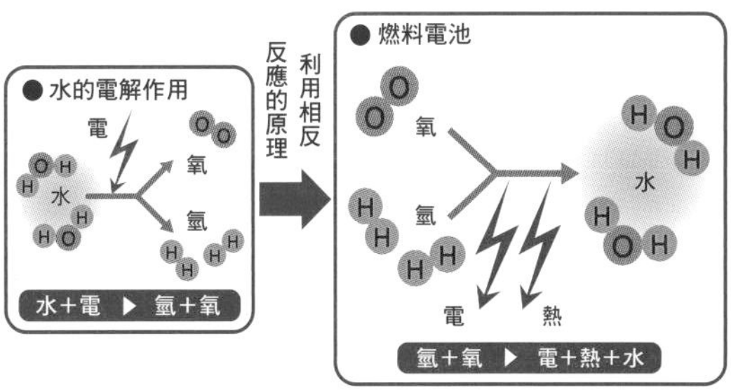

照片6｜太陽光發電

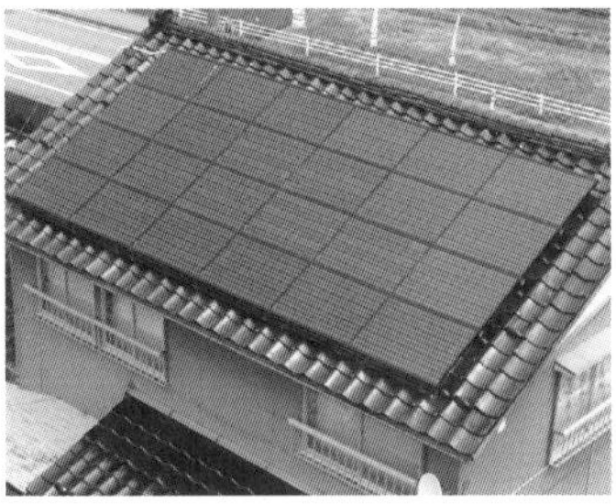

圖43｜生物質能（Biomass）發電

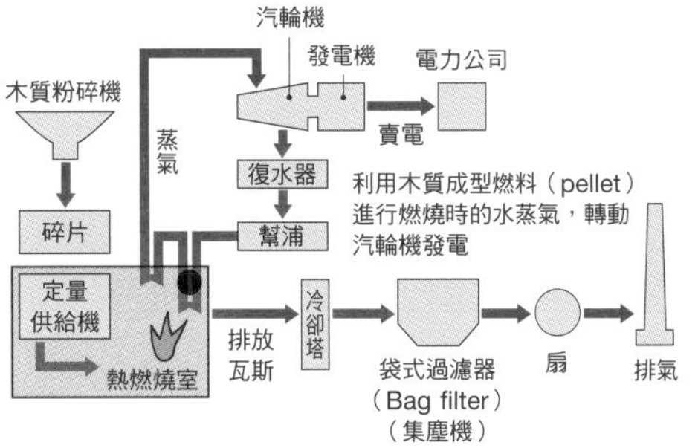

照片7｜木質成型燃料（pellet）

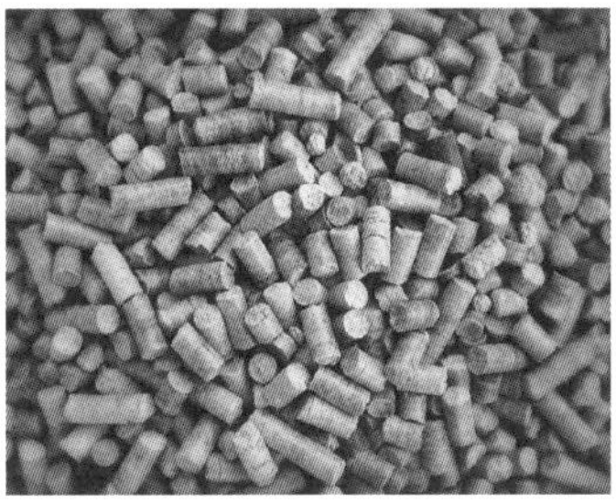

照片8｜電磁調理器（電磁爐）

電共生系統確保了70%～80%的熱效率。系統包括柴油引擎（Diesel Engine）、瓦斯引擎（Gas Engine）、燃氣渦輪發動機（Gas Turbine）、燃料電池等，市面也有販售家用的汽電共生系統[圖40]。

燃料電池｜**燃料電池**

與一般電解方式相反，利用都市瓦斯中所含的氫、氧等的電力化學反應，產生電能與熱能（熱水器用等）的發電裝置[圖41]。屬於熱電聯產系統裝置的一種，能源利用效率高達80%左右。現在市面雖然開始販售小規模用途的燃料電池，但價格昂貴。在日本，若要引進燃料電池，可運用新能源財團或各地方政府提供的補助金制度。

太陽光發電｜**太陽光発電**

將太陽光能源轉換成電能的裝置，樣式包括矽（Silicon）的單結晶、多結晶、薄膜（Amorphous）等[圖42、照片6]。發動效率約80～160W／m²。但雨天或陰天時因無法發電，多會與可蓄電的電池或風力發電等組合，構成太陽能光電系統。

在住宅等，白天是晴天時，可將發電電力賣給電力公司，若考量成本平衡，完全提供家庭內用電是不可能的，基本上都是當作補助電源。太陽光發電裝置安裝在屋頂面或屋頂上時，需選用可抗最大風速的支撐固定材料。

生物質能（Biomass）發電｜**バイオマス発電**

將木材、食品廢棄物、畜產廢棄物等，木質成型燃料（pellet）（鋸木屑等廢材或林地殘材、廢棄紙等的木質系副產物，或將廢棄物粉碎、壓縮、成型的固態燃料）[照片7]，以甲醇（methanol）、甲烷（methane）等加工製成燃料，用來驅動引擎或渦輪（Turbine）的發電系統[圖43]。發電的同時也可利用熱能，提高能源利用效率。

電磁調理器（電磁爐）｜**電磁調理器**

一般稱作IH（Induction Heating電磁誘導加熱）調理器。不使用火的調理器，安全性比瓦斯爐高。將20～60kHz的高頻電流通過發生磁力的線圈，線圈附近產生磁力線，在鍋子部分產生渦電流。

鍋子本身的電阻力讓鍋身發熱。不受用火室內空間限制的獨立個體裝置。但因消耗較多電力，必須裝設專用的分歧迴路，住宅使用可考慮契約用電方式[照片8]。

空調工程 2

空調計畫

熱傳導｜熱伝導（ねつでんどう）

物質內溫度差產生熱能移動的現象，主要指固體或液體的傳熱。將熱傳導率低的物體當作隔熱材，種類包括利用熱傳導率低的氣體做成的纖維質材或氣泡分散材等。在壁體等構材的負荷計算上，每單位厚度、單位時間內傳導的熱量，以熱傳導率來表示［圖1、2］。

熱傳達｜熱伝達

液體與固體表面之間熱能移動的現象，主要分成對流、放射、沸騰或凝縮等相的變化（狀態變化）。壁體等構材的負荷計算，每單位面積、單位時間內傳達的熱量，以熱傳達率來表示。

熱輻射｜熱放射（熱輻射）

物體釋放出的熱能。熱放射是物體與物體之間直接發生的熱移動，運用在空調上，包含總合熱傳達率來計算負荷。加熱地板或加熱版等即是利用熱放射（熱輻射）效果。

熱通過｜熱貫流（熱通過）

考量熱傳導、熱傳達、熱放射，每單位面積、單位時間、單位溫度的壁體內的移動熱量。一般的負荷計算是將計算對象例如牆壁等的數值求出，再依各自的面積與內外溫度差算出負荷量。

自然對流｜自然対流

不使用機器，藉由溫度差或壓力差，產生熱或空氣的移動［圖3］。空氣受熱變輕上升，受冷則下降，利用此種原理的暖冷房設備，例如火爐（扇）、電熱器、加熱地板等。

強制對流｜強制対流

利用電扇，強制性地攪拌空氣，產生對流［圖3］。常見的設備有冷氣機或電熱扇等。

潛熱｜潛熱

水凝結成冰，液體凝固、氣體中的水分量變化等，液體或氣體或固體的相變化之間，儲存、釋放出的熱量［圖4］。通常人體潛熱是每人發熱53W。（顯熱是每人發熱69W）。室內若有人，空氣中的水分量上升，就是一個潛熱變化的例子。冰蓄熱因為利用潛熱變化，蓄熱槽容量小。

顯熱｜顯熱

不受物質的相變化［※］或化學變化的影響，與溫度上升或下降有關的熱［圖4］。用來表示乾球溫度變化的熱量。1公斤的水，溫度上升1℃需要4．18kJ的熱。因室外空氣溫度或加熱造成室內溫度上升的情形，也算是顯熱變化的例子。

蓄熱｜蓄熱

以各種形式來儲存熱能。蓄熱的形式有顯熱、潛熱、化學反應熱，主要利用水、冰、碎石、潛熱蓄熱材等作為蓄熱材。特殊的例子有將地盤或結構體作為蓄熱材的蓄熱系統。

圖1｜熱貫流率與熱傳導率的關係

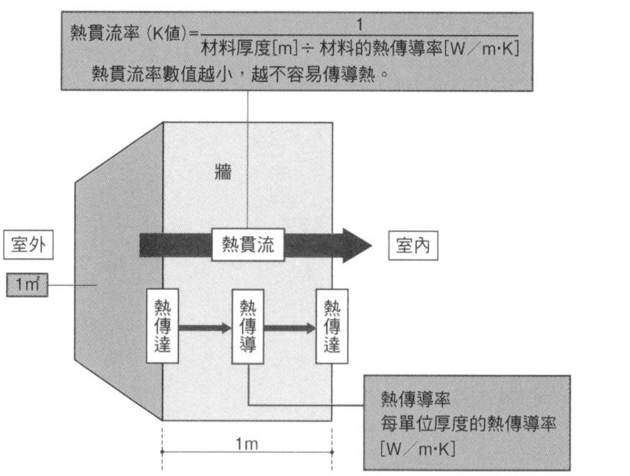

圖2｜不同材料的熱傳導率［W／m. K］

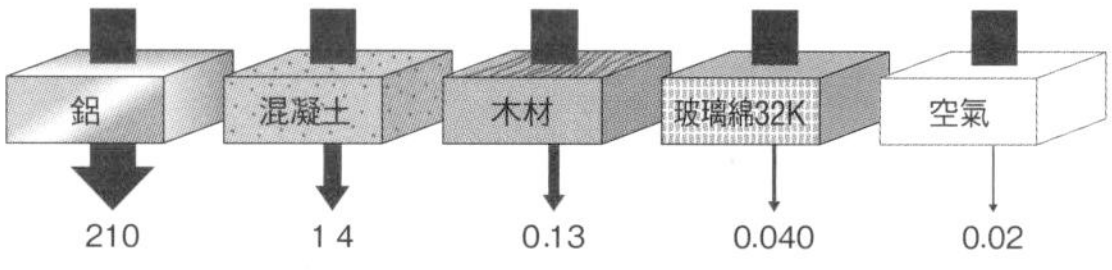

圖4｜潛熱與顯熱

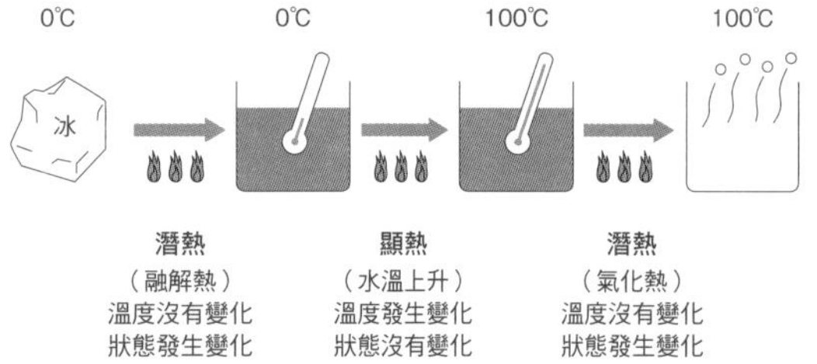

圖3｜自然對流與強制對流

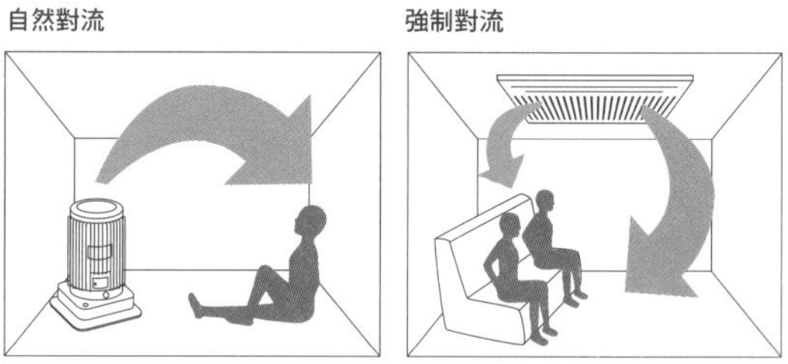

※液體成為氣體，固體、液體、氣體之間的變化。

熱損失（Heat loss）―ヒートロス

暖房經由牆壁或窗戶流失的熱。

熱取得・熱增益（Heat gain）―ヒートゲイン

冷房中經由窗戶將室外的熱傳入室內。

冷房負荷（**能力**）―冷房負荷

為了達到冷房效果需取出的熱量。也就是為了冷卻、減濕所需的熱量。

暖房負荷（**能力**）―暖房負荷

為達到暖房需加上的熱量。也就是為了加熱、加濕所需的熱量。

冷擊現象（Cold draft）―コールドドラフト

也稱Draft。令人不舒服的空氣流動，從冷氣機出風口直接吹到人體上的冷風，或冬天經由窗戶傳入的冷空氣，此種現象也稱作冷擊風現象，後者稱作下降氣流（Down Draft）。前者可藉由輻射熱型冷暖氣機的裝設，後者可增加窗戶隔熱性能，或在窗面上設置暖氣機來解決[圖5]。

熱橋（Heat Bridge）―ヒートブリッジ

原本用隔熱材隔開的兩物質，互相直接接觸發生熱移動的現象。

室內周圍環境（Perimeter zone）―ペリメーターゾーン

安裝空調的房間，室外牆面或窗面4～6公尺的距離內，視為受到室外影響的室內範圍[圖6]。特別是室外窗面，因透進日照，隔熱性能比牆壁低，容易影響室內。因此，依照各方位對於室內周圍環境（Perimeter zone）進行分區，以室內送風機（Fan coil）等作為各區的空調設備。

日照取得率―日射取得率

從玻璃外面照進室內的日照熱，透過玻璃及被玻璃吸收後的放熱總和，相對於進入室內的日照熱

圖5｜冷擊現象（Cold draft）

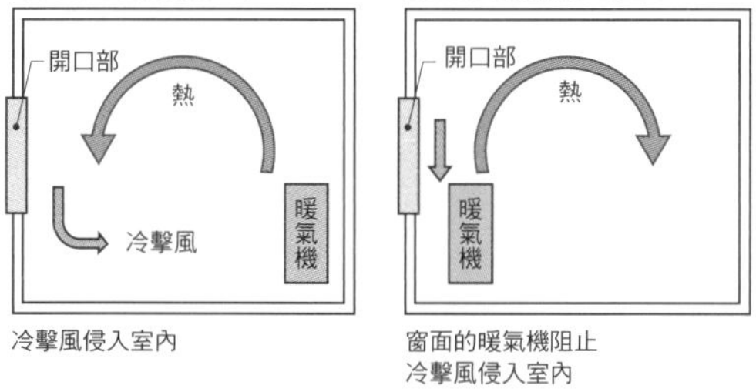

圖6｜室內周圍環境（Perimeter zone）

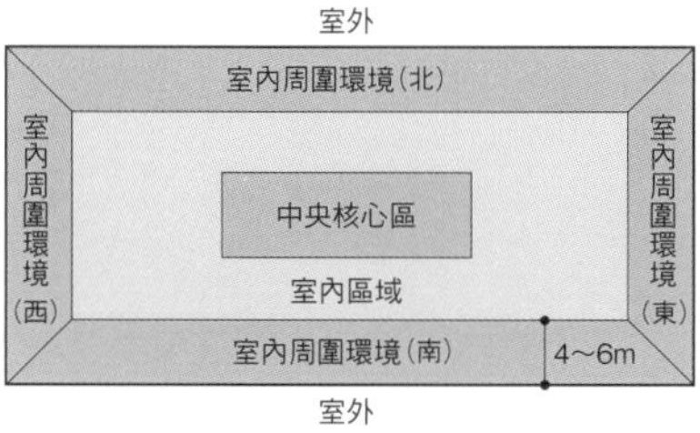

距離面向室外的牆面或窗4～6公尺內，視為會受到室外影響的室內周圍環境

圖8｜屋簷等的日照遮蔽係數

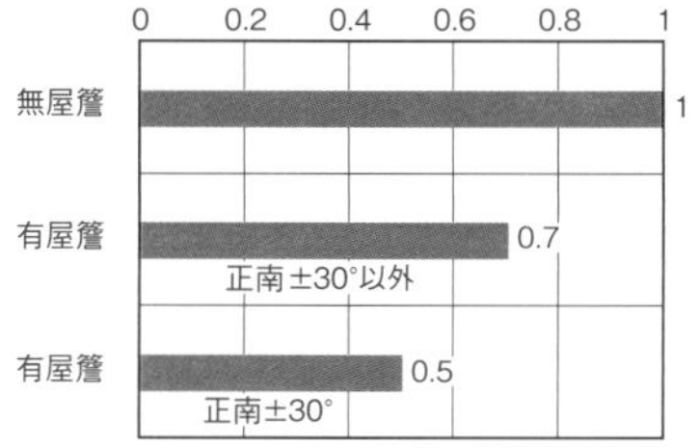

出處：「自立循環型住宅的設計概要」
財團法人建築環境節能機構

圖7｜開口部（玻璃面）不同方位的日照熱取得率

單位：W／㎡

	時刻	9	12	14	16
方位	天光	654	843	722	419
	北	42	43	42	38
	北東	245	43	42	36
	東	491	43	42	36
	南東	409	93	42	36
	南	77	180	108	36
	南西	42	147	377	402
	西	42	50	400	639
	北西	42	43	152	410

註　以東京為例（7月23日測定）

表示夏天每1㎡玻璃面積，進入室內的日照熱量。以東～南東面的9點，西～南西面的16點為最大。夏天整天熱能會從天光進入室內

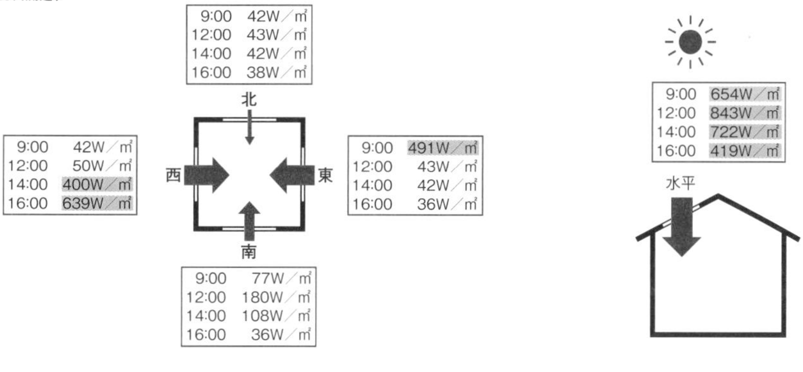

圖10｜空調樣式選擇

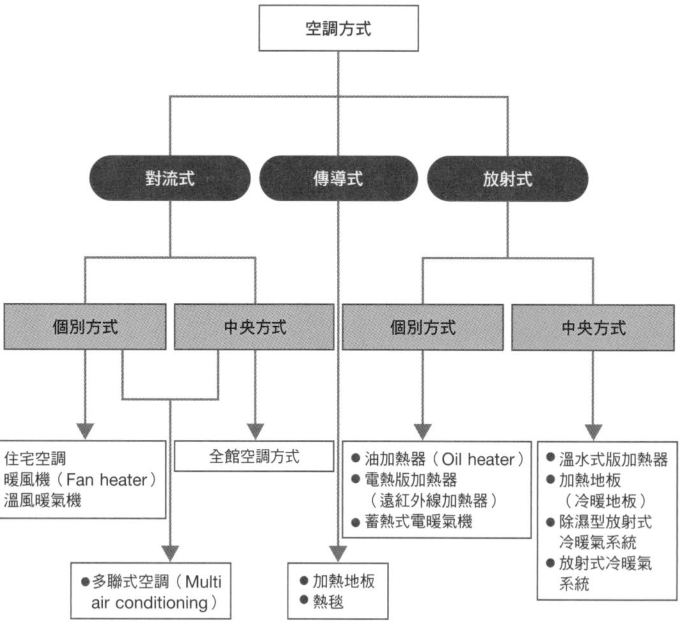

圖9｜風管壓力損失主要發生的部位

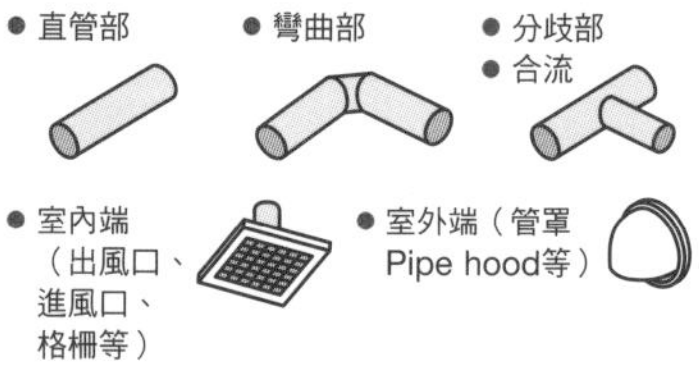

圖11｜中央式空調

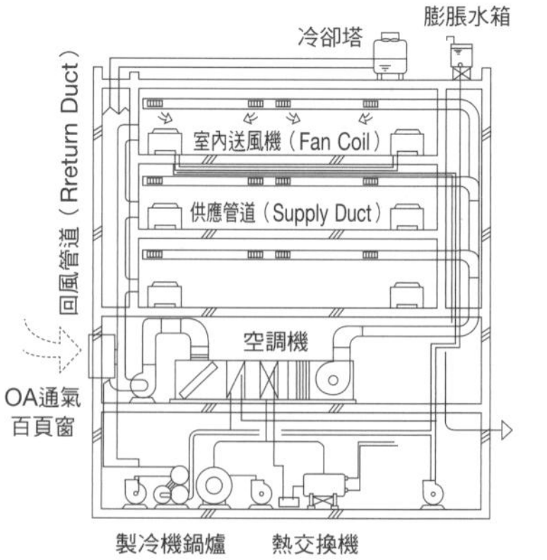

圖12｜熱泵（Heat Pump）原理

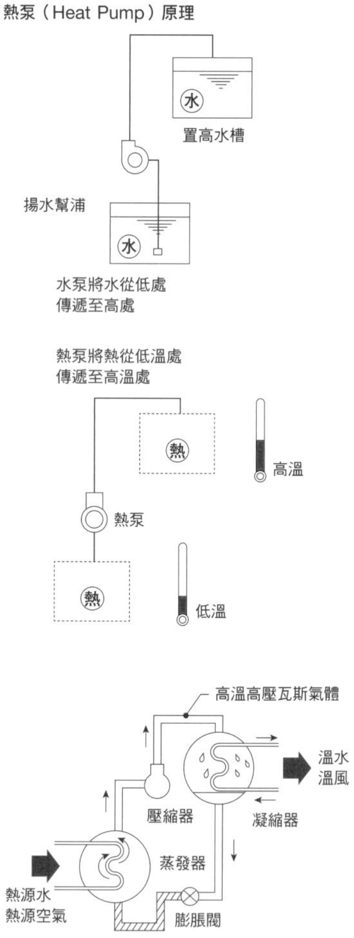

的比率［圖7］。

遮蔽係數｜遮蔽係数
表示日照遮蔽裝置或特殊玻璃遮蔽性能的指標［265頁圖8］。

對等室外空氣溫度｜相当外気温度
將日照量換算成對等溫度，加上室外溫度的總和溫度。

非規律計算法｜非定常計算法
一年空調負荷的計算方法。考量每天、每時刻變化的室內外溫濕度、日照、風速、風向、房間的使用方式，及假日空調停止運轉時的影響，利用電腦對大量的模擬數值進行計算。

週期規律計算法｜周期定常計算法
溫度或熱流發生周期性（通常是指一週）的變化，考量因牆體熱容量造成的熱流時間延遲或振幅衰減的負荷計算法。

TAC手法｜TAC手法
由美國冷凍空調工程師學會（ASHRARE）的技術諮詢委員會提出，以固定期間的觀測紀錄的超越概率Exceedance Probability為基準，統計出設計外界環境條件。

PMC理論｜PMC
預測平均表決（Predicted Mean Vote），是由P.O. Fanger教授提倡的人體舒適度指標。用來評估居室的溫熱環境。影響人體對於熱的舒適感知要素有六項，另外也有室溫、平均放射溫度、相對溫度、平均風速四項物理環境要素，以及室內穿衣量與工作量的兩項人為要素。PMC理論是用來評估這些要素綜合效果的理論。在舒適度方程式中，加入六項要素，可標示出人體對於冷暖感知的「七階段評估數值」。

壓力損失｜壓力損失
空氣在風管中流動或水在配管中流動時發生的摩擦抵抗力，降低空氣或水的壓力（壓力的損失）。換氣的時候，運送的空氣從機器、風管、吹出孔、吸入孔等機器構件接收的抵抗力，其抵抗值依照各個構件的樣式、形狀有所不同。應參考合適的抵抗值來選擇機器、構件［圖9］。

放射冷暖房｜放射冷暖房
非以對流方式，而是以固體面之間的熱放射形成冷房或暖房。也稱輻射冷暖房。雖然是不會帶來冷擊現象的空調方式，但若是放射冷房的話，表面會結霜，因此全面以放射冷房的方式進行空調是有困難的。放射暖房的例子，例如百頁電熱器。

空調方式

24小時換氣系統｜24時間換気システム
永久持續型的換氣系統。運作方式是利用風管，以一台換氣機器運作住宅整體的中央換氣系統，或是不使用風管，附著在牆壁上的個別換氣系統。

分區（Zoning）｜ゾーニング
建物的空調設備不是以一台空調機的方式，而是區分樓層、負荷量、用途、時間或方位，進行空調計劃。分區可以僅在重要地方運作，解決加班時的空調問題，也可針對空調負荷量大的地方變更溫度設定，達到操作便利性與節能的目的。

個別空調｜個別空調
不是以一台空調機對應多個房間，而是在各個房間內配置空調機，每個房間可各自開關並調整溫濕度[圖10]。個別空調雖可彈性地對應各個房間對溫度的需求，但機器數量增加的同時所需維護成本也增加。

中央空調系統｜セントラル
將熱源機器、空調機、送排風機、自動管控監視、操作機器等集中在中央的方式，以一個熱源提供住宅整體的暖氣。主要是使用鍋爐（boiler）或熱水機提供的熱水，用在加熱地板或百頁電熱器上。也稱作全館空調。但有時在運轉費用、個別管控費用方面較為不利[圖10、圖11]。

半中央式供熱（Semi Central Heating）｜セミセントラルヒーティング

圖13｜熱泵（Heat Pump）方式

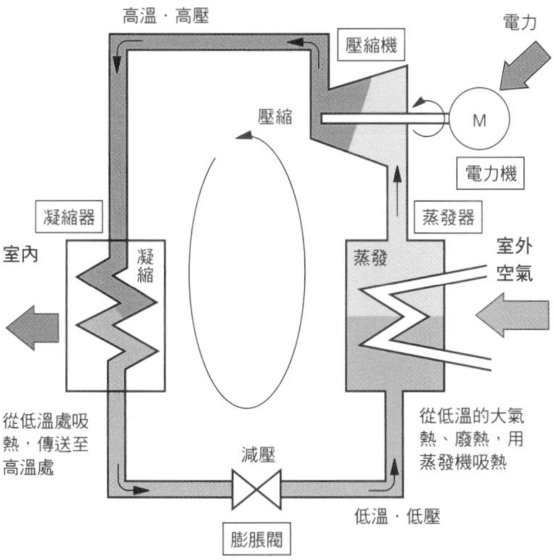

圖14｜冰蓄熱方式（儲冰式）

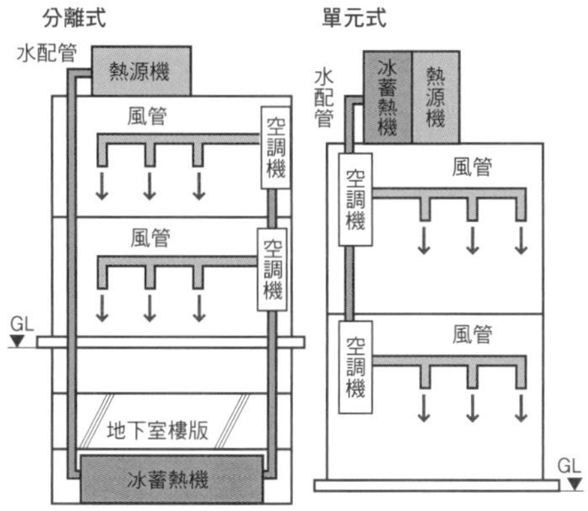

住宅暖房方式之一，以單一熱源提供多個空間的暖房系統。主要使用鍋爐（boiler）或熱水機提供的熱水，用於加熱地板或百頁電熱器上。

個人化空調方式｜パーソナル空調方式
可依個人舒適度管控溫度的空調設備。設備的起始成本高，隨著維修部位的增加，維護成本也會提高。

VAV方式｜VAV方式
可變風量方式（Variable Air Volume System）的縮寫。空調機傳送出的定溫風量，可依室內負荷量變動而變化的空調方式。空調機的給風扇的風量，以逆變器（Inverter）控制旋轉次數，降低供給風扇的動力，達到節能的目的。

熱泵（Heat Pump）方式｜ヒートポンプ方式
從低溫空氣或水吸熱，轉移至高溫處，使溫度升高的機械[圖12、13]。將用蒸發機吸熱的場所，與用壓縮機放熱的場所，以熱交替循環的工作，取出溫水或溫風。冷凍機將室內熱排出到室外，熱磊是從低溫外氣吸熱，排入室內作為暖氣。

冰蓄熱式（儲冰式）｜氷蓄熱方式
蓄熱方式的一種，利用冰的潛熱來蓄熱的蓄熱方式[圖14]。比起水蓄熱式，冰蓄熱式所需的體積較小，對於建築工程的影響較小。但比起水蓄熱式，冰蓄熱式為了製造冰，系統效率較低。熱源機與冰蓄熱槽的構成，有熱源機與冰蓄熱槽個別設置的樣式，也有整體組合單元化的樣式。蓄熱方式在深夜運作，若鄰近是住宅的話，需確認熱源機器的噪音數值與該區域的規定噪音數值，依需要設置防音牆等措施。

熱回收式｜熱回収方式
回收建物的餘熱或無用的排熱，運送至建物中熱不足的地方，當作暖房或熱水的熱源。有的使用空氣與空氣之間進行熱交換的全熱交換器，也有的使用熱磊。

熱循環方式｜熱リサイクル方式
冷氣機除濕的一種。雖提高除濕效果需將空氣降溫，但為了不讓室溫過度下降，再利用從室外機排出的熱，再度對降溫空氣加熱，進行室內除濕作用[圖15]。

高溫水暖房｜高温水暖房
對密閉容器中的水加壓加熱，沸點達到100℃以上得到熱水，利用此原理的暖氣房方式。用於可運送大量熱的地方，工廠或大學校園，作為區域型暖房。

輻射冷暖房—輻射冷暖房

以輻射（放射）方式進行的冷暖房系統。輻射暖房是放射暖房，利用設置在室內的加熱面的熱，以放射熱為主，對於從室內流失到外部的熱，進行補償作用的暖房方式，包括利用樓版、天花板、牆壁等建築體元素作為加熱面，或是使用高溫放射板、紅外線加熱器等。

加熱地板或百頁型電熱器、火爐（Stove）、暖爐等，具有將物體直接加溫或冷卻的效果，就算離開熱源的地方也有效果，能獲得沒有氣流的溫和溫熱感。也有將天花板面（板）降溫，作為輻射冷房的例子。

遠紅外線暖房—遠赤外線暖房

以瓦斯或電作為熱能，釋放遠紅外線的暖房方式。從相對較低的表面溫度（200～400℃）的熱放射面，放射出較易讓人體吸收的長波長紅外線，也就是由所謂的可放射出遠紅外線的材料製成。

逆回水方式（Reverse return）—リバースリターン

冷溫水配管中的一種方式。主要用於大規模建築，用來均勻分配分歧配管中的流體循環量。對於各系統的抵抗力變得平均，從往管或返管的其中一方，一次逆向流動，再回到原點的配管方式。

被動式太陽能供熱系統—パッシ

圖15 | 空調機能

除濕機能

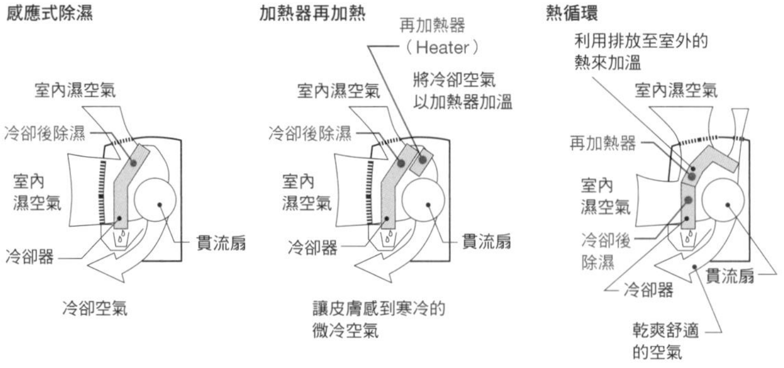

除濕方法有三種：①感應式除濕方式（將弱冷房持續進行除濕，吹出低溫空氣，室溫下降）；②加熱器再加熱方式（為了除濕，將冷卻空氣用加熱器再加熱後供氣）；③熱循環方式（為了除濕，利用冷卻空氣的排熱，再加熱後供氣），因節能、高性能而暢銷的以第三種為主

氧氣供給機能

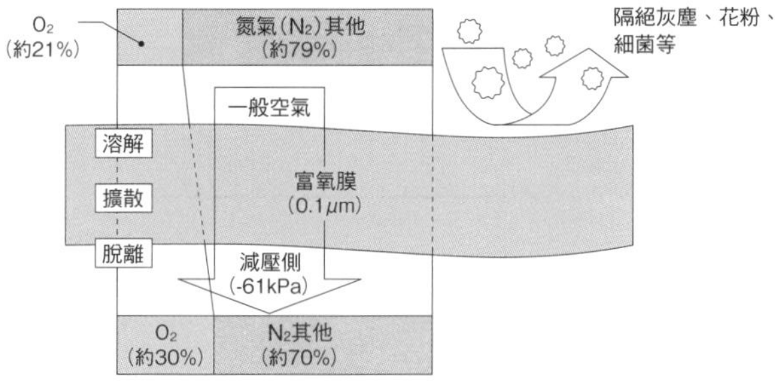

利用通過富氧膜的空氣成分的速度差異（氧氣比氮氣快），供給高濃度的氧氣，維持21%的氧氣濃度

空氣清淨機能

利用二氧化鈦與紫外線，將臭氣、細菌、病毒等分解的光觸媒方式，利用過濾器將灰塵、花粉、香煙的煙捕集的方式，利用電力的帶電作用來收集灰塵的電集塵方式，或是利用臭氧吸附的方式

加熱地板機能

以一台室外機運作空調與加熱地板機能，可自動控制調整室溫與舒適度的組合方式。

圖17 | 主動式太陽能系統（Active solar systems）

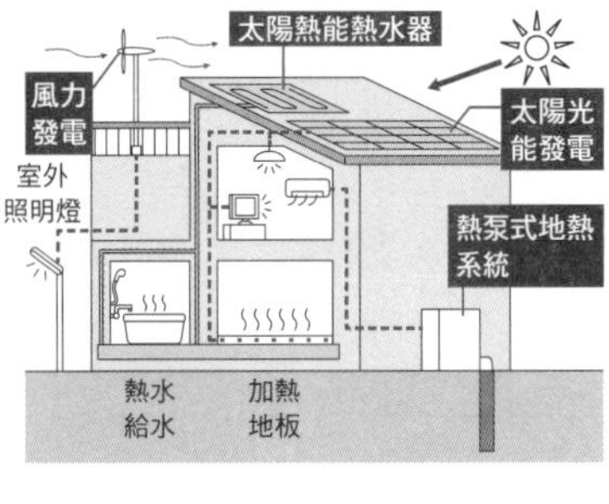

圖16 | 被動式太陽能系統（Passive solar systems）

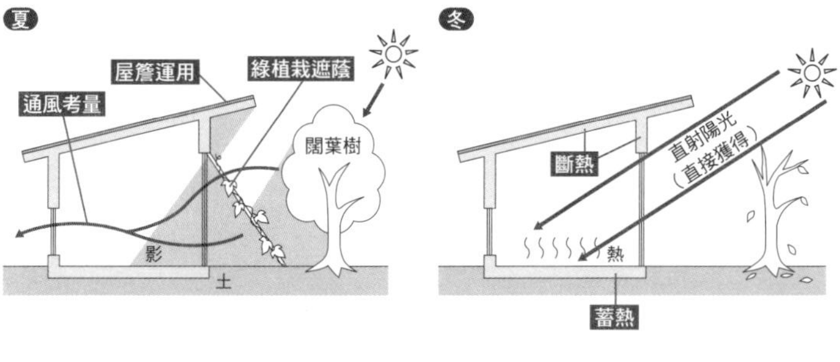

ブソーラーシステム
將太陽光熱有效運用在室內環境的系統，包括直接將取得的太陽光熱即時運用，以及用牆壁或地板蓄熱後有效利用熱能的方式。被動式太陽能系統與建物方位、開口部面積與樣式、外牆等樣式有極大關係，應充分檢討考量。

主動式太陽能供熱系統｜アクティブソーラーシステム
將太陽光熱有效運用在室內環境的系統，利用任一種動力，讓太陽光熱成為提供熱水的熱源或空調的熱源。為了換氣，有的是機械式或與暖冷房併用機械設備，利用太陽光熱將水加熱後提供熱水，或是用幫浦循環作為暖房等，開發各式的系統[圖17]。

OM太陽能系統｜OMソーラーシステム
OM太陽能協會販售的產品，可以從屋簷取得室外空氣，在屋頂面的集熱裝置加熱後，對建物內部進行進氣動作的系統。冬季時，加溫後的暖氣送到樓版下方的混凝土，供夜間使用。夏季時，將加溫後的暖氣作為熱水器的補助熱源的同時，也對屋頂內側進行排熱。甚至在晚上吸收放射冷卻後的冷空氣。由集熱板、集熱風管、空氣調節箱、蓄熱混凝土等構成[圖18]。

空調機器

空調機｜空調機
管控室內空氣狀態（溫度、濕度、清淨度）的裝置[圖19]。以風扇、線圈、過濾器、加濕器或空氣混合箱等構成。形狀包括水平型、縱向型。此外，由全熱交換器或換氣扇組成的系統空調機（System Air conditioning），送風量三千～四萬m^2／h，並可控制設置面積，能收納在辦公室等的走廊與牆壁柱間的簡潔式空調機（Compact Air conditioning），送風量二千四～一萬五千m^2／h。送風量越大，空調機的體積越大。因此，將送風量分區處理，控制在一萬五千m^2／h以下的空調機體積，較易搬運。

空調設備｜エアコン
Air conditioning，由室內機、室外機、冷媒管構成，調整室內空氣，提供冷房、暖房、除濕的機器，供家庭使用。原理是利用室外機的壓縮機（Compressor）壓縮後的冷媒，吸收、氣化室內（室外）的熱，排出至室外（室內），形成冷暖房。
基本上是室外空氣與室內熱之間的交流。住宅用空調機常見壁掛式、天花板吸頂箱型式、天花板隱藏式或地板置放式、吊式等。功率主要在2.2～5.0kW之間，分6

圖18｜OM太陽能系統

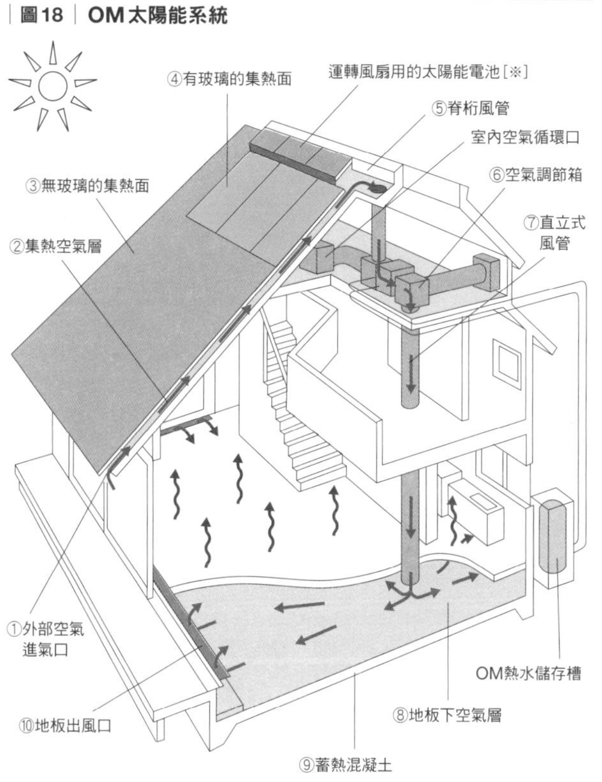

※獨立運轉的場合

圖19｜空調機

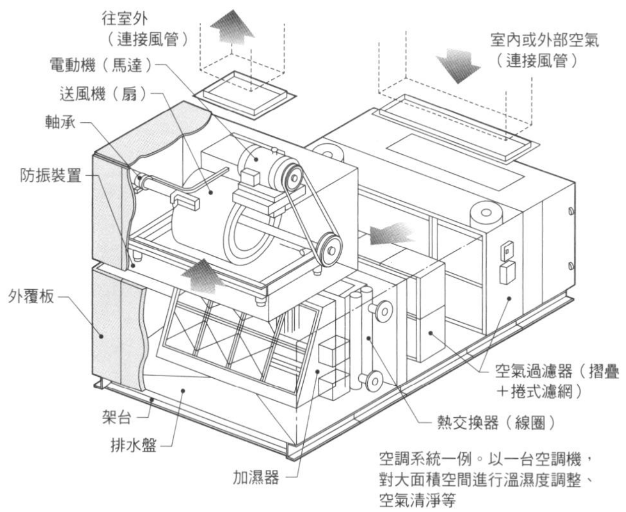

空調系統一例。以一台空調機，對大面積空間進行溫濕度調整、空氣清淨等

圖20｜空調機類型

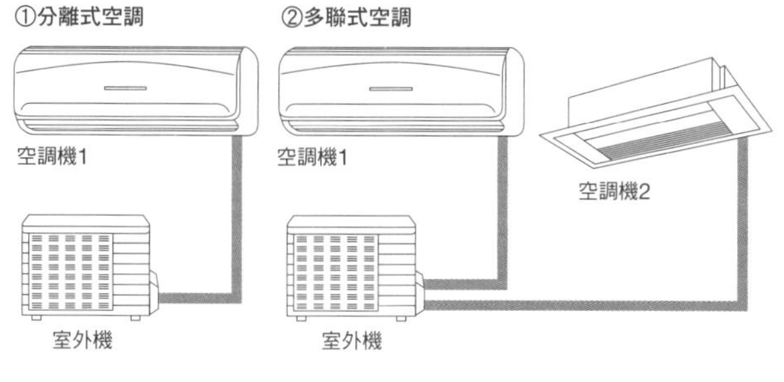

圖21｜套裝型空調設備

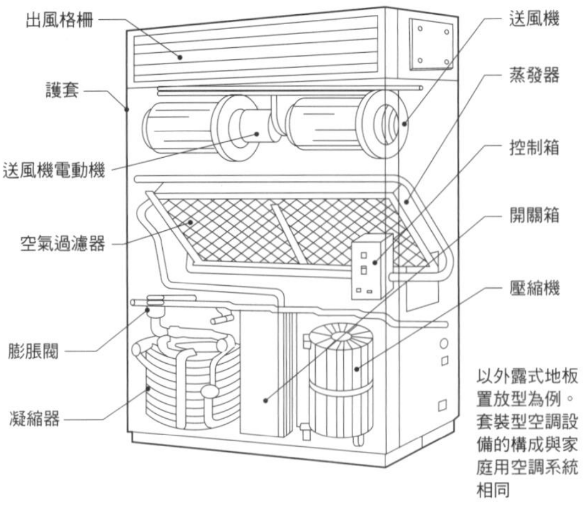

以外露式地板置放型為例。套裝型空調設備的構成與家庭用空調系統相同

圖22｜GHP（氣燃式熱泵）

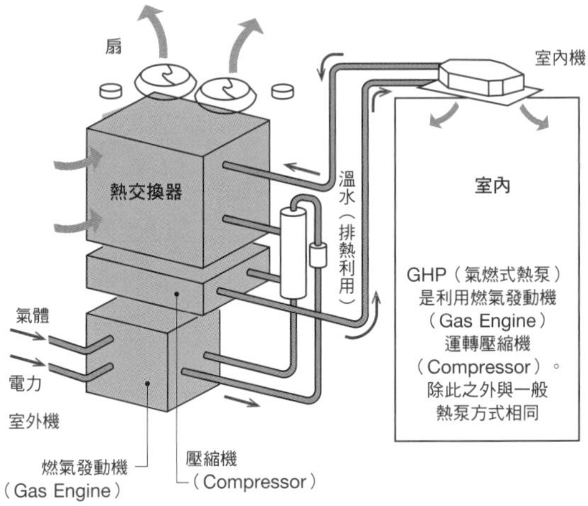

圖23｜室內送風機（FCU風機盤管）

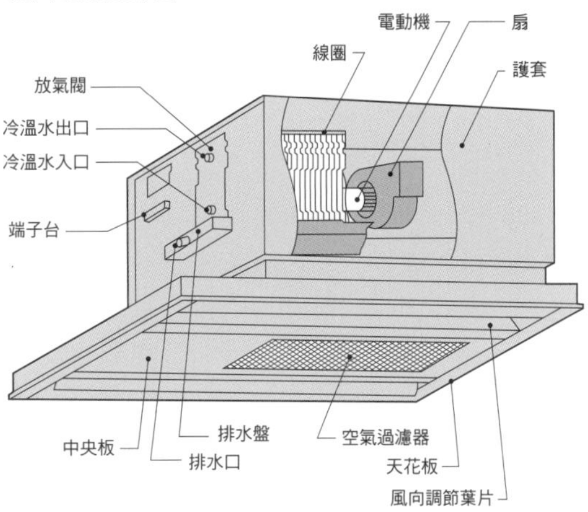

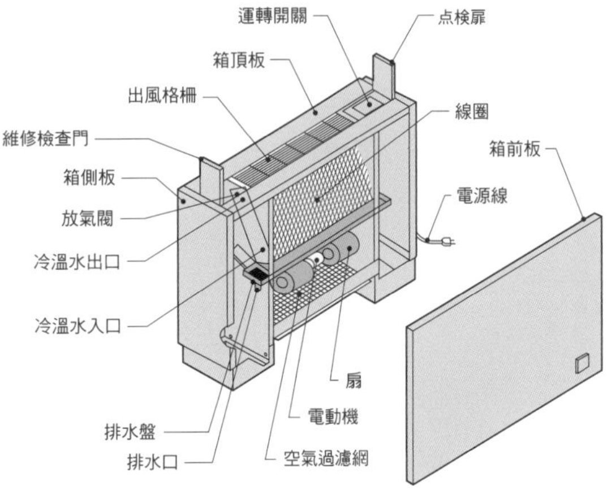

圖24｜大樓多聯式（一對多）空調組合（Building multi）

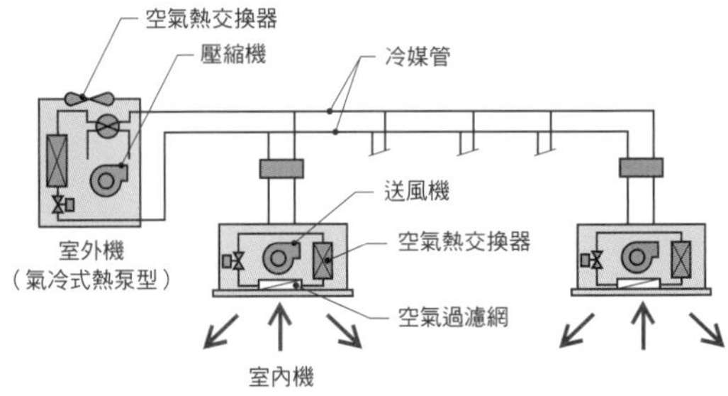

個階段，多以「適用房間面積」標示。木造建築約是2.2kW適用6片榻榻米，5.0kW適用16片榻榻米的房間[268頁圖15、269頁圖20]。

分離式空調設備—セパレートタイプ
一台室外機連接一台室內機的空調設備[269頁圖20]。

多聯式空調設備—マルチタイプ
一台室外機連接多台室內機的空調設備[269頁圖20]。

天花板吸頂箱型式空調機—天カセ
室內送風機（Fan coil unit，FCU）或套裝型（Package）空調機。將各種空調機能與過濾器、進氣口、排氣口、控制器組合，一體成型，提高現場施工便利性的空調機器。

套裝型空調設備（Package）—パッケージ
構成方式與家庭用空調機相同，將送風機、熱交換器、壓縮機、過濾器、控制機器等，收納在箱中的空調機[圖21]。也可以說是結合冷凍機與空調機，包括水冷式與氣冷式。水冷式是冷房專用，若需要暖房機能，則與電熱器組合。氣冷式則具有冷暖房的機能。氣冷式將室內機與室外機分離，之間以冷媒管聯結。例如置放地板的外露型、風管接續型或天花板吊掛型、天花板吸頂箱型、天花板隱藏型，辦公大樓多聯式空調機也屬於此種類型。

GHP（氣燃式熱泵）—GHP
Gas Heat Pump System的縮寫。氣燃式引擎驅動的熱磊系統，空氣熱源熱磊方式的EHP（Electric Heat Pump電動馬達驅動）或煤油引擎驅動的KHP（Kerosene煤油）的縮寫[圖22]。暖房運作時，因使用燃燒廢熱，暖房效率得以提高。

空氣調節箱—エアハン

使用中央空調方式的空調機，主要構件包括空氣過濾器、熱交換器、加濕器、送風機、套管等。

空氣調節箱系統—システムエアハン

將全熱交換器與空氣調節箱（Air handling units）組合，將自動管控裝置收納一起，在工廠生產，是節省空間的空調機。

室內送風機（FCU風機盤管）—ファンコイル

Fan coil unit的縮寫，由冷溫水線圈、送風機、過濾器、套管構成，用來接收冷水、溫水的冷暖房機器［圖23］。設置在房間地板或天花板，可各自以開關來管控運作。室內送風機使用的冷水、溫水是另外由冷凍機或鍋爐等的熱源裝置製造，再由幫浦與配管運送。樣式包括露出型、地板放置隱蔽型、天花板吊掛露出型、送風孔以風管接續而成的天花板隱蔽型、天花板吸頂箱型式。室內送風機的空調能力是一般空調機的1／10左右。

大樓多聯式（一對多）空調組合—ビルマルチ

使用冷媒管將一台室外機與多台室內機接續成一組系統的個別空調方式［圖24］。主要使用在中小規模的建築物。因可個別運轉，可以解決加班時的空調問題。也有冷暖房同時進行的方式。室內機的樣式包括天花板隱藏型、天花板吸頂箱型、地板放置型。若室外機的容量夠大，可輕易地增設室內機。

圖25　全熱交換器種類

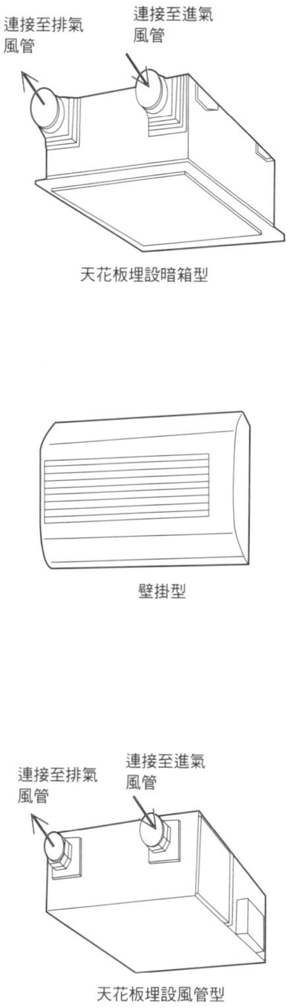

圖26　全熱交換器

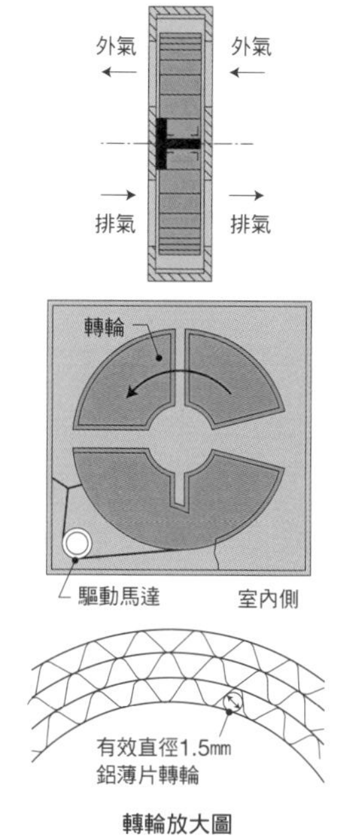

圖27　靜止型全熱交換器

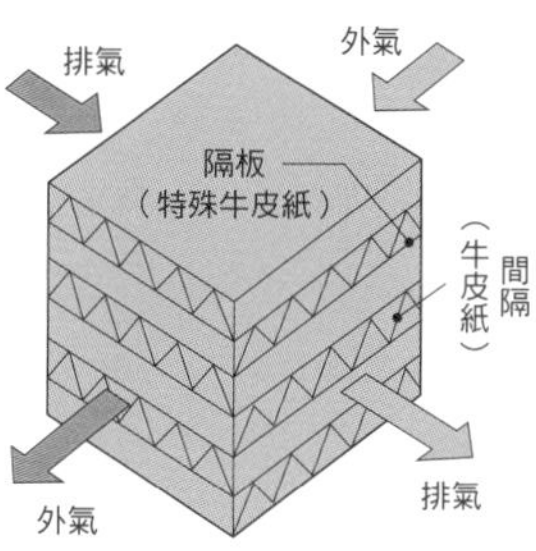

過濾器（Filter）—フィルター

空調運作時，為了擷取循環空氣中的塵埃，而在空調機內部安裝的構件。使用中等效能的過濾器。在日本，3千平方公尺以上的特定建築，依照大樓管理法（用來確保建築的衛生環境制訂的法律）規定，需設定換氣量與過濾器，來確保室內浮游粉末量在0．15㎎／㎡以下。此外，用來去除廚房等地方排出的油煙中所含的油脂成分或灰塵的過濾器，稱作除油過濾器。

熱交換機—熱交換機

將熱從空調機的冷媒傳遞至空氣的線圈，為了提高熱交換效率，在線圈周圍設置多組散熱片。藉由通過熱交換器，將室內空氣冷卻、加熱，提供冷暖房機能。

全熱交換機—全熱交換機

使用在空調機，用來回收排熱的空氣對空氣熱交換器，在室內排氣與吸取室外氣的過程中，不僅只有顯熱，也同時交換空氣中的水分，也就是潛熱。是第一種換氣方式。省能效果大，公定認為迴轉型（吸熱再生型）的熱回收率是80％，靜止型（透過型）的熱回收率是60％～70％。全熱是指顯熱與潛熱兩者，相當於空氣中的焓（Enthalpy）［圖25、26］。將夏天高溫高濕的室外空氣引入室內時，與室內的乾燥冷卻空氣進行溫度、濕度交換，讓室內空氣的溫濕度保持比室外空氣低。「ro.su.na.i（能源無損失系統）」等即屬於此種方式。

能源無損失系統—ロスナイ

靜止型全熱交換器的商品名稱，利用具透濕性的特殊紙區隔流動路徑，與給水、排氣相鄰組合而成的全熱交換器［271頁圖27］。

顯熱交換型換氣扇—顯熱交換型換氣扇

換氣時，從排氣中回收顯熱再給氣的換氣扇。室外空氣與室內溫度的差值越大，熱回收效果越高。因只回收熱，無法移除濕氣或臭氣。由於沒有回收潛熱，熱回收效果比全熱交換型低。

對流器—コンベクター

對流式放熱機，利用對流作用，用於排放大部分熱的暖房。

製冷裝置—チラー

製造冷溫水的冷凍機（製冷機）。組合壓縮機、凝縮器、電動機與冷卻器（蒸發器），Chilling Unit的簡稱。

照片1｜溫水式加熱地板

溫水式地板（內含小格柵）的表面修飾施作

圖28｜COP（性能係數）

COP Coefficient of Performance

- 能源消耗效率
- 一定溫度條件下，相當消耗電力1kW的效能
- COP（性能係數）＝ $\frac{\text{額定能力[kW]}}{\text{額定消耗電力[kW]}}$
- 僅表示熱泵效率

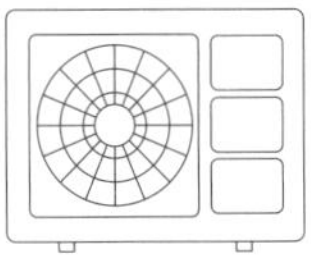

室外機

圖29｜加熱地板的種類

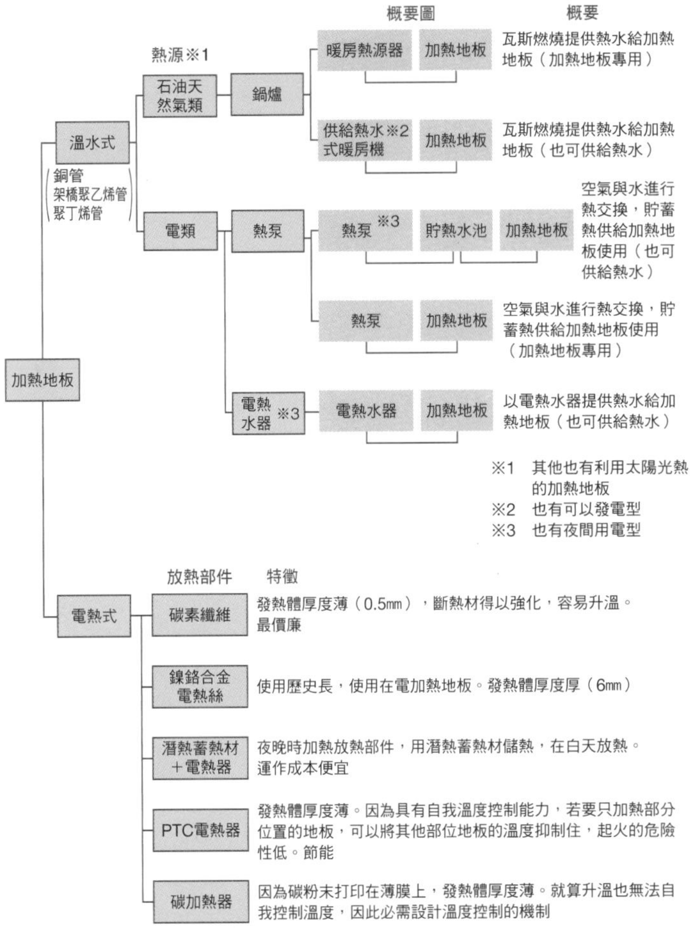

概要圖
概要
熱源※1
加熱地板
溫水式
銅管
架橋聚乙烯管
聚丁烯管
石油天然氣類
鍋爐
暖房熱源器
加熱地板
瓦斯燃燒提供熱水給加熱地板（加熱地板專用）
供給熱水※2式暖房機
加熱地板
瓦斯燃燒提供熱水給加熱地板（也可供給熱水）
電類
熱泵
熱泵※3
貯熱水池
加熱地板
空氣與水進行熱交換，貯蓄熱供給加熱地板使用（也可供給熱水）
熱泵
加熱地板
空氣與水進行熱交換，貯蓄熱供給加熱地板使用（加熱地板專用）
電熱水器※3
電熱水器
加熱地板
以電熱水器提供熱水給加熱地板（也可供給熱水）
※1 其他也有利用太陽光熱的加熱地板
※2 也有可以發電型
※3 也有夜間用電型
電熱式
放熱部件
特徵
碳素纖維
發熱體厚度薄（0.5㎜），斷熱材得以強化，容易升溫。最價廉
鎳鉻合金電熱絲
使用歷史長，使用在電加熱地板。發熱體厚度厚（6㎜）
潛熱蓄熱材＋電熱器
夜晚時加熱放熱部件，用潛熱蓄熱材儲熱，在白天放熱。運作成本便宜
PTC電熱器
發熱體厚度薄。因為具有自我溫度控制能力，若要只加熱部分位置的地板，可以將其他部位地板的溫度抑制住，起火的危險性低。節能
碳加熱器
因為碳粉末打印在薄膜上，發熱體厚度薄。就算升溫也無法自我控制溫度，因此必需設計溫度控制的機制

其他還有在混凝土中埋設電力放熱材或溫水，也有蓄熱的加熱地板（顯熱蓄熱）。或是，在地板下方以流通溫風方式加熱的「炕」式加熱地板

壓縮機｜コンプレッサー

壓縮冷媒的部分。構成空調機的熱磊，有效釋放熱的重要元素。

逆變器｜インバータ

壓縮機迴轉數可依空調負荷而改變，可控制容量的系統。種類包括電壓固定，控制壓縮機迴轉數的PWM管控系統，以及藉由改變電壓，控制壓縮機迴轉數的PAM管控系統。

COP｜COP

稱做性能係數，機器輸出性能相對於輸入功率的比值。空調機的COP是相對於消耗電力的暖冷房效果能力比值，數值越大效能越好。

HEPA過濾網｜HEPAフィルター

High Efficiency Particulate Air Filter的縮寫。空氣清淨使用的高效能微粒子過濾網。以定格處理風量測試，可移除0.3μm（譯註：0.3微米，PM0.3）粒徑的DOP（鄰苯二甲酸二辛酯，Di-octyl Phthalate）測試微粒子，具有99．97%以上的效率。

半密閉式氣體燃燒機器｜半密閉式ガス燃燒機器

將燃燒用的空氣從室內移除，利用排氣筒將燃燒釋放出的氣體排至室外的方式，包括以自然通風排出的自然排氣方式（Coventional Flue=CF），以及使用排氣扇的強制排氣方式（Forced Exhaust=FE）。

設置半密閉式瓦斯燃燒機器時，若沒有正確地安置排氣筒以及換氣口，將會導致燃燒不完全或一氧化碳中毒。一般強制排氣方式的瓦斯燃燒機器是瓦斯機器本身有排氣扇，並且若可以安裝排氣筒的話更好。

FF式燃燒機器｜FF式燃燒機器

Forced draught balanced flue type 的簡稱。強制給排氣型暖房機，以送風機排氣至燃燒機器，強制性進行密閉燃燒的方式，因為燃燒進行不會影響到室內空氣，室內空氣不會受到汙染，是此種方式的特性。強制對流，或是放射+強制對流，效果更好。

RF式氣體燃燒機器｜RF式ガス燃燒機器

Roof Top Flue的縮寫。室外用氣體燃燒機器是將機體設置於室外，是以室外給排氣為前提的機器總稱，大多將排氣裝置安裝在

照片2・圖31　以「顯熱蓄熱加熱地板系統」為例

地板格柵之間設置蓄熱材

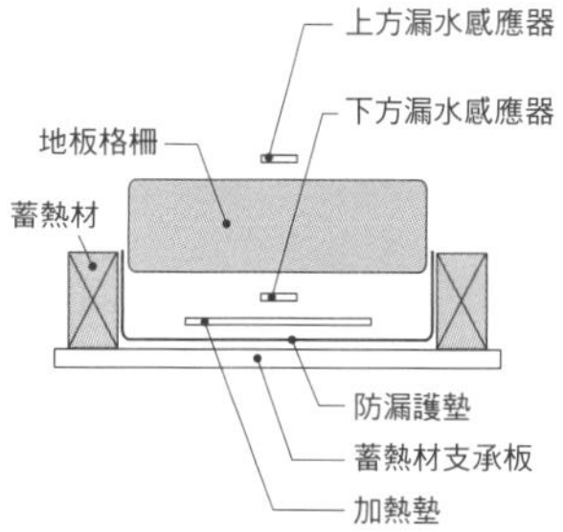

圖30　電熱式加熱地板

● 電熱線式

使用電毯中電熱線作為發熱體。鋪上內藏恆溫計（Thermostat）或熱熔斷器溫度保險絲（Thermal fuse）的板材

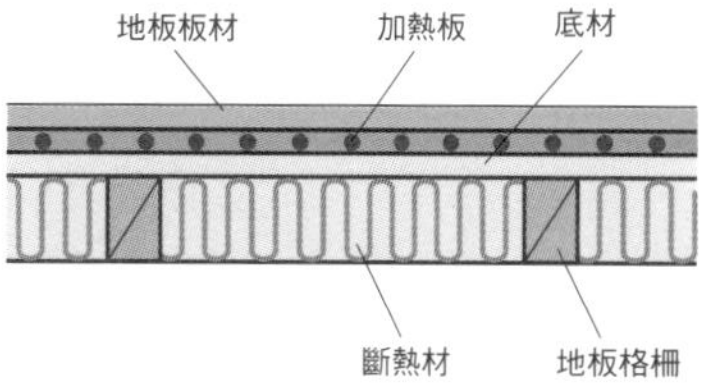

●PTC[※]電熱器式

電熱器自身依據周圍溫度控制發熱量。溫度高的地方，電流不易，因此可部分抑制溫度過高的情形

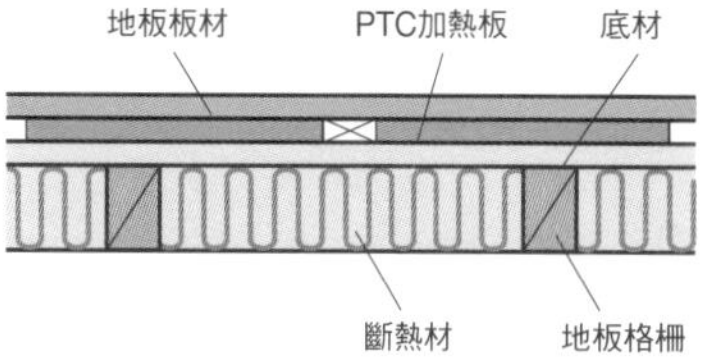

※　電熱器溫度上升，電阻抗值也上升。Positive Temperature Coefficient的縮寫

照片4　溫水散熱器（Radiator）

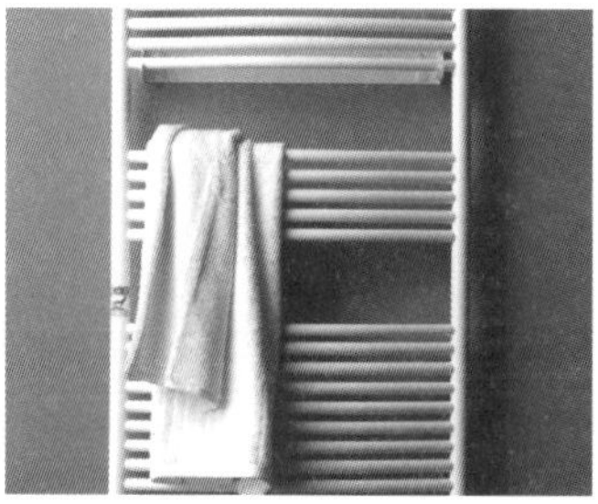

照片3　架橋聚乙烯（Polyethylene）管

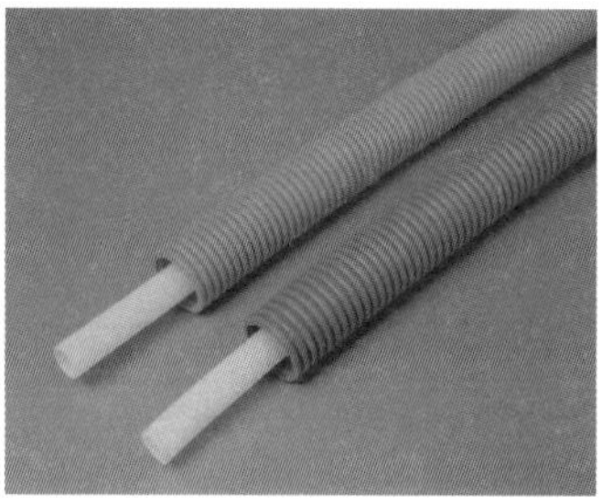

機器的上方。因不會汙染室內空氣，安全問題沒有疑慮，無需安裝排氣筒，可安裝在屋簷下的開置空間是其優點。

加熱（暖房）地板—床暖房
將地板面加熱，以熱放射、接觸的方式，藉由熱傳導，以及自然對流帶來溫熱感的系統。大致分類成溫水式與電熱式[圖29]。

溫水式加熱地板—溫水式床暖房
在地板內鋪設配管，以供給溫水的方式讓地板表面溫暖，主要熱源是鍋爐或電熱水器，也有的是用電熱磊的機種。配管方式有過去的傳統配管施工方法，以及單元模矩化板材鋪設的方法[照片1]。

電熱式加熱地板—ヒーター式床暖房
在地板內鋪設電熱器讓地板表面溫暖的方式，並鋪設單元模矩化的板材。樣式包括一般的電熱器單元型，以及可自我溫度管控的PTC型[圖30]。

蓄熱式加熱地板—蓄熱式床暖房
在地板內發熱部位的周邊，設置蓄熱材，在電費便宜的夜間蓄熱，在白天放熱，來降低電費支出。適用於溫水式或電熱式加熱地板。蓄熱材主要使用潛熱蓄熱材，有的是利用結構本體或水作為蓄熱材。
此外，木結構地板的顯熱加熱地板方式，是將多層強化（Laminate）材的袋狀蓄熱材，與座椅加熱器（Seat heater）組設置在地板下格柵之間[照片2・圖31]。

架橋聚乙烯（Polyethylene）管—架橋ポリエチレン管
提供加熱地板溫水時使用的配管，可撓曲、施工便利。除了使用在加熱地板，也廣泛運用在給水或給熱水配管，複數管接頭工程等[照片3]。
可自我溫度管控的電熱器，具有溫度上升時，阻抗增加，電流不易流通的特質。

PTC電熱器—PTCヒーター
Positive Temperature Coefficient的縮寫，以鈦酸鋇（Barium titanate）為主要成分的半導體陶瓷。可設定在某溫度（居里溫度，Curie temperature）下，電力抵抗迅速增強。具有自我溫度管控能力，不是像雙金屬片（Bimetal）或恆溫器（Thermostat）斷斷續續的控制方式，而是像火花、無聲響無接點地進行運作，使用壽命長。

溫水散熱器（Radiator）—溫水ラジエーター
在配管中流入溫水，藉由熱放射或自然對流得到溫暖效果。放熱部位的形狀有各式各樣，包括壁掛型、地板放置型、或考量室內功能的毛巾吊掛型等[照片4]。

鍋爐（Boiler）—ボイラ
燃燒瓦斯或柴油來製造溫水或蒸氣的機器[圖32]。從大規模集合住宅到獨棟住宅廣泛使用的暖房用熱源。在日本，依照傳熱面積與使用壓力，需有日本勞動基準監督署許可的壓力容器通知，若屬大型鍋爐則需要運轉執照。樣式包括鑄鐵製分節式鍋爐、貫流鍋爐、電鍋爐等，大型建築使用爐筒煙管鍋爐、水管鍋爐。中小型建築使用耐久年數較短但安裝容易的貫流鍋爐，大多使用無需運轉執照的真空溫水發生機或無壓溫水發生機。
此外，為了保護鍋爐需以軟水處理。若鍋爐設置在單獨的空間，需有兩個以上的對外窗，且鍋爐需安裝可排放燃燒氣體的煙囪。

加熱板（Panel heating）—パネルヒーティング
加熱板中用電熱器加熱溫水或油，產生空氣自然對流、熱放射

圖32｜鍋爐

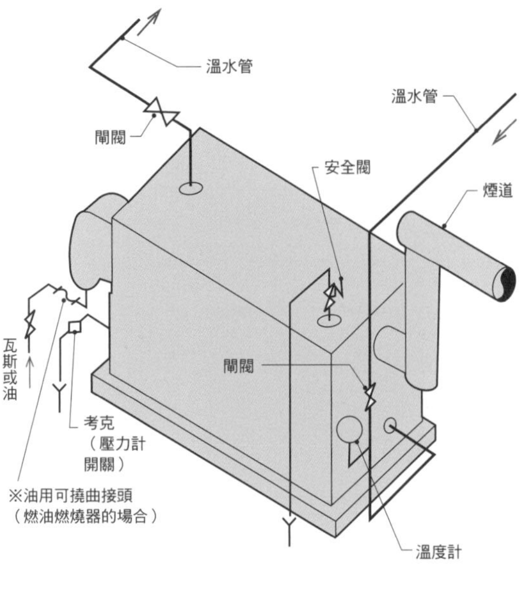

照片5｜暖爐

型的暖房機器[圖33]。平面狀的放熱面，在機器內流入溫水，藉由輻射與對流進行放熱。也有為了增加放熱面積，在周圍設置百頁葉片的電熱板樣式。室內產生的氣流速度慢，藉由放射熱讓周邊的牆壁溫暖，比起一般強制對流式的加熱方式，溫度高低差值較小，人體舒適度也較高。低溫加熱板的放熱面積越大，熱輻射暖房的效果越好。

暖爐｜暖炉

多是從歐美進口的產品。以瓦斯、薪柴、電作為熱源，若需排放燃燒氣體的話，需要設置煙囪。目前普及的暖爐樣式是將外氣導入的FF式[照片5]。

冷媒｜冷媒

在冷凍系統中作為運作媒介進行循環，從液態到氣態，或是從氣態到液態之間，改變狀態「相」，讓蒸發器吸收符合容積的潛熱，用凝縮器排出，讓蒸發器奪取熱，以凝縮器排出所使用的媒介物質。過去使用氟利昂（Freon），後因考量氟利昂會破壞臭氧層及防止地球溫暖化，開始使用R134a、R407C等稱為HFC的新冷媒，或CO_2、NH_3（氨，Ammonia）等的自然冷媒。兩者的臭氧破壞係數都是零，HFC的地球溫暖化係數較高，自然冷媒幾乎是零。大樓多聯式（一對多）空調組合的冷媒是R410A，渦輪冷凍機（製冷機）則慣用R13a。

圖33｜加熱板

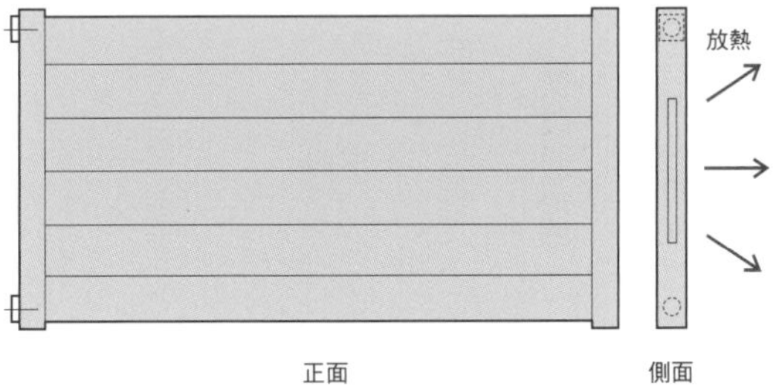

正面是平面狀的放熱面，內部流動溫水，進行輻射放熱作用

HCFC冷媒｜HCFC

稱作R22的冷媒。廣泛運用在空調機中，但為了保護臭氧層，開始轉換用新冷媒R410A。已開發先進國家決定於2020年全面廢止生產。

氟利昂（Freon）冷媒｜フロン

為冷凍機的冷媒，因會破壞地球平流層中的臭氧層，會造成環境問題，成為全球等級的重大公害物質。在冷凍機中用來冷凍循環的氟利昂，雖然只要不外漏到空氣中就不會有實質的損害，但還會在製造微晶片（Microchip）等的工廠作為清洗之用，或是噴霧罐的加壓劑，這些釋放到大氣中的物質才是最大的影響。日本的「氟利昂等規制法」，制定了各種氟利昂減量的時程計畫。

特定氟利昂CFC冷媒｜特定フロンCFC

Chloro Fluoro的縮寫。含氯，以及大量使用五種對於臭氧層具有高破壞力的化學物質，氟利昂11、12、113、114、115。

HFC冷媒｜HFC

臭氧層破壞係數零，用來替代氟利昂的冷媒，稱作R410A。從HCFC進化轉換成HFC。

自然冷媒｜自然冷媒

具有冷媒特性的自然物質。也稱作新世代冷媒，研究開發出氨（Ammonia）、丙烷（Propane）、二氧化碳（CO_2）等。

風管・配管

風管（Duct）｜ダクト

從空調機搬運冷風、溫風至所需房間，或是從某房間將臭氣等空氣排出使用的設備[圖34]。也稱作風道。使用鋅板、不鏽鋼板、PVC等材質製成。大多使用鋅板，廚房排氣風管使用不鏽鋼板，游泳池等有鏽蝕疑慮的地方，使用PVC塗覆鋼板或PVC製成的換氣風管。通常是矩形或圓形，也有橢圓型（Oval Duct）或三角形的風管。空調設備的風管設計是管內風速在15m/s以下，靜壓在500Pa以下的低速風管。一般以摩擦損失1Pa/m、風速10m/s以下來決定風管尺寸。

風管截面面積急擴大或驟縮小的時候，會產生很大的壓力損失，因此急擴大控制在15度以內，驟縮小控制在30度以內為宜。此外，風管彎曲部位為了不發生過

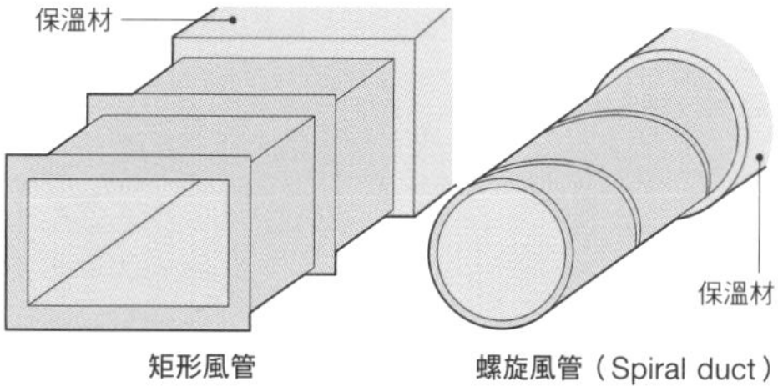

圖34｜風管

照片6｜玻璃棉風管（Glass wool duct）

照片7｜可撓曲風管（Flexible duct）

大的阻抗，彎曲半徑在風管寬幅的1.5倍以上為宜。

玻璃棉風管（**Glass wool duct**）｜グラスウールダクト
使用硬質（500kg／㎥以上）玻璃棉製成正方形或圓形風管。外部壓覆鋁箔，質輕，便於施工。空調（冷風、溫風）使用鋼板風管時，在風管設置後需進行風管保溫工程，玻璃棉風管因具有隔熱性，可省略保溫工程。此外，相較於鋼板製風管，玻璃棉風管較不具強度，無法作為靜壓高的風管。風管內容許靜壓是1200Pa［照片6］。

螺旋風管（**Spiral duct**）｜スパイラルダクト
將窄幅金屬板斜捲成螺旋狀，板與板之間相互咬合接續而成的工廠製圓型風管［圖34］。以直徑25～75釐米的間距製作而成。漏氣現象少，耐壓，可作為高速風管來使用。

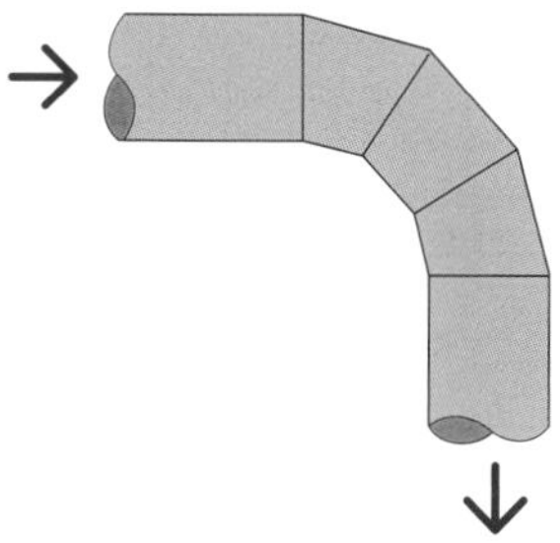
圖35｜圓形蝦身型接頭

可撓曲風管（**Flexible duct**）｜フレキシブルダクト
可自由彎曲施工的風管，材質種類豐富，例如鋁、鐵、樹脂、玻璃棉等。抽油煙機為了防火，通常使用鐵製可撓曲風管，中央換氣大多使用樹脂製可撓曲風管。此外，也用來防止振動的傳遞。使用在出風箱與風管的接續部位，用來吸收出風箱與風管的施工誤差值［照片7］。

高速風管｜高速ダクト
管內風速超過15m／s的風管，或是管內靜壓超過500Pa的風管。與送風機的動力有關，在節省能源的考量之下，排煙風管之外的場合都不使用此種風管。

風管滅火設備｜ダクト消火
廚房等地的排氣中含有油性成分，會附著在排氣風管內面。為了不讓排氣風管內的油引發火災，而在風管內設置滅火設備。滅火設備啟動，排氣風管的送風機器即停止運作。設置在吸油煙機排氣罩（Exhaust hood）的滅火設備，稱吸油煙機滅火設備。

玻璃纖維布接頭｜キャンバス継手
設置在風扇與風管的接續部位，目地在於不讓風扇的振動傳導至風管管身。在接續部位的兩凸緣之間，以玻璃纖維布連結。間隔約250㎜。為了不受風扇壓力發生變形，會在玻璃纖維布的內部加入鋼琴線。

圓形蝦身型接頭｜海老継ぎ
圓形風管彎曲樣式的一種，圓形風管管身切成梯形後接續組合而成［圖35］。

寬高比（**Aspect ratio**）｜アスペクト比
矩形風管的縱橫比率。數值越大，風管形狀越扁平［276頁圖36］。大家常常認為就算風管的縱、橫尺寸改變，截面積若相同，則保有相同的性能，但風管管內風速取決於風量與風管截面積，風管若呈扁平狀，通過風管內的空氣阻抗係數會急速變大。風管的空氣阻抗增強，使用時的運作成本也受到影響。並且長邊長度變長，會出現風管板振動的噪音，因此一般風管的寬高比在5以內為宜。

靜壓｜静圧
將風管單側封閉，從另一側用送風機將空氣送進風管時，在風管內部產生的壓力。在空氣沒有流動時產生的壓力。此外，開放風管讓空氣流通其中，風速產生的壓力稱作動壓或速度壓。靜壓＋動壓等於全壓。

風箱（**Chamber**）｜チャンバー
設置在風管彎曲、分歧、減速等部位的箱型空間，目的在於整流或消音［276頁圖37］。若是用來消音的話，內面鋪設玻璃棉。風箱的大小取決於接合在風箱上的風管大小。種類包括出風口風箱、進風風箱，及安裝在空調機出口的送風箱（Supply chamber）。

風箱方式｜チャンバー方式
在天花板上安裝吸氣口作為天花板下方的集風箱，可省略導回空調機的風管。辦公室大樓大多採用此種方式。

排煙設備｜排煙設備
火災發生時將煙排出，讓人可以安全避難的設備［276頁圖38］。日本建築基準法中有排煙設備的相關規定。排煙設備種類包括機械式排煙與自然排煙［276頁圖39］。建築結構體上若有可確保有效排煙的窗戶，使用自然排煙，若

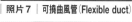

無，則選擇機械式排煙。機械排煙系統需設置緊急電源。機械式排煙一般使用吸引方式，也有押送方式。

風門（**Damper**）—ダンパー

用來調節風管內風量，隔絕火及濃煙，達到防火、防煙效果的裝置，形狀有翼狀或板狀門［圖40］。構成樣式包括對向式、平行式、蝴蝶式等。此外，根據機能分風量調整型風門（VD）、防火型風門（FD）、防止煙擴散型風門（SD）等。風量調整型風門可調節送風機的風量，因此設置在風管的各個分歧點，平衡流經分歧點的風量，調節房間的風量。防火型風門（FD）的目的在於防止火災擴大，設置在貫通防火規畫區的風管中。防止煙擴散型風門的目的在於防止濃煙在火災時經由風管擴散，利用煙感應器來關閉風門。跨越另一建築物三層以上的樓層，或設置在不同用途規劃部分。

FD（**防火風門**）—FD

Fire Damper的縮寫。具有耐火性能，厚度16釐米以上的鋼板製風門，火災時以熱熔斷（Thermal fuse）閉鎖的構造形式［圖41］。熱熔斷（Thermal fuse）機制啟動的溫度設定，在一般空調是72℃，廚房或使用火場所是120～160℃，設置在排煙風管的話是280℃。貫通防火區劃的風管設置FD，FD的維修孔旁必須安裝防火風門。防火風門上會貼附「自行確認符合規定」的標示［※］。

FVD（**防火兼風量調整風門**）—FVD

英文Fire and Volume Damper的縮寫，防火兼風量調整風門。安裝在貫通防火區劃風管的貫通部位，當風管內溫度上升，即自動閉鎖，兼具防火與風量調整功能的風門。

多翼式散熱風扇（**Sirocco fan**）—シロッコファン

送風機的一種形式，靜壓高，一

圖36｜寬高比（Aspect ratio）

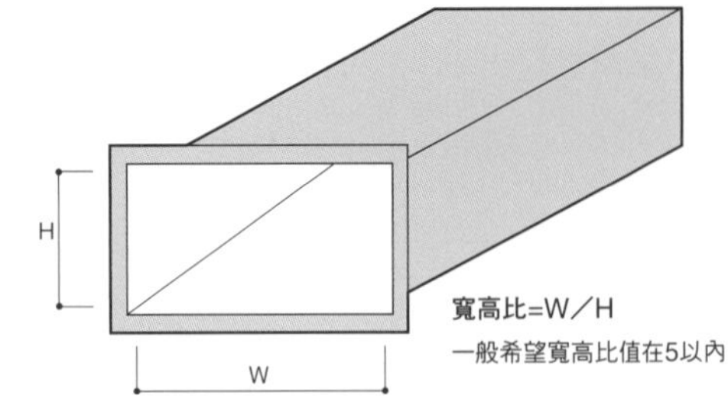

圖37｜風箱（Chamber）

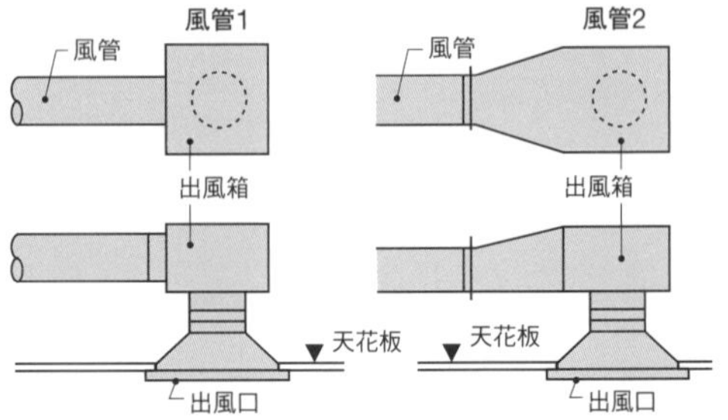

圖38｜排煙設備

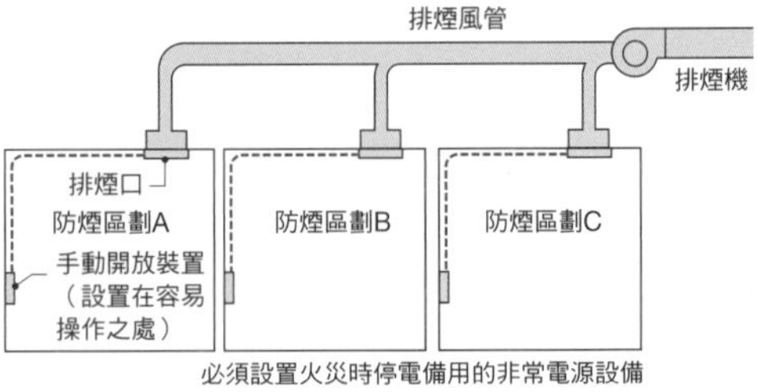

圖39｜自然排煙方式的有效開口

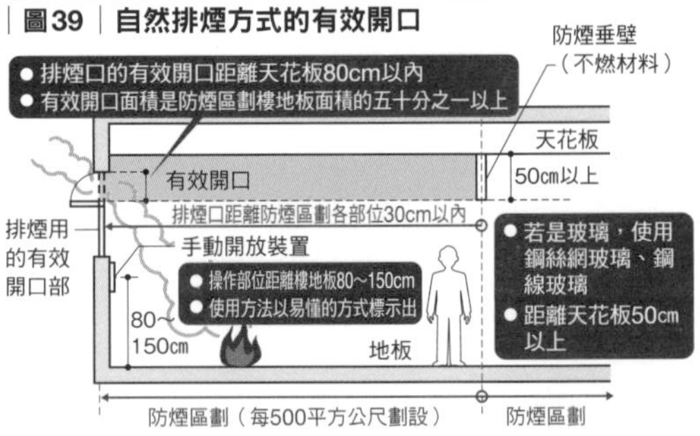

圖40｜風門（Damper）

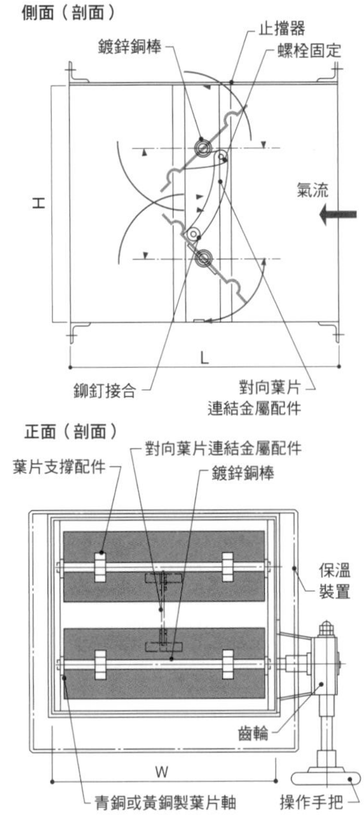

圖41｜FD（防火風門）

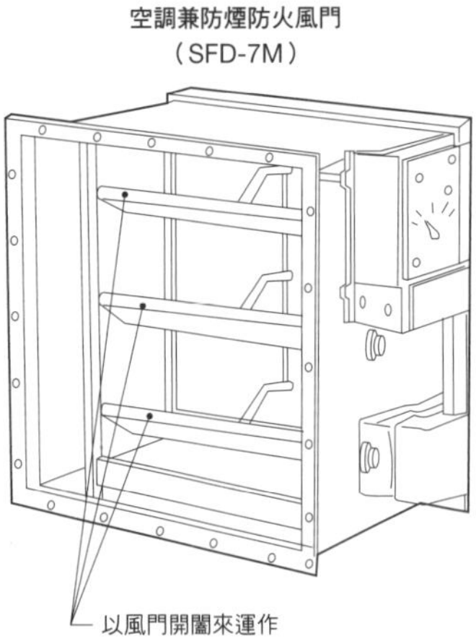

照片9｜螺旋槳式風扇（Propeller fan）

圖42｜多翼式散熱風扇（Sirocco fan）

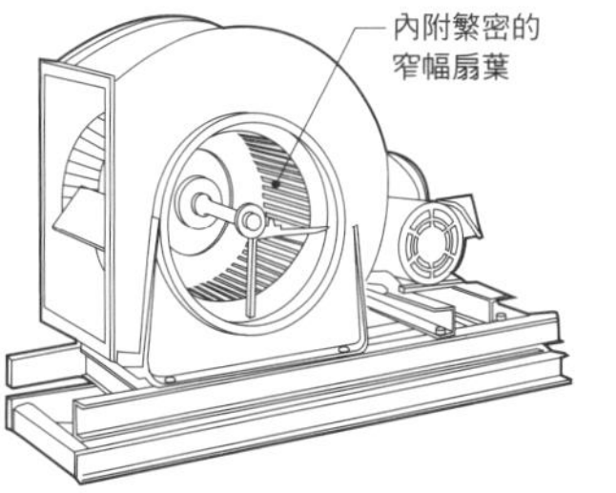

照片8｜多翼式散熱風扇（Sirocco fan）

照片10｜吸氣口（回風口）

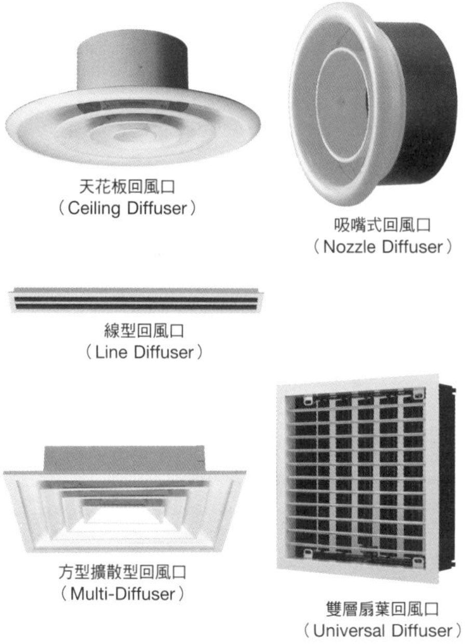

圖43｜螺旋槳式風扇（Propeller fan）

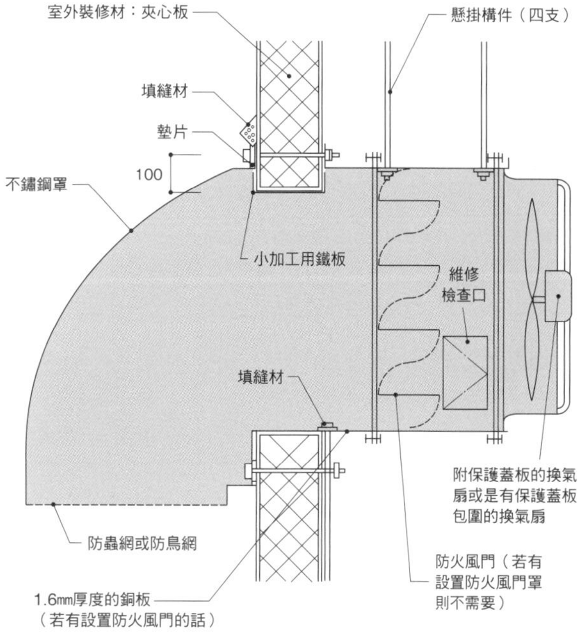

般使用風管式的換氣系統[圖42、照片8]。圓筒狀的扇葉（扇翼）旋轉時吸入空氣，在風管內流通，藉由換氣扇排出，從中心吸入空氣再排到周圍。也稱做多頁風扇。用來標示風扇尺寸的級數，是葉輪（Impeller）直徑（釐米）除150得到的數值。送風機的規格以形式、送風量（㎥／h）、靜壓（Pa）、馬達出力（kW）來表示。此為美國送風機廠商的製品名稱，現大多俗稱多翼送風機。也稱多翼扇。特徵是風噪音低。

螺旋槳式風扇（Propeller fan）｜プロペラファン
送風機種類的一種。轉動螺旋槳，進行吸氣、排氣的換氣扇[圖43、照片9]。最常見的是安裝在牆壁上的換氣扇。適合靜壓低、風量大的情形。也會用在換氣扇或抽風機（Range food）。外部受風會降低換氣效能，因此不適合承受強風的高層建築。因為靜壓低，風管無法接續。缺點是若風量變大，扇葉噪音音量也變大。

吸氣口｜吸込み口
安裝在天花板或牆壁，目地是為了將吹向室內的空氣，吸回空調機，再從空調機排出的裝置[照片10]。雖然吸氣口與吹氣口的配置對室內氣流分布影響不大，理想上還是希望可以平均分配。吸氣口的口徑大小，取決於面風速，風速越快，發出的噪音越大。一般吸氣口的容許風速約3m／秒。

出氣口｜吹出口
設置在天花板，將空調空氣均勻吹入室內。出風口包括擴散性佳的Anemo型（譯註：圓形），吹出線性風的Breeze Line型（譯註：線型），或是在大型空間，為了讓空調空氣到達遠距離使用的噴嘴（Nozzle）型。出風口大小取決於吹出風量、擴散半徑、風速，以及出風口處的噪音。通常辦公大樓的出風口容許出風風速，約為5～6m／秒。

軸流出風口｜軸流吹出口
讓空調送出的空氣氣流分布在出風口的固定中心軸周圍，最具代表性的樣式有Nozzle型（噴嘴型），Punkah Louver型（可轉動變向噴嘴型）[278頁圖44]。

幅流型出風口｜幅流型吹出口
從出風口的中心軸往圓周外側方向送出空調空氣，使用天花板擴散型回風口（Ceiling Diffuser）裝置的出風口。也稱Anemo型出

※：隨著日本建築基準法於西元2000年的修正，日本防排煙工業會（縮寫NBK）在西元2002年開始施行「防火風門自主管理制度」。其中符合建築基準法第112條第16項結構規定的防火風門製品上，會貼上「自行確認符合規定」的標示

圖47 罩

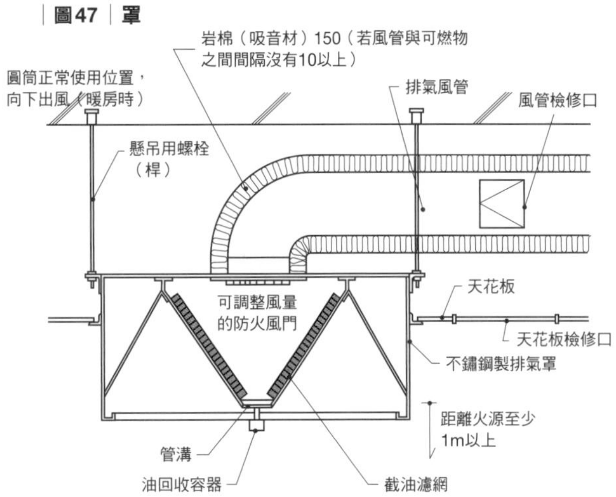

圖45 Anemo出風口

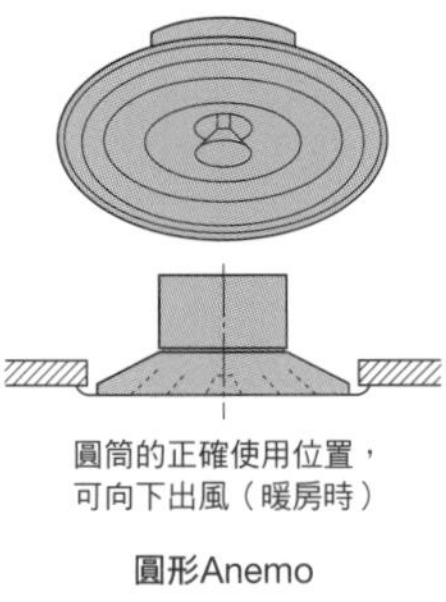

圖44 軸流出風口

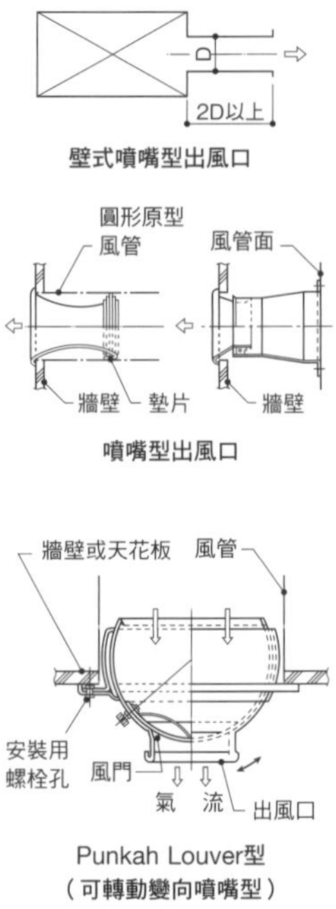

圖46 消音箱

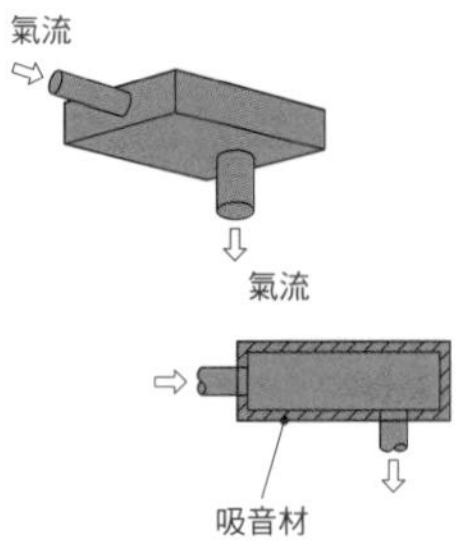

圖49 角螺栓(Corner bolt)工法

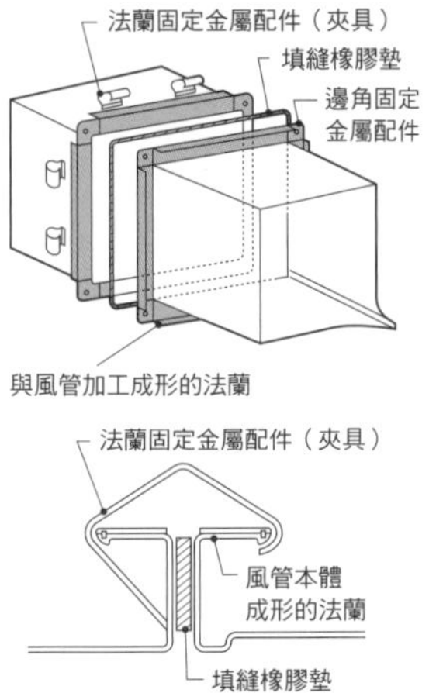

圖48 角鐵法蘭(Angle flange)工法

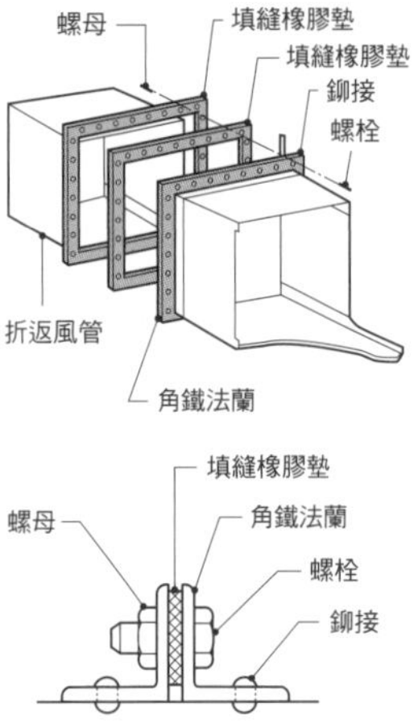

照片11 外部排氣罩

魚眼罩　排氣罩（淺型）

風口。

Anemo出風口—アネモ
內部有數片圓錐形扇葉的天花板置頂式空氣出風口，一邊吹出空氣氣流，一邊將吹出的空氣氣流與室內空氣混合。名稱來自美國Anemostat公司的產品[圖45]。

VHS（縱橫雙層格柵出風口）—VHS
表面附有可調節風向的可動式扇葉，縱橫交錯的兩層扇葉以及閉鎖裝置（Shutter）。一邊吹出空氣氣流，一邊將吹出的空氣氣流與室內空氣混合。VHS是縱（Vertical）橫（Horizontal）閉鎖裝置（Shutter）的縮寫。

抗汙金屬製環（Anti-Smudge Ring）—アンチスマッジリング
安裝在天花板出風口外緣的金屬製輪狀物，讓吹出的空氣與天花板面保持距離，減少天花板的汙損。

消音箱—消音ボックス
內面貼附吸音材的箱型消音器，使用在風管中或風管與出風口之間。為提高消音效果，會在內部裝入擋板（Baffle），或在風管的彎管內部貼消音材，在空調機出風口風箱內貼消音材的消音風箱[圖46]。

罩—フード
也稱作排氣罩。目的在廚房進行換氣或局部換氣時，提高有害物質或臭氣的捕集效果[圖47]。安裝在廚房器具上方的排氣罩材料，通常使用具有強度、耐熱性、耐腐蝕或不燃材料的鋼板。排氣罩的接合部位需以氣密處理，並且油脂過濾裝置（Grease filter）需可輕易裝卸。業務用的排氣罩，若是在日本東京都，應依循東京都火災預防條例（條例65號第3條之2第1項）的規定處理。

外部排氣罩—外部フード
設置在外牆上，將室內空氣排至室外的排氣孔上，材質包括鋁、不鏽鋼、樹脂等。形狀僅有百頁型的魚眼罩（Bent cap），外部排氣罩通常使用淺型，若擔心會吹進雨水可考慮使用深型[照片11]。

角鐵法蘭（Angle flange）工法—アングルフランジ工法
風管接續方式的一種，接續起的風管的角鐵（Angle）之間夾入墊片（gasket），再以螺栓栓緊固定[圖48]。漏氣少，用在排煙風管或廚房排氣風管。

角螺栓（Corner bolt）工法｜コーナーボルト工法
風管接續方式的一種，為提高傳統角鐵法蘭（Angle flange）工法的施工便利性而新開發的工法[圖49]。除了廚房排氣、排煙風管會有漏氣問題之外，可使用在其他用途的風管接續。

支承間隔｜支持間隔
由天花板支承配管或風管時所需間隔[圖50]。支持間隔越長，越易引起配管、風管的變形。若是角鐵法蘭（Angle flange）工法，配管通常在3640釐米以內，若是角螺栓（Corner bolt）工法，配管通常在3000釐米以內。

圖50｜支承間隔

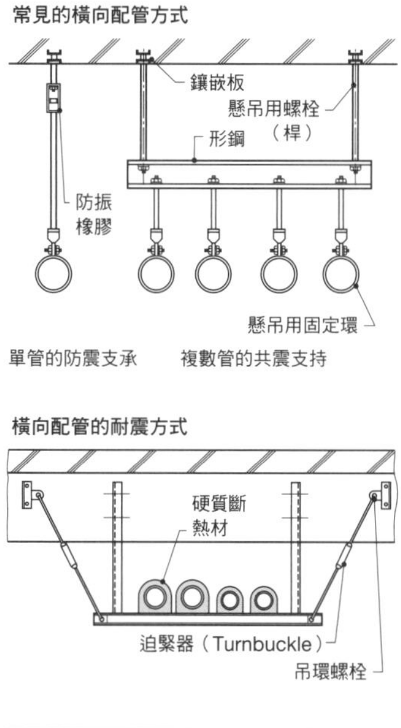

泵浦（Pump）｜ポンプ
壓送冷水、溫水的機器[圖51]。基本樣式以口徑（釐米）、水量（升／釐米）、揚程（公尺）來決定。小型的有立式管道泵浦（Line Pump），其他的都採用遠距離泵浦。通常是鑄鐵製造的套管，使用黃銅齒輪，也有使用不鏽鋼齒輪。也會使用在防震基座，有橡膠防震或是彈簧防震。

換氣設備

自然換氣｜自然換気
不使用風扇的換氣方式。將室外風分類成風力換氣與溫度差換氣兩種方式。但是，自然換氣會受到風壓、風向或室內外溫度差的影響而發生變化，無法確保室內環境品質的一致性。就節能來說，一年之中（春、秋）沒有使用能源的自然換氣方式，可以營造出舒適室內環境。相反詞是機械換氣。自然換氣也稱做被動式換氣。

被動式換氣｜パッジブ換気
不使用機械動力的換氣系統。有的是利用溫度差造成的浮力或自然風，大多是與被動式太陽能供熱系統組合併用[280頁圖52]。

機械式換氣｜機械換気
使用風扇等機械的強制換氣方式。依據日本建築基準法，居室內需設置可以隨時換氣的機械換氣設備。比起自然換氣，機械式換氣較能確保換氣量，但此種方式為了換氣而消耗了能源。若給氣與排氣未達到平衡，會發生開關故障。機械式換氣分類成第一種、第二種、第三種[280頁圖53]。也稱主動式換氣。

圖51｜泵浦（Pump）

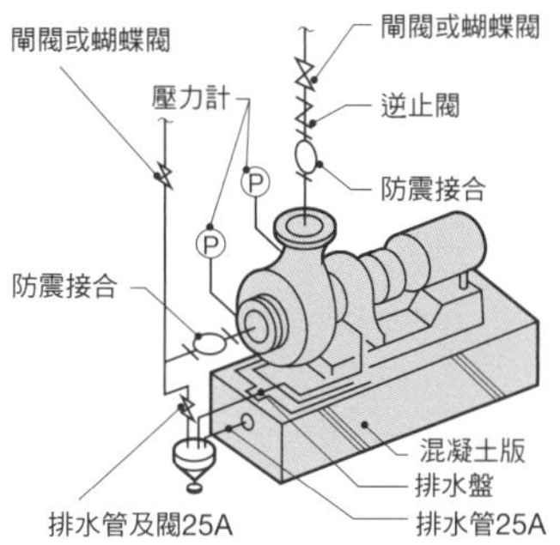

第一種換氣方式｜第1種換気方式
機械給氣與機械排氣併用的換氣方式。一般在導入外氣時，會設置空氣過濾裝置（Air filter）[280頁圖53]。給氣、排氣個別配置風扇。比起其他的機械式換氣，可以自由設計室內壓，是用來確保換氣量最合適的方式。熱交換器的換氣方式也屬於第一種換氣方式。

第二種換氣方式｜第2種換気方式
機械給氣與適當地搭配自然排氣孔的換氣方式。用來防止外部汙染物質入侵，通常不太使用此種換氣方式。因為室內濕氣會入侵結構體，不推薦此種方式使用在住宅[280頁圖53]。室內空氣藉由給氣，由排氣口送出。如此一來，確保室內正壓，防止給氣孔之外的空氣入侵。適用於手術室等需要保持清潔的場所。

第三種換氣方式｜第3種換気方式
機械排氣與適當地搭配自然給氣孔的換氣方式。僅在排氣系統部位設置風扇的換氣方式。給氣是藉由排氣，將空氣導入室內。若給氣路徑不能確保，將無法發揮排氣機的效能[280頁圖53]。為了不讓廁所、浴室、廚房等地方的臭氣、水蒸氣或有害氣體，外漏至周邊的房間，可採用此種直接排氣的換氣方式。

換氣次數｜換気回数
用來量測換氣量的基準。將室內體積扣除換氣量，室內空氣與新鮮空氣在一小時內交替的換氣能力。依據日本建築基準法，需確保全日不休、0.5回／小時的換氣運作[280頁圖54]。

局部換氣｜局所換気
非整間房間換氣，局部地將髒污空氣或過多的濕氣排出室外的換氣方式。在浴室、廁所、廚房等局部位置，裝設專用換氣扇，進行換氣。排氣口上安裝風門（逆流防止用風門），以防換氣扇停止運作時，排氣口部位發生逆流。

無風管換氣｜ダクトレス換気
沒有使用風管的換氣系統，例如壁掛式換氣扇。個別換氣方式的一種。

PQ曲線｜PQ曲線
用來表示送風機壓力與風量關係

的圖表，供選擇機器時參考。可藉由設計壓力與設計風量的交叉點來確認機器效能。[圖55]

正壓、負壓｜正圧・負圧

對於相對高低不同壓力的空氣，壓力高的空氣狀態是正壓，低的空氣狀態是負壓。空氣會從壓力高的地方流向壓力低的地方。

風量調整｜風量調整

換氣量調整，若是在住宅，大多是藉由調整出風口、進風口的面積，來調整風量。也有的是在機器上安裝強弱缺口（Notch），在設置機器時調整風量[表1]。

進氣孔｜給気孔

將新鮮空氣送進室內的風孔。設置在外牆，作為自然換氣或第三種換氣的送風路徑[圖56]。

抽油煙機｜レンジフード

將食物調理時產生的二氧化碳、水蒸氣、臭氣、熱等排至室外的換氣扇。為了有效收集，設置抽油煙孔，配合調理器具的種類（IH電磁調理爐、瓦斯爐等）、換氣扇設置場所、給氣方式等，有各種抽油煙機機種可以選擇。[圖57]

同時進排氣型抽油煙機｜同時給排気型レンジフード

排氣、進氣同時進行的換氣扇，可有效防止因排氣造成室內過度負壓化的現象。適合高密度住宅區。

IH電磁調理爐用換氣扇｜IHクッキングヒーター用換気扇

一般的抽油煙機可有效收集使用瓦斯爐時發生的上升氣流，有效排氣，但熱源不產生熱的IH電磁調理爐使用時的上升氣流，收集效果低。因此IH電磁調理爐專用換氣扇，需在調理器具上方強制性地吸收上升氣流，高效率排氣。

高捕集型抽油煙機｜高捕集タイプ

加速吸風口風速，有效收集上升氣流的抽油煙機。

空氣循環裝置｜サーキュレーター

強制產生氣流的裝置，使用在需

圖54｜換氣次數代表的意義

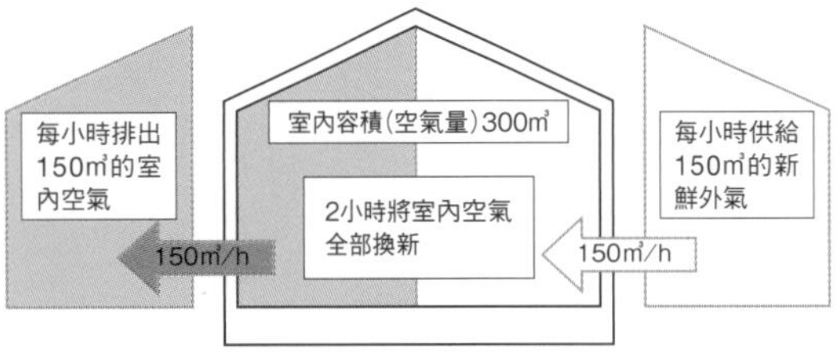

室內容積300㎥的住宅，換氣次數基準值0.2回／小時的意思是指，排出室內空氣150㎥的同時，也供給等量的新鮮外氣

圖55｜PQ曲線

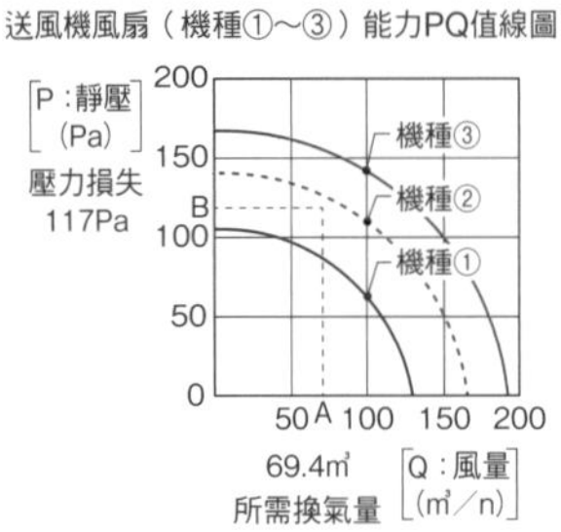

圖52｜被動式換氣

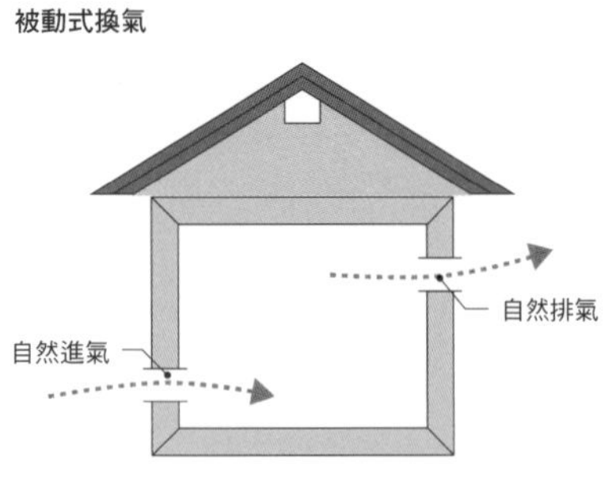

以自然動力進氣排氣

圖53｜換氣方式的種類

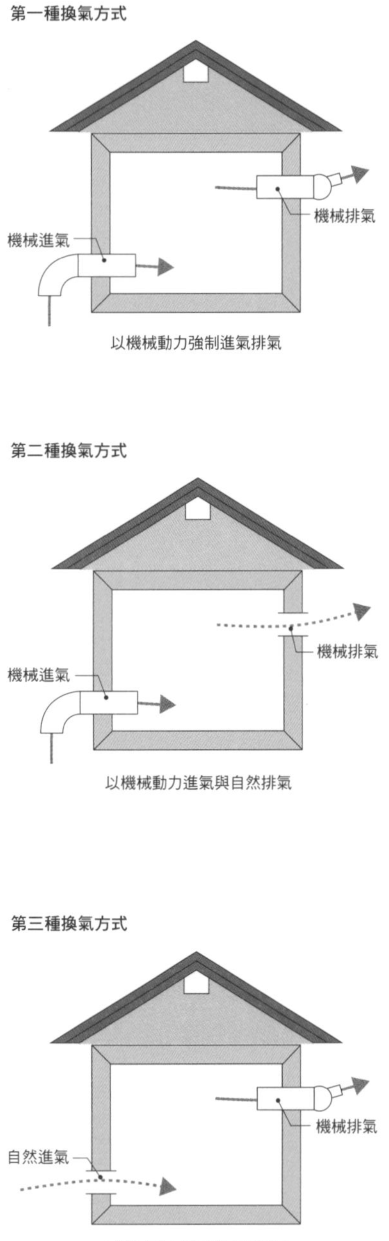
以機械動力排氣與自然進氣

圖56｜進氣口與排氣口的位置

一般的換氣方式，會盡可能地將進氣口與排氣口以遠距離分散設置，以達到均勻換氣的效果

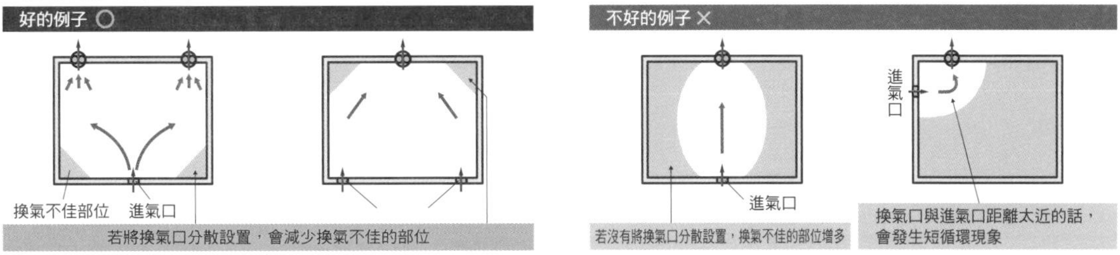
好的例子 ○
換氣不佳部位
進氣口
若將換氣口分散設置，會減少換氣不佳的部位
不好的例子 ✕
進氣口
若沒有將換氣口分散設置，換氣不佳的部位增多
進氣口
換氣口與進氣口距離太近的話，會發生短循環現象

圖57｜抽油煙機抽風扇的換氣方式

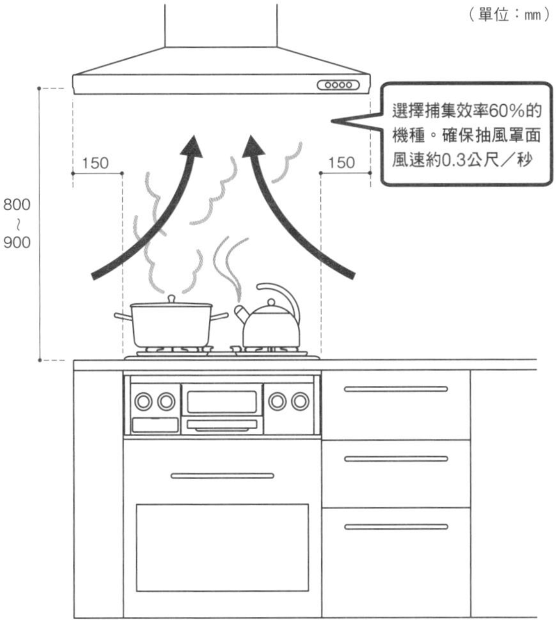
（單位：mm）
選擇捕集效率60%的機種。確保抽風罩面風速約0.3公尺／秒
150
150
800
~
900

表1｜衛浴場所換氣需要的風量

	必要風量（㎥/h）	備註
浴室	120	一般浴室（1～1.5坪）為例
洗臉台、更衣室	60	約浴室換氣量的一半
廁所	20～30	隨時保持負壓

照片12｜空氣循環扇

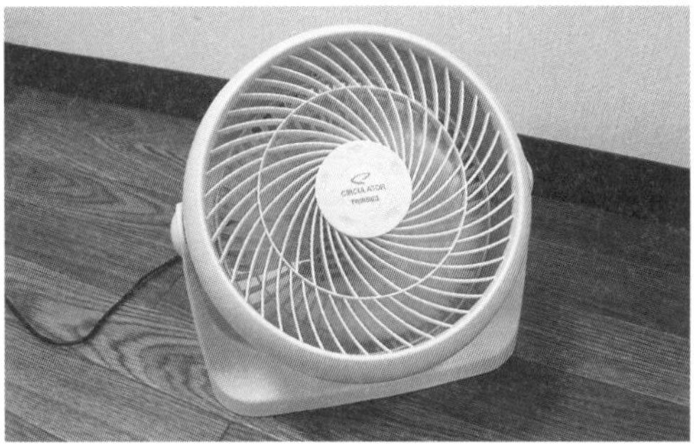

要局部氣流的場合。體積小，有置放地板的空氣循環扇類型，或設置在天花板的天花板風扇［照片12］。

節能

PAL｜PAL
Perimeter Annual Load（全年熱負荷係數）的縮寫。依據日本「能源使用合理化相關法（節能法）」，PAL是評估各種節能手法的指標。PAL的定義是周邊區域（Perimeter zone）的年間熱負荷（W／年）除以周邊區的樓地板面積（㎡）得到的數值，須比節能法規定數值乘上規模補正係數得到的數值低。

溫室效應氣體｜温室効果ガス
太陽發出的短波長放射能量穿透大氣，被地球吸收。大多會接著在近紅外線的波長領域間，從地球向宇宙再次放射。但近紅外線放射能量會被大氣中的二氧化碳、甲烷（Methane）、笑氣（Nitrous oxide）、氟利昂（Freon）等的鹵化碳氫化合物（halogenated hydrocarbons）、像臭氧的氣體吸收，轉變成熱反射至地面。因此上述氣體會帶給地球暖化效應。

CEC｜CEC
Coefficient of Energy Consumption（空調能源消費係數）的縮寫。與PAL相同，依據日本「能源使用合理化相關法（節能法）」，提供建築主評估各種節能手法的一種判斷基準，是空調能源（CEC／AC）、換氣能源（CEC／V）、照明用能源（CEC／L）、給熱水用能源（CEC／H）、電梯用能源（CEC／EV）達到經濟性效益的指標。將全年假設負荷量除以前述各項全年能源消費量得到的數值，須比節能法規定的數值低。

設備

給排水・衛生工程 3

基本用語

淨水—上水
適合人體飲用的水。也稱自來水[表1]。

汙水—下水
人類生活或產業活動排出的汙水、雨水的總稱。

中水—中水
介於淨水與汙水之間的水，將排水處理過，作為清洗或雜用水。

雜排水—雜排水
雨水或洗臉盆、水槽、浴缸等排出的水。

給水設備

給水裝置—給水裝置
自來水業者[※]配置的配水管，設置分岐處，提供給水管、止水栓、給水栓（蛇口）、水表等使用。基本上，持有水道事業者認可的給水裝置工程業者以外的任何業者，不得進行給水裝置的新

表1　水質基準（部分摘自日本厚生勞働省）

1	一般細菌	一毫升水的檢體中，細菌形成群集數在100以下
2	大腸桿菌群	無法檢驗出來
6	鉛	每公升0.01毫克以下
8	六價鉻	每公升0.05毫克以下
25	總三鹵甲烷	每公升0.1毫克以下

註　總三鹵甲烷是氯仿（Chloroform）、二溴一氯甲烷（Dibromochloromethane）、一溴二氯甲烷（Bromodichloromethane）、三溴甲烷（Bromoform）的濃度總和

圖1　決定給水方式的流程

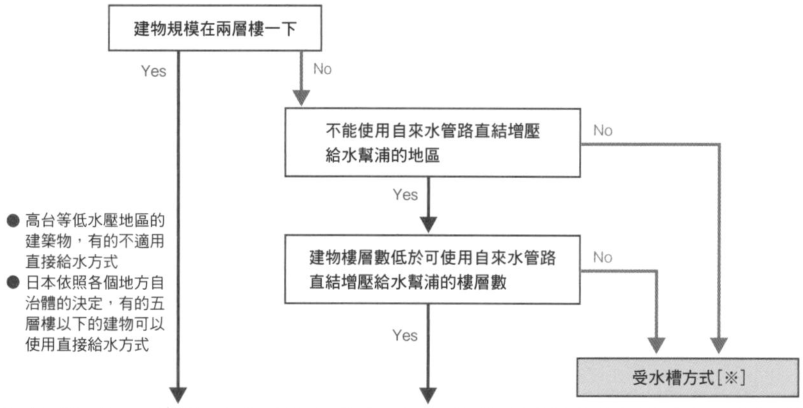

	①直接給水方式	②直結增壓給水方式	③幫浦直送方式

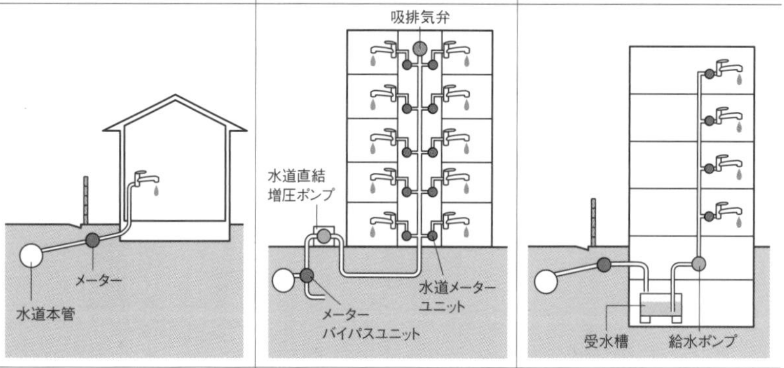

	①直接給水方式	②直結增壓給水方式	③幫浦直送方式
適用建築規模	低層、小規模	中低層、中規模	中規模・大規模
給水機制	利用給水管主管的壓力給水	拉管途中，設置增加壓力的自來水管路直結增壓幫浦，可以供給至給水管主管壓力給水不及的高度	將暫時貯存在受水槽的自來水，利用加壓給水幫浦給水。幫浦的自動管控所需設備費用高
給水壓力的變化	與給水管主管的水壓連動	受到幫浦的自動管控，給水壓力幾乎保持一定	受到幫浦的自動管控，給水壓力幾乎保持一定
衛生方面	因為直接供給自來水，水質受到汙染的可能性小		恐有塵埃、蟲侵入受水槽，造成水質汙染的疑慮
斷水時	無法給水		有可能供給受水槽內的殘留水
停電時	可給水	僅在給水管主管的壓力範圍內給水	無法給水
需保留的空間	無需保留空間	需保留安裝自來水管路直結增壓幫浦的空間	需保留各受水槽與各幫浦的設置空間，以及維修空間
注意事項	依照日本水道局（自來水公司），若給水管主管的水壓及材質符合條件，也有可以用直結方式送達五層樓以下建物的可能	大多的自來水公司，規定須安裝旁通設備管組（Meter bypass unit）	檢討用水量，約以一日用量的一半作為決定受水槽容量大小的參考基準

※：受水槽方式，幫浦直送方式之外，利用重力的給水方式。

※：受到日本厚生勞動省認可，經營水道事業的公司（水道法第三條第五項、第六條第一項）。原則上，日本是由市町村基層政府行政單位經營水道（自來水）事業

設、增設、改造等工程。

給水用具—給水用具

給水裝置的一部分，給水管或接合部位以外的部分。在與自來水管直接連結處，設置分水栓、自來水表、直結加壓式幫浦組、閥類、止水栓、給水栓、瓦斯熱水器等。

貯水槽自來水管道—貯水槽水道

為了暫時接收從自來水管道供給的水，在受水槽之後設置的給水設備。

簡易專用自來水管道—簡易専用水道

在貯水槽自來水管道中，超過水槽有效容量10 ㎥的給水設備。

直接給水方式—直結給水方式

自來水管道利用本身水管的壓力，不經過水槽，直接提供建物用水的方式[圖1]。

直接增壓給水方式—直結増圧給水方式

直接給水方式的一種，從自來水配管分岐出去的給水管上，設置直結加壓型幫浦，對於水壓不足的部分進行加壓，將水送至高處的給水方式[圖1]。無需受水槽或高置水槽，衛生方面品質得以提高，採用此種方式的例子增多。需依據水道業者相關規定[※]，來決定是否可以採用此種給水方式。此外，若自來水管路斷水時，將不能供水。

重力給水方式—重力給水方式

利用抽水幫浦，將受水槽的水抽至位於高處的給水槽（高置水槽），再以重力作用給水。

幫浦直送方式—ポンプ直送方式

利用幫浦，直接將受水槽的水送至需要的地方，幫浦的出口壓力或流量，會改變幫浦的迴轉次數，影響送水量，或是更改幫浦的數量，來改變送水量[圖1]。

水錘—ウォーターハンマー

在充滿液體並流動其中的管路安裝閥等裝置，迅速地全部關閉或部分封閉，停止流動或減速，閥部位壓力會顯著升高，此壓力波的速度會傳達至管路的上流部位。像這種在管路內發生激烈壓力變化波的情形，稱作水擊（水錘）現象[圖2]。

水擊防止器（水錘吸收器）—水擊防止器

用來防止、緩和水錘現象所安裝的緩衝器（shock absorber），有氮氣或預充空氣的機種。設置在給水配管系統中[圖3]。

三鹵甲烷（Trihalomethane）—トリハロメタン

自來水原水中的枯葉等腐植質（Humic）所含的甲烷（Methane）與消毒用的氯發生反應，產生致癌有機氯化合物。使用淨水場消毒用臭氧來解決。

游離殘留氯—遊離残留塩素

為了消毒淨水廠，投入自來水管道中的氯，用來殺菌。殺菌完成後也會殘留在水龍頭的出水口。

紅鏽水—赤水

從給水或熱水的配管中跑出鋼管鏽。河川水源的上水道，伴隨著水源水質惡化，需要投入自來水管道中用來消毒的氯的量也增多，讓鐵製配管生鏽，流出紅鏽

圖2｜水錘現象

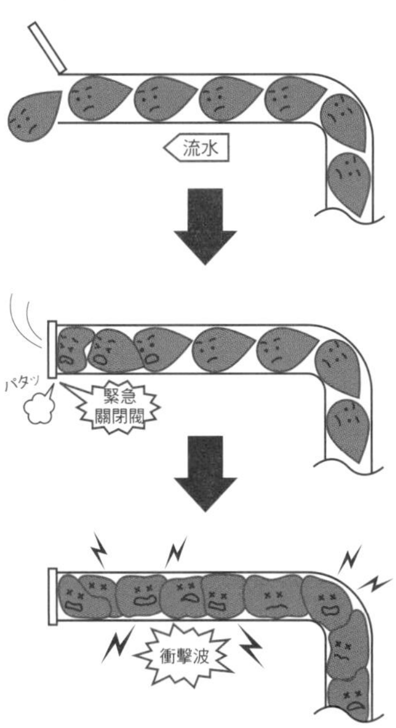

圖3｜水擊防止器

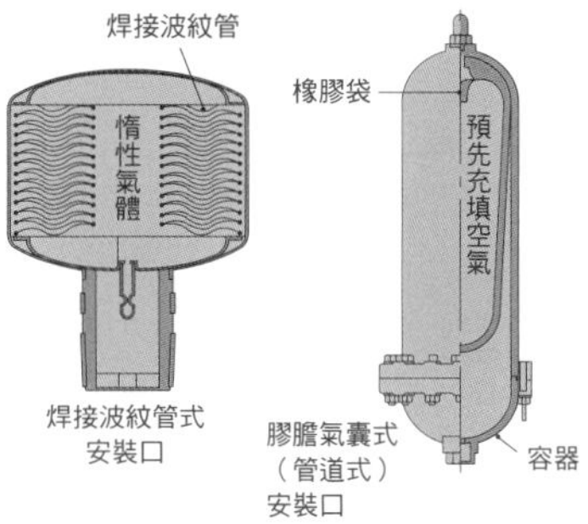

圖4｜錯接（Cross-connection）

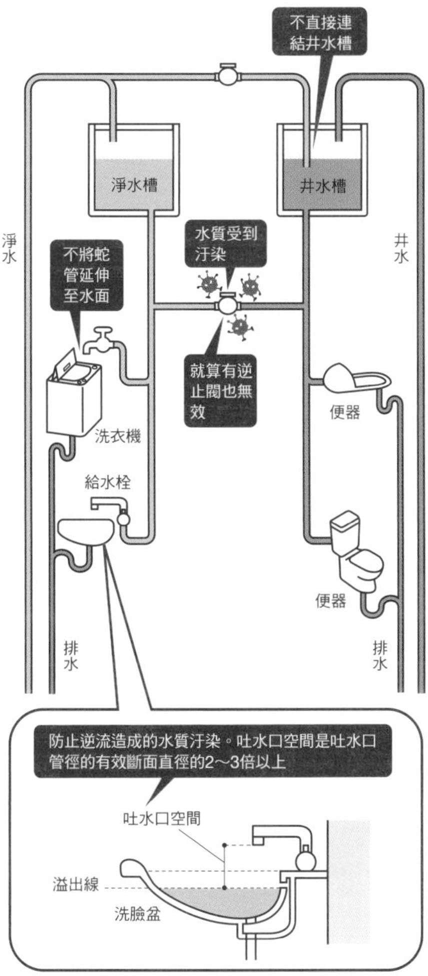

※：若在日本東京都，需依照東京都給水條例以及東京都給水條例施行規程

水。就算是防鏽蝕強的樹脂防鏽內襯鋼管，因配管接續部位的邊端鋼鐵材質外露，也會出現紅鏽水。依照配管材質種類，會有青水、白水、黑水等流出的現象。

逆流對策

錯接（Cross-connection）—クロスコネクション

將給水管與其他用途的配管、裝置直接接續，或是給水與給水以外的水混合的現象。絕對要防止給水管內減壓或發生真空等會造成給水以外的水在給水管內逆流的情形。管內若發生逆流，恐有飲用水給水系統中混入汙染物質的危險性。就算裝有逆止閥，若逆止閥上卡有異物，還是無法防止逆流。此為配管計畫、施工的禁忌[283頁圖4]。

吐水口空間—吐水口空間

飲用水給水管的吐水口端（水龍頭等出水口位置）與上方溢緣（流理台等可盛水容器的上緣）的垂直距離[圖5]。與盛水容器的防滿溢排水孔[※]高度無關。但是在飲用水槽的場合，將溢水管的內側底面作為溢緣。停水時飲用水給水管發生負壓，吐出的水從蛇口往給水管方向逆流，發生逆虹吸作用，為防止上述情形，吐水口空間是不可或缺的。

真空斷路器（Vacuum breaker）—バキュームブレーカー

給水管內部發生負壓時，自動吸引空氣的機制，安裝目的是為了防止出水或使用過的水利用逆虹吸作用，往淨水系統方向逆流。在沒有吐水口空間的情形時使用。無法防止給水壓力（逆壓）產生的逆流。樣式包括氣壓式與壓力式[圖6]。

逆流防止器（**逆止閥**）—逆流防止器

用來防止逆虹吸作用或逆壓產生逆流的裝置，屬於彈簧按壓閥類型[圖7]。種類包括單式逆流防止器、複式逆流防止器、減壓式逆流防止器等。其中的減壓式逆流防止器，在給水管中發生逆流時，逆流水從排水口排出，幾乎可以完全防止逆流。一般設置在直結加壓式幫浦內。

六面檢修—六面点検

受水槽或高置水槽與周圍的前後左右及上下六面（譯註：牆面、地面、天花板面）之間，保有隨時可確認衛生狀態的維護檢修空間（600釐米以上）。

地震對策

晃動（Sloshing）—スロッシング

水槽等容器內液體表面，受地震等外力發生的搖動現象。液體受到強力搖晃，水槽內產生正壓或負壓，若是FRP製水槽，水槽槽體會受到毀壞。為防止晃動造成的毀壞，需要緩和水槽內的正、負壓發生情形，並提高水槽槽體的強度。

緊急遮斷閥—緊急遮断弁

地震等緊急狀況時，用來停止水或瓦斯供給的閥。若給水管發生破損，為了防止水槽內的水流出，會在水槽內安裝給水用的緊急遮斷閥，感應到震度時，會自動斷絕水的供給。

排水、通氣設備

存水彎（Trap）—トラップ

Trap通常有迷路或陷阱的意思，用在衛生設備的時候是指排水存水彎[圖8、9]。可以讓水自由流動、排水，也可以防止排水管內的汙水臭氣或害蟲進入室內的水封裝置。內藏於接收水的容器的排水金屬配件或排水系統中的裝置，不讓汙水臭氣或害蟲逆流而上的水封裝置的總稱。

水封—封水

滯留於排水存水彎內的水，可防止汙水產生的臭氣或害蟲藉由排水管進入室內。

圖5｜吐水口空間的例子

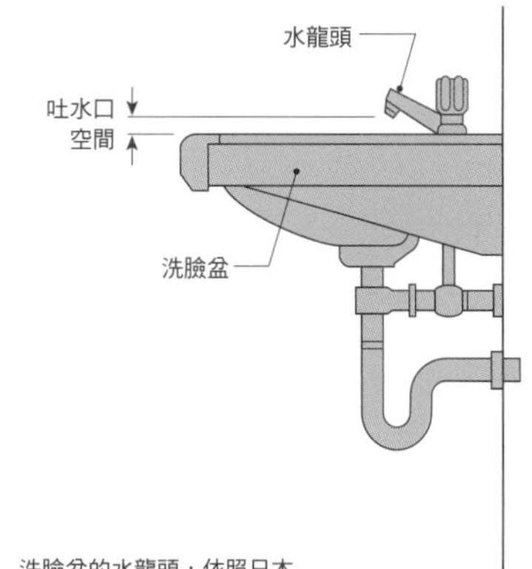

洗臉盆的水龍頭，依照日本JIS B2061（給水栓）的規定，吐水口空間是25㎜

圖6｜真空斷路器（Vacuum breaker）

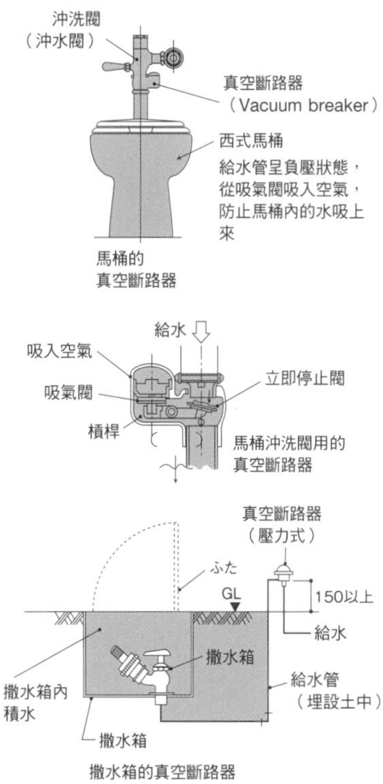

圖7｜逆流防止器（逆止閥）

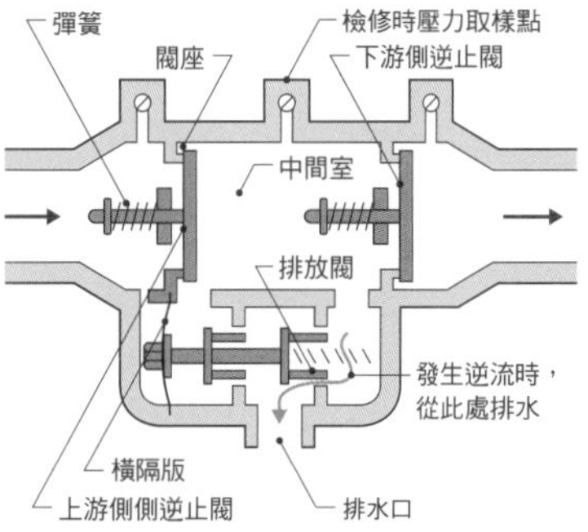

※讓洗臉盆或浴缸的水不會滿溢出來，讓水超過固定高度就會流出的排水口

圖8 存水彎（Trap）的構成與種類

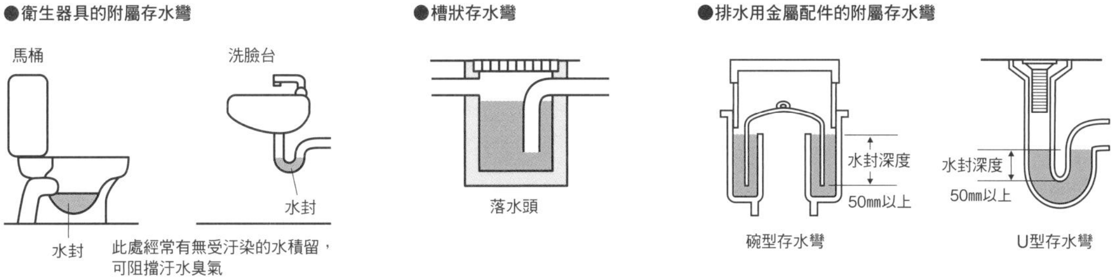

虹吸作用｜自己サイホン作用
衛生設備進行排水時，設備本身發生的虹吸作用，造成設備的存水彎水封流失的現象。[圖10]

U形存水彎（Running Trap）
｜ランニングトラップ
U字型的排水存水彎，也稱作U存水彎（U Trap）。用來防止公共下水道的汙水臭氣入侵家屋，在雨水系統的橫向排水主管末端設置的家庭用存水彎。

碗型存水彎｜わんトラップ
大多使用在立式小便器、實驗用流理台、廚房流理台、地板排水中，排水水門裝置的一種，覆蓋在排水口上的碗狀金屬配件。可拆卸便於清洗，一旦拆除即失去水封效果。也稱作鐘型存水彎。

通氣管｜通気管
使用重力式排水方式的排水系統，幫助排水順暢，保護排水封效果，不受排水時管內氣壓變化的影響，或是調節水槽中水位變化時產生的氣壓變動，讓空氣流通的配管[圖11]。

伸頂通氣方式｜伸頂通気方式
與個別通氣方式、環狀通氣方式

圖11 通氣管的安裝

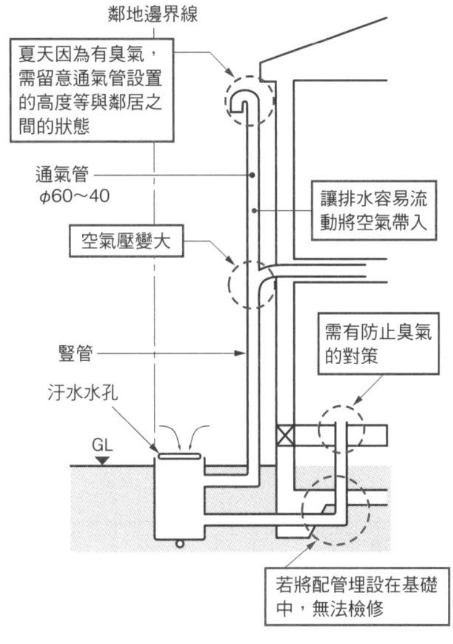

通氣管若與配水管連接，空氣進入，壓力增高，水變得容易流動。但通氣管的出口高度或方向，需依照周邊住宅情形加以判斷檢討

圖9 存水彎（Trap）各部位名稱

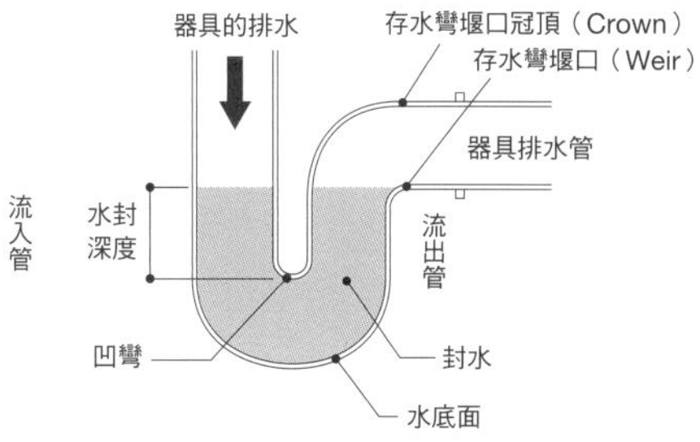

圖10 虹吸作用

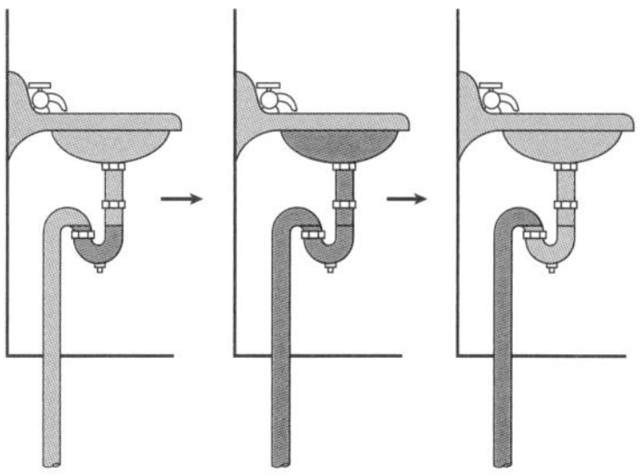

圖13 濕通氣管的安裝方式的一例

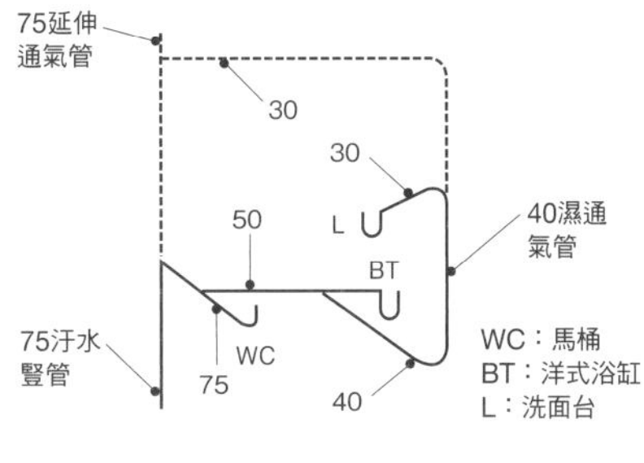

圖12 反向通氣管的例子

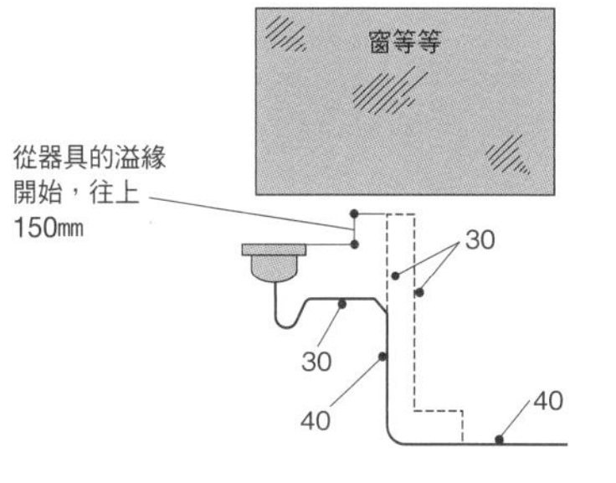

圖14 通氣閥

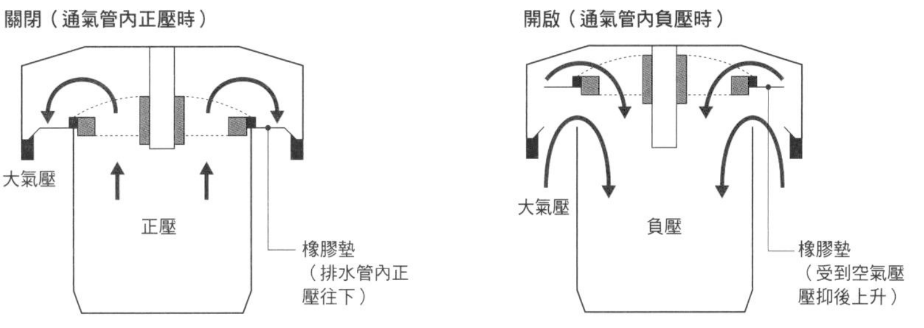

僅以伸頂通氣管連結的通氣方式。將排水豎管的管徑加粗，省略主要通氣豎管，使用特殊通氣管接合方式的場合，原則上會使用此種方式。

反向通氣管—**返し通気管**
通氣管不與通氣系統相接，從取出位置接續向下流的排水管，用來緩和該部位管內壓力的通氣方式及通氣管[285頁圖12]。

濕通氣管—**湿り通気管**
設有通氣管的器具排水管，兼具存水彎通氣功能。此種器具通氣管稱作濕通氣管。馬桶排水管不可連結至濕通氣管[285頁圖13]。

通氣閥—**通気弁**
為緩和排水豎管內的氣壓變動，需將空氣導入管中。排水豎管的延長部位的伸頂通氣管不往空氣中開口，而是在頂部設置閥[285頁圖14]。伸頂通氣管在負壓時打開，在正壓時關閉。伸頂通氣管因為不往空氣開口，不需要在建築結構體上開孔，是其優點。

單管式排水法—**単管式排水方式**
不裝設通氣豎管，僅藉由伸頂通氣管進行通氣的排水方式。排水豎管內，讓向下流動的水不影響橫向排水管，在排水豎管的橫管接續部位處，大多使用可連結多支橫管的特殊排水接頭[圖15]。

合流式與分流式排水法—**排水の合流式と分流式**
公共下水道與基地內排水系統中的合流式與分流式排水法，定義各有不同。公共下水道中，合流式或分流式排水是以汙水及雜排水中是否含有「雨水」區分，基地內排水系統中，則是依照「汙水」與「雜排水」[※]一起排水或個別排水來區分[圖16]。

大樓排水槽對策—**ビルピット対策**
防止大樓排水槽發生惡臭的對策。排水槽經過長時間排水的貯留或是發生腐敗所產生硫化氫物質，以排水幫浦排除時，從維修孔發出惡臭，為鄰居帶來困擾。下水道管理者多會制定指導要綱，提供防止此種情形的對策。

截油槽（**Grease trap**）—**グリーストラップ**
油阻集器。用來去除廚房排水所含油脂（Grease）的裝置[圖17]。飲食店等的營業用廚房排水含油脂量多，若附著在排水管上，會成爛泥附著狀，流水斷面面積縮小，造成排水管阻塞。用此裝置將油脂在排水中分離去除。排水的水流向下時，排水的溫度也隨之降低，油脂凝固並附著在排水管管壁，造成排水管阻塞，因此，依據日本昭和建築公告1597號文，必須安裝截油槽（Grease trap）。但仍有很多問題點，例如沒有設置足夠容量的截油裝置，或是沒有進行適當的維護管理等。

圖15｜單管式排水法

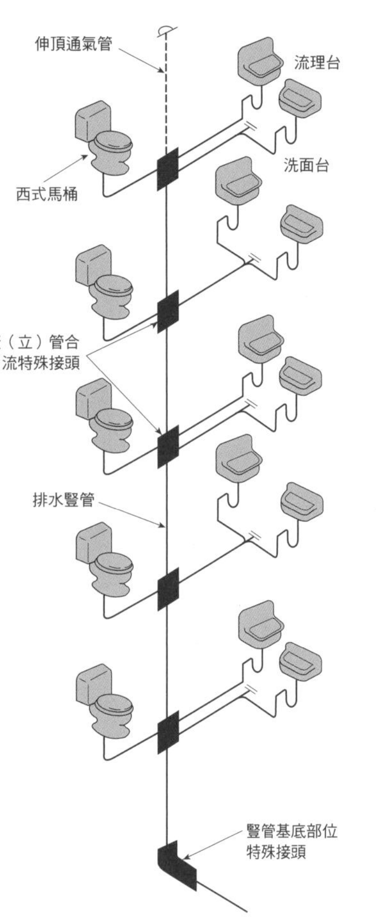

圖16｜排水法的分類

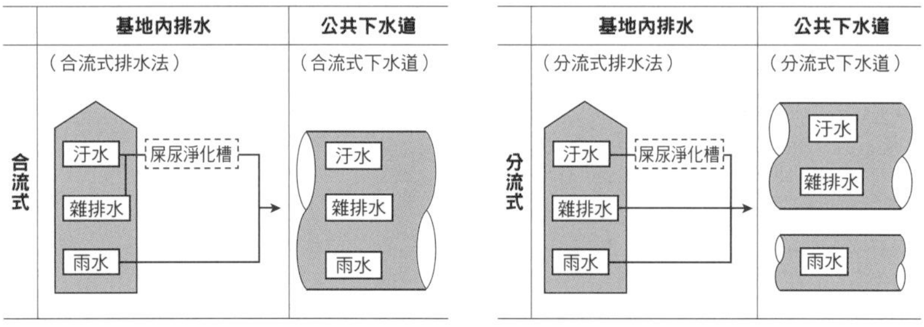

圖17｜截油槽

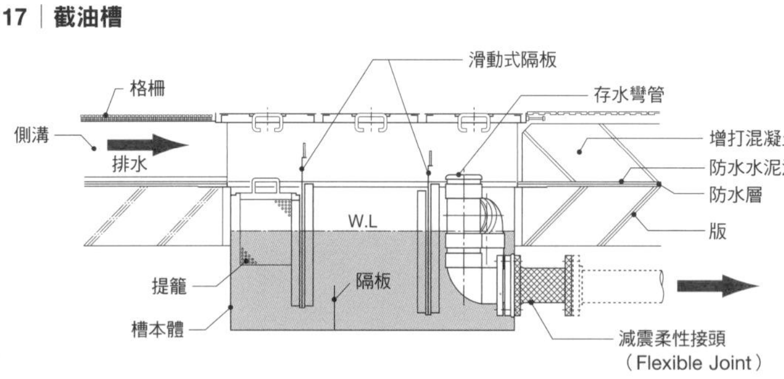

※：生活排水，廁所與雨水以外的排水

BOD｜BOD
Biochemical Oxygen Demand（生化需氧量）的縮寫。水中好氧微生物對於水中有機物，進行生物化學分解時所需消耗的氧量，BOD高的排水，水中的有機汙染物質多[表2]。

汙廢水合併處理｜合併処理
屎尿排泄物淨化槽中，將屎尿與雜排水（除了工廠排水、雨水、特殊排水）一起（合併）處理。

淨化槽｜浄化槽
將屎尿排泄物或雜排水集中在基地一處，往下水道以外地方排放的處理設備。使用在公共下水道建置不完善的地區。近年，禁止使用僅處理屎尿排泄物的單獨淨化槽，必須變更成合併處理淨化槽。依據平成18年（西元2006年）施行的淨化槽法施行規則1-2條，規定從淨化槽排放至公共領域的排放水水質的「BOD（生化需氧量）需在20㎎／l以下，BOD除去率需在90％以上」。淨化槽設置後需接受法定檢查，以及定期清理[圖18、表3]。

衛生器具・設備

出水口（水龍頭）｜カラン
日文稱作給水栓、水洗、蛇口。安裝在供給冷水、熱水配管的末端，藉由開關裝置來開啟或終止供給冷水、熱水的器具總稱。

汙水盆（Slop sink）｜SK
打掃用流理台。可以打掃時用桶子取水，並於打掃後排放汙水，清洗打掃用具時使用的大型陶製流理盆器。

過濾器（Strainer）｜ストレ

圖18｜淨化槽

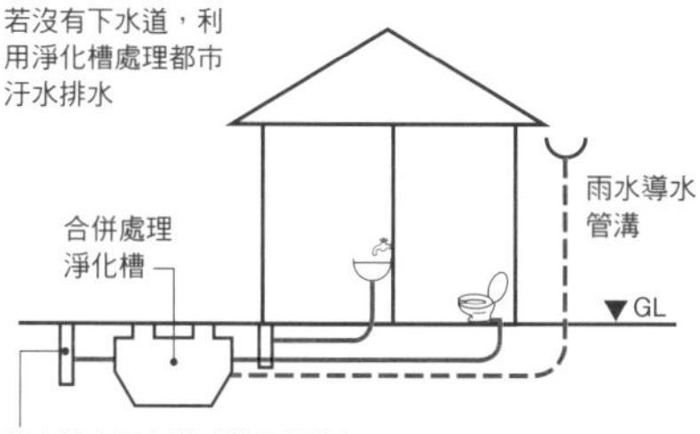

表2｜生活排水的水量、水質基準

排水源		汙水量（ℓ／人・日）	BOD量（g／人・日）
汙水（廁所排水）		50	13
雜排水	廚房	30	18
	浴室	50	9
	洗面台	20	
	洗衣機	40	
	其他	10	
合計		200	40

表3｜淨化槽尺寸的參考標準

獨棟住宅

處理對象人數[人]	尺寸[㎜] 縱	橫	深
5以下	2,450	1,300	1,900
6.7	2,450	1,600	1,900

共同住宅

處理對象人數[人]	尺寸[㎜] 縱	橫	深
8～10	2,650	1,650	1,800
11～14	3,100	1,700	2,000
15～18	3,200	2,000	2,150
19～21	3,500	2,000	2,150
22～25	3,850	2,000	2,150

處理對象人數[人]	尺寸[㎜] 縱	橫	深
26～30	4,300	2,000	2,150
31～35	4,750	2,050	2,150
36～40	5,200	2,050	2,150
41～45	5,600	2,050	2,150
46～50	6,100	2,050	2,150

表4｜配管種類與適用部位

名稱	標記	給水		熱水給水	給水、通氣					消防
		住戶內部	共用部位		汙水	雜排水	雨水	通氣	排水	
硬質PVC防鏽塗裝鋼管	VLP	○	○							
耐衝擊硬質PVC管	HIVP	○	○							
硬質PVC管	VP	○	○		○	○	○	○	○	
耐熱性硬質PVC防鏽塗裝鋼管	HTLP			○						
被覆鋼管、銅管	CU			○						
耐熱性硬質PVC管	HTVP			○		○				
樹脂管（架橋聚乙烯管）	—	○		○						
樹脂管（聚丁烯管）	—	○		○						
不鏽鋼管	SUS	○	○	○						
排水用硬質PVC防鏽塗裝鋼管	DVLP				○	○	○	○	○	
耐火二層管（TMP管）	TMP（VP）				○	○	○	○	○	
配管用碳素鋼鋼管	SGP白						○	○		○

ーナー
用來去除冷水、溫水、蒸氣配管內的異物，在配管中或配管末端的給水栓中設置過濾器或濾過裝置。

配管類

白管（鍍鋅）｜白ガス管
鍍鋅處理過的配管用碳鋼鋼管[287頁表4]的俗稱。

黑管（非鍍鋅）｜黑ガス管
無鍍鋅處理過的配管用碳鋼鋼管的俗稱。外覆氧化鐵，呈現黑色。大多使用在瓦斯、蒸氣、油的配管。

樹脂防鏽塗裝鋼管｜樹脂ライニング鋼管
為了防止鋼管發生紅鏽水、不良出水或腐蝕，在管內或管外以合成樹脂包覆。種類包括硬質聚氯乙烯防鏽塗裝鋼管、聚乙烯粉體防鏽塗裝鋼管等。樹脂防鏽塗裝鋼管一旦經切斷，鋼管邊端部位會露出鋼，為防止該部位發生鏽蝕，會在接頭、閥的部位，使用管端防鏽蝕處理的鋼管[圖19]。

PVC防鏽塗裝鋼管｜塩ビライニング鋼管
管內側以硬質聚氯乙烯防鏽處理的鋼管。防鏽塗裝具有「內襯」的含意，防鏽塗裝鋼管通常是指鋼管內面以較厚的塗裝處理，但沒有明確定義，用來代表廣義的防鏽塗裝鋼管[圖20]。

不鏽鋼管｜ステンレス鋼管
以不鏽鋼為素材製成的鋼管總稱。大多使用在熱水給水管。依照鋼種類，分別有肥粒鐵型不鏽鋼（Ferrite）、奧斯田鐵型不鏽鋼（Austenite）。前者大多使用在室內，後者則因為耐鏽蝕性佳，廣泛運用在工業用途或是建築用配管上。

H-VP｜H-VP
High Impact unplasticized Vinyl Chloride Pipe（耐衝擊性硬質聚氯乙烯管）的縮寫。在主要原料的聚氯乙烯樹脂中，添加其他具耐衝擊性樹脂製成的管，強度比起一般的硬質聚氯乙烯管，更能抵抗外來衝擊力。

聚乙烯（Polyethylene）管、PE可熱塑樹脂管｜ポリエチレン管
聚烯烴（Polyolefin）系樹脂做成的配管，使用在室外地下。重量輕，容易撓曲。種類包括輸送自來水以外的水的普通型聚乙烯管（管平均直徑50～100釐米），或是輸送瓦斯用的聚乙烯管（管平均直徑80、100釐米）等。

聚丁烯（Polybutene）管｜ポリブテン管
與PE可熱塑樹脂管等一樣，同屬聚烯烴（Polyolefin）系的樹脂配管。種類包括輸送自來水以外的水（溫度90℃以下）的聚丁烯（Polybutene）管（管平均直徑8～100釐米），或是室內配管用的自來水用聚丁烯（Polybutene）管（管平均直徑10～50釐米）。平均直徑10～20釐米的自來水用聚丁烯（Polybutene）管使用在複數管接頭工程。

架橋聚乙烯（Polyethylene）管｜架橋ポリエチレン管
聚乙烯（Polyethylene）管，可以用來供給熱水及其他熱水配的樹脂製配管。耐熱性、耐藥性、耐蠕變（Creep也稱潛變）[※]性佳的聚乙烯管。質地較為柔軟，不用接頭也可以進行配管，使用於公同住宅的複數管接頭工程。依照接合方式，區分為機械式接合用的M種類，以及電融著接合用的E種類。其中E種類是2層管，可進行電融著作用，外側是無架橋聚乙烯層。配合不同用途，包括用來輸送自來水以外95℃以下水的架橋聚乙烯管（平均直徑6～50釐米），以及自來水用架橋聚乙烯管（平均直徑10～50釐米、E種類是25釐米以下）。特別是10～20釐米的自來水用架橋聚乙烯管，運用在複數管接頭工程。

耐火二層管｜耐火二層管
在硬質聚氯乙烯管的外側披覆纖維補強水泥砂漿的排水用管[照片1、圖21]。受到日本國土交通大臣認定，可貫通防火區劃內。

圖19｜管端防鏽蝕接頭

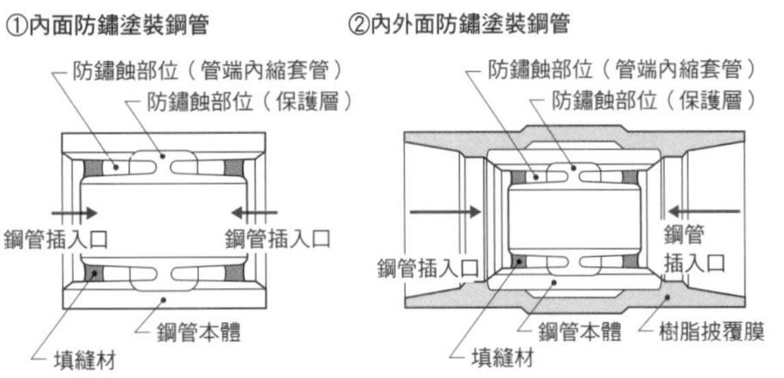

圖20｜PVC防鏽塗裝鋼管

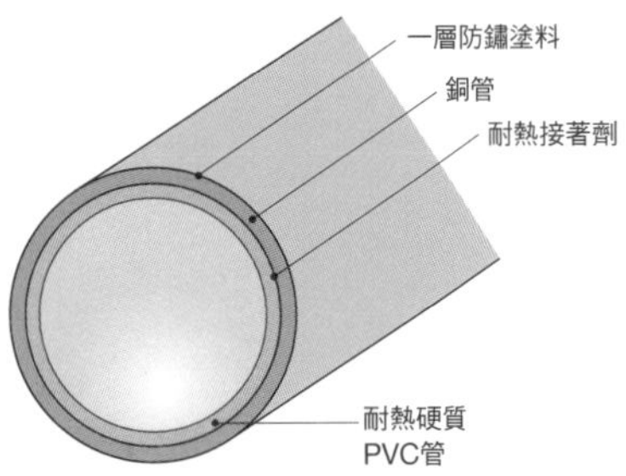

照片1｜耐火二層管

圖21｜耐火二層管的構成

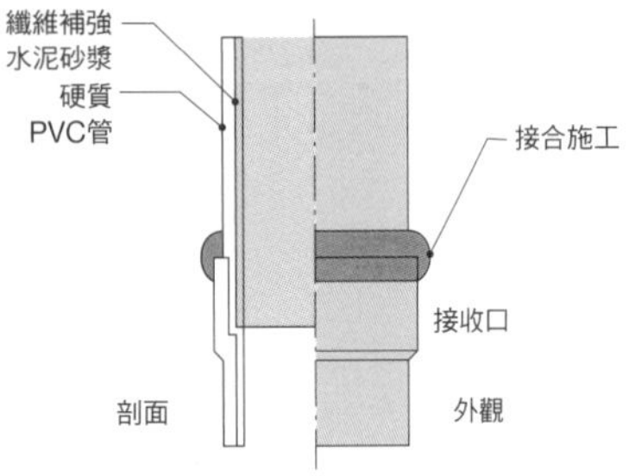

※：所謂潛變（Creep）是指材料長時間持續承受固定載重，材料的變形量隨著時間加大的作用。耐蠕變性即是指可抵抗前述作用的特性

排水用回收硬質PVC管—排水用リサイクル硬質ポリ塩化ビニル管

回收使用過的硬質PVC管的接頭部位或相關製品，製成排水用的硬質聚氯乙烯管[圖22]。種類包括排水用回收硬質PVC管（室外埋設配管），回收硬質PVC發泡三層管（室內配管用），回收硬質PVC三層管（室外埋設配管用）。

排水用鑄鐵管—排水用鋳鉄管

排水、通氣用的直管與異形管的總稱。受到日本JISG5525規格指定，以此規格的接合方式有兩種，包括將管插入接收口部位，藉由橡膠墊圈，再利用螺栓與螺母將接收口與押輪拴緊的機械式接合固定，以及在豎管用的接收口部位與差入口部位，塗覆潤滑填縫劑之後，將管插入的插入接合固定方式。

電阻焊管—電縫管

使用捲曲成線圈狀的帶鋼，捲成管狀，再藉由抗電或誘電，在接合部位發生抗熱進行焊接製成的鋼管總稱，也稱抗電焊接鋼管。

套管、套筒—スリーブ

Sleeve。用來確保貫穿牆壁、地板等配管開口的護套管。一般是指澆置混凝土前預埋的紙筒、金屬管、PVC管等。

吸力側（Suction）—サクション

幫浦、送排風機的吸力，用來表示機器設備連接側。特別是開放型的幫浦，表示比大氣壓低，成為負壓的吸力配管側。

平移偏位—オフセット

為了讓配管路徑平行移動，利用彎頭或彎曲配件將配管平移的部位。排水豎管的平移偏位，需注意角度可能會帶來管內水流與空氣壓力很大的影響。

喘振（Surging）—サージング

在低流量區使用幫浦或送風機、壓縮機，發生竄流、偏流，產生振動、噪音的現象。發生在幫浦配管的揚程與吐出量的曲線向右上方傾斜，配管中存有氣態，並且吐出閥在下游位置的時候。

氣穴（Cavitation）—キャビテーション

液體流動至配管彎曲部位，流速增加或形成渦流，固體壁面或液體的內部靜壓力發生局部性的低下，若低於某壓力極限，該部位則會產生氣泡，則會產生噪音、振動等的情形。

圖22｜排水用回收硬質PVC管

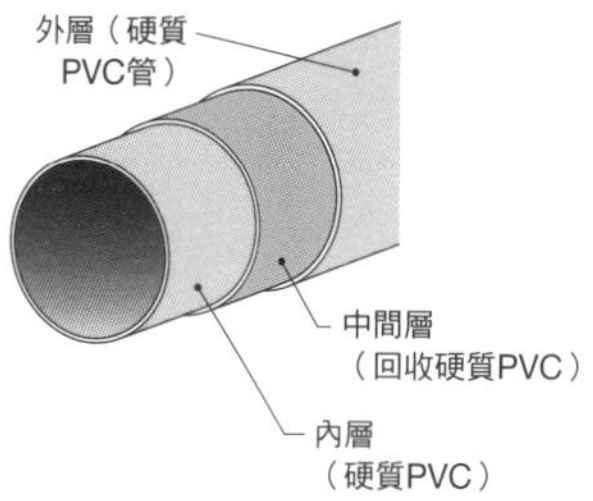

配管構件

內縮套管—インコア

聚丁烯（Polybutene）管、架橋聚乙烯（Polyethylene）管等的管端部位進行縮管時，不會損壞管身，用來置入在管內的黃銅製筒狀零件。

適配器（Adapter）—アダプタ

與機器接合部位的形狀不相符，或不同種類的管相接續時，安裝在配件或管上，使之接合的中介接續零件。

溝槽式管用機械卡箍接合—ハウジング接合

在設有溝槽的管端部位上，或是設有溝槽的接頭上，包覆填縫橡膠墊，再將機械式卡箍接頭各半安裝在兩管相互接頭的管溝槽上，以螺栓、螺母栓緊固定的接合方式[圖23]。

排水管接頭—ドレネージ継手

將鋼管栓入接頭，鋼管與接頭的內面連成一面，讓排水中的固態物質不容易停滯的鋼管用接頭[圖24]。

算盤珠（Abacus）狀軋製螺紋接頭—アバカス継手

一般配管的不鏽鋼管或自來水用不鏽鋼管使用的接頭，將鋼管插至接頭內的停止裝置部位，抓住螺帽用手旋緊保持器後，把管固定住，栓緊螺栓，管身形成軋製螺紋，讓管無法從接頭中拔出[圖25]。也可以使用在其他管類如銅管等。銅管外徑尺寸種類從13釐米到60釐米都有，若使用外徑13～25釐米的銅管，因為與一般配管的不鏽鋼管外徑相同，此接頭也可使用於銅管，但需換成銅管用的保持器。英語Abacus是算盤的意思，用以表示軋製螺紋的形狀。

活管接頭—ユニオン継手

使用在兩根配管中間，將兩管接續，兩管拆卸方便的管接頭組。活管接頭組是由活管螺栓、活管凸緣、活管螺母三樣零件組成。

圖23｜溝槽式管用機械卡箍接合

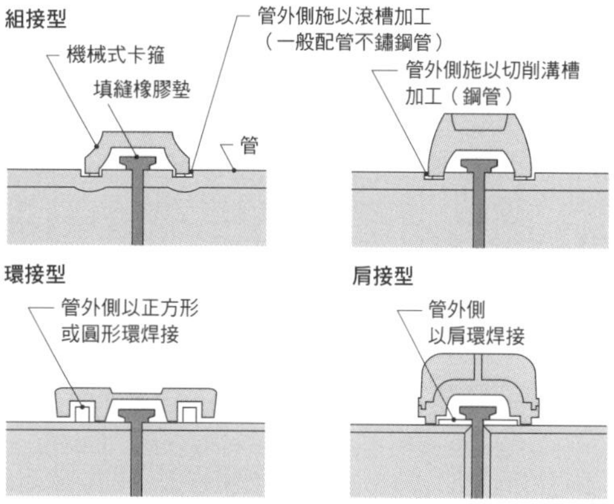

圖24｜排水管接頭

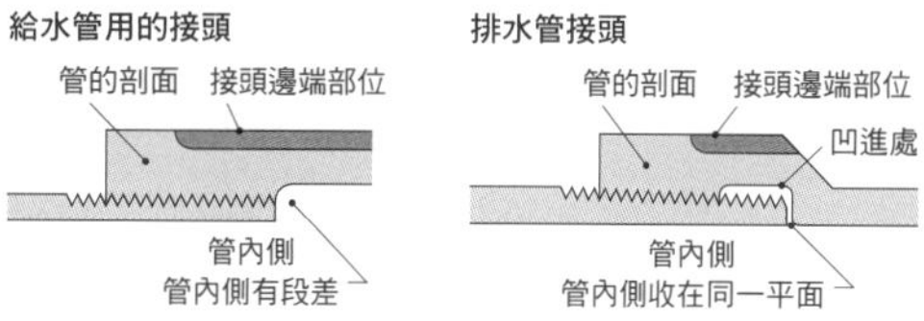

圖25｜算盤珠（Abacus）狀軋製螺紋接頭

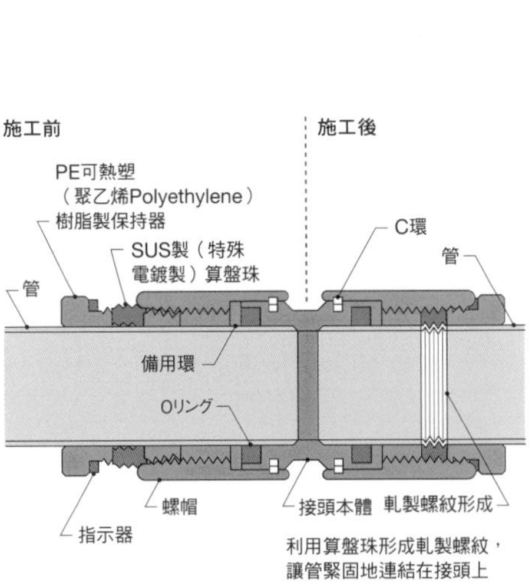

圖26｜活管接頭

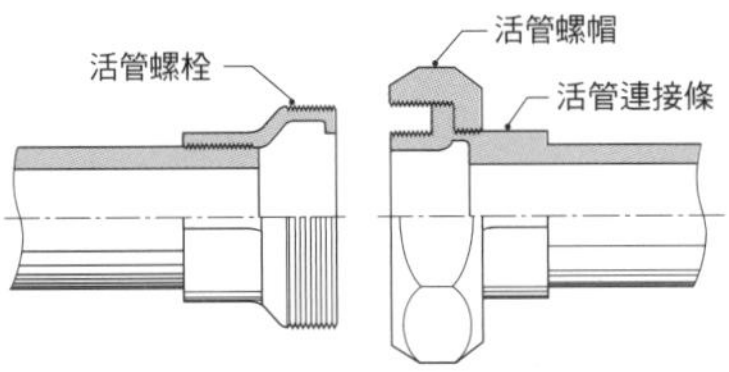

圖27｜旋轉（Swivel）接頭

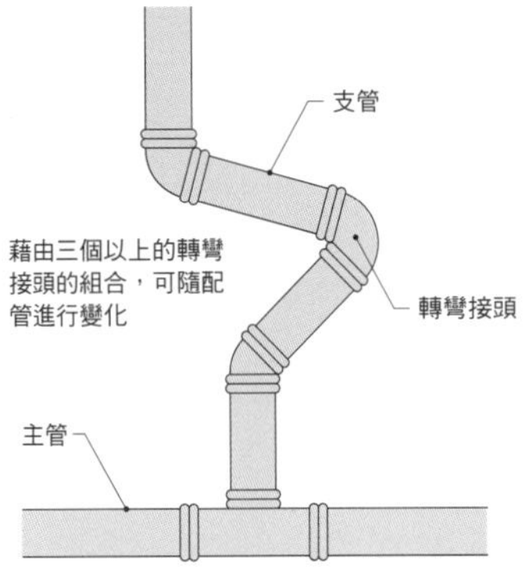

可外露於機器周邊，因為欠缺耐壓性，不能使用在天花板內側或電梯井、通風井・管道間等隱密部位［圖26］。

插式（Socket）接頭―ソケット継手

兩端是雌螺紋（譯註：隱藏在接頭內側的螺紋）或作為接收口的短筒狀接頭，可將配管直線型地接續起來。

圖28｜閘閥

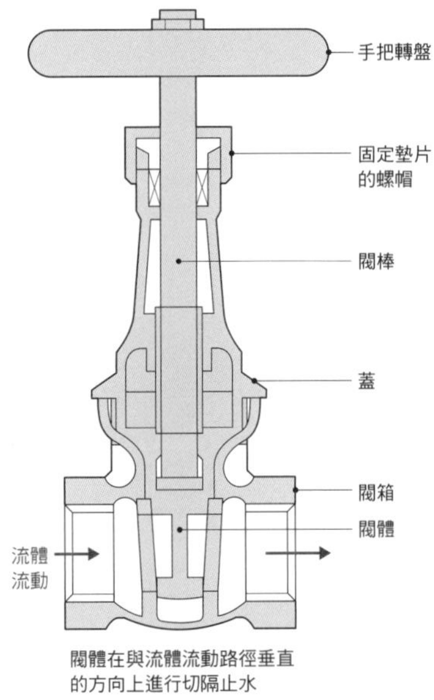

旋轉（Swivel）接頭―スイベル継手

可隨著管的變化，用旋轉方式將管接續的接頭［圖27］。意指用三個轉彎接頭組合而成的可撓曲部位。特別是熱水給水配管、溫水配管的支管出口，目的是為了不讓主管受熱脹冷縮後影響到支管。

反向轉彎接頭―エルボ返し

在通氣管等的邊端部位，讓配管轉折返回的轉彎接頭。

轉彎接頭―エルボ

Elbow。將管與管之間以某特定角度相互接續，或是用來接續風管的轉彎接頭配件。種類包括45度轉彎接頭、90度轉彎接頭，若沒有特別標示角度，一般是指90度轉彎接頭。使用在T字形配管接續部位的轉彎接頭，英文稱作Cheese。

T字型轉彎接頭（Cheese）―チーズ

將配管以T字型接續，將配管分歧、合流的管接頭。也稱作「T」。

封口接頭（Plug）―プラグ

用來封閉配管接頭或閥門（Valve）等機器類接續口時，使用的栓狀配管接頭。

章魚形轉接頭―たこベンド

將配管承環狀彎曲，利用彎曲部位的可饒曲度來調整伸縮的轉接頭。不會發生漏洩的情形，價格便宜，但佔空間，因此大多使用在工廠。彎曲率取決於管徑尺寸，並以形狀來調整伸縮量。也稱作伸縮彎曲管。

螺紋量規（Gauge）―ねじゲージ

用來檢查刻在鋼管外側螺紋是否正確的道具。用來判斷螺紋前端位置是否正確。若發現不合格，需重新刻新的螺紋。

閘閥―仕切弁

在垂直方向上，關閉水等流體通路的閘閥［圖28］。利用安裝在閘閥（閥箱）的圓盤（閥體），上下移動控制流體通路進行的開關。流體的流動過程沒有曲折，流體抵抗力少，有利於開關作業，但因閥體圓盤一經轉動，產生的振動恐會損傷閥底座，較不適合用來調整流量。也稱作Gate valve。

此外，除了逆止閥之外的閘閥，會設置在冷水給水管、熱水給水管、冷溫水給水管、冷卻水管、油管、蒸氣管等流體（冷水、熱水、蒸氣等）等配管上。若是在排水管配管中，閘閥設置在排水幫浦的吐出側。

球型閥―玉型弁

閥箱呈球狀的閘閥。也稱Globe Valve［圖29］。在閥箱內部設置隔間，讓流體在閥箱中呈S字型流動。容易調節流量。也可進行開關動作。流阻力較逆止閥大。

逆止閥（**止回閥**）—**逆止め弁**
讓流體的流動方向隨時保有一定的方向，用來防止逆流的閘閥。依照閥體形狀、運作方式的不同，分別有旋啟式逆止閥（Swing Check）［圖30］、升降式逆止閥（Lift Check）等。英文也稱Check Valve。

球塞閥—**ボール弁**
藉由旋轉流體經過的孔中的球狀物，進行開關的簡易閘閥［圖31］。若是以把手來操作開關，可旋轉把手90度，讓流體停止流動或進行流動。球閥的底座因有軟墊，具有極優的氣密性，但不可使用於高溫場合是其限制。適合關關操作，不適合調節流量。

蝶閥—**バタフライ弁**
閥箱內以閥棒為中軸，圓板狀閥體旋轉90度形成的閥門［圖32］。此構造可輕易調節流量，主要用來停止流體流動。也可用來進行開關動作。構造簡潔輕量，易於施工，管的厚度較薄，因此可使用在狹窄空間的配管上。

浮球閥（**定位水閥**）—**ボールタップ**
使用在各種水缸，用來自動給水、止水的器具［291頁、圖33］。為了讓水槽的進水不超過一定量的水量，利用浮球閥的浮力，進行開關的機制。（譯註：業界俗稱浮球開關／浮球控制器）

無聲逆止閥（**Smolenskii Check Valve**）—**スモーレンスキーチャッキ弁**
設置在幫浦吐出側，用來防止水錘現象［※1］的迅速閉鎖型逆止閥［291頁圖34］。幫浦停止運作時，揚水力消失，閥藉由彈簧閉合。

熱膨脹耐火材—**熱膨張耐火材**
在火災高溫達200℃以上時，會瞬間膨脹5～40倍，發揮斷熱效果的塑膠系耐火材料。設置在貫通防火區劃的配管上，藉由貫通構

圖29｜球型閥

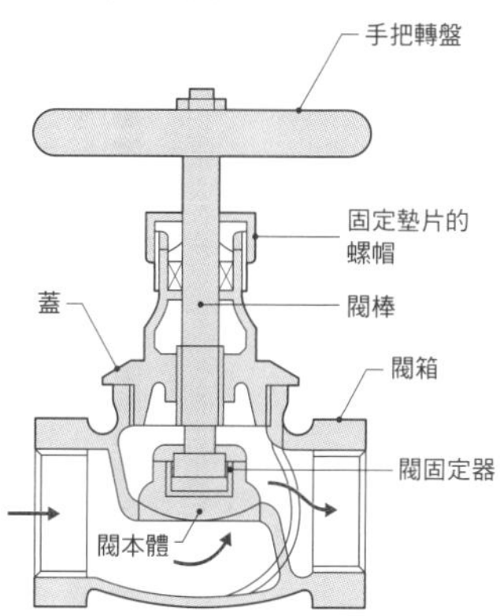

圖30｜橫式逆止閥(Swing catch)

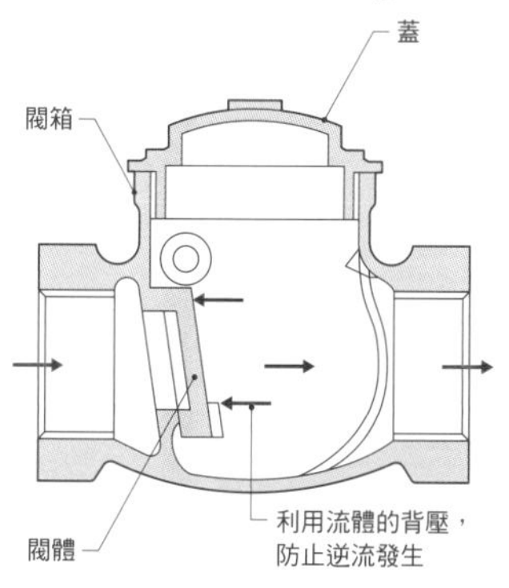

圖31｜球塞閥

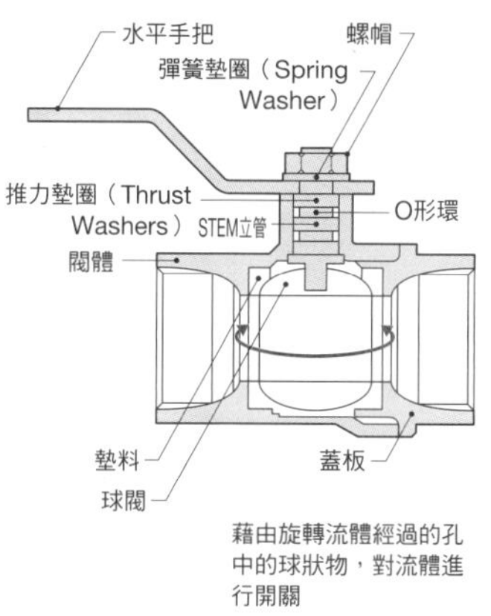

圖32｜蝶閥

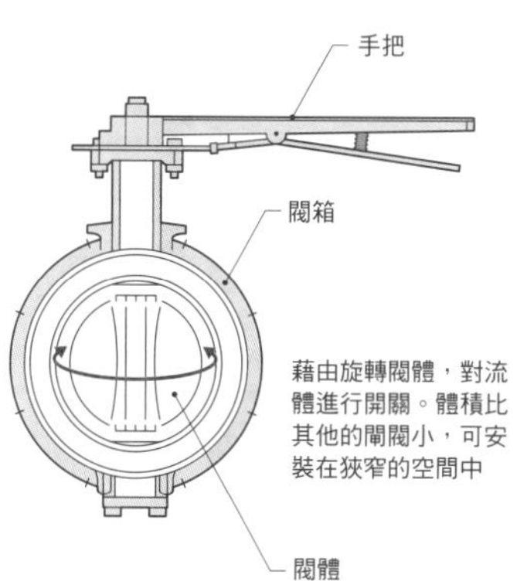

圖33｜浮球閥(定位水閥)

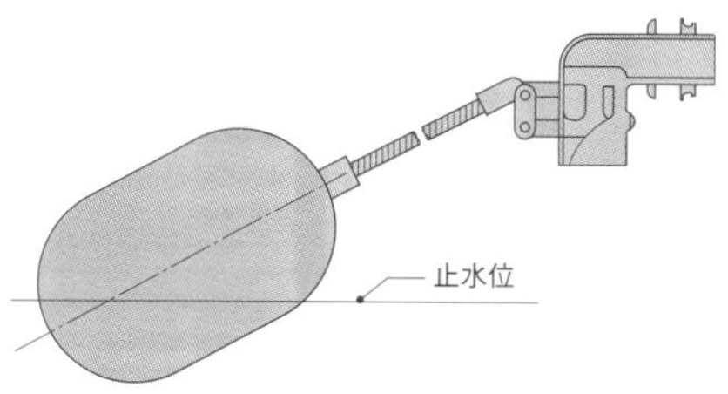

圖34｜無聲逆止閥(Smolenskii Check Valve)

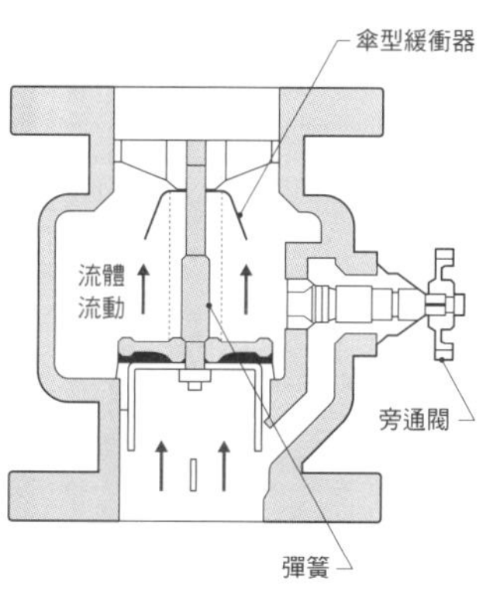

圖35｜自來水錶單元組

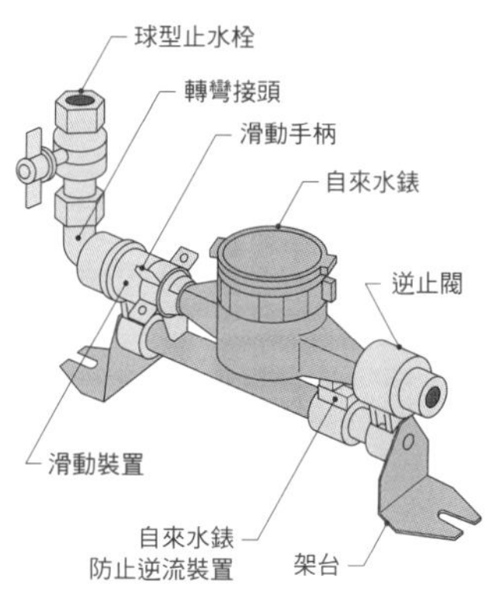

件來防止火災的延燒。大多使用橡膠墊（Butyl Rubber）在配管上。

保護保溫材的金屬板｜ラギング

室外外露配管周圍捲覆著保溫材，披覆在保溫材上的金屬板。目的在於保護保溫材。材料大多使用鋅板、彩色鋅板、鋁板、不鏽鋼板等。

圖36｜瓦斯儀錶單元組

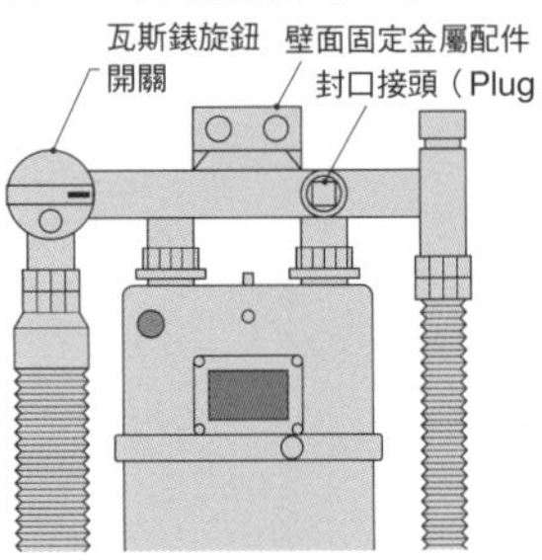

圖37｜管頸圈（凸緣）加工及法蘭盤螺栓組接合工法

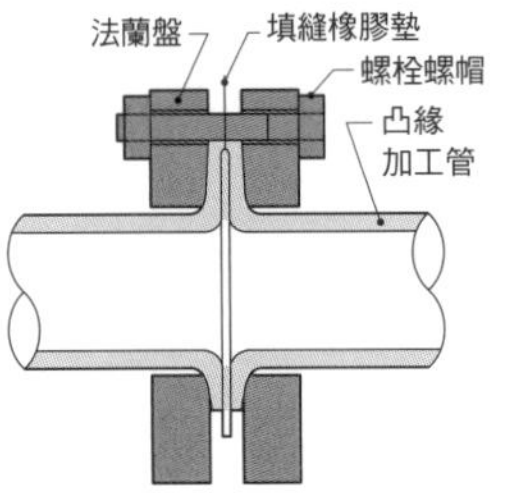

圖38｜TIG焊接

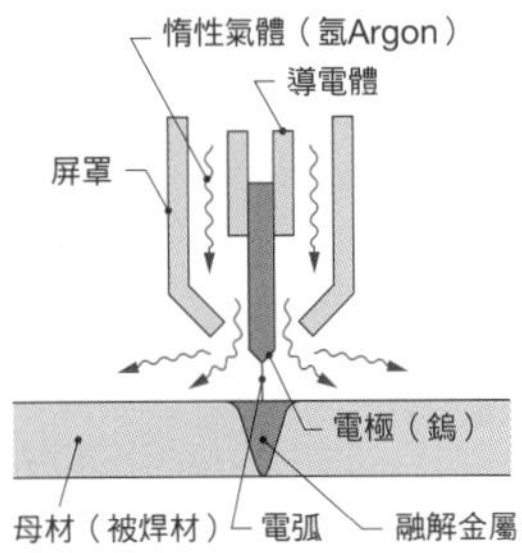

水錶・水龍頭種類

自來水儀錶單元組｜水道メーターユニット

設置在集合住宅PS內的自來水儀錶周邊配件組合，與止水閥、逆止閥、減壓閥一體成型[291頁圖35]。儀錶周圍配件施工便利，儀錶或逆止閥一觸即可裝卸。日本東京都內的集合住宅，皆須以此規格設置。

瓦斯儀錶單元組｜ガスメーターユニット

瓦斯錶開關、壓力檢測用插頭、與牆固定金屬零件等一體成型的單元組[圖36]。用來支承瓦斯錶的單元組。可簡化家庭用瓦斯錶周邊配管的施工手續。

圖39｜複數管接頭工程

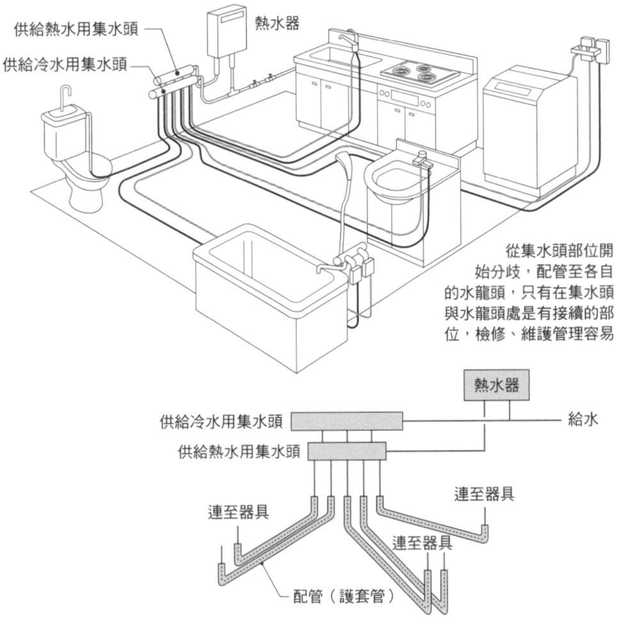

自來水出水口插孔座｜水道用コンセント

讓蛇管一觸即可裝卸的出水口插孔裝置。類型以埋壁式為主。設置在室內外蛇管用水的場所，例如一般灑水或洗衣機等用途。具有讓蛇管不易脫落的機制，萬一蛇管脫落，水會自動停止。也有雙手柄式冷熱水混合水龍頭插孔的類型。

瓦斯供氣口插孔座｜ガスコンセント

沒有旋鈕的瓦斯插孔，以專用的瓦斯蛇管（附加接續用配件）連接。比過去的插入式塑膠管更容易接氣，在瓦斯供氣口插孔上插上瓦斯蛇管後，蛇管接續用配件中的押棒會滑動瓦斯供氣圓孔開關，讓瓦斯釋放出來，若瓦斯蛇管一經拔除，瓦斯供氣即刻停止。蛇管一經拔除，保險絲（fuse）開始作用，瓦斯關閉。

配管接合

管頸圈（凸緣）加工及法蘭盤螺栓接頭工法｜つば出し加工ルーズフランジ接合

鋼管、不鏽鋼管的管端部位，用機器做出頸圈狀凸緣，並於加工做出頸圈的兩管之間再以法蘭盤螺栓接頭（Loose flange）[※2]接合[圖37]。

TIG焊接（鎢極惰性氣體保護焊接）｜TIG溶接

Tungsten Inert Gas焊接的縮寫。在周邊釋放氬（Argon）等的惰性氣體（Inert gas），在鎢（Tungsten）電極與金屬母材之間產生電弧熱進行焊接[圖38]。適用於建築設備中的一般粗管徑不鏽鋼配管的焊接施工上。

熱熔對接／PE電熔焊接｜融着接合

PE可熱塑樹脂管（聚乙烯管）、架橋PE可熱塑樹脂管（架橋聚乙烯管）的雙層管、聚丁烯（Polybutene）管使用的接合方式。用加熱器具在管端與接頭之間加熱，將管插入接頭中的熱熔接合方式，以及將管插入內側埋設電熱線的接頭中，接頭導電後，將接頭內側與管外側同時發生熱融並接合的電熔接合。

集水頭｜ヘッダー

英文Header。將主管一次分歧成多支分管，或是將多支管一次合流時使用的粗管或幹管。也稱作配管聯管器、集管等

※1：管內水急速停止時發生的噪音、振動現象，也稱作水擊
※2：插入兩管管端，與管各自獨立，僅用旋轉、孔洞對齊的方式即可將兩管接合的施工方式

照片2｜複數管接頭工程

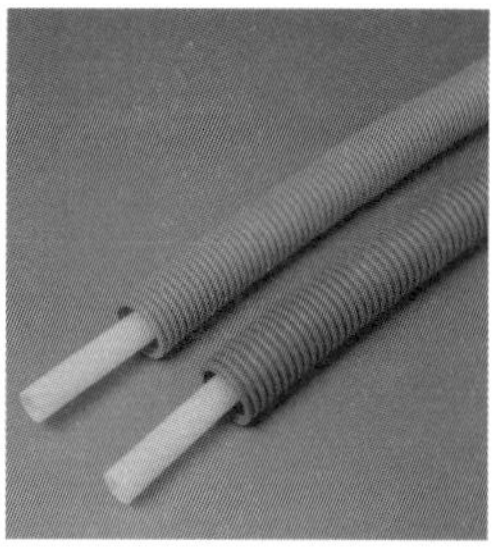

照片3｜管板手

圖40｜倒拱型(Invert) 水孔

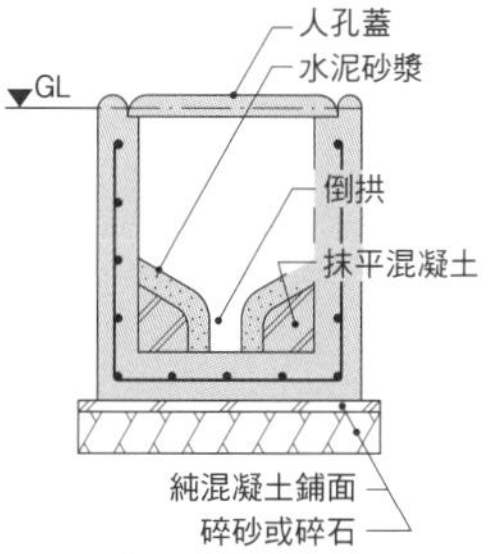

圖41｜雨水沉砂水孔

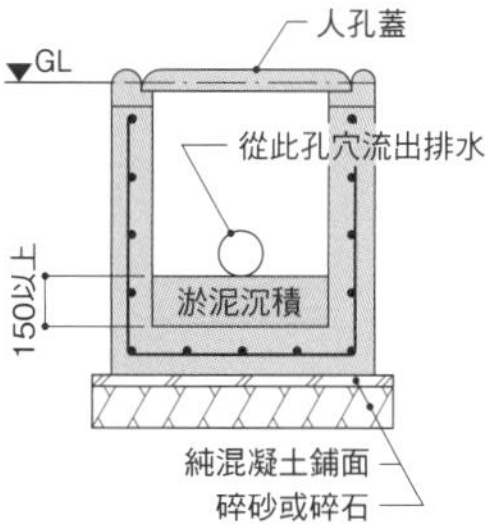

集水頭工法｜ヘッダー工法
獨棟住宅、集合住宅中的冷熱水給水配管中，在一處設置集管器，再從集管器分歧出支管的配管工法。集管器以外的配管的更換手續簡易方便。集管器以外的配管大多配置在樓地板以上，也有的配置在天花板。

複數管接頭工程｜さや管ヘッダー工法
集管器工法的一種。在各種集管器工法中，最常用的是事先配管至各個機器設備，利用護套管連通複數管接頭的工法。此工法的護套管使用PE可熱塑樹脂製，配管使用聚丁烯（Polybutene）管或架橋PE可熱塑樹脂管等具有柔軟度的管［照片2］。共同住宅等用途建物的冷、熱水　水的配管方式，不是在中途分岐後再連至各個機器設備，而是利用集水頭直接將各管連至各個機器設備［圖39］。此方式也考量到未來更換配管的便利性。

黃麻纖維布捲材｜ジュート巻
在鐵管外周，捲繞含浸過瀝青的黃麻纖維布，作為埋設配管的防蝕披覆材料。

管板手｜パイレン
Pipe Wrench，配管連接時，用來維持管的位置，並將管旋進接頭時使用的工具［照片3］。

印籠接合｜いんろう接合
也稱插座接合，在一管的接收端中，插入另一管的插入端，以鉛或紗（鑄鐵管的場合）或水泥砂漿（鋼筋混凝土使用的導水管Hume pipe的場合）充填，進行接合的方法。

水龍頭箱｜水栓ボックス
內藏水龍頭轉彎接頭等的配件，將冷、熱水給水用的聚丁烯（Polybutene）管或架橋PE可熱塑樹脂管連接至水龍頭的箱型盒。以用在導入複數管接頭工法中。另有內藏自來水出水口開關轉彎接頭的類型。

水孔

倒拱型（Invert）水孔｜インバート桝
為了不讓汙水中的汙物或雜排水中的固態物質停滯不前，在底部設有排水溝的排水水孔。使用在汙水、雜排水用途上［圖40］。也稱作汙水水孔。

雨水沉砂水孔｜泥溜め桝
不讓雨水排水管流出泥等雜質，底部設有深度150釐米以上淤泥沉澱的排水水孔［圖41］。

存水彎水孔｜トラップ桝
具有水封作用的排水水孔［圖42］，不讓汙水等發出的臭氣入侵室內。設置在雨水管或沒有水封功能的機器設備的排水與汙水管連接的部位上。

樹脂製排水水孔｜樹脂製排水桝
平均管徑150～350釐米的硬質PVC、聚丙烯（polypropylene）、回收再利用塑膠等材料製成的樹脂製排水水孔［圖43］。輕量，水密性佳，不易破損，因此近年逐漸取代水泥砂漿類製成的排水水孔，受到廣泛使用。

圖42｜存水彎水孔

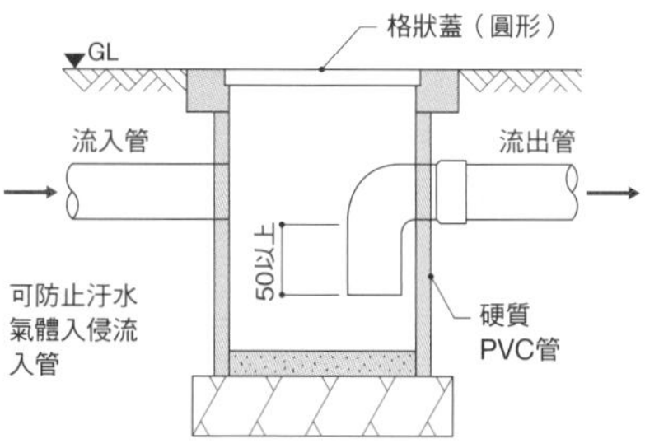

匯流水孔｜会所桝
結合兩支以上的排水管，合流一起的排水水孔［294頁照片4］。

修飾水孔｜化粧桝
為了讓室外排水水孔的維修人孔好看，使用與周圍地板完工面相同樣式材質，並加以完工飾面的化粧維修人孔的排水水孔。也稱作修飾人孔蓋［照片5］。

小口徑水孔｜小口径桝
輕量、體積小的樹脂製排水水孔，在施工條件不好的地方、或是狹窄的場所也可以輕易設置。

圖43｜樹脂製排水水孔

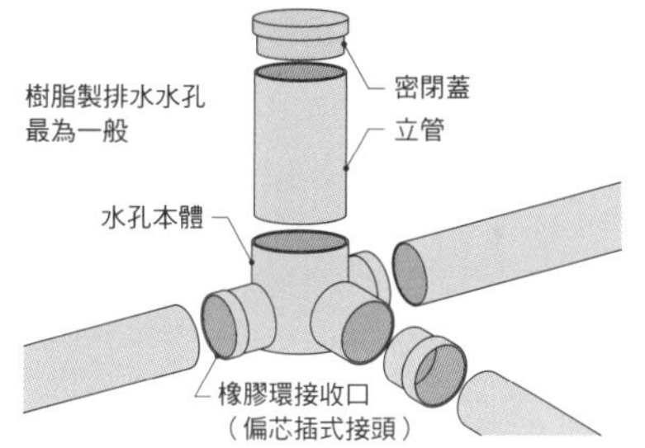

照片4｜匯流水孔

廚房

系統廚房—システムキッチン

將廚房作業需要的清洗場所（水槽等）、流理台（檯面等）、料理器具（瓦斯爐、ＩＨ烹調電爐等）、收納等元素，有系統地組合而成的廚房。可依照各使用方式與用途，選擇合適的機種，也可將烤箱、微波爐、洗烘碗機等設備併入設計。

瓦斯爐（Gas Stove）—ガスコンロ

以瓦斯作為熱源的調理器具，以燃燒方式加熱。是最常見的料理器具［圖44］。

電熱調理器—電気調理器

使用電加熱的料理器具。加熱器有線圈狀或面板狀等樣式。

照片5｜修飾水孔

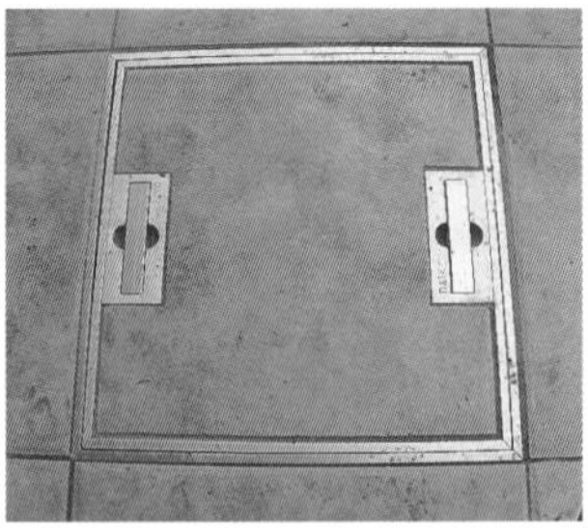

ＩＨ烹調電爐（IH Cooking Heater）—ＩＨクッキングヒーター

也稱作電磁調理器，電爐頂板與鍋子等的料理容器之間，發生渦電流，直接加熱［照片6］。機器本身不發熱，高安全性，熱效率佳。但依照各個機種的不同，適用的鍋子也各有限制，有的不適合使用土鍋或銅鍋。此外，鍋底必須是平面，若不能與電爐頂板直接接觸則不適用。

高功率燃燒器—ハイカロリーバーナー

安裝有一般瓦斯爐發熱量兩倍的燃燒器的機種。高功率大多是指超過４０００kcal的火力，其中也有在６０００～１００００kcal以上的機種。

食器洗滌烘乾機—食器洗浄乾燥機

以噴射冷水或熱水的方式，清除食器上髒汙。簡稱「洗烘碗機」。種類包括壁掛型與地板置放型，為了提高洗淨效果，並縮短洗淨時間，有的會連接熱水給水設備。所需水費據說比手洗食器，來得節省。

廚餘處理機（Disposer）—ディスポーザー

在廚房將廚餘與水同時粉碎，自排水管直接排出的處理系統，設置在排水孔的下方位置。將投入排水孔的廚餘，以刀刃粉碎，與水一起排出後，與處理槽汙水一起放流。有的無法處理大骨頭或纖維質多的植物等廚餘。大約是在半世紀前，在美國發明的裝置。在日本，考量其對環境造成的負荷，很久以前開始各自治體已規定禁止使用，然而近年開始開發可將粉碎後的廚餘分離、堆肥化，減少汙水負擔等附加機能的製品［照片7，圖45］。

廢水處理系統—ディスポーザー排水処理システム

粉碎處理過的廚餘，以專用的排水處理設備進行淨化。若將粉碎處理過的廚餘排水，排放至公共下水道，會增加廢水處理系統的負荷，因此會使用專用的排水處理裝置，或是若將粉碎處理過的廚餘排水，排放至淨化槽，則需要設置廚餘處理專用的淨化槽。

淨水器—浄水器

使用活性碳、濾膜、逆滲透膜、陶瓷等材料，將自來水中含有的殘留氯、三鹵甲烷（Trihalomethane）除去或減半的機器。樣式最簡易的有直接連接管口型，其他例如有嵌入（Built-in）型、置放型等。

整水器—整水器

連結至自來水水管管口，在電解

圖44｜食物調理機器的主要種類

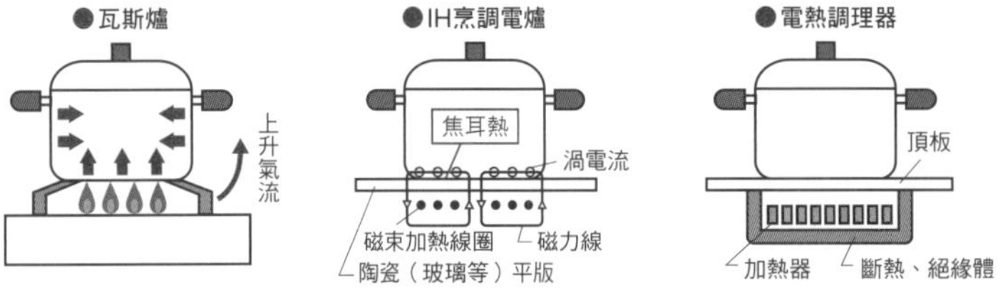

利用火的上升氣流加熱。與鍋底接觸面積大。

使用電流通線圈發生的磁力線，讓鍋身發熱。IH是英文Induction Heating（電磁感應加熱）縮寫

電流通過加熱器，加熱器本體發紅發熱，利用熱傳導與熱放射進行加熱。關閉後，仍有餘熱可以使用

照片6｜IH烹調電爐(IH Cooking Heater)

圖45｜廚餘處理機(Disposer)

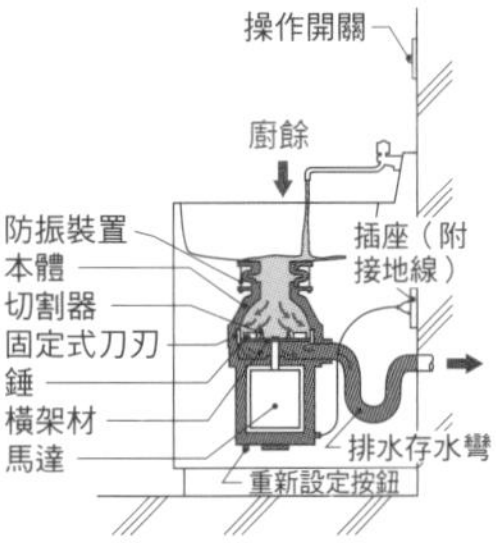

照片7｜廚餘處理機(Disposer)

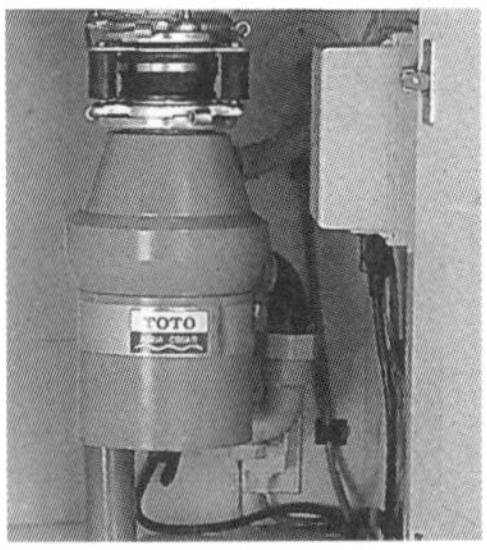

槽之前，在生水中加鈣化合物，再進行電解作用，可連續製造出鹼性離子水的機器。

鵝頸水龍頭開關｜グースネック混合栓

形狀像鵝頸的混合水龍頭［照片8］。因為出水口高度夠高，可以使用較高的容器盛水，例如花瓶。

照片8｜鵝頸水龍頭開關

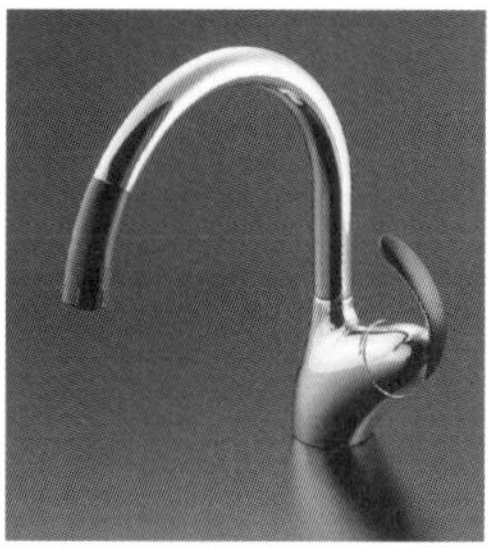

照片9｜溫控器(Thermostat)混合水龍頭

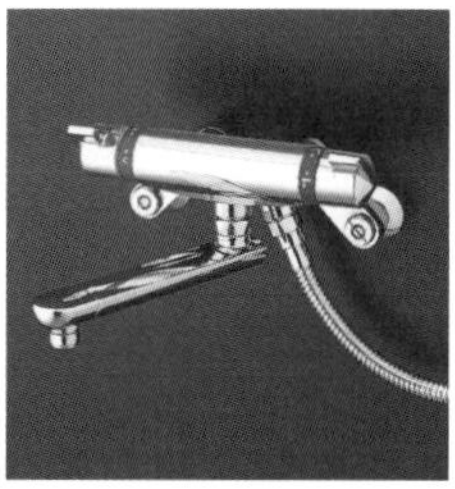

照片10｜單桿(Single Lever)混合水龍頭

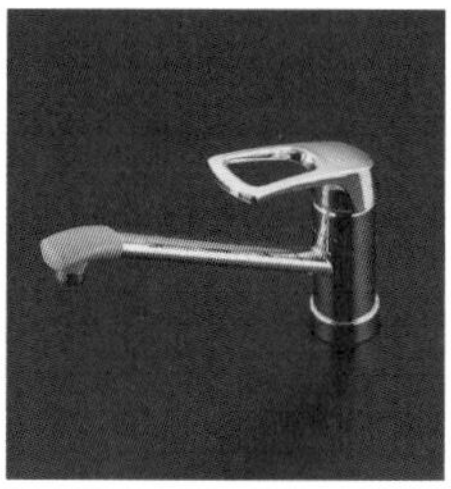

溫控器（Thermostat）混合水龍頭｜サーモスタット付き混合水栓

帶有溫度調節機能的混合水龍頭，可以一邊用水一邊調整喜歡的溫度。因為溫度調節器部位的壓力損失大，須注意若水源水壓低，則有可能無法充分確保出水壓力的強度［照片9］。

單桿（Single Lever）混合水龍頭｜シングルレバー混合水栓

利用單桿上下移動的簡單方式，來調整冷熱水溫度、水量的冷熱水混合水龍頭［照片10］。出水、止水的單桿上下移動時，可能會發生水壓造成的水擊現象，希望挑選具有避免水擊現象功能的水龍頭。

腳邊對流扇｜足元ファンコンベクター

安裝在系統廚房下方（腳邊）的對流扇，用來防止料理時腳邊發冷的裝置。種類包括溫水式或電熱式等。

料理台｜カウンター

系統廚房的檯面部位，材質大多使用不鏽鋼、人造大理石等。

櫥櫃｜キャビネット

系統廚房的抽屜收納、嵌入型機器的收納空間、吊櫃等的箱型櫥櫃。

水槽｜シンク

系統廚房中的可供清洗的部位。

廚房面板｜キッチンパネル

設置在廚房周圍的板材，依照料理器具種類的不同，而有需使用不燃材料等的規定。也有以不易沾汙、容易打掃等作為賣點的商品［照片11］。

熱水給水設備

即熱式給水｜即時給湯方式

配置往返兩支熱水給水配管，以熱水給水循環幫浦，讓配管中的熱水隨時保持緩緩循環的狀態，旋轉給水水龍頭開關時，立即流出熱水的熱水給水方式。可使用在飯店、醫院等地方的中央熱水供給設備，住宅方面若配置有可立即煮沸機器的往返配管，也可以即時供給熱水。

熱水器｜給湯器

作為熱水給水的熱源，包括瓦斯式、石油式。也有提供給加熱地板、浴室乾燥、暖房等使用的熱水給水器機種［照片12］。通稱Eco Cute，利用夜間電力的熱磊熱水器的COP值（能源效率比值）高，節能性高。

瞬間熱水沸騰器的效能號數｜瞬間湯沸器の号数

用來表示瞬間熱水沸騰器的效能，給水溫度升溫25℃時的一分鐘供給熱水量［表5］。例如20號熱水沸騰器的給水溫度在20℃時，45℃熱水給水溫度，一分鐘供給20升的熱水，熱量為每小時三萬千卡（34．88kW）。

照片11｜廚房面板

照片12｜熱水器

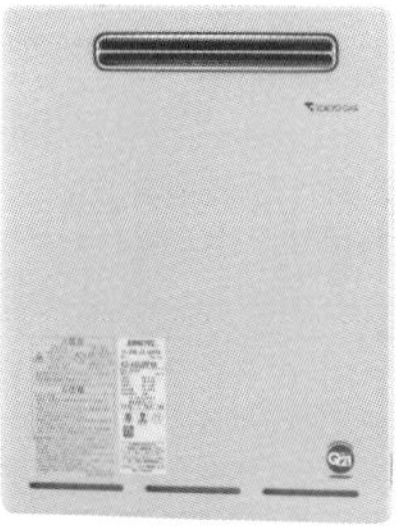

電熱水器｜電気温水器

利用夜間電費便宜的電力，在熱水槽中儲存熱水的設備。也有提供加熱地板、浴室乾燥使用的機種。需有供熱水儲存槽置放的空間［296頁表6］。

潛熱回收型熱水器｜潜熱回収型給湯器

利用一般瓦斯熱水器的排氣熱（約200℃），設置二次熱交換器，用在預先加熱給水的熱水器。效率高，也有家庭用製品［圖46］。二次熱交換器將排氣中

表5｜供給熱水能力計算簡表

浴室	水龍頭、蓮蓬頭　42℃熱水給水（冬天水溫5℃）、12升／分鐘／單個								
	水龍頭、蓮蓬頭的數量	1	2	3	4	5	6	7	8
	對等號數	18	36	54	72	90	108	126	144
	注入浴缸　每30分鐘供給50℃（水溫5℃）的熱水								
	容量	300	400	500	600	700	800	900	1000
	對等號數	18	24	30	36	42	48	50	60
廚房、洗面台	廚房、洗面台　水龍頭 40℃（冬天水溫5℃）、10升／每分／每個								
	水龍頭數量	1	2	3	4	5	6	7	8
	對等號數	14	28	42	56	70	84	98	112

圖46｜潛熱回收型熱水器的構成

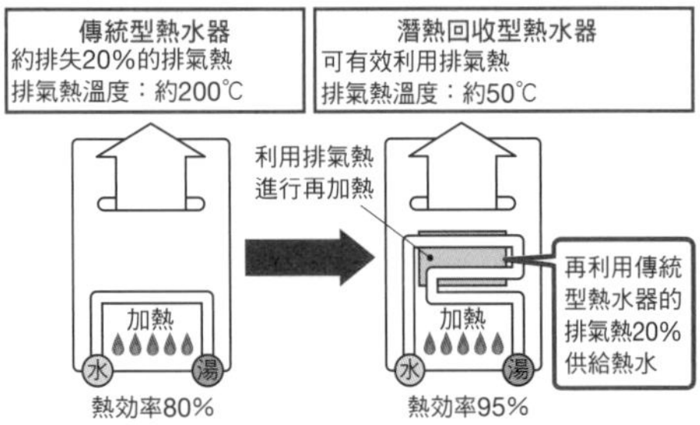

表6｜電熱水器貯存熱水量的參考標準

家庭成員人數	熱水貯存缸容量［ℓ］	熱水使用參考標準（冬季、以42℃換算） 浴缸盛水＋淋浴＋洗臉台／廚房（公升）［ℓ］	合計［ℓ］
5～7人	550	1次（200）＋7次（560）＋洗臉／廚房（150）	910
4～5人	460	1次（200）＋5次（400）＋洗臉／廚房（150）	750
3～4人	370	1次（200）＋4次（320）＋洗臉／廚房（150）	670
2～3人	300	1次（200）＋3次（240）＋洗洗臉／廚房（150）	590
1人	200	1次（150）＋2次（160）＋洗臉／廚房（40）	350
	150	1次（150）＋1次（80）　＋洗臉／廚房（40）	270

照片13｜半套浴室單元組

照片14｜浴缸水加熱器

照片15｜換氣式浴缸水加熱器

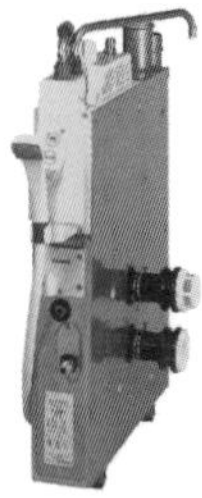

凝結的水蒸氣，利用中和器，使之中和之後排水。

真空管式太陽能熱水器｜真空ガラス管太陽熱温水器

收集太陽能的集熱部位使用真空玻璃管，就算沒有日照，在空氣中釋熱少的熱水器。於熱水瓶（Thermos）中置入集熱配管裝置，也有將配管管徑加粗，用來貯存熱水的自來水直結型熱水器。

浴室・洗面台

浴室單元組｜ユニットバス

用UB來標示。在施工現場組立工廠製造構件的浴室，具有優良的施工便利性及防水性。也有可以配合既有開口部位或配管的室內裝修類型。

半套浴室單元組｜ハーフユニットバス

腰部以下單元模組化的浴室。天花板或腰部以上的牆壁可自由設計，天花板無論多高都可使用。防水性與浴室單元組一樣優良［照片13］。

浴缸水加熱器｜風呂釜

加熱浴缸盛水的機器，冷卻時重新將剩餘的熱水再次加熱［照片14］。一般的機種是以瓦斯或石油作為熱源，包括設置在浴缸側邊的室內型，或是讓浴室保留寬廣空間的室外型。

換氣式浴缸水加熱器｜バランス釜

將熱水燃燒加熱所需的空氣，自然地從外部引進，並將燃燒二氧化碳排至室外，將水加熱沸騰的機器［照片15］。

氣泡浴缸｜気泡浴槽

從噴射口噴出氣泡，具有按摩效果的浴缸。一般稱作Jacuzzi，種類包括地板嵌入式下走型、噴射浴缸樣式等。

噴射浴缸｜ジェット風呂

將空氣導入浴缸內的循環水，利用噴嘴大力噴出空氣的系統［照片16］。

自動化浴缸｜自動風呂

具有自動進行盛水、保溫、加水、升溫等機能的熱水給水器。依等級不同，有全自動化、半自動化、自動化等稱呼。

浴室暖房乾燥機｜浴室暖房乾燥機

為了防止在浴室內發生熱休克或改善入浴時的寒冷氣溫，利用電或溫水進行暖房功能，也有將浴室當作洗衣間乾燥室來使用的換氣扇功能。另有可以24小時換氣的機種。

定量止水栓｜定量止水栓

利用控制閥控制浴缸盛水流量的水栓。到達設定的水量時會自動停止出水。

淋浴單元組｜シャワーユニット

將工廠製造的構件在施工現場組立起的浴室，具有優良的施工便利性及防水性。沒有浴缸，只有淋浴設備的浴室［照片17］。

多功能淋浴機｜多機能シャワー

照片16｜噴射浴缸

照片17｜淋浴單元組

一台淋浴機器，具灑水、按摩、氣泡等出水功能，也有具有數種噴水機能的淋浴機種[照片18]。

洗髮梳妝台—シャンプードレッサー
設有手持蓮蓬頭，比一般洗臉台的水槽大，讓洗頭更方便的洗臉梳妝台[照片19]。也稱洗髮洗臉化妝台。

下嵌台面洗臉槽—アンダーカウンター式洗面器
安裝在洗臉台下方部位的洗臉槽。洗臉槽的邊框不突出洗臉台面，容易清理。

浴缸裙板—エプロン
浴缸側板。依照浴室與浴缸的位置關係，標示浴缸的側面面數，分別有一面側板式、兩面側板式、三面側板式等。

廁所及其他設備

沖洗馬桶—洗落し式便器
利用水落差產生的水流作用，對汙穢物施壓並沖走，構造簡易且廉價的馬桶。因為水積留面（積水面）狹小，使用馬桶大號時較不容易濺水[圖47]。

虹吸式馬桶—サイホン式便器
利用虹吸作用，將汙穢物吸走的排放方式。水積留面積較狹小，馬桶的乾燥面上會有沾染汙物的情形[圖47]。

虹吸噴射式馬桶—サイホンゼット式便器
從排水路徑上的噴射孔中噴出的水，產生強力虹吸作用，將汙穢物吸走的排放方式。水積留面積較廣，汙穢物容易沉入水中，能抑制臭氣的發散，馬桶的乾燥面上較不會沾染汙物[圖47]。

虹吸旋渦式馬桶—サイホンボルテックス式便器
水洗式馬桶洗淨方式的一種。馬桶與水缸一體成型的單件式馬桶，利用虹吸與漩渦作用，將汙穢物排出的馬桶[圖47]。進行洗淨時幾乎不會混入空氣，是最安靜的馬桶，水積留面積廣，汙穢物容易沉入水中，能抑制臭氣發散，馬桶的乾燥面上較少沾染汙物。比起其他馬桶可將水箱設低，做成馬桶與低水箱一體成型的單件式馬桶。

噴走式馬桶—ブローアウト便器
在存水彎中，將水從小孔穴強力噴出，藉此作用將積水引導排向排水管的馬桶。排水路徑中較少發生堵塞。排水口相較較高，有利於辦公室等的連立式配管設置。

無水缸馬桶—タンクレストイレ
沒有洗淨馬桶用水儲水缸的馬桶，以水直接沖走的方式[297頁照片20]。優點在於可以連續洗淨，也不佔空間，但給水壓力過低的話則無法使用。因是從給水管直接給水，為防止逆流會在馬桶邊緣上方置入真空斷路器（Vacuum breaker）。

照片18｜多功能淋浴機

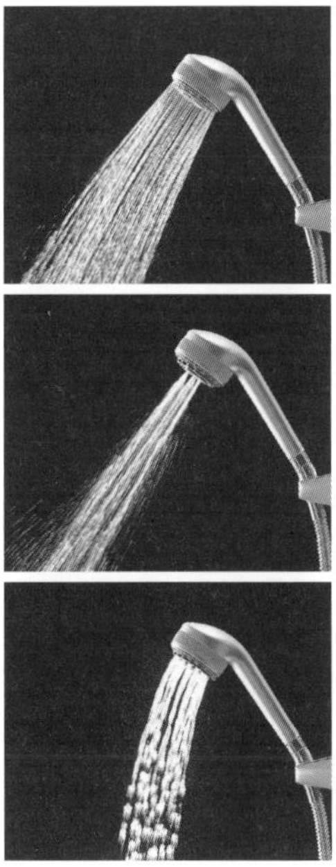

照片19｜洗髮梳妝台

照片20｜無水缸馬桶

照片21｜溫水洗淨馬桶座墊

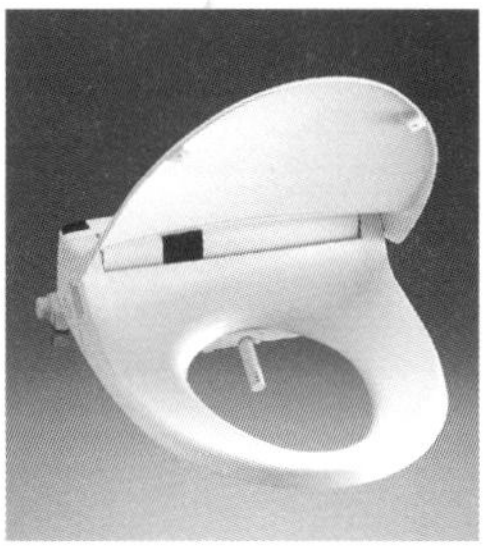

圖47｜馬桶種類

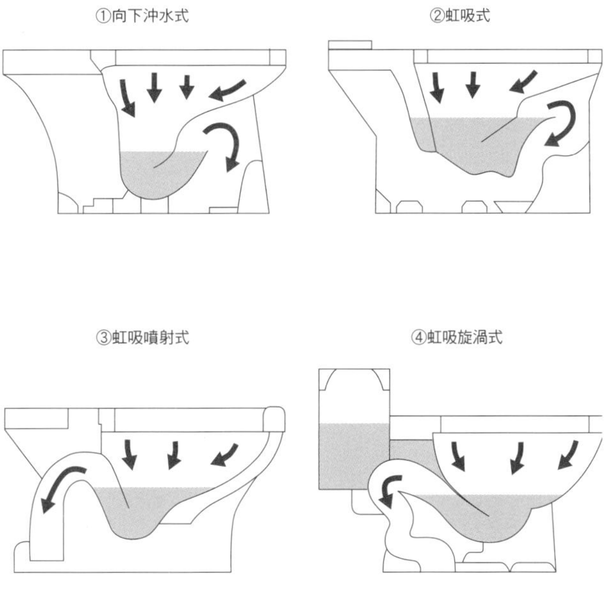

照片22｜附加洗手台馬桶組

照片23｜沖水閥

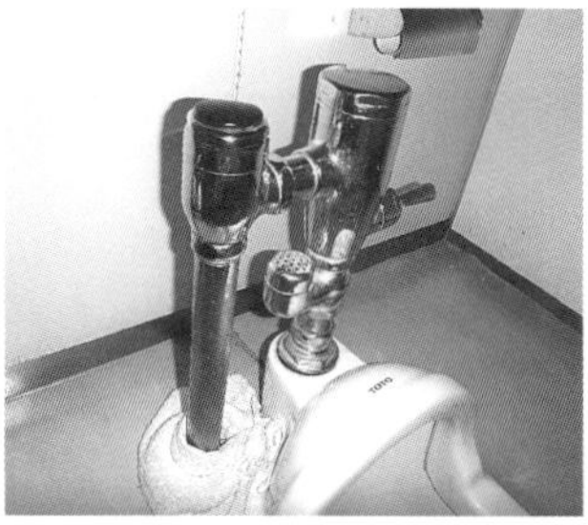

照片24｜人體感應沖水閥

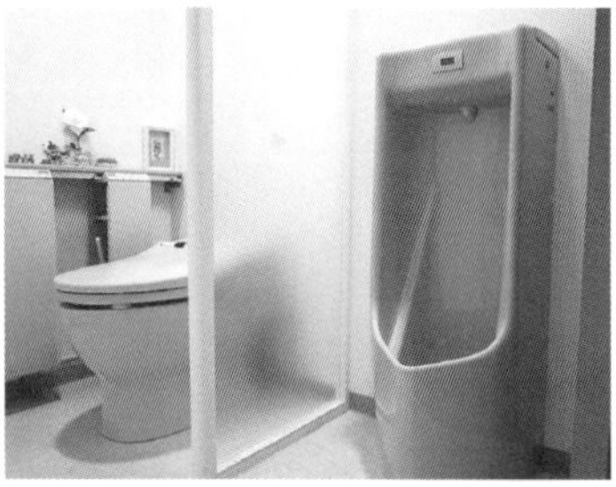

照片25｜洗衣機用出水栓

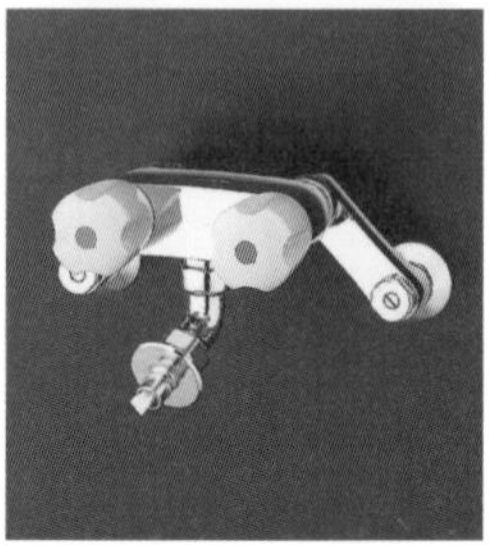

照片26｜住宅用自動滅火裝置

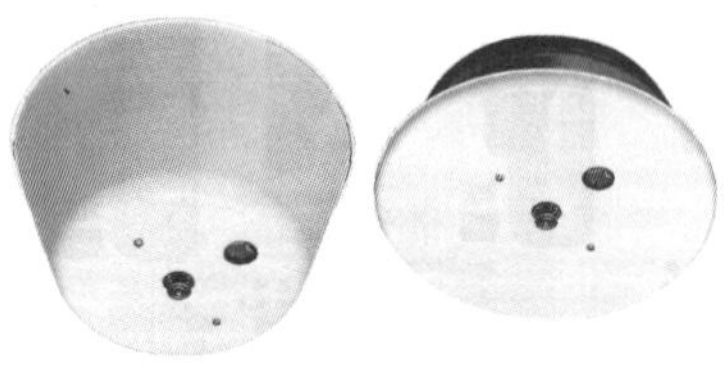

免治馬桶座—温水洗浄便座

一般也稱Washlet（TOTO）、Shower Toilet（INAX），用噴嘴噴出溫水，用便後可洗淨身體的馬桶座墊[297頁照片21]。也有按摩洗淨、溫風乾燥等各式各樣的功能。

附加洗手台馬桶—手洗い付きカウンター

附加小型洗手槽或水栓，也有與收納空間、衛生紙捲一體成型的馬桶組。體積小、不佔空間，主要設置在廁所內[照片22]。

沖水閥—フラッシュバルブ

馬桶用洗淨閥。用來洗淨大便器及小便器的汙穢物或汙水，利用把手操作，讓一定量的水流出並自動停止的裝置[照片23]。

人體感應沖水閥—個別感知フラッシュバルブ

省水型小便器的洗淨方式，利用紅外線感應便器前的人體，僅在使用過後啟動洗淨功能的裝置[照片24]。

洗衣機用出水栓—洗濯機用水栓

洗衣機專用出水栓，包括單水栓、混合水栓[照片25]。內藏可防止洗淨時給水、止水發生水錘現象的機制，水栓的形狀適合蛇管的裝卸。

灑水栓—散水栓

主要是指設置在室外的水栓，用來澆灌植栽或洗車。與水栓箱一起設置在地下，或是設置在混凝土柱上的豎立式水栓。為防止從外部引進水質汙染，多設置防止逆流的閘閥。

住宅用自動滅火裝置—住宅用自動消火装置

主要使用在廚房的初期火災滅火裝置。自動感應火災，撒出滅火劑的滅火裝置。滅火劑容器與噴出口一體成型，安裝施工簡單[照片26]。

防災設備

住宅用火災通知設備—住宅用火災報知設備

居室天花板上設置感應器，火災時發出警報音響的裝置。包括僅只有感應器的簡易型，也有可與室內話機相通的連結型，以及熱感應與煙感應等的類型。

住宅用灑水設備—住宅用スプリンクラー設備

居室等的天花板上設置噴嘴，火災時自動灑水，並發動警報的設備[圖48]。與自來水管直接連結，不需要安裝幫浦或消防水槽。

消防連結送水口（**Siamese Connection**）—サイアミューズコネクション

使用在噴水式消防設備上，為了從外部支援消防車送水，與消防水帶連接的送水口，有兩個以上。

照片27｜住宅用火災通知設備

圖48｜住宅用灑水設備

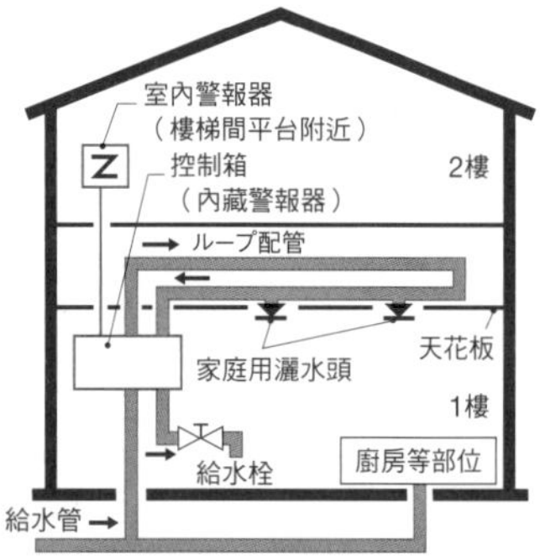

TOPICS｜4

音聲環境

隔音—遮音
藉由反射、吸收、穿透等作用，讓音量變小。

吸音—吸音
減低音聲的反射。藉由吸音作用，減低音源室發出的音聲反射現象，某種程度可降低室內的聲音。並且，藉由隔音，也可用來隔斷往音源室外部傳達的音。吸音是藉由減低反射音，來控制室內的音環境。對於室內音響是很重要的性能。

防音—防音（ぼうおん）
藉由吸音與隔音，降低傳達至室內的音聲。

dBA・dBF（音壓位準差）—dBA・dBF
dBA是利用噪音計的A特性測定出的數值，用來表示噪音程度。此外，利用噪音計的F特性測定出的數值單位是dBF。

A特性・F特性—A特性・F特性
A特性是與人類耳朵可感知周波數（聲頻頻率）相近的特性。對於低音遲鈍，對於中高音靈敏。F特性是平坦的周波數特性。

赫茲—Hz
用來表示周波數（聲頻頻率）的單位。周波數大是高音，周波數小是低音。

倍頻帶（Octave Band）—オクターブバンド
與聲頻頻率呈兩倍關係的稱作一倍頻帶。若測定一般噪音的聲頻頻率的音壓位準，其聲頻頻率的幅度與倍頻帶的關係是1／1或1／3。倍頻帶即代表聲頻頻率的幅度。

隔音性能—遮音性能
遮音效果。依照JIS（日本工業規格）規定，用來測定建築現場的音壓位準。在音源側，用喇叭將雜音製造機發出的噪音播放出來，此時的音源側與受音側的每1／1倍頻帶的平均音壓位準，用噪音計計測，求得其中的差值。因為此差值是現場測定，可能會受到包含門或風管等非測定對象從旁傳達音響的影響。

D值（隔音等級D值）—D值（遮音等級D值）
社團法人日本建築學會規定的隔音基準曲線（D曲線）等級，是依照現場測定結果得到的性能數值。用來表示相對於每個中心周波數（聲頻頻率）125～4000Hz的1／1倍頻帶的音壓位準差值。

音響通過損失—音響透過損失
用來表示每單位壁體的隔音性能，在實驗室進行測試取得數值。

噪音計—騷音計
測定噪音程度的機器。JIS（日本工業規格）訂立了普通噪音計與精密噪音計的品質基準。

L值（地板衝擊音L值）—L值（床衝擊音L值）
地板衝擊音的衝擊源種類有兩種，重量衝擊源與輕量衝擊源。L值是用來評估噪音影響下方樓層的基準。以衝擊源裝置，打擊音源室地板，測出正下方樓層的每1／1倍頻帶的音壓位準「圖2」。有關中心周波數63～4000Hz的每1／1倍頻帶的地板衝擊音程度，由（社）日本建築學會制訂的隔音基準曲線（L曲線）來規定。

重量地板衝擊源—重量床衝擊源
小孩蹦跳造成的地板衝擊音。

輕量地板衝擊源—軽量床衝擊源
物體落下發出的地板衝擊音。

LH值—LH值
重量地板衝擊音的評量基準。使用重衝擊產生器（Bang Machine）來測定。

LL值—LL值
輕量地板衝擊音的評量基準。使用輕衝擊產生器（Tapping Machine）來測定。

重衝擊產生器（Bang Machine）—バングマシン
用來製造重量地板衝擊音的裝置。例如將輪胎自然落下。

輕衝擊產生器（Tapping Machine）—タッピングマシン
用來製造輕量地板衝擊音裝置。例如將五顆鋼錘連續自然落下。

顫動迴聲（Flutter Echo）—フラッターエコー
音反射面若與牆壁平行並列，反射面與壁面間發生的音在平行反射面重覆反射。發出噗嚕嚕的特殊音色。此聲響也形容為龍鳴。

圖1｜隔音等級

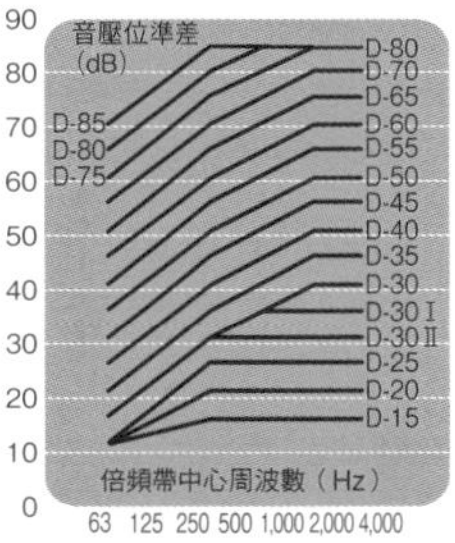

圖2｜地板衝擊音L質

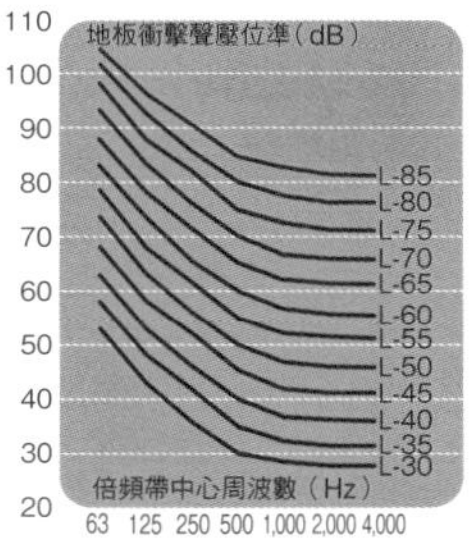

照片｜噪音計

質量守恆定律・巧合效果—質量則・コインシデンス効果
音聲通過質地細緻均勻材料壁體的透過損失量，與每單元面積壁體質量與聲頻頻率的和，保有比例關係。此種關係也稱作質量守恆定律。但有的聲頻頻率會發生透過損失比質量顯著降低的情形。當某聲頻的音波射入剛性材料的壁體，若壁體剛性材料的屈曲振動與入射音波的振動一致，產生共振狀態，則會降低透過損失量。此為透過損失降低現象。

空氣（傳遞）—空気（伝搬）
在空氣中傳遞的音。從立體音響機器發出的音，傳遞至空氣中，立體音響機器的喇叭下方也會傳遞固體音（固體傳音）。

固體（傳遞）音—固体（伝搬）
固體中傳遞的音。將椅子拉出，打擊釘子等因為振動發出的音響。或是空氣音振動樓地板、牆壁、天花板，成為固體音。固體音從振動面當作空氣音放射出，讓人聽見。空氣音傳遞至不相鄰的房間時，會因為在牆壁等的隔音體中重覆來回通過而衰減，固體音則不太會有衰減的情形。在電梯大廈中，從很遠的房間發生的固體音，立刻會聽起來像是很近的房間發出的音響一樣。

參考	噪音值的參考標準
120dB	噴射機的噪音
110dB	汽車的喇叭聲
100dB	電車通過時 護欄下方處
90dB	大聲獨唱、 吵雜施工現場中
80dB	電車車廂內
70dB	喧囂街頭、 吵鬧辦公室中
60dB	安靜的汽車內、 一般對話
50dB	安靜事務所
40dB	圖書館或 安靜住宅區的白天、 蟋蟀鳴聲
30dB	郊外的深夜、 耳語
20dB	觸摸樹葉的聲音

完全浮室構造—完全浮室構造
別名Box in Box構造（房中房、室中室箱型結構）。有高度隔音需求時使用。房間中將隔音層（地板、牆壁、天花板、家具等）用防振橡膠等的緩衝材騰空支撐起（防振支承）。

伸縮縫（Expansion joint）—エキスパンションジョイント
若是完全浮室構造的房間，家具等也需以浮式構造處理，因為部分建材的表面固定側與浮側的相接點外露，若使用彈性材料為修飾面材，可達到振動絕緣效果。

TOPICS | 5

地震

水平震度—水平震度
用來表示地震水平方向搖動的大小。日本建築基準法中規定，抗震設計上的水平震度是0.2。水平震度（K）、建物的重量（W）、地震力大小（F）的關係方程式是K＝W／F。

加速度—加速度
速度隨時間變化、加速的比例。加速度的單位是GAL。地吸引力（重力）是重力的加速度，980 Gal作為單位1G。

震級、震度—震度階・震度
震級是用來表示地震搖晃大小的階級程度。現在氣象局將之分類為10階級。震級一般稱作「震度」，嚴格來說，震度是地震震動的加速度除以980 Gal（1G）的數值。震度0.2約200 Gal，震級約5級以上。

固有周期—固有周期
物體自由振動時產生搖晃的周期。以建物的固有周期來說，高層建築較長，質地堅硬的建築周期較短。地盤軟弱的地層越厚，卓越周期（地盤的固有周期）越長，上方的建物搖晃越大。

共振—共振
從外部產生地震等的振動周期與建物固有周期一致時，建物的搖動次數增加，搖動振幅變大。關東大地震時，木造建築的固有周期是0.5秒左右，以地盤周期來說，東京、山手的壤土層是0.3秒左右，下町的沖積層是0.5～0.8秒前後，因共振現象，下町的木造建築比山手的受災狀況更嚴重。

活斷層—活斷層
約200萬年前至今，在地盤學上稱作第四世紀，於第四世紀活動的斷層稱作活斷層。在日本，約有2000處的活斷層。活斷層分類成：①A級活斷層：平均變位速度1釐米以上，②B級活斷層：平均變位速度0.1～1釐米，③C級活斷層：平均變位速度0．001～0.1釐米。

橫向偏移斷層—横ずれ断層
與斷層走滑方向偏移的斷層［圖］。地震時主要運作的應力屬橫向偏移，因而只造成斷層的橫向偏移。人面向斷層站立時，面對的斷層側若往右偏移，稱作右偏移斷層，若往左偏移，稱作左偏移斷層。此外，斷層中混雜了非橫向偏移的正斷層、逆斷層，但正斷層不會與逆斷層相混雜。有名的橫向偏移斷層有美國的聖安德列斯斷層（San Andreas Fault），日本岐阜縣的根尾谷斷層則是左橫向偏移斷層與南西側隆起地形相混合的斷層地形。

正斷層—正斷層
對地盤施以拉力，斷層面與地表呈垂直的斷層［圖］。若發生傾斜，斷層上承載的部分稱作上盤，斷層下方部分稱作下盤。斷層走滑方向與力垂直，若是正斷層，上盤會往下沉。

逆斷層—逆斷層
對地盤施以拉力，下盤下沉，上盤側沿著下盤隆起的斷層［圖］。或是當時斷面層的兩側發生水平短縮現象。太平洋側的海溝沿岸幾乎都是逆斷層。

活褶曲—活褶曲
埋沒在地下，沒有露出地表的斷層。埋在地下的斷層若開始活動，地表會以各種方式發生變形，僅表層的地層會發生摺曲。在日本的信濃川流域地區，有很多的活褶曲。

直下型地震—直下地震

發生在日本列島內陸的直下型地震。約15～20公里深度的地殼內的花崗岩等堅固岩石損壞所引起。越深處岩石越因受熱變柔軟，形成地震發生的原因。受到板塊下沉影響的地震，是深震源的地震（深發地震），就算發生直下型地震，也較不易造成災害。

地震波—地震波

地震時傳遞的彈性波。主要區分為三種類，第一波（P波）與第二波（S波）是岩石內部傳遞的實體波，第三波是地表傳遞的表面波（樂夫波Love Wave、雷利波Rayleigh wave）。

P波—P波

地震波的第一波。速度快（花崗岩5.5 km／秒，水1.5 km／秒），與音波性質相似，就算是在岩盤、岩漿（magma）、水中也可以傳遞。

S波—S波

S波比P波速度慢（花崗岩3.0 km／秒），無法在液體中傳遞。通常P產生突然衝擊之後，S波帶來上下左右的搖晃。

表面波—表面波

表面波速度比實體波（P波、S波）慢。表面波中的樂夫波比雷利波快，不會帶來上下方向的變位，不會在水中傳遞，但會有水平方向的震動，特別對建築物的基礎造成損害。雷利波帶來上下與水平方向的震動。因此，只記錄上下方向震動的地震計，僅會留下P波、S波、雷利波記錄。

警戒宣言—警戒宣言

1978年日本制訂「大規模地震對策特別措置法」的地震警戒宣言。宣言發起過程中，指定了「地域防災對策強化地域」，此外的其他地區若觀測時發現異常，將啟動警戒宣言，實施資訊傳達、地震防災等對應措施。在日本由氣象局長官向內閣總理大臣報告地震預測資訊，由內閣總理大臣發表警戒宣言。警戒宣言一經發動，開始進行居民避難、交通管制等措施。西元2003年5月，對於東海地震對策的再修正。特別是對住宅耐震緊急措施及避難場所、避難路徑等的周邊建物、學校、醫院、消防署、市區公所等公共設施的耐震緊急措施，提出實施辦法。地震預告的體系修正為觀測情報↓注意情報↓預告情報三階段。

圖｜斷層的種類

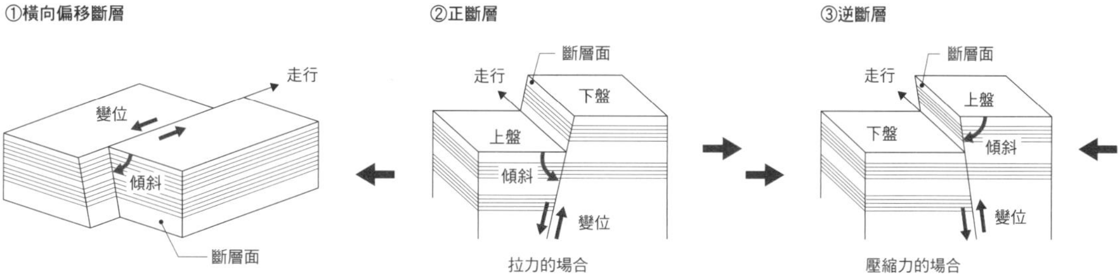

參考｜地震與當時的建物狀況[※]

震度	木造住宅的狀況		鋼筋混凝土造建物的狀況	
	耐震性低	耐震性高	耐震性低	耐震性高
5強	• 牆壁等部位出現斷裂、龜裂的情形	—	• 壁、梁、柱等構件出現斷裂、龜裂的情形	—
6弱	• 牆壁等部位出現多處斷裂、龜裂出現大型斷裂、龜裂 • 屋瓦掉落、建物傾斜	• 牆壁等部位出現輕微斷裂、龜裂	• 壁、梁、柱等構件出現斷裂、龜裂的情形增多	• 壁、梁、柱等構件出現斷裂、龜裂的情形
6強	• 牆壁等部位出現多處大型斷裂、龜裂傾斜物、坍塌物多	• 牆壁等部位出現斷裂、龜裂	• 壁、梁、柱等構件出現斜線形、X形斷裂、龜裂 • 一樓或中間樓層的柱子崩倒	• 壁、梁、柱等構件出現斷裂、龜裂的情形增多
7	• 傾斜物、坍塌物更多	• 牆壁等部位輕微斷裂、龜裂的情形增加 • 在極少數情況下，發生傾斜	• 壁、梁、柱等構件出現斜線形、X形斷裂、龜裂情形變多 • 一樓或中間樓層的柱子崩倒情形變多	• 壁、梁、柱等構件出現斷裂、龜裂的情形更多 • 一樓或中間樓層發生變形，在極少數情況下，發生傾斜

※：資料引用自日本「氣象廳震度關連解說表」

索引

收錄本書各章節的用語，及內文、圖說中的重要名詞

英數

一畫

五畫

六畫

七畫

八畫

九畫

十畫

十一畫

十二畫

十三畫

十四畫

十五畫

十六畫

二十一畫

二十二畫

二十三畫

二十四畫

二十五畫

二十七畫

二十八畫

作者一覽表（日文五十音排序）

青木良篤[株式會社Nice]｜木造結構工程
青木義貴[株式會社Aoki Creative]｜隔熱工程、乾式外牆工程、門窗家具工程
池田浩和[岡庭建設株式會社]｜木造結構工程
犬伏昭｜鋼骨結構工程
井上雄二[井上建築設計]｜木造結構工程、乾式外牆工程、門窗家具工程
植田優[植田優建築工房]｜隔熱工程
遠藤和廣[有限會社EOSplus]｜機電工程、空調工程、給排水・衛生工程
遠藤雅一[株式會社日建LEASE工業]｜施工架・假設工程
大島健二[OCM株式會社]｜祭典儀式
笠原基弘[株式會社溶接檢查]｜鋼骨結構工程
片岡輝幸[株式會社興建社]｜定位放樣、土方工程、基礎工程
河內孝夫｜機電工程
川岸弘[Permasteelisa Japan]｜填縫工程、乾式外牆工程、玻璃工程、磁磚工程
川島敏雄｜塗裝工程
木元肖吾[NIPPON SHEET GLASS ENVIRONMENT AMENITY CO.,LTD.]｜音環境工程
桑原次男[株式會社Kuwabara Pumpkin]｜解體・產業廢棄物
小園實[株式會社參創Houtech]｜木作・室內裝修工程
近藤勝[近藤勝設計事務所]｜隔熱工程
坂本啟治[坂本啟治計畫設計室]｜無障礙工程
順井裕之[株式會社柄谷工務店]｜木作・室內裝修工程
鈴木賢一[株式會社Malsa]｜填縫工程
鈴木忠彥[共榮塗裝工業株式會社]｜塗裝工程
鈴木光[鈴木建塗工業株式會社]｜泥作工程
曾根匡史[曾根塗裝店]｜塗裝工程
平真知子[平真知子一級建築士事務所]｜屋頂工程、金屬工程、磁磚工程
高安正道｜地盤調查、基礎工程
高橋孝治｜塗裝工程
高橋巧[高橋建築設計事務所]｜門窗家具工程
田代敦久[田代計畫設計工房]｜木作・室內裝修工程
田邊雅弘[株式會社佐藤秀]｜地盤調查、定位放樣、土方工程、基礎工程、鋼骨結構工程、鋼筋混凝土結構工程
知久昭夫[知久設備計畫研究所]｜機電工程、空調工程、給排水・衛生工程
長坂健太郎[長坂建築設計舍]｜鋼筋混凝土結構工程
庭野峰雄｜土方工程、基礎工程
早也正壽[hayano design and craft studio]｜門窗家具工程
半田雅俊[半田雅俊設計事務所]｜門窗家具工程
藤田征利[MAX KENZO]｜屋頂工程
藤間秀夫[藤間建築工房]｜木造結構工程、木作・室內裝修工程
邊見仁｜防水工程
保坂貴司[株式會社匠建築]｜地盤調查、定位放樣、土方工程、基礎工程、施工架・假設工程、制震工程
本田榮二[Interior文化研究所]｜木作・室內裝修工程
本堂泰治[株式會社Building Performance Consulting]｜空調工程、給排水・衛生工程
前島健｜給排水・衛生工程
水田敦[SH建築事務所]｜地盤・基礎工程、鋼骨結構工程、鋼筋混凝土結構工程
水村辰也[水村左官工事]｜泥作工程
宮越喜彥[木住研]｜屋頂工程
村田博道[株式會社森村設計]｜空調工程
柳本康城[株式會社Elps]｜鋪瓦工程
山中清昭[株式會社BAUMSTUMPF]｜木造結構工程
横山太郎[株式會社LOW FAT structure]｜鋼骨結構工程

譯者：石國瑜[交通大學建築研究所畢業・日本語能力試驗（JLPT）一級合格・sharonshih2016@gmail.com]

特別感謝：繁體中文版用語諮詢顧問[依姓氏筆畫排序]｜李祥龍・余泰霖・金海峰・重松なほ・張美智・趙大中

Solution 87

史上最強！
建築現場施工全解

作者　建築知識
譯者　石國瑜
審訂　曾光宗

責任編輯　楊宜倩
封面設計　莊佳芳
內頁編排　Cathy Liu
行銷企劃　呂睿穎
版權專員　吳怡萱

發行人　何飛鵬
總經理　李淑霞
社長　林孟葦
總編輯　張麗寶
叢書主編　楊宜倩
叢書副主編　許嘉芬

出版　城邦文化事業股份有限公司 麥浩斯出版
地址　104台北市中山區民生東路二段141號8樓
電話　02-2500-7578
E-mail　cs@myhomelife.com.tw

發行　英屬蓋曼群島商家庭傳媒股份有限公司城邦分公司
地址　104台北市中山區民生東路二段141號2樓
讀者服務專線　02-2500-7397；0800-033-866
讀者服務傳真　02-2578-9337
Email　service@cite.com.tw
訂購專線　0800-020-299（週一至週五上午09：30～12：00；下午13：30～17：00）
劃撥帳號　1983-3516　戶名：英屬蓋曼群島商家庭傳媒股份有限公司城邦分公司

香港發行 城邦（香港）出版集團有限公司
地址　香港灣仔駱克道193號東超商業中心1樓
電話　852-2508-6231
傳真　852-2578-9337
電子信箱　hkcite@biznetvigator.com

馬新發行 城邦（馬新）出版集團 Cite (M) Sdn Bhd
地址　41, Jalan Radin Anum, Bandar Baru Sri Petaling,
57000 Kuala Lumpur, Malaysia.
電話　603-9057-8822
傳真　603-9057-6622

總經銷　聯合發行股份有限公司
電話　02- 2917-8022
傳真　02- 2915-6275

史上最強！建築現場施工全解 / 建築知識編；石國瑜譯. -- 初版. -- 臺北市：麥浩斯出版：家庭傳媒城邦分公司發行, 2016.10

面；　公分. -- (Solution ; 87)

ISBN 978-986-408-208-7(平裝)

1. 建築工程　2. 施工管理

441.52　　105017262

製版印刷　凱林彩印股份有限公司
版 次　2016年10月初版一刷
定 價　新台幣650元